최신

회로이론

김동희 · 조규판 · 최상태 공저

Circuit Analysis

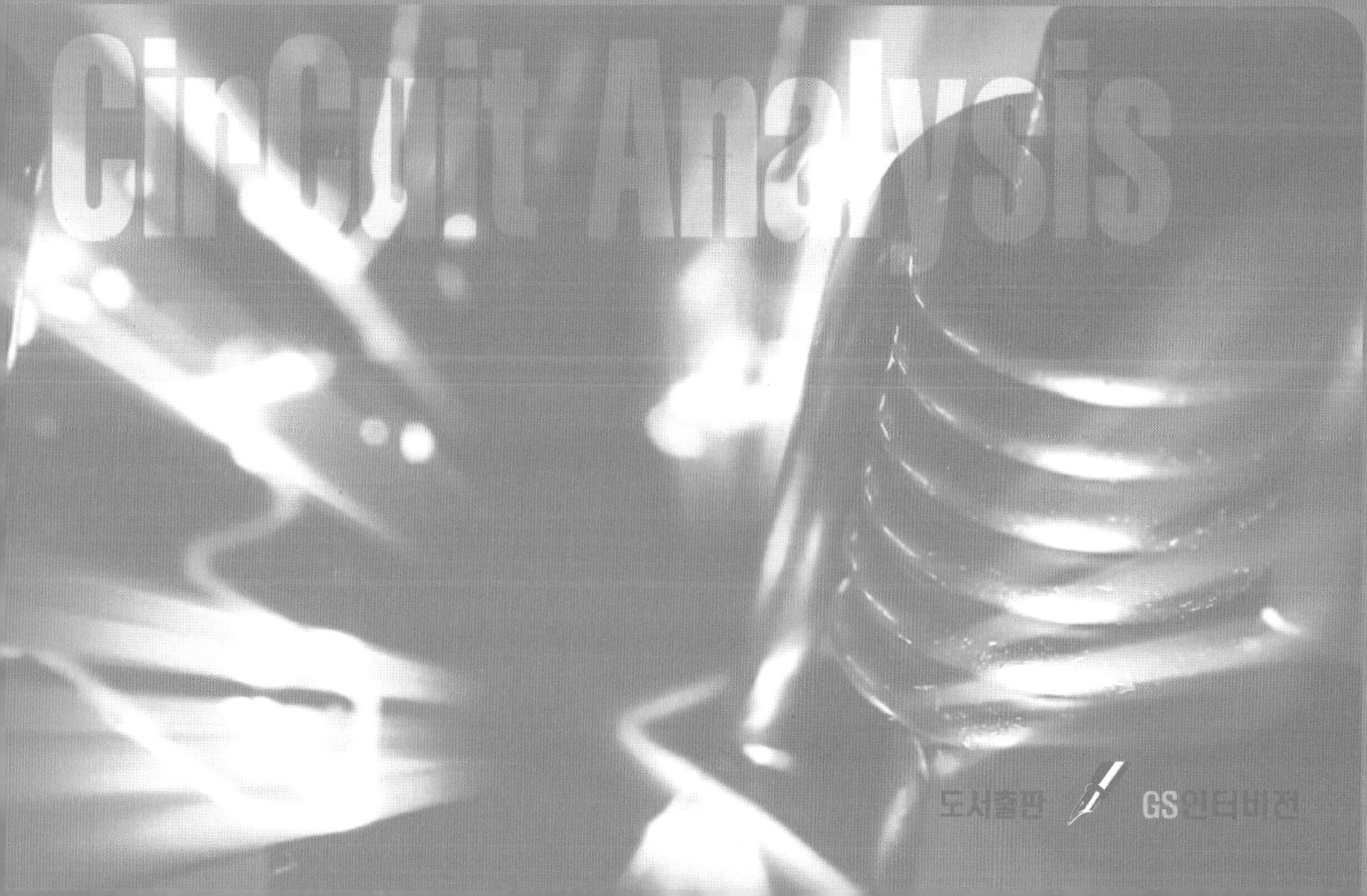

도서출판 GS인터비전

머릿말

PREFACE

오늘날 지식기반 정보화 사회로 불리는 21세기에는 과거의 산업사회와 비교하면 각 공업기술에 이용되는 학문영역들이 상호 밀접한 보완관계를 형성하고 있을 뿐만 아니라, 다양해진 까닭에 어느 한 가지 학문만으로 독자적으로 이용되고, 연구되어지기는 극히 어려운 것이 현실이다. 따라서 서로 다른 분야의 학문을 이해하고 응용하기 위해서는 이들과의 유대를 가져야만 자기분야에 있어서 소기의 목적을 원활히 이룰 수 있을 것이다.

우리들의 일상생활을 비롯한 사회의 모든 활동은 전기와 더불어 시작되고 전기와 더불어 마무리된다고 하여도 과언이 아니다. 그리고 제조기반 산업사회의 비약적인 발전은 전기, 전자, 통신 분야의 학문과 기술이 큰 역할을 하였다고 할 수 있는데, 이 모든 분야의 기초가 되는 과목 중의 하나가 회로이론이라는 것을 누구나 잘 알고 있으면서도 그 기본이론을 충분히 이해하지 못하는 이들이 의외로 많은 것이 현실이다.

회로이론에 대한 기본 원리를 설명하는 과정은 매우 복잡하고 난해하기 때문에 이해하기가 어려운 것이 현실이다. 본서는 전반적으로 어려운 수학적인 수식의 전개는 가급적 줄이고 회로이론의 원리와 정의를 기본으로 하여서, 처음 접하는 학생들에게 이 과목에 흥미를 유발시키도록 알기 쉽게 표현하였고, 대학에서는 물론 현장기술자에게도 쉽게 이해 할 수 있도록 다년간의 강의 경험을 바탕으로 하여 집필하였다.

본서의 특징으로는

1) 각 장마다 이해를 돕기 위하여 예제문제와 연습문제, 복습문제를 많이 수록함과 동시에 아주 쉽게 상세하게 풀이함으로써 학생이나 현장 기술자들이 자신감을 갖고 스스로 내용정리를 할 수 있도록 하였다.
2) 기본 개념 파악에 역점을 두어 중요한 장에 실제 응용에 필요한 예제를 제시하여 아주 쉬운 풀이로 자신감을 갖도록 하였다.
3) 각 장의 연습문제, 복습문제를 통하여 학생 스스로 실력 향상에 도움이 되도록 하였다.

이 책자를 통하여 회로이론의 기본 지식을 이해하여 본인의 전공 관련 분야에 미약하나마 도움이 될 수 있으면 하는 마음이며, 이 책 내용 중 부족하고 미비한 부분에 대해서는 기회가 닿는 대로 계속 수정·보완할 것이며, 선·후배 여러분의 아낌없는 비판과 충고를 바라는 바이다.

끝으로 이 책의 출간을 위해 협조해 주신 도서출판 GS인터비전 사장님과 임직원 여러분께도 진심으로 감사드립니다.

저자 씀

목 차

CONTENT

목 차

CONTENT

목 차

CONTENT

제1장 전기의 정체

제 1 장

전기의 정체

1-1 전기란 무엇인가?

전기를 영어로 일렉트리시티(electricity)라고 하는데 이것은 그리스어의 일렉트론(electron)에서 유래한 말로, 본래는 호박(琥珀)을 의미한다. 기록에 남아 있기로는, 기원전 600년경에 그리스 사람들은 호박을 마찰하면 물체가 흡인되는 것을 알고 있었고, 이것이 전기현상을 발견한 최초라고 전해 내려오고 있다. 즉, 장식품으로 사용하던 호박을 헝겊으로 문지르면 먼지나 실오라기 따위를 끌어당기는 이른바 마찰전기 현상이 일찍부터 알려져 있었다고 한다. 우리 동양에서 쓰는 전기의 '電'자는 번개를 뜻하는 '雷'자에서 유래하였고 번개도 구름에 모인 마찰전기가 일으키는 불꽃이다.

에디슨이 백열전구를 발명(1879)하고 20년쯤 지나서 영국의 물리학자 톰슨이 전기의 정체를 맨 처음 밝혀냈다. 톰슨은 여러 가지 실험 끝에 전기라는 것이 아주 미세한 입자라는 것을 알아냈다. 그는 이 작은 입자가 빛도 만들고 열도 나게 한다는 것을 알고 전자(일렉트론)라고 이름을 붙였다.

1-2 전기의 기원

인류 역사에서 전기에 관한 최초의 기록은 기원전 600년경에 그리스의 철학자 탈레스(Thales)가 호박(瑚珀)이라는 광물을 천에 문지르면 가벼운 종이나 털 등을 끌어당기는 현상을 발견한 것이 최초이며, 이때의 이상한 힘을 전기(electricity)라고 이름 지은 것이다.

그 이후로는 16세기 이후에야 과학적으로 전기에 관하여 연구가 시작되었는데, 16세기에 영국의 과학자 길버트(Gilbert, W)는 전기와 자기에 관한 실험으로부터, 마찰전기에는 양(+), 음(−)의 두 종류가 있다는 것과, 지구는 하나의 커다란 자석이라는 것도 발견하였다. 또, 17세기에 독일의 게리케(Guericke)는 정전 유도작용을 발견하여 유황공을 회전시켜 마찰전기를 대량으로 발생시키는 마찰 정전기를 발명하였다.

1572년 미국의 프랭클린(Franklin, B.)은 연을 날려 번개가 전기에 의하여 일어나는 현상임을 입증하였고, 또 피뢰침을 발명하였다. 프랑스의 쿨롱(Coulomb, C.A.)은 1785년에 양·음의 전기 사이에 작용하는 힘에 관한 쿨롱의 법칙을 발견하였고, 이탈리아의 볼타(Volta, A.)는 1800년에 볼타 전지를 발명하였다. 이로 인해 연속적인 전류를 발생할 수 있는 장치인 전원을 얻을 수 있게 되어, 전기의 성질과 전류를 이용하는 연구를 과학적으로 수행할 수 있게 되었다.

19세기에 들어서 전류에 관한 연구가 활발히 이루어졌고, 그 결과 중요한 현상과 법칙이 잇달아 발견되었다. 1820년 덴마크의 에르스텟(Oersted, H.C.)은 전류와 자기와의 밀접한 관계를 발견하고, 프랑스의 암페어(Ampere, A.M.)는 이 관계를 정량화시켰다. 1872년에 독일의 옴(Ohm, G.S.)은 전기공학에 있어서 극히 중요한 전기회로의 옴의 법칙을 발표하였다.

1813년 영국의 패러디(Faraday, M.)는 발전기와 변압기 등의 원리가 되는 전자유도의 법칙을 발견하였다. 그리고 영국의 줄(Joule, J. P.)은 전류가 흐르면 열이 발생한다고 하는 줄의 법칙을 발견하였다.

19세기 중반에 독일의 키르히호프(Kirchhoff, G.R.)는 전기회로에 적용되는 키르히호프의 법칙을 발견하였다.

1864년에 영국의 맥스웰(Maxwell, J. C)은 유명한 전자파 기본 방정식을 세워서 전자파의 존재를 예언하였고, 이것은 1887년에 독일의 헤르츠(Hertz, H. R.)에 의하여 실험적으로 확인되었다. 그리고, 19세기 말에는 전자와 음극선이 발견됨으로써 전기 분야의 비약적인 발전이 이루어졌다. 이러한 전기의 발달 역사에 관한 것을 표 1-1에 나타낸다.

1-3 물질의 전기적 성질

전기의 성질을 이해하기 위해서는 먼저 물질의 구조를 알아야 한다. 지구상의 모든 물질은 100여개의 원소로 구성되어 있고, 이들 원소는 원소 고유의 원자구조를 갖고 있다.

표 1-1 전기의 발달 역사

인명	국적	연대	업적	
Thales	그리스	B.C. 500	마찰전기	(B.C.600)
W. Gilbert	영국	1540~1603	자기의 연구	(1600)
I. Newton	영국	1642~1727	만유인력	(1665)
L. Galvani	이탈리아	1737~1798	전류의 발견	(1780)
C. A. Coulomb	프랑스	1736~1806	쿨롱(Coulomb)의 법칙	(1785)
A. Volta	이탈리아	1745~1827	전지의 발명	(1799)
A. M. Ampere	프랑스	1775~1836	전류의 자기이론	(1822)
H. C. Oersted	덴마크	1777~1851	전류의 자기작용	(1820)
G. S. Ohm	독일	1787~1854	옴(Ohm)의 법칙	(1827)
J. Henry	미국	1797~1878	자기유도작용	(1830)
R. F. Gauss	독일	1777~1855	기자기의 이론	(1832)
J. R. Joules	영국	1818~1889	줄(Joule)의 법칙	(1840)
M. Faraday	영국	1791~1867	전자유도작용	(1831)
J. C. Maxwell	영국	1831~1879	광의 전자파설	(1873)
A. G Bell	미국	1847~1922	전화의 발명	(1876)
T. A. Edison	미국	1847~1931	백열전등의 발명	(1879)
H. R. Hertz	독일	1857~1894	전자파의 발견	(1885~1889)
E. W. Siemens	독일	1816~1892	발전기의 발견	(1888)
J. J. Thomson	영국	1856~1940	전자의 발견	(1890)
G. Marconi	이탈리아	1874~1937	무선전신의 발명	(1895)
M. Curie	프랑스	1867~1934	라듐(radium)의 발견	(1898)
H. Plank	독일	1853~1947	양자론	(1900)
A. Einstein	독일	1879~1955	특수 상대성 이론	(1905)
N. Bohr	덴마크	1885~1962	원자모형	(1913)
J. Chadwick	영국	1891~	중성자의 발견	(1932)
C. Anderson	미국	1905~	양전자의 발견	(1932)

즉, 물질의 구성은 원자로 되어 있음을 그림 1-1에 나타내고 있는데, 원자를 자세히 관찰해보면 (+)전기를 가진 원자핵(atomic nucleus)과 그 주위를 회전하는 (-)전기를 띤 전자(electron)로 구성되어 있다.

이때 원자핵은 양전기를 가진 양성자(proton)와 전하를 갖지 않은 중성자(neutron)가 강한 핵력으로 결합되어 있다.

전자의 질량은 9.10955×10^{-31}[kg]이며, 양자의 질량은 1.67261×10^{-27} [kg]으로 전자의 약 1,840배 정도 무겁다. 중성자의 질량은 양자와 거의 같은데, 이러한 원자 구조의 모형을 그림 1-2에 나타내고 있다.

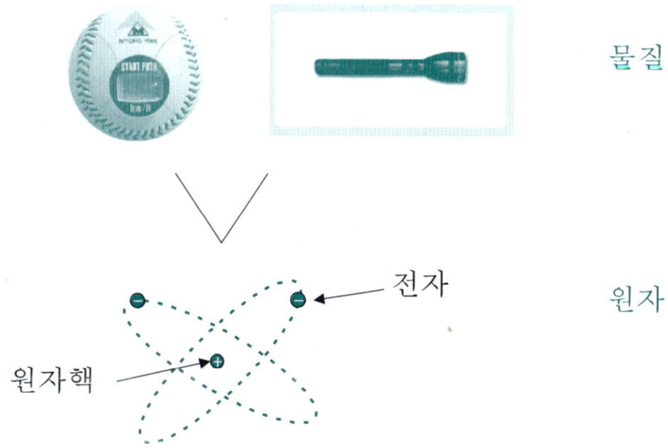

그림 1-1 물질의 구성

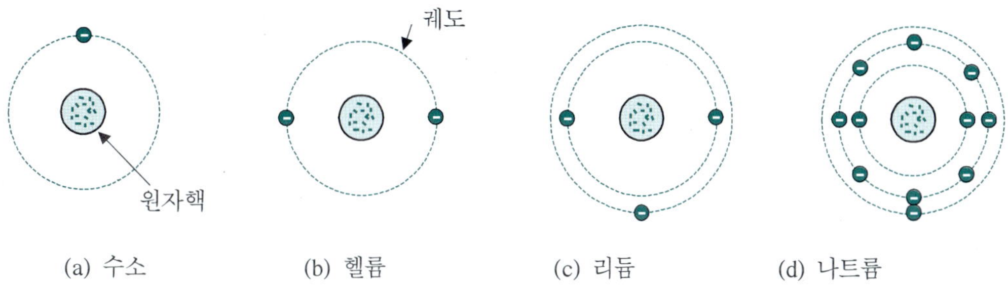

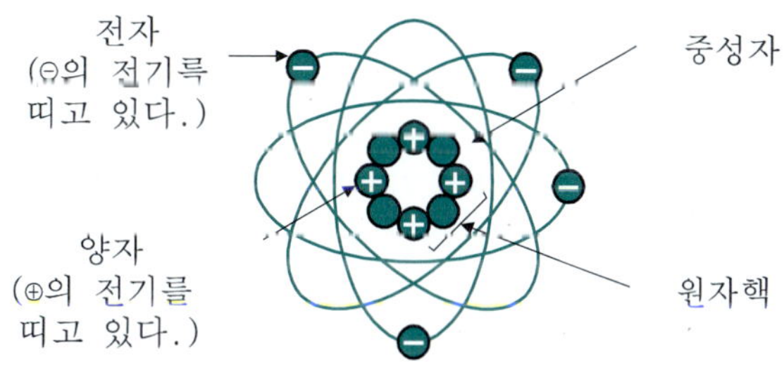

그림 1-2 원자 구조의 모형

원자핵 주위를 돌고 있는 전자 중에서 가장 바깥쪽 궤도를 돌고 있는 전자를 최외각 전자(가전자, valence electron)라 하는데, 이 전자는 외부로부터 에너지를 가할 때 쉽게 이탈하여 자유로이 움직일 수 있다. 이러한 전자를 자유전자(free electron)라고 한다.

금속 도선에 전기가 흐르거나, 반도체가 전자적 작용을 하거나, 물체가 마찰에 의해서 전기를 띠거나 하는 것 등의 많은 전기 현상은 대개 이러한 자유전자의 이동 및 증감에 의한 것이다.

- 물질의 구조
  - 분자
    - 원자
      - 원자핵
        - 양성자
        - 중성자
      - 전자
    - 원자
  - 분자

- 물질의 종류
  - 도　체 : 자유전자가 많음 (Cu)
  - 반도체 : 자유전자가 중간 정도 있음 (Ge, Si)
  - 부도체 : 자유전자수가 적음 (유리, 순수한 물)

그림 1-3 물질의 구조 및 종류

이와 같이 자유전자의 수에 따라서 자유전자가 많은 물질을 도체(conductor), 자유전자의 수가 적어서 전류가 흐르기 어려운 물질을 부도체(non-conductor) 또는 절연체라 한다. 그리고 도체와 부도체의 중간 정도의 전기적 성질을 갖고 있는 물질을 반도체(semi-conductor)라 한다. 따라서, 전기의 여러 가지 현상은 물질이 갖고 있는 자유전자의 작용에 의한 것이다.

1-4 정전기의 발생

1-4-1 정전기란?

정전기현상의 발견에 대한 기록은 고대 그리스의 철학자 탈레스가 호박을 양피에 마찰시켜 정전기를 발생시킨 것이 시초였으며, 'electricity'라는 말은 호박(그리스어로 electron)에서 유래되었다.

정전기는 고분자 물질을 많이 취급하는 우리 생활 주변에서 빈번히 발생될 뿐만 아니라 자연현상에서도 많이 볼 수 있는데 그 대표적인 예가 뇌구름에 의한 번개나 낙뢰현상이 그 대표적인 예이다. 여기에서 말하는 정전기를 정확히 정의한다는 것이 쉽지 않으나 우리가 통상 쓰고 있는 전기(動電氣)와 비교하여 "전하의 공간적 이동이 적어 이 전류에 의한 자계효과가 전계효과에 비해 무시할 정도로 아주 적은 전기"라고 할 수 있으며 이 정전계에 의한 제반현상을 정전현상이라고 한다.

우리의 일상생활에서 특히 겨울철에 자주 경험하는 일이지만, 스웨터나 합성섬유로 된 옷을 벗을 때 "찍찍" 하는 소리가 나거나 어두운 곳에서는 작은 불꽃이 일어나는 경우가 있다. 또한, 책받침을 옷에 문지른 후 머리에 갖다대면 머리카락이 일어나는 것은 경험으로부터 아는 사실이다. 이러한 현상은 물체와 물체가 마찰하여 발생한 전기가 방전하는 소리로서, 한쪽은 양(+)전기를 띠고 다른 한쪽은 음(−)전기를 가진다. 이와 같이 물체가 전기를 띤, 즉 전기를 갖은 것을 대전이라 하고, 이와 같이 대전된 전기를 전하(charge)라 부른다. 발생한 전하가 정지한 상태로 있는 경우를 정전기라 한다. 여기서, 물체가 대전하는 성질을 설명하면 다음과 같다.

물체를 구성하는 원자 중에서 음전기(−)를 가진 전자가 다른 한쪽의 물체로 이동하면 물체가 전기를 띤 상태, 즉 대전된 것을 의미한다. 이것은 음전기를 가진 전자가 이동해 온 쪽의 물체는 음전기로 대전되고, 음전기가 가진 전자가 나간 쪽의 물체는 양전기로 대전됨을 의미한다. 이와 같이 전자의 이동은 물질이 양전기나 음전기를 갖게 하는 원인이 된다.

물질이 마찰하였을 때 어느 쪽이 (+)로 대전되고, 어느 쪽이 (−)로 대전되는지를 알 수 있도록 일목요연하게 작성한 것을 물질의 정전서열이라고 한다(그림 1−4 참조).

1-4-2 정전기의 대전현상

정전기는 일반적으로 서로 다른 물질이 상호운동할 때 그 접촉면에서 발생되며, 고체상호에서뿐만 아니라 고체와 액체, 액체상호, 액체와 기체 간에서도 발생한다.

■ 마찰대전

두 물질 사이의 마찰에 의한 접촉과 분리과정이 계속되면 이에 따른 기계적 에너지 차에 의한 자유전자의 방출 또는 흡입으로 정전기가 발생되는 현상을 말하다. 고체 · 액체류 또는 분체류에서의 대전은 주로 마찰대전에 기인되며 그림 1−4는 고분자 물질의 대전서열을 나타낸 것이다. 그림 1−4에서 두 물질을 서로 마찰시킬 경우 좌의 것은 (+), 우의 것은 (−)로 대전된다.

그림 1−4 물질의 정전서열

■ 박리대전

상호밀착되어 있는 물질이 떨어질 때 전하분리에 의한 정전기의 발생을 말한다. 박리대전은 접착면의 밀착면, 박리속도 등에 의해서 대전량이 변화되며, 일반적으로 마찰대전보다 큰 정전기가 발생하게 된다.

■ 유동대전

액체류를 파이프 등으로 수송할 때 액체류와 파이프 등의 고체류와 접촉하면서 이 두 물질 사이의 경계에서 전기 2중층이 형성되고, 이 2중층을 형성하는 전하의 일부가 액체류의 유동과 같이 이동하여 대전되는 현상이다. 유동대전은 주로 액체류와 고체의 접촉에 의해서 발생되며, 액체류의 유동속도가 대전량에 큰 영향을 미친다.

■ 분출대전

분체류, 액체류, 기체류가 단면적이 작은 분출구를 통해 공기 중으로 분출될 때 분출되는 물질과 분출구의 마찰에 의해 발생되는 현상을 말한다. 분출대전은 분출되는 물질과 분출구를 구성하는 물질과의 직접적인 마찰에 의해서도 발생되지만 실제로는 분출되는 물질구성 입자간의 상호충돌에 의해 더 많은 정전기가 발생된다.

■ 유도대전

도체가 전기장에 노출되면 도체에는 전하의 분극이 일어나 가까운 쪽에는 반대극성의 전하가, 먼 쪽에는 같은 극성의 전하로 대전되는 현상을 말한다. 유도대전은 접지되지 않은 도체가 대전물체 가까이 있을 경우에 주로 발생된다.

■ 기타대전

이외에도 분체류에 의한 입자상호 간이나 입자와 고체와의 충돌에 의한 접촉, 분리과정에서 발생되는 충돌대전, 고체 · 분체류 등이 파괴될 때의 전하 분리로 인한 파괴대전, 액체류의 교반, 수송 중에 발생되는 교반대전 또는 침강대전 등이 있다.

1-4-3 정전기의 성질

■ 역학현상

정전기는 전기적 작용인 쿨롱(Coulomb)력에 의해 대전물체 가까이에 있는 물체를 흡인하거나 반발하게 하는 성질이 있는데 이를 정전기의 역학현상이라 한다. 이 현상은 일반적으로 대전물체의 표면전하에 의해 작용하기 때문에 무게에 비해 표면적이 큰 종이, 필름, 섬유, 분체, 미세입자 등에서 발생하기 쉬우며, 각종 생산 장해의 원인이 된다.

2개의 전하 간에 작용하는 정전력 F [N]은 각각의 전하량 Q_1, Q_2 [C]에 비례하고 양전하간의 거리 r [m]의 제곱에 반비례하며 이 힘은 같은 부호끼리는 반발력, 다른 부호끼리는 흡인력이 작용한다.

$$F = Q_1 Q_2 / 4\pi\epsilon r^2 = 9\times 10^9 \times Q_1 Q_2 / r^2 \text{ [N]} \qquad (\epsilon : \text{유전율})$$

■ 정전유도현상

대전물체 부근에 절연된 도체가 있을 경우에는 그림 1-5와 같이 정전계에 의해 대전물체에 가까운 쪽의 도체 표면에는 대전물체와 반대극성의 전하가, 반대쪽에는 같은 극성의 전하가 대전되는데 이를 정전유도 현상이라고 한다.

정전유도의 크기는 전계에 비례하고 대전체로부터의 거리에 반비례하며, 도체의 형상에 의해서도 영향을 받는데 이는 유도대전을 일으켜 각종 장애, 재해의 원인이 되기도 하며, 이 원리를 이용하여 대전전위, 전하량 등을 측정하기도 한다.

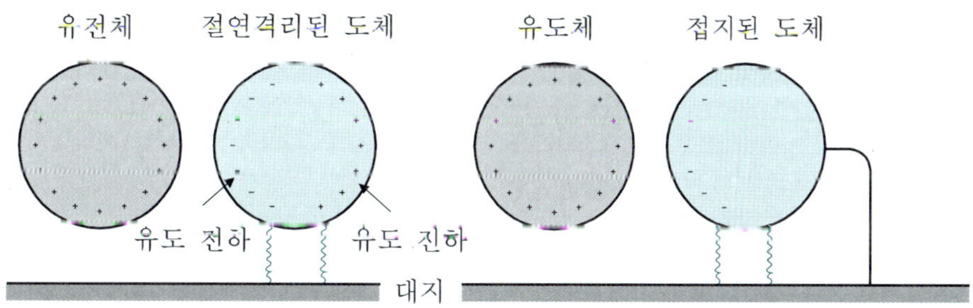

(a) 정전유도대전　　(b) 접지에 의한 유도대전 방지

그림 1-5 정전유도 현상

■ **방전현상**

정전기방전은 정전기의 전기적 작용에 의해 일어나는 전리작용으로, 대전물체에 의한 정전계가 공기의 절연파괴강도(직류의 경우 30 [kV])에 달한 경우 일어나는 기체의 전리작용으로, 방전이 일어나면 대전체에 축적되어 있는 정전 에너지는 방전 에너지로써 공간에 방출되어 열, 발광, 전자파 등으로 변환 · 소멸되는데 이 에너지가 커지면 화재 · 폭발 등을 일으켜 장애, 재해의 주원인이 된다.

대전물체에서의 방전은 대기 중에서 발생하는 기중방전과 대전체의 표면을 따라 발생되는 연면방전으로 대별된다.

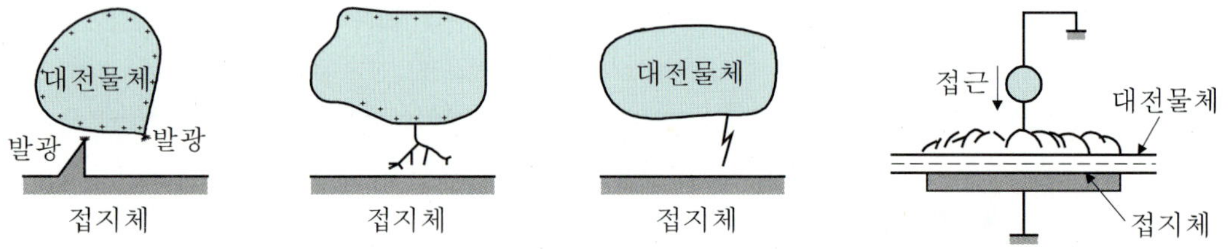

(a) 코로나 방전 (b) 스트리머 방전 (c) 불꽃방전 (d) 연면방전

그림 1-6 정전기방전의 종류

기중 방전에는 코로나 방전, 스트리머 방전, 불꽃 방전의 3종류가 있다. 코로나 방전은 대전체나 방전물체의 돌기부분과 같은 끝부분에서 미약한 발광이 일어나는 현상으로, 방전에너지의 밀도가 낮아 재해의 원인이 되는 확률이 비교적 적은 반면, 스트리머 방전은 비교적 높은 기압에서 긴 간격의 영역에서 발생한다. 불꽃 방전은 대전체 또는 접지체의 형태가 비교적 평활하고 그 간격이 작은 경우 그 공간에서 발생하는 강한 발광과 파괴음을 가진 것으로, 방전에너지가 커 착화 및 전격이 일어날 확률이 매우 높다.

1-5 전기의 발생

앞 절에서 설명한 정전기는 중성인 물질이 외부로부터 에너지를 받아 발생한 것으로서, 이러한 전기를 발생시키기 위한 에너지로는 마찰, 압력, 열, 빛, 화학, 자기 작용 등이 있다(그림 1-7 참조).

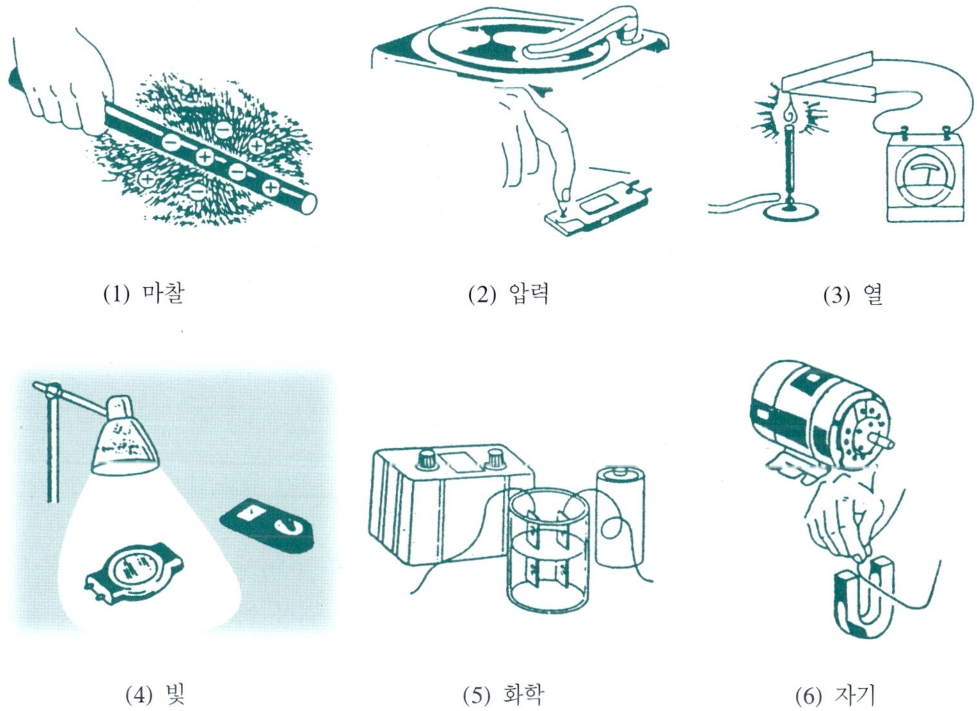

(1) 마찰　(2) 압력　(3) 열

(4) 빛　(5) 화학　(6) 자기

그림 1-7 전기 발생 에너지원의 종류

(1) 마찰에 의한 전기 발생

물체와 물체를 서로 마찰시킬 때, 한쪽의 전자가 물질의 궤도에서 이탈하여 다른 물질로 이동하여 음전기가 발생되는 것으로서, 유조차이 안전 등에 응용된다.

(2) 압력에 의한 전기 발생

수정과 같은 결정체는 외부에서 압력이 가해질 때 전기가 발생하는 것을 의미하는 것으로서, 레코드 플레이어와 송 · 수화기 등에 응용된다.

(3) 열에 의한 전기 발생

2개의 다른 금속을 접합시킨 후 가열하면 전기가 발생하는 것으로서 열전쌍 등에 응용된다.

(4) 빛에 의한 전기 발생

감광선 물체에 빛을 비추면 자유전자가 발생되는 것으로서 조도계 등에 응용된다.

(5) 화학작용에 의한 전기 발생

전지의 양극과 음극 및 전해액 사이의 화학작용에 의하여 음극에서 외부로 전자가 공급되어 전기가 발생되는 것으로서 1, 2차 전지에 이용된다.

(6) 자기 작용에 의한 전기 발생

자계 속에서 도체가 움직임으로써 자력선을 끊어 전기가 발생되는 것으로서 발전기에 응용된다.

1-6 전하와 전류

약 2500년 전, 그리스의 탈레스는 호박(돌의 일종)의 조각을 양털에 문질렀을 때 그 호박은 가벼운 밀집이나 먼지조각들을 끌어당길 수 있는 능력을 얻는다는 사실을 관찰하였다. 그러나 밀집이나 먼지의 작은 입자들을 끌어당기는 이 성질을 파악하려는 실험이 본격적으로 시행되기는 18세기가 되어서였다.

많은 학자들이 비단에 유리막대를 문지르거나 또는 고양이털의 한 조각으로 에보나이트 막대를 문질러서 탈레스의 실험을 재현해 보면서 자연에 있는 일부 물질은 마찰에 의해 성질이 변화하며, 이것은 이 물질들이 전기를 갖게 되기 때문임을 알았다.

이와 같이 마찰에 의하여 발생한 전기는 유리나 수지와 같은 물질에는 잠시 머물러 있게 되는데 이러한 전기를 마찰전기 또는 정전기라고 한다. 그리고 물질이 전기를 띠게 되는 현상을 대전(charging)되었다고 하고, 이때 물체에 대전된 물체를 대전체라고 한다. 대전되어 있는 전기량을 전하(electric charge)라고 한다.

마찰에 의하여 물체가 대전되는 원인은 마찰이나 다른 자극을 받게 될 때, 그 물질을 구성하고 있는 분자나 원자의 특성에 의하여 전자를 쉽게 잃거나 받아들이게 됨으로써 전기를 띄게 된다.

전기회로의 특성, 동작을 설명하는 데 가장 기본적인 양은 **전하**(electric charge) 또는 **전기량**(quantity of electricity)이다. 모든 전기적 효과는 전하와 그 공간적 분포 및 그 운동에 의하여 일어난다.

전하에는 양자나 양이온(positive ion)이 가지는 정전하와 전자나 음이온(negative ion)이 가지는 부전하의 두 가지가 있다. 전하의 단위로 쿨롱(coulomb)을 사용하고 [C]로 표시하며 전자 한 개의 전하는 1.602×10^{-19} [C]이다. 따라서 $1/1.602 \times 10^{-19} \fallingdotseq 6.25 \times 10^{18}$개의 전자가 모여 1 [C]이 된다.

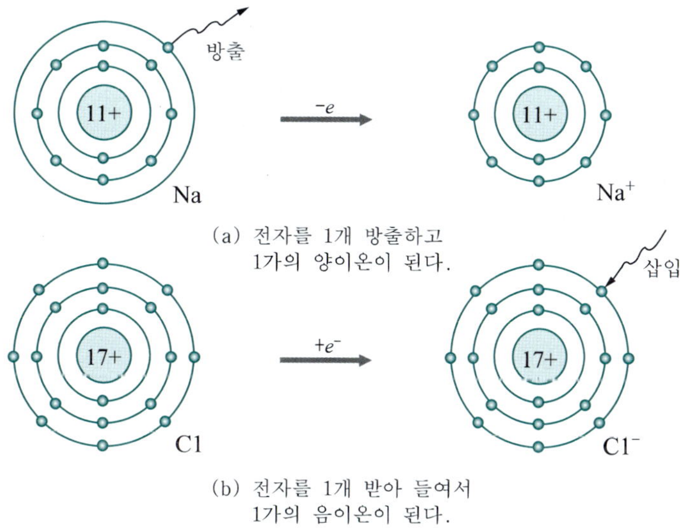

그림 1-8 양이온과 음이온

■ 정전하실험

①번 유리봉을 비단에 문지르고 비단실로 천장에 매단다.

②번 유리봉도 비단에 문지른 후 ①번 봉에 가까이 대본다.

⇨ 결과 : 두 봉은 서로 반발한다.

③번의 딱딱한 고무봉을 모피에 문지르고 ①번에 가까이 대본다.

⇨ 결과 : 두 봉은 서로 흡인한다.

여기서 다음을 알 수 있다.

- 봉을 문지름으로 해서 봉에 전하가 생긴다. 즉 물체에 전기가 발생한다. 여기서 전하는 전기가 물체에 주어졌을 때 그 물체가 갖는 전기량으로 정의할 수 있다.
- 두 봉에 생긴 전하는 서로 상대방에 힘을 미친다.
- 유리봉과 고무봉에 생긴 전하의 종류는 다르다.

이러한 현상은 다른 마찰에서도 생긴다.

미국의 물리학자 벤자민 프랭클린도 유리봉에 생기는 전하는 양성(+ : positive)이라 하고 고무봉에 생기는 전하는 음성(− : negative)이라 명명했다.

결론적으로 같은 전하는 서로 반발하고 다른 전하는 서로 흡인하는바 이것을 정전력(靜電力)이

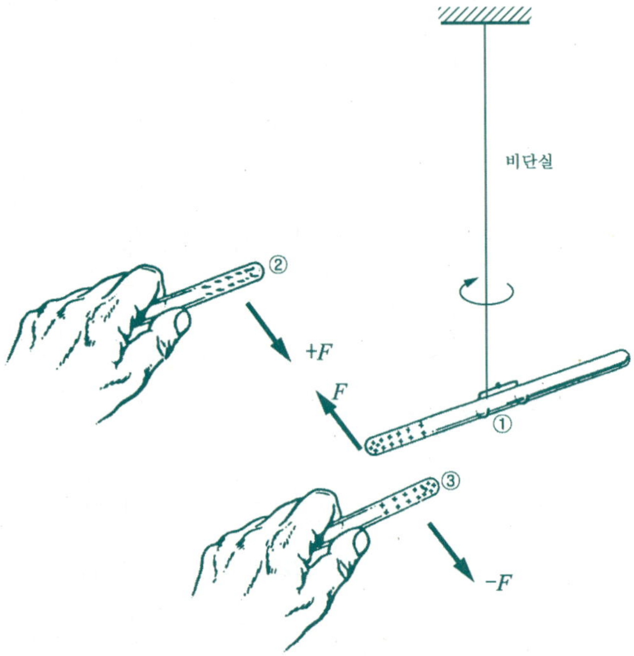

그림 1-9 대전전하의 실험

라 한다.

유리봉 대신 금속봉을 쥐고 문지르면 전하가 생기지 않는데 이것은 금속이 전기를 통하는 도체(conductor)여서 금속에서 손과 인체를 통하여 접지되므로 전하의 이동통로가 마련되어 전하가 빠져나갔기 때문이다.

반면에 유리, 고무, 플라스틱 등은 전하가 빠져나가지 못한다. 즉 이들 물체에 전기를 주었을 때 이 전기가 다른 곳으로 이동하지 못하는 것이므로 이들을 비도전체(dielectrics) 또는 절연체라 한다.

■ 쿨롱의 실험

프랑스의 과학자 쿨롱은 그림 1-10과 같은 장비로 반발력과 흡인력을 측정하였다. 그리고 전하량과 반발력, 흡인력과의 관계에서 다음과 같은 식이 성립함을 알아냈다.

$$F \propto \frac{q_1 q_2}{r^2}$$

여기서 q_1, q_2 : a, b에 주어진 전기량(즉, 전하의 양)

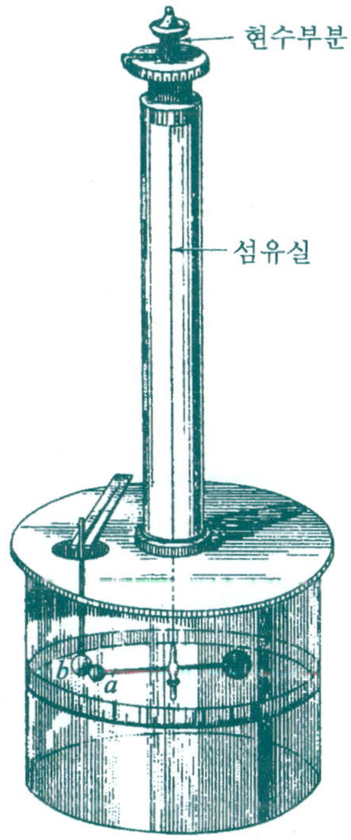

그림 1-10 쿨롱의 실험장치

이 식은 뉴턴의 만유인력의 법칙과 비슷하게 표시되는 식으로 여기서 두 개의 구가 단위길이(1m)만큼 떨어져 있고 이때 작용하는 힘 F가 단위 힘(1 Newton)만큼 작용하도록 두 개의 구에 전하량 q를 준다면 이 q는 전하(전기량)의 기본단위가 될 것이다. 이것을 전기량(전하) q의 M.K.S 기본단위인 쿨롱이라 하고 [C]로 표시한다.

전하는 정적인 개념으로서 이 전하가 회로의 한 점에서 다른 점으로 이동할 때 이 전하의 이동을 전류(electric current)라 한다.

전류의 세기는 어느 회로의 단면을 단위시간에 통과하는 전하량으로 정의되며 그 M.K.S 단위[1]는 암페어(ampere)이고 [A]로 표시한다. 1 [A]는 1초간에 1 [C]의 비율로 전하가 이동할 때의 전류이다. 따라서 일정한 비율로 t[s] 동안에 Q [C]의 전하가 이동했다면 이때 전류 I는

$$I = \frac{Q}{t}\ [\mathrm{A}] \tag{1-1}$$

1) C.G.S 단위계 : (cm). (g). (sec)
M.K.S 단위계 : (m). (kg). (sec)

로 표시되는데, 만일 이동하는 전하의 값이 시간에 따라 변화한다면 전류 i는 변화하는 값으로서 전하 q의 시간적 변화율로 나타내며

$$i = \frac{dq}{dt} \text{ [A]} \tag{1-2}$$

$$q = \int i dt \text{ [C]} \tag{1-3}$$

로 정의된다.

예제 1-1

어떤 도선에 1 [A]의 전류가 2시간 30분 동안 흐를 때의 전하량은 몇 [C]인가?

풀이

$Q = I \times t = 1 \times 2.5 \times 3,600 = 9,000 \text{[C]}$

예제 1-2

어떤 도선에 3 [A]의 전류가 90분 동안 흘렀을 때 이동한 전하량은 몇 [C]인가?

풀이

$Q = It$ 에서

$Q = 3 \times 90 \times 60 = 16,200 \text{[C]}$

1-7 전압, 전력, 에너지

그림 1-11(a)와 같이 두 개의 물탱크를 파이프로 연결하면 A탱크에서 B탱크로 물이 흐르게 되고 양 탱크의 수위차가 없어질 때 까지 물이 흐른다. 수압의 차이 즉, **수위차**가 있기 때문이다. 그러나 그림 1-11(b)와 같이 물탱크간의 수위차가 없으면 물의 흐름은 없다.

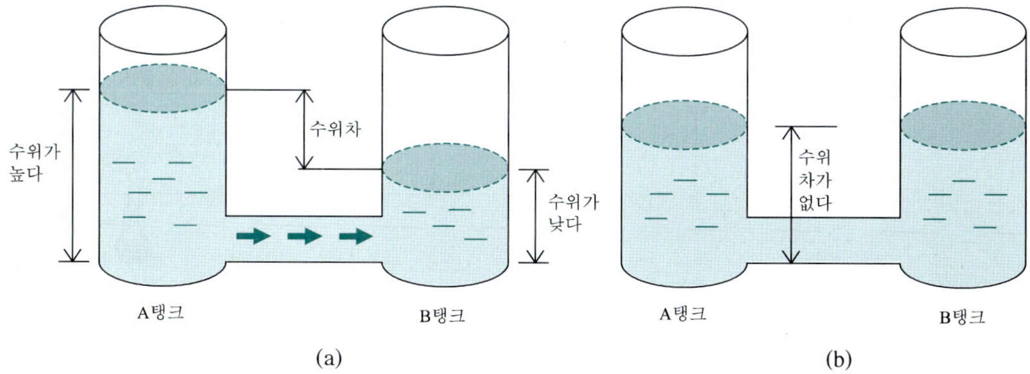

그림 1-11 수위차와 물의 흐름

그림 1-12와 같이 두 개의 유리구를 구리선으로 연결하고 유리구 속에 전하를 넣었다고 가정하자. 그림 1-12(a)와 같이 A구에는 많은 수의 음전하를 넣어 두고 B구에는 적은 수의 음전하를 넣어 두게 되면 전하량이 많은 A구에서 전하량이 적은 B구로 전하가 이동할 것이다.

이 전하의 이동은 A구와 B구의 전하량이 같아질 때까지 이동 할 것이다. 즉, 전하가 이동하게 되므로 전류가 흐르게 되는 것이다. 두 지점 간의 전하가 갖는 에너지의 차를 전위차 또는 전압이라고 한다. 두 지점간의 전위차가 있으면 전류는 흐르게 된다.

그림 1-13과 같이 전지를 연결했을 때 (a), (b), (c)의 경우에는 두 지점간의 전위차가 있으므로 당연히 전류가 흘러서 전구에 불이 켜진다. 그러나 (d)의 경우에는 전위차가 없기 때문에 전류는 흐를 수가 없고 전구에 불이 켜지지 않는다.

결론적으로 전압이란 두 지점 간의 전위차로서 전하를 이동시킬 수 있는 힘(전류가 흐르도록 하는 힘)을 말하며 전류가 흐르기 위해서는 반드시 전위차인 전압이 있어야만 한다. 단위정전하(1 쿨롱)가 회로의 두 점 사이를 이동할 때에 얻거나 또는 잃는 에너지를 두 점간의 전위차 혹은 전압

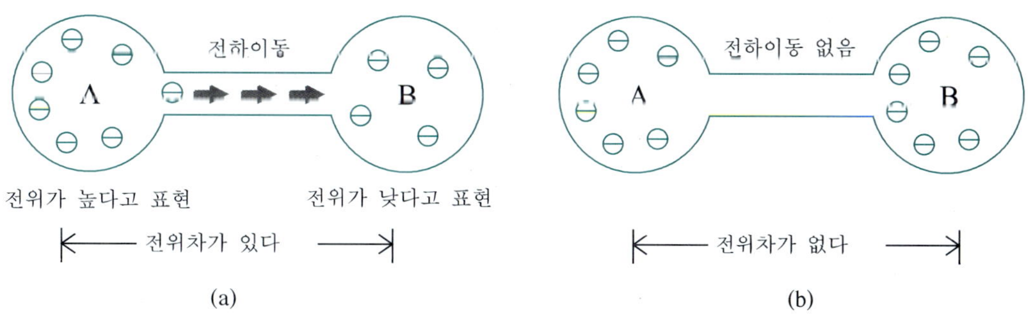

그림 1-12 전위차와 전하의 이동

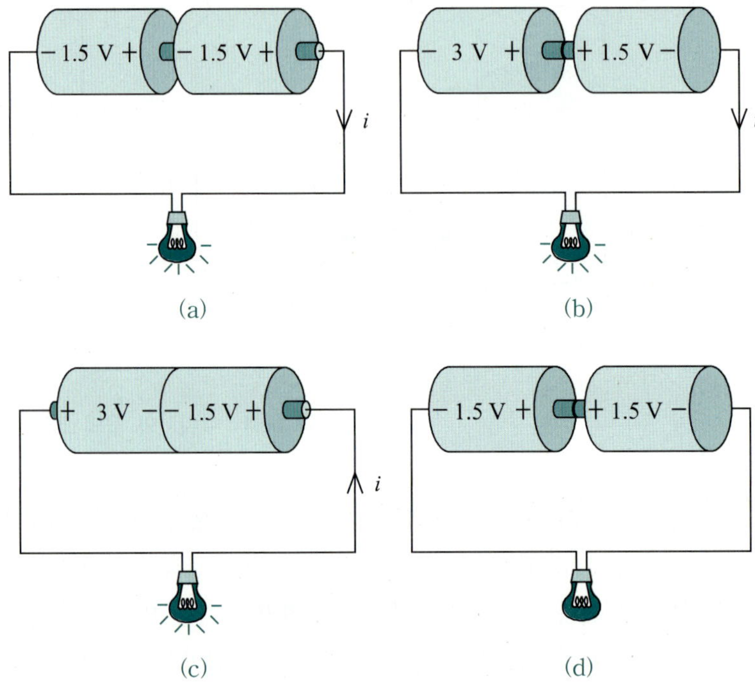

그림 1-13 전위차에 의한 전류의 흐름

이라고 하며, 단위는 볼트 [V]이다. 즉, 1 [C]의 전하를 1 [J]의 에너지로써 이동시킬 수 있는 전위차를 단위로 하여 이것을 1볼트 [V]라고 한다.

Q [C]의 전하가 일정한 전위차를 가진 두 점 사이를 이동할 때 필요한 에너지가 W [J]이라면 두 점간의 전위차 V [V]는

$$V = \frac{W}{Q}\ [\mathrm{V}]$$

전하량의 미소변화 dq로 미소 에너지 변화 $d\omega$가 생겼다면, 이로 인한 전위차 v는

$$v = \frac{d\omega}{dq}\ [\mathrm{V}] \tag{1-4}$$

$$\omega = \int v\ dq\ [\mathrm{J}] \tag{1-5}$$

으로써 정의된다.

회로에 전압이 없으면 전류가 흐르지 못한다. 반드시 두 점간의 전위차가 있을 때만 전류가 흐른다. 전지와 같이 스스로 전위차를 줄 수 있는 힘을 **기전력**(electromotive force)이라 하여 e 또는 E로써 표시할 때가 있으나 전압과 특별히 구별할 필요는 없다.

식 (1-4)에 식 (1-2)를 곱해 주면

$$\frac{d\omega}{dq}\times\frac{dq}{dt}=v\cdot i=\frac{d\omega}{dt}=P \tag{1-6}$$

로 되며, 시간당 에너지 변화율을 **전력**(power)으로 정의하며 단위는 [W] 또는 [J/s]를 사용한다.

식 (1-6)을 에너지 변화가 일정한 경우에 대해 나타내면 $P=\frac{W}{t}$ [W]로 나타낼 수 있다.

예제 1-3

10 [C]의 전하량이 이동하여 500 [J]의 일을 했다고 하면 이때 전원의 기전력은 몇 [V]인가?

풀이

$W=QV$ [J]

$V=\frac{W}{Q}=\frac{500}{10}=50$ [V]

예제 1-4

어떤 전기 드라이기의 정격출력이 4,000 [W]이다. 연속적으로 3시간 동안 사용하였을 경우 (a) 전체 소비되는 에너지는 몇 [Joule]인가? (b) 대응되는 에너지는 몇 [kWh]인가? (c) [kWh]당 전기요금이 85원이라면 전기 드라이기의 사용비용은 얼마인가?

풀이

(a) $W=P\cdot t=$ [W.S] = [J]에서

$=4000\times3\times60\times60=432\times10^5$ [J]

(b) $W=4000\times3=12$ [kWh]

(c) 1 [kW]당 85원이므로

사용비용 $=12\times85=1{,}020$ 원

예제 1-5

어떤 전기 스토브의 버너 정격이 각각 1 [kW]이고, 오븐의 정격이 1.5 [kW]이다. 어떤 음식을 요리하는 데 다음과 같이 사용하였을 경우

버너 #1 15분　　　　버너 #2 30분　　　　오븐 45분

음식을 요리하는 데 전기요금은 얼마인가?(단, 전기요금은 [kW]당 85원이다.)

풀이

전체 사용전력량을 구하면

$$W = 1000\times\frac{15}{60}+1000\times\frac{30}{60}+1500\times\frac{45}{60}=1875\ [\mathrm{Wh}]$$

$$=1.875\ [\mathrm{kWh}]$$

전기요금이 [kWh]당 85원이므로

전기요금 $=1.875\times 85=159.375 \fallingdotseq 159$ 원

예제 1-6

어떤 부하의 특성이 다음 그림과 같다.

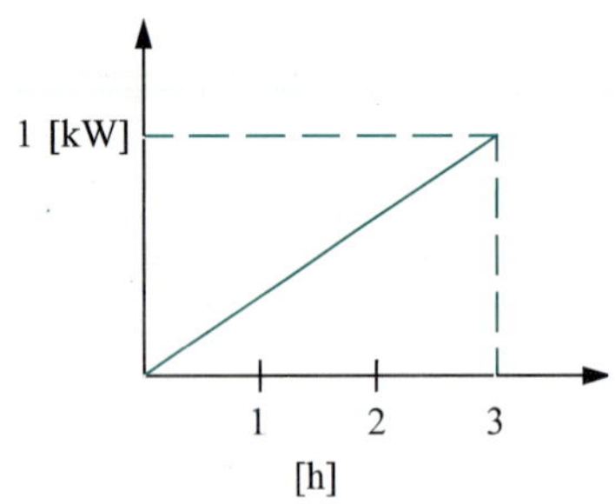

그림 1-14 예제 1-6

(a) 소비전력량은 몇 [kWh]인가?　　　　(b) 소비되는 열량은 몇 [J]인가?

풀이

(a) $\mathrm{kWh}=\frac{1}{2}\times 1\times 3=1.5\ [\mathrm{kWh}]$

(b) $\mathrm{J}=1.5\times 10^3\times 3600=54\times 10^5\ [\mathrm{Joule}]$

예제 1-7

어떤 부하의 가동시간이 다음 그림과 같을 때 소비되는 전력량은 몇 [kWh]인가?

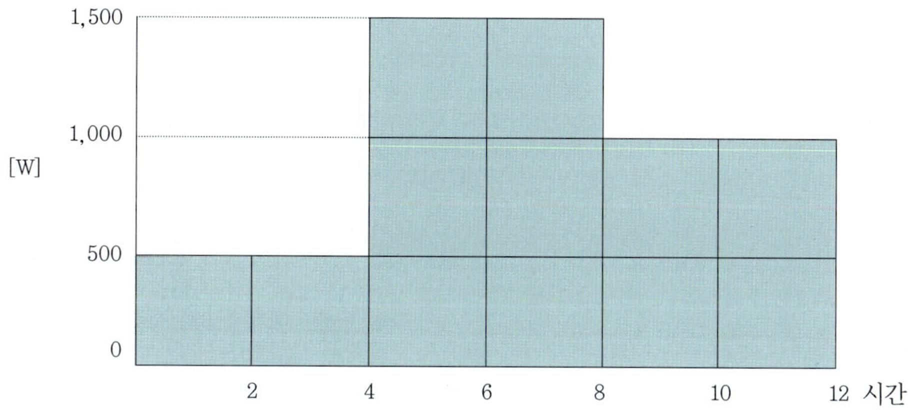

그림 1-15 예제 1-7

풀이 $W = 0.5 \times 4 + 1.5 \times 4 + 1 \times 4 = 12$ [kWh]

그림 1-16(a)에서 회로 내의 한 점 A에서 점 B까지 단위정전하를 이동시키는 데 외부에서 일을 해주어야 할 때, 즉 이동하는 전하가 에너지를 얻을 때 "**B점의 전위는 A점의 전위보다 높다**"라고 표현하며 "**A에서 B로 전압상승**(voltage rise)**이 일어난다**"라고 한다.

마찬가지로 그림 1-16(b)에서와 같이 단위정전하가 이동하면서 전하 자신이 외부에 대해 일을 할 때, 즉 전하가 에너지를 잃는 경우에는 A로부터 B로 **전압강하**(voltage drop)가 있다고 표현한다.

이처럼 두 점 간의 전압을 나타낼 때는 어느 점이 전위가 높은가를 표시하여야 하며, 전위가 높은 점에 (+), 낮은 점에 (−)를 표시한다.

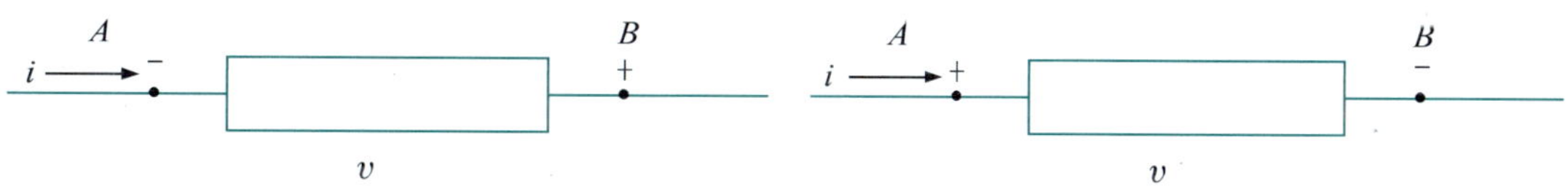

(a) 전하가 에너지를 얻는 경우 (전압상승)

(b) 전하가 에너지를 잃는 경우 (전압강하)

그림 1-16 전압상승과 전압강하

예제 1-8

그림 1-17과 같은 회로에서 R_2 는 R_1 의 10배일 때 R_1 , R_2 양단에 걸리는 전압의 크기를 각각 구하고, 그 극성을 표시하여라. 또한 R_1 에 의해 소비되는 전력이 20 [W]라면 R_2 에서 소비되는 전력은 얼마인가?

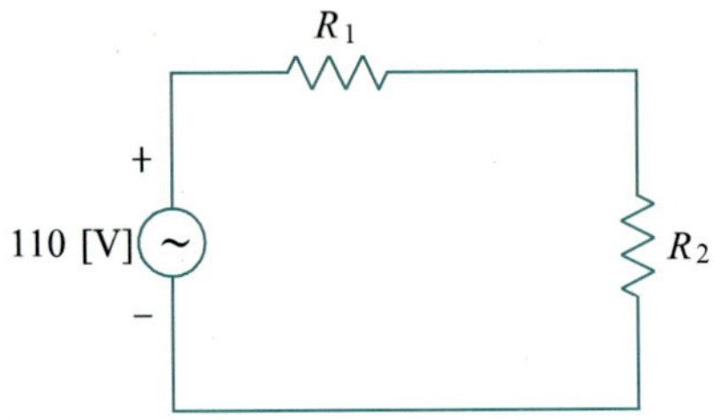

그림 1-17 예제 1-8의 회로

풀이

① 문제의 조건에 $R_2=10R_1$ 이므로 아래 그림과 같이 된다.

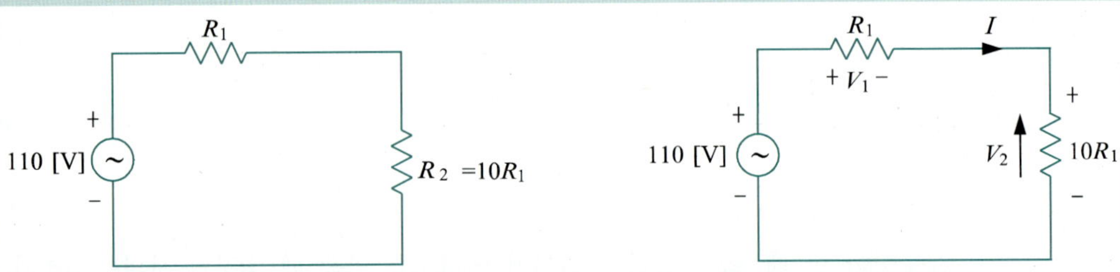

그림 1-18 예제 1-8의 풀이

KVL에서 $110=I(R_1+10R_1)=11R_1I$, $I=\dfrac{110}{11R_1}$ 이므로

$$\therefore V_1=IR_1=\frac{110}{11R_1}R_1=10 \text{ [V]}$$

$$\therefore V_2=110-10=100 \text{ [V]}$$

② 소비전력 20 [W]일 때의 R_1 을 구하면

$P=\dfrac{V_1^2}{R_1}$ 에서 $R_1=\dfrac{V_1^2}{P}=\dfrac{10^2}{20}=5$ [Ω]

$R_2=10R_1$ 이므로 $R_2=10\times5=50$ [Ω]

$$\therefore P_2=\frac{V_2^2}{R_2}=\frac{100^2}{50}=200 \text{ [W]}$$

예제 1-9

그림 1-19의 회로에 있어서 소자 A, C에서는 각각 200 [W], 300 [W]의 전력소비가 있고 B, D에서는 각각 450 [W], 50 [W]의 전력이 발생하고 있다. 2 [A]의 회로전류가 시계방향으로 흐르고 있을 때

(1) 회로의 각 소자에서의 전압강하를 구하여라.

(2) d 점을 기준전위로 할 때 a, b, c 점의 전위를 각각 구하여라.

(3) 소자 A 에서 1분간 소비되는 전기적 에너지를 구하여라.

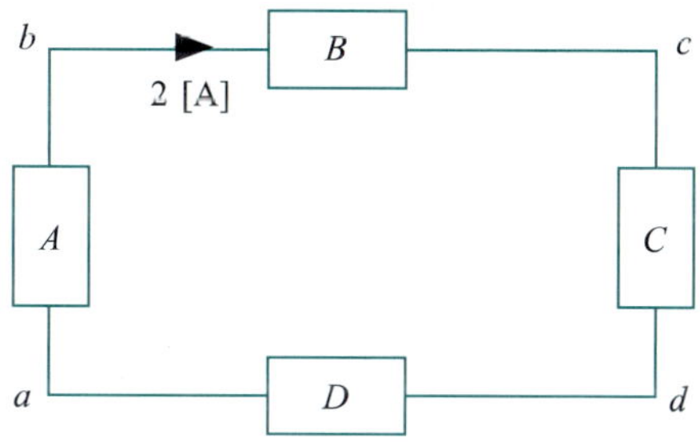

그림 1-19 예제 1-9의 회로

풀이 직렬회로이므로 전류는 공통이다. 조건에서 $A \cdot C$(전압강하)는 전력소비, $B \cdot D$(전압상승)는 전력발생이다.

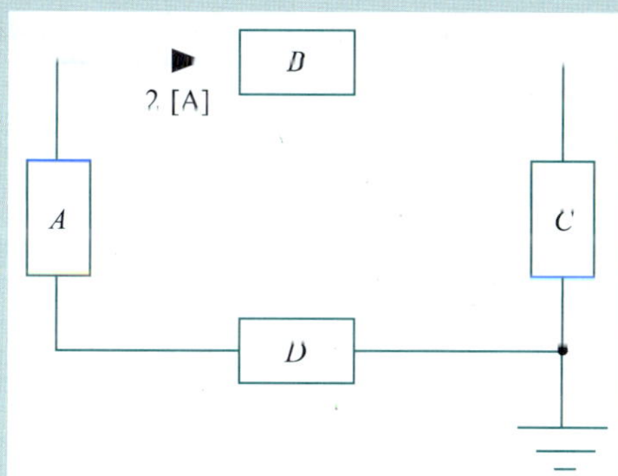

그림 1-20 예제 1-9의 풀이 (1)

(1) ① $P_A = I^2 R_A$

$$R_A = \frac{P_A}{I^2} = \frac{200}{2^2} = 50\ [\Omega], \qquad V_A = I \cdot R_A = -100\ [\mathrm{V}]$$

② $P_B = I^2 R_B$

$$R_B = \frac{450}{2^2} = 112.5\ [\Omega], \qquad V_B = I \cdot R_B = 225\ [\mathrm{V}]$$

③ $P_C = I^2 R_C$

$$R_C = \frac{300}{2^2} = 75\ [\Omega], \qquad V_C = I \cdot R_C = -150\ [\mathrm{V}]$$

④ $P_D = I^2 R_D$

$$R_D = \frac{50}{2^2} = 12.5\ [\Omega], \qquad V_D = I \cdot R_D = 25\ [\mathrm{V}]$$

(2)

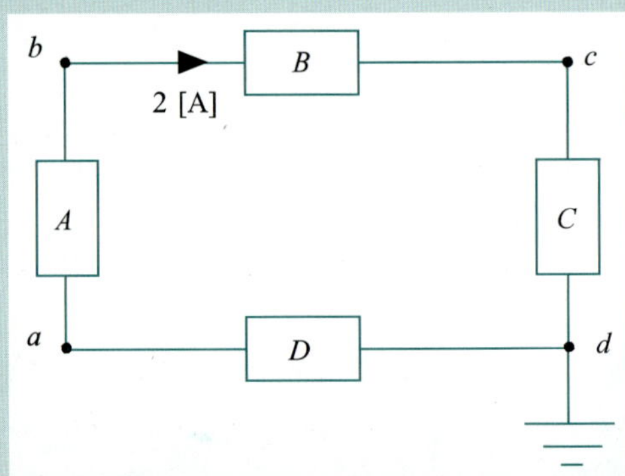

그림 1-21 예제 1-9의 풀이 (2)

d 점을 기준으로 하면(처음과 반대이므로)

$V_a = -(-25) = 25\ [\mathrm{V}]$

$V_b = -(-225 + 150) = 75\ [\mathrm{V}]$

$V_c = -(-150)\ [\mathrm{V}]$

(3) 소자 A에서 1분간 소비되는 전기적 에너지 $W = Pt$ 에서

$P = 200,\ t = 60$ 이므로

$W = 200 \times 60 = 12{,}000\ [\mathrm{J}]$

연습문제

1-1 어떤 전기히터를 5시간 동안 연속적으로 사용하였을 경우 총에너지 사용량이 6 [kWh]이다. 만약 전압이 120 [V]라 하면 히터의 전류와 저항을 구하여라.

1-2 어떤 도선에 3 [A]의 전류가 90분 동안 흘렀을 때 이동한 전하량은 몇 [A·S]인가?

1-3 $i = 3t^2 + 4t$ [A]로 표시되는 전류가 3분 동안 흘렀을 때 도선 속을 통과한 전체 전하량 [Ah]은 얼마인가?

1-4 전열기에 220 [V]의 전압이 인가되고, 5 [A]의 전류가 흐를 때 이 전열기를 하루에 5시간씩 한 달(30일)을 사용하는 경우 전력 및 전력량을 구하여라.

1-5 어느 두 점 사이를 8 [C]의 전하량이 이동하여 100 [J]의 일을 하였을 경우 두 점 사이의 전위차를 구하여라.

1-6 다음 설명 중 옳지 않은 것은?

㉮ 전위차가 높으면 높을수록 전류는 잘 흐른다.

㉯ 양전하를 많이 가진 물질은 전위가 낮다.

㉰ 1초 동안에 1 [C]의 전기량이 이동하면 전류는 1 [A]이다.

㉱ 6.24×10^{18}개의 자유 전자가 통과하면 1 [A]의 전류가 흐른다.

1-7 다음 중 전류의 이동으로 발생하는 현상이 아닌 것은?

㉮ 발열작용 ㉯ 화학작용

㉰ 저항작용 ㉱ 자기작용

1-8 어떤 도선에 1 [A]의 전류가 흐른다고 하자. 이 때 도선의 임의의 단면적을 1 [sec]동안에 1 [C]의 전하가 이동하고 있다고 하면 이 단면적을 통과하는 전자의 수는 얼마인가?

1-9 중성을 띠는 유전체 내의 전자의 수가 12.8×10^{18} [개]일 때, 전자의 전하는 몇 [C]인가?

복습문제

문제 1. $i = 2t^2 + 8t$ [A]로 표시되는 전류가 도선에 3 [S]동안 흘렀을 때 통과한 전 전기량은 몇 [C] 인가?

㉮ 18 ㉯ 48

㉰ 54 ㉱ 61

문제 2. $i = 3{,}000(2t + t^2)$ [A]의 전류가 어떤 도선을 2 [S] 동안 흘렀다. 통과한 전 전기량은 몇 [Ah]인가?

㉮ 1.33 ㉯ 10

㉰ 13.3 ㉱ 36

문제 3. $i = 3t^2 + 2t$ [A]로 표시되는 전류가 1분간 흘렀을 때 통과한 전기량 [Ah]은?

㉮ 55 ㉯ 61

㉰ 65 ㉱ 71

문제 4. 전하 1 [C]에는 몇 개의 전자가 있는가?

문제 5. 어떤 도선에 4 [A]의 전류가 8 [초]동안 흘렸다면 그 도선에 이동한 전자의 수는 얼마인가?

제 2 장 기본회로소자

제 2 장 기본회로소자

2-1 전기회로

그림 2-1(a)에서 스위치 S를 닫으면, 전류의 흐름은 전지의 양극 a점에서 스위치 S를 지나 꼬마전구 b점 · c점을 경유하여 건전지의 음극 d점으로 흐르게 된다. 이와 같이 전류가 흐르는 통로를 전기회로(electric circuit) 또는 간단히 회로(circuit)라고 부른다. 여기서, 그림 2-1(b)는 전기 심벌을 사용하여 그림 2-1(a)를 알아보기 쉽게 간단히 나타낸 것으로 회로도(circuit diagram)라고 한다.

그림 2-1에서 전지와 같은 전기의 공급원을 전원(electric source)이라 하며, 꼬마전구와 같이 전류가 흘러 전기가 소비되는 것을 부하(load)라 한다.

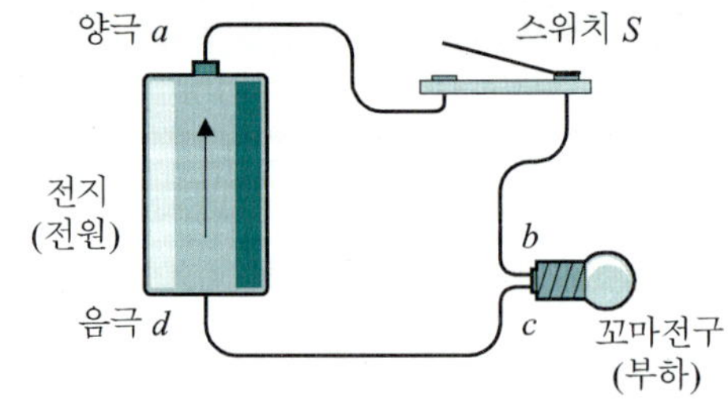

(a) 실체도

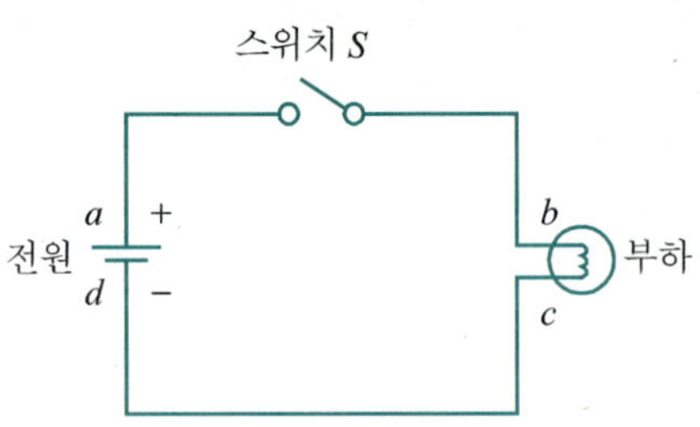

(b) 회로도

그림 2-1 전기회로

2-2 전 류

그림 2-1과 같은 전기회로에서, 스위치를 닫으면 꼬마전구에 불이 켜진다. 이것은 전선을 통하여 꼬마전구에 전류가 흘렀기 때문이다. 이때 전류의 방향은 건전지의 (+)에서 (−) 쪽으로 흐른다고 약속이 되어 있는데, 이와 같은 사실은 자유전자가 도선을 통하여 (−)에서 (+) 쪽으로 이동하였기 때문인 것이다.

이러한 전류의 흐름 방향을 그림 2-2에 나타내고 있다.

이와 같은 전하의 이동을 전류(electric current)라고 한다.

전류의 크기는 도체의 단면을 단위시간에 통과하는 전하량으로 정의하며, 단위는 암페어(ampere)를 사용한다. 즉, 1초 동안에 1 [C]의 전하가 이동했을 때의 전류의 크기를 1 [A]라고 한다.

지금 t초 동안에 Q [C]의 전하가 이동했을 때 흐른 전류의 크기를 I라고 하면,

$$I = \frac{Q}{t} \ [\mathrm{A}] \tag{2-1}$$

로 표시되는데, 만일 이동하는 전하의 비율이 시간에 따라 변화한다면 i는 전하 q의 시간적 변화율로 나타나며

$$i = \frac{dq}{dt} \ [\mathrm{A}] \tag{2-2}$$

$$q = \int i dt \ [\mathrm{C}] \tag{2-3}$$

로 정의된다.

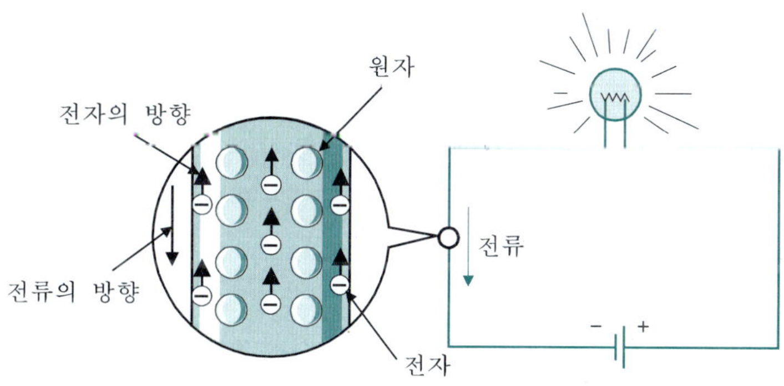

그림 2-2 전류의 방향

2-3 전 위

전기의 흐름은 물의 흐름과 유사하므로 물의 흐름에 비유해서 전기의 흐름을 설명하기로 한다.

2-3-1 전위란 무엇인가?

전위라 함은 전기의 위치라고 할 수 있는 것으로 일반적으로 물의 높낮이인 수위(水位)를 생각하면 이해가 쉽다. 그림 2-3에 전위와 수위를 비교 설명하고 있다.

물은 수위가 높은 곳에서 낮은 곳으로 흐르면서 외부에 일을 하기도 한다. 예를 들어, 물레방아를 돌린다든지 발전을 한다든지 하는 것들이다. 반대로 물을 낮은 곳에서 높은 곳으로 운반하려면 외부에서 에너지를 가해서 일을 해야 가능하다. 이처럼 위치의 높낮이라는 것이 일과 관계가 있다. 전위도 일과 관련이 있으므로 다음과 같이 설명할 수 있다.

전계 내에 전하를 놓으면 전기력(쿨롱의 힘)을 받는데 이 힘에 의해서 전하가 어느 거리만큼 옮겨졌다면 전계가 전하에 대하여 일을 하였다고 한다.

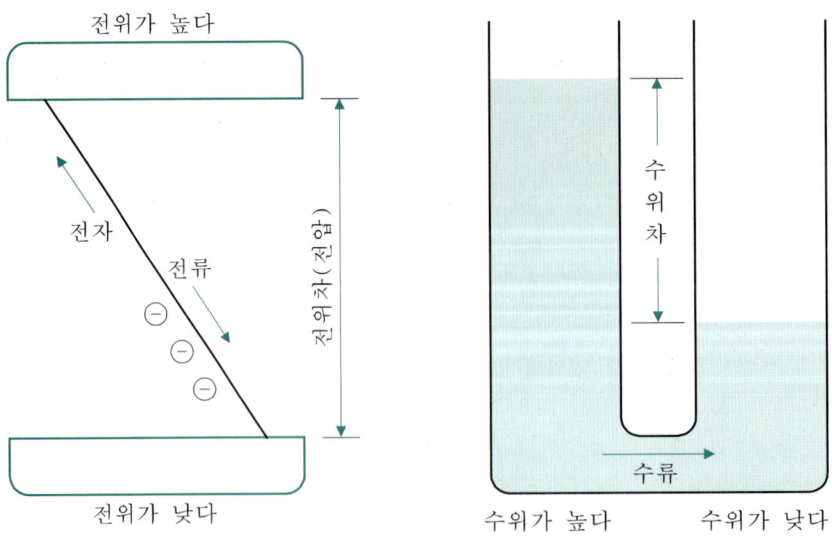

그림 2-3 전위와 수위

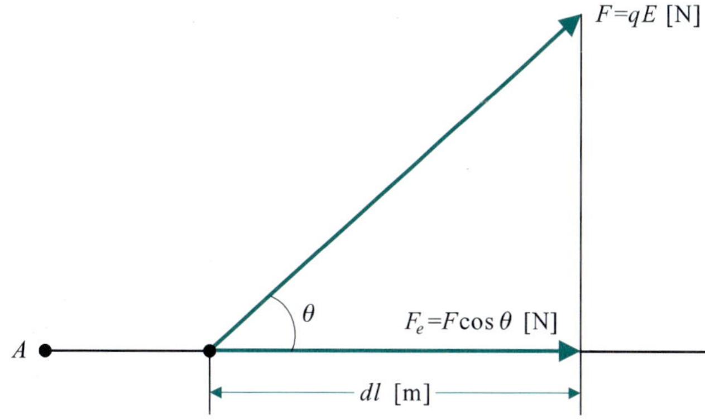

그림 2-4 전하를 운반할 때 일

그림 2-4와 같이 전계 E에서 전하 q [C]를 점 A에서 점 B까지 운반하는 데 요하는 일을 구할 때 이를 식으로 나타내면 다음과 같다.

$$dW = -F_e \cdot dl = -F\cos\theta\, dl \ \text{[J]} \tag{2-4}$$

여기서 −부호는 전하 q [C]를 전계와 반대방향으로 운반한 일임을 의미한다. 따라서 전하를 점 A에서 점 B까지 운반하는 데 요하는 일을 W_{BA}라 하면 다음 식과 같이 표현된다.

$$W_{BA} = -\int_A^B F_e \cdot dl = -\int_A^B F\cos\theta\, dl \ \text{[J]} \tag{2-5}$$

또한 $F = qE$의 관계에 의해서 다음 식과 같이 된다.

$$W_{BA} = -q\int_A^B E \cdot dl = -q\int_A^B E\cos\theta\, dl \ \text{[J]} \tag{2-6}$$

특히 단위전하(1 [C])를 점 A에서 점 B까지 운반하는 데 요하는 일을 두 점 A, B 사이의 전위차(electric potential difference)라고 한다. 이를 V_{BA}로 표시하면 다음 식과 같다.

$$V_{BA} = -\int_A^B E \cdot dl = -\int_A^B E\cos\theta\, dl \ \text{[J]} \tag{2-7}$$

일반적으로 전계의 작용이 미치지 않는 무한원점을 기준점으로 하여 이것과 점 P 사이의 전위차를 점 P의 전위라고 정의하면 다음 식과 같다.

$$V_P = -\int_{\infty}^{P} E \cdot dl = -\int_{\infty}^{P} E\cos\theta\, dl \ [\mathrm{V}] \tag{2-8}$$

여기서 전위 및 전위차의 단위를 볼트(volt)라 하며, 1 [C]의 전하를 운반하는 데 요하는 일이 1 [J]일 때의 전위차를 1 [V]라고 한다. 전위의 기준점은 무한원점을 0 [V]로 하고 있으나 실용상으로는 대지의 전위를 0 [V]로 하여 이것을 기준으로 하고 있다.

여기서 이해를 쉽게 하기 위해서 물의 흐름과 전기의 흐름에 관련된 용어를 비교 정리하여 나타내면 표 2-1과 그림 2-5와 같다.

표 2-1 물과 전기의 비교

물의 흐름	전기의 흐름
① 수위	전위
② 수위차	전위차
③ 수압	전압
④ 수위기준	전위기준 : 대지전위
⑤ 물의 양	전류의 양 : 쿨롱/초=암페어
⑥ 펌프 : 물의 보충	발전기 : 전기생산
⑦ 수조	전지

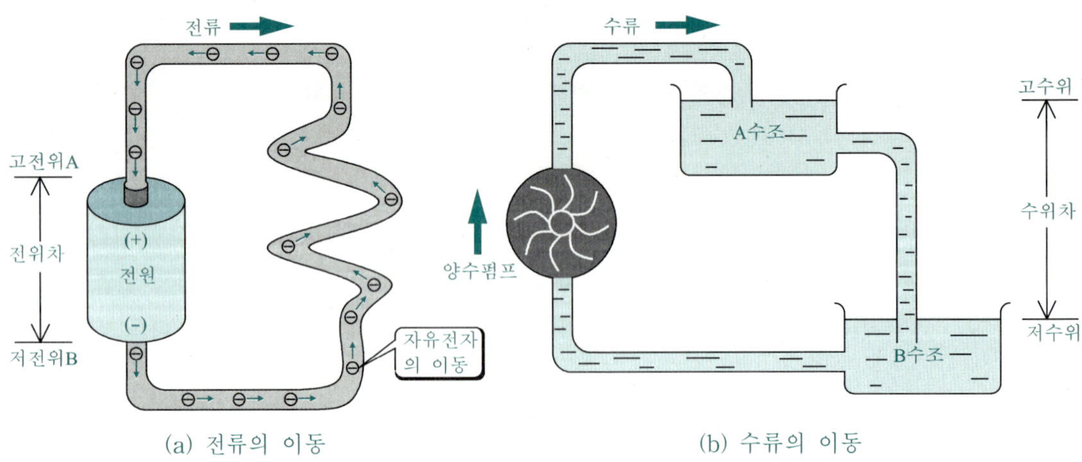

(a) 전류의 이동 (b) 수류의 이동

그림 2-5 물과 전기의 비교

2-3-2 전압의 극성

두 지점 간의 전위 중에서 어느 곳이 (+)전압이 되고 어느 곳이 (−)전압이 되는지 설명하면 다음과 같다. 그림 2−6과 같이 A구에 담겨있는 전하의 수가 B구에 담겨있는 전하의 수보다 많게 되면 B구보다 A구의 전하량이 많은 만큼 에너지가 커진다. 따라서 A구의 전위는 "높다"고 하고 B구의 전위는 "낮다"고 한다.

그러므로 전위가 높은 A구를 (+)전압이라고 하고 전위가 낮은 B구를 (−)전압이라고 한다. 전하를 밀어내는 힘 즉, 전위가 높은 곳이 (+)가 되고 낮은 곳이(−)가 되는 것이지 대수학에서 사용하는 +와 −가 아님을 알아야 한다. 결과적으로 고압(고수위)에서 저압(저수위)으로 물이 이동하듯이 (+)전압에서 (−)전압으로 전류가 흐르는 것이다.

2-3-3 전압의 표현과 단위

두 지점 간의 전위차가 발생하면 이 전위차에 의해 전류가 흐르게 된다. 이와 같이 전류가 흐르도록 두 지점 간에 전위차를 만드는 것을 인가(apply)라고 표현 한다. 따라서 "인가 전압이 220 [V]이다" 또는 "220 [V]의 전압을 인가하였다"라는 말은 두 지점간의 전위차가 220 [V]가 된다는 뜻이며 이 220 [V] 전위차에 의해 전류가 흐르게 된다는 뜻이다. 그러므로 "전압은 인가하는 것"이고 "전류는 흐르는 것"이다.

전압은 저압, 고압 및 특별고압으로 구분되며 그 범위는 전기설비기술기준에 명시되어 있다. 전압이 높을수록 전류를 흐르게 하는 힘이 커지므로 펌프나 엘리베이터와 같이 큰 동력을 필요로 하는 곳에는 일반적으로 3상 380 [V]를 인가하며 형광등이나 소형전기기구와 같이 큰 동력이 필요하지 않는 곳에는 단상 220 [V]를 인가한다.

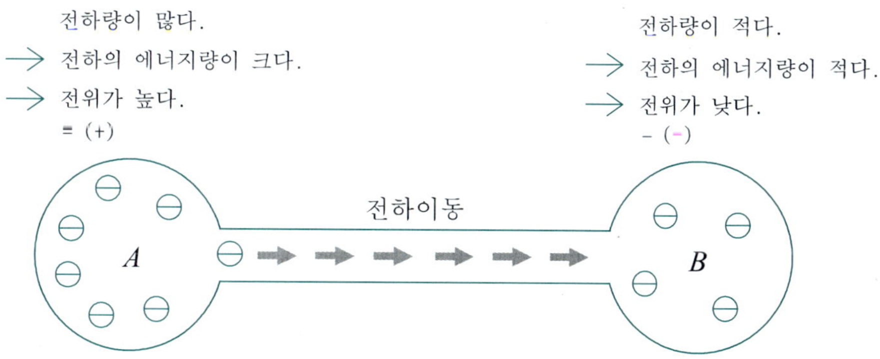

그림 2−6 전압의 극성

전압은 전기를 흐르게 하는 압력으로서, 그 M.K.S 단위는 볼트(volt : [V])이고, 표현은 V, v를 사용한다. 1볼트 [V]는 1쿨롱 [C]의 전하가 두 지점 간을 이동할 때 얻거나 잃는 에너지가 1줄(joule : [J])일 때의 전압(전위차)이다. 따라서 Q [C]의 전하가 전위차가 일정한 두 지점 간을 이동할 때 얻거나 잃는 에너지를 W [J]이라면 두 지점간의 전위차 V는

$$V = \frac{W}{Q}\ [\mathrm{V}] \quad \text{또는} \quad W = VQ\ [\mathrm{J}] \tag{2-9}$$

와 같이 되고, 전압값이 작을 때는 밀리볼트 [mV], 클 때는 킬로볼트 [kV]를 사용한다.

2-3-4 기전력

그림 2-7(a)와 같이 A구와 B구에 담겨있는 전하의 수가 다르면 전하량의 차이에 의한 에너지의 차이 즉, 전위차에 의해 전하가 이동한다고 이미 설명하였다. 그러나 전하가 이동 되어도 언젠가는 그림 2-7(b)와 같이 양쪽 구에 들어있는 전하의 개수가 서로 같아지게 되므로 양쪽 구의 안에서 전하량이 모두 같아지게 된다.

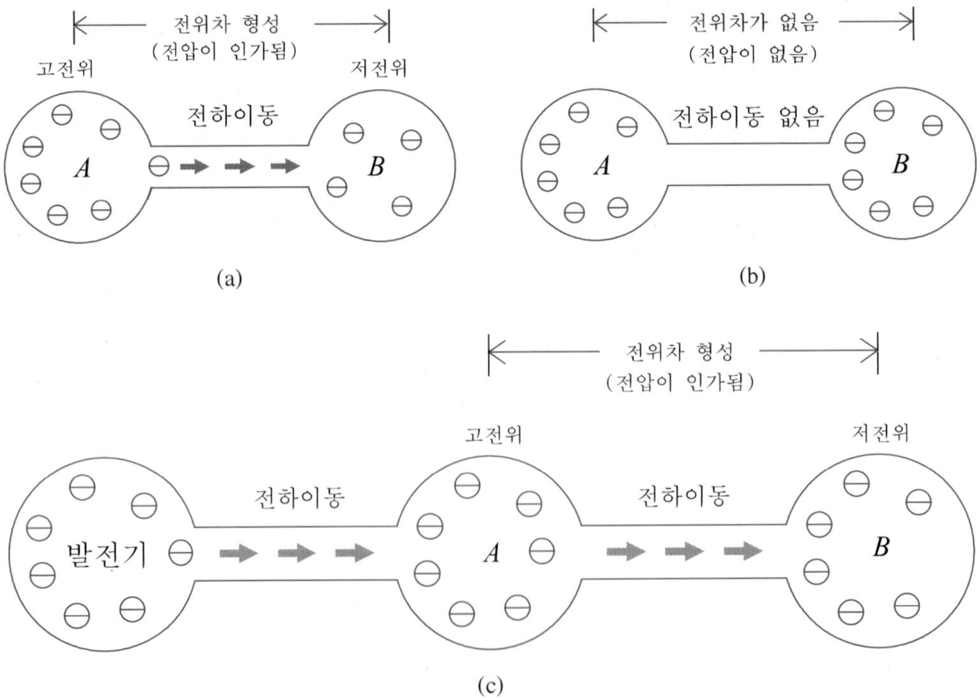

그림 2-7 기전력에 의한 전위차 형성

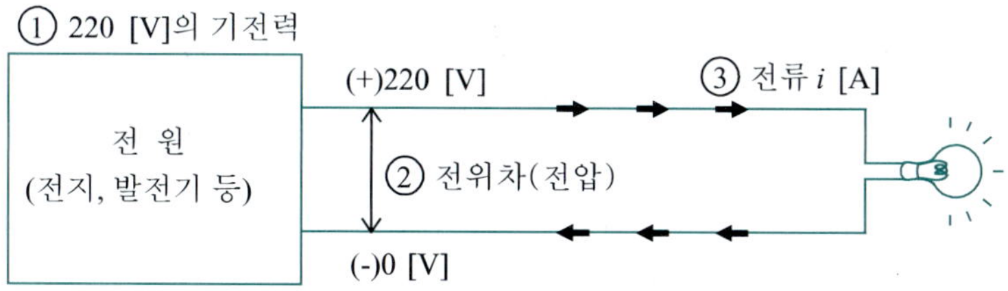

그림 2-8 기전력에 의한 전압의 형성과 전류의 흐름

전하량이 같아져서 전위차가 없어졌으므로 더 이상 전하는 이동하지 않는다. 이때 그림 2-7(c)와 같이 음전하(자유전자)를 만들어내는 발전기를 A구에 연결하여 A구로 음전하를 계속 공급하면 자연히 A구의 전위가 높아지게 되어 전위차가 형성되므로 다시 계속해서 전하가 이동하게 된다. 이와 같이 전위차를 지속시켜 전류를 지속적으로 흐르게 하는 힘을 기전력이라 한다.

기전력을 만드는 것에는 발전기 외에도 전지나 열전대 등이 있고 이러한 것들을 전원(電源)이라고 한다. 기전력은 전압을 만들어 내는 힘이기 때문에 그 단위는 전압과 같이 볼트 [V]를 사용한다.

기전력, 전압 그리고 전류의 관계를 정리하면 그림 2-8과 같이 첫 번째로 220 [V]의 기전력을 가지는 전지나 발전기 등의 전원이 두 전선 간에 220 [V]의 전위차를 형성하면 두 번째로 한쪽 전선은 높은 전위가 되므로 (+)전압이 형성되고 다른 한쪽의 전선은 낮은 전위가 되므로 (−)전압 이 형성된다. 세 번째로 (+)전압에서 (−)전압의 방향으로 220 [V]의 전하량의 차이에 의한 에너지의 차이에 의해 전류가 흐르게 되어 전구에 불이 켜지게 되는 것이다.

2-4 옴의 법칙

그림 2-9(a)에서 꼬마전구를 용량(watt)이 다른 것으로 바꾸면, 회로에 흐르는 전류의 크기가 변화하므로 밝기가 달라진다. 그 이유는 꼬마전구마다 전류의 흐름을 방해하는 성질이 있기 때문이며, 이것을 전기저항(electric resistance) 또는 저항(resistance)이라고도 한다. 저항의 M.K.S 단위로는 오옴(ohm : [Ω])으로 표시한다. 따라서 2-9(a)를 그림 2-9(b)처럼 나타내었을 때, 옴의 법칙(Ohm's law)은 다음과 같이 설명된다.

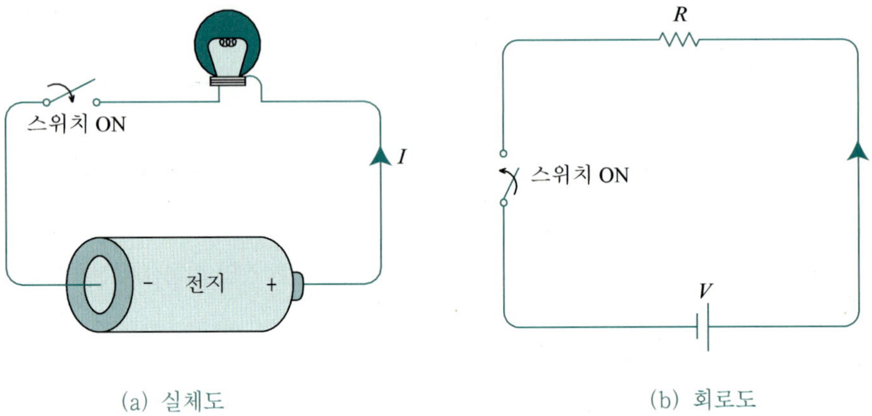

그림 2-9 옴의 법칙

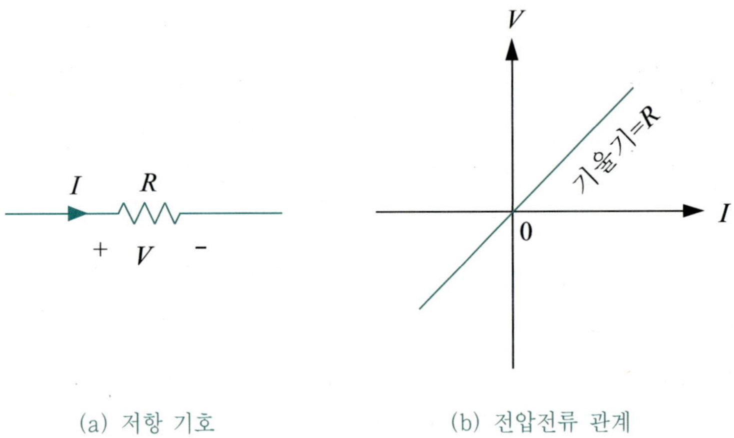

그림 2-10 저항 기호와 전압, 전류 관계

즉, 도체에 흐르는 전류의 크기는 가해진 전압의 크기에 비례하며, 전기저항에 반비례한다. 이 법칙을 수식으로 나타내면 다음과 같다.

$$I=\frac{V}{R}\ [\mathrm{A}],\ R=\frac{V}{I}\ [\Omega],\ V=IR\ [\mathrm{V}] \tag{2-10}$$

식 (2-10)의 전압-전류 관계를 **옴의 법칙**(Ohm's law)이라고 한다.

예제 2-1

4 [kΩ]의 저항에 DC 12 [V]를 가했을 경우 DC 전류는 얼마인가?

풀이

$$I_{DC}=\frac{V}{R}=\frac{12}{4\times 10^{3}}=3.0\times 10^{-3}=3.0\ [\mathrm{mA}]$$

예제 2-2

그림과 같은 회로에서 V_1, I_1, I_2, R 을 구하여라.

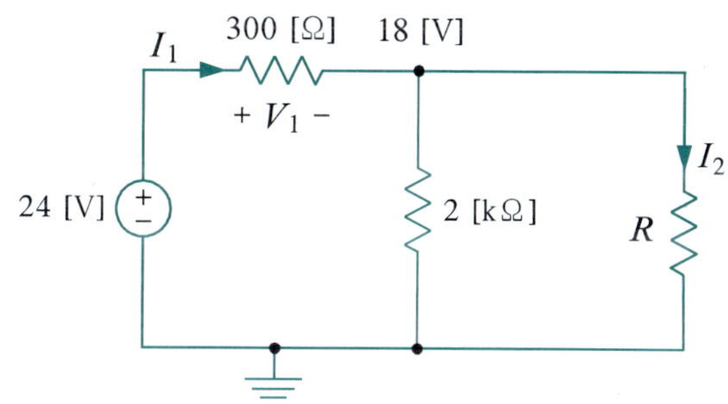

그림 2-11 예제 2-2의 회로

풀이

(a) 병렬 회로에서는 전압이 공통이므로 V_1 을 먼저 구하면

$24=V_1+18,\ V_1=6\ [\mathrm{V}]$

(b) $I_1=\frac{6}{300}=0.02=[\mathrm{A}]=20\ [\mathrm{mA}]$

(c) $I_1=\frac{18}{2\times 10^{3}}+I_2$ 에서 $I_1=0.02$

$0.02=9\times 10^{-3}+I_2$

$I_2=0.011\ [\mathrm{A}]=11\ [\mathrm{mA}]$

(d) $I_2=\frac{18}{R}$

$R=\frac{18}{0.011}=1{,}636.36\ [\Omega]\fallingdotseq 1{,}636\ [\Omega]$

예제 2-3

백열등과 4 [Ω]의 저항을 병렬로 연결하여 12 [V] 건전지 10개를 직렬연결하여 전원을 공급할 때 4 [Ω]의 저항에 30 [A]가 흐르고 백열등에 20 [A]가 흐르도록 하기 위해 백열등 필라멘트를 몇 [Ω]으로 하여야 하는가?

풀이

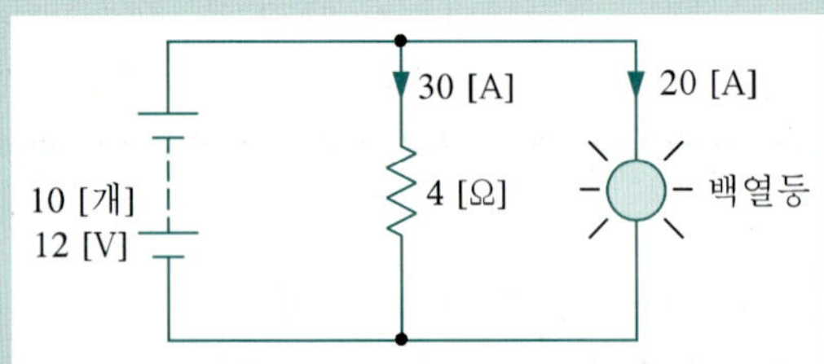

그림 2-12 예제 2-3의 풀이

병렬 회로에서는 전압이 공통이므로

$20\times R=120,\ R=6$ [Ω]

V· I 평면상에 식 (2-10)을 그래프로 나타내면 그림 2-10(b)처럼 원점을 지나는 직선이 된다. 이와 같이 회로 소자의 전압과 전류 관계가 1차 방정식으로 표시되어 전압과 전류의 비가 상수일 때 그 소자를 **선형저항기**(linear resistor)라 한다.

$$1\ [\mathrm{K}\Omega]=10^3\ [\Omega],\ 1[\mathrm{M}\Omega]=10^6\ [\Omega],\ 1[\mathrm{G}\Omega]=10^9\ [\Omega]$$

저항에 전압 V를 인가하여 전류 I를 흘려줄 때 저항기가 흡수하는 전력은

$$P=V\cdot I=I^2R=\frac{V^2}{R}\ [\mathrm{W}] \tag{2-11}$$

이다. 저항기는 소비전력이 언제나 (+)의 값을 갖는 수동회로 소자[2)]이며 전력을 발생하거나 에너지를 축적할 수는 없고, 흡수된 전력은 열로 소비되어 버린다. 저항의 역수

2) **수동 소자** : 자체의 내부에 에너지 발생원 또는 신호 증폭 기능을 갖지 않는 회로 소자
능동 소자 : 자체의 내부에 에너지 발생원 또는 신호 증폭 기능을 갖는 회로 소자

$$G = \frac{1}{R} = \frac{I}{V}\ [℧] \tag{2-12}$$

를 **컨덕턴스**(conductance)라 하며 단위는 모오 [℧]이다.

도선의 저항은 길이에 비례하고, 단면적에 반비례한다. 그림 2-13과 같이 도체의 단면적을 A [m^2], 도체의 길이를 l [m]라 할 때 도체의 저항 R은

$$R = \rho\frac{l}{A}\ [\Omega] \tag{2-13}$$

이 된다. 여기서 ρ는 도선의 재질에 따라 결정되는 상수로서, 이를 **고유저항** 또는 **저항률**(electric resistivity)이라 하며 이것은 다음으로부터 정의된다.

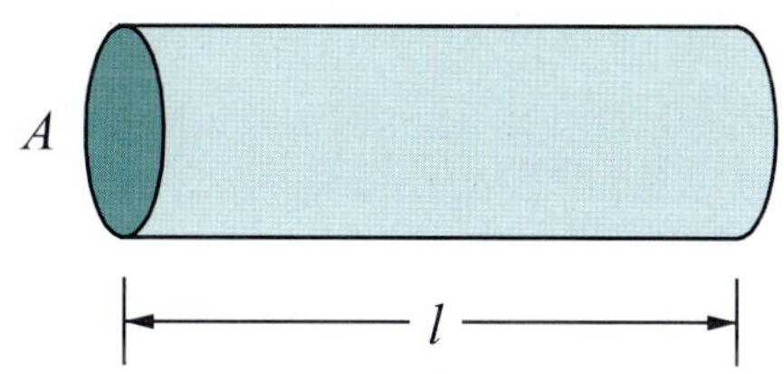

그림 2-13 도체저항 R

표 2-2 금속 도체의 고유저항

(단위 : 10^{-8} [Ω · m])

원 소 (20 [℃])				합 금 (상 온)	
은	1.62	니 켈	6.9	깅	10 -20
동	1.69	철	10.0	규소강(Fe-Si 4.5%)	62.5
알루미늄	2.83	백 금	10.5	니크롬(Ni-Cr-Fe)	100~110
마그네슘	4.46	주 석	11.4	망가닌(Cu-Mn)	34~100
보리브덴	4.47	아 넌	21.9	놋쇠(Cu-Zn)	5~7
아 연	6.1	수 은	95.8		

예제 2-4

고유저항 108 [μΩ·cm]의 니크롬선을 사용하여 지름 0.5 [mm]의 것으로 20 [Ω]을 만들려면 길이를 몇 [m]로 하면 좋은가?

풀이

$R=\rho\dfrac{l}{A}$ 에서

$\rho=108\ [\mu\Omega\cdot cm]$에서 M.K.S 단위로 바꾸면

$\rho=108\times10^{-6}\times10^{-2}=108\times10^{-8}\ [\Omega\cdot m]$

$A=\pi r^2,\ D=0.5\times10^{-3}\ [m]$

$$A=\pi\left(\frac{0.5\times10^{-3}}{2}\right)^2$$

$$=\pi\frac{0.25\times10^{-6}}{4}=1.9625\times10^{-7}\ [m^2]$$

$R=20\ [\Omega]$

$$l=\frac{R\cdot A}{\rho}=\frac{20\times1.9625\times10^{-7}}{108\times10^{-8}}=3.634\ [m]$$

$$\rho=\frac{\text{전계의세기 } E}{\text{전류밀도 } J}=\frac{V/m}{I/m^2}=\frac{V}{I}\cdot\ \text{m}=\Omega\cdot\ \text{m}$$

전류에 대해 일정치 않은 저항을 갖는 저항기, 즉 선형이 아닌 저항기를 **비선형 저항기**(non-linear resistor)라 한다. 비선형 저항기의 전형적인 예는 pn접합 다이오드로서 그 특성곡선을 그림 2-14에 표시하였으며, 다이오드에 흐르는 전류는 다음 식과 같이 전류는 전압의 비선형 함수로

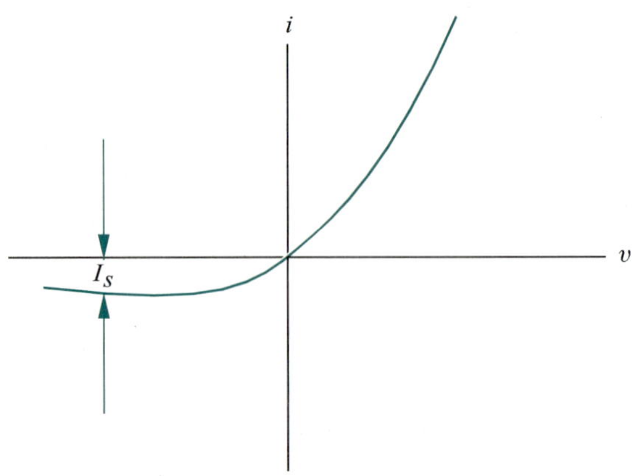

그림 2-14 다이오드의 특성곡선

나타난다.

$$i = I_s(e^{qV/kT} - 1)\ [\mathrm{A}] \qquad (2\text{-}14)$$

여기서 I_s : 역포화 전류, k : 볼츠만 상수, T : 절대온도

예제 2-5

길이 150 [m], 지름 10 [mm]인 동선의 상온에서의 저항 값을 구하여라.

풀이

표 2-1에서 $\rho = 1.69 \times 10^{-8}$ [Ω · m]이므로

$$R = \rho\frac{l}{A} = 1.69 \times 10^{-8} \times \frac{150}{\pi\left(\frac{10}{2} \times 10^{-3}\right)^2} \fallingdotseq 0.032\ [\Omega]$$

옴의 법칙에 따라 전압, 전류, 저항간 어떠한 관계가 있는지 알아보면 다음과 같다.

2-4-1 $I = \frac{V}{R}$

전압을 $V_1 \rightarrow V_2 \rightarrow V_3$로 증가시키면 전류가 증가하고 이에 따라 전구도 밝아진다. 전압이 0 [V]가 되면 전류도 흐르지 않는다. 이와 같이 저항이 일정할 때 인가전압이 증가하면 전류도 증가한다.

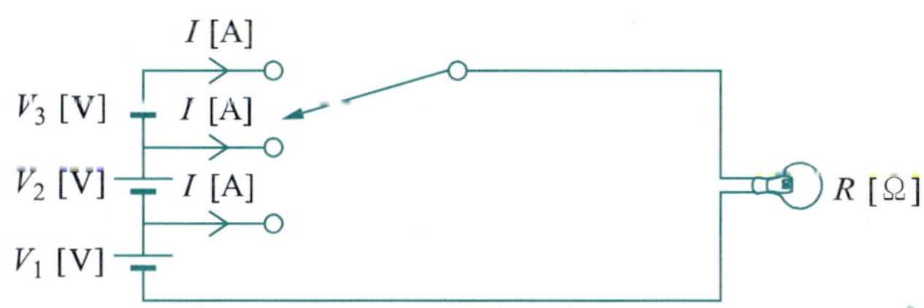

그림 2-16 $I = \frac{V}{R}$의 설명

2-4-2 $R=\frac{V}{I}$

전구가 많아질수록 전구의 불빛은 감소된다. 전압이 일정할 때 저항이 변화되면 전류도 변화된다.

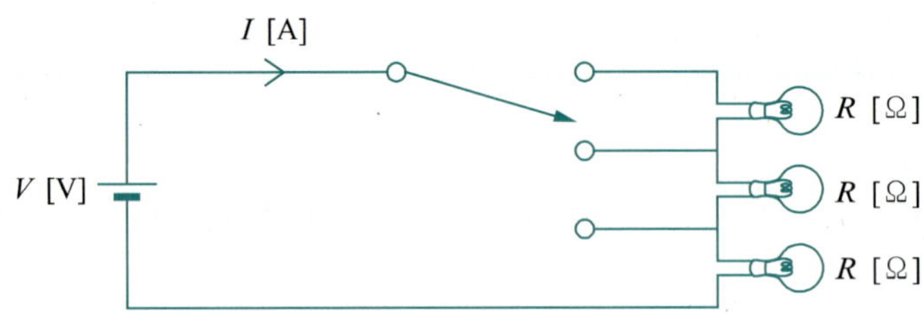

그림 2-17 $R=\frac{V}{I}$의 설명

2-4-3 $V=IR$

저항이 증가될 때 전류를 일정하게 유지하기 위해서는 전압을 증가시켜야 한다.

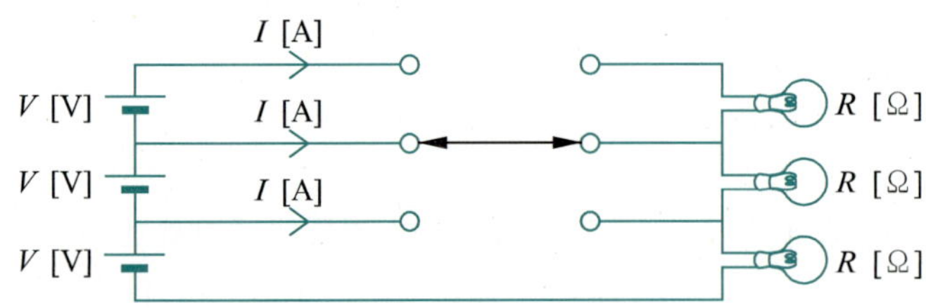

그림 2-18 $V=IR$의 설명

2-5 저항의 종류

전자부품 중 가장 많이 사용되는 저항기에는 용도와 크기에 따라 여러 가지 종류가 있다.

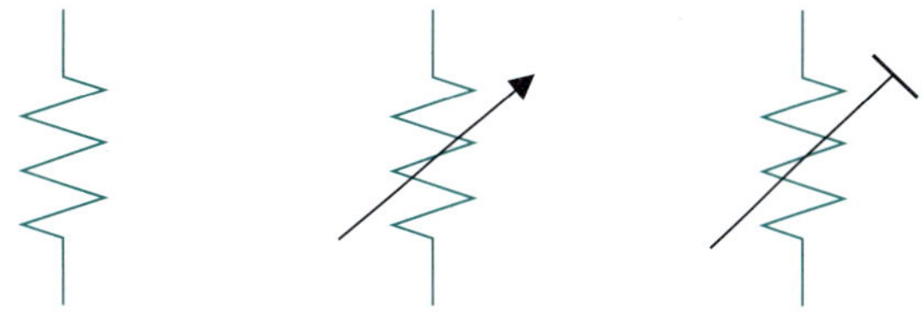

(a) R (b) VR (c) SVR

그림 2-19 각종 저항기의 기호

■ 탄소 피막 저항

① 세라믹 막대 표면에 흑연피막을 증착시킨 구조인데 저항값은 탄소피막의 두께로 조절할 수 있다. 그러나 탄소피막을 너무 얇게 할 수 없기 때문에 그림 2-20에서와 같이 홈을 파서 전류가 흐르는 경로를 가늘고 길게 하면 저항 값을 수십, 수백 배 크게 만들 수 있다(최소 0.1 Ω에서 최대 10 MΩ 정도까지).
② 소용량 저항기에서 널리 사용된다(열용량: ⅛ W~1 W, 오차 ±5% 제품).
③ 크기가 작아 저항값을 컬러코드(Color Code) 방식으로 표기한다.
④ 가격은 싸지만 잡음발생이 많은 단점이 있다.

그림 2 20 탄소피막저항

■ 금속피막 저항

탄소피막 대신 금속피막을 증착시킨 것만 다르고 모양과 제조방식은 위와 같다. 금속피막형 저항은 오차가 2% 이내인 정밀급으로 제조되고, 잡음이 적다.

■ 권선 저항기

10~50 mm 정도의 도자기관에 니크롬저항선을 감아 만든 발열용량이 큰 저항기로 2~100 W 정도의 대용량이 많고, 10 W 이상이 되면 저항선 위를 법랑으로 코팅한다.

그림 2-21 권선 저항

■ **시멘트 저항**

단단한 사각형 시멘트관속에 저항재질을 압축해 넣어 만든 저항기로 2~10 W 정도의 중간 용량형, 오차는 ±5% 제품이 많다.

그림 2-22 시멘트 저항

■ **모울드(Mould) 저항**

합성수지 원통 속에 저항재질을 압축해 넣고 양쪽 단자를 뽑은 저항으로 탄소 피막형보다 약간 크고, 오차는 5~10%, 용량은 ⅛ W~최대 2 W까지 제품이 있다.

■ **어레이(Array) 저항**

디지털회로에는 버스 드라이버나 입출력 인터페이스에 8~16개의 저항이 사용되는 경우가 많다. 이러한 경우를 위하여 다수의 저항을 하나의 패키지에 넣어 만든 것을 어레이 저항이라 한다.

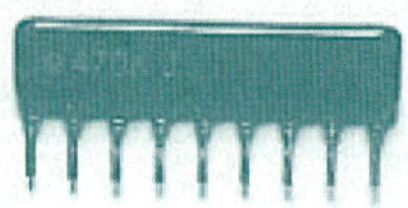

그림 2-23 어레이 저항

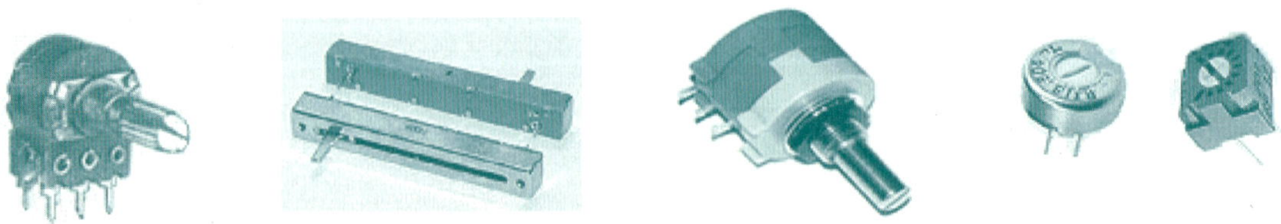

(a)가변저항기 (b) 슬라이드식 가변저항기 (c) 포텐셔 미터 (d) 반고정저항기

그림 2-24 가변 저항기의 종류

2-6 저항의 접속

대부분의 전기회로는 2개 이상의 저항을 접속하여 구성하게 되는 경우가 많다. 이때 저항의 접속 방법으로는 직렬접속(series connection), 병렬접속(parallel connection) 및 직·병렬 접속(series parallel connection) 등이 있는데, 이들의 합성저항과 전류에 대하여 알아보기로 한다.

2-6-1 직렬접속

그림 2-25(a)와 같이 저항을 일렬로 접속하는 것을 직렬접속이라 하고, 이 저항들과 전원이 모두 직렬로 접속되어 있는 것을 직렬회로라고 한다. 그림 2-25(a)에서 꼬마전구 대신 저항을 전기 심벌로 표시하여 나타낸 회로도를 그림 2-25(b)에 나타내고 있다.

그림 2-25(b)와 같은 직렬회로에서 각 저항의 합성저항(combined resistance) R은 다음과 같이 된다.

$$R = R_1 + R_2 + R_3 \ [\Omega] \tag{2-15}$$

그러므로 회로에 흐르는 전류 I는 옴의 법칙에 의하여

$$I = \frac{V}{R} = \frac{V}{R_1 + R_2 + R_3} \ [\text{A}] \tag{2-16}$$

로 구할 수 있다. 그리고, 각각의 저항에 걸리는 전압은 각 저항의 크기에 비례하는데,

$$\begin{aligned} V_1 &= IR_1 \ [\text{V}] \\ V_2 &= IR_2 \ [\text{V}] \\ V_3 &= IR_3 \ [\text{V}] \end{aligned} \tag{2-17}$$

의 관계로 된다.

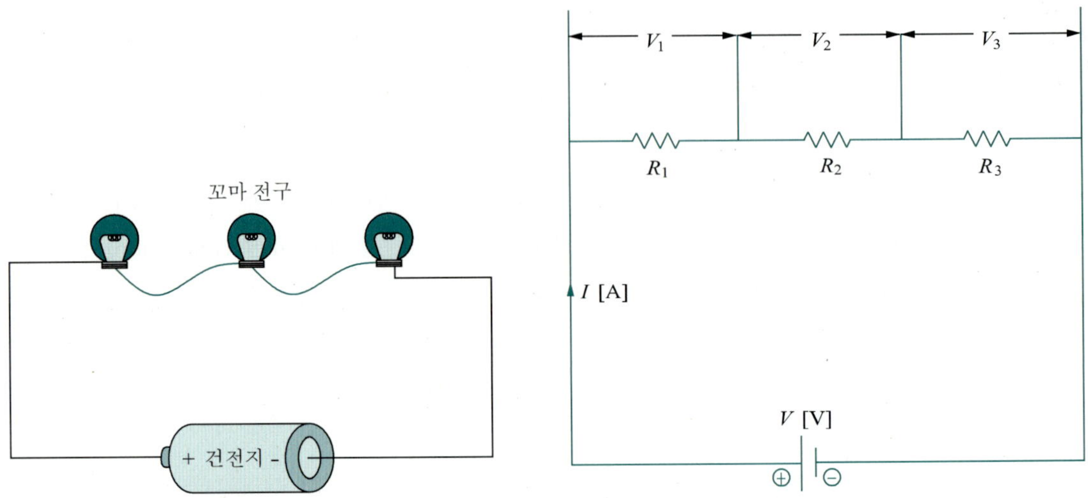

(a) (b)

그림 2-25 저항의 직렬접속

예제 2-6

그림과 같은 회로에서 미지저항 R의 값은 몇 [Ω]인가?

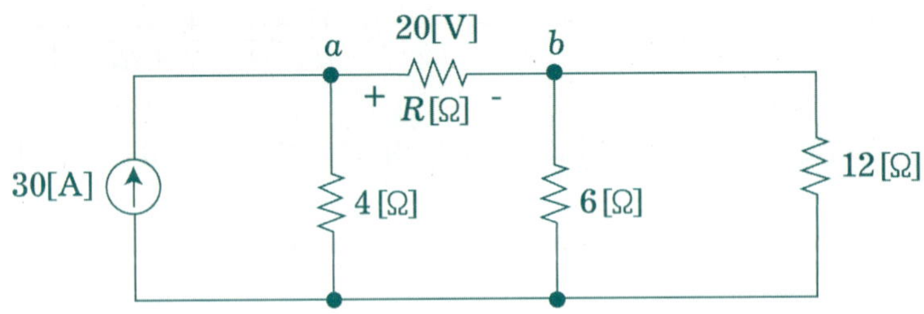

그림 2-26

풀이

좌측 전류원(30 [A])와 4 [Ω]을 등가전압원으로 변환하고 우측 병렬저항(6 [Ω], 12 [Ω])을 직렬회로 바꾸면 $\dfrac{6\times 12}{6+12} = \dfrac{72}{18} = 4$ [Ω]이 된다.

문제의 회로를 등가변환하면 다음과 같다.

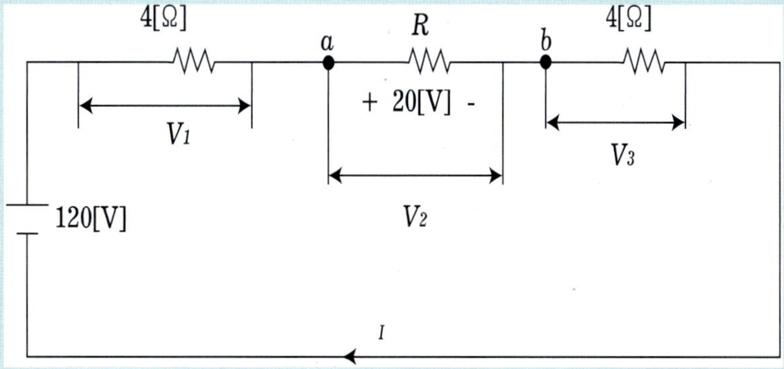

그림 2-27

KVL을 적용하면

$120 = V_1 + V_2 + V_3$에서

$V_2 = 20$ [V]

$V_1 + V_3 = 100$ [V] 직렬회로에서 전류가 공통이므로

$R_1 = R_3$이므로 $V_1 = V_3 = 50$ [V]가 된다.

$V_1 = 4I$에서

$$I = \frac{50}{4} = 12.5 \text{ [A]}$$

$$\therefore R = \frac{V_2}{I} = \frac{20}{12.5} = 1.6 \text{ [Ω]}$$

별해

문제의 회로에서 30 [A]전류원과 4 [Ω]의 저항을 전압원으로 등가 변환하면 120 [V]가 된다.

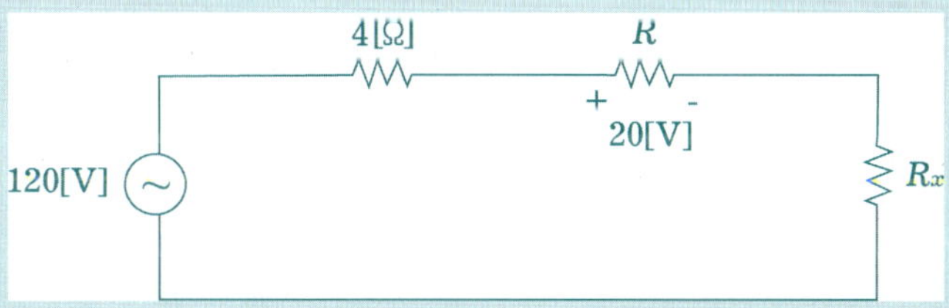

그림 2-28

$$R_x = \frac{6 \times 12}{6+12} = 4 \text{ [Ω]}$$

$$120 \times \frac{R}{8+R} = 20,\ 120R = 20R + 160,\ 100R = 160 \ \therefore R = 1.6 \text{ [Ω]}$$

예제 2-7

그림과 같은 회로에서 전체 눈금에 요구하는 전압이 $V_1=3$ [V], $V_2=10$ [V], $V_3=30$ [V], $V_4=100$ [V]이고 전체 눈금에 요구하는 전류 I_{fs} 가 100 [μA]일 때 R_1, R_2, R_3, R_4 를 구하여라(단, $R_m=1$ [kΩ]이다).

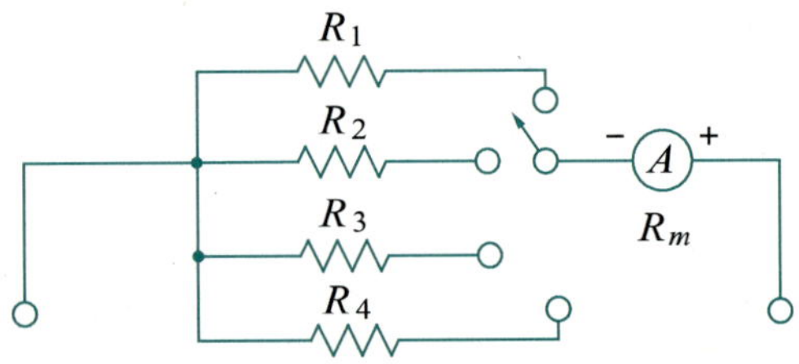

그림 2-29 예제 2-7의 회로

풀이

$$(R_1+R_m)I_{fs}=3$$
$$(R_2+R_m)I_{fs}=10$$
$$(R_3+R_m)I_{fs}=30$$
$$(R_4+R_m)I_{fs}=100$$

$R_1=29$ [kΩ], $R_2=99$ [kΩ], $R_3=299$ [kΩ], $R_4=999$ [kΩ]

2-6-2 병렬접속

그림 2-30(a)와 같이 저항의 양끝을 각각 1개소에서 접속하는 방법을 저항의 병렬접속이라 하고, 이 저항들이 전원과 접속되어 있는 회로를 병렬회로라고 한다.

그림 2-30(b)와 같은 병렬회로에서의 합성저항 R [Ω]은 다음과 같이 구할 수 있다.

$$R=\frac{1}{\frac{1}{R_1}+\frac{1}{R_2}+\frac{1}{R_3}}\ [\Omega] \tag{2-18}$$

그리고, 각 저항에 흐르는 전류 I_1, I_2, I_3 [A]는 각각 식 (2-19)와 같이 된다.

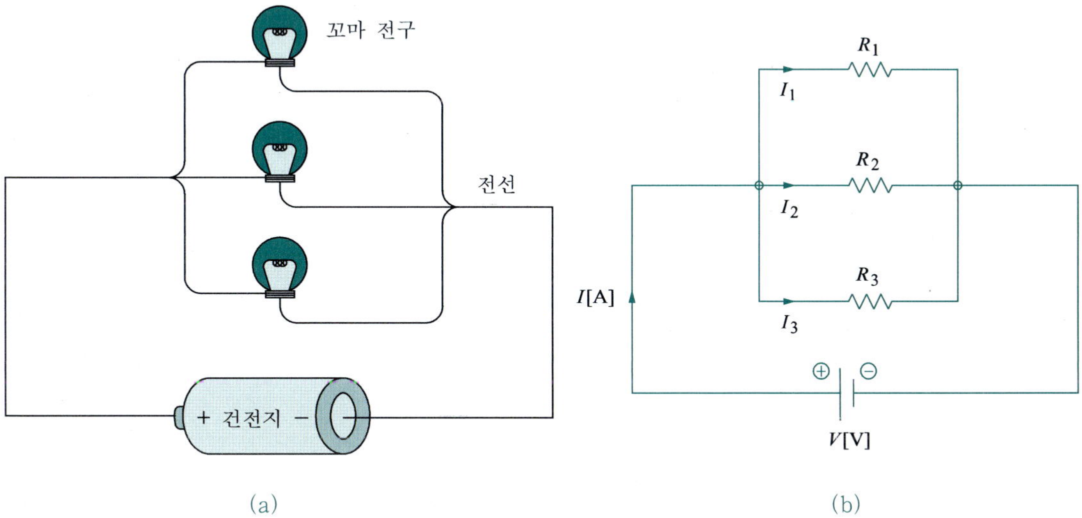

그림 2-30 저항의 병렬접속

$$I_1 = \frac{V}{R_1}\ [\mathrm{A}]$$
$$I_2 = \frac{V}{R_2}\ [\mathrm{A}] \qquad (2\text{-}19)$$
$$I_3 = \frac{V}{R_3}\ [\mathrm{A}]$$

따라서, 전체 전류 I는

$$I = I_1 + I_2 + I_3 = \frac{V}{R_1} + \frac{V}{R_2} + \frac{V}{R_3}\ [\mathrm{A}]$$

만큼 흐르게 된다.

2-6-3 직·병렬 접속

저항의 직·병렬 접속은 직렬접속과 병렬접속 회로를 적당히 조합한 것이다. 그림 2-31에 여러 가지 직·병렬 접속의 예를 나타낸다.

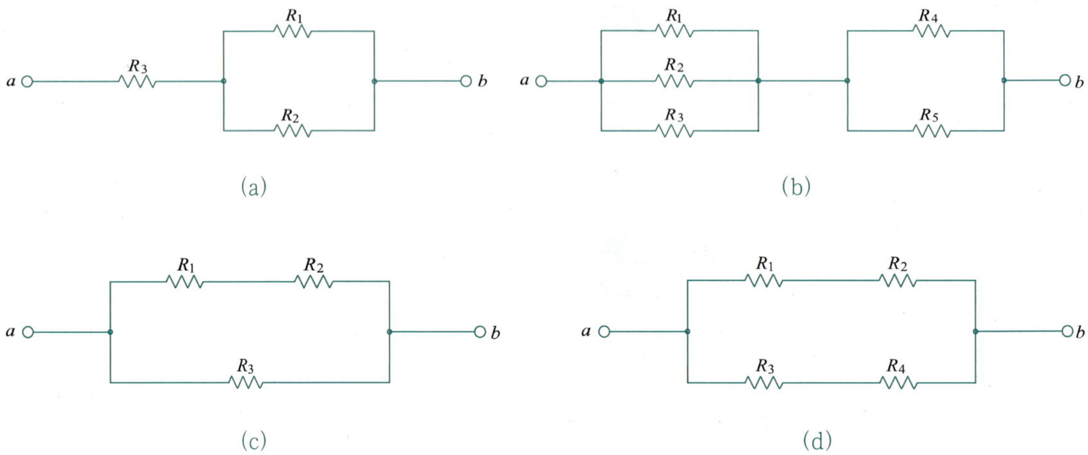

그림 2-31 저항의 직·병렬 접속

2-7 키르히호프의 법칙

■ 제1법칙(전류법칙)

회로망 중의 임의의 접합점(마디)에 유입되는 전류와 마디로부터 유출되는 전류의 대수적 총합은 0이다. 즉

$$\sum_{n=1}^{N} i_n = 0 \tag{2-20}$$

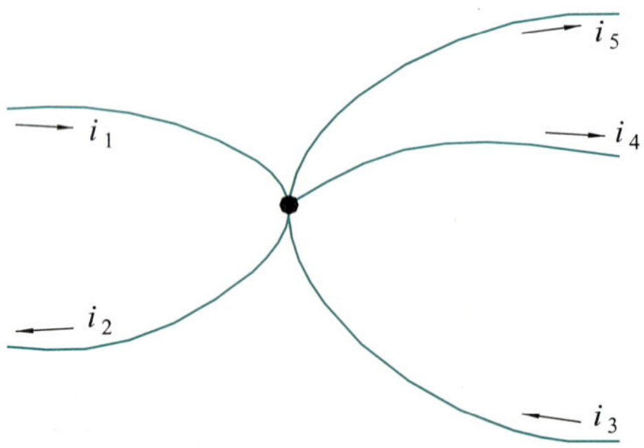

그림 2-32 키르히호프의 전류법칙

그림 2-32에서 0점에 들어가는 전류를 (+), 0점으로부터 나오는 전류를 (−)라 하면

$$i_1+(-i_2)+i_3+(-i_4)+(-i_5)=0 \tag{2-21}$$

■ **제2법칙(전압법칙)**

회로망 중 임의의 폐회로(closed circuit)를 따라서 일주하면서 계산한 전압상승의 총합은 그 폐회로에서의 전압강하의 총합과 같다. 즉,

$$\sum_{n=1}^{N} v_n=0 \tag{2-22}$$

그림 2-33의 폐회로에서 시계방향으로 일주할 때 전압상승을 (+), 전압강하를 (−)로 하여 합을 취하면

$$v_a-v_b+v_c-v_d=0$$

이다.

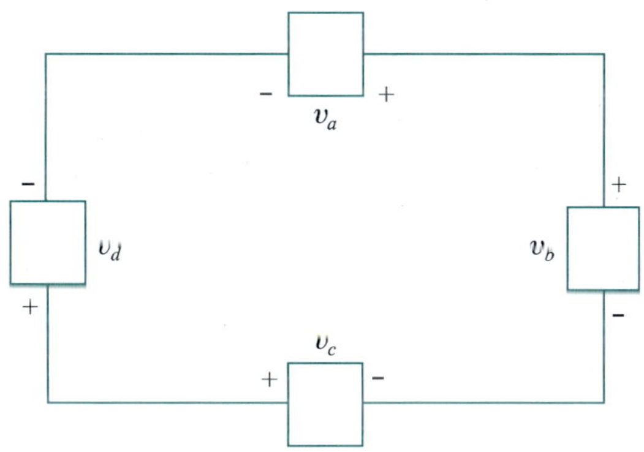

그림 2-33 키르히호프의 전압법칙

예제 2-8

그림과 같은 회로에서 V_0 와 R 을 구하여라.

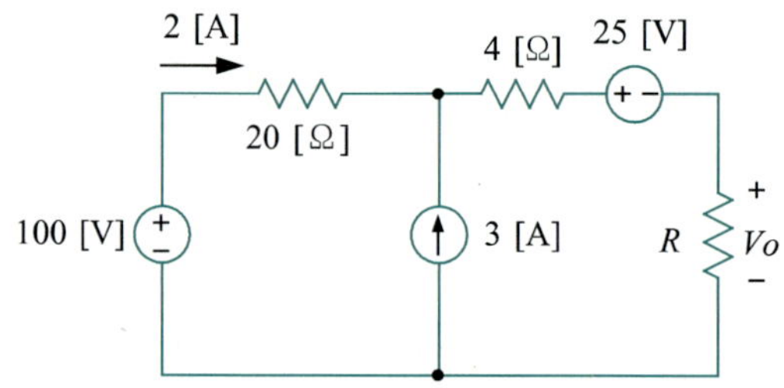

그림 2-34 예제 2-8의 회로

풀이

(a) V_0 를 먼저 구하면

$$100 = 2\times 20 + 5\times 4 + 25 + V_0$$
$$100 = 40 + 20 + 25 + V_0$$
$$100 = 85 + V_0$$
$$V_0 = 15 \text{ [V]}$$

(b) R 는 다음과 같이 구할 수 있다.

$$2+3 = \frac{V_0}{R} \qquad V_0 = 15$$
$$5 = \frac{15}{R} \qquad R = 3 \text{ [Ω]}$$

예제 2-9

다음 회로에서 다음 물음에 답하시오.

1) 스위치를 닫기 전 저항 R_1 에 흐르는 전류는 몇 [A]인가?

2) 저항 R_2 의 양단에 걸린 전압은 스위치를 닫기 전과 닫은 후 어떻게 되는가?

3) 스위치를 닫은 후 소비전력이 가장 큰 저항은 어느 것인가?

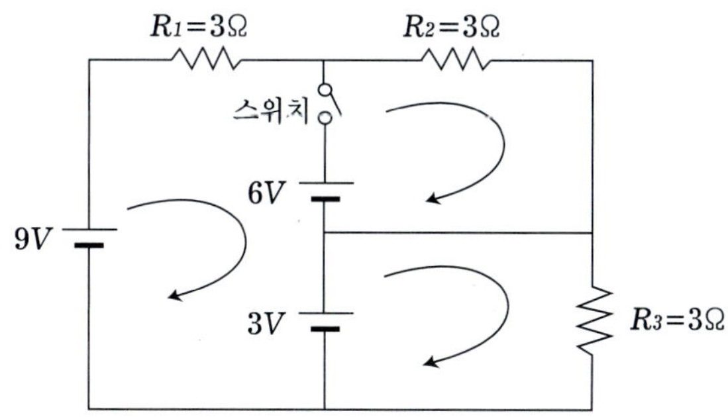

그림 2-35 예제 2-9의 회로

정답 및 풀이

정답 : 풀이 참조

풀이

1) 스위치(S/W)를 닫기 전 회로는 다음과 같다.

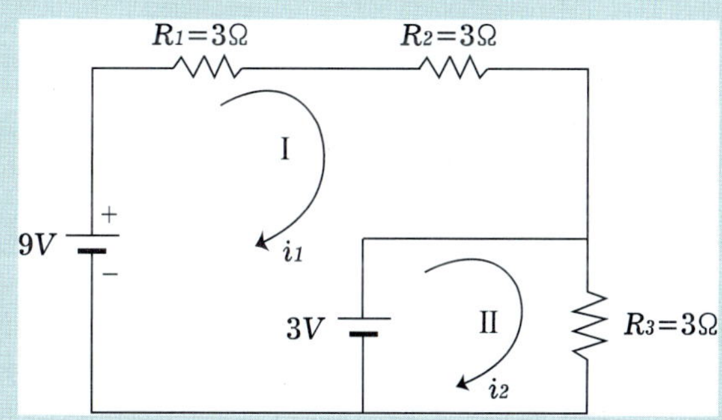

그림 2-36

(1) I Loop에서 KVL를 적용하면

$9-3 = 3i_1 + 3i_1$

$6 = 6i_1,\ i_1 = 1\,[\mathrm{A}]$ ①

II Loop에서 KVL를 적용하면

$3 = 3i_2,\ i_2 = 1\,[\mathrm{A}]$②

2) (1) 스위치를 닫기 전 R_2에 걸리는 전압 $V_2 = i_1 \times 3 = 1 \times 3 = 3\,[\mathrm{V}]$

(2) 스위치를 닫은 후 회로도는 다음과 같다.

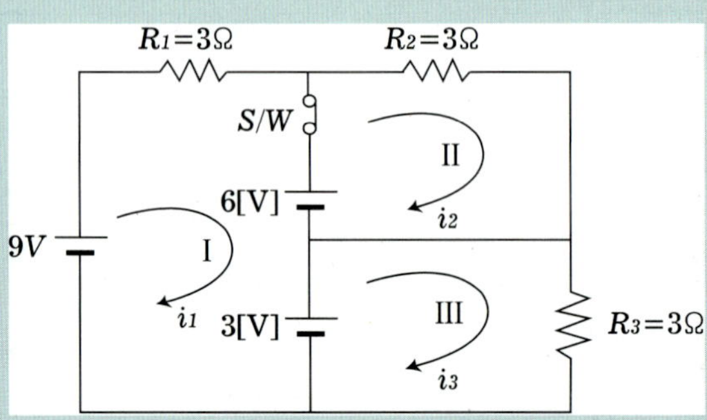

그림 2-37

① I Loop에서 KVL를 적용하면,

$$9-9=3i_1$$
$$0=3i_1$$
$$i_1=0$$

② II Loop에서 KVL를 적용하면,

$$6=3i_2$$
$$i_2=\frac{6}{3}=2\ [A]$$
$$V_2=i_2\times 3$$
$$=2\times 3=6\ [V]$$

③ III Loop에서 KVL를 적용하면,

$$3=3i_3$$
$$i_3=1\ [A]$$

(3) 스위치를 닫기 전에는 R_2에는 3 [V]가 걸리고 닫은 후에는 6 [V]가 걸린다.

3) $i_1=0$, $i_2=2$ [A], $i_3=1$ [A]이므로 R_2의 소비전력이 가장 크다.

$P_2=I^2R$ 에서

$$=2^2\times 3=12\ [W]$$

예제 2-10

그림과 같은 회로에서 V_1, V_2, V_3를 구하여라.

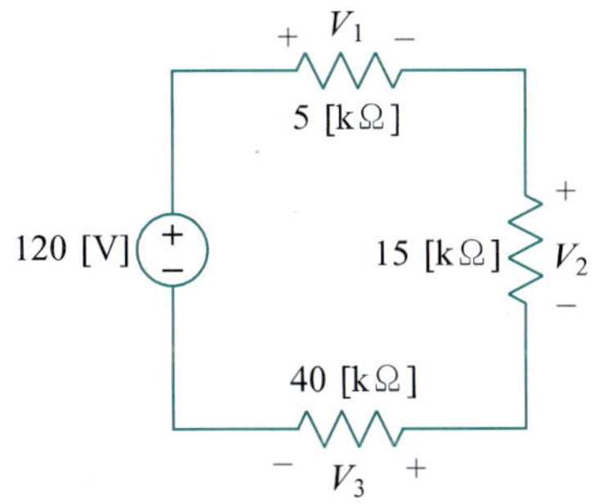

그림 2-38 예제 2-10의 회로

풀이 먼저 전류를 구하면

$$120 = (5+15+40)\times 10^3 \times I$$

$$I = \frac{120}{60\times 10^3} = 2\times 10^{-3}$$

$$V_1 = 2\times 10^{-3}\times 5\times 10^3 = 10\ [\text{V}]$$

$$V_2 = 2\times 10^{-3}\times 15\times 10^3 = 30\ [\text{V}]$$

$$V_3 = 2\times 10^{-3}\times 40\times 10^3 = 80\ [\text{V}]$$

예제 2-11

그림의 히루에서 전지의 기전력이 $E_1 = 4$ [V], $E_2 = 2$ [V], 저항 $R_1 = 0.25$ [Ω], $R_2 = 0.1$ [Ω], $R_3 = 0.1$ [Ω]일 때 R_1, R_2, R_3에 흐르는 전류를 구하여라. 단, 전지의 내부저항은 무시한다.

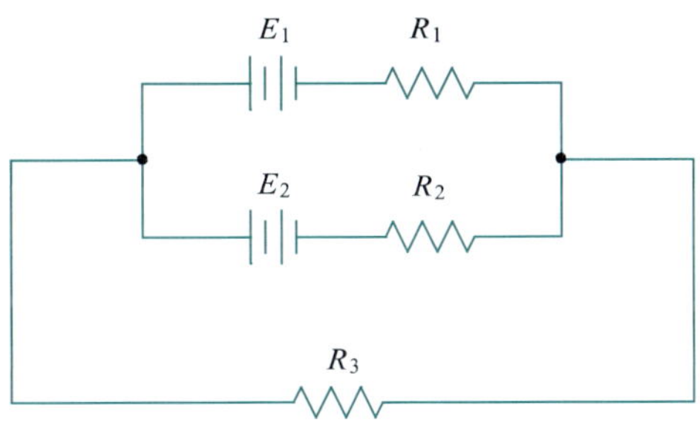

그림 2-39 예제 2-11의 회로

풀이

R_1 에 흐르는 전류를 I_1, R_2 에 흐르는 전류를 I_2, R_3 에 흐르는 전류를 I_3 라 하면 키르히호프의 제1법칙(전류법칙)에 의하여

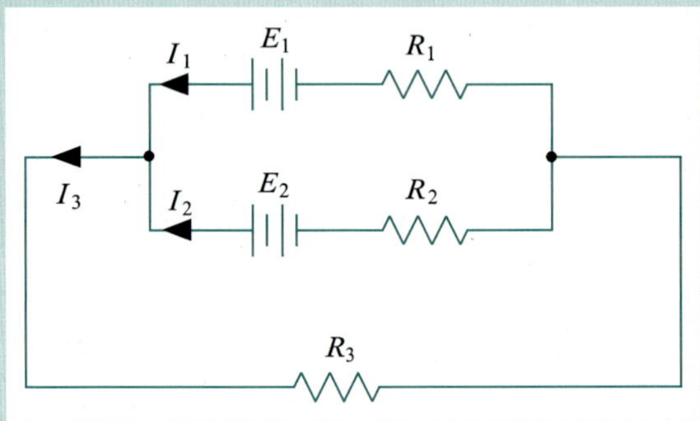

그림 2-40 예제 2-12의 풀이

$$I_3 = I_1 + I_2$$

R_1, R_3 회로에 키르히호프의 제2법칙(전압법칙)을 적용하면

$$I_1 R_1 + (I_1 + I_2) R_3 = E_1$$

R_2, R_3 회로에서

$$I_2 R_2 + (I_1 + I_2) R_3 = E_2$$

주어진 수치를 넣으면

$$0.25 I_1 + 0.1 (I_1 + I_2) = 4$$
$$0.1 I_2 + 0.1 (I_1 + I_2) = 2$$

이를 정리하면

$$0.35 I_1 + 0.1 I_2 = 4$$
$$0.1 I_1 + 0.2 I_2 = 2$$

이 방정식을 행렬로 표시하면 다음과 같다.

$$\begin{bmatrix} 0.35 & 0.1 \\ 0.1 & 0.2 \end{bmatrix} \begin{bmatrix} I_1 \\ I_2 \end{bmatrix} = \begin{bmatrix} 4 \\ 2 \end{bmatrix}$$

$$I_1 = \frac{\begin{vmatrix} 4 & 0.1 \\ 2 & 0.2 \end{vmatrix}}{\begin{vmatrix} 0.35 & 0.1 \\ 0.1 & 0.2 \end{vmatrix}} = \frac{4 \times 0.2 - (0.1 \times 2)}{0.35 \times 0.2 - (0.1 \times 0.1)} = \frac{0.8 - 0.2}{0.07 - 0.01}$$

$$= \frac{0.6}{0.06} = 10 \text{ [A]}$$

$$I_2=\frac{\begin{vmatrix}0.35 & 4\\ 0.1 & 2\end{vmatrix}}{\begin{vmatrix}0.35 & 0.1\\ 0.1 & 0.2\end{vmatrix}}=\frac{0.35\times 2-(4\times 0.1)}{0.06}=\frac{0.7-0.4}{0.06}$$

$$=\frac{0.3}{0.06}=5\ [\text{A}]$$

$$I_3=I_1+I_2=10+5=15\ [\text{A}]$$

$$\therefore I_1=10\ [\text{A}],\ I_2=5\ [\text{A}],\ I_3=15\ [\text{A}]$$

예제 2-12

그림 2 41의 회로에서 전원전압에 의해 전달되는 전력과 저항에 의해 소비되는 전력을 구하여라.

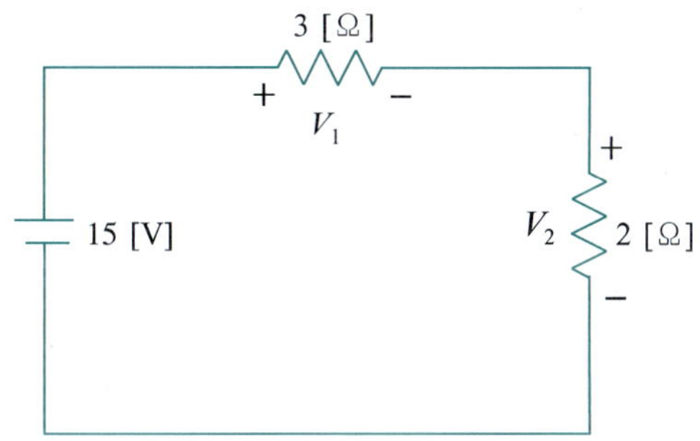

그림 2-41 예제 2-12의 회로

풀이

전류의 방향을 시계방향으로 잡고 키르히호프의 전압법칙을 적용하면

$$15=3I+2I,\quad I=3\ [\text{A}]$$

따라서, 각 소자의 전압은 다음과 같다.

$$V_1=9\ [\text{V}],\quad V_2=6\ [\text{V}]$$

전압전원에 의해 전달되는 전력(P_S)은

$$P_S=15I=45\ [\text{W}]$$

이며, 두 개의 저항에 의해 흡수되는 전력(P_1, P_2)은

$$P_1=9I=27\ [\text{W}]$$
$$P_2=6I=18\ [\text{W}]$$

이다.

따라서 전원에 의해 공급(전달)되는 전력은 소자에서 소비(흡수)되는 전력의 합과 같다는 것을 알 수 있으며, 이것을 전력보존의 법칙(law of power conservation)이라 한다.

예제 2-13

그림 2-42의 회로에서 전압 v_x, v_y와 전류 I_x, I_y를 구하여라.

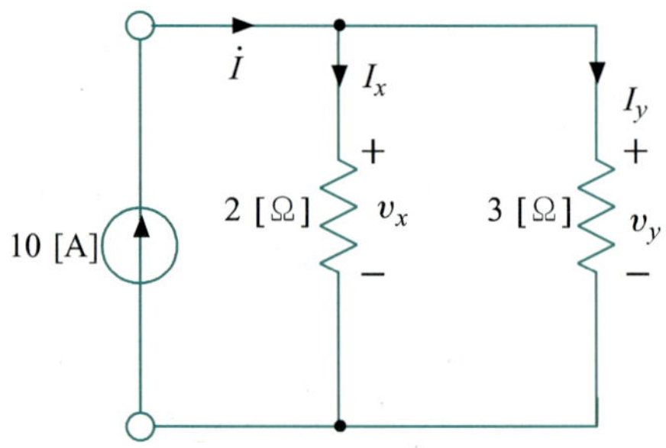

그림 2-42 예제 2-13의 회로

풀이

우측의 폐회로에서 키르히호프의 전압법칙을 적용하면

$$v_x = v_y = v, \quad I_x = \frac{v}{2}, \quad I_y = \frac{v}{3}$$

이 되고, 좌측의 폐회로에서 키르히호프의 전류법칙을 적용하면

$$10 = \frac{v_x}{2} + \frac{v_y}{3} = \frac{v}{2} + \frac{v}{3}$$

이다. 따라서 구하고자 하는 전압, 전류는 다음과 같다.

$v_x = v_y = 12$ [V]
$I_x = 6$ [V]
$I_y = 4$ [A]

예제 2-14

그림 2-43의 회로에서 (a) 루프 전류 I, (b) 저항에서의 전압강하, (c) 전류원의 전압 V_0

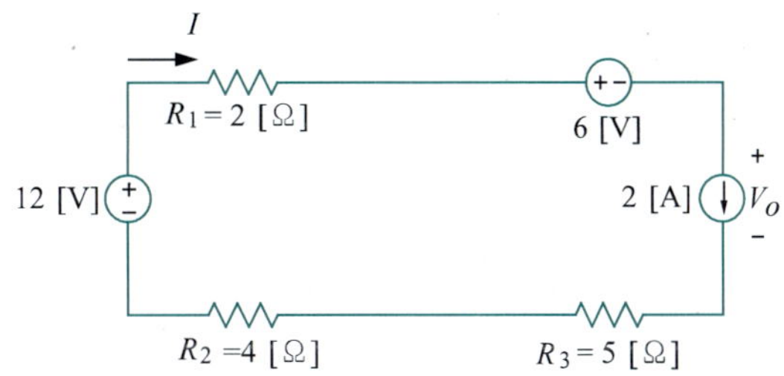

그림 2-43 예제 2-14의 회로

풀이

(a) 루프 전류 $I = ?$

직렬회로이고 전류원이 2 [A]이므로

$I = 2$ [A]

(b) $V_1 = R_1 I = 2 \times 2 = 4$ [V]

$V_2 = R_2 I = 4 \times 2 = 8$ [V]

$V_3 = R_3 I = 5 \times 2 = 10$ [V]

(c) $V_0 = ?$

키르히호프 법칙을 적용하면

$12 - 6 - V_0 = 11 \times 2$

$V_0 = -16$ [V]

예제 2-15

그림과 같이 회로가 주어졌을 경우, 전력을 구하고 공급 혹은 소비인지 구분하여라.

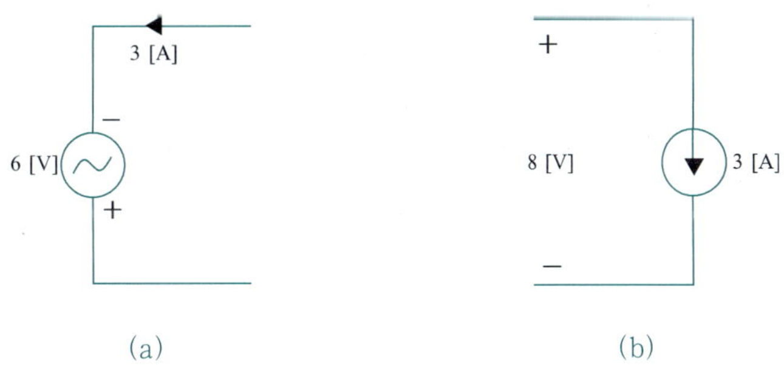

그림 2-44 예제 2-15의 회로

풀이

(a) $P=I^2R$에서 $R=\frac{6}{3}=2$ [Ω]

$\therefore P=3^2\times 2=18$ [W] : 공급

(b) $P=I^2R$에서 $R=\frac{8}{3}$

$\therefore P=3^2\times \frac{8}{3}=24$ [W] : 소비

예제 2-16

그림의 회로에서 (a) 루프 전류 I, (b) 저항에서의 전압강하, (c) 각 소자의 전력의 합과 소비와 공급하는 것은 어떤 것인가?

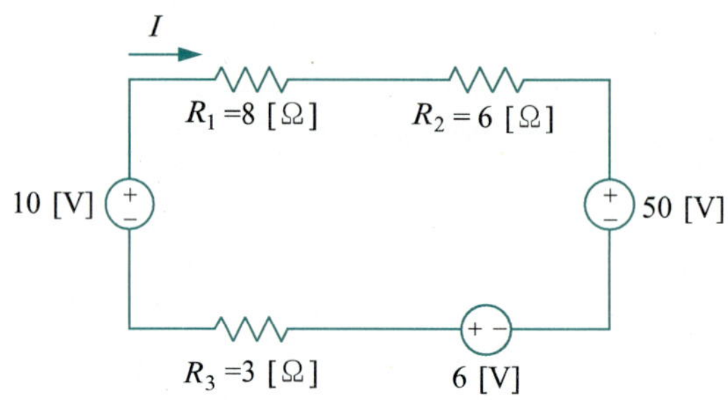

그림 2-45 예제 2-16의 회로

풀이

(a) 루프 전류 $I=?$

루프에 키르히호프 법칙을 적용하면

$10-50+6=8I+6I+3I$

$-34=17I$

$17I+34=0$

$\therefore I=-2$ [A]

(b) 전압강하?

① R_1 → $V=IR$에서 $-2\times 8=-16$ [V]

② R_2 → $V=IR$에서 $-2\times 6=-12$ [V]

③ R → $V=IR$에서 $-2\times 3=-6$ [V]

(c) 전력의 합

	전력소비	전력공급
저항 8 [Ω] 6 [Ω] 3 [Ω]	$P=I^2R$ 에서 $4\times 8=32$ [W] $4\times 6=24$ [W] $4\times 3=12$ [W]	
전원 10 [V] 50 [V] 6 [V]	$10\times 2=20$ [W] $6\times 2=12$ [W]	$50\times 2=100$ [W]
합계	100 [W]	100 [W]

2-8 저항의 접속에 따른 합성 저항 계산

■ 직렬접속

여러 개의 저항을 그림 2-46과 같이 연결할 때 이를 **직렬접속**(series connection)이라 한다.

$$E=V_1+V_2+V_3=I(R_1+R_2+R_3)$$

$$R_T=\frac{E}{I}=R_1+R_2+R_3$$

일반적으로 n개의 저항 R_1, R_2, R_3, ……, R_n 의 직렬 합성저항은 다음 식으로 된다.

$$R_T=R_1+R_2+R_3+\cdots\cdots+R_n=\sum_{n=1}^{N}R_n \tag{2-23}$$

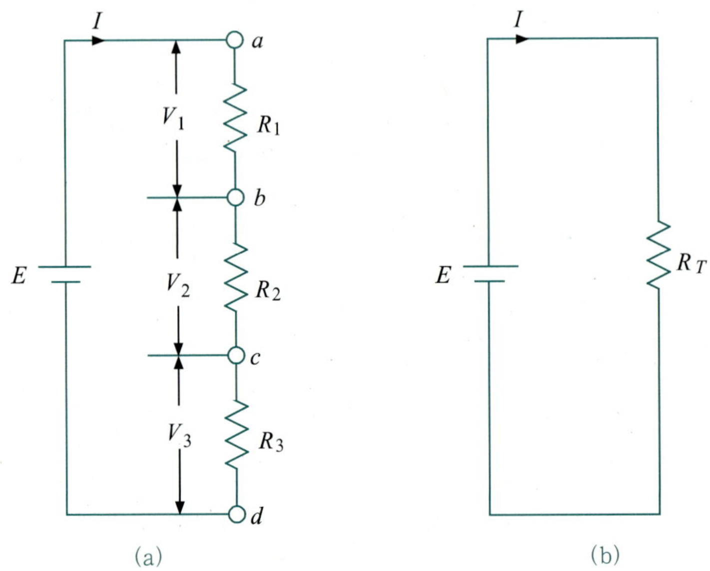

그림 2-46 저항의 직렬접속과 합성저항

■ **병렬접속**

여러 개의 저항을 그림 2-47과 같이 연결했을 때 이를 **병렬접속**(paralled connection)이라 한다.

$$E = V_1 = V_2 = V_3 \text{ [V]}$$

$$I_1 = \frac{E}{R_1},\quad I_2 = \frac{E}{R_2},\quad I_3 = \frac{E}{R_3}$$

$$I = I_1 + I_2 + I_3 = E\left(\frac{1}{R_1} + \frac{1}{R_2} + \frac{1}{R_3}\right)$$

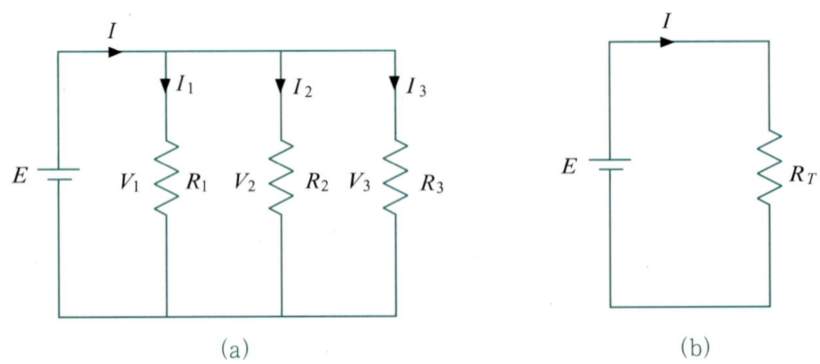

그림 2-47 저항의 병렬접속과 합성저항

일반적으로 n 개의 저항 $R_1, R_2, R_3, \cdots\cdots, R_n$ 의 병렬 합성저항은 다음 식으로 표시한다.

$$\frac{1}{R_T} = \frac{1}{R_1} + \frac{1}{R_2} + \frac{1}{R_3} + \cdots\cdots + \frac{1}{R_n} = \sum_{n=1}^{N} \frac{1}{R_n} \qquad (2-24)$$

예제 2-17

그림 (가)와 같이 가변저항과 저항 값이 R_1, R_2 인 저항을 전압이 일정한 전원장치에 연결하였다. 그림 (나)는 스위치 S 를 a 또는 b 에 연결한 후 가변저항의 저항 값을 변화시키며 측정한 전압과 전류 사이의 관계를 나타낸 것이다.

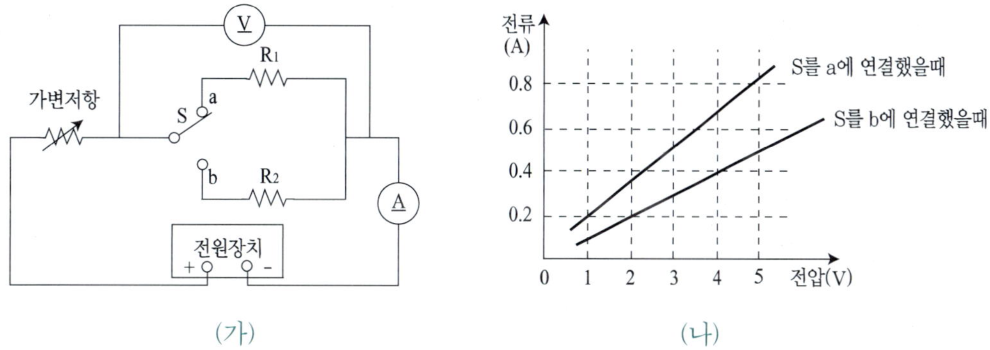

그림 2-48 예제 2-17의 회로

저항값의 비 $R_1 : R_2$ 는?

① 1 : 2　② 1 : 4　③ 2 : 1　④ 2 : 3　⑤ 4 : 1

정답 및 풀이

답) ①

1) 스위치 S 을 a로 연결 하였을 때 R_1의 저항은 $R_1 = \frac{V}{I} = \frac{1}{0.2} = 5$ [Ω]

2) 스위치 S 을 b로 연결 하였을 때 R_2의 저항은 $R_2 = \frac{V}{I} = \frac{2}{0.2} = 10$ [Ω]

∴ $R_1 : R_2 = 1 : 2$

예제 2-18

그림 (가)와 같이 저항값이 6 [Ω],3 [Ω],R [Ω]인 저항을 전원 장치에 연결하였다. 그림 (나)는 그림 (가)에서 스위치 S_2를 열고 S_1을 닫았을 때, 전류계에 흐르는 전류의 세기를 전원장치의 전압에 따라 나타낸 것이다

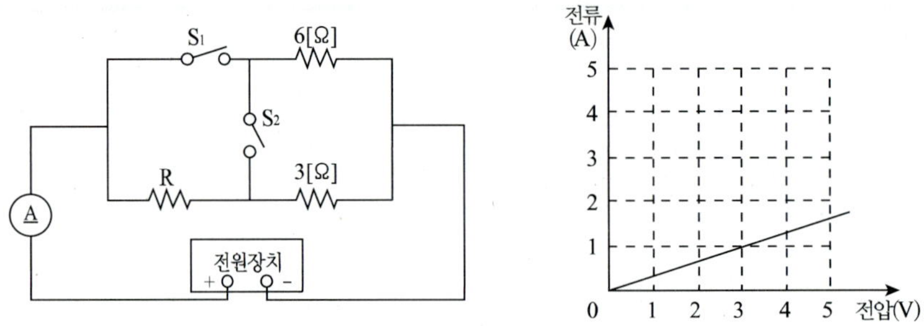

(가) (나)

그림 2-49 예제 2-18 회로

S_1을 열고 S_2를 닫았을 때, 전류계에 흐르는 전류의 세기를 전원장치의 전압에 따라 나타낸 그래프로 가장 적절한 것은?

①
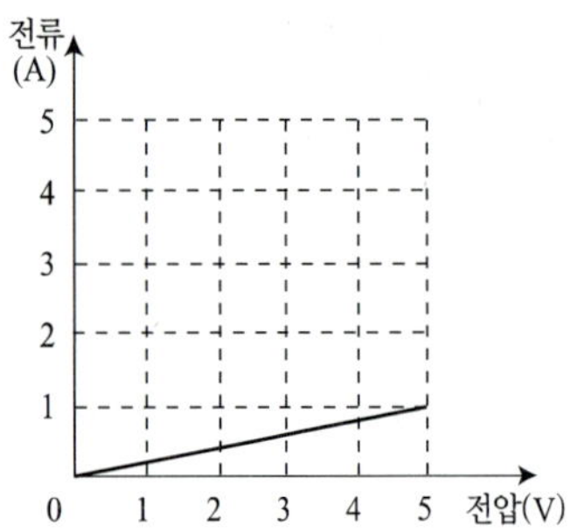

②
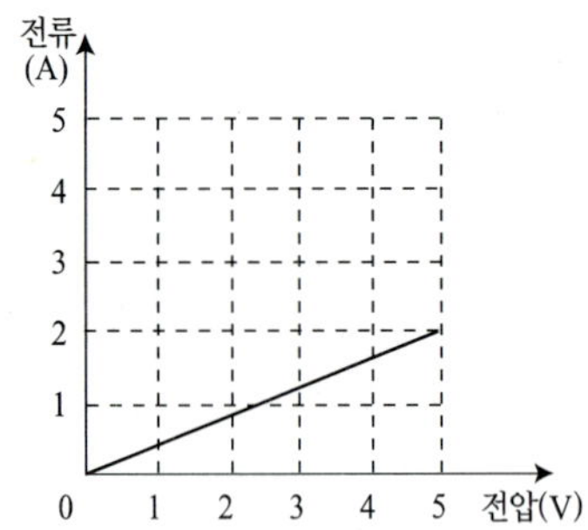

③
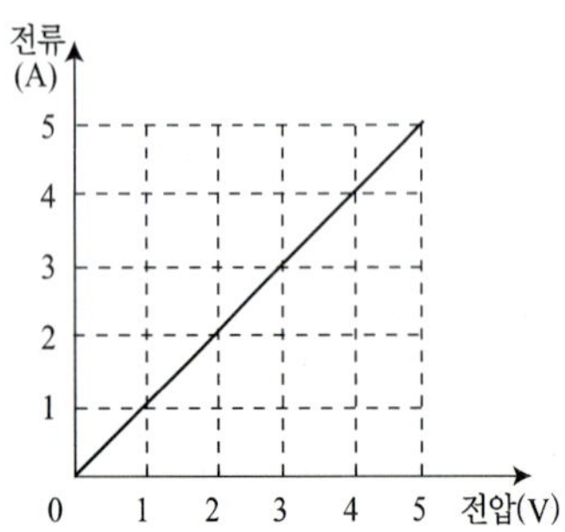

④
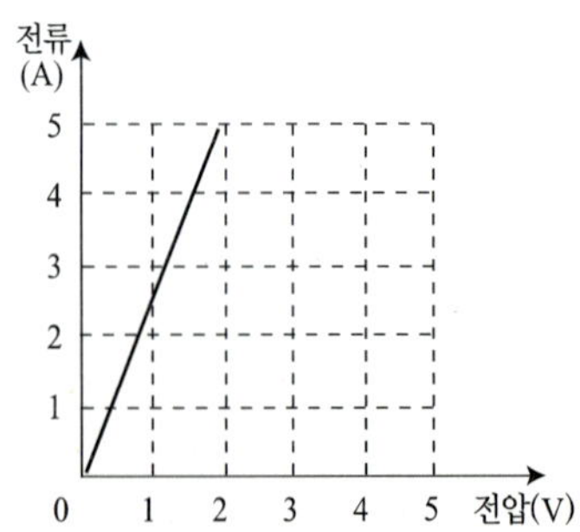

⑤ 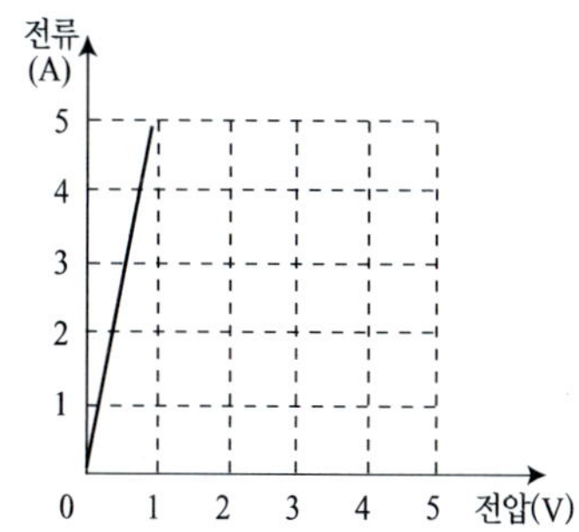

정답 및 풀이

답 : ①

1) 그림(가)에서 스위치 S_2를 열고 S_1을 닫았을 때, 회로도는 6 [Ω]과 3 [Ω]이 병렬회로이고 R [Ω]이 직렬회로이다. 이 회로에 그림(나)와 같이 전원 전압이 3 [V]일 때 전류계에 1 [A]가 흐르므로 R [Ω]의 저항이 3 [Ω]이다.
2) S_1을 열고 S_2를 닫았을 때 회로도는 R [Ω]과 3 [Ω]이 병렬회로이고 6 [Ω]이 직렬회로이다. 1항에서 R [Ω]의 저항이 3 [Ω]이므로 합성저항이 5 [Ω]이다. 따라서 전원 전압이 5 [V]일 때 전류는 1 [A]이다.

예제 2-19

그림과 같이 저항값이 각각 5 [Ω],2 [Ω],1 [Ω],R [Ω]인 저항을 전압이 8 [V]로 일정한 전원 장치에 연결하였다. 스위치 S_1, S_2를 모두 열었을 때의 전류계에 흐르는 전류의 크기와 스위치 S_1, S_2를 모두 닫았을 때의 전류계에 흐르는 전류의 크기는 같았다. R [Ω]는 ?

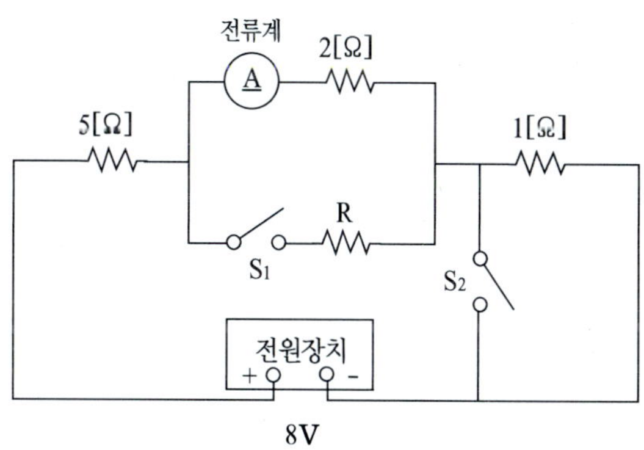

그림 2-50 예제 2-19 회로

풀이

1) 스위치 S_1, S_2를 모두 열었을 때 회로도는 다음과 같다.

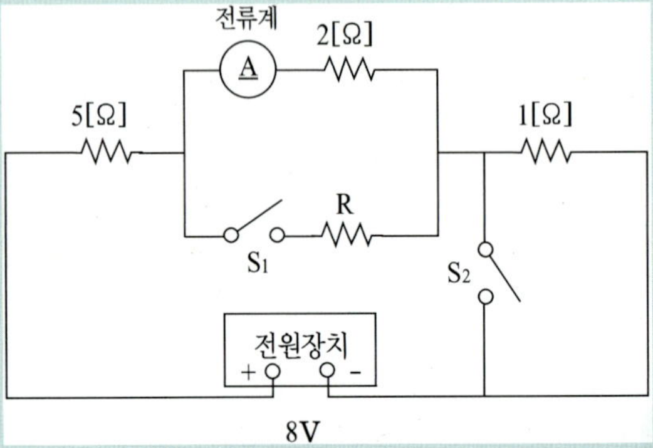

그림 2-51

회로의 합성저항은 R = 5+2+1=8 [Ω], 따라서 전류계의 지시값은 $I=\frac{V}{R}=\frac{8}{8}=1$ [A]

2) 스위치 S_1, S_2를 모두 닫았을 때 회로도는 다음과 같다.

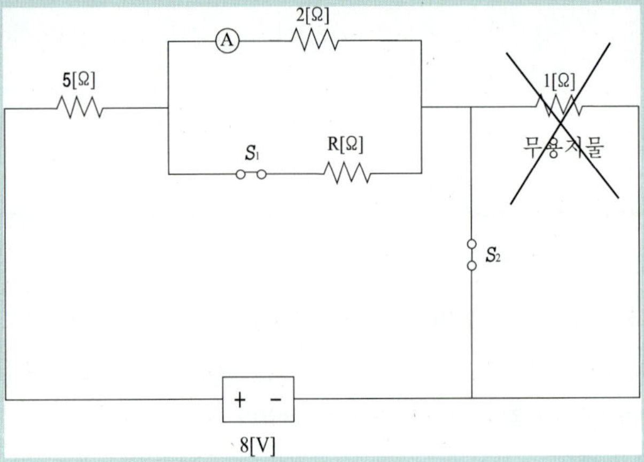

그림 2-52

1 [Ω]의 저항에는 전류가 흐르지 않으므로 1 [Ω]의 저항은 무용지물이다. 문제의 조건에서 스위치 S_1, S_2를 모두 열었을 때와 모두 닫았을 때 전류계에 흐르는 전류의 크기는 같다고 하였으므로 전류계의 지시값이 1 [A]이므로 5 [Ω]에 걸리는 전압이 6 [V]이므로 전체에 흐르는 전류는 1.2 [A]이다. R [Ω]에 걸리는 전압이 2 [V], 흐르는 전류가 0.2 [A]이다. R 의 값은 $R=\frac{V}{I}=\frac{2}{0.2}=10$ [Ω]이다.

예제 2-20

나음 그림의 회로에서 i_1, i_2를 구하여라.

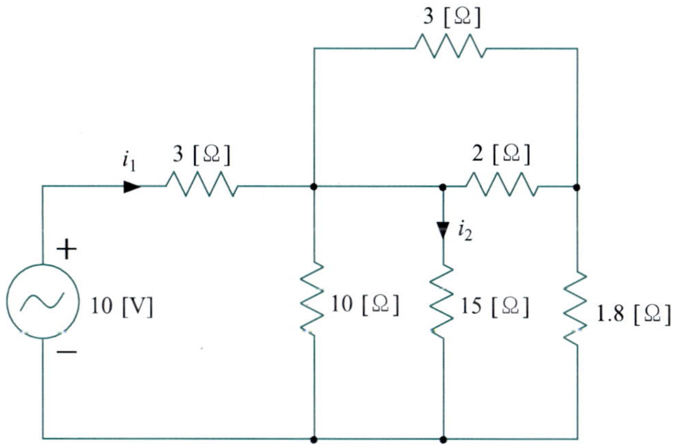

그림 2-53 예제 2-20의 회로

풀이

상기 회로에서 저항 10 [Ω]과 15 [Ω]이 병렬회로이므로 직렬로 변형하면 다음회로와 같다.

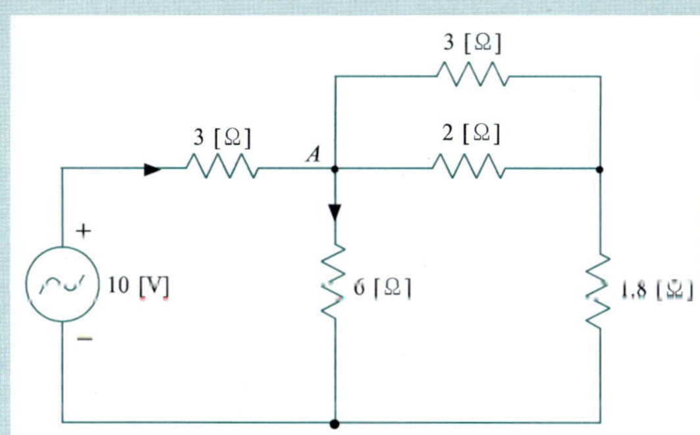

그림 2-54

전체 전류를 계산하기 위해서는 전체저항을 계산하여야 하므로 전체저항은 $R=3+\frac{6\times3}{6+3}=5$ [Ω]이므로 전체전류 $i_1=\frac{10}{5}=2$ [A]병렬회로에서는 전압이 공통이므로 A점의 전위는 $V_A=10-3\times2=4$ [V]이므로 $i_2=\frac{4}{15}$ [A]임

예제 2-21

그림 2-55(a)에서 단자 a-b에서의 합성저항을 구하여라.

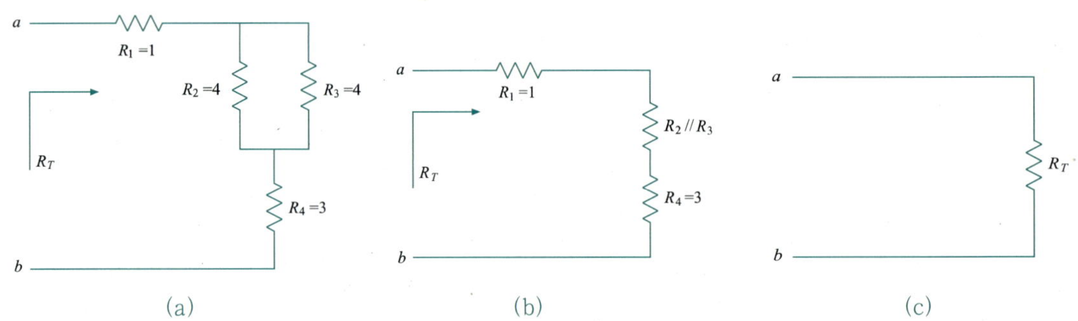

그림 2-55 저항의 직·병렬 접속과 합성저항

풀이

$$R_T = R_1 + \frac{R_2 \times R_3}{R_2 + R_3} + R_4$$

$$= 1 + \frac{4 \times 4}{4+4} + 3$$

$$= 6\ [\Omega]$$

예제 2-22

그림 2-56과 같은 회로에서 S를 열었을 때 전류계의 지시는 10 [A]였다. S를 닫을 때 전류계의 지시는 몇 [A]인가?

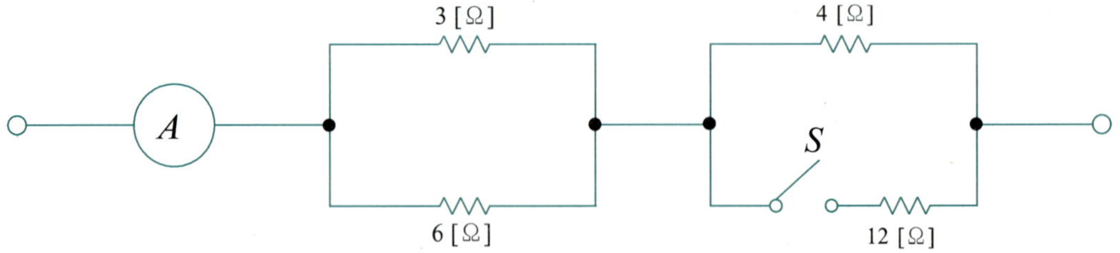

그림 2-56 예제 2-19의 회로

풀이

(1) S를 open했을 때 합성저항을 R_o 라면

$$R_o = \frac{3\times 6}{3+6} + 4 = 6\ [\Omega]$$

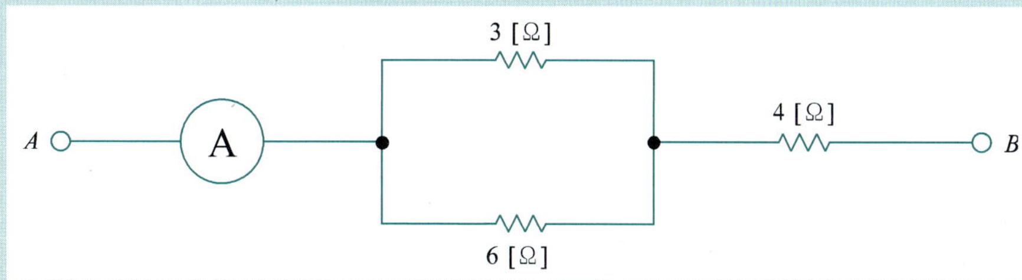

그림 2-57 예제 2-22의 풀이(1)

이때 AB의 전압은

$$V_{AB} = 10\times 6 = 60\ [\mathrm{V}]$$

(2) S를 close했을 때 합성저항을 R_c 라면

$$R_c = \frac{6\times 3}{6+3} + \frac{4\times 12}{4+12} = 5\ [\Omega]$$

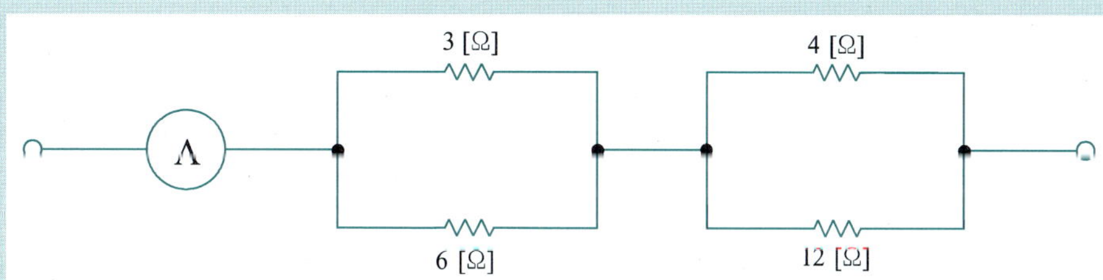

그림 2-58 예제 2-22의 풀이(2)

이 때 전류계의 지시치는

$$I_A = \frac{V_{AB}}{R_c} = \frac{60}{5} = 12\ [\mathrm{A}]$$

예제 2-23

회로에서 C, D간의 전압을 100 [V]로 할 때 A, B간의 전압은 몇 [V]인가?

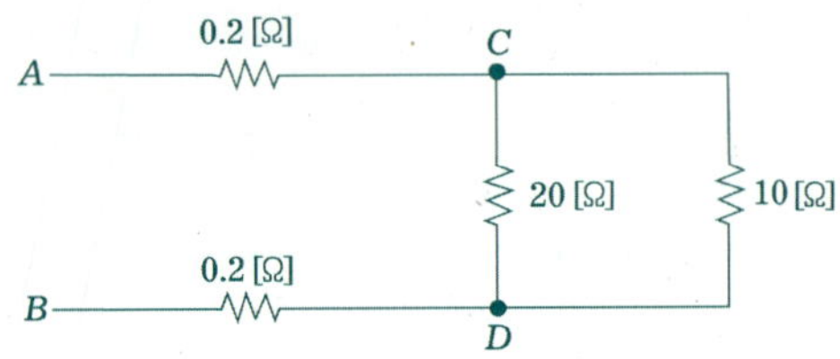

그림 2-59 예제 2-23의 회로

정답 및 풀이

정답 : 106 [V]

C, D간의 전압이 100 [V]이므로 20 [Ω]에는 5 [A], 10 [Ω]에는 10 [A]의 전류가 흐르므로
$V_{AB} = 0.2 \times 15 + 100 + 0.2 \times 15 = 106$ [V]

■ 분로전류

여러 개의 저항을 그림 2-60과 같이 병렬로 연결하고 각각의 저항에 흐르는 전류를 구해 보자.

$$E = V_1 = V_2 = V_3$$

$$I_1 = \frac{V_1}{R_1} = \frac{E}{R_1} = \frac{1}{R_1} IR_T = \frac{1}{R_1} \frac{R_1 R_2 R_3}{R_1 R_2 + R_2 R_3 + R_3 R_1} I$$

$$= \frac{R_2 R_3}{R_1 R_2 + R_2 R_3 + R_3 R_1} I \quad (2\text{-}25)$$

$$I_2 = \frac{V_2}{R_2} = \frac{E}{R_2} = \frac{R_1 R_3}{R_1 R_2 + R_2 R_3 + R_3 R_1} I \quad (2\text{-}26)$$

$$I_3 = \frac{V_3}{R_3} = \frac{E}{R_3} = \frac{R_1 R_2}{R_1 R_2 + R_2 R_3 + R_3 R_1} I \quad (2\text{-}27)$$

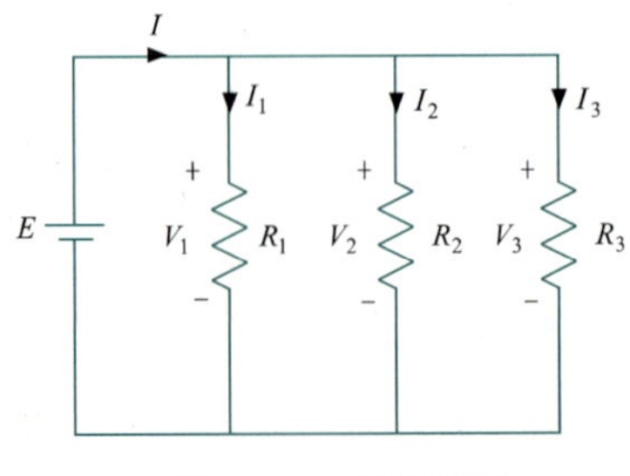

그림 2-60 병렬회로

예제 2-24

그림과 같은 직류 회로에서 저항 R [Ω]의 값은 얼마인가?

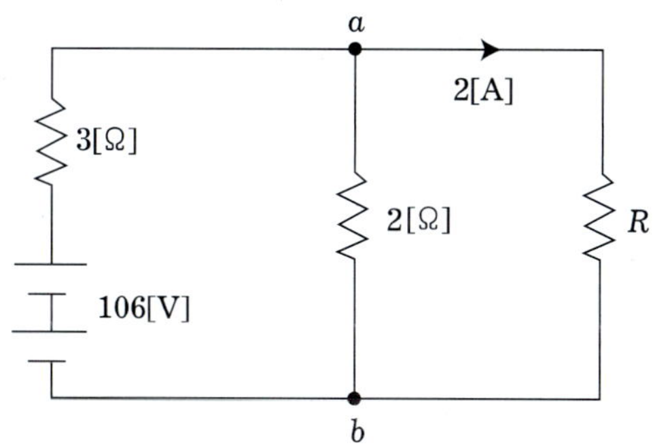

그림 2-61 예제 2-24의 회로

정답 및 풀이

정답 : $R=20$ [Ω]

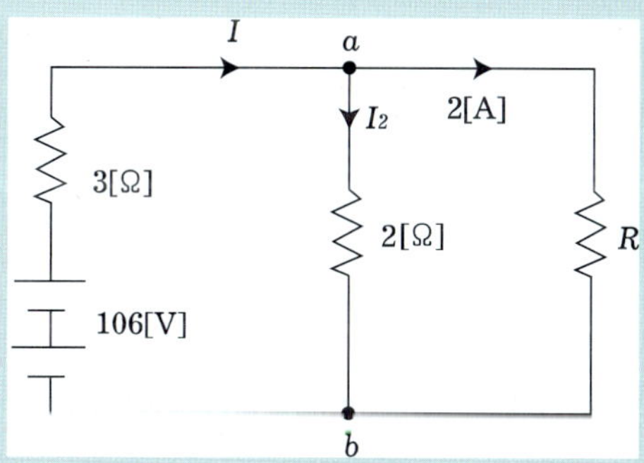

그림 2-62

상기회로에 KCL을 적용하면 $I=I_2+2=\frac{106-V_a}{3}=\frac{V_a}{2}+2$ 공통 분모가 6이므로

$106\times 2-2V_a=3V_a+12$

$212-12=5V_a$

$200=5V_a$

$V_a=\frac{200}{5}=40$ [V], $R=\frac{40}{2}=20$ [Ω]

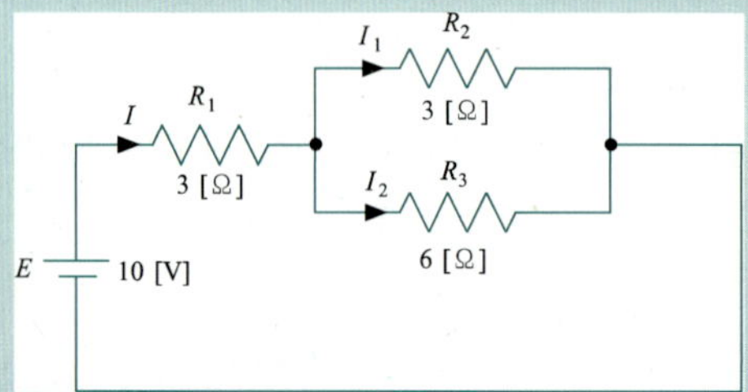

그림 2-63 예제 2-25의 회로

예제 2-25

그림 2-63의 회로에서 전전류 I 및 분로전류 I_1 과 I_2 를 구하여라.

풀이

$$R_T = R_1 + \frac{R_2 \times R_3}{R_2 + R_3} = 5\ [\Omega]$$

$$I = \frac{E}{R_T} = 2\ [\mathrm{A}]$$

$$I_1 = \frac{E_1}{R_2} = \frac{I}{R_2}\frac{R_2 \times R_3}{R_2 + R_3} = \frac{R_3}{R_2 + R_3} I = \frac{4}{3}\ [\mathrm{A}]$$

$$I_2 = \frac{V}{R_3} = \frac{2}{3}\ [\mathrm{A}]$$

예제 2-26

그림과 같은 회로에서 전압계 Ⓥ의 지시치가 10 [V]였다면 AB 사이의 전압은 몇 [V]인가? 단, 전압계에 흐르는 전류는 무시한다.

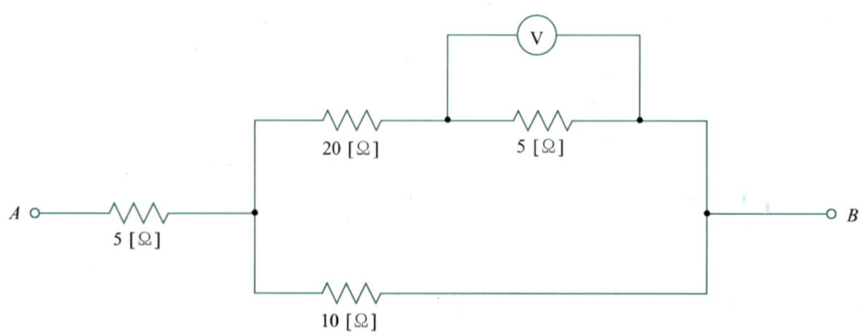

그림 2-64 예제 2-26의 회로

풀이

문제의 조건에서 전압계에 흐르는 전류는 무시한다고 하였으므로 5 [Ω]에 흐르는 전류를 I_5 라 하면

$$I_5 = \frac{10}{5} = 2 \text{ [A]}$$

20 [Ω]과 5 [Ω]는 직렬회로이므로 2 [A]의 전류가 흐른다.
20 [Ω]과 5 [Ω]은 직렬회로이므로 전압이 50 [V](즉 전압계 지시치 10 [V]와 20 [Ω]의 전압강하의 합이 50 [V]가 된다)가 된다. 즉 5 [Ω]에 걸리는 전압 10 [V]와 20 [Ω]에 걸리는 전압이

$V_{20} = 2 \times 20 = 40$ [V]이므로 20 [Ω]과 5 [Ω]에는 10+40=50 [V]가 된다. 10 [Ω]에 흐르는 전류는 $I_{10} = \frac{50}{10} = 5$ [A]가 된다. 따라서 5 [Ω]에 흐르는 전체 전류는 $I = 2 + 5 = 7$ [A]가 흐르게 된다.
$\therefore V_{AB} = 5 \times 7 + 50 = 85$ [V]

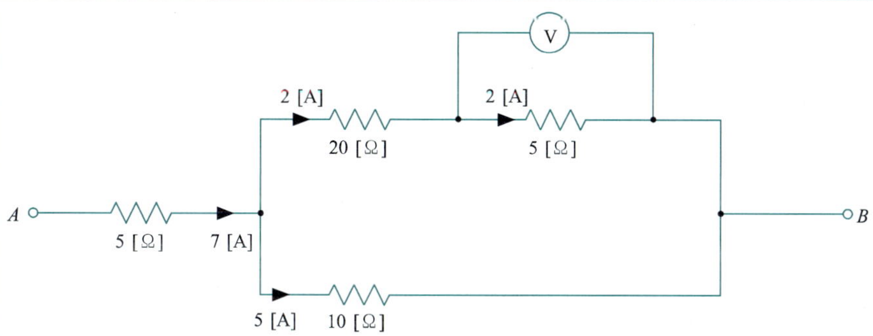

그림 2-65 예제 2-26의 풀이

예제 2-27

그림 2 66의 회로에 있어서 cg 간의 합성 컨덕턴스 C_{eg} 는 몇 [m℧]인가?

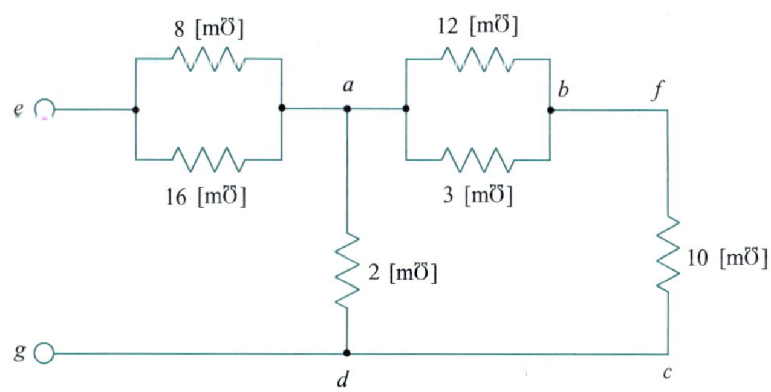

그림 2-66 예제 2-27의 회로

풀이

컨덕턴스 G는 저항의 역수관계이므로

$$\frac{1}{G_{eg}}=\frac{1}{24}+\frac{1}{8}$$

$$\therefore G_{eg}=\frac{24\times 8}{24+8}=6 \ [\text{m℧}]$$

2-9 인덕턴스

도선에 전류가 흐르면 도선 주위에 자장(magnetic field)이 생기고 자장의 모양은 오른나사 법칙에 의해서 자력선(magnetic flux line)이 나타남을 알 수 있다. 즉 전류의 방향이 나사가 진행하는 방향이라면, 자장은 나사가 돌아가는 방향이 된다. 이 자력선을 한 묶음으로 생각하여 이것을 **자속**(magnetic flux)이라 부르며, 보통 ϕ로써 표시하고 단위는 웨버(weber)이다.

1831년경 영국의 패러데이(Faraday)와 미국의 헨리(Henry)는 자기유도에 대해 각각 다음과 같은 관계를 알아내었다.

■ 패러데이의 법칙

그림 2-67과 같이 1회 감은 코일(coil)에 검류계를 연결하고 폐회로를 구성하면 이 회로에는 전원 소스가 없으므로 전류가 흐르지 않는다. 그러나 막대자석을 하나 집어 북극(N극)을 코일로 향하여 움직이면 검류계가 움직인다. 막대자석을 코일로 향하여 움직인 후 가만히 있으면 검류계는 움직이지 않는다.

다시 막대자석을 코일로부터 바깥쪽으로 빼면 검류계는 움직인다. 그러나 방향은 반대방향이다. 만약 N극 대신 S극을 코일 쪽으로 움직이면 이때도 검류계가 움직인다. 그 방향은 N극과 반대이다. 자석을 정지시키고 코일을 움직여도 같은 현상이 일어난다.

결론적으로 코일과 자석의 상대적 움직임에 따라 코일회로에 전류가 발생한다는 것이다. 이것을 전자유도(電磁誘導)라 하고 유도된 전류를 유기전류라 하며 기전력이 유도되었다고 한다.

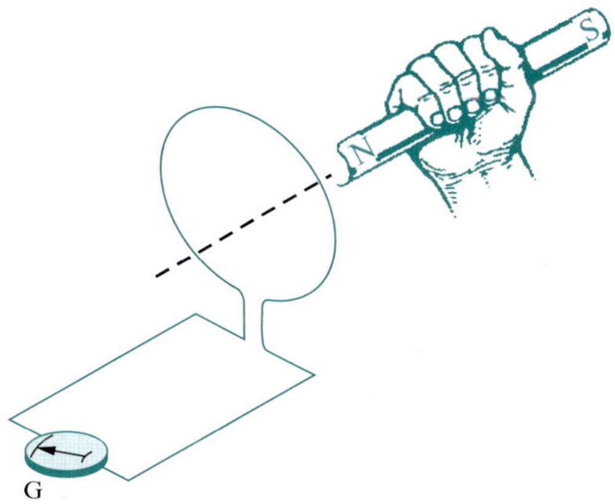

그림 2-67 자석에 의한 전자유도

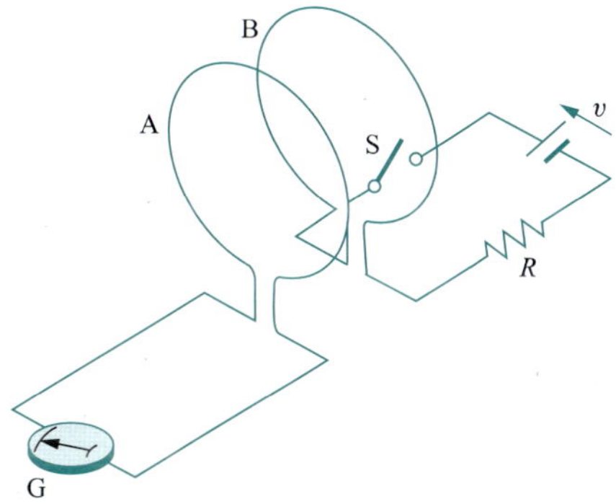

그림 2-68 코일 전류에 의한 전자유도

다음에 그림 2-68과 같이 같은 동일한 A 코일에 이번에는 막대자석 대신 다른 또 하나의 B 코일을 만들어 배터리를 연결하고 스위치를 부착하여 도통하도록 한 것을 가까이 두고 스위치 S를 on, off 시켰다. 그 결과 스위치를 on하거나 off할 때에도 검류계의 바늘이 움직였으며 그 방향은 반대방향이었다.

그러나 배터리 용량을 크게 하여도 스위치를 닫거나 열린 상태로 정지하여 있으면 검류계는 움직이지 않았다.

여기서 우리는 다음과 같은 결론을 얻을 수 있다.

- A 코일에 대한 자속 ϕ의 변화가 A 코일에 유기기전력을 일으킨다.
- 이 자속 ϕ는 막대자석에서 발생하거나 또는 B 코일의 전류변화에 의해 B 코일에서 발생한 것이다.

- A 코일 회로 내에 발생하는 유기기전력 e는 그 회로 내를 관통하는 자속의 변화를 반대하는 방향으로(즉, 자속의 변화를 억제하는 쪽으로) 발생한다.

만약 시간당 자속의 변화가 Weber/sec라면 발생하는 유기기전력 v는 volt가 될 것이다.

$$v=-\frac{d\phi}{dt} \quad \text{(여기서 '−'는 방향이 반대임을 표시한다.)}$$

이것을 **패러데이의 법칙**이라 한다.

만약 A 코일의 턴 수가 n 횟수만큼 감겼다면 유기기전력은 각 코일에 생긴 것을 모두 합한 값과 같을 것이므로

$$v=-N\cdot\frac{d\phi}{dt}=-\frac{d(N\cdot\phi)}{dt} \text{ [V]}$$

로 표시된다.

즉, 패러데이 법칙에 의하면 도선에 전류가 흘러서 생기는 자속을 도선이 쇄교(link)하면 도선에는 유기기전력(induced voltage)이 생기는데 자속을 ϕ [Wb], 코일(coil)의 권수를 n [turn]이라면 자속쇄교수(number of flux linkage) Φ는

$$\Phi=n\phi \text{ [Wb·Turn]} \tag{2-28}$$

이 되고, 유기기전력 v는 자속쇄교수의 시간에 대한 비율로 나타나며 식은 다음과 같다.

$$v=\frac{d\Phi}{dt} \text{ [V]} \tag{2-29}$$

여기서 $\Phi(=n\phi)$는 유도작용에 있어 중요한 특성치로서 이 값은 전류의 크기에 비례한다. 즉 전류가 많이 흐르면 자속이 많이 발생한다.

한 회로의 전류와 이로 인하여 생기는 자속의 쇄교가 그림 2−69와 같은 관계를 가지고 변할 때, 직선적으로 변하는 범위에서는

$$\Phi=Li \text{ [Wb·Turn]} \tag{2-30}$$

과 같이 나타낼 수 있다. 여기서 L은 직선 부분의 기울기이고, 회로의 자기 인덕턴스 또는 단순히 **인덕턴스**(self−inductance, inductance)라고 불린다.

식 (2−30)으로부터

$$L = \frac{\Phi}{i} = \frac{n\phi}{i} \qquad (2\text{-}31)$$

이고, 단위는 헨리 [H]이다.

$$1\ [\mathrm{mH}] = 10^{-3}\ [\mathrm{H}],\ 1\ [\mu\mathrm{H}] = 10^{-6}\ [\mathrm{H}]$$

식 (2−30)과 (2−31)에서

$$v = L\frac{di}{dt}\ [\mathrm{V}] \qquad (2\text{-}32)$$

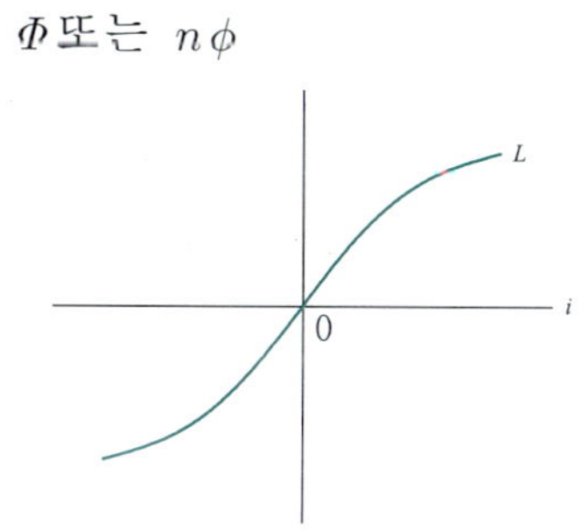

그림 2-69 전류변화에 대한 자속쇄교수

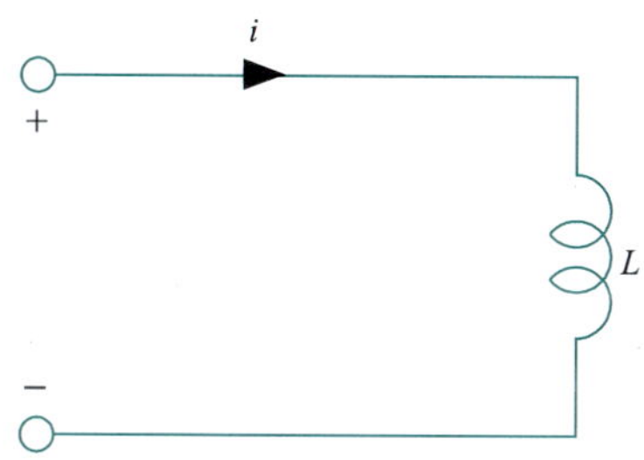

그림 2-70 인덕턴스 회로

식 (2−32)에서 전류 i가 일정하다면, 전압 v는 0이 된다는 것을 알 수 있다. 즉 "**코일은 직류전류에 대해 단락회로처럼 동작한다.**"

그림 2−70은 인덕턴스 회로에서의 전류, 전압의 기준 방향을 나타낸 것이다.

예제 2-28

공심 코일을 흐르는 전류가 5 [A/sec]로 균일하게 증가해서 1 [V]의 유기전압이 발생했다.

① 이 코일의 인덕턴스는 얼마인가?

② 이 코일의 1차 권수가 200회라 하면 1 [A]의 전류에 의해서 도선 주변에 발생하는 자속 ϕ [Wb]는 얼마인가? 단, 발생한 자속은 모두 권선과 쇄교하는 것으로 한다.

③ 이 코일의 2차 권수를 400회로 하면 인덕턴스는 얼마나 되겠는가? 단, 코일의 기하학적 구조는 그대로 유지하는 것으로 한다.

풀이

① $e = L\frac{di}{dt}$, $\frac{di}{dt} = 5$ [A/sec], $e = 1$ [V]

$1 = L \cdot 5$, $L = \frac{1}{5} = 0.2$ [H]

② $Li = n\phi$ 에서

$L = 0.2$, $i = 1$ [A], $n = 200$ [회]

$\phi = \frac{Li}{n} = \frac{0.2 \times 1}{200} = 0.001$ [Wb]

③ $n = \sqrt{L_1 / L_2} \Rightarrow n^2 = \frac{L_1}{L_2}$

$\therefore L_2 = \frac{L_1}{n^2} = \frac{0.2}{\left(\frac{200}{400}\right)^2} = 0.8$ [H]

예제 2-29

0.05 [H]의 인덕턴스에 그림 2-71과 같은 파형의 전압을 걸었을 때 $0 < t < 2$ [ms]에서의 전류를 구하여라.

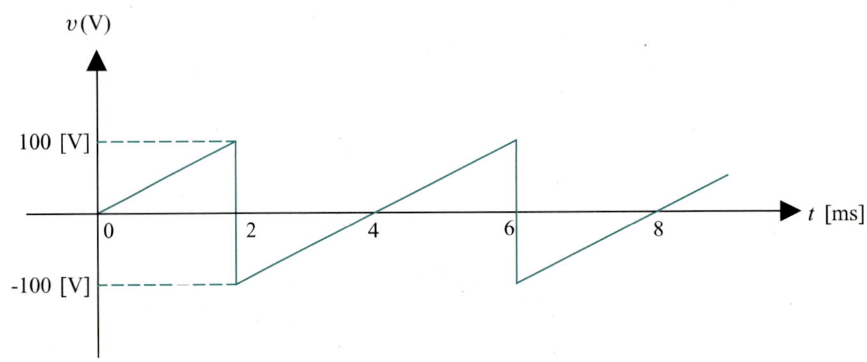

그림 2-71 예제 2-29

풀이

$e = L\frac{di}{dt}$ $(0 < t < 2ms)$에서 양변에 dt 를 곱하면

$edt = Ldi \quad \Rightarrow \quad di = \frac{1}{L}edt$

양변에 적분을 취하면

$$\int di = \int \frac{1}{L}edt, \quad i = \frac{1}{L}\int edt = \frac{1}{L}e \cdot t$$

여기서, $e = 100 - (-100) = 200$ [V]이므로

문제의 조건에서 $0<t<2\text{ms}$

$$t=0 \quad \Rightarrow \quad i=0$$

$$t=2\text{ms} \quad \Rightarrow \quad i=\frac{1}{0.05}\times 200\times 2\times 10^{-3}=8 \ [\text{A}]$$

그림 2−72(a)에 직렬로 연결된 N개의 인덕턴스를 그림 2−72(b)와 같이 간단한 등가회로로 표시하였다.

그림 2−72(a)의 회로에 KVL를 적용하면

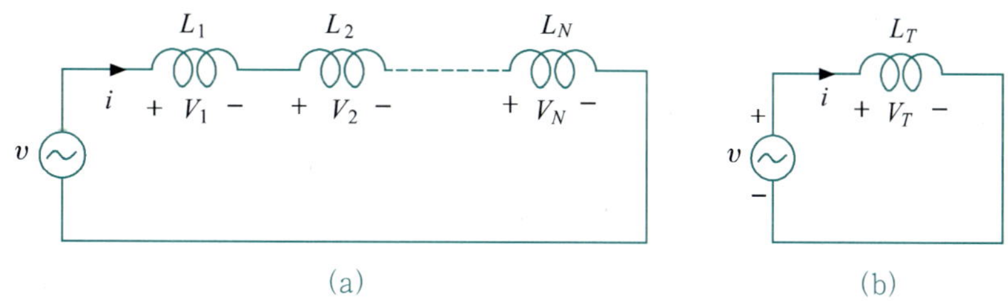

그림 2-72 인덕턴스의 직렬연결

$$\begin{aligned} v &= v_1+v_2+\cdots\cdots+v_n \\ &= L_1\frac{di}{dt}+L_2\frac{di}{dt}+\cdots\cdots+L_n\frac{di}{dt} \\ &= (L_1+L_2+\cdots\cdots+L_n)\frac{di}{dt} \end{aligned} \tag{2-33}$$

이다. 그림 2−72(b)의 등가회로에서는

$$v=L_T\frac{di}{dt} \tag{2-34}$$

이므로 식 (2−33)과 (2−34)에서

$$L_T=L_1+L_2+\ldots..+L_n=\sum_{n=1}^{N}L_n \tag{2-35}$$

다음에는 그림 2−73(a)에 나타낸 인덕턴스의 병렬연결을 살펴보자.

식 (2−32)의 $v=L\dfrac{di}{dt}$ 에서

$$i=\frac{1}{L}\int_0^t vdt+K \tag{2-36}$$

여기서 K는 적분상수이다. 식 (2-36)의 적분을 $t=0$에서부터 취한다면 상수 K는 $t=0$ 이전의 값을 나타내게 되므로, 식 (2-36)은 다음과 같이 쓸 수 있다.

$$i=\frac{1}{L}\int_{-\infty}^{0} vdt+\frac{1}{L}\int_{0}^{t} vdt \tag{2-37}$$

식 (2-37)의 첫 항은 위에서 설명한 상수항으로서 전압을 가하기 전 코일에 축적된 에너지에 의한 초기전류로서 **초기값**(initial value)이라 하며 일반적으로 $i(0)$로 표시한다.

그림 2-73(a) 회로에 KCL를 적용하면,

$$i=\sum_{n=1}^{N}\frac{1}{L_n}\int_{t_0}^{t} vdt+\sum_{n=1}^{N} i_n(t_0) \tag{2-38}$$

이다. 그림 2-73(b)의 등가회로에서

$$i=\frac{1}{L_T}\int_{t_0}^{t} vdt+i(t_0) \tag{2-39}$$

이고, 키르히호프의 전류법칙에서 $i(t_0)$는 t_0에서 $\sum_{n=1}^{N} i_n(t_0)$와 같아야 하므로 등가 인덕턴스는 다음과 같이 표현된다.

$$L_T=\frac{1}{\frac{1}{L_1}+\frac{1}{L_2}+.....+\frac{1}{L_n}} \tag{2-40}$$

그림 2-73 인덕턴스의 병렬연결

예제 2-30

그림 2-74과 같은 2개의 인덕턴스를 직렬로 연결한 회로에서 L_1 의 인덕턴스와 전체 인덕턴스에 걸리는 전압비를 구하여라.

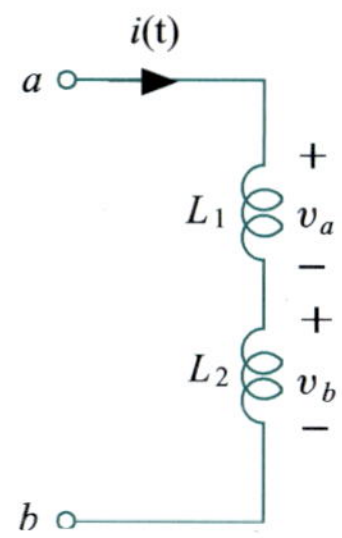

그림 2-74 예제 2-30의 회로

풀이 임의의 시간에 L_1과 L_2의 양단전압은

$$v_a = L_1\frac{di}{dt},\quad v_b = L_2\frac{di}{dt}$$

$$\frac{v_a}{v_b} = \frac{L_1}{L_2}\ (\text{전압비} = \text{인덕턴스의 비})$$

$$L_T = L_1 + L_2$$

$$\frac{v_a}{v_{ab}} = \frac{L_1}{L_1+L_2},\quad \frac{v_b}{v_{ab}} = \frac{L_2}{L_1+L_2}$$

예제 2-31

그림 2-75과 같은 병렬 인덕턴스 회로에서 $t>0$인 경우에 각 인덕턴스에 흐르는 전류비를 구하여라.

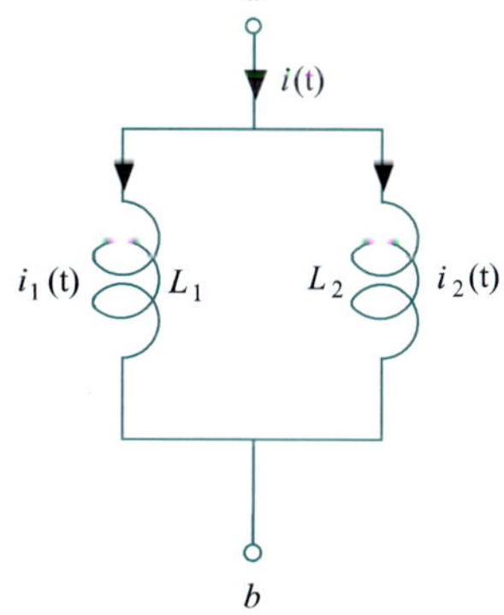

그림 2-75 병렬 인덕턴스에서의 전류분배

풀이 각 인덕턴스에 흐르는 전류는 다음과 같다.

$$i_1(t)=i_1(0)+\frac{1}{L_1}\int_0^t v_{ab}dt$$

$$i_2(t)=i_2(0)+\frac{1}{L_2}\int_0^t v_{ab}dt$$

$$\frac{i_1(t)}{i_2(t)}=\frac{L_2}{L_1}\,[i_1(0)=i_2(0)=0\text{으로 가정}]$$

2-10 커패시턴스

절연체를 사이에 두고 서로 대면하고 있는 두 도체 사이에 전위차가 존재하면, 전위가 높은 도체에 (+)전하, 전위가 낮은 도체에 같은 양의 (−)전하가 축적된다. 즉, 그림 2-76에서 커패시터(capacitor)의 평행 양극판 사이에 전위차 v를 가할 때, 커패시터에 축적되는 전하 q의 관계가 그림 2-77과 같이 직선적인 부분에서는 비례관계가 성립하며 비례상수를 C라 했을 때

$$q=Cv\ [\mathrm{C}] \tag{2-41}$$

라 놓을 수 있다.

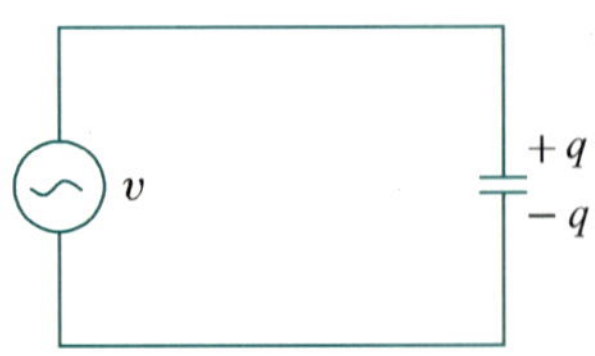

그림 2-76 커패시턴스 회로

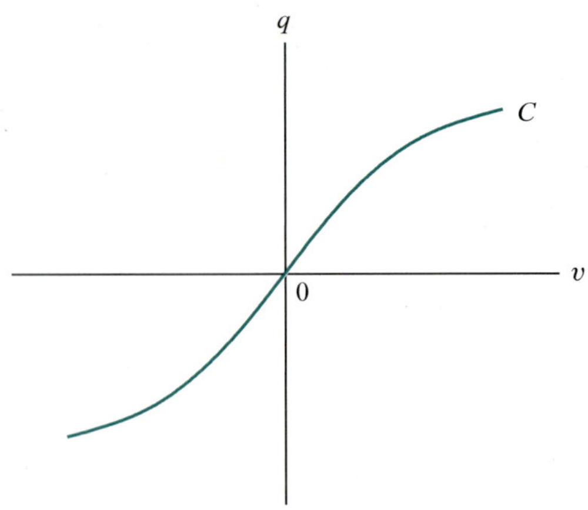

그림 2-77 용량기의 $q-v$의 관계

여기서 비례상수 C는 직선 부분의 기울기이고, 평판의 면적, 평판 사이의 거리 및 판 사이에 있는 절연체에 의해 결정되는 정수로서 이것을 **커패시턴스**(capacitance)라 부르고 단위는 Farad [F]로 나타낸다.

$$1\ [\mu\mathrm{F}]=10^{-6}\ [\mathrm{F}],\ 1\ [\mathrm{pF}]=10^{-12}\ [\mathrm{F}]$$

식 (1−2)에서

$$i=\frac{dq}{dt}=C\frac{dv}{dt} \tag{2-42}$$

$$v=\frac{1}{C}\int idt+k \tag{2-43}$$

여기서 k는 적분상수로서 $t=0$ 이전에 커패시턴스에 충전되어 있는 전압치를 나타낸다. 이를 커패시턴스의 초기전압이라 하며 $v(0)$로 표기한다. 따라서

$$v=\frac{1}{C}\int_0^t idt+v(0) \tag{2-44}$$

이다. 그림 2−78(a)에 나타낸 직렬로 연결된 n개의 커패시턴스를 그림 2−78(b)와 같이 등가회로로 표시했다.

그림 2−78(a)의 회로에 키르히호프의 전압법칙을 적용하면

$$\begin{aligned} v&=v_1+v_2+\cdots\cdots+v_n \\ &=\frac{1}{C_1}\int_{t_o}^t idt+v_1(t_o)+\frac{1}{C_2}\int_{t_o}^t idt+v_2(t_o)+\cdots\cdots+\frac{1}{C_n}\int_{t_o}^t idt+v_n(t_o) \\ &=\sum_{n=1}^{N}\frac{1}{C_n}\int_{t_o}^t idt+\sum_{n=1}^{N}v_n(t_o) \end{aligned} \tag{2-45}$$

이 되고, 그림 2−78(b)의 등가회로에서

$$v=\frac{1}{C_T}\int_{t_o}^t idt+v(t_o) \tag{2-46}$$

이므로 등가 커패시턴스는 다음과 같다.

$$C_T=\frac{1}{\frac{1}{C_1}+\frac{1}{C_2}+\cdots\cdots\frac{1}{C_N}}=\frac{1}{\sum_{n=1}^{N}\frac{1}{C_N}} \tag{2-47}$$

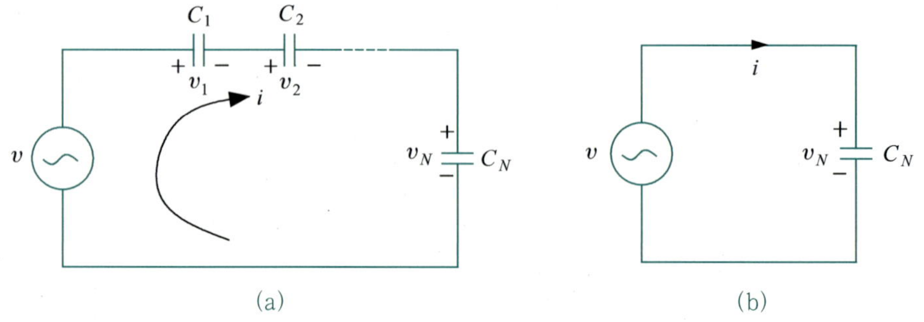

그림 2-78 커패시터의 직렬연결

다음에는 그림 2-79(a)와 같이 N개의 커패시터를 병렬로 연결하는 경우를 생각해 보자. 그림 2-79(a)의 회로에 키르히호프의 전류법칙을 적용하면

$$i = C_1\frac{dv}{dt} + C_2\frac{dv}{dt} + \cdots\cdots + C_N\frac{dv}{dt}$$
$$= \sum_{n=1}^{N} C_n \frac{dv}{dt} \tag{2-48}$$

이며, 그림 2-79(b)의 등가회로로부터 다음 식을 얻는다.

$$i = C_T\frac{dv}{dt} \tag{2-49}$$

따라서 병렬연결의 등가 커패시턴스는 다음과 같다.

$$C_T = C_1 + C_2 + \cdots\cdots + C_N$$
$$= \sum_{n=1}^{N} C_n \tag{2-50}$$

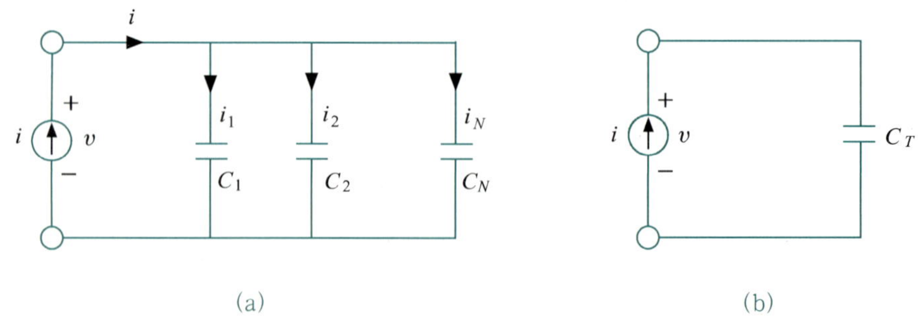

그림 2-79 커패시터의 병렬연결

2개의 커패시터를 직렬 또는 병렬연결하는 경우 전압, 전류 분배식은 저항의 병렬 또는 직렬연결인 경우와 동일한 결과이며 그림 2-80에 표시하였다.

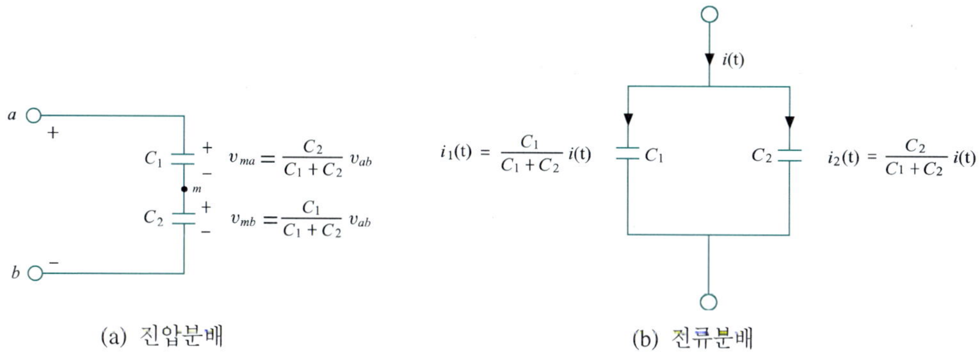

그림 2-80 커패시턴스의 전압 및 전류 분배

예제 2-32

용량 1 [μF]인 콘덴서 양단에서의 전압강하가 그림 2-81과 같이 변화할 때 전압강하의 방향으로 흐르는 전류를 구하여라.

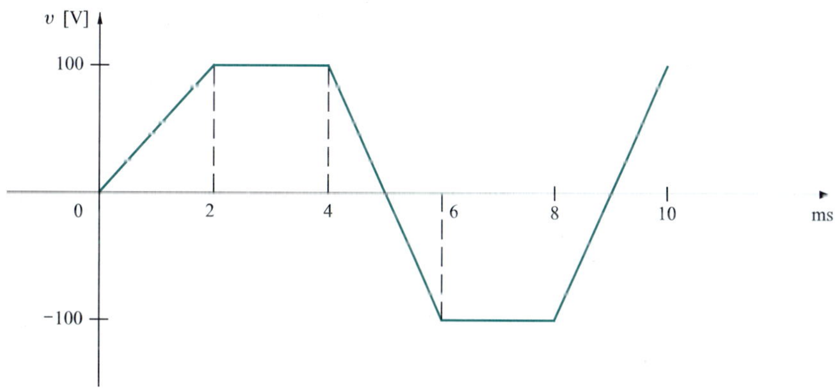

그림 2-81 예제 2-32

풀이

$$i = \frac{dq}{dt} = C\frac{dv_{(t)}}{dt}$$

$C = 1 \times 10^{-6}$ [F]

$$\frac{dv(t)}{dt} = \frac{100}{2\times 10^{-3}} = 5\times 10^4$$

$$i = C\frac{dv(t)}{dt} = 1\times 10^{-6}\times 5\times 10^4 = 0.05 \text{ [A]}$$

$0 < t < 2 \Rightarrow i = 0.05$ [A]

$2 < t < 6 \Rightarrow$ 전류변화가 없으므로 $i = 0$

$6 < t < 8 \Rightarrow \frac{dv(t)}{dt} = \frac{-100-100}{2\times 10^{-3}} = -10\times 10^4$

$i = -1\times 10^{-6}\times 10\times 10^4 = -0.1$ [A]

$t > 8 \Rightarrow i = C\frac{dv}{dt} = 0$

2-10-1 콘덴서 구조와 종류

콘덴서는 전기를 일시적으로 저장하는 역할을 하며 축전기(蓄電器)로 번역된다. 또한 직류를 차단하고 교류를 통과시키는 역할을 한다.

축전지(蓄電池=Battery)는 화학에너지를 전기에너지를 바꾸는 장치로 그 원리가 축전기와는 근본적으로 다르며 저장 가능한 에너지도 콘덴서는 매우 적다.

구조로는 마주보는 두 금속판 사이에 유전율이 높은 절연체를 삽입한 구조로 되어있는데 이 유전체의 종류에 따라 세라믹(자기), 폴리필름(마일러), 오일페이퍼, 스치롤 콘덴서 등으로 구분된다.

위의 일반형 콘덴서의 용량은 구조상 한계 때문에 최대 1 [μF]를 넘지 못한다. 그런데 전극표면을 화학처리하고 전해질 유전체를 사용하면 정전용량이 수백 배 커진다. 이렇게 해서 만들어 진 것이 탄탈 및 알루미늄 전해 콘덴서이다. 전해콘덴서는 극성이 있고 내압은 일반형보다 낮다(극성을 거꾸로 하거나 규격이상 전압을 가하면 폭발의 위험성이 있다).

종류는 다음과 구분할 수 있다.

(1) 세라믹, 스치롤 콘덴서, 마이카(운모)콘덴서 : 고주파용

(2) 마일러, 오일페이퍼 콘덴서 : 저주파용

(3) 탄탈전해, 알루미늄 전해 콘덴서 : 저주파용 및 전원리플 제거용

(4) 가변 콘덴서 : 한쪽 극판은 고정하고, 다른 한쪽 극판을 손잡이로 회전시켜 용량값을 변화시킬 수 있도록 만든 것으로 라디오의 동조회로 등에 사용된다.

(5) 반고정 콘덴서 : 드라이버로 조정하는 가변콘덴서, 트리머 콘덴서라고 함.

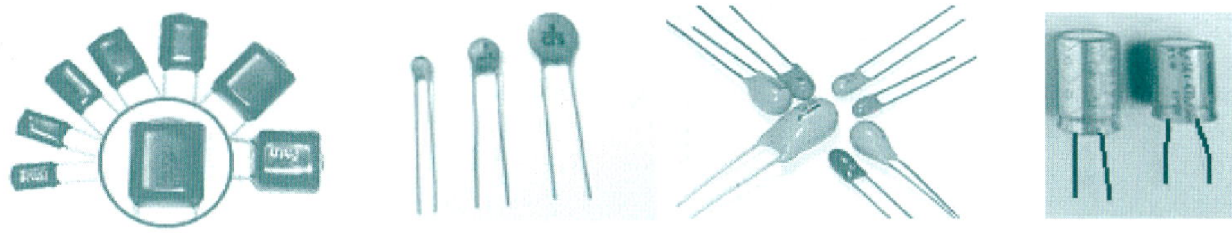

(a) (b) (c) (d)

그림 2-82 각종 콘덴서의 실물

그림 2-82에서 보는 것과 같이(a)는 마일러, (b)는 세라믹(c) 탄탈 (d)는 전해 콘덴서이다.

2-10-2 콘덴서의 용량 리액턴스 X_c

그림 2-83 (a)와 같이 콘덴서와 전구를 연결하고 직류전압을 인가하면 전구는 켜지지 않는다. 전류의 방향이 항상 일정한 직류전압을 인가하면 콘덴서가 충전이 되는 순간에만 충전전류가 흘러서 전구가 잠깐 켜지고 콘덴서가 충전이 되고 나면 전원전압과 콘덴서 전압의 크기가 같아져서 전원과 콘덴서간의 전위차가 없어지기 때문에 더 이상 전류가 흐를 수가 없게 되어서 전구가 켜지지 않게 된다.

이와 같이 콘덴서는 직류전류와 직류전압을 차단한다. 그러나 그림 2-83 (b)와 같이 교류전압을 인가하면 전류의 방향이 180°마다 변화되기 때문에 콘덴서에 충전과 방전이 반복이 되어 도선에는 계속해서 전류가 흐르게 되며 전구도 계속해서 켜진다. 이와 같이 콘덴서는 직류전류는 차단하고 교류전류는 흐르게 한다.

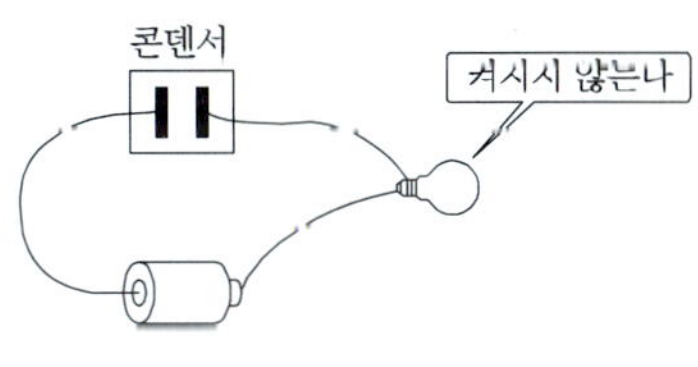

(a) 직류전압 인가

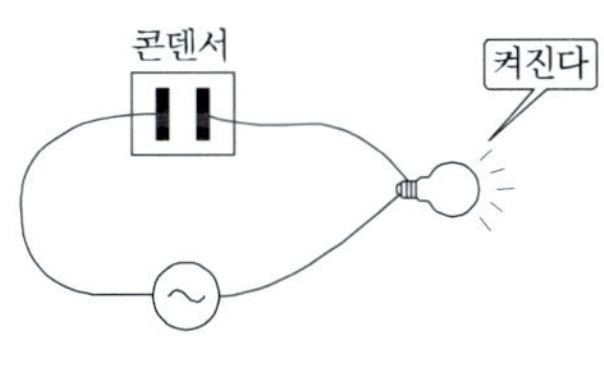

(b) 교류전압 인가

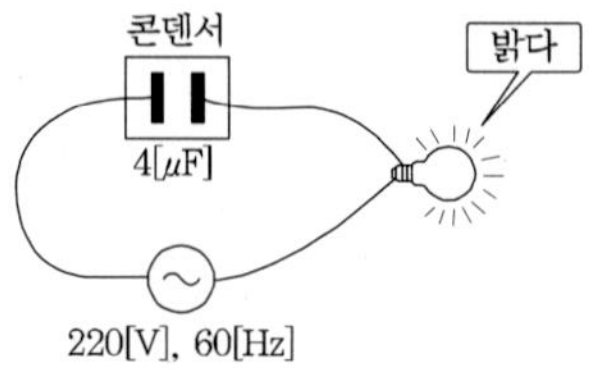

(c) 교류전압 인가

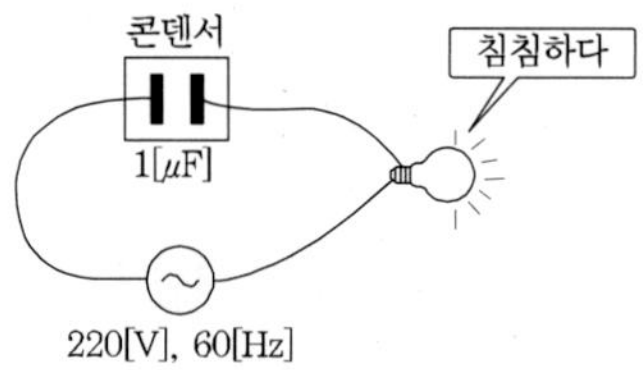

(d) 교류전압 인가

그림 2-83 직류와 교류에 대한 콘덴서의 작용

단, 콘덴서의 정전용량 C [F]가 크면 콘덴서에 충전과 방전되는 양이 많아지기 때문에 전류가 많이 흐를 수 있어서 그림 2-83 (c)와 같이 전구가 밝아지고 콘덴서의 정전용량 C [F]가 작으면 충전과 방전되는 양이 적어지기 때문에 전류가 많이 흐를 수 없게 되어 그림 2-83 (d)와 같이 전구는 어두워진다.

결과적으로 콘덴서는 같은 교류전압이 인가되어도 콘덴서의 정전용량 C [F]에 따라서 전류를 잘 흐르게 하기도 하고 억제하기도 하는 저항으로 작용한다. 이와 같이 콘덴서에 교류를 공급했을 때 작용하는 콘덴서의 저항을 용량성 저항 또는 용량 리액턴스(capacitance reactance) X_c라고 하며 그 크기는 다음의 식으로 계산한다.

$$X_c = \frac{1}{2\pi f C} \ [\Omega]$$

위 식은 콘덴서의 정전용량 C [F]가 클수록 콘덴서에 공급되는 주파수 f [Hz]가 클수록 콘덴서의 용량리액턴스가 작아진다는 것을 의미한다. 따라서 이러한 성질을 이용하여 그림 2-84 (a)와 같이 용량이 큰 콘덴서에 직류와 교류가 함께 섞여 있는 맥류를 공급하면 교류만을 얻을 수 있다. 콘덴서의 정전용량을 크게 하여 콘덴서의 용량 리액턴스를 작아지게 만들어서 교류가 잘 흐르도록 하고 직류를 통과시키지 않는 콘덴서의 성질을 이용한 것이다.

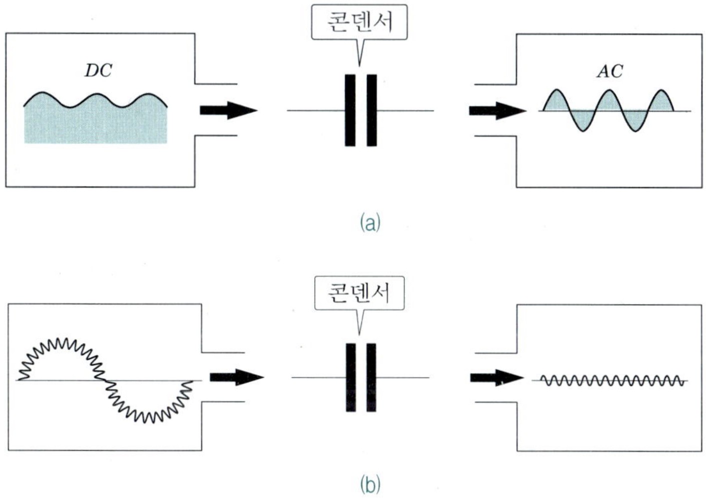

그림 2-84 콘덴서의 주파수에 대한 기능

또한 그림 2-84 (b)와 같이 용량이 적은 콘덴서에 고주파와 저주파가 합성되어 있는 혼합파를 공급하면 저주파 성분은 저지시키고 고주파 성분만을 통과시킬 수 있다. 주파수 f [Hz]가 높은 고주파일수록 콘덴서의 저항인 용량리액턴스 X_c 가 적게 작용하는 성질을 이용한 것이다. 이와 같이 콘덴서는 여러 개의 주파수 중에서 어느 한 가지 주파수만을 선택할 수 있는 특성이 있다.

예제 2-33

콘덴서와 코일에서 실제적으로 급격히 변화할 수 없는 것이 있다면 어느 것인가?

① 코일에서 전압, 콘덴서에서 전류 ② 코일에서 전류, 콘덴서에서 전압
③ 코일, 콘덴서 모두 전압 ④ 코일, 콘덴서 모두 전류

정답 및 풀이

정답 : ②

① 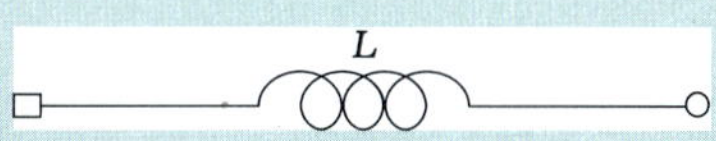

L에 유기되는 전압은 $e_L = -L\dfrac{di}{dt}$ [V]에서 i를 급격히 증가시키면 $e_L = \infty$가 되므로 L회로에서는 전류를 급격히 증가시킬 수 없다.

② 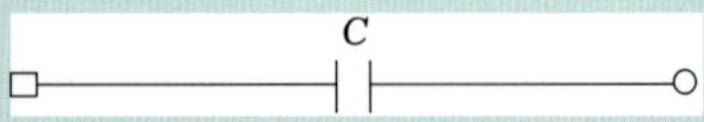

C에 흐르는 전류 $i_c = C\dfrac{de}{dt}$ [A]에서 전압 e가 급격히 변화하면 $\dfrac{de}{dt}$가 ∞가 되어 i_c가 ∞로 되므로 C 회로에서는 전압를 급격히 증가시킬 수 없다.

예제 2-34

그림과 같은 회로에서 bD사이의 전압을 50 [V]로 하려면 커패시터 C의 정전용량은 몇 [μF]로 해야 되는가 ?

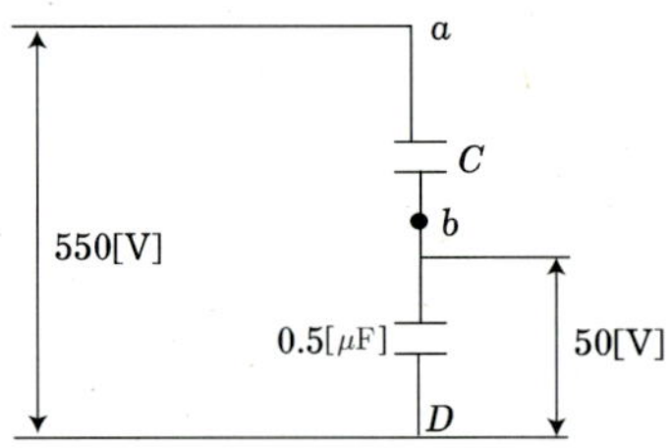

그림 2-85 예제 2-34 회로

정답 및 풀이

정답 : 0.05 [μF]

직렬회로이므로 Q 가 공통임

$Q = CV = 0.5 \times 50 = 25$ [μC]
$V_{ab} = 550 - 50 = 500$ [V]
$V = \dfrac{Q}{C}$ [V]에서 $500 = \dfrac{25}{C}$, $C = \dfrac{25}{500} = 0.05$ [μF]

예제 2-35

그림은 전압이 일정한 전원 장치에 연결되어 완전히 충전된 축전기 A, B, C 를 나타낸 것이다. 충전된 전하량은 A가 B의 2배이고, 저장된 에너지는 B와 C가 서로 같다. 이에 대한 설명으로 옳은 것만을 〈보기〉에서 있는 대로 모두 고르시오.

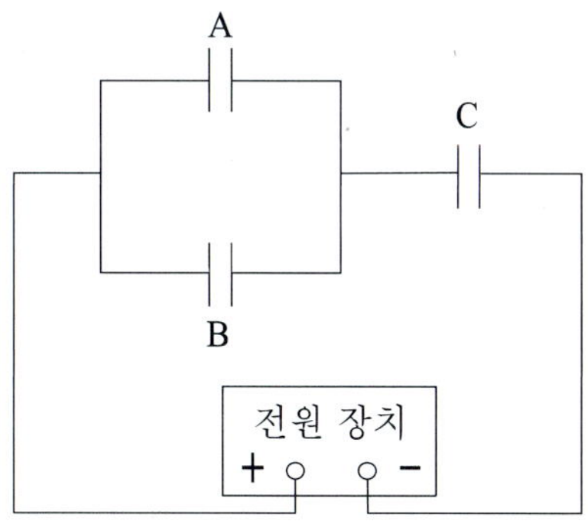

그림 2-86 예제 2-35 회로

〈보기〉

ㄱ. 전기 용량은 A가 B의 2배이다

ㄴ. 충전된 전하량은 C가 B의 3배이다.

ㄷ. 축전기 양단의 전위차는 A가 C의 배이다.

정답 및 풀이

정답) ㄱ, ㄴ

1) 문제에서 축전기 A,B는 병렬회로이므로 전압이 같다.
$Q=CV$ 에서 A가 전하량이 B의 2배라고 문제에서 제시하였으므로 $C_A=2C_B$ 이다.

2) 축전지 B와 C에서 저장된 에너지가 같다고 하였으므로 $W_B=W_C$ 이다.

상기회로에서 $2C_B$와 C_B가 병렬이므로 정전용량 합은 $3C_B$이다.
$3C_B$와 C가 직렬회로에서는 전하량이 공통이므로 전압은 정전용량에 반비례 한다.

$$V_1=V\times\frac{C}{3C_B+C},\quad V_2=V\times\frac{3C_B}{3C_B+C}$$

$$W_B=\frac{1}{2}3C_B\times\left(\frac{C}{3C_B+C}\right)^2V^2$$

$$W_C=\frac{1}{2}C\times\left(\frac{3C_B}{3C_B+C}\right)^2V^2$$

$$W_B=W_C$$

$C=3C_B$, C에 충전된 전하량은 B의 3배가 된다.
$3C_B$와 C가 직렬 연결되어 있다. 이것을 회로도 나타내면 다음과 같다.

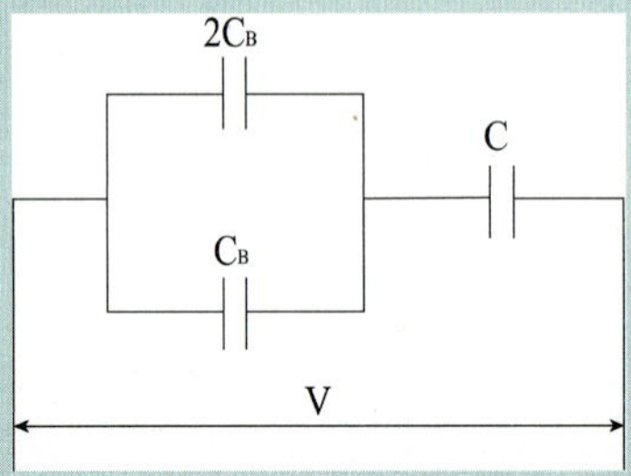

그림 2-87

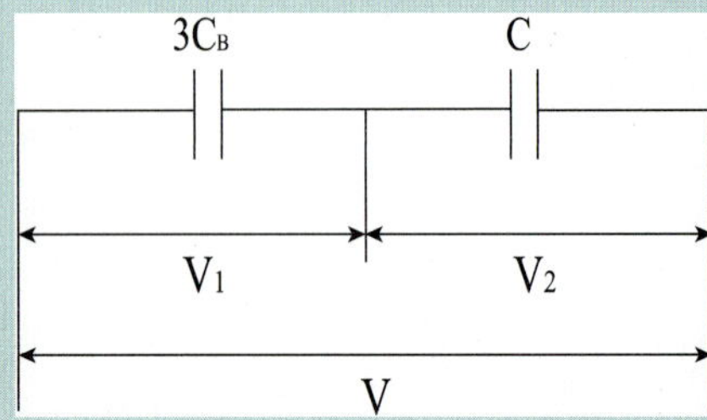

그림 2-88

축전기의 크기가 같으므로 양단에는 각각 $\frac{1}{2}$V 가 된다.

2-11 전 력

전열기, 전동기 및 각종 전기기기에 전압을 가하면 전류가 흘러 여러 가지 일을 하게 된다. 이때 전기가 한 일의 양을 나타내는 전력과 전력량에 관하여 배우고, 이와 관련된 줄의 법칙을 배우기로 한다.

2-11-1 전력과 전력량

단위시간에 전기가 하는 일의 양을 전력(electric power)이라 하고, 단위로는 와트(watt, 기호 [W])를 사용한다.

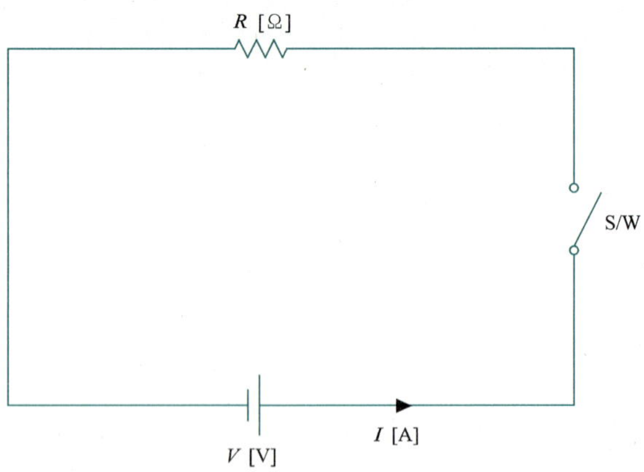

그림 2-89 회로의 전력

지금 그림 2-89과 같이 R [Ω]의 저항에 전류 I [A]가 흐를 때, 저항에서 소비되는 전기에너지 P를 구하면 다음과 같이 되는데,

$$P = VI = I^2R = \frac{V^2}{R} \text{ [W]} \tag{2-51}$$

이 P가 회로에서 소비되는 전력이다. 또한 전력 1 [W]란 1 [sec] 동안에 1 [J]의 일을 하는 일률(power)이므로

$$1 \text{ [W]} = 1 \text{ [J/s]} \tag{2-52}$$

와 같은 것이다.

다음은 전류가 흐르는 시간 동안 한 일의 양을 전력량(electric energy)이라 한다. 즉, 이것은 전력 P [W]와 이 전력을 사용한 시간 t [sec]를 곱한 것으로, 단위는 와트초(watt · sec, 기호 [Ws])이다. 실제로는 대개 전력량의 단위로서 킬로와트시(kilowatt-hour, 기호 [kWh])를 사용한다. 전력량을 W로 표시하면,

$$W = Pt \text{ [Ws]} \tag{2-53}$$

실제로는 전력량의 단위로서 킬로와트시(kilowatt-hour, 기호 [kWh])를 사용한다.

$$\begin{aligned} 1 \text{ [kWh]} &= 10^3 \text{ [Wh]} = 10^3 \text{ [W]} \times 3{,}600 \text{ [s]} = 3.6 \times 10^6 \text{ [Ws]} \\ &= 3.6 \times 10^6 \text{ [J]} \end{aligned} \tag{2-54}$$

전력은 전력계를 사용하여 측정하고, 전력량은 전력량계로 측정한다. 전력과 전력량의 단위를 정리하여 표 2-3에 나타낸다.

표 2-3 전력과 전력량의 단위

전 력	mW W kW	1 [mW]= $\frac{1}{1{,}000}$ [W] 1 [kW]= 1,000 [W]
전력량	Ws Wh kWh	1 [W]의 전력에서 1 [s] 동안, 1 [J] 1 [W]의 전력에서 1 [h] 동안, 3,600 [Ws] 1 [kW]의 전력에서 1 [h] 동안, 1,000×3,600 [Ws]

예제 2-36

그림은 저항 R [Ω], 저항값이 6 [Ω]인 4개의 저항, 스위치 S_1, S_2를 전압이 일정한 전원 장치에 연결한 것을 나타낸 것이다. S_1, S_2를 모두 열었을 때와 모두 닫았을 때 R에서 소비되는 전력은 같다. R의 저항값은?

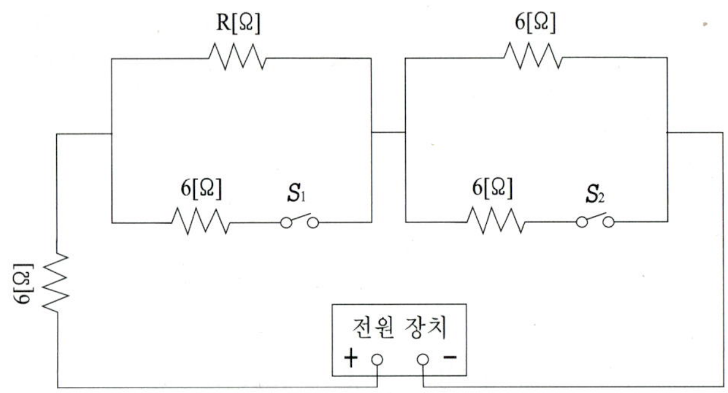

그림 2-90 예제 2-36 회로

① 1 [Ω]　② 2 [Ω]　③ 3 [Ω]　④ 6 [Ω]　⑤ 9 [Ω]

정답 및 풀이

정답 : ②

1) S_1, S_2를 모두 열었을 때의 회로도는 다음과 같다.

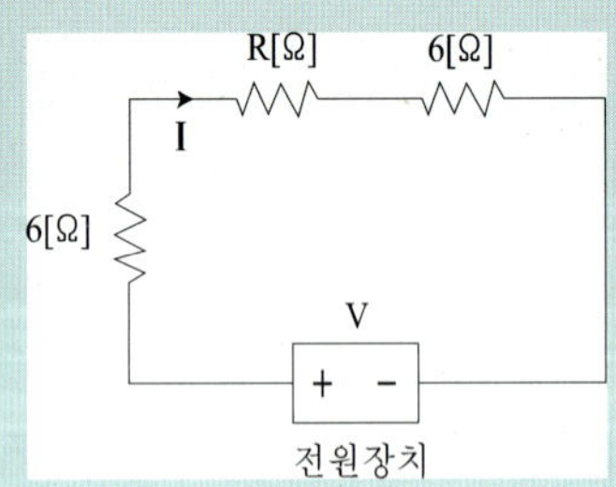

그림 2-91

2) S_1, S_2를 모두 닫았을 때의 회로도는 다음과 같다.

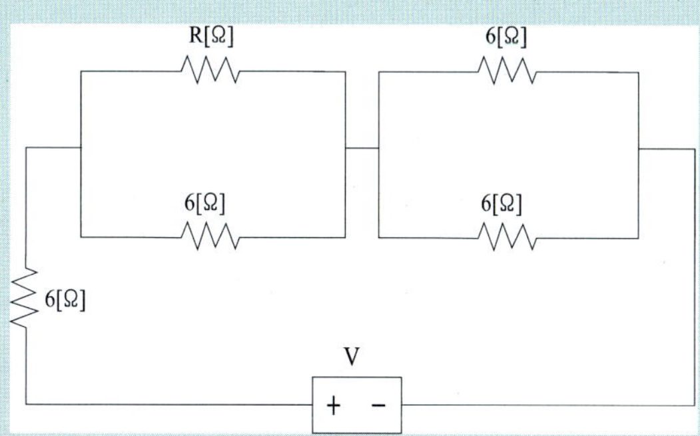

그림 2-92

상기회로를 변형하면 다음과 같다.

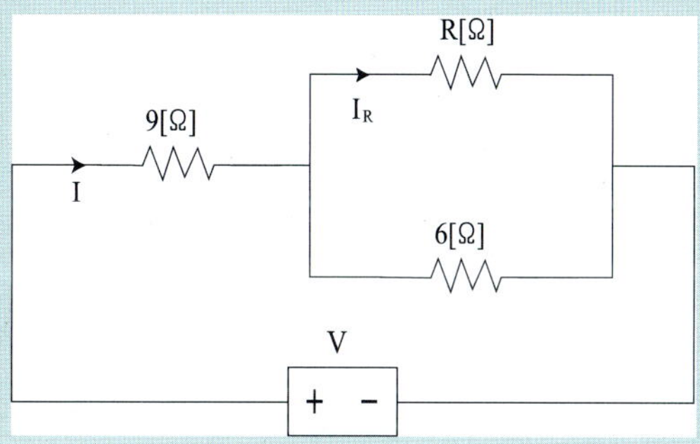

그림 2-93

먼저 전체저항을 구하면

$$R_T = 9 + \frac{6R}{R+6} = \frac{15R+54}{R+6}$$

$$I = \frac{V}{R_T} = \frac{(R+6)V}{15R+54}$$

$$I_R = \frac{(R+6)V}{15R+54} \times \frac{6}{6+R}$$

$$= \frac{6V}{15R+54}$$

$$P = I_R^2 R = (\frac{6V}{15R+54})^2 R$$

문제의 조건에서 소비전력이 같다고 하였으므로

$$R\frac{V^2}{(12+R)^2}=\frac{(6V)^2}{(15R+54)^2}R$$

$$15R+54=6(12+R)$$

$$15R+54=72+6R$$

$$9R=18$$

$$\therefore R=2\ [\Omega]$$

예제 2-37

정격전압에서 1 [kW] 전력을 소비하는 어떤 전열기에 정격의 80 [%]의 전압을 가할 때의 전력 [W]은 얼마인가?

풀이

$P=\dfrac{V^2}{R}$ [W]에서 전압이 80 [%] 될 때의 전력 P'은 $P'=\dfrac{V'^2}{R}$ 이 된다. 단,

$$V'=0.8V$$

$$=\frac{(0.8V)^2}{R}=\frac{0.64V^2}{R}=0.64\frac{V^2}{R}$$

$P=1{,}000$ [W]이므로

$$P'=0.64\times 1{,}000=640\ [W]$$

예제 2-38

100 [V]-600 [W]의 전열기가 있다. 전열기 전열선의 10 [%]가 단선되었을 때 나머지 부분만을 사용하는 경우 소비전력은 어떻게 변하는가?

풀이

100 [V] - 600 [W] 전열기의 저항을 구하면

$P=\dfrac{V^2}{R}$ 에서,

$$R=\frac{V^2}{P}=\frac{100^2}{600}=\frac{100}{6}\ [\Omega]$$

전열선의 단면적과 길이의 관계는 $R=\rho\dfrac{l}{A}$ 이다. 단, l : 도체길이, A : 도체단면적

문제에서 전열선의 10 [%]가 단선되었을 때의 저항($l'=0.9l$)

$$R' = \rho\frac{0.9l}{A} = 0.9\rho\frac{l}{A} = 0.9R$$

$$= 0.9 \times \frac{100}{6} = 15\ [\Omega]$$

$$P' = \frac{V^2}{R'} = \frac{100^2}{15} = 666.67\ [\mathrm{W}]$$

따라서 소비전력의 변화는

$$\frac{P'}{P} = \frac{666.67}{600} \times 100 = 11.1\ [\%]\ \text{증가}$$

예제 2-39

그림 2-94의 회로에 있어서 소비전력이 최대가 되는 지항은 어느 것인가?
(단, a, b 사이의 전압은 10 [V]이다)

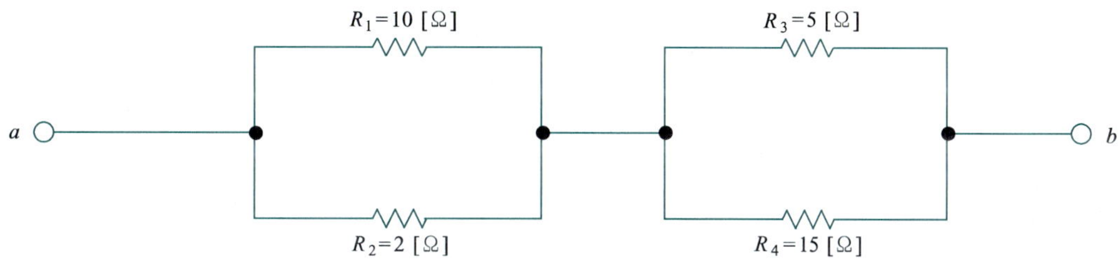

그림 2-94 예제 2-39의 회로

풀이

$$R_{12} = \frac{10 \times 2}{10+2} = \frac{20}{12} = \frac{5}{3}\ [\Omega]$$

$$R_{34} = \frac{5 \times 15}{5+15} = \frac{75}{20} = \frac{15}{4}\ [\Omega]$$

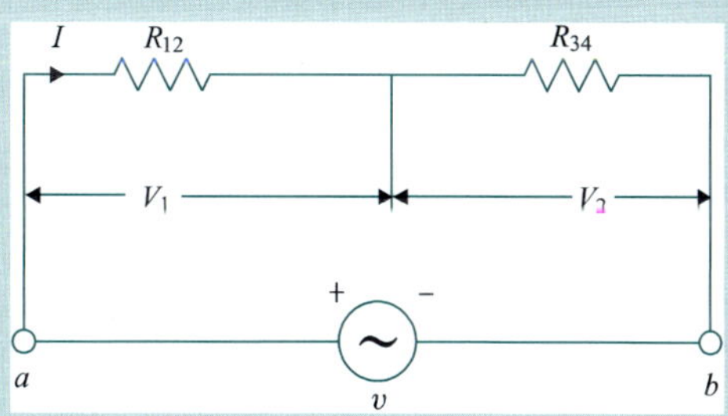

그림 2-95 예제 2-39의 풀이

$$R_{ab}=R_{12}+R_{34}=\frac{5}{3}+\frac{15}{4}=\frac{65}{12}\ [\Omega]$$

$$I=\frac{V}{R_{ab}}=\frac{12}{65}\times 10=1.846\ [A]$$

$$V_1=1.846\times\frac{5}{3}=3.076\fallingdotseq 3.1\ [V]$$

$$V_2=10-3.076=6.924=6.9\ [V]$$

$$P_{10}=\frac{V_1^2}{R_{10}}=\frac{3.1^2}{10}=0.961\ [W]$$

$$P_2=\frac{V_1^2}{R_2}=\frac{3.1^2}{2}=4.805\ [W]$$

$$P_5=\frac{V_2^2}{R_5}=\frac{6.9^2}{5}=9.522\ [W]$$

$$P_{15}=\frac{V_2^2}{R_{15}}=\frac{6.9^2}{15}=3.174\ [W]$$

∴ 5 [Ω]에서 최대전력이 소모된다.

2-11-2 줄의 법칙

전구, 전열기 등과 같이 저항값이 큰 부하에 전압을 가하여 전류를 흘리면 열이 발생한다. 이와 같은 작용을 전류의 발열작용이라 하는데, 이때 발생하는 열을 줄열(Joule heat)이라 한다. 이 열량과 관련해서 다음과 같은 성질이 있다. 즉 R [Ω]의 저항에 I [A]의 전류를 t [sec] 동안 흘렸을 때 발생하는 열량 H는

$$H=I^2RT\ [J] \tag{2-55}$$

로 표시되는데, 이것을 줄의 법칙(Joule's law)이라 한다.

열량을 표시할 때는 칼로리 [cal]라는 단위도 많이 사용하는데,

$$1\ [J]=0.24\ [cal] \tag{2-56}$$

의 관계가 있으므로, 식 (2-56)을 칼로리로 표시하면,

$$H=0.24I^2Rt\ [cal] \tag{2-57}$$

가 된다.

이러한 줄열은 가정용 및 공업용에 널리 이용되고 있다. 가정용으로는 전기밥솥, 전기난로, 전기다리미, 백열전구 등에 이용되고, 공업용으로는 전기용접기, 전기로 등에 이용되고 있다.

예제 2-40

그림과 같이 저항값이 6 [Ω],12 [Ω], R_1 [Ω], R_2 [Ω]인 저항에 열량계 A,B,C,D에 넣고, 전압이 일정한 전원장치에 연결하였다. 일정한 시간 동안 전기회로에 전류를 흐르게 하였더니 열량계 내에서 발생한 열량이 표와 같았다.

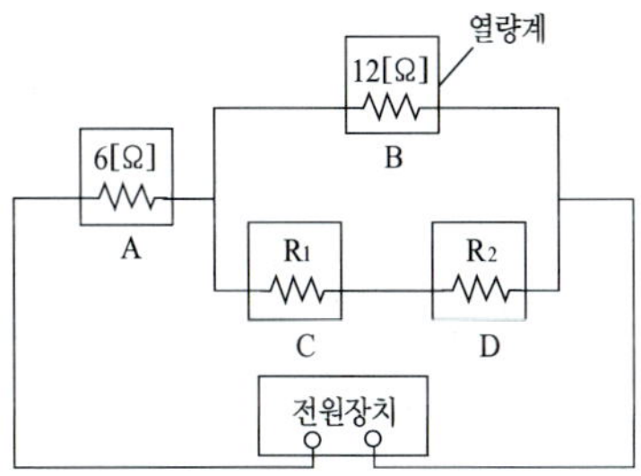

표

열량계	발열량(J)
A	( )
B	200
C	300
D	300

그림 2-96 예제 2-40의 회로

열량계 A내에서 발생한 열량은? (단, 온도에 따른 저항의 변화는 무시한다.)

풀이

일정시간이라고 문제에서 제시 하였으므로 t =1 [초]라고 계산하면 다음과 같다.

$W_B = \frac{V^2}{R} = \frac{V^2}{12} = 200$ [J]에서 $V^2 = 2,400$ [V], V=48.98 [V]임 병렬회로에서는 전압이 같다.

R_1 [Ω], R_2 [Ω]가 직렬연결회로이고, C,D합성 열량이 600 [J]이므로 , 합성저항 R.

$R = \frac{V^2}{W} = \frac{2,400}{600} = 4$ [Ω], 12 [Ω]에 흐르는 전류를 I_1, 합성저항에 흐르는 전류를 I_2라 하면

$I_1 = \frac{48.98}{12} = 4.08$ [A], $I_2 = \frac{48.98}{4} = 12.245$ [A]

전체 전류 $I = I_1 + I_2 = 4.08 + 12.245 = 16.325$ [A]

따라서 A 열량계의 열량은 $W_A = I^2 R = 16.325^2 \times 6 = 1,600$ [J]

예제 2-41

그림과 같이 네 개의 저항을 전압이 일정한 전원장치에 연결하였다. 스위치 S_1 만 닫았을 때 전류계에 흐르는 전류는 3 [A]이고, 스위치 S_2 만 닫았을 때 전류계에 흐르는 전류는 1 [A]이었다.
S_1 만 닫았을 때 R 의 소비전력은?

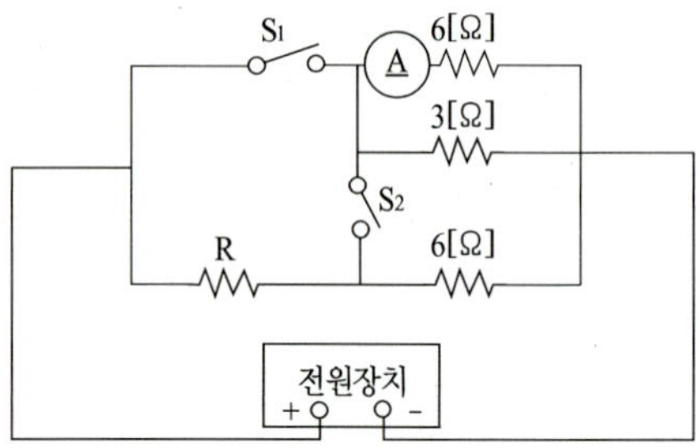

그림 2-97

풀이

1) 스위치 S1 만 닫았을 때 전류계에 흐르는 전류가 3 [A]일 때 회로도는 다음과 같다.

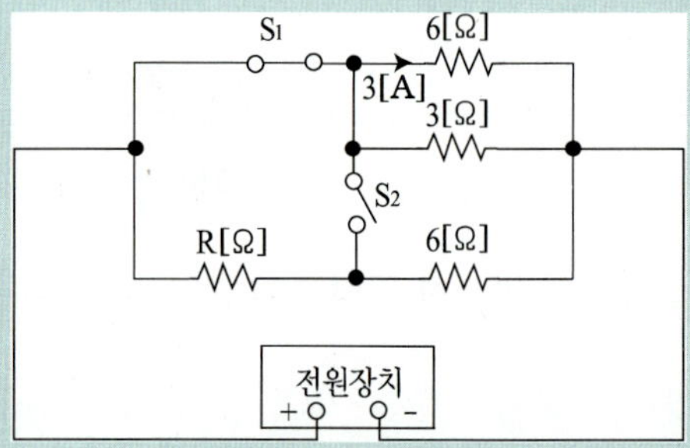

그림 2-98

6 [Ω]에 3 [A]의 전류가 흐르므로 6 [Ω]에 걸리는 전압이 18 [V]이므로 전원 장치에서 공급하는 전압은 18 [V]이다.

2) 스위치 S2 만 닫았을 때 전류계에 흐르는 전류는 1 [A]이고, 전원 장치에서 공급하는 전압은 18 [V]이므로 회로도는 다음과 같다.

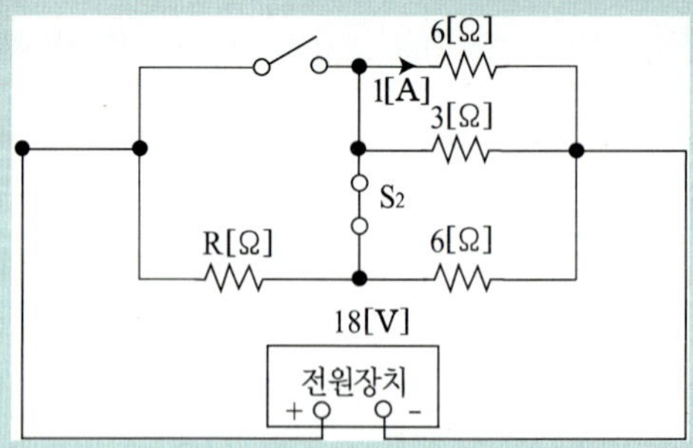

그림 2-99

상기의 회로에서 6 [Ω], 3 [Ω], 6 [Ω]이 병렬회로 이므로 양단에 걸리는 전압이 6 [V]이므로 R [Ω]에는 12 [V]의 전압이 걸린다. 또한 3 [Ω]에는 2 [A], 6 [Ω]에는 전류가 1 [A]가 흐르므로 병렬회로에 흐르는 전류는 4 [A]가 된다. 그러므로 R [Ω]에는 4 [A]가 전류가 흐른다.

R의 저항은 $R=\frac{V}{I}=\frac{12}{4}=3$ [Ω]임 S1 만 닫았을 때 R에서 소비되는 전력은

$P=I^2R=2^2\times3=12$ [W]

예제 2-42

그림 (가)와 같이 저항 R_1과 R_2, 저항값이 6 [Ω]인 저항, 스위치 S_1과 S_2를 전압이 24 [V]로 일정한 전원 장치에 연결하였다. 0 초일 때 S_1을 닫고, 10초일 때 S_2를 닫았다. 그림 (나)는 S_1을 닫은 직후부터 점 P에 흐르는 전류를 시간에 따라 나타낸 것이다.

0 초부터 20초까지 두 저항 R_1, R_2에서 소비되는 전기에너지를 각각 E_1, E_2 라고 할 때, E_1 : E_2 는?

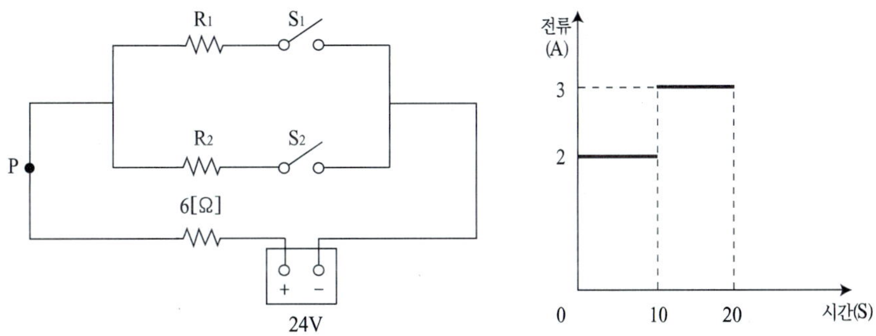

(가) (나)

그림 2-100 예제 2-42의 회로

풀이

1) 스위치 S_1을 0초에서 닫았을 때 회로는 다음과 같다

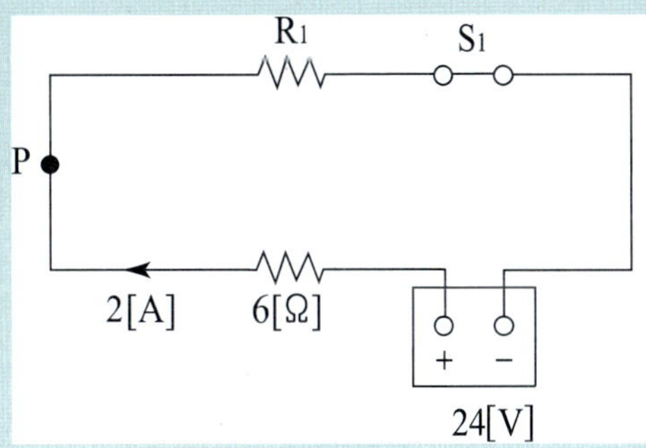

그림 2-101

상기 회로에 KVL를 적용하면

$24 = 6I + R_1 I$, $I = 2$ [A]

$24 = 6 \times 2 + R_1 \times 2$, $12 = 2R_1$, $R_1 = 6$ [Ω], $P_1 = I^2 R_1$ [W]

$E_{1A} = P_1 \times t_1$에서 $P_1 = 2^2 \times 6 = 24$ [W], $E_{1A} = 24 \times 10 = 240$ [J]

2) 10초일 때 스위치 S_2를 닫았을 때 회로는 다음과 같다.

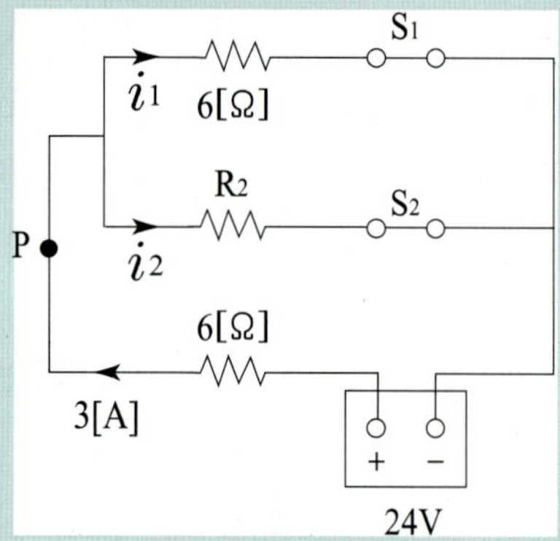

그림 2-102

6 [Ω]과 R_2 [Ω]이 병렬회로이므로 전압이 공통임.

따라서 R_2에 걸리는 전압 $V_2 = 24 - 3 \times 6 = 6$ [V]

6 [Ω](R_2와 병렬 연결된 것)에 흐르는 전류 $I = 1$ [A]

$R_2 = \frac{6}{2} = 3$ [Ω]

$E_{1B} = P_1 \times t_2$, $P_1 = I^2 R_1 = 1^2 \times 6 = 6$ [W], $t_2 = 10$초

$E_{1B} = 6 \times 10 = 60$ [J], R_1에서 소비되는 전기 에너지는 $E_1 = E_{1A} + E_{1B}$이다.

$E_1 = 240 + 60 = 300$ [J], $E_2 = P_2 \times t_2$에서 $P_2 = I_2^2 R_2 = 2^2 \times 3 = 12$ [W]

$= 12 \times 10 = 120$ [J]

$E_1 : E_2 = 300 : 120$, $\therefore$ 5 : 2

예제 2-43

1 [kW]의 전열기를 이용하여 20 [°C]의 물 5 [kg]를 70 [°C]까지 올리는 데 요하는 시간 [min]은 약 얼마나 되겠는가? 단, 전열기의 효율은 60 [%]이다.

풀이

$$\eta = \frac{\text{출력}}{\text{입력}} \times 100 = 60\,,\ H = 0.24 I^2 Rt \ \text{[cal]}$$

$$Q = mC\theta = 5 \times 10^3 \times 50 \ \text{[cal]}$$

$$\eta = \frac{5 \times 10^3 \times 50}{0.24 \times 1 \times 10^3 t} \times 100 = 60$$

$$t = \frac{5 \times 10^3 \times 50 \times 100}{0.24 \times 10^3 \times 60} = 1{,}736 \ \text{[초]}$$

$$t = \frac{1.736}{60} = 28.9 \ \text{[분]}$$

$$\fallingdotseq 29 \ \text{[분]}$$

예제 2-44

20 [°C]의 물 5 [ℓ]를 용기에 넣고 1 [kW]의 전열기로 가열하여 90 [°C]로 하는 데 40분이 걸렸다. 이 전열기의 효율 [%]은?

풀이

$860P\eta t = M(T_2 - T_1)$ 에서

$$\eta = \frac{M(T_2 - T_1)}{860Pt} = \frac{5(90-20)}{860 \times 1 \times \frac{40}{60}} = 0.61 = 61 \ [\%]$$

연습문제

2-1 길이 l 인 도선이 있다. 이것을 늘려 길이가 nl 인 도선으로 만들었을 때 전기저항은 몇 배로 되겠는가?(단, 체적은 불변)

2-2 500 [W] 전열기가 있다. 장시간 사용에 의하여 전열선의 지름이 균일하게 5 [%] 감소하고, 수리에 의하여 그 길이가 10 [%] 감소하였을 때의 [W] 수는 약 얼마로 되는가?

2-3 그림에서 a,b 단자에 200 [V]를 가할 때 저항 2 [Ω]에 흐르는 전류 I_1 [A]는?

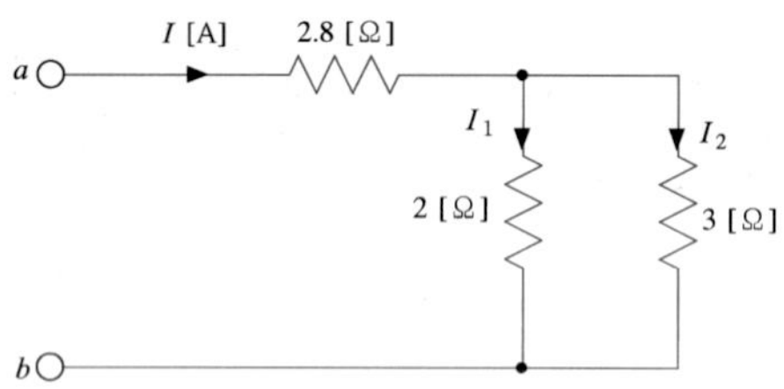

그림 2-103

2-4 그림과 같은 회로의 등가저항을 구하여라.

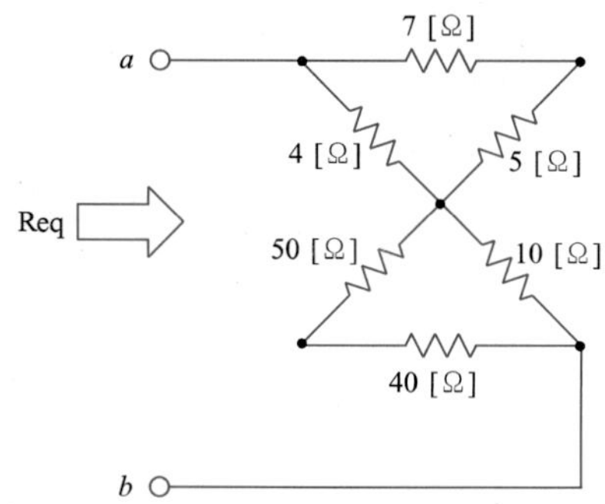

그림 2-104

2-5 일정 전압의 직류전원에 저항을 접속하고 전류를 흘릴 때 이 전류값을 20 [%] 증가시키기 위해서는 저항값을 몇 배로 하여야 하는가?

2-6 그림 2-105와 같이 각 변의 저항값이 r [Ω]인 저항체에 있어서 AB간의 합성저항은 몇 [Ω]인가?

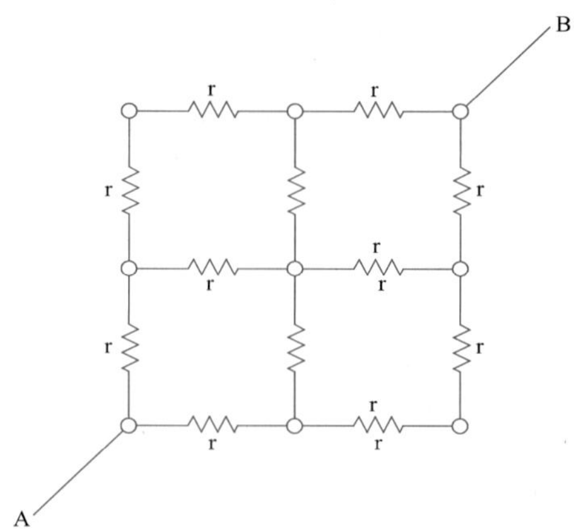

그림 2-105

2-7 그림 2-106과 같은 회로에서 100 [V]를 인가했을 때 1 [A]의 전류가 흘렀다. 저항 R의 값은 얼마인가?

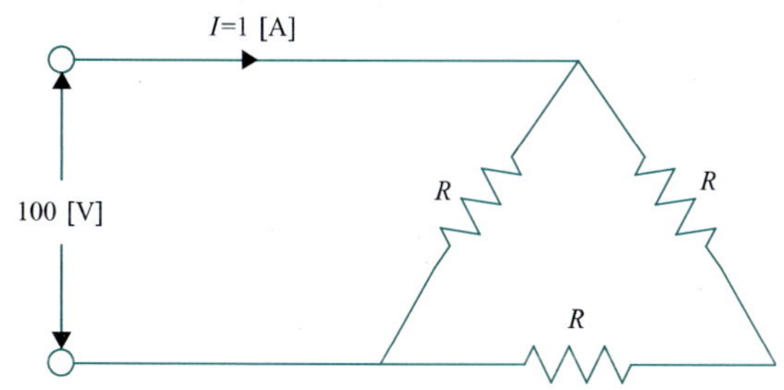

그림 2-106

2-8 다음 회로에 전압 100 [V]를 가했을 때 10 [Ω] 저항으로 흐르는 전류는 몇 [A]인가?

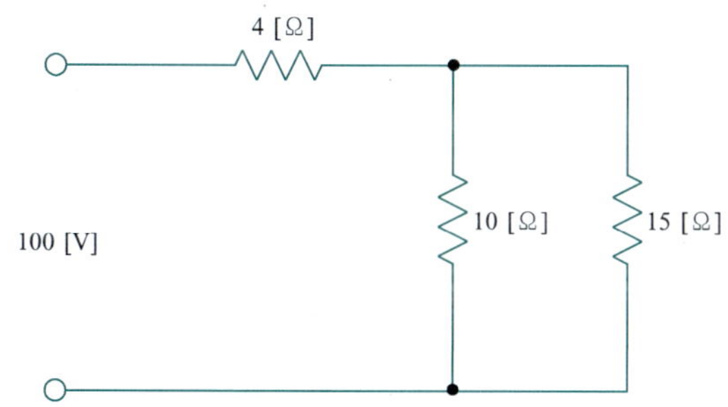

그림 2-107

2-9 그림과 같은 직·병렬회로에서 30 [Ω] 저항으로 흐르는 전류는 몇 [A]인가?

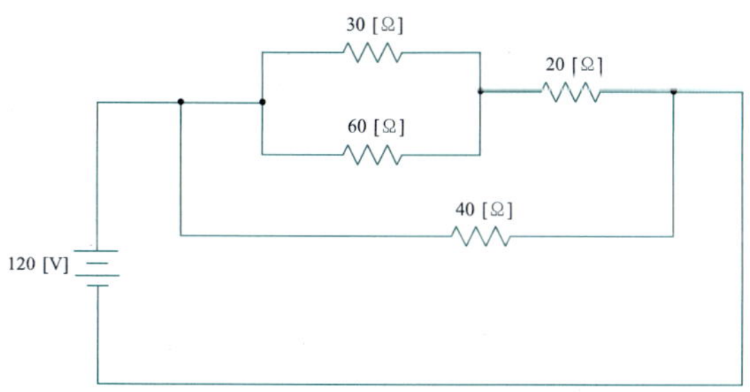

그림 2-108

2-10 그림 2-109와 같은 회로에 있어서 KCL 및 KVL을 이용하여 I_1, I_2, I_3을 구하여라.

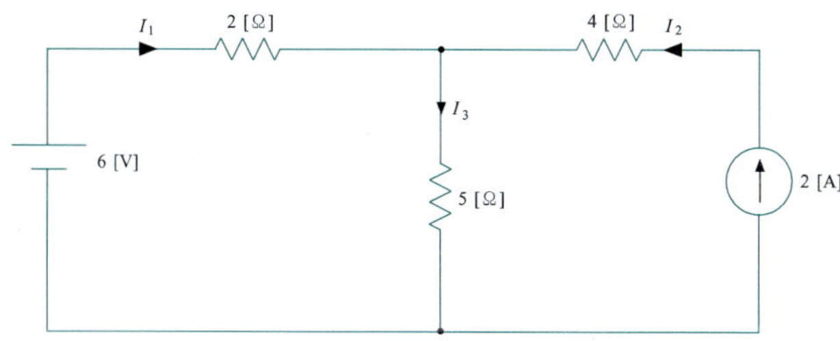

그림 2-109

2-11 다음 그림에서 $V_1 = 24$ [V]일 때 V_{ab} [V]의 값은?

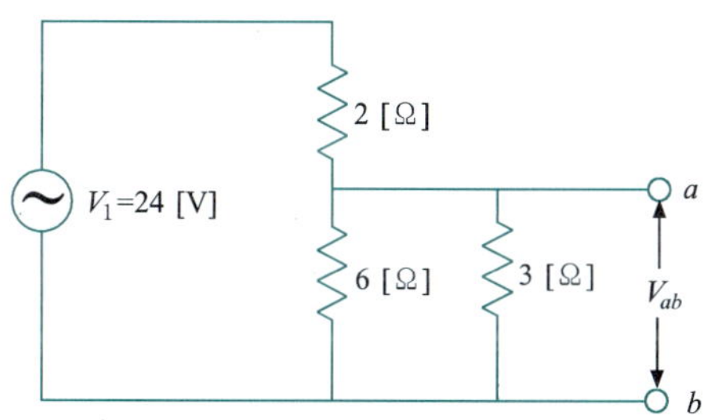

그림 2-110

2-12 그림에서 전체 전류 I는 몇 [A]인가?

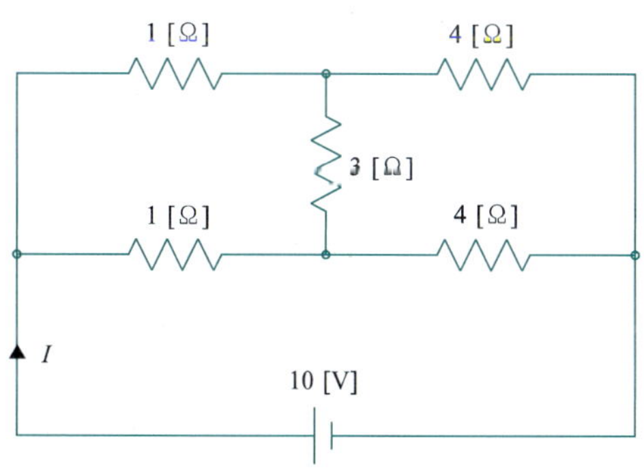

그림 2-111

2-13 그림에서 a, b간의 합성저항 및 c, d간의 합성저항을 구하여라.

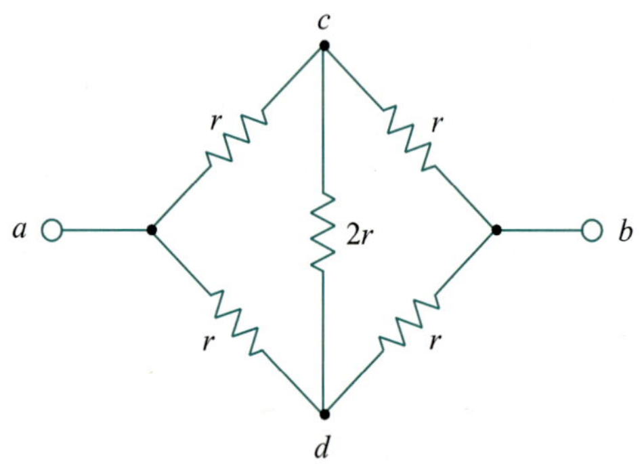

그림 2-112

2-14 그림에서 3 [Ω]의 저항에 흐르는 전류가 2 [A]이다. 단자 a, b간의 전압강하는 얼마인가?

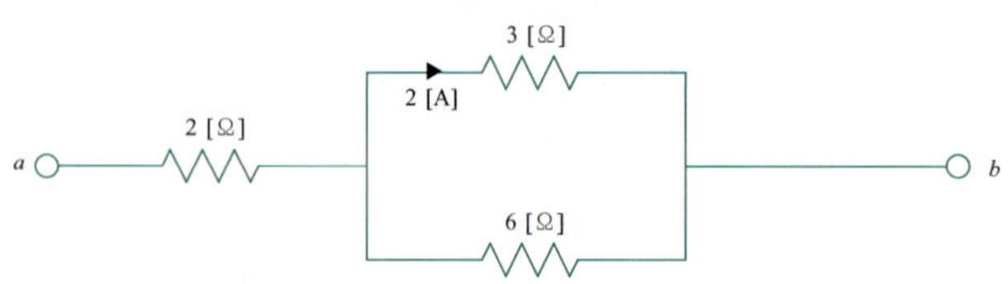

그림 2-113

2-15 어떤 전압계의 측정범위를 10배로 하려면 배율기의 저항 R_s는 전압계의 저항 R_m의 몇 배로 하여야 하는가?

2-16 1 [Ω]의 저항에 400 [W]의 전력을 소비시키려면 얼마의 전류를 흘려야 하는가?

2-17 그림에서 4 [Ω]에 소비되는 전력은 얼마인가?

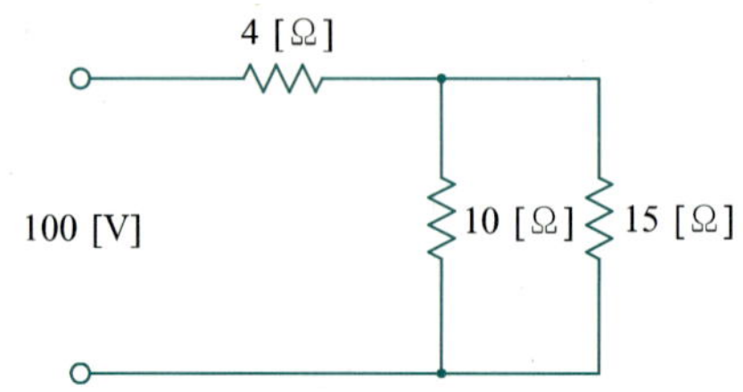

그림 2-114

2-18 15 [Wh]는 몇 [J]인가?

2-19 기전력 1.5 [V], 내부저항 0.1 [Ω]인 전지 3개를 병렬로 연결하고 이를 단락하였을 때, 단락 전류는 얼마인가?

2-20 자기 인덕턴스 0.3 [H]인 코일에 전류가 0.001 [초] 동안에 1 [A] 변화했을 때 코일에 유도되는 기전력은 몇 [V]인가?

2-21 그림의 회로에서 A, B간의 합성용량은 얼마인가?

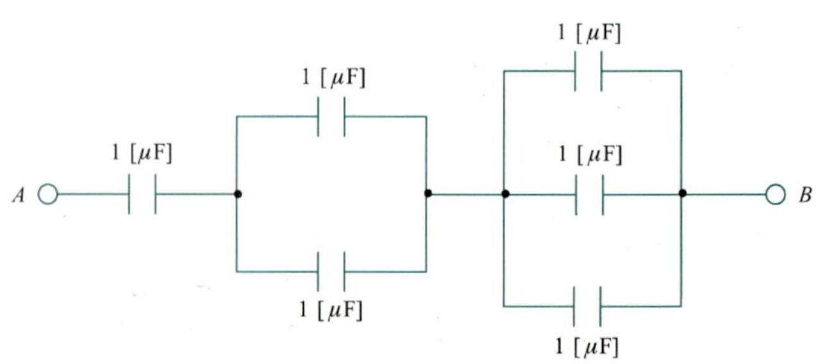

그림 2-115

2-22 그림에서 C_1 양단의 전압은 얼마인가?

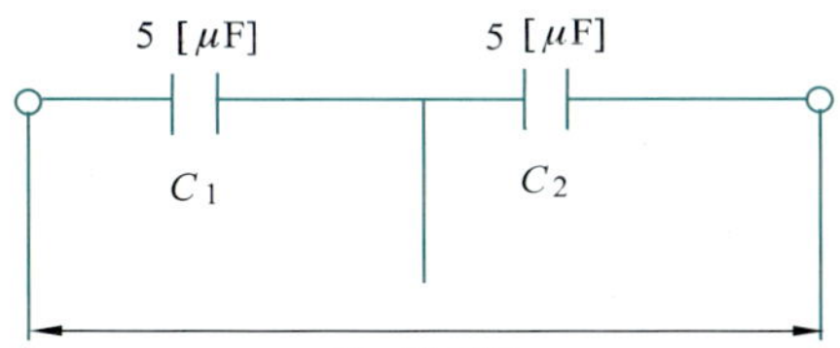

그림 2-116

2-23 다음 회로에서 전류 I_1, I_2, I_3를 구하여라.

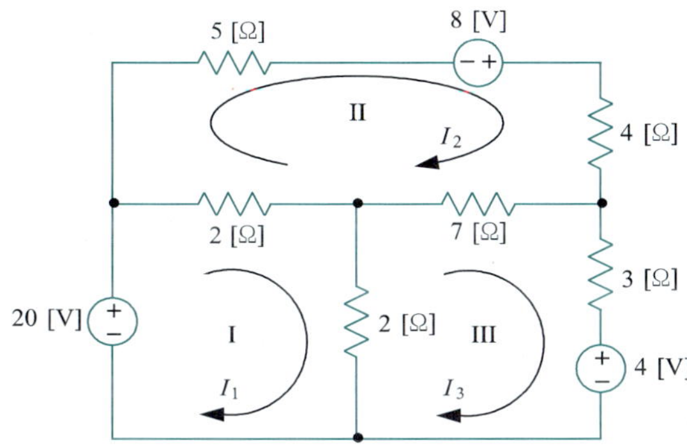

그림 2-117

2-24 그림 2-118의 회로에 있어서 ab간의 전압 V와 저항 10 [Ω]에 흐르는 전류 I를 결정하여라.

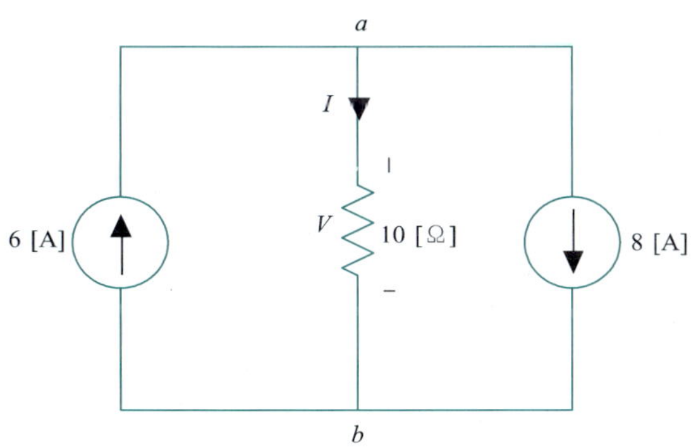

그림 2-118

2-25 그림 2-119의 회로에서 각 저항에 흐르는 전류를 구하라.

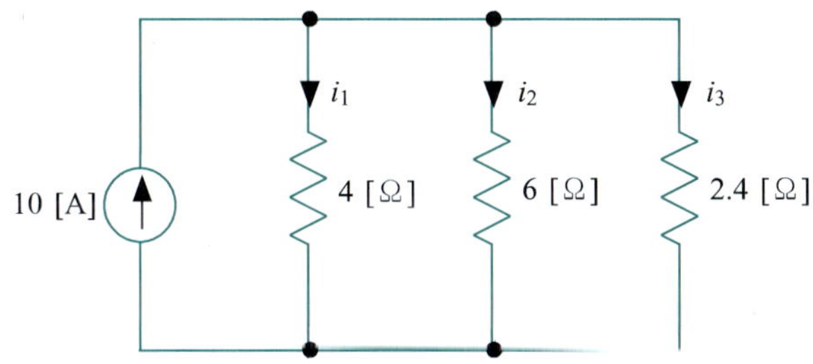

그림 2-119

2-26 1 [kW]는 몇 [kg·m/s]인가?

2-27 분류기(shunt)에 대한 설명으로 가장 올바른 것은?

㉮ 저항, 전압 등의 전류를 측정할 수 있는 메터

㉯ 축전지가 충전되는가를 알기 위한 Ampere meter

㉰ 계기 보호용으로 삽입된 회로상의 퓨즈

㉱ 전류계 외측에 설치하여 전류의 측정 범위를 확대하기 위해 설치하는 저항기

2-28 다음 설명 중 틀린 것은?

㉮ 오옴의 법칙의 전압은 저항에 반비례함을 의미

㉯ 온도의 상승에 따라 도체의 전기저항은 증가한다.

㉰ 도선의 저항은 길이에 비례하고 단면적에 반비례 한다.

㉱ 저항과 컨덕턴스는 서로 역수관계이다.

복습문제

문제 1. 다음의 회로에서 단자전압을 일정하게 하고 스위치 S를 닫았을 경우의 전류 I가 닫기 전의 전류의 2배가 되도록 하려면 저항 R은 얼마인가?

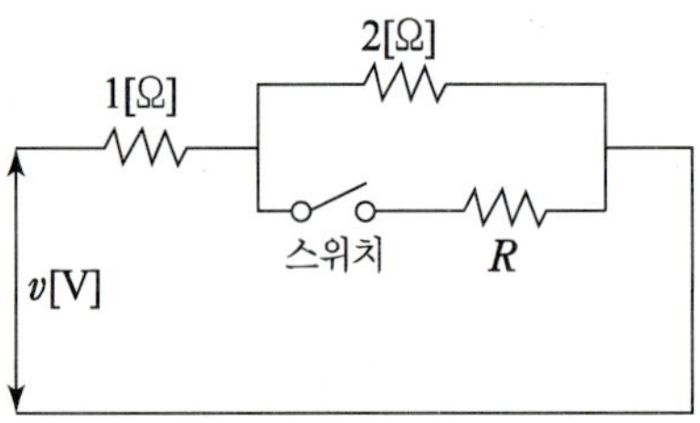

문제 2. 그림은 전압이 10 [V]인 전원장치에 가변저항과 전열기를 연결한 것을 나타낸 것이다. 가변저항의 저항이 5 [Ω]일 때 회로에 흐르는 전류는 1 [A]이다. 가변저항의 저항을 15 [Ω]으로 바꾸고 전열기를 4초 동안 사용 할 경우 전열기에서 소비되는 전력은? (단, 전열기의 저항은 일정하다.)

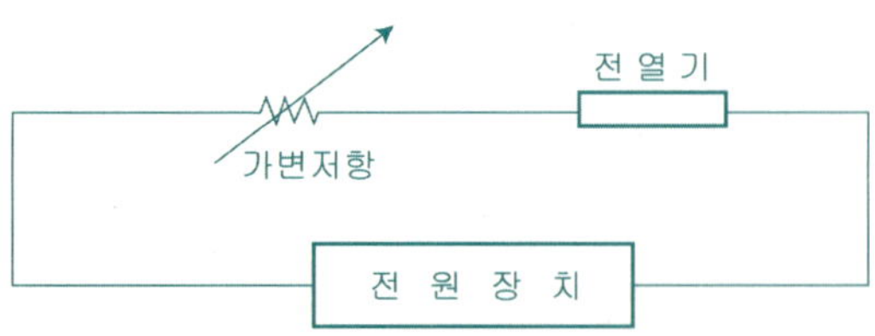

(그림)

문제 3. 그림과 같은 회로에서 전원과 직렬로 연결된 저항 2 [Ω], 8 [Ω]에서 소비되는 전력 [W]은? 단, 저항의 단위는 [Ω]이다.

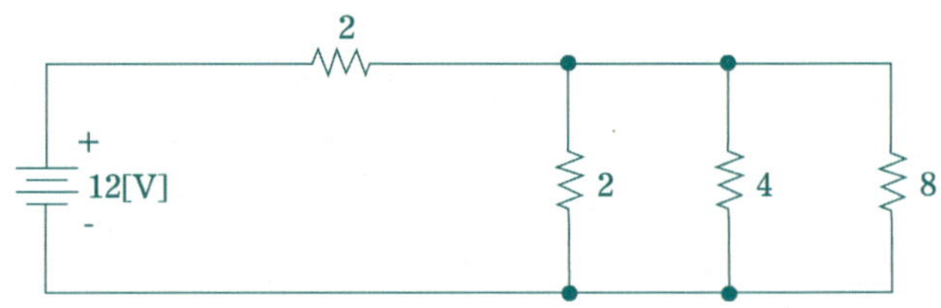

㉮ 29.2, 2.38　　㉯ 19.2, 4.76

㉰ 29.2, 9.52　　㉱ 2.38, 19.2

문제 4. 그림의 Y_L에서 소비되는 전력 [W]은?

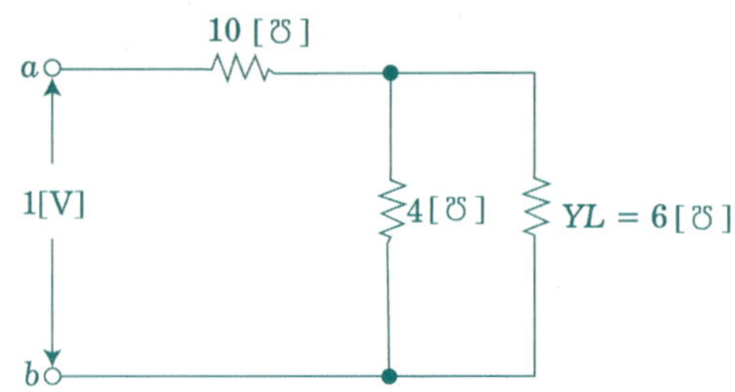

㉮ 0.5　　㉯ 0.6

㉰ 1.5　　㉱ 29.2

문제 5. 그림에서 a, b 단자에 100 [V]를 가했을 경우 어느 저항에서 최대 전력을 소모 하는가?

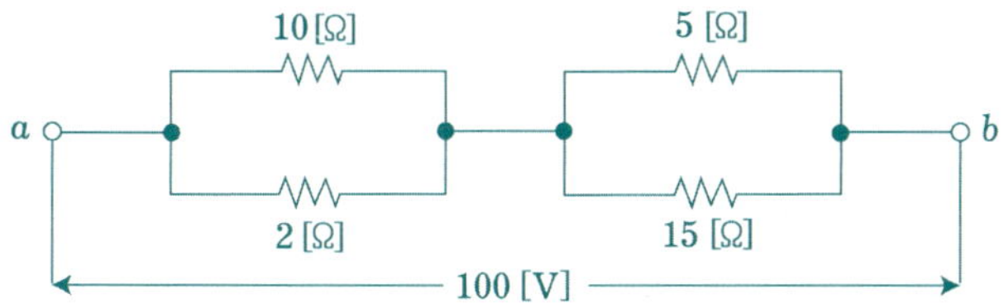

㉮ 10 [Ω]　　㉯ 2 [Ω]

㉰ 5 [Ω]　　㉱ 15 [Ω]

문제 6. 분류기를 사용하여 전류를 측정하는 경우 전류계의 내부저항 0.12 [Ω], 분류기의 저항이 0.04 [Ω]이면 그 배율은?

㉮ 3　　㉯ 4　　㉰ 5　　㉱ 6

문제 7. 그림과 같은 회로에서 R_2 양단의 전압 E_2 [V]는?

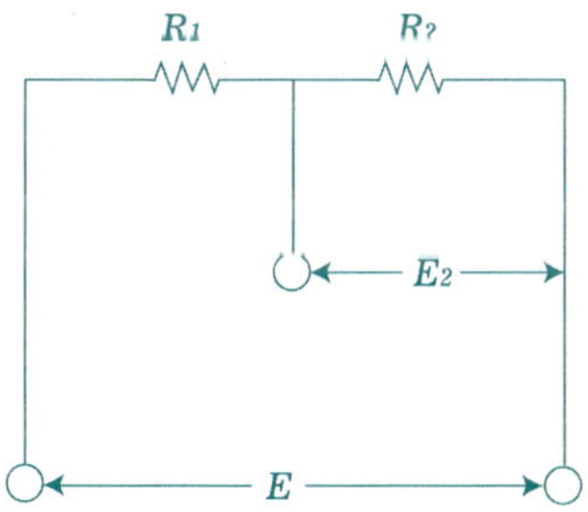

㉮ $\dfrac{R_1}{R_1+R_2}E$　　㉯ $\dfrac{R_2}{R_1+R_2}E$

㉰ $\dfrac{R_1R_2}{R_1+R_2}E$　　㉱ $\dfrac{R_1+R_2}{R_1\cdot R_2}E$

문제 8. 그림과 같은 회로에서 a, b 양단의 전압은 몇 [V]인가?

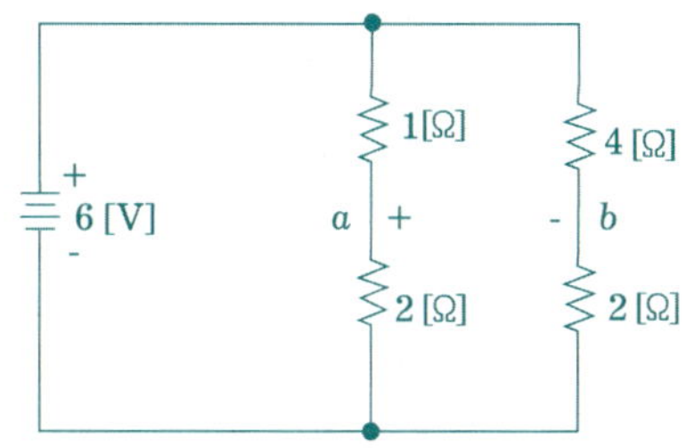

㉮ 1　　㉯ 2　　㉰ 1.5　　㉱ 2.5

문제 9. 어떤 전압계의 측정 범위를 20배로 하려면 배율기의 저항 R_s를 전압계의 저항R_m의 몇 배로 하여야 하는가?

㉮ 30　　㉯ 10　　㉰ 19　　㉱ 29

문제 10. 그림과 같은 회로에서 분류기의 배율은? (단, G는 검류계의 내부저항이다.)

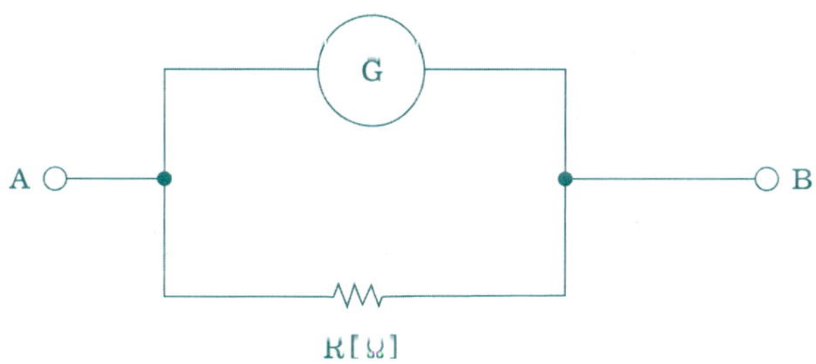

㉮ $\dfrac{G}{G+R}$　　㉯ $\dfrac{G+R}{G}$

㉰ $\dfrac{G+R}{R}$　　㉱ $\dfrac{R}{G+R}$

문제 *11.* 저항 R인 검류계 G에 그림과 같이 r_1인 저항을 병렬로, 또한 r_2인 저항을 직렬로 접속하고 A, B단자 사이의 저항을 R과 같이 하고 또한 G에 흐르는 전류를 전 전류의 $\frac{1}{n}$로 하기 위한 r_1의 값은 얼마인가?

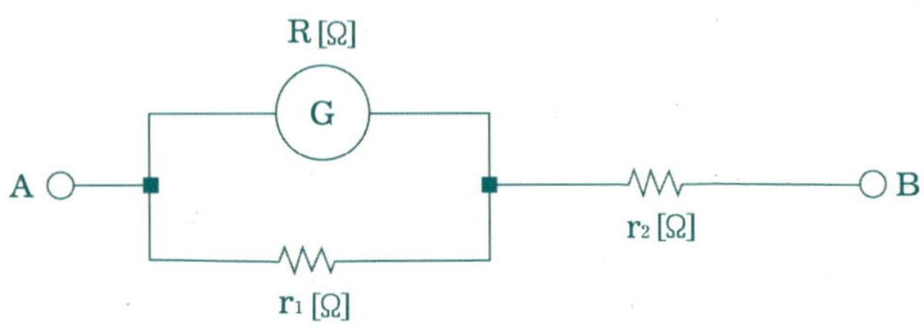

㉮ $R(1-\frac{1}{n})$　　㉯ $\frac{n-1}{R}$

㉰ $\frac{R}{n-1}$　　㉱ $R(1+\frac{1}{n})$

문제 *12.* 최대 눈금이 50 [V]인 직류 전압계가 있다. 이 전압계를 사용하여 150 [V]의 전압을 측정하려면 배율기의 저항은 몇 [Ω]을 사용하여야 하는가? 단, 전압계의 내부 저항은 5,000 [Ω]이다.

㉮ 1,000　　㉯ 2,500

㉰ 5,000　　㉱ 10,000

문제 *13.* 그림의 사다리꼴 회로에서 출력 전압 V_L [V]은?

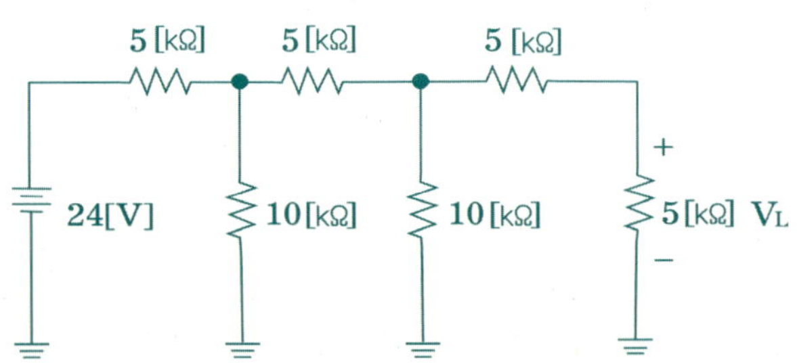

문제 *14.* 다음회로에서 I는 몇 [A]인가? 단, 저항의 단위는 [Ω]이다.

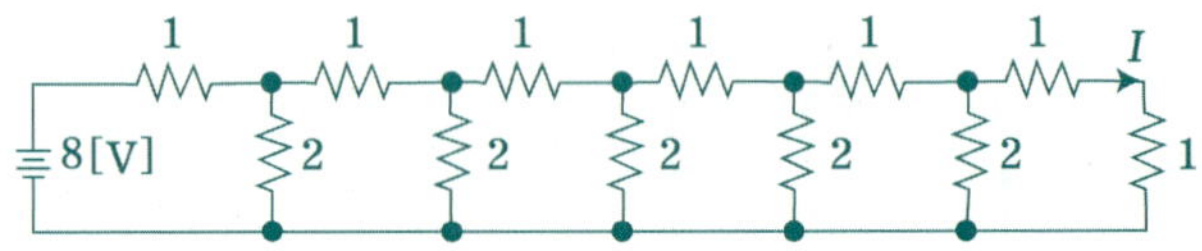

㉮ 1　　㉯ $\frac{1}{2}$　　㉰ $\frac{1}{4}$　　㉱ $\frac{1}{8}$

문제 *15.* 그림과 같은 회로에서 최대눈금 15 [A]의 직류 전류계 2개를 접속하고 전류 24 [A]를 흘릴 때 각 전류계의 지시는 각각 몇 [A]인가?
(단, 전류계 최대눈금의 전압강하는 A_1 이 75 [mV], A_2가 45 [mV]이다.)

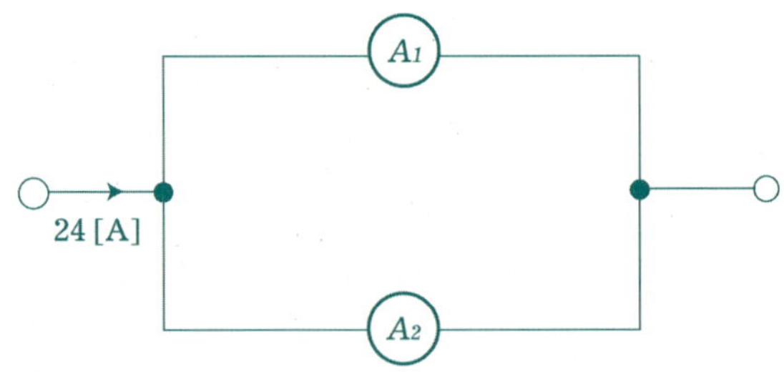

문제 *16.* 그림과 같은 회로에서 a, b의 단자 전압 V_{ab} [V]를 구하면?

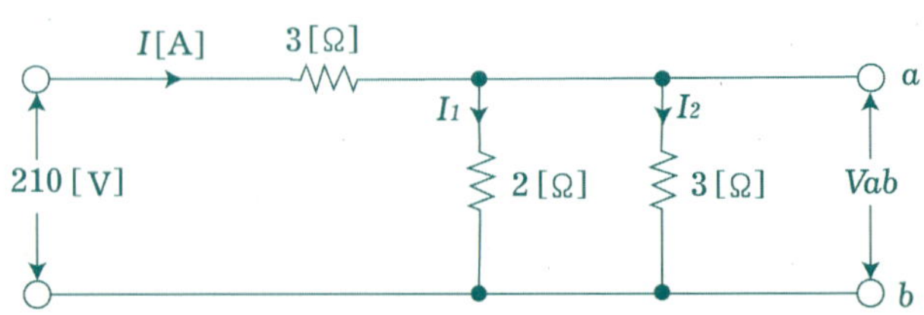

㉮ 30　　㉯ 60　　㉰ 120　　㉱ 240

문제 *17.* 그림에서 a, b 단자에 200 [V]를 가할 때 저항 2 [Ω]에 흐르는 전류 I_1 [A]는?

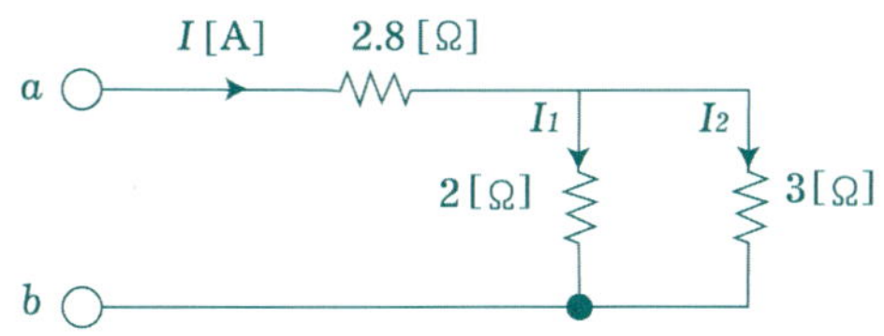

㉮ 40 ㉯ 30 ㉰ 20 ㉱ 10

문제 *18.* 다음 그림에서 $V_1 = 24$ [V]일 때 V_{ab} [V]의 값은?

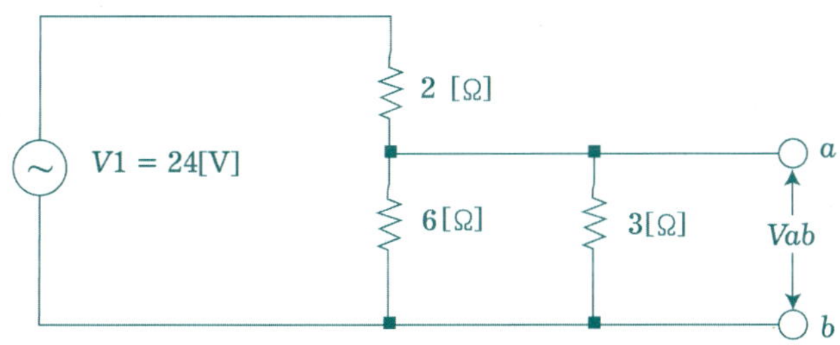

㉮ 8 ㉯ 12 ㉰ 16 ㉱ 24

문제 *19.* 어떤 전지의 외부 회로의 저항은 3 [Ω]이고, 전류는 5 [A]가 흐른다. 외부 회로에 3 [Ω]대신에 8 [Ω]의 저항을 접속하면 전류는 2.5 [A]로 떨어진다. 전지의 기전력 [V]은?

㉮ 30 ㉯ 25 ㉰ 20 ㉱ 15

문제 *20.* 기전력 1.6 [V] 전지에 부하 저항을 접속하였더니 0.5 [A] 전류가 흐르고, 부하의 단자 전압이 1.5 [V] 이었다. 전지의 내부 저항 r [Ω]은?

문제 *21.* 다음과 같은 회로의 등가저항 Req [Ω]을 구하여라.

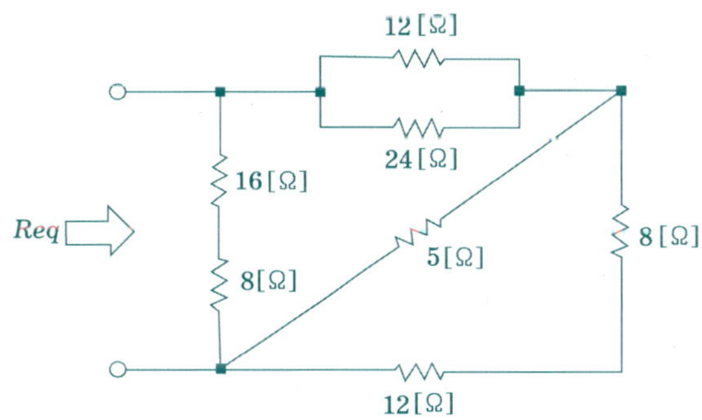

문제 *22.* 그림과 같은 회로에서 R의 값은?

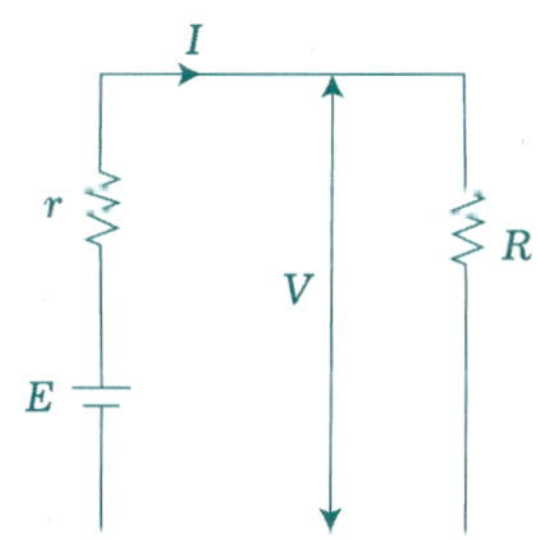

㉮ $\frac{E}{E-V} \cdot r$ ㉯ $\frac{V}{E-V} \cdot r$

㉰ $\frac{E-V}{E} \cdot r$ ㉱ $\frac{E-V}{V} \cdot r$

문제 23. 그림과 같은 회로에서 내부 저항 500 [kΩ]의 전압계를 이용하여 단자 a, b 사이의 전압을 측정하니 100 [V]였다. 이 전압계를 a, b 사이에 접속하였을 때 전 회로의 합성 저항은 몇 [kΩ]인가?

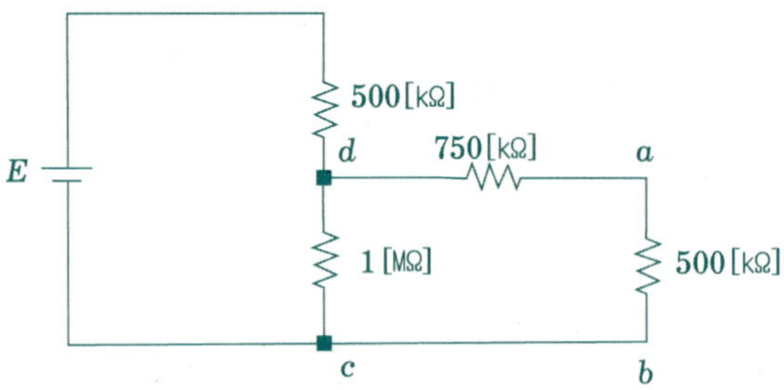

문제 24. 그림과 같은 회로의 합성 컨덕턴스 G_{eg} [m℧]는?

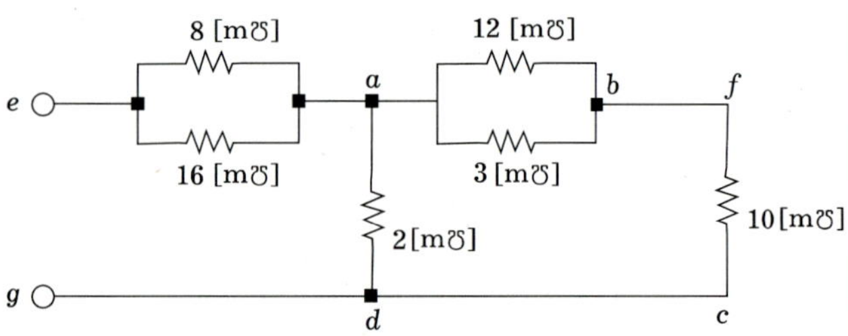

문제 25. a, b 간의 합성저항이 가장 작은 연결법은?

㉮ 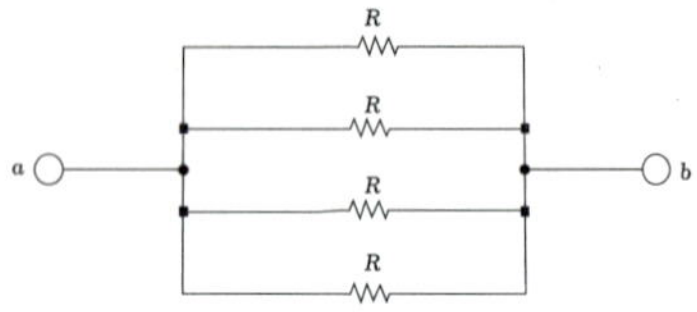

㉯ 

㉰ 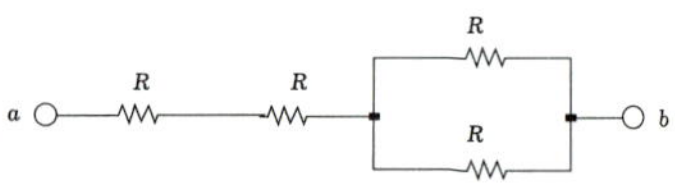

㉱ 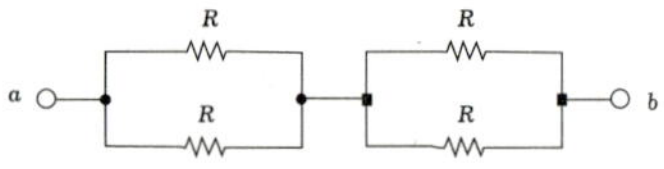

문제 26. 정격전압에서 500 [W]의 전력을 소비하는 저항에 정격의 95 [%]의 전압을 가할 때의 전력은 대략 얼마인가?

㉮ 390 [W] ㉯ 410 [W]

㉰ 430 [W] ㉱ 450 [W]

문제 27. 100 [V], 60 [W]의 전구에 50 [V]를 가했을 때의 전류는?

㉮ 0.3 [A] ㉯ 0.4 [A]

㉰ 0.5 [A] ㉱ 0.6 [A]

문제 28. 그림에서 저항 R이 소비하는 전력은?

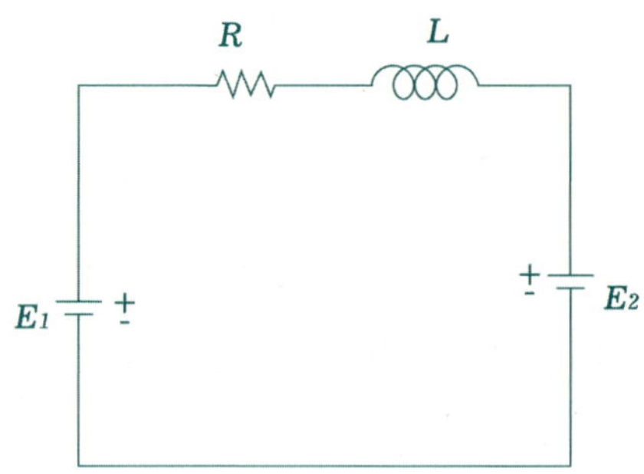

㉮ $\dfrac{(E_1 - E_2)^2}{R}$ ㉯ $\dfrac{E_1 - E_2}{R}$

㉰ $(E_1 - E_2)R$ ㉰ $(E_1 - E_2)^2 R$

문제 29. 그림과 같은 회로에서 $I = 10$ [A], $G = 4$ [℧], $G_1 = 6$일 때 G_1 에서 소비되는 전력은 몇 [W]인가?

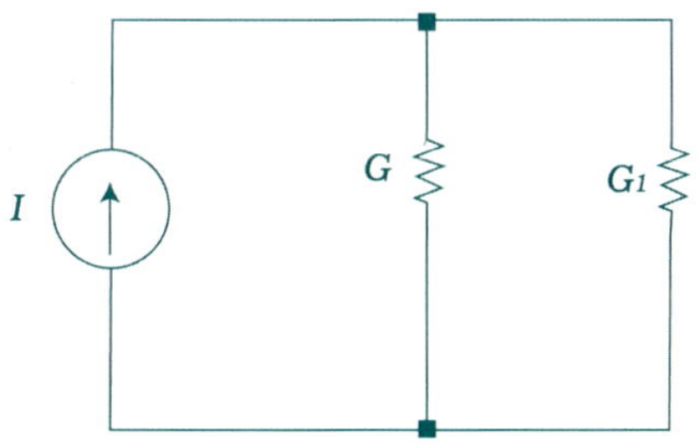

㉮ 100　　㉯ 10　　㉰ 4　　㉱ 6

문제 30. 그림과 같은 회로의 컨덕턴스 G_2에 흐르는 전류 i는 몇 [A]인가?

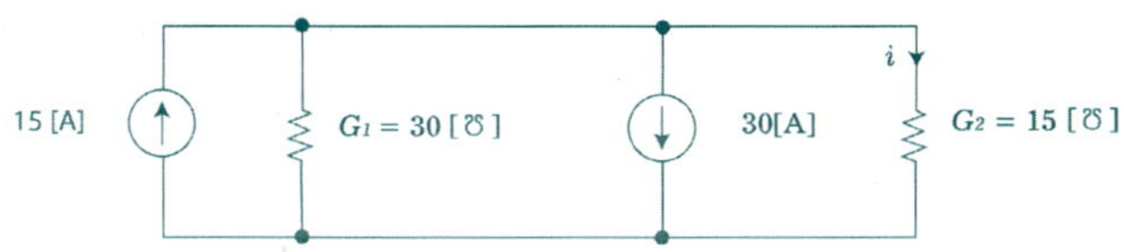

㉮ 5　　㉯ 10　　㉰ 15　　㉱ −5

문제 31. 10 [℃] 물 1 [kg]을 열효율 70 [%], 600 [W]의 온수기를 10분간 사용하면 수온은 몇 [℃]가 되는가? 단 외부 온도는 무시한다.

㉮ 70.5　　㉯ 62.5

㉰ 57.5　　㉱ 40.5

문제 32. 그림과 같이 내부저항 r [Ω], 기전력 E [V]인 전원의 단자 a, b에 R_1 [Ω]의 저항을 접속한 경우와 R_2 [Ω]의 저항을 접속한 경우의 부하저항의 소비전력이 같았다. r과 R_1, R_2와의 사이에 어떤 관계가 있는가?

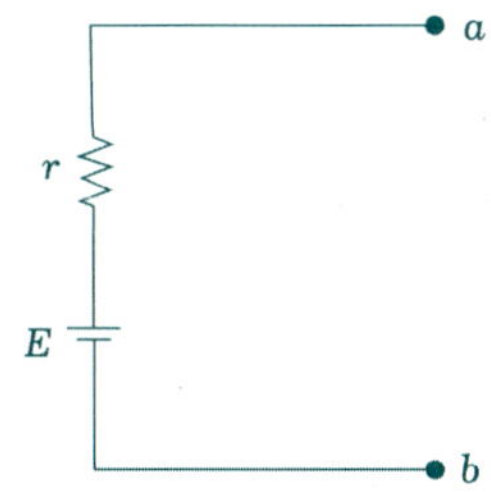

㉮ $r = R_1 R_2$　　㉯ $r = \frac{R_1}{R_2}$

㉰ $r = \sqrt{R_1 R_2}$　　㉱ $r = R_1^{\,2} R_2^{\,2}$

문제 33. 용량 30 [Ah]의 축전지는 1 [A]의 전류로 연속하여 사용하는 경우 몇 시간 사용이 가능한가?

㉮ 10　　㉯ 20　　㉰ 30　　㉱ 40

문제 34. 1 [Ω · m]와 같은 것은?

㉮ 1 [μΩ · cm]　　㉯ 10^2 [Ω · mm²]

㉰ 10^4 [Ω · cm]　　㉱ 10^6 [Ω · mm²/m]

문제 35. a, b 간에 25 [V]의 전압을 가할 때 5 [A]의 전류가 흐른다. r_1 및 r_2에 흐르는 전류의 비를 1 : 3으로 하려면 r_1 및 r_2의 저항은 각각 몇 [Ω]인가?

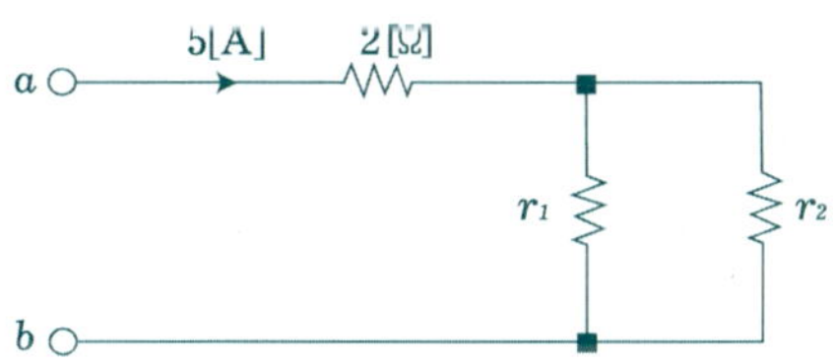

㉮ $r_1 = 12$, $r_2 = 4$　　㉯ $r_1 = 24$, $r_2 = 8$

㉰ $r_1 = 6$, $r_2 = 2$　　㉱ $r_1 = 2$, $r_2 = 6$

문제 *36.* 같은 규격의 저항 2개를 직렬로 연결하면 전압과 저항은 어떻게 되는가? (단, 각각의 저항에는 전압 VC [V]가 걸린다)

㉮ 전압과 저항이 모두 2배가 된다.

㉯ 전압과 저항이 모두 $\frac{1}{2}$배가 된다

㉰ 전압은 불변이고 저항이 모두 2배가 된다.

㉱ 전압은 2배가 되고 저항은 불변이다.

문제 *37.* 같은 규격의 저항 2개를 병렬로 연결하면 전압과 저항은 어떻게 되는가? (단, 각각의 저항에는 전압 V [V]가 걸린다)

㉮ 전압과 저항이 모두 2배가 된다.

㉯ 전압과 저항이 모두 $\frac{1}{2}$배가 된다

㉰ 전압은 불변이고 저항이 $\frac{1}{2}$배가 된다.

㉱ 전압은 2배가 되고 저항은 불변이다.

문제 *38.* 같은 규격의 정전용량 2개를 직렬로 연결하면 전기량과 정전용량은 어떻게 되는가? (단, 각각의 정전용량에는 전압 V [V]가 걸린다)

㉮ 전기량은 불변이고, 용량은 $\frac{1}{2}$배가 된다.

㉯ 전기량과 용량이 모두 2배가 된다

㉰ 전기량은 불변이고, 용량은 2배가 된다.

㉱ 전기량은 2배가 되고, 용량은 불변이다.

문제 *39.* 같은 규격의 정전용량 2개를 병렬로 연결하면 전압과 정전용량은 어떻게 되는가? (단, 각각의 정전용량에는 전압 V [V]가 걸린다)

㉮ 전압과 용량이 모두 2배가 된다.

㉯ 전압과 용량이 모두 $\frac{1}{2}$ 2배가 된다

㉰ 전압은 불변이고, 용량은 2배가 된다.

㉱ 전압은 2배가 되고, 용량은 불변이다.

문제 *40.* 24 [V]의 전원전압에 의해서 6 [A]의 전류가 흐르는 전기회로의 컨덕턴스는 몇 [℧]인가?

문제 *41.* 다음 ( )에 알맞은 용어를 쓰시오.

1) 전류의 측정 범위를 확대 하기위해서는 전류계와 분류기는 ( )로 연결 하여야 하고, 분류기의 저항 값은 ( )야 한다.

2) 전압의 측정 범위를 확대 하기위해서는 전압계와 배율기는 ( )로 연결 하여야 하고, 배율기의 저항 값은 ( )야 한다.

문제 *42.* 3개의 같은 저항 R [Ω]을 그림과 같이 △결선하고, 기전력 V [V], 내부 저항 r [Ω]인 전지를 n개 직렬 접속했다. 이때 전지 내를 흐르는 전류가 I [A]라면 R은 몇 [Ω]인가?

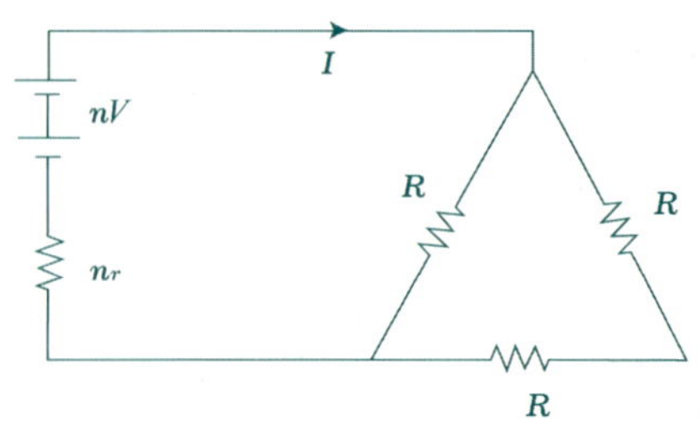

㉮ $\frac{3}{2}n(\frac{V}{I}-r)$n　　㉯ $\frac{3}{2}n(\frac{V}{I}+r)$

㉰ $\frac{2}{3}n(\frac{V}{I}-r)$　　㉱ $\frac{2}{3}n(\frac{V}{I}+r)$

문제 43. 그림과 같은 직·병렬회로에서 30 [Ω] 저항에 흐르는 전류는 몇 [A]인가?

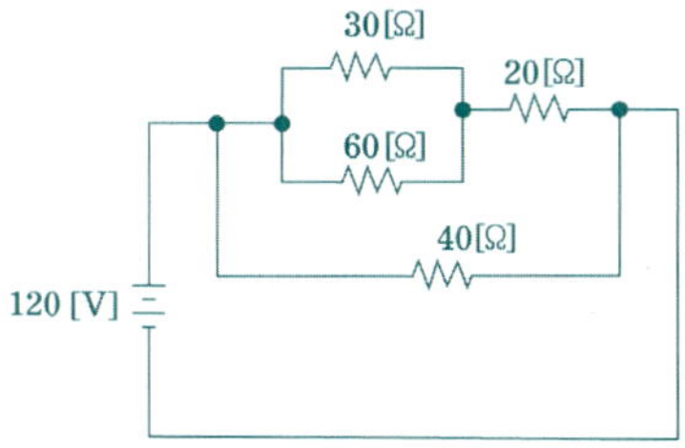

문제 44. 그림의 회로에서 전체합성저항과 I_1, I_2, I_3를 구하시오.

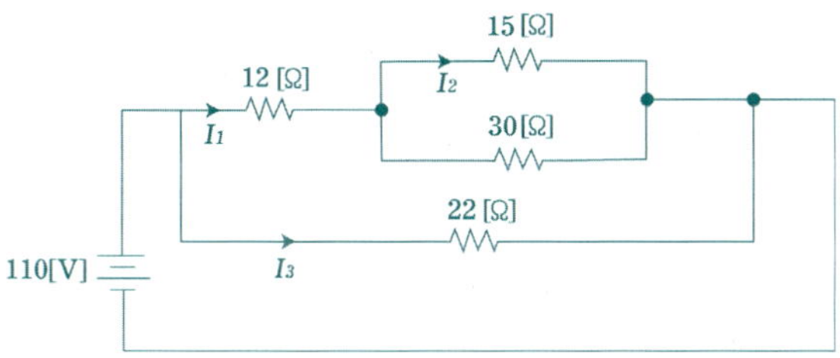

문제 45. 그림의 회로에서 $I=2$ [A]일 때 전원전압은 몇 [V]인가?

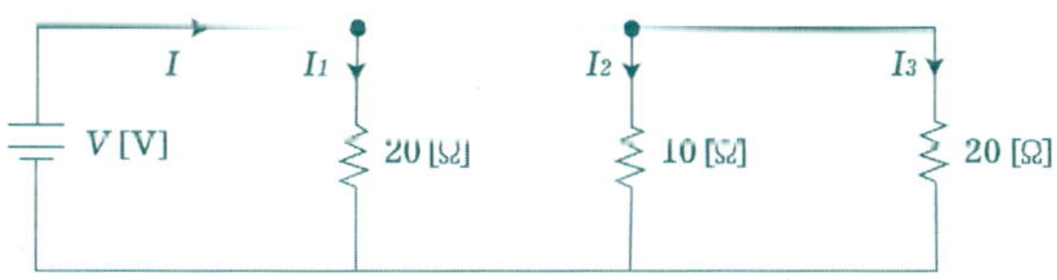

문제 46. 다음 회로에서 5 [Ω]에 걸리는 전압은?

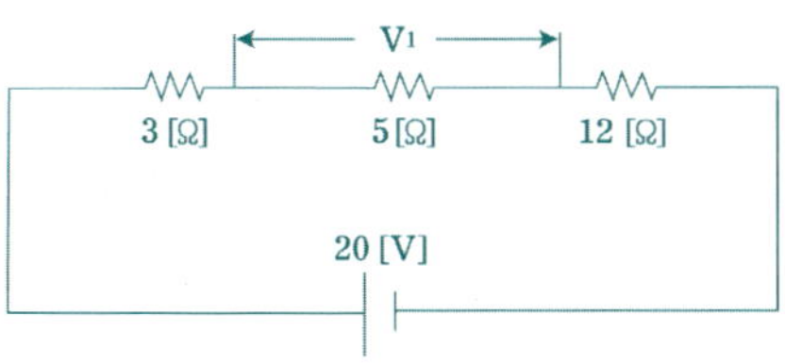

문제 47. 그림과 같은 회로에 a, b 단자에서 본 합성 저항은 몇 [Ω]인가?

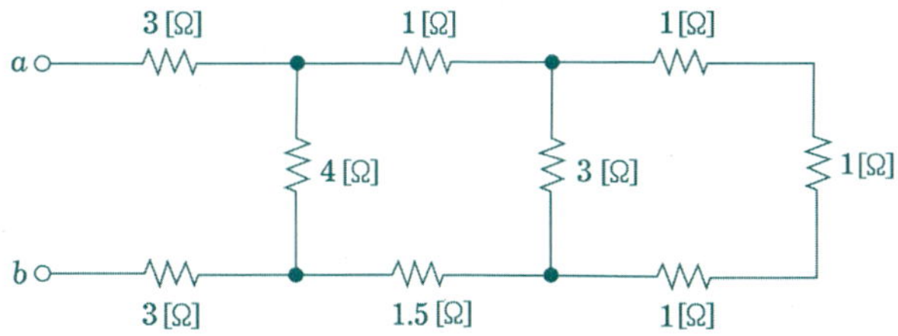

문제 48. 인덕턴스 회로에서 급격히 변화될 수 없는 것은?(단, 리액턴스의 전압강하 e는 무한대가 될 수 없다고 가정한다.)

㉮ 전류 ㉯ 쇄교 자속
㉰ 전압 ㉱ 전류 및 전압

문제 49. 그림과 같은 회로에서 a, b단자 사이의 합성저항은 몇 [Ω]인가?

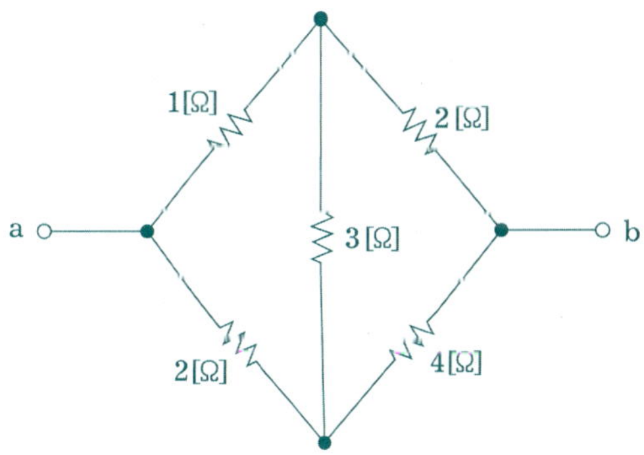

문제 50. 그림과 같이 전압 E와 저항R로 되는 회로 단자 A, B 간에 적당한 저항 R_L을 접속하여 R_L

에서 소비되는 전력을 최대로 하게 했다. 이 때 R_L에서 소비되는 전력 P는 얼마인가?

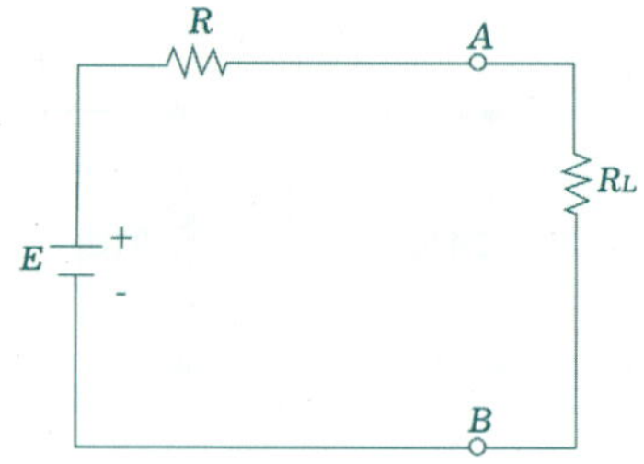

문제 *51.* 다음의 회로에서 직류전압계를 그림과 같은 극성으로 연결할 때 전압계의 지시값은?

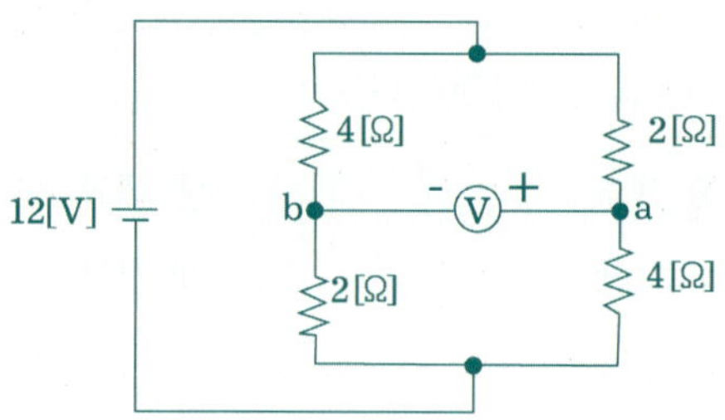

문제 *52.* 6 [Ω], 8 [Ω], 9 [Ω]의 저항 3개를 직렬로 접속한 회로에 5 [A]의 전류를 흘릴 때 회로에 공급한 전압 [V]은?

문제 *53.* 20 [Ω]의 저항에 최대값 120 [V]의 정현파 전압을 가했을 때 이 저항에서 소비되는 소비전력 [W]은?

문제 *54.* 임의의 회로의 실효전력이 30 [W]이고, 무효전력이 40 [Var]일 때 역률은?

문제 *55.* 그림에서 전 전류 I는 몇 [A]인가?

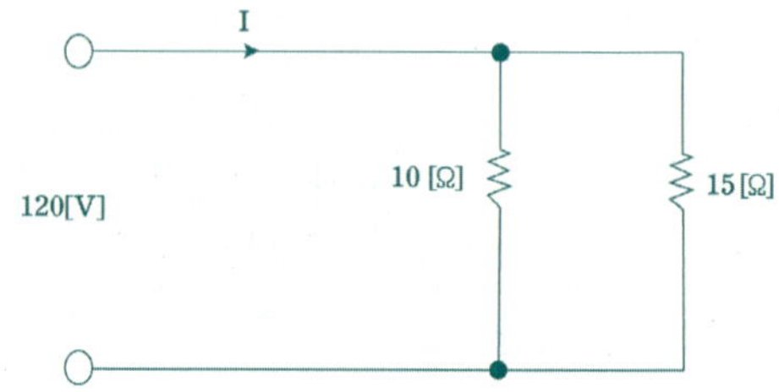

문제 *56.* 다음 회로에서 5 [Ω]에 걸리는 전압은?

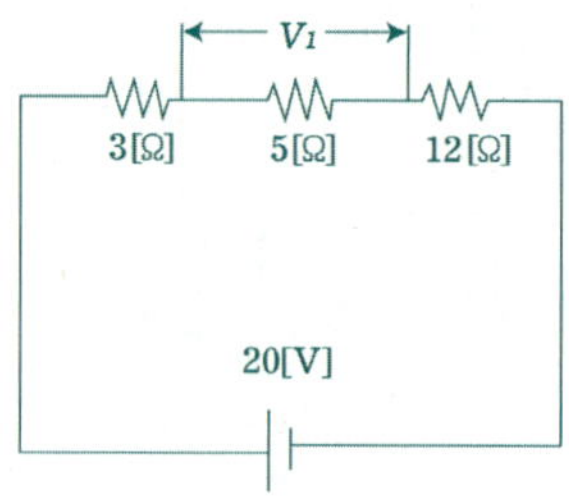

문제 *57.* 그림의 회로에서 V는 얼마인가?

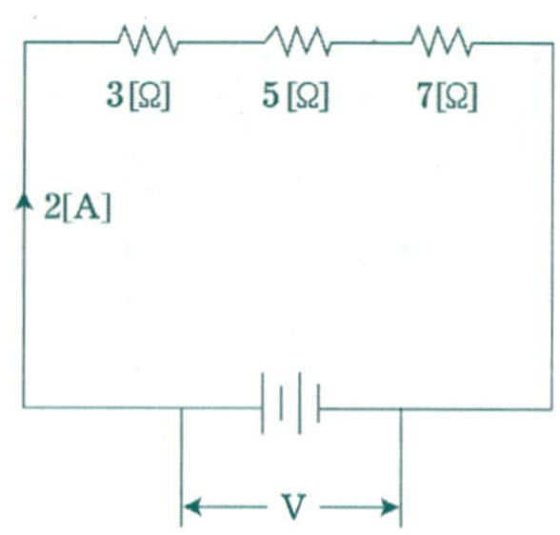

문제 *58.* 일정 전압의 직류 전원에 저항을 접속하고 전류를 흘릴 때 이 전류값을 20 [%]증가시키기 위해서는 저항값을 몇 배로 하여야 하는가?

㉮ 1.25배　　㉯ 1.20배

㉰ 0.83배　　㉱ 0.80배

문제 *59.* 기전력 2 [V], 내부저항 0.5 [Ω]의 전지 9개가 있다. 이것을 3개씩 직렬로 하여 3조 병렬접속한 것에 부하저항 1.5 [Ω]을 접속하면 부하전류 [A]은?

㉮ 1.5　　㉯ 3　　㉰ 4.5　　㉱ 5

문제 *60.* 어떤 전지의 외부회로 저항은 5 [Ω]이고 전류는 8 [A]가 흐른다. 외부회로에 5 [Ω]대신에 15 [Ω]의 저항을 접속하면 전류는 4 [A]로 떨어진다. 전지의 기전력은 몇 [V]인가?

㉮ 80 [V]　　㉯ 50 [V]
㉰ 15 [V]　　㉱ 20 [V]

문제 *61.* 기전력 3 [V], 내부 저항 0.2 [Ω]인 전지 6개를 직렬로 접속하여 단락시켰을 때의 전류 [A]는?

문제 *62.* 부하저항 R_L이 전원의 내부저항 R_0의 3배가 되면 부하저항 R_L에서 소비되는 전력 P_L은 최대 전송전력 P_m의 몇 배인가?

㉮ 0.89　　㉯ 0.75　　㉰ 0.5　　㉱ 0.3

문제 *63.* 다음 표는 동일한 니크롬 합금으로 만든 원기둥 모양의 전기저항 R_1, R_2의 길이와 단면적을 나타낸 것이다.

표

저항 \ 니크롬합금	길이 [cm]	단면적 [mm²]
R_1	8	1
R_2	16	2

그림은 두 개의 R_1, 두개의 R_2, 스위치 S로 구성된 회로를 나타낸 것이다.
스위치 S가 A에 연결될 때와 B에 연결될 때 C와 D사이의 합성저항의 비는?

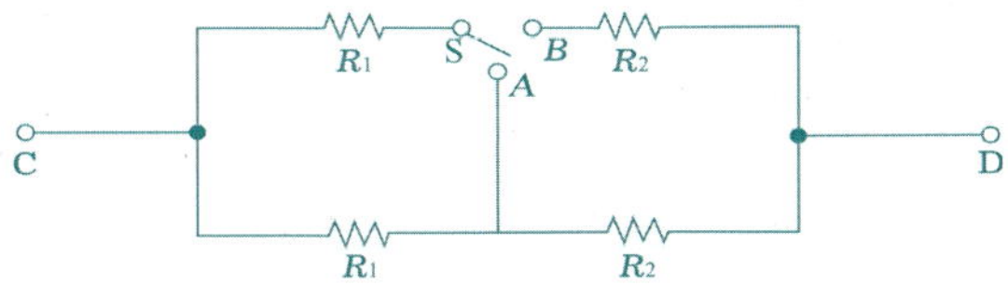

문제 *64.* 다음 그림은 동일한 전기저항 4개와 스위치 S를 전압이 일정한 전원장치에 연결한 것을 나타낸 것이다. 열려있던 스위치 S를 닫을 때, 점 a에 흐르는 전류세기의 변화와 점 b와 점 c 사이의 전압의 변화를 바르게 설명한 것은 고르시오.

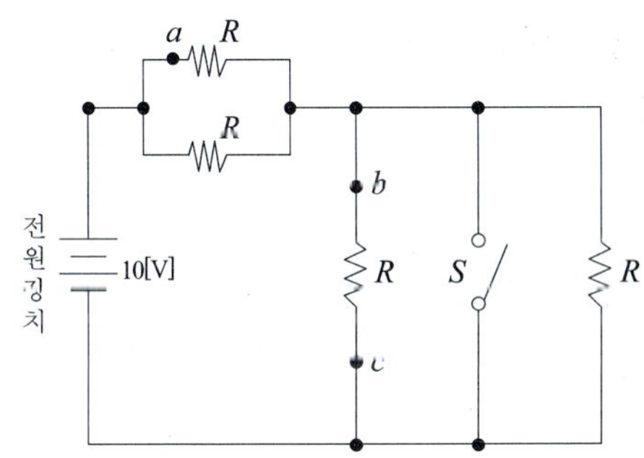

전류의 세기　전압
① 증가한다　증가한다
② 증가한다　일정하다
③ 증가한다　감소한다
④ 감소한다　감소한다
⑤ 감소한다　감소한다

문제 *65.* 다음 그림은 전지의 기전력과 내부저항값을 구하는 실험과정이다.

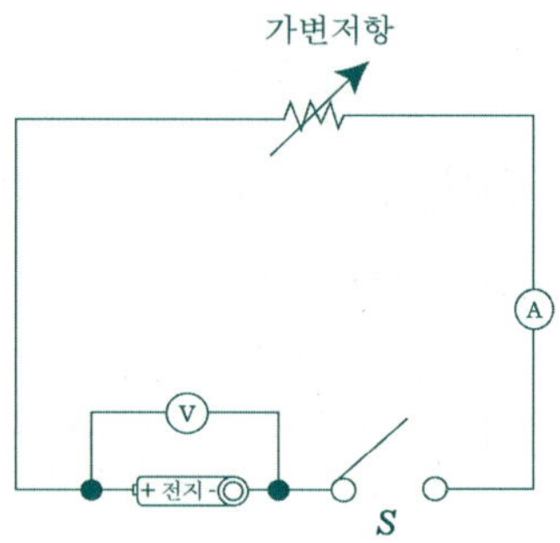

【 실험과정 】

(1) 그림과 같이 회로를 연결한다.
(2) 가변저항기의 저항 값을 최대로 조정한다.
(3) 스위치를 닫고, 전압과 전류를 측정한다.
(4) 가변저항기의 저항 값을 변화시키면서 전압과 전류를 측정한다.
(5) 측정값을 그래프로 그린 후, 그래프로부터 전지의 기전력과 내부저항 값을 구한다.

이 실험과정에 대한 옳은 것을 보기에 모두 선택하시요?

【 보기 】

ㄱ. 그림에서 V는 전압계이고, A는 전류계이다.
ㄴ. 과정(2)는 회로에 흐르는 전류의 값을 최대로 하기 위한 것이다.
ㄷ. 과정(4)에서 저항값을 변화시키는 것은 전지의 기전력을 변화시키기 위해서이다.

문제 *66.* 다음의 회로에서 단자 A, B 사이의 합성저항을 구하시오.

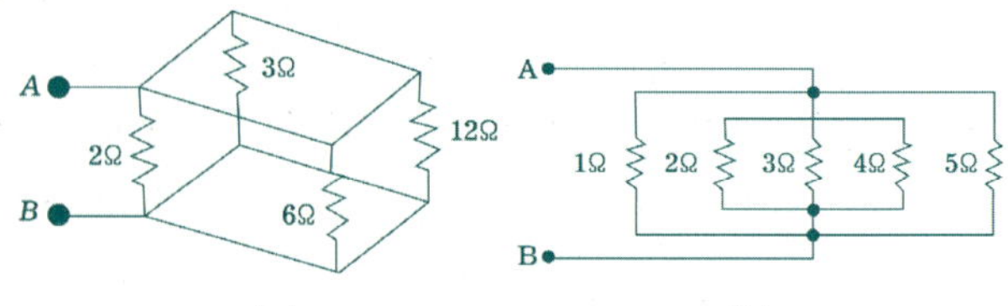

(a) (b)

문제 *67.* 다음 회로에서 단자 A, B사이의 합성저항을 구하시오.

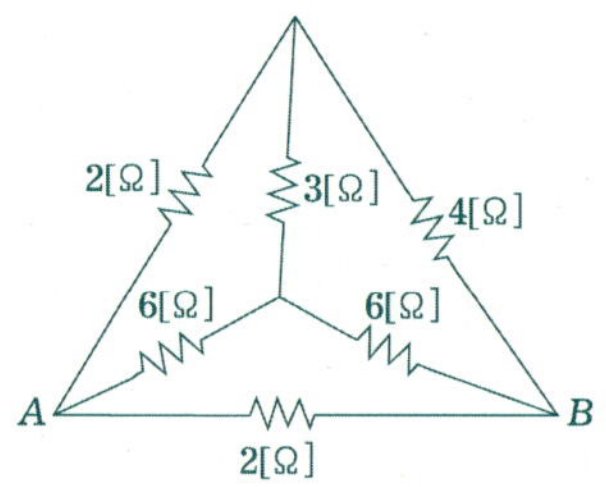

문제 *68.* 단위길이당의 저항이 같은 도선을 사용하여 그림과 같이 무한히 긴 사다리꼴회로를 만든다. 각 가로의 저항을 r이라 할 때 ab간의 합성 저항을 R을 구하시오.

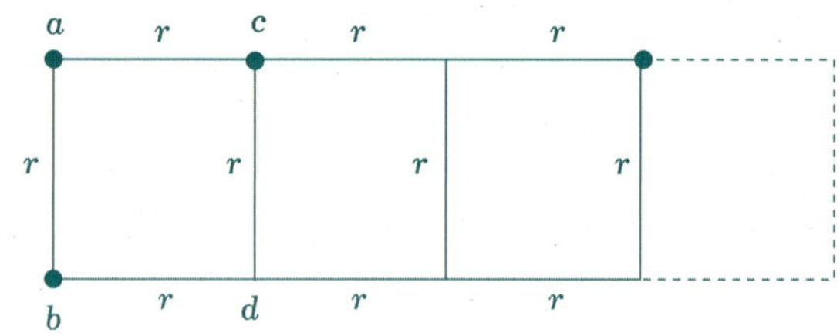

문제 *69.* $R=1$ [Ω]인 저항을 그림과 같이 무한히 많이 연결할 때, a, b간의 합성저항 [Ω]은?

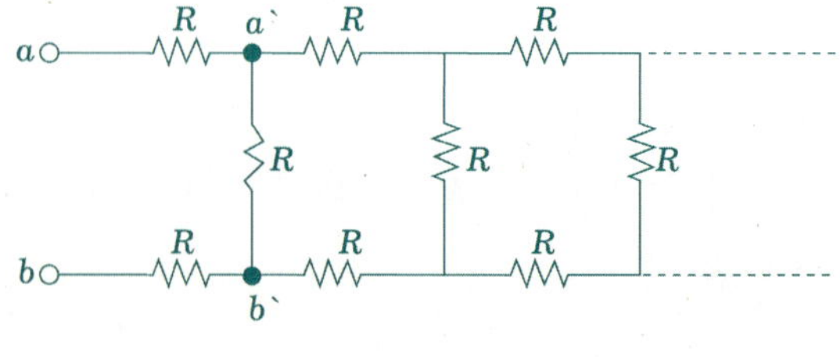

문제 70. 그림과 같은 회로에서 R의 값은?

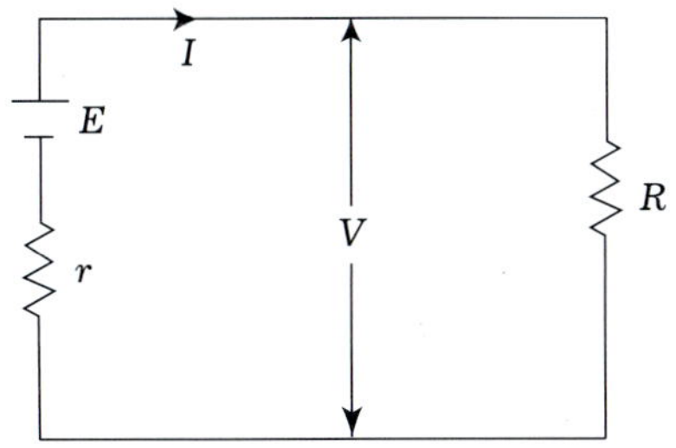

㉮ $\frac{E}{E-V}\cdot r$ ㉯ $\frac{V}{E-V}\cdot r$

㉰ $\frac{E-V}{E}\cdot r$ ㉱ $\frac{E-V}{V}\cdot r$

문제 71. 다음에서 전류 I_5는?(단, $I_1=40$ [A], $I_2=12$ [A], $I_3=15$ [A], $I_4=10$ [A]임.)

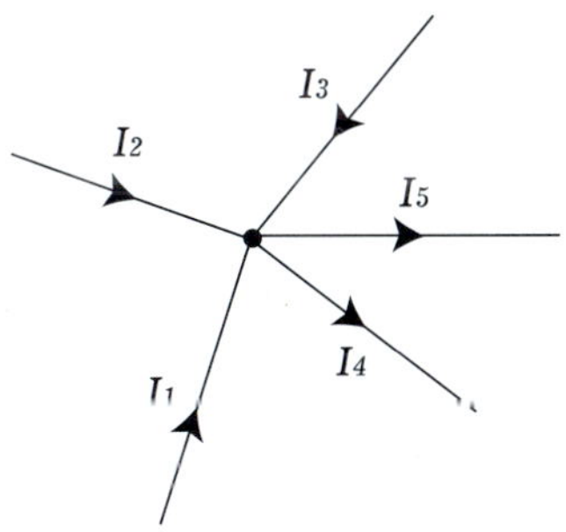

㉮ 37 [A] ㉯ 47 [A]

㉰ 57 [A] ㉱ 67 [A]

문제 72. 반지름 30 [cm]인 원판 전극의 간격이 0.2 [cm]인 평형판 콘덴서의 정전용량 [μF]은?

㉮ 0.04 ㉯ 0.01

㉰ 0.02 ㉱ 0.03

문제 73. 정전용량 C만의 회로에 100 [V], 60 [Hz]의 교류를 가하니 60 [mA]의 전류가 흐른다. C는 얼마인가?

㉮ 5.26 [μF] ㉯ 4.32 [μF]

㉰ 3.59 [μF] ㉱ 1.59 [μF]

문제 74. 정전용량이 같은 콘덴서 2개를 병렬로 연결했을 때 합성용량은 이들을 두 개 직렬로 연결했을 때의 몇 배인가?

㉮ 2 ㉯ 4 ㉰ 5 ㉱ 8

문제 75. 다음 회로에서

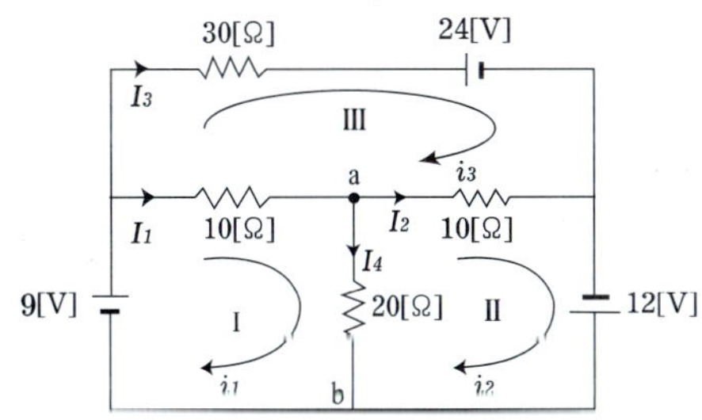

1) 각 저항에 흐르는 전류를 구하시오.

2) 각 저항에서의 전력을 구하시오.

3) V_{ab}의 전위차를 구하시오.

문제 76. 기전력 1.5 [V], 내부저항 0.1 [Ω]의 전지 10개를 직렬로 접속한 것을 그림과 같은 회로의 단자 a, b에 연결할 때 전지에 흐르는 전류가 3 [A]라 하면, R의 값은 몇 [Ω]인가?

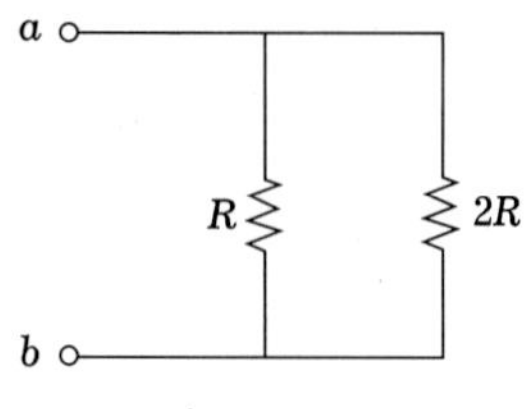

문제 77. 다음 회로의 a, b에서 본 합성저항을 구하시오.

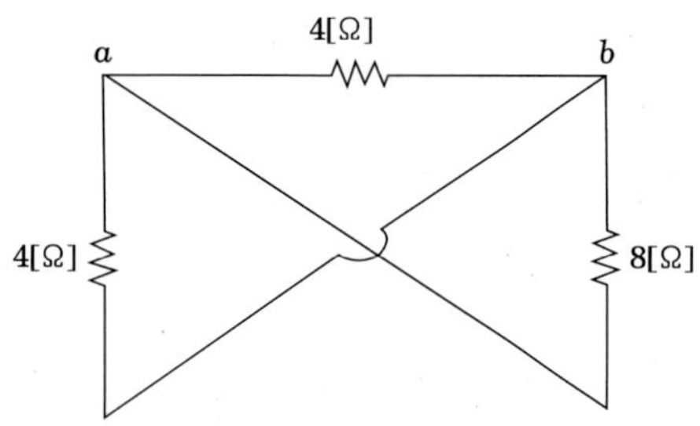

문제 78. 10 [Ω]의 저항 5개를 접속하여 얻을 수 있는 합성저항 중에서 가장 작은 값은?

㉮ 10 [Ω]　　㉯ 5 [Ω]

㉰ 2 [Ω]　　㉱ 0.5 [Ω]

문제 79 그림의 회로에서 단자 A, B에서 본 합성저항을 구하시오.

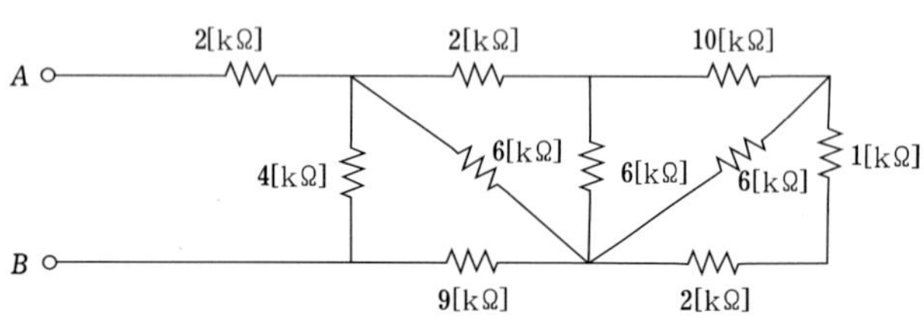

문제 80. 다음 회로에서 단자 a, b사이의 합성저항을 구하시오.

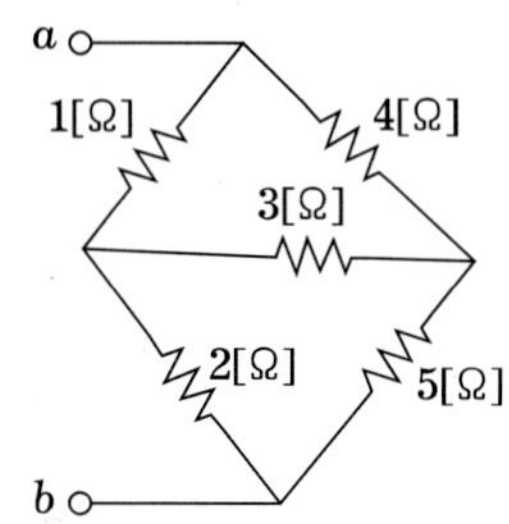

문제 81. 그림의 회로에서 합성저항(R_{AB})을 구하시오.

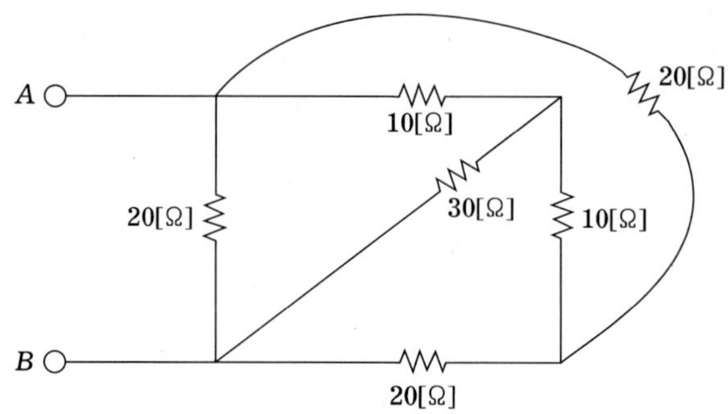

문제 82. 다음 회로의 합성저항 R_{AB}을 구하시오.

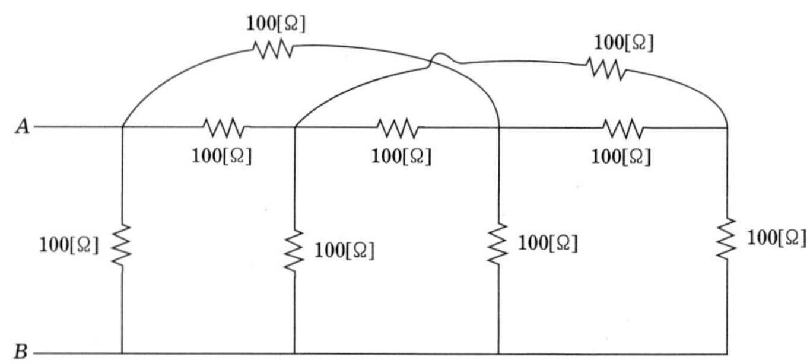

제 3 장

교류회로

제 3 장 교류회로

3-1 교류란?

제2장까지는 주로 직류에 대하여 알아보았는데, 직류회로에 있어서는 전압, 전류, 전력 등의 계산이 비교적 쉬웠다. 그러나 교류전압은 그 크기와 방향이 계속 변하므로 계산방법이 약간 복잡해질 것이라 예상할 수 있다.

3-1-1 직류와 교류

직류(直流, DC, direct current)란 그림 3-1(a)와 같이 전압 및 전류의 크기와 방향이 항상 일정한 전기이며, 교류(交流, AC, alternating current)란 그림 3-1(b)와 같이 전압 및 전류의 크기와 방향이 시간에 따라 변하는 전기를 말한다.

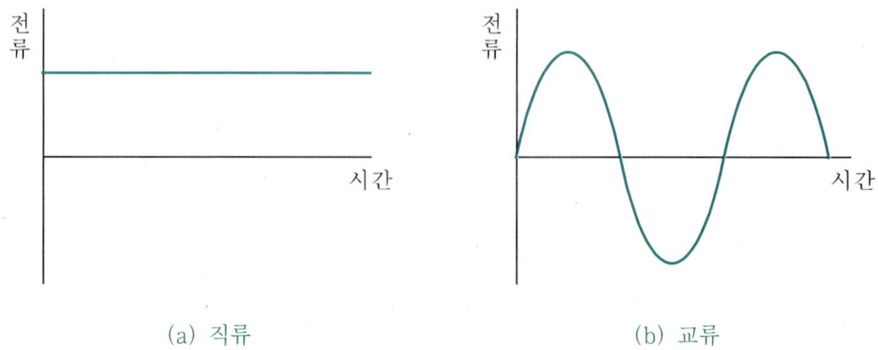

그림 3-1 직류와 교류의 차이

교류의 크기와 방향이 시간에 따라 어떻게 변하는지를 그림으로 나타낸 것을 파형(wave form)이라 하는데 파형을 나타낼 때는 수평축에 시간을, 수직축에 교류의 전압 및 전류값을 나타낸다. 그림 3-2에 여러 가지 모양의 교류파형을 나타냈으며, 특히 그림 3-2(a)의 파형은 사인파의 형태를 가지므로, 이러한 파형의 교류를 사인파 교류(sinusoidal wave AC)라고 하며, 제3장에서는 사인파 교류에 대하여만 취급하기로 한다.

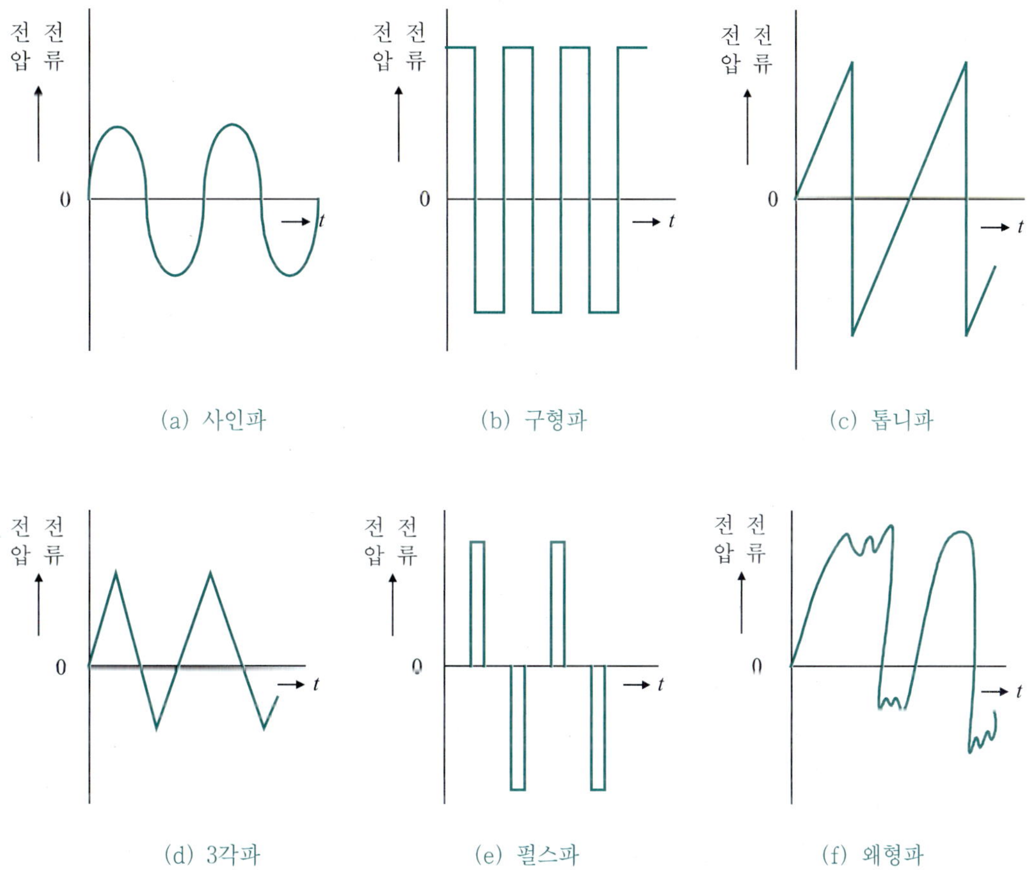

그림 3-2 교류파형의 종류

3-1-2 교류의 발생 원리

그림 3-3(a)와 같이 N, S극의 자장 속에 코일을 놓고 회전시키면, 이 코일에는 그림 3-3(c)와 같이 전압이 발생한다.

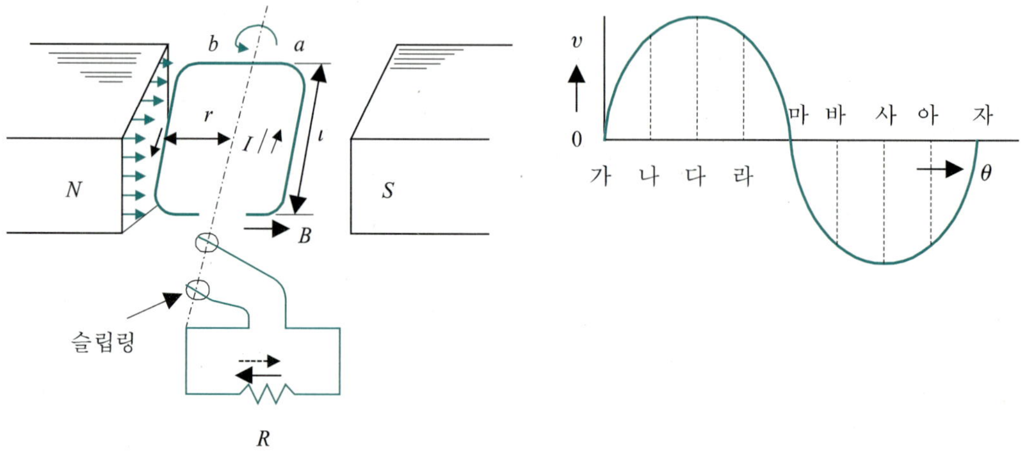

(a) (b)

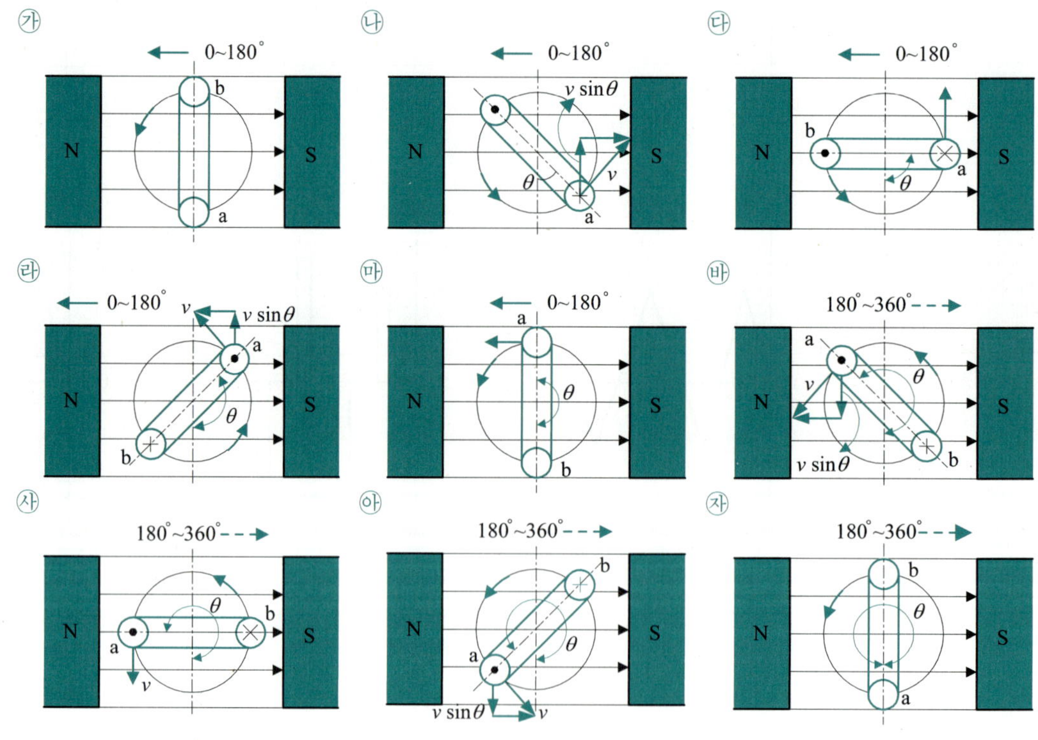

(c)

그림 3-3 교류의 발생 원리도

이때 코일에 발생되는 전압을 외부로 끌어내기 위해서는 대개 그림 3-3(a)와 같이 슬립링(slip ring)을 사용하여, 부하 저항 R에 연결한다. 그러면 저항 R에는 코일이 0~180° 회전시에는 화살표 방향으로 전류가 흐르게 되고, 코일이 180~360° 회전시에는 반대 방향인 점선 방향으로 전류가 흐른다.

이때 발생되는 기전력의 파형은 그림 3-3(b)와 같이 될 것이며, 그 크기는 다음과 같다

$$v = 2Blv\sin\theta\,[\mathrm{V}] = V_m\sin\theta\,[\mathrm{V}] \tag{3-1}$$

로 나타낸다. 여기서는 도체가 2개이므로 계수 2가 붙은 것이다. 여기서 $\theta = 90°$일 경우에 발생전압이 최대가 될 것이기 때문에 이것을 최대값(maximum value)이라 하고, V_m으로 나타낸다.

3-1-3 주파수와 주기

각 속도(angular velocity)란 1초 동안에 회전한 각도를 말하며, 기호 ω [rad/sec]를 사용한다.

그림 3-4에서 t초 동안에 θ [rad]만큼 회전했을 때의 각 속도 ω는

$$\omega = \frac{\theta}{t}\ [\mathrm{rad/sec}] \tag{3-2}$$

가 되므로, 결국 회전각 θ는

$$\theta = \omega t\ [\mathrm{rad}] \tag{3-3}$$

으로 나타낼 수가 있다. 따라서, 식 (3-3)을 식 (3-1)에 대입하면 다음과 같이 된다.

$$v = V_m\sin\theta\,[\mathrm{V}] = V_m\sin\omega t\,[\mathrm{V}] \tag{3-4}$$

그림 3-4에서 1회전(사이클)에 필요한 각도는 2π [rad]이므로, 주기 T [sec]와 각속도 ω [rad/sec] 사이에는

$$T = \frac{2\pi}{\omega}\ [\mathrm{sec}] \tag{3-5}$$

의 관계가 성립된다.

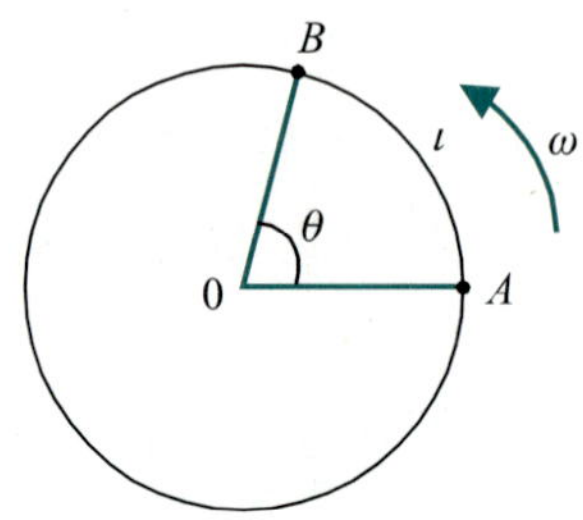

그림 3-4 각속도

이와 같이 1사이클의 변화에 필요로 하는 시간을 주기(period) T로 표시하며, 단위는 초 [sec]이다. 그리고 주파수(frequency) f는 1초 동안에 반복하는 사이클의 수를 말하며, 단위로는 헤르츠(hertz)를 사용하며, 기호 f [Hz]로 나타낸다. 따라서 주기 T [s]와 주파수 f [Hz] 및 각속도 ω [rad/s] 사이에는 다음의 관계가 성립한다.

$$f = \frac{1}{T} \text{ [Hz] 또는 } T = \frac{1}{f} \text{ [sec]} \tag{3-6}$$

$$\omega = 2\pi f \text{ [rad/s]} \tag{3-7}$$

이와 같이 ω는 주파수 f와 관계가 있으므로, ω를 각주파수(angular frequency)라고 하며, 식 (3−7)을 식 (3−4)에 대입하면

$$\begin{aligned} v &= V_m \sin\theta \text{ [V]} \\ &= V_m \sin\omega t \text{ [V]} \\ &= V_m \sin 2\pi f t \text{ [V]} \end{aligned} \tag{3-8}$$

와 같이 나타낼 수 있다. 이 관계를 그림으로 나타낸 것이 그림 3−5이다.

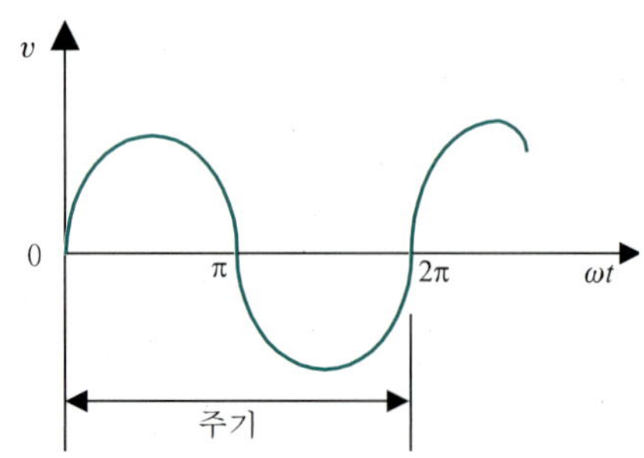

그림 3-5 주파수와 주기

표 3-1 주파수의 종류

주파수의 종류	주 파 수	용 도
상용 주파수(常用周波數)	60 [Hz]	전등, 전력용
가청 주파수(可聽周波數)	20 ~ 20,000 [Hz]	전화기, 스피커
반송 주파수(搬送周波數)	10 ~ 200 [kHz]	유선통신용
무선 주파수(無線周波數)	30 [kHz] ~ 30 × 105 [MHz]	방송, 무선전화, 텔레비전, 레이더

발전소에서 보통 발전되는 주파수는 60, 50 [Hz] 등인데, 우리나라의 교류 전기는 모두 60 [Hz]만 사용되고 있으나, 외국에서는 50 [Hz]도 사용되고 있다. 이 60 [Hz]를 상용 주파수(commercial frequency)라고 하며, 그 외에 전파 및 통신 분야에서 사용되는 주파수의 범위를 표 3-1에 나타낸다.

예제 3-1

어떤 사인파 교류가 0.05 [sec]동안에 3 [Hz](즉 3번 진동)하였다면 이 교류의 주파수는 몇 [Hz]인가?

① 3 ② 6 ③ 30 ④ 60

정답 및 풀이

정답 : ④

문제의 조건에 따라 파형을 그리면 다음과 같다.

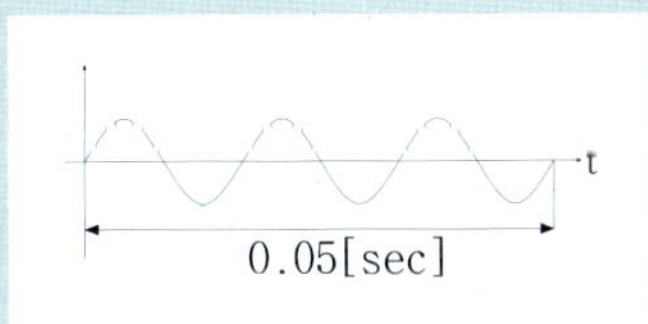

그림 3-6 예제 3-1 회로

1 [Hz]동안에 걸리는 시간은 $T=\frac{0.05}{3}$ [sec] 이므로 주기와 주파수의 관계는 $f=\frac{1}{T}$ [Hz]이다.

$$f=\frac{1}{\frac{0.05}{3}}=\frac{3}{0.05}=60\ [\text{Hz}]$$

3-1-4 위상각과 위상차

일반적으로 정현파는 그림 3-7과 같이 위상을 가지고 있을 때

$$v = V_m \sin(\omega t + \theta) \tag{3-9}$$

로 표시된다. 이 θ를 **위상**(phase) 또는 **위상각**(phase angle)이라고 한다.

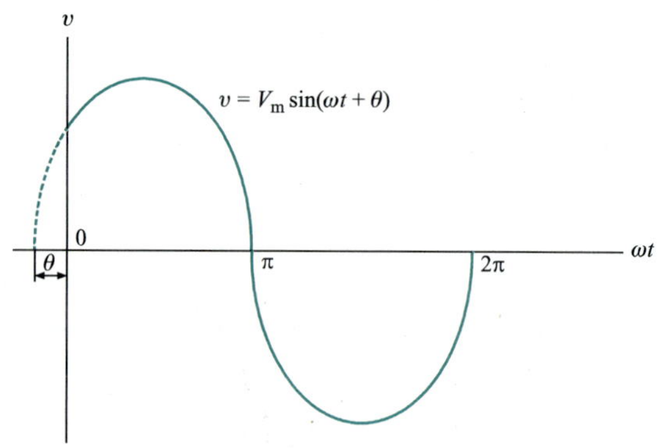

그림 3-7 위상각을 갖는 정현파

식 (3-9)로부터 알 수 있듯이 정현파는 진폭 V_m, 각주파수 ω, 위상각 θ의 세 양으로서 완전히 규정된다.

그림 3-8에는 동일주파수의 두 정현파의 상대적 위치를 표시하였다. 그림 3-8(b)에서 v, i는 같은 순간에 영점 또는 최대점에 도달하며, 이 두 파는 **동상**(in phase)이라고 한다. 그림 3-8(a)에는 v는 i보다 각이 θ만큼 앞서서 영점 또는 최대점에 도달하므로 v는 i보다 각이 θ만큼 위상이 앞선다(lead)라고 말하며, 반대로 i는 v보다 θ만큼 위상이 늦다(lag)라고 말한다.

시간 또는 각의 기점을 그림 3-8(a)의 점 A에 택하면

$$v = V_m \sin\omega t \ [\mathrm{V}]$$
$$i = I_m \sin(\omega t - \theta) \ [\mathrm{A}]$$

가 되고, 점 B를 기점으로 택하면

$$v = V_m \sin(\omega t + \theta) \ [\mathrm{V}]$$
$$i = I_m \sin\omega t \ [\mathrm{A}]$$

와 같이 표시된다. 따라서 θ를 이 두 파의 **위상차** 또는 단순히 **상차**(phase difference)라고 한다.

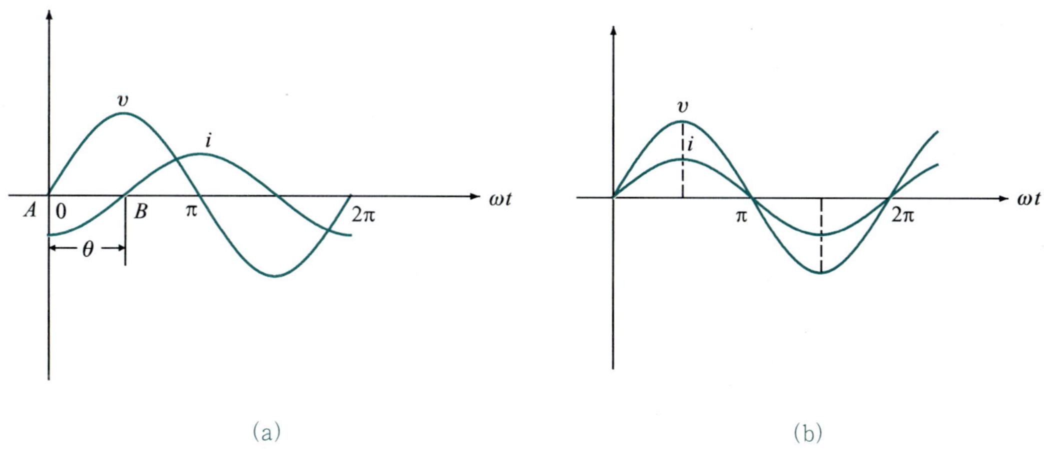

그림 3-8 동일 주파수의 두 정현파의 위상차

지금까지는 정현파를 정의하는 데 있어서 **여현함수**(cosine function)보다는 **정현함수**(sine function)를 사용하였다. 그러나 정현파나 여현파의 차이는 단지 위상각뿐이므로

$$\sin\left(\omega t+\frac{\pi}{2}\right)=\cos\omega t$$
$$\cos\left(\omega t-\frac{\pi}{2}\right)=\sin\omega t \qquad (3\text{-}10)$$

의 표현식 중 어느 것을 사용하여도 무관하다.

두 정현파의 위상을 비교하기 위해서는 둘 다 똑같이 정현파 또는 여현파로 표시되어야 하고, 모두 동일한 주파수여야 한다.

예를 들어, $v_1(t)$ 와 $v_2(t)$ 가 다음과 같은 함수라 하자.

$$v_1(t)=2\cos(5t-30°)\ [\text{V}]$$
$$v_2(t)=-\sin(5t+10°)$$
$$=\sin(5t+10°+180°)$$
$$=\cos(5t+10°+180°-90°)$$
$$=\cos(5t+100°)\ [\text{V}]$$

$v_1(t)$와 $v_2(t)$를 비교할 경우 $v_1(t)$는 $v_2(t)$보다 위상이 130° 뒤진다고 말하며, $v_2(t)$는 $v_1(t)$보다 130° 위상이 앞선다고 해도 같은 의미이다.

같은 주파수를 갖는 정현함수와 여현함수의 합은 동일한 주파수의 다른 정현함수가 된다. 즉, 그림 3-9로부터

$$a\sin\omega t + b\cos\omega t = \sqrt{a^2+b^2}\left(\frac{a}{\sqrt{a^2+b^2}}sin\omega t + \frac{b}{\sqrt{a^2+b^2}}cos\omega t\right)$$

$$= \sqrt{a^2+b^2}(\sin\omega t\cos\phi + \cos\omega t\sin\phi)$$

$$= \sqrt{a^2+b^2}\,sin(\omega t+\phi) \tag{3-11}$$

$$\phi = \tan^{-1}\frac{b}{a} \tag{3-12}$$

이다.

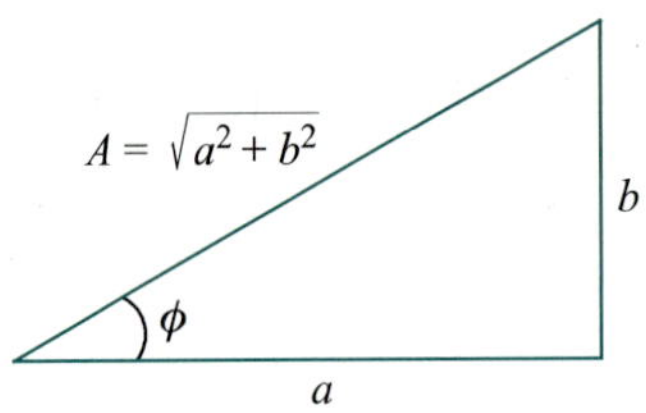

그림 3-9

예제 3-2

$v = 50\cos\left(1{,}000t + \frac{\pi}{3}\right)$ [V]로 표시되는 전압이 있다. 이 전압의 ① 진폭, ② 실효값, ③ 각주파수, ④ 주파수, ⑤ 주기, ⑥ 위상각을 구하여라.

풀이

$v = 50\cos\left(1{,}000t + \frac{\pi}{3}\right)$, $\cos\omega t = \sin\left(\omega t + \frac{\pi}{2}\right)$이므로

$$v = 50\sin\left(1{,}000t + \frac{\pi}{2} + \frac{\pi}{3}\right) = 50\sin\left(1{,}000t + \frac{5\pi}{6}\right) \text{ [V]}$$

① 진폭(최대값) : 50 [V]

② 실효값 $V_m = \sqrt{2}$ [V], $\therefore V = \frac{V_m}{\sqrt{2}} = 25\sqrt{2}$ [V]

③ $\omega = 1{,}000$ [rad/s]

④ $2\pi f = 1{,}000$

$$f = \frac{1,000}{2\pi} = \frac{500}{\pi}\ [\text{Hz}]$$

⑤ $T = \frac{1}{f} = \frac{1}{\frac{500}{\pi}} = \frac{\pi}{500}\ [\text{sec}]$

⑥ 위상각 $\theta = \frac{5\pi}{6}\ [\text{rad}]$

예제 3-3

최대값 100 [A], 주파수 60 [Hz], $t=0$ 에서 50 [A]이며, 그 순간에 있어서 $\frac{di}{dt} > 0$ 인 전류를 사인함수로 나타내어라.

풀이

$$i = I_m \sin(\omega t + \theta)$$

$$i = 50\ ,\ I_m = 100\ ,\ t = 0$$

$$50 = 100\sin\theta \ \rightarrow\ \sin\theta = 0.5, \theta = \sin^{-1} 0.5$$

$$\therefore \theta = 30^\circ$$

$$i = 100\sin\left(120\pi t + \frac{\pi}{6}\right)\ [\text{A}]$$

예제 3-4

60 [Hz]의 두 교류전압 사이에 $\frac{\pi}{3}$ 의 위상차가 있을 때 시간적으로는 몇 초 차이가 있는가?

풀이

$T = \frac{1}{f}[\text{sec}]$ 에서 $T = \frac{1}{60}\ [\text{sec}]$

$$2\pi : \frac{\pi}{3} = T : t$$

$$t = \frac{1}{2\pi} \times \frac{\pi}{3} \times T = \frac{1}{6 \times 60} = \frac{1}{360}\ [\text{sec}]$$

별해

$$\left(\omega t - \frac{\pi}{3}\right) = 0 \qquad \omega t = \frac{\pi}{3}$$

$$2\pi \times 60t = \frac{\pi}{3}$$

$$\therefore t = \frac{1}{360}\ [\text{sec}]$$

예제 3-5

최대값 50 [V]인 정현전압이 있다. $t=0$ 에서의 전압의 순시값이 30 [V]이고, 이 순간에 전압이 감소하고 있다.

(a) 이 정현전압의 순시값에 대한 표시식을 구하여라.

(b) 주파수가 500 [Hz]라면 $t=1.2$ [ms]일 때 전압의 순시값은 얼마이겠는가?

풀이

(a) $v=V_m\sin(\omega t+\theta)$ [V]에서 $V_m=50$ [V], $t=0$ 에서 $v=40$ [V]를 대입하면

$$40=50\sin\theta$$

$$\sin\theta=\frac{4}{5}=0.8, \quad \theta=53° \text{ 또는 } 127°$$

$v=50\sin(\omega t+53°)$ 와 $v=50\sin(\omega t+127°)$ 에 대한 그래프를 그려 보면, $t=0$에서 하강 그래프 θ 는 127°일 때이다(그림 3-10).

(b) $\omega t=2\pi ft=360\text{ft}$ [°]

$$\begin{aligned} v&=50\sin(360\times500\times1.2\times10^{-3}+127) \\ &=50\sin(216°+127°)=50\sin343° \\ &=-50\sin17°=-14.6 \text{ [V]} \end{aligned}$$

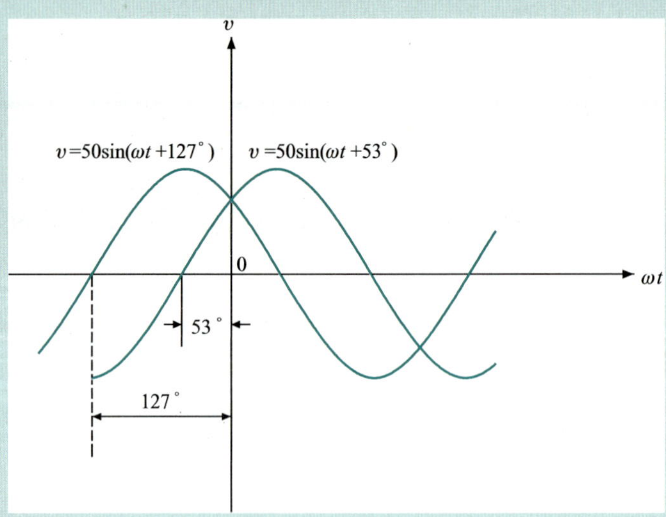

그림 3-10 예제 3-5

예제 3-6

$i=10\sin\left(\omega t-\frac{\pi}{6}\right)$ [A]로 표시되는 전류파보다 위상이 45°만큼 앞서고 진폭이 100 [V]인 전압파 v의 표시식을 쓰고 v, i의 그래프를 그려라. 단 v, i의 주파수는 동일하다.

풀이

$$v=100\sin\left(\omega t-\frac{\pi}{6}+\frac{\pi}{4}\right)=100\sin\left(\omega t+\frac{\pi}{12}\right)$$

두 파의 그래프는 그림 3-11과 같다.

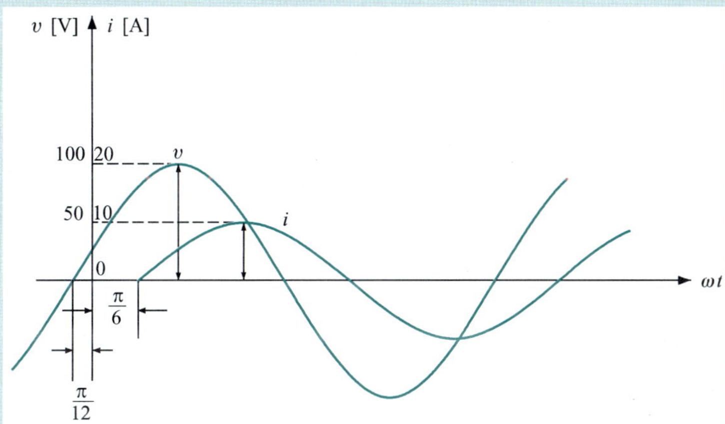

그림 3-11 예제 3-6

주파수가 똑같은 2개 이상의 교류파형 간에 시간적인 차이를 나타내는 데는 위상(位相, phase)을 사용한다.

지금 그림 3-12(a)과 같이 2개의 교류전압 v_1과 v_2 간에는 v_1이 v_2보다 위상이 앞선다(lead)라고 하거나, 반대로 v_2가 v_1보다 위상이 뒤진다(lag)라고 말한다. 이처럼 2개의 교류파형 간에 시간적인 차이가 있는 경우에는 위상차(phase difference)가 있다고 말하며 θ로 표시한다. 그리고 그림 3-12(b)의 경우에 v와 i는 동상(同相, in-phase)이라고 말한다. 그림 3-12(a)의 관계를 수식으로 표시하면 다음과 같다.

$$v_1 = V_{m2}\sin\omega t \ \text{[V]}$$

$$v_2 = V_{m2}\sin(\omega t-\theta) \ \text{[V]} \qquad (3\text{-}13)$$

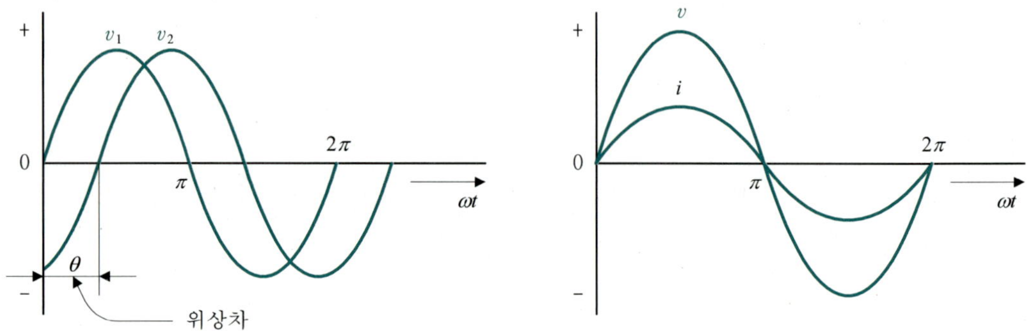

(a) 위상차가 있는 두 파형　　(b) 동상인 두 파형

그림 3-12 위상과 위상차

3-2 교류의 표시

교류는 직류와 달라서 전압과 전류의 크기가 항상 일정하지 않다. 그런데 교류에서도 몇 볼트, 몇 암페어 등으로 정하여 부르는 것은 무엇을 의미하는 것인지 알아보기로 한다. 대개 교류를 표시하는 데는 순시값, 최대값, 실효값, 평균값 등이 있다.

3-2-1 순시값

위에서 살펴본 바와 같이 교류전압은 식 (3−9)에서처럼

$$v = V_m \sin \omega t \ [\mathrm{V}] \tag{3-14}$$

로 나타내며, 이 식이 나타내는 파형은 그림 3−13과 같이 된다.

순시값(instantaneous value)이란 어떤 시간에 있어서의 교류전압이나 전류의 값을 말하며 식 (3−14)에서처럼 v, i 등의 기호를 사용한다.

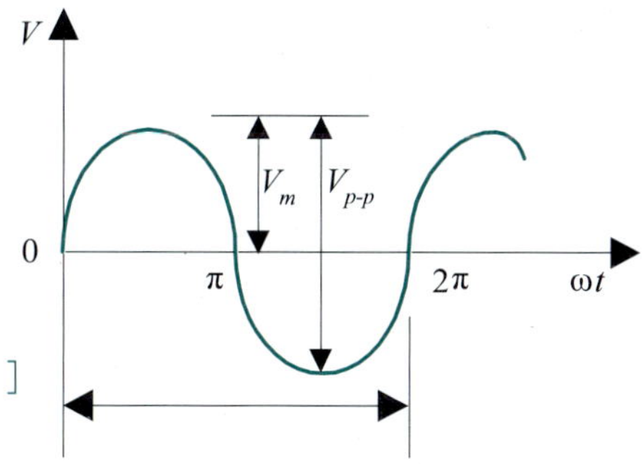

그림 3-13 사인파 교류의 파형

3-2-2 평균값과 실효값

주기파의 **평균값**(average value)은 다음과 같이 정의한다.

$$I_{av} = \frac{1}{T}\int_0^T i dt \ [\mathrm{A}] \tag{3-15}$$

여기서 T는 주기이다. 대개의 DC 전압계나 전류계는 주기파의 평균값을 지시한다. 그림 3−14(a)와 같이 (+), (−)의 파형이 같은 모양을 하고 있는 대칭파(symmetrical)나 정현파에서는 1주기간의 평균값은 0이다.

따라서 이때에는 반주기 평균값(half−period average value)을 생각한다. 즉

$$I_{ha} = \frac{2}{T}\int_0^{T/2} i dt \ [\mathrm{A}] \tag{3-16}$$

정현파의 반주기 평균값은

$$I_{ha} = I_a = \frac{2}{T}\int_0^{T/2} I_m \sin\omega t\, dt = \frac{2}{T}\frac{I_m}{\omega}[-\cos\omega t]_0^{T/2}$$
$$= \frac{I_m}{\pi}[-\cos\pi + \cos 0] = \frac{2}{\pi}I_m = 0.637 I_m$$

으로 그림 3−14(b)에서 수평선을 그은 두 부분의 면적의 합이 수직선을 그은 부분의 면적과 같아지는 높이이다.

파형이 다른 여러 가지 주기파의 크기를 비교할 때 그 최대값만으로는 불충분하고, 여러 파를 거친 장시간에 대한 정현파의 평균값은 0이 되므로 흔히 다음에 정의하는 실효값(effective value)으로써 비교한다. 이것은 주기파의 열효과의 대소를 나타내는 값이다.

직류나 교류가 저항을 통하면 열이 발생한다. 지금 순시값이 i [A]인 주기전류(정현파가 아니라도 무방)가 저항 R을 통할 때 각 순간에 i^2R의 전력이 소비되며, 이것은 시간의 함수이다. 따라서 1주기 T초 동안에 발생되는 열량은 이것을 적분하여 $\int_0^t i^2R dt$와 같이 구해진다.

지금 같은 시간 T초 동안에 같은 저항 R를 통하여 동일한 열량을 발생할 직류(즉, 주기전류와 동일한 열효과를 나타낼 직류)를 I [A]라 하면

$$\int_0^T RI^2 dt = \int_0^T Ri^2 dt$$

$$I^2 = \frac{1}{T}\int_0^T i^2 dt \tag{3-17}$$

$$I = \sqrt{\frac{1}{T}\int_0^T i^2 dt} \text{ [A]} \tag{3-18}$$

이 된다.

가령 실효값 5 [A]의 주기전류(정현전류가 아니라도 무방)와 5 [A]의 직류는 같은 열효과를 나타낸다.

실효값을 나타내기 위해서 I_{eff} 또는 I_s(root mean square value)라고 표시할 때도 있으나 보통은 I, V, E와 같은 대문자를 쓴다(순시값은 i, v, e와 같은 소문자를 쓴다).

교류의 전압이나 전류의 크기는 특별한 언급이 없을 때는 모두 실효값으로 나타낸다. 그래서 우리가 보통 몇 Amp 또는 몇 Volt의 교류라 할 때 그것은 실효값을 의미한다.

전류력계형, 가동철편형, 열전형, 열선형 등 직류와 교류를 다 측정할 수 있는 전류계, 전압계는 모두 실효값을 지시한다.

$i = I_m \sin\omega t$ [A]인 정현전류의 실효값을 구해 보자.

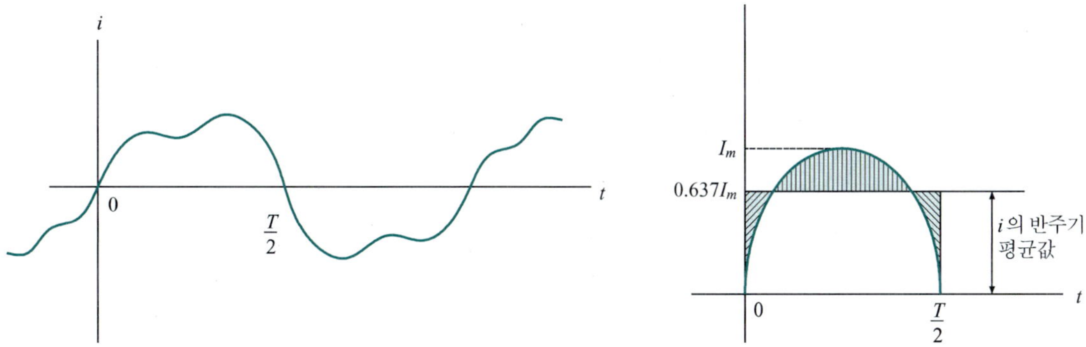

(a) (b)

그림 3-14 대칭파의 평균값

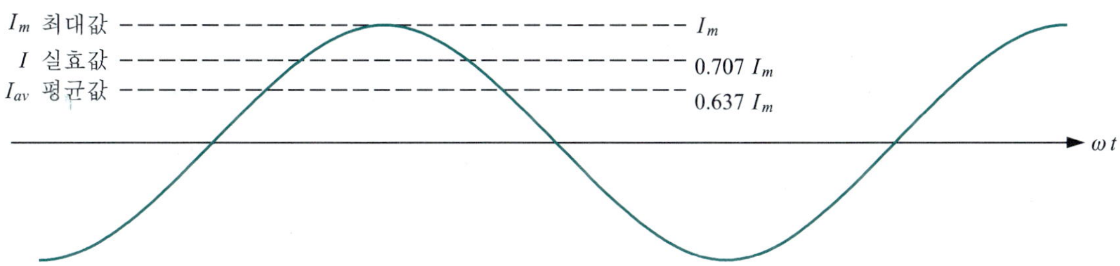

그림 3-15

$$I=\sqrt{\frac{2}{T}\int_0^{T/2} i^2 dt}$$

$$=\sqrt{\frac{2}{T}\int_0^{T/2} I_m^2 \sin^2\omega t dt}$$

$$=\sqrt{\frac{2I_m^2}{T}\int_0^{T/2}\frac{1}{2}(1-\cos 2\omega t)dt} \tag{3-19}$$

$$=\sqrt{\frac{I_m^2}{T}\times\frac{T}{2}}=\frac{I_m}{\sqrt{2}} \ [A] \tag{3-20}$$

그림 3-15에는 정현파의 최대값, 실효값, 평균값의 크기 비교를 표시한다.

예제 3-7

$i=I_m\sin(\omega t-15°)$ [A]인 정현파에 있어서 ωt 가 어느 값을 가질 때 순시값이 실효값과 같게 되는가?

풀이

$$i=I_m\sin(\omega t-15°)\ [\mathrm{A}],$$
$$I_m=\sqrt{2}\,I$$
$$i=\sqrt{2}\,I\sin(\omega t-15°)$$

$i=I$ 일 때

$$I=\sqrt{2}\,I\sin(\omega t-15°)$$
$$\sin(\omega t-15°)=\frac{1}{\sqrt{2}}$$

$\omega t-15°=\theta$ 라 놓으면

$$\sin\theta=\frac{1}{\sqrt{2}},\ \theta=45°$$
$$\omega t-15°=45°,$$
$$\omega t=60°$$

별해

$I=\sqrt{2}\,I\sin(\omega t-15°)$에서

$\omega t-15°=x$ 라 놓으면

$$\frac{1}{\sqrt{2}}=\sin x$$
$$x=\sin^{-1}\frac{1}{\sqrt{2}}$$

$x=45°$ 이므로

$$\omega t-15°=45°$$
$$\therefore \omega t=60°$$

예제 3-8

처음 10초 간은 50 [A]의 전류를 흘리고 다음 20초간은 40 [A]의 전류를 흘리면 전류의 실효값 [A]은 약 얼마인가?(단, 주기는 30초라 한다.)

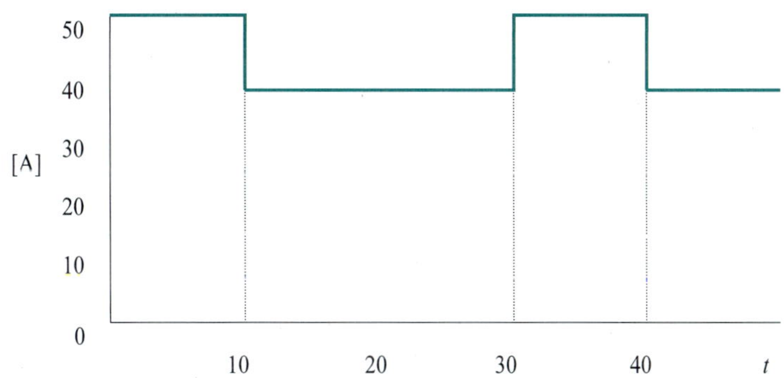

그림 3-16 예제 3-8

풀이

실효값 $I=\sqrt{\frac{1}{T}\int_0^T i^2 dt}=\sqrt{\frac{1}{30}\left\{\int_0^{10}(50)^2 dt+\int_{10}^{30}(40)^2 dt\right\}}$

$=\sqrt{1,900}\fallingdotseq 43.58$ [A]

예제 3-9

어떤 회로의 선압이 그림 3-17과 같이 변하는 주기파일 때, 이 파형의 평균값 및 실효값을 구하여라.

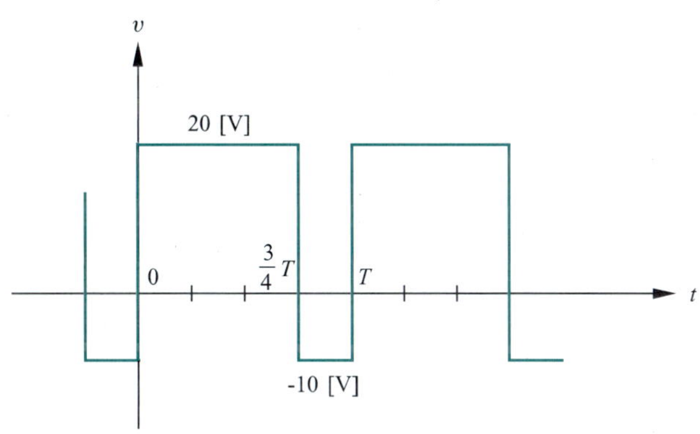

그림 3-17 예제 3-9

풀이

평균값 $V_{av} = \frac{1}{T}\left[\int_0^{3/4T} 20dt + \int_{3/4T}^{T}(-10)dt\right]$ [V]

$= \frac{1}{T}\left[20 \times \frac{3}{4}T + (-10) \times \frac{T}{4}\right] = 12.5$ [V]

실효값 $V = \sqrt{\frac{1}{T}\left[\int_0^{3/4T} 20^2 dt + \int_{3/4T}^{T}(-10)^2 dt\right]}$

$= \sqrt{\frac{1}{T}\left[400 \times \frac{3}{4}T + 100 \times \frac{1}{4}T\right]} \fallingdotseq 18$ [V]

예제 3-10

그림 3-18과 같은 주기파 전압에서 $t = 0$ 으로부터 20 [ms] 사이에는 $v = 5 \times 10^4 (t - 0.02)^2$ [V]으로, 20~40 [ms]에서는 $v = 0$ 으로 표시된다면 이 전압의 평균값은 약 얼마인가?

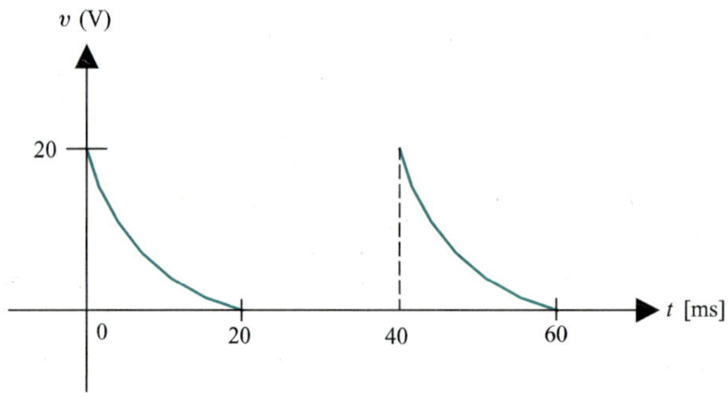

그림 3-18 예제 3-10

풀이

$$V_{av} = \frac{1}{T}\int_0^T v\,dt$$

$$= \frac{5 \times 10^4}{0.04}\int_0^{0.02}(t - 0.02)^2 dt$$

$$= \frac{5 \times 10^4}{0.04}\int_0^{0.02}(t^2 - 0.04t + 4 \times 10^{-4})\,dt$$

$$= \frac{5 \times 10^4}{0.04}\left\{\frac{1}{3}(0.02)^3 - 0.04\left[\frac{1}{2}(0.02)^2\right] + 4 \times 10^{-4} \times 0.02\right\}$$

$$= \frac{5 \times 10^4}{0.04}\left[2.667 \times 10^{-6} - 8 \times 10^{-6} + 8 \times 10^{-6}\right]$$

$$= 3.33 \text{ [V]}$$

예제 3-11

그림 3-19과 같은 전압파형의 실효값은 얼마인가?

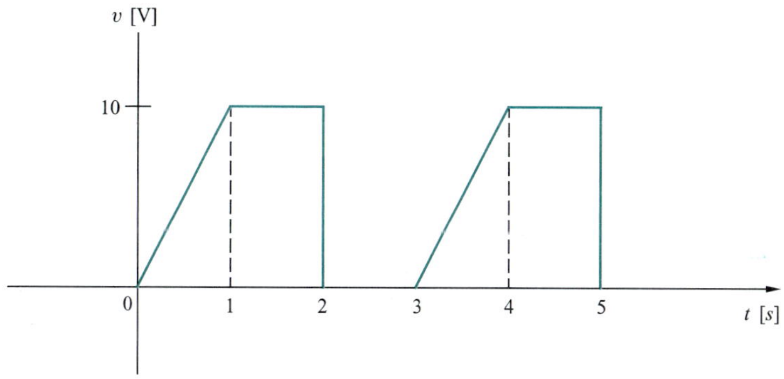

그림 3-19 예제 3-11

풀이

$$V=\sqrt{\frac{1}{T}\int v^2\text{의 평균값}}\ \text{[V]}$$
$$=\sqrt{\frac{1}{3}\int_0^1 (10t)^2 dt+\int_1^2 10^2 dt}\ \text{[V]}$$
$$=\sqrt{\frac{1}{3}\left[\frac{100}{3}t^3\right]_0^1+[100t]_1^2}$$
$$=\sqrt{\frac{1}{3}\left[\frac{100}{3}+100\right]}$$
$$=\sqrt{\frac{400}{9}}=\frac{20}{3}=6.67\ \text{[V]}$$

3-2-3 파형률과 파고율

교류의 크기는 보통 실효값으로 나타내는데 실효값으로는 파형을 알 수 없으므로 파형의 개략을 알기 위한 방법으로 **파형률**(form factor)과 **파고율**(crest factor)이라는 계수를 쓴다.

$$\text{파형률}=\frac{\text{실효값}}{\text{평균값}},\quad \text{파고율}=\frac{\text{최대값}}{\text{실효값}} \tag{3-21}$$

정현파 전압에 대해서는

$$\text{파형률} = \frac{\frac{1}{\sqrt{2}}V_m}{\frac{2}{\pi}V_m} = \frac{\pi}{2\sqrt{2}} = 1.111$$

$$\text{파고율} = \frac{V_m}{\frac{1}{\sqrt{2}}V_m} = \sqrt{2} = 1.414$$

이다. 대표적인 파형에 대한 **파형률**과 **파고율**을 표 3–2에 표시했다.

정 · 부의 파형이 대칭적이고, 정현파에 비해 뾰족한 파형(예 : 삼각파)은 항상 1.11보다 큰 파형률을 가지며, 한편 상하가 정현파보다 평평한 파형(예 : 구형파)의 파형률은 1.11 이하이다. 따라서 파형률을 알면 대칭파의 모양에 대해서 어느 정도 추측할 수 있다.

표 3–2 대표적인 파형에 대한 파형률과 파고율

명 칭	구 형 파	정 현 파	삼 각 파
파 형		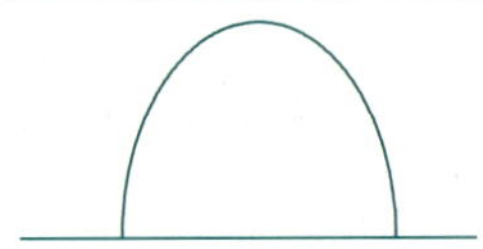	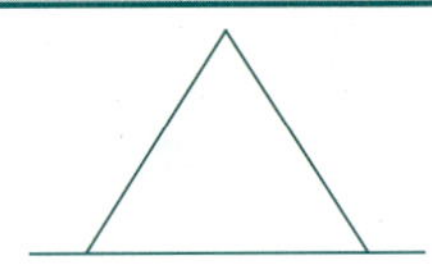
파 형 률	1.00	1.11	1.15
파 고 율	1.00	1.41	1.73

예제 3–12

그림과 같은 파형의 파형률을 구하여라. 단, $\text{파형률} = \frac{\text{실효값}}{\text{평균값}}$ 이다.

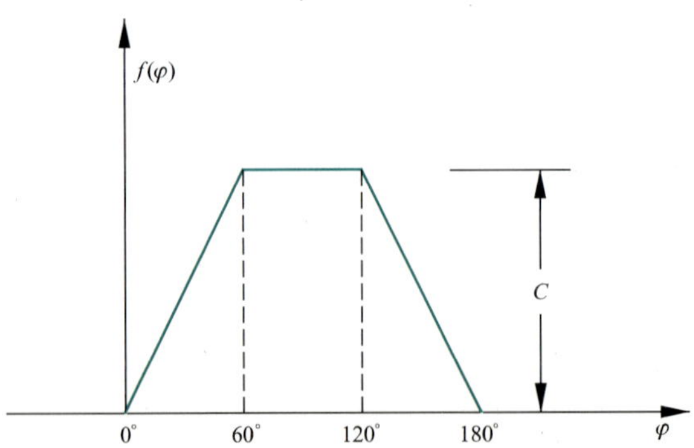

그림 3–20 예제 3–12

풀이

실효값 $\sqrt{\frac{1}{\pi}\int^{\pi} f^2(\varphi)d\varphi}$ 이고 평균값 $= \frac{1}{\pi}\int_0^{\pi} f(\varphi)d\varphi$ 이므로 먼저 $f(\varphi)$를 구해보자.

(1) $0 \leq \varphi \leq \frac{\pi}{3}$일 때 $f(\varphi) = \frac{C}{\left(\frac{\pi}{3}\right)}\varphi = \frac{3C}{\pi}\varphi$

(2) $\frac{\pi}{3} \leq \varphi \leq \frac{2\pi}{3}$일 때 $f(\varphi) = C$

(3) $\frac{2\pi}{3} \leq \varphi \leq 2\pi$일 때 $f(\varphi) = -\frac{3C}{\pi}(\varphi-\pi)$이므로

실효값$= \sqrt{\frac{1}{\pi}\int_0^{\pi} f^2(\varphi)d\varphi}$

$$= \sqrt{\frac{1}{\pi}\left\{\int_0^{\frac{\pi}{3}}\left(\frac{3C}{\pi}\varphi\right)^2 + \int_{\frac{\pi}{3}}^{\frac{2\pi}{3}} C^2 d\varphi + \int_{\frac{2\pi}{3}}^{\pi}\left[-\frac{3C}{\pi}(\varphi-\pi)\right]^2 d\varphi\right\}}$$

먼저 근호 속의 적분을 구하면

$$\int_0^{\frac{\pi}{3}}\left(\frac{3C}{\pi}\varphi\right)^2 d\varphi = \frac{9C^2}{\pi^2}\times\frac{1}{3}\left[\varphi^3\right]_0^{\frac{\pi}{3}} = \frac{1}{9}\pi C^2$$

$$\int_{\frac{\pi}{3}}^{\frac{2\pi}{3}} C^2 d\varphi = \frac{1}{3}\pi C^2$$

$$\int_{\frac{2\pi}{3}}^{\pi}\left[-\frac{3C}{\pi}(\varphi-\pi)\right]^2 d\varphi = \frac{9C^2}{\pi^2}\int_{\frac{2\pi}{3}}^{\pi}(\varphi-\pi)^2 d\varphi$$

$$= \left[\frac{9C^2}{\pi^2}\times\frac{1}{3}(\varphi-\pi)^3\right]_{\frac{2\pi}{3}}^{\pi} = \frac{1}{9}\pi C^2$$

이므로

실효값$= \sqrt{\frac{1}{\pi}\left(\frac{1}{9}\pi C^2 + \frac{1}{3}\pi C^2 + \frac{1}{9}\pi C^2\right)} = \frac{\sqrt{5}}{3}C$

또한

평균값$= \frac{1}{\pi}\int_0^{\pi} f(\varphi)d\varphi$

$$= \frac{1}{\pi}\left[\int_0^{\frac{\pi}{3}}\frac{3C}{\pi}\varphi d\varphi + \int_{\frac{\pi}{3}}^{\frac{2\pi}{3}} Cd\varphi + \int_{\frac{2\pi}{3}}^{\pi}\left[-\frac{3C}{\pi}(\varphi-\pi)d\varphi\right]\right]$$

$$= \frac{1}{\pi}\cdot\left\{\frac{3C}{\pi}\cdot\frac{1}{2}\left[\varphi^2\right]_0^{\frac{\pi}{3}} + C[\varphi]_{\frac{\pi}{3}}^{\frac{2\pi}{3}} - \frac{3C}{\pi}\times\left[\frac{1}{2}(\varphi-\pi)^2\right]_{\frac{2\pi}{3}}^{\pi}\right\}$$

$$= \frac{1}{\pi}\left(\frac{1}{6}\pi C + \frac{1}{3}\pi C + \frac{1}{6}\pi C\right) = \frac{2}{3}C$$

$$\therefore \text{파형률} = \frac{\text{실효값}}{\text{평균값}} = \frac{\frac{\sqrt{5}}{3}C}{\frac{2}{3}C} = \frac{\sqrt{5}}{2}$$

3-3 저항회로

그림 3-21(a)와 같이 저항 R에 $v = V_m \sin\omega t$ [V]인 정현파 전압을 인가했을 때 이 회로를 흐르는 전류 i는 다음과 같다.

$$i = \frac{v}{R} = \frac{V_m \sin\omega t}{R} = I_m \sin\omega t = \sqrt{2}\, I \sin\omega t \text{ [A]} \tag{3-22}$$

최대값 및 실효값은

$$V_m = RI_m \text{ [V]},\quad V = RI \text{ [V]},\quad I = \frac{V}{R} \text{ [A]} \tag{3-23}$$

와 같이 되며, 전류와 전압은 그림 3-21(b)와 같이 동상이다.

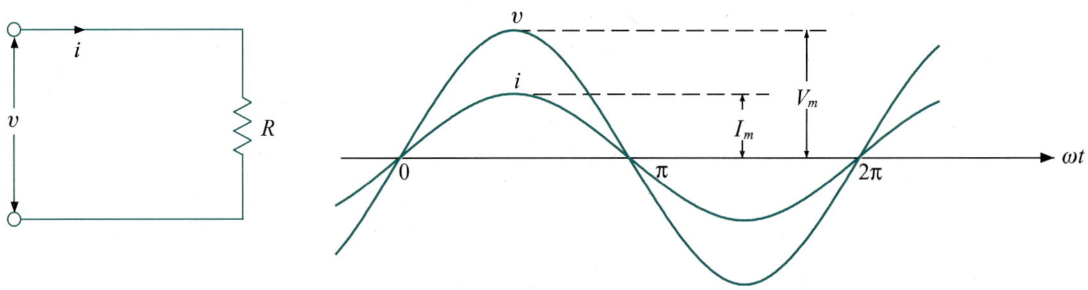

(a) (b)

그림 3-21 저항회로의 전압과 전류의 관계

예제 3-13

두 저항 $R_1 = 20$ [Ω], $R_2 = 30$ [Ω]이 직렬로 연결되어 있는 회로의 양 단자에 100 [V], 60 [Hz]의 교류전압을 인가할 때 R_2 양단의 전압을 구하여라.

풀이 $v = V_m \sin\omega t$ [V]에서 $V_m = \sqrt{2}\,V$이므로 $V_m = 100\sqrt{2}$ 이고 $\omega = 2\pi f$ 이므로

$$\omega = 2 \times 3.14 \times 60 = 377 \ [\text{rad/s}]$$

이다. 따라서,

$$v = 100\sqrt{2}\sin 377t \ [\text{V}]$$

$$i = \frac{v}{R_1 + R_2} = \frac{100\sqrt{2}}{50}\sin 377t = 2\sqrt{2}\sin 377t \ [\text{A}]$$

R_2 양단의 전압 v_2 는

$$v_2 = iR_2 = 60\sqrt{2}\sin 377t \ [\text{V}]$$

실효값 $V_2 = \dfrac{V_{m2}}{\sqrt{2}}$ 이므로

$$V_2 = 60 \ [\text{V}]$$

이다.

3-4 인덕턴스 회로

그림 3-22(a)와 같이 인덕턴스 L [H]인 코일로 된 유도회로(인덕턴스 회로)에 정현파 전류 $i = I_m \sin\omega t$ [A]가 흐를 때 인덕턴스에 의해서 생기는 전압강하 v 는

$$\begin{aligned} v &= L\frac{di}{dt} = L\frac{d}{dt}(I_m \sin\omega t) \\ &= \omega L I_m \cos\omega t = \omega L I_m \sin(\omega t + 90°) \ [\text{V}] \end{aligned} \tag{3-24}$$

이 되어, 전압의 위상은 전류의 위상보다 90° 앞선다. 최대값과 실효값은 각각

$$V_m = \omega L I_m \text{ [V]}, \quad V = \omega L I \text{ [V]}, \quad I = \frac{V}{\omega L} \text{ [A]} \tag{3-25}$$

이고, 식 (3-23)과 비교해 보면 ωL은 인덕턴스 회로의 전류를 제한하는 일종의 교류저항임을 알 수 있다. 그러나 저항과는 달리 전압과 전류 사이에 90°의 상차를 생기게 하므로, 이 ωL을 유도성 리액턴스(inductive reactance)라 부르며, X_L로서 표시하고 단위는 ohm [Ω]을 쓴다.

$$X_L = \omega L = 2\pi f L \text{ [Ω]} \tag{3-26}$$

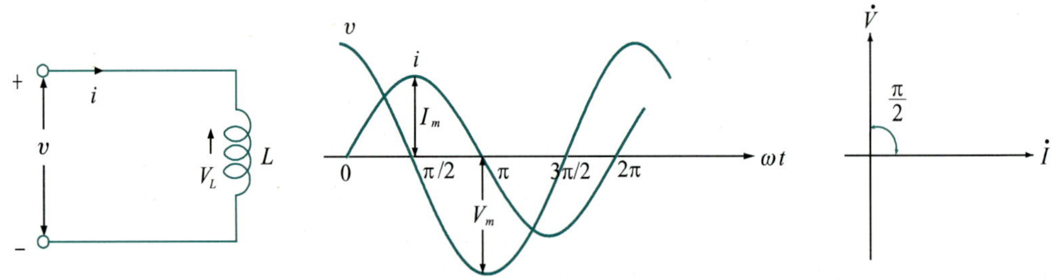

(a) (b) (c)

그림 3-22 인덕턴스 회로의 전압과 전류

예제 3-14

20 [mH]인 코일이 있다. 이 코일에

(a) 실효값 220 [V], 주파수 60 [Hz]인 교류전압을 인가할 때 코일의 리액턴스 및 전류의 실효값을 구하여라.

(b) 이 주파수를 2배로 하면 전류는 얼마가 되겠는가?

풀이

(a) $X_{L1} = \omega L = 2\pi f L$

$= 2 \times 3.14 \times 60 \times 20 \times 10^{-3} = 7.53$ [Ω]

$I_1 = \dfrac{V}{X_{L1}} = \dfrac{220}{7.53} = 29.22$ [A]

(b) $X_{L2} = 2 \times 3.14 \times 120 \times 20 \times 10^{-3} = 15.06$ [Ω]

$I_2 = \dfrac{220}{15.06} = 14.61$ [A]

3-5 커패시턴스 회로

그림 3-23(a)와 같이 커패시턴스 C [F]만으로 된 용량성회로(커패시턴스 회로)에 정현파 전류 $i = I_m \sin\omega t$ [A]가 흐를 때 전류방향으로의 전압강하를 v라 하면

$$v = \frac{1}{C}\int i dt = \frac{1}{C}\int I_m \sin\omega t dt$$

$$= -\frac{I_m}{\omega C}\cos\omega t = \frac{I_m}{\omega C}\sin(\omega t - 90°) \text{ [V]} \qquad (3\text{-}27)$$

이 되고, 전압의 위상은 전류보다 90° 뒤진다.

최대값과 실효값은 각각

$$V_m = \frac{1}{\omega C}I_m, \quad V = \frac{I}{\omega C}, \quad I = \omega C V = \frac{V}{\dfrac{1}{\omega C}} \qquad (3\text{-}28)$$

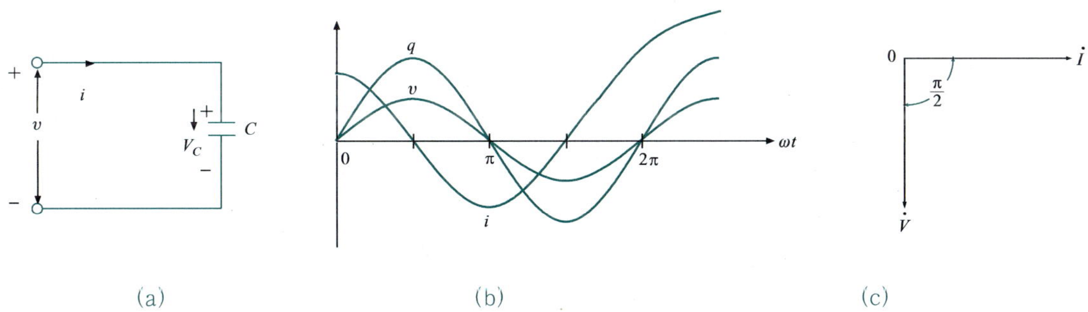

그림 3-23 커패시턴스 회로의 전압과 전류

식 (3-28)을 식 (3-23)과 비교하면 $\frac{1}{\omega C}$은 커패시턴스 회로의 전류를 제한하는 일종의 교류저항임을 알 수 있다. 유도성 리액턴스와 구별하기 위하여 용량성 리액턴스(capacitive reactance)라고 부르며, X_c로서 표시하고 단위는 옴 [Ω]을 쓴다.

특히, 전압이 전류보다 90° 앞서는 경우는 90° 늦는 경우를 구별하기 위하여 유도성 리액턴스를 (+), 용량성 리액턴스를 (−)로 정한다.

$$X_C = -\frac{1}{\omega C} = -\frac{1}{2\pi f C} \ [\Omega] \qquad (3\text{-}29)$$

따라서 식 (3−28)은

$$V = |X_C| I \ [V], \quad I = \frac{V}{|X_C|} \ [A] \qquad (3\text{-}30)$$

와 같이 쓸 수 있다.

예제 3–15

커패시턴스가 0.01 [μF]인 콘덴서가 있다.

(a) 실효값 220 [V], 주파수 100 [Hz]인 교류전압을 인가할 때 콘덴서의 리액턴스 및 전류의 실효값을 구하여라.

(b) 주파수를 2배로 하면 전류는 얼마가 되겠는가?

풀이

(a) $X_{C1} = -\frac{1}{2\pi f C} = -159.2\times 10^3 \ [\Omega]$

$I_1 = \frac{V}{|X_C|} = \frac{220}{159.2\times 10^3} = 1.382 \ [mA]$

(b) $X_{C2} = -\frac{1}{2\times 3.14\times 200\times 0.01\times 10^{-6}} = -79.6\times 10^3 \ [\Omega]$

$I_2 = \frac{220}{|79.6\times 10^3|} = 2.763 \ [mA]$

예제 3–16

다음 그림과 같은 회로에 흐르는 전류를 구하여라.

단, C=5 [μF], E_m=141 [V], f=60 [Hz]

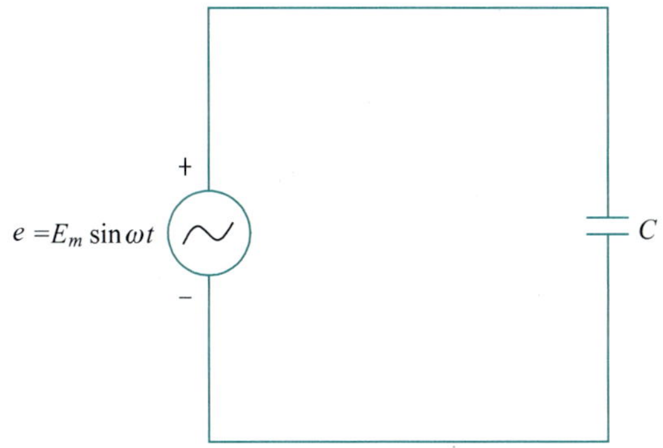

그림 3-24 예제 3-16의 회로

풀이

전류 $i = \frac{dq}{dt}$ 이고, $q = CE$ 이므로 $i = C\frac{dE}{dt}$ 이다.

$$\begin{aligned} \therefore i &= C \cdot \frac{d}{dt} [E_m \sin\omega t] \\ &= C \cdot E_m \cdot \omega\cos\omega t \\ &= \omega C E_m \sin\left(\omega t + \frac{\pi}{2}\right) \\ &= \frac{E_m \sin(\omega t + \frac{\pi}{2})}{X_c} \ [A] \end{aligned}$$

단, $X_c = \frac{1}{\omega C}$ 이며 용량성 리액턴스로 콘덴서의 교류저항에 해당한다. 한편,

$$\omega = 2\pi f = 2 \times \pi \times 60 = 377 \ [rad/s]$$

$$\frac{1}{\omega C} = \frac{1}{2\pi \times 60 \times 5 \times 10^{-6}} = \frac{1}{377 \times 5 \times 10^{-6}} = 5.3 \times 10^2 = 530 \ [\Omega]$$

$$i = \frac{141}{530} sin\left(377t + \frac{\pi}{2}\right) = 0.266 \cdot \sin\left(377t + \frac{\pi}{2}\right) \ [A]$$

즉, 사인파 전압을 커패시터(콘덴서) 양단에 인가할 때, 콘덴서에 흐르는 전류는 최대값이 0.266 [A]이고 위상이 인가전원에 비해 $\frac{\pi}{2}(90^\circ)$ 빠른 사인파가 된다.

3-6 R-L 직렬회로

2개 이상의 소자가 회로를 구성하고 있는 경우, 이 회로의 전압과 전류의 관계를 결정지어주는 요소로써 **임피던스**(impedance)가 있다.

그림 3-25의 회로에 $i=I_m\sin\omega t$ [A]의 전류를 흘리면

$$v_R = RI_m\sin\omega t \tag{3-31}$$

$$v_L = \omega LI_m\cos\omega t = X_LI_m\cos\omega t \tag{3-32}$$

따라서, $v=v_R+v_L$ 이므로

$$v = I_m(R\sin\omega t + X_L\cos\omega t) \tag{3-33}$$

$$= I_m\sqrt{R^2+X_L^2}\,\sin(\omega t+\theta)\ [\mathrm{V}] \tag{3-34}$$

여기서

$$\theta = \tan^{-1}\frac{X_L}{R} \tag{3-35}$$

그림 3-26는 식 (3-34)의 유도과정을 이해하는 데 도움이 되는 **임피던스도**(impedance diagram)이며, $\sqrt{R^2+X_L^2}$ 은 전류를 제한하는 저항과 같은 역할을 하는 성분으로서 임피던스(impedance)라 부르고 Z로 나타낸다.

식 (3-34)에서

$$Z = \frac{V_m}{I_m} = \frac{V}{I} = \sqrt{R^2+X_L^2}\ [\Omega] \tag{3-36}$$

$$\theta = (\text{전압의 위상}) - (\text{전류의 위상}) \tag{3-37}$$

이 된다.

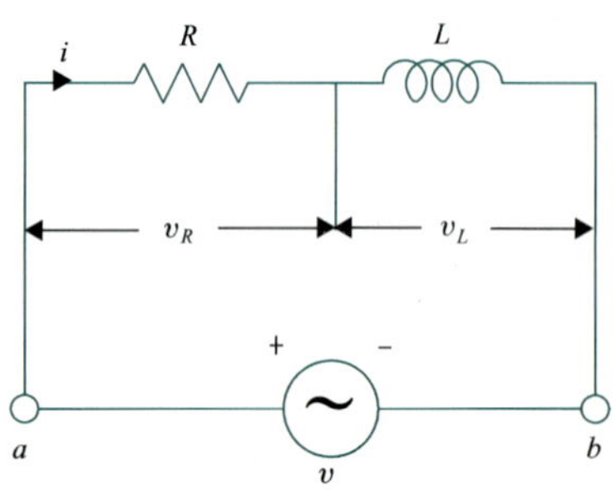

그림 3-25 R-L 직렬회로

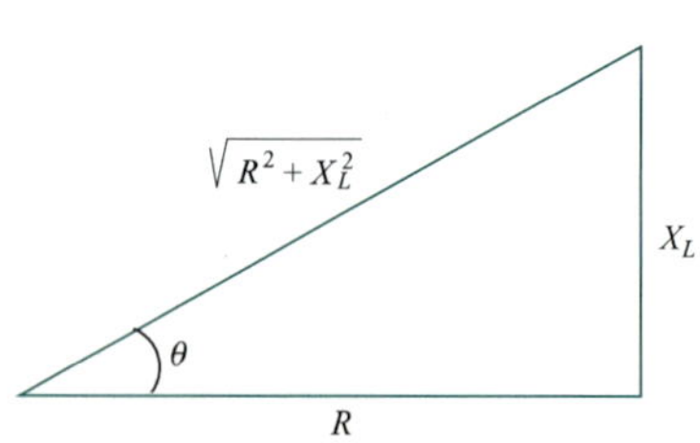

그림 3-26 R-L 회로의 임피던스 삼각도

예제 3-17

저항 15 [Ω]과 인덕턴스 53 [mH]인 코일이 직렬로 연결되어 있다.

(a) 60 [Hz]에 대한 임피던스의 크기와 각을 구하여라.

(b) 이 코일에 100 [V], 60 [Hz]의 교류전압을 인가할 때, 흐르는 전류의 크기와 위상은 어떻게 되는가?

풀이

(a) $X_L = \omega L = 2\pi f L = 2\times 3.14\times 60\times 53\times 10^{-3} = 20$ [Ω]

$Z = \sqrt{R^2 + X_L^2} = \sqrt{15^2 + 20^2} = 25$ [Ω]

$\theta = \tan^{-1}\dfrac{X_L}{R} = \tan^{-1}\dfrac{20}{15} = 53.1°$

(b) $I = \dfrac{V}{Z} = \dfrac{100}{25} = 4$ [A]이고, 인가전압보다 53.1°만큼 위상이 늦어진다.

예제 3-18

그림과 같은 회로에 있어서 $\dot{V}_1$, $\dot{V}_2$는 각각 100 [V]이면서 60°의 위상차가 있다. 리액턴스 양단의 전위차를 구하여라.

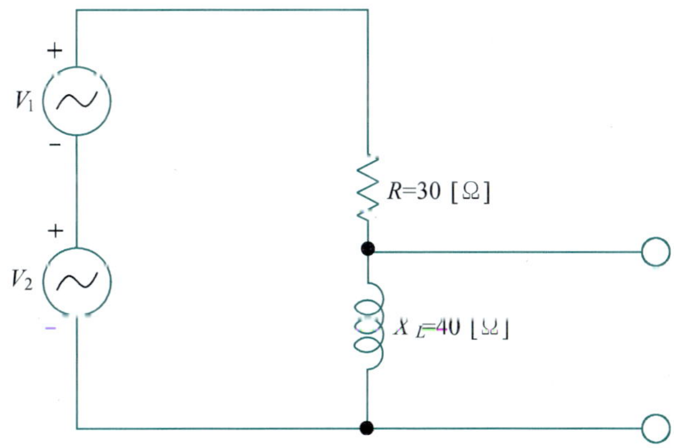

그림 3-27 예제 3-18의 회로

풀이

문제의 조건에 따라 벡터도를 그리면

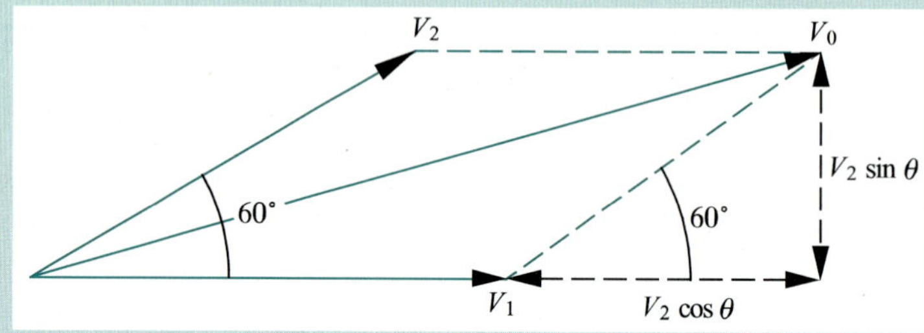

그림 3-28 예제 3-18의 풀이(1)

합성전압은 다음과 같다.

$$\begin{aligned} V_0 &= 100+100\cos 60^\circ + j100\sin 60^\circ \\ &= \sqrt{(100+100\cos 60^\circ)^2+(100\sin 60^\circ)} \\ &= \sqrt{(100+50)^2+86.6^2} \\ &= \sqrt{(150)^2+86.6^2} \\ &= 173.2 \ [\mathrm{V}] \end{aligned}$$

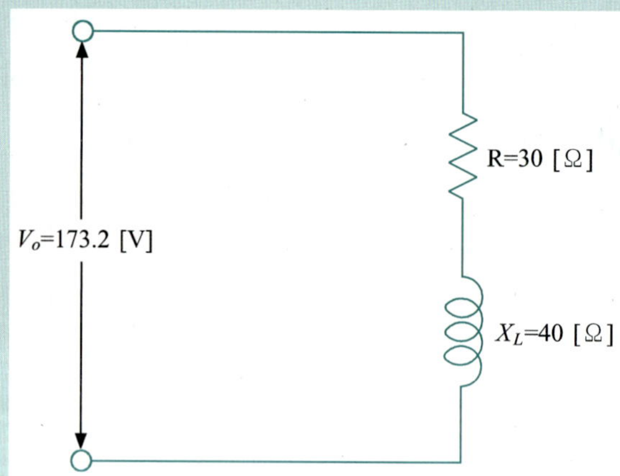

그림 3-29 예제 3-18의 풀이(2)

$$\begin{aligned} V_{XL} &= I\times 40 = \frac{173.20}{30+j40}\times 40 \ [\mathrm{V}] \\ &= \frac{173.20}{50}\times 40 \ [\mathrm{V}] \end{aligned}$$

$$\therefore \ V_{XL} = 138.56 \ [\mathrm{V}]$$

3-7 R-C 직렬회로

그림 3-30의 $R-C$ 직렬회로에 $i = I_m \sin\omega t$ [A]인 전류를 흘렸을 때, R 및 C에 의한 전압강하는

$$v_R = RI_m \sin\omega t \text{ [V]}$$

$$v_C = -\frac{1}{\omega C} I_m \cos\omega t = X_C I_m \cos\omega t \text{ [V]}$$

$$v = v_R + v_C = I_m \sqrt{R^2 + X_C^2} \sin(\omega t + \theta) \text{ [V]} \qquad (3\text{-}38)$$

$$\theta = \tan^{-1}\frac{X_C}{R} = -\tan^{-1}\frac{1}{R\omega C} \qquad (3\text{-}39)$$

용량성 리액턴스(X_C)는 −의 리액턴스로서, $X_C = -j\frac{1}{\omega C}$ 이므로 θ 는 −의 값을 가진다. 따라서 전압은 전류보다 θ 큼 위상이 늦어진다.

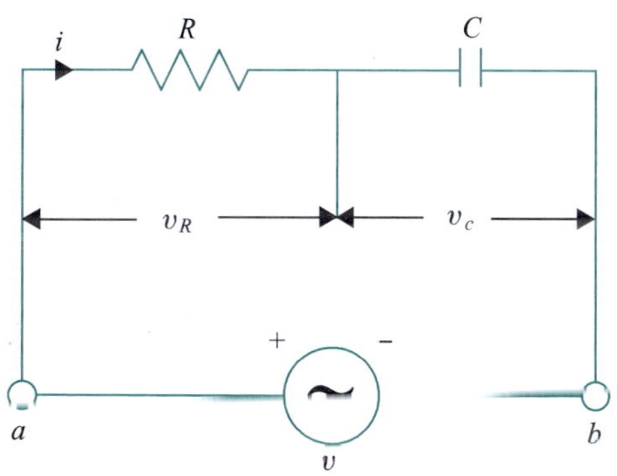

그림 3-30 R-C 직렬회로

R-C 직렬회로에서는 식 (3-38)에서와 같이 $\sqrt{R^2+X_C^2}$ 가 전류를 제한하는 저항과 같은 역할을 하는 성분이 되며 이 값 또한 임피던스라 하고 Z로 나타낸다.

$$Z = \sqrt{R^2 + X_C^2} \text{ [}\Omega\text{]} \qquad (3\text{-}40)$$

과 같이 된다.

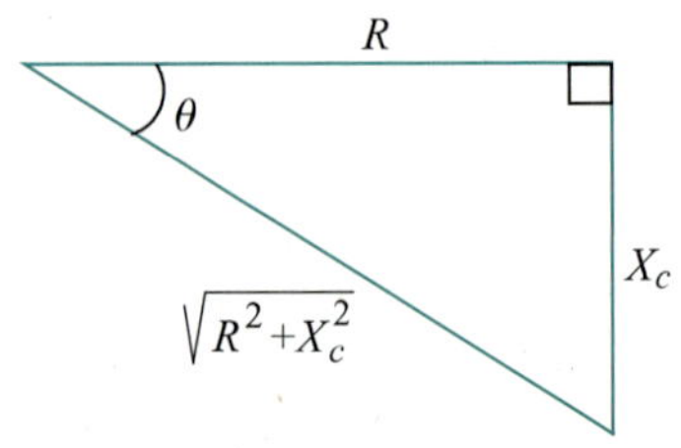

그림 3-31 R-C 직렬회로

예제 3-19

R-C 직렬회로에서 $R=80$ [Ω], $C=0.5$ [μF]이다.
교류전압 $v=100\sin(10{,}000t+45°)$ [V]가 인가될 때, (a) 임피던스의 크기, (b) 전압과 전류의 위상관계 (c) 전류의 순시값을 구하여라.

풀이

(a) $X_C=-\dfrac{1}{\omega C}=-\dfrac{1}{10{,}000\times0.5\times10^{-6}}=-200$ [Ω]

$Z=\sqrt{R^2+X_c^2}=\sqrt{80^2+(-200)^2}=215$ [Ω]

(b) $\theta=\tan^{-1}\dfrac{X_C}{R}=\tan^{-1}\dfrac{(-200)}{80}=-68.2°$

따라서, 전류는 전압보다 68.2°앞선다.

(c) $I_m=\dfrac{V_m}{Z}=\dfrac{100}{215}=0.47$ [A]

$i=0.47\sin(10{,}000t+45°+68.2°)$

$=0.47\sin(10{,}000t+113.2°)$ [A]

예제 3-20

R-C 직렬회로에 $v=10\sin10{,}000t$ [V]로 표시되는 정현파 전압이 인가되어 있다. $R=80$ [Ω], $C=1$ [μF]이라 할 때

① 회로전류의 순시값 표시식을 구하여라.

② R, C 각각의 단자전압인 V_R, V_C를 구하여라.

풀이 ①

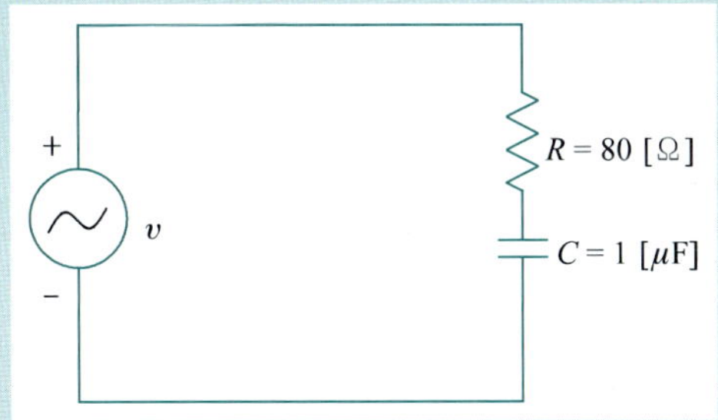

그림 3-32 예제 3-20

$i=\dfrac{v}{Z}$에서,

$$Z=\sqrt{R^2+X_C^2}\ ,\ X_C=-j\frac{1}{\omega C}$$

또는

$$Z=80+\frac{1}{j10,000\times 10^{-6}}=80-j100\ [\Omega]$$

$$Z=\sqrt{80^2+(-100)^2}=128\ [\Omega]$$

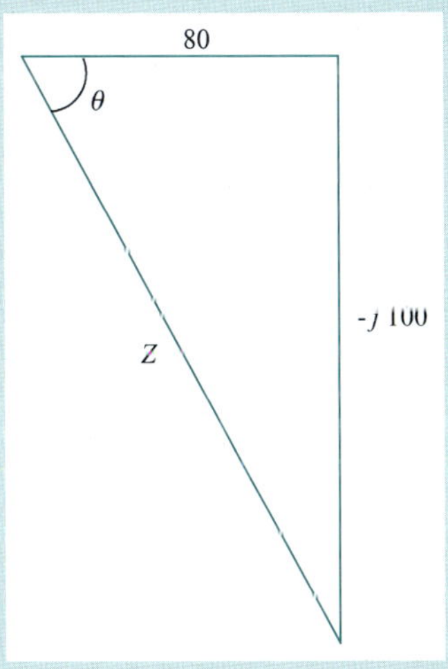

그림 3-33 예제 3-20의 풀이

$$\theta=\tan^{-1}\frac{-100}{80}=-51.3°$$

$$i=\frac{10\sin 10,000t}{128.0\angle -51.3°}=0.078\sin(10,000t+51.3°)\ [\text{A}]$$

$$I=\frac{0.078}{\sqrt{2}}\ [\text{A}]$$

② $V_R = I \cdot R = \frac{0.078}{\sqrt{2}} \times 80 = 4.4$ [V]

$V_C = \frac{0.078}{\sqrt{2}} \times 100 = 5.5$ [V]

3-8 R-L-C 직렬회로

그림 3-34과 같은 $R-L-C$ 직렬회로에 교류전류 $i = I_m \sin\omega t$ [A]가 흐를 때, 각 소자 양단의 전압을 v_R, v_L, v_C라 하면

$$v_R = RI_m \sin\omega t \text{ [V]}$$
$$v_L = \omega L I_m \cos\omega t \text{ [V]}$$
$$v_C = -\frac{1}{\omega C} I_m \cos\omega t \text{ [V]}$$

이 되고, $v = v_R + v_L + v_C$이므로

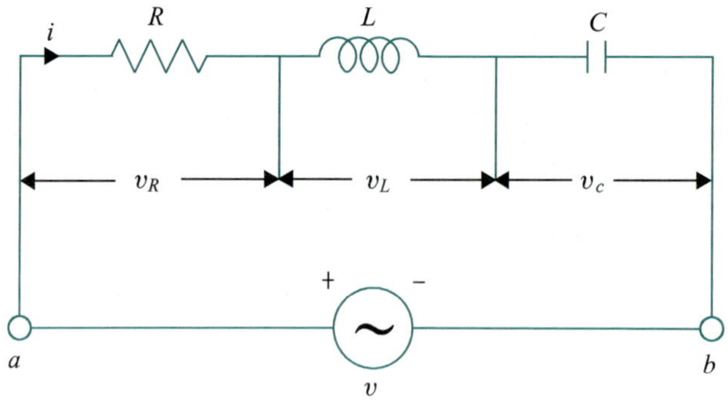

그림 3-34 $R-L-C$ 직렬회로

$$v = I_m \left[R\sin\omega t + \left(\omega L - \frac{1}{\omega C}\right)\cos\omega t \right] \text{ [V]} \tag{3-41}$$

여기서

$$\omega L - \frac{1}{\omega C} = X_L - X_C = X \tag{3-42}$$

으로 놓으면, 식 (3-41)은

$$\begin{aligned} v &= I_m(R\sin\omega t + X\cos\omega t)\ [\mathrm{V}] \\ &= I_m\sqrt{R^2+X^2}\ \sin\omega t(\omega t+\theta)\ [\mathrm{V}] \end{aligned} \tag{3-43}$$

이 된다. 따라서 이 회로의 임피던스 크기는

$$Z = \frac{V_m}{I_m} = \sqrt{R^2+X^2} = \sqrt{R^2+(X_L-X_C)^2}\ [\Omega] \tag{3-44}$$

여기서 $X_L = j\omega L$ [Ω], $X_C = \frac{1}{j\omega C}$ [Ω]으로 $X = X_L - X_C$가 되고 X는 일반적으로 리액턴스라 한다.

이때 합성 임피던스각은 다음과 같이 된다.

$$\begin{aligned} \theta &= \tan^{-1}\frac{X}{R} = \tan^{-1}\frac{X_L - X_C}{R} \\ &= \tan^{-1}\frac{\omega L - \frac{1}{\omega C}}{R} \end{aligned} \tag{3-45}$$

그림 3-34는 $X_L > X_C$인 경우로서, 만일 $X_L < X_C$이면 임피던스 삼각도는 제4상한에 있게 될 것이다.

- $\omega L > \frac{1}{\omega C}$이면, $X > 0$, $\theta > 0$이고 유도성 회로가 되며 전압은 전류보다 θ 만큼 위상이 앞선다.
- $\omega L < \frac{1}{\omega C}$이면 $X < 0$, $\theta < 0$이고 용량성 회로가 되며 전압은 전류보다 θ 만큼 위상이 늦는다.
- $\omega L = \frac{1}{\omega C}$이면, $X = 0$, $\theta = 0$이고 전류와 전압은 동상이며 $Z = R$로서 전류는 최대가 된다. 이런 상태를 직렬공진(serial resonance)이라 한다.

표 3-3은 지금까지 설명한 각종 회로의 임피던스를 요약한 것이다.

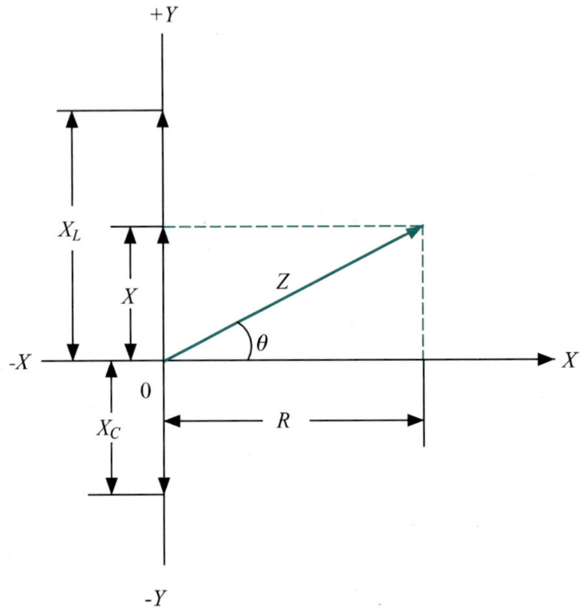

그림 3-35 $R-L-C$ 회로의 임피던스 삼각도

표 3-3 각종 회로의 임피던스와 위상차

회 로	임피던스의 크기 [Ω]	임피던스의 각 [rad]	위 상 차
저항회로 ($X=0$)	$Z=R$	$\theta=0$	동 상
유도회로 ($R=0$)	$Z=X_L=\omega L$	$\theta=\frac{\pi}{2}$	전압이 전류보다 $\frac{\pi}{2}$ 앞선다.
용량회로 ($R=0$)	$Z=X_C=-\frac{1}{\omega C}$	$\theta=-\frac{\pi}{2}$	전압이 전류보다 $\frac{\pi}{2}$ 늦는다.

예제 3-21

$R=100$ [Ω], $L=25.3$ [mH], $C=100$ [μF]인 R-L-C 직렬회로에 $v=100\sqrt{2}\sin 628t$ [V]인 전압을 걸 때, (a) 임피던스의 크기 (b) 임피던스의 각 (c) 전류를 각각 구하여라.

풀이

(a) $\omega L=628\times 25.3\times 10^{-3} \fallingdotseq 15.9$ [Ω]

$\frac{1}{\omega C} \fallingdotseq 15.9$ [Ω] $\quad \therefore\ \omega L \fallingdotseq \frac{1}{\omega C}$

$Z=\sqrt{R^2+\left(\omega L-\frac{1}{\omega C}\right)^2}=R=100$ [Ω]

(b) $\theta=0$, 즉 전압과 전류는 동상(직렬공진)

(c) $I=\frac{V}{Z}=\frac{100}{100}=1$ [A]

예제 3-22

$R=150$ [Ω], $L=2.5$[H], $C=4.5$ [μF]인 R-L-C 직렬회로에 $v=250\sin 100\pi t$ [V]인 전압이 인가되었을 때 회로전류의 순시값 표시식을 구하여라.

풀이

$Z=R+j\omega L+\frac{1}{j\omega C}$ [Ω]

$=150+j100\pi\times 2.5+\frac{1}{j100\pi\times 4.5\times 10^{-6}}$

$=150+j785-j707.7$

$Z=\sqrt{150^2+(785-707.7)^2}=168.75$ [Ω]

$\theta=\tan^{-1}\frac{77.3}{150}=27.28°$

$\therefore Z=168.75\angle 27.28°$

$I_m=\frac{250}{168.75\angle 27.28°}=1.48\angle -27.28°$ [A]

$\therefore i=1.48\sin(100\pi t-27.2°)$ [A]

예제 3-23

R-L-C 직렬회로에 정현파 교류 기전력을 가할 때 C에 걸리는 전압이 $v_c = V_c \sin\omega t$ [V]이라고 한다. 전원전압의 순시값을 표시하는 식을 써라.

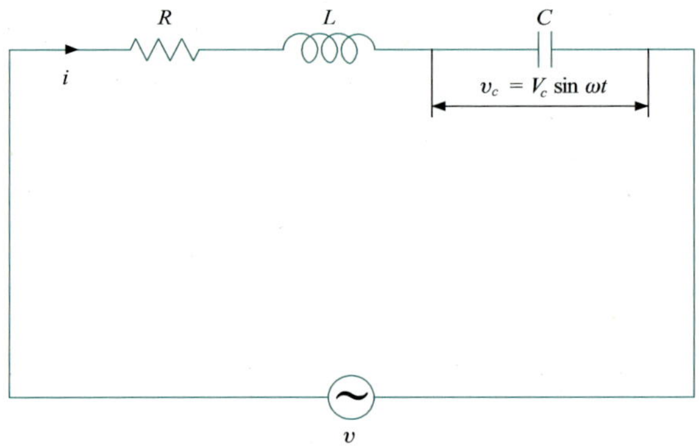

그림 3-36 예제 3-23의 회로

풀이

$v = v_R + v_L + v_C$ 에서

$$v_R = iR \text{ [V]},\ v_L = L\frac{di}{dt} \text{ [V]},\ v_C = V_C \sin\omega t = \frac{1}{C}\int i dt \text{ [V]}$$

직렬회로이므로 전류가 공통이다. 먼저 회로에 흐르는 전류를 구할 수 있다.

$\frac{1}{C}\int i dt = V_C \sin\omega t$ 에서 양변에 $\frac{d}{dt}C$를 곱하면

$$\frac{d}{dt}\int i dt = \frac{d}{dt}CV_C \sin\omega t$$

$$i = CV_C \frac{d}{dt}\sin\omega t, \qquad \because \frac{d}{dt}\sin\omega t = \omega\cos\omega t$$

$$i = \omega CV_C \cos\omega t$$

$$\therefore v = v_R + v_L + v_c$$

$$= iR + L\frac{di}{dt} + V_c \sin\omega t$$

$$= R\omega CV_c \cos\omega t + L\frac{d}{dt}\omega CV_c \cos\omega t + V_c \sin\omega t$$

$$= R\omega CV_c \cos\omega t - \omega^2 LCV_C \sin\omega t + V_c \sin\omega t$$

$$y = a\sin\theta + b\cos\theta$$

$$= \sqrt{a^2+b^2}\left(\frac{a}{\sqrt{a^2+b^2}}\sin\theta + \frac{b}{\sqrt{a^2+b^2}}\cos\theta\right)$$

$$\cos\phi = \frac{a}{\sqrt{a^2+b^2}}$$

$$\sin\phi = \frac{b}{\sqrt{a^2+b^2}}$$

$$y = \sqrt{a^2+b^2}\,(\sin\theta\cos\phi + \cos\theta\sin\phi)$$

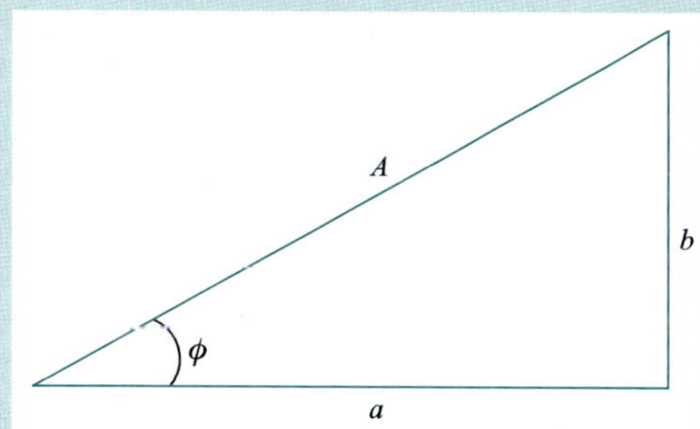

그림 3-37 예제 3-23의 풀이

$$\sin(\theta+\phi) = \sin\theta\cos\phi + \sin\phi\cos\theta \text{ 이므로}$$

$$= \sqrt{a^2+b^2}\,\sin(\theta+\phi) \ \because \phi = \tan^{-1}\frac{b}{a}$$

$$v = V_c\{(1-\omega^2LC)\sin\omega t + R\omega C\cos\omega t\}$$

$$= V_c\sqrt{(1-\omega^2LC)^2 + (R\omega C)^2}\,\sin(\omega t + \phi)$$

$$\because \phi = \tan^{-1}\frac{R\omega C}{1-\omega^2LC}$$

예제 3-24

그림과 같은 R-L-C 직렬회로에 대한 등가 어드미턴스 $\dot{Y}_{ab}$를 구하고 이에 대한 등가 어드미턴스 회로를 구성하여라.

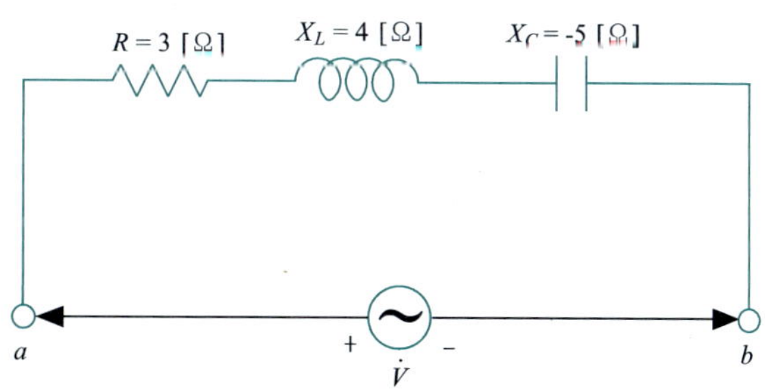

그림 3-38 예제 3-24의 회로

풀이

$$Y_{ab}=\frac{1}{Z_{ab}}\ [\mho]$$

$$Z_{ab}=R+j\omega L+\frac{1}{j\omega C}\ [\Omega]$$

$$=R+j\left(\omega L-\frac{1}{\omega C}\right)$$

$$=3+j(4-5)=3-j1\ [\Omega]$$

$$\therefore Y_{ab}=\frac{1}{3-j1}=\frac{3+j1}{3^2+1^2}$$

$$=\frac{3+j1}{10}=0.3+j0.1\ [\mho]$$

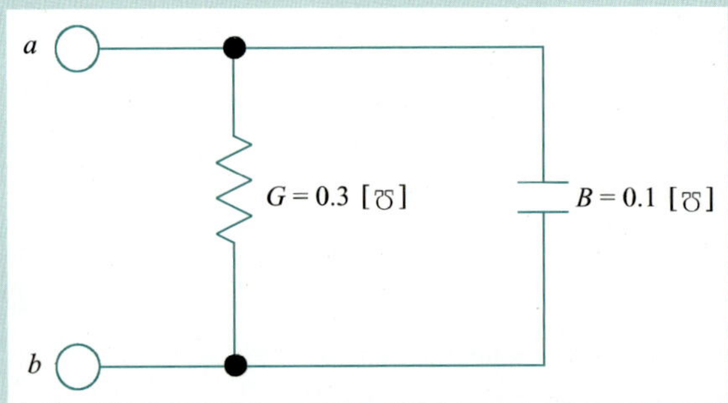

그림 3-39 예제 3-24의 풀이

3-9 R-L 병렬회로

저항 R [Ω]과 인덕턴스 L [H]인 코일이 그림 3-40과 같이 병렬로 접속된 회로에 V [V]의 교류 전압이 가해질 때, 이 회로에 I [A]의 전체 전류가 흐른다고 하면 전류 $\dot{I}_1$과 $\dot{I}_2$는 각각

$$\dot{I}_1=\frac{V}{R}\ [\mathrm{A}] \tag{3-46}$$

$$\dot{I}_2=\frac{V}{X_L}\ [\mathrm{A}]$$

로 표시될 수 있다.

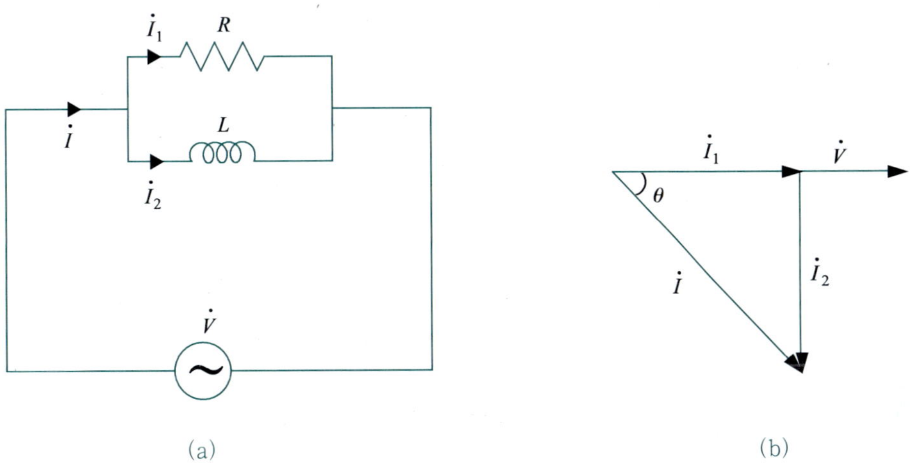

그림 3-40 저항과 코일의 병렬회로

병렬회로에서는 각자에 걸리는 전압이 같으므로, 전압을 기준으로 하여 벡터도를 그리면 그림 3−40(b)와 같이 된다.

전류는 $\dot{I} = \dot{I}_1 + \dot{I}_2$이므로, 전류의 크기 I는

$$I = \sqrt{I_1^2 + I_2^2} = \sqrt{(\frac{V}{R})^2 + (\frac{V}{X_L})^2} = V\sqrt{(\frac{1}{R})^2 + (\frac{1}{X_L})^2} \ [\mathrm{A}] \qquad (3\text{-}47)$$

가 된다. 따라서, 임피던스 Z는

$$Z = \frac{V}{I} = \frac{1}{\sqrt{\left(\frac{1}{R}\right)^2 + \left(\frac{1}{X_L}\right)^2}} \ [\Omega] \qquad (3\text{-}48)$$

가 된다. 그런데 식(3−48)에서

$$Y = \frac{1}{Z} = \sqrt{\left(\frac{1}{R}\right)^2 + \left(\frac{1}{X_L}\right)^2} \ [\mho] \qquad (3\text{-}49)$$

로 표시되는 Y를 어드미턴스(admittance)라고 하며 임피던스의 역수를 나타내는데, 병렬회로에서는 어드미턴스를 사용하면 편리할 때가 많다.

그림 3-40(b)의 벡터도에서 전압 $\dot{V}$ 와 전류 $\dot{I}$ 의 위상차는 다음과 같이 구할 수 있다.

$$\tan\theta = \frac{I_2}{I_1} = \frac{V/X_L}{V/R} = \frac{R}{X_L} \tag{3-50}$$

$$\therefore \theta = \tan^{-1}\frac{R}{X_L}$$

즉, R과 L의 병렬회로에서는 전류 I가 전압 V보다 θ 만큼 뒤지게 되는 유도성 회로이다.

예제 3-25

그림과 같은 R-L 병렬회로에 $v = \sqrt{2} \cdot 100\sin 100\pi t$ [V]의 전압이 인가되고 있을 때 i_R, i_L, i 를 구하여라. 단, $R = 20$ [Ω], $L = 50$ [mH]이다.

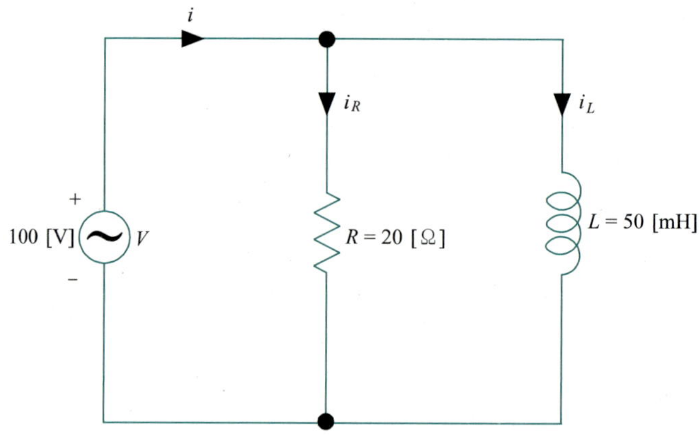

그림 3-41 예제 3-25의 회로

풀이

$X_L = \omega L = 100\pi \times 50 \times 10^{-3} = 15.7$ [Ω]

병렬회로이므로 전압은 공통

$$i_R = \frac{\sqrt{2} \cdot 100\sin 100\pi t}{20} = \sqrt{2} \cdot 5\sin 100\pi t \text{ [A]}$$

$$i_L = \frac{\sqrt{2} \cdot 100\sin 100\pi t}{15.7\angle 90°} = \sqrt{2} \cdot 6.37\sin(100\pi t - 90°) \text{ [A]}$$

$i = YV$

$$Y = Y_1 + Y_2 = \frac{1}{20} + \frac{1}{j15.7} = 0.05 - j0.064 \ [\mho]$$

$$Y = \sqrt{0.05^2 + 0.064^2} = \sqrt{2.5 \times 10^{-3} + 4.096 \times 10^{-3}} = 0.0812 \ [\mho]$$

$$\theta = \tan^{-1}\frac{-0.064}{0.05} = \tan^{-1}(-1.28) = -52.0°$$

$$\therefore Y = 0.0812\angle -52.0° \ [\mho]$$

$$i = YV = 0.0812\angle -52.0° \times \sqrt{2} \times 100\sin\pi t$$

$$= \sqrt{2} \cdot 8.12\sin(\pi t - 52.0°) \ [\text{A}]$$

3-10 R-C 병렬회로

저항 R [Ω]과 정전용량 C [F]인 콘덴서가 그림 3-42(a)와 같이 병렬로 접속된 회로에 V [V]의 교류전압을 가할 때, 이 회로에 I [A]의 전체 전류가 흐르면, 전류 I_1과 I_2는 각각

$$I_1 = \frac{V}{R}$$

$$I_2 = \frac{V}{X_C}$$

로 표시될 수 있다.

마찬가지로 전압을 기준으로 하여 벡터를 그리면 그림 3-42(b)와 같이 된다.

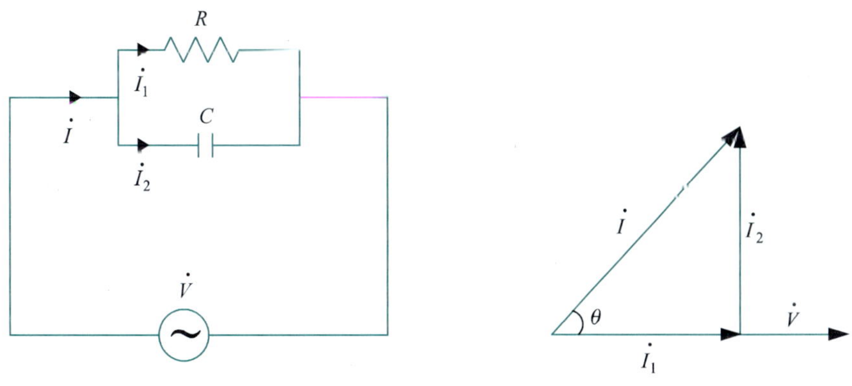

(a) (b)

그림 3-42 저항과 콘덴서의 병렬회로

전 전류 I는 $\dot{I}=\dot{I}_1+\dot{I}_2$이므로, 전류의 크기 I는

$$\begin{aligned} I &= \sqrt{I_1^2+I_2^2} \\ &= \sqrt{\left(\frac{V}{R}\right)^2+\left(\frac{V}{X_C}\right)^2}\ [\mathrm{A}] \\ &= V\sqrt{\left(\frac{1}{R}\right)^2+\left(\frac{1}{X_C}\right)^2}\ [\mathrm{A}] \\ &= VY\ [\mathrm{A}] \end{aligned} \tag{3-51}$$

따라서, 임피던스 Z는

$$Z=\frac{V}{I}=\frac{1}{\sqrt{\left(\frac{1}{R}\right)^2+\left(\frac{1}{X_C}\right)^2}}\ [\Omega] \tag{3-52}$$

가 된다.

다음에 그림 3-42(b)의 벡터도에서 전압 $\dot{V}$와 전류 $\dot{I}$의 위상차는 다음과 같이 구할 수 있다.

$$\tan\theta=\frac{I_2}{I_1}=\frac{V/X_C}{V/R}=\frac{R}{X_C} \tag{3-53}$$

$$\therefore \theta=\tan^{-1}\frac{R}{X_C}$$

즉, R과 C의 병렬회로에는 전류 I가 전압 V보다 θ 만큼 앞서게 되는 용량성 회로이다.

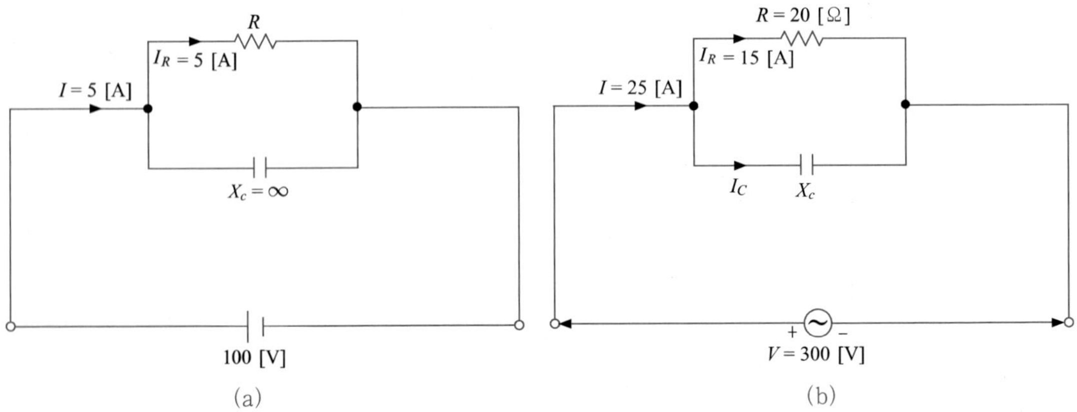

그림 3-43 예제 3-26의 회로

예제 3-26

저항 R [Ω]과 정전용량 C [μF]의 병렬접속 회로에 직류 100 [V]를 가하면 전류 5 [A]가 흐르고 교류 50 [Hz], 300 [V]를 가하면 25 [A]가 흐른다. 이 회로의 R, C를 각각 구하여라.

풀이

(i) $R=\dfrac{V}{I}=\dfrac{100}{5}=20$ [Ω] (그림 3-43(a) 참조)

(ii) AC 300 [V] 인가시 (그림 3-43(b) 참조)

$$Z=\frac{V}{I}=\frac{300}{25}=12\ [\Omega]$$

$$Z=\frac{R\cdot jX_C}{R+jX_C}$$

$$\frac{20X_C}{\sqrt{20^2+X_C^2}}=12$$

$$\frac{400X_C^2}{20^2+X_C^2}=144$$

$$57{,}600+144X_C^2=400X_C^2$$

$$X_C=\sqrt{225}=15\ [\Omega]$$

$$X_C=\frac{1}{\omega C}=\frac{1}{2\pi\times 50\times C}=15\ [\Omega]$$

$$C=\frac{1}{2\pi\times 50\times 15}\fallingdotseq 212\ [\mu\text{F}]$$

별해

(i) $I_C=\dfrac{V}{X_C}=\dfrac{V}{\dfrac{1}{j\omega C}}=j\omega CV|_{f=0}$, $\therefore I_C=0$

따라서, $R=\dfrac{V}{I}=\dfrac{100}{5}=20$ [Ω]

(ii) $I_R=\dfrac{V}{R}=\dfrac{300}{20}=15$ [A]이므로 벡터도를 그리면 다음과 같다.

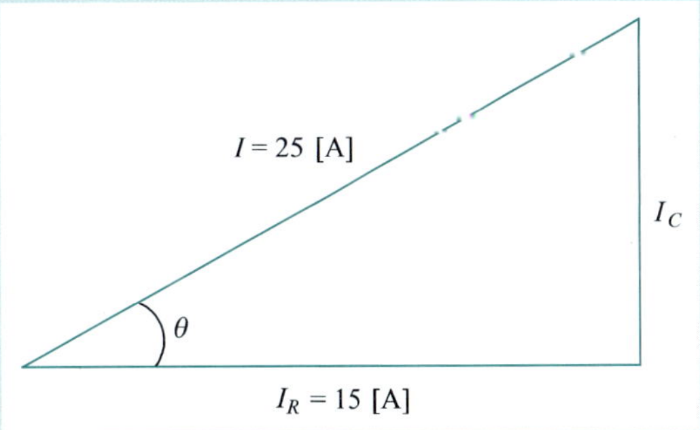

그림 3-44 예제 3-26의 풀이

$$I_c = \sqrt{I^2 - I_R^2} = \sqrt{25^2 - 15^2} = 20 \ [\text{A}]$$

$$X_C = \frac{V}{I_C} = \frac{300}{20} = 15 \ [\Omega]$$

$$X_C = \frac{1}{\omega C} = 15$$

$$\therefore C = \frac{1}{\omega \cdot X_C} \fallingdotseq 212 \ [\mu\text{F}]$$

3-11 R-L-C 병렬회로

그림 3-45와 같은 R-L-C 병렬회로에서의 전압, 전류 관계는 R-L, R-C 병렬회로에서 배운 것을 종합하면 된다. 지금, 이 회로에서 전압 V와 전류 I의 관계를 벡터도로 나타내면 그림 3-45(b)와 같이 된다. 이 그림으로부터 전압 V [V]와 전류 I [A] 및 임피던스 Z [Ω], 위상각 θ [rad] 등을 구하면 다음과 같이 된다.

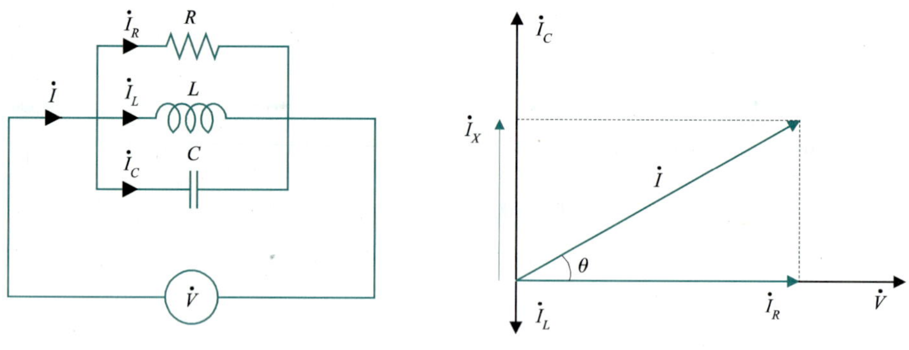

(a) (b)

그림 3-45 저항과, 코일 및 커패시턴스의 병렬회로

전류는 다음과 같이 구한다.

$$I = \sqrt{{I_R}^2 + {I_X}^2}$$

$$= \sqrt{{I_R}^2 + (I_C - I_L)^2}$$

$$= \sqrt{\left(\frac{V}{R}\right)^2 + \left(\frac{V}{X_C} - \frac{V}{X_L}\right)^2}$$

$$= V\sqrt{\left(\frac{1}{R}\right)^2 + \left(\frac{1}{X_C} - \frac{1}{X_L}\right)^2} \ [\mathrm{A}]$$

$$= VY \ [\mathrm{A}] \tag{3-54}$$

임피던스는 다음과 같다.

$$Z = \frac{1}{\sqrt{\left(\frac{1}{R}\right)^2 + \left(\frac{1}{X_C} - \frac{1}{X_L}\right)^2}} \ [\Omega] \tag{3-55}$$

전압과 전류의 위상차 θ 는 다음과 같이 구한다.

$$\tan\theta = \frac{I_X}{I_R} = \frac{\dfrac{V}{X_C} - \dfrac{V}{X_L}}{\dfrac{V}{R}} = R\left(\frac{1}{X_C} - \frac{1}{X_L}\right) \tag{3-56}$$

$$\therefore \theta = \tan^{-1} R\left(\frac{1}{X_C} - \frac{1}{X_L}\right) = \tan^{-1} R\left(\omega C - \frac{1}{\omega L}\right)$$

표 3-4 병렬회로의 어드미턴스

회 로	어드미턴스 Y [℧]	전류의 위상각 θ [rad]
R-L 병렬회로 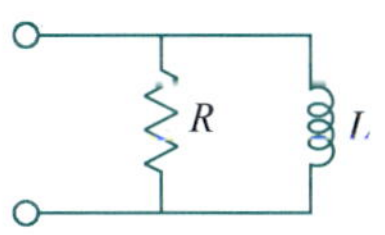	$\sqrt{\left(\frac{1}{R}\right)^2 + \left(\frac{-1}{\omega L}\right)^2}$	$-\tan^{-1}\frac{R}{\omega L}$ 전류는 전압보다 뒤진다.
R-C 병렬회로 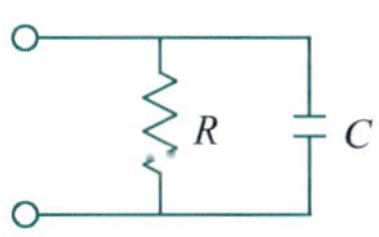	$\sqrt{\left(\frac{1}{R}\right)^2 + (\omega C)^2}$	$\tan^{-1}\omega CR$ 전류는 전압보다 앞선다.
R-L-C 병렬회로 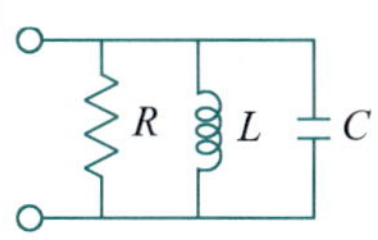	$\sqrt{\left(\frac{1}{R}\right)^2 + \left(\omega C - \frac{1}{\omega L}\right)^2}$	$\tan^{-1}R\left(\omega C - \frac{1}{\omega L}\right)$ $\omega C > \frac{1}{\omega L}$ 일 때 진상(進相, lead) $\omega C < \frac{1}{\omega L}$ 일 때 지상(遲相, lag) $\omega C = \frac{1}{\omega L}$ 일 때 동상(同相)

여기서,

- $\omega C > \dfrac{1}{\omega L}$ 일 때 $\theta > 0$ 이므로 I가 V보다 θ만큼 앞선다(용량성).
- $\omega C < \dfrac{1}{\omega L}$ 일 때 $\theta < 0$ 이므로 I가 V보다 θ만큼 뒤진다(유도성).
- $\omega C = \dfrac{1}{\omega L}$ 일 때 $\theta = 0$ 로 I와 V는 동상이다(저항성).

이상에서 살펴본 R-L-C 소자의 병렬회로에 관한 특성을 정리하면 앞 장의 표 3-4와 같이 된다.

예제 3-27

그림과 같은 R-L-C 병렬회로에 있어서 회로 유입전류 $\dot{I}$ 와 저항 R 에 흐르는 전류 $\dot{I}_R$ 을 구하여라.

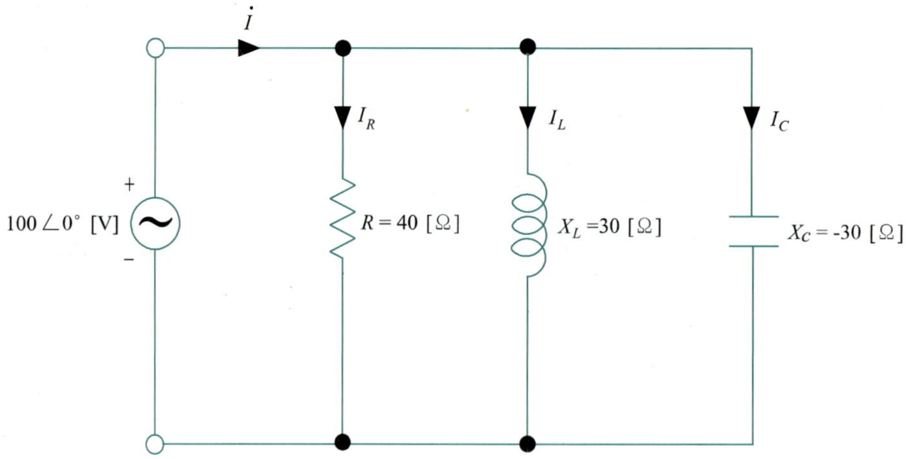

그림 3-46 예제 3-27의 회로

풀이

KCL에 의해

$$\dot{I} = I_R + I_L + I_C$$

$$I_R = \frac{100}{40} = 2.5 \text{ [A]}$$

$$I_L = \frac{100}{j30} = -j\frac{10}{3} \text{ [A]}$$

$$I_C = \frac{100}{-j30} = j\frac{10}{3} \text{ [A]}$$

$$\therefore I = 2.5 - j\frac{10}{3} + j\frac{10}{3} = 2.5\angle 0° \text{ [A]}$$

$$I_R = \dot{I} = 2.5\angle 0° \text{ [A]}$$

예제 3-28

그림과 같은 회로에 있어서 회로전류 $\dot{I}$ 의 크기 및 인가전압과 회로 유입전류 사이의 위상관계를 밝혀라.

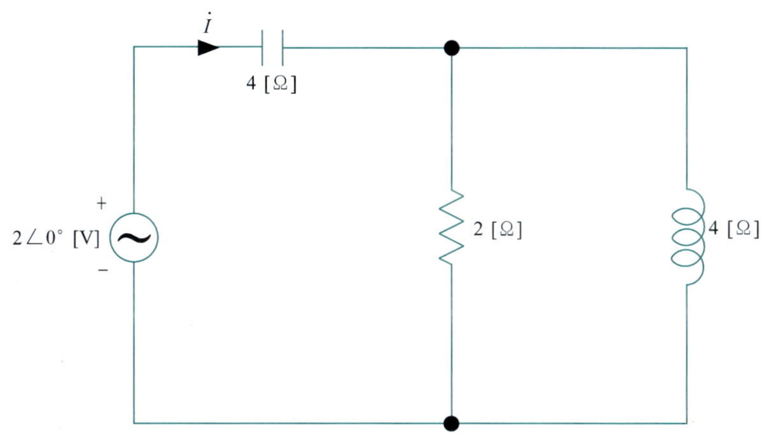

그림 3-47 예제 3-28의 회로

풀이

합성 임피던스를 구하면

$$Z = -j4 + \frac{2\times j4}{2+j4} = -j4 + \frac{j8(2-j4)}{2^2+4^2} = -j4 + j0.8 + 1.6 = 1.6 - j3.2 \text{ [Ω]}$$

$$I = \frac{V}{Z} = \frac{2\angle 0°}{1.6 - j3.2} = \frac{2\angle 0°}{3.58\angle\theta = -\tan^{-1}\frac{3.2}{1.6}} = 0.56\angle 63.43° \text{ [A]}$$

$$i = 0.56\sin(\omega t + 63.43°) \text{ [A]}$$

즉 ∴ 유입전류가 인가전압보다 63.43° 앞선다.

예제 3-29

그림과 같은 회로에서 합성 어드미턴스 $\dot{Y}_{ab}$ 를 구하여라. 또한, cd 사이의 전위차를 구하여라.

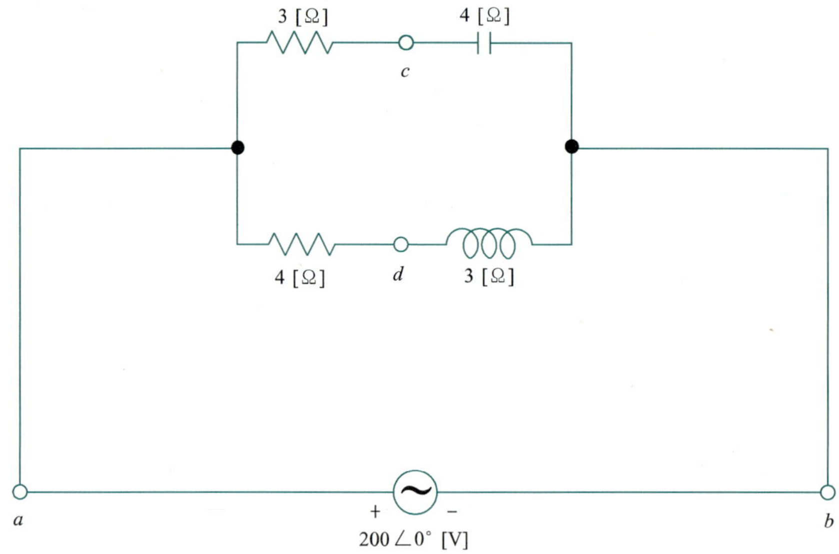

그림 3-48 예제 3-29의 회로

풀이

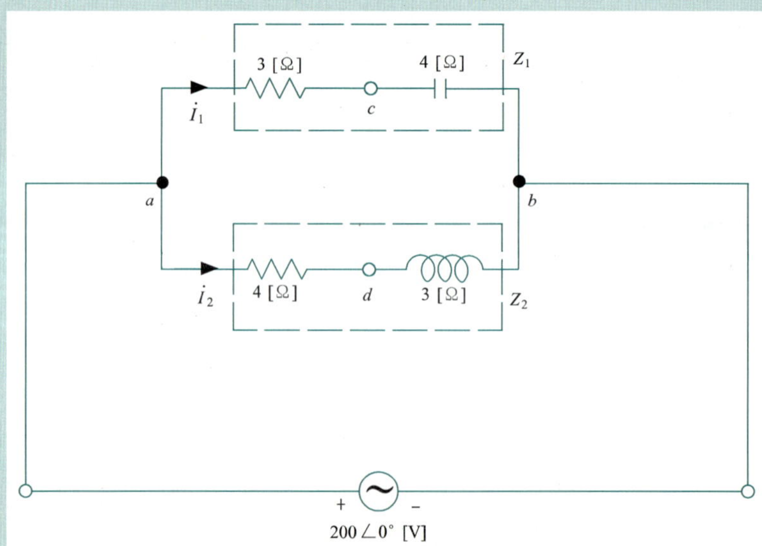

그림 3-49 예제 3-29의 풀이

병렬회로이므로 어드미턴스를 구하면

$$Y_{ab} = Y_1 + Y_2$$

$$Y_1 = \frac{1}{Z_1},\ Y_2 = \frac{1}{Z_2}$$

$$Y_1 = \frac{1}{3-j4},\ Y_2 = \frac{1}{4+j3}$$

$$Y = \frac{1}{3-j4} + \frac{1}{4+j3} = \frac{3+j4}{25} + \frac{4-j3}{25} = \frac{7}{25} + j\frac{1}{25}\ [\Omega]$$

기준이 대지(對地) 전압이므로

$$\dot{V}_{cd} = \dot{V}_c - \dot{V}_d = I_1(-j4) - I_2(j3)$$

$$= \frac{200(3+j4)}{25}(-j4) - \frac{200(4-j3)}{25}(j3)$$

$$= 8(3+j4)(j4) = 128 - 72 - j176 - j96$$

$$= 56 - j192 = 200\angle\theta\ [\text{V}],\ \theta = \tan^{-1}\frac{-192}{56} = -73.7°$$

$$= 200\angle -73.7°\ [\text{V}]$$

예제 3-30

그림과 같은 회로에 있어서 $\dot{I}_1$과 $\dot{I}_2$와의 위상차는 얼마인가?(단, $R = X_2\ (R = X_1),\ R \neq X_2\ (R \neq X_1)$)

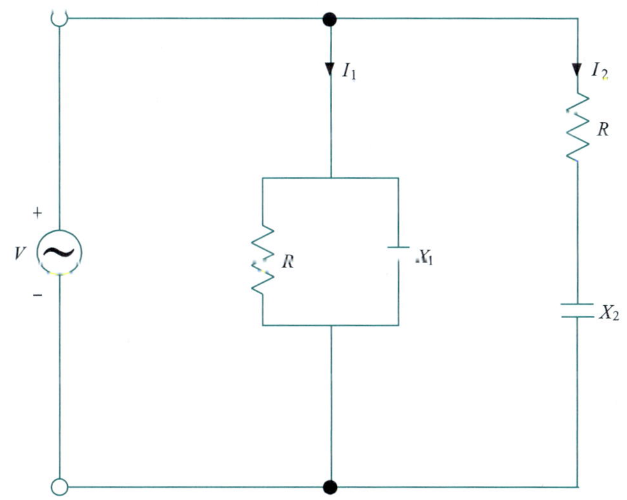

그림 3-50 예제 3-30의 회로

풀이

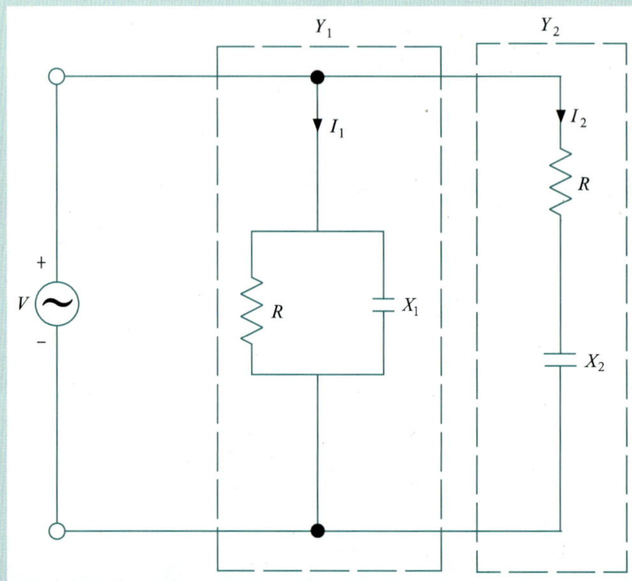

그림 3-51 예제 3-30의 풀이(1)

$$I_1 = Y_1 V = \left(\frac{1}{R} + \frac{1}{-jX_1}\right)V = \left(\frac{1}{R} + j\frac{1}{X_1}\right) \cdot V$$

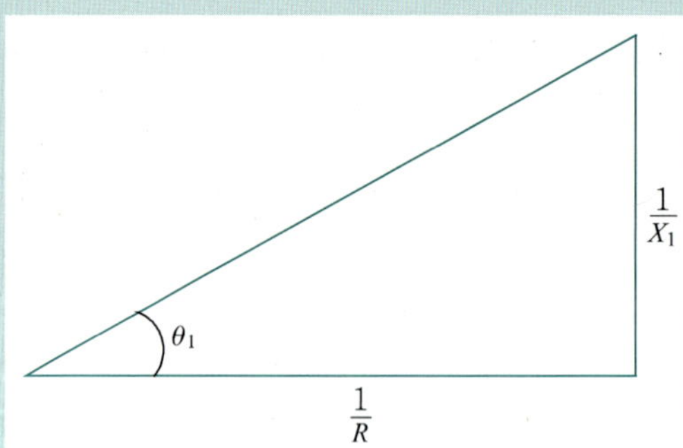

그림 3-52 예제 3-30의 풀이(2)

$$\theta_1 = \tan^{-1}\frac{\frac{1}{X_1}}{\frac{1}{R}} = \tan^{-1}\frac{R}{X_1}$$

$R = X_1$ 라 하면

$$\theta_1 = \tan^{-1} 1 = 45°$$

$$I_1 = Y_1 V = Y_1 V \angle 45°$$

$$\dot{I}_2 = \frac{V}{R - jX_2} = \frac{V}{\sqrt{R^2 + X_2^2} \angle \theta_2}$$

$$\theta_2 = \tan^{-1}\frac{-X_2}{R} = -45°$$

$$I_2 = \frac{V}{\sqrt{R^2 + X^2}} \angle 45°$$

위상차 $45° - (+45°) = 0°$

$R = X$라는 조건이 아닐 경우는 위상차 θ는

$$\theta = \theta_1 - \theta_2 = \left(\tan^{-1}\frac{R}{X_1} - \tan^{-1}\frac{X_2}{R}\right)$$

예제 3-31

그림과 같은 회로에 있어서 인가전압 $\dot{V}$ 와 회로 유입전류 $\dot{I}$ 가 동상(同相)이라면 X_C 의 값은 얼마인가?

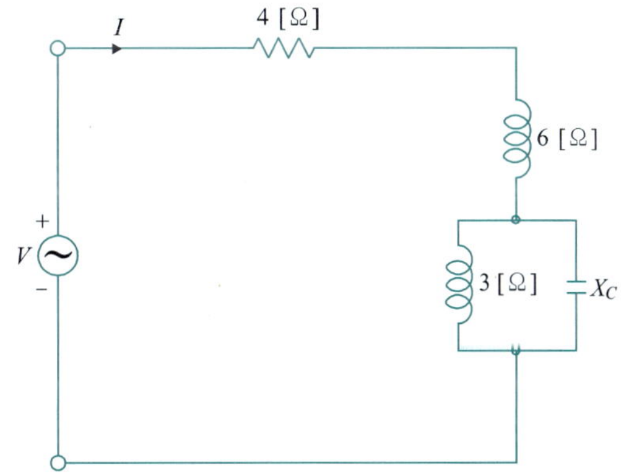

그림 3-53 예제 3-31의 회로

풀이

$\dot{V}$ 와 $\dot{I}$가 동상이 되려면 $\dot{I} = \dfrac{\dot{V}}{\dot{Z}}$ 에서 $\dot{Z}$가 실수만 존재하여야 한다. 전체 임피던스를 $\dot{Z}$라 하면

$$\dot{Z} = 4 + j6 + \frac{j3 \cdot -jX_C}{j3 - jX_C} = 4 + j\left(6 - \frac{3X_C}{3 - X_C}\right) \ [\Omega]$$

인가전압 $\dot{V}$ 와 회로 유입전류 $\dot{I}$ 가 동상(同相)이 되기 위해서는 허수부가 0이 되어야 하므로

$$6 - \frac{3X_C}{3 - X_C} = 0$$

$$2=\frac{X_C}{3-X_C},\ 3X_C=6$$

$$\therefore X_C=2\ [\Omega]$$

예제 3-32

그림과 같은 회로에 있어서 회로 유입전류 $\dot{I}$ 가 인가전압 $\dot{V}$ 보다 위상이 45° 앞선다면 유도 리액턴스 X_L 은 얼마가 되어야 하는가?

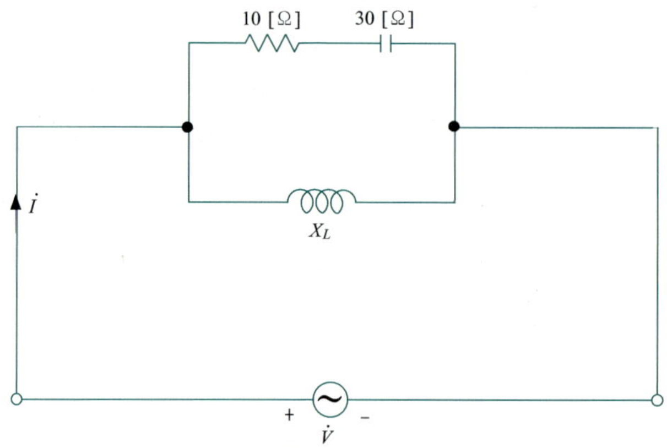

그림 3-54 예제 3-32의 회로

풀이

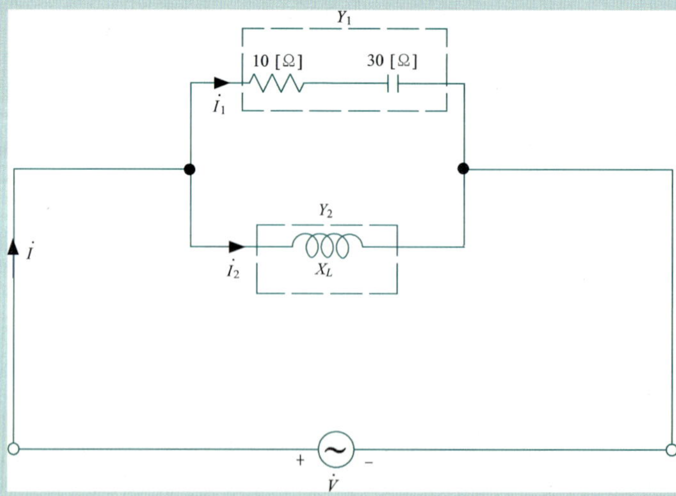

그림 3-55 예제 3-32의 풀이

문제에서 I가 V보다 위상이 45° 앞서기 위한 X_L를 구하기 위해서는 병렬회로이므로 먼저 어드미턴스를 구해야 한다. ($I = YV$ 에서)

$$Y = Y_1 + Y_2 = \frac{1}{Z_1} + \frac{1}{Z_2}$$

$$Y = \frac{1}{10 - j30} + \frac{1}{jX_L}$$

$$= \frac{1}{100} + j\left(-\frac{1}{X_L} + \frac{3}{100}\right)$$

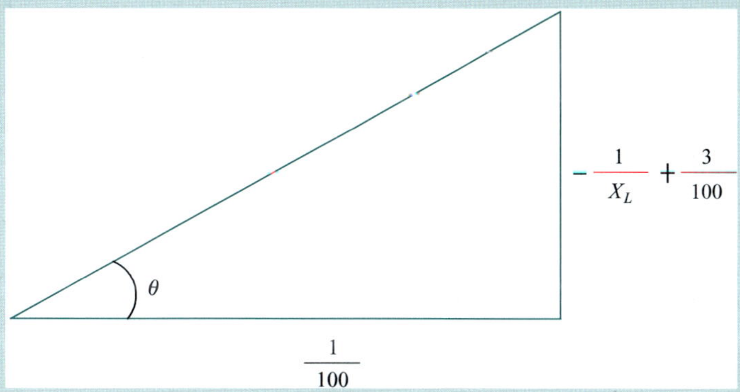

그림 3-56 예제 3-33의 풀이

$$\tan\theta = \frac{\frac{3}{100} - \frac{1}{X_L}}{\frac{1}{100}}$$ 에서 $\theta = 45°$가 되어야 하므로

$$\tan 45° = \frac{\frac{3}{100} - \frac{1}{X_L}}{\frac{1}{100}} = 1$$

$$\frac{3}{100} - \frac{1}{X_L} = \frac{1}{100}$$

$$\frac{1}{X_L} = \frac{1}{50}$$

$$\therefore X_L = 50\ [\Omega]$$

연습문제

3-1 최대값이 100 [A]인 교류전류의 평균값은 얼마인가?

3-2 평균값이 100 [V]인 교류전압의 최대값은 얼마인가?

3-3 그림과 같은 파형의 전류에 대한 실효값은 얼마인가?

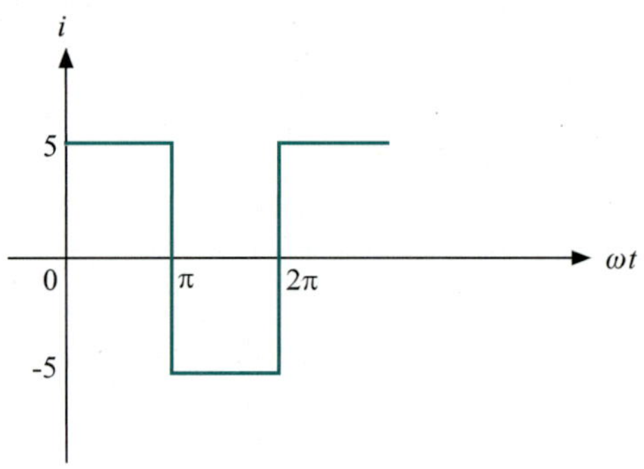

그림 3-57

3-4 가정용 실내전원이 교류 220 [V]일 때, 이 220 [V]라 함은 무슨 값을 말하는 것인가?

3-5 $v = 141.4\sin 120\pi t$ [V]인 전압의 평균값은 얼마인가?

3-6 $v = 141.4\sin 3\pi t$ [V]일 때 실효값 V와 주파수 f를 구하여라.

3-7 1 [Hz]의 전기각은 몇 도인가?

3-8 1 [rad]은 몇 도인가?

3-9 $v = \sqrt{2}\, V\sin\left(\omega t + \frac{\pi}{4}\right)$ [V]와 $i = \sqrt{2}\, I\sin\left(\omega t - \frac{\pi}{2}\right)$ [A]의 위상차는 얼마인가?

3-10 $v = \sqrt{2}\, V\cos(\omega t + 60°)$ [V]와 $i = \sqrt{2}\, I\sin(\omega t + 30°)$ [A]의 위상차는 얼마인가?

3-11 $v_1 = V_{m1}\sin(\omega t + 30°)$ [V]와 $v_2 = V_{m2}\cos(\omega t - 60°)$ [V]의 위상차는 얼마인가?

3-12 $v_1 = 100\sqrt{2}\, sin\omega t$ [V]와 $v_2 = 200\sqrt{2}\, sin\left(\omega t - \frac{\pi}{3}\right)$ [V]의 차$(V_1 - V_2)$의 실효값은 얼마인가?

3-13 $v = V_m \sin\left(\omega t + \frac{\pi}{3}\right)$ [V]인 교류의 파형률은 얼마인가?

3-14 50 [Ω]의 저항을 가진 전구에 $v = 100\sqrt{2}\sin\omega t$ [V]의 전압을 가할 때 전류의 순시값을 구하여라.

3-15 어떤 소자에 $v = 141\sin 377t$ [V]의 전압을 가했더니 $i = 47\sin(377t - 90°)$ [A]의 전류가 흘렀다. 이 회로 소자는 무엇인가?

3-16 $R = 100$ [Ω], $C = 30$ [μF]의 직렬회로에 $f = 60$ [Hz], $V = 100$ [V]의 교류전압을 가할 때 전류 [A]는?

3-17 1 [kHz]인 정현파 교류회로에서 5 [mH]인 유도성 리액턴스와 크기가 같은 용량성 리액턴스를 갖는 C 의 크기는 몇 [μF]인가?

3-18 그림과 같은 회로에서 부하 R 에 흐르는 실효전류의 크기는 몇 [A]인가?

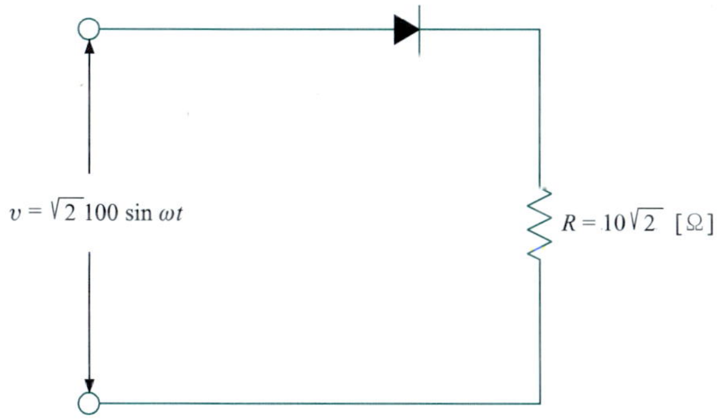

그림 3-58

3-19 그림과 같은 전류파형에 있어서 0에서 π 까지의 사이는 $i = I_m\sin\omega t$ [A]이고, π 에서 2π 까지는 $-\frac{I_m}{2}$ 로 주어진다. $I_m = 5$ [A]라 할 때, 전류의 평균값 및 실효값을 구하여라.

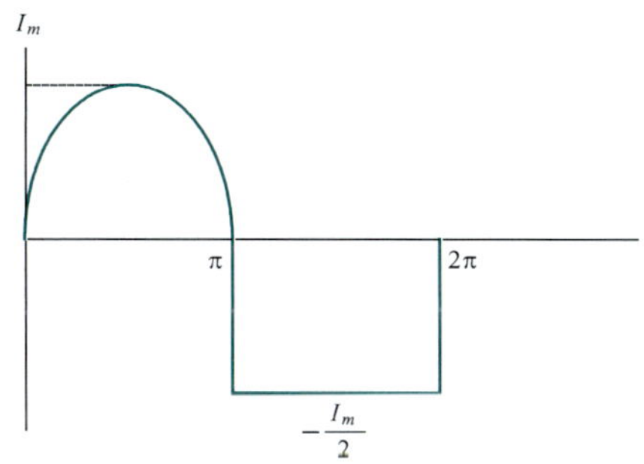

그림 3-59

3-20 최대전압 $E_m = 170$ [V]인 60 [Hz] 발전기의 순시전압에 대한 일반식을 쓰시오.

3-21 첨두전압이 150 [V]인 60 [Hz]의 사인파가 있다. 시간이 0 [sec]에서 10 [ms]까지 경과한 후의 사인파의 순시 전압값은?

3-22 정현파 교류전압 $e = E_m\sin\omega t$ [V]의 평균값을 구하여라.

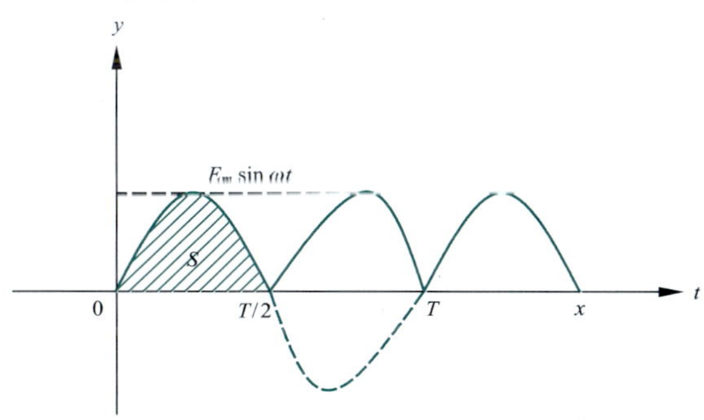

그림 3-60

3-23 정현파 교류전압 $e = E_m \cdot \sin\omega t$ [V]의 실효값(root- mean-square)을 구하여라.
(단, 실효값 $|E| = \sqrt{e^2 \text{의 한주기에 대한 평균값}}$ 이다.)

3-24 그림과 같은 2등변 삼각파 교류의 파형률, 파고율을 구하여라.

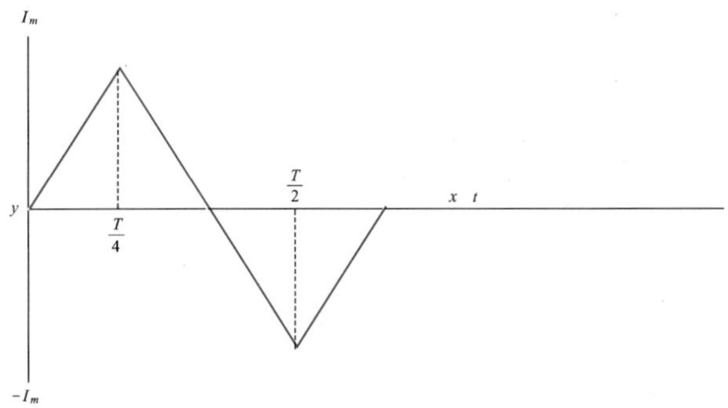

그림 3-61

3-25 0에서 양의 최대값으로 증가한 후 0으로 감소하고, 그 후 극성이 반전되어 반대값으로 최대값에 도달하는 전류는?

㉮ 교류 ㉯ 맥동 직류
㉰ 안정 직류 ㉱ 모두 맞다

3-26 교류파형의 가장 일반적인 형태는?

㉮ 구형파 ㉯ 정현파
㉰ 사각파 ㉱ 삼각파

3-27 $R-L-C$ 직렬회로에서 전류 $i(t)$가 최대치를 갖기 위한 인덕턴스 L [mH]과 그때의 소비전력 [W] 값은? (단, 입력 전압 $v(t)$의 실효치는 120 [V]이고 각 주파수 w는 10^6 [rad/s]로 한다.)

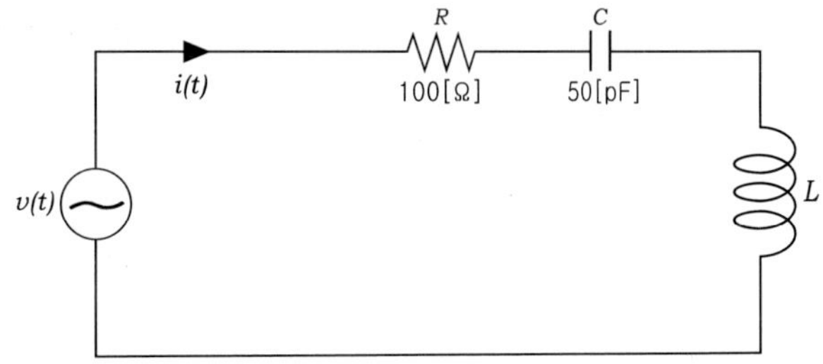

3-28 다음은 $R-L-C$ 직렬 회로이다. 이 회로에 교류 전원 $v(t)$를 인가할 때 전류 $i(t)$의 실효값과 소비전력을 구하시오.

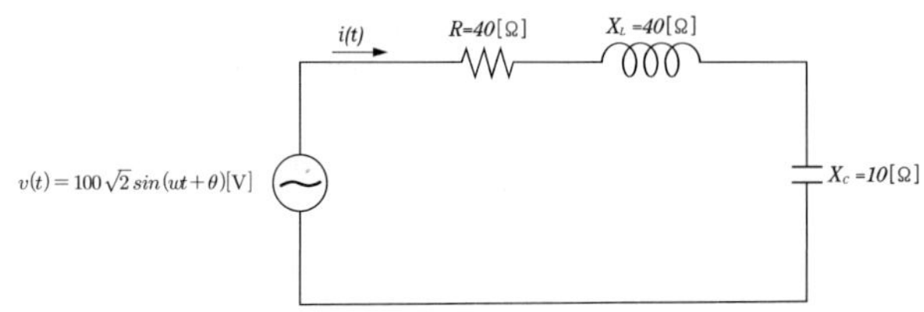

3-29 문제 그림과 같이 저항 $R = 60$ [Ω]과 유도 리액턴스 $wL = 80$ [Ω]인 코일이 직렬로 연결된 회로에 200 [V]의 전압을 인가할 때 전압과 전류의 위상차를 구하시오.

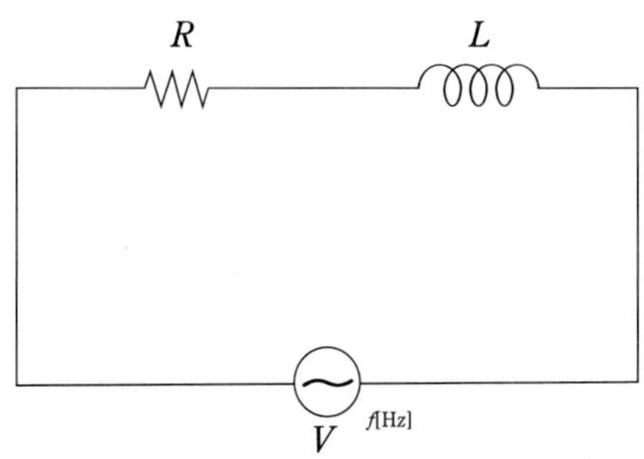

복습문제

문제 1. 그림과 같은 회로의 합성임피던스는?

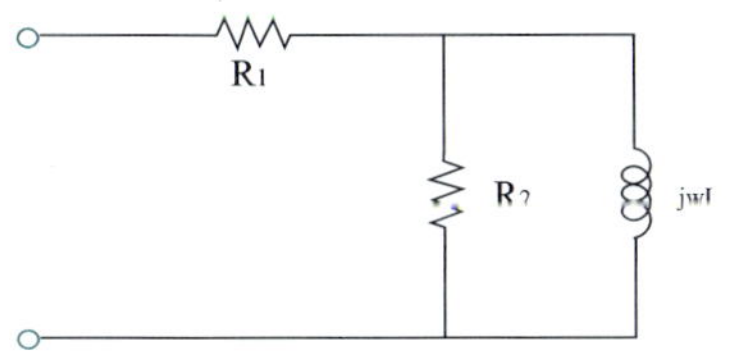

㉮ $\dfrac{R_1 + R_2 jwL}{R_2 + jwL}$ ㉯ $R_1 + \dfrac{R_2 jwL}{R_2 + jwL}$

㉰ $jwL + \dfrac{R_1 + R_2}{R_2 + jwL}$ ㉱ $R_1 + R_2 + jwL$

문제 2. 다음의 회로에서 2 [Ω]의 저항에 걸리는 전압을 구하여라.

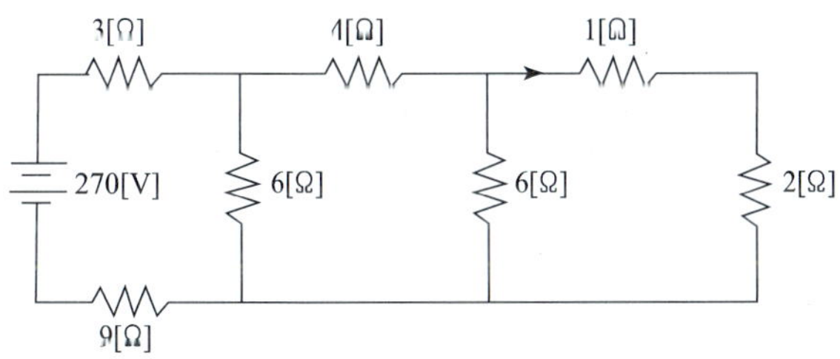

문제 3. 전류의 크기가 $i_1 = 30\sqrt{2}\sin$ [A], $i_2 = 40\sqrt{2}\sin\left(\dfrac{\pi}{2}\right)$ [A]일 때 $i_1 + i_2$ 의 실효값은 몇 [A]인가?

㉮ 50 ㉯ $50\sqrt{2}$

㉰ 70 ㉱ $70\sqrt{2}$

문제 4. 그림과 같은 파형을 가진 맥류전류의 평균값이 10 [A]라면 전류의 실효값 [A]은?

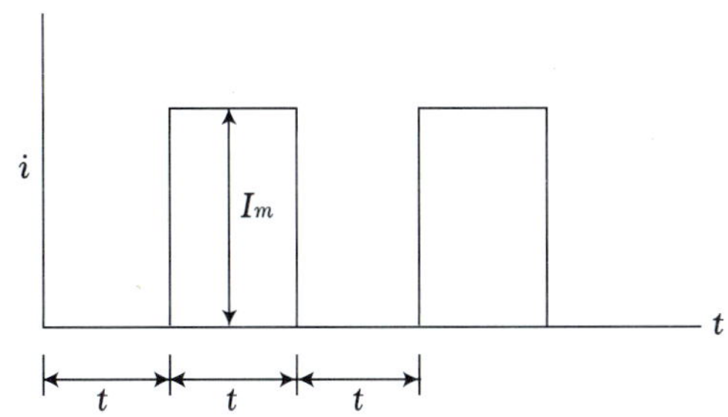

㉮ 10 ㉯ 14 ㉰ 20 ㉱ 28

문제 5. 정현파 교류의 평균값에 어떠한 수를 곱하면 실효값을 얻을 수 있는가?

㉮ $\dfrac{2\sqrt{2}}{\pi}$ ㉯ $\dfrac{\sqrt{3}}{2}$

㉰ $\dfrac{2}{\sqrt{3}}$ ㉱ $\dfrac{\pi}{2\sqrt{2}}$

문제 6. 저항 8 [Ω]과 용량 리액턴스 X_c [Ω]이 직렬로 접속된 회로에 100 [V], 60 [Hz]의 교류를 가하니 10 [A]의 전류가 흐른다. 이때 X_c [Ω]의 값은?

㉮ 10 ㉯ 8 ㉰ 6 ㉱ 4

문제 7. 실효값 200 [V], 50 [Hz]인 교류전압을 인덕턴스 20 [mH]인 코일에 가했을 때 흐르는 전류의 실효값은?

문제 8. $i_1 = I_m \sin\omega t$ [A]와 $i_2 = I_m \cos\omega t$ [A]와 두 교류전류의 위상차는 몇 도인가?

㉮ 0°　㉯ 60°　㉰ 30°　㉱ 90°

문제 9. 그림과 같은 회로에서 R_2 양단의 전압강하 E_2 [V]는?

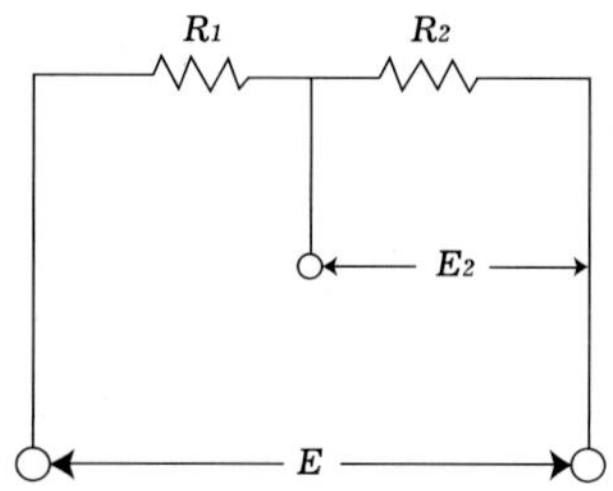

㉮ $\frac{R_1}{R_1+R_2}E$　㉯ $\frac{R_2}{R_1+R_2}E$

㉰ $\frac{R_1R_2}{R_1+R_2}E$　㉱ $\frac{R_1+R_2}{R_1 \cdot R_2}E$

문제 10. 그림과 같은 파형의 실효값은?

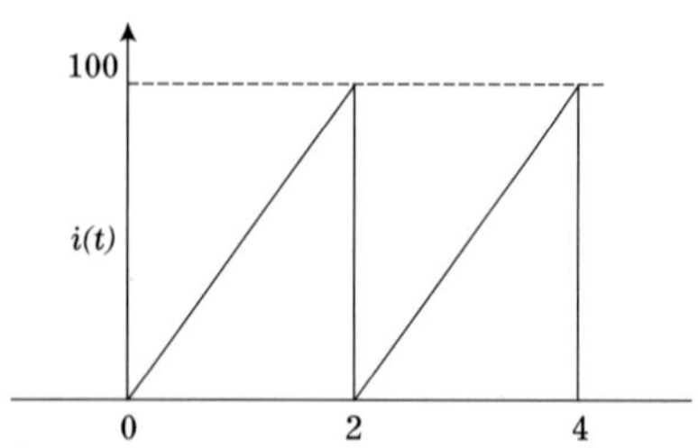

㉮ 47.7　㉯ 57.7

㉰ 67.7　㉱ 77.5

문제 11. 이 회로의 총 어드미턴스 값은 몇 [Ω]인가?

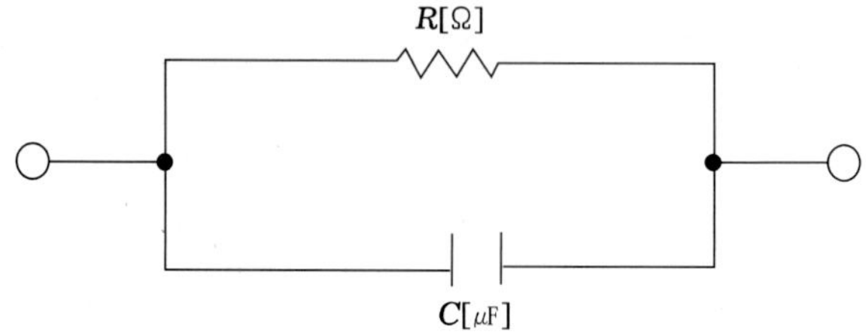

㉮ $\frac{1}{R}(1+j\omega CR)$　㉯ $j\frac{R}{\omega CR-1}$

㉰ $R-j\frac{1}{\omega C}$　㉱ $\frac{1}{R}-j\frac{1}{\omega C}$

문제 12. 그림과 같은 회로에서 스위치 S를 $t=0$에서 닫았을 때 $\left(\frac{di}{dt}\right)_{t=0} = 30$ [A/s], $(V_L)_{t=0} = 60$ [V]이다. L의 값은?

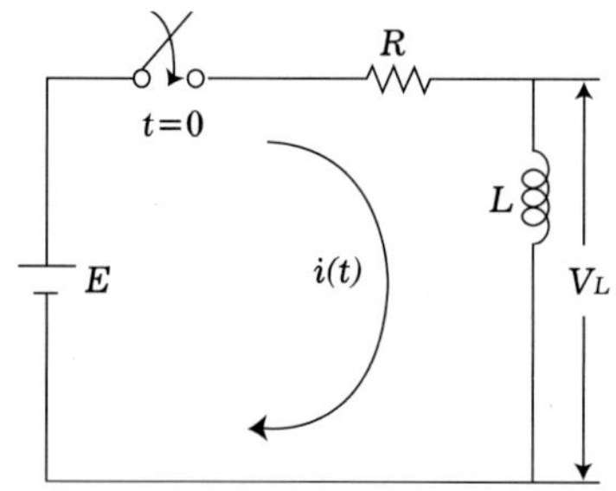

㉮ 0.5 [H]　㉯ 1.0 [H]

㉰ 1.25 [H]　㉱ 2.0 [H]

문제 13. 그림과 같은 회로에서 단자 a, b 간의 전압 V_{ab} [V]는?

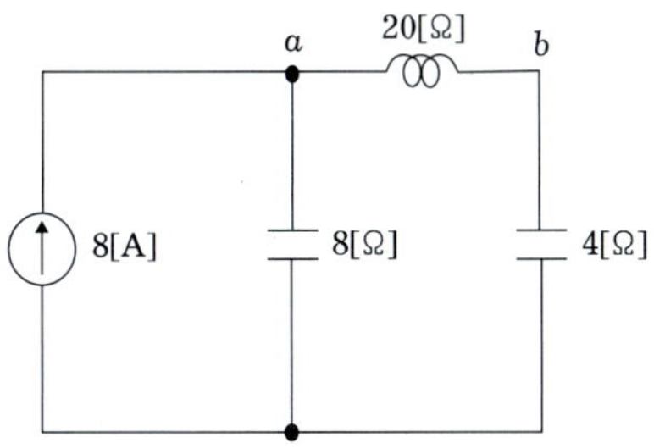

㉮ $-j160$ ㉯ 40 ㉰ $j160$ ㉱ 80

문제 *14*. 다음 그림과 같은 회로에서 G_2 [℧] 말단의 전압강하 E_2 는?

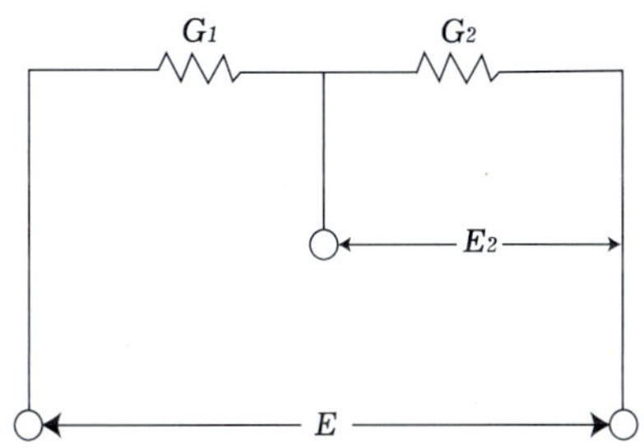

㉮ $\frac{G_2}{G_1+G_2}E$ ㉯ $\frac{G_1}{G_1+G_2}E$

㉰ $\frac{G_1 G_2}{G_1+G_2}E$ ㉱ $\frac{G_1+G_2}{G_1+G_2}E$

문제 *15*. ① 어떤 코일의 인덕턴스가 30 [mH]이다. 주파수 50 [Hz]에 대한 이 코일이 리액턴스를 구하여라. 또 100 [Hz], 200 [Hz]에 대한 리액턴스는 얼마인가?

② 실효값이 10 [V]이며, 주파수가 ①에서와 같은 여러 가지 전압을 이 코일에 걸어 줄 때 흐르는 전류의 실효값을 구하여라. 단, 코일의 저항은 무시한다.

③ 이 코일의 인덕턴스를 $\frac{1}{5}$로 줄이고 대신에 주파수를 10배로 하면 같은 10 [V]에 대한 전류는 어떻게 되겠는가?

문제 *16*. 그림과 같은 회로에 흐르는 전 전류가 5 [A]이면 AB사이의 3 [Ω]에 흐르는 전류는 몇 [A]인가?

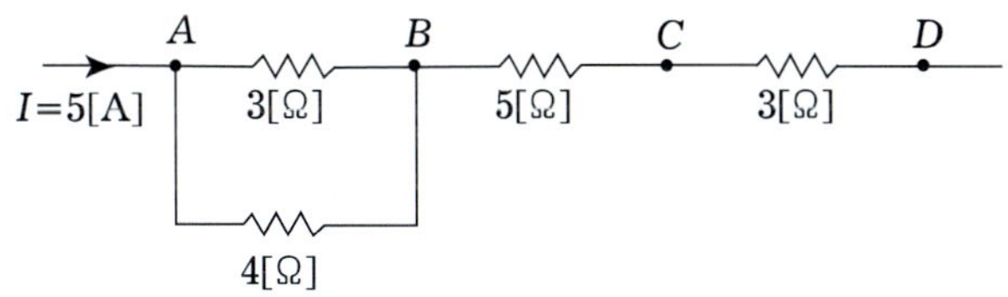

문제 *17*. 두 개의 저항 R_1, R_2를 직렬로 연결하면 16 [Ω], 병렬로 연결하면 3.75 [Ω]이 된다. 두 저항값은 각각 몇 [Ω]인가?

문제 *18*. 다음 그림은 교류전원을 인가한 R-L-C 회로이다. 물음에 답하시오.

1) 커패시터 C에 흐르는 전류 ic의 값을 구하시오.

2) 커패시터 C양단에 a, b에 걸리는 전압 $v\,ab$의 값을 구하시오.

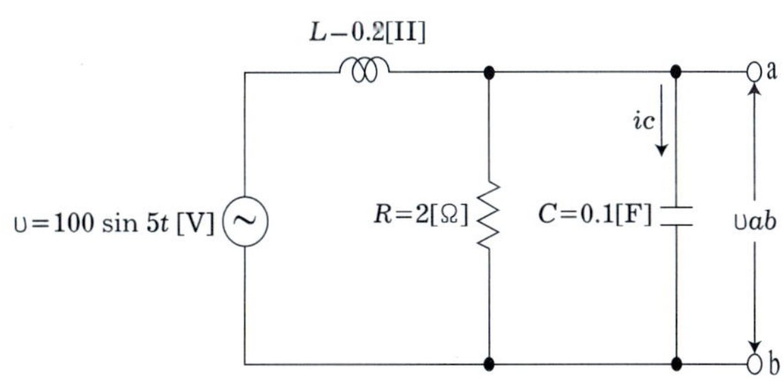

문제 19. $R-C$ 직렬회로에 흐르는 전류가 $v = V_m \sin(\omega t - \theta)$ [V]일 때 $i = I_m \sin(\omega t - \theta + \phi)$ [A]이다. 이때 ϕ의 값은?

문제 20. 그림과 같은 회로에서 등가 직렬저항 R_e(실수분)를 구하는 식은?

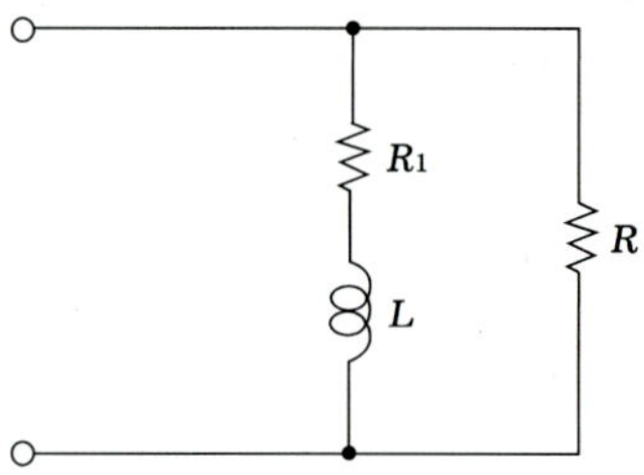

문제 21. 그림과 같은 회로의 정상전류 i_L [A]은? (단, $e(t) = 5\cos\left(t - \frac{\pi}{4}\right)$ [V]이다.)

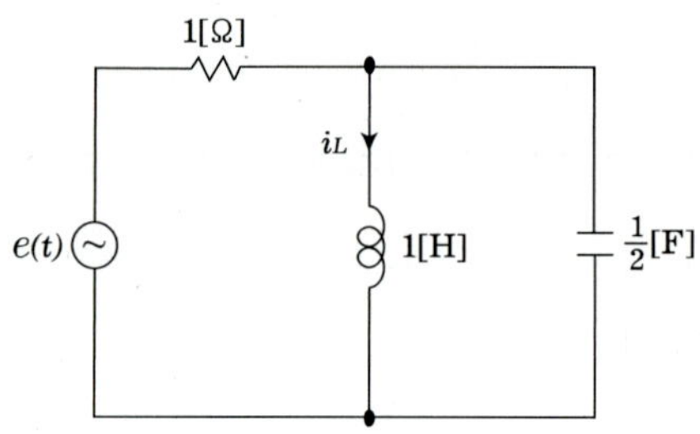

문제 22. $R-L$ 직렬회로에 10 [V]의 교류전압을 인가하였을 때 저항에 걸리는 전압이 6 [V]였다면 인덕턴스에 유기되는 전압 [V]은?

문제 23. $R-L$직렬회로에서 $v = 100\sin 120\pi t$ [V]의 전원을 연결하여 $i = 2\sin(120\pi t - 45^\circ)$ [A]의 전류가 흐르도록 하려면 저항 R [Ω]의 값은?

문제 24. 어떤 코일에 100 [V]의 교류전압을 인가하니 10 [A]의 전류가 흐르고, 전압과 전류의 위상차는 $\frac{\pi}{3}$ [rad]이 되었다. 이 코일의 저항값 [Ω]은?

문제 25. 4 [Ω]과 X_L의 유도 리액턴스가 병렬로 접속된 회로에 12 [V]의 교류전압을 인가하니 5 [A]의 전류가 흘렀다. 이 회로의 유도리액턴스 X_L은 몇 [Ω]인가?

문제 26. 그림과 같이 저항 R과 커패시터 C의 병렬회로에 전압 $v(t) = V_m \cos\omega t$ [V]를 가할 때 C에 흐르는 전류는?

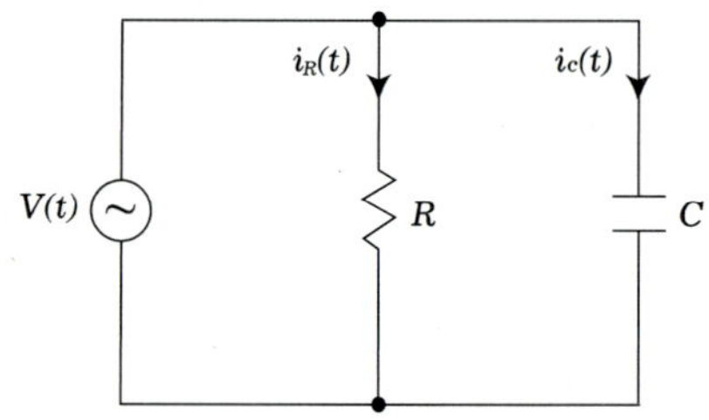

문제 27. 다음 회로의 정상전류 i [A]는?

[단, $e = \sin\left(2t + \frac{\pi}{3}\right)$ [V]이다.]

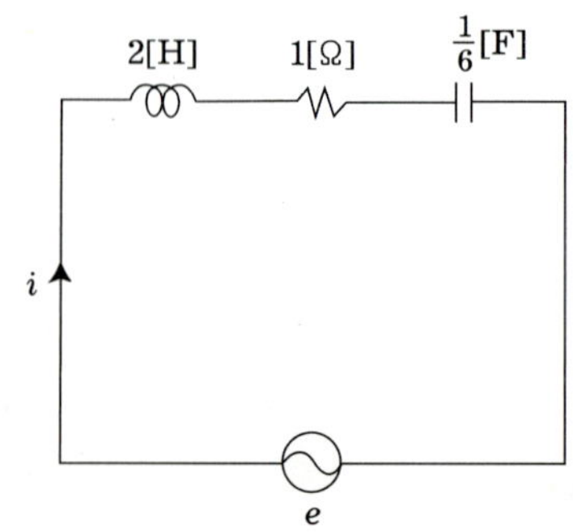

문제 28. 그림과 같은 회로에서 전원에 흘러들어오는 전류 I [A]는?

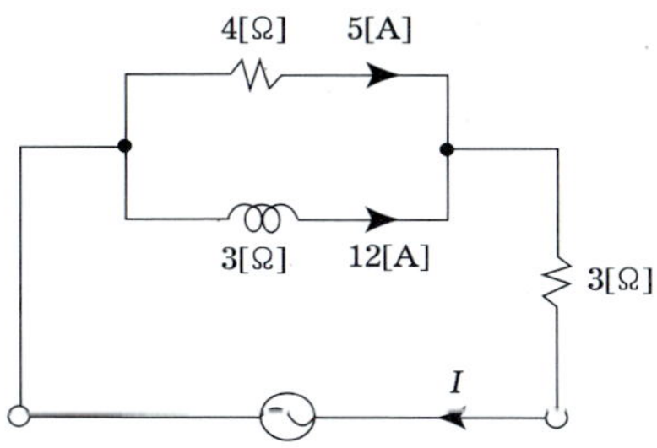

문제 29. 그림과 같은 회로에서 L_2에 흐르는 전류 I_2가 전원 전압 E보다 위상이 90° 뒤지기 위한 조건은?

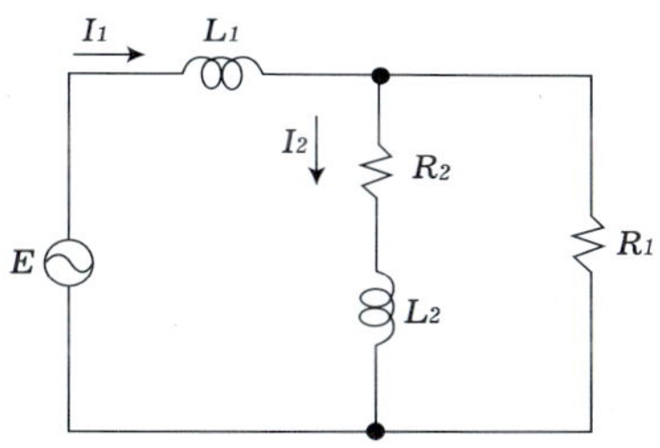

문제 30. 0.1 [μF]인 콘덴서에 $v = 2\sin 2\pi 100t$ [V]의 전압을 인가했을 때 $t = 0$에서의 전류 [mA]는?

㉮ 0 ㉯ 0.01
㉰ 0.1256 ㉱ 1.25

문제 31. 4 [F]인 커패시터 양단에 $V = 8\angle -50^\circ$ [V]인 전압을 가했을 때 흐르는 전류 페이저는? (단, $\omega = 100$ [rad/s]이다.)

㉮ $32\angle -40^\circ$ ㉯ $3,200\angle 40^\circ$
㉰ $3,200\angle -50^\circ$ ㉱ $3,200\angle 50^\circ$

문제 32. 0.1 [μF]인 정전용량을 가지는 콘덴서에 실효값 1414 [V], 주파수 1 [kHz], 위상각 0인 전압을 가했을 때 순시값 전류 [A]는?

㉮ $0.89\sin(\omega t + 90^\circ)$
㉯ $0.89\sin(\omega t - 90^\circ)$
㉰ $1.26\sin(\omega t + 90^\circ)$
㉱ $1.26\sin(\omega t - 90^\circ)$

문제 33. $t = 0$에서의 초기전압이 10 [V], 0.5 [F]인 커패시터가 있다. 지금 이 커패시터에 10 sin ωt [A]인 전류원을 인가할 때 시간 t에서의 단자전압 [V]은?

㉮ $0.5\int_0^t 10\sin\omega t\, dt + 10$

㉯ $\dfrac{1}{0.5\omega} \times 10$

㉰ $\dfrac{1}{0.5}\int_0^t 10\sin\omega t\, dt + 10$

㉱ $0.5\dfrac{d}{dt}(10\sin\omega t) + 10$

문제 34. 인덕터의 특성을 요약한 것 중 옳지 않은 것은?

㉮ 인덕터는 직류에 대해서 단락회로로 작용한다.
㉯ 일정한 전류가 흐를 때 전압은 무한대이지만 일정량의 에너지가 축적된다.
㉰ 인덕터의 전류가 불연속적으로 급격히 변화하면 전압이 무한대가 되어야 하므로 인덕터 전류는 불연속적으로 변할 수 없다.
㉱ 인덕터는 에너지를 축적하지만 소모하지는 않는다.

문제 35. 인덕터의 특성을 요약하면 다음과 같다. 옳지 않은 것은?

㉮ 인덕터는 직류에 대해서 단락회로로 작용한다.

㉯ 일정한 전류가 흐를 때 전압은 0이지만 일정량의 에너지가 축적된다.

㉰ 인덕터의 전류가 불연속적으로 급격히 변화하면 전압이 무한대가 되어야 한다.

㉱ 인덕터의 전류는 불연속적으로 변한다.

문제 36. 2 [F]의 커패시터에 그림과 같은 삼각파형의 전압을 인가할 때 흐르는 전류파형은? (단, 초기값 전압은 없다.)

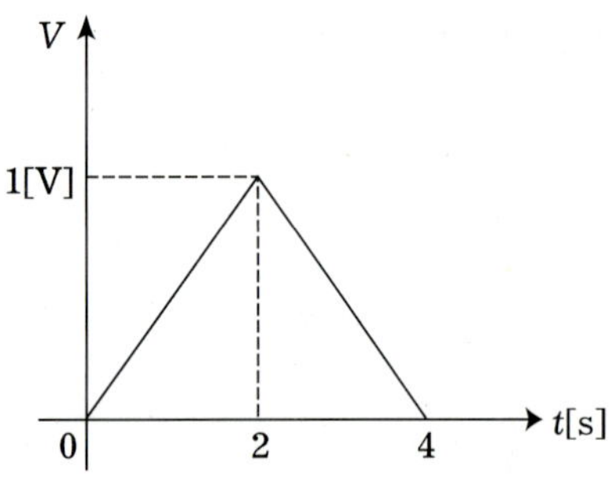

㉮ 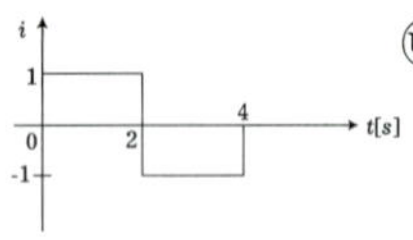

㉯ 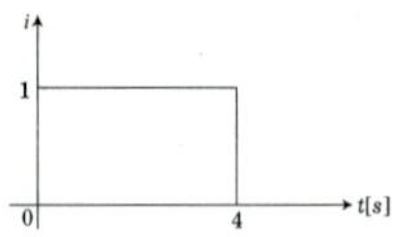

㉰ 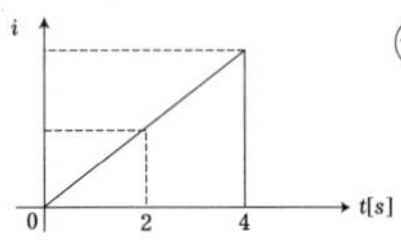

㉱ 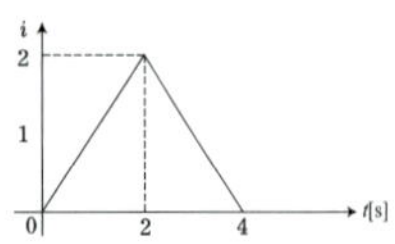

문제 37. $R-C$ 직렬회로에 일정전압 V_1을 인가하여 장시간 경과 후 커패시터 C의 전압이 V_1이 되었다. 저항 R에서 소비되는 에너지 양은? (맨 처음 전압을 인가했을 때 커패시터 전압은 0이다.)

㉮ $\frac{1}{2}CV_1$보다 크다.

㉯ $\frac{1}{2}CV_1$

㉰ $\frac{1}{2}CV_1$보다 작다.

㉱ 무한대가 될 수 있다.

문제 38. 커패시터 C [F]에 $v = V_m \sin \omega t$ [V]의 교류전압을 가하였다. 커패시터에 축적되는 에너지 W_c의 최대값 [J]은?

㉮ $\frac{1}{2}CV^2$　　㉯ CV^2

㉰ $2CV^2$　　㉱ CV_m^2

문제 39. 코일이 2개 있다. 한 코일의 전류가 매초 150 [A]일 때 다른 코일에는 75 [V]의 기전력이 유기된다. 이때 두 코일의 상호 인덕턴스는?

㉮ 1 [H]　　㉯ $\frac{1}{2}$ [H]

㉰ $\frac{1}{4}$ [H]　　㉱ 0.75 [H]

문제 40. 그림의 vector는 다음 중 어느 회로를 나타내는가?

문제 *41*. 그림의 vector는 다음 중 어느 회로를 나타내는가?

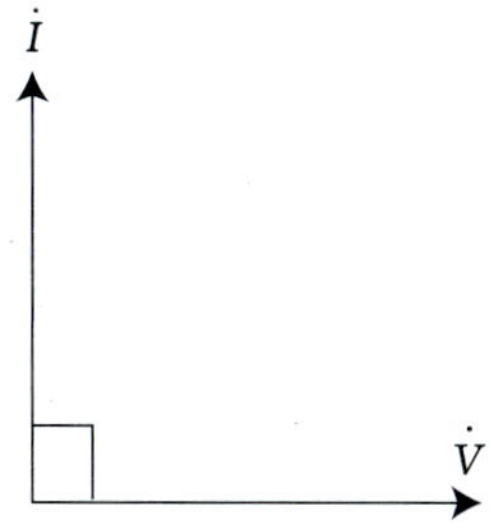

문제 *42*. 그림의 vector는 다음 중 어느 회로를 나타내는가?

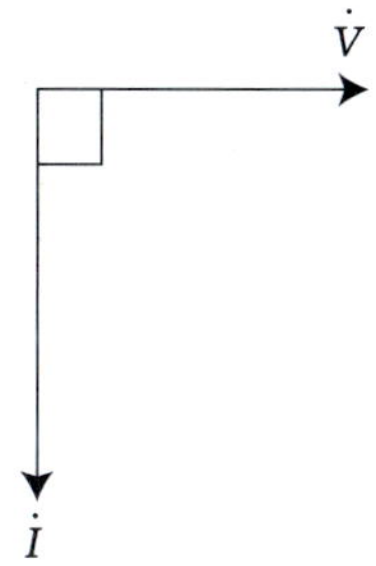

문제 *43*. 그림의 vector는 다음 중 어느 회로를 나타내는가?

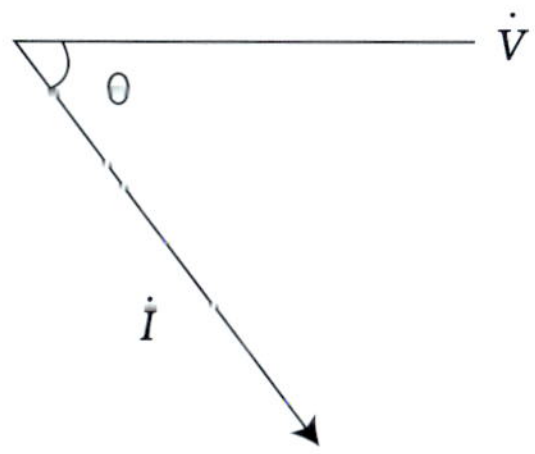

문제 *44*. 그림의 vector는 다음 중 어느 회로를 나타내는가?

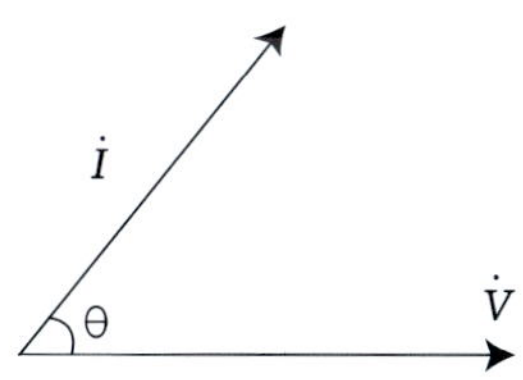

문제 *45*. 어떤 코일에 25 [Hz], 100 [V]의 전압을 가했을 때 25 [A]의 전류가 흐르고 50 [Hz], 100 [V]의 전압을 가했을 때 20 [A]의 전류가 흘렀다고 한다. 이 코일의 저항은 얼마인가?

문제 *46*. 어떤 코일에 $e = 200\sin wt$ [V]의 전압을 가하여 오실로스코우프에 의해 측정한 전류의 최대값이 10 [A]였다면 이 때 코일의 임피던스는?

문제 *47*. 다음의 회로에서 $V_{dc} = 20$ [V]일 때 V_{ab}을 구하시오.

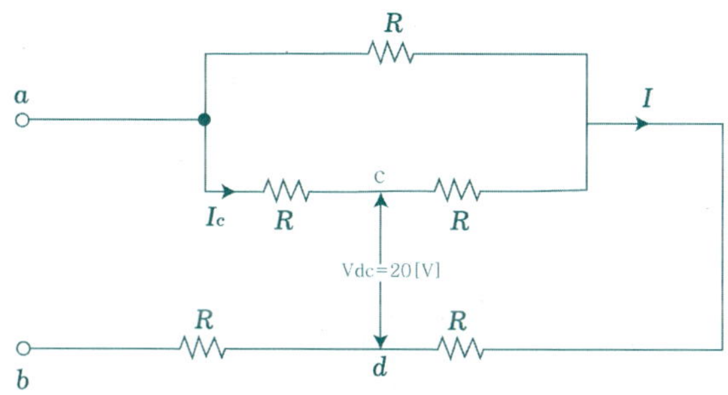

문제 *48*. 그림의 회로에 있어서 단자 a, b에서 본 합성저항을 600 [Ω]과 같게 하고, 또 R_0에 흐르는 전류를 전전류의 $\frac{1}{100}$로 하기 위해서는 R_1, R_2를 몇 [Ω]으로 하면 되는가? 단, $R_0 = 6$ [Ω]이다.

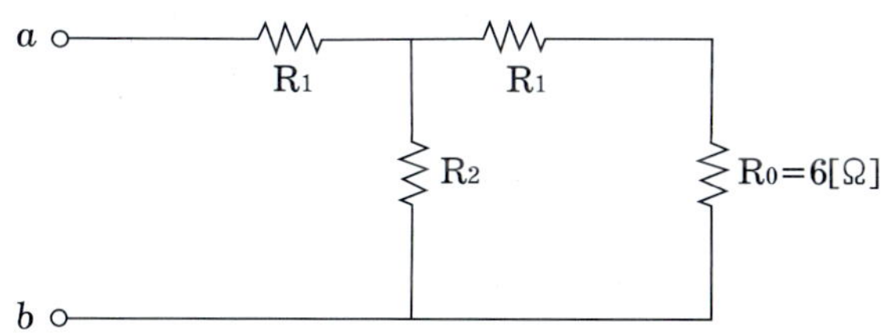

문제 *49.* 그림에서 전원전압이 27 [V], $R_1+R_2=10$ [Ω]인 관계가 있을 때 R_3에 1 [A]의 전류를 흘렸더니 그 양단의 전압이 6 [V]가 되었다. R_1, R_2, R_3의 값은?

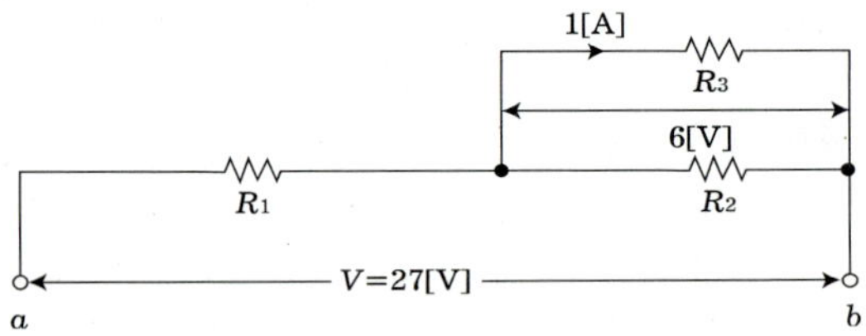

문제 *50.* 그림과 같은 회로에서 a, b간에 E [V]의 전압을 가할 때 c, d간의 단자전압을 V [V]라 하면 전압비 V/E는? 단, $\frac{R}{r}=\frac{4}{5}$이다.

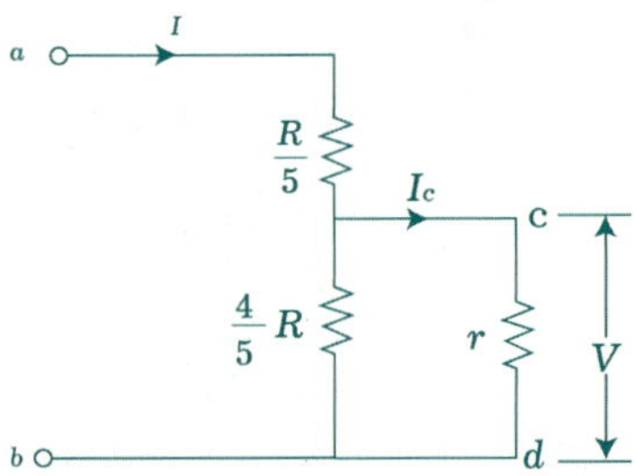

문제 *51.* 그림의 회로에서 밀리암미터는 내부저항이 20 [Ω]이고, 유입전류 I는 10 [mA]이다. 다음 각 경우에 대하여 전류계의 단위가 [mA]인 경우 전류계에 흐르는 전류를 구하시오.

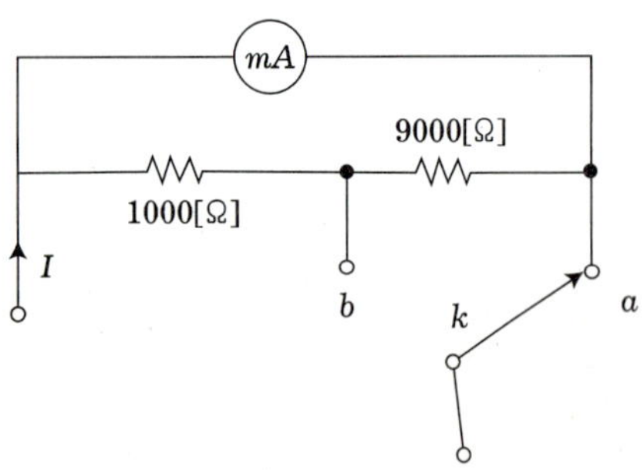

(a) 스위치 K를 단자 a에 접촉하였을 때

(b) 스위치 K를 단자 b에 접촉하였을 때

문제 *52.* R_1, R_2, R_3를 그림과 같이 접속하고 R_3에 20 [A]의 전류를 흐르게 한다. 지금 스위치 S를 닫고 R_3의 일부 2.5 [Ω]를 단락했다고 하면, R_2에 흐르는 전류는 몇 [A]인가?
단, $R_1=5$ [Ω], $R_2=5$ [Ω], $R_3=10$ [Ω]

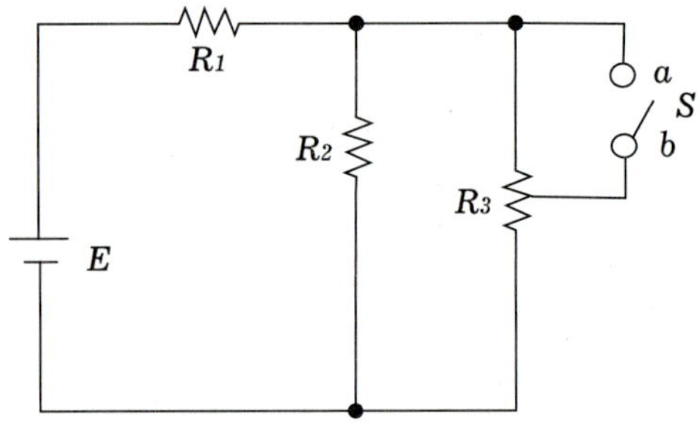

문제 *53.* 2개의 저항 $r_1=200$ [Ω] 및 $r_2=300$ [Ω]를 직렬로 하여 여기에 직류전압 500 [V]를 가했을 때, r_2와 병렬로 저항 $r_3=50$ [Ω]을 연결함으로서 r_2의 단자전압은 어떻게 변하는가?

문제 *54.* 내부저항이 무한대인 전압계로 A-B간의 전압을 측정하면 얼마인가?

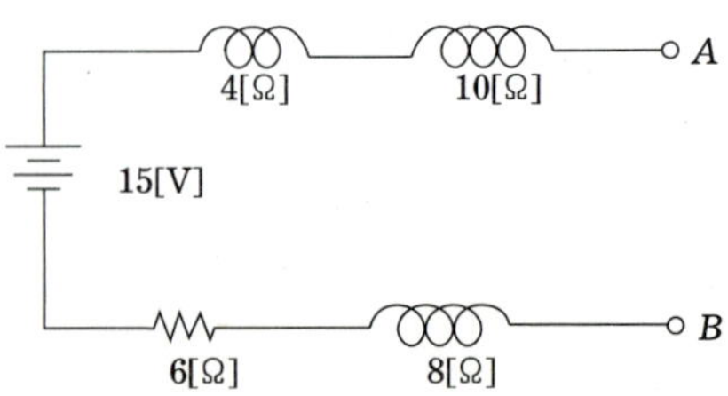

문제 *55.* 그림과 같은 회로망에서 전류계와 전압계로서 각 단의 전류, 전압을 측정하려 한다. 연결이 바르게 된 것은? (단, Ⓐ, Ⓑ, Ⓒ는 전압계 또는 전류계를 의미한다.)

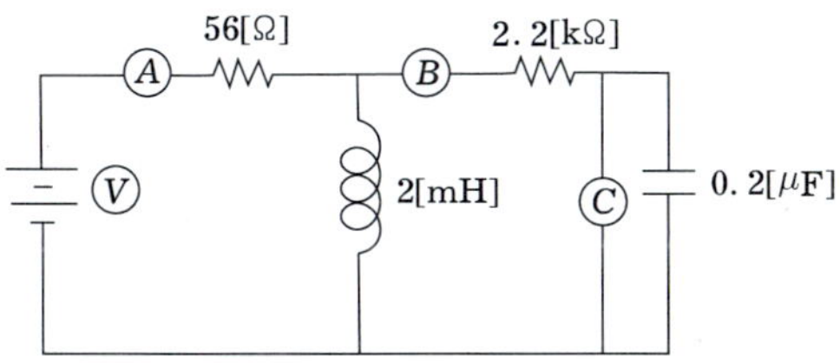

㉮ Ⓐ와 Ⓑ는 전압계, Ⓒ는 전류계

㉯ Ⓐ와 Ⓑ는 전류계, Ⓒ는 전압계

㉰ Ⓐ는 전류계, Ⓑ, Ⓒ는 전압계

㉱ Ⓐ와 Ⓒ는 전류계, Ⓑ는 전압계

문제 *56.* 분류기(shunt)에 대한 설명으로 가장 올바른 것은?

㉮ 저항, 전압 등의 전류를 측정할 수 있는 메터

㉯ 축전지가 충전되는가를 알기위한 Ampere meter

㉰ 계기 보호용으로 삽입된 회로상의 퓨즈

㉱ 전류계 외측에 설치하여 전류의 측정 범위를 확대하기 위해 설치하는 저항기

문제 *57.* 다음 설명 중 틀린 것은?

㉮ 오옴의 법칙은 전압은 저항에 반비례 함을 의미

㉯ 온도의 상승에 따라 도체의 전기저항은 증가한다.

㉰ 도선의 저항은 길이에 비례하고 단면적에 반비례한다.

㉱ 전기가 누설되지 않도록 하는 것을 절연이라고 하며 그 재료를 절연물이라고 한다.

문제 *58.* 그림과 같은 회로에서 단자 a, b사이의 전압 [V]은?

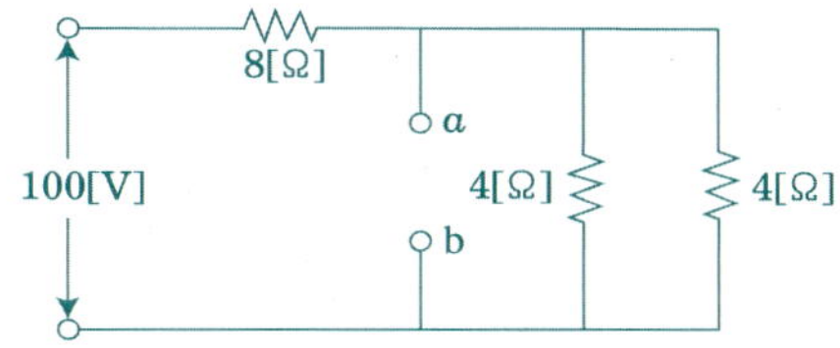

문제 *59.* 다음과 같은 단상3선식 100/200 [V]전로에서 10 [A]와 5 [A]의 부하를 접속하였을 때 전압 V_1, V_2을 구하시오.

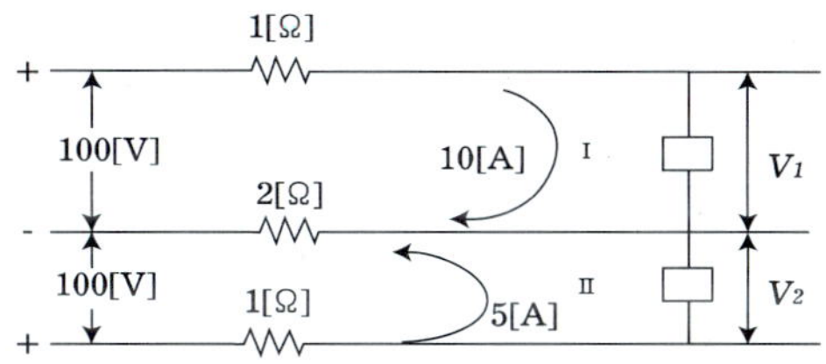

문제 *60.* 그림과 같은 회로에서 스위치 S를 닫을 때 R의 단자전압이 50 [V]였다면 이때 R의 값은?

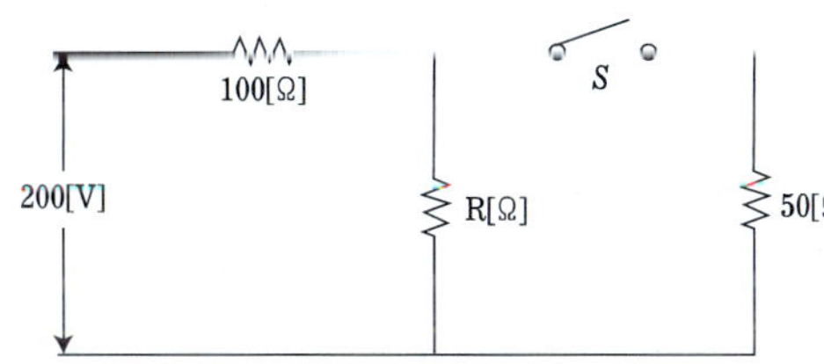

문제 *61.* 저항과 커패시터의 직렬회로에 각 주파수 ω, 실효값 E [V]인 정현파 기전력을 가했을 때, 실효값 I [A]의 전류를 흘렸다. 다음에 기전력과 커패시턴스를 그대로 두고 저항만을 3배로 하였더니 전류가 $\frac{1}{2}$로 감소하였다. 처음의 저항과 커패시터 [F]의 값은?

문제 62. 그림과 같은 사다리꼴 회로망에서 각 저항에 흐르는 전류와 전압을 구하시오.

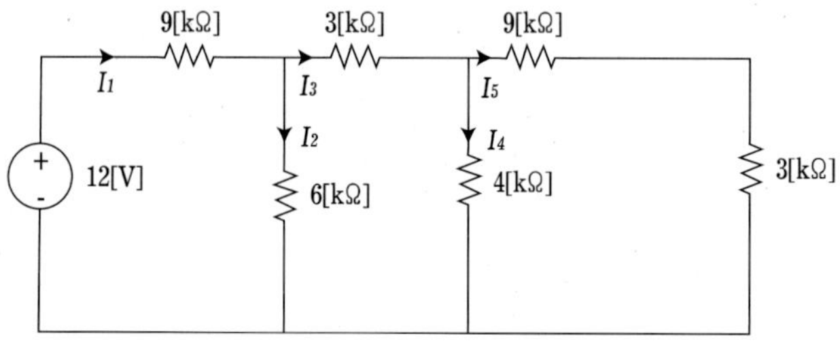

문제 63. 다음의 회로에서 전압 v_{cd}가 3 [V]이면 전압 V_s는 얼마인가?

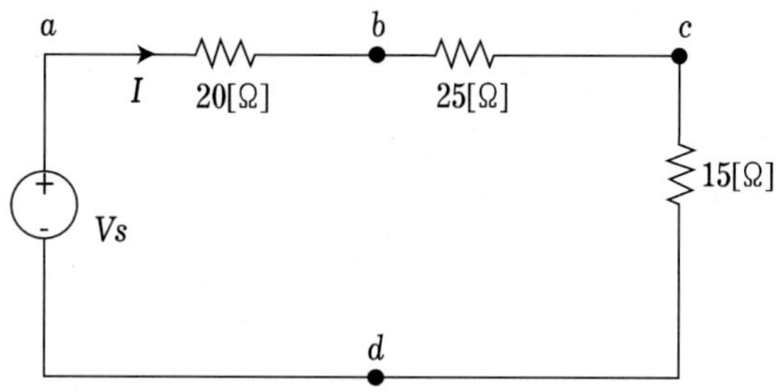

문제 64. 그림과 같은 회로에서 전류 i_s를 구하시오.

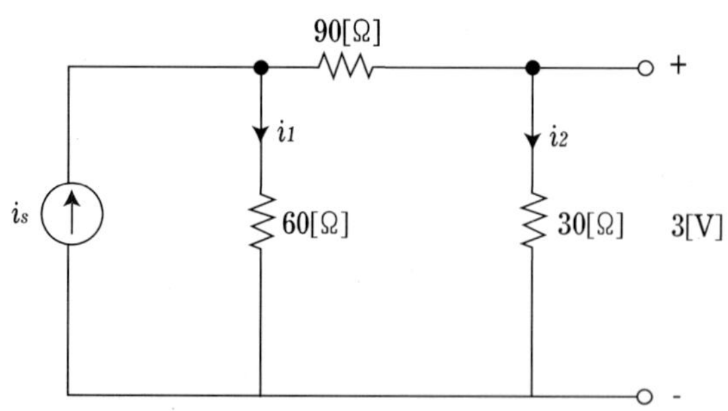

문제 65. 그림과 같은 회로망에서 V_o를 구하시오.

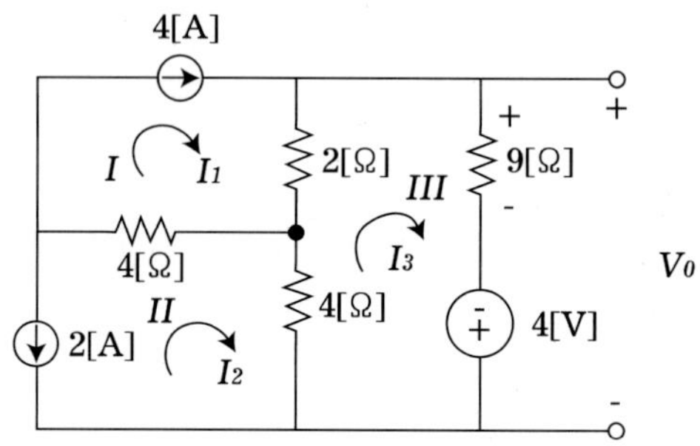

문제 66. 다음의 회로에서 전류 I [A]는 얼마인가?

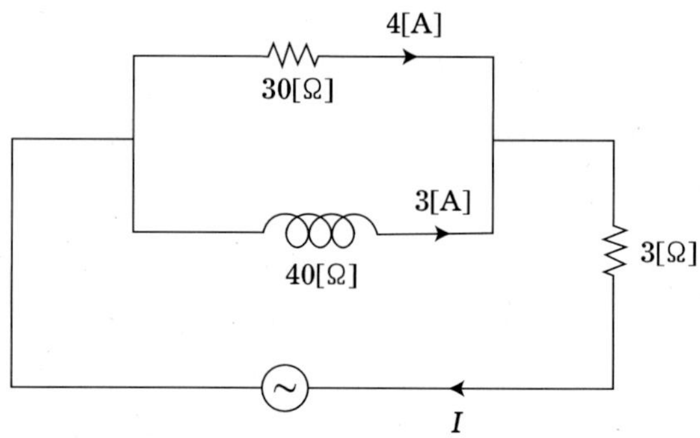

문제 67. R-L직렬회로에서 R=10 [Ω]이고, 100 [Hz]에서의 임피던스 각이 30°이다.
100 [Hz]에서의 임피던스보다 2배가 되는 주파수는 몇 [Hz]인가?

문제 68. R-L직렬회로에서 R=10 [Ω]이고, 100 [Hz]에서의 임피던스 각이 30°이다. 100 [Hz]에서의 임피던스 각 보다 2배가 되는 주파수 [Hz]는 얼마인가?

문제 69. 다음 그림과 같이 $E_d = 14$ [V], $R = 20$ [Ω], $e = 48\sqrt{2}\sin 377t$ [V]이면 전류 i의 실효 값 [A]은 얼마인가?

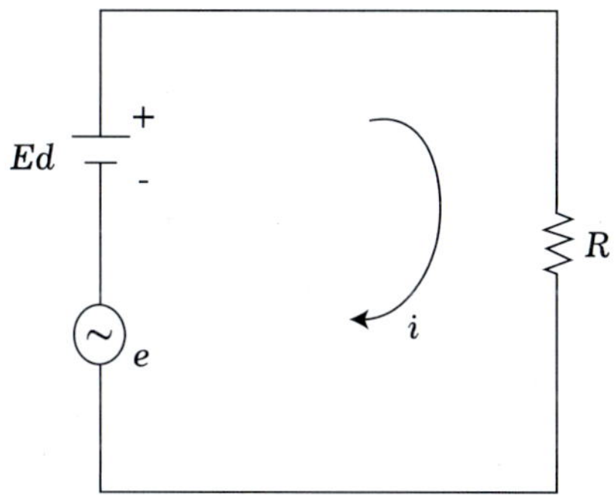

문제 70. 직류에서의 저항에 해당하는 교류저항은?

① 어드미턴스 ② 컨덕턴스
③ 임피던스 ④ 리액턴스

문제 71. R-L 직렬회로에 교류전원인가시 전압은 전류에 비해 위상이 (　　)

① 같다 ② 90° 늦다
③ 0°≤θ≤90°빠르다 ④ 180° 빠르다

문제 72. 정현파 전압에서 최대치에 도달하는 경우는 어느 때인가?

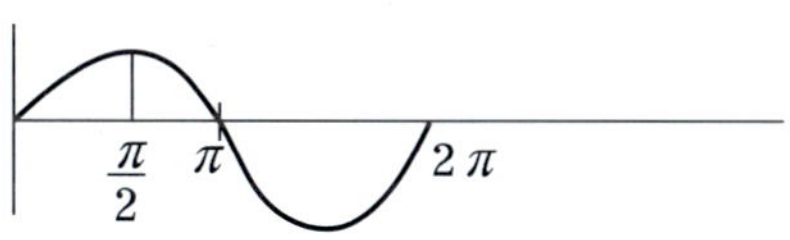

① 0 ② $\frac{\pi}{4}$ ③ $\frac{\pi}{2}$ ④ π

문제 73. R-L 또는 R-C 직렬회로의 임피던스는 저항만의 회로보다 (　　)

① 크다 ② 작다
③ 같다 ④ 2배 크다

문제 74. 여현파는 정현파보다 위상이 (　　)

① 90° 빠르다 ② 180° 늦다
③ 90° 늦다 ④ 180° 빠르다

문제 75. 오실로 스코프로 관측한 정현파 교류전압의 최대치가 10 [V]일 때 실효치와 평균치는 몇 [V]인가?

문제 76. 그림과 같은 회로에서 a와 b 사이를 저항값이 0인 도체로 연결할 때 이 도체에 흐르는 전류와 도체 양단의 전위차 V_{ab}는?

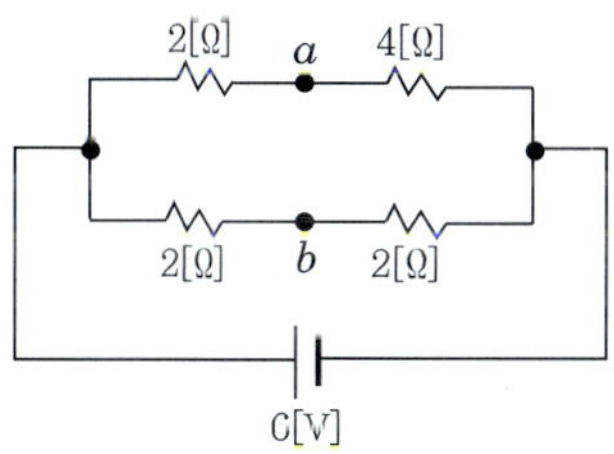

문제 77. 4 [Ω]의 저항과 인덕턴스 L이 직렬로 접속된 회로가 있다. 이것의 부하역률은 50 [Hz]에 대하여 80 [%]이면, 주파수가 25 [Hz]에 사용했을 경우 부하역률은 얼마인가?

제 4 장 정현파 교류의 복소수 표시

제 4 장
정현파 교류의 복소수 표시

4-1 교류의 벡터 표시법

4-1-1 벡터의 기초

물리량이나 기하학적인 양 중에서 길이, 질량, 온도 등과 같이 크기만을 표시하는 양을 스칼라양(scalar quantity)이라 하고 힘, 속도, 자장 등과 같이 크기와 방향을 나타내는 양을 벡터량(vector quantity)이라 한다.

벡터량을 나타낼 때는, 그림 4-1과 같이 크기를 선분의 길이로, 방향을 각도로 나타낸다. 이러한 그림을 벡터도(vector diagram)라고 한다.

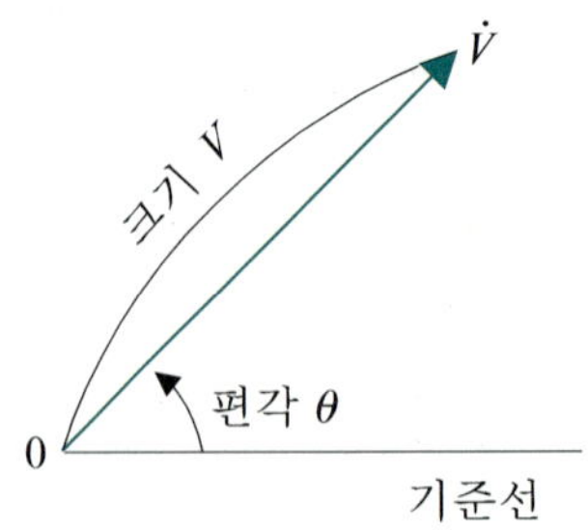

그림 4-1 벡터의 표시

특히 벡터를 문자로 표시할 때는 $\dot{V}, \dot{I}$ 등과 같이 문자 위에 점(dot)을 찍고, 벡터 V 또는 V 도트라고 읽는다.

그냥 V, I라고 표시한 것은 크기만을 나타낸 것이 다른 점이다.

4-1-2 교류의 벡터 표시법

사인파 교류를 나타낼 때는 회전 벡터와 정지 벡터가 있는데, 일반적으로 벡터라 하면 정지 벡터를 의미하며 이것에 대하여 설명하기로 한다.

다음과 같은 사인파 교류 전류를 생각한다.

$$i = I_m \sin(\omega t + \theta) = \sqrt{2}\, I \sin(\omega t + \theta) \text{ [A]} \tag{4-1}$$

벡터의 크기는 실효값으로 나타내므로, 위의 식에서 실효값이 I이고 위상이 θ 만큼 앞선 벡터를 그려보면 그림 4-2와 같이 된다.

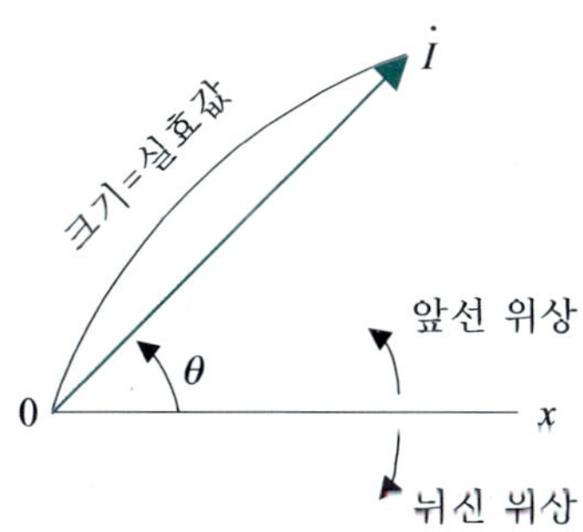

그림 4-2 성지 벡터

그리고, 벡터의 표시는

$$\dot{I} = I \angle \theta \tag{4-2}$$

로 나타내며, 이는 전류의 크기가 I이고 위상이 θ 임을 의미하는 것이다.

벡터는 반시계방향을 앞선 위상의 방향으로 약속한다.

4-2 복 소 수

2차 방정식 $X^2-2X+5=0$의 근을 구하면 근의 공식에 의하여 $X=1\pm\sqrt{-4}$가 된다. 그러나 어떠한 실수도 제곱하여 (−)가 될 수 없으므로 $\sqrt{-4}$는 실제로 존재하는 수가 아니다.

어떤 수를 제곱하여 −1이 되는 새로운 수를 가상적인 수를 생각하여 이를 우리는 **허수단위**라 부르기로 하며 j로 표시한다. 즉

$$j^2=-1,\quad j=\sqrt{-1} \tag{4-3}$$

위에서 구한 근 $X=1\pm\sqrt{-4}$와 같이 실수와 허수 두 종류의 수를 포함하는 수를 복소수라 하며 이 복소수(complex number)를 하나의 문자로써 표시하려면, **A**와 같이 문자를 굵은 글씨로 표시하기로 약속하자.

$$\mathrm{A}=a+jb \tag{4-4}$$

위 식에서 a와 b는 실수이며 jb는 허수이다. a를 A의 실수부(real part), b를 A의 허수부(imaginary part)라 하고 복소수는 일직선상에 한 점으로 표시할 수 없으므로 평면상에 직교하는 X, Y축을 생각하여 X축을 실수축, Y축을 허수축으로 잡은 평면을 생각한다. 이와 같이 실축과 허축이 직교한 그림 4-3과 같은 직교평면을 **복소평면**(complex plane)이라 한다.

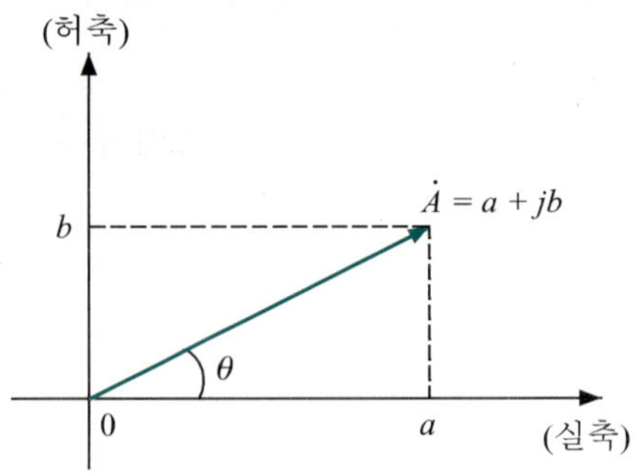

그림 4-3 복소평면

두 개의 복소수 $a+jb$와 $a-jb$는 서로 **공액**(conjugate)이라 한다. 복소수 A의 공액 복소수를 A^*로 표시하기로 약속하자.

$$A = a + jb \text{ 이면 } A^* = a - jb \text{ 이며(그림 4-4)}$$
$$A + A^* = 2a, \quad A - A^* = j\,2b$$
$$AA^* = (a+jb)(a-jb) = a^2 + b^2 \tag{4-5}$$

즉, 어떤 복소수와 그 공액 복소수와의 곱이 항상 실수가 된다는 사실을 명심하자.

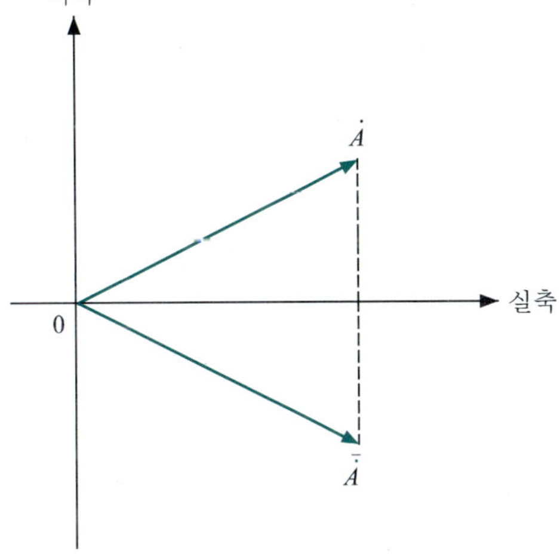

그림 4-4 공액 복소수

4-3 연산자 j

복소수 $A = a + jb$와 허수단위 j와의 적을 생각하면

$$jA = j(a+jb) = -b + ja \tag{4-6}$$

가 된다. 그림 4-5(a)는 A와 jA를 복소평면 위에 표시했다. 즉, jA는 A를 반시계방향으로 90° 회전시킨 것임을 알 수 있다. 이런 의미에서 j를 **회전연산자**(rotational operator)라고 부르기도 한다. 그림 4-5(b)는 A에 j를 여러 번 곱한 결과를 나타낸 것이다.

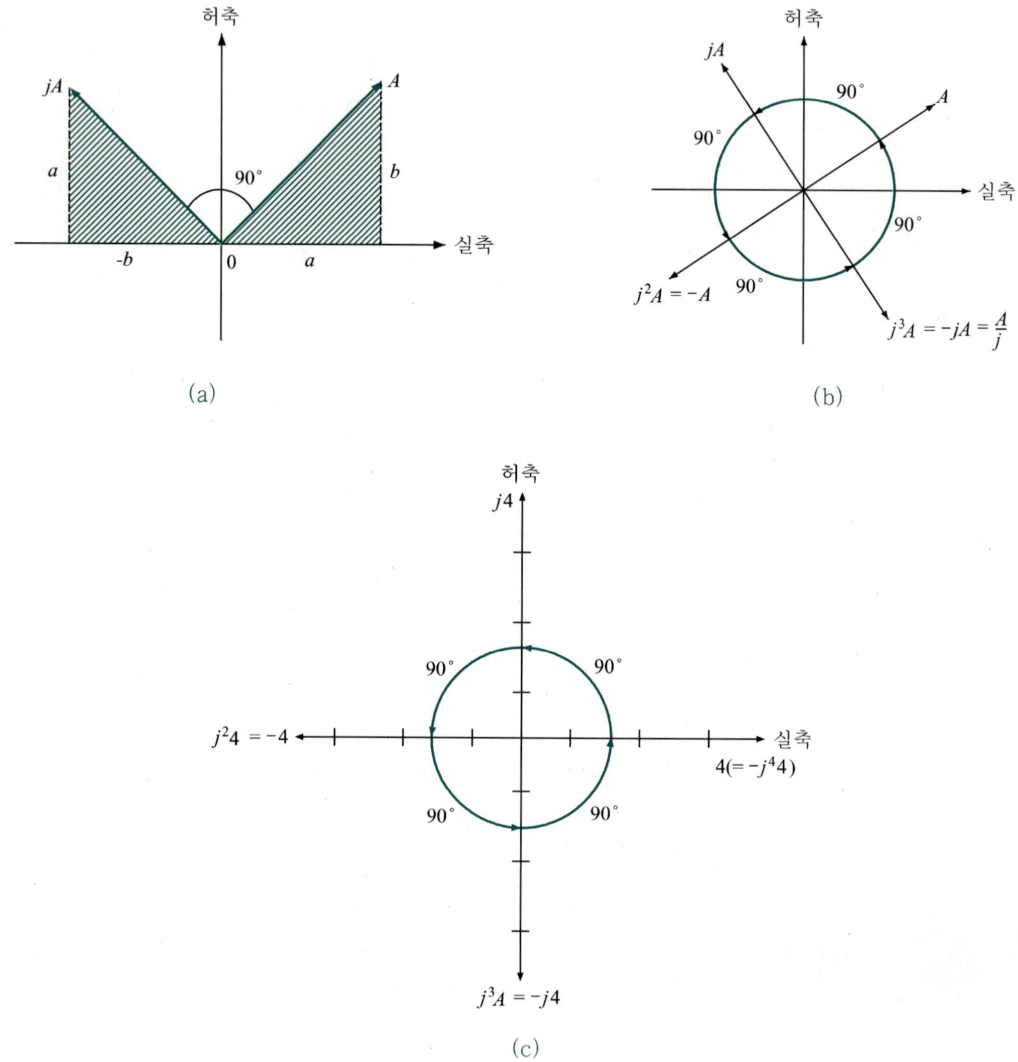

그림 4-5 j 와 복소수와의 적

4-4 복소수 표시

다음에는 복소수를 표시하는 몇 가지 방법에 대해서 설명해 보자. 이때까지 복소수를 실수부와 허수부로써, 즉 기하학적으로는 직각좌표로써 표시하였다. 그러나 이것을 극좌표로써 표시할 수도 있다.

그림 4-6에서 원점으로부터 점 A까지의 거리를 A, 동경 OA가 수평축과 이루는 각을 θ 라 하면

$$A = A\angle\theta \tag{4-7}$$

와 같이 복소수를 그 크기와 각으로써 표시할 수 있다. 이것은 크기가 A이고 각이 θ 인 복소수를 나타내는 기호이다.

$$A = \sqrt{a^2+b^2}\ ,\ \theta = \tan^{-1}\frac{b}{a} \tag{4-8}$$

$$\alpha = A\cos\theta\ ,\ b = A\sin\theta \tag{4-9}$$

또한, **오일러의 정리**(Euler's formula)에 의해서 지수함수 $\epsilon^{j\theta}$는 다음과 같이 나타낼 수 있다.

$$\epsilon^{j\theta} = \cos\theta + j\sin\theta \tag{4-10}$$

이상으로서 복소수를 다음 네 가지 형식으로 표현할 수 있다.

$$A = a + jb = A(\cos\theta + j\sin\theta) = A\angle\theta = A\epsilon^{j\theta} \tag{4-11}$$

여기서 $a+jb$를 **직각좌표형식**(rectangular form), $A(\cos\theta+j\sin\theta)$를 **3각함수형식**(trigonometric form), $A\angle\theta$ 를 **극좌표형식**(polar form), $A\epsilon^{j\theta}$ 를 **지수함수형식**(exponential form)이라고 부른다.

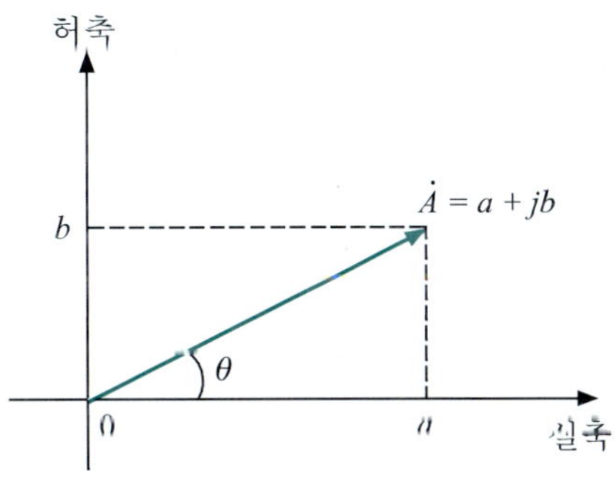

그림 4-6 직각좌표형식과 극좌표형식

■ 오일러의 정리

x가 실수일 때 자연대수 ϵ에 대한 지수함수 ϵ^x는 다음과 같은 무한급수이다.

$$\epsilon^x = 1 + x + \frac{x^2}{2!} + \frac{x^3}{3!} + \cdots\cdots$$

만약 x가 $j\theta$와 같은 허수일 때 이 $j\theta$를 위의 식에 그대로 대입하면

$$\begin{aligned}\epsilon^{j\theta} &= 1 + (j\theta) + \frac{(j\theta)^2}{2!} + \frac{(j\theta)^3}{3!} \\ &= \left(1 - \frac{\theta^2}{2!} + \frac{\theta^4}{4!} - \cdots\cdots\right) + j\left(\theta - \frac{\theta^3}{3!} + \frac{\theta^5}{5!} - \cdots\cdots\right)\end{aligned}$$

Taylor의 전개식에 의하면 $\sin\theta$, $\cos\theta$는 다음과 같이 나타낼 수 있다.

$$\sin\theta = \theta - \frac{\theta^3}{3!} + \frac{\theta^5}{5!} - \cdots\cdots$$

$$\cos\theta = 1 - \frac{\theta^2}{2!} + \frac{\theta^4}{4!} - \cdots\cdots$$

따라서

$$\epsilon^{j\theta} = \cos\theta + j\sin\theta$$

라 쓸 수 있다. 이 결과를 **오일러(Euler)의 공식**이라 한다.

예제 4-1

두 복소수 $4+j3$, $-2+j1$을 가, 감, 승, 제 하여라.

$$(4+j3)+(-2+j1)=2+j4$$
$$(4+j3)-(-2+j1)=6+j2$$
$$(4+j3)(-2+j1)=-11-j2$$
$$(4+j3)/(-2+j1)=-1-j2$$

예제 4-2

$\dot{A}=3.08+j8.455$ 일 때 $\sqrt{\dot{A}}$를 지수함수 형식으로 나타내어라.

풀이

$$\dot{A}=3.08+j8.455=9\angle 69.98°$$
$$\sqrt{\dot{A}}=\sqrt{9\angle 69.98°}=3\angle 35°$$
$$\therefore \sqrt{\dot{A}}=3e^{j35°},$$
$$\sqrt{\dot{A}}=3e^{-j215°}$$

예제 4-3

$\dot{A}=20+j20$, $\dot{B}=30\angle -120°$, $\dot{C}=5+j0$일 때 $\dfrac{\dot{A}+\dot{B}}{\dot{C}}$(임피던스) 및 $\dfrac{\dot{B}\dot{C}}{\dot{A}}$(임피던스)를 극좌표 형식으로 나타내어라.

풀이

① $\dfrac{A+B}{C}=\dfrac{20+j20-15-j15\sqrt{3}}{5+j0}$

$$\dot{B}=30\angle -120°=30\{\cos(-120°)+j\sin(-120°)\}=-15-j15\sqrt{3}$$
$$Z=\frac{\dot{A}+\dot{B}}{\dot{C}}=\frac{5-j5.98}{5}=1-j1.196 \fallingdotseq 1-j1.2$$
$$\theta=\tan^{-1}(-1.2)=-50.2°$$
$$Z=\sqrt{1^2+(1.2)^2}=1.562\ [\Omega]$$
$$\therefore Z=1.562\angle -50.2°\ [\Omega]$$

② $\dfrac{\dot{B}\dot{C}}{\dot{A}}=\dot{Z}_1$

$$=\frac{(-15-j15\sqrt{3})\cdot 5}{20+j20}$$
$$=\frac{-1,500+j1,500-j2,598-2,598}{20^2+20^2}$$
$$=-5.123-j2.745$$
$$\theta=\tan^{-1}\frac{2.745}{5.123}=28.36°$$
$$\therefore Z_1=\sqrt{(5.123)^2+(2.745)^2}=5.81\ [\Omega]$$
$$\therefore Z_1=5.81\angle 28.36°\ [\Omega]$$

예제 4-4

$\dot{A}=-1+j\sqrt{3}$ 을 극좌표 형식으로 나타내어라.

풀이

$\dot{A}$ 의 크기와 편각은 각각

$$A=\sqrt{(-1)^2+(\sqrt{3}\,)^2}=2$$

$$\theta=\tan^{-1}\frac{\sqrt{3}}{-1}=-60°=120°,\quad \therefore\ \dot{A}=2\angle 120°$$

복소수의 승제는 극좌표 형식에 의하면 매우 간단하게 이루어진다.

$$\dot{A}=A\angle\alpha=A(\cos\alpha+j\sin\alpha)$$
$$\dot{B}=B\angle\beta=B(\cos\beta+j\sin\beta)$$

일 때

$$\begin{aligned}AB&=AB(\cos\alpha+j\sin\alpha)(\cos\beta+j\sin\beta)\\&=AB[(\cos\alpha\cos\beta-\sin\alpha\sin\beta)+j(\sin\alpha\cos\beta+\cos\alpha\sin\beta)]\\&=AB[\cos(\alpha+\beta)+j\sin(\alpha+\beta)]\end{aligned}$$

이 최후의 결과는 크기가 AB이고, 각이 $(\alpha+j\beta)$ 인 복소수를 나타내므로

$$A\angle\alpha\times B\angle\beta=AB[\angle\alpha+\beta]$$

라 쓸 수 있다. 즉, 두 복소수의 곱의 크기는 각 복소수의 크기의 곱과 같고 곱의 각은 각 복소수의 각의 합과 같다.

예제 4-5

$A=20\angle 60°, B=4\angle 10°$ 일 때 $\dfrac{A}{B}$를 구하여라.

풀이

$$\frac{A}{B}=\frac{20\angle 60°}{4\angle 15°}=5\angle 45°$$

예제 4-6

$\dot{A}=20\left(\cos\dfrac{\pi}{3}+j\sin\dfrac{\pi}{3}\right)$, $B=5\left(\cos\dfrac{\pi}{6}+j\sin\dfrac{\pi}{6}\right)$로 표시되는 두 복소수가 있다. $\dot{A}\dot{B}$를 극좌표 형식으로 구하여라.

풀이

$\dot{A}=20\angle\dfrac{\pi}{3}$, $\dot{B}=5\angle\dfrac{\pi}{6}$ 이므로

$$\dot{A}\dot{B}=\left(20\angle\frac{\pi}{3}\right)\left(5\angle\frac{\pi}{6}\right)=20\times5\angle\frac{\pi}{3}+\frac{\pi}{6}=100\angle\frac{\pi}{2}$$

4-5 정현파의 복소수 표시 : 페이저

그림 4-7(a)에서 길이가 A_m인 선분 OP가 평면상에서 원점 O의 주위를 일정한 각속도 ω [rad/sec]로 반시계방향으로 회전하고 있다고 하자.

이 회전선분이 정방향으로 수평축과 반시계방향으로 α 의 각을 이루는 순간을 시간의 원점으로 택한다면, 이때부터 t_1 초 후의 선분 OP는 ωt_1 [rad]만큼 회전하여 수평축과는 $(\omega t_1+\alpha)$ [rad]의 각을 이룰 것이므로 이때의 OP의 수직축상의 투영 $\overline{\text{OP}}$ 는 $\overline{\text{OP}}=A_m\sin(\omega t_1+\alpha)$ 와 같이 된다. 즉, $\overline{\text{OP}}$ 는 최대값이 A_m, 위상각이 α 인 정현파를 대표한다고 할 수 있다.

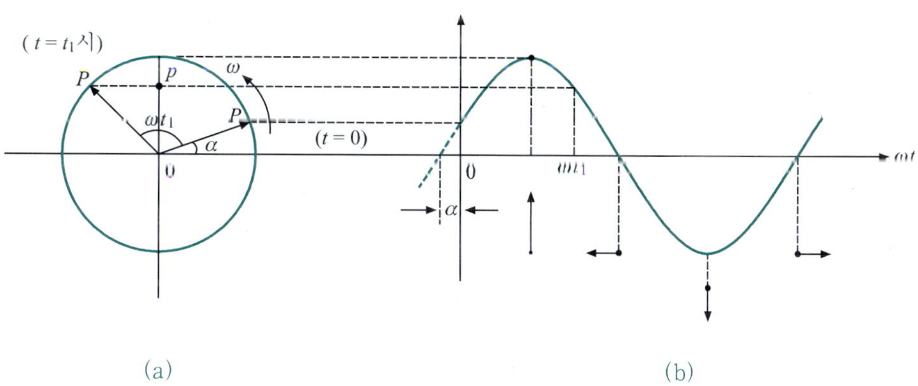

그림 4-7 회전선분과 정현파

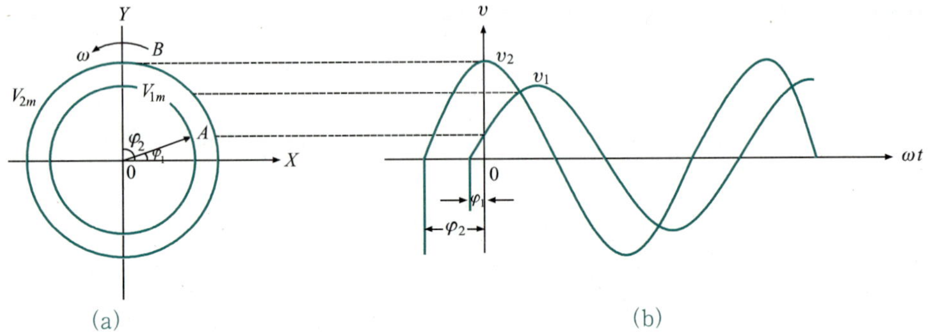

그림 4-8 정현파 교류의 벡터에 의한 표시법

그림 4-7(b)는 회전선분이 대표하는 정현파의 순시값 곡선을 그린 것이다. 여기서 정현파의 최대값과 위상을 나타내는 이 선분 또는 이 복소수를 페이저(phasor)라고 부르며, 선분의 끝에는 보통 화살표를 붙여 나타낸다.

한 회로에 관계되는 여러 개의 전류, 전압을 대표하는 페이저들을 하나의 복소평면에 그린 것을 **페이저도**(phasor diagram)라고 한다.

그림 4-8에서와 같이 각 정현파 교류의 순시값이 다음과 같은 경우

$$v_1 = V_{m1}\sin(\omega t+\varphi_1)\ [\mathrm{V}]$$
$$v_2 = V_{m2}\sin(\omega t+\varphi_2)\ [\mathrm{V}] \tag{4-12}$$

이들에 대한 $t=0$일 때의 페이저도는 그림 4-9(a)와 같다.

페이저의 크기도 최대값보다는 실효값이 흔히 사용되므로 그림 4-9(b)와 같이 실효값으로 표시한다.

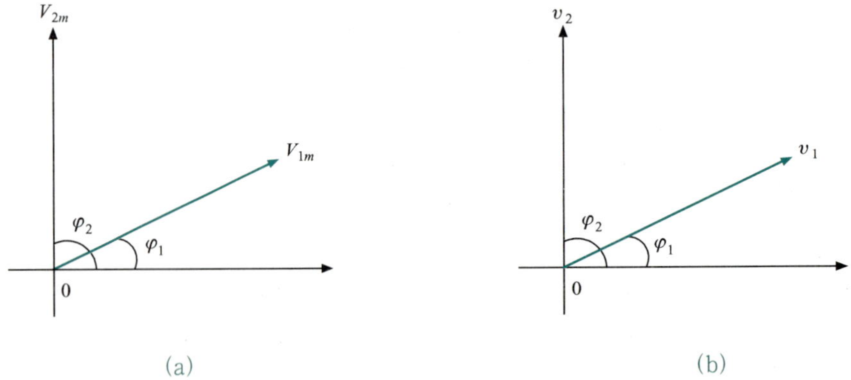

그림 4-9 페이저도

예제 4-7

다음 각 정현파를 대표하는 페이저를 쓰고, 또 같은 복소평면상에 페이저를 그려라.

(a) $v_1 = 50\sin\omega t$ [V]

(b) $i_2 = 5\sin(\omega t - 30°)$ [A]

(c) $i_3 = \sqrt{2}\,10\cos\left(\omega t + \dfrac{\pi}{8}\right)$ [A]

(d) $v_4 = -141\sin\left(\omega t + \dfrac{\pi}{3}\right)$ [V]

(e) 실효값이 80 [V]이고 위상이 180°인 전압

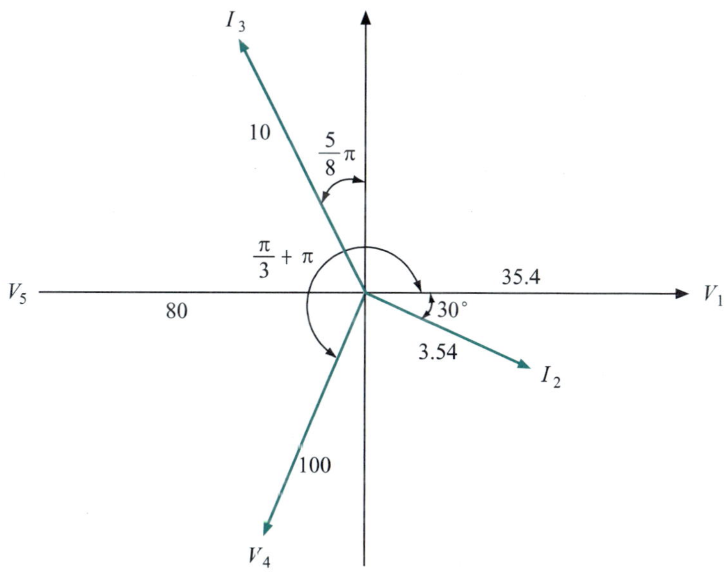

그림 4-10 예제 4-7의 페이저도

풀이

(a) $V_1 = \dfrac{50}{\sqrt{2}}\angle 0°$ [V]　　(b) $I_2 = \dfrac{5}{\sqrt{2}}\angle -30°$ [A]

(c) $I_3 = 10\angle \dfrac{\pi}{8} + \dfrac{\pi}{2} = 10\angle \dfrac{5}{8}\pi$ [A]

(d) $v_4 = 141\sin(\omega t + \dfrac{\pi}{3} + \pi)$ [V], $V_4 = 100\angle \dfrac{\pi}{3} + \pi = -100\angle \dfrac{\pi}{3}$ [V]

(e) $V_5 = 80\angle 180° = -80\angle 0°$ [V]

4-6 페이저에 의한 회로 소자의 전압-전류 관계

그림 4-11(a)와 같은 R-L-C 직렬회로에 $i=\sqrt{2}I\sin\omega t$ [A]를 흘렸을 때를 생각해 보자.

$$\begin{aligned} v_R &= \sqrt{2}RI\sin\omega t \ [\mathrm{V}] \\ v_L &= \sqrt{2}\,\omega LI\sin\left(\omega t+\frac{\pi}{2}\right) \ [\mathrm{V}] \\ v_C &= \sqrt{2}\,\frac{I}{\omega C}sin\left(\omega t-\frac{\pi}{2}\right) \ [\mathrm{V}] \end{aligned} \tag{4-13}$$

이들 정현파 전압을 페이저로 표시하면

$$\begin{aligned} V_R &= RI\angle 0° \ [\mathrm{V}] \\ V_L &= \omega LI\angle\frac{\pi}{2} \ [\mathrm{V}] \\ V_C &= \frac{I}{\omega C}\angle-\frac{\pi}{2} \ [\mathrm{V}] \end{aligned} \tag{4-14}$$

와 같이 되므로, 페이저 그림은 그림 4-11(b)와 같이 그릴 수 있다.

$$V=\dot{V}_R+V_L+V_C \ [\mathrm{V}] \tag{4-15}$$

위 식들을 페이저로 나타내면 식 (4-15)는 다음과 같이 표시할 수 있다.

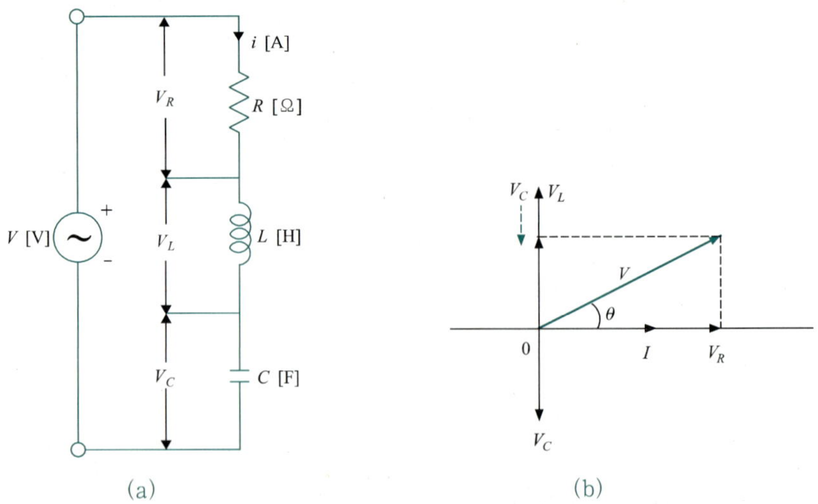

그림 4-11 R-L-C 직렬회로

$$V_R = RI(\cos 0° + j\sin 0°) = RI \text{ [V]}$$

$$V_L = \omega LI\left(\cos\frac{\pi}{2} + j\sin\frac{\pi}{2}\right) = j\omega LI \text{ [V]}$$

$$V_C = \frac{I}{\omega C}\left[\cos\left(-\frac{\pi}{2}\right) + j\sin\left(-\frac{\pi}{2}\right)\right] = -j\frac{I}{\omega C} \text{ [V]} \quad (4\text{-}16)$$

$$V = V_R + V_L + V_C = \left[R + j\left(\omega L - \frac{1}{\omega C}\right)\right]I \text{ [V]} \quad (4\text{-}17)$$

$$Z = \sqrt{R^2 + \left(\omega L - \frac{1}{\omega C}\right)^2} \text{ [Ω]} \quad (4\text{-}18)$$

$$\theta = \tan^{-1}\frac{\omega L - \frac{1}{\omega C}}{R} \text{ [rad]} \quad (4\text{-}19)$$

예제 4-8

$R = 3$ [Ω], $L = 10.6$ [mH]인 R-L 직렬회로에서

(a) 60 [Hz]에 대한 임피던스를 구하고 임피던스 삼각도를 그려라.

(b) $i = 2\sqrt{2}\sin 377t$ [A]일 때 인가전압 v를 구하고 페이저도를 그려라.

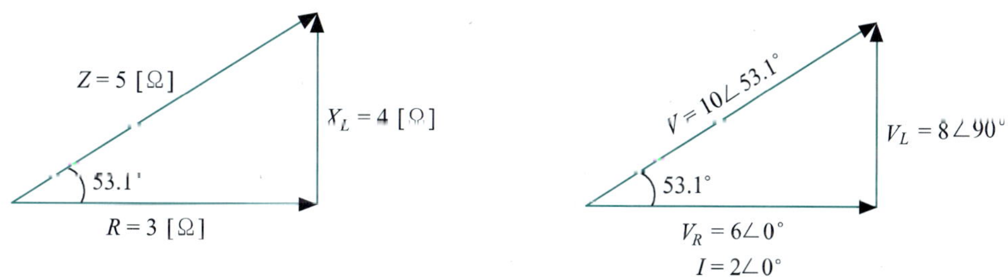

그림 4-12 예제 4-8의 풀이

풀이

(a) $X_L = 2\pi fL = 2\times 3.14\times 60\times 10.6\times 10^{-3} = 4$ [Ω]

$Z = R + jX_L = 3 + j4 = \sqrt{3^2+4^2}\angle\tan^{-1}\frac{4}{3} = 5\angle 53.1°$ [Ω]

(b) $I = 2\angle 0°$

$V = ZI = (5\angle 53.1°)(2\angle 0°) = 10\angle 53.1°$ [V]

$v = \sqrt{2}\,10\sin(377t + 53.1°)$ [V]

예제 4-9

2개의 교류기전력 E_1 및 E_2 가 직렬로 연결되어 30 [Ω]의 무유도 저항과 40 [Ω]의 유도 리액턴스가 직렬회로에 연결되어 있다. 흐르는 전류 및 소비전력을 구하여라. 단, E_1 및 E_2 의 실효값은 다같이 100 [V]이고 60°의 위상차가 있다.

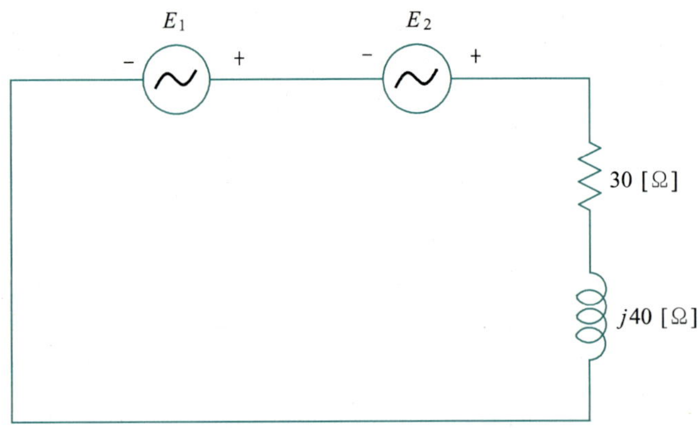

그림 4-13 예제 4-9의 회로

풀이

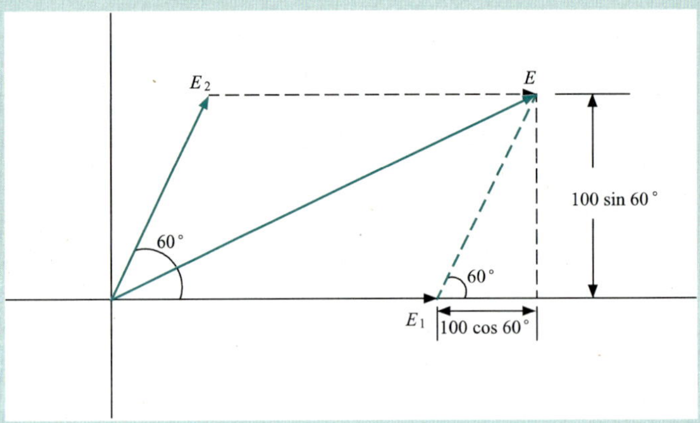

그림 4-14

$$E = 100\angle 0^\circ + 100\angle 60^\circ$$
$$= 100 + 100(\cos 60^\circ + j\sin 60^\circ)$$
$$= 100 + 100\left(\frac{1}{2} + j\frac{\sqrt{3}}{2}\right)$$
$$= 150 + j\,50\sqrt{3}\ \text{[V]}$$
$$= 173.2\angle\theta = \tan^{-1}\frac{50\sqrt{3}}{150} = 30^\circ\ \text{[V]}$$

(1) $I = \dfrac{V}{Z} = \dfrac{173.2}{30 + j40} = \dfrac{173.2}{50} = 3.464$ [A]

(2) ① $P = I^2R = (3.464)^2 \times 30 = 360$ [W]

② $P_r = I^2 \times X_L = (3.464)^2 \times 40 = 480$ [var]

③ $P_a = I^2 Z = (3.464)^2 \times 50 = 600$ [VA]

예제 4-10

페이저도가 다음 그림과 같이 주어졌을 때 이 페이저도에 일치하는 등가임피던스는?

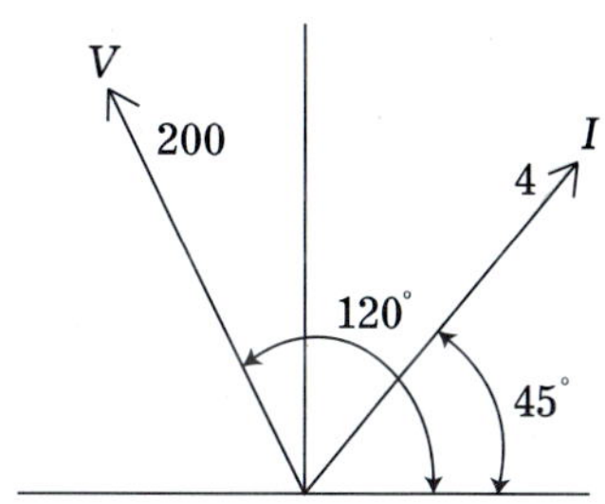

그림 4-15 예제 4-10의 회로

정답 및 풀이

정답 : $Z = 12.95 + j48.5$ [Ω]

$$Z = \frac{V}{I} = \frac{200\angle 120°}{4\angle 45°} = 50\angle 75° = 50(\cos 75° + j\sin 75°) = 50(0.259 + j0.97) = 12.95 + j48.5 \ [\Omega]$$

4-7 페이저 기호법

전압과 전류의 크기 및 위상관계는 물론이고, 이에 따른 전기적인 양도 페이저 기호법(phasor symbolic method)을 써서 표시함으로써 회로해석이 간단해질 것이다.

■ **저항과 리액턴스**

$$\text{저항회로}: V=RI\ [\mathrm{V}],\ I=\frac{V}{R}\ [\mathrm{A}]$$
$$\text{유도회로}: V=j\omega LI\ [\mathrm{V}],\ I=\frac{V}{j\omega L}=-j\frac{V}{\omega L}\ [\mathrm{A}]$$
$$\text{용량회로}: V=-j\frac{I}{\omega C}\ [\mathrm{V}],\ I=j\omega CV\ [\mathrm{A}] \qquad (4\text{-}20)$$

■ **임피던스**

$$R\text{-}L\ \text{직렬회로}: Z=R+j\omega L\ [\Omega]$$
$$R\text{-}C\ \text{직렬회로}: Z=R-j\frac{1}{\omega C}\ [\Omega]$$
$$R\text{-}L\text{-}C\ \text{직렬회로}: Z=R+j\left(\omega L-\frac{1}{\omega C}\right)\ [\Omega] \qquad (4\text{-}21)$$

로 표시하며, 이를 **페이저 임피던스** 또는 **복소 임피던스**라고 부르기도 한다.

예제 4-11

어떤 회로의 전압 및 전류의 순시값이 $v=200\sin 314t$ [V], $i=10\sin\left(314t-\frac{\pi}{6}\right)$ [A]로 주어질 때 이 회로 임피던스의 저항 R과 유도 리액턴스 성분 X_L를 각각 구하여라.

풀이

$$v=200\sin 314t\ [\mathrm{V}]$$
$$V=\frac{200}{\sqrt{2}}\angle 0°\ [\mathrm{V}]$$
$$I=\frac{10}{\sqrt{2}}\angle -\frac{\pi}{6}\ [\mathrm{A}]$$
$$Z=\frac{V}{I}=\frac{\frac{200}{\sqrt{2}}\angle 0°}{\frac{10}{\sqrt{2}}\angle -\frac{\pi}{6}}=20\angle\frac{\pi}{6}\ [\Omega]$$
$$=20\left\{\cos\frac{\pi}{6}+j\sin\frac{\pi}{6}\right\}\ [\Omega]$$
$$=10\sqrt{3}+j10=17.3+j10\ [\Omega]$$

$$\therefore R=10\sqrt{3}\ [\Omega],\ X_L=10\ [\Omega]$$

예제 4-12

A, B 두 코일이 있다. 여기에 동일 주파수, 동일 전압을 가하면 두 코일의 전류는 같고 A 는 역률 0.96, B 는 역률 0.80이라고 한다. 두 코일의 저항비 및 리액턴스 비를 구하여라.

풀이

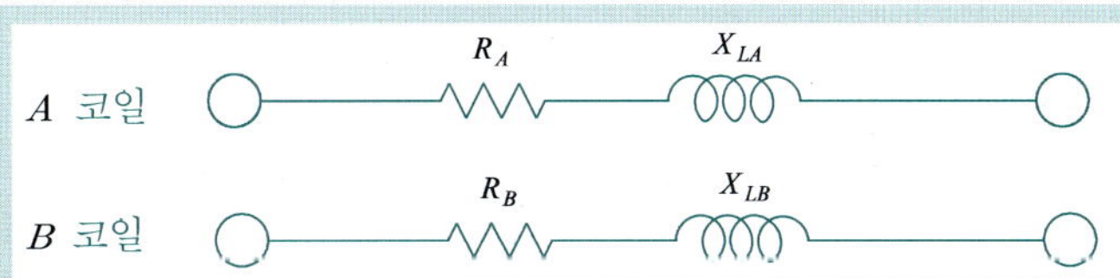

문제의 조건에서 전압과 전류는 같으므로 $Z_A = Z_B$ 이다.

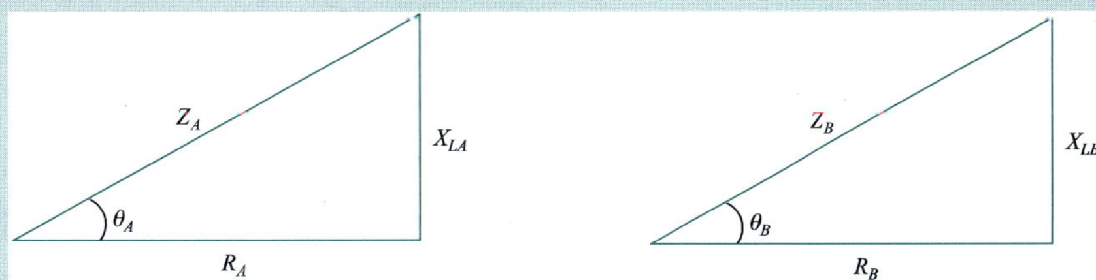

(a) (b)

그림 4-16 예제 4-12의 풀이

(1) 저항의 비를 구하면 다음과 같다.

$$\frac{R_B}{R_A} = \frac{Z_B \cos\theta_B}{Z_A \cos\theta_A} \text{ 에서 } Z_A = Z_B \text{ 이므로}$$

$$\therefore \frac{R_B}{R_A} = \frac{\cos\theta_B}{\cos\theta_A} = \frac{0.8}{0.96} = 0.833$$

(2) 리액턴스 비는 다음과 같다.

$$\frac{X_{LB}}{X_{LA}} = \frac{Z_B \sin\theta_B}{Z_A \sin\theta_A} = \frac{\sin\theta_B}{\sin\theta_A} \text{ 에서}$$

삼각 함수 공식 $\cos^2\theta + \sin^2\theta = 1$ 를 이용하면

$$\sin\theta_B = \sqrt{1-\cos^2\theta_B} = \sqrt{1-0.8^2} = 0.6$$

$$\sin\theta_A = \sqrt{1-\cos^2\theta_A} = \sqrt{1-(0.96)^2} = 0.28$$

$$\therefore \frac{X_{LB}}{X_{LA}} = \frac{0.6}{0.28} = 2.143$$

예제 4-13

그림과 같은 전기 회로에서 전기 부품과 전원을 표와 같이 바꾸어 가며 a, b 사이의 전압을 측정하였다.

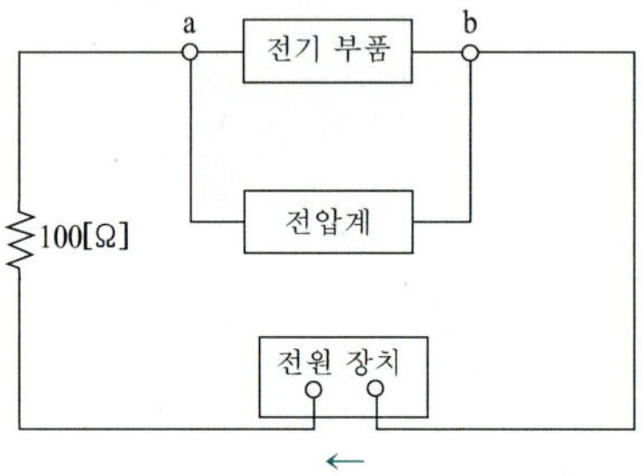

표

실험	전기 부품	전원
1	10 μF 축전기	직류 10 V
2	10 μF 축전기	교류 10 V−60 Hz
3	0.1 H 코일	교류 10 V−60 Hz

그림 4-17 예제 4-13의 회로

이에 대한 설명으로 옳은 것을 〈보기〉에서 모두 고르시오?

〈보기〉

ㄱ. 실험 1에서 축전기가 완전히 충전된 후 측정한 전압은 실험 2에서 측정한 전압의 실효값보다 크다.

ㄴ. 실험 3에서 코일의 유도 리액턴스는 12 π [Ω]이다.

ㄷ. 실험 3에서 측정한 전압의 실효값은 0이다.

정답 및 풀이

정답 ㄱ, ㄴ

1. 실험 1에서 축전기에 걸리는 전압은 10 [V]임
2. 실험 2 축전기에 걸리는 전압은 $V_c = \sqrt{V - V_R}$ 이므로 10 [V]보다 적다.
3. $X_L = \omega L = 2\pi \times 60 \times 0.1 = 12\pi$ [Ω], 측정한 전압은

   $V_L = \sqrt{V - V_R} = \sqrt{10^2 - 9.36^2} = 3.52$ [V]

■ 어드미턴스

임피던스(Z)의 역수$\left(\frac{1}{Z}\right)$를 **어드미턴스**(admittance)라 한다.

$$Y = \frac{1}{Z} = \frac{1}{Z\angle\theta} \ [℧] \tag{4-22}$$

전압과 전류 사이에는 다음의 관계가 성립한다.

$$Y = \frac{I}{V} \ [℧],\ I = YV \ [A],\ V = \frac{I}{Y} \ [V] \tag{4-23}$$

임피던스는 저항을 실수부, 리액턴스를 허수부로 하는 복소수로 표시되므로 이의 역수인 어드미턴스도 복소수가 된다.

$$Y = \frac{1}{Z} = \frac{1}{R+jX} = \frac{R-jX}{R^2+X^2}$$
$$= \frac{R}{R^2+X^2} - j\frac{X}{R^2+X^2} = G+jB \qquad (4\text{-}24)$$

여기서 어드미턴스의 실수부 G를 **컨덕턴스**(conductance), 허수부 B를 **서셉턴스**(susceptacne)라 하며, 단위는 어느 것이든 모(mho, ℧)를 사용한다.

어드미턴스의 크기(Y) 및 각, 즉 전류와 전압의 상차각(θ)은

$$Y = \sqrt{G^2+B^2}\ [℧],\ \theta = \tan^{-1}\frac{B}{G} \qquad (4\text{-}25)$$

이 된다.

예제 4-14

그림 4-18에서 i_1과 i_2가 다음과 같다면, i_3는 대략 얼마인가? 단, 페이저도를 이용하여라.

$$i_1 = \sqrt{2}\cdot 5\sin\left(\omega t - \tan^{-1}\frac{4}{3}\right)\ [\mathrm{A}]$$
$$i_2 = \sqrt{2}\cdot 2\cos(\omega t - 90°)\ [\mathrm{A}]$$

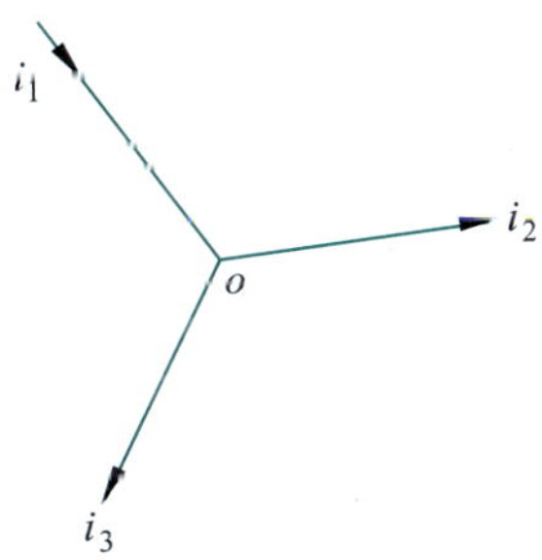

그림 4-18 예제 4-14

풀이

$$i_1 = \sqrt{2}\cdot 5\sin\left(\omega t - \tan^{-1}\frac{4}{3}\right)\ [\mathrm{A}]$$
$$I_1 = 5\angle -53.1°$$
$$= 5(\cos(-53.1°) + j\sin(-53.1°))$$
$$= 5(\cos 53.1° - j\sin 53.1°)$$

$I_1 = 3 - j4$ [A]

$i_2 = \sqrt{2} \cdot 2\sin\left(\omega t - 90° + \frac{\pi}{2}\right)$ [A]

$I_2 = 2\angle 0°$ [A]

$\therefore I_3 = I_1 - I_2 = 3 - j4 - 2 = 1 - j4$ [A]

$|\dot{I}_3| = \sqrt{17} = 4.12$

$\theta = \tan^{-1}\frac{-4}{1} = -76°$

$i_3 = \sqrt{2} \cdot 4.12\angle -76°$

$= \sqrt{2} \cdot 4.12\sin(\omega t - 76°)$ [A]

예제 4-15

그림 4-19(a)와 같은 R-C 병렬회로에서

(a) 회로의 어드미턴스를 구하고, 어드미턴스 삼각도 및 V를 기준으로 한 페이저도를 그려라.

(b) $R = 25$ [Ω], $C = 30$ [μF]이고, $v = 10\sqrt{2}\cos(1000t - 20°)$ [V]일 때 i를 구하여라.

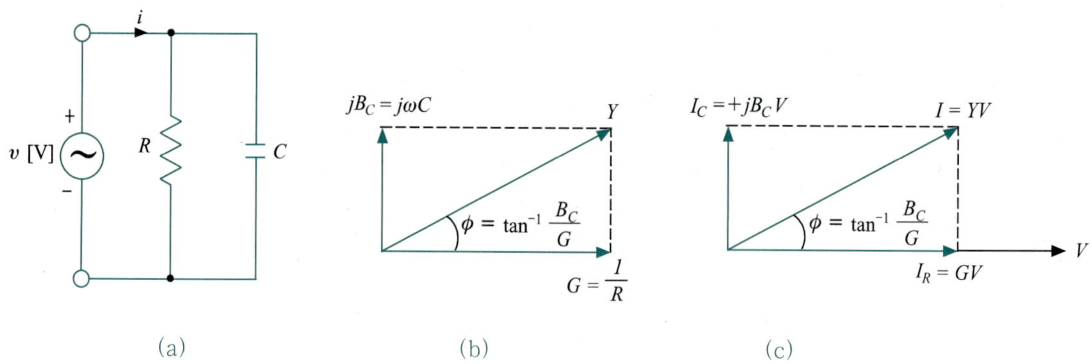

그림 4-19 R-C 병렬회로

풀이

(a) $Y = G + jB_C = Y\angle\phi$

$Y = \sqrt{G^2 + B_C^2}$, $\phi = \tan^{-1}\dfrac{B_C}{G}$

즉, $\phi > 0$ 이므로 전류는 인가전압보다 위상이 앞선다.

어드미턴스 삼각도는 그림 4-19(b)와 같고, V를 기준으로 한 페이저도는 그림 4-19(c)와 같다.

(b) $G = \dfrac{1}{25} = 0.04$ [℧], $B_C = 1{,}000 \times 30 \times 10^{-6} = 0.03$ [℧]

$Y = 0.04 + j0.03 = 0.05\angle 37°$ [℧]

$V = 10\angle 90° - 20° = 10\angle 70°$ [V]

$I = YV = (0.05\angle 37°) \times (10\angle 70°) = 0.5\angle 107°$ [A]

$i = \sqrt{2}.0.5\sin(1{,}000t + 107°) = \sqrt{2}.0.5\cos(1{,}000t + 17°)$ [A]

예제 4-16

그림의 회로는 3개의 전류계를 사용하여 단상교류전력을 측정하는 방법이다. 전력 P를 계산하여라.

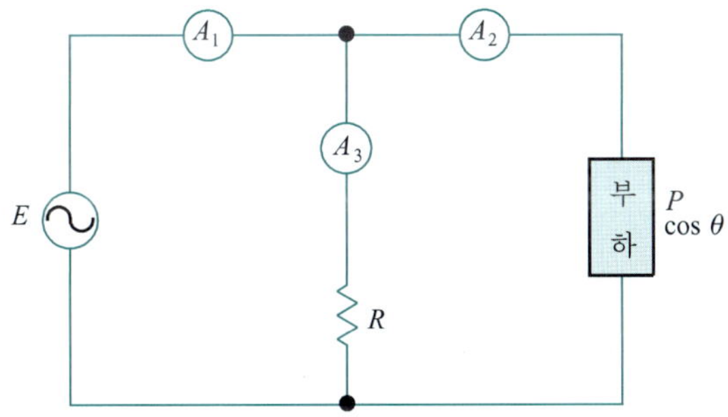

그림 4-20 예제 4-16의 회로

풀이

$P = VI\cos\theta$ 에서 $I = I_2$, $V = I_3R$(병렬이므로 전압이 같다.)

$P = I_3RI_2\cos\theta$ 이므로 역률 $\cos\theta$를 구하면 된다. 전류 I_3를 기준으로 벡터를 그리면 다음 그림 4-21과 같다.

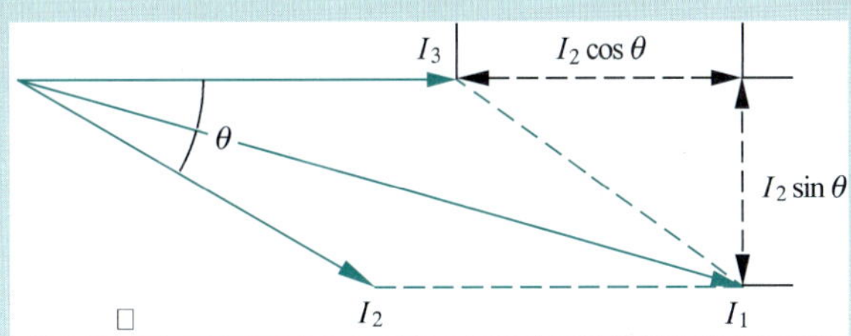

그림 4-21 예제 4-16의 풀이

$$I_1 = I_3 + I_2\cos\theta + jI_2\sin\theta$$
$$I_1 = \sqrt{(I_3 + I_2\cos\theta)^2 + (I_2\sin\theta)^2}$$
$$I_1^{\,2} = (I_3 + I_2\cos\theta)^2 + (I_2\sin\theta)^2$$
$$I_1^{\,2} = I_3^{\,2} + 2I_2I_3\cos\theta + I_2^{\,2}\cos^2\theta + I_2^{\,2}\sin^2\theta$$
$$I_1^{\,2} = I_3^{\,2} + 2I_2I_3\cos\theta + I_2^{\,2}(\cos^2\theta + \sin^2\theta)$$

$\cos^2\theta + \sin^2\theta = 1$ 이므로

$$I_1^{\,2} = I_3^{\,2} + 2I_2I_3\cos\theta + I_2^{\,2}$$
$$\cos\theta = \frac{I_1^{\,2} - I_3^{\,2} - I_2^{\,2}}{2I_2I_3}$$
$$P = I_3RI_2\cos\theta = I_3RI_2\frac{(I_1^{\,2} - I_3^{\,2} - I_2^{\,2})}{2I_2I_3}$$
$$\therefore P = \frac{R}{2}(I_1^{\,2} - I_3^{\,2} - I_2^{\,2})\ [\mathrm{W}]$$

예제 4-17

그림의 회로는 전압계 3개를 사용하여 단상 전력을 측정하는 방법이다. 전력을 계산하여라.

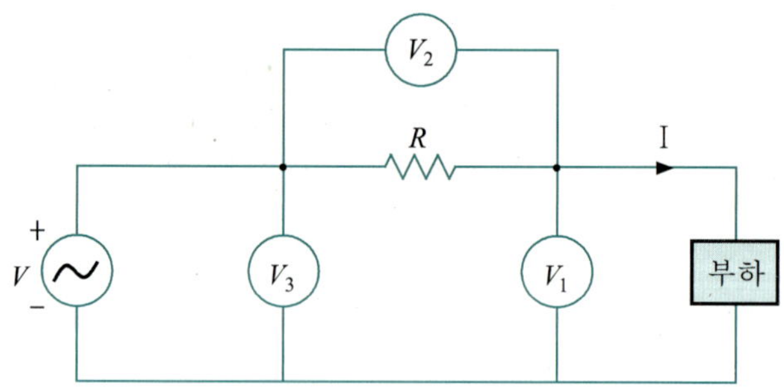

그림 4-22 예제 4-17의 회로

풀이

$P = VI\cos\theta$ 에서 $V = V_1$, $I = \dfrac{V_2}{R}$ 이므로 $P = V_1\dfrac{V_2}{R}\cos\theta$

V_2를 기준으로 전압의 관계를 벡터로 표시하면 다음 그림 4-23과 같다.

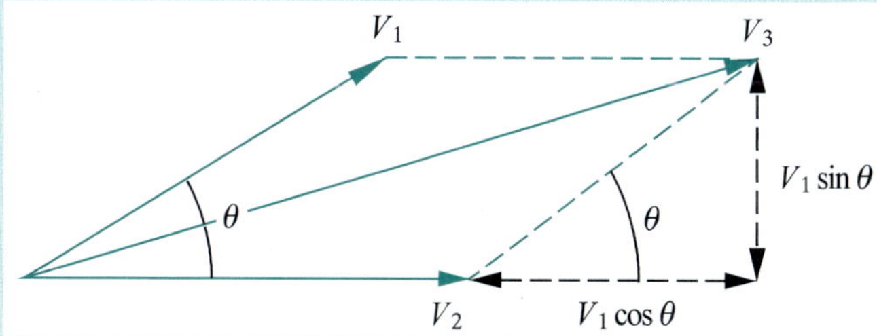

그림 4-23 예제 4-17의 풀이

$$V_3 = V_2 + V_1\cos\theta + jV_1\sin\theta$$
$$V_3 = \sqrt{(V_2 + V_1\cos\theta)^2 + (V_1\sin\theta)^2}$$
$$V_3^{\,2} = (V_2 + V_1\cos\theta)^2 + (V_1\sin\theta)^2$$
$$= V_2^{\,2} + 2V_1V_2\cos\theta + V_1^{\,2}\cos^2\theta + V_1^{\,2}\sin^2\theta$$
$$= V_2^{\,2} + 2V_1V_2\cos\theta + V_1^{\,2}(\cos^2\theta + V_1^{\,2}\sin^2\theta)$$
$$= V_2^{\,2} + 2V_1V_2\cos\theta + V_1^{\,2}$$
$$\cos\theta = \frac{V_3^{\,2} - V_1^{\,2} - V_2^{\,2}}{2V_1V_2}$$
$$\therefore P = \frac{V_1V_2}{R}\cos\theta$$
$$= \frac{V_1V_2}{R}\,\frac{V_3^{\,2} - V_1^{\,2} - V_2^{\,2}}{2V_1V_2}$$
$$= \frac{V_3^{\,2} - V_1^{\,2} - V_2^{\,2}}{2R}\ [\mathrm{W}]$$

4-8 브리지 회로

4-8-1 휘스톤 브리지

저항을 측정하는 **휘스톤 브리지**(Wheatstone bridge)가 있다. 이 브리지는 브리지 회로의 기본형으로서 회로구성은 그림 4-24와 같다. 브리지 회로는 저항 이외에 인덕턴스, 커패시턴스 및 주파수 등을 측정하는 데 사용되며, 다른 계기에 의한 측정보다 정확하다.

검류계 D를 흐르는 전류가 0일 때 브리지는 평형상태가 되어 다음 관계식이 성립한다.

$$I_1Z_1 = I_2Z_2, \quad I_1Z_3 = I_2Z_4$$
$$\frac{I_2}{I_1} = \frac{Z_1}{Z_2} = \frac{Z_3}{Z_4}$$
$$Z_1Z_4 = Z_2Z_3 \tag{4-26}$$

실용화되고 있는 교류 브리지에는 여러 가지가 있으나 대표적인 것으로 **휘스톤 브리지**(Wheat-stone bridge), **맥스웰 브리지**(Maxwell bridge), **위인 브리지**(Wien bridge)가 있다.

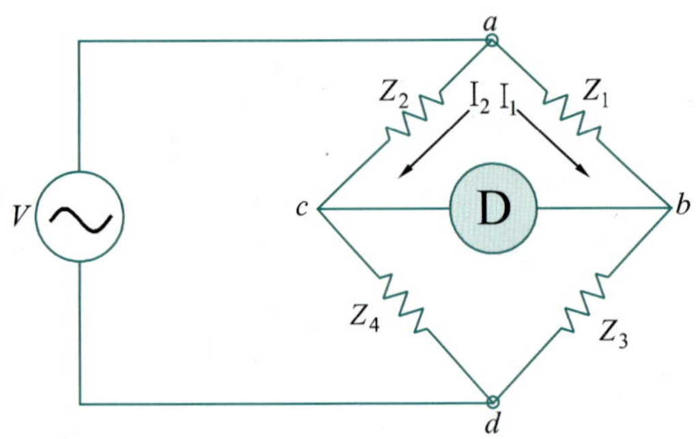

그림 4-24 브리지 회로

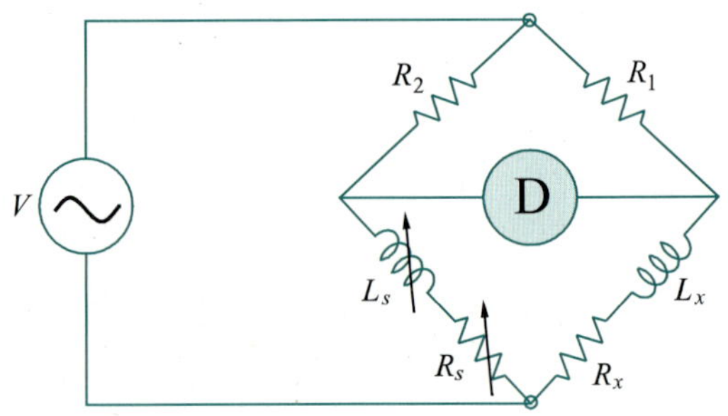

그림 4-25 맥스웰 브리지 회로

4-8-2 맥스웰 브리지

그림 4-25는 표준자기 인덕턴스 L_S [H], 표준저항 R_S [Ω]와 미지 코일의 자기 인덕턴스 L_χ [H], 미지저항 R_χ [Ω]을 비교하여 측정하는 브리지를 **맥스웰 브리지**(Maxwell bridge)라 한다.

그림 4-25에서 브리지의 각 변의 임피던스는

$$Z_1 = R_1, \quad Z_2 = R_2, \quad Z_3 = R_\chi + j\omega L_\chi, \quad Z_4 = R_S + j\omega L_S$$

이므로 평형조건에 의해서 다음 식이 성립한다.

$$R_1(R_S + j\omega L_S) = R_2(R_\chi + j\omega L_\chi)$$

위 식은 복소수의 성질에 의해 두 변의 실수부와 허수부가 각각 같아야 하므로

$$R_1R_S = R_2R_\chi, \quad R_1\omega L_S = R_2\omega L_\chi$$

따라서

$$R_{\chi} = \frac{R_1}{R_2} R_S, \quad L_{\chi} = \frac{R_1}{R_2} L_S \tag{4-27}$$

으로 구해진다.

예제 4-18

그림과 같은 브리지 회로에 있어서 평형조건을 구하여라. 단, 전원의 각주파수는 ω [rad/s]이다.

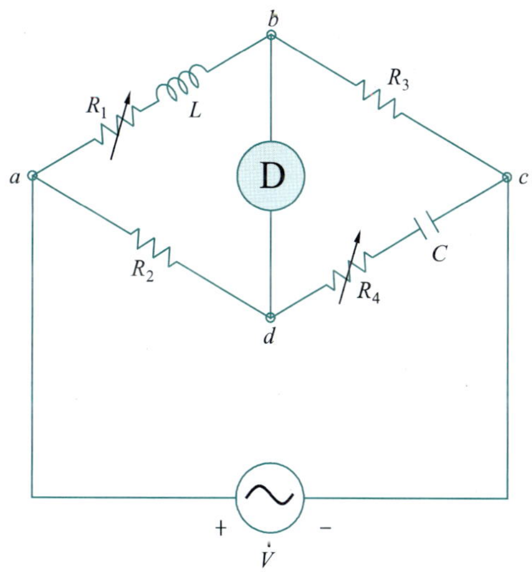

그림 4-26 예제 4-18의 회로

풀이

$Z_1 = R_1 + j\omega L$

$Z_2 = R_4 + \dfrac{1}{j\omega C}$

$R_2 R_3 = (R_1 + j\omega L)\left(R_4 + \dfrac{1}{j\omega C}\right)$

$R_1 R_4 - j\dfrac{1}{\omega C} R_1 + j\omega L R_4 + \dfrac{L}{C}$

$R_1 R_4 + \dfrac{L}{C} + j\left(\omega L R_4 - \dfrac{1}{\omega C} R_1\right)$

- 실수부=실수부, 허수부=0이 되어야 한다.

◦ $R_2 R_3 = R_1 R_4 + \dfrac{L}{C}$, $R_1 R_4 = R_2 R_3 - \dfrac{L}{C}$

$$-\omega L R_4 - \frac{1}{\omega C} R_1 = 0$$

$$\omega L R_4 = \frac{1}{\omega C} R_1$$

$$\therefore \omega = \sqrt{\frac{R_1}{LCR_4}} \ \text{[rad/s]}$$

4-8-3 위인 브리지

그림 4-27는 주파수 측정에서 많이 사용되는 **위인 브리지**(Wine bridge) 회로이다. 이 회로에서 비례 변에는 저항을, 다른 두 변에는 저항과 정전용량을 직렬 또는 병렬로 접속하면 이 브리지의 각 변의 임피던스는

$$Z_1 = R_1, \quad Z_2 = R_2, \quad Z_3 = \frac{1}{\dfrac{1}{R_3} + j\omega C_3}, \quad Z_4 = R_4 - j\frac{1}{\omega C_4}$$

이므로 브리지가 평형되어 있을 때에는

$$R_1\left(R_4 - j\frac{1}{\omega C_4}\right) = R_2\left(\frac{1}{\dfrac{1}{R_3} + j\omega C_3}\right)$$

양변에 $\frac{1}{R_1}$을 곱하면

$$\left(R_4 - j\frac{1}{\omega C_4}\right) = \frac{R_2}{R_1}\left(\frac{1}{\dfrac{1}{R_3} + j\omega C_3}\right)$$

이 된다. 이 식을 정리하면

$$\left(\frac{R_4}{R_3} + \frac{C_3}{C_4} - \frac{R_2}{R_1}\right) + j\left(\omega C_3 R_4 - \frac{1}{\omega C_4 R_3}\right) = 0$$

으로 되어, 복소수의 성질에 의해 실수부와 허수부는 모두 0이 되어야 위 식이 성립하므로, 따라서

$$\frac{R_4}{R_3} + \frac{C_3}{C_4} = \frac{R_2}{R_1}$$

$$\omega C_3 R_4 = \frac{1}{\omega C_4 R_3} \tag{4-28}$$

과 같이 되며, 평형할 때의 각 주파수 ω는

$$\omega = \frac{1}{\sqrt{R_3 R_4 C_3 C_4}} \ \text{[rad/s]}$$

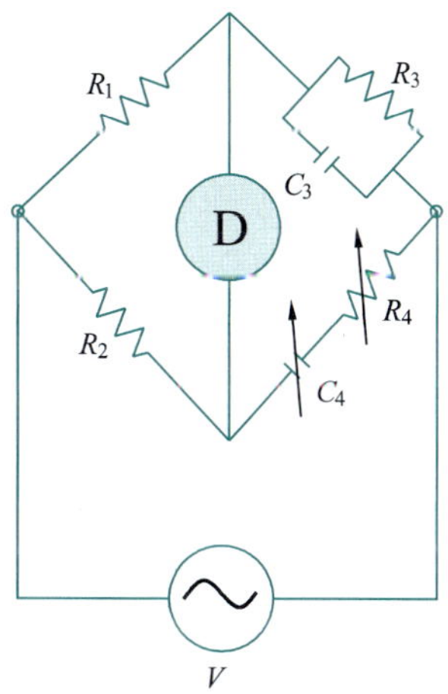

그림 4-27 위인 브리지

위 식에서 주파수는 저항과 정전용량으로 결정된다는 것을 알 수 있으며, 전원 V의 주파수를 측정할 수 있다.

예제 4-19

다음 브리지 회로에서 a, b 간의 합성저항은 얼마인가?

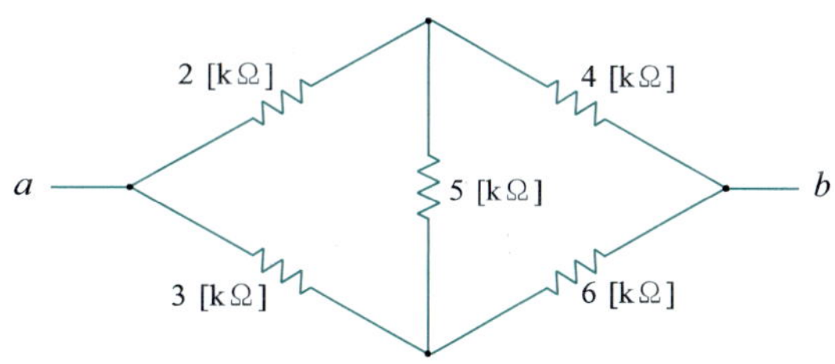

그림 4-28 브리지 회로

풀이

평형조건이 성립하고 있으므로

$$R_{ab} = \frac{6 \times 9}{6+9} = 3.6 \text{ [k}\Omega\text{]}$$

예제 4-20

다음 브리지 회로의 평형조건을 구하여라.

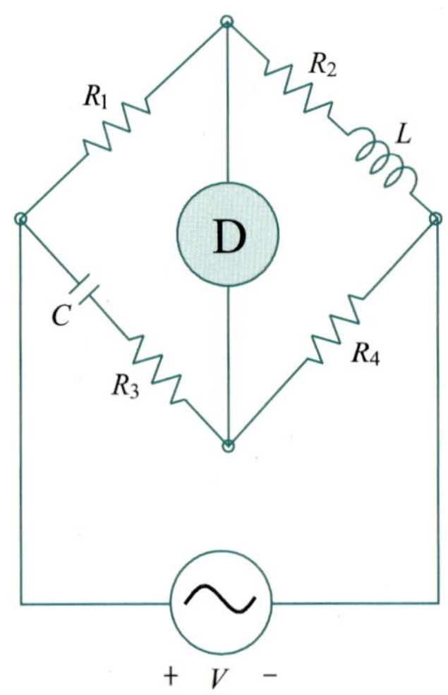

그림 4-29 예제 4-20의 회로

풀이

$\dot{Z}_1 = R_1$, $\dot{Z}_2 = R_2 + j\omega L$, $\dot{Z}_3 = R_3 + \dfrac{1}{j\omega C}$, $\dot{Z}_4 = R_4$이므로 브리지 평형조건 $Z_1Z_4 = Z_2Z_3$에 대입하면

$$R_1R_4 = (R_2 + j\omega L)\cdot\left(R_3 + \frac{1}{j\omega C}\right)$$
$$= \left(R_2R_3 + \frac{L}{C}\right) + j\left(\omega LR_3 - \frac{R_2}{\omega C}\right)$$

위 식이 등식이 되려면

$$R_1R_4 = R_2R_3 + \frac{L}{C}, \quad \omega LR_3 = \frac{R_2}{\omega C}$$

또는

$R_1R_4 - R_2R_3 = \dfrac{L}{C}$, $\dfrac{R_3}{R_2} = \dfrac{1}{\omega^2 LC}$이 된다.

예제 4-21

그림과 같은 회로에서 전류계 Ⓐ의 지시값은 10 [A]이다. 전압계 Ⓥ의 지시값과 전원 전압 E [V]는 얼마인가?

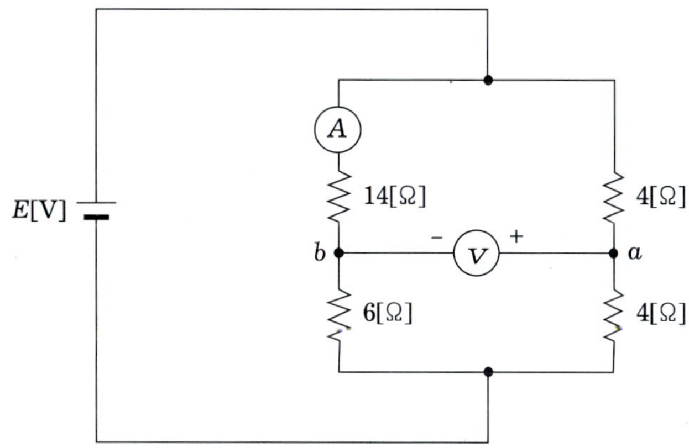

그림 4-30 예제 4-21의 회로

정답 및 풀이

정답 : 풀이 참조

14 [Ω]과 6 [Ω]의 직렬회로에 흐르는 전류는 10 [A]이므로 전원전압 E [V]는 $E = 10 \times (14+6) = 10 \times 20 = 200$ [V], 4 [Ω]과 4 [Ω]의 직렬회로에 흐르는 전류 I_4는

$$I_4 = \frac{200}{8} = 25 \text{ [A]}$$

$$V_{ab} = V_a - V_b = I \times 4 - I \times 6$$

$$= 25 \times 4 - 10 \times 6$$

$$= 100 - 60 = 40 \text{ [V]}$$

예제 4-22

그림과 같은 회로에서 전압계 Ⓥ의 지시값이 0 [V]였다. 저항 R [Ω]은 얼마인가?

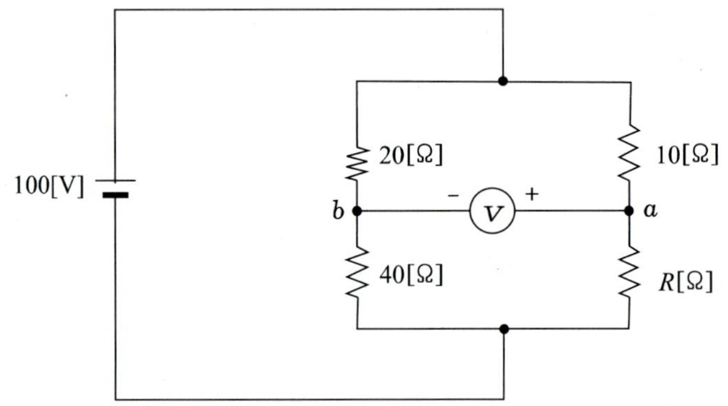

그림 4-31 예제 4-22의 회로

정답 및 풀이

정답 : 풀이참조

브리지회로가 평형조건이 되므로

$20 \times R = 10 \times 40$

$R = \frac{400}{20} = 20$ [Ω]

별해

전압의 분압은 저항비와 비례한다. 전압계의 지시값이 0 [V]로 되려면 10 [Ω]과 R [Ω] 직렬회로의 저항비가 20 : 40으로 되어야 한다.
그러므로

$10 : R = 20 : 40$

$20R = 10 \times 40 = 400$

$R = \frac{400}{20} = 20$ [Ω]

예제 4-23

그림과 같은 회로에서 단자 a, b에서 본 저항 R_{ab} [Ω]는?

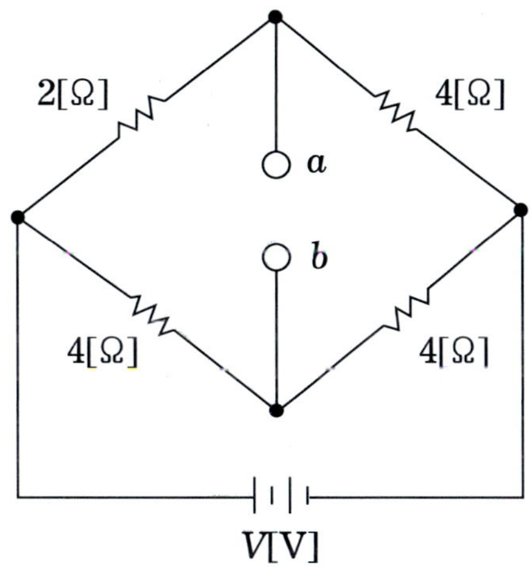

그림 4-32 예제 4-23의 회로

정답 및 풀이

정답 : 풀이참조

등가 저항 계산시 전원을 제거 즉 전압원을 단락하면 다음과 같다.

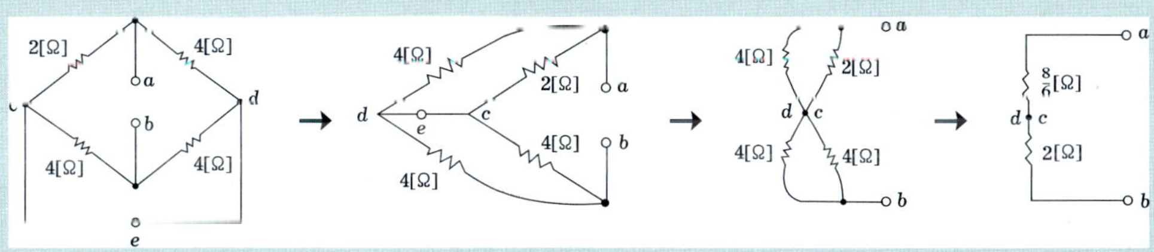

그림 4-33

$$R_{ab}=\frac{4\times 2}{4+2}+\frac{4\times 4}{4+4}=\frac{4}{3}+2=\frac{10}{3}\ [\Omega]$$

연습문제

4-1 두 복소수 $4+j3$, $-2+j1$을 가, 감, 승, 제 하여라.

4-2 $A=96+j28$, $B=4-j3$일 때 A/B를 구하여라.

4-3 $e_1=20\sqrt{2}\,sin\omega t$ [V], $e_2=50\sqrt{2}\,cos\left(\omega t-\frac{\pi}{6}\right)$ [V] 일 때 (e_1+e_2)의 실효값은 몇 [V]인가?

4-4 두 정현파 전류 $i_1=\sqrt{2}\,sin\left(\omega t+\frac{\pi}{4}\right)$ [A], $i_2=-\frac{2}{\sqrt{3}}cos\left(\omega t+\frac{\pi}{6}\right)$ [A]를 합성하여 순시값 표시식으로 나타내어라.

4-5 복소수 전압 $\dot{V}=-100e^{j\frac{3}{2}\pi}$ [V]를 정현파의 순시값 표시식으로 나타내어라.

4-6 다음 브리지 회로가 평형상태가 되기 위한 C_x의 값을 구하여라. 단, $R_1=5$ [Ω], $R_2=10$ [Ω], $C=100$ [pF]이다.

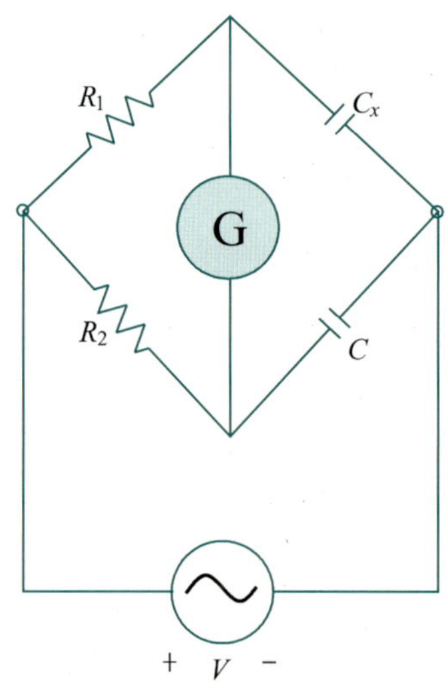

그림 4-34

4-7 그림과 같이 브리지 회로가 평형되기 위한 R과 X의 값을 구하여라.

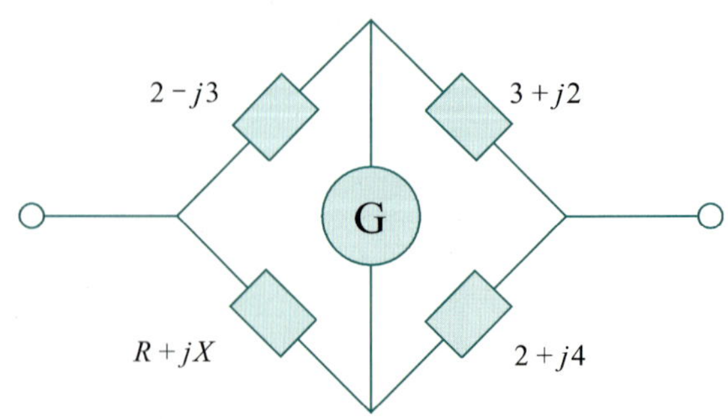

그림 4-35

복습문제

문제 1. $\dot{V} = v_1 - jv_2$와 $\dot{I} = I$와의 위상차를 $\frac{\pi}{3}$ [rad] 만큼 I를 앞서게 하는 조건은?

㉮ $v_2 = \sqrt{3}\, v_1$ ㉯ $v_2 = -\sqrt{3}\, v_1$

㉰ $v_2 = \frac{1}{\sqrt{3}} v_1$ ㉱ $v_2 = -\frac{1}{\sqrt{3}} v_1$

문제 2. 저항과 리액턴스의 직렬회로에 $\dot{E} = 14 + j\,38$ [V]인 교류전압을 가하니 $\dot{I} = 6 + j2$ [A]의 전류가 흐른다. 이 회로의 저항과 리액턴스는 얼마인가?

㉮ $R = 4$ [Ω], $X_L = 5$ [Ω]

㉯ $R = 5$ [Ω], $X_L = 4$ [Ω]

㉰ $R = 6$ [Ω], $X_L = 3$ [Ω]

㉱ $R = 7$ [Ω], $X_L = 2$ [Ω]

문제 3. 어떤 회로의 전압 및 전류가 $E = 10\angle 60°$ [V], $I = 5\angle 30°$ [A]일 때 이 회로의 임피던스 Z [Ω]는?

㉮ $\sqrt{3} + j$ ㉯ $\sqrt{3} - j$

㉰ $1 + j\sqrt{3}$ ㉱ $1 - j\sqrt{3}$

문제 4. $\dot{V} = 96 + j28$ [V], $\dot{Z} = 4 - j3$ [Ω]이다. 전류 $\dot{I}$ [A]는? (단, $\alpha = \tan^{-1}\frac{4}{3}$, $\beta = \tan^{-1}\frac{3}{4}$ 이다.)

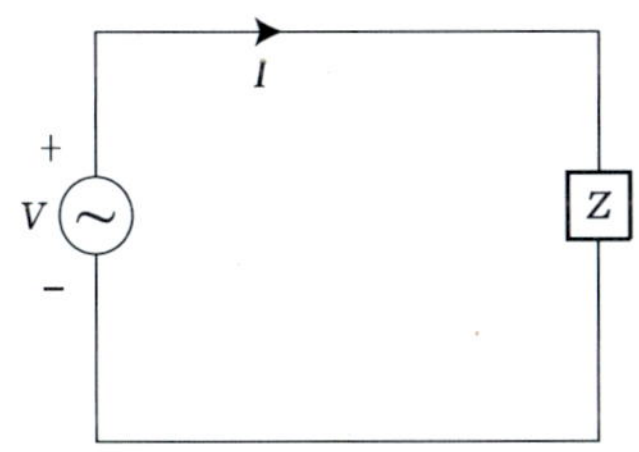

㉮ $20\,\epsilon^{j\alpha}$ ㉯ $10\,\epsilon^{j\alpha}$

㉰ $20\,\epsilon^{j\beta}$ ㉱ $10\,\epsilon^{j\beta}$

문제 5. $\dot{A}_1 = 20\left(\cos\frac{\pi}{3} + j\sin\frac{\pi}{3}\right)$, $\dot{A}_2 = 5\left(\cos\frac{\pi}{6} + j\sin\frac{\pi}{6}\right)$ 로 표시되는 두 벡터가 있다. $\dot{A}_3 = \dot{A}_1 / \dot{A}_2$ 의 값은 얼마인가?

㉮ $\dot{A}_3 = 4\left(\cos\frac{\pi}{3} + j\sin\frac{\pi}{3}\right)$ [A]

㉯ $\dot{A}_3 = 10\left(\cos\frac{\pi}{6} + j\sin\frac{\pi}{6}\right)$ [A]

㉰ $\dot{A}_3 = 4\left(\cos\frac{\pi}{6} + j\sin\frac{\pi}{6}\right)$ [A]

㉱ $\dot{A}_3 = 10\left(\cos\frac{\pi}{3} + j\sin\frac{\pi}{3}\right)$ [A]

문제 *6.* 그림과 같은 회로에서 단자 a, b 사이의 합성 저항은?

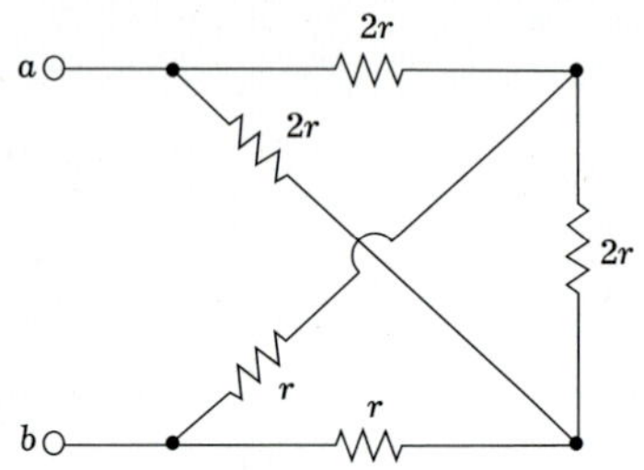

㉮ r ㉯ $\frac{3}{2}r$ ㉰ $\frac{1}{2}r$ ㉱ $3r$

문제 *7.* $e_1 = 30\sqrt{2}\sin\omega t$ [V], $e_2 = 40\sqrt{2}\cos(\omega t - \pi/6)$ [V]일 때 $e_1 + e_2$의 실효값은 몇 [V]인가?

㉮ 50 ㉯ 70

㉰ $10\sqrt{7}$ ㉱ $10\sqrt{37}$

문제 *8.* $Z_1 = 3 + j10$ [Ω], $Z_2 = 3 - j2$ [Ω]의 두 임피던스를 직렬로 하고 양단에 100 [V]의 전압을 가했을 때 각 임피던스 양단의 전압은?

㉮ $V_1 = 98 + j36$, $V_2 = 2 + j36$

㉯ $V_1 = 98 - j36$, $V_2 = 2 + j36$

㉰ $V_1 = 98 + j36$, $V_2 = 2 - j36$

㉱ $V_1 = 98 - j36$, $V_2 = 2 - j36$

문제 *9.* 임피던스 $\dot{Z} = 15 + j4$ [Ω]의 회로에 $\dot{I} = 10(2 + j)$ [A]를 흘리는 데 필요한 전압 $\dot{V}$를 구하시오.

㉮ $10(26 + j23)$ ㉯ $10(34 + j23)$

㉰ $10(30 + j4)$ ㉱ $10(15 + j8)$

문제 *10.* 그림과 같은 회로에서 전압계 Ⓥ의 지시값은 몇 [V]인가?

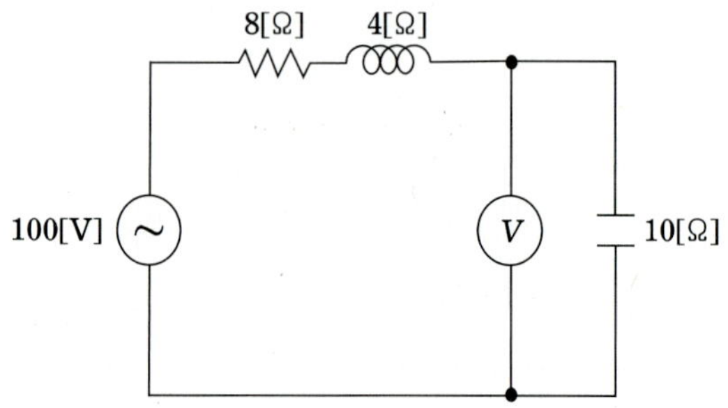

문제 *11.* 그림과 같은 회로에서 전류 i의 순시값을 표시하는 식은?
(단, $Z_1 = 3 + j10$ [Ω], $Z_2 = 3 - j2$ [Ω], $v = 100\sqrt{2}\sin 120\pi t$ [V]이다.)

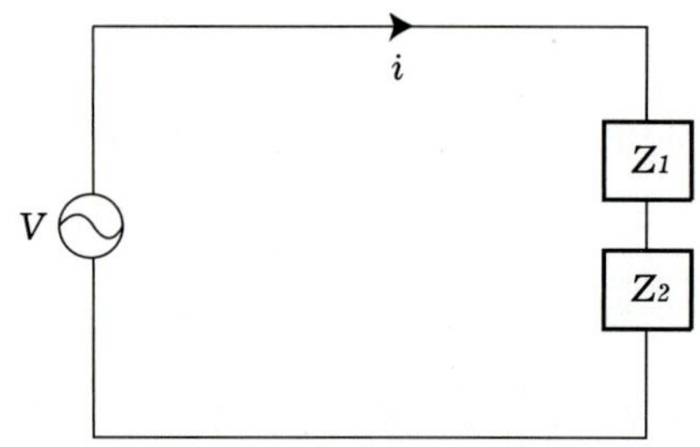

문제 *12.* 그림과 같은 회로에서 단자 a, b 사이에 교류전압 200 [V]를 인가했을 때 c, d 사이의 전위차 [V]는?

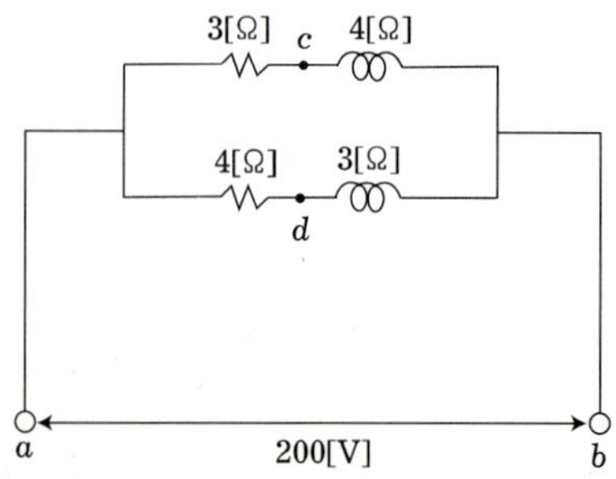

문제 *13.* 그림과 같은 회로에서 단자 a, b에 100 [V]를 가할 때 c, d 사이에 나타나는 전압 [V]은?

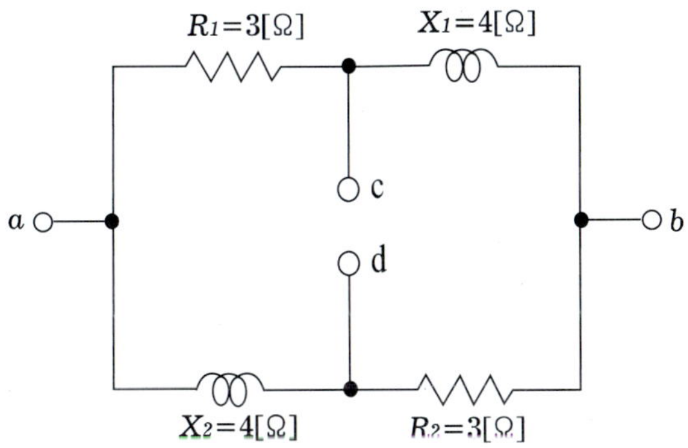

문제 *14.* 그림과 같은 임피던스의 병렬회로에서 각 분로에 흐르는 전류의 크기가 같고, 또 90°의 위상차가 생기게 하는 조건을 구하면?

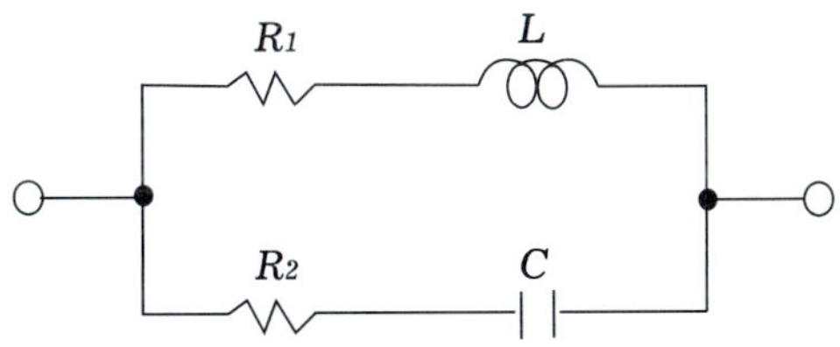

문제 *15.* 정선용량 C [F]의 회로에 기전력 $e = E_m \sin \omega t$ [V]를 인가할 때 흐르는 전류 i [A]는?

㉮ $\dfrac{E_m}{\omega C} \sin(\omega t + 90^\circ)$

㉯ $\dfrac{E_m}{\omega C} \sin(\omega t - 90^\circ)$

㉰ $\omega C E_m \sin(\omega t + 90^\circ)$

㉱ $\omega C E_m \cos(\omega t + 90^\circ)$

문제 *16.* 다음의 회로에서 e_0의 크기는 얼마인가?

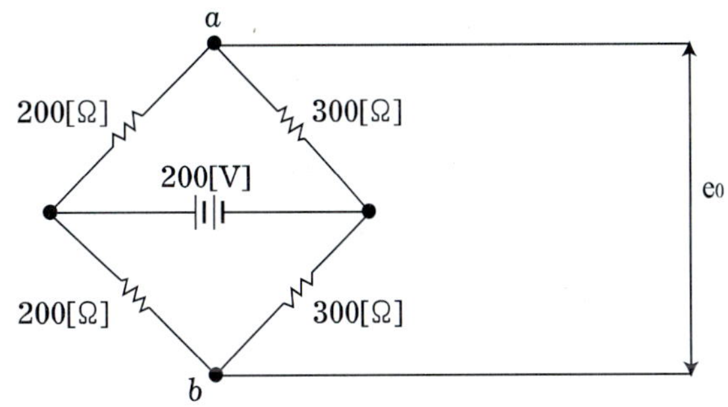

문제 *17.* 그림과 같은 회로의 a, b 단자에서 본 임피던스 [Ω]는?

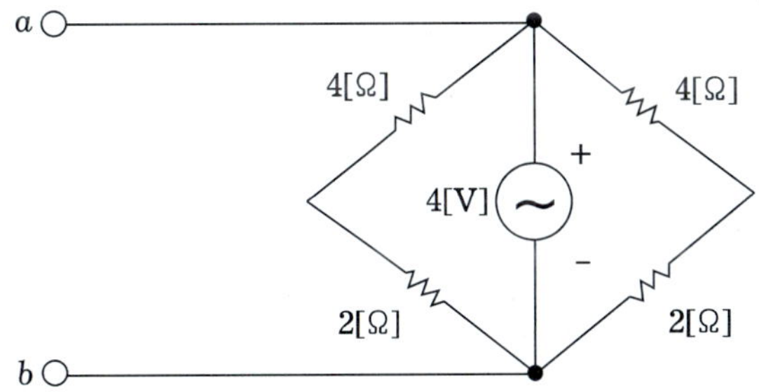

문제 *18.* 다음 그림에서 a, b간의 합성저항은 몇 [Ω]인가?

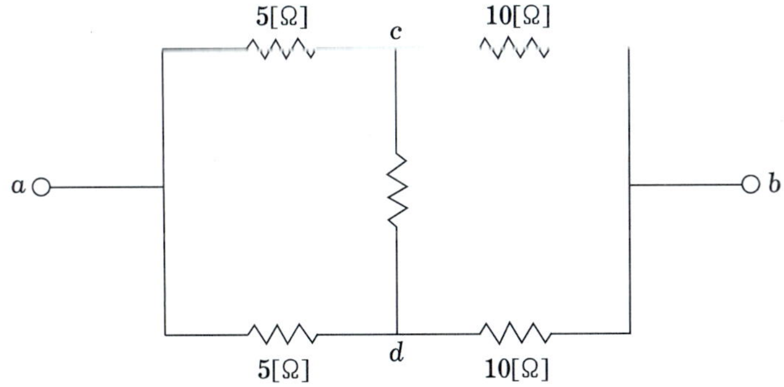

문제 *19.* 그림과 같은 회로의 단자 a, b에서 본 등가저항은 얼마인가?

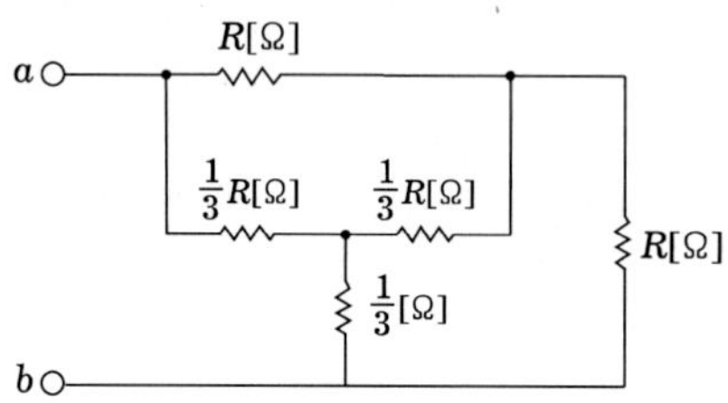

문제 *20.* 그림과 같은 직류 브리지 회로에서 전전류 I [A]는 얼마인가?
단, $E=70$ [V], $r_1=1$ [Ω], $r_2=2$ [Ω]이다.

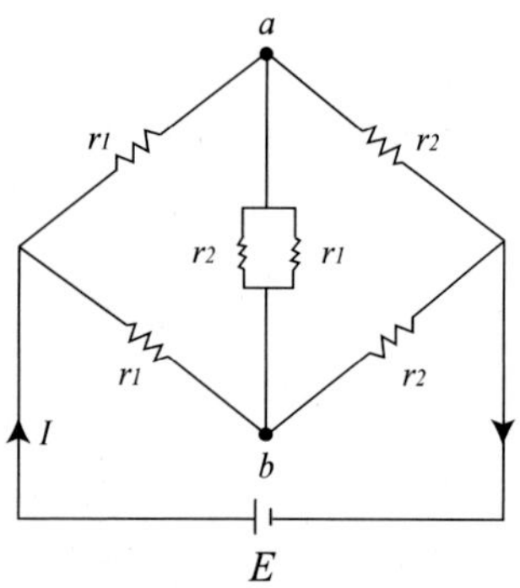

문제 *21.* 그림과 같은 회로에서 a, b 사이에 흐르는 전류 [A]는? (단, 저항의 단위는 [Ω]이다.)

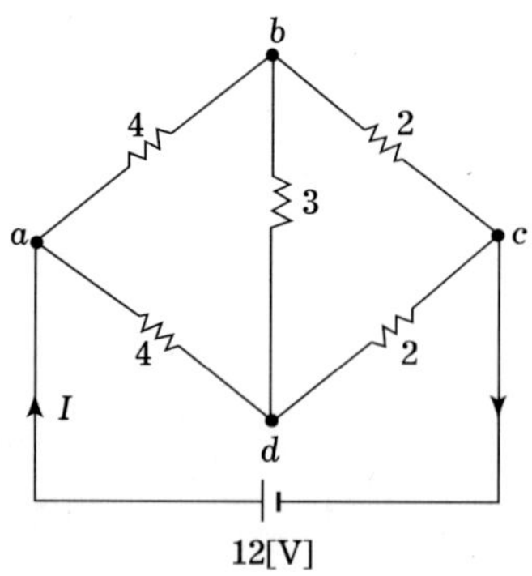

문제 *22.* 그림과 같은 회로에서 전압전달비 $\frac{V_2}{V_1}$는? 단, 저항의 단위는 [Ω]이다.

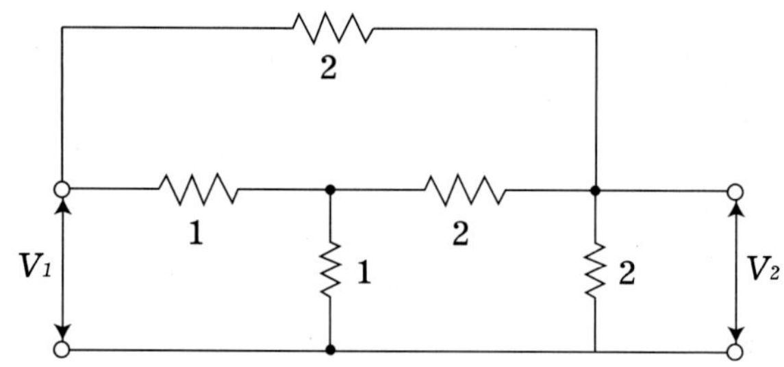

문제 *23.* 그림과 같은 회로에서 a, b 단자 사이의 합성저항 [Ω]는?

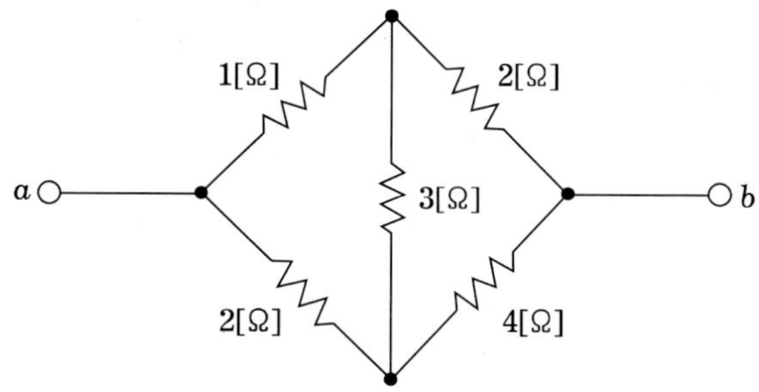

문제 *24.* 그림과 같은 회로에 흐르는 전류 I는 몇 [A]인가?

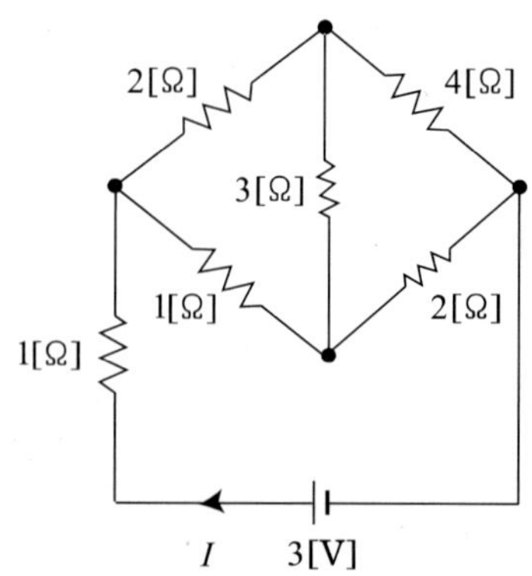

문제 *25.* 다음의 브리지 회로가 평형상태라 하면 R_X의 저항은?

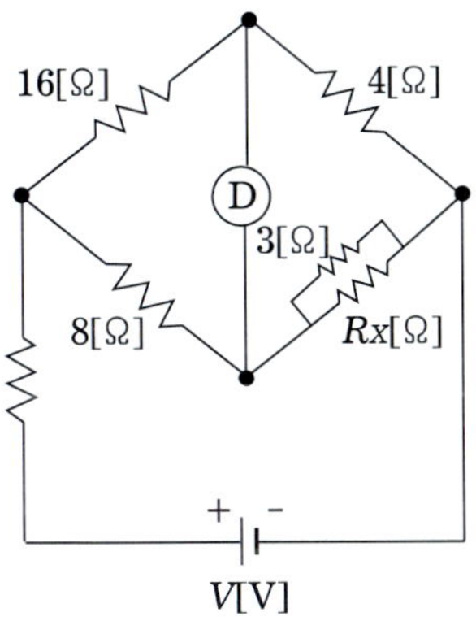

문제 *26.* 다음의 브리지 회로가 평형상태라 하면 R_x의 저항은?

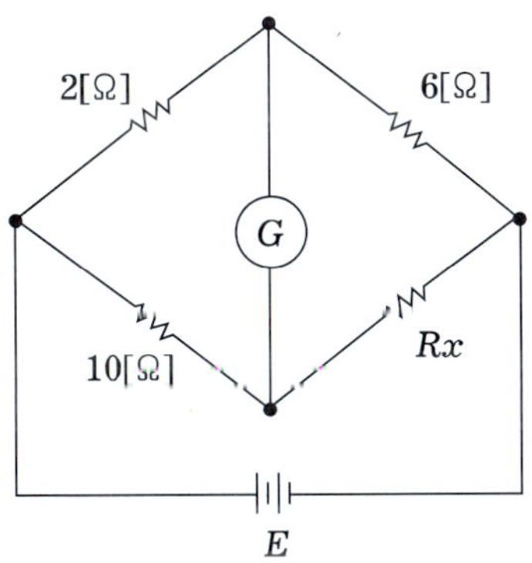

문제 *27.* 휘트스톤 브리지는 (   )을 측정하기 위해 사용되는 회로이다.

㉮ 미지의 전압　　㉯ 미지의 전류
㉰ 미지의 전력　　㉱ 미지의 저항

문제 *28.* 코일에 100[V]의 교류전압을 가하여 10[A]의 전류가 흘렀고 전압 전류의 위상차는 $\frac{\pi}{3}$ [rad]이 되었다. 이 코일의 저항[Ω]과 유도 리액턴스 값은?

문제 *29.* 회로에서 전류 I?

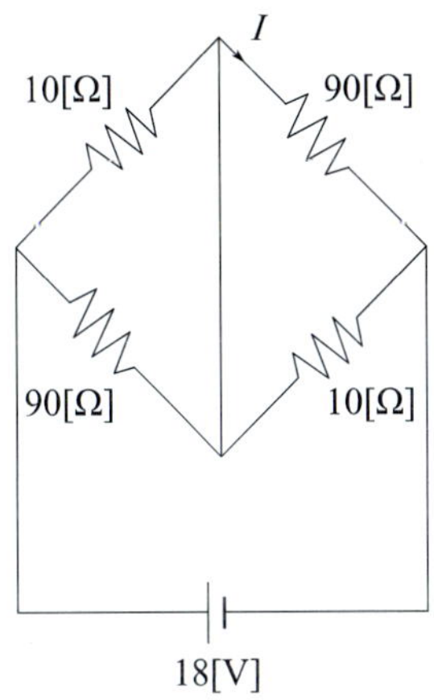

문제 *30.* 그림과 같은 회로에서 Z_1의 단자전압 $V_1 = \sqrt{3} + jy$ [V], Z_2의 단자전압 $V_2 = |V|\angle 30^\circ$ [V]일 때, y 및 $|V|$의 값은?

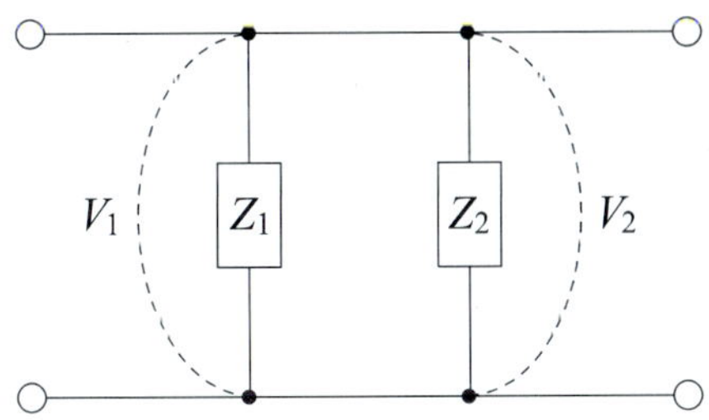

문제 *31.* $V_1 = 100\angle\tan^{-1}\frac{4}{3}$[V], $V_2 = 50\angle\tan^{-1}\frac{3}{4}$ [V]일 때 $V_1 + V_2$는?

제 5 장 공진현상

제 5 장 공진현상

5-1 공진현상의 정의

어떤 물체에 외부에서 주기적인 힘을 가하는 경우 그 힘의 주기가 물체가 진동하는 주기와 일치하면 작은 힘으로도 큰 진동을 일으킬 수 있다는 것은 우리가 일상생활에서 경험하는 바이다.

가령 외나무다리를 걸을 때 다리의 상하진동에 보조를 맞추어 걸으면 순식간에 큰 진동이 일어난다. 이와 같은 현상을 **공진**(resonance)이라고 한다. 전기계에도 이와 같은 현상이 있다. 즉 전기회로에 인가되는 전원의 주파수가 회로 자체의 고유주파수(natural frequency)와 일치하면 회로에는 큰 전기적 진동이 일어난다.

그리고 기계적 진동이 일어나려면 물체의 운동 에너지와 위치 에너지 사이에 에너지 교환이 있어야 하는 것처럼 전기적 진동이 일어나려면 유도기에 축적되는 자기 에너지와 용량기에 축적되는 정전 에너지 사이에 에너지 교환이 있어야 한다.

그러므로 전기적 공진회로에는 인덕턴스 L과 커패시터 C가 함께 있어야 하며 이것들이 연결되는 방식에 따라서 직렬공진, 병렬공진, 직 · 병렬 공진회로 등으로 나누어진다.

5-2 직렬공진회로

그림 5-1과 같은 R-L-C 직렬회로에서 전압전원의 크기를 일정하게 유지하고 주파수만을 변화시

켰을 때 회로에 흐르는 전류의 크기와 전압, 전류의 위상차가 주파수에 따라서 어떻게 변화하는가를 고찰해 보자.

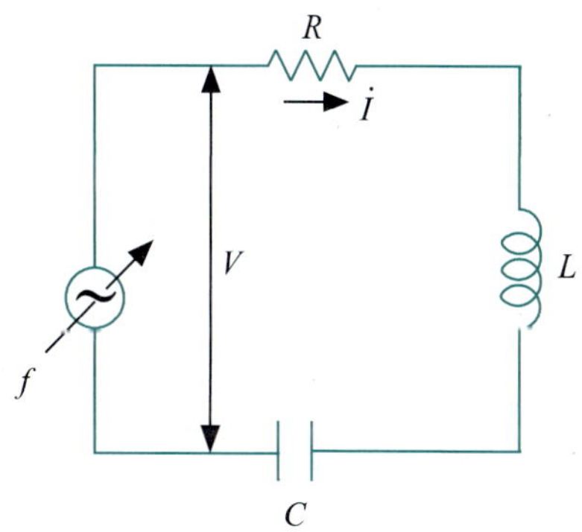

그림 5-1 $R-L-C$ 직렬공진회로

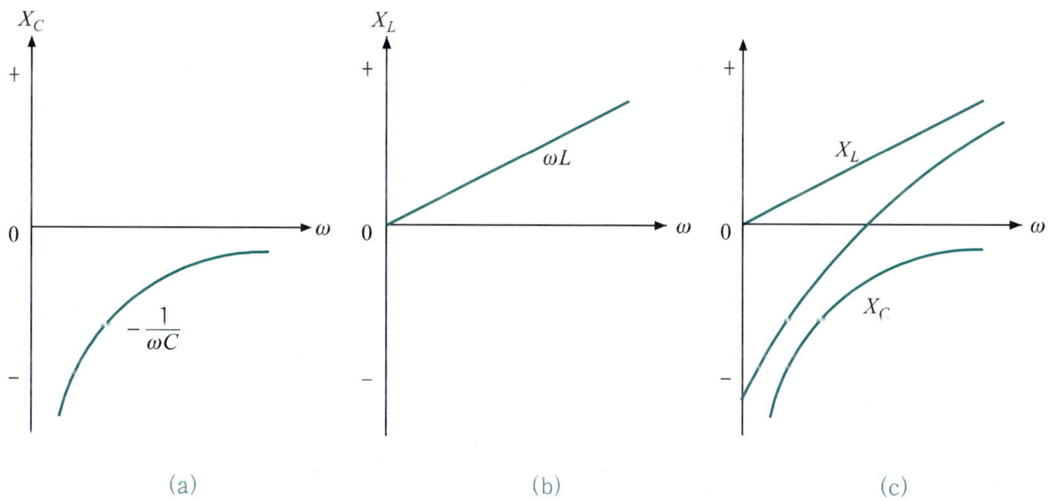

그림 5-2 직렬공진회로의 리액턴스 곡선

이 회로의 임피던스는

$$Z=R+j\omega L+\frac{1}{j\omega C}=R+j\left(\omega L-\frac{1}{\omega C}\right)=R+jX \quad (5\text{-}1)$$

이고, 리액턴스 X는

$$X = \omega L - \frac{1}{\omega C} = X_L - X_C$$

이다. 그림 5-2는 주파수에 대한 각각의 리액턴스

$$X_C = \frac{1}{\omega C},\quad X_L = \omega L,\quad X = X_L - X_C$$

의 변화모양을 나타낸 곡선이다.

그림 5-2를 보면 전체 리액턴스는 낮은 주파수에서는 용량성 리액턴스이며, $\omega \to 0$ 에서 $X \to -j\infty$ [Ω]이 되고 주파수가 높아지면 유도성 리액턴스가 되어 $\omega \to \infty$ 에서 $X \to +j\infty$ [Ω]이 된다.

또, $X_L = X_C$가 되어 $X=0$가 되는 주파수가 있다. 이 주파수에서 임피던스는 저항만이 남게 되고, 전압과 전류 사이의 위상차는 0이 되며, 역률은 1이 된다. 이때에 이 회로는 공진되었다고 말하고, 이때의 주파수를 공진주파수(resonant frequency)라고 한다.

따라서 R-L-C 직렬회로의 공진 각주파수를 ω_r 라 하면

$$\omega_r L - \frac{1}{\omega_r C} = 0 \tag{5-2}$$

으로부터 공진각주파수 및 공진주파수는 다음과 같이 된다.

$$\omega_r = \frac{1}{\sqrt{LC}},\quad f_r = \frac{1}{2\pi\sqrt{LC}}\ \text{[Hz]} \tag{5-3}$$

식 (5-3)을 보면 직렬회로에서는 인덕턴스, 커패시턴스, 주파수 중의 하나를 변화시켜서 직렬공진을 일으킬 수 있다.

표 5-1은 주파수 변화에 따른 임피던스 및 위상각을 나타낸 그림이다.

표 5-1 주파수 변화에 따른 임피던스 및 위상각

주파수 범위	임피던스의 크기	위 상 각	전압과 전류의 위상관계
$f > f_r$	$Z = \sqrt{R^2 + \left(\omega L - \frac{1}{\omega C}\right)^2}$	$\theta = \tan^{-1}\frac{\omega L - \frac{1}{\omega C}}{R} > 0$	전압은 전류보다 진상
$f = f_r$	$Z = R$	$\theta = 0$	전압과 전류는 동상
$f < f_r$	$Z = \sqrt{R^2 + \left(\frac{1}{\omega C} - \omega L\right)^2}$	$\theta = \tan^{-1}\frac{\frac{1}{\omega C} - \omega L}{R} < 0$	전압은 전류보다 지상

즉, $f=f_r$일 때 임피던스는 순저항이 되고, 크기는 최소가 되며, 전류는 최대가 된다. 이러한 상태를 **직렬공진**(series resonance) 또는 **전압공진**(voltage resonance)이라고 하며 공진시의 전류를 I_r라 하면

$$I_r = \frac{V}{Z} = \frac{V}{R+j\left(\omega L - \frac{1}{\omega C}\right)} = \frac{V}{R} \tag{5-4}$$

이 된다.

그림 5-3(a)는 R, X 및 Z의 ω에 따른 변화를 그렸다. Z의 곡선은 $\sqrt{R^2+X^2}$ 으로부터 그려진다. 공진주파수에서는 $X=0$이므로 $Z=R$이고, 임피던스는 최소가 된다. 어드미턴스의 주파수 특성 곡선은 임피던스 곡선의 역이므로 그림 5-3(b)와 같이 그려진다.

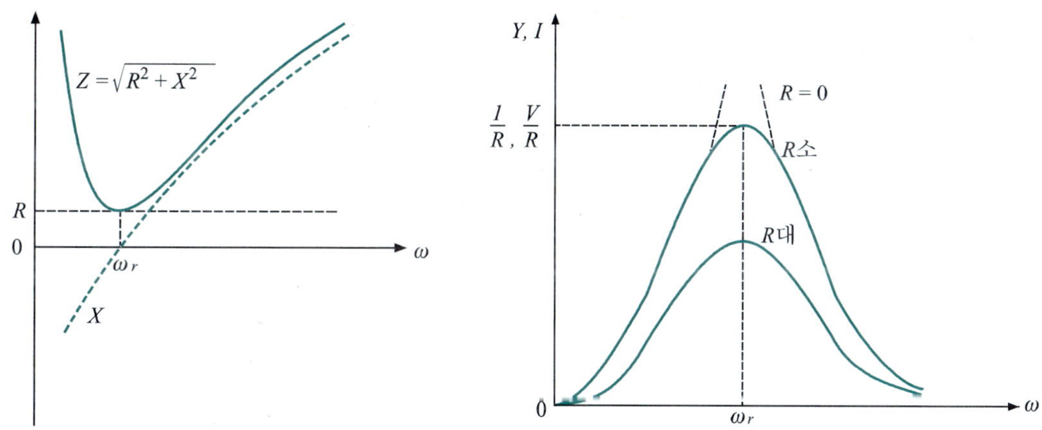

(a) $z-\omega$ (b) $Y-\omega$ 또는 $I-\omega$

그림 5-3 직렬공진회로의 응답

예제 5-1

그림과 같은 회로에 60 [Hz], 5 [V]의 전압이 인가되어 공진이 되었다면 이때의 I, $\frac{V_R}{V}$, $\frac{V_L}{V}$, $\frac{V_C}{V}$를 각각 구하여라.

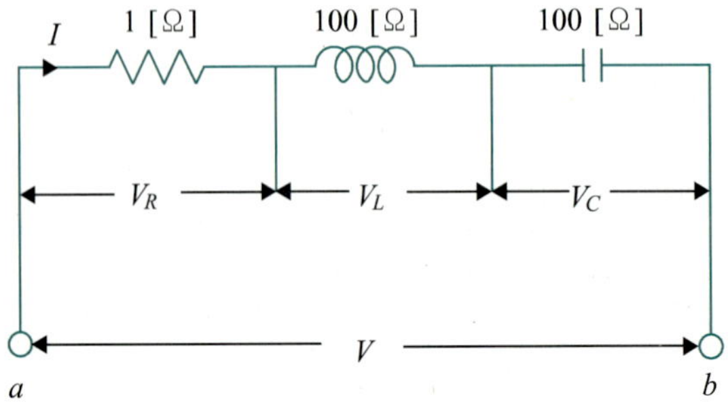

그림 5-4 예제 5-1의 회로

풀이

$$Z = R + j\omega L + \frac{1}{j\omega C} = 1 + j100 - j100 = 1 \ [\Omega]$$

$$I = \frac{V}{Z} = \frac{5}{1} = 5 \ [A]$$

$$V_R = 5 \times 1 = 5 \ [V]$$

$$\dot{V}_L = 5 \times j100 = j500 \ [V], \qquad |V_L| = 500 \ [V]$$

$$\dot{V}_C = 5 \times -j100 = -j500 \ [V], \quad |V_C| = 500 \ [V]$$

$$\frac{V_R}{V} = \frac{5}{5} = 1$$

$$\frac{V_L}{V} = \frac{500}{5} = 100$$

$$\frac{V_C}{V} = \frac{500}{5} = 100$$

예제 5-2

R-L-C 직렬공진회로에서 인가전압이 V [V]일 때 공진주파수 f_r 에서 L 에 걸리는 전압은 얼마인가?

그림 5-5 예제 5-2의 풀이

$$Z = R + j\omega L + \frac{1}{j\omega C} = R + j\left(\omega L - \frac{1}{\omega C}\right) = R \qquad \because \omega L - \frac{1}{\omega C} = 0 \text{ 일 때 공진}$$

$$I = \frac{V}{Z} = \frac{V}{R}$$

$$V_L = I\omega_r L = \frac{V}{R}\omega_r L = \frac{V}{R}2\pi f_r L$$

$$V_L = \frac{V}{R}2\pi f_r L = \frac{V}{2\pi f_r CR}\ [\mathrm{V}]$$

5-2-1 전압확대율

그림 5-6의 R-L-C 직렬회로에서 직렬공진 때 V_L 및 V_C가 공급전압 V에 대한 비율을 전압확대율이라 하고, 일반적으로 기호 Q로 표시한다.

$$Q_L = \frac{V_L}{V} = \frac{\omega_r L I_r}{R I_r} = \frac{\omega_r L}{R}$$

$$Q_C = \frac{V_C}{V} = \frac{I_r/\omega_r C}{R I_r} = \frac{1}{R\omega_r C} \tag{5-5}$$

공진시 $\omega_r L = \dfrac{1}{\omega_r C}$ 의 관계가 있으며 $Q_L = Q_C = Q_r$이 되므로

$$Q_r = \frac{\omega_r L}{R} = \frac{1}{R\omega_r C} = \frac{1}{R}\sqrt{\frac{L}{C}} \tag{5-6}$$

따라서 전압확대율 Q_r의 값은 R에 비해서 $\omega_r L$ 또한 $1/\omega_r C$이 클수록 커진다.

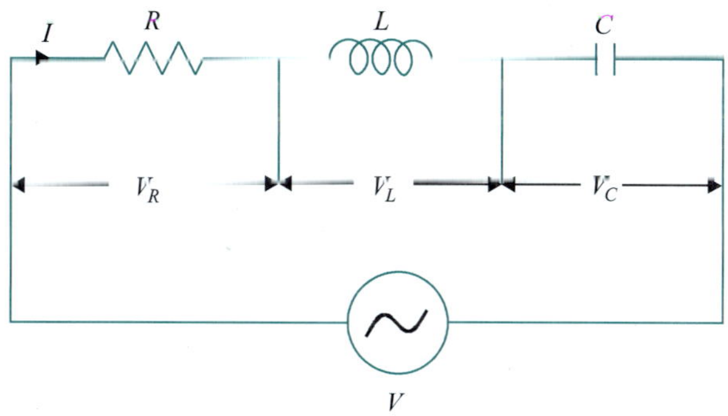

그림 5-6 R-L-C 직렬회로

예제 5-3

R-L-C 직렬회로에서의 선택도 Q를 R, L, C로서 나타내어라.

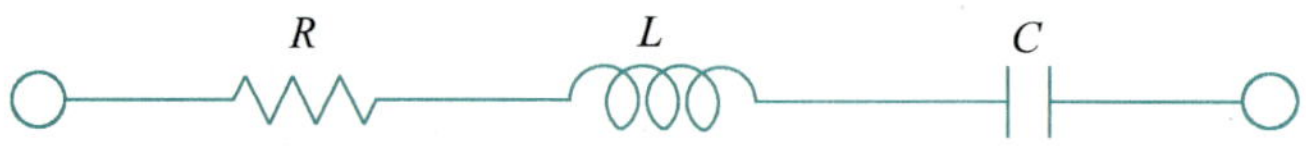

그림 5-7 예제 5-3의 그림

풀이

선택도 $Q_r = \dfrac{\omega_r L}{R} = \dfrac{1}{R\omega_r C}$

$$\frac{\omega_r L}{R} = \frac{1}{R\omega_r C}, \quad \omega_r^2 = \frac{1}{LC}$$

$$Q_r = \frac{\omega_r L}{R} = \frac{1}{R\omega_r C} = \frac{L}{R}\sqrt{\frac{1}{LC}} = \frac{1}{R}\sqrt{\frac{L^2}{LC}} = \frac{1}{R}\sqrt{\frac{L}{C}}$$

$$\therefore Q_r = \frac{1}{R}\sqrt{\frac{L}{C}}$$

예제 5-4

$L = 100$ [μH]이고, $Q = 100$인 코일의 $f_r = 1$ [MHz]에 대한 등가저항을 구하여라.

풀이

$f_r = \dfrac{1}{2\pi\sqrt{LC}}$ 에서

$$1 \times 10^6 = \frac{1}{2\pi\sqrt{LC}}$$

양변을 제곱하면 다음과 같다.

$$(1 \times 10^6)^2 = \frac{1}{(2\pi)^2 \times 100 \times 10^{-6} \times C}$$

$$C = \frac{1}{4\pi^2 \times 100 \times 10^{-6} \times 10^{12}} = \frac{1}{4\pi^2 \times 10^8} = 2.535 \times 10^{-10} \text{ [F]}$$

$$Q_r = \frac{1}{R}\sqrt{\frac{L}{C}}$$

$$100 = \frac{1}{R}\sqrt{\frac{100 \times 10^{-6}}{2.535 \times 10^{-10}}} = \frac{1}{R}\sqrt{394477.3}$$

$$100 = \frac{628}{R}, \quad R = \frac{628}{100} = 6.28 \text{ [}\Omega\text{]}$$

예제 5-5

$R=1$ [Ω], $L=0.1$ [H], $C=100$ [μF]의 직렬공진회로에 100 [V]의 전압을 인가할 때 공진시의 주파수, 전력, 역률 및 각 소자에서의 전압강하를 구하여라.

풀이

$$Z=R+j\left(\omega L-\frac{1}{\omega C}\right)\ [\Omega]$$

$\because$ 공진조건 $\omega L-\dfrac{1}{\omega C}=0$

① $f_r=\dfrac{1}{2\pi\sqrt{LC}}=\dfrac{1}{2\pi\sqrt{0.1\times100\times10^{-6}}}=50.35\fallingdotseq 50.4$ [Hz]

② $P=I^2R$에서 $I=\dfrac{V}{Z}=\dfrac{100}{1}=100$ [A]

$=100^2\times1=10{,}000=10\times10^3=10$ [kW]

③ $\cos\theta=\dfrac{R}{Z}=\dfrac{R}{R}=1$

④ $V_R=IR=100\times1=100$ [V]

$V_L=I\times X_L=Ij\omega L=j100\times2\pi\times50.4\times0.1$

$=j3165.12\fallingdotseq j3165$ [V]

$V_C=I\left(-j\dfrac{1}{\omega C}\right)=100\left\{-j\dfrac{1}{2\pi\times50.4\times100\times10^{-6}}\right\}=-j3165$ [V]

5-2-2 선택도

어떤 회로에 있어서 주파수 선택성이 좋다는 것은 특정한 주파수 부근에서 전류 또는 어드미턴스 양이 큰 것, 즉 응답성이 큰 것을 말한다. 그렇게 하기 위해서는 곡선이 완만한 것보다는 가파른 곡선이 주파수 구분이 명확하고 선택도가 높다.

공진회로에서 공진주파수와 동일한 주파수에 대하여 임피던스는 최소가 되므로 다른 주파수에 비해 전류를 흘리기 쉽다.

$I=YV$이므로 전압 V가 일정한 경우는 I의 크기 비교와 Y의 크기 비교가 같으므로 공진주파수 ω_r일 때의 어드미턴스 Y_r와 공진주파수를 벗어난 임의의 주파수 ω일 때의 어드미턴스 Y를 비교하면

$$\frac{Y}{Y_r}=\frac{\dfrac{1}{R+j\left(\omega L-\dfrac{1}{\omega C}\right)}}{1/R}$$

$$=\frac{R}{R+j\left(\omega L-\dfrac{1}{\omega C}\right)}=\frac{1}{1+j\dfrac{1}{R}\left(\omega L-\dfrac{1}{\omega C}\right)}$$

$$=\frac{1}{1+j\dfrac{\omega_r L}{R}\left(\dfrac{\omega L}{\omega_r L}-\dfrac{1}{\omega_r L\omega C}\right)}=\frac{1}{1+j\dfrac{\omega_r L}{R}\left(\dfrac{\omega}{\omega_r}-\dfrac{\omega_r^2}{\omega_r\omega}\right)}$$

$$=\frac{1}{1+j\dfrac{\omega_r L}{R}\left(\dfrac{\omega}{\omega_r}-\dfrac{\omega_r}{\omega}\right)}=\frac{1}{1+jQ_r\left(\dfrac{\omega}{\omega_r}-\dfrac{\omega_r}{\omega}\right)}$$

$$\left|\frac{Y}{Y_r}\right|=\frac{1}{\sqrt{1+Q_r^2\left(\dfrac{\omega}{\omega_r}-\dfrac{\omega_r}{\omega}\right)^2}}=\left|\frac{I}{I_r} rightvert\right.$$

$$\phi=-\tan^{-1}Q_r\left(\frac{\omega}{\omega_r}-\frac{\omega_r}{\omega}\right)$$

이 결과를 보면 직렬공진회로에서 I_r에 대한 I의 크기는 그 크기나 각 모두가 Q_r에 의해서 결정된다. 즉 Q_r를 비교하면 그 회로의 주파수 응답특성을 알 수 있다.

즉, Q_r가 크다는 것은 공진주파수를 벗어난 ω에서의 전류 I가 작다는 것으로 곡선의 기울기가 보다 가파르다는 것을 의미한다.

이를 다른 말로 표현하면 대역폭(bandwidth)이 좁아진다고 할 수 있고 Q_r가 커짐에 따라(즉, 회로손실 R이 적을수록) 공진곡선은 더욱 날카로워지며, 주파수 선택성이 좋아진다.

여기서 Q_r를 보고 공진곡선의 첨예도(sharpness)를 나타낸다고 한다.

최대응답의 $\dfrac{1}{\sqrt{2}}$을 나타내는 두 주파수를 ω_1, ω_2라고 하면 이 응답회로의 대역폭(bandwidth)은

$$\Delta\omega=\omega_2-\omega_1$$

주파수 ω_1, ω_2에서는 공진주파수 ω_r 때의 전류의 $\dfrac{1}{\sqrt{2}}$배만큼 흐른다. 이것은

$$\frac{Y}{Y_r}=\frac{I}{I_r}=\frac{1}{1+jQ_r\left(\dfrac{\omega}{\omega_r}-\dfrac{\omega_r}{\omega}\right)}$$

에서

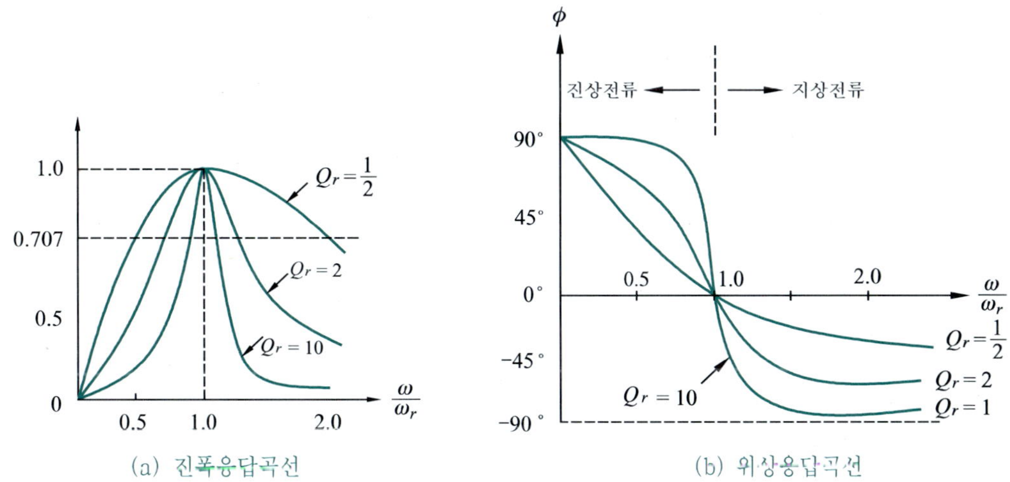

그림 5-8 *R-L-C* 직렬공진회로의 주파수 응답곡선

$$Q_r\left(\frac{\omega}{\omega_r}-\frac{\omega_r}{\omega}\right)=\pm 1$$

일 때이므로

$$\frac{\omega}{\omega_r}-\frac{\omega_r}{\omega}=\pm\frac{1}{Q_r}$$

이고, ω_1, ω_2의 경우는

$$\frac{\omega_2}{\omega_r}-\frac{\omega_r}{\omega_2}=\frac{1}{Q_r},\quad \frac{\omega_1}{\omega_r}-\frac{\omega_r}{\omega_1}=-\frac{1}{Q_r}$$

이다.

$$\therefore\ \omega_1\omega_2=\omega_r^2,\quad \Delta\omega=\omega_2-\omega_1=\frac{\omega_r}{Q_r}$$

로부터

$$\frac{\omega_r}{\omega_2-\omega_1}=Q_r=\frac{f_r}{f_2-f_1}$$

를 얻을 수 있다.

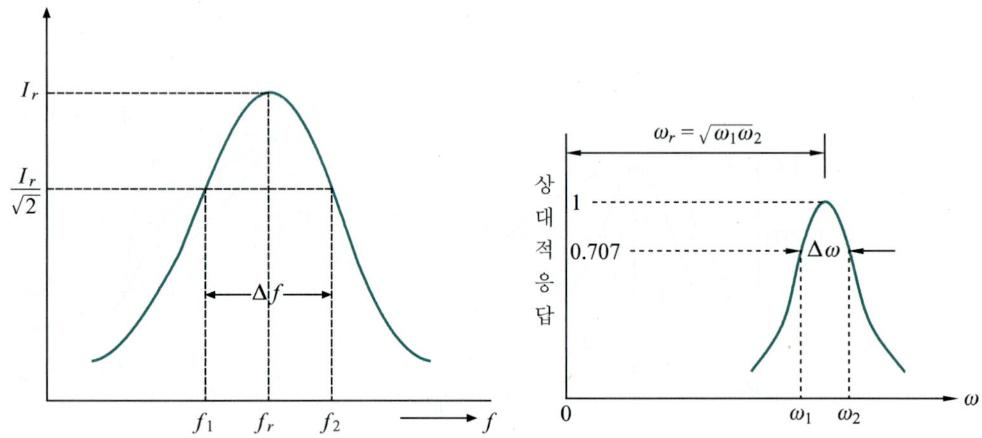

(a) 직렬공진회로의 대역폭(f) (b) 직렬공진회로의 대역폭(ω)

그림 5-9 공진곡선

즉, 공진회로는 주파수에 대하여 선택성을 가지며, Q_r이 클수록 $\omega_2 - \omega_1$은 적어져서 대역폭(bandwidth)은 좁아지고, 공진곡선(resonance curve)은 첨예해지며, 주파수 특성이 좋아진다. 대폭은 보통 공진시 전류의 $1/\sqrt{2}$이 되는 두 주파수 사이의 넓이로 정의한다.

그림 5-9에서 공진곡선의 최대값, 즉 공진전류 I_r에 대한 주파수를 f_r, I_r의 $1/\sqrt{2}$ 배가 되는 I_1의 주파수를 f_1 및 f_2라 하고, Q_r를 주파수에 의해 정의하면 다음과 같이 된다.

$$Q_r = \frac{\omega_r}{\omega_2 - \omega_1} = \frac{f_r}{f_2 - f_1} = \frac{f_r}{\triangle f} \tag{5-7}$$

식 (5-7)에서 Q_r이 클수록 공진곡선이 날카로움을 알 수 있다. 그래서 이 Q_r를 **첨예도**(sharpness) 또는 **선택도**(selectivity)라 부르기도 한다. 또한 $f = f_1, f_2$에서는 $f = f_r$일 때 전류의 $1/\sqrt{2}$ 배의 전류가 흐르므로 회로 전체에 공급되는 전력은 공진시 전력의 반이 된다. 이런 의미에서 f_1, f_2를 **반전력 주파수**(half-power frequency)라 하고, 통과 대역폭 $\triangle f = f_2 - f_1$을 **반전력 대역폭**(half-power bandwidth)이라 한다.

예제 5-6

$R=1$ [Ω], $L=10^{-2}$ [H], $C=10^{-6}$ [F]인 R-L-C 직렬회로에 있어서 반전력 주파수를 구하여라.

풀이

$$f_r=\frac{1}{2\pi\sqrt{LC}}=\frac{1}{2\pi\sqrt{10^{-2}\times10^{-6}}}=1{,}592.3\ [\text{Hz}]$$

$$Q=\frac{\omega_r L}{R}=\frac{2\pi\times1592.3\times10^{-2}}{1}\fallingdotseq 100$$

$$f_r=f_1+\frac{\triangle f}{2}$$

$$f_2-f_1=\triangle f$$

$$f_2=f_r+\frac{\triangle f}{2},\quad Q=\frac{f_r}{f_2-f_1}=\frac{f_r}{\triangle f}$$

$$\triangle f=\frac{f_r}{Q}=\frac{1592.3}{100}=15.923\ [\text{Hz}]$$

$$f_1=f_r-\frac{\triangle f}{2}=1592.3-\frac{15.923}{2}=1{,}592.3-7.9615=1{,}584.3385\fallingdotseq 1{,}584\ [\text{Hz}]$$

$$f_2=f_r+\frac{\triangle f}{2}=1{,}592.3+\frac{15.923}{2}=1{,}592.3+7.9615$$

$$\therefore f_2=1{,}600\ [\text{Hz}]$$

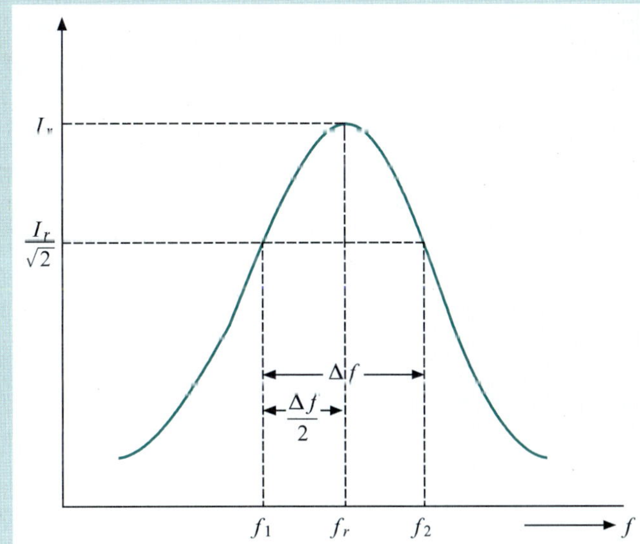

그림 5-10 예제 5-6

예제 5-7

어떤 R-L-C 직렬회로의 공진주파수가 $f_r = 10^6$ [Hz], 반전력 대역폭 $\triangle f = 2$ [kHz], 인덕턴스 $L = 1$ [mH]일 때 이 회로의 C, Q_r 및 R을 구하여라.

풀이

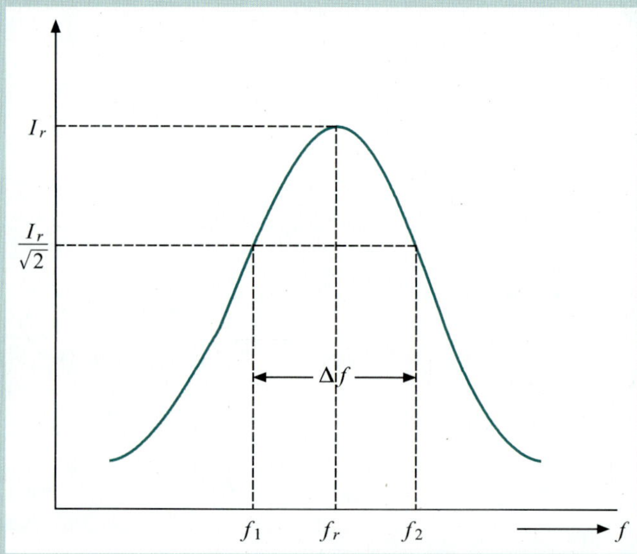

그림 5-11 예제 5-7

$$f_r = 10^6 \text{ [Hz]}, \; f_r = \frac{1}{2\pi\sqrt{LC}} \text{ [Hz]}, \; C = \frac{1}{4\pi^2 f_r^2 L}$$

① $C = \dfrac{1}{4\pi^2(10^6)^2 \times 10^{-3}} = 2.535 \times 10^{-11} = 25.4 \times 10^{-12}$ [F] $= 25.4$ [PF]

② $Q_r = \dfrac{f_r}{f_2 - f_1} = \dfrac{f_r}{\Delta f} = \dfrac{10^6}{2 \times 10^3} = \dfrac{1}{2} \times 10^3 = 500$

③ $Q_r = \dfrac{\omega_r L}{R}$

$$\therefore R = \frac{\omega_r L}{Q_r} = \frac{2\pi \times 10^6 \times 10^{-3}}{500} = 12.56 \fallingdotseq 12.6 \; [\Omega]$$

5-2-3 직렬공진회로의 전압응답

공진시, 즉 $\omega_r L = \dfrac{1}{\omega_r C}$ 일 때

$$V_L = j\omega_r L I_r$$
$$V_C = \frac{1}{j\omega_r C} I_r = -j\frac{1}{\omega_r C} CI_r$$

이고

$$I_r = \frac{V}{R}, \quad Q_r = \frac{\omega_r L}{R} = \frac{1}{R \cdot \omega_r C}$$

이므로

$$V_L = j\omega_r L I_r = j\omega_r L \frac{V}{R} = j\frac{\omega_r L}{R} \cdot V = jQ_r V$$
$$V_C = -j\frac{1}{\omega_r C} I_r = -j\frac{1}{\omega_r C}\frac{V}{R} = -j\frac{1}{\omega_r C \cdot R} V = -jQ_r V$$
$$\dot{V}_L = -\dot{V}_C = jQ_r V$$

즉, $|V_L| = |V_C| = Q_r |V|$ 가 되어 R-L-C 직렬회로가 공진상태에 있으면 L 또는 C의 양단에 Q_r 배의 전압이 나타난다. 그러므로 Q_r이 큰 직렬공진회로는 공진주파수 때에 일종의 전압증폭기 역할을 한다. 따라서 Q를 **전압확대비(율)**이라고도 한다.

5-2-4 직렬공진회로의 에너지

R-L-C 직렬회로에 공진주파수 $\omega_r = \dfrac{1}{\sqrt{LC}}$ 과 일치하는 주파수의 정현파 전원을 인가한 경우 정상상태 하에서 전압과 전류는 다음 식으로 나타낼 수 있다.

$$i = \sqrt{2} I \sin\omega_r t \ \text{[A]}$$
$$v_c = \frac{1}{C}\int i\,dt = -\sqrt{2}\,\frac{I}{\omega_r C} \cos\omega_r t \ \text{[V]}$$

이때 L에 축적되는 에너지

$$W_L = \frac{1}{2}Li^2 = \frac{1}{2}L(\sqrt{2}I\sin\omega_r t)^2$$
$$= LI^2\sin^2\omega_r t \ \text{[J]}$$

한편 C에 축적되는 에너지는

$$W_C = \frac{1}{2}Cv^2 = \frac{1}{2}C\left(-\sqrt{2}\frac{I}{\omega_r C}cos\omega_r t\right)^2 = \frac{I^2}{\omega_r^2 C}cos^2\omega_r t = LI^2\cos^2\omega_r t \ \text{[J]}$$

따라서 회로 내에 축적되는 전 에너지는

$$W_L + W_C = LI^2(\sin^2\omega_r t + \cos^2\omega_r t)$$
$$= LI^2 = \frac{I^2}{\omega_r{}^2 C} \ \text{[J]}$$

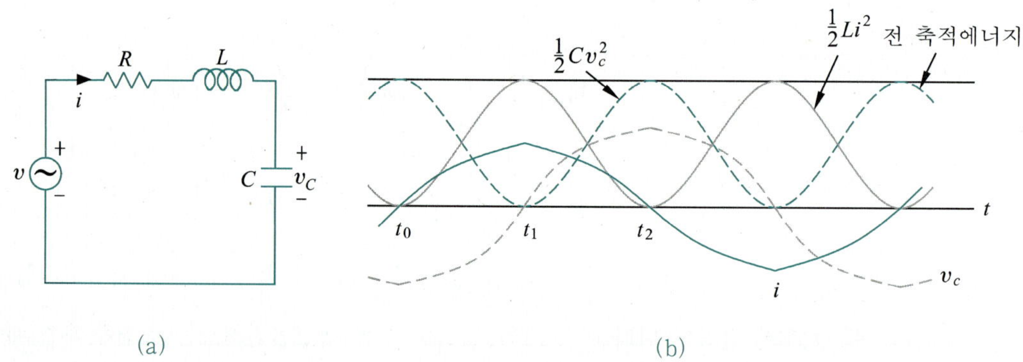

그림 5-12

즉, 공진시에 회로의 전 축적 에너지는 시간에 관계없는 일정치로서 W_L 또는 W_C의 최대값과 같다.

여기에서 보면 그림 5-12와 같이 공진시 회로에 축적된 에너지가 두 리액턴스 소자 사이에 왔다 갔다함을 알 수 있다.

예제 5-8

그림은 저항값이 R 인 저항, 축전기, 코일, 스위치가 전압의 실효값이 V_e 인 교류 전원에 연결된 회로를 나타낸 것이다. 스위치를 A에 연결하였을 때, 이 회로의 임피던스는 R이다.
이에 대한 설명으로 옳은 것만을 〈보기〉에서 있는 대로 고르시오.

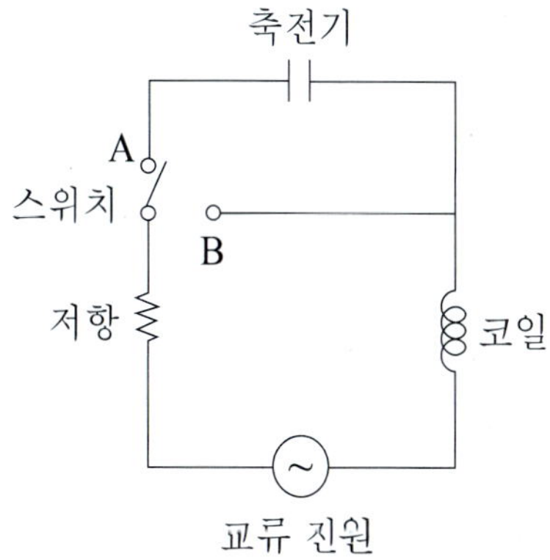

그림 5-13 예제 5-8 회로

<보기>

ㄱ. 스위치를 A에 연결하였을 때, 이 회로에 흐르는 전류의 실효값은 $\frac{V_e}{R}$이다.

ㄴ. 스위치를 A에 연결하였을 때, 저항에 걸리는 전압과 코일에 걸리는 전압의 위상은 서로 같다.

ㄷ. 스위치를 B에 연결하였을 때, 이 회로의 임피던스는 R 보다 작다.

정답 및 풀이

정답) ㄱ.

1) 스위치를 A로 연결하였을 때 이회로는

직렬공진이므로 $Z = R + j(\omega L - \frac{1}{\omega C}) = R$

$I = \frac{V_e}{R}$ 이다

또한 직렬공진일 때 전압의 위상과 전류의 위상이 동상이다.

2) 스위치를 B로 연결하였을 때의 임피던스는 나음과 같다.

$Z = R + j\omega L = \sqrt{R^2 + (\omega L)^2}$ 이므로 R보다 크다.

5-3 병렬공진회로

그림 5-14과 같이 R-L-C 병렬회로에 정현파 전류전원이 연결되어 있는 것을 병렬공진회로라고 한다. 이때 전류의 크기를 일정하게 하고, 주파수를 변화시킬 때 전압의 크기와 어드미턴스에 대해서 알아보자. 단 커패시턴스 C의 누설사항은 고려하지 않는다.

$$Y = \frac{1}{R} + j\omega C + \frac{1}{j\omega L} = G + j\left(\omega C - \frac{1}{\omega L}\right) \ [\mho] \tag{5-8}$$

가 되며, $\left(\omega C - \frac{1}{\omega L}\right)$을 주파수에 대해 그리면 그림 5-15와 같다.

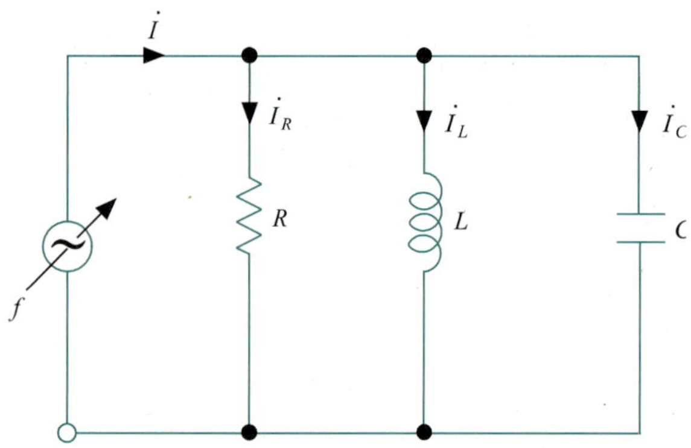

그림 5-14 R-L-C 병렬회로

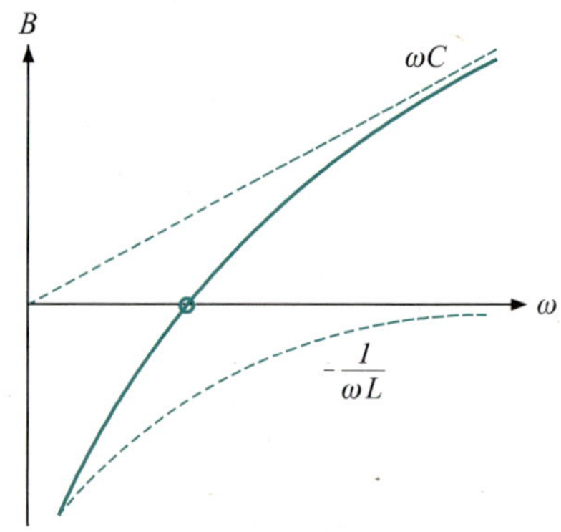

그림 5-15 병렬회로 서셉턴스 곡선

식 (5-8)에서 서셉턴스가 0이 되는 각주파수를 구하면

$$\omega_r C - \frac{1}{\omega_r L} = 0$$

$$\omega_r = \frac{1}{\sqrt{LC}} \tag{5-9}$$

이 되고, 이 각주파수를 **병렬공진 각주파수**(anti-resonant angular frequency)라 하면, 이때 어드미턴스는 컨덕턴스 성분만 남고 최소값이 된다.

R-L-C 병렬회로에서 $\omega_r = \frac{1}{\sqrt{LC}}$ 이 될 때를 **병렬공진**(parallel resonance)이라 하고 특히 저항 $R=0$로서 공진시 임피던스의 값이 무한대가 되고 전전류가 0이 되는 현상을 이상적인 병렬공진이

라 하여 이 경우 합성 임피던스의 크기가 최대가 되는 것을 **반공진**(antiresonance)이라 부른다.

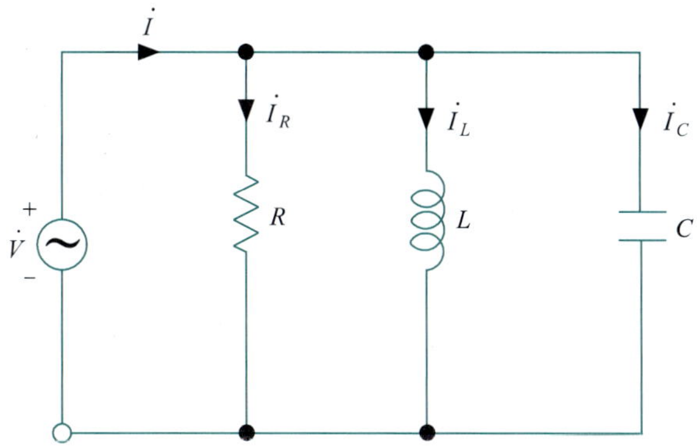

그림 5-16 *R-L-C* 병렬회로

그림 5−16의 R-L-C 병렬회로에서 병렬공진 때 I_L과 I_C의 공급전류 I에 대한 비율을 **전류확대율**이라 부른다.

$$Q_L = \frac{I_L}{I} = \frac{\dfrac{V}{\omega_r L}}{\dfrac{V}{R}} = \frac{R}{\omega_r L}$$

$$Q_C = \frac{I_C}{I} = \frac{\omega_r CV}{\dfrac{V}{R}} = \omega_r CR \tag{5-10}$$

공진시 $Q_{r_L} = Q_C = Q_r$ 이므로

$$Q_r = \frac{R}{\omega_r L} = \omega_r CR = R\sqrt{\frac{C}{L}} \tag{5-11}$$

가 되어, 직렬공진일 때의 역수가 된다.

예제 5-9

그림과 같은 병렬공진회로에서 인가전압의 주파수를 f 라 할 때 전압의 위상이 회로 유입전류의 위상보다 앞서게 되는 조건을 구하여라.

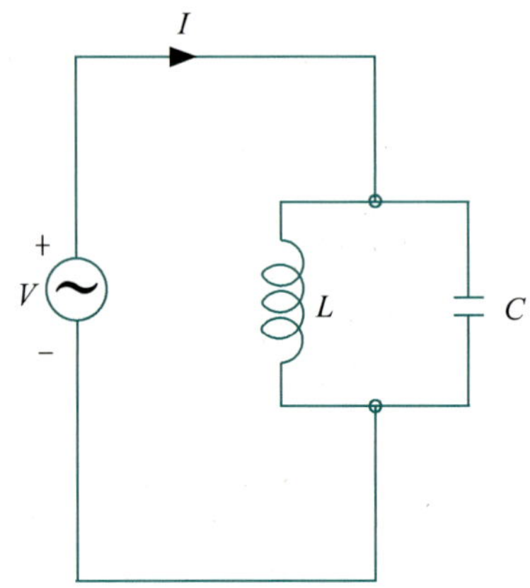

그림 5-17 예제 5-9의 회로

풀이

$I = YV$ 에서 $V = \frac{I}{Y}$

전압이 앞서기 위해서는 Y 가 0보다 적어야 한다.

$Y < 0$ 가 되는 조건

$$Y = \frac{1}{j\omega L} + \frac{1}{\frac{1}{j\omega C}} = j\omega C - j\frac{1}{\omega L} = j\left(\omega C - \frac{1}{\omega L}\right)$$

$$\omega C - \frac{1}{\omega L} < 0$$

$$\omega C < \frac{1}{\omega L}$$

$$\omega^2 LC < 1$$

$$\omega^2 < \frac{1}{LC}$$

$$2\pi f < \frac{1}{\sqrt{LC}}$$

$$\therefore f = \frac{1}{2\pi\sqrt{LC}} \ [\text{Hz}]$$

5-4 직·병렬 공진회로

저항, 인덕턴스 및 커패시턴스가 직 · 병렬 접속된 그림 5-18과 같은 회로에 전압 $\dot{V}$ 를 가할 때 흐르는 전류를 구해 보자.

$$I_1 = \frac{\dot{V}}{R + jwL}$$

$$i_2 = jwCV$$

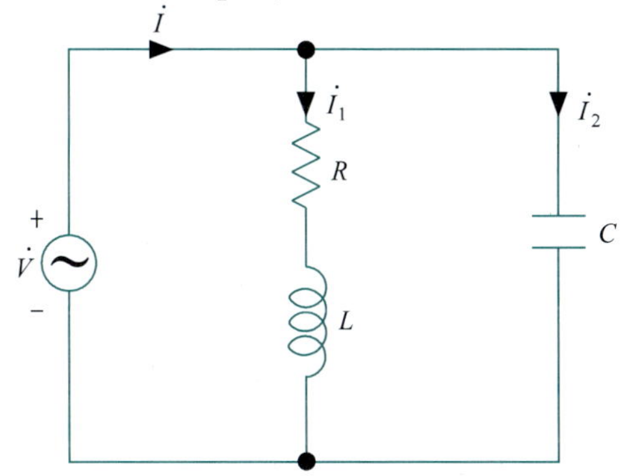

그림 5-18 직·병렬회로

전전류 $\dot{I}$ 는

$$\dot{I} = \dot{I}_1 + \dot{I}_2 = \dot{V}\left(\frac{1}{R + j\omega L} + j\omega C\right) = \dot{Y}\dot{V} \text{ [A]} \tag{5-13}$$

그러므로 어드미턴스 $\dot{Y}$ 는

$$\begin{aligned}\dot{Y} &= \frac{1}{R + j\omega L} + j\omega C \\ &= \frac{R}{R^2 + \omega^2 L^2} + j\left(\omega C - \frac{\omega L}{R^2 + \omega^2 L^2}\right) \text{ [℧]}\end{aligned} \tag{5-14}$$

이 된다. 공진조건은 허수부가 0이 되어야 하므로

$$\begin{aligned}&\omega_r C - \frac{\omega_r L}{R^2 + \omega_r^2 L^2} = 0 \\ &R^2 + \omega^{2_r} L^2 = \frac{L}{C}\end{aligned} \tag{5-15}$$

따라서 공진 어드미턴스 $\dot{Y}_r$, 공진 임피던스 $\dot{Z}_r$, 공진전류 $\dot{I}_r$ 는

$$\dot{Y}_r = \frac{R}{R^2 + \omega_r^2 L^2} = \frac{CR}{L}$$

$$\dot{Z}_r = \frac{1}{Y_r} = \frac{L}{CR} \tag{5-16}$$

$$\dot{I}_r = \frac{CR}{L} V \tag{5-17}$$

가 된다. 이때의 공진주파수를 구하면 식 (5-15)에서

$$\omega_r = \sqrt{\frac{1}{LC} - \frac{R^2}{L^2}}, \quad f_r = \frac{1}{2\pi}\sqrt{\frac{1}{LC} - \frac{R^2}{L^2}} \tag{5-18}$$

이 되고, $\frac{1}{LC} \gg \frac{R^2}{L^2}$ 인 조건이 만족되면 공진주파수는

$$f_r \fallingdotseq \frac{1}{2\pi\sqrt{LC}} \ [\text{Hz}] \tag{5-19}$$

이 되어 직렬공진회로의 공진주파수와 같은 식이 된다.

예제 5-10

그림 5-19과 같은 회로에 있어서

① 공진시의 어드미턴스 Y_r 를 회로정수 R, L, C 로 나타내어라.

② 회로 유입전류를 최소로 하는 용량 리액턴스 X_C 의 값을 구하여라.

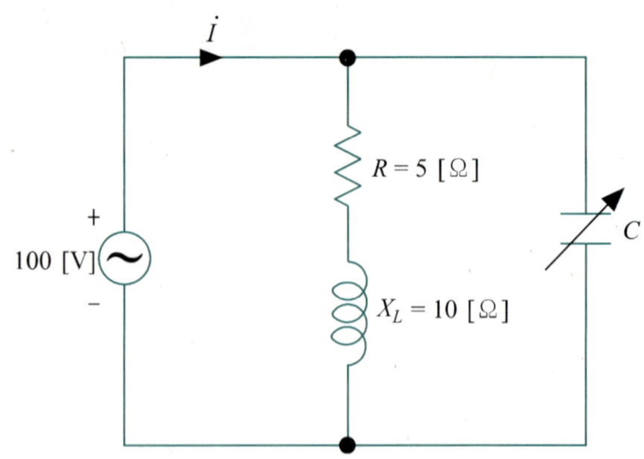

그림 5-19 예제 5-10의 회로

풀이

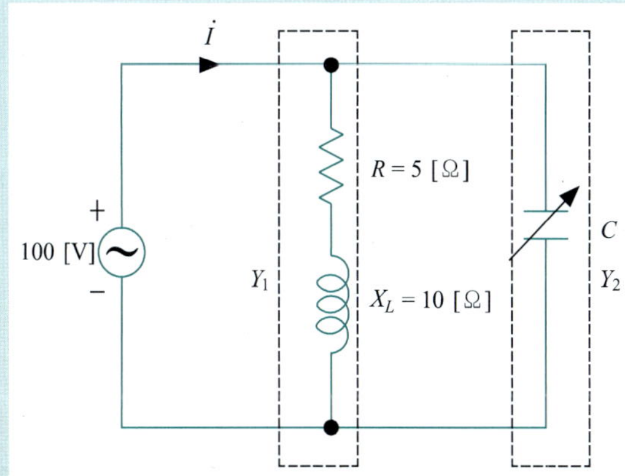

그림 5-20 예제 5-10의 풀이

① $Y_r = Y_1 + Y_2$ 에서 $Y_1 = \frac{1}{Z_1} = \frac{1}{R + j\omega L}$, $Y_2 = \frac{1}{\frac{1}{j\omega C}} = j\omega C$

$$= \frac{1}{R + j\omega L} + j\omega C$$

$$= \frac{R - j\omega L}{R^2 + \omega^2 L^2} + j\omega C$$

$$= \frac{R}{R^2 + \omega^2 L^2} + j\left(\omega C - \frac{\omega L}{R^2 + \omega^2 L^2}\right) \text{ [℧]}$$

공진조건이 $\omega C - \frac{\omega L}{R^2 + \omega^2 L^2} = 0$

$\frac{L}{R^2 + \omega^2 L^2} = 0$, $Y_r = \frac{R}{R^2 + \omega^2 L^2} = \frac{1}{R^2 + \omega^2 L^2} R$

$\frac{L}{R^2 + \omega^2 L^2} = C$, $R^2 + \omega^2 L^2 = \frac{L}{C}$

$Y_r = \frac{R}{\frac{L}{C}} = \frac{CR}{L}$ [℧]

② $I = \frac{V}{Z} = \frac{1}{Z} V = YV$ 에서 I 가 최소가 되기 위해서는 Y 가 최소가 되어야 한다.

$I = \frac{V}{Z} = \frac{1}{Z} V = YV$

$I = \left(\frac{1}{5 + j10} + j\omega C\right) 100$ [A]

$\frac{1}{5 + j10} + j\omega C$를 Y 라 놓으면

$$Y = \frac{1}{5+j10} + j\omega C = \frac{5-j10}{25+100} + j\omega C$$
$$= \frac{5}{125} + j\left(\omega C - \frac{10}{125}\right)$$
$$\omega C - \frac{10}{125} = 0$$
$$\omega C = \frac{10}{125} = \frac{2}{25}$$
$$\therefore X_C = -j\frac{25}{2} = -j\frac{25}{2} = -j12.5 \ [\Omega]$$

예제 5-11

그림과 같은 회로에 각주파수 ω 의 일정 전압 V [V]를 가했을 때 회로 유입전류를 최대로 하는 L 값을 구하여라.

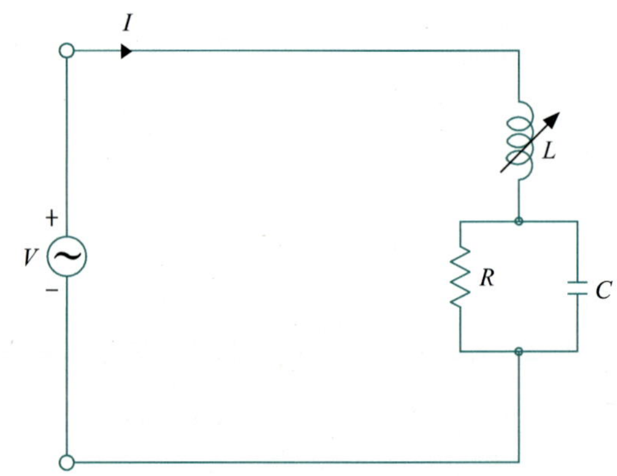

그림 5-21 예제 5-11의 회로

풀이

$$I_{\max} = \frac{V}{Z} \ (Z\text{는 최소가 되는 조건})$$

$$Z = j\omega L + \frac{R\frac{1}{j\omega C}}{R + \frac{1}{j\omega C}} = j\omega L + \frac{R}{1+j\omega CR}$$

$$= j\omega L + \frac{R(1-j\omega CR)}{1+\omega^2C^2R^2} = j\omega L + \frac{R-j\omega CR^2}{1+\omega^2C^2R^2}$$

$$= \frac{R}{1+\omega^2C^2R^2} + j\left(\omega L - \frac{\omega CR^2}{1+\omega^2C^2R^2}\right)$$

$$\omega L-\frac{\omega CR^2}{1+\omega^2C^2R^2}=0$$

$$L=\frac{CR^2}{1+\omega^2C^2R^2}$$

$$\therefore L=\frac{CR^2}{1+(\omega CR)^2}\ [\mathrm{H}]$$

예제 5-12

그림은 저항, 코일, 커패시터와 가변커패시터를 실효값이 일정한 교류전원에 연결한 회로를 나타낸 것이다. R는 저항, L은 인덕턴스, C_1, C_2는 두 커패시터의 정전용량이다. C_2와 공진(고유)진동수 f 의 관계를 개략적으로 나타낸 그래프는? (단, R, L, C_1은 일정하다.)

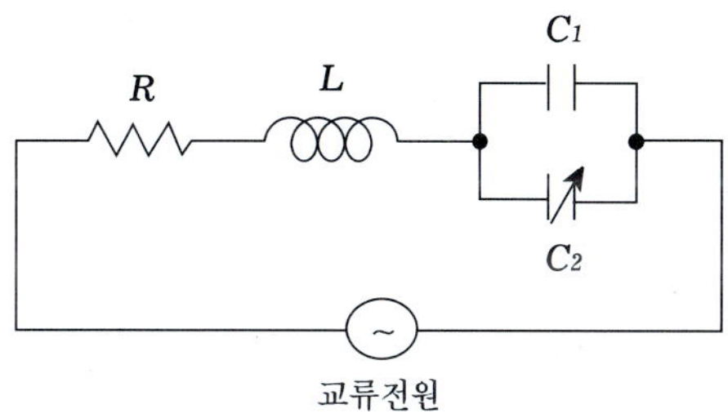

그림 5-22 예제 5-12의 회로

①
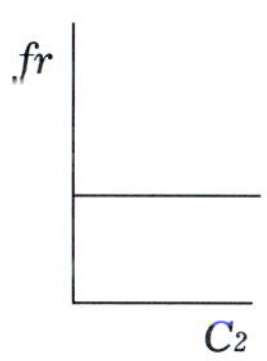

②
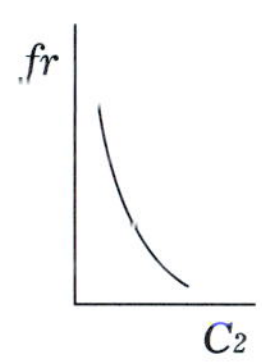

③
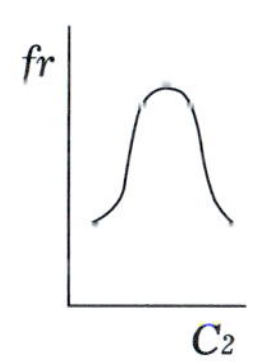

④
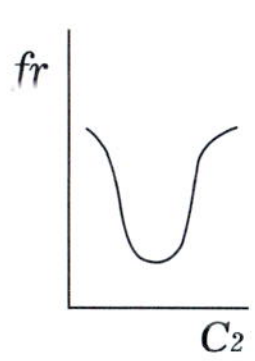

⑤
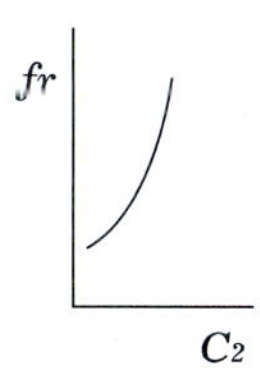

정답 및 풀이

정답 : ②

$$Z = R + j\omega L + \frac{1}{j\omega(C_1 + C_2)} = R + j\left\{\left(\omega L - \frac{1}{\omega(C_1 + C_2)}\right\}\right.$$ 공진 조건은

허수가 0이 되어야 하므로 $\left\{\omega L = \frac{1}{\omega(C_1 + C_2)}\right\}$, $\omega^2 L(C_1 + C_2) = 1$

$$(2\pi f_r)^2 L(C_1 + C_2) = 1$$

$$(C_1 + C_2) = \frac{1}{(2\pi f_r)^2 L}$$

따라서 지수함수적으로 감소한다.

예제 5-13

그림과 같은 회로에서 ① 공진을 위한 X_c , ② 공진에서의 임피던스, ③ L=10 [μH]일 때의 공진주파수, ④ 차단주파수, ⑤ 공급전압을 구하라.

단, $I = 20 \times 10^{-3}$ [A]

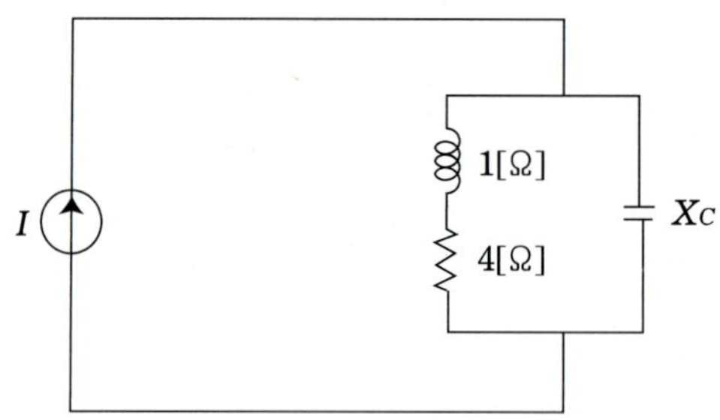

그림 5-23 예제 5-13의 회로

정답 및 풀이

정답 : ① $X_C = 17$ [Ω] ② $Z_r = \frac{17}{4}$ [Ω] ③ 65.634 [kHz] ④ 131.23 [kHz] ⑤ 0.085 [V]

① $Y = Y_1 + Y_2$에서

$$Z_1 = 4 + j1,\ Z_2 = -jX_C,\ Y_1 = \frac{1}{4+j1},\ Y_2 = \frac{1}{-jX_C} = j\frac{1}{X_C}$$

$$Y = \frac{1}{4+j1} + j\frac{1}{X_C}$$

$$= \frac{4-j}{4^2+1^2} + j\frac{1}{X_C} = \frac{4}{17} + j\left(\frac{1}{X_C} - \frac{1}{17}\right)$$ 허수부 0인 조건

$$\frac{1}{X_C} - \frac{1}{17} = 0,\ X_C = 17\ [\Omega]$$

② $Y_r = \frac{1}{Z_r} = \frac{4}{17},\ Z_r = \frac{17}{4}\ [\Omega]$

③ $Z_r = \frac{1}{Y_r} = \frac{L}{CR} = \frac{17}{4} = \frac{L}{CR},\ L = 10 \times 10^{-6} = 10^{-5}$ [H], $R = 4$ [Ω]

$$\frac{17}{4} = \frac{10^{-5}}{C \times 4},\ C = \frac{1}{17} \times 10^{-5}\ [\text{F}] = 0.588\ [\text{uF}]$$

$$f_r = \frac{1}{2\pi\sqrt{LC}} = \frac{1}{2\pi\sqrt{10^{-5} \times 0.588 \times 10^{-6}}} = \frac{1}{2\pi\sqrt{0.588 \times 10^{-11}}}$$

$$= 65{,}634.4 = 65.634\ [\text{kHz}]$$

④ $K = \sqrt{\frac{L}{C}} = \sqrt{\frac{10^{-5}}{17 \times 10^{-5}}} = \sqrt{17} = 4.123$

$$f_1 = \frac{K}{\pi L} = \frac{4.123}{\pi \times 10^{-5}} = 131{,}239.2769[\text{Hz}] = 131.239\ [\text{kHz}]$$

⑤ $I = YV$에서

$$V = \frac{I}{Y} = \frac{20 \times 10^{-3}}{\frac{4}{17}} = \frac{17 \times 20 \times 10^{-3}}{4} = 0.085\ [\text{V}]$$

예제 5-14

그림과 같은 회로에서 전류 I와 전압 V의 위상이 같도록 하기 위해서 콘덴서의 리액턴스 X_c [Ω]의 값은 얼마이어야 하는가?

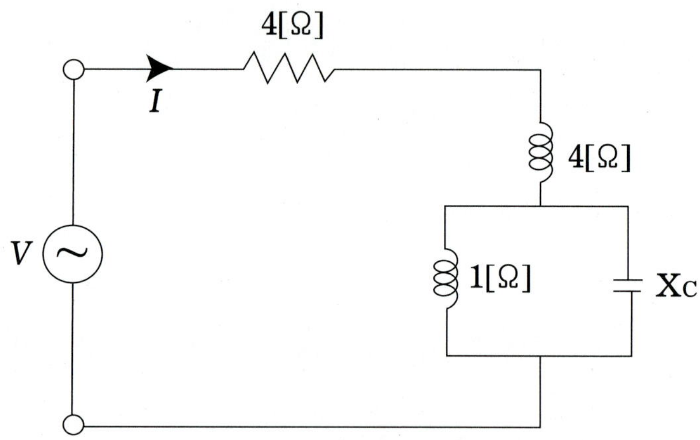

그림 5-24 예제 5-14의 회로

① 0.6 ② 0.8 ③ 1.0 ④ 1.2

정답 및 풀이

정답 : ②

$$\dot{Z}=4+j4+\frac{j(-jX_c)}{j-jX_c}=4+j\left(4-\frac{X_c}{1-X_c}\right)$$ 허수부가 0일 때 동상이므로

$$4-\frac{X_c}{1-X_c}=0\ ,\ 4=\frac{X_c}{1-X_c}$$

$$4-4X_c=X_c$$

$$X_c=\frac{4}{5}$$

연습문제

5-1 R-L-C 병렬회로에서 유도성 회로가 되기 위한 조건은 무엇인가?

5-2 인덕턴스와 커패시턴스가 병렬공진되었을 때의 임피던스 값은 얼마인가?

5-3 직렬공진회로에서 유도 리액턴스 양단의 전압과 전원전압과의 비는 얼마인가?

5-4 R-L-C 직렬에서 인가전압과 흐르는 전류가 동상이 되기 위한 조건은 무엇인가?

5-5 $R=10$ [Ω], $L=150$ [μH]인 코일과 가변축전기(소위 바리콘)가 710 [kHz], 1 [V]인 전원에 직렬로 연결되어 있다. 다음을 구하여라.

(1) 이 회로가 공진하는 데 필요한 축전기의 커패시턴스
(2) 공진시 회로의 Q_r
(3) 공진시 축전기 양단의 전압의 크기
(4) 반전력 대역폭
(5) 반전력 주파수

5-6 그림 5-25 회로에서 $\dot{V}=100$ [V], $R=10$ [Ω], $L=10$ [mH], $C=5$ [μF]일 때, 공진시의 전전류 $\dot{I}$를 구하여라.

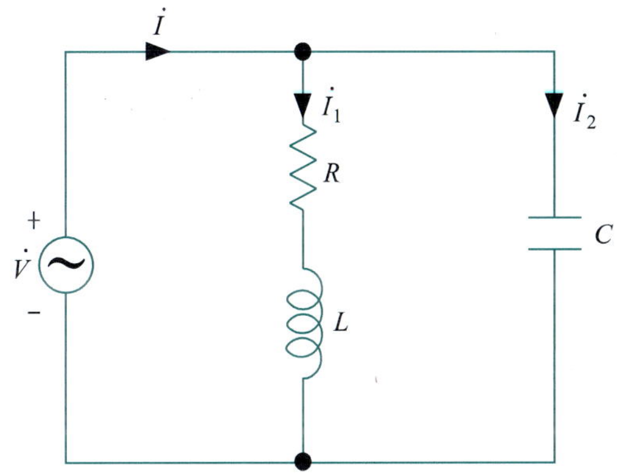

그림 5-25

5-7 $R=10$ [Ω], $L=30$ [mH] 및 가변 콘덴서 C로 구성된 R-L-C 직렬회로에 주파수 800 [Hz]인 교류를 가한 후 C를 가변시켜 직렬공진시켰을 때의 C의 값은 얼마인가?

5-8 병렬공진회로의 리액턴스는 공진주파수 f_r보다 낮은 주파수에서는 유도성인가, 용량성인가?

5-9 그림과 같이 저항과 인덕턴스의 직렬회로에 병렬로 콘덴서를 연결하여 a, b 사이의 역률을 1로 하기 위한 콘덴서의 리액턴스의 값을 구하여라.

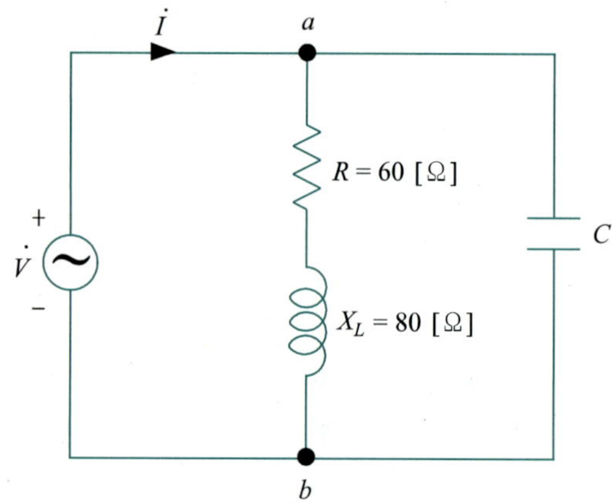

그림 5-26

5-10 R-L-C 직렬공진회로의 공진주파수는 500 [kHz]이고 공진시의 임피던스는 75 [Ω]이다. 반전력 주파수 사이의 대역폭이 3 [kHz]일 때 C의 값을 구하여라.

5-11 R-L-C 직렬공진회로에서 $R = 100$ [Ω], $L = 314$ [mH], $C = 125.6$ [pF]일 때 선택도(전압확대율) Q_r는?

5-12 그림 5-27의 회로에서 콘덴서 C를 가변해서 두 지로전류 I_1, I_2가 같게 될 때의 전원의 주파수를 구하여라.

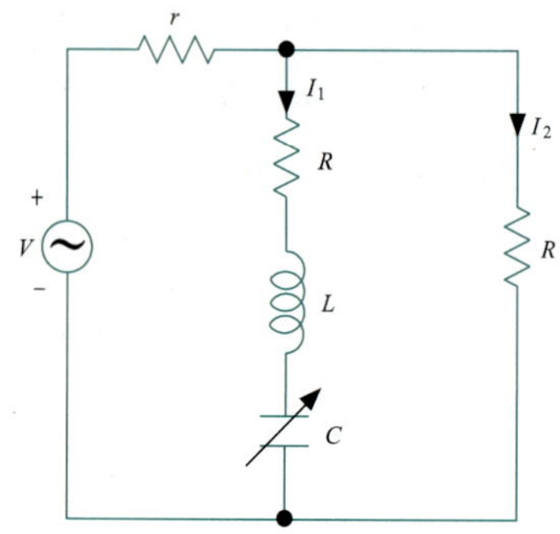

그림 5-27

5-13 그림 5-28와 같은 순리액턴스 회로에서 구동전원의 주파수가 $\omega = 0$에서 $\omega = \infty$까지 변한다고 할 때 리액턴스의 주파수 응답곡선을 개략적으로 도시하여라.

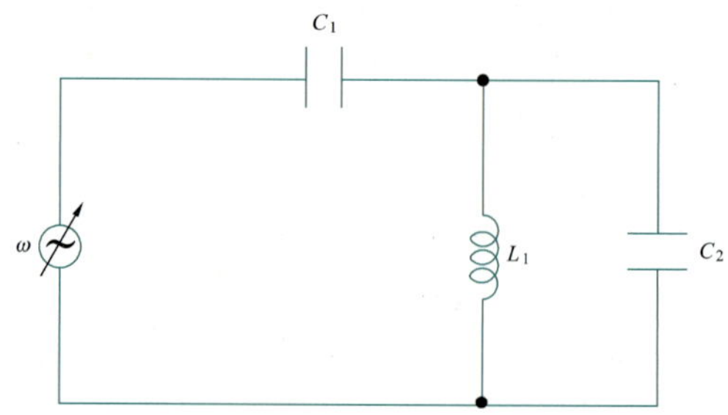

그림 5-28

5-14 다음 교류회로에서 전류 I와 전압 V가 동위상이 되었을 때, X_C의 값을 구하시오.

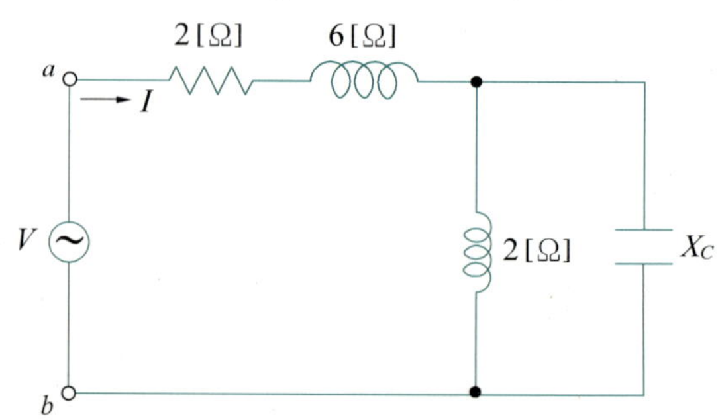

복습문제

문제 1. 다음 교류회로에서 전류 I와 전압 V가 동 위상이 되었을 때, X_c 의 값을 구하시오.

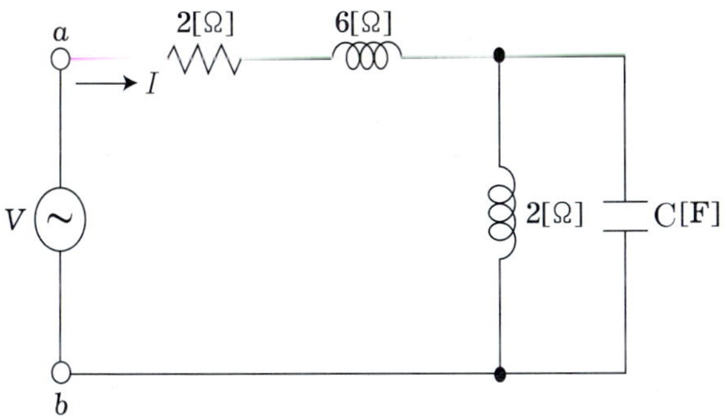

문제 2. $R=5$ [Ω], $L=20$ [mH] 및 가변 용량 C로 구성된 $R-L-C$ 직렬 회로에 주파수 1,000 [Hz]인 교류를 가한 다음, C를 가변하여 직렬 공진시켰다. C_r [μF]의 값과 선택도 Q는?

㉮ $C_r = 2.277$ [μF], $Q = 2.512$

㉯ $C_r = 1.268$ [μF], $Q = 2.512$

㉰ $C_r = 2.277$ [μF], $Q = 25.12$

㉱ $C_r = 1.268$ [μF], $Q = 25.12$

문제 3. 그림과 같은 R-L-C 병렬 공진회로에 관한 설명 중 옳지 않은 것은?

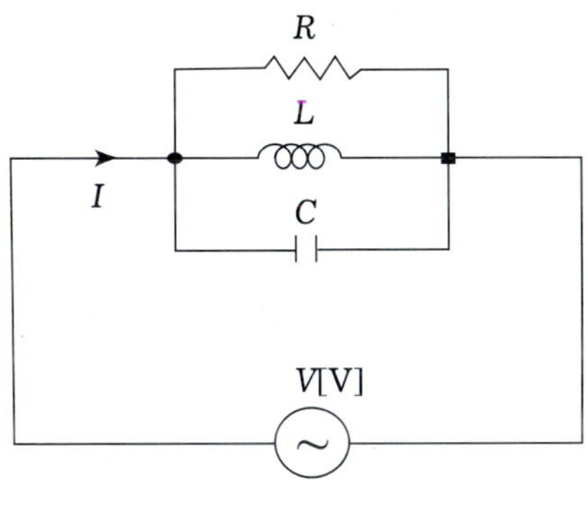

㉮ R이 작을수록 Q가 높다.

㉯ 공진 시 L 또는 C를 흐르는 전류는 입력전류 크기의 Q배가 된다.

㉰ 공진 주파수 이하에서의 입력전류는 전압보다 위상이 뒤진다.

㉱ 공진 시 입력 어드미턴스는 매우 작아진다.

문제 4. 어떤 R-L-C 병렬회로가 병렬 공진되었을 때 합성전류는?

㉮ 최소가 된다.

㉯ 최대가 된다.

㉰ 전류는 흐르지 않는다.

㉱ 전류는 무한대가 된다.

문제 5. R-L-C 직렬 공진회로에서 $R=100$ [Ω], $L=314$ [mH], $C=125.6$ [pF]일 때 선택도(전압 확대율) Q는?

㉮ 2×10^3

㉯ 3×10^3

㉰ 4×10^2

㉱ 5×10^2

문제 6. 직렬 공진회로에서 Q가 갖는 물리적 의미와 관계 없는 것은?

㉮ 공진회로의 저항에 대한 리액턴스 비

㉯ 공진곡선의 첨예도

㉰ 공진 시의 전압 확대비

㉱ 공진회로에서 에너지 소비능률

문제 7. 그림과 같은 회로에서 R, L, C의 조건 중 역률이 가장 좋을 조건은?

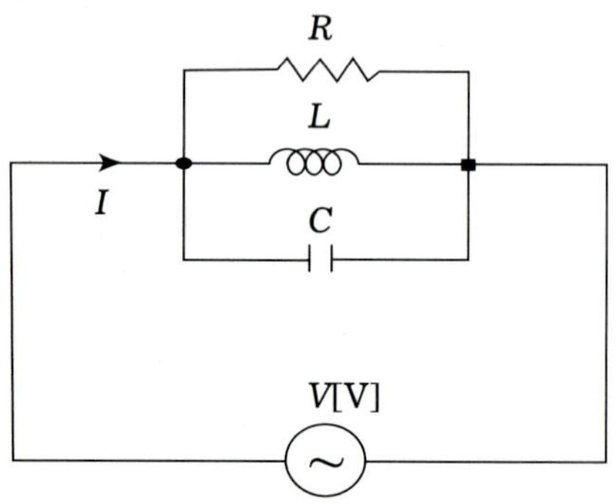

문제 8. 그림과 같이 임피던스 Z가 주파수에 무관하기 위하여 저항 R에 콘덴서 C를 병렬로 연결하였다. 이때 C의 값은? (단, $\omega^2C^2 \ll 1$)

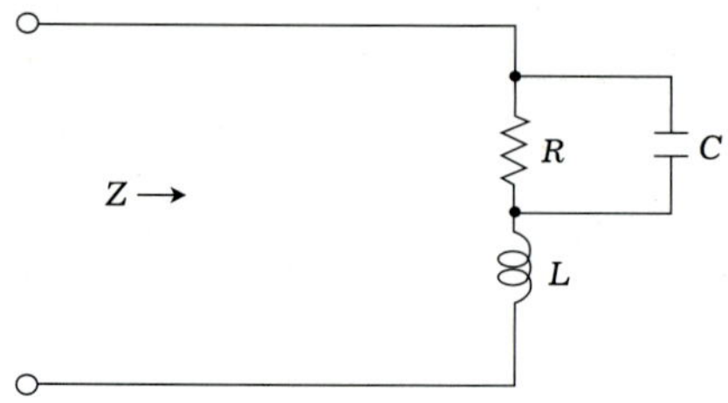

문제 9. 그림과 같은 회로에 있어서 부하전류 $\dot{I}_L$이 부하 임피던스 $\dot{Z}_L$에 관계없이 일정값이 되기 위해서는 L과 C 사이에 어떤 관계가 성립되어야 하는가? 단, 전원의 각주파수는 ω [rad/s]이다.

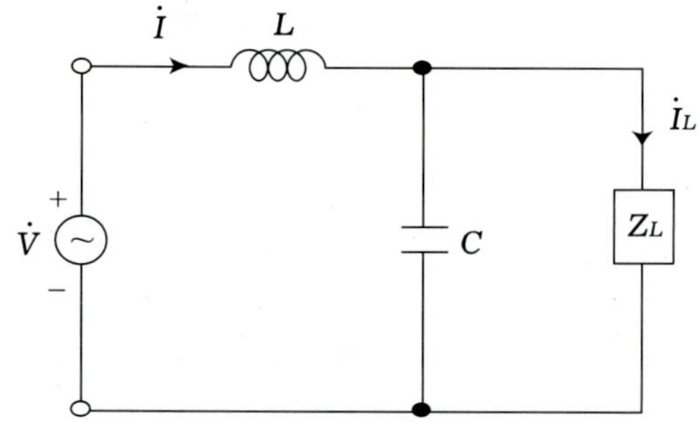

문제 10. 그림과 같은 회로의 공진주파수는?

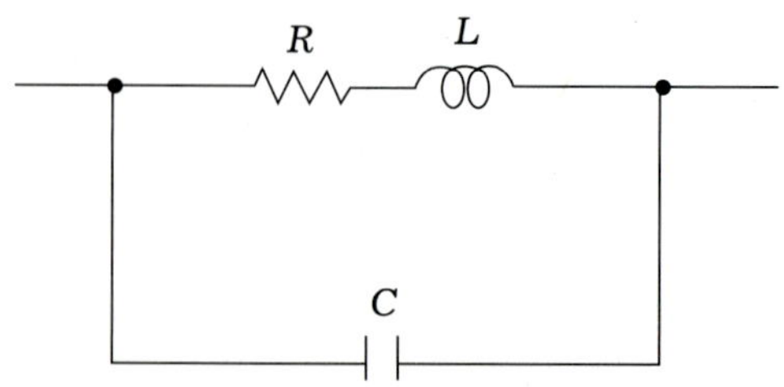

㉮ $\dfrac{1}{2\pi\sqrt{LC}}$

㉯ $\dfrac{1}{2\pi\sqrt{LC}}\sqrt{1-\dfrac{R^2L}{C}}$

㉰ $\dfrac{1}{2\pi}\sqrt{\dfrac{C}{L}}$

㉱ $\dfrac{1}{2\pi\sqrt{LC}}\sqrt{1-\dfrac{R^2L}{L}}$

문제 *11.* 그림과 같은 회로에서 공진시 임피던스는?

(단, $Q=\dfrac{\omega_r L}{R}$이다.)

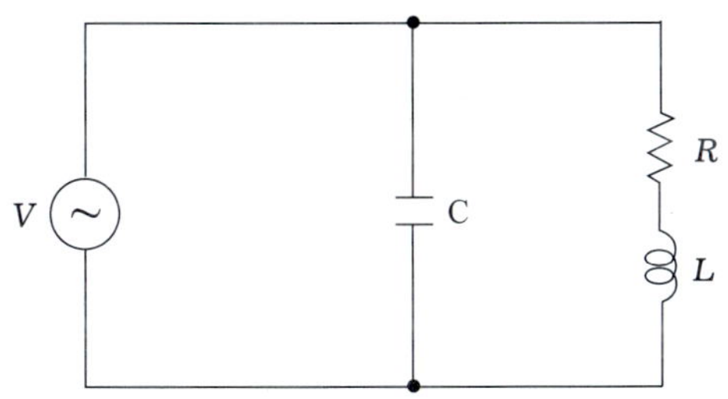

㉮ $R(1+Q^2)$　　㉯ Q^2

㉰ $R+Q^2$　　㉱ ∞

문제 *12.* $R-L-C$ 직렬회로 설명 중 틀린 내용은?

① $R-L-C$ 직렬회로의 공진 주파수는

$f_0=\dfrac{1}{2\pi\sqrt{LC}}$ [Hz]이다.

② 직렬 공진시 임피던스는 최소가 된다.

③ 전압과 전류의 위상이 90° 차이가 날 때는 직렬 공진이라 정의한다.

④ 직렬 공진시 전류 $I_0=\dfrac{V}{R}$ [A]이다.

문제 *13.* $R-L-C$의 직렬 공진회로에 대한 설명 중 옳은 것은?

① 높은 주파수에서 유도 리액턴스는 증가되어 전류는 전압의 위상보다 뒤지게 된다.

② $wL=\dfrac{1}{wC}$이면 전류와 전압은 동상이며 $Z=R$로서 전류는 최소가 된다.

③ 직렬공진을 전류 공진이라 한다.

④ 전압과 전류의 위상차가 90° 이다.

문제 *14.* 높은 주파수에서 유도 리액턴스는 증가되어 전류는 전압의 위상보다 뒤지게 된다.

그림(a)와 같이 $R-L-C$를 직렬접속하고, 이에 f [Hz]인 정현파 교류전압 100 [V]을 가하면 회로를 흐르는 전류가 10 [A] 이었다. 그림의 $R-L-C$를 그림의 (b)와 같이 병렬로 접속하고 동일한 교류전압을 가했을 때 단자로부터 유입하는 전류는 얼마인가?

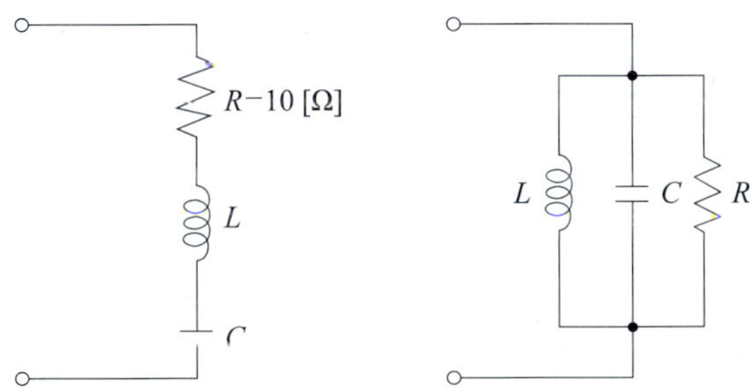

제 6 장

교류전력

제 6 장
교류전력

6-1 전력

일반적으로 교류전압의 순시값이

$$v = V_m \sin\omega t \ [\mathrm{V}]$$

이고, 교류전류는 전압보다 위상이 θ 만큼 늦어

$$i = I_m \sin(\omega t - \theta) \ [\mathrm{A}]$$

일 때, 순시전력은 다음과 같다.

$$\begin{aligned} p = vi &= V_m \sin\omega t \cdot \ I_m \sin(\omega t - \theta) \ [\mathrm{W}] \\ &= \frac{1}{2}[\ V_m I_m \cos\theta - V_m I_m \cos(2\omega t - \theta)\ ] \\ &= VI\cos\theta - VI\cos(2\omega t - \theta) \end{aligned} \tag{6-1}$$

우변의 제1항은 시간에 관계없는 일정치를 나타내며, 제2항은 시간에 따라 변화할 뿐만 아니라 주파수 2ω, 진폭 VI인 정현파이다. 이들 전압, 전류의 관계를 그림으로 나타내면 그림 6-1과 같다.

이와 같이 교류회로에 있어서 순시전력 p는 시간에 따라 변화하며, 경우에 따라 (−)의 전력값을 나타내기도 한다.

이 전압과 전류를 1주기에 걸쳐 평균하면 식 (6-1)의 제2항은 0이 되므로 P의 1주기의 평균전력, 즉 전력 P는 다음과 같이 일정한 값이 된다.

$$P = VI\cos\theta \text{ [W]} \tag{6-2}$$

$$\cos\theta = \frac{P}{VI} \leq 1 \tag{6-3}$$

여기서 $\cos\theta$를 **역률**(power factor)이라 하며, $p \cdot f$ 라는 기호로 표시하고, θ는 **역률각**이라 부른다. 예를 들어

- 저항뿐인 회로에서는 전압과 전류는 동상이므로 $\theta = 0$, 즉 $p \cdot f = \cos\theta = 1$ 이므로

$$P = VI = I^2R = \frac{V^2}{R} \text{ [W]}$$

이 되고,

- 저항 없이 순인덕턴스로 된 회로에서는 $\theta = \frac{\pi}{2}$ [rad]이므로 $p \cdot f = 0$가 되어

$$P = 0 \text{ [W]}$$

가 된다.

- 저항이 없는 순 커패시턴스 회로에서는 $\theta = -\frac{\pi}{2}$이므로 $p \cdot f = 0$이 되어

$$p = 0 \text{ [W]}$$

가 된다.

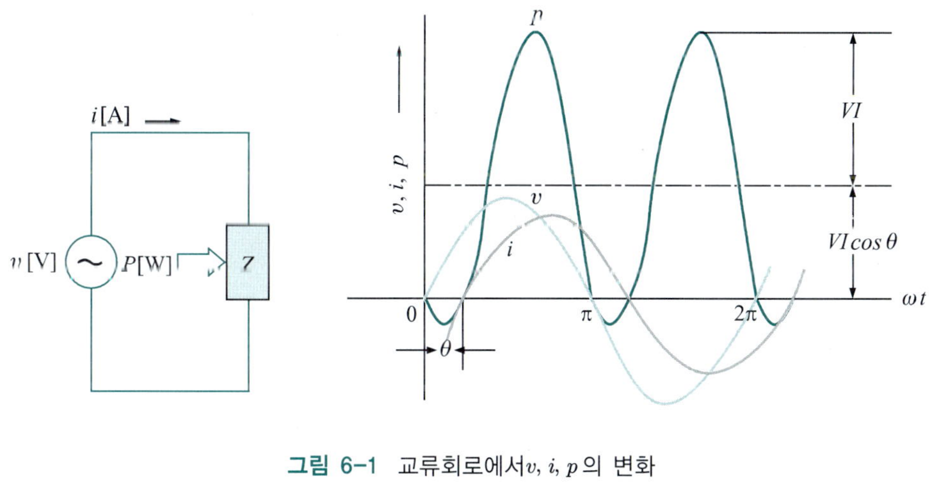

그림 6-1 교류회로에서 v, i, p의 변화

예제 6-1

저항 R [Ω]과 유도 리액턴스 X_L [Ω]의 병렬회로가 있다. 50 [Hz], 100 [V]의 전압을 가했을 때의 유효전력은 1.25 [kW]이고, 역률은 80 [%](지상)이다. R 과 X_L 의 값을 구하여라.

풀이

$$P = \frac{V^2}{R}$$

$$R = \frac{V^2}{P} = \frac{100^2}{1.25 \times 10^3} = 8 \text{ [Ω]}$$

$$Y = Y_1 + Y_2 = \frac{1}{8} + \frac{1}{jX_L} = \frac{1}{8} - j\frac{1}{X_L} \text{ [℧]}$$

$$\tan\theta = \frac{\frac{1}{X_L}}{\frac{1}{8}} = \frac{8}{X_L} = \frac{\sin\theta}{\cos\theta}$$

$$\frac{0.6}{0.8} = \frac{8}{X_L}, \quad \therefore X_L = 10.67 \text{ [Ω]}$$

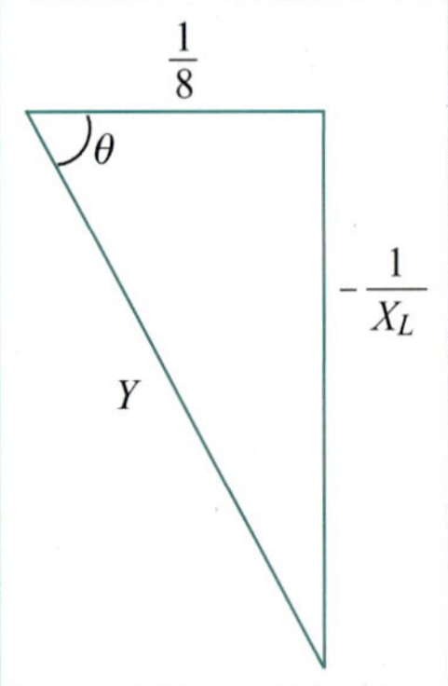

그림 6-2

예제 6-2

저항 R [Ω]과 유도 리액턴스 X_L [Ω]이 직렬로 된 회로의 역률이 $\frac{1}{2}$이다. 이 회로에 용량 리액턴스 X_C를 직렬로 연결하였더니 역률이 $\frac{\sqrt{3}}{2}$으로 개선되었다. 용량 리액턴스 X_C를 구하여라.

풀이

$$\tan\theta = \frac{X_L}{R},\ \frac{\sin\theta}{\cos\theta} = \frac{X_L}{R} = \sqrt{3},\ X_L = \sqrt{3}R$$

그림 6-3

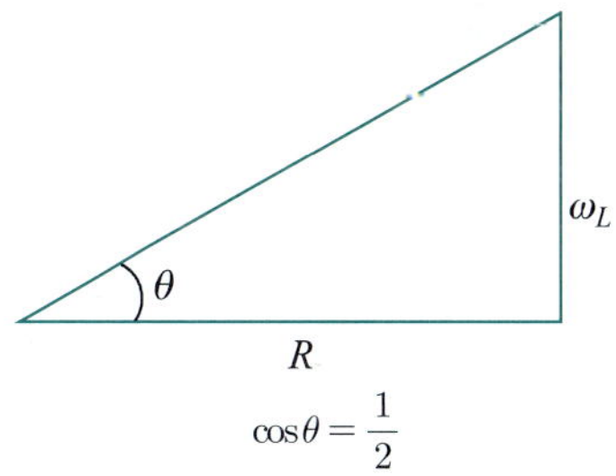

그림 6-4

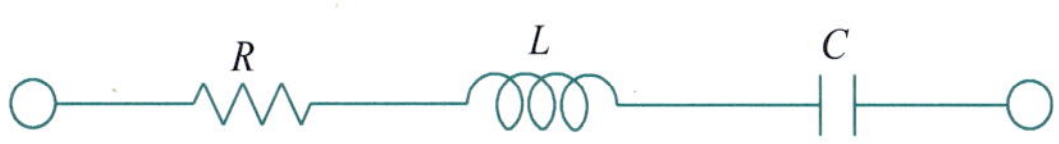

그림 6-5

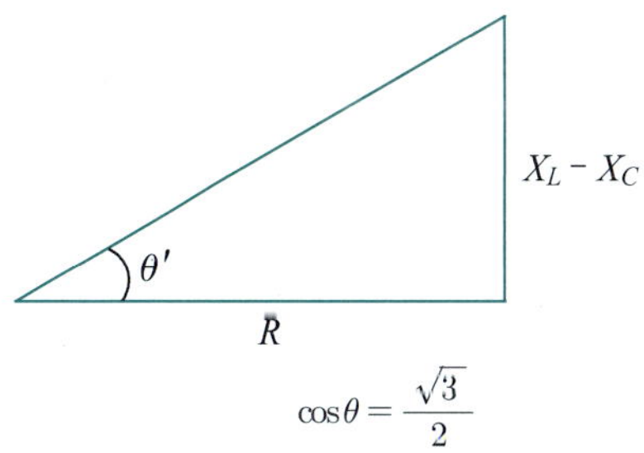

그림 6-6

$$\tan\theta' = \frac{X_L - X_C}{R} = \frac{\frac{1}{2}}{\frac{\sqrt{3}}{2}} = \frac{1}{\sqrt{3}}$$

$$R = \sqrt{3}(X_L - X_C) = \sqrt{3}(\sqrt{3}R - X_C)$$

$$\sqrt{3}X_C = 2R$$

$$\therefore X_C = \frac{2}{\sqrt{3}}R = \frac{2\sqrt{3}}{3}R\ [\Omega]$$

예제 6-3

어떤 코일에 단상 100 [V]의 전압을 가하면 20 [A]의 전류가 흐르고 1.5 [kW]의 전력이 소비된다고 한다. 이 코일과 병렬로 콘덴서를 접속하여 회로의 합성역률을 100 [%]로 하기 위해서는 용량 리액턴스 X_C [Ω]는 얼마가 되어야 하는가?

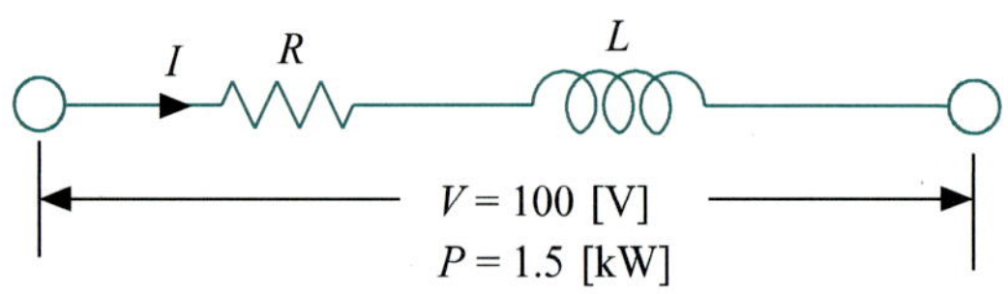

그림 6-7 예제 6-3

풀이

$P_a = 20 \times 100 = 2$ [kVA]

$P_a = P + jP_r$

$P_r = \sqrt{2^2 - 1.5^2} = 1.32$ [kVar]

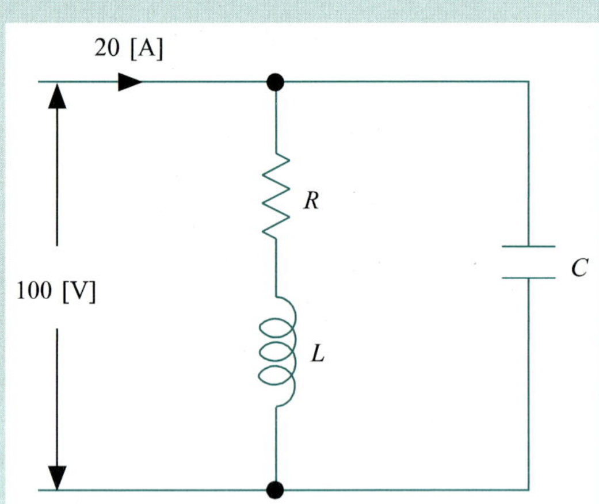

그림 6-8 예제 6-3의 풀이

$P_r = \dfrac{V^2}{X_C}, \ X_C = \dfrac{V^2}{P_r}$

$X_C = \dfrac{100^2}{1.32 \times 10^3} = 7.56$ [Ω]

예제 6-4

$R=6$ [Ω], $L=21$ [mH]의 병렬회로에서 역률을 80 [%]로 하려면 전원주파수를 몇 [Hz]로 하여야 하는가?

풀이

$$Y=Y_1+Y_2=\frac{1}{6}+\frac{1}{jX_L}=\frac{1}{6}-j\frac{1}{X_L}$$

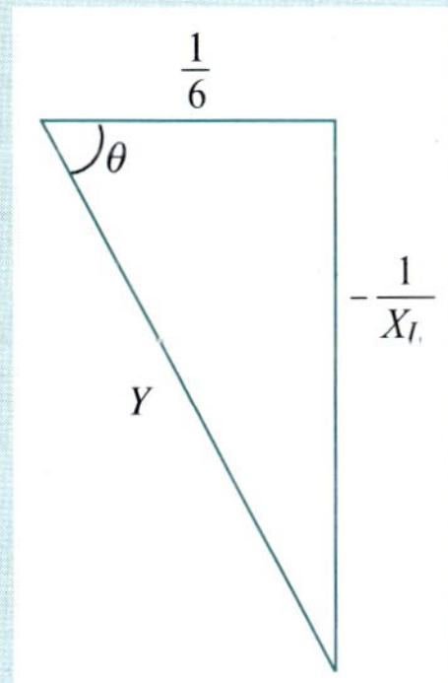

그림 6-9 예제 6-4의 풀이

$$\tan\theta=\frac{\sin\theta}{\cos\theta}=\frac{\frac{1}{X_L}}{\frac{1}{6}}=\frac{6}{X_L}$$

$$\frac{0.6}{0.8}=\frac{6}{X_L},\quad \therefore X_L=8\ [\Omega]$$

$$X_L=2\pi fL=8$$

$$f=\frac{8}{2\pi L}=\frac{8}{2\pi\times 21\times 10^{-3}}=60\ [\text{Hz}]$$

6-2 유효전력·무효전력·피상전력

그림 6-10(a)와 같이 전압 V와 전류 I의 위상차가 θ일 때, 이 전류는 전압과 동상분의 전류 $I_e=I\cos\theta$와 직각분의 전류 $I_r=I\sin\theta$ 전류로 분해할 수 있다.

$I\cos\theta$는 평균전력 $VI\cos\theta$에 기여하는 전류성분으로서 이를 **유효전류**(active current)라 하고, $I\sin\theta$는 평균전력에 전혀 기여하지 못하는 성분이므로 **무효전류**(reactive current)라 한다.

또한 이들 전류에 전압 V를 각각 곱한 $VI\cos\theta$ 를 **유효전력**(=평균전력 또는 단순히 전력 : active power), $VI\sin\theta$ 를 **무효전력**(reactive power)이라고 한다. 단위는 각각 [W]와 [Var]이다. 그리고 역률을 고려하지 않은 전압과 전류의 실효값의 곱을 **피상전력**(apparent power 또는 volt- ampere)이라 하며 단위는 [VA]이다.

이들을 정리하면 다음과 같다.

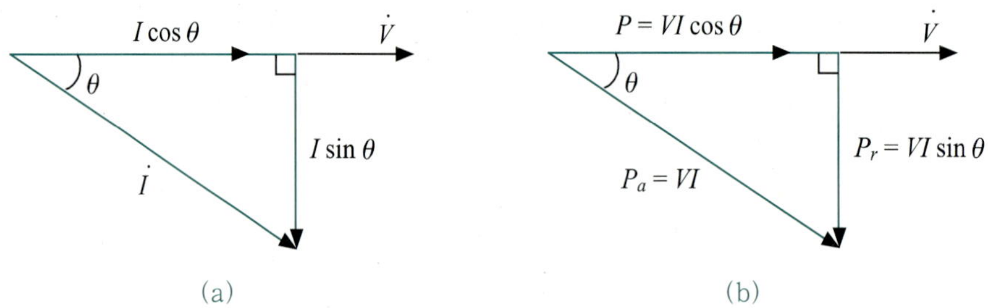

그림 6-10 유효·무효·피상전력

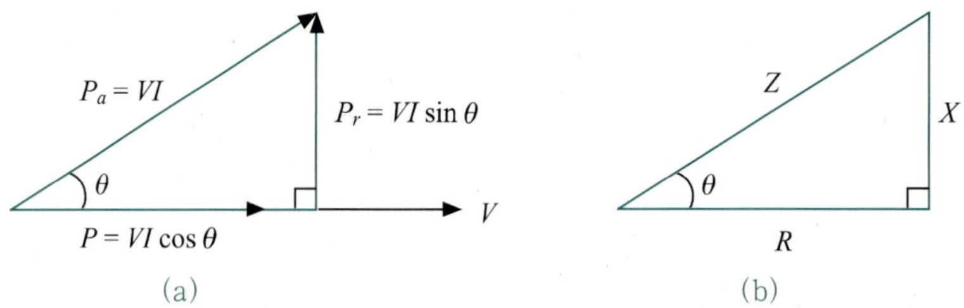

그림 6-11 전력 및 임피던스 삼각도

$$
\begin{aligned}
&\text{유효전력} \quad P = VI\cos\theta \ [\mathrm{W}] \\
&\text{무효전력} \quad P_r = VI\sin\theta \ [\mathrm{Var}] \\
&\text{피상전력} \quad P_a = VI \ [\mathrm{VA}]
\end{aligned}
\tag{6-4}
$$

무효전력의 표시식에 나타나는 계수 $\sin\theta$ 를 **무효율**(reactive factor)이라고 하며, 보통 $r \cdot f$ 라고 표시한다.

$$r \cdot f = \sin\theta = \frac{P_r}{VI} \tag{6-5}$$

그림 6-11(a)를 **전력삼각도**(power triangle)라 하며 유효전력, 무효전력 및 피상전력 사이의 관계가 다음과 같다.

$$P^2 + P_r^2 = P_a^2,\ \ P_a = \sqrt{P^2 + P_r^2} \qquad (6\text{-}6)$$

$$P = VI\cos\theta = IZ \cdot I \cdot \frac{R}{Z} = I^2R\ [\mathrm{W}]$$

$$P_r = VI\sin\theta = IZ\ \ I\frac{X}{Z} = I^2X\ [\mathrm{Var}]$$

$$P_a = VI = IZ\ \ I = I^2Z\ [\mathrm{VA}] \qquad (6\text{-}7)$$

예제 6-5

R-C 병렬회로에 60 [Hz], 100 [V]의 전압을 가했더니 유효전력이 800 [W], 무효전력이 -600 [Var]이었다. 저항 R [Ω]과 정전용량 C [μF]의 값을 구하여라.

풀이

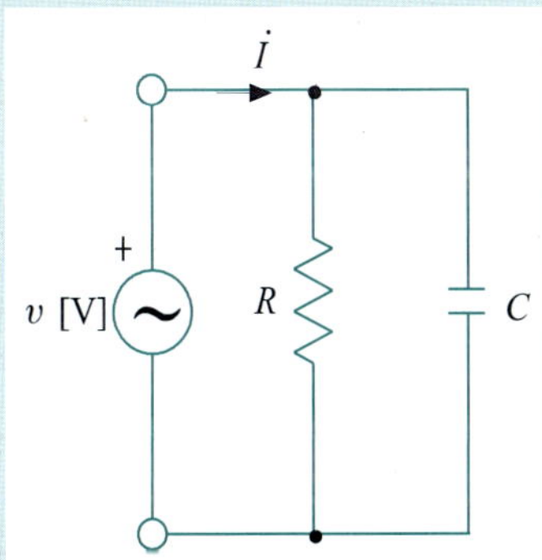

그림 6-12 예제 6-5

$$P = \frac{V^2}{R},\ \ R = \frac{V^2}{P} = \frac{100^2}{800} = 12.5\ [\Omega]$$

$$P_r = \frac{V^2}{X_C},\ \ X_C = \frac{V^2}{P_r} = \frac{100^2}{600} = \frac{50}{3}\ [\Omega]$$

$$X_C = \frac{1}{\omega C}$$

$$C = \frac{1}{\omega \times \frac{50}{3}} = \frac{1}{2\pi \times 60 \times \frac{50}{3}} = 159\ [\mu F]$$

예제 6-6

R-L-C 직렬회로에서 $R=3$ [Ω], $L=32$ [mH], $C=530$ [μF]이고, 여기에 실효값 $V=100$ [V], 주파수 $f=50$ [Hz]의 전압을 가할 때의 회로에서의 역률, 유효전력, 무효전력, 피상전력을 구하고 또한 R-L-C 회로의 각 단자전압도 구하여라.

풀이

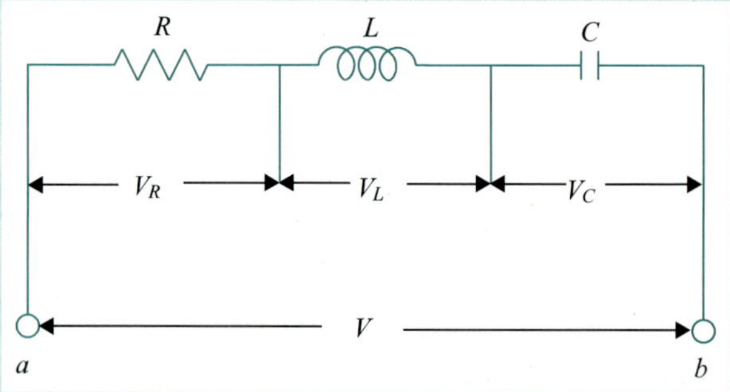

그림 6-13 예제 6-6

$$Z=\sqrt{R^2+\left(\omega L-\frac{1}{\omega C}\right)^2}=\sqrt{3^2+\left(2\pi\times 50\times 32\times 10^{-3}-\frac{1}{2\pi\times 50\times 530\times 10^{-6}}\right)^2}$$

$$=\sqrt{3^2+(10-6)^2}=5\ [\Omega]$$

$$I=\frac{V}{Z}=\frac{100}{5}=20\ [\text{A}]$$

$$\cos\theta=\frac{R}{Z}=\frac{3}{5}=0.6$$

$$P=VI\cos\theta=100\times 20\times 0.6=1.2\ [\text{kW}]$$

$$P_r=VI\sin\theta=100\times 20\times\sqrt{1-0.6^2}=1.6\ [\text{kVar}]$$

$$P_a=VI=100\times 20=2\ [\text{kVA}]$$

$$V_R=RI=3\times 20=60\ [\text{V}]$$

$$V_L=\omega LI=2\pi\times 50\times 32\times 10^{-3}\times 20=200\ [\text{V}]$$

$$V_C=\frac{I}{\omega C}=\frac{20}{2\pi\times 50\times 530\times 10^{-6}}=120\ [\text{V}]$$

예제 6-7

그림의 회로에 있어서 다음을 구하여라.

① 회로의 역률($p \cdot f$) 및 무효율($r \cdot f$)
② 회로에 공급되는 유효전력(P) 및 무효전력(P_r)

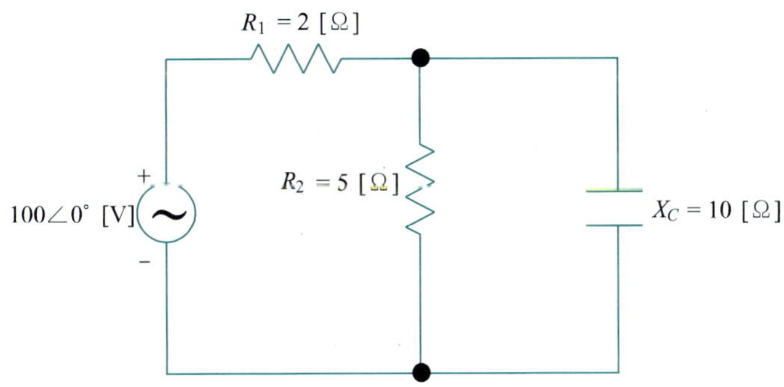

그림 6-14 예제 6-7의 회로

풀이

우선 전체 임피던스를 구하면

$$Z = 2 + \frac{5 \cdot (-j10)}{5 - j10} = 2 + \frac{-j10}{1 - j2} = 2 + \frac{20 - j10}{5} = 6 - j2 \ [\Omega]$$

$$|Z| = \sqrt{6^2 + 2^2} = \sqrt{40} \ [\Omega]$$

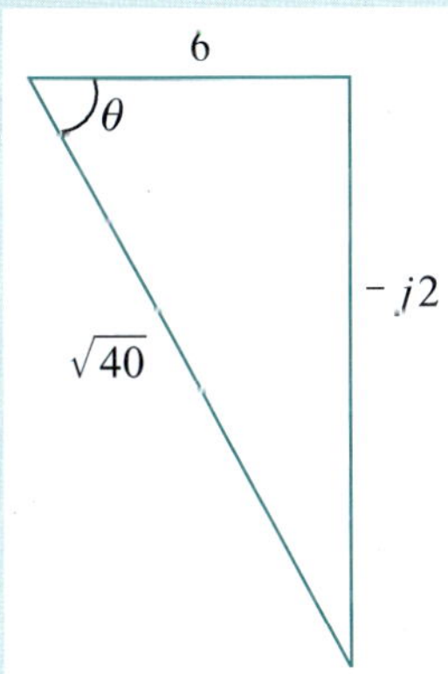

그림 6-15 예제 6-7의 풀이

$$\cos\theta = \frac{6}{\sqrt{40}} = 0.95$$

$$\sin\theta = \frac{2}{\sqrt{40}} = 0.32$$

$$P = |i|^2 \cdot R = \left(\frac{100}{|6-j2|}\right)^2 \cdot 6$$

$$= \frac{100^2}{40} \times 6 = 1{,}500 \text{ [W]}$$

$$P_r = |i|^2 \cdot X = \left(\frac{100}{|6-j2|}\right)^2 (-2)$$

$$= \frac{100^2 \times (-2)}{40} = -500 \text{ [Var]}$$

예제 6-8

다음 회로에서 무효전력, 유효전력, 피상전력을 구하여라.

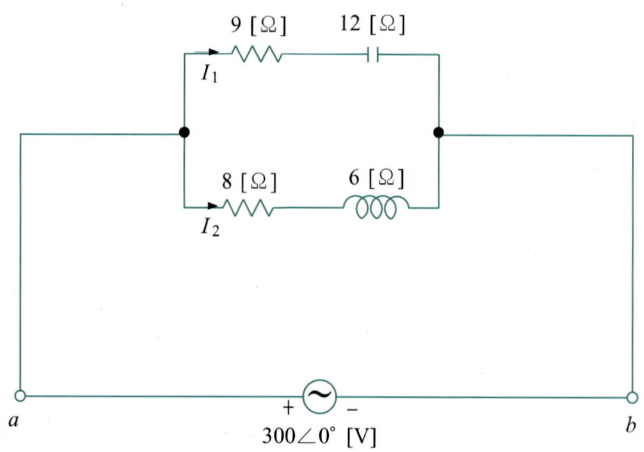

그림 6-16 예제 6-8의 회로

풀이

$$\dot{I}_1 = \frac{300}{\sqrt{9^2 + (-12)^2}} = 20 \text{ [A]}$$

$$\dot{I}_2 = \frac{300}{\sqrt{8^2 + 6^2}} = 30 \text{ [A]}$$

$$P = I_1^2 R + I_2^2 R = 20^2 \times 9 + 30^2 \times 8 = 10.8 \text{ [kW]}$$

$$P_r = I_1^2 \times X_C + I_2^2 \times X_L = 20^2 \times (-12) + 30^2 \times 6 = 0.6 \text{ [kVar]}$$

$$P_a = \sqrt{P^2 + P_r^2} = \sqrt{10.8^2 + 0.6^2} = 10.816 \text{ [kVA]}$$

예제 6-9

그림과 같은 회로에 있어서 각 계기들의 지시값이 Ⓥ는 240 [V], Ⓐ는 5 [A], Ⓦ는 720 [W]일 때 인덕턴스 L 은 얼마인가? 단, 전원의 주파수는 60 [Hz]이다.

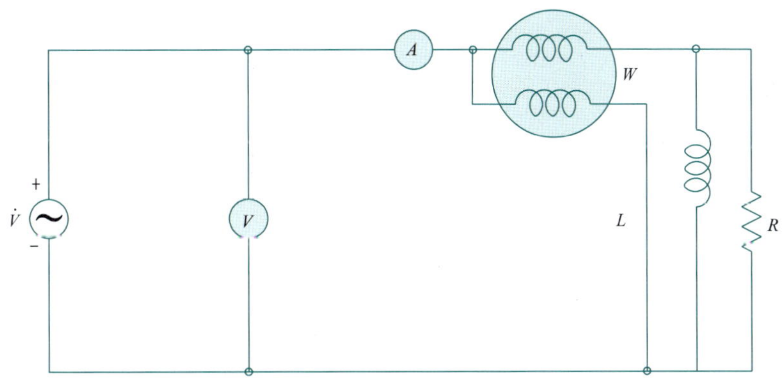

그림 6-17 예제 6-9의 회로

풀이

피상전력 $P_a = V \cdot I = 240 \times 5 = 1,200$ [VA]

$$P_a = P + jP_r$$

$$P_r = \sqrt{P_a^2 - P^2} = \sqrt{(1,200)^2 - (720)^2} = 960 \text{ [Var]}$$

$$P_r = \frac{V^2}{X_r},\ X_L = \frac{V^2}{P_r} = \frac{240^2}{960} = 60 \text{ [}\Omega\text{]}$$

$$L = \frac{X_L}{\omega} = \frac{60}{2\pi \times 60} = \frac{1}{2\pi} = 159 \text{ [mH]}$$

$$R = \frac{V^2}{P} = \frac{240^2}{720} = 80 \text{ [}\Omega\text{]}$$

별해 1

$$\cos\theta = \frac{P}{VI} = \frac{720}{240 \times 5} = 0.6$$

$$\theta = \cos^{-1}0.6 = 53.13°$$

$Y = Y_1 + Y_2$ 에서

$$Y_1 = \frac{1}{R} = \frac{1}{80}$$

$$Y_2 = \frac{1}{jwL} = -j\frac{1}{wL} = -j\frac{1}{X_L}$$

$$Y = \frac{1}{80} - j\frac{1}{X_L}$$

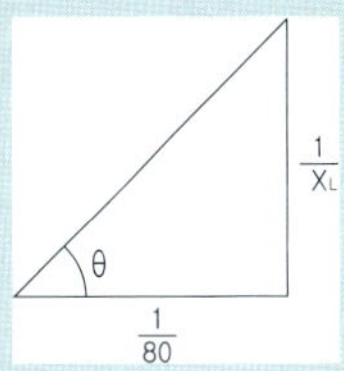

$$\tan\theta = \frac{80}{X_L}$$

$$X_L = \frac{80}{\tan 53.130} = 60 \ [\Omega]$$

별해 2

$$I_R = \frac{240}{80} = 3 \ [\mathrm{A}]$$

$$I = I_R + I_L$$

$$I_L = \sqrt{5^2 - 3^2} = 4 \ [\mathrm{A}]$$

$$I_L = \frac{V}{X_L},\ X_L = \frac{V}{I_L} = \frac{240}{4} = 60 \ [\Omega]$$

6-3 전력과 에너지

저항기(registor)는 전력을 소비한다. 그러나 유도기(inductor)나 용량기(capacitor)에서는 전력을 소비하지 않으며 자기 에너지 또는 정전 에너지의 교환이 이루어지고 있을 뿐이다.

6-3-1 저 항 기

저항기 R에 $v = \sqrt{2}\,V\sin\omega t$ [V]인 전압이 걸릴 때 흐르는 전류를 $i = \sqrt{2}\,I\sin\omega t$ [A]라고 하면, 전압과 전류는 동상이므로, 저항에서 소비되는 전력의 순시값은

$$P = v \cdot i = 2VI\sin^2\omega t = VI(1 - \cos 2\omega t) \ [\mathrm{W}] \tag{6-8}$$

위 식에서 제1항은 일정치를 나타내나, 제2항은 정현파를 표시하고 있다. 일반적으로 진폭이나 위상은 달라도 주파수가 같은 두 정현파를 곱하면 언제나 식 (6−8)과 같이 2배의 주파수를 가진 정현파 성분이 나타나게 된다. 그런데 이 정현파의 평균값은 0이므로, 결국 저항에서의 평균전력은 다음과 같다.

$$P = VI = I^2R = \frac{V^2}{R} \ [\mathrm{W}] \tag{6-9}$$

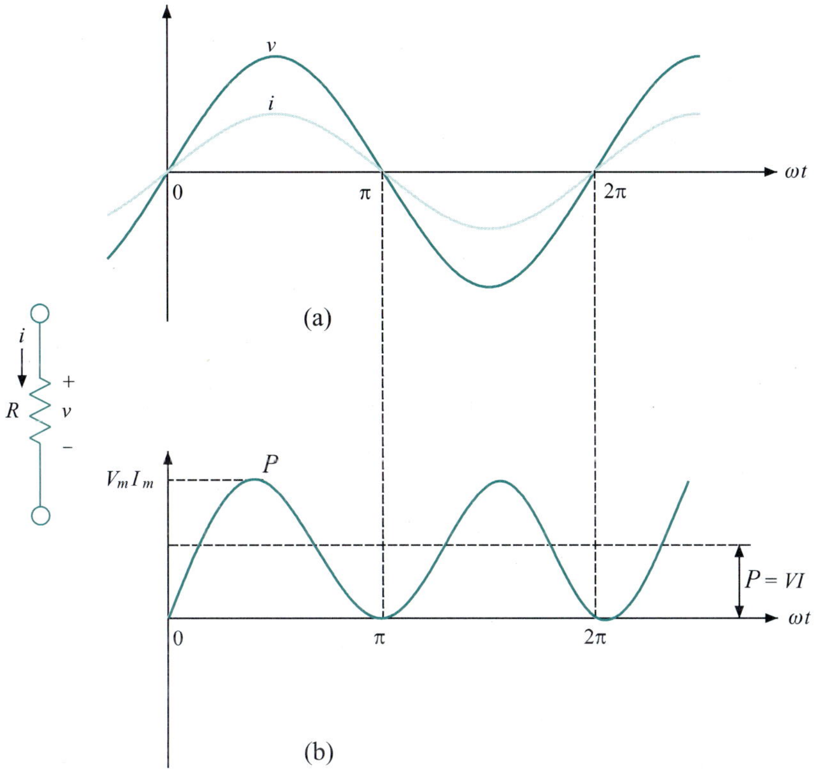

그림 6-18 저항에서 v, i, P, W_R의 곡선

그림 6−18은 v, i 및 p의 시간적 변화를 그렸다. v, i는 동상으로 +, −의 변화를 반복하므로 그 곱인 p는 항상 +이며, 따라서 저항에서는 어느 순간에서도 전력소모가 있기 마련이다. 그림 6−18에서 알 수 있듯이 P의 곡선은 최대값 $2VI = V_m I_m$의 $\frac{1}{2}$인 점을 중심으로 하여 상하로 v, i의 2배의 주파수를 가지고 변동하며, 이 $\frac{1}{2}$인 점이 곧 평균전력을 나타낸다.

한편 저항에서 소비되는 에너지 W_R은

$$W_R = \int pdt = p \cdot t \ [\text{J}] \tag{6-10}$$

로 표시된다. 즉 저항에서 소비되는 에너지는 평균전력에 시간을 곱하면 된다.

6-3-2 유도기

인덕턴스 L 만을 가지는 유도기에 전류 $i=\sqrt{2}I\sin\omega t$ [A]가 흘렀다면, 전압은 전류보다 90° 위상이 앞서므로 $v=\sqrt{2}V\sin(\omega t+90°)=\sqrt{2}V\cos\omega t$ [V]가 된다. 그러므로 유도기에 공급되는 순시 전력은

$$p=v\cdot i=2VI\sin\omega t\cos\omega t=VI\sin 2\omega t \text{ [W]} \tag{6-11}$$

여기서 $\sin 2\omega t$ 의 평균값은 0이므로, 유도기에 공급되는 평균전력은 0이 된다.

한편, 유도기에 저장되는 자기 에너지 W_L 은

$$\begin{aligned} W_L &= \int p dt = \int v\cdot i dt = \int L\frac{di}{dt}\cdot i dt = L\int i di \\ &= \frac{1}{2}Li^2 = \frac{1}{2}2LI^2\sin^2\omega t = \frac{1}{2}LI^2(1-\cos 2\omega t) \end{aligned} \tag{6-12}$$

이 되며, 그 평균값은

$$W_L=\frac{1}{2}LI^2 \text{ [J]} \tag{6-13}$$

이다.

그림 6-19에는 인덕턴스에서의 v, i, P 및 W_L 의 변화를 그렸다. v, i 는 90°의 상차가 있고 그 곱의 p 는 v, i 의 주파수의 2배의 주파수를 가지고, +, −의 값을 교대로 취하면서 변한다. +의 p 는 외부회로에서 유도기에 에너지가 공급됨을 의미하고 −는 유도기에서 외부회로로 에너지가 반환됨을 의미한다. 즉, 유도기에 교류가 흐를 때는 유도기 사이에 에너지 교환이 주기적으로 일어남을 알 수 있다.

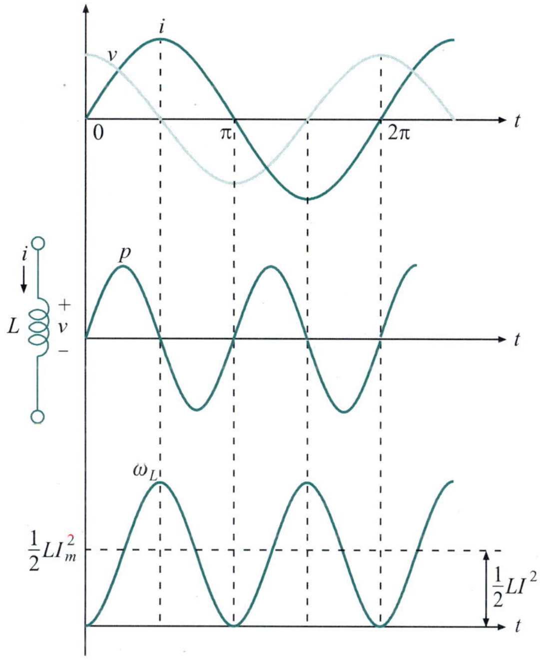

그림 6-19 유도기에의 v, i, P, W_L 의 변화

6-3-3 용량기

커패시턴스 C만을 갖는 용량기에 $v = \sqrt{2}\,V\sin\omega t$ [V]인 전압이 걸릴 때 흐르는 전류는 전압보다 위상이 90° 앞서므로 $i = \sqrt{2}\,I\sin(\omega t + 90°) = \sqrt{2}\,I\cos\omega t$ [A]이며, 용량기에 공급되는 순시전력은

$$p = vi = 2\,VI\sin\omega t \cdot \cos\omega t = VI\sin 2\omega t \qquad (6\text{-}14)$$

따라서 평균전력 P는 0이 된다. 또 용량기에 저장되는 정전 에너지 W_C는

$$\begin{aligned} W_C &= \int p\,dt = \int vi\,dt = \int vC\frac{dv}{dt}\,dt = C\int v\,dv = \frac{1}{2}Cv^2 \\ &= \frac{1}{2}2CV^2\sin^2\omega t = \frac{1}{2}CV^2(1-\cos 2\omega t) \text{ [J]} \end{aligned} \qquad (6\text{-}15)$$

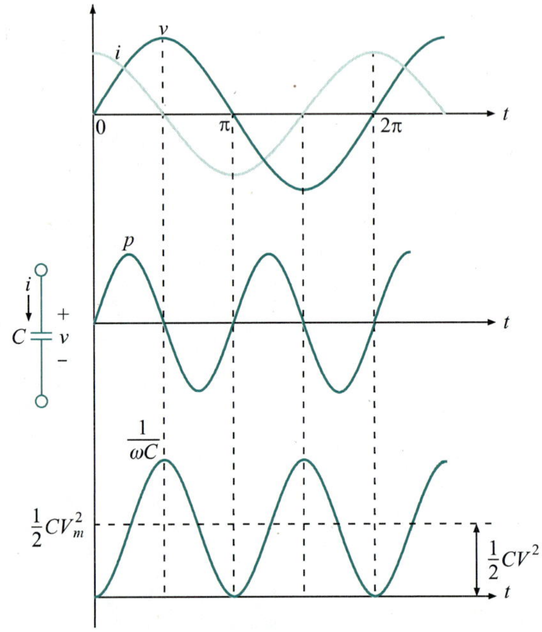

그림 6-20 용량기에서의v, i, P, W_c의 변화

이 되며, 그 평균값은

$$W_C = \frac{1}{2}CV^2 \text{ [J]} \tag{6-16}$$

이다.

그림 6-20은 v, i, P, W_c의 시간에 따라 변화를 나타낸 것이다. 용량기에서도 에너지가 전원과 용량기 사이를 왔다갔다 하지만 용량기에서 에너지가 소비되는 일은 없다.

예제 6-10

전류 $i(t) = I_m \sin\omega t$ [A]를 코일에 흘렸다. $t = 0$에서 자장에 축적된 에너지는 없다고 가정하고 에너지 함수 $\omega_L(t)$를 구하고 그래프로 나타내어라.

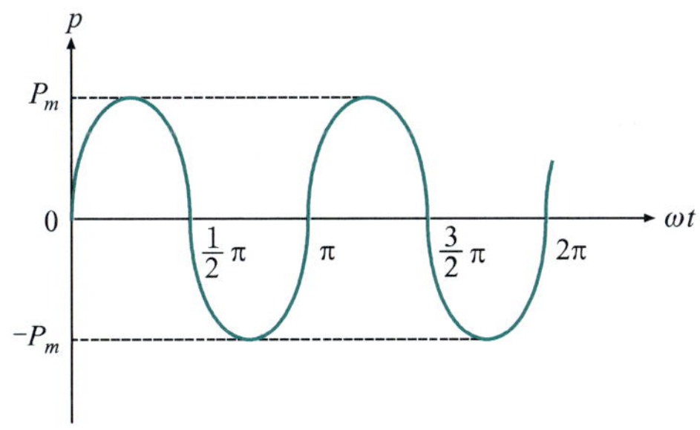

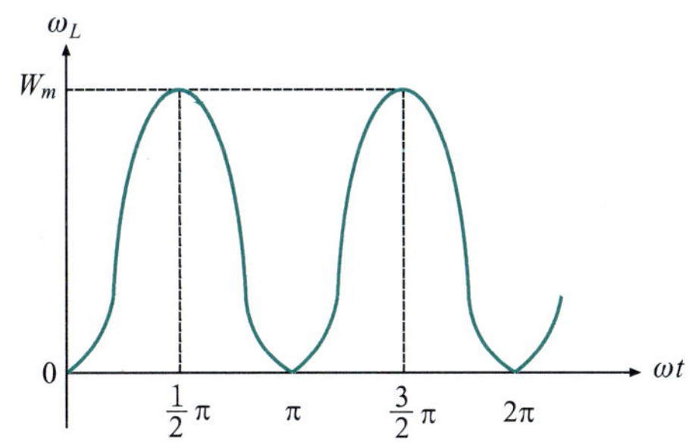

그림 6-21 예제 6-10의 그래프

풀이 $t=0$에서 에너지가 없으므로 코일에 흐르는 전류는 없다. 코일 양단의 전압 v_L는

$$v_L = L\frac{d}{dt}(I_m \sin\omega t) = \omega L I_m \cos\omega t$$

$$p_L = v \cdot i = \omega L I_m^2 \sin\omega t \cos\omega t = \frac{1}{2}\omega L I_m^2 \sin 2\omega t \quad (\because \sin 2\omega t = 2\sin\omega t \cos\omega t)$$

$$\omega_L = \int_0^t \frac{1}{2}\omega L I_m^2 \sin 2\omega t\, dt = \frac{1}{4} L I_m^2 [-\cos 2\omega t + 1]$$

$$= \frac{1}{2} L I_m^2 \sin^2\omega t \ [\mathrm{J}]$$

6-4 복소전력

어떤 2단자회로에 전력계산을 간편하게 하기 위하여 공급되는 유효전력 P를 실수축, 무효전력 P_r을 허수축으로 하여 피상전력 P_a를 나타내는데 이것을 **복소전력**(complex power)이라 하고 $\dot{P}_C$로 표기한다.

$$\begin{aligned}\dot{P}_C &= P + jP_r \\ &= VI\cos\theta + jVI\sin\theta = VI\angle\theta \\ &= RI^2 + jXI^2 = \dot{Z}I^2 \\ &= GV^2 - jBV^2 = \dot{Y}^* I^2\end{aligned}$$

$$\dot{Z}I^2 = \dot{Z}\dot{I}\dot{I}^* = \dot{V}\dot{I}^*$$

로 나타낼 수 있으므로

$$\dot{P} = \dot{V}\dot{I}^* \tag{6-17}$$

즉

$$P = Re[\dot{P}_C] = Re[\dot{V}\dot{I}^*] \tag{6-18}$$

$$P_r = Im[\dot{P}_C] = Im[\dot{V}\dot{I}^*]$$

위 식은 2단자망의 단자전압 $\dot{V}$ 와 단자전류 $\dot{I}$ 를 알 경우에 유효전력이나 무효전력을 구하는데 유용한 식이 되며 복소전력 $\dot{P}_C$ 의 크기는 피상전력 VI와 같음을 알 수 있다. 이 복소전력법을 그림 6-22와 같은 직렬회로에 적용하면 전체 복소전력은

$$\dot{P}_C = \dot{V}\dot{I}^* = (\dot{V}_1 + \dot{V}_2)\dot{I}^* = \dot{V}_1\dot{I}^* + \dot{V}_2\dot{I}^* = \dot{P}_{C1} + \dot{P}_{C2}$$

이 복소전력법을 그림 6-23과 같은 병렬회로에 적용하면

$$\dot{P}_C = \dot{V}\dot{I} = \dot{V}(\dot{I}_1 + \dot{I}_2)^* = \dot{V}\dot{I}_1^* + \dot{V}\dot{I}_2^* = \dot{P}_{C1} + \dot{P}_{C2}$$

이상과 같이 복소전력법은 직 · 병렬 회로 어느 경우든 적용이 되므로 회로 전체의 복소전력은 회로 내 각 지로에서의 복소전력을 전부 합하면 된다. 또 회로 내 각 지로의 소자에서 발생되는 유효 · 무효 전력을 각각 구하여 그 각각의 총합을 실수부, 허수부로 취하여도 복소전력을 계산할 수 있다. 여기서 복소전력 $\dot{P}_C$의 절대값은 피상전력이 되며 무효전력의 부호가 정(+)이면 유도성 무효전력이고 부호가 부(−)이면 용량성 무효전력이 된다.

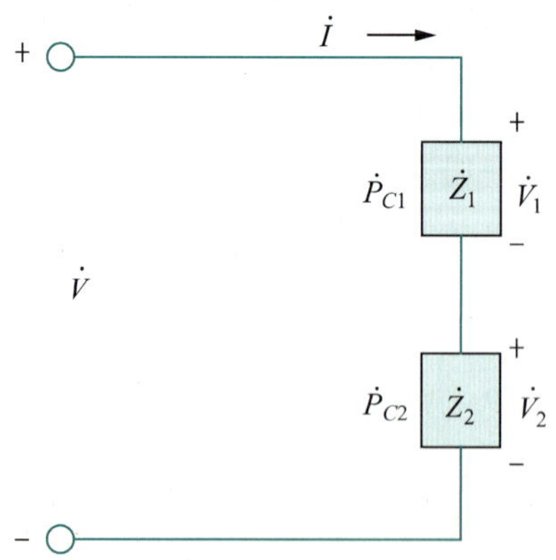

그림 6-22

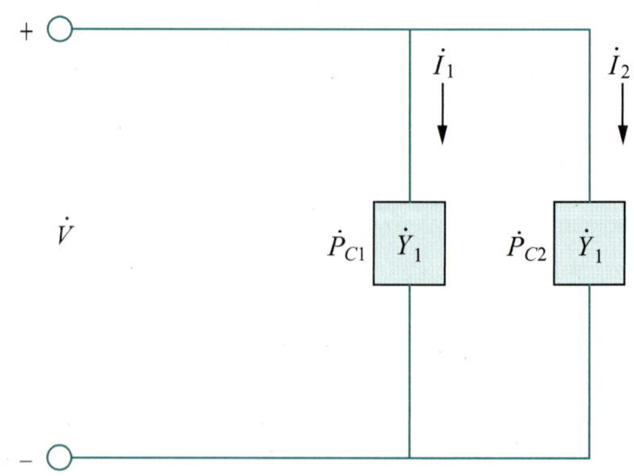

그림 6-23

예제 6-11

어떤 회로에 $\dot{V}=200\angle 30°$ [V]인 전압이 인가되어 $\dot{I}=10\angle 60°$ [A]의 전류가 흐를 때 다음을 구하여라.

① 이 회로에서의 복소전력 $\dot{P}_C$

② 이 회로에서의 유효전력 P

③ 이 회로에서의 무효전력 P_r

④ 이 회로에 공급되는 피상전력 P_a

⑤ 회로 역률 $p \cdot f$

⑥ 회로의 무효율 $r \cdot f$

풀이

$V=200\angle 30°=200(\cos 30°+j\sin 30°)$

$\cdot =200\left(\frac{\sqrt{3}}{2}+j\frac{1}{2}\right)=100\sqrt{3}+j100$ [V]

$I=10\angle 60°=10(\cos 60°+j\sin 60°)$

$\cdot =10\left(\frac{1}{2}+j\frac{\sqrt{3}}{2}\right)=5+j5\sqrt{3}$ [A]

① 복소전력 P_c

$P_c=\overline{\mathrm{V}}\cdot \dot{\mathrm{I}}=(100\sqrt{3}-j100)(5+j5\sqrt{3})=1{,}000\sqrt{3}+j1{,}000$

$\cdot =2{,}000\angle 30°$ [VA]

여기서 $P_r>0\rightarrow$ 진상 무효전력

$P_r<0\rightarrow$ 지상 무효전력

∴ 진상 무효전력임.

② 유효전력

$P=1{,}000\sqrt{3}=1{,}732$ [W]

③ $P_r=1{,}000$ [Var](진상)

④ $P_a=2{,}000$ [VA]

⑤ $\cos\theta(p\cdot f)=\frac{1{,}732}{2{,}000}=0.866$

⑥ 무효율 $r\cdot f=\frac{+1{,}000}{2{,}000}=0.5$ (진상)

예제 6-12

어떤 부하에 AC 전력이 공급되고 있다. 부하의 단자전압은 200 [V], 단자전류는 10 [A], 전압이 전류 보다 30° 앞섬을 알았다. 다음을 구하시오.

1) **평균전력** 2) **무효전력** 3) **피상전력** 4) **단자에서 본 등가 임피던스**

정답 및 풀이

정답 : 풀이 참조

1) $P = VI\cos\theta,\ \theta = 30°$
$= 200 \times 10 \times \cos 30°$
$= 1{,}732$ [W]

2) $Q = VI\sin\theta$
$= 200 \times 10 \times \sin 30° = 1{,}000$ [Var]

3) $S = VI$
$= 200 \times 10 = 2{,}000$ [VA]

4) $Z = \dfrac{V}{I} = \dfrac{200\angle 30°}{10} = 20(\cos 30° + j\sin 30°)$
$= 20(0.866 + j0.5)$
$= 17.32 + j10$ [Ω]

예제 6-13

그림과 같은 회로에서 $I_1 = 2e^{-j\frac{\pi}{3}}$ [A], $I_2 = 5e^{j\frac{\pi}{3}}$, I_3=1 [A]이다. 이 단상 회로에서의 평균 전력 [W] 및 무효 전력 [Var]은?

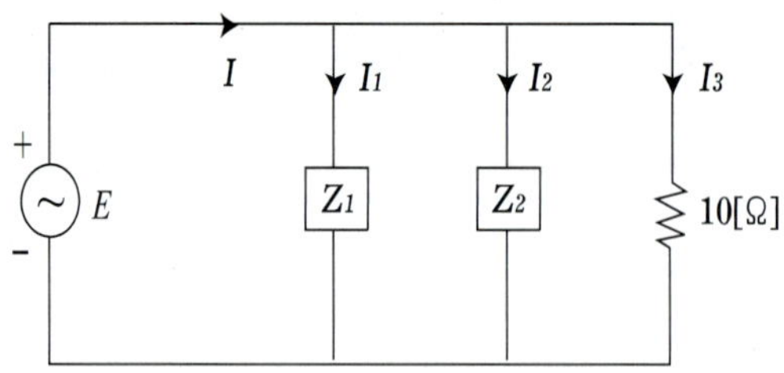

그림 6-24 예제 6-13의 회로

① 10, -9.75　② 20, 19.5　③ 20, -19.5　④ 45, 26

정답 및 풀이

정답 : ④

$I = I_1 + I_2 + I_3 = 2e^{-j\frac{\pi}{3}} + 5e^{j\frac{\pi}{3}} + 1$

$= 2(\cos\frac{\pi}{3} - j\sin\frac{\pi}{3}) + 5(\cos\frac{\pi}{3} + j\sin\frac{\pi}{3}) + 1 = 4.5 + j2.6$ [A]병렬회로에서는 전압이 공통이므로

$E = I_3 R = 1 \times 10 = 10$ [V]

$\therefore \quad P_a = \overline{E}\dot{I} = 10(4.5 + j2.6) = 45 + j26$ [VA]

예제 6-14

60 [Hz], 100 [V] 전원에 어떤 부하가 5 [A] 지상전류로 400 [W]의 전력을 취하고 있다. 다음을 구하시오.

1) 역률
2) 전압과 전류와의 위상차
3) 무효전력
4) 피상전력
5) 부하 임피던스

정답 및 풀이

정답 : 1) 80 [%], 2) 36.869 ˚ , 3) 300 [var], 4) 500 [VA], 5) Z=16+j12 [Ω]

1) $P = VI\cos\theta$ 에서 $\cos\theta = \frac{P}{VI}$

$\cos\theta = \frac{400}{100 \times 5} = 0.8$

$= 80$ [%]

2) $\cos\theta = 0.8$

$\theta = \cos^{-1} 0.8$

$= 36.869^{\circ}$

전압을 기준으로 하면

$Z=\dfrac{V}{I}$에서 I가 지상이므로

$Z=\dfrac{V\angle 0^\circ}{I\angle -36.869^\circ}=\dfrac{V}{I}\angle 36.869^\circ$ 전류가 전압에 비해 위상차 36.869° 뒤진다.

3) $Q=VI\sin\theta$

$\quad = 100\times 5\times 0.6 = 300$ [Var]

4) $S=VI=100\times 5 = 500$ [VA]

5) $Z=\dfrac{V}{I}=\dfrac{100}{5}=20$ [Ω]

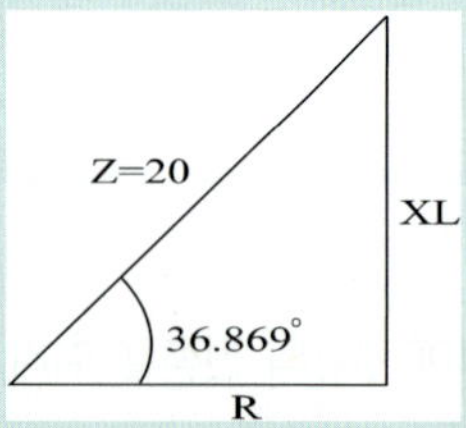

$R=\cos\theta\, Z = 0.8\times 20 = 16$ [Ω]

$X_L=\sin\theta\, Z = 0.6\times 20 = 12$ [Ω]

$Z=16+j12$ [Ω]

예제 6-15

다음과 같은 2개의 부하가 200 [V], 60 [Hz]의 배전선에 병렬로 연결되어 있다.

부하 Ⅰ : 40 [kW], 0.8 (지상역률)
부하 Ⅱ : 5 [kW], 0.6 (진상역률)

이 부하들은 1.0 [Ω]의 저항과 무시할 수 있는 리액턴스를 갖는 케이블에 의하여 변전소에 연결되어 있다고 한다. 다음을 구하여라.

(a) 수전단에서의 전부하에 대한 P, Q, pf, 수전단전류
(b) 송전단 $a-b$에서의 P와 Q, S를 구하고 이로부터 송전단전압 V_{ab}를 구하여라.

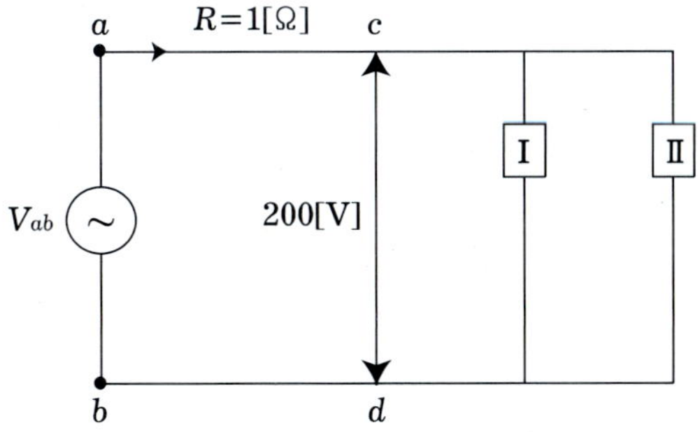

그림 6-25 예제 6-15의 회로

정답 및 풀이

정답 : 풀이 참조

병렬회로이므로 어드미턴스를 이용하여 계산할 수 있다.

1) 부하 I에 대하여 먼저 계산하면 다음과 같다. (병렬회로는 전압이 공통이므로)

$$Y_1 = \frac{I_1}{V} = \frac{\dfrac{P_1}{V\cos\theta_1}}{V} = \frac{P_1}{V^2\cos\theta_1}$$

$$= \frac{40\times10^3}{200^2\times0.8} = 1.25\ [℧]$$

또 $\theta_1 = \cos^{-1}0.8 = 36.86°$ 지상역률이므로 $\theta_1 < 0$

$\therefore Y_1 = 1.25\angle -36.86°$ [℧]

2) 부하 II에 대하여 계산하면 다음과 같다.

$$Y_2 = \frac{\dfrac{P_2}{V\cos\theta_2}}{V} = \frac{P_2}{V^2\cos\theta_2}$$

$$= \frac{5\times10^3}{200^2\times0.6} = 0.208\ [℧]$$

또 $\theta_2 = \cos^{-1}0.6 = 53.13°$ 진상역률 이므로 $\theta_2 > 0$

$\therefore Y_2 = 0.208\angle 53.13°$ [℧]

3) $Y = Y_1 + Y_2$

$= 1.25\angle -36.86^\circ + 0.208\angle 53.13^\circ$
$= 1.25(\cos 36.86^\circ + j(-36.86^\circ) + 0.208(\cos 53.13^\circ + j\sin 53.13^\circ)$
$= 1.25(0.8 - j0.6) + 0.208(0.6 + j0.8)$
$= 1 - j0.75 + 0.125 + j0.166$
$= 1.125 - j0.584$ [℧]

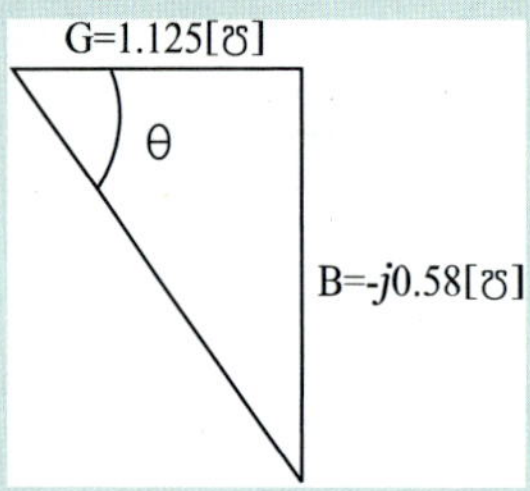

$\tan\theta = -\dfrac{0.584}{1.125}$

$= -0.5191$

$\theta = \tan^{-1}(-0.5191)$

$= -27.433^\circ$

(a) $P = VI\cos\theta = RI^2 = GV^2$에서

$= 1.125 \times 200^2$
$= 45$ [kW]
$Q = VI\sin\theta = XI^2 = -BV^2$
$= -0.584 \times 200^2 = -23.360$ [Var]
$= -23.360$ [Var]
$\cos\theta$에서 $\theta = -27.433^\circ$ 이므로
$\cos(-27.433^\circ) = 0.8875$
$= 88.755$ [%]

상기 결과를 이용하여 등가회로를 구성하면 다음과 같다.

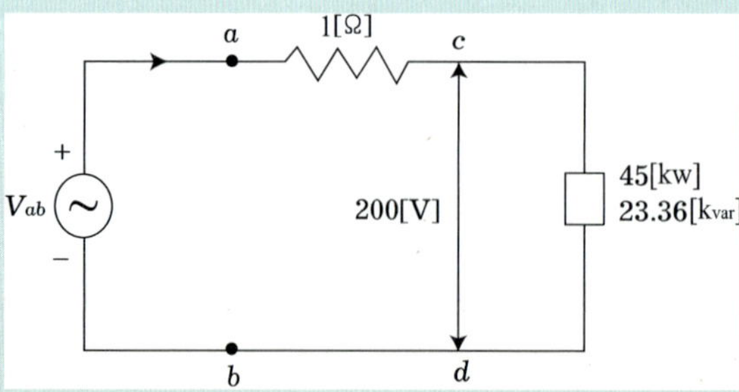

등가 피상전력은

$$VA_{cd} = \sqrt{45^2 + 23.36^2} = \sqrt{2{,}025 + 545.69}$$
$$= \sqrt{2{,}570.69}$$
$$= 50.70 \ [\text{kVA}]$$

(b) 수전단전류는

$I_{ac} = I_{cd}$이므로

$$I_{ac} = \frac{50.70 \times 10^3}{200} = 253.5 \ [\text{A}]$$

(c) 선로 $1[\Omega]$에 걸리는 유효 전력 P_{ac}를 구하면

$$P_{ac} = I^2 R = 253.5^2 \times 1 = 64{,}262.25 \ [\text{W}]$$
$$≒ 64.26 \ [\text{kW}],\ Q = 0$$

1) 따라서 송전단에서의 유효전력 $P = 45 + 64.26$
$= 109.26 \ [\text{kW}]$

무효전력 $Q = 23.36 \ [\text{kvar}]$

2) 송전단에서의 피상전력은

$$S = \sqrt{109.26^2 + 23.36^2}$$
$$= \sqrt{11{,}937.7476 + 545.6895}$$
$$= \sqrt{12{,}483.4372} = 111.729 \ [\text{VA}]$$

3) $S = V_{ab}I$에서 송전단 전압 V_{ab}

$$V_{ab} = \frac{S}{I}$$

$$V_{ab} = \frac{111.729 \times 10^3}{253.5} = 440.745 \ [\text{V}]$$
$$≒ 440 \ [\text{V}]$$

별해

부하 I의 전력을 유효전력과 무효전력으로 나눌 수 있다.

1) $P_1 = 40 \ [\text{kW}]$

$$Q_1 = \frac{40}{0.8} \times \sqrt{1 - 0.8^2} = -30 \ [\text{kVar}]\text{(지상이므로)}$$

2) $P_2 = 5 \ [\text{kW}]$

$$Q_2 = \frac{5}{6.6} \times 0.8 = 6.66 \ [\text{kVar}]\text{(진상이므로)}$$

3) 전체 유효전력 $P = P_1 + P_2 = 40 + 5$

$= 45$ [kW]

$Q = Q_1 + Q_2$

이와 같이 계산해도 결과가 같이 나오는 것을 알 수 있다.

$= -30 + 6.66 = 23.34$ [kvar]

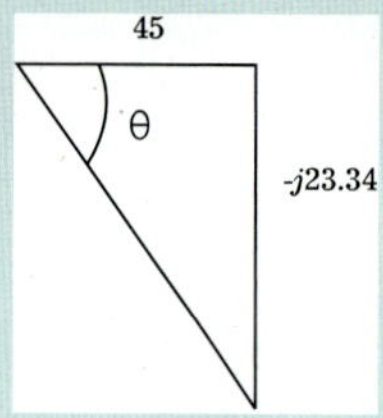

$$\tan\theta = \frac{-23.34}{45} = -0.5186$$

$\theta = \tan^{-1}(-0.5186)$

$= -27.41^{\circ}$

$\cos(-27.41^{\circ}) = 0.8877$

$\cos\theta = 88.77$ [%]

예제 6-16

다음의 회로에서 2 [Ω]의 전력이 20 [W]일 때 전체 유효전력, 무효전력, 피상전력을 구하시오.

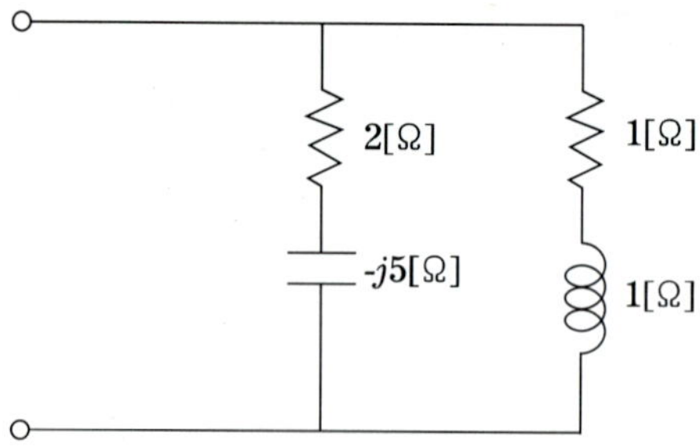

그림 6-26 예제 6-16의 회로

정답 및 풀이

정답 : 풀이 참조

$R-C$ 직렬회로에서 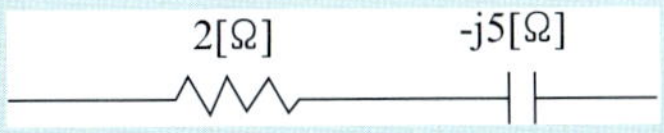

전류가 공통임

$P=I^2R$에서

$I^2=\dfrac{P}{R}=\dfrac{20}{2}=10$ [A]

$I=\sqrt{10}=3{,}162$ [A]

$Z=2-j5=\sqrt{2^2+5^2}=\sqrt{4+25}=\sqrt{29}$

$V=IZ$

$=\sqrt{10}\times\sqrt{29}=\sqrt{290}$ [V]

$Q_c=I^2X_c=(\sqrt{10})^2\times5$

$=10\times5$

$=-50$ [Var]

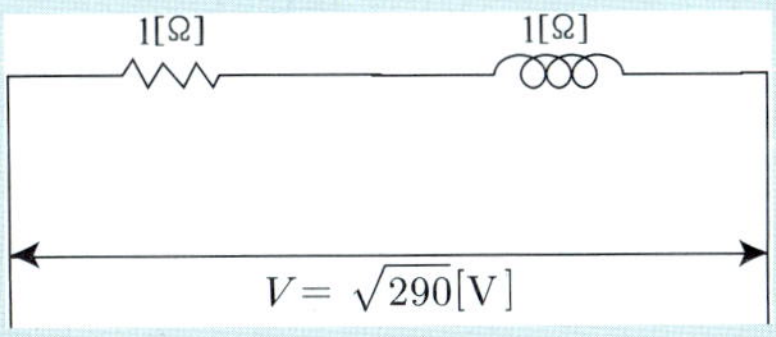

$Z=1+j1$

$=\sqrt{1^2+1^2}=\sqrt{2}$ [Ω]

$I=\dfrac{\sqrt{290}}{\sqrt{2}}=\sqrt{\dfrac{290}{2}}=\sqrt{145}$ [A]

직렬회로이므로 전류가 공통임

$P_{R1}=I^2R$

$=(\sqrt{145})^2\times1$

-145 [W]

$P=20+145=165$ [W]

$Q_L=I^2\times1$

$=(\sqrt{145})^2\times1$

$=145$ [Var]

$Q=Q_L-Q_C=145-50$

$= 95$ [Var]

$S = P + jQ$

$= 165 + j95$

$= \sqrt{165^2 + 95^2}$

$= \sqrt{27,225 + 9,025}$

$= \sqrt{36.250}$

$= 190.39$ [VA]

예제 6-17

다음 회로에 대하여 다음을 구하여라.

(a) 역률 (b) 무효율 (c) 평균전력

(d) 무효전력 (e) 피상전력 (f) 무효전류

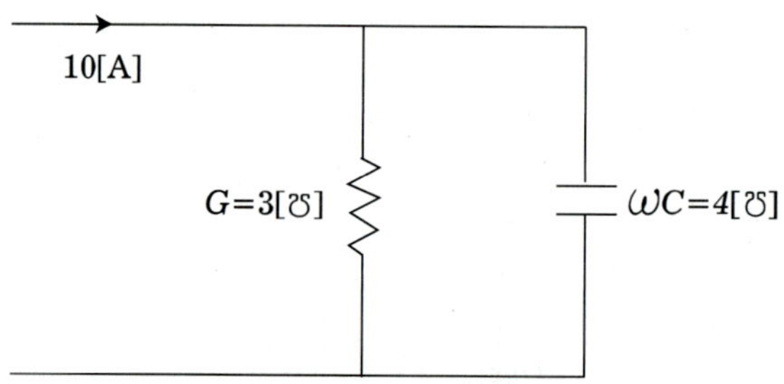

그림 6-27 예제 6-17의 회로

정답 및 풀이

정답 : 풀이 참조

$Y = G + jB = 3 + j4$ [℧] $= 5$ [℧]

$I = YV$

$V = \dfrac{I}{Y} = \dfrac{10}{5} = 2$ [V]

(a) $\cos\theta = \dfrac{3}{5} = 0.6$

$= 60$ [%]

(b) $\sin\theta = \dfrac{4}{5} = 0.8 = 80$ [%]

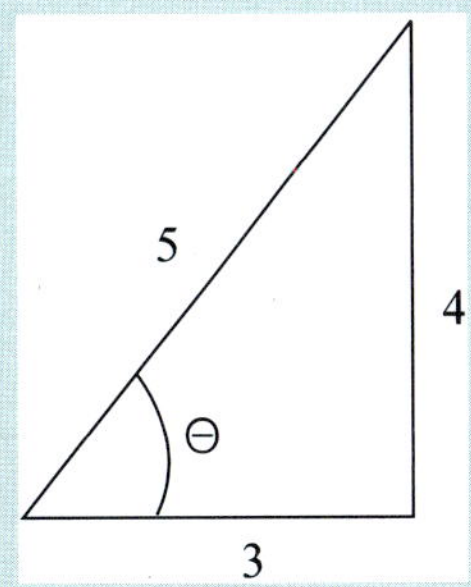

(c) $P = VI\cos\theta$

$= 2 \times 10 \times 0.6 = 12$ [W]

(d) $Q = VI\sin\theta$

$= 2 \times 10 \times 0.8 = 16$ [Var]

(e) $S = P + jQ = 12 + j16$

$= \sqrt{12^2 + 16^2}$

$= \sqrt{144 + 256} = \sqrt{400} = 20$ [VA]

(f) $\dot{I} = I(\cos\theta + j\sin\theta)$

$\dot{I} = 10(0.6 + j0.8)$

$= 6 + j8$ [A]

$I_Q = 8$ [A]

6-5 역률개선

그림 6-28에서 보는 바와 같이 교류회로에서는 $P = VI\cos\theta$의 식에서 부하에 공급해야 할 전력은 역률($\cos\theta$)에 의해 직류의 경우보다 더 많은 전력을 공급해야 한다. 즉 일정한 전압하에서 같은 전력의 공급을 위해서는 더 큰 전류를 흘려야 하고 따라서 불필요한 열손실이 수반된다.

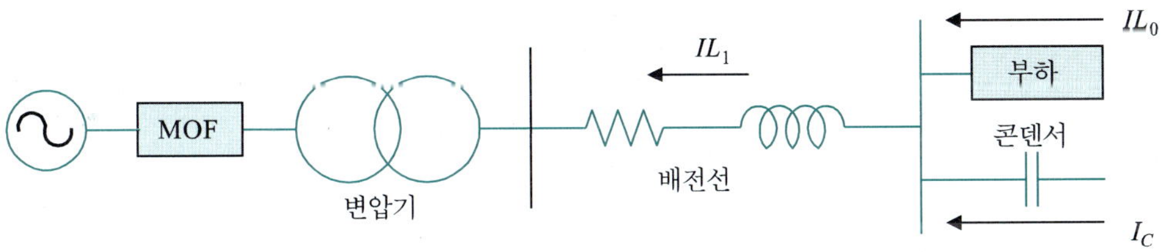

그림 6-28 콘덴서 설치 구성도

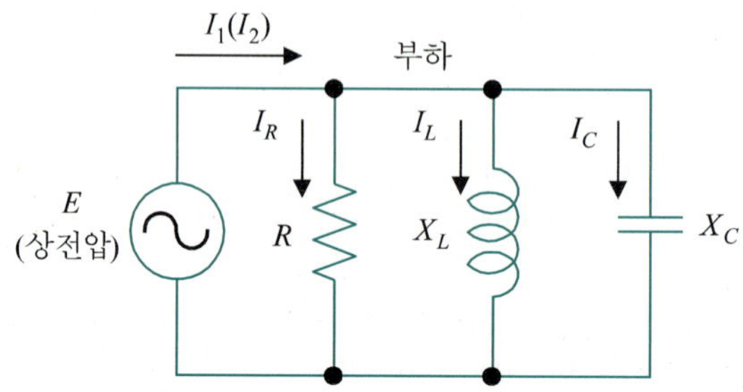

그림 6-29 단상 등가회로

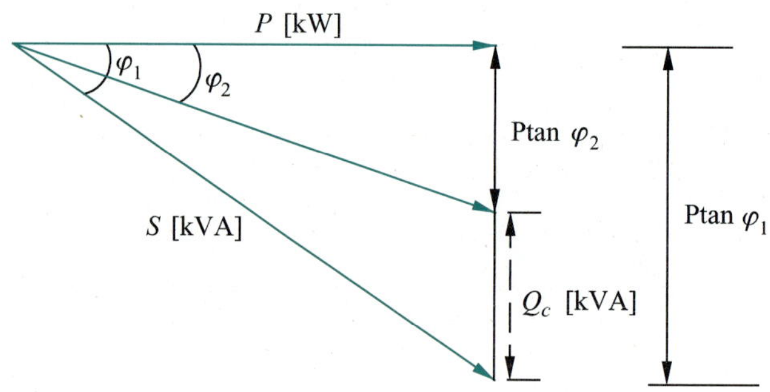

그림 6-30

실제로 전력계통의 부하는 유도성 부하가 대부분이고 $\cos\theta$ 의 값이 1보다 적은 값이 된다. 이런 경우 부하와 병렬로 콘덴서를 연결하여 역률을 개선시키지만 실질적으로 부하 자신의 역률이 개선되는 것은 아니고 콘덴서를 포함한 수전단부하의 합성역률이 개선되는 것이다.

즉, 부하가 취하는 무효전력은 같으나 그 일부를 병렬 콘덴서에서 발생되는 무효전력에서 얻음으로써 송전계통이 공급해야 할 무효전력 성분이 감소되고 송전선을 흐르는 무효전력 성분은 감소되어 전체 전류가 적어도 되는 것이다.

역률개선용 콘덴서의 용량은 다음 식으로 구해진다.

$$
\begin{aligned}
Q_C &= P(\tan\varphi_1 - \tan\varphi_2) \quad [\text{kVA}] \\
&= P\left(\sqrt{\frac{1}{\cos^2\varphi_1}-1} - \sqrt{\frac{1}{\cos^2\varphi_2}-1}\right) \qquad (6\text{-}19)
\end{aligned}
$$

여기서 Q_C : 콘덴서의 용량 [kVA]

P : 부하의 유효전력 [kW]

$\cos\varphi_1$: 개선 전의 역률

$\cos\varphi_2$: 개선 후의 역률

예제 6-18

500 [kVA]의 변압기가 역률 60 [%](뒤짐)로 전부하 운전하고 있다. 여기에 콘덴서를 설치하여 변압기의 역률을 90 [%]로 개선하고자 한다. 콘덴서의 용량 [kVA]을 구하여라.

풀이

콘덴서의 용량 Q_C는

$$Q_C = P\left(\sqrt{\frac{1}{\cos^2\varphi_1}-1} - \sqrt{\frac{1}{\cos^2\varphi_2}-1}\right)$$

$$= 500 \times 0.6 \times \left(\sqrt{\frac{1}{0.6^2}-1} - \sqrt{\frac{1}{0.9^2}-1}\right)$$

$$= 300 \times (1.33 - 0.48) = 255 \text{ [kVA]}$$

예제 6-19

어느 변전소에서 뒤진 역률 80 [%]의 부하 6,000 [kW]가 있다. 여기에 뒤진 역률 60 [%], 1,200 [kW] 부하를 증가하였다면 다음과 같은 경우에 전력용 콘덴서의 용량은 몇 [kVA]가 되겠는가?

(1) 부하증가 후 역률을 90 [%]로 유지할 경우 전력용 콘덴서의 용량은 몇 [kVA]인가?

(2) 부하증가 후 변전소의 피상전력을 동일하게 유지할 경우 전력용 콘덴서의 용량은 몇 [kVA]인가?

풀이

현재의 피상전력을 S_1이라 하면

$$S_1 = 6{,}000 + j6{,}000 \times \frac{0.6}{0.8} = 6{,}000 + j4{,}500 \text{ [kVA]}$$

증가 피상전력을 S_2 이라 하면

$S_2 = 1,200 + j1,200 \times \dfrac{0.8}{0.6} = 1,200 + j1,600$ [kVA]가 된다.

합성 피상전력은

$S = S_1 + S_2 = 6,000 + 1,200 + j(4,500 + 1,600) = 7,200 + j6,100$ [kVA]이다.

이때의 $\tan\theta = 0.847$, $\cos\theta = 0.76$ 이다.

(1) 부하 증가 후의 역률 90 [%]으로 하기 위한 콘덴서의 용량은 다음과 같은 벡터도에서 구할 수 있다.

벡터도(1)

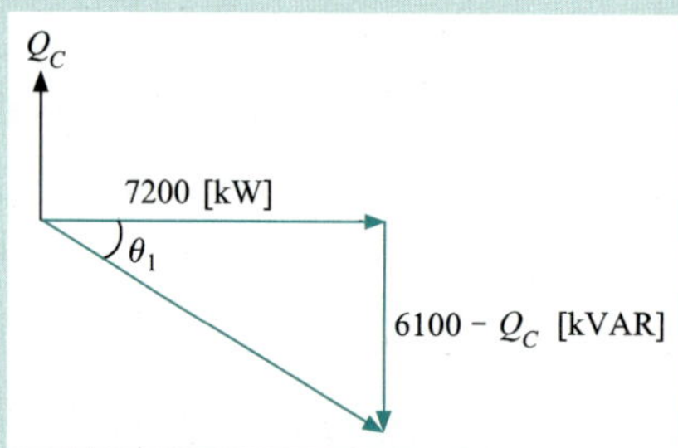

$\tan\theta_1 = \dfrac{6,100 - Q_c}{7,200}$ 에서 $\tan\theta_1 = \dfrac{\sin\theta_1}{\cos\theta_1} = \dfrac{\sqrt{1-0.9^2}}{0.9} = 0.484$ 이므로 상기의 식은 다음과 같다.

$0.484 = \dfrac{6,100 - Q_c}{7,200}$ 이므로

$6,100 - Q_c = 3,484.8$, $Q_c = 2,615.2$ [kVA]

(2) 콘덴서 설치 전의 피상전력 $S = \dfrac{6,000}{0.8} = 7,500$ [kVA]이므로 피상전력을 동일하게 유지하기 위한 콘덴서의 용량은 아래의 벡터도로 나타낼 수 있다.

벡터도(2)

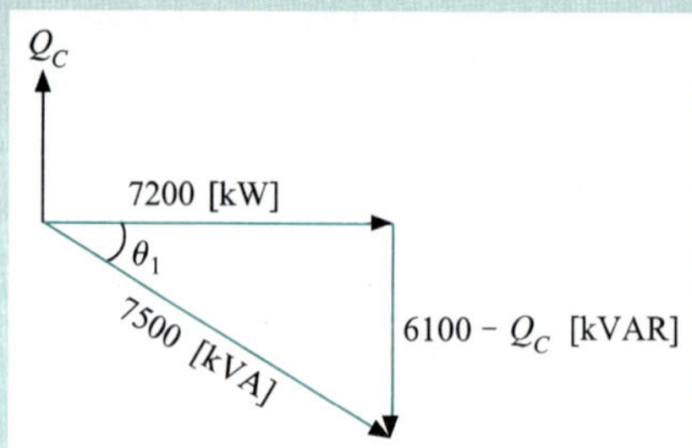

따라서 콘덴서 소요 용량을 Q_c 라고 하면 $7,500 = \sqrt{(7,200)^2 + (6,100 - Q_c)^2}$ 을 정리하면 $Q_c = 8,200$ [kVA] 또는 4,000 [kVA]가 된다. 이 중 8,200 [kVA]는 역률을 진상으로 하기 때문에 4,000 [kVA]를 선정해야 된다.

예제 6-20

역률 0.85인 2,000 [kW] 터빈-발전기가 정격부하로 동작한다. 역률 0.8에서 300 [kW]의 부하가 추가된다. 과부하가 걸리지 않는 조건에서 터빈-발전기를 동작시키기 위해 필요한 콘덴서의 용량 [kVA]을 구하여라.

풀이

(1) 터빈-발전기의 역률이 0.85이므로 피상전력 S_1은 $S_1 = \frac{2,000}{0.85} = 2,352.94$ [kVA]

$\cos\theta_1 = 0.85,\ \ \theta_1 = \cos^{-1}0.85 = 31.78°$

무효전력 Q_1은 $Q_1 = 2,352.94\sin 31.78° = 1,239.4$ [kVar]이므로 이것을 벡터도로 나타내면

벡터도(1)

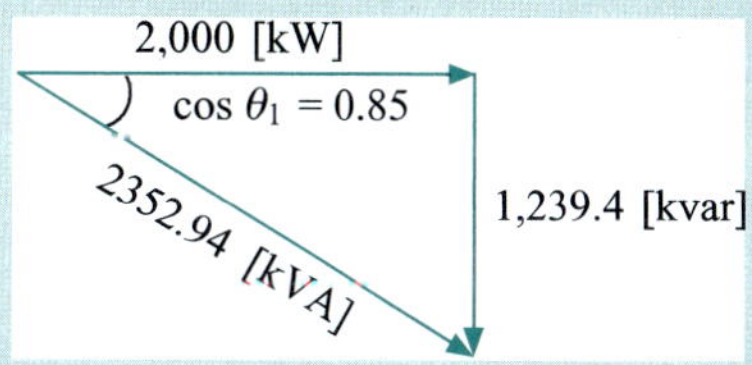

(2) 추가하는 부하가 300 [kW]이고 역률이 0.8이므로 피상전력 S_2은

$S_2 = \frac{300}{0.8} = 375$ [kVA]

$\cos\theta_2 = 0.8, \theta_2 = \cos^{-1}0.8 = 36.86°$

무효전력 Q_2은 $Q_2 = 375\sin 36.86° = 225$ [kVar]이므로 이것을 벡터도로 나타내면 다음과 같다.

벡터도(2)

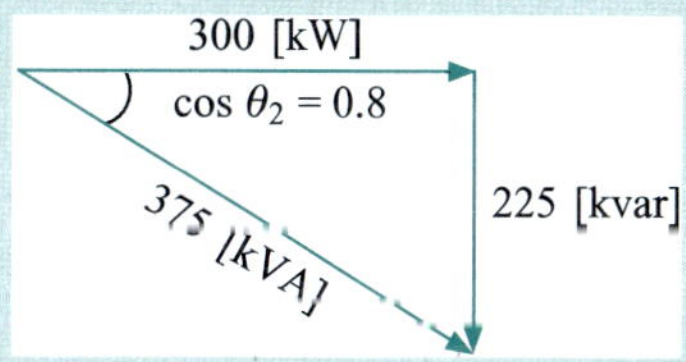

(3) (1)+(2)

합성 피상전력 $S = S_1 + S_2 = 2352.94 + 375 = 2,727.94$ [kVA]

합성 유효전력 $P = P_1 + P_2 = 2,000 + 300 = 2,300$ [kW]

합성 무효전력 $Q = Q_1 + Q_2 = 1,239.4 + 225 = 1,464.4$ [kvar]

가 된다. 이것을 벡터도로 나타내면 다음과 같다.

벡터도(3)

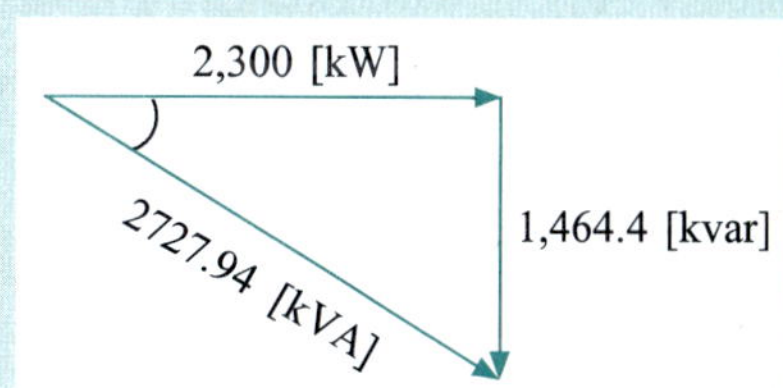

따라서 부하를 300 [kW] 추가하기 위해서는 터빈-발전기 용량을 증가시켜야 한다. 그러나 콘덴서를 설치하여 무효전력을 감소시킬 수 있다.
다음의 벡터도를 이용하여 무효전력(Q)을 구할 수 있다.

벡터도(4)

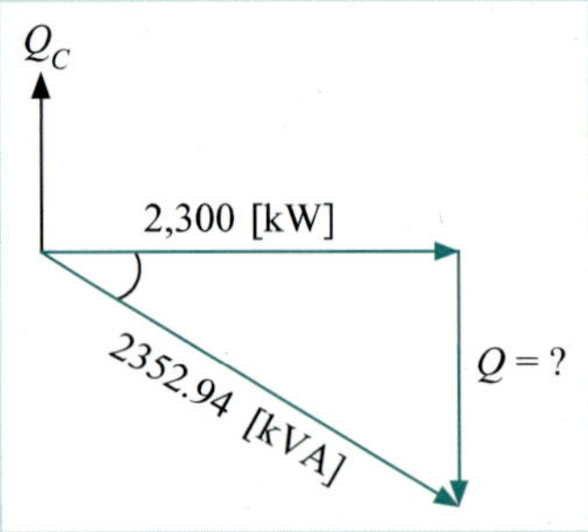

상기 벡터도에서 알 수 있듯이 부하를 증가시켜도 피상전력은 변화되지 않아야 된다. 따라서 무효전력은 다음과 같다.

$$Q = \sqrt{(2,352.94)^2 - (2,300)^2} = 496 \text{ [kvar]}$$

그러나 (3)의 벡터도에서 보는 것과 같이 부하를 추가하였을 경우 무효전력이 1464.4 [kvar]이므로 이러한 무효전력을 부담하면 과부하가 된다. 과부하가 되지 않도록 하려면 터빈-발전기 용량을 증가시켜야 한다. 이러한 문제점을 해결하기 위해서 콘덴서의 앞선 전류를 이용하면 된다.
즉 $Q_c = 1,464.4 - 496 = 968.4$ [kVA]의 콘덴서를 설치하면 된다.

예제 6-21

지상역률 0.6으로서 10 [kVA]를 취하는 3상 평형부하에 병렬로 콘덴서를 접속하여 역률을 개선하고자 한다.

① 전 역률을 지상 0.9로 하기 위해서는 콘덴서의 용량 Q [kVA]는 얼마로 하여야 하는가?
② 전 역률을 진상 0.9로 하기 위해서는 얼마가 되어야 하는가?

풀이

① 지상 역률 0.9

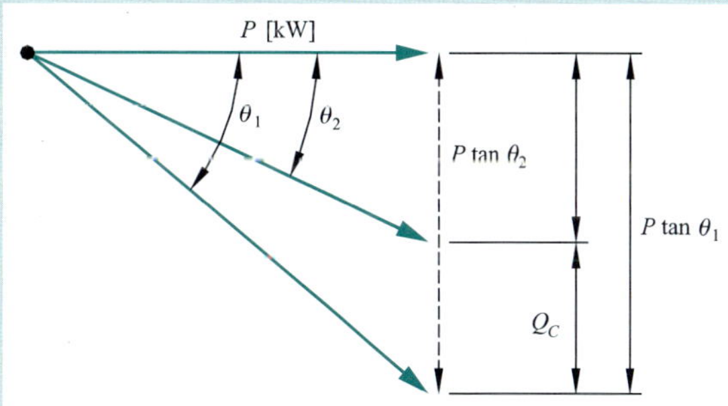

그림 6-31 예제 6-21의 풀이(1)

$\cos\theta_1 = 0.6$

$\theta_1 = \cos^{-1}0.6 = 53.13°$

$P = 10 \times 0.6 = 6$ [kW]

$\theta_2 = \cos^{-1}0.9 = 25.84°$

$Q_C = P\tan\theta_1 - P\tan\theta_2 = P(\tan\theta_1 - \tan\theta_2)$

$\quad = 6(\tan 53.13° - \tan 25.84°) = 6(1.33 - 0.48)$

$\therefore Q_C = 5.1$ [kVA]

② 진상 역률 0.9

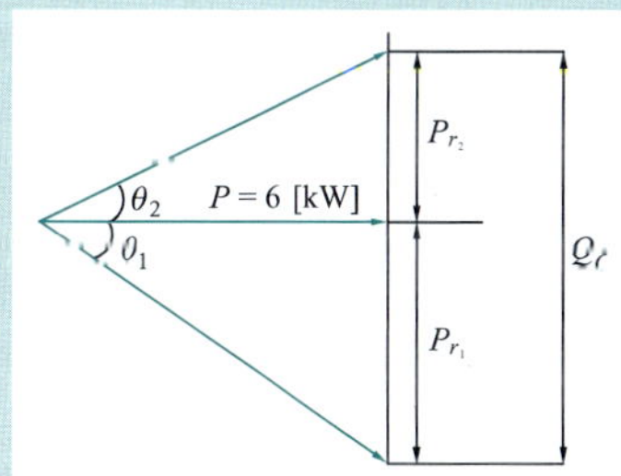

그림 6-32 예제 6-21의 풀이(2)

$$Q_c = P_{r_1} + P_{r_2} = P\tan\theta_1 + P\tan\theta_2 = P(\tan\theta_1 + \tan\theta_2)$$
$$= 6(\tan 25.84° + \tan 53.13°) = 6(0.48 + 1.33)$$
$$\therefore Q_C = 10.86 \text{ [kVA]}$$

예제 6-22

전압 220 [V], 주파수 60 [Hz]의 3상 선로가 일정한 유효전력을 소비하는 지상역률 0.5의 대칭 부하에 5 [kVA]의 전력을 공급하고 있다. 여기에 커패시터를 부하와 각각 병렬로 접속하여 역률을 0.8로 증가시키려 한다. 이때 커패시터를 ① Y 결선으로 할 때, ② △ 결선으로 할 때 각각 필요로 하는 커패시터의 용량을 구하여라.

풀이

문제의 조건을 적용하여 벡터도를 그리면

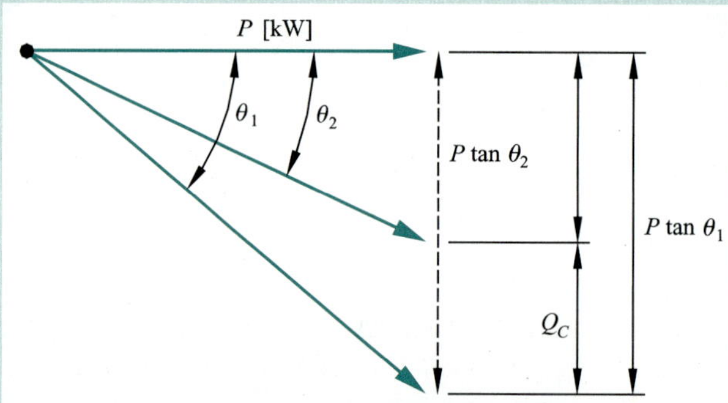

그림 6-33 예제 6-22의 풀이(1)

$$\cos\theta_1 = 0.5$$
$$\theta_1 = \cos^{-1} 0.5 = 60°$$
$$\cos\theta_2 = 0.8$$
$$\theta_2 = \cos^{-1} 0.8 = 36.87°$$

$Q_C = P\tan\theta_1 - P\tan\theta_2$에서

$$P = 5 \times 0.5 = 2.5 \text{ [kW]}$$
$$Q_C = P(\tan\theta_1 - \tan\theta_2) = 2.5(\tan 60° - \tan 36.87°) = 2.5(1.732 - 0.75)$$
$$= 2.5 \times 0.98 = 2.455 \text{ [kVA]}$$

콘덴서 용량은 두 가지, 즉 kVA와 μF로 표시한다.

① Y결선할 때의 μF

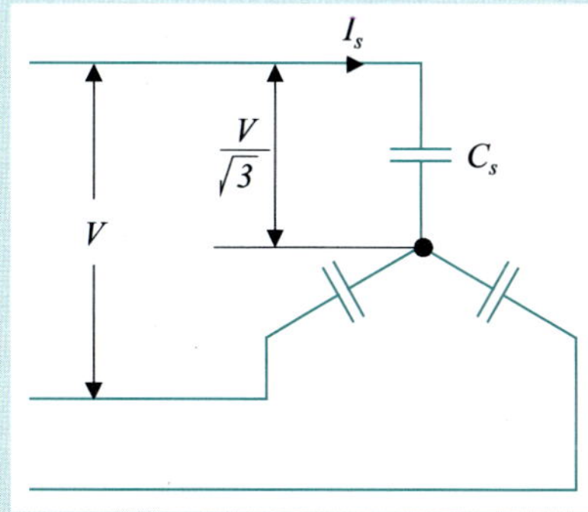

그림 6-34 예제 6-22의 풀이(2)

$$Q_C = 3Q_{C_s}$$
$$Q_{C_s} = \omega C_s V^2$$
$$Q_{C_s} = \omega C_s \left(\frac{V}{\sqrt{3}}\right)^2 = \omega C_s \frac{V^2}{3}$$
$$Q_C = 3\omega C_s \frac{V^2}{3}$$
$$Q_C = \omega C_s V^2$$
$$C_s = \frac{Q}{\omega V^2}$$
$$C_s = \frac{2.455 \times 10^3}{2\pi \times 60 \times (220)^2}$$
$$C_Y = 1.35 \times 10^{-4} \times 10^{-2} \times 10^2 = 1.35 \times 10^2 \times 10^{-6} = 135\ [\mu F]$$

② △결선일 때

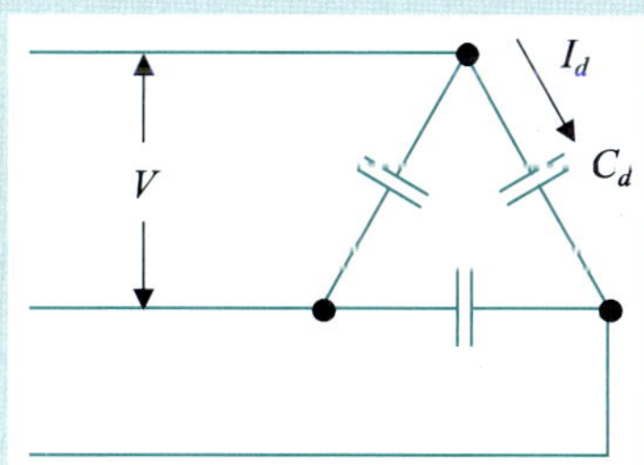

그림 6-35 예제 6-22의 풀이(3)

$$Q_C = 3Q_{C_d}$$

$$Q_{C_d} = \omega C_d V^2$$

$$Q_C = 3\omega C_d V^2$$

$$C_d = \frac{Q_C}{3\omega V^2}$$

$$C_\triangle = \frac{2.455\times 10^3}{3\times 2\pi\times 60\times 220^2} = 4.49\times 10^{-5} = 4.49\times 10^{-5}\times 10^{-1}\times 10^1$$

$$= 44.9\ [\mu F]$$

$$\frac{C_\triangle}{C_Y} = \frac{44.9}{135} = 0.33$$

위의 결과로 알 수 있듯이 역률을 개선하기 위한 콘덴서의 용량은 △ 결선하면 Y결선에 비해 $\frac{1}{3}$로 감소하기 때문에 경제적이다.

예제 6-23

어느 교류회로의 부하 임피던스가 $100+j100$ [Ω]이다.
지역률을 0.95로 하기 위하여 이 부하에 콘덴서를 병렬로 연결했다.
이 콘덴서의 정전용량 [μF]는?(단 전원의 각속도 $\omega = 377$ [rad/sec])

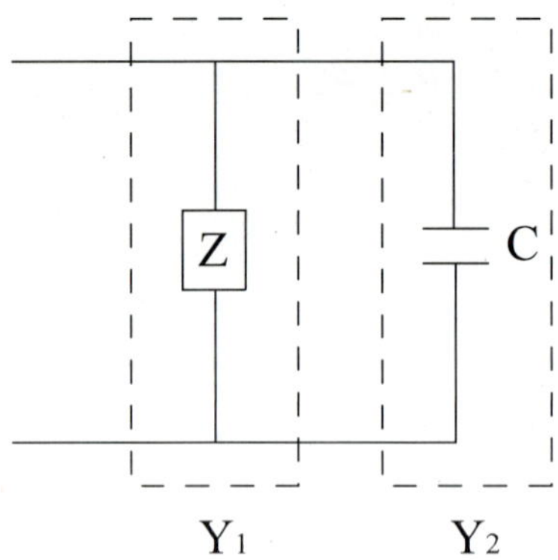

그림 6-36 예제 6-23의 회로

풀이

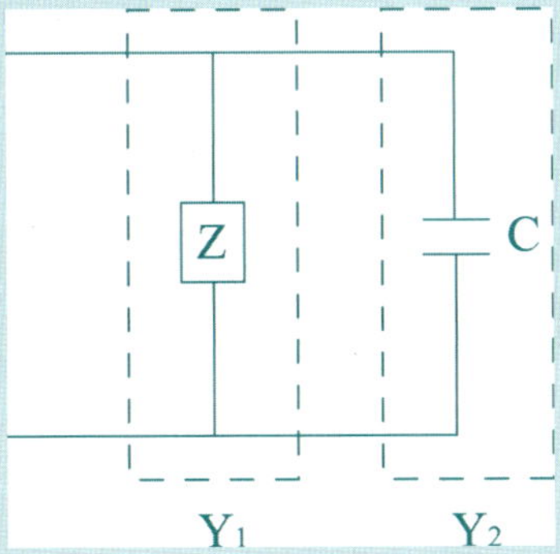

$\cos\theta = 0.95$

$\theta = \cos^{-1}0.95 = 18.194°$

$$Y = Y_1 + Y_2,\quad Y_1 = \frac{1}{100+j100},\ Y_2 = \frac{1}{\frac{1}{j\omega C}} = j\omega C$$

$$\begin{aligned} Y &= \frac{1}{100+j100} + j\omega C \\ &= \frac{100-j100}{(100+j100)(100-j100)} + j\omega C \\ &= \frac{100-j100}{100^2+100^2} + j\omega C \\ &= \frac{100-j100}{10{,}000+10{,}000} + j\omega C \\ &= \frac{1-j}{200} + j\omega C \\ &= \frac{1}{200} + j\left(\omega C - \frac{1}{200}\right) \end{aligned}$$

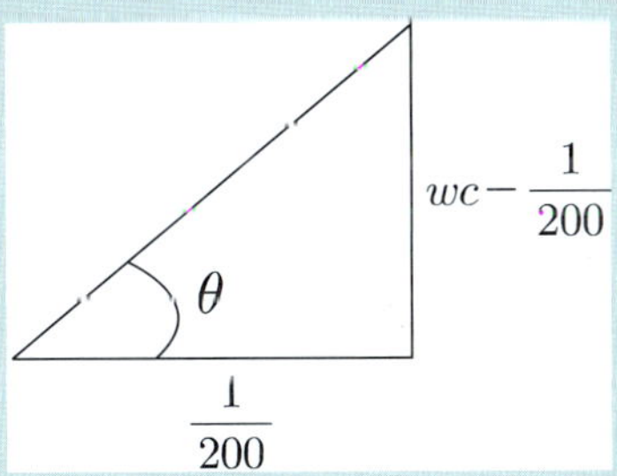

$$\omega C - \frac{1}{200},\quad \tan 18.194° = \frac{\omega C - \frac{1}{200}}{\frac{1}{200}} = 0.3286$$

$$\omega C - \frac{1}{200} = 0.001643$$

$$\omega C = 0.001643 + \frac{1}{200}$$
$$\omega C = 0.006643$$
$$C = \frac{0.006643}{\omega} = \frac{0.006643}{377}$$
$$C = 0.00001762$$
$$C = 17.6\ [\mu F]$$

예제 6-24

$\cos\theta = 0.6$의 유도성 부하 480 [kW]에 전력을 공급하고 있는 발전소에서 320 [kVA]의 커패시터를 이용하면 역률 [%]은 얼마나 개선되는가?

정답 및 풀이

정답 : 83 [%]

$P = 480$ [kW], $\cos\theta = 0.6$이므로 피상전력 $S = \dfrac{P}{\cos\theta} = 800$ [kVA]

무효전력 $Q = \sqrt{S^2 - P^2} = \sqrt{800^2 - 480^2} = 640$ [kvar]

커패시터 접속시 피상전력 $S' = 480 + j\,640 - j\,320 = 480 + j\,320$ [kVA]

개선 후 역률 $\cos\theta' = \dfrac{P}{S} = \dfrac{480}{\sqrt{480^2 + 320^2}} = 0.83 = 83$ [%]

6-6 최대 전력전달

그림 6-37과 같이 전원측 임피던스가 $\dot{Z}_S = R_S + jX_S$, 부하의 임피던스가 $\dot{Z}_L = R_L + jX_L$ 인 회로가 있을 때, 부하에 공급되는 전력을 최대로 하기 위한 조건을 알아보자.

전원전압을 $\dot{V}$ 라 하면 흐르는 전류 $\dot{I}$ 는

$$\dot{I} = \frac{\dot{V}}{\dot{Z}_S + \dot{Z}_L} = \frac{\dot{V}}{(R_S + R_L) + j(X_S + X_L)} \tag{6-20}$$

부하전력 P는

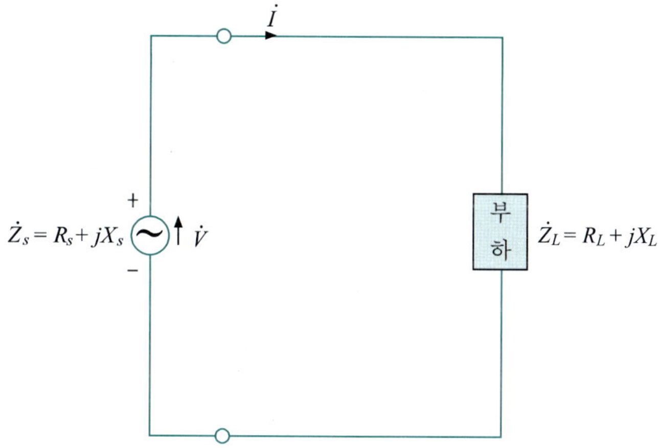

그림 6-37

$$P = R_L \dot{I}^2 = \frac{R_L \dot{V}^2}{(R_S + R_L)^2 + (X_S + X_L)^2}$$

$$= \frac{\dot{V}^2}{\left(\frac{(R_S + R_L)^2}{R_L}\right) + \left(\frac{(X_S + X_L)^2}{R_L}\right)} \tag{6-21}$$

이 P를 최대로 하기 위해서는 V가 일정하면 위 식의 분모를 최소로 하면 된다. 먼저 저항분이 일정하다고 하면 분모의 제2항의 리액턴스분이 0이 되도록 리액턴스를 (−)로 하는 것이 가능할 때는

$$X_S + X_L = 0, \quad X_S = -X_L \tag{6-22}$$

이면 된다. 이것은 결국 직렬공진 상태이다.

다음에 리액턴스가 일정하고 부하의 R_L이 변화했을 때 분모의 제1항의 최소조건을 구하면

$$\frac{d(R_S + R_L)^2}{dR_L} = 0$$

으로 될 때,

$$R_L = R_S \tag{6-23}$$

그리고

$$\frac{d^2(R_S+R_L)^2}{d^2R_L}>0$$

이므로 $R_L=R_S$일 때 최대전력이 된다. 따라서 식 (6−22) 및 (6−23)의 $X_S=-X_L$ 및 $R_L=R_S$는 이상적인 최대전력의 조건이다. 즉 부하측과 전원측의 벡터 임피던스가 공액의 관계에 있을 때 부하전력은 최대로 된다. 그리고 부하의 최대전력 P_m은 식 (6−21)에 식 (6−22), (6−23)의 관계를 대입하면,

$$P_m=\frac{V^2}{4R_S} \tag{6-24}$$

이므로, 전원의 발생전력은 $V^2/4R_S$로 된다. 즉 발생전력의 1/2은 전원측의 내부저항에서 소비되고 나머지 1/2이 부하전력으로 되어 최대부하시의 전원측의 효율은 50%이다. 또 식 (6−24)에서 알 수 있는 바와 같이 전원측의 R_S가 작을수록 최대전력은 커진다.

예제 6−25

R-L-C 직렬회로에 일정 각주파수(ω)를 갖는 전압을 인가한다. R만을 가변으로 할 때 R이 어떤 값을 취하게 되면 소비전력이 최대로 되는가?

풀이

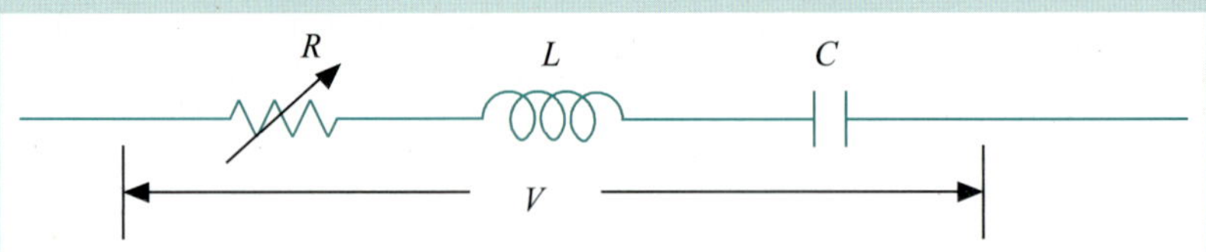

그림 6−38 예제 6−25의 풀이

$$Z=R+j\omega L+\frac{1}{j\omega C}$$

$$I=\frac{V}{Z}=\frac{V}{R+j\omega L+\frac{1}{j\omega C}}=\frac{V}{\sqrt{R^2+\left(\omega L-\frac{1}{\omega C}\right)^2}}$$

따라서, $P = I^2 R = \dfrac{V^2}{R^2 + \left(\omega L - \dfrac{1}{\omega C}\right)^2} R$ [W]……①

▸ 소비전력이 최대가 되는 R을 구하기 위해서는 P를 R로 미분하여 최대가 되기 위한 조건을 구하면 된다.

$$\frac{dP}{dR} \frac{RV^2}{R^2 + \left(\omega L - \dfrac{1}{\omega C}\right)^2} = 0$$

$$\frac{V^2\left\{R^2 + (\omega L - \dfrac{1}{\omega C})^2\right\} - 2R^2 V^2}{\left\{R^2 + (\omega L - \dfrac{1}{\omega C})^2\right\}^2} = 0$$

V는 일정히므로 관계없다.

$$\frac{R^2 + \left(\omega L - \dfrac{1}{\omega C}\right)^2 - 2R^2}{\left\{R^2 + \left(\omega L - \dfrac{1}{\omega C}\right)^2\right\}^2} = \frac{-R^2 + \left(\omega L - \dfrac{1}{\omega C}\right)^2}{\left\{R^2 + \left(\omega L - \dfrac{1}{\omega C}\right)^2\right\}^2}$$

최대가 되기 위한 조건

$$-R^2 + \left(\omega L - \frac{1}{\omega C}\right)^2 = 0$$

$$R = \left(\omega L - \frac{1}{\omega C}\right)$$

따라서 최대전력

$$P = \frac{V^2}{R^2 + (R)^2} R = \frac{V^2}{2R^2} R = \frac{V^2}{2R}$$

별해

$$P_{\max} = I^2 R = \frac{V^2 R}{R^2 + \left(\omega L - \dfrac{1}{\omega C}\right)^2} = \frac{V^2}{R + \dfrac{1}{R}\left(\omega L - \dfrac{1}{\omega C}\right)^2}$$

$y = R + \dfrac{1}{R}\left(\omega L - \dfrac{1}{\omega C}\right)^2$ 라 놓으면

$$\frac{dy}{dR} = 1 + \frac{0 \times R - 1 \cdot 1}{R^2}\left(\omega L - \frac{1}{\omega C}\right)^2 = 0$$

$$= 1 - \frac{1}{R^2}\left(\omega L - \frac{1}{\omega C}\right)^2 = 0$$

$$R^2 = \left(\omega L - \frac{1}{\omega C}\right)^2$$

$$\therefore R = \omega L - \frac{1}{\omega C} \ [\Omega]$$

예제 6-26

그림과 같은 회로에서 저항 R을 변화시킬 때 소비되는 최대전력을 구하여라. 단, $C=15$ [μF]이다.

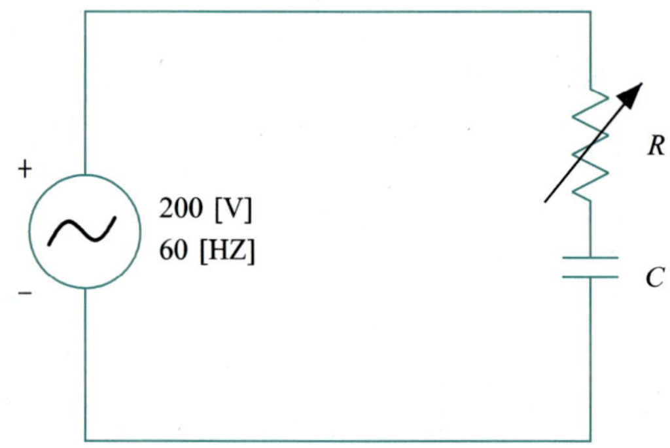

그림 6-39 예제 6-26의 회로

풀이

$P=I^2R$ 에서

$$I=\frac{V}{Z}=\frac{V}{R+\frac{1}{j\omega C}}=\frac{V}{R-j\frac{1}{\omega C}}=\frac{V}{\sqrt{R^2+\left(\frac{1}{\omega C}\right)^2}}$$

$$P=I^2R=\left(\frac{V}{\sqrt{R^2+(\frac{1}{\omega C})^2}}\right)^2R=\frac{V^2}{R^2+\left(\frac{1}{\omega C}\right)^2}R$$

분모, 분자에 $\frac{1}{R}$ 을 곱하면

$$P=\frac{V^2}{R+\frac{1}{R}\left(\frac{1}{\omega C}\right)^2}$$

최대전력이 되는 조건은 분모가 최소가 되면 된다.

$$y=R+\frac{1}{R}\left(\frac{1}{\omega C}\right)^2$$

$\frac{dy}{dR}=0$이 되는 조건을 구하면 된다.

$$\frac{d}{dR}\left\{R+\frac{1}{R}\left(\frac{1}{\omega C}\right)^2\right\}=0$$

$$1+\left(-\frac{1}{R^2}\left(\frac{1}{\omega C}\right)^2\right)=0$$

$$1=\frac{1}{R^2}(\frac{1}{\omega C})^2$$

$$R^2=\left(\frac{1}{\omega C}\right)^2$$

$R=\dfrac{1}{\omega C}$ 을 위의 식에 대입하면

$$P=\frac{V^2}{\dfrac{1}{\omega C}+\omega C\left(\dfrac{1}{\omega C}\right)^2}=\frac{V^2}{\dfrac{1}{\omega C}+\dfrac{1}{\omega C}}=\frac{1}{2}\omega CV^2$$

$$\omega=2\pi f=2\pi\times 60 \text{ [rad / s]}$$

$$C=15\times 10^{-6} \text{ [F]}$$

$V=200$ [V]이므로

$$\therefore P=\frac{1}{2}\times 2\pi\times 60\times 15\times 10^{-6}\times 200^2=113.04 \text{ [W]}$$

예제 6-27

내부 임피던스 $\dot{Z}_g = 0.3 + j2$ [Ω]인 발전기에 $\dot{Z}_L = 1.7 + j3$ [Ω]인 선로를 연결하여 부하에 전력을 공급한다. 부하 임피던스 $\dot{Z}_0$ [Ω]이 어떤 값을 취할 때 부하에 최대전력이 전송되는가?

풀이

ab 에서 본 임피던스를 Z_{ab} 라 하면

$$Z_{ab} = \dot{Z}_g + \dot{Z}_L = 0.3 + j2 + 1.7 + j3 = 2 + j5$$

부하 임피던스 Z_0 는 Z_{ab} 의 공액관계일 때 최대전력이 공급된다.

$$\overline{\dot{Z}_{ab}} = 2 - j5 \text{ [Ω]}, \ \overline{\dot{Z}_{ab}} = Z_0$$

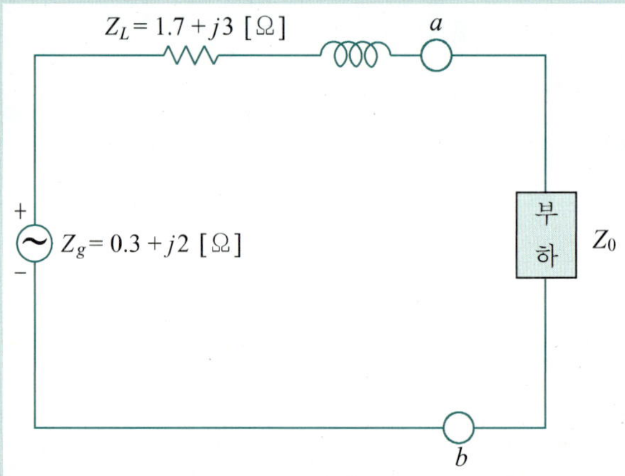

그림 6-40 예제 6-27의 풀이

연습문제

6-1 $R=20$ [Ω], $L=0.1$ [H]의 직렬회로에 60 [Hz], 115 [V]의 교류전압을 인가할 때 다음을 구하여라.

(1) 이 회로의 역률
(2) 회로에 공급되는 평균전력

6-2 어떤 코일에 60 [Hz], 10 [V]의 교류전압을 가했더니 1 [A]의 전류가 흐른다면, 이 코일의 인덕턴스는 몇 [mH]인가?

6-3 저항 6 [Ω], 유도 리액턴스 2 [Ω], 용량 리액턴스 10 [Ω]인 직렬회로의 합성 임피던스는 얼마인가?

6-4 200 [μF]의 정전용량을 갖는 콘덴서에 100 [V], 60 [Hz]의 교류전압을 가할 때 흐르는 전류는 얼마인가?

6-5 저항 16 [Ω], 유도 리액턴스 14 [Ω], 용량 리액턴스 2 [Ω]이 직렬로 접속된 회로에 5 [A]의 전류가 흐른다면 인가전압은 몇 [V]인가?

6-6 $v = V_1\sin\omega t + V_2\cos\omega t$ 의 최대값은 얼마인가?

6-7 저항 9 [Ω]과 용량 리액턴스가 직렬로 연결된 회로에 300 [V]의 교류전압을 가하니 20 [A]의 전류가 흘렀다. 용량 리액턴스는 얼마인가?

6-8 저항 6 [Ω]과 유도 리액턴스 X_L [Ω]이 직렬로 접속된 회로에 100 [V], 60 [Hz]의 교류전압을 가하니 10 [A]의 전류가 흘렀다. 이 회로에서 X_L 값을 구하여라.

6-9 그림과 같은 회로에 10 [A]의 전류가 흐르게 하려면 a, b 양단에 몇 [V]를 인가해야 하는가?

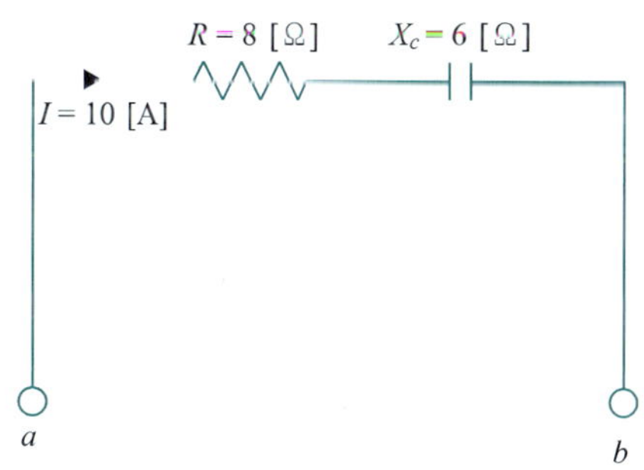

그림 6-41

6-10 그림과 같은 R-L-C 직렬회로의 각 소자의 양단전압을 측정한 결과 $V_R=30$ [V], $V_L=50$ [V], $V_C=10$ [V]이었다. a, b 사이의 전압은 얼마인가?

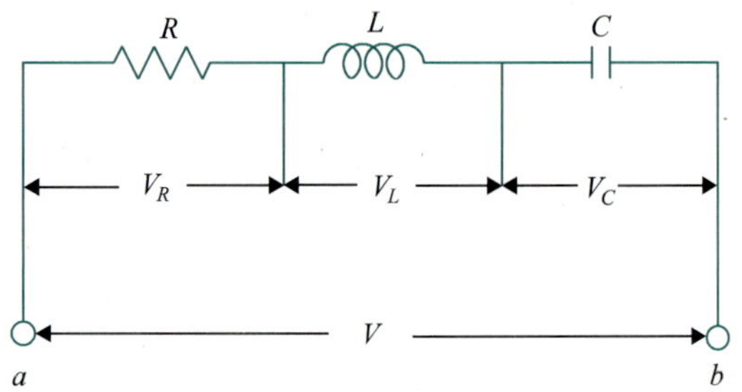

그림 6-42

6-11 그림과 같은 회로에서 V의 값은 얼마인가 ?

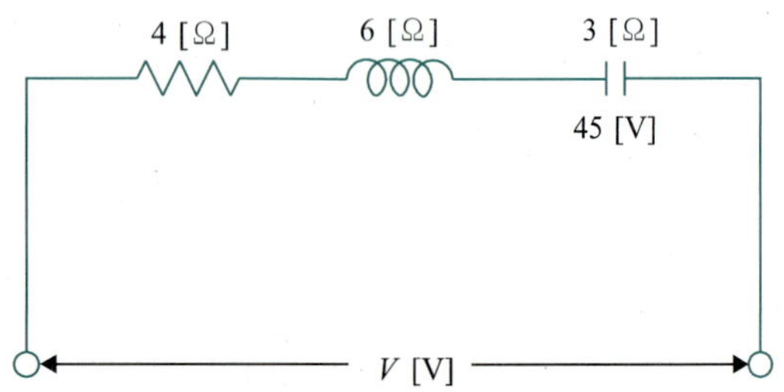

그림 6-43

6-12 30 [Ω]의 저항과 40 [Ω]의 유도 리액턴스의 병렬회로에 120 [V]의 교류전압을 가할 때, 이 회로에 흐르는 전류는 얼마인가?

6-13 저항 4 [Ω]과 용량 리액턴스 3 [Ω]이 병렬로 접속된 회로에 120 [V]의 전압을 가할 때, 전압과 전류의 위상차는 몇 도인가?

6-14 그림에서 회로에 흐르는 전류는 얼마인가?

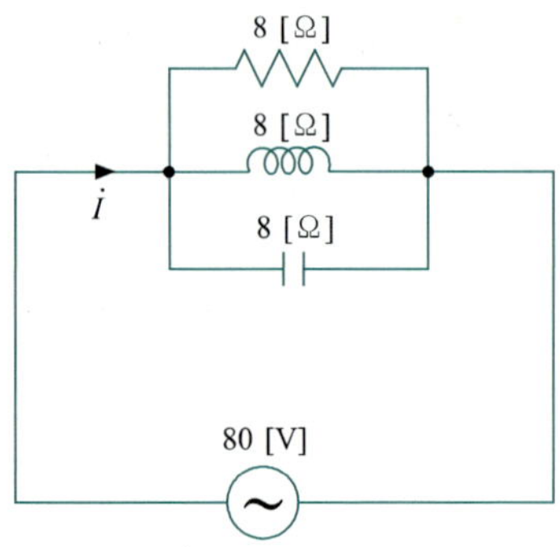

그림 6-44

6-15 다음 회로에 AC 100 [V]를 가했을 때의 소비전력을 구하여라.

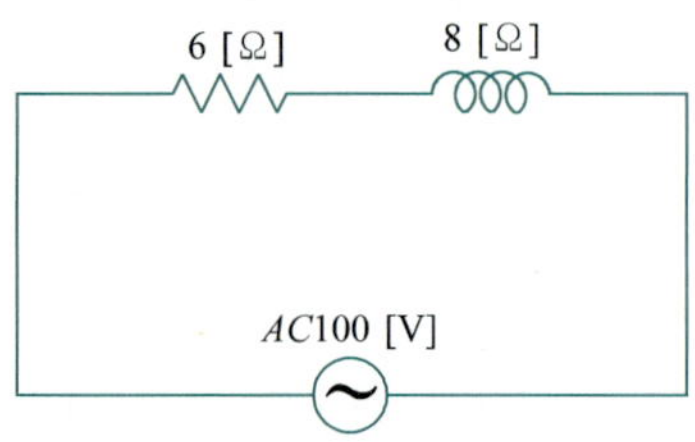

그림 6-45

6-16 어느 회로에 교류전압을 가하면 전류가 0이 되고 직류전압을 가하면 단락전류가 흐르는 회로 구성은 어떤 것인가?

6-17 역률 0.8, 소비전력 800 [W]인 단상부하에서 30분간의 무효전력량 [Var · h]은 얼마인가?

6-18 역률이 70 [%]인 부하에 전압 80 [V]를 가하니 4 [A]의 전류가 흘렀다. 이 부하의 유효전력은 얼마인가?

6-19 100 [V]의 교류전원에 1.2 [kW]의 선풍기를 접속하였더니 15 [A]의 전류가 흘렀다. 선풍기의 역률은 얼마인가?

6-20 역률 80 [%]인 부하의 전력이 400 [kW]이면 무효전력은 몇 [kvar]인가?

6-21 어떤 회로에 200 [V]의 교류전압을 가하니 소비전력이 3.2 [kW], 역률은 0.8이었다. 회로의 저항은 몇 [Ω]인가?

6-22 전압 200 [V], 전류 20 [A]이고 3.2 [kW]의 전력을 소비하는 회로의 리액턴스는 얼마인가?

6-23 저항 $R=8$ [Ω], 리액턴스 $X=6$ [Ω]이 직렬로 접속된 회로에 100 [V]의 교류전압을 가하면 피상전력은 얼마인가?

6-24 R-L 직렬회로에 교류 100 [V]를 가할 때, $Z=10$ [Ω], $\cos\theta=0.8$ 이라면 X_L의 크기는 얼마인가?

6-25 $R=3$ [Ω], $X_C=4$ [Ω]인 병렬회로의 역률은 얼마인가?

6-26 저항 3 [Ω]과 용량 리액턴스 4 [Ω]이 직렬로 접속된 회로에 10 [A]의 전류를 흘렸을 때의 전압 [V]는 얼마인가?

6-27 그림 6-46과 같은 회로에서 전전류 i 는 얼마인가?

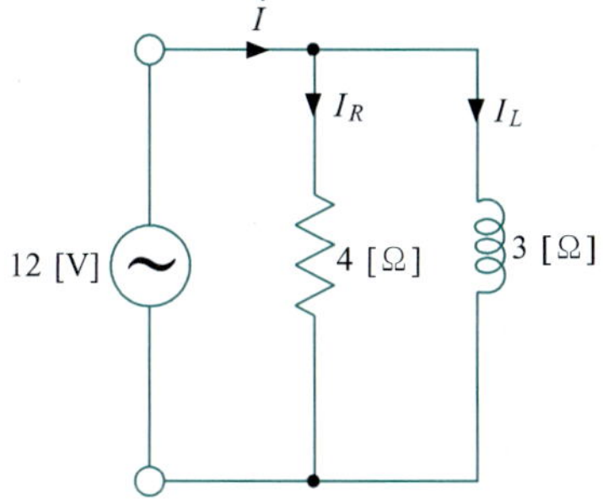

그림 6-46

6-28 그림 6-47에서 $V=100$ [V]를 가할 때 전류 i 는 얼마인가?

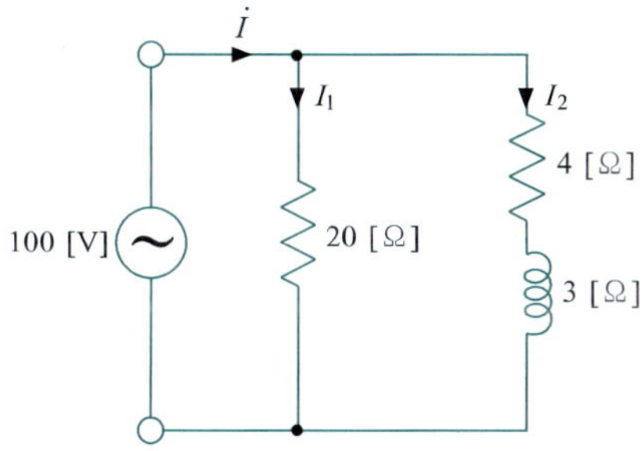

그림 6-47

6-29 $R=6$ [Ω], $X_L=10$ [Ω], $X_C=2$ [Ω]이 직렬로 접속된 회로의 어드미턴스 Y는 얼마인가?

6-30 저항 R과 리액턴스 X를 병렬로 연결할 때의 역률은?

① $\dfrac{X}{\sqrt{R^2+X^2}}$　　② $\dfrac{R}{\sqrt{R^2+X^2}}$

③ $\dfrac{1/X}{\sqrt{R^2+X^2}}$　　④ $\dfrac{1/R}{\sqrt{R^2+X^2}}$

6-31 $0.5+j1$ [Ω]의 임피던스를 갖는 전압전원이 $1.5+j4$ [Ω]인 선로를 통하여 부하에 연결되어 있다.

(1) 어떤 부하에서 최대전력이 이루어지겠는가?

(2) 전압전원이 20 [V]이면 최대전력 전달시 부하가 받는 전력을 구하여라.

6-32 그림 6-48와 같이 내부 임피던스 $\dot{Z}_g=0.5+j3$ [Ω] 인 전원으로부터 임피던스 $\dot{Z}_L=2+j5$ [Ω] 인 부하에 최대전력을 공급하고자 한다. 중간에 삽입해야 할 정합(matching) 임피던스 $\dot{Z}_m$ 은 얼마로 하여야 하는가?

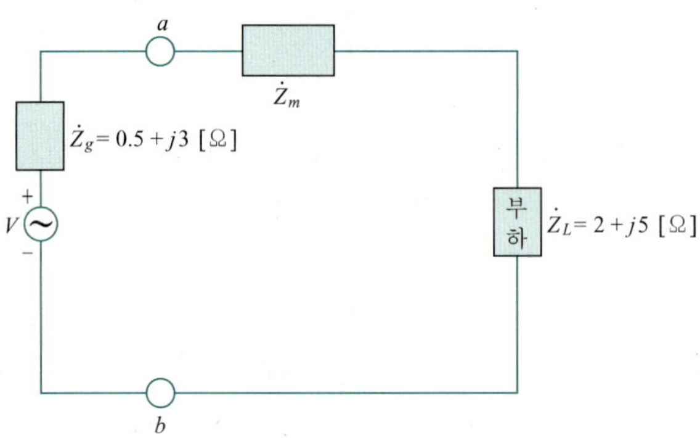

그림 6-48

6-33 그림 6-49에서 내부 임피던스가 $r+jx$ 이고 일정 기전력을 갖는 단상 교류전원에서 공급되는 전력은 부하 임피던스가 $r-jx$ 와 같을 때 최대가 됨을 증명하여라.

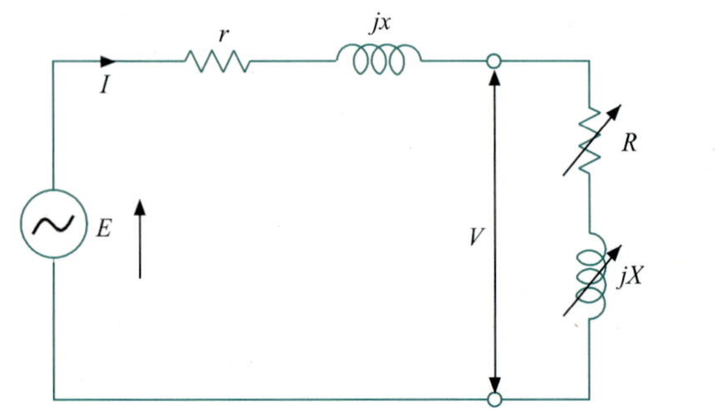

그림 6-49

6-34 그림 6-50에서 정전압 E_S를 가하고, 부하 Z의 절대치는 일정하게 유지하고 역률 $\cos\phi$ 만을 가변으로 했을 때 부하단자 전압 E_R 을 최소로 하는 조건을 구하여라.

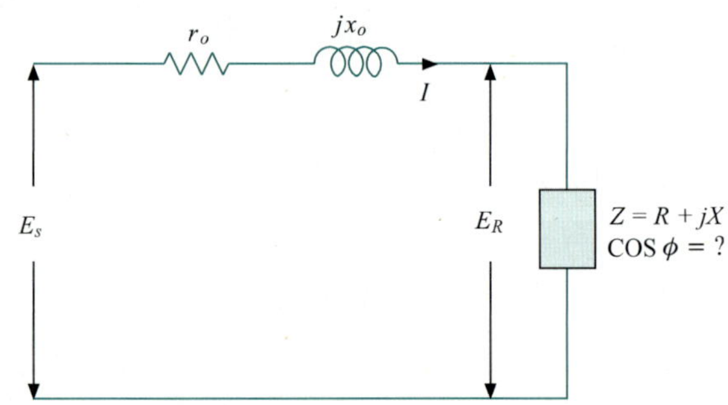

그림 6-50

6-35 그림 6-51와 같은 저항 R 과 정전용량 C 와의 병렬회로가 있다. 지금 정전류를 일정하게 유지할 때 R 에서의 소비전력을 최대로 하는 R 의 값을 구하여라. 단, 주파수는 f 라고 한다.

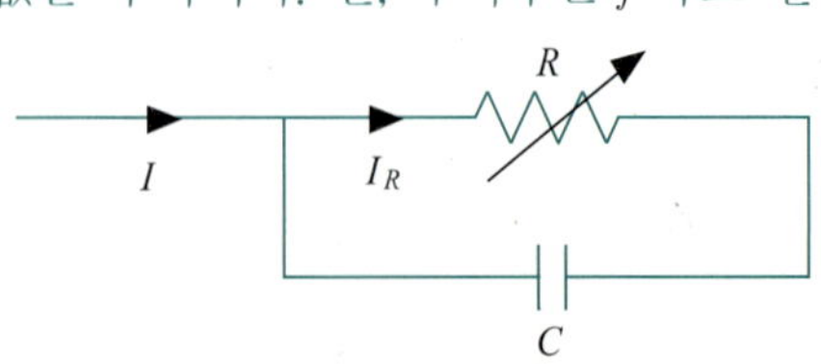

그림 6-51

복습문제

문제 1. 주파수 60 [Hz], 선간전압 380 [V], 전력 75 [kW], 뒤진역률 60 [%]의 3상 평형 부하에 콘덴서를 △결선으로 연결하여 뒤진역률 80 [%]로 개선할 때 콘덴서의 한 개당 정전용량은 약 몇 [uF]인가?

문제 2. 저항 4 [Ω], 정전용량C [F]인 직렬회로에 주파수 60 [HZ]의 교류전압 인가시 역률이 0.8이 되었다. 30 [HZ]일 때 200 [V]의 교류전압 인가시 소비전력은 몇 [W]?

문제 3. $R-L-C$ 직렬회로에서 전류 $i(t)$가 최대치를 갖기 위한 인덕턴스 L [mH]과 그때의 수비전력 [W] 값은? (단, 입력 전압 $v(t)$의 실효치는 120 [V]이고 각 주파수 w는 10^6 [rad/s]로 한다.)

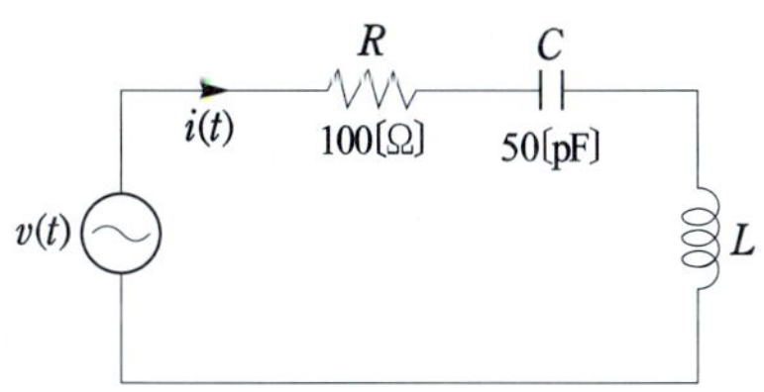

문제 4. 그림에서 A,B 단자간에서 늦은 역률 0.8로 하기 위해서 저항 R_1을 얼마로 가면 좋은가?

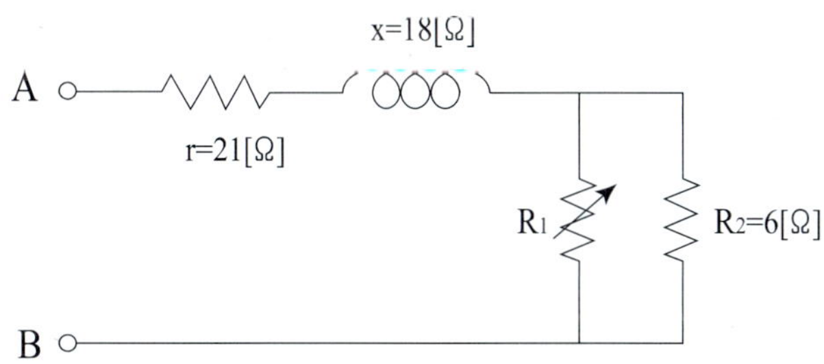

문제 5. 변압기에 A부하로 지상(lagging)역률 0.3으로 36 [kVA], B부하로 지상역률 0.6으로 24 [kVA], C부하로 역률 1로 12 [kVA]의 부하가 걸려 있다. 이 변압기의 전체 피상전력과 합성역률은 각각 얼마인가?

문제 6. 아래 그림과 같이 용접기, 전열기, 리액터, 전동기의 4종류의 부하가 병렬로 연결되어 있다. 다음을 구하시오.

1) 4 종류 부하가 발전기에서 취하는 전 전력, 전 무효전력 및 전 피상전력

2) 부하에 콘덴서를 그림과 같이 병렬로 연결하여 발전기단자에서의 역률을 1로 할 때 발전기가 공급하는 전 피상전력

3) 발전기단자에서의 역률을 0.8로 하고자 한다. 역률 개선용 콘덴서의 용량 [kVA]을 구하시오.

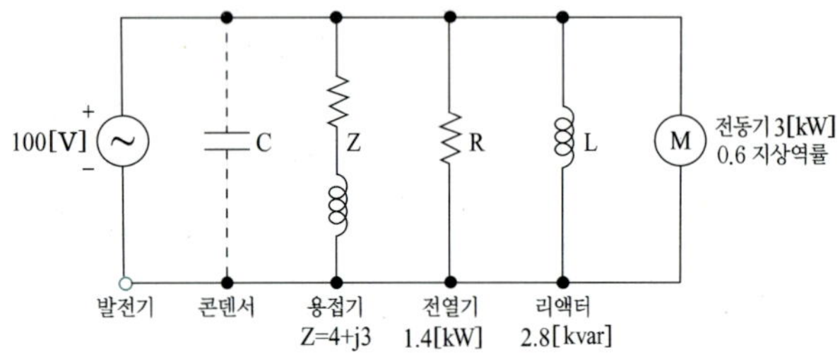

문제 7. 그림의 회로에 교류 100 [V]를 가할 때 소비전력은 몇 [W]인가?

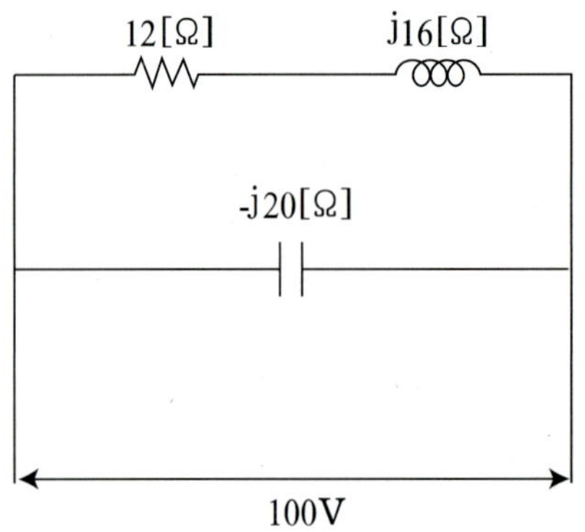

㉮ 180 ㉯ 240 ㉰ 300 ㉱ 360

문제 8. $R=50$ [Ω], $L=200$ [mH]의 직렬회로에 주파수 50 [Hz]의 교류에 대한 역률 [%]은?

㉮ 62.3 ㉯ 72.3

㉰ 82.3 ㉱ 92.3

문제 9. 그림에서 주파수 f [Hz], 단상 교류전압 V [V]의 전원에 저항 R [Ω], 인덕턴스 L [H]의 코일을 접속한 회로가 있을 때 L을 가감해서 R의 전력을 L이 0인 때의 1/5로 하면 L의 크기는?

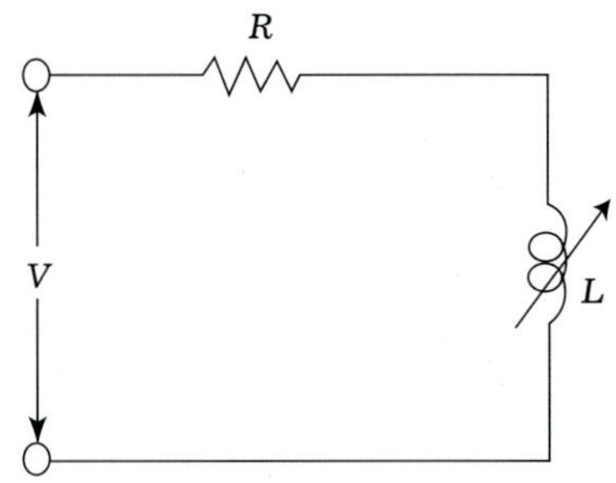

㉮ $\frac{R}{2}\pi f$ ㉯ $\frac{R}{\pi f}$

㉰ $\pi f R^2$ ㉱ $\frac{R^2}{2\pi f}$

문제 10. 저항 8 [Ω]과 용량 리액턴스 X_c [Ω]이 직렬로 접속된 회로에 100 [V], 60 [Hz]의 교류를 가하니 10 [A]의 전류가 흐른다. 이때 X_c [Ω]의 값은?

㉮ 10 ㉯ 8 ㉰ 6 ㉱ 4

문제 11. R과 X의 직렬회로에 단상 교류전압 V [V]를 가했을 때 소요되는 전력은?

㉮ $\frac{V^2 R}{\sqrt{R^2+X^2}}$ ㉯ $\frac{V}{\sqrt{R^2+X^2}}$

㉰ $\frac{V^2 R}{R^2+X^2}$ ㉱ $\frac{X}{R^2+X^2}$

문제 *12.* 저항 $R=3$ [Ω]과 유도 리액턴스 $X_L=4$ [Ω]이 직렬 연결된 회로에 $v=100\sqrt{2}\sin\omega t$ [V]인 전압을 가하였다. 이 회로에서 소비되는 전력 [kW]은?

㉮ 1.2　　㉯ 2.2　　㉰ 3.5　　㉱ 4.2

문제 *13.* R-L 병렬회로의 양단에 $e=E_m\sin(\omega t+\theta)$ [V]의 전압이 가해졌을 때 소비되는 유효전력 [W]은?

㉮ $\dfrac{E_m^2}{2R}$　　㉯ $\dfrac{E^2}{2R}$

㉰ $\dfrac{E_m^2}{\sqrt{2R}}$　　㉱ $\dfrac{E^2}{\sqrt{2R}}$

문제 *14.* 저항 40 [Ω], 임피던스 50 [Ω]의 직렬 유도부하에 소비되는 무효전력 [Var]은 얼마인가? (단, 인가전압은 100 [V]이다.)

㉮ 120　　㉯ 160　　㉰ 200　　㉱ 250

문제 *15.* 한 상의 임피던스가 $Z=6+j8$ [Ω]인 평형 3상 전압 200 [V]를 인가할 때 무효전력 [Var]은?

㉮ 1,330　　㉯ 1,848

㉰ 2,381　　㉱ 3,200

문제 *16.* 실효값 100 [V], 주파수 50 [Hz]인 교류전압을 저항 100 [Ω], 정전용량 10 [μF]의 회로에 가했을 때 역률은?

㉮ 0.25　　㉯ 0.27

㉰ 0.3　　㉱ 0.35

문제 *17.* 다음 회로에서 물음에 답하시오.

1) 각 저항에 흐르는 전류를 구하시오.

2) 각 저항에서 소비하는 전력과 전원에서 공급하는 전력을 구하시오.

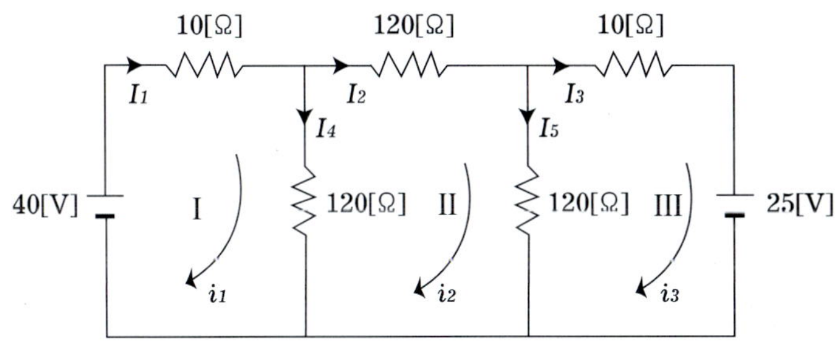

문제 *18.* 회로에서 20 [Ω]의 저항이 소비하는 전력 [W]는?

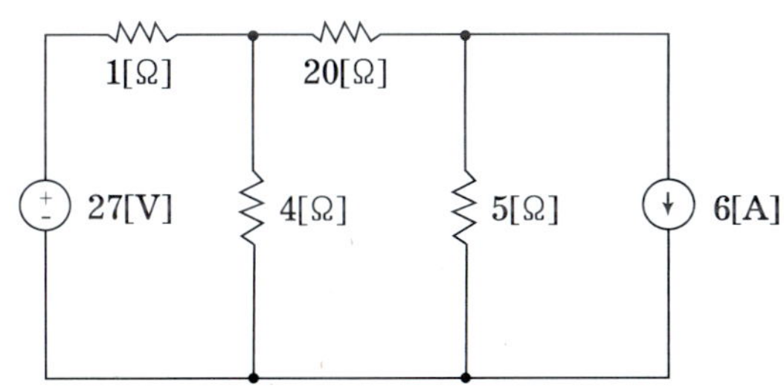

문제 *19.* 그림과 같은 회로에서 각 분로 전류가 각각 $I_L=3-j6$ [A], $I_c=5+j2$ [A]일 때 전원에서의 역률은?

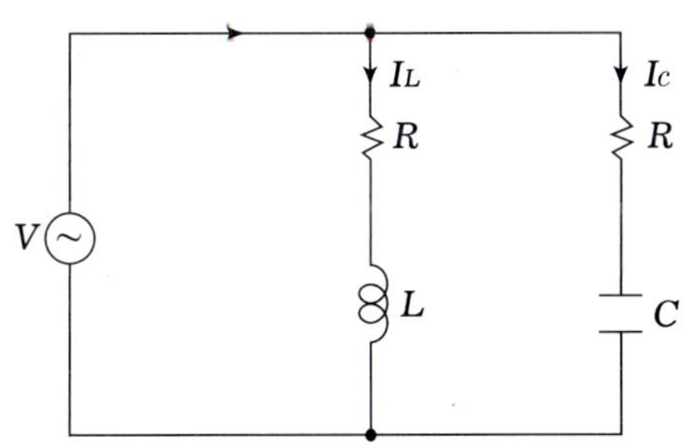

문제 20. 저항 R, 유도 리액턴스 X_L의 직렬회로에서 $\frac{X_L}{R} = \sqrt{3}$일 때의 회로의 역률은?

㉮ $\frac{1}{\sqrt{3}}$ ㉯ $\frac{2}{\sqrt{3}}$

㉰ $\frac{1}{2}$ ㉱ $\sqrt{3}$

문제 21. 주어진 부하에 대하여 모든 전력정보를 담고 있는 것은?

㉮ 역률 ㉯ 피상전력

㉰ 평균전력 ㉱ 무효전력

㉲ 복소전력

문제 22. 교류회로에서 역률이란 무엇을 말하는가?

㉮ 전압과 전류의 위상차의 정현

㉯ 전압과 전류의 위상차의 여현

㉰ 임피던스와 리액턴스의 위상차의 여현

㉱ 임피던스와 저항의 위상차의 정현

문제 23. 어느 부하의 역률이 85 [%]인 부하에 콘덴서 1,200 [kVA]를 설치하니 역률이 97.6 [%]이다. 이 부하는 몇 [kW]인가?

문제 24. 소모전력에 해당하는 전력은?

㉮ 유효전력 ㉯ 무효전력

㉰ 피상전력 ㉱ 겉보기 전력

문제 25. 10 [Wh]는 몇 [J]인가?

㉮ 36×103 ㉯ 360×103

㉰ 3.6×103 ㉱ 36×106

문제 26. 어떤 회로에서 전류가 3분 동안 흘러서 72,000 [J]의 일을 하였다면 소비된 전력은 몇 [kW]인가?

문제 27. 부하의 전력을 측정하기 위하여 아래 회로와 같이 결선하여 측정한 결과 전압계의 지시가 각각 $V_1 = 50$ [V], $V_2 = 60$ [V], $V_3 = 100$ [V], 일 경우 부하 역률, 부하전력을 구하시오.
단 $R = 15$ [Ω]이다.

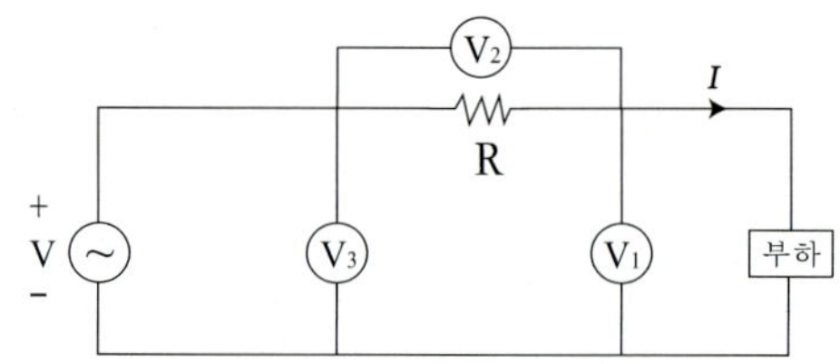

문제 28. 다음 회로 중 저항 1 [MΩ]에서 $t = 0.5$ [sec] 동안 소비되는 에너지 [J]는 얼마인가?

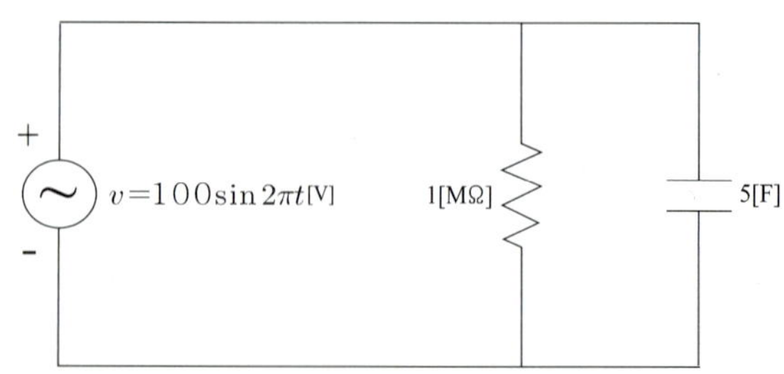

㉮ 2.5 ㉯ 2.5×10^{-2}

㉰ 2.5×10^{-3} ㉱ 2.5×10^{-4}

문제 29. 3상 유도 전동기의 출력이 3마력, 전압이 200 [V], 효율 80 [%], 역률 90 [%]일 때 전동기에 유입하는 선전류의 값은 약 몇 [A]인가?

㉮ 7.18 ㉯ 9.18
㉰ 8.85 ㉱ 8.97

문제 30. 어떤 회로에서 유효전력 80 [W], 무효전력 60 [Var]일 때 역률은 몇 [%]인가?

㉮ 100 ㉯ 95 ㉰ 90 ㉱ 80

문제 31. 어떤 회로에 전압을 115 [V] 인가하였더니 유효전력이 230 [W], 무효전력이 345 [Var]를 지시한다면 회로에 흐르는 전류 [A]의 값은?

㉮ 약 2.5 ㉯ 약 5.6
㉰ 약 3.6 ㉱ 약 4.5

문제 32. 전압 200 [V], 전류 30 [A]로서 4.8 [kW]의 전력을 소비하는 회로의 리액턴스 [Ω]는?

㉮ 6.6 ㉯ 5.3 ㉯ 4.0 ㉱ 3.3

문제 33. $R = 40$ [Ω], $L = 80$ [mH]의 코일이 있다. 이 코일에 100 [V], 60 [Hz]의 전압을 가할 때에 소비되는 전력 [W]은?

㉮ 200 ㉯ 160 ㉰ 120 ㉱ 100

문제 34. 어느 회로의 전압과 전류의 실효값이 각각 50 [V], 10 [A]이고 역률이 0.8이다. 무효전력 [Var]은?

㉮ 400 ㉯ 300 ㉰ 200 ㉱ 100

문제 35. 무유도 저항부하에 그림 (a)와 같이 정현파 교류를 정류한 맥류가 흐를 때 그림 (b)와 같이 접속된 가동 코일 전압계 및 전류계의 지시값 V_a, I_a에 의하여 부하의 전력을 구하면?

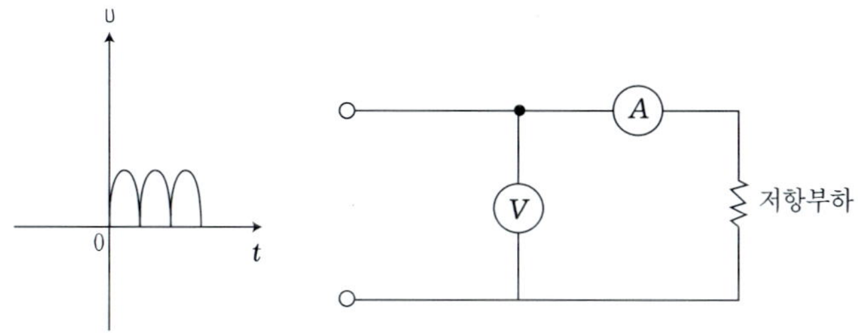

(a) (b)

㉮ $\frac{\pi^2}{8} V_a I_a$ ㉯ $\frac{\pi^2}{4} V_a I_a$

㉰ $\frac{1}{2} V_a I_a$ ㉱ $V_a I_a$

문제 36. 100 [V] 전원에 1 [kW]의 선풍기를 접속하니 12 [A]의 전류가 흘렀다. 선풍기의 무효율 [%]은?

㉮ 50 ㉯ 55 ㉰ 83 ㉱ 91

문제 37. 어떤 코일에 직류전압 100 [V]를 인가했더니 500 [W]의 전력이 소비되고 교류전압 50 [Hz], 150 [V]를 인가했더니 720 [W]가 소비되었다. 이 코일의 저항값과 인덕턴스값을 구하여라.

문제 *38.* 백열전구 P, Q를 전압 V [V]전원에 접속할 때 각각 W_1 [W], W_2 [W]의 전력을 소비한다. 이를 직렬로 V [V]의 전원에 연결했을 때 어느 전구가 더 밝은가?
(단, $W_1 > W_2$이고, 밝기는 소비전력의 크기에 비례한다고 가정한다.)

㉮ P가 더 밝다. ㉯ 똑같다.
㉰ Q가 더 밝다. ㉱ 수시로 변한다.

문제 *39.* 120 [V]의 전원에 20 [Ω]의 저항을 가진 2개의 전열기 A, B를 직렬로 연결하여 사용하였다. 이 때 A와 B에서 요구되는 전기적 에너지의 양은 A만을 단독으로 사용할 때와 비교하면 어떻게 되는가?

㉮ A만을 사용할 때의 소비전력과 같다.
㉯ A만을 사용할 때의 소비전력의 2배이다.
㉰ A만을 사용할 때의 소비전력의 $\frac{1}{2}$배이다.
㉱ A만을 사용할 때의 소비전력의 4배이다.

문제 *40.* $V = 100\angle 60^\circ$ [V], $I = 20\angle 30^\circ$ [A]일 때 유효전력 [W]는 얼마인가?

문제 *41.* 무유도 저항 R과 유도 리액턴스 X가 직렬로 연결된 회로에 100 [V]의 교류전압이 인가되어 있다. 다음 그림과 같이 전력계를 접속하면 이 지시가 600 [W]이었다. 또한 R의 전압강하를 측정하면 60 [V]이었다. 리액턴스 X의 값은 얼마인가?

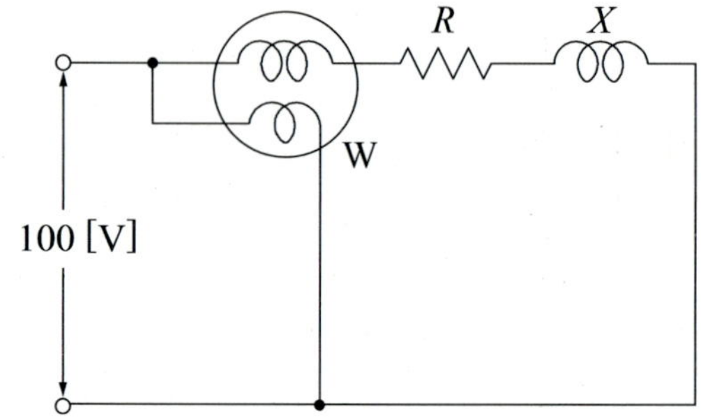

㉮ 2 ㉯ 4 ㉰ 6 ㉱ 8

문제 *42.* 전력은?

㉮ 개개의 전력값을 모두 더함으로써 구할 수 있다.
㉯ 총전류와 총전압을 곱함으로써 구할 수 있다.
㉰ 총 전압을 제곱하여 총저항으로 나눈 값을 취함으로써 구할 수 있다.
㉱ ㉮,㉯,㉰ 모두 해당 될 수 있다.

문제 *43.* 다음 중 역률과 교류전력의 크기를 계산할 때 필요 없는 것은?

㉮ 유효전력 ㉯ 무효전력
㉰ 피상전력 ㉱ 최대전력

문제 *44.* 교류회로의 전력에 대한 설명으로 옳은 것은?

㉮ 피상전력이란 소비전력이다.
㉯ 역률은 작을수록 좋다.
㉰ 역률이 1일 때 유효전력과 피상전력은 같아진다.
㉱ 피상전력이 크면 역률이 커진다.

제 7 장 유도결합회로

제 7 장

유도결합회로

7-1 상호 인덕턴스

그림 7-1과 같이 근접한 두 코일 A, B 중 한쪽 코일 A에 시간적으로 변하는 전류 i_1이 흐르면 코일 B를 지나는 자속도 변화함으로써 이 변화하는 자속은 코일 B와 쇄교하므로 B 내에 유기기전력 V_2를 일으킨다. 이때 전류 i_1에 의해 1차 코일 A에 생기는 총자속을 ϕ_1이라 하면

- ϕ_1이 전부 2차 코일 B와 쇄교하는 경우, 즉 완전결합일 때와
- ϕ_1 중 일부만 2차 코일과 쇄교하는 경우가 있다.

이 경우 2차 코일 B와 쇄교하는 자속을 **상호자속**(mutual flux) ϕ_{12}라 하고, 쇄교하지 않는 자속을 **누설자속**(leakage flux) ϕ_{1l}이라 하면,

$$\phi_1 = \phi_{12} + \phi_{1l}$$

의 관계가 성립된다.

다음에 i_1에 의해 코일 A, B에 생기는 자속 쇄교수를 λ_1 및 λ_2라 하고 각 코일의 권수를 n_1, n_2라 하면 λ_1과 λ_2는 식 (2-28)과 같이 권수에 비례하므로

$$\lambda_1 = n_1\phi_1 \tag{7-1}$$

$$\lambda_2 = n_2\phi_{12} \tag{7-2}$$

또, 자속 쇄교수는 주위 매질의 투자율이 일정한 경우 식 (2-31)과 마찬가지로 회로에 흐르는 전류 i_1에 비례하므로

$$\lambda_1 = L_1 i_1 \tag{7-3}$$
$$\lambda_2 = M_{12} i_1 \tag{7-4}$$

으로 표시된다. 여기서 L_1과 M_{12}는 각각 비례계수이다.

위 식으로부터

$$L_1 = n_1 \phi_1 / i_1 \tag{7-5}$$
$$M_{12} = n_2 \phi_{12} / i_1 \tag{7-6}$$

의 관계가 성립한다.

L_1은 이미 정의한 바 있는 **자기 인덕턴스**(self−inductance)이며, M_{12}는 코일 A, B의 상호관계에 의해 얻을 수 있는 비례정수로서 **상호 인덕턴스**(mutual−inductance)라 부른다.

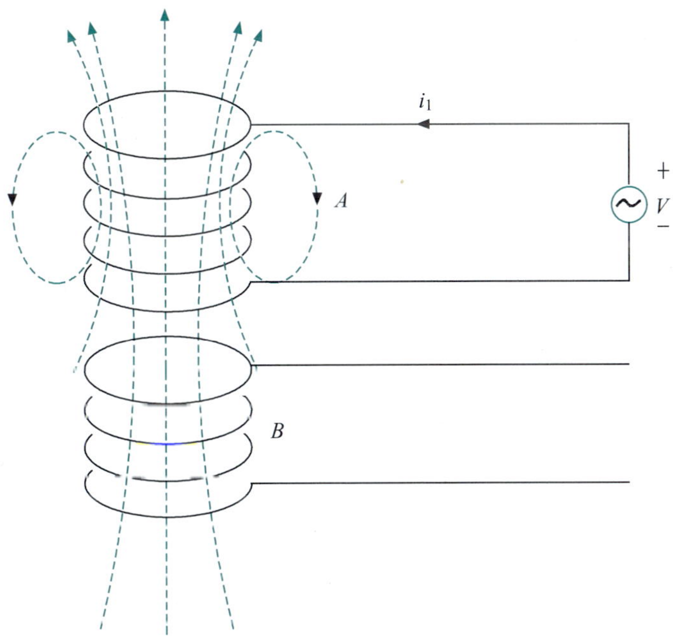

그림 7-1 상호자속과 누설자속

이번에는 그림 7−2와 같이 A 코일이 개방되고 B 코일에 전류 i_2가 흐를 때, 앞서와 마찬가지로

$$\phi_2 = \phi_{21} + \phi_{2l} \tag{7-7}$$
$$\lambda_1 = n_1 \phi_{21} = M_{21} i_2 \tag{7-8}$$

$$\lambda_2 = n_2\phi_2 = L_2 i_2 \tag{7-9}$$

$$L_2 = n_2\phi_2 / i_2 \tag{7-10}$$

$$M_{21} = n_1\phi_{21} / i_2 \tag{7-11}$$

의 관계를 가진다.

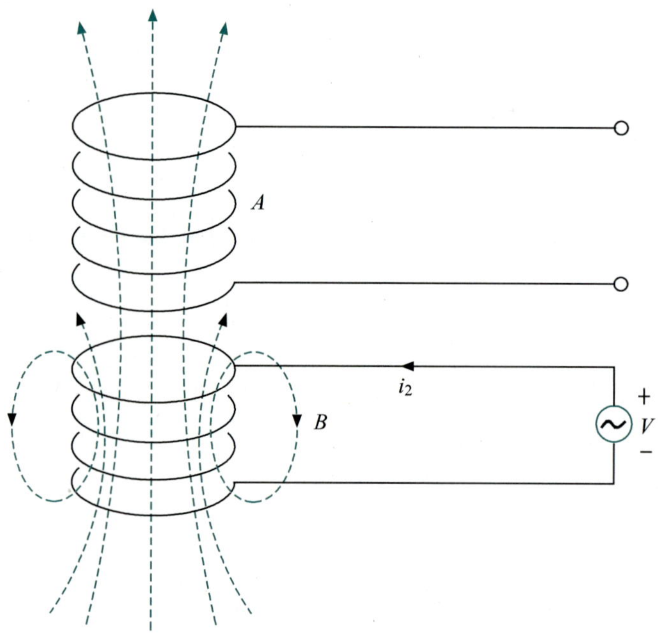

그림 7-2 상호자속과 누설자속

이상 설명한 바와 같이 두 상호 인덕턴스 M_{12}, M_{21} 은 매질의 투자율이 일정하면 일반적으로 같으므로

$$M_{12} = M_{21} = M$$

이며, 자기 인덕턴스와 마찬가지로 M.K.S 단위인 헨리(Henry)를 쓴다.

7-2 결합계수

두 코일 간에 상호 유도작용이 있을 때 이 두 코일은 전자결합되어 있다고 한다. 전자결합되어 있는 두 코일에서 1차 코일에 흐르는 전류에 의해 1차 코일에 생기는 총자속을 ϕ_1, 2차 코일과의 쇄교자속을 ϕ_{12} 라고 하면 쇄교자속의 비율은

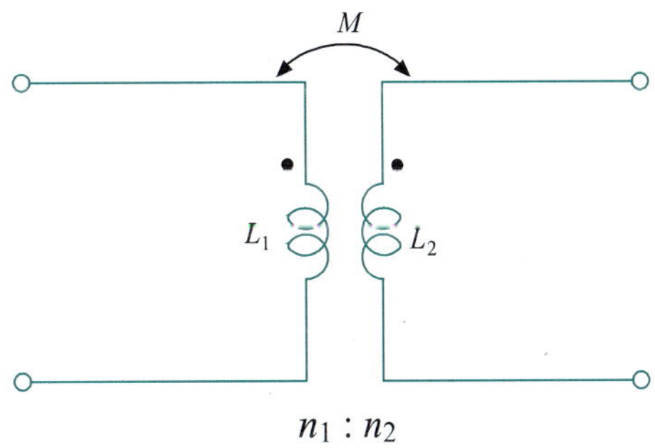

그림 7-3 전자결합회로

$$K_{12} = \frac{\phi_{12}}{\phi_1} \tag{7-12}$$

마찬가지로 2차 코일에 흐르는 전류에 의해 2차 코일에 생기는 총자속을 ϕ_2, 1차 코일과의 쇄교자속을 ϕ_{21} 라고 하면 쇄교자속의 비율은

$$K_{21} = \frac{\phi_{21}}{\phi_2} \tag{7-13}$$

따라서 1차 전류 I_1에 의한 상호 인덕턴스는

$$\begin{aligned} M_{12} &= \frac{n_2\phi_{12}}{I_1} = \frac{n_2}{I_1}K_{12}\phi_1 = \frac{n_2}{n_1}K_{12}\frac{n_1\phi_1}{I_1} = \frac{n_2}{n_1}K_{12}L_1 \\ M_{21} &= \frac{n_1\phi_{21}}{I_2} = \frac{n_1}{I_2}K_{21}\phi_2 = \frac{n_1}{n_2}K_{21}\frac{n_2\phi_2}{I_2} = \frac{n_1}{n_2}K_{21}L_2 \end{aligned} \tag{7-14}$$

식 (7-13) 및 (7-14)에서 $M_{12} = M_{21} = M$의 관계를 이용하면

$$M = \frac{n_2}{n_1}K_{12}L_1 \tag{7-15}$$

$$M = \frac{n_1}{n_2}K_{21}L_2 \tag{7-16}$$

식 (7−15)와 (7−16)을 곱하면

$$M^2 = K_{12} \cdot K_{21} L_1 L_2 = K^2 L_1 L_2 \quad \text{단, } K^2 = K_{12} \cdot K_{21}$$

$$\therefore \; M = K\sqrt{L_1 L_2} \qquad (7-17)$$

여기서 K를 **결합계수**(coupling coefficient)라고 부른다. 결과적으로 두 코일간의 쇄교자속이 없는 경우에는 $K=0$이 될 것이며, 두 코일간의 누설자속이 전혀 없는 경우에는 $K=1$이 될 것이므로 K의 값은 0과 1 사이의 값을 갖게 된다. 따라서

$$0 \leqq K \leqq 1 \qquad (7-18)$$

공통철심을 가진 전력용 변압기(power transformer)나 가청주파변압기(audio transformer)에서는 $K \leqq 1$이며, $K=1$인 경우를 완전결합이라고 한다.

공심변압기(air−core transformer)의 경우 K의 값은 대체로 0.01～0.5 범위의 값을 가지며 L_1과 L_2가 정해진 변압기의 결합계수 K의 값은 두 코일의 상대적 접근도와 축의 교각에 의해 변화한다.

예제 7−1

그림과 같은 회로에서 $i_1 = I_m \sin\omega t$ [A]일 때 개방된 2차 단자에 나타나는 유기기전력 v_2 [V]는 얼마인가?

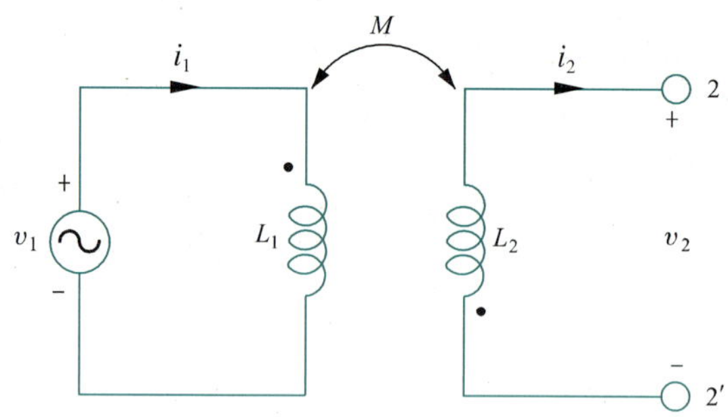

그림 7−4 예제 7−1의 회로

풀이

$$v_2 = -M\frac{di_1}{dt}$$

$$i_1 = I_m \sin\omega t$$

$$v_2 = -M\frac{d}{dt} I_m \sin\omega t$$

$$= -M\omega I_m \cos\omega t \ [\text{V}] \qquad \cos\omega t = \sin\left(\omega t + \frac{\pi}{2}\right)$$

$$-\omega M I_m \sin\left(\omega t - \frac{\pi}{2}\right) \ [\text{V}]$$

예제 7-2

2개의 코일이 상호유도 결합되어 있다. 결합계수가 0.4이며, 코일 1의 자기유도계수 $L_1 = 0.1$ [H], 코일 2의 자기유도계수 $L_2 = 0.0025$ [H]일 때 코일 1에 주파수 188 [Hz], 2 [A]의 전류가 흐른다면 코일 2에 유기되는 전압은 얼마인가? (단, $i_1 = I_m \sin\omega t$)

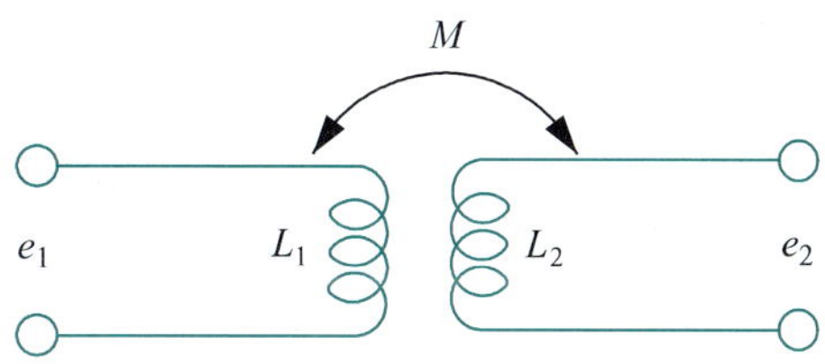

그림 7-5 예제 7-2의 회로

풀이

$$M = k\sqrt{L_1 L_2} = 0.4\sqrt{0.1 \times 0.0025} = 6.32 \times 10^{-3} \ [\text{H}]$$

$$e_2 = -M\frac{di_1}{dt} \quad (i_1 = I_m \sin\omega t)$$

$$e_2 = -M\frac{d}{dt} I_m \sin\omega t = -M\omega I_m = -6.32 \times 10^{-3} \times 2\pi \times 188 \times \sqrt{2} \times 2$$

$$e_2 = -21.10 \ [\text{V}]$$

7-3 상호 유도전압과 코일의 극성

그림 7-6은 대표적인 유도결합회로이다. 두 코일은 유도적으로 결합되어 있으며, 하나의 변압기(transformer)를 형성한다. 1차측에는 전원, 2차측에는 부하가 연결되어 있다. 이 경우 두 코일에는 전류가 흐른다. 각 전류에 의하여 생기는 자속을 그림과 같이 누설자속과 상호자속으로 분해하면 코일 1의 총자속 쇄교수 λ_1은

$$\lambda_1 = n_1(\phi_{1l} + \phi_{12} \pm \phi_{21}) = n_1\phi_1 \pm n_1\phi_{21} = L_1 i_1 \pm M_{21} i_2 \tag{7-19}$$

이다. 여기서 ±의 기호는 두 전류에 의한 자속이 같은 방향이면 (+), 반대방향이면 (−)가 된다.

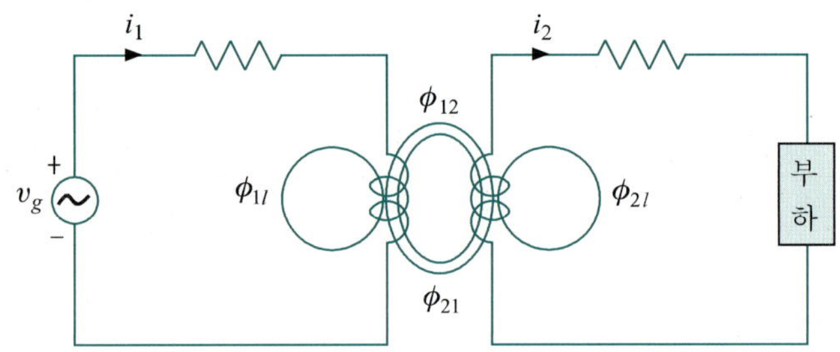

그림 7-6 유도결합회로

지금 i_1의 (+)방향으로 생기는 코일 1의 전압강하를 v_1라 하면 패러데이(Faraday)의 법칙에 의하여 $v_1 = d\lambda_1/dt$이므로

$$v_1 = L_1 \frac{di_1}{dt} \pm M_{21} \frac{di_2}{dt} \tag{7-20}$$

마찬가지로 코일 2의 총자속 쇄교수 λ_2는

$$\lambda_2 = n_2(\phi_{2l} + \phi_{21} \pm \phi_{12}) = n_2\phi_2 \pm n_2\phi_{12} = L_2 i_2 \pm M_{12} i_1 \tag{7-21}$$

이고, i_2의 (+)방향으로 생기는 코일 2에서의 전압강하를 v_2라 하면

$$v_2 = L_2 \frac{di_2}{dt} \pm M_{12} \frac{di_1}{dt} \tag{7-22}$$

이 된다. 유도결합된 두 코일의 상대적 권선방향을 표시하기 위하여 각 코일의 한쪽 단자에 그림 7-7과 같이 점을 찍는다. 이것을 **코일의 극성표시**라고 한다.

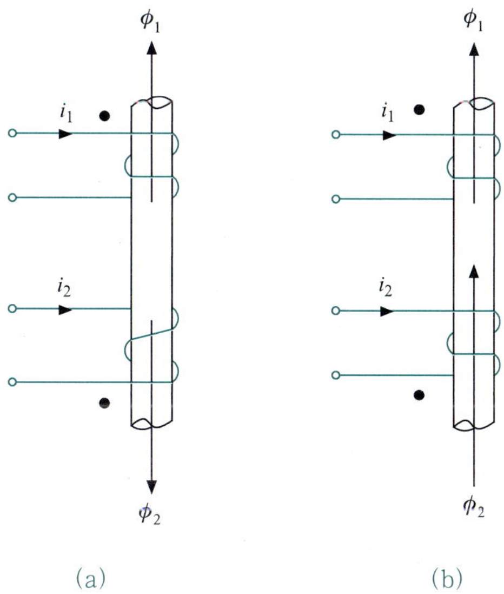

그림 7-7 코일의 극성표시

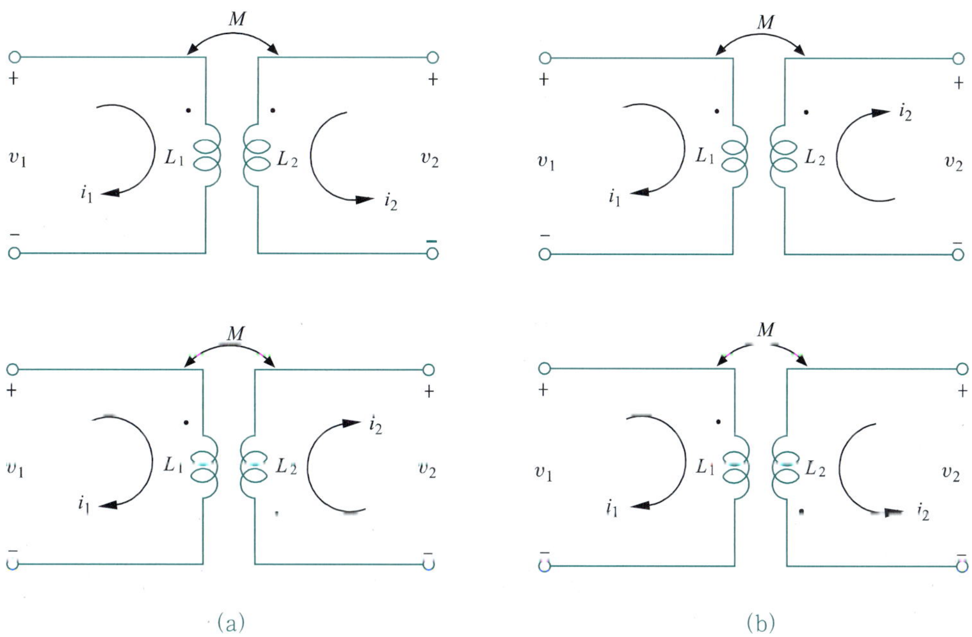

$$v_1 = L_1\frac{di_1}{dt} + M\frac{di_2}{dt}$$
$$v_2 = L_2\frac{di_2}{dt} + M\frac{di_1}{dt}$$

$$v_1 = L_1\frac{di_1}{dt} - M\frac{di_2}{dt}$$
$$v_2 = L_2\frac{di_2}{dt} - M\frac{di_1}{dt}$$

그림 7-8 전압-전류 관계

즉, 두 코일의 전류가 점이 찍힌 쪽으로 유입되거나 유출된다면 M항의 부호는 (+)가 되고, 만일 한쪽 전류는 점이 찍힌 쪽으로 유입(유출)되고 다른 쪽 전류는 점이 찍힌 쪽으로부터 유출(유입)된다면 M항의 부호는 (−)가 된다.

그림 7−8은 코일의 극성과 전류의 방향에 따라서 변압기 단자에서의 전압−전류 관계식이 어떻게 달라지는가를 여러 가지 경우에 대하여 표시한 것이다.

예제 7−3

그림 7−9와 같은 공심변압기(air−core transformer)의 1차측 자기 인덕턴스가 31.8 [mH], 2차측 자기 인덕턴스가 9.55 [mH], 상호 인덕턴스는 7.95 [mH]이며, R_1, R_2는 무시할 정도이다. 1차측에 1 [kHz], 실효값 1 [V]의 전원이 연결되어 있고, 2차측 부하저항이 10 [Ω]이라면 부하저항에 걸리는 전압은 얼마나 되겠는가?

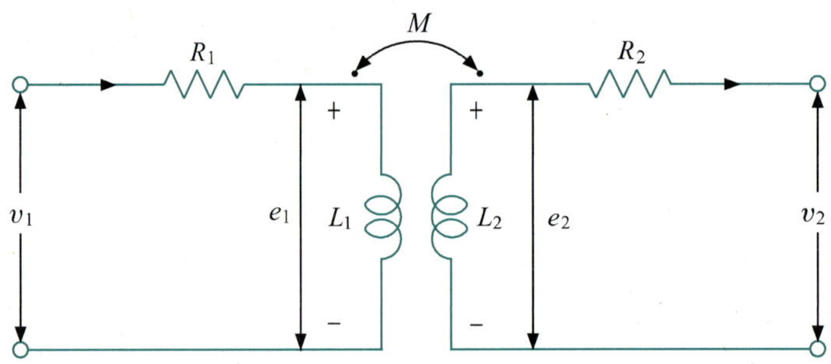

그림 7−9 예제 7−3의 회로

풀이

1차측 회로에 전압법칙을 적용시키면

$$1\angle 0° = j2\pi(1{,}000)(31.8\times 10^{-3})I_1 - j2\pi(1{,}000)(7.95\times 10^{-3})I_2$$

2차측 회로에 전압법칙을 적용시키면

$$0 = -j2\pi(1{,}000)(7.95\times 10^{-3})I_1 + j2\pi(1{,}000)(9.55\times 10^{-3})I_2 + 10I_2$$

두 방정식을 정리하면

$$1.0\angle 0° = j200I_1 - j50I_2$$
$$0 = -j50I_1 + (10+j60)I_2$$

따라서

$$I_2 = 0.00515 \ [\mathrm{A}]$$
$$\therefore V_2 = 10I_2 = 10 \times (0.00515) = 0.0151 \ [\mathrm{V}]$$

7-4 두 코일의 직렬접속

그림 7-10(a)에서 두 코일의 자기유도계수는 각각 L_1, L_2이고, 상호유도계수는 M이다. 이 두 코일은 그림 (b) 또는 (c)와 같이 직렬접속한 경우 개방단자에서의 등가 임피던스를 구해 보자.

그림 7-10(b)에서 흐르는 전류를 i_1이라 하고, i_1에 의한 두 코일의 전압강하를 v_1, v_2라고 하면 흐르는 전류방향은 두 코일간에서 서로 반대이므로

$$v_1 = L_1\frac{di_1}{dt} - M\frac{di_1}{dt}$$
$$v_2 = L_2\frac{di_1}{dt} - M\frac{di_1}{dt}$$

이고, v_{ac}를 전류 i_1에 의한 a에서 c로의 전압강하라면

$$\begin{aligned} v_{ac} &= v_1 + v_2 \\ &= \left(L_1\frac{di_1}{dt} - M\frac{di_1}{dt}\right) + \left(L_2\frac{di_1}{dt} - M\frac{di_1}{dt}\right) \\ &= (L_1 + L_2 - 2M)\frac{di_1}{dt} = L^-\frac{di_1}{dt} \qquad (7\text{-}23) \end{aligned}$$

마찬가지로 그림 7-10(c)에서 전류 i_1은 두 코인에서 다같이 점이 찍힌 단자로 유입하므로

$$v_1 = L_1\frac{di_1}{dt} + M\frac{di_1}{dt}$$
$$v_2 = L_2\frac{di_1}{dt} + M\frac{di_1}{dt}$$

이므로

$$\begin{aligned} v_{ad} &= v_1 + v_2 \\ &= \left[L_1\frac{di_1}{dt} + M\frac{di_1}{dt}\right] + \left[L_2\frac{di_1}{dt} + M\frac{di_1}{dt}\right] \\ &= (L_1 + L_2 + 2M)\frac{di_1}{dt} = L^+\frac{di_1}{dt} \end{aligned} \tag{7-24}$$

여기서

$$\begin{aligned} L^- &= L_1 + L_2 - 2M \\ L^+ &= L_1 + L_2 + 2M \end{aligned} \tag{7-25}$$

으로 나타내면

$$\therefore\ M = \frac{L^+ - L^-}{4} \tag{7-26}$$

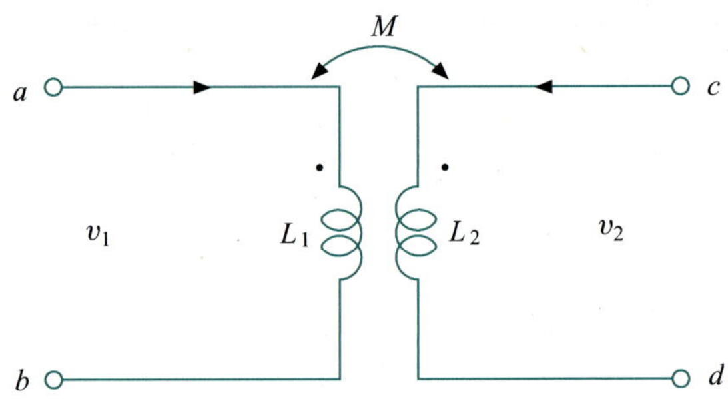

(a)

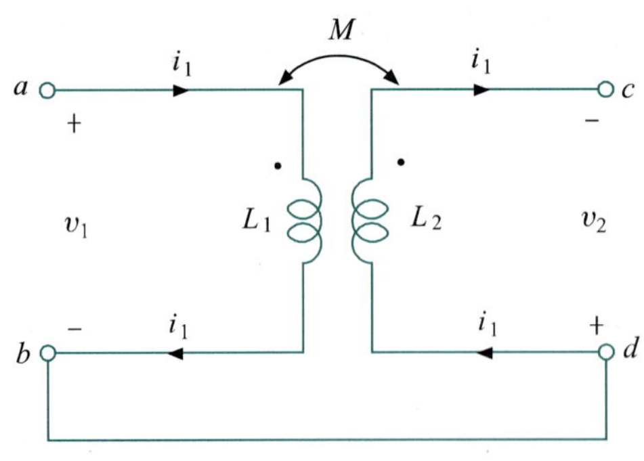

(b)

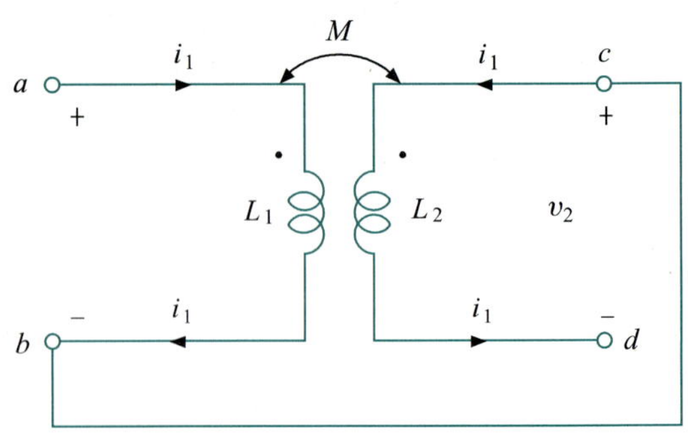

(c)

그림 7-10 두 코일의 직렬접속

위 식은 두 코일간의 상호유도계수를 측정하는 데 이용할 수 있는 식으로서 그림 7-10 의 (b), (c)와 같이 연결하여 각각의 개방단자에서 전체의 등가 인덕턴스를 측정한 후 두 값의 차를 4로 나누면 된다.

또한 코일의 극성 체크는 등가 인덕턴스가 적은 쪽의 접속에서 두 개방단자에 각각 점을 찍으면 된다는 것을 알 수 있다.

예제 7-4

서로 결합하고 있는 두 코일 A, B를 같은 방향으로 감아서 직렬로 접속하면 합성 인덕턴스 10 [mH]가 되고, 반대로 연결하면 합성 인덕턴스가 40 [%] 감소한다. A 코일의 자기 인덕턴스가 5 [mH]라고 하면, B 코일의 자기 인덕턴스는 얼마인가?

풀이

$5+L_B+2M=10, \quad 5+L_B-2M=6$

$\therefore L_B=3$ [mH]

7-5 정현파 전원을 가진 유도결합회로

그림 7-11 회로의 1차, 2차측에 키르히호프의 전압법칙을 적용하면

$$R_1\dot{I}_1+j\omega L_1\dot{I}_1+j\omega M\dot{I}_2+\dot{Z}_g\dot{I}_1=\dot{V}_g \tag{7-27}$$

$$R_2\dot{I}_2+j\omega L_2\dot{I}_2+j\omega M\dot{I}_1+\dot{Z}_L\dot{I}_2=0 \tag{7-28}$$

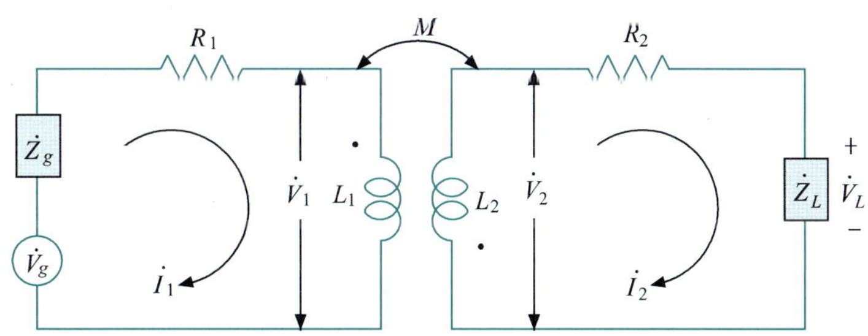

그림 7-11 정현파 전원을 가진 유도결합회로

여기서

$$\dot{Z}_{11} = R_1 + j\omega L_1 + \dot{Z}_g = R_1 + \dot{Z}_g + j\omega L_1$$
$$\dot{Z}_{12} = \dot{Z}_{21} = j\omega M$$
$$\dot{Z}_{22} = R_2 + j\omega L_2 + \dot{Z}_L = R_2 + \dot{Z}_L + j\omega L_2 \tag{7-29}$$

라고 하면 식 (7−27), (7−28)은 다음 형식으로 정리된다. 즉

$$\dot{Z}_{11}\dot{I}_1 + \dot{Z}_{12}\dot{I}_2 = \dot{V}_g$$
$$\dot{Z}_{21}\dot{I}_1 + \dot{Z}_{22}\dot{I}_2 = 0 \tag{7-30}$$

식 (7−30)에서 $\dot{I}_1$ 및 $\dot{I}_2$ 를 구하면

$$\dot{I}_1 = \frac{\dot{Z}_{22}\dot{V}_g}{\dot{Z}_{11}\dot{Z}_{22} - \dot{Z}_{12}^2} \tag{7-31}$$

$$\dot{I}_2 = \frac{-\dot{Z}_{21}\dot{V}_g}{\dot{Z}_{11}\dot{Z}_{22} - \dot{Z}_{12}^2} \tag{7-32}$$

여기서 $\dot{I}_1$ 은 1차측에 흐르는 전류이며, $\dot{V}_g$ 는 1차측의 인가전원이므로 $\dfrac{\dot{V}_g}{\dot{I}_1}$ 는 1차측의 전원단자에서 본 회로 임피던스가 되며, 이를 구동점 임피던스(driving−point impedance)라고 한다.

이 구동점 임피던스를 $\dot{Z}_d$ 라고 하면

$$\dot{Z}_d = \frac{\dot{V}_g}{\dot{I}_1} = \frac{\dot{Z}_{11}\dot{Z}_{22} - \dot{Z}_{12}^2}{\dot{Z}_{22}} = \dot{Z}_{11} - \frac{\dot{Z}_{12}^2}{\dot{Z}_{22}}$$

여기서 $\dot{Z}_{12} + j\omega M$ 이므로 결국

$$\dot{Z}_d = \dot{Z}_{11} + \frac{(\omega M)^2}{\dot{Z}_{22}} \tag{7-33}$$

이때 $\dot{Z}_{11}$ 은 자기 임피던스이고 $(\omega M)^2/\dot{Z}_{22}$ 는 2차 회로와의 결합에 의해 발생된 임피던스이므로 이것을 결합 임피던스(Coupled Impedance) 또는 반사 임피던스(Reflected Impedance)라 한다.

식 (7−31) 및 (7−32)로부터 2차 전류와 1차 전류의 비를 구하면

$$\frac{\dot{I}_2}{\dot{I}_1} = \frac{\dot{Z}_{12}}{\dot{Z}_{22}}$$

또한 그림 7−11에서 부하전압을 $\dot{V}_L$ 이라고 하면

$$\dot{V}_L = \dot{Z}_L \dot{I}_2$$

이므로, 전압비는 식(7−32), 상기식($\dot{V}_L = \dot{Z}_L \dot{I}_2$)에 의하여 다음과 같다.

$$\frac{\dot{V}_L}{\dot{V}_g} = \frac{-\dot{Z}_{12}\dot{Z}_L}{\dot{Z}_{11}\dot{Z}_{22} - \dot{Z}_{12}^{\ 2}} \tag{7-34}$$

예제 7-5

그림 7-12의 회로에서 i_1 및 i_2 를 구하여라.

$V_g = \sqrt{2}\,10\cos 2000\pi t$ [V],	$L_1 = 8.04$ [mH],	$R_2 = 10$ [Ω]
$L_2 = 16.08$ [mH],	$R_L = 30$ [Ω],	$R_1 = 5$ [Ω]
$M = 4.02$ [mH],	$C = 1.22$ [μF],	$Q_1 = Q_2 = 10$

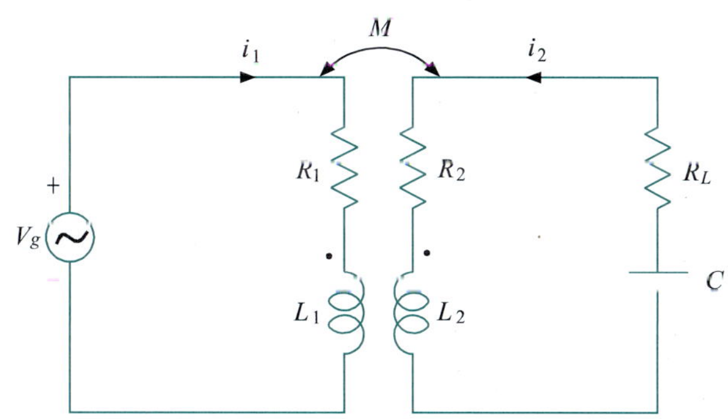

그림 7-12 예제 7-5의 회로

풀이

$$X_1 = \omega L_1 = 2000\pi \times 8.04 \times 10^{-3} = 50.0 \text{ [Ω]}$$

$$X_2 = \omega L_2 = 2000\pi \times 16.08 \times 10^{-3} = 100 \text{ [Ω]}$$

$$X_C = -\frac{1}{\omega C} = -\frac{1}{2000\pi \times 1.22 \times 10^{-6}} = -130 \text{ [Ω]}$$

$$Z_{12} = j\omega M = j\,25.0 \text{ [Ω]}$$

$$Z_{11} = R_1 + jX_1 = 5 + j\,50 \text{ [Ω]}$$

$$Z_{22} = R_2 + jX_2 + R_L + jX_C = 40 - j30 \text{ [Ω]}$$

$$Z' = \frac{(\omega M)^2}{Z_{22}} = 10 + j\,7.5 \text{ [Ω]}$$

$$Z_{ab} = Z_{11} + Z' = 15 + j\,57.5 \text{ [Ω]}$$

$$I_1 = \frac{V_g}{Z_{ab}} = \frac{10\angle 0°}{15 + j57.5} = 0.169\angle -75.4° \text{ [A]}$$

$$I_2 = \frac{-Z_{12}I_1}{Z_{22}} = \frac{-j25 \times 0.169\angle -75.4°}{40 - j30} = 0.085\angle -128.5° \text{ [A]}$$

$$\therefore\ i_1 = 0.169\sqrt{2}\cos(2000\pi t - 75.4°) \text{ [A]}$$

$$i_2 = 0.085\sqrt{2}\cos(2000\pi t - 128.5°) \text{ [A]}$$

예제 7-6

그림 7-13과 같은 캠벨 브리지(Campbell bridge)에서 수화기 D의 전류 i_2가 0이 되기 위한 조건을 구하여라.

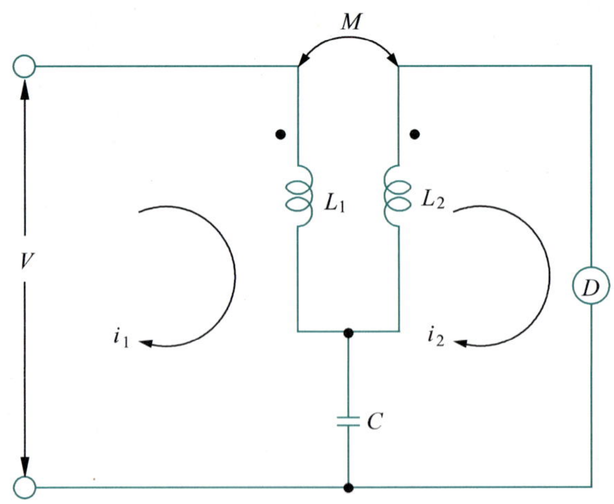

그림 7-13 예제 7-6의 회로

풀이

2차 회로의 전압 방정식은 $-j\omega M i_1 - \frac{1}{j\omega C} i_1 + \left(j\omega L_2 + \frac{1}{j\omega C}\right) i_2 = 0$

$i_2 = 0$ 이 되려면 i_1 의 계수가 0이어야 하므로

답은 $\frac{1}{\omega C} = \omega M$

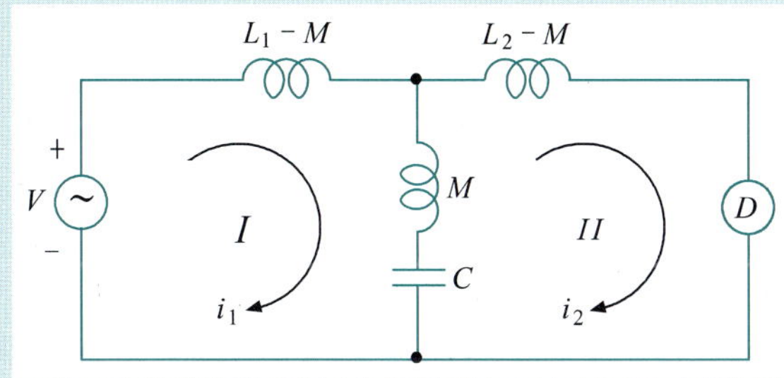

그림 7-14 예제 7-6의 풀이

7-6 변압기의 등가 T회로

유도결합회로에서 변압기 부분을 이와 같이 등가로 치환하게 되면 해석을 간단하게 할 수 있다. 먼저 그림 7-15(a)와 같이 1, 2차 코일에 유입하는 전류의 방향이 모두 점이 찍힌 방향일 때 양단자의 전압 및 전류의 관계는

$$\dot{V}_1 = j\omega L_1 \dot{I}_1 + j\omega M \dot{I}_2 \tag{7-35}$$

$$\dot{V}_2 = j\omega L_2 \dot{I}_2 + j\omega M \dot{I}_1 \tag{7-36}$$

그림 (a)와 (b)가 등가가 되기 위해서는 그림 7-15(b)에서

$$\dot{V}_1 = j\omega L_{x1} \dot{I}_1 + j\omega M(\dot{I}_1 + \dot{I}_2) = j\omega(L_{x1} + M)\dot{I}_1 + j\omega M \dot{I}_2 \tag{7-37}$$

$$\dot{V}_2 = j\omega L_{x2} \dot{I}_2 + j\omega M(\dot{I}_1 + \dot{I}_2) = j\omega(L_{x2} + M)\dot{I}_2 + j\omega M \dot{I}_1 \tag{7-38}$$

따라서 식 (7-37)~(7-38)에서

$$j\omega L_1 = j\omega L_{x1} + j\omega M \text{에서 } L_{x1} = L_1 - M$$

$$j\omega L_2 = j\omega L_{x2} + j\omega M \text{에서 } L_{x2} = L_2 - M \tag{7-39}$$

이어야 한다.

다음 그림 7-16(a)와 같이 1차측 코일의 전류는 점이 찍힌 단자로 유입하고, 2차측 전류는 점이 찍힌 단자에서 유출하는 경우 전압과 전류의 관계는 그림 7-16(a)에서

$$\dot{V}_1 = j\omega L_1 \dot{I}_1 - j\omega M \dot{I}_2 \tag{7-40}$$
$$\dot{V}_2 = j\omega L_2 \dot{I}_2 - j\omega M \dot{I}_1 \tag{7-41}$$

마찬가지로 그림 7-16(b)에서는

$$\dot{V}_1 = j\omega L_{x1} \dot{I}_1 - j\omega M(\dot{I}_1 + \dot{I}_2) = j\omega(L_{x1} - M)\dot{I}_1 - j\omega M \dot{I}_2 \tag{7-42}$$
$$\dot{V}_2 = j\omega L_{x2} \dot{I}_2 - j\omega M(\dot{I}_1 + \dot{I}_2) = j\omega(L_{x2} - M)\dot{I}_2 - j\omega M \dot{I}_1 \tag{7-43}$$

식 (7-40)과 식 (7-41) 및 식 (7-41)과 식 (7-43)을 각각 관련시키면 등가가 되기 위한 L_{x1} 및 L_{x2}는 다음과 같다.

$$L_{x1} = L_1 + M$$
$$L_{x2} = L_2 + M \tag{7-44}$$

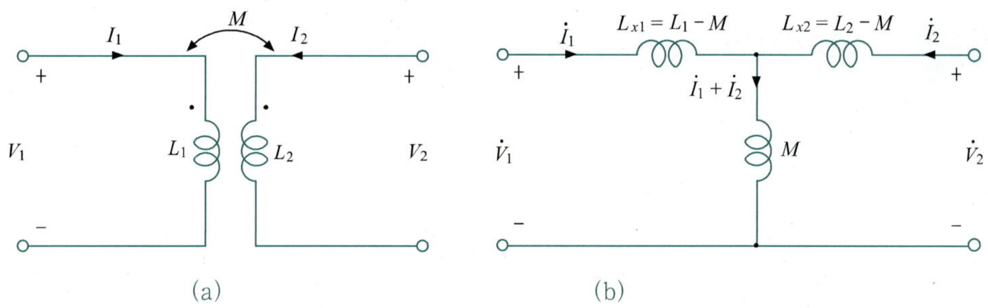

그림 7-15 변압기의 등가변환

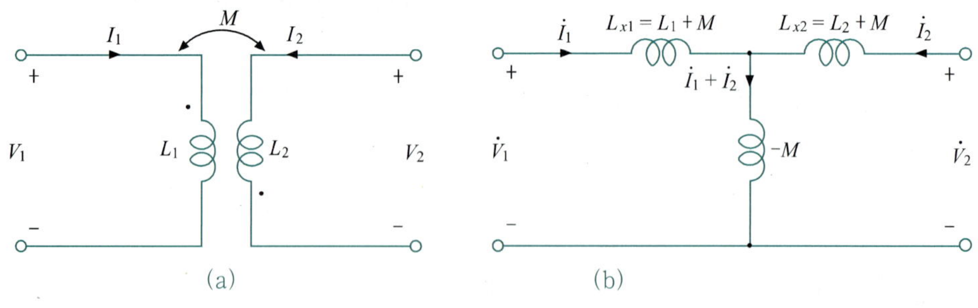

그림 7-16 변압기의 등가변환

예제 7-7

그림 7-17(a)의 회로에 흐르는 전류 $\dot{I}_1$ 및 $\dot{I}_2$를 구하여라.

풀이

그림 7-17(a)에서 $\dot{I}_1$은 점이 찍힌 단자로 유입하며, $\dot{I}_2$도 점이 찍힌 단자로부터 유입하므로 그 등가회로는 그림 7-17(b)와 같이 된다.
(b)에서 키르히호프의 전압법칙을 적용하면

$$\dot{V}_g = \{Z_g + R_1 + j\omega(L_1 + M)\}\dot{I}_1 - j\omega M(\dot{I}_1 - \dot{I}_2) \quad (7\text{-}45)$$

$$0 = \dot{Z}_L + R_2 + jw(L_2 + M)i_2 - jwM(\dot{I}_2 - \dot{I}_1) \quad (7\text{-}46)$$

식 (7-45)에서

$$R_1 + \dot{Z}_g + j\omega L_1 = \dot{Z}_{11}$$
$$j\omega M = \dot{Z}_{12} \quad (7\text{-}47)$$

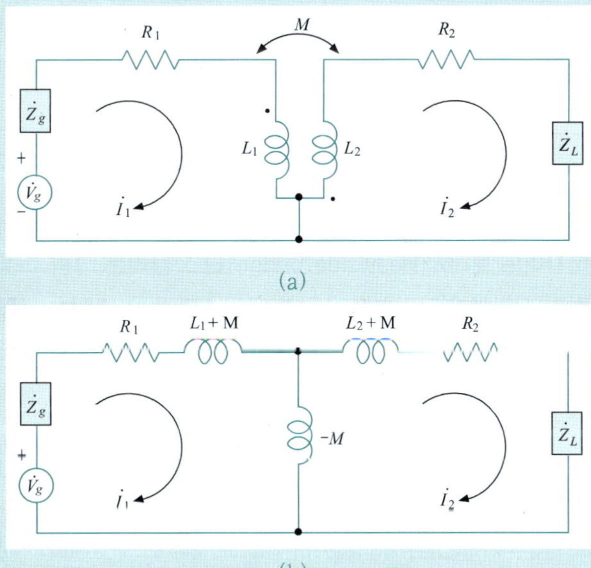

그림 7-17 예제 7-7의 풀이

식 (7-46)에서

$$R_2 + \dot{Z}_L + j\omega L_2 = \dot{Z}_{22}$$
$$j\omega M = \dot{Z}_{12} \quad (7\text{-}48)$$

식 (7-47) 및 식 (7-48)의 관계를 식 (7-45) 및 식 (7-46)에 대입하면

$$\dot{V}_g = \dot{Z}_{11}\dot{I}_1 + \dot{Z}_{12}\dot{I}_2 \tag{7-49}$$

$$0 = \dot{Z}_{21}I_1 + \dot{Z}_{22}I_2 \tag{7-50}$$

위 식에서 $\dot{I}_1$, $\dot{I}_2$를 구하면

$$I_1 = \frac{\begin{bmatrix} \dot{V}_g & +\dot{Z}_{12} \\ 0 & \dot{Z}_{22} \end{bmatrix}}{\begin{bmatrix} \dot{Z}_{11} & +\dot{Z}_{12} \\ +\dot{Z}_{21} & \dot{Z}_{22} \end{bmatrix}} = \frac{\dot{V}_g(R_2 + \dot{Z}_L + j\omega L_2)}{\dot{Z}_{11}\dot{Z}_{22} + \dot{Z}_{21}\dot{Z}_{12}} = \frac{V_g(R_2 + \dot{Z}_L + j\omega L_2)}{(R_1 + \dot{Z}_g + j\omega L_1)(R_2 + \dot{Z}_L + j\omega L_2) - (j\omega M)^2} \tag{7-51}$$

$$\dot{I}_2 - \frac{\begin{bmatrix} \dot{Z}_{11} & \dot{V}_g \\ +\dot{Z}_{21} & 0 \end{bmatrix}}{\begin{bmatrix} \dot{Z}_{11} & +\dot{Z}_{12} \\ +\dot{Z}_{21} & \dot{Z}_{22} \end{bmatrix}} = -\frac{V_g\dot{Z}_{21}}{\dot{Z}_{11}\dot{Z}_{22} - \dot{Z}_{12}\dot{Z}_{21}} = -\frac{\dot{V}_g(j\omega LM)}{(R_1 + \dot{Z}_g + j\omega L_1)(R_2 + \dot{Z}_L + j\omega L_2) - (j\omega M)^2} \tag{7-52}$$

예제 7-8

헤비사이드 브리지(Heaviside bridge)라고 불리는 그림 7-18(a)의 회로는 상호 인덕턴스를 이용하여 미지 코일의 저항과 인덕턴스를 측정하는 데 사용된다. 이 브리지의 정현 정상상태의 평형조건으로부터 R_4, L_4를 구하여라.

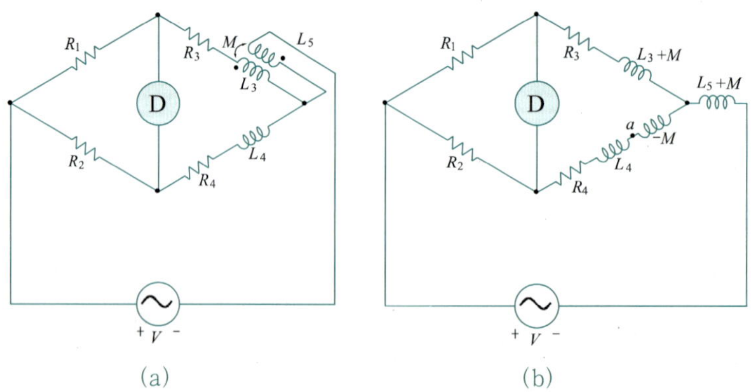

그림 7-18 예제 7-8 헤비사이드 브리지 회로

풀이

이 회로의 평형조건은

$$R_1[R_4+j\omega(L_4-M)]=R_2[R_3+j\omega(L_3+M)]$$
$$R_1R_4=R_2R_3\to R_4=\frac{R_2}{R_1}R_3$$
$$R_1(L_4-M)=R_2(L_3+M)\to L_4=\frac{R_2}{R_1}L_3+M\left(\frac{R_2}{R_1}+1\right)$$

7-7 이상변압기

다음의 조건을 만족하는 가상적인 변압기를 **이상변압기**(ideal transformer)라고 한다.

- 두 코일의 결합계수가 1일 것
  즉, 누설자속이 전혀 없을 것
- 코일에 관계되는 손실이 전혀 없을 것
  즉, 코일의 저항이 없고, 자기회로에서의 히스테리시스 손실(hysteresis loss)이나 와류손실(eddycurrent loss)이 없을 것
- 각 코일의 인덕턴스가 무한대 일 것
  완전한 이상변압기는 실현될 수 없으나 잘 설계된 철심변압기는 이상변압기에 가깝다. 철심변압기는 전력용으로 전압을 승상시키는 데 이용되며, 통신용으로는 임피던스를 변화하는 데 사용한다.

이상변압기에서는 누설자속이 없으므로 그림 7-19에서 1차 코일에 1 [A]의 전류를 흘렸을 때의 자속을 ϕ_1, 자속ϕ_1이 2차 코일과 쇄교할 때의 상호 인덕턴스를 M_{12}라고 하면

$$L_1=n_1\phi_1$$
$$M_{12}=n_2\phi_1=\frac{n_2}{n_1}n_1\phi_1=\frac{n_2}{n_1}L_1 \qquad (7\text{-}53)$$

마찬가지로 2차 코일에 1 [A]의 전류를 흘렸을 때 생기는 자속을 ϕ_2, ϕ_2가 1차 코일과 쇄교함으로써 생기는 상호 인덕턴스를 M_{21}이라고 하면

$$L_2=n_2\phi_2$$

$$M_{21} = n_1\phi_2 = \frac{n_1}{n_2}n_2\phi_2 = \frac{n_1}{n_2}L_2 \tag{7-54}$$

그런데 $M_{12} = M_{21} = M$이므로 위 식 (7−53) 및 (7−54)로부터

$$\frac{n_1}{n_2} = \frac{M}{L_2} = \frac{L_1}{M} = \frac{L_1}{\sqrt{L_1}\sqrt{L_2}} = \sqrt{\frac{L_1}{L_2}}$$

여기서, $n = \frac{n_1}{n_2}$ 을 **권선비**(ratio of turns)라고 부른다. 즉

$$n = \frac{n_1}{n_2} = \sqrt{\frac{L_1}{L_2}} \tag{7-55}$$

그림 7−19의 2차 회로에 전압법칙을 적용하면

$$\dot{Z}_L\dot{I}_2 + (jwL_2)\dot{I}_2 - jwM\dot{I}_1 = 0$$
$$(\dot{Z}_L + jwL_2)\dot{I}_2 = jwM\dot{I}_1$$
$$\therefore \frac{\dot{I}_2}{\dot{I}_1} = \frac{jwM}{\dot{Z}_L + jwL_2}$$

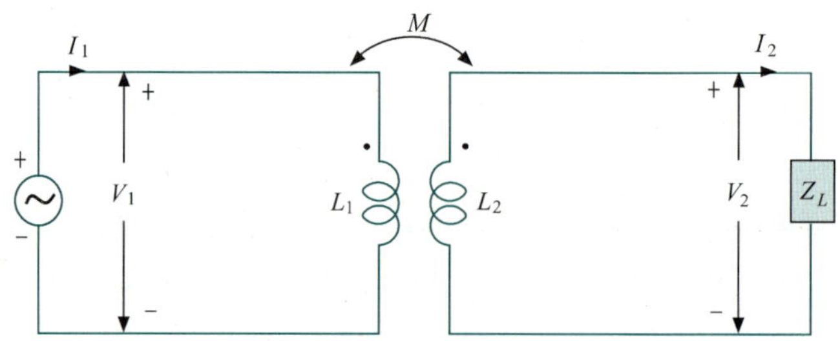

그림 7−19 이상변압기

그런데 이상변압기의 조건에서 $wL_2 \gg \dot{Z}_L$이므로

$$\frac{\dot{I}_2}{\dot{I}_1} \cong \frac{M}{L_2} = n$$

$$\therefore n = \frac{\dot{I}_2}{\dot{I}_1} \tag{7-56}$$

의 관계가 성립한다. 또한 이상변압기이므로 동손이나 철손이 없다. 따라서 에너지 보존법칙에 의하여 $\dot{V}_1\dot{I}_1 = \dot{V}_2\dot{I}_2$ 이어야 하므로

$$\frac{\dot{V}_2}{\dot{V}_1} = \frac{\dot{I}_1}{\dot{I}_2} = \frac{1}{n} \tag{7-57}$$

위 식은 다음과 같이 쓸 수 있다. 즉

$$\frac{\dot{V}_1}{\dot{V}_2} = \frac{\dot{I}_2}{\dot{I}_1} = n \tag{7-58}$$

$\dot{Z}_{ab}$ 를 1차 단자에서 본 임피던스라 하고, $\dot{Z}_L$ 을 부하 임피던스라고 하면

$$\dot{Z}_{ab} = \frac{\dot{V}_1}{\dot{I}_1}$$

$$\dot{Z}_L = \frac{\dot{V}_2}{\dot{I}_2}$$

이므로 이를 식 (7−58)에 대입하여 정리하면 다음과 같다.

$$\dot{Z}_{ab} = \frac{\dot{V}_1}{\dot{I}_1} = n^2 \dot{Z}_L = \left(\frac{n_1}{n_2}\right)^2 \dot{Z}_L \tag{7-59}$$

예제 7–9

이상변압기의 1차측 고일의 권선수 $n_1 = 300$ 이고, 자기유도계수 $L_1 = 200$ [μH]이다. 2차측 고일의 권선수 $n_2 = 200$ 일 때 2차측 자기유도계수 L_2 및 상호유도계수 M을 구하여라.

풀이

$L_2 = L_1/n^2$ 에서

$$n = \frac{n_1}{n_2} = \frac{300}{200} = 1.5$$

$$L_2 = 200 \times \left(\frac{2}{3}\right)^2 \doteqdot 89 \ [\mu H] \qquad n = \frac{M}{L_2}$$

$$\therefore M = nL_2 = 1.5 \times 89 \ [\mu H]$$

$$= 133.5 \ [\mu H]$$

예제 7-10

내부저항이 1 [kΩ]이고 발생전압이 $\dot{V}_g$ 인 전압으로부터 등가저항 10 [Ω]인 스피커에 전력을 공급하려고 한다.

(a) 부하를 직접 전원에 연결시킬 때 부하에 공급되는 전력 및 효율을 구하여라.

(b) 부하와 전원 사이에 적당한 가청주파변압기를 삽입하여 부하에 최대전력을 공급하려고 한다. 권선비는 얼마로 하면 되겠는가? 또 이때의 전력과 효율을 구하여라.

풀이

(a) 전원전압이 V_g [V]이므로 부하에 흐르는 전류 $I=\dfrac{V_g}{1000+10}$ [A], 따라서 부하에 공급되는 전력 P는

$$P=I^2R_L=\left[\frac{V_g}{(1010)}\right]^2\times 10 \text{ [W]}$$

효율을 η라고 하면

$$\eta=\frac{\text{출력}}{\text{입력}}=\frac{P}{V_gI}=\frac{I^2 10}{V_gI}\fallingdotseq 0.9 \text{ [\%]}$$

이다.

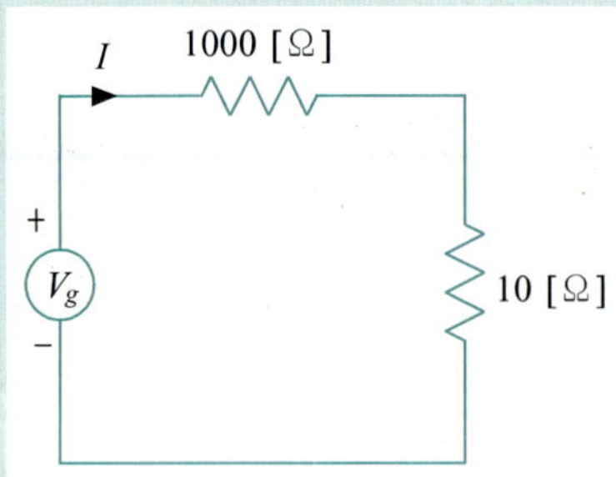

그림 7-20 예제 7-10의 풀이(1)

(b) 최대전력이 공급되기 위해서는 최대 전력공급의 조건에서 변압기 1차측 단자 ab에서 부하측을 본 저항이 전원 내부저항과 같아야 한다. 즉, 그 등가회로가 그림 7-21(b)와 같을 때 최대전력이 전송된다. 따라서 식 (7-59)에서

$$\left(\frac{n_1}{n_2}\right)^2=\frac{Z_{ab}}{Z_L}=\frac{1000}{10}=100$$

$$\therefore\ \frac{n_1}{n_2}=10$$

임피던스가 정합되었을 때의 전력을 P_{max}, 이때의 효율을 η_{max} 라고 하면, 그림 7-21(b)의 등가회로에서

$$I = \frac{V}{1000+1000}$$

이므로 다음과 같다.

$$P_{max} = I^2 R_L = \left(\frac{V_g}{2000}\right)^2 1000 = \frac{V_g^2}{4000}$$

$$\eta_{max} = \frac{P_{max}}{V_g I} = \frac{V_g^2}{4000} \Big/ \frac{V_g^2}{2000} = 0.5 = 50\ [\%]$$

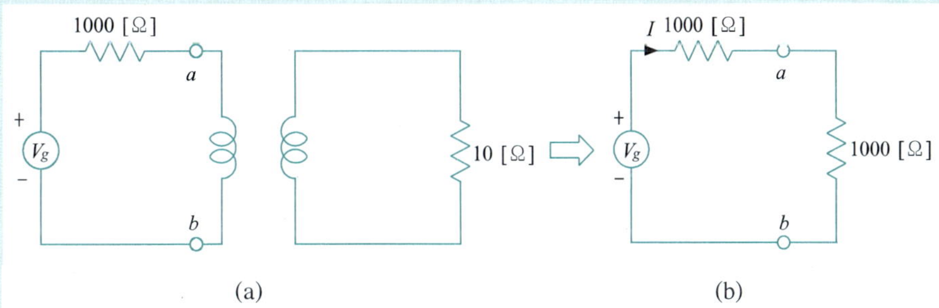

그림 7-21 예제 7-10의 풀이(2)

7-8 완전변압기

다음의 조건을 만족하는 가상적인 변압기를 **완전변압기**(perfect transformer)라 한다.

- 두 코일의 결합계수가 1일 것
- 코일에 관계되는 손실이 없을 것

완전변압기와 이상변압기의 차이는 완전변압기에서는 Z_L도 고려해야 한다는 것이다. 따라서 완전변압기의 경우

$$\frac{V_2}{V_1} = \frac{1}{n} = \frac{n_2}{n_1}, \quad \frac{I_2}{I_1} \neq n, \quad Z_{ab} \neq n^2 Z_L$$

이다.

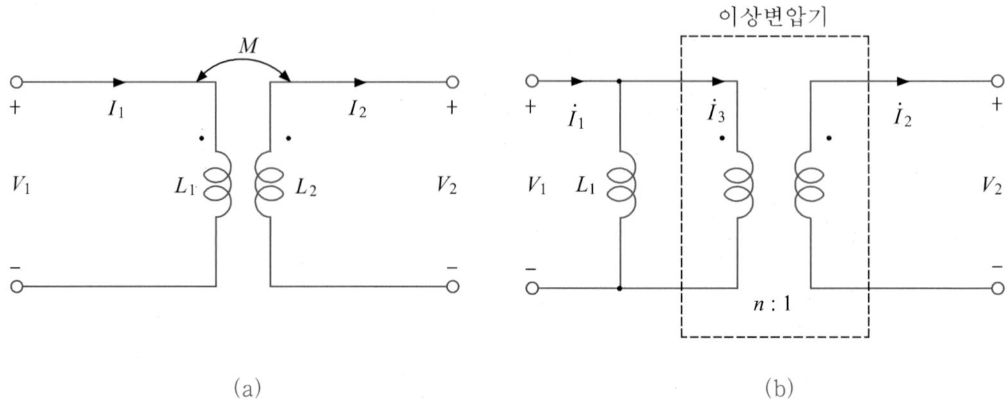

그림 7-22 완전결합변압기와 그 등가회로

이상변압기의 경우 회로해석은 앞 절에서 설명한 것과 같이 등가회로로 변환하여 해석할 수 있으나 완전변압기인 경우에는 일단 이상변압기로 등가변환한 후에 다시 등가회로로 변환하여 해석해야 한다.

그림 7-22(a)의 완전변압기의 경우

$$\begin{aligned} \dot{V}_1 &= jwL_1\dot{I}_1 - jwM\dot{I}_2 \\ -V_2 &= jwL_2\dot{I}_2 - jwM\dot{I}_1 \end{aligned} \tag{7-60}$$

그림 7-22(b)의 회로에서 변압기 1차측 단자에 흐르는 전류 I_3는 권수비가 n일 경우

$$n = \frac{\dot{I}_2}{\dot{I}_3}$$

이므로

$$\dot{I}_3 = \frac{\dot{I}_2}{n}$$

따라서 L_1에 흐르는 전류는

$$\dot{I}_1 - \dot{I}_3 = \dot{I}_1 - \frac{\dot{I}_2}{n}$$

이므로

$$\dot{V}_1 = j\omega L_1\left(\dot{I}_1 - \frac{\dot{I}_2}{n}\right) = j\omega L_1\dot{I}_1 - j\omega L_1\frac{\dot{I}_2}{n}$$

$$= j\omega L_1\dot{I}_1 - j\omega L_1\dot{I}_2\sqrt{\frac{L_2}{L_1}} = j\omega L_1\dot{I}_1 = j\omega\sqrt{L_{1_2}}\,\dot{I}_2$$

$$= j\omega L_1\dot{I}_1 - j\omega M\dot{I}_2 \tag{7-61}$$

$$-\dot{V}_2 = \frac{\dot{V}_1}{n} = -\sqrt{\frac{L_2}{L_1}}(j\omega L_1\dot{I}_1 - j\omega\sqrt{L_1L_2}\,\dot{I}_2)$$

$$= j\omega\sqrt{L_1L_2}\,\dot{I}_1 + j\omega L_2\ddot{I}_2 = j\omega L_2 I_2 = j\omega L_2\dot{I}_2 - j\omega M\dot{I}_1 \tag{7-62}$$

따라서 (a)회로와 (b)회로는 등가회로임을 알 수 있다.

예제 7-11

그림 7-23과 같은 단권변압기에서 $\omega L_1 = 2$ [Ω], $\omega L_2 = 3$ [Ω], $\omega M = 1$ [Ω], $\frac{1}{\omega C} = 5$ [Ω]일 때 전류 $\dot{I}$, $\dot{I}_1$, $\dot{I}_2$를 각각 구하여라.

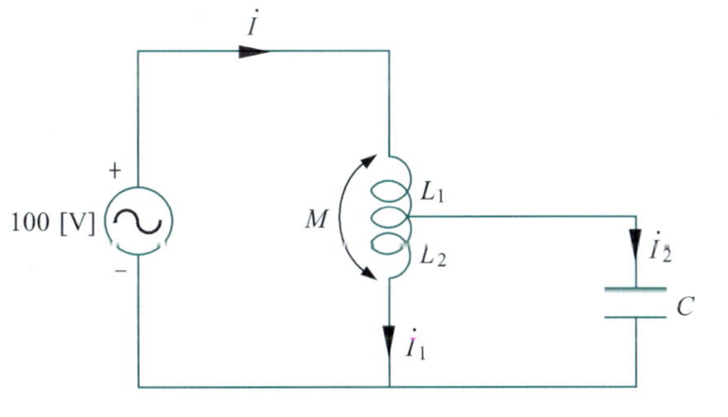

그림 7-23 예제 7-11의 회로

풀이

가동결합이므로 그림 7-24와 같이 등가회로로 나타낼 수 있다.
가지전류법에 의하여 계산하면 다음과 같다.

Loop Ⅰ에서

$$100 = j\omega(L_1 + M)(I_1 + I_2) + j\omega(L_2 + M)I_1 \quad \cdots\cdots①$$

Loop Ⅱ에서

$$0 = -j\omega M I_2 + \frac{1}{j\omega C}I_2 - j\omega(L_2 + M)I_1 \quad \cdots\cdots②$$

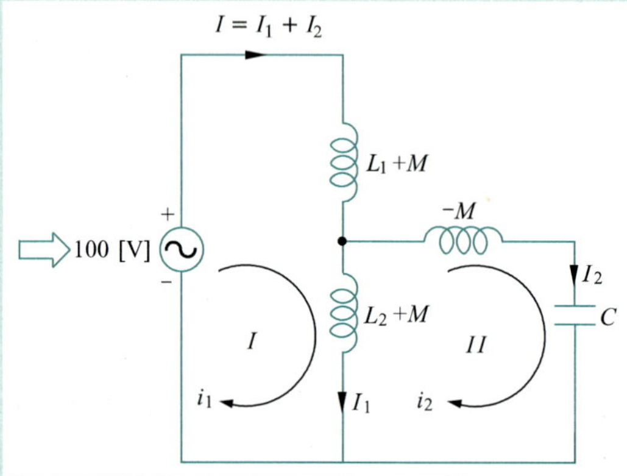

그림 7-24 예제 7-11의 풀이

①, ② 문제에서 주어진 수치를 대입하면, ①식에서

$$100 = j3(I_1 + I_2) + j4I_1$$

$$100 = j3I_1 + j4I_1 + j3I_2$$

$$100 = j7I_1 + j3I_2 \cdots\cdots ①$$

②식에서

$$0 = -j4I_1 - j6I_2 = -2I_1 - 3I_2$$

$$0 = 2I_1 + 3I_2 \cdots\cdots ②$$

$$\begin{bmatrix} 100 \\ 0 \end{bmatrix} = \begin{bmatrix} j7 & j3 \\ 2 & 3 \end{bmatrix} = \begin{bmatrix} I_1 \\ I_2 \end{bmatrix}$$

$$I_1 = \frac{\begin{bmatrix} 100 & j3 \\ 0 & 3 \end{bmatrix}}{\begin{bmatrix} j7 & j3 \\ 2 & 3 \end{bmatrix}} = \frac{300}{j21 - j6} = \frac{300}{j15} = -j20 \text{ [A]}$$

$$I_2 = \frac{\begin{bmatrix} j7 & 100 \\ 2 & 0 \end{bmatrix}}{\begin{bmatrix} j7 & j3 \\ 2 & 3 \end{bmatrix}} = \frac{-200}{j15} = j\frac{-200}{15} = j\frac{40}{3} \text{ [A]}$$

$$I = I_1 + I_2 = -j20 + j\frac{40}{3} = -j\frac{20}{3} \text{ [A]}$$

$$\therefore I_1 = -j20 \text{ [A]},\ I_2 = j\frac{40}{3} \text{ [A]},\ I = -j\frac{20}{3} \text{ [A]}$$

연습문제

7-1 두 코일이 있다. 자기유도계수 $L_1 = 100$ [μH], $L_2 = 200$ [μH]이다. 결합계수 $K = 0.3$일 때 두 코일의 상호유도계수를 구하여라.

7-2 그림 7-25와 같은 회로에서 단자 a, b에서 본 합성 인덕턴스는 얼마인가?

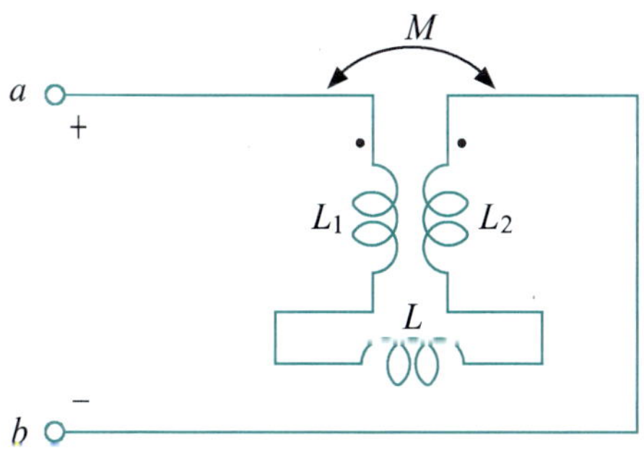

그림 7-25

7-3 변압기에서 1차측 및 2차측의 권선수가 100 : 20이다. 이 변압기에 1차측 전류를 2 [A] 흘렸을 때, 2차측 전류를 계산하여라.

7-4 그림 7-26과 같은 인덕턴스의 합성 자기 인덕턴스 L_0 값은 얼마인가?

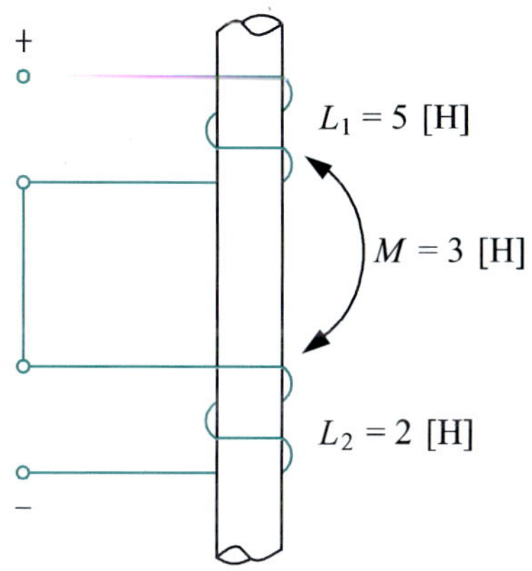

그림 7-26

7-5 같은 철심 위에 동일한 권수로 자기 인덕턴스 L [H]의 코일 2개를 접근해서 같은 방향으로 감고, 이것을 직렬로 접속했을 때의 합성 인덕턴스는 결합계수를 0.8로 하면 얼마인가?

7-6 그림의 회로에서 단자 a, b에서 본 합성 임피던스 Z_{ab}는 얼마인가?

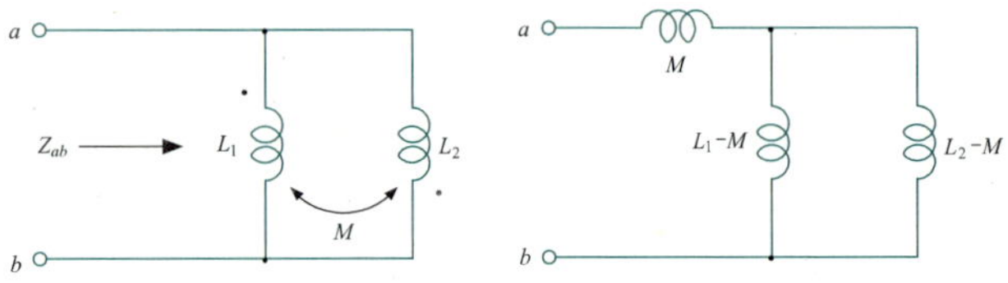

(a) (b)

그림 7-27

7-7 그림 7-28와 같은 회로에서 60 [Hz]의 주파수로 공진하고 있다. 지금 $C=200$ [mF], $L_1=17.2$ [mH], $L_2=15.4$ [mH]라고 할 때, 코일 사이의 상호 인덕턴스 M의 값은 몇 [mH]인가? 단, 코일은 같은 방향으로 감겨져 있고 동일축상에 있다.

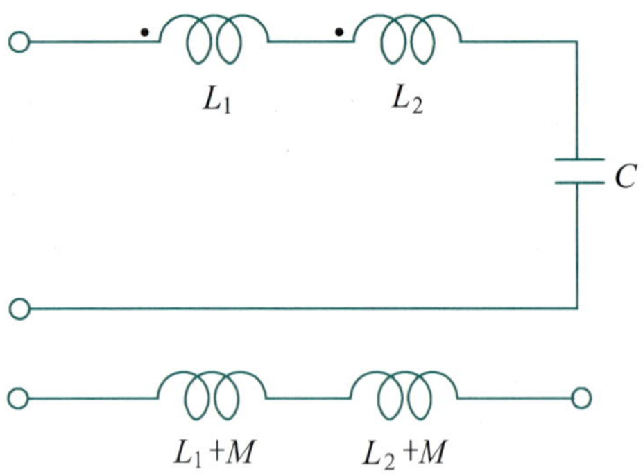

그림 7-28

7-8 두 코일이 그림 7-29과 같이 결합되어 있다. 각 코일에 흐르는 전류 $\dot{I}_1$, $\dot{I}_2$, 전(全)전류 $\dot{I}$, 등가 임피던스 $\dot{Z}_{ab}$ 및 전(全)소비전력 P를 구하여라.

(단 $R_1=3.3$ [Ω], $L_1=0.094$ [H], $R_2=0.775$ [Ω], $L_2=0.0108$ [H], $M=0.0256$ [H], $\omega=377$ [rad/sec], $\dot{V}=50\angle 0°$ [V])

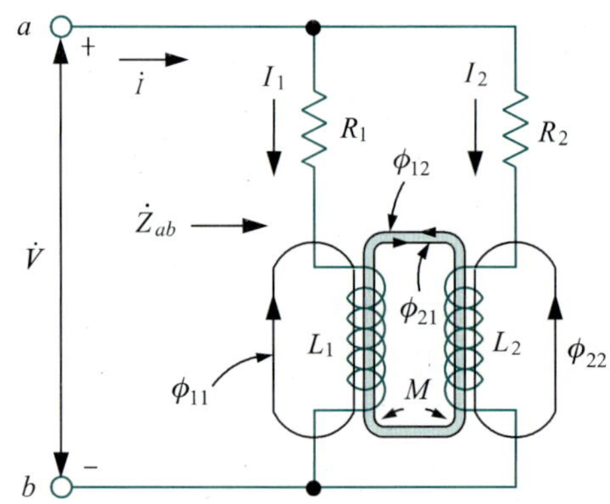

그림 7-29

7-9 코일 1은 5회, 코일 2는 200회 감긴 두 코일이 상호유도결합 되어있다. 4 [A]의 전류가 코일 1에 흐르고 자속이 4×10^{-4} [wb]가 발생하여 코일 2를 쇄교하는 자속은 3.2×10^{-4} [wb]일 때 상호인덕턴스를 구하여라.

복습문제

문제 1. 그림과 같은 전원측 저항 100 [Ω], 부하저항 1 [Ω]일 때, 이것에 변압비 n : 1의 이상 변압기를 써서 정합을 취하려고 한다. 이때 n의 값은 얼마인가?

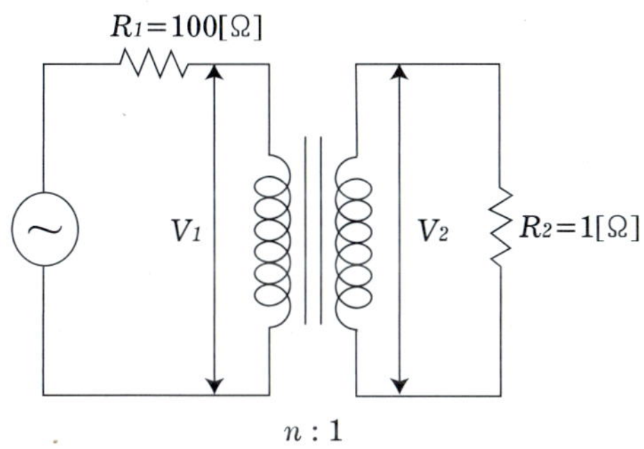

㉮ 100 ㉯ 10

㉰ $\frac{1}{10}$ ㉱ $\frac{1}{100}$

문제 2. 두 코일의 자기 인덕턴스가 L_1, L_2로 상호 인덕턴스가 M일 때 결합계수 k는?

㉮ $\frac{\sqrt{L_1 L_2}}{M}$ ㉯ $\frac{M}{\sqrt{L_1 L_2}}$

㉰ $\frac{M^2}{L_1 L_2}$ ㉱ $\frac{L_1 L_2}{M^2}$

문제 3. 전류가 1 [H]의 인덕턴스에 흐르고 있을 때 인덕턴스에 축적되는 에너지 [J]는 얼마인가?(단, $i = 5 + 10\sqrt{2}\sin 100t + 5\sqrt{2}\sin 200t$ [A])

㉮ 150 ㉯ 100 ㉯ 75 ㉱ 50

문제 4. a, b 2개의 코일이 있다. a, b 코일의 저항과 유도 리액턴스는 각각 3 [Ω], 5 [Ω]과 5 [Ω], 1 [Ω]이다. 두 코일을 직렬접속하고 100 [V]의 교류전압을 인가할 때 흐르는 전류 [A]는?

문제 5. 그림과 같은 회로에서 a, b 단자에서 본 등가 임피던스 $\dot{Z}_{ab}$를 구하여라. (단, 코일 1의 내부저항 R_1, 자기유도계수 L_1, 코일 2는 내부저항 R_2, 자기유도계수 L_2, 그리고 양 코일간의 상호유도계수를 M이라 한다.)

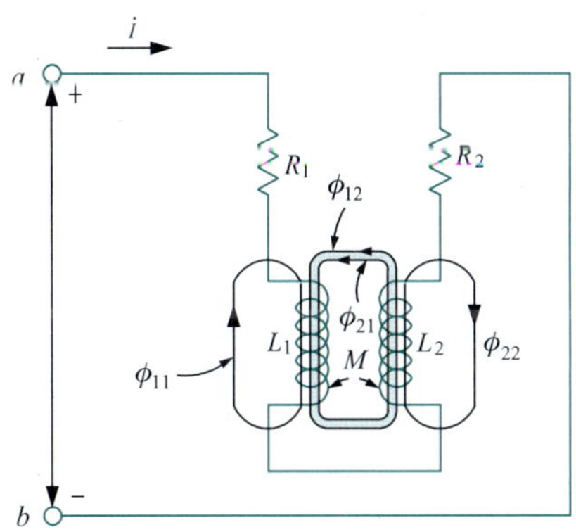

제 8 장 회로망 해석 및 정리

제 8 장
회로망 해석 및 정리

8-1 회로망의 정의

전기회로망을 그래프 이론을 이용하여 해석하는 학문을 회로망 기하학 또는 위상 기하학(topology)이라 한다.

일반적으로 회로해석의 근본을 이루는 것은 각 소자의 단자전압-전류관계식 또는 옴의 법칙과 키르히호프의 두 법칙이나 이 장에서는 보다 일반적이고 조직적인 회로해석법에 대해 살펴보도록 한다.

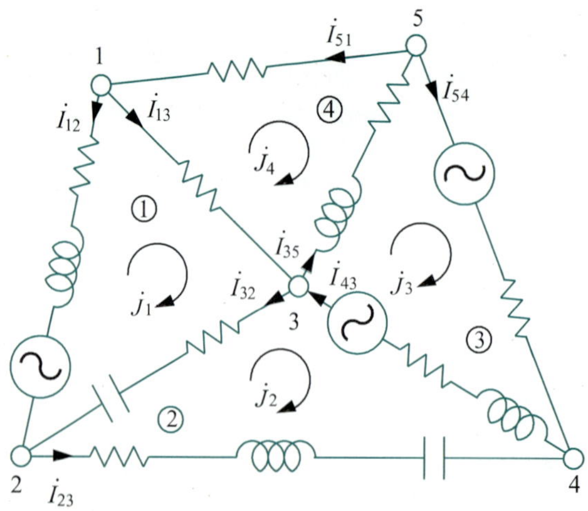

그림 8-1 회로망

그림 8-1과 같은 회로망에서 도체가 접속되어 있는 1, 2, ⋯, 5 등의 **접속점**(junction)을 마디 또는 **절점**(node), 접속점 사이를 연결하는 1-2, 2-3, 1-5 등과 같은 회로의 일부를 **지로**(branch)라 하고 각 지로를 통하여 일주하는 1-2-3-1, 1-5-2-1, 1-5-4-3-1과 같은 회로를 **폐회로**(closed circuit), **환로**(loop) 또는 **망목**(mesh)이라 한다.

8-2 정전압원과 정전류원의 등가변환 및 종속전원

8-2-1 정전압원

전압전원 중에서 부하에 관계없이 그 단자에 일정한 전압을 발생하는 전압을 말한다. 실제의 전압원은 내부 임피던스가 있으므로 정전압원 E와 내부 임피던스 Z의 직렬접속 회로로서 나타낸다.

$$\dot{V}_{ab} = \dot{V} - \dot{I}\dot{Z} \tag{8-1}$$

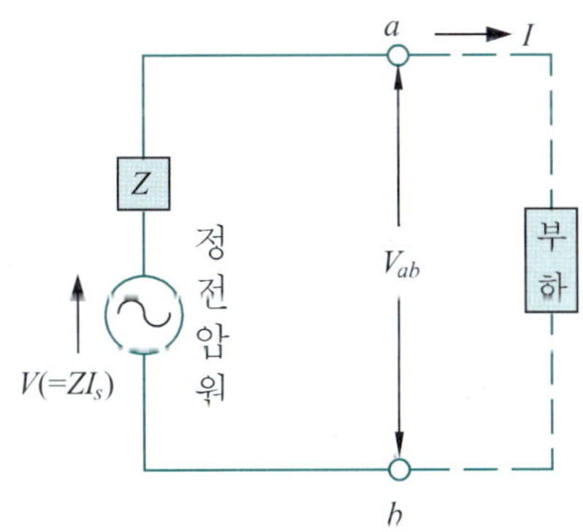

그림 8-2 정전압원

8-2-2 정전류원

부하에 관계없이 일정한 전류를 흘려주는 전원을 말한다. 실제의 전류원은 내부손실, 즉 내부 임피던스가 있으므로 정전류원과 등가적으로 손실을 나타내는 회로 소자를 병렬접속하여 나타낸다.

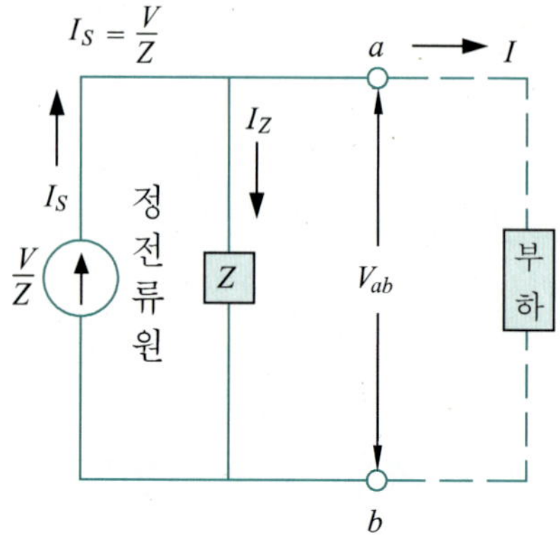

그림 8-3 정전류원

위 정전류원의 회로에서 단자전압 V_{ab} 는

$$\dot{V}_{ab} = \dot{Z}\dot{I}_Z = \dot{Z}(\dot{I}_S - \dot{I}) = \dot{Z}\dot{I}_S - \dot{Z}\dot{I} \tag{8-2}$$

이 단자전압 V_{ab} 가 정전압원의 단자전압 V_{ab} 와 같으려면

$$\dot{Z}\dot{I}_S - \dot{Z}\dot{I} = \dot{V} - \dot{I}\dot{Z}$$

따라서 $\dot{I}_S = \frac{\dot{V}}{\dot{Z}}$ 로 변환하면 되고, 이것은 정전압원에서 전원을 단락시켰을 때 흐르는 전류, 즉 단자의 단락전류이다.

그리고 $\dot{I}_Z = \frac{\dot{V}_{ab}}{\dot{Z}}$ 로서 이것은 $\dot{V}_{ab}$ 인 점에 $\dot{Z}$ 를 접속했을 때 흐르는 전류로서 이와 같이 정전압원의 회로를 정전류원의 회로로 등가변환할 수 있다.

한편 정전류원과 정전압원에 있어서 내부 임피던스를 따로 표시하고 있으므로 정전압원을 제거하는 것은 그 단자전압을 단락하는 것이고 정전류원을 제거하는 것은 그 단자를 개방하면 얻을 수 있다.

예제 8-1

회로에서 전류원 양단 전압 v와 전류 i_1은 각각 얼마인가?

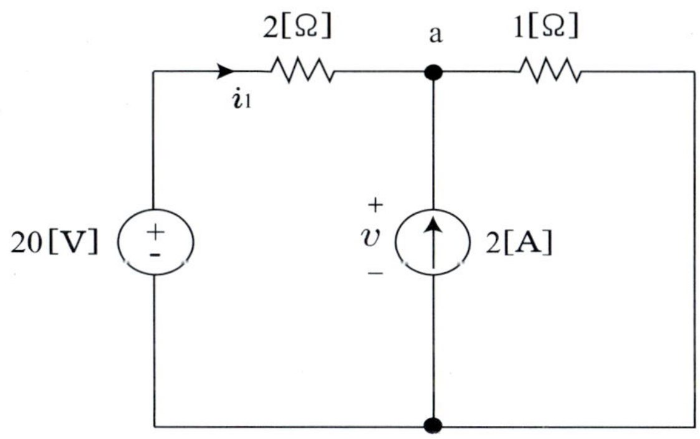

그림 8-4 예제 8-1의 회로

풀이

노드 a점에서 KCL를 적용하면

$$\frac{20-v_a}{2}+2=\frac{v_a}{1}$$

$$20-v_a+4=2v_a$$

$$24=3v_a$$

$$v_a=\frac{24}{3}=8\ [\mathrm{V}]$$

$$i_1=\frac{20-8}{2}=\frac{12}{2}=6\ [\mathrm{A}]$$

$$\therefore\ v_a=v=8\ [\mathrm{V}],\ i_1=6\ [\mathrm{A}]$$

8-2-3 종속전원

이제까지 취급한 정전압전원과 정전류전원은 그것이 연결되는 외부회로에 관계없는 전압 또는 전류를 발생하며 독립전원이라고 할 수 있다. 한편 트랜지스터나 진공관 등의 전자소자의 동작을 대표하기 위해서는 회로 내의 다른 전류 또는 전압의 지배를 받는 전류 또는 전압을 발생하는 전원을 도입할 필요가 있다. 이것들을 종속전원 또는 제어전원이라고 한다.

또한 제어전원이 포함된 회로를 능동회로라 한다.

종속전원은 제어하는 지로와 제어되는 지로 구성된다. 제어하는 양이 전압인가, 전류인가 또 전원이 전압을 발생하는가 전류를 발생하는가에 따라 전압제어 전류전원, 전압제어 전압전원, 전류제어 전류전원, 전류제어 전압전원 네 가지로 구분된다.

예제 8-2

다음회로에서 v_1, v_2, v_3는 각각 몇 [V]인가?

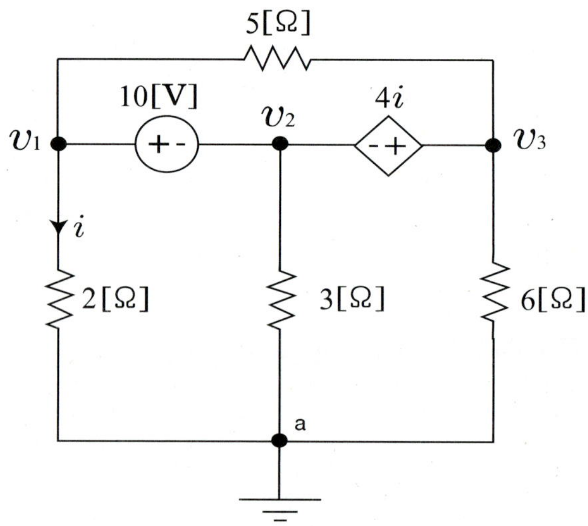

그림 8-5 예제 8-2의 회로

① $v_1 = 3.75$ [V], $v_2 = -6.25$ [V], $v_3 = 1.25$ [V]
② $v_1 = -6.25$ [V], $v_2 = 3.75$ [V], $v_3 = 1.25$ [V]
③ $v_1 = 6.25$ [V], $v_2 = 1.25$ [V], $v_3 = -3.75$ [V]
④ $v_1 = 1.25$ [V], $v_2 = 6.25$ [V], $v_3 = -3.75$ [V]

정답 및 풀이

정답 : ①

노드 a에서 KCL을 적용하면

$\frac{v_1}{2} + \frac{v_2}{3} + \frac{v_3}{6} = 0$ ①

$v_1 - v_2 = 10$ ②

$v_3 - v_2 = 4i$ (단, $i = \frac{v_1}{2}$)③

노드 a에서 KCL을 적용하면

$$\frac{v_1}{2}+\frac{v_2}{3}+\frac{v_3}{6}=0 \quad ①$$

공통분모가 6이므로,

$$3v_1+2v_2+v_3=0 \quad ①$$

$$v_1-v_2=10 \quad ②$$

$$v_3-v_2=4i,\ (i=\frac{v_1}{2})$$

$$v_3-v_2=\frac{4v_1}{2}$$

$$v_3-v_2=2v_1$$

$$-2v_1-v_2+v_3=0 \quad ③$$

①-③

$$\begin{array}{r|l} & 3v_1+2v_2+v_3=0 \\ - & -2v_1-v_2+v_3=0 \\ \hline & 5v_1+3v_2=0 \quad ④ \end{array}$$

②×3+④

$$\begin{array}{r|l} & 3v_1-3v_2=30 \\ + & 5v_1+3v_2=0 \\ \hline & 8v_1=30 \end{array}$$

$$v_1=\frac{30}{8}=3.75\ [\mathrm{V}]$$

$$v_1-v_2=10$$
$$3.75-v_2=10$$
$$v_2=-6.25\ [\mathrm{V}]$$
$$v_1=3.75\ [\mathrm{V}],\ v_2=-6.25\ [\mathrm{V}]$$

이것을 ①에 대입

$$3\times3.75+2\times(-6.25)+v_3=0$$
$$v_3=1.25\ [\mathrm{V}]$$

①,②,③를 정리하여 계산하면

$v_1=3.75$ [V], $v_2=-6.25$ [V], $v_3=1.25$ [V]

8-3 회로망의 일반해석

8-3-1 회로망 용어의 정의

회로망의 일반해석에 앞서 회로망 해석에서 자주 쓰이는 용어에 대한 정의를 설명하기로 한다. 2개 이상의 회로 소자가 연결되어 있는 점을 마디(節點 : node)라 하며, 이중 3개 이상의 소자가 연결되어 있는 절점을 접속점(junction)이라고 한다. 또한 하나의 단순한 회로 소자와 그 양단의 마디로 이루어지는 단일 경로를 가지(枝路 : branch)라 한다. 몇 개의 지로를 통하여 일주하면서 완결된 닫힌 회로를 폐로(loop)라 하며, 다른 폐로를 포함하지 않는 독립된 폐로를 구분하여 망로(mesh)라고도 한다.

특히 전기회로망을 그래프(graph) 이론을 이용하여 해석하는 학문을 회로망 기하학이라 한다. 그래프 이론은 점과 선에 관한 기하학이다. 주어진 회로의 연결관계를 나타내는 위상 그래프를 그리려고 하면 회로를 이루는 모든 소자를 선으로 바꾸면 된다. 예를 들면 그림 8-6 (a)의 원회로도 회로망 그래프는 그림 8-6 (b)와 같이 그릴 수 있다.

어떤 그래프에서 모든 마디를 연결하고 폐로를 만들지 않는 가지의 최소화의 집합을 나무(tree)라고 한다. 또, 나무를 제외한 가지를 보목(link)이라고 한다. 또한 어떤 그래프를 두 부분으로 가르는 가지의 최소의 집합을 컷세트(cut-set)라 한다.

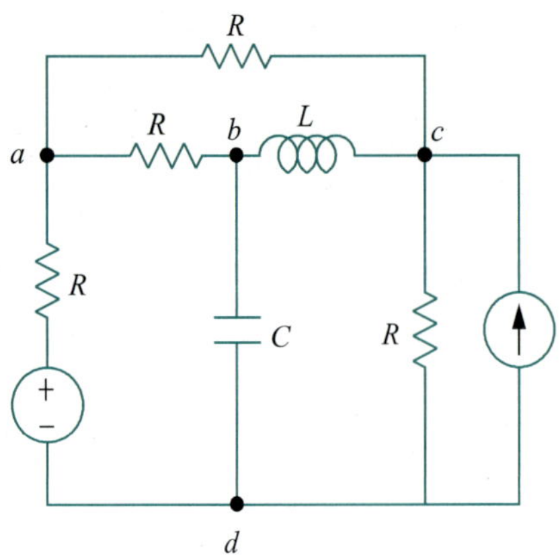

(a) 원회로도

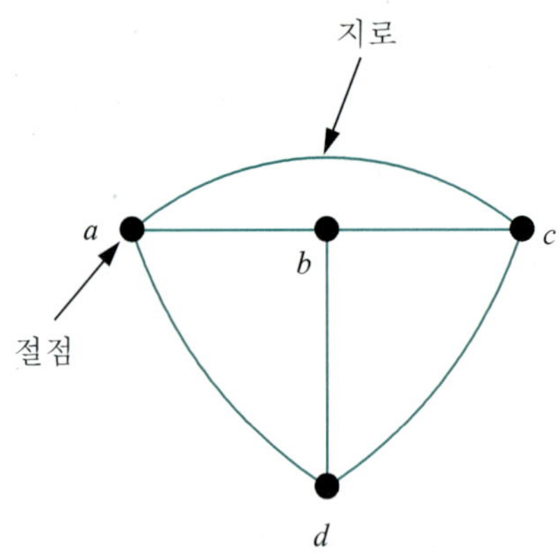

(b) 회로망 그래프

그림 8-6

그림 8-7에서 b_5, b_2, b_3, B_7은 나무이고, b_1, b_4, b_5, b_8는 보목이다. 컷세트 C_1은 (b_5, b_1, b_8)이다. 지금 가지의 수를 b, 마디의 수를 n이라 하면 나무의 수 b_t는

$$b_t = n - 1 \tag{8-3}$$

보목의 수 b_t는

$$b_t = b - (n-1) = b - n + 1 \tag{8-4}$$

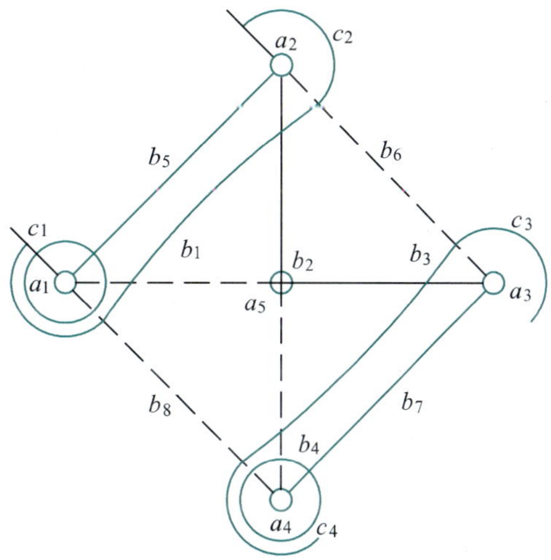

그림 8-7 컷세트

8-4 회로방정식을 세우는 방법

8-4-1 지로해석법

지로해석법(branch analysis)은 회로망의 각 지로전류를 미지수로 하여 각 접속점에 대하여 세운 키르히호프의 전류방정식과 각 폐로에 대하여 세운 키르히호프의 전압방정식을 연립방정식으로 푸는 것을 말한다.

그림 8−8의 회로에 대하여 지로법을 써서 각 지로전류를 구하기로 한다.

먼저 지로전류 $\dot{I}_1$, $\dot{I}_2$, $\dot{I}_3$를 정하고 각 지로전류의 방향을 임의로 그림 8−8과 같이 가정한다. 키르히호프의 전류법칙(KCL)을 접속점 a에 적용시키면

$$\dot{I}_3 = \dot{I}_1 + \dot{I}_2 \tag{8-5}$$

과 같은 전류방정식이 얻어진다.

다음은 키르히호프의 전압법칙(KVL)을 독립된 폐회로 Ⅰ과 Ⅱ에 적용하면

폐회로 Ⅰ에 대하여 $\dot{Z}_1\dot{I}_1 - \dot{Z}_2\dot{I}_2 = \dot{E}_1 - \dot{E}_2$ (8−6)

폐회로 Ⅱ에 대하여 $\dot{Z}_2\dot{I}_2 + \dot{Z}_3\dot{I}_3 = \dot{E}_2$ (8−7)

과 같은 전압방정식이 구해진다. 전압방정식을 세우는 데 있어서 주의할 것은 폐회로를 일주하는 방향과 기전력의 전압상승의 방향이 일치할 때에는 (+), 반대일 때는 (−)를 붙여야 한다.

위의 세 식으로부터 $\dot{I}_1$, $\dot{I}_2$, $\dot{I}_3$를 구하기 위하여 행렬로 나타내면

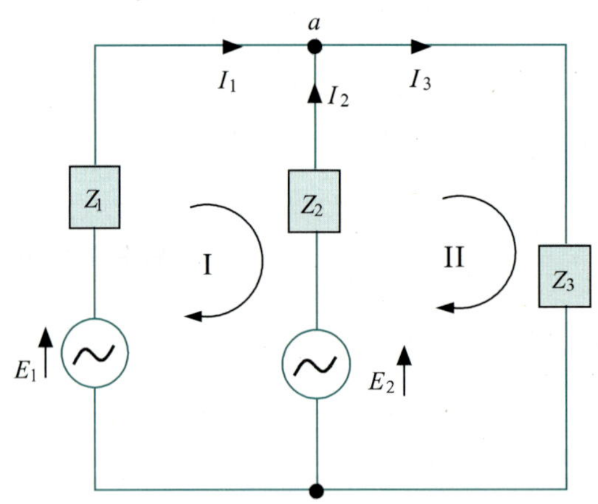

그림 8−8 지로해석의 예

$$\begin{bmatrix} 1 & 1 & -1 \\ \dot{Z}_1 & -\dot{Z}_2 & 0 \\ 0 & \dot{Z}_2 & \dot{Z}_3 \end{bmatrix} \begin{bmatrix} \dot{I}_1 \\ \dot{I}_2 \\ \dot{I}_3 \end{bmatrix} = \begin{bmatrix} 0 \\ \dot{E}_1 - \dot{E}_2 \\ \dot{E}_2 \end{bmatrix}$$

로 된다. 상기의 행렬을 다음과 같이 변형할 수 있다.

$$\begin{bmatrix} \dot{I}_1 \\ \dot{I}_2 \\ \dot{I}_3 \end{bmatrix} = \begin{bmatrix} 1 & 1 & -1 \\ \dot{Z}_1 & -\dot{Z}_2 & 0 \\ 0 & \dot{Z}_2 & \dot{Z}_3 \end{bmatrix}^{-1} \begin{bmatrix} 0 \\ \dot{E}_1 - \dot{E}_2 \\ \dot{E}_2 \end{bmatrix}$$

이 되어 지로전류 $\dot{I}_1$, $\dot{I}_2$, $\dot{I}_3$를 구할 수 있다.

또한 다른 방법을 이용하여 계산하면 다음과 같다.

식 (8-5)에서 $\dot{I}_3 = \dot{I}_1 + \dot{I}_2$이므로 이것을 식 (8-7)에 대입하면

$$\dot{Z}_2\dot{I}_2 + \dot{Z}_3(\dot{I}_1 + \dot{I}_2) = \dot{E}_2$$

가 된다.

$$\dot{Z}_1\dot{I}_1 - \dot{Z}_2\dot{I}_2 = \dot{E}_1 - \dot{E}_2$$
$$\dot{Z}_2\dot{I}_2 + \dot{Z}_3(\dot{I}_1 + \dot{I}_2) = \dot{E}_2$$

그러므로 위의 두 식에서 $\dot{I}_1$ 및 $\dot{I}_2$의 값이 정해지고 식 (8-5)에 의하여 $\dot{I}_3$를 구하면 된다.

예제 8-3

그림 8-9의 회로에 대하여 지로해석법을 이용하여 각 지로전류를 구하여라. 단, $R_1 = 2$ [Ω], $R_2 = 6$ [Ω], $R_3 = 4$ [Ω], $V_1 = 12$ [V], $V_2 = 10$ [V]이다.

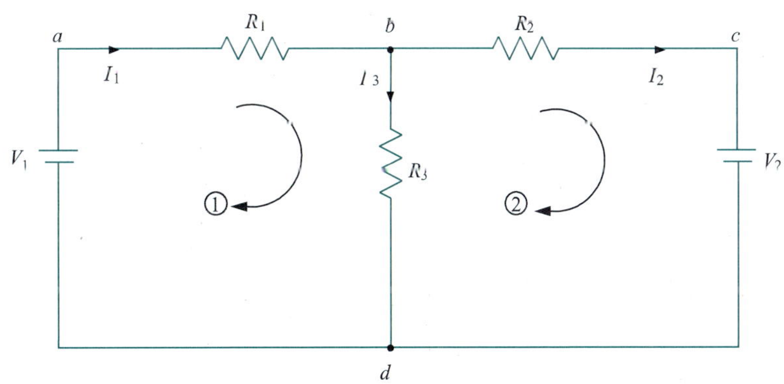

그림 8-9 예제 8-3의 회로

풀이

폐로 ① $\rightarrow R_1 I_1 + R_3 I_3 = V_1$

폐로 ② $\rightarrow -R_3 I_3 + R_2 I_2 = -V_2$

지로전류 $I_3 = I_1 - I_2$를 위 식에 대입하고 정리하면

$$(R_1 + R_3) I_1 - R_3 I_2 = V_1$$
$$-R_3 I_1 + (R_2 + R_3) I_2 = -V_2$$

각 소자에 값을 대입하고 행렬식을 이용해서 풀면

$$I_1 = 1.82\ [\mathrm{A}],\quad I_2 = -0.27\ [\mathrm{A}]$$

예제 8-4

그림 8-10과 같은 회로에서 각 지로전류를 구하여라.

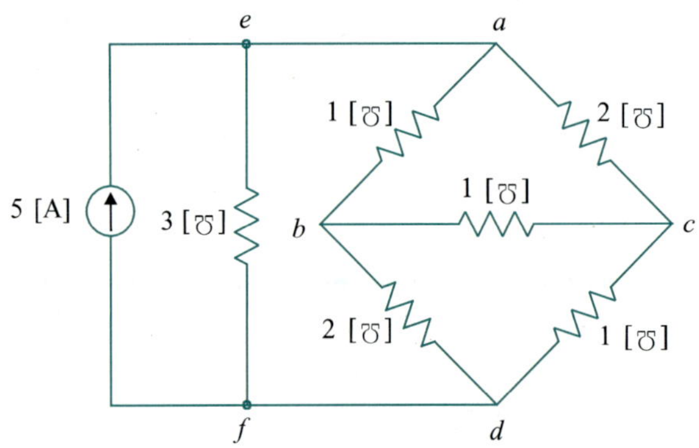

그림 8-10 예제 8-4의 회로

풀이

점 d를 기준전위(0 [V])로 하고 접속점 a, b, c의 점 d에 대한 상대적인 전위를 V_1, V_2, V_3라 하고 각 접속점에서 유입되는 전류원의 방향을 정(+)으로 하여 각 접속점에서의 전류방정식을 세운다. 먼저 각 접속점에 대한 자기 어드미턴스와 상호 어드미턴스를 구하면

$$\dot{Y}_{11} = 3+1+2 = 6\ [℧],\ \dot{Y}_{12} = -1\ [℧],\ \dot{Y}_{13} = -2\ [℧]$$
$$\dot{Y}_{21} = -1\ [℧],\ \dot{Y}_{22} = 1+1+2 = 4\ [℧],\ \dot{Y}_{23} = -1\ [℧]$$
$$\dot{Y}_{31} = -2\ [℧],\ \dot{Y}_{32} = -1\ [℧],\ \dot{Y}_{33} = 1+2+1 = 4\ [℧]$$

따라서 전류방정식은

a점 : $6V_1 - 1V_2 - 2V_2 = 5$

b점 : $-1V_1+4V_2-1V_2=0$

c점 : $-2V_1-1V_2+4V_2=0$

상기 방정식을 행렬로 나타내면 다음과 같다.

$$\begin{bmatrix} 6 & -1 & -2 \\ -1 & 4 & -1 \\ -2 & -1 & 4 \end{bmatrix}\begin{bmatrix} V_1 \\ V_2 \\ V_3 \end{bmatrix}=\begin{bmatrix} 5 \\ 0 \\ 0 \end{bmatrix}$$

이것을 행렬식으로 계산하면

$$V_1=\frac{\begin{vmatrix} 5 & -1 & -2 \\ 0 & 4 & -1 \\ 0 & -1 & 4 \end{vmatrix}}{\begin{vmatrix} 6 & -1 & -2 \\ -1 & 4 & -1 \\ -2 & -1 & 4 \end{vmatrix}}=\frac{80-5}{(96-2-2)-(16+4+6)}=\frac{75}{66}=\frac{25}{22}\ [\mathrm{V}]$$

$$V_2=\frac{\begin{vmatrix} 6 & 5 & -2 \\ -1 & 0 & -1 \\ -2 & 0 & 4 \end{vmatrix}}{\begin{vmatrix} 6 & -1 & -2 \\ -1 & 4 & -1 \\ -2 & -1 & 4 \end{vmatrix}}=\frac{10-(-20)}{(96-2-2)-(16+4+6)}=\frac{30}{66}=\frac{10}{22}\ [\mathrm{V}]$$

$$V_3=\frac{\begin{vmatrix} 6 & -1 & 5 \\ -1 & 4 & 0 \\ -2 & -1 & 0 \end{vmatrix}}{\begin{vmatrix} 6 & -1 & -2 \\ -1 & 4 & -1 \\ 2 & -1 & 4 \end{vmatrix}}=\frac{5-(-40)}{(96-2-2)-(16+4+6)}=\frac{45}{66}=\frac{15}{22}\ [\mathrm{V}]$$

각 지로전류는 $I-YV$에 의해

$I_{ef}=Y_{ef}V_1$, $I_{ab}=Y_{ab}(V_1-V_2)$

$I_{ac}-Y_{ac}(V_1-V_3)$, $I_{cb}-Y_{cb}(V_3-V_2)$

$I_{bd}=Y_{bd}V_2$, $I_{cd}=Y_{cd}V_3$

$I_{ef}=\frac{75}{22}$ [A], $I_{ab}=\frac{15}{22}$ [A]

$I_{ac}=\frac{20}{22}$ [A], $I_{cb}=\frac{5}{22}$ [A], $I_{bd}=\frac{20}{22}$ [A], $I_{cd}=\frac{15}{22}$ [A]

8-4-2 폐로해석법

폐로해석법(loop analysis)은 지로해석법보다 방정식의 수가 적고 더 조직적으로서 루프(loop) 혹은 폐로해석(mesh analysis)을 하려면 시간영역 회로를 주파수영역 회로로 고친 다음 루프 전류를 정하고 키르히호프의 전압법칙 [KVL]을 적용하여 방정식을 세워 해석한다.

그림 8-11(b)와 같은 회로에서 $\omega=10^3$ [rad/sec]이고, 루프 전류 페이저를 각각 I_1, I_2라 하고 폐로 1에 KVL을 적용하면

$$
\begin{aligned}
&3I_1 + j4(I_1 - I_2) = 10\angle 0^\circ \\
&(3+j4)\,I_1 - j4\,I_2 = 10
\end{aligned}
\tag{8-8}
$$

이고, 폐로 2에서

$$
\begin{aligned}
&j4(I_2 - I_1) - j2\,I_2 + 2I_1 = 0 \\
&(2-j4)I_1 + j2\,I_2 = 0
\end{aligned}
\tag{8-9}
$$

이 된다. 식 (8-8)에서 식 (8-9)를 행렬식으로 풀면

$$
\begin{aligned}
I_1 &= \frac{\begin{vmatrix} 10 & -j4 \\ 0 & j2 \end{vmatrix}}{\begin{vmatrix} 3+j4 & -j4 \\ 2-j4 & j2 \end{vmatrix}} = \frac{j20}{(3+j4)j2 + j4(2-j4)} \\
&= \frac{j20}{8+j14} = 1.24\angle 29.8^\circ \text{ [A]}
\end{aligned}
$$

같은 방법으로

$$
I_2 = \frac{-20+j40}{8+j14} = 2.77\angle 56.3^\circ \text{ [A]}
$$

이다. 이것을 시간영역으로 변환하면

$$
\begin{aligned}
i_1(t) &= 1.24\cos(10^3 t + 29.8^\circ) \text{ [A]} \\
i_2(t) &= 2.77\cos(10^3 t + 56.3^\circ) \text{ [A]}
\end{aligned}
$$

이다.

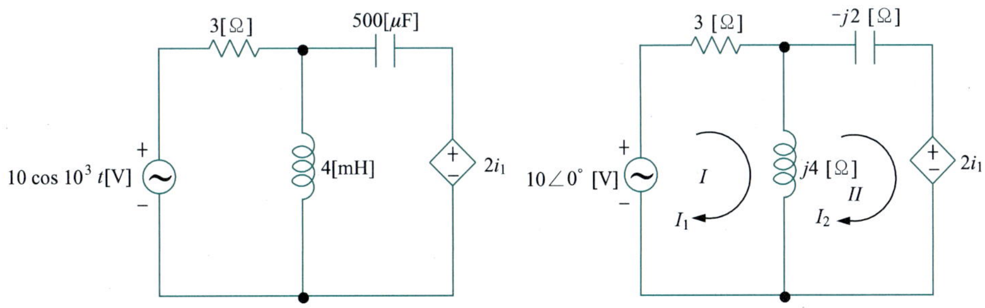

(a) 종속전원이 있는 시간영역 회로 (b) 주파수영역 회로

그림 8-11

예제 8-5

다음 회로의 a, b 사이의 전압은 몇 [V]인가?

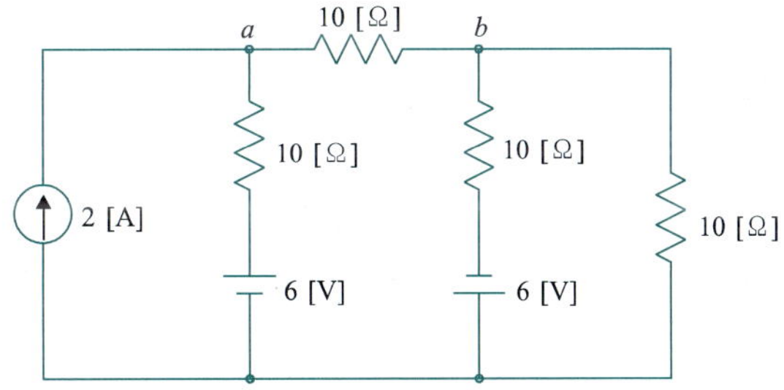

그림 8-12 예제 8-5의 회로

풀이

① 순환전류법에 의하여 계산하기 위해 문제의 회로도에서 전원의 방향을 기준으로 전류방향을 정하면 다음과 같다.

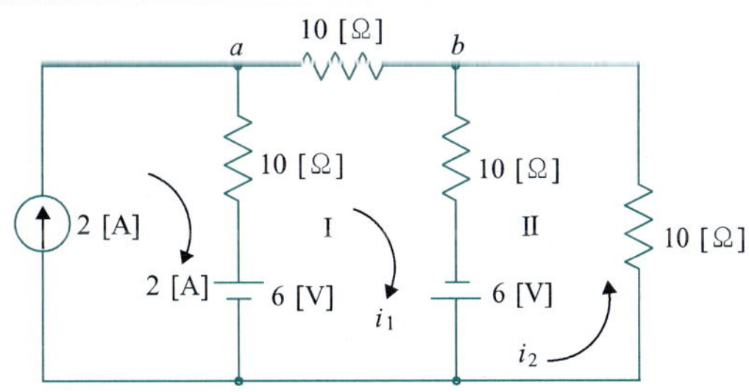

그림 8-13

Loop I에서 KVL를 적용하면

$$6+6=10(i_1-2)+10i_1+10(i_1+i_2)$$
$$32=30i_1+10i_2$$
$$16=15i_1+5i_2 \quad \cdots\cdots ①$$

Loop II에서 KVL를 적용하면

$$6=10(i_1+i_2)+10i_2$$
$$6=10i_1+20i_2$$
$$3=5i_1+10i_2 \quad \cdots\cdots ②$$

식 ①, ②를 행렬식으로 나타내면

$$\begin{bmatrix}15 & 5\\ 5 & 10\end{bmatrix}\begin{bmatrix}i_1\\ i_2\end{bmatrix}=\begin{bmatrix}16\\ 3\end{bmatrix}$$
$$i_1=\frac{160-15}{150-25}=\frac{145}{125}=\frac{29}{25}\ [\mathrm{A}]$$

따라서

$$V_{ab}=i_1\times 10=\frac{29}{25}\times 10=\frac{58}{5}=11.6\ [\mathrm{V}]$$

예제 8-6

그림 8-14에서 지로 b-c 간을 흐르는 전류를 폐로해석법에 의하여 계산하라.

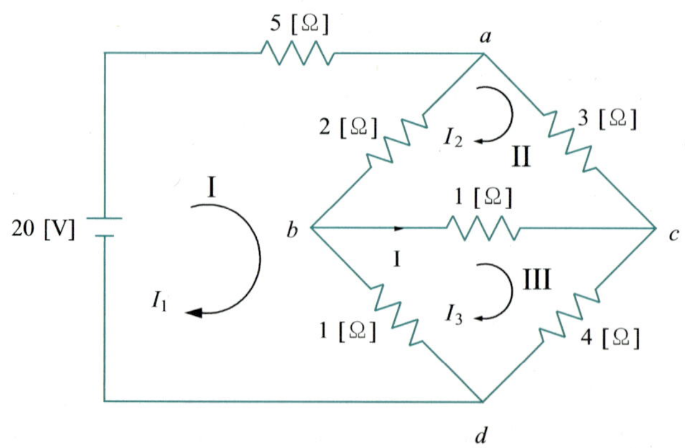

그림 8-14 폐로해석법

풀이

폐로전류를 I_1, I_2 및 I_3라 하고 전류의 방향을 그림과 같이 정하고 각 폐로에 대하여 방정식을 세우면

$$8I_1 - 2I_2 - I_3 = 20$$
$$-2I_1 + 6I_2 - I_3 = 0$$
$$-I_1 - I_2 + 6I_3 = 0$$

I_1, I_2, I_3를 계산하면

$$I_1 = 2.84 \text{ [A]}, \quad I_2 = 1.06 \text{ [A]}, \quad I_3 = 0.65 \text{ [A]}$$

b-c 간의 전류 I_{bc}는

$$I_{bc} = I_3 - I_2 = 0.65 - 1.06 = -0.41 \text{ [A]}$$

가 된다. 여기서 (−)부호는 가정한 전류방향과 역방향의 전류가 흐른다는 것을 의미한다.

8-4-3 절점해석법

일반적으로 전압전원을 포함하고 임피던스가 주어진 경우에는 전술한 폐로해석법이 편리하지만, 전류전원과 어드미턴스로 된 회로에 대해서는 절점해석법(node analysis)이 편리하다.

그림 8-15의 회로는 전류전원 I_1 및 I_2와 6개의 어드미턴스로 구성되어 있다. 접속점 d를 기준으로 한 접속점 a의 전압을 V_a, 접속점 b의 전압을 V_b, c의 전압을 V_c라고 하면, 접속점 a에서 유출하는 전류의 합은

$$I_1 + Y_1 V_a + Y_2(V_a - V_b) + Y_6(V_a - V_c) = 0 \tag{8-10}$$

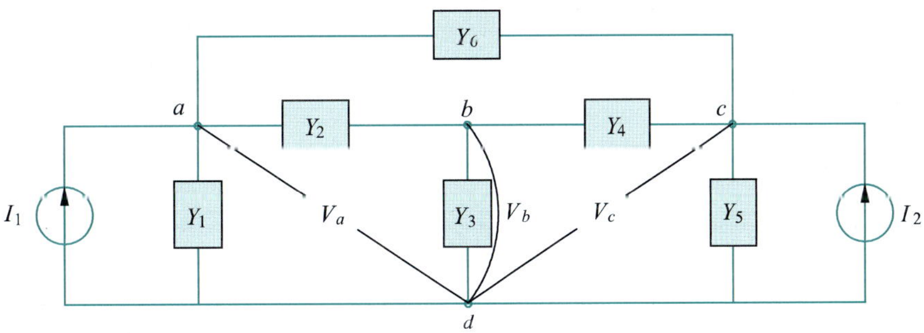

그림 8-15 절점해석

접속점 b 에서 유출하는 전류의 합은

$$Y_2(V_b - V_a) + Y_3 V_b + Y_4(V_b - V_c) = 0 \tag{8-11}$$

마찬가지로 접속점 c 에서 유출하는 전류의 합은

$$Y_6(V_c - V_a) + Y_4(V_c - V_b) + Y_5 V_c - I_2 = 0 \tag{8-12}$$

이상 세 식을 V_a, V_b, V_c 에 대하여 정리하면

$$\begin{aligned} Y_{11}V_a + Y_{12}V_b + Y_{13}V_c &= I_1 \\ Y_{21}V_a + Y_{22}V_b + Y_{23}V_c &= 0 \\ Y_{31}V_a + Y_{32}V_b + Y_{33}V_c &= I_2 \end{aligned} \tag{8-13}$$

단,

$$\begin{aligned} &Y_{11} = Y_1 + Y_2 + Y_6, \quad Y_{12} = -Y_2, \quad Y_{13} = -Y_6 \\ &Y_{22} = Y_2 + Y_3 + Y_4, \quad Y_{21} = -Y_2, \quad Y_{23} = -Y_4 \\ &Y_{33} = Y_4 + Y_5 + Y_6, \quad Y_{31} = -Y_6, \quad Y_{32} = -Y_4 \end{aligned}$$

여기에서 알 수 있는 바와 같이 Y_{11} 은 접속점 a에 직접 접속되어 있는 어드미턴스의 합이고 Y_{22}, Y_{33} 은 각각 접속점 b, c 에 접속되어 있는 어드미턴스의 합이다. 이들 Y_{11}, Y_{22}, Y_{33} 을 자기 어드미턴스(self admittance)라 한다.

한편 Y_{12} 와 Y_{21} 은 접속점 a 와 b 사이, Y_{13} 과 Y_{31} 은 접속점 a 와 c 사이, Y_{23} 과 Y_{32} 는 접속점 b 와 c 사이의 어드미턴스에 (−)부호를 붙인 것으로, 이들을 상호 어드미턴스(mutual admit tance)라 한다.

예제 8-7

그림에서 절점 ④를 기준전압으로 정하고, 절점 ①, ②, ③의 전위를 E_1, E_2, E_3라 할 때 절점 ③에서 절점 ④간에 전위가 0이 되는 저항값 R을 구하시오.

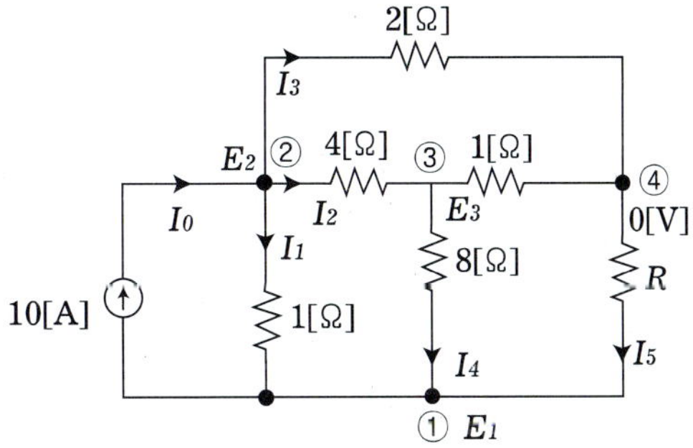

그림 8-16 예제 8-7의 회로

풀이

절점 방정식을 이용하여 절점 전압 E_1, E_2를 구한 후 이들을 대입하여 R을 구한다.
문제에서 절점 ③과 절점 ④사이에 전류가 흐르지 않게 하자면 절점 ④의 전위가 기준전압 0이므로 절점 ③의 전위도 0이 되어야 한다.
각 절점에서 KCL를 적용하면 다음과 같다.
절점 ①에서

$I_1+I_4+I_5=I_o$에서 $I_1=\dfrac{E_2-E_1}{1}$, $I_4=\dfrac{E_3-E_1}{8}$, $E_3=0, I_4=\dfrac{-E_1}{8}$, $I_5=\dfrac{0-E_1}{R}$, $I_o=10$

$$\frac{E_2-E_1}{1}-\frac{E_1}{8}-\frac{E_1}{R}=10 \qquad ①$$

절점 ②에서 $I_o=I_1+I_2+I_3$에서 $I_1=\dfrac{E_2-E_1}{1}, I_2=\dfrac{E_2-E_3}{4}$

$$E_3=0, I_2=\frac{E_2}{4}, I_3=\frac{E_2 \quad 0}{2}, I_3=\frac{E_2}{2}$$

$$10=\frac{E_2-E_1}{1}+\frac{E_2}{4}+\frac{E_2}{2}$$

$$10=-E_1+\frac{7}{4}E_2 \qquad ②$$

절점 ③에서

1 [Ω]에는 전류가 0이므로

$$I_2=I_4$$

$$I_2 = \frac{E_2 - E_3}{4},\ E_3 = 0$$
$$I_2 = \frac{E_2}{4},\ I_4 = \frac{E_3 - E_1}{8},\ E_3 = 0$$
$$I_4 = \frac{-E_1}{8}$$
$$\frac{E_2}{4} = -\frac{E_1}{8}$$
$$0 = -\frac{E_1}{8} - \frac{E_2}{4} \qquad ③$$

②-③×8

$$10 = -E_1 + \frac{7}{4}E_2$$
$$-\ \ 0 = -E_1 - 2E_2$$
$$10 = \frac{15}{4}E_2$$

$E_2 = \frac{40}{15} = \frac{8}{3}[\mathrm{V}]$, $E_2 = \frac{8}{3}[\mathrm{V}]$을 ③식에 대입하면

$0 = -\frac{E_1}{8} - \frac{1}{4}\frac{8}{3}, E_1 = -\frac{16}{3}[\mathrm{V}]$ 이들을 ①식에 대입하면

$\therefore R = 4[\Omega]$

예제 8-8

그림 8-17에서 절점해석법에 의하여 R_1 두 끝의 전압 V_1을 구하여라.

$R_1 = 15\ [\Omega]$, $C = 10^{-4}\ [\mathrm{F}]$, $R_2 = 5\ [\Omega]$, $L = 5 \times 10^{-3}\ [\mathrm{H}]$, $v = \sqrt{2} \cdot 10\sin(10^3 t + 30°)\ [\mathrm{V}]$

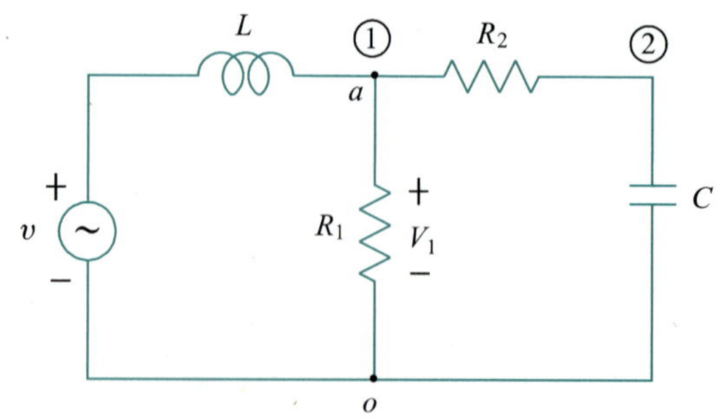

그림 8-17 예제 8-5의 회로

풀이 3개의 절점이 있으므로 2개의 독립적인 절점방정식을 세우면 된다. 그림 8-17에서 절점 0을 기준으로 하고 다른 2절점에 관한 절점방정식을 세우기 위하여

$$Y_{11}=\frac{1}{R_1}+\frac{1}{R_2}+\frac{1}{j\omega L}=\frac{1}{15}+\frac{1}{5}+\frac{1}{j\,10^3\times 5\times 10^{-3}}=\frac{4}{15}-j\frac{1}{5}$$

$$Y_{22}=\frac{1}{R_2}+j\omega C=\frac{1}{5}+j\,10^3\times 10^{-4}=\frac{1}{5}+j\frac{1}{10}$$

$$Y_{12}=Y_{21}=-\frac{1}{R_2}=-\frac{1}{5}$$

$$I_1=\frac{V}{j\omega L}=\frac{10\angle 30^\circ}{j\,10^3\times 5\times 10^{-3}}$$

절점방정식은

$$\left(\frac{4}{15}-j\frac{1}{5}\right)V_1-\frac{1}{5}V_2=-j\,2\angle 30^\circ$$

$$-\frac{1}{5}V_1+\left(\frac{1}{5}+j\frac{1}{10}\right)V_2=0$$

에서 각각

$$(4-j\,3)\,V_1-3\,V_2=-j\,30\angle 30^\circ$$

$$-2\,V_1+(2+j\,1)\,V_2=0$$

과 같이 된다.

$$V_1=\frac{\begin{bmatrix}-j\,30\angle 30^\circ & -3\\ 0 & 2+j\,1\end{bmatrix}}{\begin{bmatrix}4-j\,3 & -3\\ -2 & 2+j\,1\end{bmatrix}}=\frac{-j\,30(2+j\,1)\angle 30^\circ}{(4-j\,3)(2+j\,1)-6}$$

$$=\frac{30(1-j\,2)\angle 30^\circ}{5-j\,2}=12.4\angle -11.7^\circ\ [\text{V}]$$

예제 8-9

그림 8-18의 브리지 회로에서 절점 $b-d$ 사이의 전류가 0이 되는 R_x 의 값을 절점해석법에 의하여 구하여라.

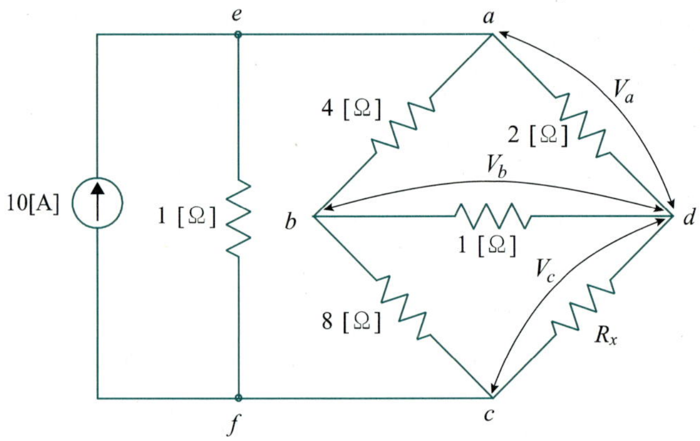

그림 8-18 브리지 회로

풀이

그림 8-18과 같이 d점을 기준으로 하고 각 절점 사이의 전압을 각각 V_a, V_b 및 V_c라 할 때 V_b를 0 이 되게 하는 R_x를 구하면 될 것이다. 절점 a,b,c에서 유출되는 전류의 합은 각각

$$\left(1+\frac{1}{4}+\frac{1}{2}\right)V_a-\frac{1}{4}V_b-1V_c=10$$

$$-\frac{1}{4}V_a+\left(\frac{1}{4}+1+\frac{1}{8}\right)V_b-\frac{1}{8}V_c=0$$

$$-1V_a-\frac{1}{8}V_b+\left(1+\frac{1}{8}+\frac{1}{R_x}\right)V_c=-10$$

위 식에서 $V_b=0$이라고 놓고 다시 정리하면 다음과 같다.

$$7V_a-4V_c=40,\quad 2V_a+V_c=0$$

$$-8V_a+\left(9+\frac{8}{R_x}\right)V_c=-80$$

$$V_a=\frac{8}{3},\quad V_c=-\frac{16}{3}\ \text{[V]}$$

$$\therefore R_x=4\ [\Omega]$$

예제 8-10

그림 8-19와 같은 회로에서 점 A의 전위를 기준으로 취하여 전류 I를 구하면 몇 [A]인가?

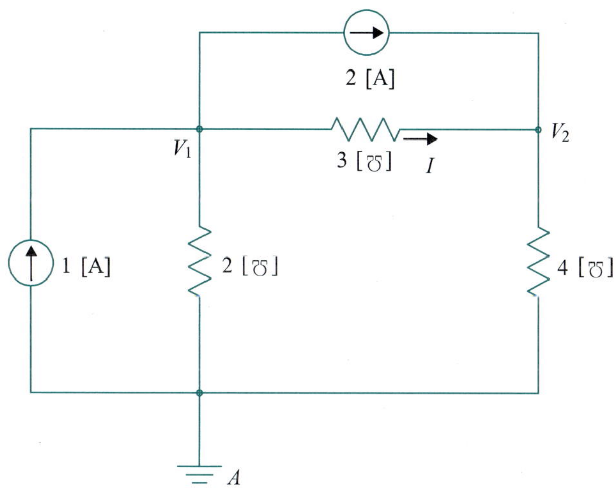

그림 8-19 예제 8-10의 회로

풀이

node 1을 기준으로 한 절점방정식은

$$1 = 2 + 2V_1 + 3(V_1 - V_2)$$

$$-1 = 5V_1 - 3V_2 \quad \cdots\cdots ①$$

node 2를 기준으로 한 절점방정식은

$$2 + 3(V_1 - V_2) = 4V_2$$

$$2 = -3V_1 + 7V_2 \quad \cdots\cdots ②$$

식 ①, ②를 행렬식으로 나타내면 다음과 같다.

$$\begin{bmatrix} 5 & 3 \\ -3 & 7 \end{bmatrix} \begin{bmatrix} V_1 \\ V_2 \end{bmatrix} = \begin{bmatrix} -1 \\ 2 \end{bmatrix}$$

$$V_1 = -\frac{1}{26} \text{ [V]}, \quad V_2 = \frac{7}{26} \text{ [V]}$$

$$I = 3(V_1 - V_2)$$

$$I = 3\left(-\frac{1}{26} - \frac{7}{26}\right) = -\frac{12}{13} \text{ [A]}$$

전류값이 (-)를 갖는 것은 문제에서 제시한 전류방향과 반대임을 의미한다.

예제 8-11

그림 8-20의 회로에서 I_1 과 I_2 는 몇 [A]인가?

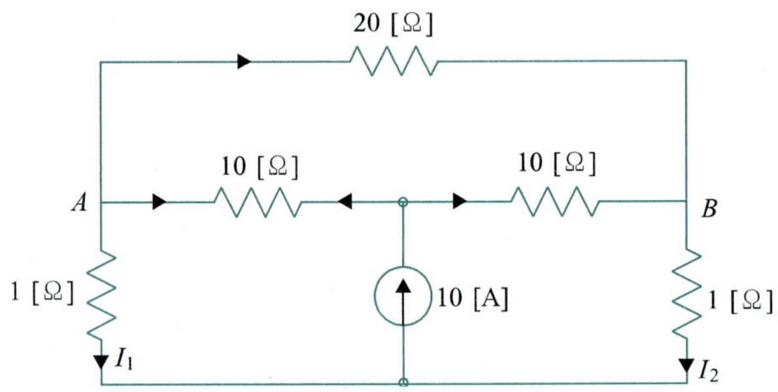

그림 8-20 예제 8-11의 회로

풀이

절점 A에서 KCL을 적용하면

$$5=\frac{V_A}{1}+\frac{V_A-V_B}{20} \quad \cdots\cdots ①$$

절점 B에서 KCL을 적용하면

$$5+\frac{V_A-V_B}{20}=V_B \quad \cdots\cdots ②$$

$$100=20V_A+V_A-V_B$$

$$100=21V_A-V_B \quad \cdots\cdots ①$$

$$100+V_A-V_B=20V_B$$

$$100=-V_A+21V_B \quad \cdots\cdots ②$$

$$100=21V_A-V_B$$

$$100=-V_A+21V_B$$

$$V_A=\frac{\begin{vmatrix}100 & -1\\ 100 & 21\end{vmatrix}}{\begin{vmatrix}21 & -1\\ -1 & 21\end{vmatrix}}=\frac{100\times21+100}{21\times21-1}=\frac{2200}{440}=5\ [\text{V}]$$

$$V_B=\frac{\begin{vmatrix}21 & 100\\ -1 & 100\end{vmatrix}}{440}=\frac{21\times100+100}{440}=\frac{2200}{440}=5\ [\text{V}]$$

$$\therefore I_1=\frac{V_A}{1}=\frac{5}{1}=5\ [\text{A}]$$

$$I_2=\frac{V_B}{1}=\frac{5}{1}=5\ [\text{A}]$$

별해

예제문제의 회로를 그림 (a)와 같이 변형할 수 있다. (a)를 (b)와 같이 변형할 있다.

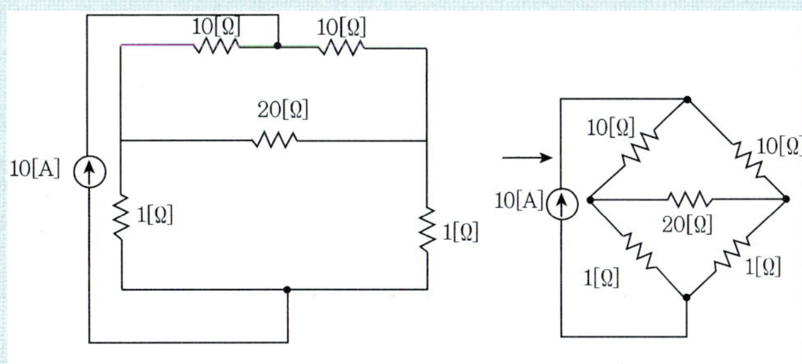

(a) (b)

그림 8-21 예제 8-11의 풀이 (1)

(b)에서 알 수 있듯이 브리시회로가 되고 평형상태이므로 20 [Ω]은 개방하여도 된다. (b)는 (c)와 같이 변형할 있다. $I_1 = I_2 = 5$ [A]씩 흐른다.

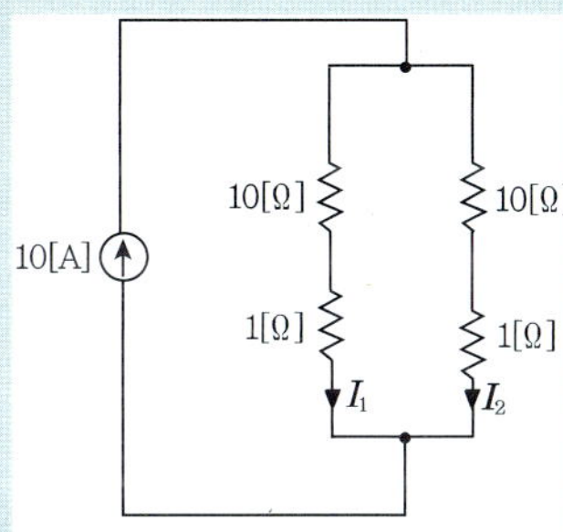

(c)

그림 8-22 예제 8-11의 풀이 (2)

별해

문제에서 10 [Ω], 10 [Ω], 20 [Ω]저항은 △결선된 상태이고 이를 Y결선으로 변환하면 그림 (d)와 같다.

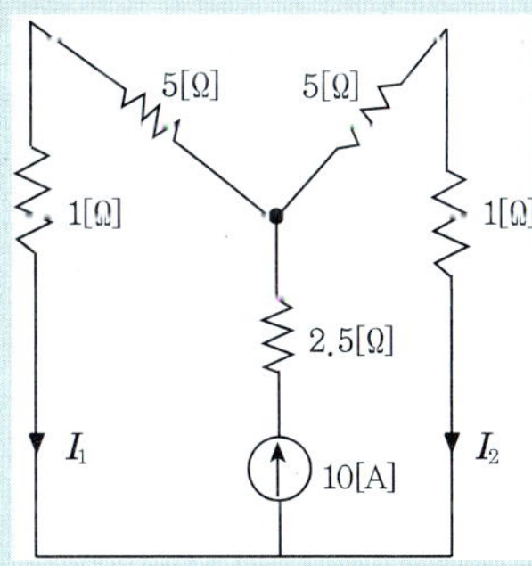

(d)

그림 8-23 예제 8-11의 풀이 (3)

$I_1 = I_2 = 5$ [A]씩 흐른다.

8-5 쌍대회로

만약 어떠한 회로를 정의하는 폐회로방정식이 다른 회로를 정의하는 마디방정식과 같은 수학적인 형태를 가지면 이들 두 회로는 쌍대적(dual)이라고 말할 수 있다. 이때 서로 대응되는 양 또는 상대는 쌍대성(duality)이 있다고 한다. 따라서 두 회로를 따로따로 취급할 필요가 없고 한쪽 회로에 대한 해석 결과에서 대응관계에 있는 양으로 바꾸어 놓으면 다른 쪽 회로에 대한 해석 결과가 얻어진다. 이와 같은 대응관계의 유사성을 전기회로의 쌍대성이라고 한다. 대부분의 회로에 대해서 쌍대적인 회로가 존재하므로 쌍대성을 이용하면 취급해야 할 회로의 수를 반으로 줄일 수 있다. 복잡한 회로의 해석에 있어서 큰 이점이 될 수 있다.

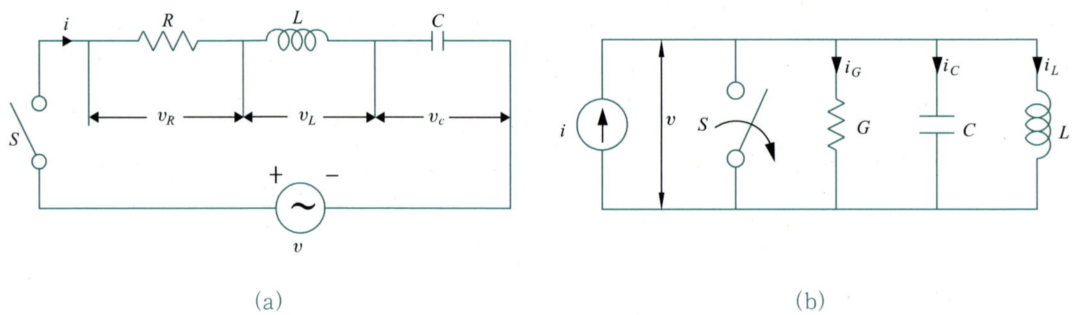

그림 8-24 쌍대회로(dual circuit)

지금 그림 8-24 (a)와 같은 R-L-C 직렬회로에 스위치 S를 닫아 전압전원 v를 인가할 때 각 소자에 공통으로 흐르는 전류를 i 라 하면 그림 8-24 (a) 회로에 대한 폐로방정식은

$$v = v_R + v_L + v_c = Ri(t) + L\frac{di(t)}{dt} + \frac{1}{C}\int i(t)\,dt \tag{8-14}$$

이 된다. 또 그림 8-24 (b)와 같은 회로 G-C-L 병렬회로에 스위치 S를 열어 전류전원 I를 인가할 때 각 소자에 공통으로 걸리는 전압을 v 라 하면 그림 8-25 (b) 회로에 대한 마디방정식은

$$i = i_G + i_C + i_L = Gv + C\frac{dv}{dt} + \frac{1}{L}\int v\,dt \tag{8-15}$$

이다.

식 (8-14)와 (8-15)에서 $R \rightarrow G$, $L \rightarrow C$, $C \rightarrow L$, $v \rightarrow i$, $i \rightarrow v$ 등으로 대치시키면 하나의 식에서 다른 하나의 식을 얻을 수 있다. 따라서 이들 두 조의 방정식은 동일 형식을 가지고 있기 때문에 그림 8-25 (a)와 (b)는 쌍대회로(dual circuit)이다.

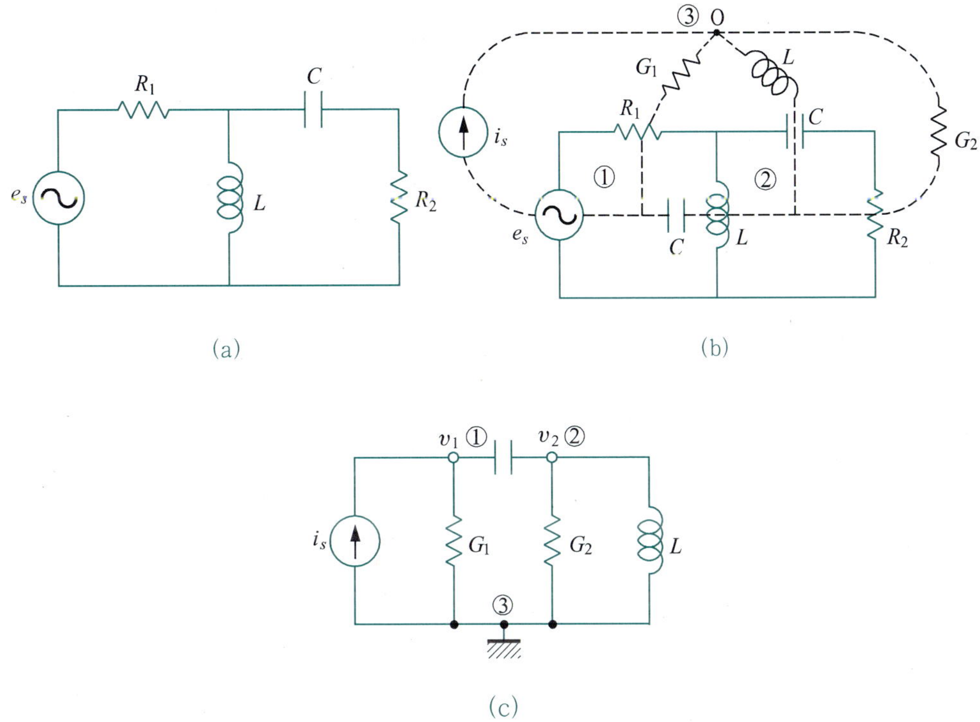

그림 8-25

다음에는 간단하게 쌍대회로를 구하는 도식적 방법을 그림 8-25 (a)와 같은 회로의 쌍대회로를 구하는 경우에서 예를 들어 소개하면 다음과 같다. 우선 주어진 회로에서 그림 8-25 (b)와 같이 각 독립 폐로 내에 기준점을 하나씩 찍는다. 그리고 회로 밖에도 점을 찍어 0으로 표시한다.

다음에는 그림 8-25 (b)에서 보는 바와 같이 이 기준점들로부터 출발하여 각 소자를 거치면서 선을 긋고, 해당되는 쌍대량으로 배치시킨 후 폐로 밖으로 나온 선들을 하나의 마디로 모으면 쌍대회로 그림 8-25 (c)가 얻어진다.

쌍대 관계에 있는 양을 표 8-1에 표시하였다.

표 8-1 쌍대회로

전압	전류
저항	컨덕턴스
인덕턴스	커패시턴스
임피던스	어드미턴스
직렬회로	병렬회로
정전압원	정전류원
폐로해석법	절점해석법
키르히호프의 전압법칙	키르히호프의 전류법칙
개방회로	단락회로
테브난의 정리	노턴의 정리
Y형	△형

그림 8-26 (a) 회로에 대한 폐로방정식은

$$R_1\dot{I}_1 + \frac{1}{jwC_2}\dot{I}_2 + R_3(\dot{I}_1 - \dot{I}_2) = \dot{V}_1$$
$$R_3(\dot{I}_2 - \dot{I}_1) + jwL_4\dot{I}_2 = 0$$

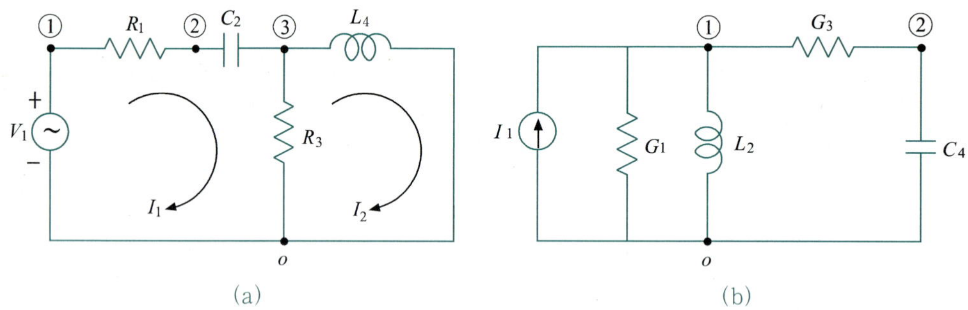

그림 8-26 쌍대회로

이를 정리하면

$$\left(R_1 + \frac{1}{j\omega C_2} + R_3\right)\dot{I}_1 - R_3\dot{I}_2 = \dot{V}_1$$
$$R_3\dot{I}_1 + (j\omega L_4 - R_3)\dot{I}_2 = 0$$

그림 8-26 (b) 회로에 대한 절점방정식은

$$\left(G_1 + \frac{1}{j\omega L_2} + G_3\right)\dot{V}_1 - G_3\dot{V}_2 = I_1$$
$$G_3\dot{V}_1 + (j\omega C_4 - G_3)\dot{V}_2 = 0$$

이와 같이 위의 두 회로는 쌍대관계에 있음을 알 수 있다.

8-6 중첩의 원리

선형 소자에 이상 전압전원이 가해진 경우를 생각해 보자. 소자에 흐르는 전류가 가해진 전압의 크기에 따라 비례할 때 이 소자를 선형 소자(linear elements)로 정의하므로 전압전원이 2배 증가하면 흐르는 전류도 2배로 증가하고, 전압전원이 3배로 되면 전류도 3배로 된다. 이와 같이 이상 전원과 선형 수동 소자로 구성된 회로를 **선형회로**(linear circuit)라고 한다.

중첩의 원리(principle of superposition)의 정의는 다음과 같다.

여러 개의 전압원과 전류원이 동시에 있는 선형회로에서 어떤 가지에 흐르는 전류 또는 두 단자 사이의 전압은 개개의 전압원이나 전류원이 단독으로 있을 때 나타나는 두 점의 전류 또는 전압의 대수합과 같다.

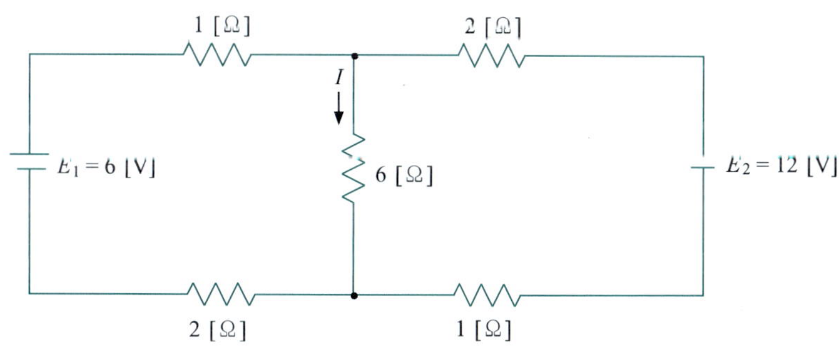

그림 8-27 선형회로

1개의 전원에 대하여 응답을 구할 때 나머지 전원은 제거시켜야 한다. 즉, 전압전원은 단락회로로 대치시키고 전류전원은 개방시킨다.

예를 들어, 그림 8-27과 같은 선형회로에서 전류 I를 구할 때에는 연립방정식에 의한 방법 외에 중첩의 원리를 이용하는 방법이 있다.

즉, 회로가 선형이므로 E_1에 의하여 6 [Ω]에 흐르는 전류와 E_2에 의하여 6 [Ω]에 흐르는 전류와의 합이 I가 되므로 다음과 같이 I를 구할 수 있다.

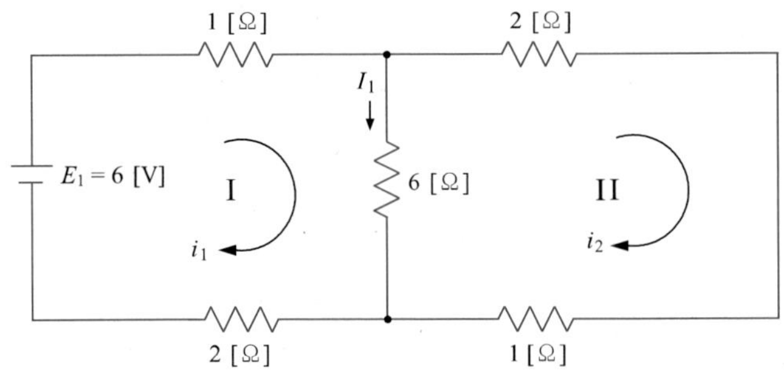

그림 8-28 E_1만 존재할 경우 선형회로

먼저 E_1에 의한 전류를 구하기 위하여 E_2를 제거하면(전압전원을 단락) 그림 8-28과 같이, 2 [Ω]의 저항과 1 [Ω]의 저항이 직렬로 연결된 가지가 6 [Ω]의 저항과 병렬로 접속된다.

E_1에 의한 전체 전류 I_1은

$$I_1 = \frac{6}{3+\frac{18}{9}} = \frac{6}{5}$$

6 [Ω]에 흐르는 전류 $(I_6)_1$은

$$(I_6)_1 = \frac{6}{5} \times \frac{3}{9} = \frac{2}{5}$$

E_1을 제거하고 E_2만 가해졌을 때는 그림 8-29과 같이, 6 [Ω]에 흐르는 전류 $(I_6)_2$는 다음과 같다.

$$(I_6)_2 = \frac{12}{3+\frac{18}{9}} \times \frac{3}{9} = \frac{4}{5}$$

따라서 E_1과 E_2가 동시에 가해졌을 때 I는

$$I = (I_6)_1 + (I_6)_2 = 1.2 \text{ [A]}$$

이다.

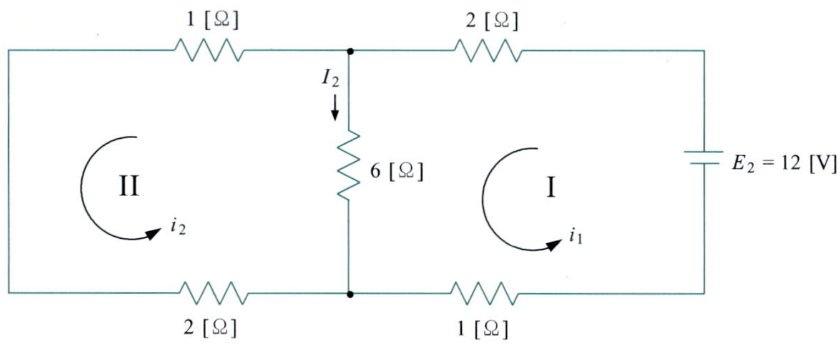

그림 8-29 E_2만 존재할 경우 선형회로

예제 8-12

그림 8-30과 같은 회로망을 테브난의 등가회로로 변환할 때 a, b 단자에서 본 등가 전압원의 값은 얼마인가?

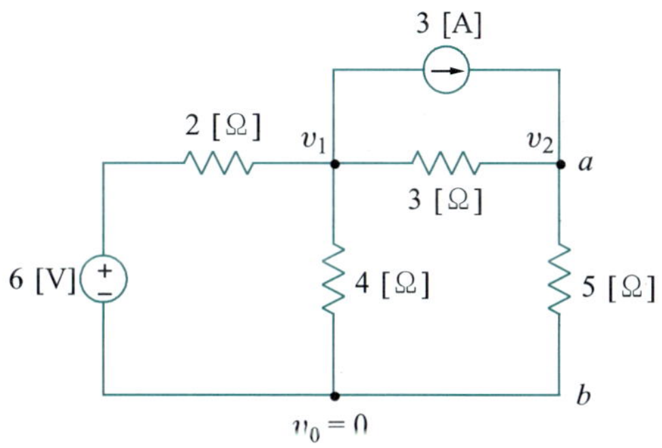

그림 8-30 예제 8-12의 회로

풀이

a, b 단자의 전압 V_{ab}는 5 [Ω] 양단의 전압이므로 그림과 같이 두 절점의 전압이 v_1, v_2라면 $V_{ab} = v_2$가 된다.
그림에서 절점방정식을 세우면 다음과 같다.

절점 1에서 $\dfrac{6-v_1}{2} = 3 + \dfrac{v_1 - v_2}{3} + \dfrac{v_1}{4}$ ··············· ①

절점 2에서 $3 + \dfrac{v_1 - v_2}{3} = \dfrac{v_2}{5}$ ······························ ②

①, ②를 정리하면 ①에서

$$\frac{6}{2} - \frac{v_1}{2} = 3 + \frac{v_1}{3} - \frac{v_2}{3} + \frac{v_1}{4}$$

$$\frac{v_1}{2}+\frac{v_1}{3}+\frac{v_1}{4}-\frac{v_2}{3}=3-3$$

② 에서

$$-\frac{v_1}{3}+\frac{v_2}{3}+\frac{v_2}{5}=3$$

이것을 행렬식으로 나타내면

$$\begin{bmatrix} \frac{1}{2}+\frac{1}{3}+\frac{1}{4} & -\frac{1}{3} \\ -\frac{1}{3} & \frac{1}{3}+\frac{1}{5} \end{bmatrix}\begin{bmatrix} v_1 \\ v_2 \end{bmatrix}=\begin{bmatrix} 3-3 \\ 3 \end{bmatrix}$$

$$v_2=V_{ab}=\frac{\begin{vmatrix} \frac{13}{12} & 0 \\ -\frac{1}{3} & 3 \end{vmatrix}}{\begin{vmatrix} \frac{13}{12} & -\frac{1}{3} \\ -\frac{1}{3} & \frac{8}{15} \end{vmatrix}}=\frac{\frac{13}{4}}{\frac{7}{15}}=6.96 \text{ [V]}$$

예제 8-13

그림과 같은 회로에서 마디 전압 v_1, v_2 [V]는?

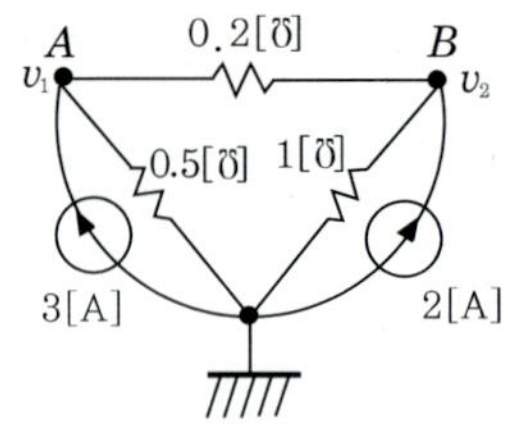

그림 8-31 예제 8-13의 회로

풀이

절점 A와 B에서 $I=YV$이므로 KCL를 적용하면

$$\begin{cases} 3=(0.5+0.2)v_1-0.2v_2=0.7v_1-0.2v_2 & \cdots① \\ 2=-0.2v_1+(0.2+1)v_2=-0.2v_1+1.2v_2 & \cdots② \end{cases}$$

①, ②을 풀면 $v_1=5$ [V]

$v_2=2.5$ [V]

예제 8-14

그림 8-32의 회로에서 정상응답 I 를 구하여라.

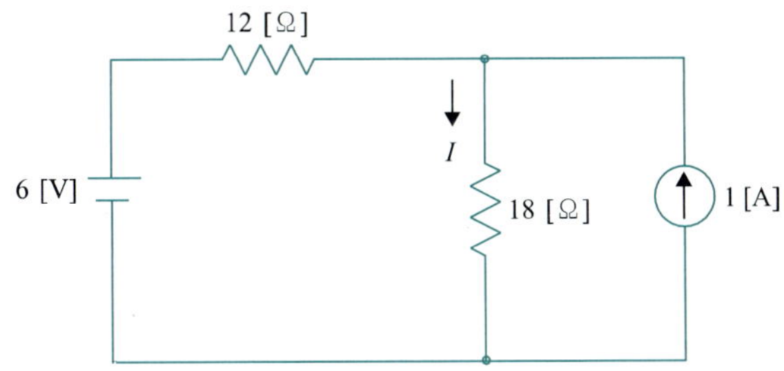

그림 8-32 예제 8-14의 회로

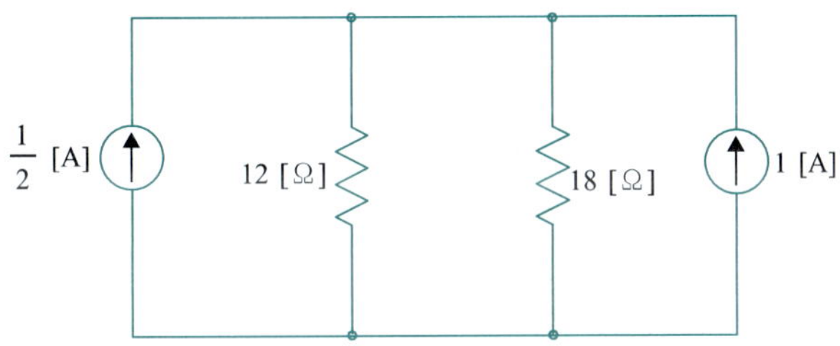

그림 8-33 그림 8-32의 등가회로

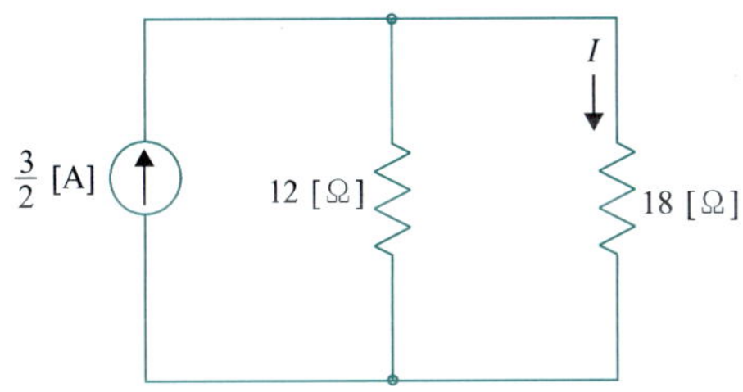

그림 8-34 그림 8-33의 등가회로

풀이

① 중첩의 원리를 이용하는 방법 : 전압전원 6 [V]를 제거하면 12 [Ω]과 18 [Ω]이 병렬로 되므로 1 [A]의 전류전원에 의한 응답 I_1 은 다음과 같다.

$$I_1 = 1 \times \frac{12}{30} = 0.4 \text{ [A]}$$

이번에는 전류전원을 제거하기 위하여 전류전원을 개방하면 12 [Ω]과 18 [Ω]이 직렬로 되어 6 [V]에 의한 응답 I_2 는

$$I_2 = \frac{6}{30} = 0.2 \text{ [A]}$$

따라서

$$I = I_1 + I_2 = 0.6 \text{ [A]}$$

가 된다.

② 전원변환법 : 전류전원을 등가 전압전원으로, 전압전원을 등가 전류전원으로 변화시키는 방법을 이용한다. 6 [V]의 건전지를 내부저항이 12 [Ω]의 저항을 병렬로 접속한 전류전원으로 바꿀 수 있다. 등가회로로 고친 그림 8-34으로부터 다시 등가회로를 만들면, 전류전원이 병렬로 접속되어 1.5 [A]의 전류전원과 두 저항이 병렬연결된다. 따라서 I는 다음과 같다.

$$I = 1.5 \times \frac{12}{30} = 0.6 \text{ [A]}$$

예제 8-15

그림 8-35의 회로에 중첩의 원리를 사용하여 정상응답 I를 구하여라.

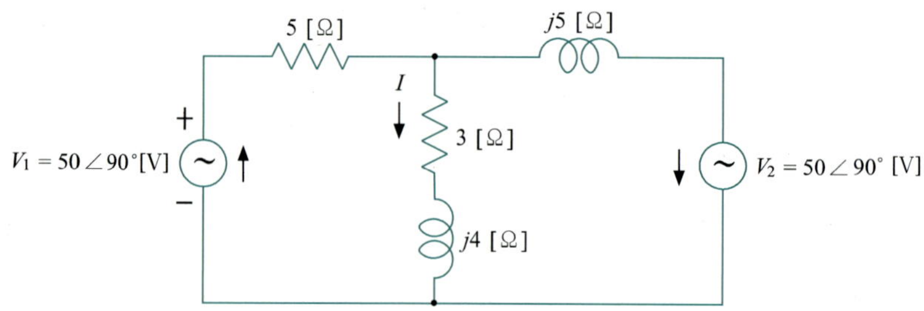

그림 8-35 예제 8-15의 회로

풀이

$V_2 = 0$으로 놓고 V_1에 의한 전류를 구한다. V_1의 구동점에서 본 임피던스 Z_1은

$$Z_1 = 5 + \frac{(3+j4)j5}{3+j9} = 5.83 + j2.5 = 6.35\angle 23.2° \text{ [Ω]}$$

따라서

$$I_{01} = \frac{50\angle 90°}{6.35\angle 23.2°} = 7.87\angle 66.8° \text{ [A]}$$

V_1에 의하여 $3+j4$ [Ω]에 흐르는 전류는

$$I_1 = 7.87\angle 66.8°\left(\frac{j5}{3+j9}\right) = 4.15\angle 85.3° \text{ [A]}$$

V_2의 구동점에서 본 임피던스 Z_2는

$$Z_2 = j5 + \frac{5(3+j4)}{8+j4} = 6.74\angle 68.2° \text{ [Ω]}$$

따라서

$$I_{02} = \frac{50\angle 0°}{6.74\angle 68.2°} = 7.42\angle -68.2° \ [\text{A}]$$

V_2 로 인한 $3+j4$ [Ω]의 가지전류 I_2 는

$$I_2 = (7.42\angle -68.2°)\frac{5}{8+j4} = 4.15\angle 85.3° \ [\text{A}]$$

V_1 과 V_2 에 의한 전류 I 는 다음과 같다.

$$I = I_1 + I_2 = 8.30\angle 85.3° \ [\text{A}]$$

8-7 테브난의 정리

회로를 해석하다 보면 단일 가지에 흐르는 전류 또는 전압을 구하는 경우가 많다. 한 가지의 전류 또는 전압을 구하기 위하여 루프방정식 또는 마디방정식을 세워 연립방정식을 푸는 것은 일반적으로 번거롭고 지루하다.

이 경우에 등가회로에 관한 테브난(Thévenin)의 정리와 노턴(Norton)의 정리를 이용하면, 매우 편리하다.

테브난의 정리란 전원을 포함하는 선형능동 회로망을 출력단자 a, b 외측에 대해서는 이것을 등가적으로 단자 a, b 를 개방했을 때 나타나는 전압 V 와 회로망 내의 모든 전원을 제거하고 단자 a, b 에서 본 회로망의 등가 임피던스 Z_e 와 직렬로 연결된 단일 등가 전압원으로 대치시킬 수 있는 것이다.

임피던스 Z_e 는 출력단자에서 본 회로망의 등가 임피던스로서 출력단자를 개방하고, 회로망에 내포된 모든 전압전원을 단락, 모든 전류전원을 개방시키고 출력단자에서 본 수동 회로망의 구동점 임피던스(driving point impedance)를 말한다. 단일 등가 전압원은 출력단자를 개방하고 출력단자에서 측정한 전압의 크기와 같고, 극성은 원래의 전원에 의한 전류의 방향과 일치하도록 한다. 테브난의 정리가 적용되기 위한 회로의 조건은 출력단자에 있는 회로 소자가 회로망 내부에 있는 회로 소자와 자기적으로 결합되어 있지 않아야 한다.

그림 8-36 (a)의 회로에서 R_L 에 흐르는 전류 I_L 을 구하기 위해 출력저항 R_L 을 개방시키고 테브난 등가회로를 구해 보자.

R_L을 개방시키면 테브난 등가전원 V_{ab}는 12 [Ω] 양단에 강하되는 전압과 같으므로

$$V_{ab}=\left(\frac{12}{6+12}\right)24=16 \text{ [V]}$$

이다.

등가 직렬저항 R_{ab}는 전원 24 [V]를 단락시키고, 개방된 출력단자에서 본 회로 전체의 저항이므로 12 [Ω]이 된다. 테브난 등가회로는 그림 8-36 (b)와 같다. 따라서 부하저항 I_L, 전압 V_L 및 부하에 공급되는 전력 P_L은 다음과 같다.

$$I_L=\frac{16}{12+R_L}, \quad V_L=\frac{16R_L}{12+R_L}$$

$$P_L=\left(\frac{16}{12+R_L}\right)^2 R_L \tag{8-16}$$

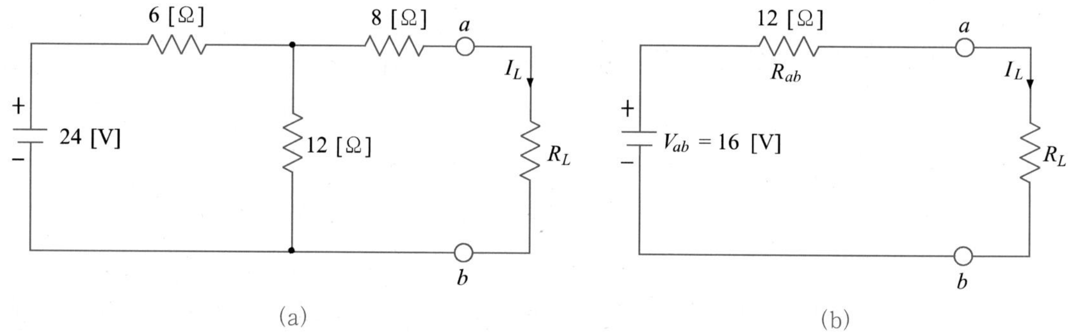

그림 8-36

예제 8-16

그림 8-37 (a)의 회로에서 $\dot{Z}_L = 9.5 + j\,2.5$ [Ω]일 때 테브난의 정리를 이용하여 $\dot{Z}_L$ 에 흐르는 전류를 구하여라.

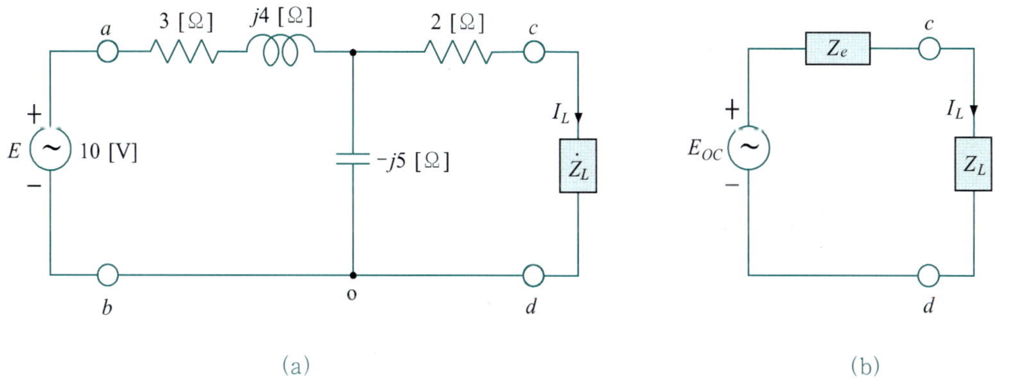

그림 8-37 예제 8-16의 회로

풀이

$\dot{Z}_L$ 을 제거하여 출력단자 c, d 를 개방한 다음, 커패시터 양단의 전압을 계산하면, 등가 전압전원 E_{oc} 는 다음과 같다.

$$E_{oc} = 10\left(\frac{-j\,5}{3+j\,4-j\,5}\right) = 5 - j\,15 \text{ [V]}$$

전압전원을 단락시키고, 단자 c, d 에서 본 임피던스 $\dot{Z}_e$ 는

$$\dot{Z}_e = 2 + \frac{-j\,5(3+j\,4)}{3+j\,4-j\,5} = 9.5 - j\,2.5 \text{ [Ω]}$$

이므로 테브난 등가회로는 그림 8-37 (b)와 같이 단일 전압전원 E_e 에 임피던스 $\dot{Z}_e$ 를 직렬로 연결한 회로이므로 이 회로에 직렬로 연결된 $\dot{Z}_L$ 에 흐르는 전류 I_L 은 다음과 같다.

$$I_L = \frac{E_{oc}}{\dot{Z}_e + \dot{Z}_L} = \frac{5 - j\,15}{9.5 - j\,2.5 + 9.5 + j\,2.5} = 0.263 - j\,0.789 \text{ [A]}$$

예제 8-17

그림 8-38과 같은 회로에서 0.2 [Ω]의 저항에 흐르는 전류는 몇 [A]인가?

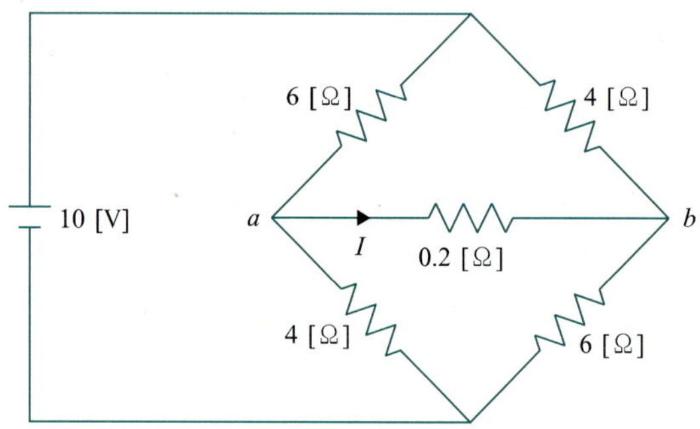

그림 8-38 예제 8-17의 회로

풀이

그림 8-39와 같은 등가회로로 그려 보면 테브난의 정리를 이용할 수 있다.

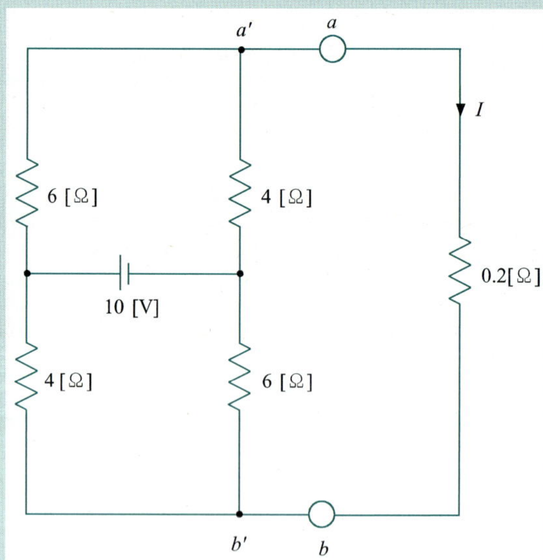

그림 8-39 예제 8-17의 풀이

a, b를 개방했을 때 전압 V_r는 a', b' 간의 전위차이므로

$$V_r = V_b' - V_a' = 10\times\frac{6}{4+6} - 10\times\frac{4}{4+6} = 2 \text{ [V]}$$

다음 전원을 단락하고 a, b에서 본 저항 R_r는

$$R_r = \frac{6\times4}{6+4} + \frac{6\times4}{6+4} = 4.8\ [\Omega]$$

$$\therefore I = \frac{V_r}{R_r + R} = \frac{2}{4.8+0.2} = 0.4\ [A]$$

별해

먼저 a, b에서 본 합성저항을 구하기 위하여 전압원을 단락하면 그림 8-40과 같다.

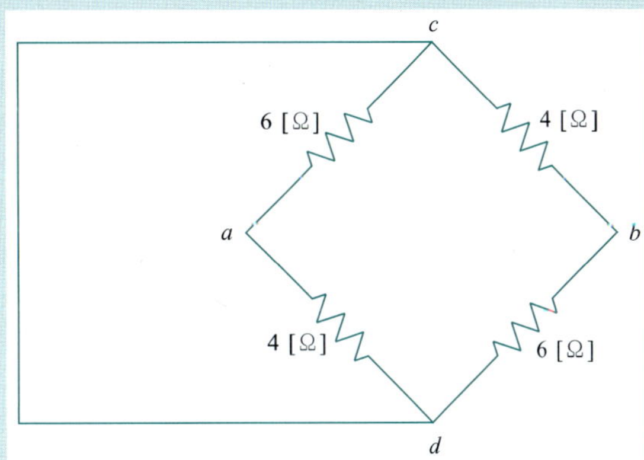

그림 8-40

이것을 변형하면 다음과 같다.

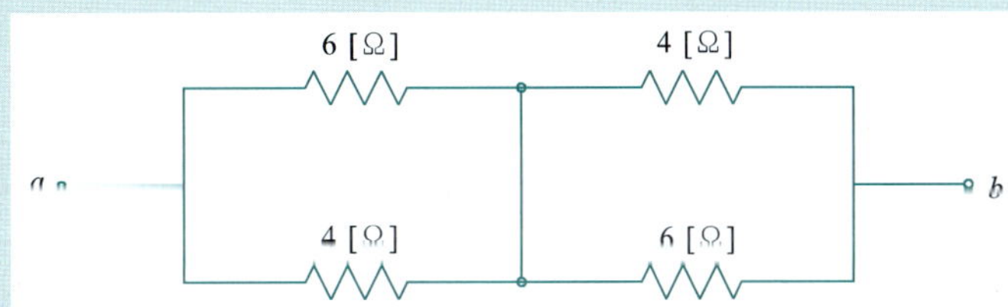

그림 8-41

$$R_{ab} = \frac{6\times4}{6+4} + \frac{6\times4}{6+4} = 4.8\ [\Omega]$$

테브난의 정리를 이용하기 위해서

$$V_{ab} = 4\times1 - 6\times2 = -2\ [V]$$

저항과 전압을 다음 회로로 나타낼 수 있다.

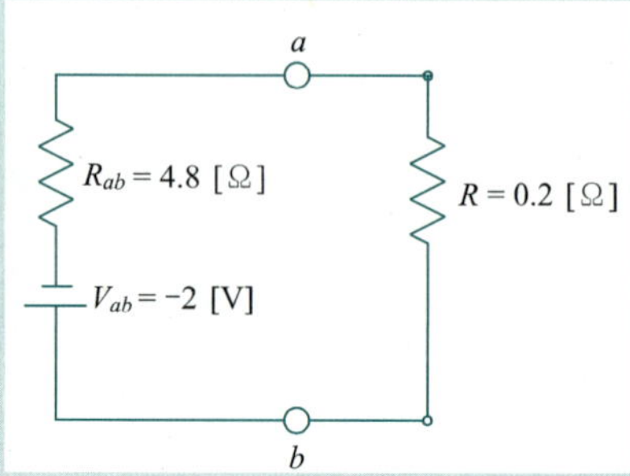

그림 8-42

$$I=\frac{V_{ab}}{R_{ab}+R}=\frac{-2}{4.8+2}=-0.4\ [\mathrm{A}]$$

전류값이 (-)이므로 문제에서 제시한 전류 방향과 반대로 전류가 흐르는 것을 의미한다.

8-8 노턴의 정리

앞에서 취급한 테브난 등가회로는 전압전원으로 표시한 등가회로이므로 이것을 전류전원 등가회로로 고칠 수 있다. 이와 같이 전류전원으로 바꾼 등가회로를 노턴(Norton) 등가회로라고 부른다.

노턴의 정리는, 전원을 포함하는 능동 회로망의 단자 a, b 외측에 대해서는 이것을 등가적으로 단자 a, b를 단락했을 때 여기를 흐르는 전류 I_S와 회로망 내의 모든 전원을 제거하고 단자 a, b에서 본 회로망의 어드미턴스 Y_O가 병렬로 연결된 것으로 대치할 수 있다는 것이다.

병렬 임피던스는 테브난 등가 임피던스와 같고, 등가 전류전원은 능동 회로망의 출력단자를 단락시켰을 때 흐르는 전류와 같다.

그림 8−36(a)의 회로에 노턴의 정리를 적용하여 부하전류 I_L을 구해 보자.

등가저항은 24 [V]의 전원을 단락시키고, 출력단자에서 본 회로 전체 저항이므로 12 [Ω]이 된다. 등가전원은 출력단자를 단락시켰을 때 흐르는 전류이므로 $\frac{4}{3}$ [A]가 되어 노턴의 등가회로는 그림 8−43과 같다.

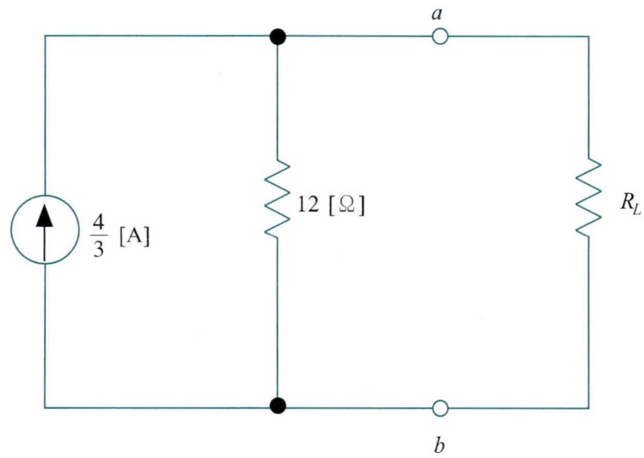

그림 8-43

또한 그림 8-36 (b)로부터, 즉 테브난 등가회로로부터 노턴의 등가회로를 구하면 그림 8-43이 되는 것을 알 수 있다.

이와 같이 임의의 회로에 테브난의 정리와 노턴의 정리를 적용한 결과는 동일하다는 것을 알았다. 그러므로 테브난 등가회로의 쌍대회로는 바로 노턴 등가회로가 된다.

예제 8-18

그림 8-37 (a)의 회로에서 $Z_L = 9.5 + j\,2.5$ [Ω]일 때 노턴의 정리를 이용하여 Z_L에 흐르는 전류 I_L을 구하여라.

풀이

먼저 등가 전류전원을 구하기 위하여 Z_L을 단락시키고, 단자 a, b에서 본 구동점 임피던스 Z_L는

$$Z_L = 3 + j\,4 + \frac{-j5(2)}{2-j5} = 4.724 + j\,3.31 \ [\Omega]$$

이면 Z_L을 단락시켰을 경우의 전 전류 I는

$$I = \frac{10 + j\,0}{4.724 + j\,3.31} = 1.421 - j\,0.995 \ [\mathrm{A}]$$

이다. 따라서 등가 전류전원 I_e는 다음과 같다.

$$I_e = (1.421 - j\,0.995)\frac{9.5 - j\,2.5}{9.5 + j\,2.5 + 9.5 - j\,2.5} = 0.263 - j\,0.789 \ [\mathrm{A}]$$

예제 8-19

그림과 같은 회로를 노턴 등가회로로 변환하시오.

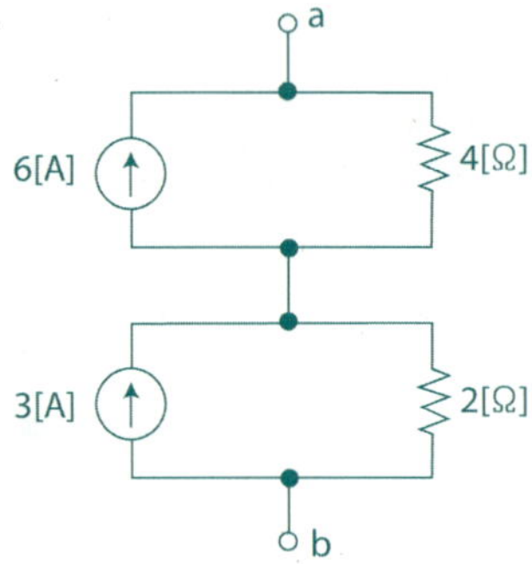

그림 8-44 예제 8-19의 회로

풀이

상기 전류원을 전압원으로 등가변환하면 다음과 같다.

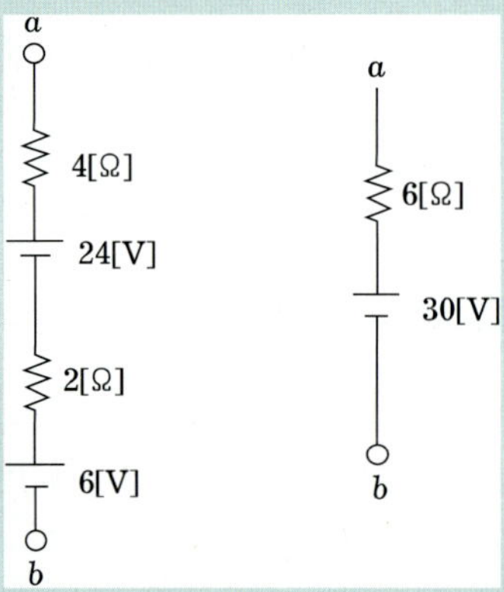

(a) (b)

그림 8-45 그림 8-44의 등가회로

전압원→전류원 등가변환

$$I = \frac{30}{6} = 5 \text{ [A]}$$

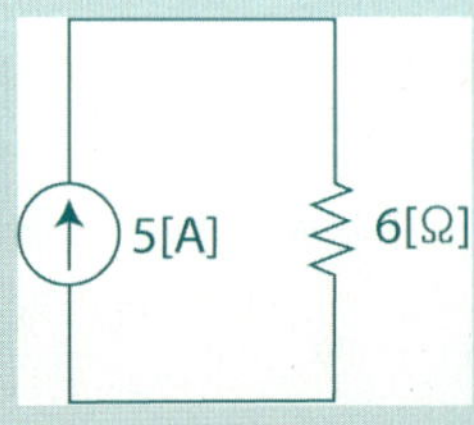

그림 8-46 그림 8-45의 등가회로

8-9 밀만의 정리

회로 내에 주파수가 같은 여러 개의 전압전원이 병렬로 접속되어 있는 경우에 하나의 등가 전압전원으로 전환시키기 위하여 밀만(Millman)의 정리를 사용한다.

내부 임피던스 $Z_1, Z_2,$ …… Z_n에 각각 직렬로 연결된 전압전원 $e_1, e_2,$ …… e_n이 병렬로 연결된 능동회로는 단일 등가 임피던스

$$Z_e = \frac{1}{Y_e} = \frac{1}{\sum_{i=1}^{n} Y_i}$$

Z_e와 직렬로 접속된 등가 전압전원

$$e_e = \frac{\sum_{i=1}^{n} I_i}{Y_e} = \frac{\sum_{i=1}^{n}(e_i Y_i)}{\sum_{i=1}^{n} Y_i} \tag{8-17}$$

e_e로 변환시킬 수 있다. 여기서 전압전원 e_k가 역극성으로 접속되었을 때에는 (−)가 된다.

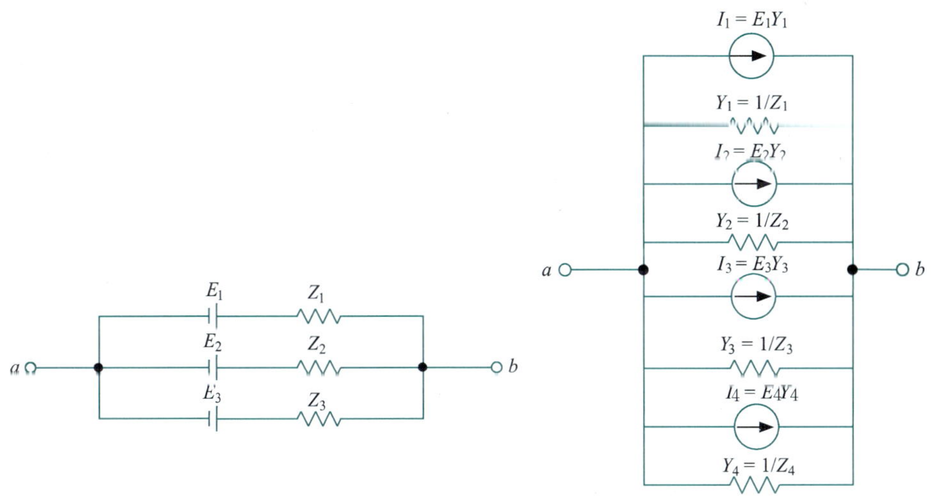

(a) (b)

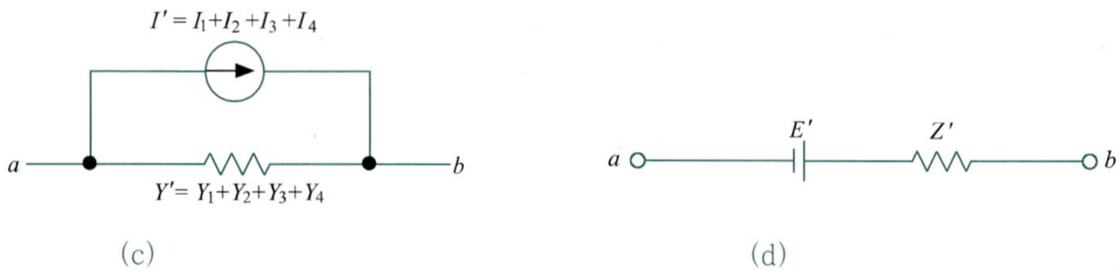

그림 8-47

그림 8-47 (a)의 E_1 을 전류전원으로 바꾸면 $I_1 = E_1 Y_1$ 의 전원에 $Y_1 = 1/Z_1$ 을 병렬로 접속한 회로가 되므로 등가회로는 그림 8-47 (b)와 같다. 그림 8-47 (b)는 전류전원이 병렬로 연결되었기 때문에 그림 8-47 (c)와 같이 된다. 따라서 전류전원을 전압전원으로 바꾸면, 그림 8-47 (d)와 같이 등가 임피던스

$$Z' = \frac{1}{Y_1 + Y_2 + Y_3}$$

Z' 와 직렬로 연결된 전압전원

$$E' = \frac{E_1 Y_1 + E_2 Y_2 + E_3 Y_3}{Y_1 + Y_2 + Y_3}$$

E' 로 변환시킬 수 있으며 이 관계를 밀만(Millman)의 정리라 한다.

예제 8-20

그림 8-48 (a)의 회로에서 100 [Ω]에 흐르는 전류 I 를 구하여라.

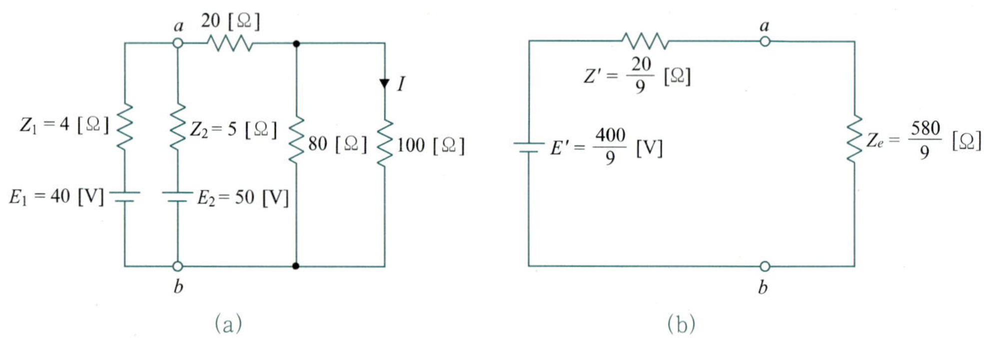

그림 8-48 예제 8-20의 회로

풀이 밀만의 정리에 의하여 전압전원 E_1과 E_2의 등가전원을 구한다. 임피던스를 어드미턴스로 바꾸면

$$Y_1 = \frac{1}{Z_1} = \frac{1}{4}, \quad Y_2 = \frac{1}{Z_2} = \frac{1}{5}$$

이므로, 등가전원 E'은

$$E' = \frac{E_1 Y_1 + E_2 Y_2}{Y_1 + Y_2} = \frac{40\left(\frac{1}{4}\right) + 50\left(\frac{1}{5}\right)}{\frac{1}{4} + \frac{1}{5}} = \frac{400}{9} \text{ [V]}$$

이고, 등가 직렬 임피던스 Z'는

$$Z_e = 20 + \frac{(80)(100)}{80 + 100} = \frac{580}{9} \text{ [}\Omega\text{]}$$

이므로 그림 8-38(a)의 등가회로는 그림 8-48(b)와 같다. 이 회로에 흐르는 전류 I_r은

$$I_r = \frac{E'}{Z + Z_e} = \frac{2}{3} \text{ [A]}$$

이므로, 100 [Ω]에 흐르는 전류 I는 다음과 같다.

$$I = I_r \times \frac{80}{100 + 80} = \frac{8}{27} \text{ [A]}$$

8-10 가역정리

흔히 물리계에서 입 · 출력 단자를 바꾸어 입력을 가해도 그 출력이 동일한 것을 볼 수 있다. 이러한 물리계의 예로 정전계, 역학계 및 음향계 등을 들 수 있다. 그러므로 회로에서 이러한 현상을 취급하는 것은 무리가 아닐 것이다. 입 · 출력 단자를 바꾸어도 동일한 출력을 얻을 수 있다는 사실은 회로를 해석하고 설계하는 데 있어서뿐만 아니라 측정기술에 있어서도 매우 중요한 것이다.

8-10-1 가역정리

선형 수동회로의 어떤 단자(입력단자)간에 이상전원 V를 가하여 다른 단자(출력단자)에 응답이 I로 나타났다면, 전원 V를 옮겨 출력단자에 가하였을 때 입력단자에 나타난 응답은 I로 된다.

$$V_1 = V_2 \text{ 이면 } I_1 = I_2$$

가 된다.

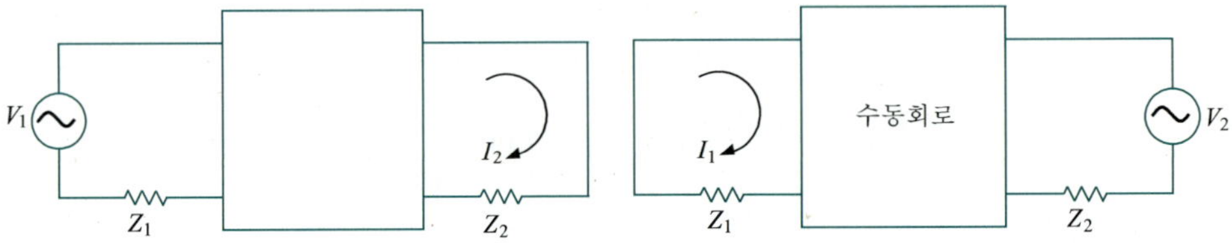

(a) (b)

그림 8-49 가역정리(reciprocity theorem)에 대한 설명

만약 $V_k' = V_1$ 이라면 $I_k = I_1'$ 로 되어 이때는 선형 회로망의 제1지로에 전원 V를 가했을 때 제k지로에 흐르는 전류는 제k지로에 V를 가했을 때 제1지로에 흐르는 전류와 같다.

예제 8-21

그림의 회로에서 $V_1 = 1$ [V], $V_2 = 0$ [V]일 때의 i_2와 $V_1 = 0$ [V], $V_2 = 1$ [V] 일 때의 i_1를 비교하였을 때 맞는 것은?

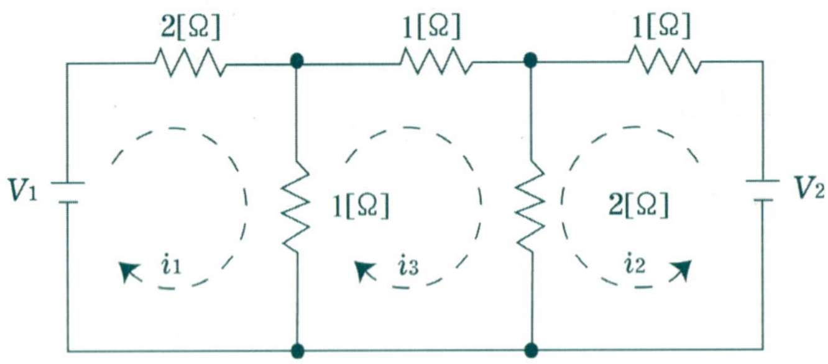

그림 8-50 예제 8-21의 회로

① $i_1 > i_2$ ② $i_1 < i_2$ ③ $i_1 = i_2$ ④ $i_1 < i_3 < i_2$

정답 및 풀이

정답 : ③

별해

가역 정리 $i_1 V_1 = i_2 V_2$에 의하여 두 경우의 전류는 같다.

$3i_1 - i_3 = V_1$

$3i_2 + 2i_3 = V_2$

$-i_1 + 2i_2 + 4i_3 = 0$

문제의 조건을 대입하면

1) $V_1 = 1$ [V], $V_2 = 0$일 때 상기의 식에 대입하면 i_2

$3i_1 \quad i_3 = 1$ …①

$3i_2 + 2i_3 = 0$…②

$-i_1 + 2i_2 + 4i_3 = 0$ …③

①×2+②

$$\begin{array}{r|l} & 6i_1 - 2i_3 = 2 \\ + & 3i_2 + 2i_3 \\ \hline & 6i_1 + 3i_2 = 2 \end{array}$$ …④

②×2-③

$$\begin{array}{r|l} & 6i_2 + 4i_3 = 0 \\ - & -i_1 + 2i_2 + 4i_3 = 0 \\ \hline & i_1 + 4i_2 = 0 \end{array}$$ …⑤

④-⑤×6

$$\begin{array}{r|l} & 6i_1 + 3i_2 = 2 \\ - & 6i_1 + 24i_2 = 0 \\ \hline & -21i_2 = 2 \end{array}$$

$i_2 = -\dfrac{2}{21}$ [A]

2) $V_1 = 0$, $V_2 = 1$일 때 $i_1 = ?$

$3i_1 - i_3 = 0$ …①

$3i_2 + 2i_3 = 1$ …②

$-i_1 + 2i_2 + 4i_3 = 0$ …③

①×2+②

$$\begin{array}{l} 6i_1 - 2i_3 = 0 \\ + \; 3i_2 + 2i_3 = 1 \\ \hline 6i_1 + 3i_2 = 1 \cdots ④ \end{array}$$

②×2-③

$$\begin{array}{l} 6i_2 + 4i_3 = 2 \\ - \; -i_1 + 2i_2 + 4i_3 = 0 \\ \hline i_1 + 4i_2 = 2 \cdots ⑤ \end{array}$$

④, ⑤

$6i_1 + 3i_2 = 1 \cdots ④$

$i_1 + 4i_2 = 2 \cdots ⑤$

④×4-⑤×3

$$\begin{array}{l} 24i_1 + 12i_2 = 4 \\ - \; 3i_1 + 12i_2 = 6 \\ \hline 21i_1 = -2 \end{array}$$

$i_1 = -\dfrac{2}{21}$ [A]

$\therefore i_1 = i_2 = -\dfrac{2}{21}$ [A]

예제 8-22

그림 8-51 (a)의 회로에서 I를 계산하고, 가역정리를 사용하여 그림 8-51 (b)에서와 같이 I를 구하여 비교하여라.

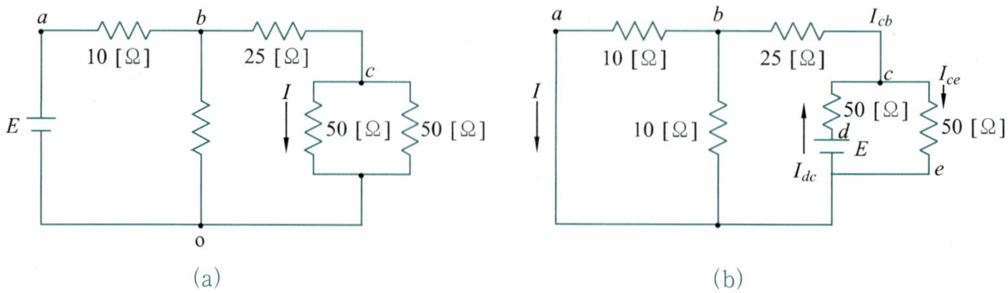

그림 8-51 예제 8-22의 회로

풀이 그림 8-51 (a)로부터 I를 구하면 다음과 같다.

$$E_{co}=50I,\quad I_{bc}=2I,\quad E_{bo}=100I$$

$$I_{bo}=\frac{100}{10}I=10I,\quad I_{ab}=I_{bc}+I_{bo}=12I$$

$$E_{ao}=10(12I)+100I=E$$

$$I=\frac{E}{220}\ [\mathrm{A}]$$

그림 8-51(b)와 같이 전류계로 I를 측정할 단자에 전원 E를 접속하고 전원이 있던 단자 a, b에 전류계를 연결하였을 때 I를 계산하면 다음과 같다.

$$E_{ba}=10I=E_{b0},\quad I_{b0}=I,\quad I_{cb}=2I$$

$$E_{c0}=E_{ba}+E_{cb}=60I,\quad I_{ce}=E_{co}/50=1.2I$$

$$I_{dc}=I_{ce}+I_{cb}=3.2I,\quad I=\frac{E}{220}\ [\mathrm{A}]$$

8-11 Y-△ 변환

회로해석에 있어서는 지금까지 공부한 바와 같이 주어진 회로를 간단하고 이해하기 쉬운 등가회로로 치환함으로써 해석을 용이하게 할 수 있다.

직렬회로에서는 수개의 직렬 임피던스를 하나의 등가 임피던스로 대치하고 병렬 어드미턴스를 하나의 어드미턴스로 대치함으로써 회로를 간단히 해석할 수 있으나 어떠한 회로도 이와 같은 방법만으로는 해결되지 않는다.

이런 경우 Y-△변환(T-π 변환)에 의해 쉽게 해석할 수 있다.

Y-△ 변환은 Y형으로 결합된 3개의 임피던스를 △형으로, △형으로 결합된 3개의 임피던스를 Y형으로 변환시킨다.

그림 8-52 (a), (b)는 각각 Y형, △형 회로이다. 그림 8-52 (c)와 (d)의 회로를 각각 T형, π형이라고 부르나 T형은 Y형과, π형은 △형과 같음을 알 수 있다.

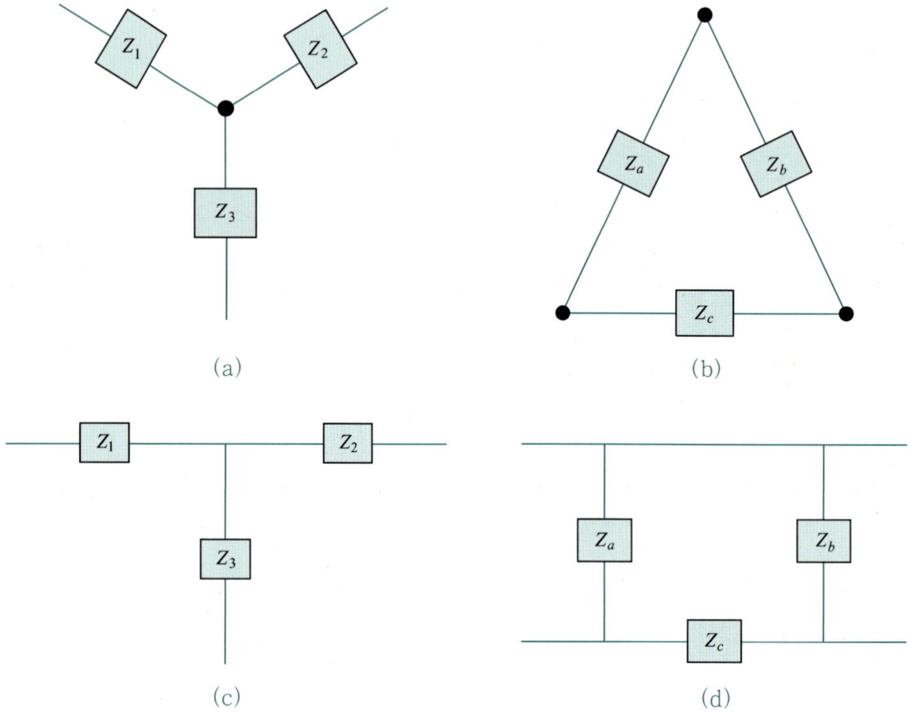

그림 8-52 Y, △, T 및 π형 회로

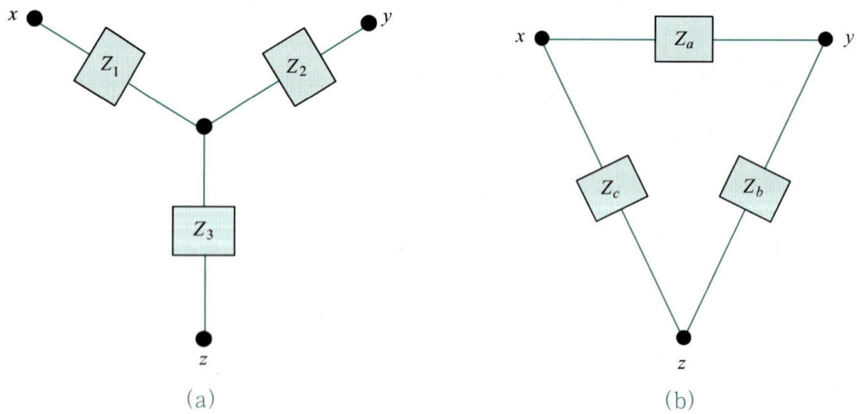

그림 8-53 Y 및 △ 회로

지금 Y형 회로가 임의의 복잡한 회로의 일부일 때 이를 △형 회로를 대치해도 3단자 외부에 어떠한 변화도 일으키지 않는다면 이들 회로는 상호 등가이다. 그러면 이들 회로가 서로 등가되는 조건에 대하여 고찰하기로 하자.

그림 8-53의 Y 및 △ 회로가 상호 등가라면 대응하는 각각의 단자인 임피던스의 크기는 같아야 할 것이다.

지금 단자 x, y 간의 임피던스의 크기를 Z_{xy} 라고 하면 Y형 회로에서는 Z_1 과 Z_2 가 직렬로 연결되어 있고, △형 회로에서는 Z_a 와 (Z_b+Z_c) 가 병렬로 연결되어 있는 셈이 된다.

Y형에서는 $Z_{xy}=Z_1+Z_2$

△형에서는 $Z_{xy}=\dfrac{Z_a(Z_b+Z_c)}{Z_a+(Z_b+Z_c)}$

따라서

$$Z_{xy}=Z_1+Z_2=\frac{Z_a(Z_b+Z_c)}{Z_a+(Z_b+Z_c)} \tag{8-18}$$

같은 방법으로

$$Z_{xz}=Z_1+Z_3=\frac{Z_c(Z_a+Z_b)}{Z_c(Z_a+Z_b)} \tag{8-19}$$

$$Z_{yz}=Z_2+Z_3=\frac{Z_b(Z_a+Z_c)}{Z_b(Z_a+Z_c)} \tag{8-20}$$

식 (8-18)~(8-20)에서 {식 (8-18)+(8-19)+(8-20)}/2 등으로 하여 Z_a, Z_b 및 Z_c 를 구하면

$$Z_1=\frac{Z_aZ_c}{Z_a+Z_b+Z_c} \tag{8-21}$$

$$Z_2=\frac{Z_aZ_b}{Z_a+Z_b+Z_c} \tag{8-22}$$

$$Z_3=\frac{Z_bZ_c}{Z_a+Z_b+Z_c} \tag{8-23}$$

식 (8-21)~(8-23)을 각각 Z_a, Z_b 및 Z_c 에 대해 풀면 그 결과는

$$Z_a=\frac{Z_1Z_2+Z_2Z_3+Z_3Z_1}{Z_3} \tag{8-24}$$

$$Z_b=\frac{Z_1Z_2+Z_2Z_3+Z_3Z_1}{Z_1} \tag{8-25}$$

$$Z_c=\frac{Z_1Z_2+Z_2Z_3+Z_3Z_1}{Z_2} \tag{8-26}$$

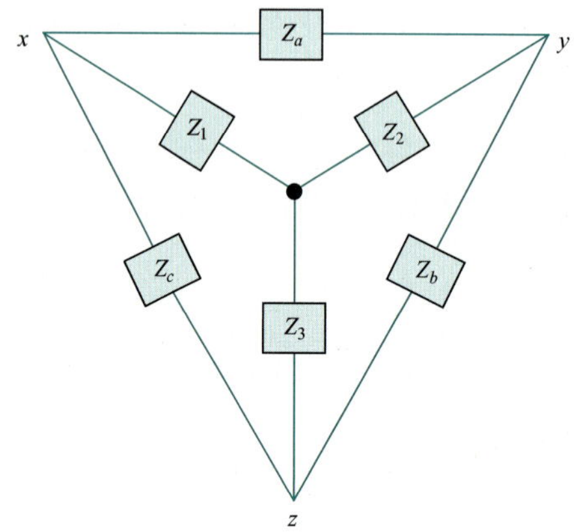

그림 8-54 변환관계를 기억하기 위한 그림

그림 8-54은 Y-△ 등가 변환관계를 기억하는 데 편리한 그림이다. 위 식의 결과를 그림8-54에 대응시켜 다음과 같이 기억하면 편리하다.

$$\triangle \rightarrow \text{Y 변환에서 } Z_1 = \frac{\text{인접 } Z\text{의 적}}{\Sigma Z} \tag{8-27}$$

$$\text{Y} \rightarrow \triangle \text{ 변환에서 } Z_a = \frac{\Sigma Z}{\text{건너편 } Z} \tag{8-28}$$

예제 8-23

그림 8-55의 회로에서 단자 a, b 간의 합성저항 R_{ab} 를 구하여라.

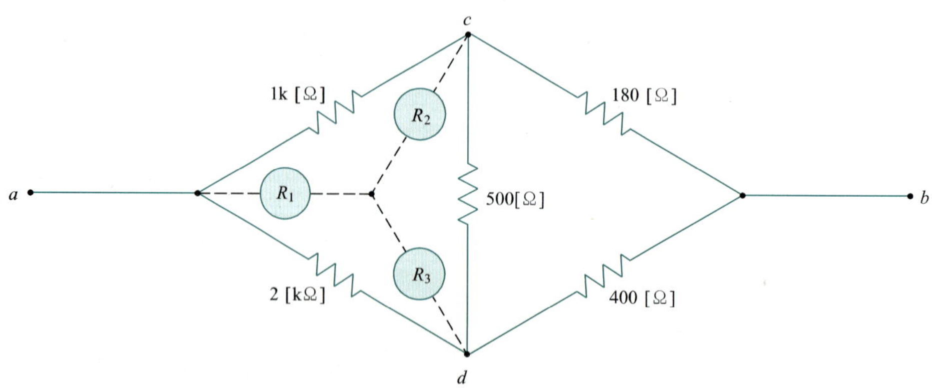

그림 8-55 예제 8-23의 회로

풀이

이 회로는 직·병렬회로가 아니며 acd 및 bcd 가 각각 △형으로 되어 있다. 따라서 2개의 △형 회로 중 어느 하나를 등가 Y형으로 변환하면 된다. 그러므로 좌측의 △형 회로를 등가인 Y형으로 변환했을 때의 저항의 크기를 각각 R_1, R_2 및 R_3 라고 하면

$$R_1 = \frac{1000 \times 2000}{1000 + 2000 + 500} = 571 \ [\Omega]$$

$$R_2 = \frac{1000 \times 500}{100 + 2000 + 500} = 143 \ [\Omega]$$

$$R_3 = \frac{1000 \times 500}{100 + 2000 + 500} = 286 \ [\Omega]$$

그림 8-56는 △형 회로(acd)를 Y형으로 등가변환한 것이다. 이 회로에서 R_{oc} 와 R_{cb} 및 R_{db} 는 가가 직렬로 되어 있으므로

$$R_{ocb} = 143 + 180 - 323 \ [\Omega]$$

$$R_{odb} = 286 + 400 = 686 \ [\Omega]$$

이며, R_{ocb} 와 R_{odb} 는 병렬이므로 합성저항 R_{ob} 는 다음과 같다.

$$R_{ob} = \frac{323 \times 686}{323 + 686} = 220 \ [\Omega]$$

$$R_{ab} = 571 + 220 = 791 \ [\Omega]$$

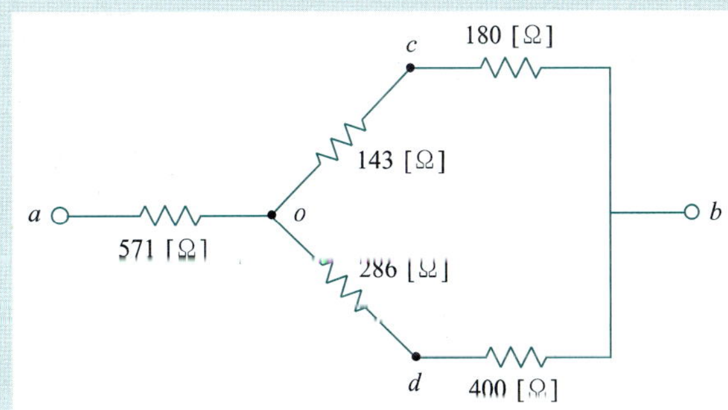

그림 8-56

예제 8-24

다음의 회로에서 v_0의 전압은 몇 [V]인가?

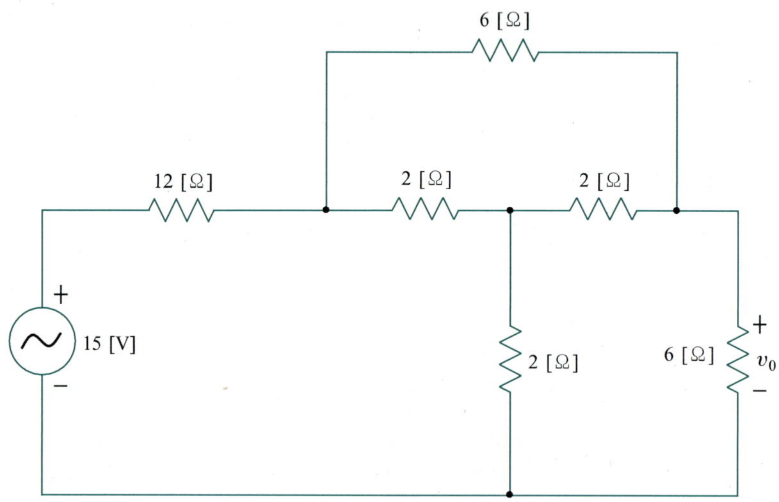

그림 8-57 예제 8-24의 회로

풀이 상기 회로에서 2 [Ω] 3개가 Y형이므로 $Y \to \triangle$로 바꾸면 저항은 3배로 증가되므로 다음 회로와 같이 된다.

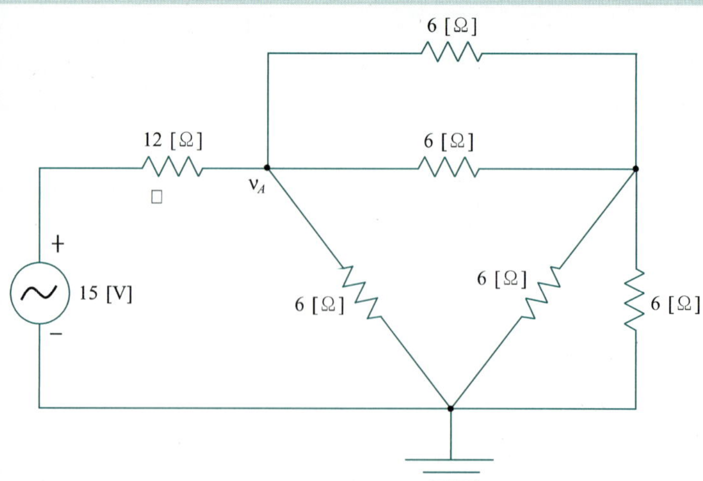

그림 8-58 예제 8-24의 풀이 (1)

상기회로를 변형하면 다음과 같다.

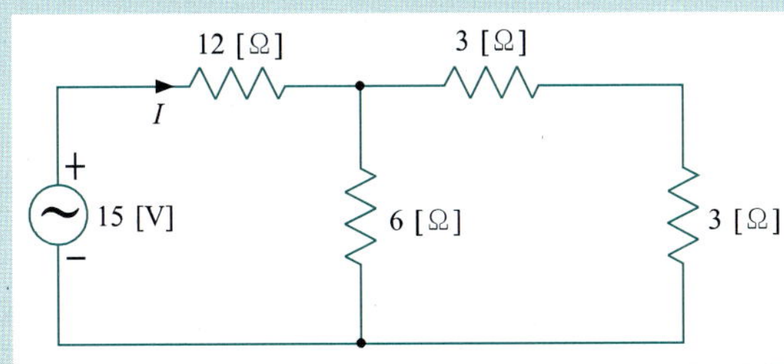

그림 8-59 예제 8-24의 풀이 (2)

상기회로에서 합성 저항을 구하면 R=12+3=15 [Ω]이므로

전체에 흐르는 전류 I는 $I=\dfrac{V}{R}=\dfrac{15}{15}=1$ [A]이므로

상기회로 v_A의 전위는 15-12=3 [V]이므로 문제에서 요구하는 6 [Ω]의 전위 v_o는 1.5 [V]가 된다.

연습문제

8-1 그림 8-60과 같은 회로에서 3 [Ω] 단자 양단에 걸리는 전압은 얼마인가?

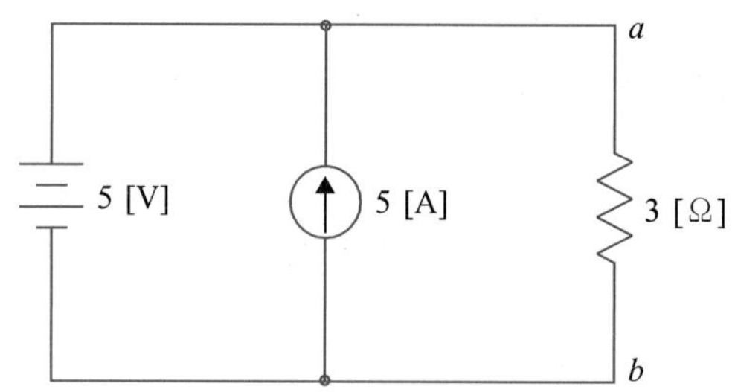

그림 8-60

8-2 그림 8-61의 회로에서 3 [Ω]의 저항 양단의 전압 V는 몇 [V]인가?

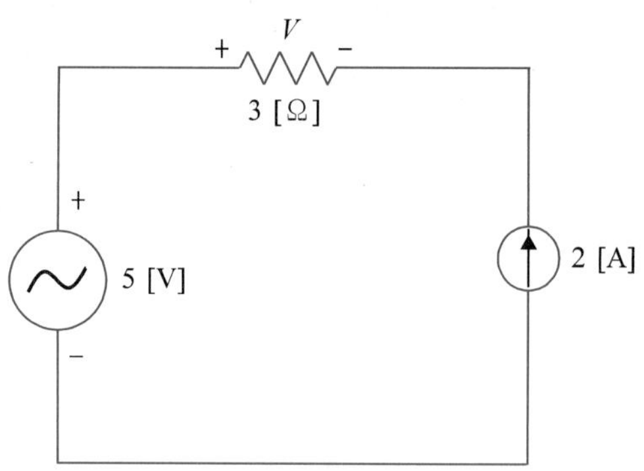

그림 8-61

8-3 그림의 회로에서 a, b 단자 사이의 전압 V는 몇 [V]인가?

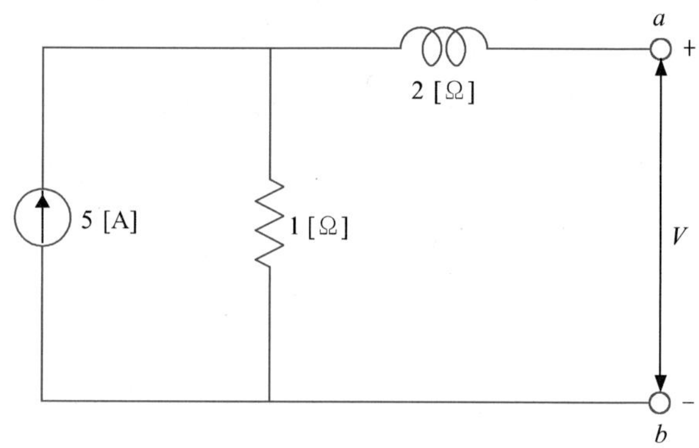

그림 8-62

8-4 그림의 회로를 테브난의 등가회로로 고쳐라.

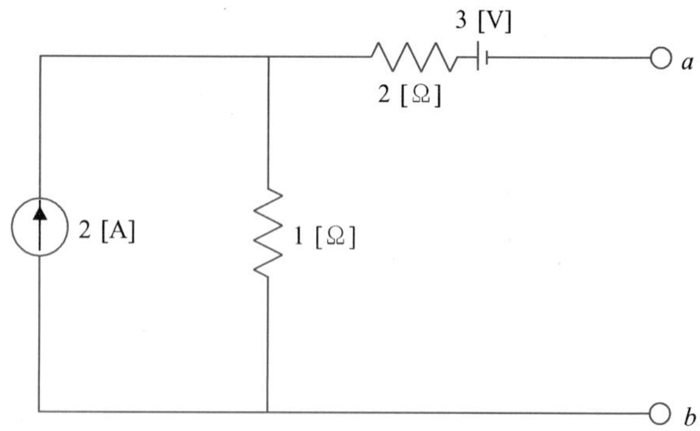

그림 8-63

8-5 그림 8-64에서 10 [Ω]의 저항에 흐르는 전류의 값을 구하여라.

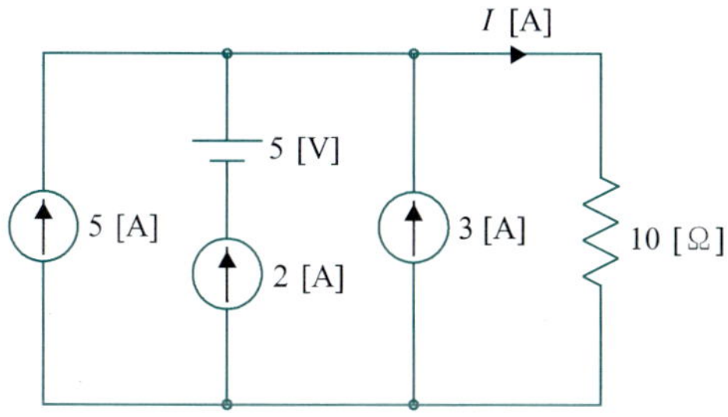

그림 8-64

8-6 그림 8-65의 회로에서 10 [Ω]의 저항 단자에 걸리는 전압의 크기는 몇 [V]인가?

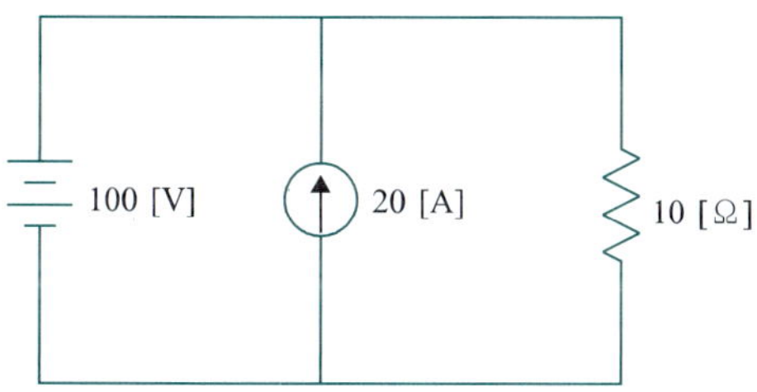

그림 8-65

8-7 그림 8-66에서 전류 I의 크기는 몇 [A]인가?

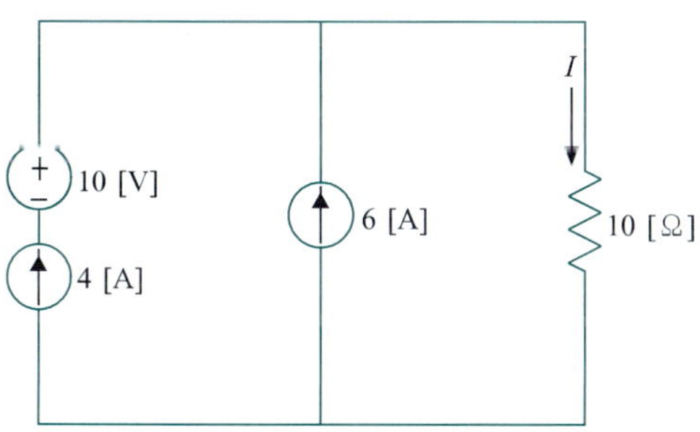

그림 8-66

8-8 그림 8-67의 회로에서 10 [Ω]의 저항 양단의 전압은 얼마인가?

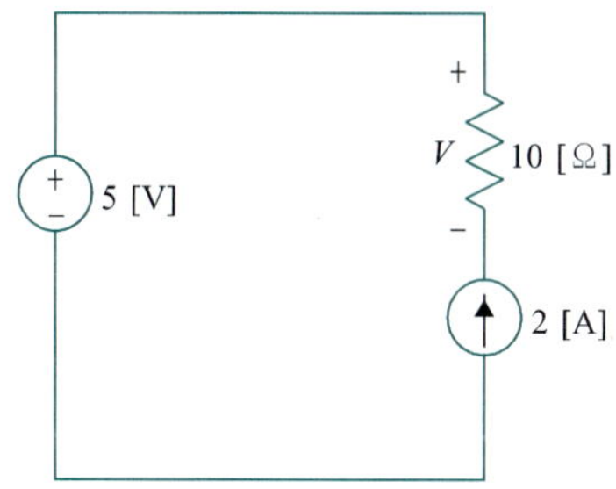

그림 8-67

8-9 그림 8-68의 회로에서 10 [Ω]의 저항에 흐르는 전류는 몇 [A]인가?

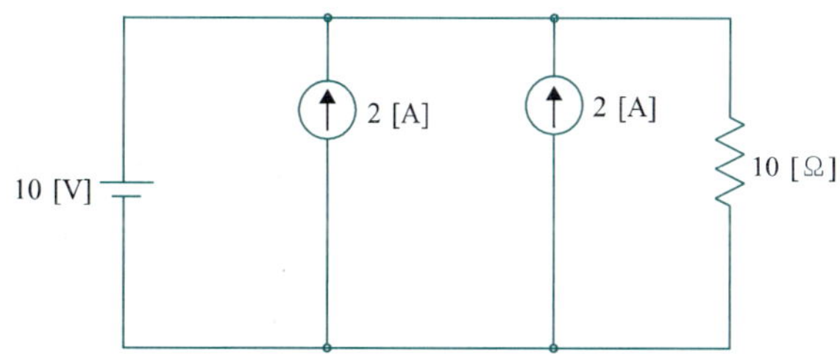

그림 8-68

8-10 그림 8-69의 회로에서 전류 I의 값은 얼마인가?

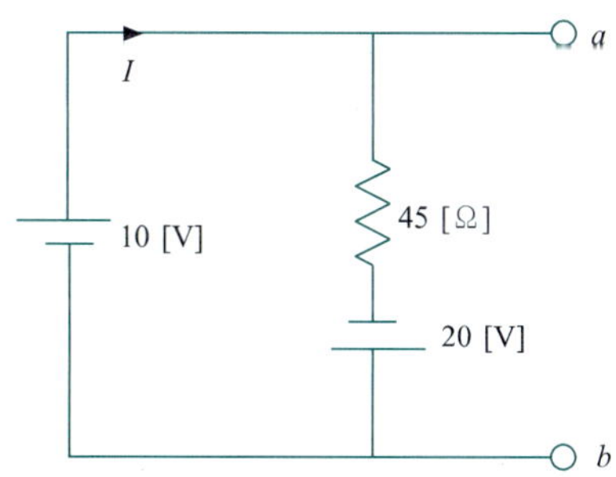

그림 8-69

8-11 그림 8-70에서 a, b 사이의 단자전압은 몇 [V]인가?

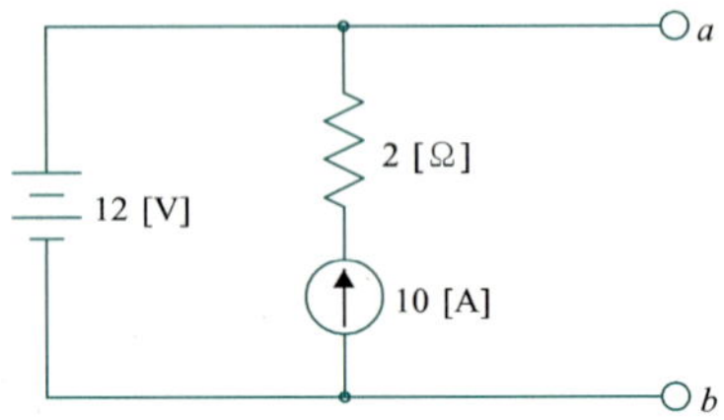

그림 8-70

8-12 그림 8-71의 회로에서 저항 20 [Ω]에 흐르는 전류는 몇 [A]인가?

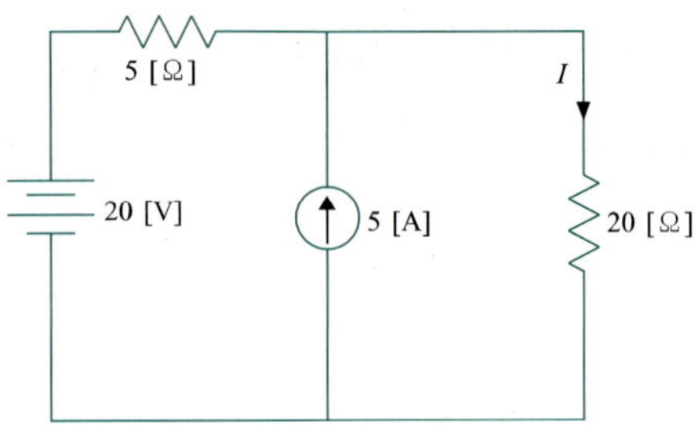

그림 8-71

8-13 그림 8-72의 회로에서 $V_1 = 110$ [V], $V_1 = 10$ [V], $R_1 = 1$ [Ω], $R_2 = 2$ [Ω]일 때, a, b 단자에 5 [Ω]의 R_3를 연결하면 a, b 사이의 단자전압은 얼마인가?

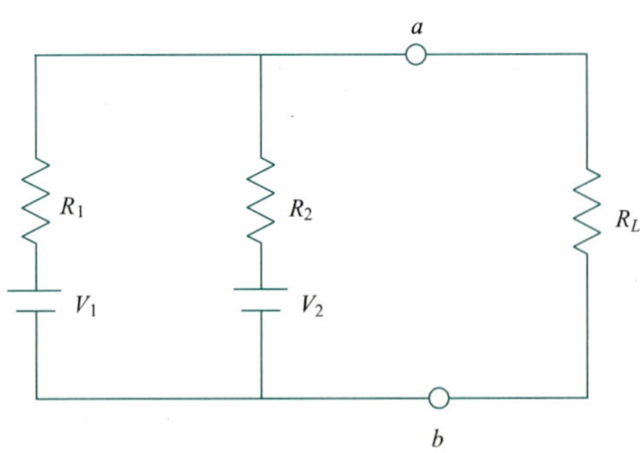

그림 8-72

8-14 그림 8-73의 회로에서 테브난의 정리에 의한 등가회로의 전원전압과 저항값은 얼마인가?

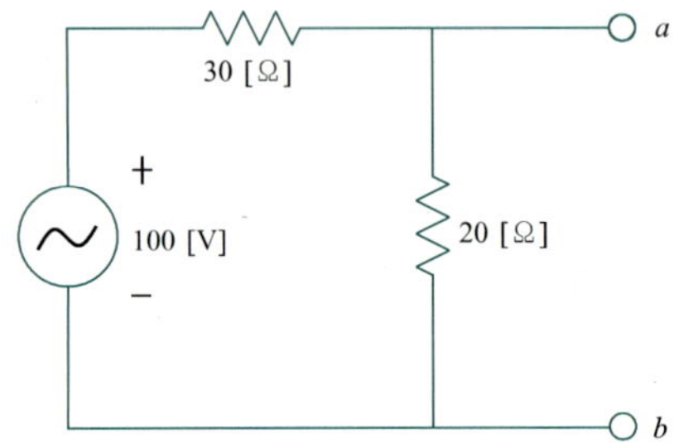

그림 8-73

8-15 그림 8-74에서 부하 R_L에서 소비되는 최대전력은 얼마인가?

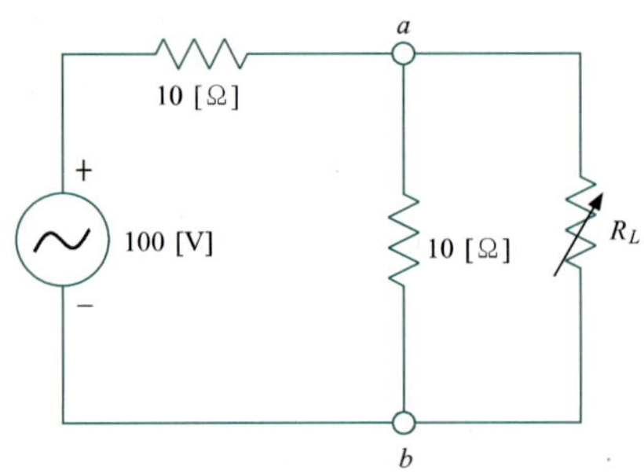

그림 8-74

8-16 그림 8-75의 회로에서 부하저항 R_L을 얼마로 할 때 최대전력이 공급되겠는가?

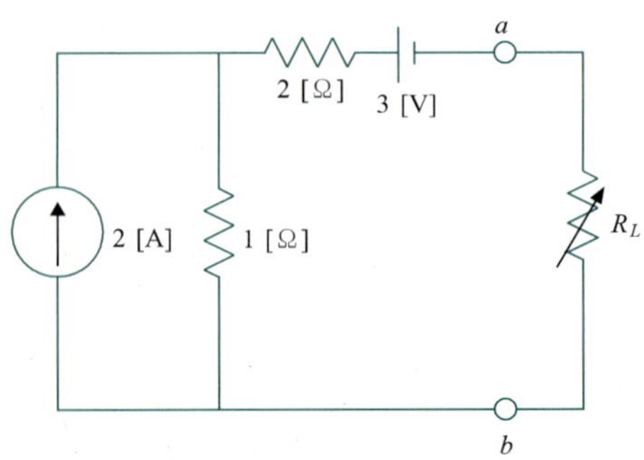

그림 8-75

8-17 그림 8-76의 회로에서 부하 임피던스 $\dot{Z}_L$ 를 얼마로 할 때 최대전력이 공급되겠는가?

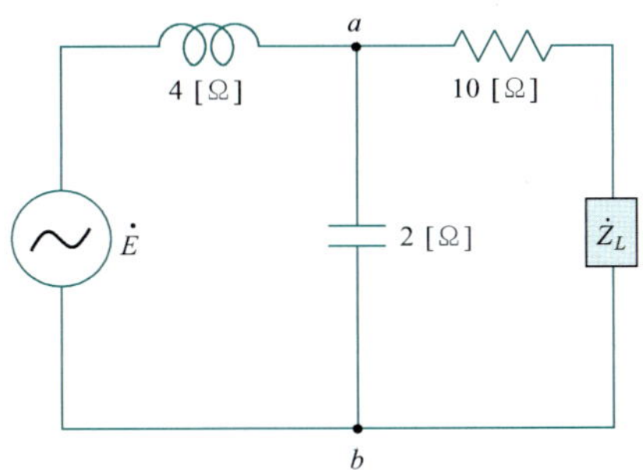

그림 8-76

8-18 그림 8-77과 같은 선형 회로망에서 단자 a, b 사이에 200 [V]의 전압을 가할 때, 단자 c, d 에 흐르는 전류가 10 [A]였다. 반대로 c, d 사이에 100 [V]를 가하면 a, b 사이에 흐르는 전류는 얼마인가?

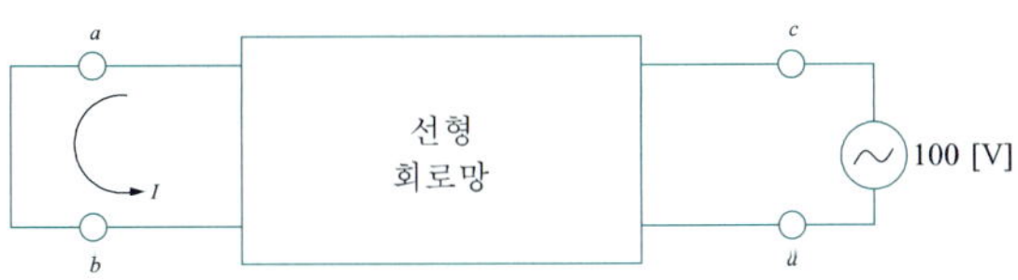

그림 8-77

8-19 다음 회로에서 전류 I_1, I_2, I_3 를 구하여라.

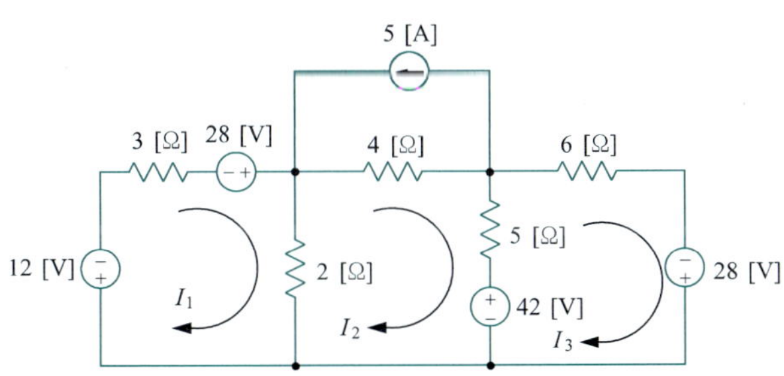

그림 8-78

8-20 그림과 같은 입방체 모양의 회로망에 대해 다음 물음에 답하여라. 단, 각 모서리 저항은 모두 $r=1$ [Ω]이다.

① 회로해석 시 독립적인 전압방정식을 몇 개 설정할 수 있는가?

② 회로망 그래프를 그린 후 독립적인 전압방정식을 세워라.

③ 회로망에 표시된 각 지로전류 I_{ab}, I_{bc}, I_{bf}, ……를 구하여라.

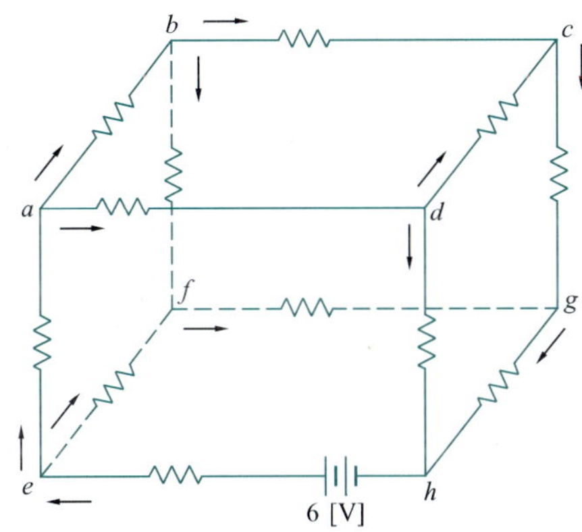

그림 8-79

8-21 그림과 같은 회로에 있어서 각 저항에 흐르는 전류를 절점해석법을 이용하여 구하여라.

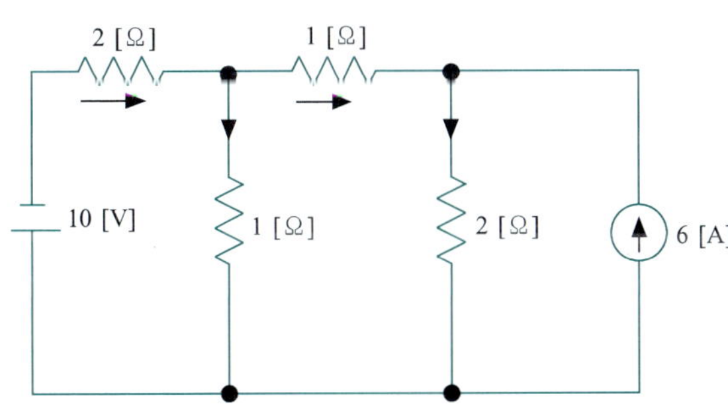

그림 8-80

8-22 그림의 회로에서 각 저항을 흐르는 전류 I_1, I_2, I_3, I_4 를 구하여라.

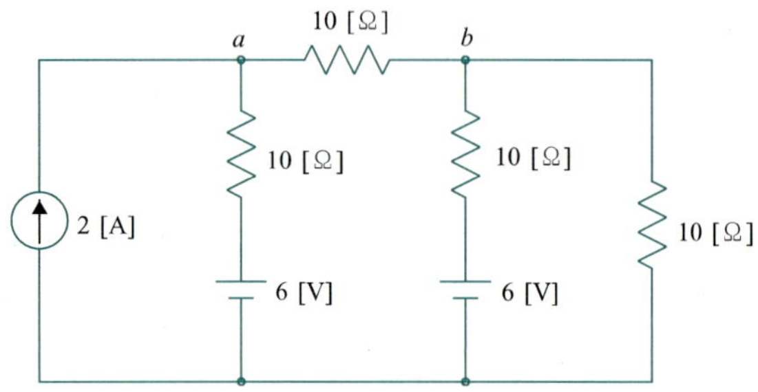

그림 8-81

8-23 그림 8-82(a)와 같은 회로를 (b)와 같은 등가 전압원과 직렬저항으로 변환시켰을 때 V_0, R_0 의 값을 구하여라.

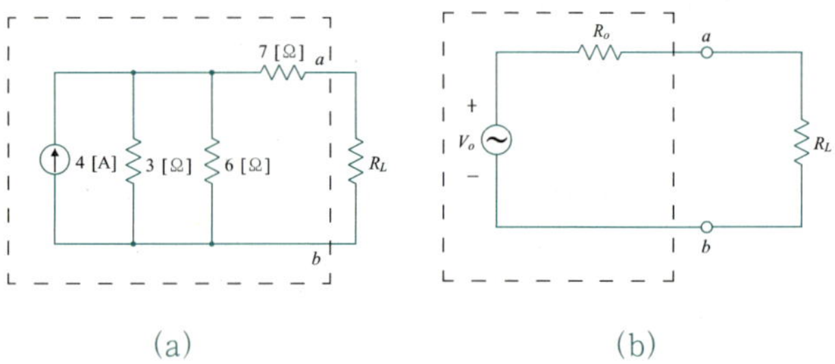

그림 8-82

8-24 다음 회로에서 4 [Ω]에 흐르는 전류 I를 구하시오.

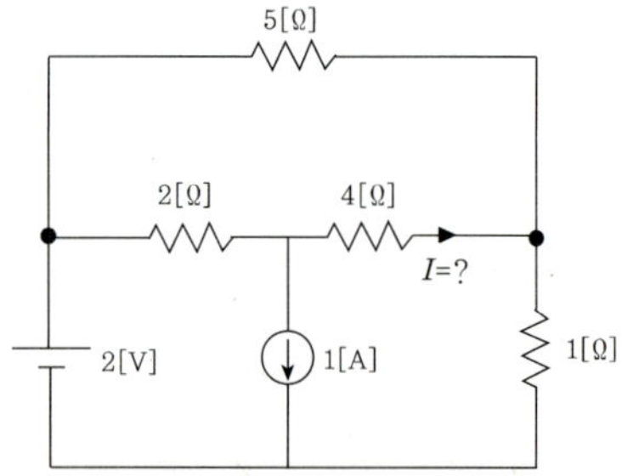

그림 8-83

8-25 그림의 회로에서 저항 R_L에 흐르는 전류를 테브난의 등가회로를 이용하여 구하여라.

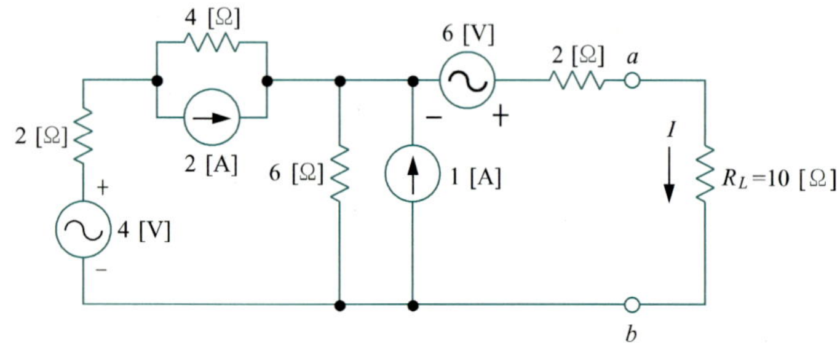

그림 8-84

8-26 그림의 회로에서 저항 R_L 에 흐르는 전류를 노턴의 등가회로를 이용하여 구하여라.

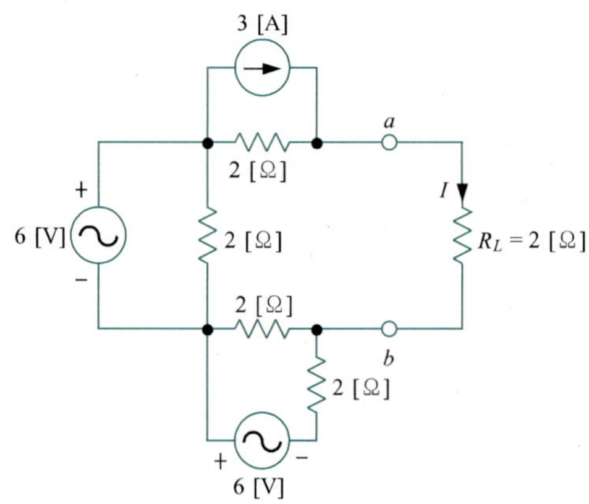

그림 8-85

8-27 그림과 같이 두 개의 회로망 N_1 과 N_2 가 있다. 단자 a, b 와 a', b' 간의 각각의 전압은 50 [V], 100 [V]이다. 또한, 양 단자에서 N_1, N_2 를 향한 임피던스가 90 [Ω]과 10 [Ω]이라면 a 와 a', b 와 b'을 연결했을 때 이곳을 흐르는 전류값은 얼마인가?

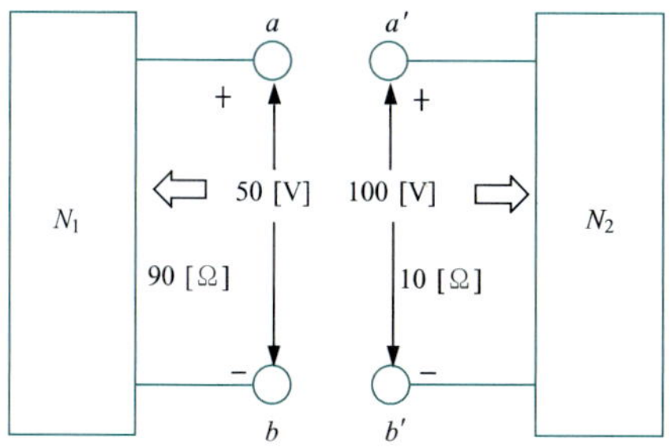

그림 8-86

8-28 그림의 회로에서 a, b 간의 전압을 구하여라.

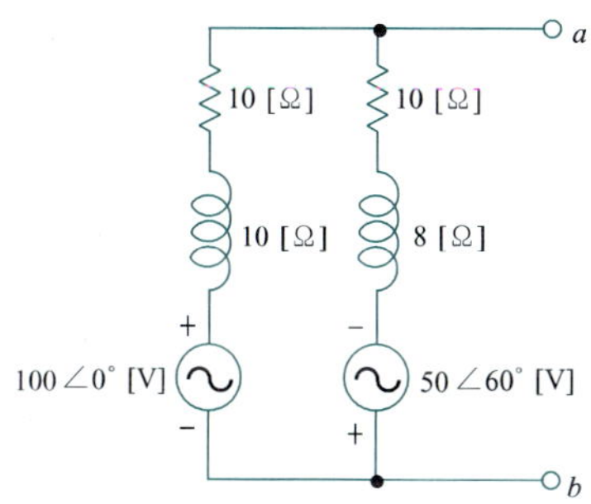

그림 8-87

8-29 그림의 회로에서 V_g는 미지의 전압이다. 내부저항 0.5 [Ω]의 전류계를 지로 a, b에 직렬로 삽입하였더니 그 지시가 7.365 [A]였다면 전류계 삽입 이전에 실제로 지로 a, b를 흐르던 전류는 얼마인가?

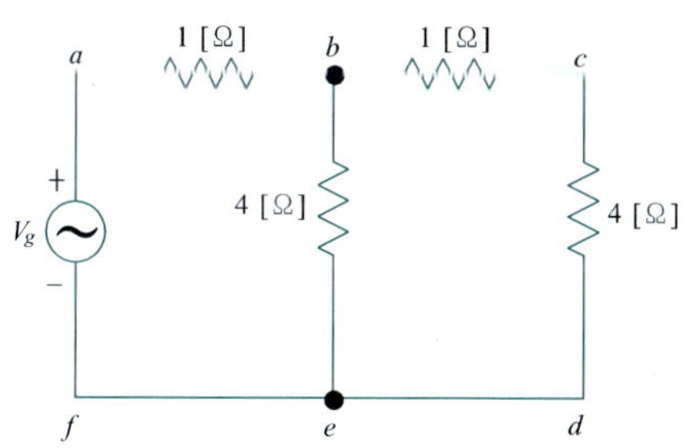

그림 8-88

8-30 그림과 같은 선형 회로망에 있어서 단자 a, b 간에 100 [V]의 전압을 가할 때 단자 c, d에 5 [V]의 전류가 흘렀다. 이와는 반대로 c, d 간에 50 [V]의 전압을 걸어 준다면 a, b에 흐르는 전류값은 얼마나 되나?

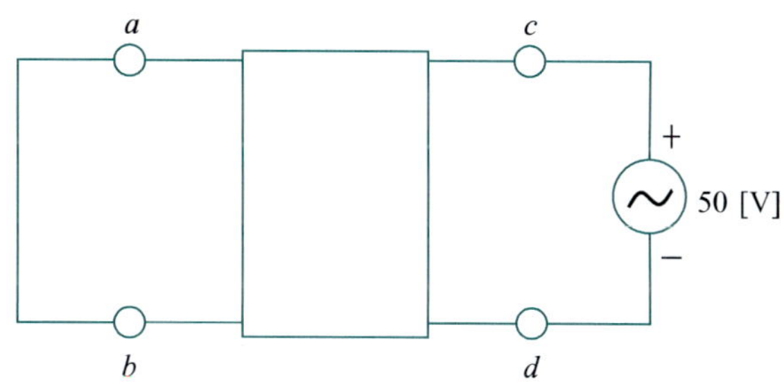

그림 8-89

8-31 그림에서 단자 a, b에 나타나는 전압 V_{ab}는 몇 [V]인가?

① 3.3 ② 4.3 ③ 5.3 ④ 6

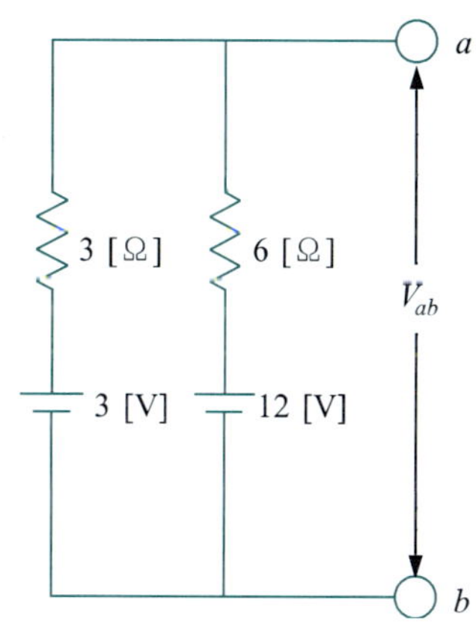

그림 8-90

복습문제

문제 1. 그림과 같은 회로에서 80 [Ω]에 흐르는 전류는 몇 [A]인가?

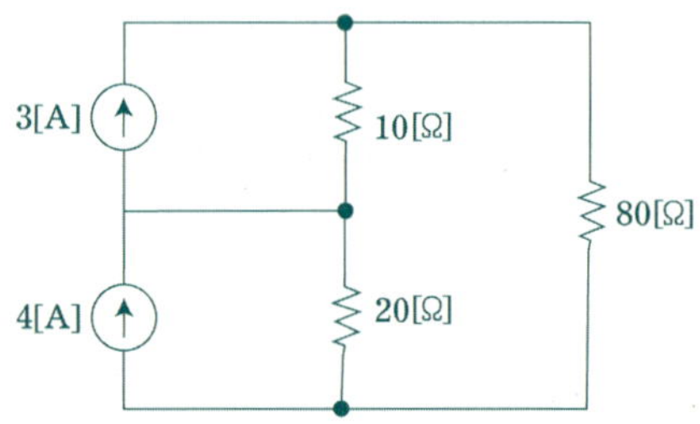

㉮ 1 ㉯ 3 ㉰ 4 ㉱ 7

문제 2. 다음 그림의 회로에서 i_1, i_2를 구하여라.

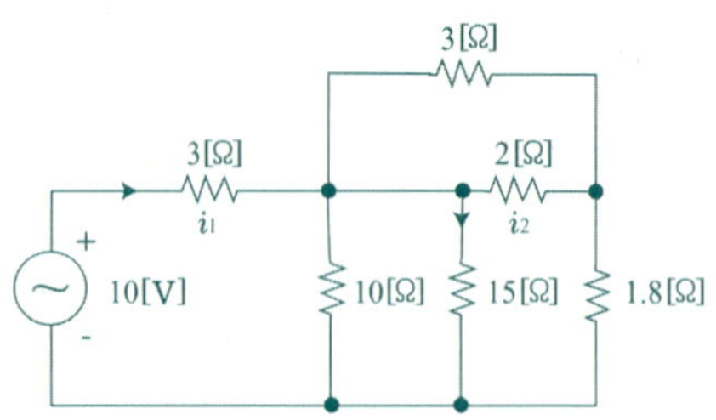

문제 3. 그림의 회로에서 각 저항에 흐르는 전류를 구하라.

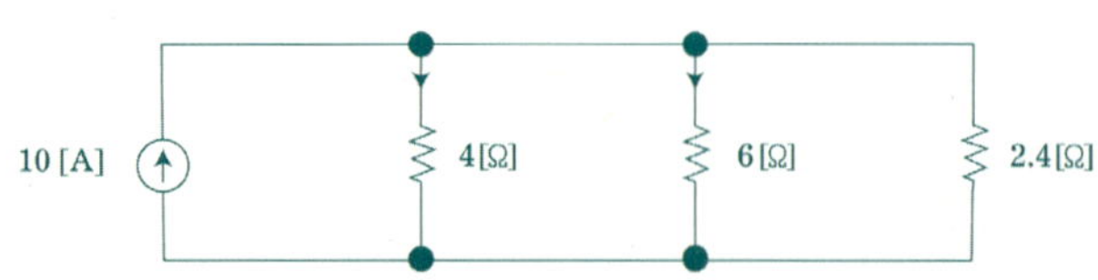

문제 4. 다음 회로는 4개의 저항과 두개의 전지로 구성된 회로를 나타낸 것이다. E_1, E_2는 각 전지의 기전력이고, R_1, R_2, R_3는 각 저항의 저항값이며, I_1, I_2, I_3는 전류의 세기이다. 이 회로에 키로히호프의 법칙을 적용한 식으로 옳은 것을 보기에서 모두 고르시오.
(단, 모든 전지의 내부저항은 무시한다.)

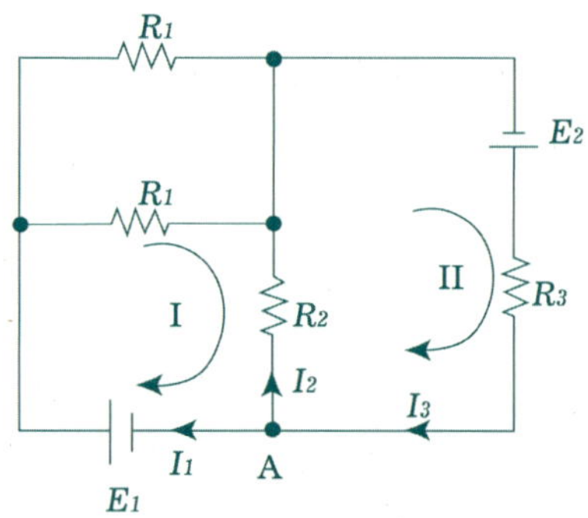

【보기】

ㄱ. $I_1 + I_2 = I_3$

ㄴ. $I_1R_1 + I_2R_2 = E_1$

ㄷ. $I_2R_2 + I_3R_3 = E_2$

문제 5. 문제 그림과 같은 회로에서 저항 6 [Ω]의 양단 전압 E [V]를 구하면 얼마인가?

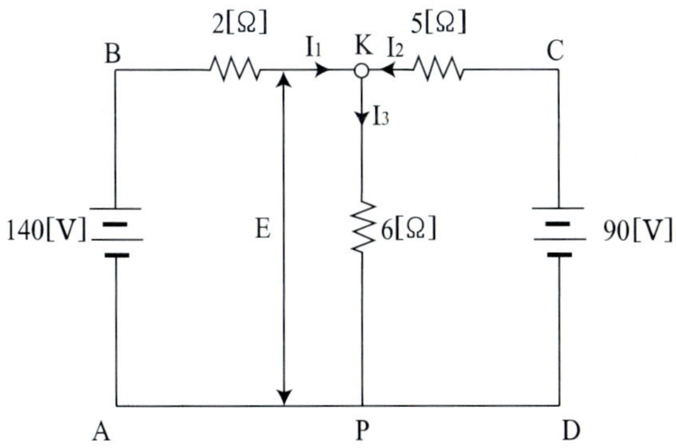

㉮ 20V　　㉯ 40V

㉰ 60V　　㉱ 80V

문제 *6*. 그림에서 8 [Ω]의 양단에 걸리는 전압은 얼마인가?

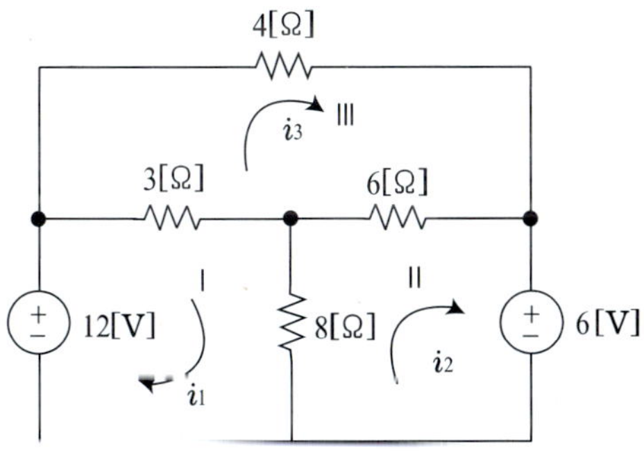

문제 *7*. 다음의 회로에서 전류 i를 구하시오.

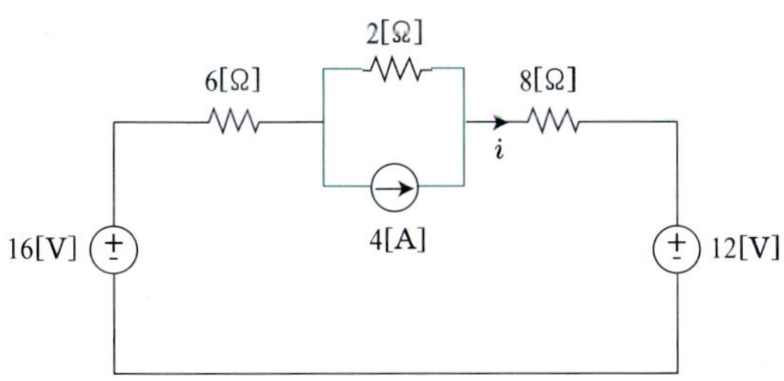

문제 *8*. 회로에서 전류 i_o와 전압 v_o을 구하시오.

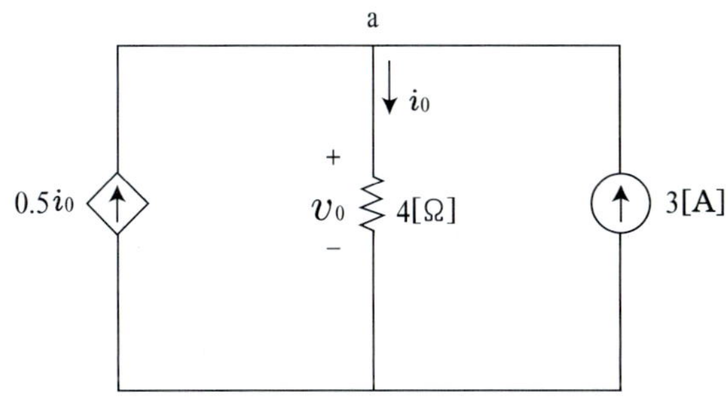

문제 *9*. 회로에서 v_x와 v_o를 구하시오.

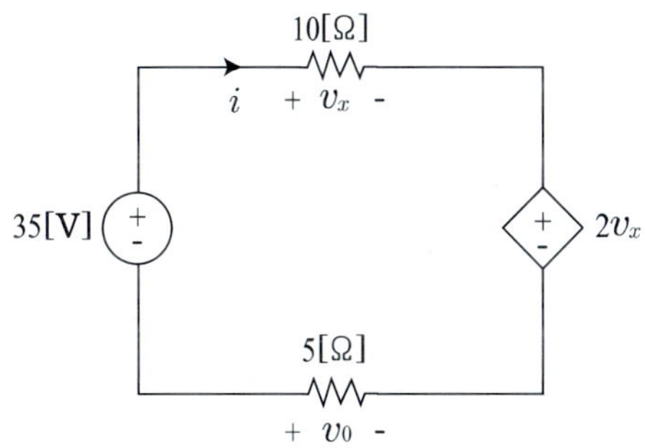

문제 *10*. 회로에서 전압 v_o와 전류 i_1에서 i_4까지를 구하시오.

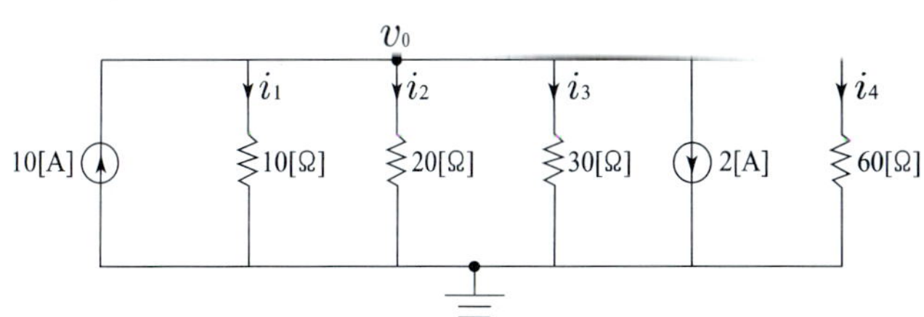

문제 *11*. 다음의 회로에서 v_o를 구하시오.

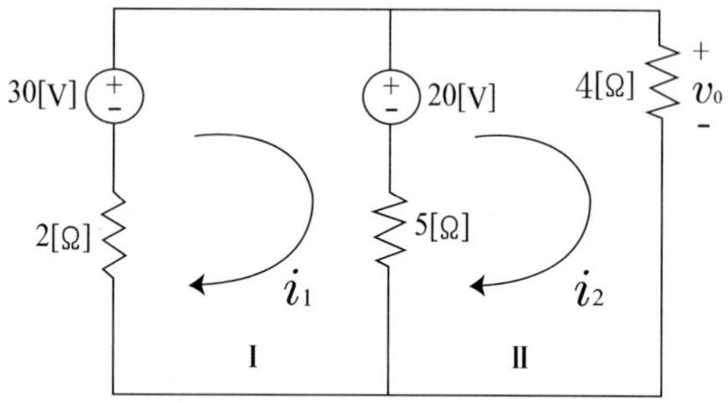

문제 *12*. 회로에서 i_o를 구하시오

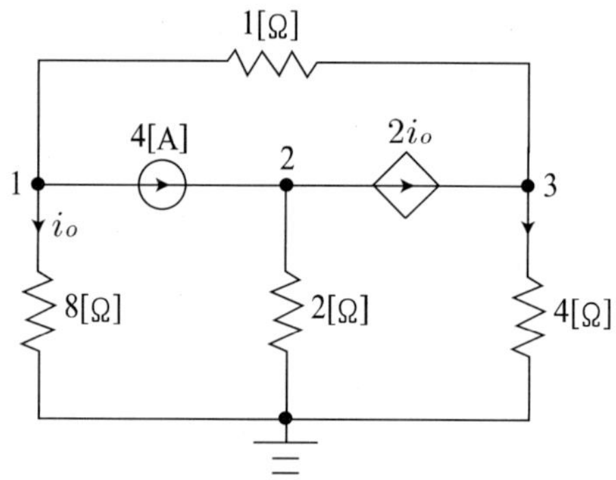

문제 *13*. 다음회로에서 V_1, V_2, V_3 전압을 구하시오.

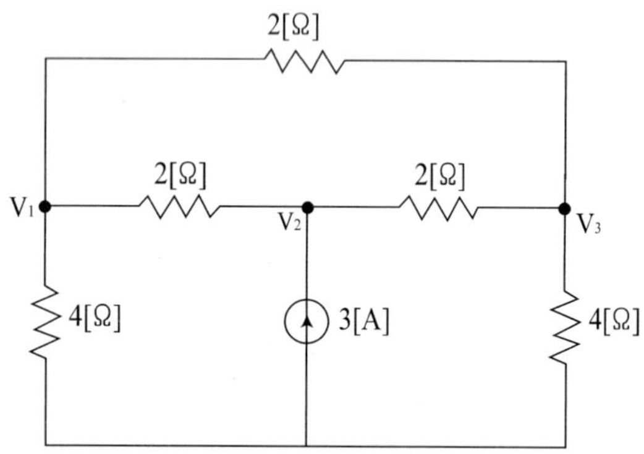

문제 *14*. 다음의 회로에서 a) V_s와 V_4와 b)I_2를 구하여라.

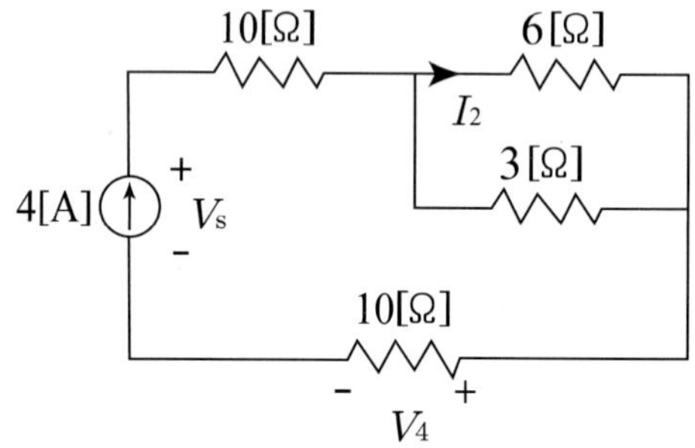

문제 *15*. 다음의 회로망에서 I_2와 V_3를 구하여라.

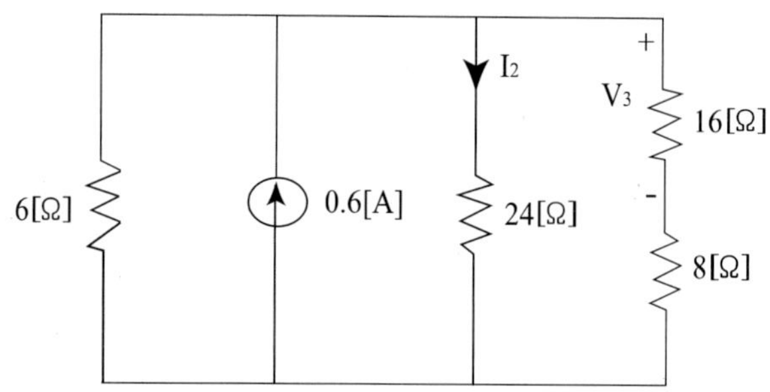

문제 *16*. 다음회로에서 전류 I를 구하시오.

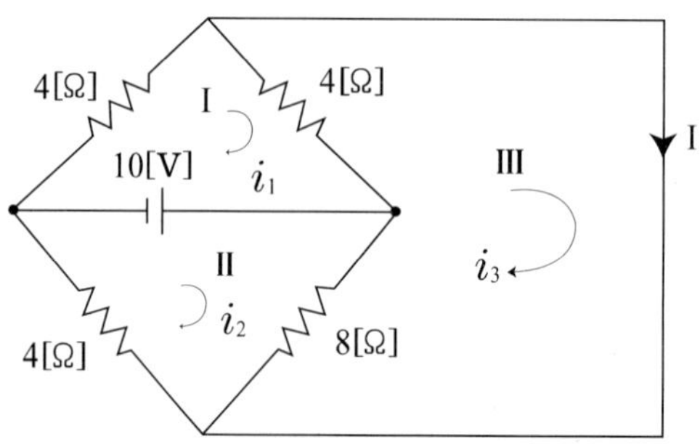

단, $i_3 = I$임

문제 17. 다음 회로의 단자 a, b에서 우측을 본 저항은 얼마인가? 단, $2v_1$은 종속 전류 전원이다.

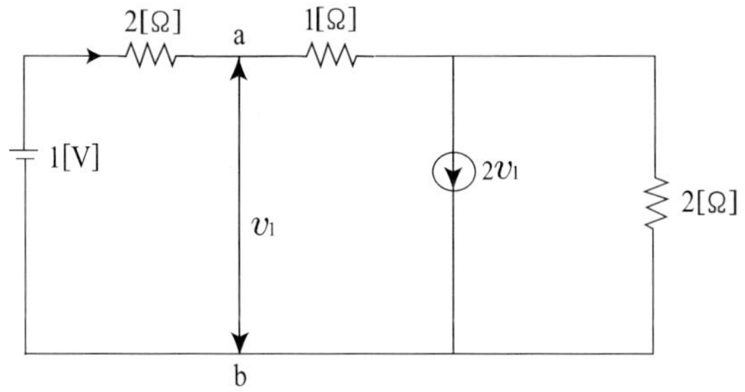

문제 18. 다음 회로에서 2 [Ω]에 흐르는 전류는 몇 [A]인가?

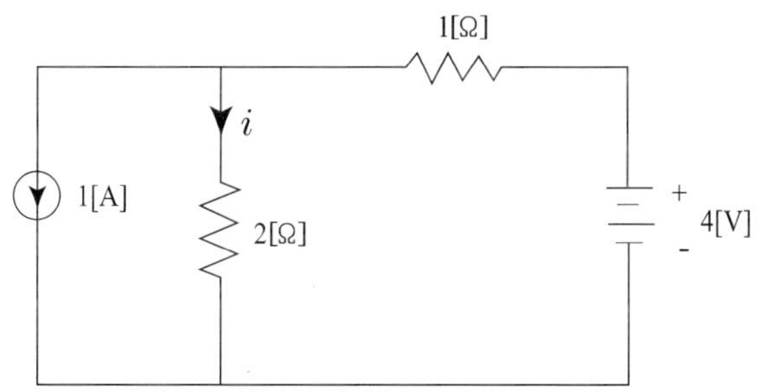

문제 19. 내부 임피던스가 50 [Ω]인 정전압 전원의 출력 단자에 50 [Ω]의 저항을 연결할 때 단자 전압이 6 [V]이었다면 같은 전원에 100 [Ω]의 저항을 연결했을 때의 단자 전압 [V]은?

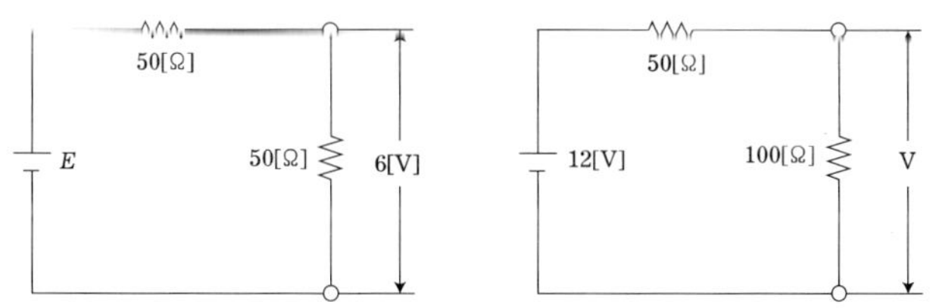

(a) (b)

문제 20. 그림과 같은 회로에서 단자 a, b에 테브난의 정리를 이용한 등가 전압원 [V]은?

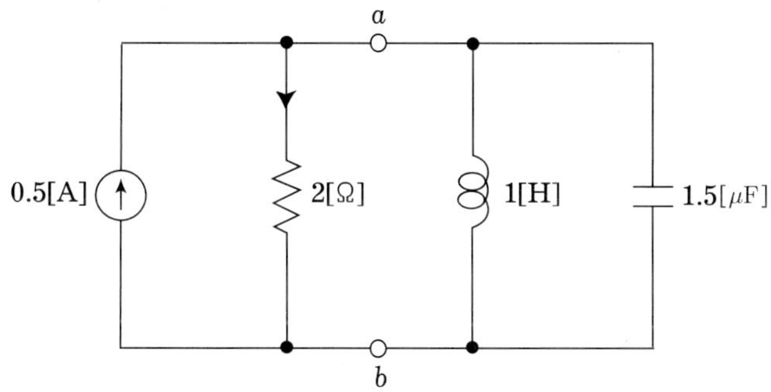

문제 21. 그림의 회로에서 $\dfrac{v_0}{v_g}$를 구하시오.

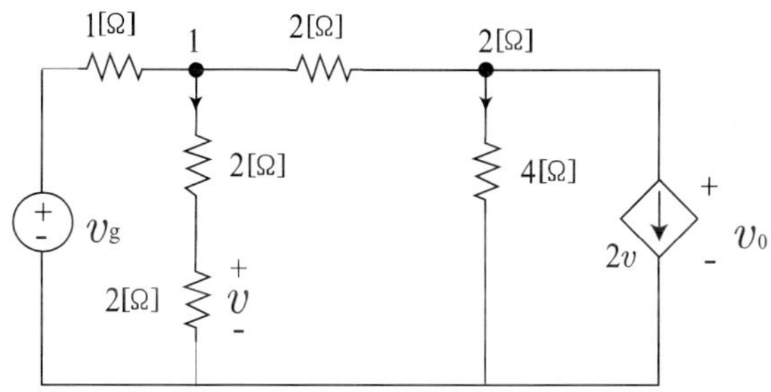

문제 22. 그림의 회로에서 i_1 및 i_2를 구하시오.

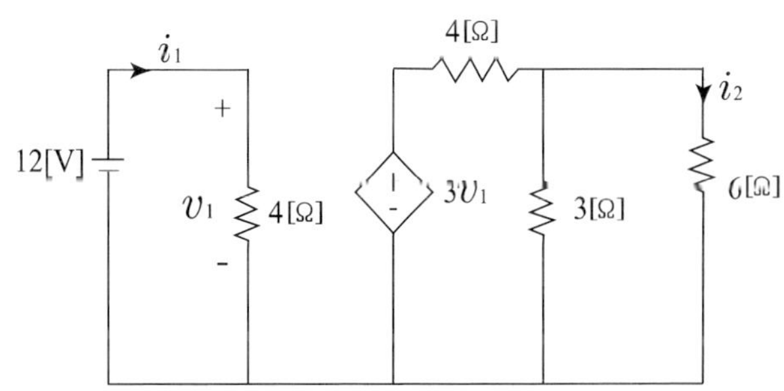

문제 *23.* 그림의 회로에서 v를 구하시오

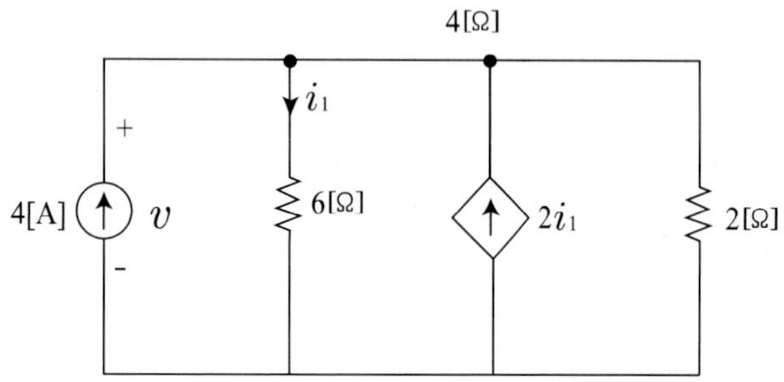

문제 *24.* 다음회로의 절점 전압 v_1, v_2, v_3를 구하시오.

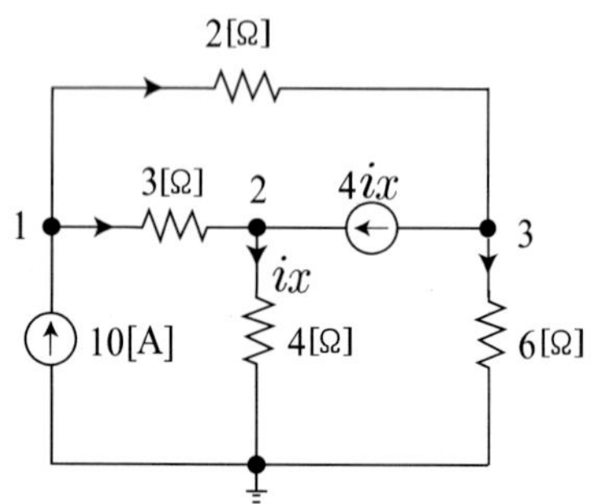

문제 *25.* 그림의 회로에서 v_0 [V]와 i_0 [A]를 구하시오.

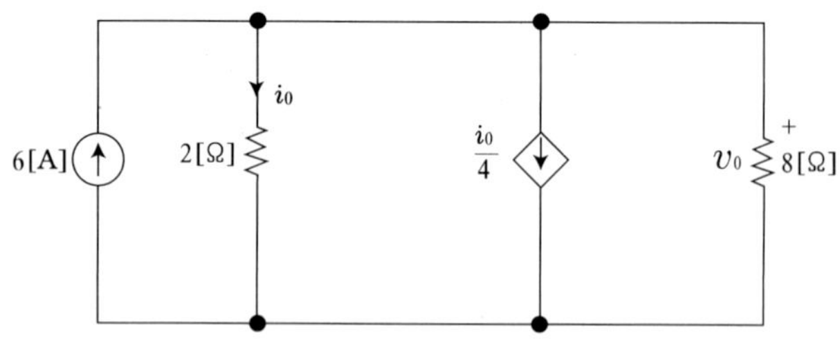

문제 *26.* 그림의 회로에서 종속전원이 전류 I_1 에 의해 제어될 때 저항 5 [Ω]양단의 전위차 V_0를 구하여라.

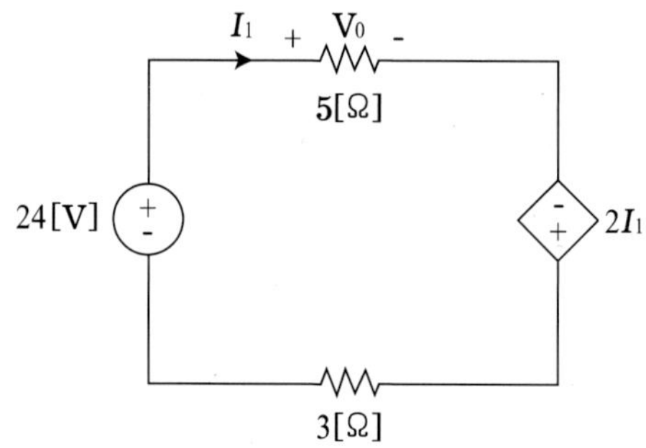

문제 *27.* 그림과 같은 회로에서 단자 ab에서 본 합성저항은 몇 [Ω]인가?

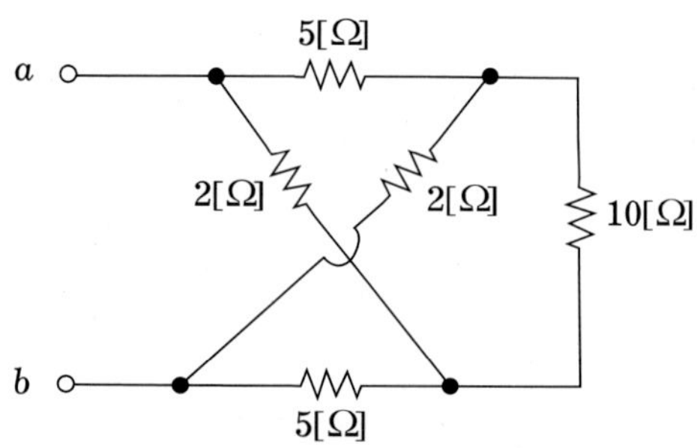

문제 *28.* 그림과 같은 회로에서 $\frac{V_2}{V_1}$는?

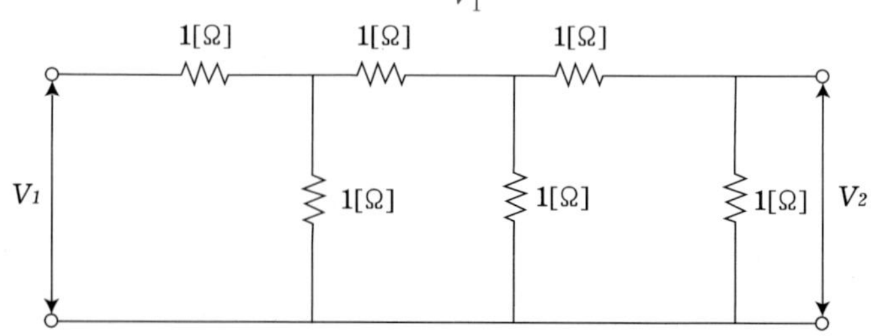

문제 *29.* 그림과 같은 회로를 테브난의 등가회로로 변환할 때 a, b 단자에서 본 등가 전압원의 값 [V]은?

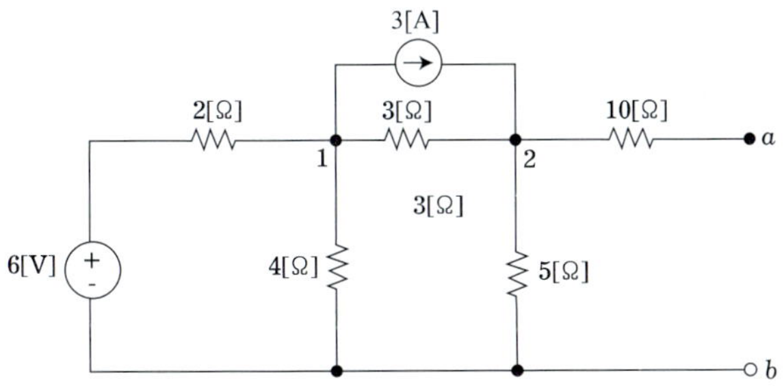

문제 *30.* 다음의 회로에서 전압 v_o를 구하시오.

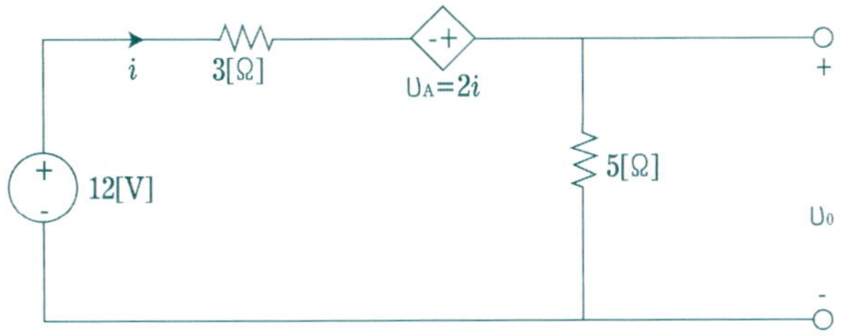

문제 *31.* 그림과 같이 전류제어 전류원을 포함한 회로에서 전압 v_o를 구하시오.

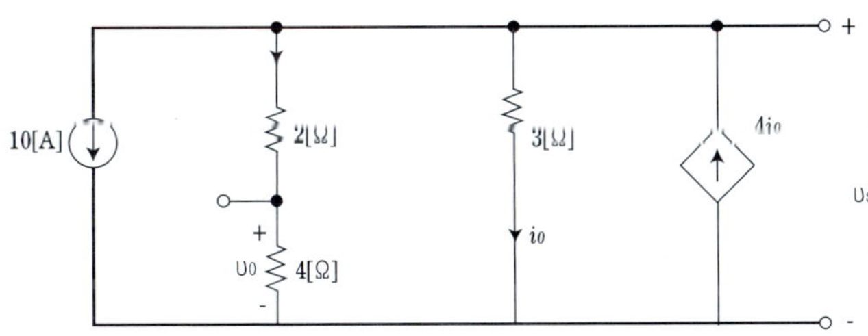

문제 *32.* 다음과 같은 회로에서 I_1과 I_2를 구하시오.

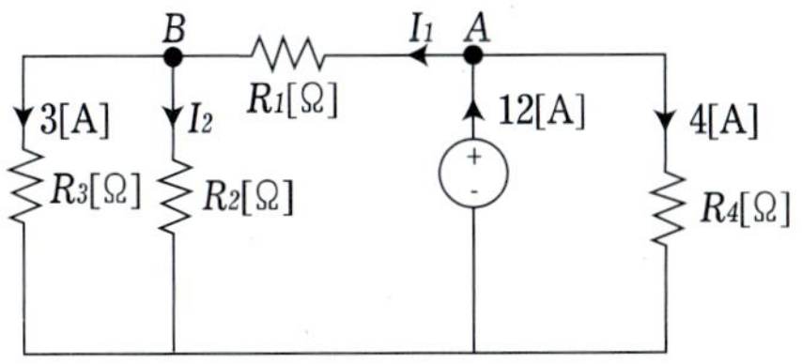

문제 *33.* 다음회로에서 i_x을 구하시오

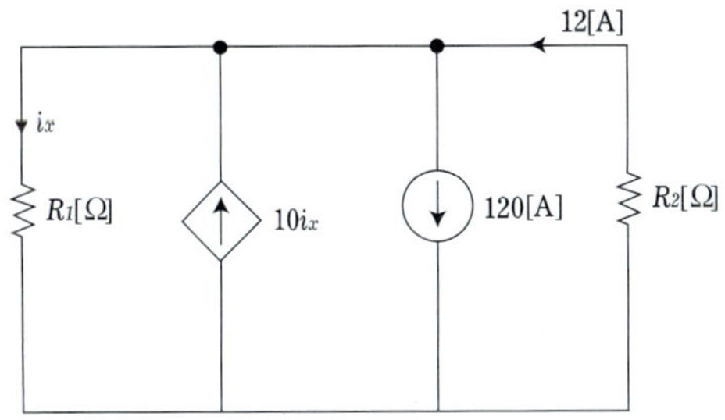

문제 *34.* 그림과 같은 회로에서 전압 v_o를 구하시오.

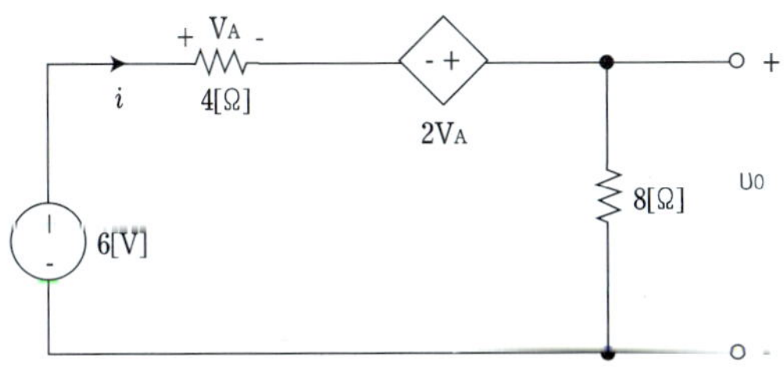

문제 *35.* 그림과 같은 회로에서 전압 v_o를 구하시오.

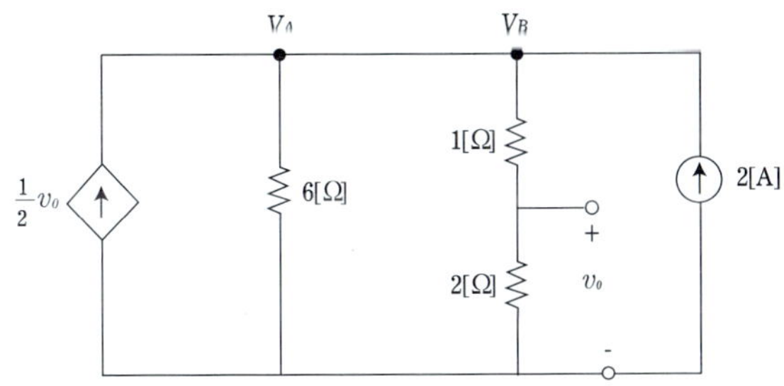

문제 *36.* 다음의 회로에서 모든 마디전압과 전류를 구하시오.

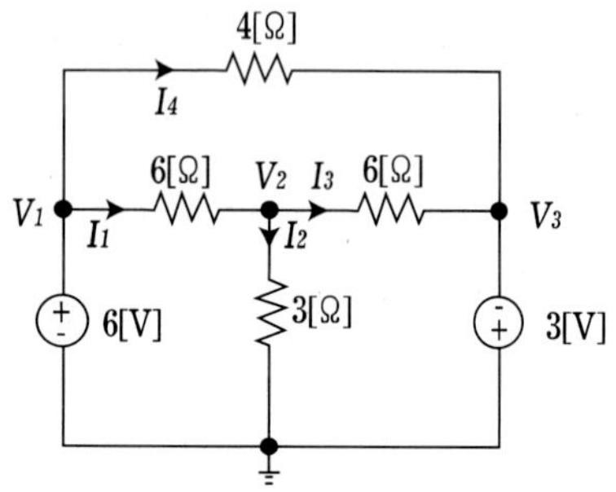

문제 *37.* 그림과 같은 회로망에서 전류 I_o를 구하시오.

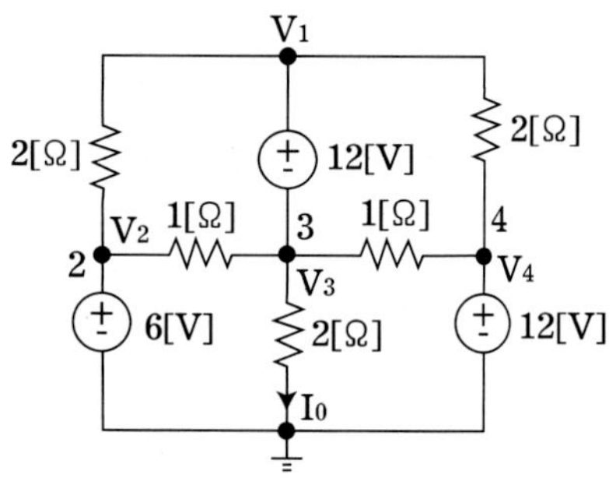

문제 *38.* 그림과 같은 회로에서 i_o, i_2를 구하시오.

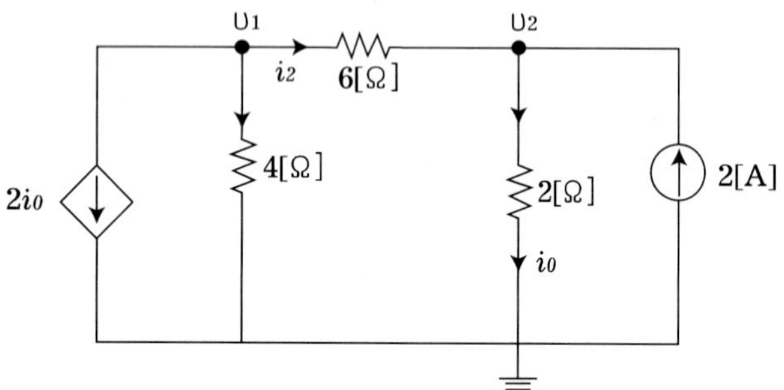

문제 *39.* 그림과 같은 회로망에서 전류 I_o를 구하시오.

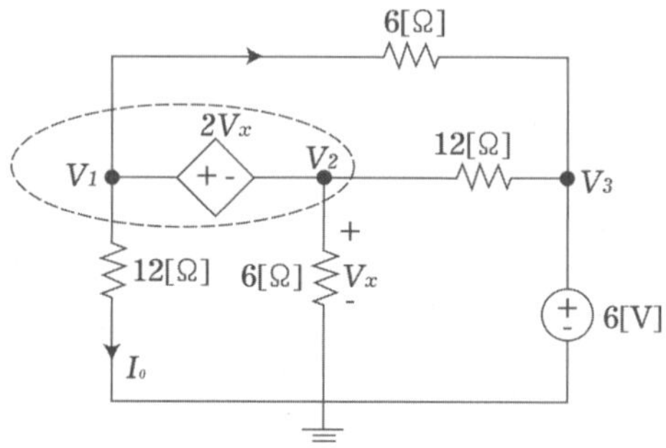

문제 *40.* 그림과 같은 회로에서 i_1, i_2을 구하시오.

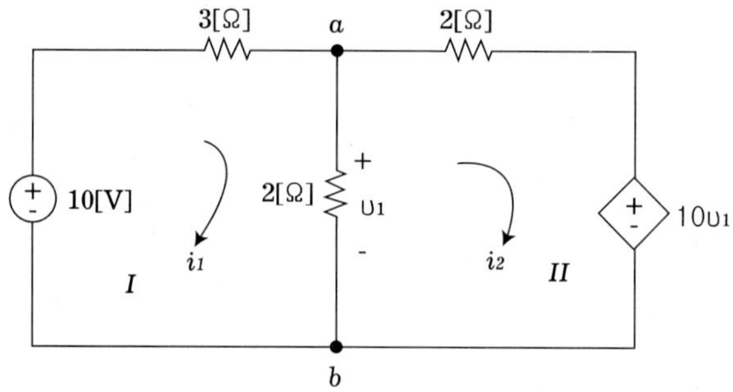

문제 *41.* 그림과 같이 종속 전류원을 포함하는 회로망에서 V_o를 구하시오.

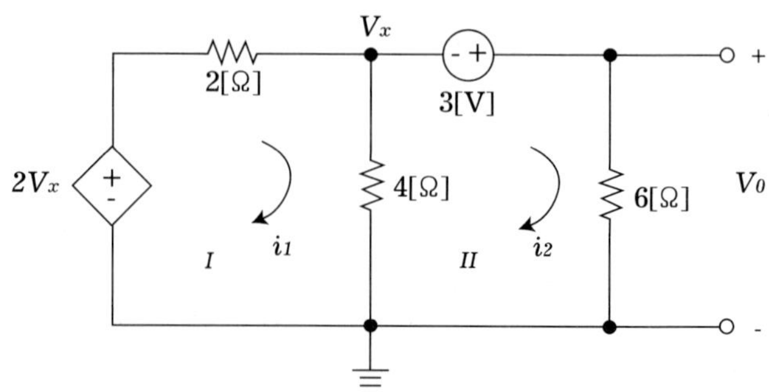

문제 42. 그림과 같이 종속전원을 포함하는 회로에 중첩의 원리를 이용하여 전류i를 구하시오.

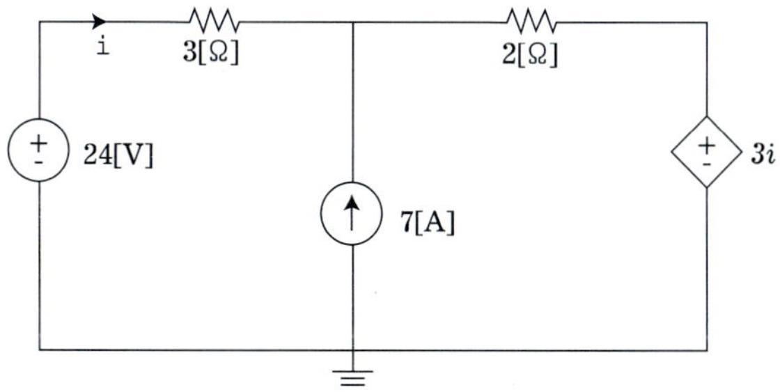

문제 43. 그림과 같이 종속전원만을 포함하는 회로에서 테브난과 노턴의 등가저항을 구하시오.

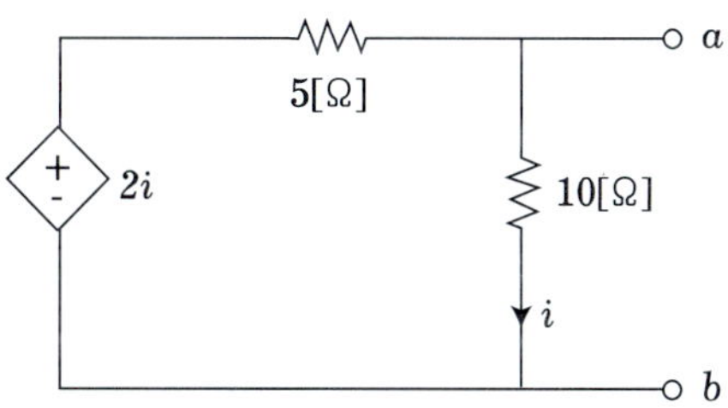

문제 44. 다음과 같은 회로망에서 단자 a, b에 대하여 테브난과 노턴의 등가회로를 구하시오.

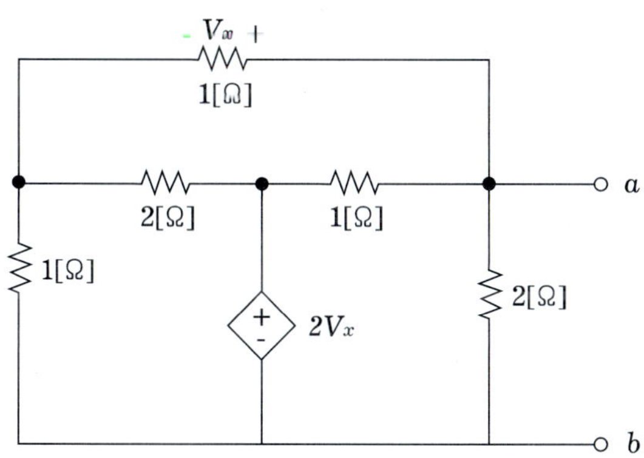

문제 45. 다음과 같은 회로에서 테브난의 정리를 이용하여 저항 7 [Ω]에 흐르는 전류를 구하시오.

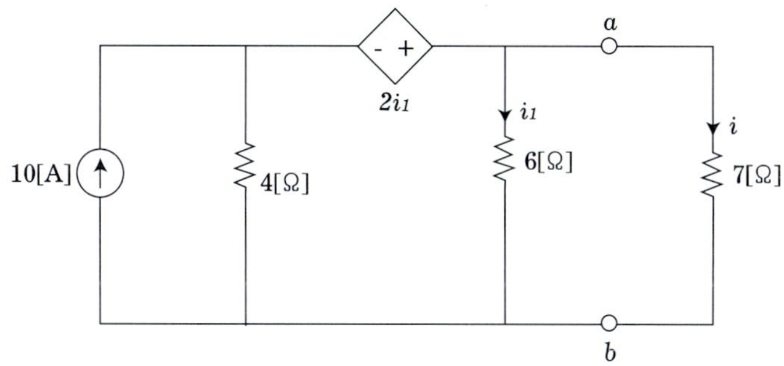

문제 46. 다음과 같은 회로에서 a, b사이의 전압 V_{ab}와 전류 I를 구하시오.

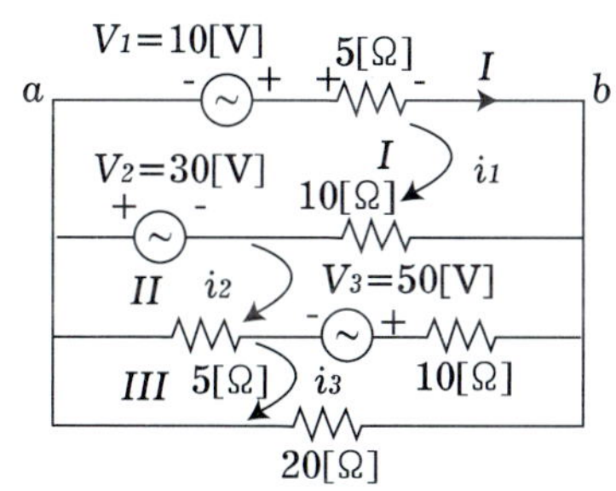

문제 47. 다음 회로에서 6 [Ω]에 흐르는 전류 I를 구하시오.

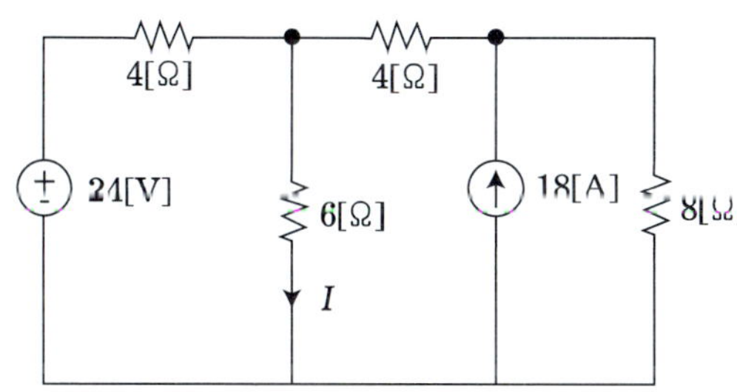

문제 48. 그림과 같은 회로에서 V_o를 구하시오.

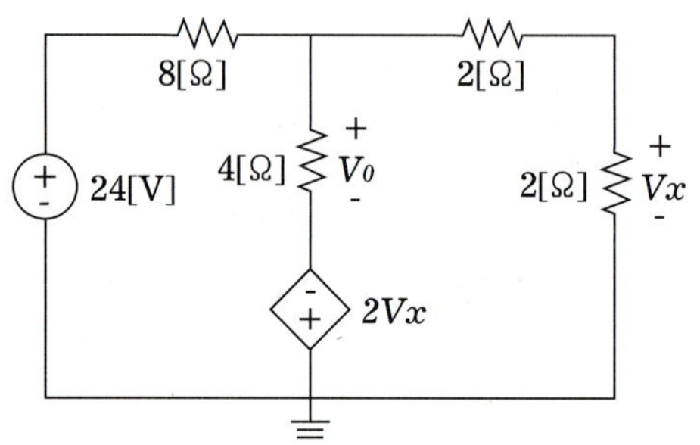

문제 49. 그림과 같은 회로에서 망로 해석법을 사용하여 전압 V_o를 구하시오.

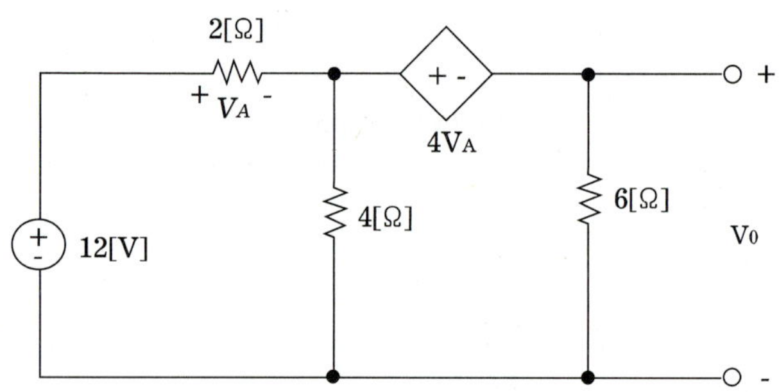

문제 50. 다음과 같은 회로에서 망로 해석법을 이용하여 전압 V_o를 구하시오.

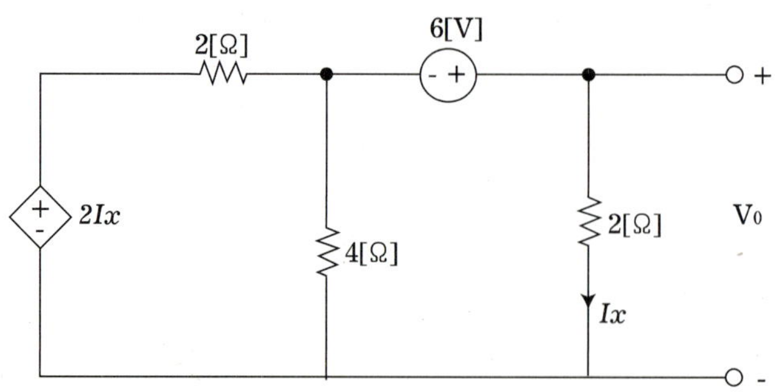

문제 51. 그림과 같은 회로에서 중첩의 원리를 적용하여 i_x를 구하시오.

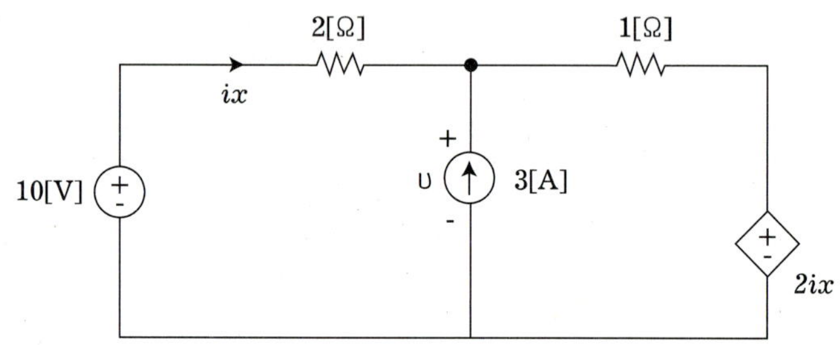

문제 52. 그림에서 테브난의 저항 R_{ab}를 구하시오.

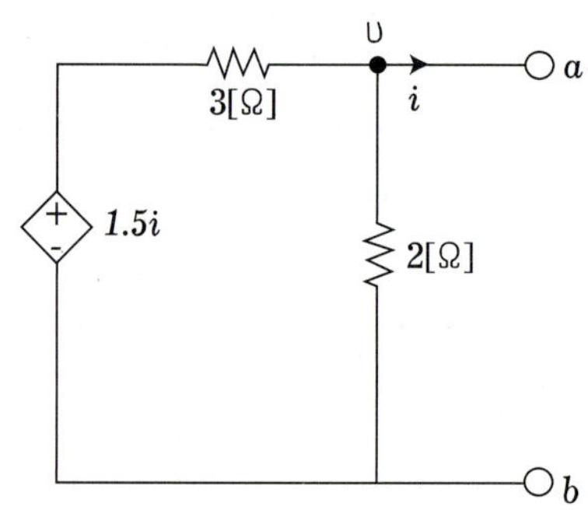

문제 53. 다음과 같은 회로에서 코일 L에 흐르는 전류를 구하시오.

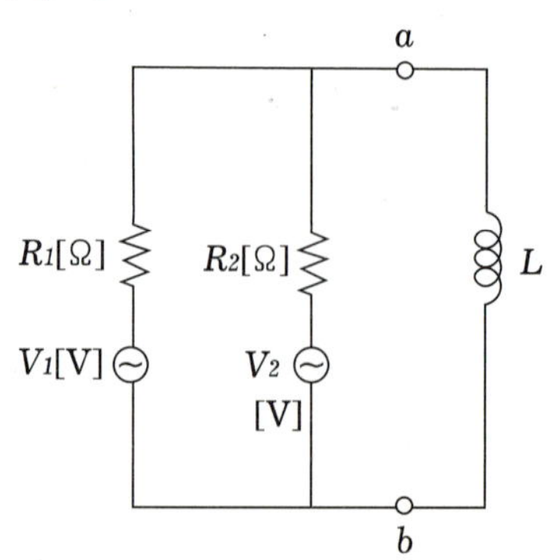

문제 54. 다음과 같은 회로에서 커패시터에 흐르는 전류의 크기를 구하시오.

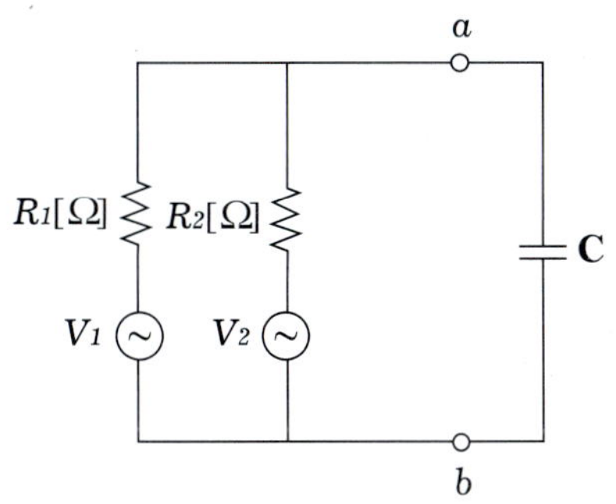

문제 55. 다음 회로에서 Δ부하를 Y로 환산하였을 때 Z_B를 구하라.

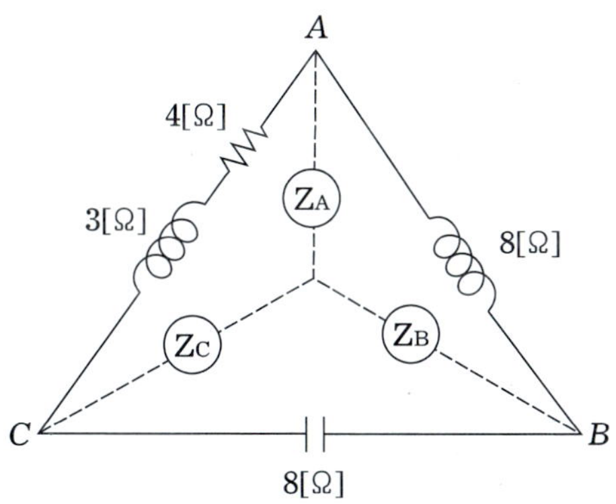

문제 56. 다음의 회로에 전류 i를 구하시오.

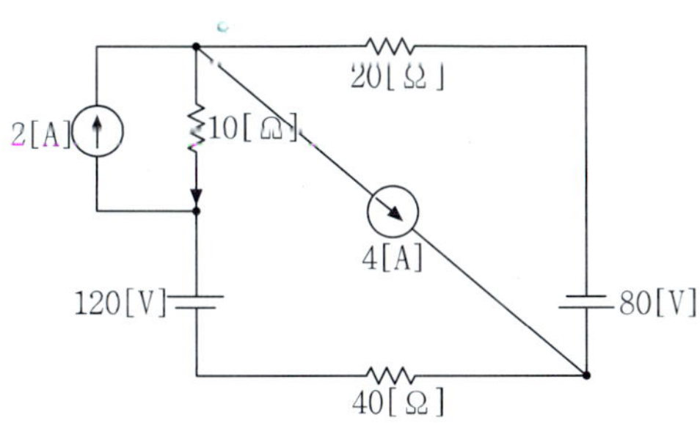

문제 57. 그림 회로에서 단자 a, b에 나타나는 전압 V_{ab}는 몇 [V]인가?

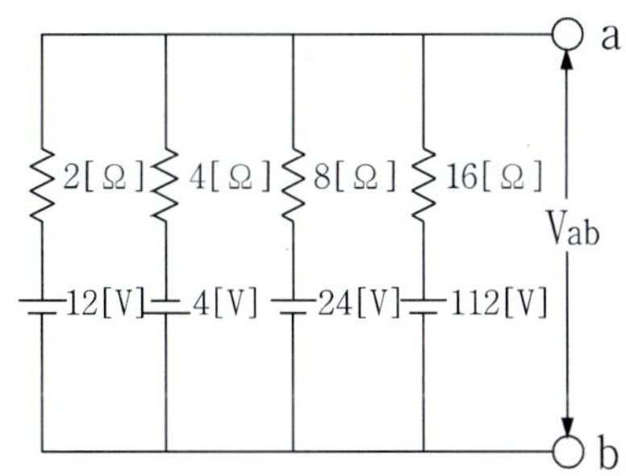

문제 58. 그림과 같은 회로에서 2 [Ω]에 흐르는 전류 I [A]는?

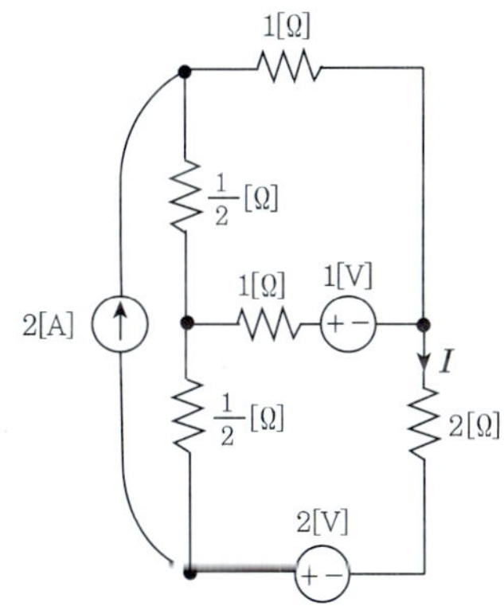

문제 59. 기전력이 각각 E_1 및 E_2인 전지를 그림과 같이 접속했을 때 A, B간의 전류가 0이 되기 위한 조건은?

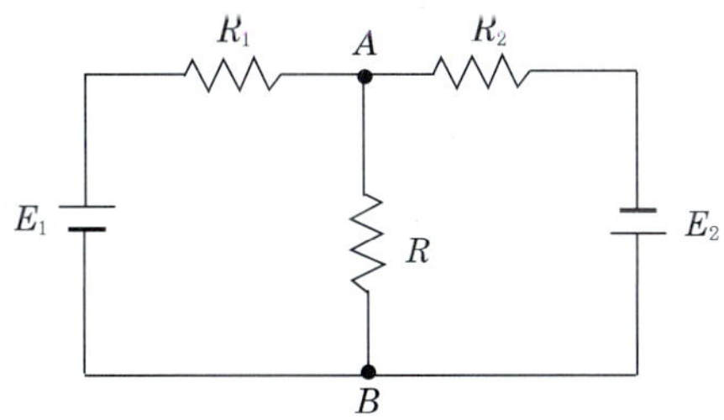

문제 *60*. 그림과 같은 회로에서 전지 E_1 및 E_2를 흐르는 전류가 0일 때 기전력 E_1, E_2 및 R_1, R_2의 관계는?

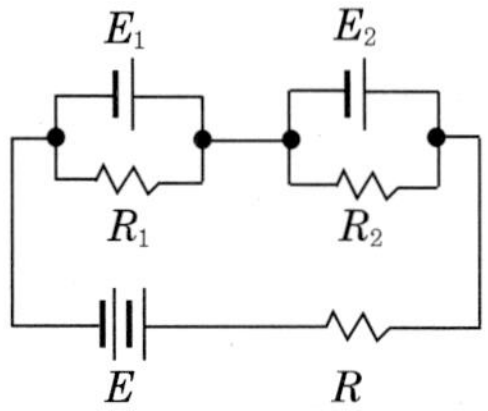

문제 *61*. 그림과 같은 회로의 A, B간의 전압 V_{AB} [V]를 구하면? 단, $E = 12$ [V], $I = 4$ [A], $R = 3$ [Ω]이다.

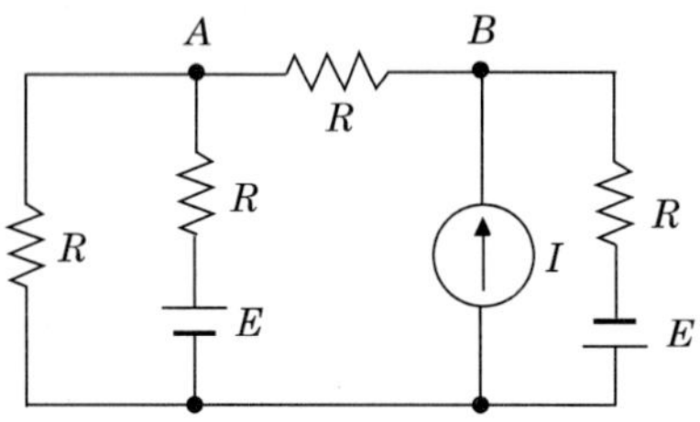

문제 *62*. 그림과 같은 회로는 전류 제어 전압원, 독립 전류원 및 전류원을 포함한다 .i_x는 몇 [A]인가?

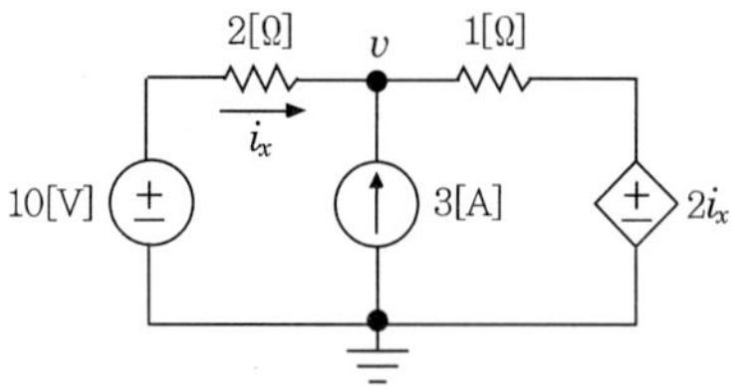

문제 *63*. 다음 회로에서 v_1, v_2, v_3의 전압을 구하시오.

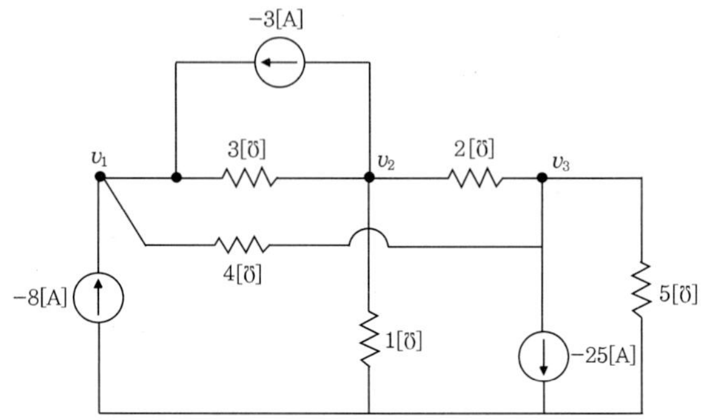

문제 *64*. 다음 회로에 2 [℧]에 흐르는 전류 i를 구하시오.

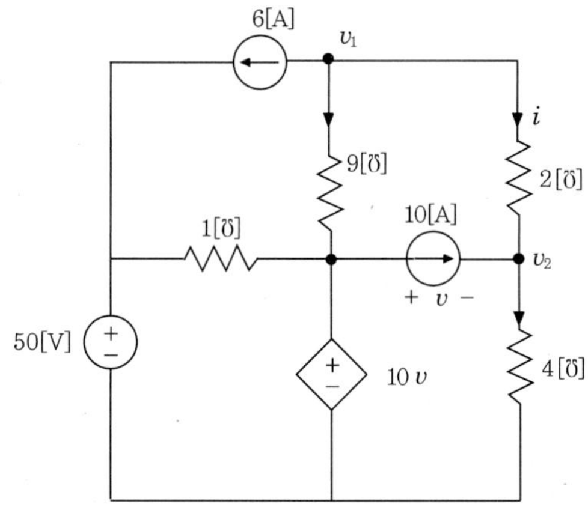

문제 *65*. 다음 회로에서 V_1, V_2를 구하시오.

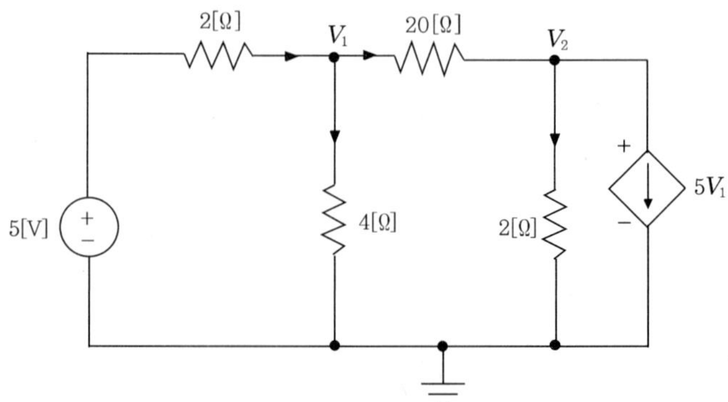

문제 *66.* 문제 회로에서 다음 사항을 구하시오.

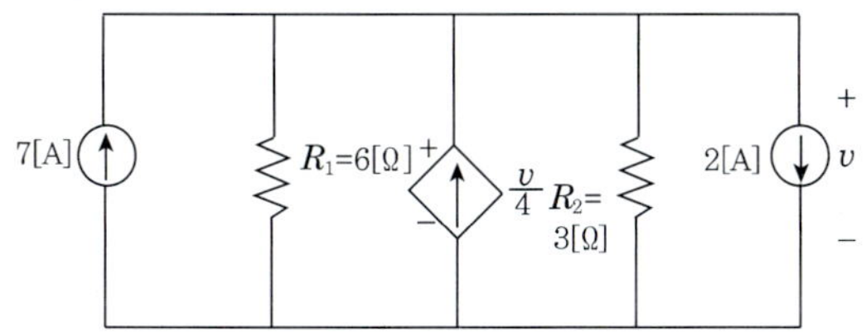

문제 *67.* 한 쌍의 마디가 있는 회로에서 각 소자에서 흡수하는 전력과 공급 전력을 구하시오.

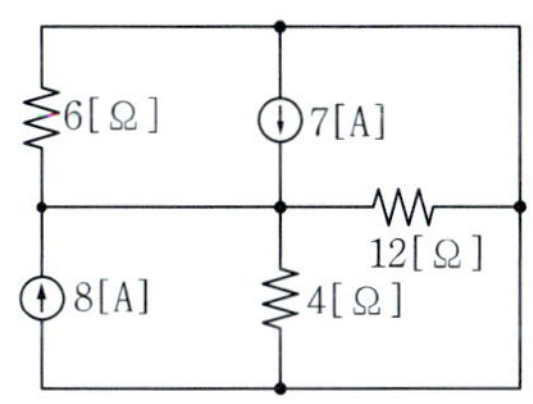

문제 *68.* 다음 회로에서 v_x 와 i_x 그리고 2 [Ω]에 흐르는 전류를 구하시오.

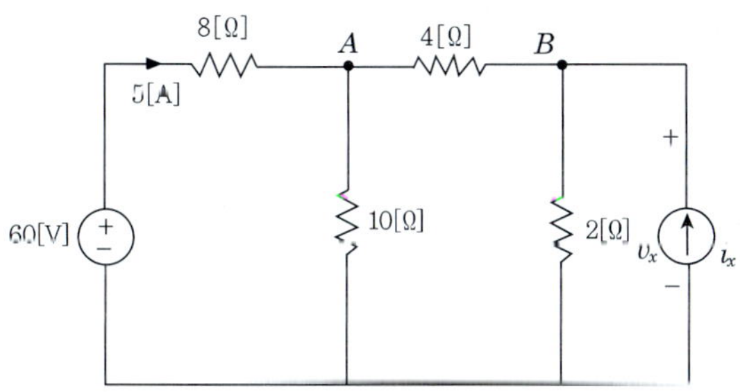

문제 *69.* 개방회로란 다음 중 어떤 의미인가?

㉮ 전류가 흐르지 못한다.

㉯ 회로가 단선된 상태이다.

㉰ 최대전류가 흐른다.

㉱ ㈎와㈏이다.

문제 *70.* 회로망에서 ① 전압원, ② 전류원, ③ 개방회로, ④ 인덕턴스, ⑤ 단락회로, ⑥ 커패시턴스 에 대한 쌍대가 되는 형태는?

㉮ ①↔③, ②↔⑤, ④↔⑥

㉯ ①↔②, ③↔⑥, ④↔⑤

㉰ ①↔②, ③↔⑤, ④↔⑥

㉱ ①↔③, ④↔⑤, ②↔⑥

문제 *71.* 오실로스코프의 감쇄 probe는 입력 전압의 크기를 10배로 감소시키도록 설계되어 있다. 그림에서 오실로스코프의 입력 임피던스 R_s 는 1 [MΩ]이고, probe의 내부 저항 R_p 는 9 [MΩ] 이다.

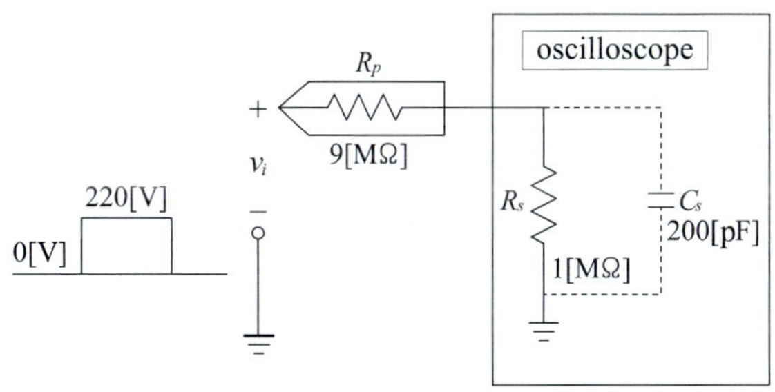

1) probe의 입력 전압 $v_i = 220$ [V]이라면 oscilloscope에 나타나는 전압은?

2) 오실로스코프의 내부저항 $R_S = 1$ [MΩ]과 $C_s = 200$ [pF]의 콘덴서가 병렬로 연결되어 있을 때 콘덴서 C_s 에 대한 테브난의 등가회로가 다음과 같다면 시정수 τ와 $v_i = 220$ [V]일 때의 테브난의 등가전압 E_{th} 를 구하시오.

3) 인가 주파수가 10 [kHz]일 때 주기는 몇 [ms]인가?

제 9 장 다상교류

제 9 장
다상교류

9-1 다상교류 기전력의 발생

주파수가 같고 위상이 다른 여러 개의 전력이 교번기와 같은 회로계 내에 존재하는 교류 방식을 **다상 방식**(polyphase system)이라 하며, 이제까지 앞장에서 취급한 교류전원 방식을 **단상**(single phase)이라고 한다.

그림 9-1(a)는 3상 교류발전기의 원리도이다. 영구자석 SN극 속에 서로 $2\pi/3$ [rad]의 각도를 가지는 권선이 회전을 한다. 영구자석 SN에 수직으로 되었을 때 코일을 통과하는 자속은 최대로 되며 수평으로 될 때 0으로 된다.

지금 코일이 ω [rad/s]인 각속도로 회전한다고 하자. 코일 A를 통과하는 자속이 $t=0$에서 최대로 된다면 코일 B를 통과하는 자속이 최대로 되는 것은 $t=2\pi/3\omega$일 때이며 코일 C의 경우는 $t=4\pi/3\omega$일 때이다. 자속의 시간변화는 정현파로 되므로 자속의 시간에 대한 미분에 비례해서 발생하는 전압도 정현파로 된다.

따라서 그림 9-1(a)의 교류발전기의 각 코일에서 발생하는 전압은 그림 9-1(b)와 같은 v_a, v_b, v_c인 정현파로 되며 v_b는 v_a보다 120° 늦으며 v_c는 v_b보다 120° 늦어짐을 알 수 있다.

그림 9-1(c)는 $\dot{V}_a$를 기준으로 한 3상 전압의 페이저도를 그린 것이다. 상순이 abc일 때 각 상에 유기되는 순시값 전압과 이 전압을 벡터로 표시하면

$$a \text{ 상에는 } v_a = V_m \sin\omega t \ [\mathrm{V}], \quad \dot{V}_a = V\angle 0° \ [\mathrm{V}]$$

$$b \text{ 상에는 } v_b = V_m \sin\left(\omega t - \frac{2}{3}\pi\right) \ [\mathrm{V}], \quad \dot{V}_b = V\angle -\frac{2}{3}\pi \ [\mathrm{V}] \qquad (9\text{-}1)$$

$$c \text{ 상에는 } v_c = V_m \sin\left(\omega t - \frac{4}{3}\pi\right), \quad \dot{V}_c = V \angle -\frac{4}{3}\pi \text{ [V]}$$

와 같다.

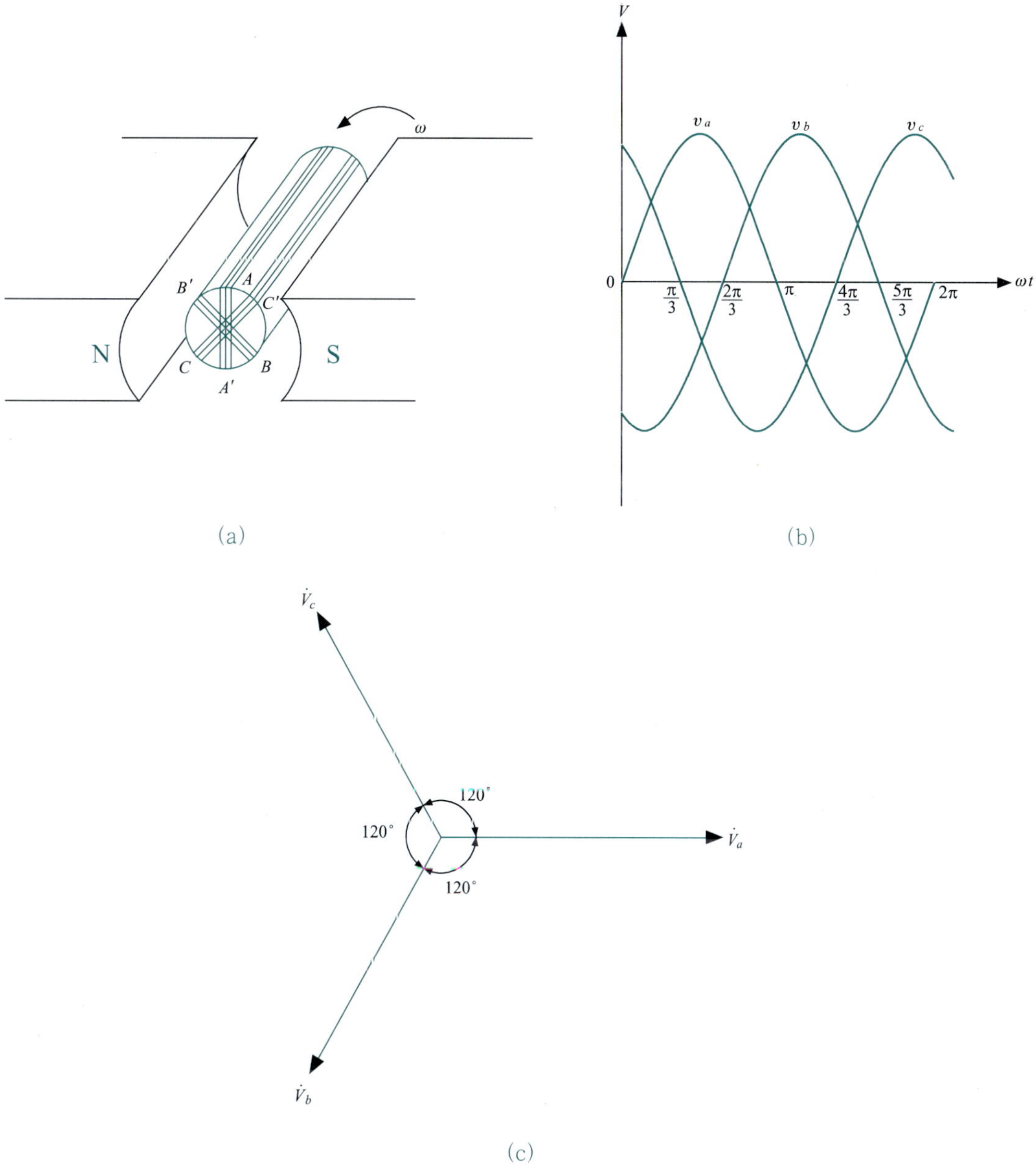

그림 9-1

3상 발전기에서 발생된 전압을 이용할 때에는 그림 9-2(a), (b)와 같이 연결하여 사용하는 2가지 방법이 있다. 그림 9-2(a)와 같은 결선방법을 **Y결선**(Y connection) 또는 **성형결선**(starconnection)이라 한다. 여기서 공통접속점 0를 **중성점**(neutral point)이라고 한다(중성점에서 또 하나의 도선을 빼내는 경우 이 선을 **중성선**이라고 한다).

그림 9-2(b)와 같은 결선방법을 △**결선**(△ connection) 또는 **환상결선**(ring connection)이라고 한다.

3상 전원에서 (1) 각 상전압의 크기가 같고 (2) 상전압의 상차가 서로 120°씩이고 (3) 각 상전원의 내부 임피던스가 동일한 경우 이것을 **평형 3상 전원**(balanced 3-phase source) 또는 **대칭 3상 전원**(symmetrical 3-phase source)이라고 한다.

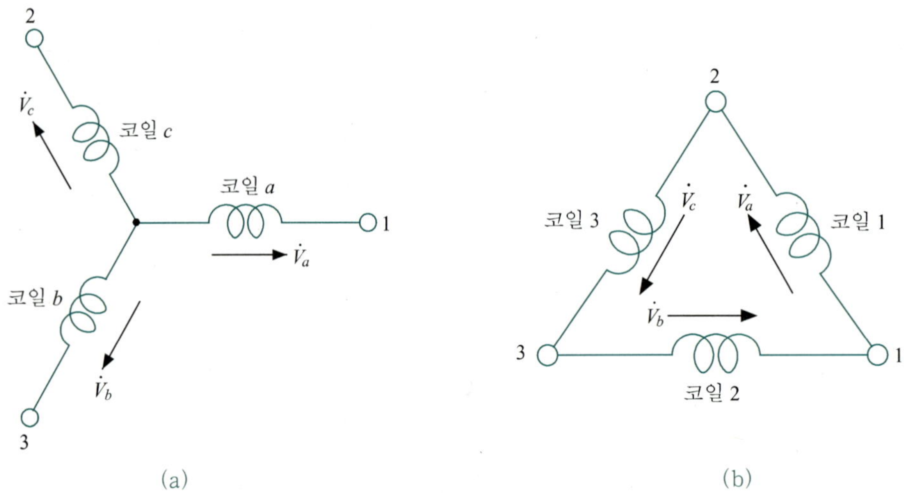

그림 9-2 3상 교류발전기의 코일 접속법

예제 9-1

인접 선간의 전압이 220 [V]일 때 6상 성형결선의 상전압을 구하여라.

풀이

선간전압 = 상전압 × $2\sin\frac{\pi}{n}$ 에서 $n=6$ (n= 상수)

220 = 상전압 × $2\sin\frac{\pi}{6}$

220 = 상전압 × $2 \times \frac{1}{2}$

상전압 = 220 [V]

9-2 평형 3상 교류의 Y결선과 △ 결선의 비교

3상 회로의 성형결선과 환상결선의 상전압(phase voltage)과 선간전압(line voltage) 그리고 상전류(phase current)와 선전류(line current)에 대해 설명하기로 한다.

9-2-1 Y결선의 전압, 전류의 관계

■ Y결선의 전압

그림 9-3(a)에서 $\dot{V}_a$, $\dot{V}_b$, $\dot{V}_c$를 상전압이라 하고 a, b, c선의 상호간의 전압 $\dot{V}_{ab}$, $\dot{V}_{bc}$, $\dot{V}_{ca}$를 선간전압이라 한다. 평형 3상 회로이므로 각 상의 전압 $\dot{V}_a$, $\dot{V}_b$, $\dot{V}_c$는 식 (9-1)과 같으므로 선간전압은 다음과 같다.

$$\begin{aligned} \dot{V}_{ab} &= \dot{V}_a - \dot{V}_b \\ \dot{V}_{bc} &= \dot{V}_b - \dot{V}_c \\ \dot{V}_{ca} &= \dot{V}_c - \dot{V}_a \end{aligned} \qquad (9-2)$$

각 상의 전압의 절대값을 V라 하면 식 (9-2)는 그림 9-3(b)와 같이 $\dot{V}_{ca}$ 의 크기는

$$\dot{V}_{ab} = 2V\cos 30° = 2V\frac{\sqrt{3}}{2} = \sqrt{3}\,V \text{ [V]}$$

선간전압 $\dot{V}_{ab}$, $\dot{V}_{bc}$, $\dot{V}_{ca}$ 의 크기는 같으므로 다음과 같이 표시할 수 있다.

$$\begin{aligned} \dot{V}_{ab} &= \sqrt{3}\ \dot{V}_a \angle\frac{\pi}{6} \text{ [V]} \\ \dot{V}_{bc} &= \sqrt{3}\ \dot{V}_b \angle\frac{\pi}{6} = \sqrt{3}\ \dot{V}_a \angle -\frac{2\pi}{3} + \frac{\pi}{6} \text{ [V]} \end{aligned} \qquad (9-3)$$

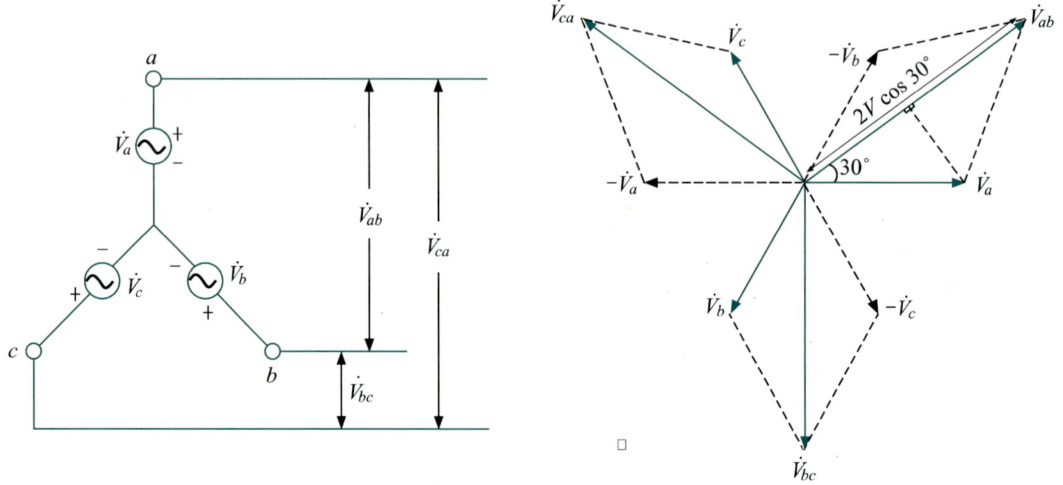

(a) (b)

그림 9-3

$$\dot{V}_{ca} = \sqrt{3}\ \dot{V}_c \angle \frac{\pi}{6} = \sqrt{3}\ \dot{V}_a \angle -\frac{4\pi}{3} + \frac{\pi}{6}\ [\text{V}]$$

따라서 성형결선의 선간전압은 상전압의 $\sqrt{3}$ 배의 크기를 가지며 상전압보다 $\pi/6\,(=30°)$ 앞선 3상 전압이 된다.

또 식 (9−1)과 식 (9−3)의 3개의 식을 서로 더하면 그 합은 0이 된다. 즉

$$\dot{V}_a + \dot{V}_b + \dot{V}_c = 0, \qquad \dot{V}_{ab} + \dot{V}_{bc} + \dot{V}_{ca} = 0 \tag{9-4}$$

■ **Y결선의 전류**

그림 9−4를 Y−Y 결선이라 하며 전원 및 부하의 임피던스 $Z = \sqrt{R^2 + X^2}$ [Ω]으로 각 상이 모두 같고 또 성형결선되어 있다.

그림의 파선과 같이 전원의 중성점 O와 부하의 중성점 O'를 연결하였다고 하면 O-a-a'-O'-O의 회로에 대해서는 상전압이 $\dot{V}_a$ [V]이므로 이 회로에 흐르는 전류 $\dot{I}_a$ 및 $\dot{V}_a$ 사이의 크기 및 위상차 θ는 $\dot{I}_a = \dot{V}_a / \dot{Z}$, $\theta = \tan^{-1} X/R$가 된다.

다음에 O-b-b'-O'-O와 O-c-c'-O'-O의 회로도 마찬가지 관계가 성립한다. 이 경우에 그림 9−4에서 보는 것과 같이 각 상에 흐르는 전류는 상전류라 하고 전원과 부하 사이를 흐르는 전류를 선전류라 한다. 즉 성형결선의 상전류는 선전류와 크기 및 위상이 같다.

각 상의 전류를 순시값으로 표시하면

$$i_a = \frac{\sqrt{2}\,V_a}{Z}\sin(\omega t - \theta) = \sqrt{2}\,I_a \sin(\omega t - \theta)\ [\mathrm{A}]$$

$$i_b = \frac{\sqrt{2}\,V_b}{Z}\sin\left(\omega t - \frac{2\pi}{3} - \theta\right) = \sqrt{2}\,I_b \sin\left(\omega t - \frac{2\pi}{3} - \theta\right)\ [\mathrm{A}] \qquad (9\text{-}5)$$

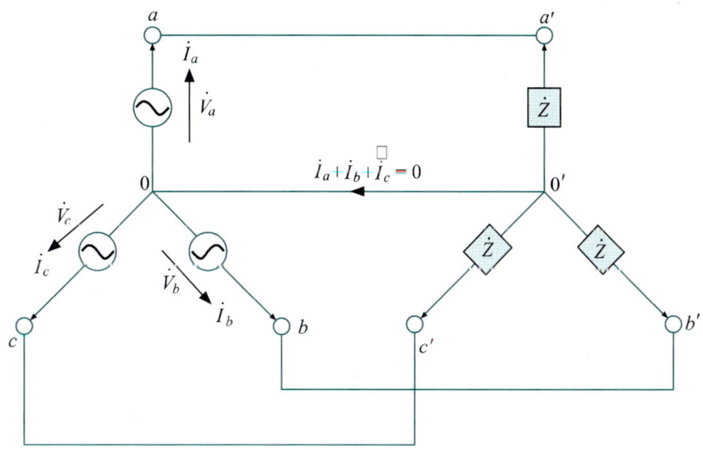

그림 9-4

$$i_c = \frac{\sqrt{2}\,V_c}{Z}\sin\left(\omega t - \frac{4\pi}{3} - \theta\right) = \sqrt{2}\,I_c \sin\left(\omega t - \frac{4\pi}{3} - \theta\right)\ [\mathrm{A}]$$

여기서

$$I_a = \frac{V_a}{Z}\ [\mathrm{A}],\quad I_b = \frac{V_b}{Z},\quad I_c = \frac{V_c}{Z}\ [\mathrm{A}]$$

이다.

i_a, i_b, i_c 의 벡터 전류 $\dot{I}_a, \dot{I}_b, \dot{I}_c$ 는 평형 3상 전류이므로

$$\dot{I}_a + \dot{I}_b + \dot{I}_c = 0 \qquad (9\text{-}6)$$

이다.

따라서 O, O' 를 연결한 중성선에는 전류가 흐르지 않으므로 O, O' 를 연결하지 않아도 각 상의 전류에 영향은 없다. 그러나 부하 임피던스가 각 상 불평형일 경우에는 OO' 중성선에 각 상의

전류 $\dot{I}_a$, $\dot{I}_b$, $\dot{I}_c$의 벡터 합에 의한 전류가 흐르게 된다.

이와 같이 중성선을 사용하는 방식을 **3상 4선식**(three-phase four-wire system)이라 하며 부하측에서 선간전압과 상전압 두 가지를 간단히 이용할 수 있는 이점이 있다.

예제 9-2

그림과 같이 선간전압 200 [V], 역률 0.6, 피상전력 10 [kVA]를 갖는 대칭 3상 Y부하인 Z와 순저항 R인 3상 Y결선의 5 [kW]부하가 병렬접속되어 있을 때 선전류 I_l는 몇 [A]인가?

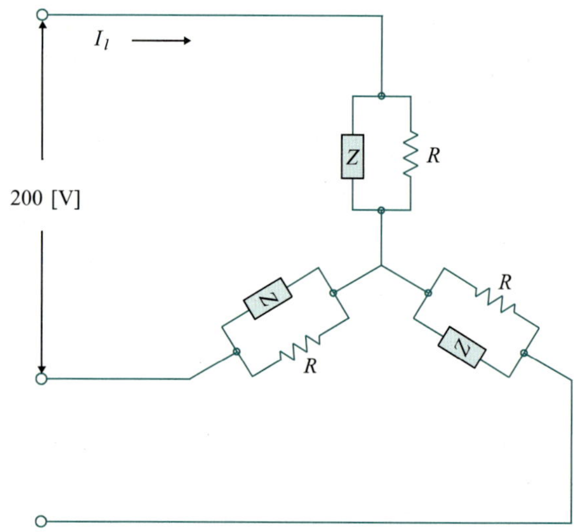

그림 9-5 예제 9-2의 회로

풀이

문제의 조건에서 Z부하가 $\cos\theta = 0.6$이고 피상전력 $P_{a1} = 10$ [kVA]이므로 부하 Z의 유효전력 $P_1 = 10 \times 0.6 = 6$ [kW]이다. 이것과 순저항 R인 부하와 병렬로 연결되어 있으므로 전(全)전력 P는 $P = P_1 + P_2 = 6 + 5 = 11$ [kW]이다.

이 부하의 무효전력 $P_r = 10 \times \sqrt{1 - 0.6^2} = 8$ [kvar]

전 피상전력 $P_a = 11 + j8 = \sqrt{11^2 + 8^2} = \sqrt{185} = 13.6$ [kvar]이므로

$P_a = \sqrt{3}\, V_l I_l$ 에서

$$I_l = \frac{P_a}{\sqrt{3} \times V_l} = \frac{13.6 \times 10^3}{\sqrt{3} \times 200} = 39.25 \text{ [A]}$$

예제 9-3

그림과 같은 성형 평형 부하가 선간 전압 220 [V]의 대칭 3상 전원에 접속되어 있다. 이 접속선 중에 한 선이 ×점에서 단선되었다고 하면 이 단선점 ×의 양단에 나타나는 전압은?
(단, 전원 전압은 변화하지 않는 것으로 한다.)

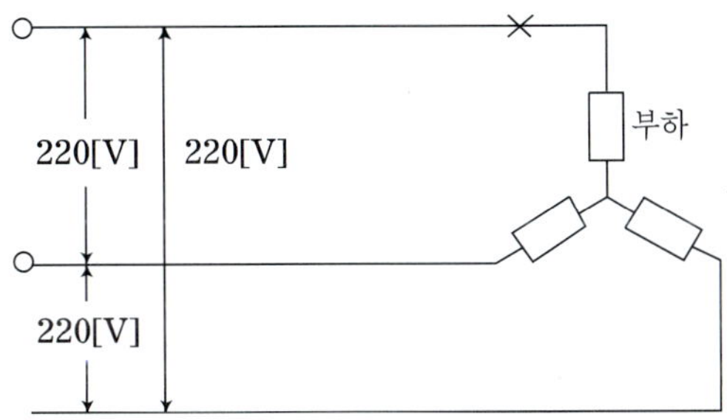

그림 9-6 예제 9-3의 회로

① $110\sqrt{3}$　② 105　③ $\dfrac{210}{\sqrt{3}}$　④ 210

정답 및 풀이

정답 : ①

$$V' = \frac{\sqrt{3}}{2}V$$
$$= \frac{\sqrt{3}}{2} \times 220 = 110\sqrt{3}$$

9-2-2 △결선의 전압, 전류의 관계

■ △결선의 전압

그림 9-7에서 보는 바와 같이 각 상의 전원 $\dot{V}_a$, $\dot{V}_b$, $\dot{V}_c$ 들이 직접 선 사이에 연결되어 있으므로 선간전압 $\dot{V}_{ca}$, $\dot{V}_{bc}$, $\dot{V}_{ca}$ 와 같아진다. 즉 환상결선의 상전압과 선간전압의 크기와 위상은 동상이 된다.

또한 각 상의 전원의 합은 0이므로 a-c-b-a 폐회로에 작용하는 기전력은 항상 0이 되므로 순환전류는 흐르지 않는다.

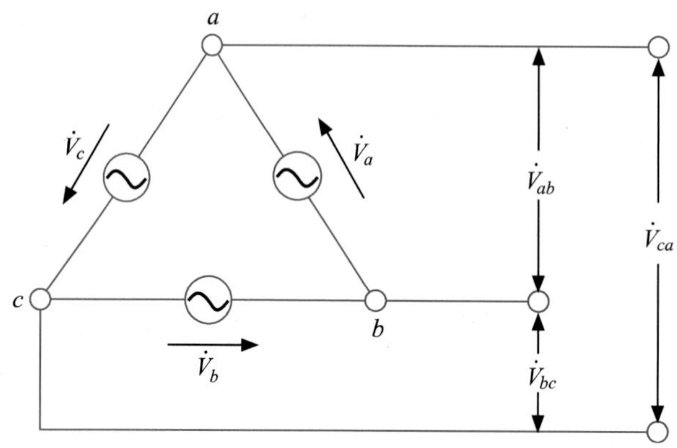

그림 9-7

■ △결선의 전류

그림 9-8(a)에서 상전류 $\dot{I}_{ab}$, $\dot{I}_{bc}$, $\dot{I}_{ca}$ 는 평형 3상 전류이므로

$$\begin{aligned}\dot{I}_{ab} &= I\angle 0° \text{ [A]}\\ \dot{I}_{bc} &= I\angle -\frac{2}{3}\pi \text{ [A]}\\ \dot{I}_{ca} &= I\angle \frac{2}{3}\pi \text{ [A]}\end{aligned} \tag{9-7}$$

이라면 선전류 $\dot{I}_a$, $\dot{I}_b$, $\dot{I}_c$ 는 그림 9-8(b)와 같은 벡터도가 된다. 즉

$$\begin{aligned}\dot{I}_a &= \dot{I}_{ab} - \dot{I}_{ca}\\ \dot{I}_b &= \dot{I}_{bc} - \dot{I}_{ab}\\ \dot{I}_c &= \dot{I}_{ca} - \dot{I}_{bc}\end{aligned} \tag{9-8}$$

상전류의 절대값을 I라 하면 식 (9-8)은 그림 9-8(b)와 같이 $\dot{I}_a$ 의 크기는

$$\dot{I}_a = 2I\cos 30° = 2I\frac{\sqrt{3}}{2} = \sqrt{3}\,I \text{ [A]}$$

선전류 $\dot{I}_a, \dot{I}_b, \dot{I}_c$의 크기는 같으므로 다음과 같이 표시할 수 있다.

$$\begin{aligned}\dot{I}_a &= \sqrt{3}\,\dot{I}_{ab}\angle -\frac{\pi}{6}\ [\mathrm{A}]\\ \dot{I}_b &= \sqrt{3}\,\dot{I}_{bc}\angle -\frac{\pi}{6} = \sqrt{3}\,\dot{I}_{ab}\angle -\frac{2\pi}{3}-\frac{\pi}{6}\ [\mathrm{A}]\\ \dot{I}_c &= \sqrt{3}\,\dot{I}_{ca}\angle -\frac{\pi}{6} = \sqrt{3}\,\dot{I}_{ab}\angle -\frac{4}{3}\pi-\frac{\pi}{6}\ [\mathrm{A}]\end{aligned} \quad (9\text{-}9)$$

따라서 성형결선의 선전류는 상전류의 $\sqrt{3}$ 배의 크기를 가지며 상전류보다 $\frac{\pi}{6}$ [rad] 뒤진 3상 전류가 된다.

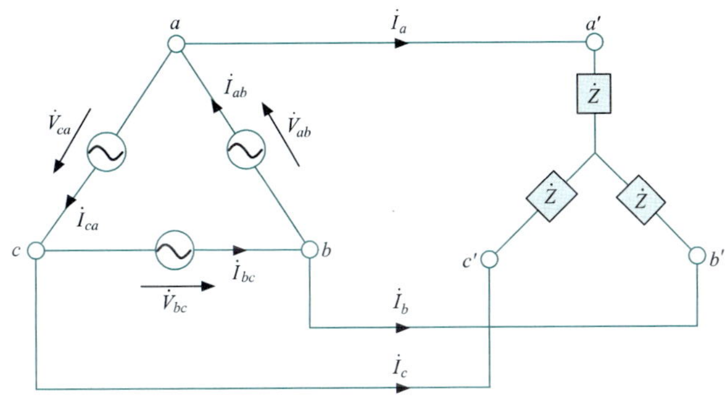

(a)

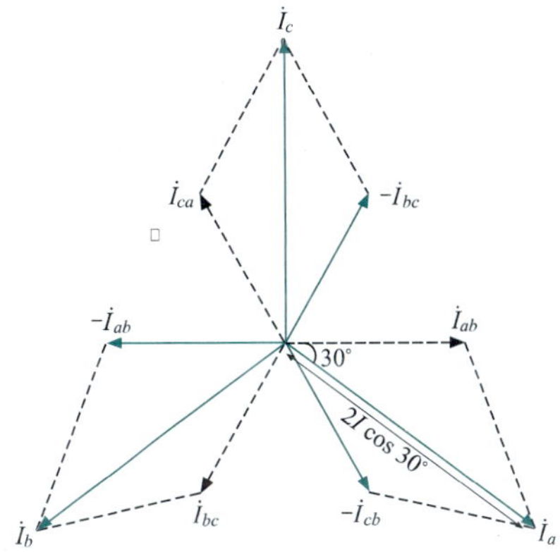

(b)

그림 9-8

또 식 (9-7)과 식 (9-9)의 3개의 식을 서로 더하면 그 합은 0이 된다. 즉

$$\dot{I}_{ab}+\dot{I}_{bc}+\dot{I}_{ca}=0, \qquad \dot{I}_a+\dot{I}_b+\dot{I}_c=0 \quad (9\text{-}10)$$

예제 9-4

그림과 같이 △로 접속된 부하에서 각 선로의 저항은 $r = 1$ [Ω]이고 부하의 임피던스는 $\dot{Z} = 3 + j6$ [Ω]이다. 단자 a, b, c 간에 200 [V]의 평형 3상 전압을 가할 때 선전류 I_l, 부하의 상전류 I_P, 부하의 단자전압 V_P를 구하여라. (소수점 이하는 버린다.)

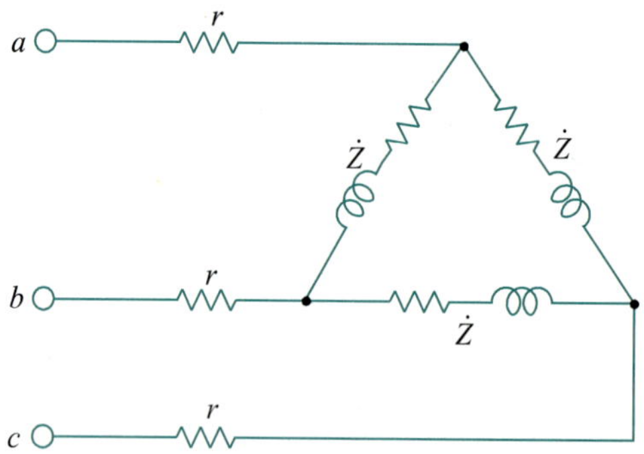

그림 9-9 예제 9-4의 회로

풀이

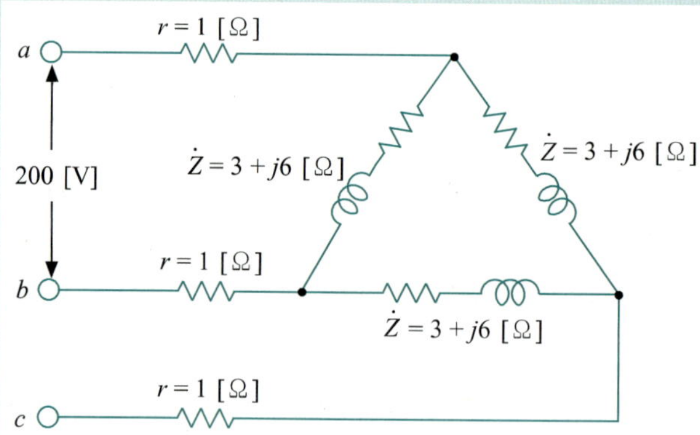

그림 9-10 예제 9-4의 풀이(1)

△→Y로 바꾸면 $\frac{1}{3}$배

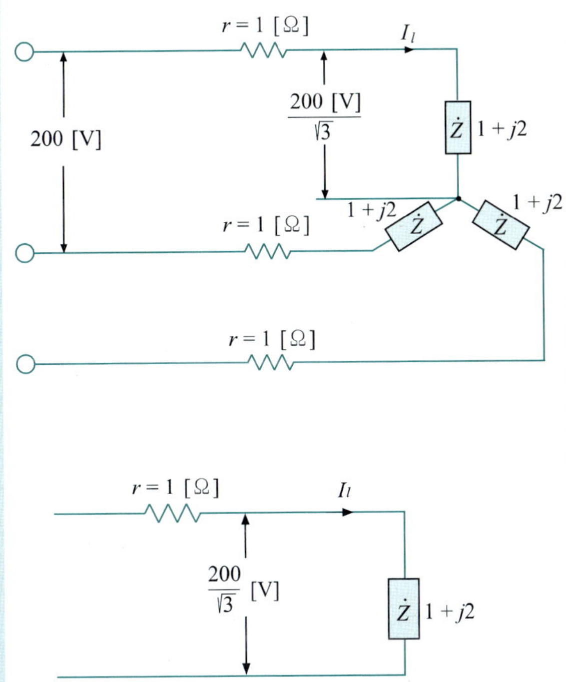

그림 9-11 예제 9-4의 풀이(2)

$Z = 1+1+j2 = 2+j2$ [Ω]

① $I_l = \dfrac{\frac{200}{\sqrt{3}}}{2+j2} = 40.8\angle -45°$ [A]

② $I_P = \dfrac{I_l}{\sqrt{3}}\angle 30° = \dfrac{40.8}{\sqrt{3}}\angle -45°+30°$ [A] $= 23.6\angle -15°$ [A]

③ 부하의 단자전압 V_P

$\therefore V_P = I_P(3+j6) = 23.6\sqrt{3^2+6^2} = 158$ [V]

예제 9-5

그림과 같이 평형 3상 △부하에 불평형 3상 전압이 가해질 때 각 선전류와 소비전력을 구하여라. 단, $\dot{Z} = 10\angle 53.1°$ [Ω], $\dot{V}_{ca} = 212\angle 135°$ [V], $\dot{V}_{bc} = 150\angle 0°$ [V], $\dot{V}_{ca} = 150\angle 90°$ [V]이다.

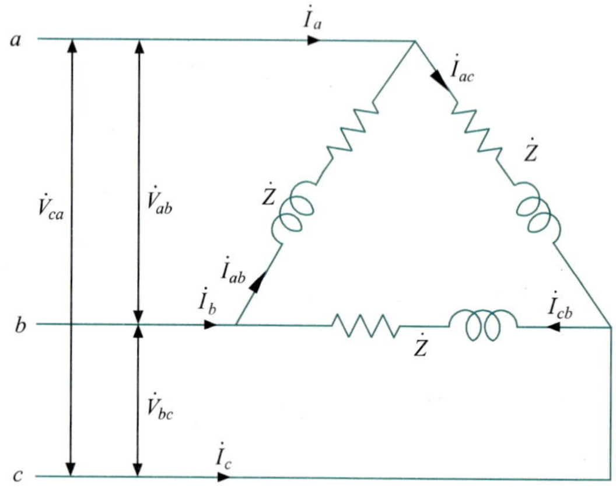

그림 9-12 예제 9-5의 회로

풀이

$$I_{ab}=\frac{V_{ab}}{Z},\ I_{cb}=\frac{V_{bc}}{Z},\ I_{ac}=\frac{V_{ca}}{Z}$$

$$I_{ab}=\frac{212\angle 135°}{10\angle 53.10°}=21.2\angle 81.9°\ [\mathrm{A}]$$

$$I_{cb}=\frac{150\angle 0°}{10\angle 53.10°}=15\angle -53.1°\ [\mathrm{A}]$$

$$I_{ac}=\frac{150\angle 90°}{10\angle 53.10°}=15\angle 36.9°\ [\mathrm{A}]$$

선전류와 상전류의 관계로부터

$$\begin{aligned}I_a=I_{ac}-I_{ab}&=\{15\angle 36.9°\}-\{21.2\angle 81.9°\}\\&=15(\cos 36.9°+j\sin 36.9°)-21.2(\cos 81.9°+j\sin 81.9°)\\&=15(0.8+j0.6)-21.2(0.14+j1)\\&=12+j9-2.97-j21\end{aligned}$$

$$\therefore I_a=9.03-j12\ [\mathrm{A}]$$

$$\begin{aligned}I_b=I_{ab}-I_{cb}&=\{21.2\angle 81.9°\}-\{15\angle -53.1°\}\\&=21.2(\cos 81.9°+j\sin 81.9°)-15\{\cos 53.1°+j\sin(-53.1°)\}\\&=21.2(0.14+j1)-15(0.6-j0.8)\\&=2.97+j21.2-9+j12\end{aligned}$$

$$\therefore I_b=-6.03+j33.2\ [\mathrm{A}]$$

$$\begin{aligned}I_c=I_{cb}-I_{ac}&=\{15\angle -53.1°\}-\{15\angle 36.9°\}\\&=15\{\cos(-53.1°)+j\sin(-53.1°)\}-15(\cos 36.9°+j\sin 36.9°)\\&=15(0.6-j0.8)-15(0.8+j0.6)\\&=9-j12-12-9\end{aligned}$$

$$\therefore I_c=-12-j12\ [\mathrm{A}]$$

소비전력 $P_1 = I^2R$ 이므로

$$P_1 = 21.2^2 \times 6,\ P_2 = 15^2 \times 6,\ P_3 = 15^2 \times 6$$

$$P = 5{,}396\ [\mathrm{W}] \fallingdotseq 5.4\ [\mathrm{kW}]$$

$$Z = 10\angle 53.10° = 10(\cos 53.1° + j\sin 53.1°)$$

$$= 10 \times 0.6 + j10 \times 0.8$$

$$= 6 + j8\ [\Omega]$$

예제 9-6

△결선된 평형 3상 부하 $\dot{Z} = 7 + j4$ [Ω]에 평형 선간전압 210 [V]를 가할 때 ① 상전류 I_p, ② 선전류 I_l, ③ 전체 전력 P, ④ 피상전력 P_a 를 구하여라.

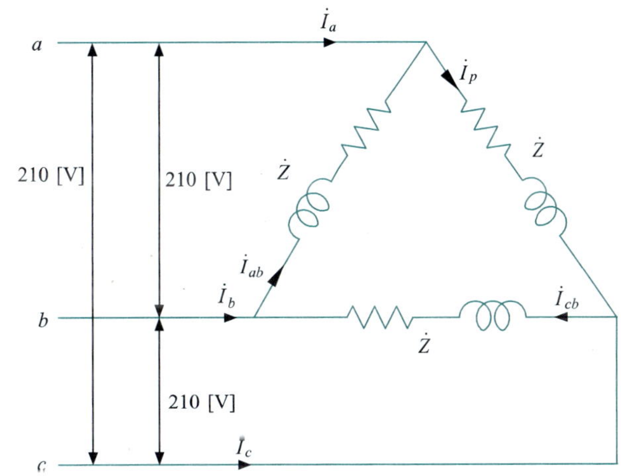

그림 9-13 예제 9-6의 회로

풀이

1상만 생각하면 되므로

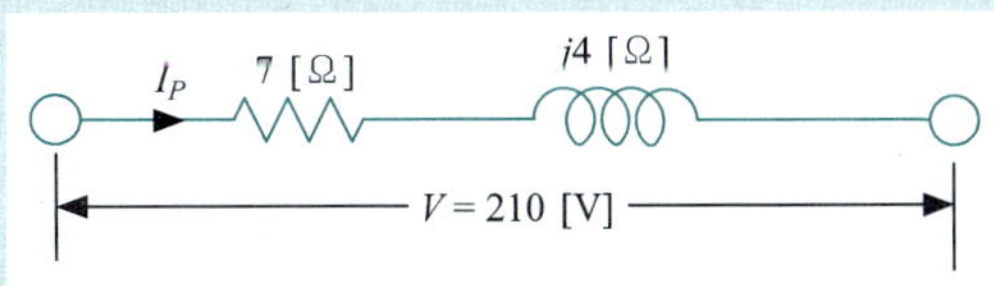

그림 9-14 예제 9-6의 풀이

① $I_P = \dfrac{V}{Z} = \dfrac{210}{7+j4} = \dfrac{210}{\sqrt{7^2+4^2}} = \dfrac{210}{\sqrt{49+16}} = \dfrac{210}{\sqrt{65}} = \dfrac{210}{8.06} = 26.04$ [A]

② 평형부하이므로 다음과 같은 관계가 성립된다.

$$I_l = \sqrt{3}\, I_p = \sqrt{3} \times 26.04 \fallingdotseq 45 \ [\text{A}]$$

③ 3상 전력 P, 1 상당의 전력을 P_1 이라 하면 $P=3P_1$ 이므로

$$P_1 = VI\cos\theta = 210 \times 26.04 \times \frac{7}{\sqrt{65}} = 4748 \ [\text{W}]$$

$$\therefore P = 3 \times 4748 = 14.24 \ [\text{kW}]$$

유효전력 $P = VI\cos\theta$ 에서

전 피상전력 $P_a = VI$ 이므로

$$\cos\theta = \frac{7}{\sqrt{7^2+4^2}} = \frac{7}{8.06} = 0.868$$

$$P_a = \frac{14.24}{0.868} = 16.40 \ [\text{kVA}]$$

예제 9-7

그림과 같이 0.3 [℧]의 컨덕턴스 2개와 $-j0.3$ [℧]의 서셉턴스를 △결선으로 하여 a, b, c 단자에 200 [V]의 대칭 3상 전압을 가했을 때 각 선전류의 크기를 구하여라.

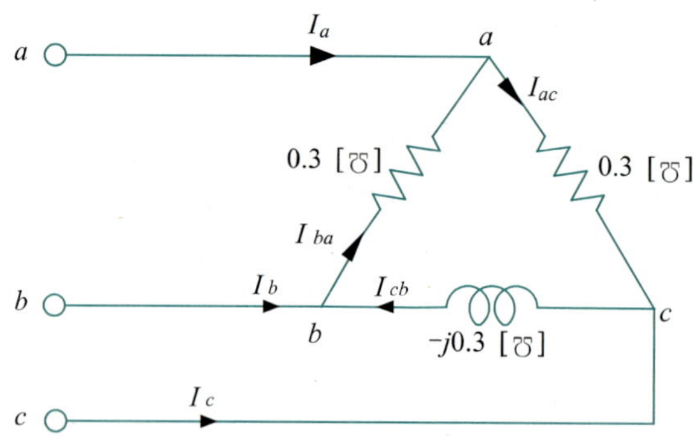

그림 9-15 예제 9-7의 회로

풀이

$$V_{ab} = 200\angle 0° \ [\text{V}]$$
$$V_{bc} = 200\angle -120° \ [\text{V}]$$
$$V_{ca} = 200\angle -240° \ [\text{V}]$$

$$I_{ba} = \frac{V_{ab}}{Z} = \frac{1}{Z} V_{ab} = 0.3 \times 200\angle 0° = 60\angle 0° \ [\text{A}]$$

$$I_{cb}=\frac{V_{bc}}{Z}=\frac{1}{Z}200\angle-120°=-j0.3\times200\angle-120° \quad (-j=-90°)$$

$$=-j60\angle-120°=60\angle-210° \text{ [A]}$$

$$I_{ac}=\frac{V_{ca}}{Z}=\frac{1}{Z}200\angle-240°=0.3\times200\angle-240°$$

$$=0.3\times200\angle-240°=60\angle-240° \text{ [A]}$$

$$I_a=I_{ac}-I_{ab}$$

$$I_a=\{60\angle-240°\}-\{60\angle0°\}$$

$$=60\{\cos(-240°)+j\sin(-240°)\}-60(\cos0+j\sin0)$$

$$=60(-0.5+j0.866)-60(1+j0)$$

$$=-30+j52-60$$

$$=-90+j52\angle\theta=\tan^{-1}-\frac{52}{90}$$

$$=\sqrt{90^2+52^2}\ \angle\theta=-30°$$

$$=\sqrt{8,100+2,764}\ \angle-30°$$

$$\therefore I_a=104\angle30° \text{ [A]}$$

$$I_b=I_{ab}-I_{cb}$$

$$I_b=\{60\angle0°\}-\{60\angle-210°\}$$

$$=60(\cos0°+j\sin0°)-60\{\cos(-210°)+j\sin(-210°)\}$$

$$=60-60(-0.866+j0.5)$$

$$=60+51.96-j30$$

$$=111.96-j30 \fallingdotseq 112-j30$$

$$=\sqrt{112^2+30^2}\ \angle\theta=\tan^{-1}\frac{-30}{112}$$

$$=\sqrt{13,444}\ \angle\theta=\tan^{-1}(-0.27)$$

$$\therefore I_b=115.9\angle-15.1° \text{ [A]}$$

$$I_c=I_{cb}-I_{ac}$$

$$I_c=\{60\angle-210°\}-\{60\angle-240°\}$$

$$=60\{\cos(-210°)+j\sin(-210°)\}-60\{\cos(-240°)+j\sin(-240°)\}$$

$$=60(-0.866+j0.5)-60(-0.5+j0.866)$$

$$=-51.96+j30+30-j51.96$$

$$=-21.96-j21.96$$

$$=-22-j22 \text{ [A]}$$

$$=\sqrt{22^2+22^2}\ \angle\theta=\tan^{-1}\frac{22}{22}=\tan^{-1}1$$

$$=\sqrt{484+484}\ \angle\theta=45°$$

$$=\sqrt{968}\ \angle\theta=45°$$

$$=31.1\angle45° \text{ [A]}$$

9-3 3상 평형회로

대칭 3상 기전력을 발생하는 전원에 3상 평형부하를 접속한 3상 평형회로의 취급방법을 알아본다.

9-3-1 Y-Y 결선

그림 9-16(a)와 같이 3개의 임피던스 $\dot{Z} = Z\angle\theta$ [Ω]가 Y형으로 접속된 부하에 평형 Y형 기전력이 접속되고 중성점 O, O' 가 중성선으로 연결된 경우를 보자. 전원과 선로의 임피던스를 무시하고 전원의 각 상의 기전력 $\dot{V}_a$, $\dot{V}_b$, $\dot{V}_c$ 의 실효값을 V라 하고 $\dot{V}_a$ 를 기준 벡터로 하여, 각 상의 기전력을

$$\dot{V}_a = V\angle 0° \ [\text{V}], \quad \dot{V}_b = V\angle -\frac{2}{3}\pi \ [\text{V}], \quad \dot{V}_c = V\angle -\frac{4}{3}\pi \ [\text{V}]$$

라 하면 선전류 $\dot{I}_a$, $\dot{I}_b$, $\dot{I}_c$ 는

$$\dot{I}_a = \frac{\dot{V}_a}{\dot{Z}} = \frac{V}{Z\angle\theta} = \frac{V}{Z}\angle -\theta \ [\text{A}]$$

$$\dot{I}_b = \frac{\dot{V}_b}{\dot{Z}} = \frac{V\angle -\frac{2}{3}\pi}{Z\angle\theta} = \frac{V}{Z}\angle -\frac{2}{3}\pi - \theta \ [\text{A}]$$

$$\dot{I}_c = \frac{\dot{V}_c}{\dot{Z}} = \frac{V\angle -\frac{4}{3}\pi}{Z\angle\theta} = \frac{V}{Z}\angle -\frac{4}{3}\pi - \theta \ [\text{A}] \qquad (9\text{-}11)$$

로 되어 상전류도 같게 된다. 또 중성선 OO'의 전류 은 $\dot{I}_N = \dot{I}_a + \dot{I}_b + \dot{I}_c = 0$ 이 되어 중성선에는 전류가 흐르지 않으며 OO' 점은 등전위로 된다.

따라서 중성선을 제거하여도 각 상전류는 변화하지 않으며 이 경우 전압, 전류의 벡터도는 그림 9-16(b)와 같다.

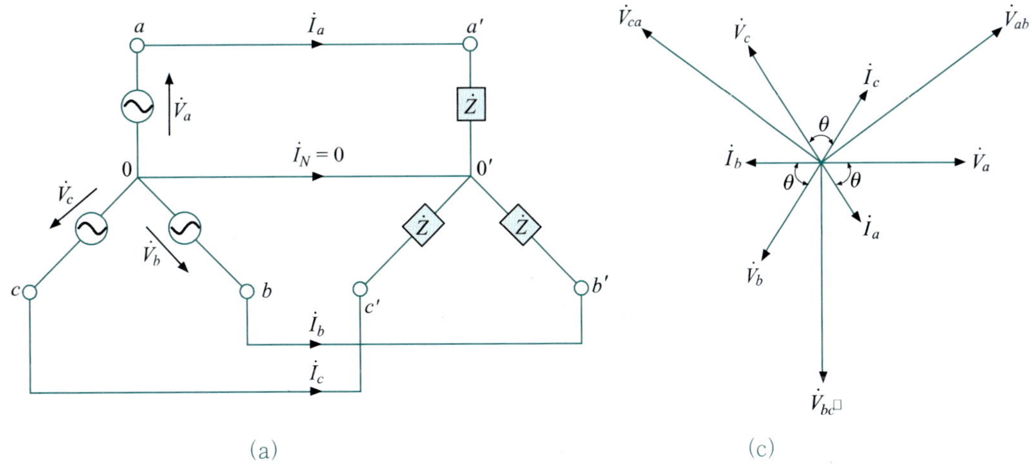

그림 9-16

예제 9-8

그림 9-16(a)와 같은 회로에서 상전압의 크기가 100 [V]인 대칭 3상 교류에 부하 임피던스 $\dot{Z}=3+j4$ [Ω]의 평형부하일 때 각각의 선전류를 구하여라.

풀이

$$\dot{I}_a=\frac{\dot{V}_a}{\dot{Z}}=\frac{100\angle 0°}{3+j4}=\frac{100\angle 0°}{5\angle 53.1°}=20\angle -53.1° \text{ [A]}$$

$$\dot{I}_b=\frac{\dot{V}_b}{\dot{Z}}=\frac{100\angle -120°}{5\angle 53.1°}=20\angle -120°-53.1°=20\angle -173.1° \text{ [A]}$$

$$\dot{I}_c=\frac{\dot{V}_c}{\dot{Z}}=\frac{100\angle -240°}{5\angle 53.1°}=20\angle -293.1°=20\angle 66.9° \text{ [A]}$$

9-3-2 △-△ 결선

그림 9-17(a)와 같이 3개의 임피던스 $\dot{Z}=Z\angle\theta$[Ω]이 △형으로 접속된 부하에 전원의 각 상의 기전력 $\dot{V}_{ca}$, $\dot{V}_{bc}$, $\dot{V}_{ca}$ 의 실효값을 V라 하고 $\dot{V}_{ca}$ 를 기준 벡터로 하여 각 상의 기전력 $\dot{V}_{ca}=V\angle 0°$ [V], $\dot{V}_{bc}=V\angle -\frac{2}{3}\pi$ [V], $\dot{V}_{ca}=V\angle -\frac{4}{3}\pi$ [V]라 하면 상전류와 선전류는 각각 다음과 같이 구할 수 있다.

회로 $a-a'-b'-b-a$ 에서

$$\dot{I}_{ab} = \dot{I}_{a'b'} = \frac{\dot{V}_{ab}}{\dot{Z}} = \frac{V\angle 0^\circ}{Z\angle\theta} = \frac{V}{Z}\angle -\theta \ \text{[A]}$$

회로 $b-b'-c'-c-b$ 에서

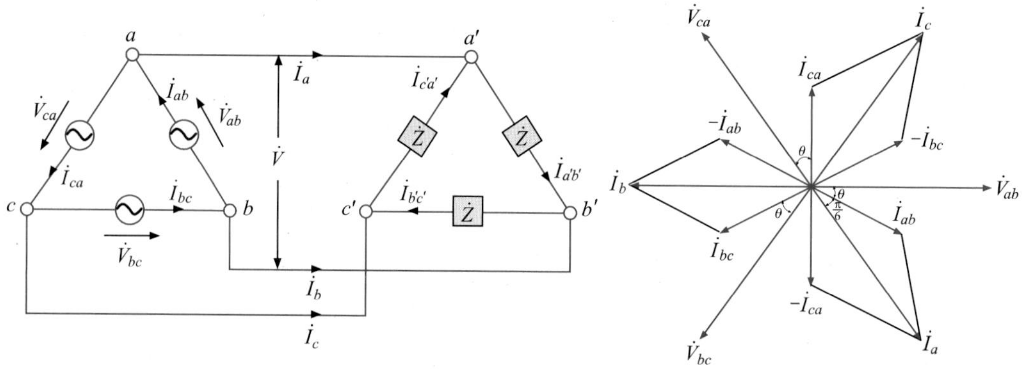

(a) (b)

그림 9-17

$$\dot{I}_{bc} = \dot{I}_{b'c'} = \frac{\dot{V}_{bc}}{\dot{Z}} = \frac{V\angle -\frac{2\pi}{3}}{Z\angle\theta} = \frac{V}{Z}\angle -\frac{2\pi}{3} - \theta \ \text{[A]}$$

회로 c-c'-a'-a-c 에서

$$\dot{I}_{ca} = \dot{I}_{c'a'} = \frac{\dot{V}_{ca}}{\dot{Z}} = \frac{V\angle -\frac{4\pi}{3}}{Z\angle\theta} = \frac{V}{Z}\angle -\frac{4\pi}{3} - \theta \ \text{[A]} \qquad (9-12)$$

이들을 벡터로 나타낸 것이 그림 9-17(b)이다. 다음에 그림 9-17(b)에 알 수 있는 바와 같이 선전류는 상전류의 $\sqrt{3}$ 배의 크기이고, 이것과 $\pi/6$의 상차가 있다.

$$\dot{I}_a = \dot{I}_{ab} - \dot{I}_{ca} = \sqrt{3}\dot{I}_{ab}\angle -\frac{\pi}{6} = \sqrt{3}\frac{\dot{V}_{ab}}{Z}\angle -\frac{\pi}{6} - \theta \ \text{[A]}$$
$$\dot{I}_b = \dot{I}_{bc} - \dot{I}_{ab} = \sqrt{3}\dot{I}_{bc}\angle -\frac{\pi}{6} = \sqrt{3}\frac{\dot{V}_{ab}}{Z}\angle -\frac{\pi}{6} - \theta - \frac{2\pi}{3} \ \text{[A]}$$
$$\dot{I}_c = \dot{I}_{ca} - \dot{I}_{bc} = \sqrt{3}\dot{I}_{ca}\angle -\frac{\pi}{6} = \sqrt{3}\frac{\dot{V}_{ab}}{Z}\angle -\frac{\pi}{6} - \theta - \frac{4\pi}{3} \ \text{[A]} \qquad (9-13)$$

예제 9-9

전원과 부하가 다같이 △결선된 3상 평형회로에서 전원전압이 220 [V]이고 환상 부하 임피던스 $3+j4$ [Ω]인 경우 선전류의 절대값 크기는 얼마인가?

풀이

상전류 $\dot{I}_P = \frac{\dot{V}}{Z} = \frac{220}{3+j4} = \frac{220}{5} = 44$ [A]

선전류는 상전류의 $\sqrt{3}$ 배이므로

선전류 $\dot{I}_l = \sqrt{3}\, I_P = 44\sqrt{3}$ [A]

예제 9-10

다음 결선도와 같이 6,300/210 [V]인 단상 변압기 3대를 △-△결선하여 수전단이 6,000 [V]인 배전선로에 접속하였다. 이 중 2댕의 변압기는 감극성이고, RT상에 연결된 변압기 1대가 가극성 이었다고 한다. 이때 그림과 같이 접속된 전압계는 몇 [V]의 전압이 유기되는가?

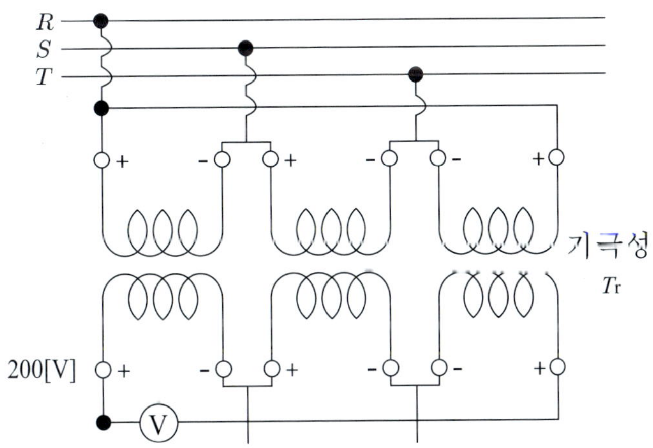

그림 9-18 예제 9-10의 회로

정답 및 풀이

정답 : 400 [V]

권선비는 $a=\frac{V_1}{V_2}=\frac{6300}{210}=30$ 이므로 변압기 2차측 전압은 다음과 같다.

$\frac{6,000}{V_2}=30,\ V_2=\frac{6000}{30}=200$ [V]

변압기 2차측에서 키르히호프 전압법칙을 적용하면

$$V=V_{RS}+V_{ST}+V_{TR}=200\angle 0°+200\angle -120°-200\angle -240°\ [V]$$

$$=200+200\left(-\frac{1}{2}-j\frac{\sqrt{3}}{2}\right)-200\left(-\frac{1}{2}+j\frac{\sqrt{3}}{2}\right)=200-j200\sqrt{3}$$

$$|V|=\sqrt{200^2+(200(200\sqrt{3})^2}=\sqrt{200^2+(200^2\times 3)}=\sqrt{200^2+(40,000\times 3)}$$

$$=\sqrt{40,000+120,000}=\sqrt{160,000}=\sqrt{400^2}=400\ [V]$$

9-3-3 Y-△ 회로

전원과 부하가 같은 Y결선 방식이나 △결선 방식이 아닌 경우는 전원과 부하를 다같이 Y-Y 회로로 고치거나 △-△ 회로로 바꾸어서 계산하여야 한다. 그림 9-19(a)와 같은 회로인 경우 Y결선의 상전압을 선간전압으로 고치면 식 (9-3)에 의해

$$\begin{aligned}\dot{V}_{ab}&=\sqrt{3}\dot{V}_a\angle\frac{\pi}{6}=\sqrt{3}V\angle\frac{\pi}{6}\ [V]\\ \dot{V}_{bc}&=\sqrt{3}\dot{V}_b\angle\frac{\pi}{6}=\sqrt{3}V\angle-\frac{2\pi}{3}+\frac{\pi}{6}\ [V]\\ \dot{V}_{ca}&=\sqrt{3}\dot{V}_c\angle\frac{\pi}{6}=\sqrt{3}V\angle-\frac{4\pi}{3}+\frac{\pi}{6}\ [V]\end{aligned}\tag{9-14}$$

이때 $\dot{Z}$에 흐르는 상전류는

$$\dot{I}_{ab}=\frac{\dot{V}_{ab}}{Z}\ [A],\ \dot{I}_{bc}=\frac{\dot{V}_{bc}}{Z}\ [A],\ \dot{I}_{ca}=\frac{\dot{V}_{ca}}{Z}\ [A]\tag{9-15}$$

따라서 선전류는 $\dot{I}_a$, $\dot{I}_b$, $\dot{I}_c$는 식 (9-13)에 식 (9-15)의 관계를 대입하면

$$\begin{aligned}\dot{I}_a&=\sqrt{3}\dot{I}_{ab}\angle-\frac{\pi}{6}=\frac{\sqrt{3}\dot{V}_{ab}}{\dot{Z}}\angle-\frac{\pi}{6}=\frac{3\dot{V}_a}{\dot{Z}}\angle 0^0\ [A]\\ \dot{I}_b&=\sqrt{3}\dot{I}_{bc}\angle-\frac{\pi}{6}=\frac{\sqrt{3}\dot{V}_{bc}}{\dot{Z}}\angle-\frac{\pi}{6}=\frac{3\dot{V}_b}{\dot{Z}}\angle-\frac{2\pi}{3}\ [A]\\ \dot{I}_c&=\sqrt{3}\dot{I}_{ca}\angle-\frac{\pi}{6}=\frac{\sqrt{3}\dot{V}_{ca}}{\dot{Z}}\angle-\frac{\pi}{6}=\frac{3\dot{V}_c}{\dot{Z}}\angle-\frac{4\pi}{3}\ [A]\end{aligned}\tag{9-16}$$

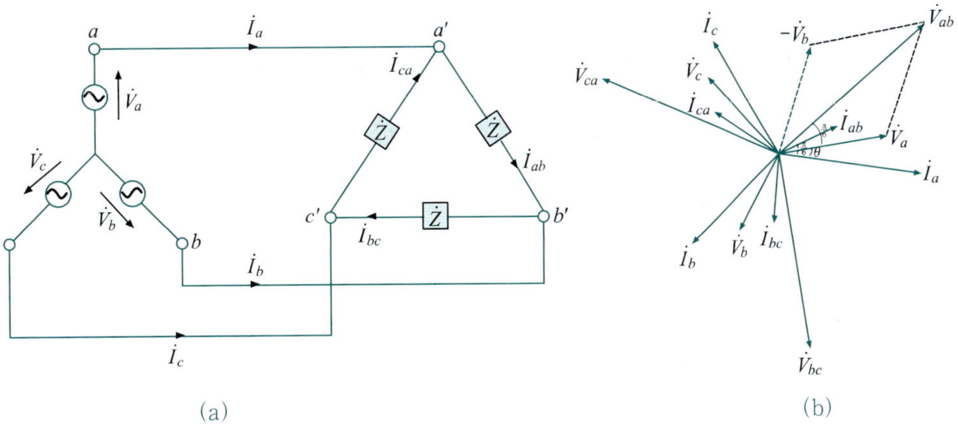

그림 9-19

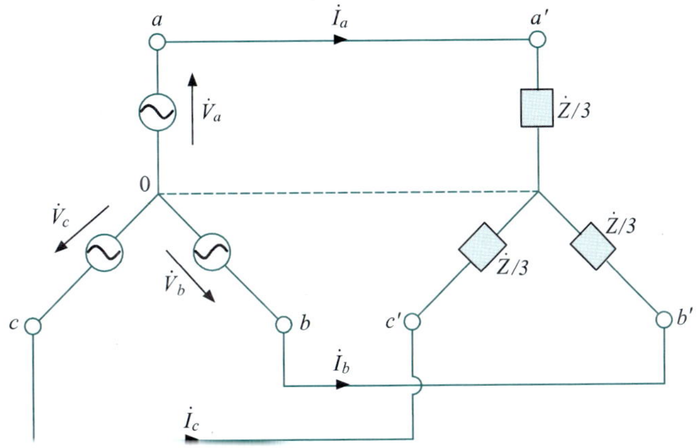

그림 9-20 그림 9-19(a)의 등가회로

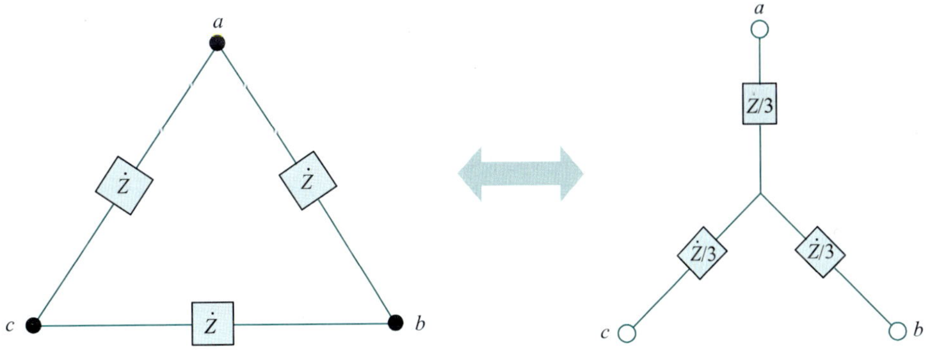

그림 9-21 임피던스 △-Y환산

이 됨을 알 수 있다. 그리고 그림 9-19(b)는 식 (9-14), (9-15), (9-16)의 관계를 벡터도로 나타낸 것이다. 또한 식 (9-16)은 그림 9-19와 같이 Y결선 전원 $\dot{V}_a$, $\dot{V}_b$, $\dot{V}_c$가 $\dot{Z}/3[\Omega]$의 Y결선의 부하에 가해진 것과 등가임을 알 수 있다.

이상의 결과로부터 그림 9-21와 같이 임피던스 $\dot{Z}$의 △결선은 $\dot{Z}/3$ Y결선의 부하로 바꾸어 놓을 수 있다.

9-3-4 △-Y 회로

그림 9-22과 같이 △결선된 평형 3상 전원에 평형 3상 부하가 Y결선된 경우 9-3-3과 같이 3상 전원을 Y결선으로 바꾸어 생각하거나 또는 평형 3상 부하를 △결선으로 고쳐서 생각하면 된다.

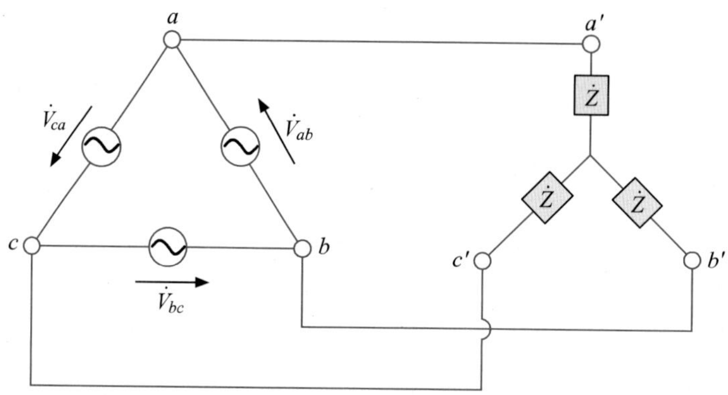

그림 9-22

9-4 평형 3상 회로의 전력

일반적으로 다상교류의 전력은 단상의 경우와 같이 계산하여 각각의 전력을 합하면 된다. 3상 전원의 순시값과 전류의 순시값은

$$v_a = \sqrt{2}\,V_P \sin\omega t \ [\mathrm{V}]$$
$$v_b = \sqrt{2}\,V_P \sin\left(\omega t - \frac{2\pi}{3}\right) \ [\mathrm{V}]$$
$$v_c = \sqrt{2}\,V_P \sin\left(\omega t + \frac{2\pi}{3}\right) \ [\mathrm{V}]$$
$$i_a = \sqrt{2}\,I_P \sin(\omega t - \theta) \ [\mathrm{A}]$$
$$i_b = \sqrt{2}\,I_P \sin\left(\omega t - \frac{2\pi}{3} - \theta\right) \ [\mathrm{A}]$$
$$i_c = \sqrt{2}\,I_P \sin\left(\omega t + \frac{2\pi}{3} - \theta\right) \ [\mathrm{A}]$$

로 표시되므로 3상 순시전력 p는

$$\begin{aligned} p &= p_a + p_b + p_c = v_a i_a + v_b i_b + v_c i_c \\ &= 2V_P I_P\left\{\sin\omega t \sin(\omega t - \theta) + \sin\left(\omega t - \frac{2\pi}{3}\right)\sin\left(\omega t - \frac{2\pi}{3} - \theta\right)\right. \\ &\quad \left. + \sin\left(\omega t + \frac{2\pi}{3}\right)\sin\left(\omega t + \frac{2\pi}{3} - \theta\right)\right\} \\ &= V_P I_P\left\{\cos\theta - \cos(2\omega t - \theta) + \cos\theta - \cos\left(2\omega t - \frac{4\pi}{3} - \theta\right)\right. \\ &\quad \left. + \cos\theta - \cos\left(2\omega t + \frac{4\pi}{3} - \theta\right)\right\} \\ &= 3V_P I_P \cos\theta - V_P I_P\left\{\cos(2\omega t - \theta) + \cos\left(2\omega t - \frac{4\pi}{3} - \theta\right)\right. \\ &\quad \left. + \cos\left(2\omega t + \frac{4\pi}{3} - \theta\right)\right\} \end{aligned} \tag{9-17}$$

그런데 식 (9-17)의 우변 제2항은 2배의 주파수이므로 그 순시값의 합은 0이 된다. 따라서

$$P = 3V_P I_P \cos\theta \ [\mathrm{W}] \tag{9-18}$$

결국 3상 회로의 순시전력은 시간 t에 관계없이 일정값이 되고 그 크기는 평균전력과 같게 된다. 따라서 n상 평형회로의 순시전력은 항상 일정하여 n상 평균전력과 같게 된다.

다음에 부하의 전압을 선간전압 V_l [V], 전류를 선전류 I_l [A]로 표시하면 Y결선회로에서는

$$V_l = \sqrt{3}\,V_P, \quad I_l = I_P \tag{9-19}$$

△결선회로에서는

$$V_l = V_P, \quad I_l = \sqrt{3}\,I_P$$

이므로 식 (9−19)를 식 (9−18)에 대입하면 두 경우 모두 유효전력 P는

$$\begin{aligned} P &= \sqrt{3}\,V_l I_l \cos\theta \ [\mathrm{W}] \\ &= \sqrt{3}\times(\text{선간전압})\times(\text{선전류})\times(\text{역률}) \ [\mathrm{W}] \end{aligned} \tag{9-20}$$

단, θ는 각 상의 부하에서 발생하는 $\theta = \tan^{-1}\dfrac{X}{R}$로서 상전압과 상전류와의 위상차이다. 그리고 평형 3상 회로에서 무효전력 P_r 및 피상전력 P_a는 다음과 같이 된다.

$$\begin{aligned} P_r &= \sqrt{3}\,V_l I_l \sin\theta \ [\mathrm{Var}] \\ P_a &= \sqrt{3}\,V_l I_l \ [\mathrm{VA}] \end{aligned} \tag{9-21}$$

따라서 피상전력은

$$\text{피상전력} = \sqrt{(\text{유효전력})^2 + (\text{무효전력})^2}$$

예제 9−11

그림 9−23과 같은 평형 Y부하에 $\sqrt{3}\,100$ [V]의 평형 3상 전원이 인가되고 있다. 부하에서의 전체 피상전력, 유효전력, 무효전력 및 역률을 구하여라.

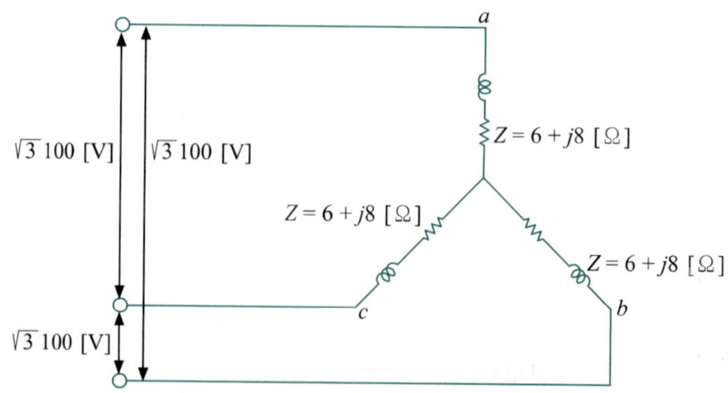

그림 9−23 예제 9−11의 회로

풀이

한 상의 전압

$$V_P = \frac{V_l}{\sqrt{3}} = \frac{100\sqrt{3}}{\sqrt{3}} = 100 \ [\text{V}]$$

따라서

$$I_l = \frac{V_P}{Z} = \frac{100}{6+j8} = \frac{100}{10} = 10 \ [\text{A}]$$

$$P = 3P_p = 3I_R^2 = 3\times 10^2 \times 6 = 1{,}800 \ [\text{W}]$$

$$P_r = 3P_{rp} = 3I_X^2 = 3\times 10^2 \times 8 = 2{,}400 \ [\text{Var}]$$

$$P_a = 3P_{ap} = 3I_Z^2 = 3\times 10^2 \times 10 = 3{,}000 \ [\text{VA}]$$

$$\cos\theta = \frac{R}{Z} = \frac{6}{10} = 0.6$$

예제 9-12

그림 9-24와 같은 평형 △부하에 선간전압 200 [V]의 평형 3상 전원이 인가되고 있다. 부하에서의 전체 피상전력, 유효전력, 무효전력 및 역률을 구하여라.

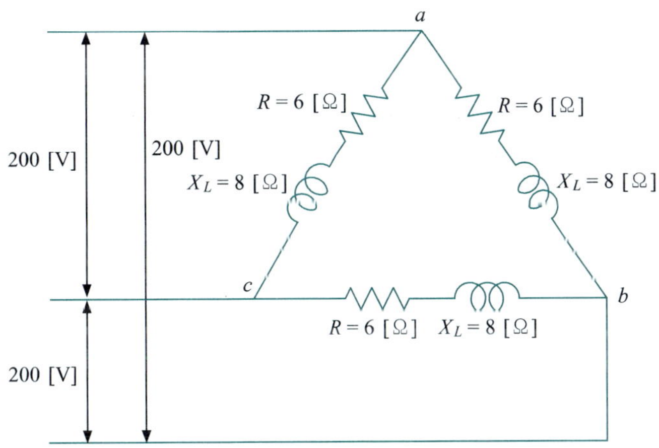

그림 9-24 예제 9-12의 회로

풀이

상전류

$$I_P = \frac{V}{Z} = \frac{200}{6+j8} = \frac{200}{10} = 20 \ [\text{A}]$$

$$P = 3P_P = 3I_R^2 = 3\times 20^2 \times 6 = 7.2\ [\text{kW}]$$
$$P_r = 3P_{rp} = 3I_X^2 = 3\times 20^2 \times 8 = 9.6\ [\text{kVar}]$$
$$P_a = 3P_{ap} = 3I_Z^2 = 3\times 20^2 \times 10 = 12\ [\text{kVA}]$$
$$\cos\theta = \frac{R}{Z} = \frac{6}{10} = 0.6$$

예제 9-13

부하 단자전압이 200 [V]인 15 [kW]의 3상 대칭부하에 3상 전력을 공급하는 선로 임피던스가 $3+j2$ [Ω]일 때 부하가 뒤진 역률 80 [%]이면 선전류 [A]는?

① 약 $26.2-j19.7$
② 약 $39.36-j52.48$
③ 약 $39.36-j29.52$
④ 약 $19.7+j26.4$

정답 및 풀이

정답 : ③

$$P = \sqrt{3}\,V_l I_l \cos\theta,\ I_l = \frac{P}{\sqrt{3}\,V_l\cos\theta} = \frac{15{,}000}{\sqrt{3}\times 220\times 0.8} = 49.2\ [\text{A}]$$
$$I_l = 49.2(\cos\theta - j\sin\theta) = 49.2(0.8-j0.6) = 39.36-j29.52\ [\text{A}]$$

예제 9-14

그림과 같이 접속된 회로에 평형 3상 전압 E를 가할 때의 전류 I_1 [A] 및 I_2 [A]는?

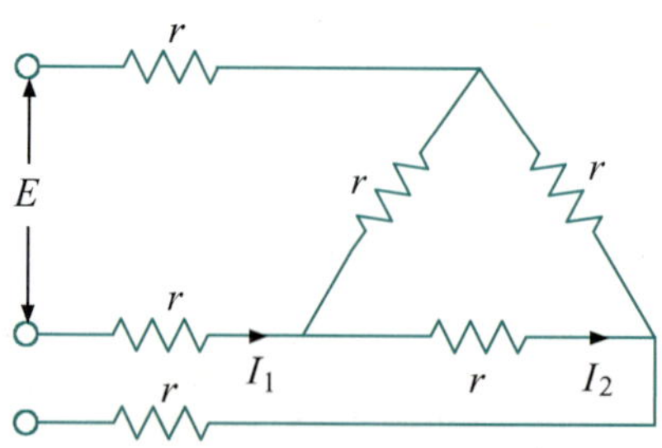

그림 9-25 예제 9-14의 회로

풀이 문제의 회로에서 △결선을 Y결선으로 바꾸면 다음 회로와 같다.

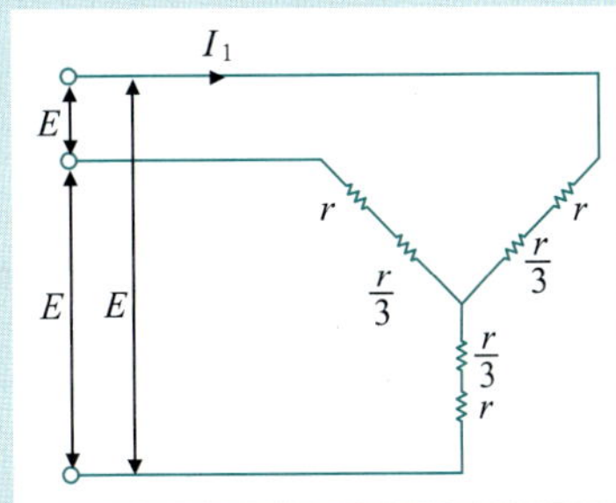

그림 9-26 예제 9-14의 풀이

한 상의 합성저항을 R이라 하면 r과 $\frac{r}{3}$이 직렬로 연결되어 있으므로

$$I_1 = \frac{\frac{E}{\sqrt{3}}}{r + \frac{r}{3}} = \frac{\sqrt{3}}{4r} E \text{ [A]}$$

이므로 △결선에서 상전류는 선전류의 $\frac{1}{\sqrt{3}}$ 다음과 같이 된다.

$$I_2 = \frac{I_1}{\sqrt{3}} = \frac{1}{\sqrt{3}} \sqrt{3} \frac{E}{4r} = \frac{E}{4r} \text{ [A]}$$

예제 9-15

그림과 같은 회로에 대칭인 상전압 200 [V]를 가했을 때 이 회로에서 소비되는 전력은 얼마인가? 단, $R_1 = 30$ [Ω], $R_2 = 10$ [Ω]라 한다.

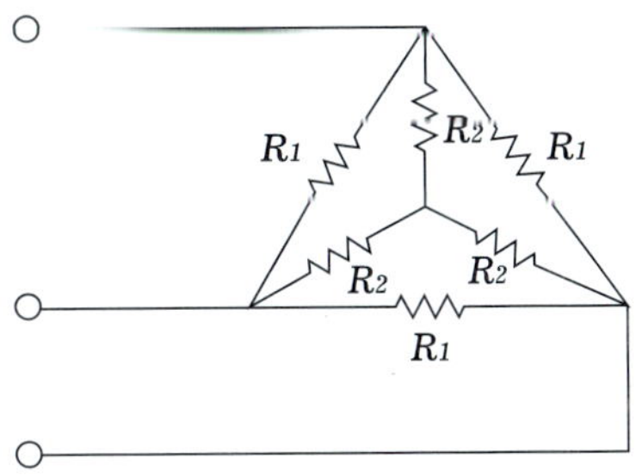

그림 9-27 예제 9-15의 회로

① 15 [kW] ② 24 [kW] ③ 32 [kW] ④ 44 [kW]

정답 및 풀이

정답 : ②

부하의 등가 회로는 그림 (b)와 같다. 전원의 상전압이 200 [V]이므로

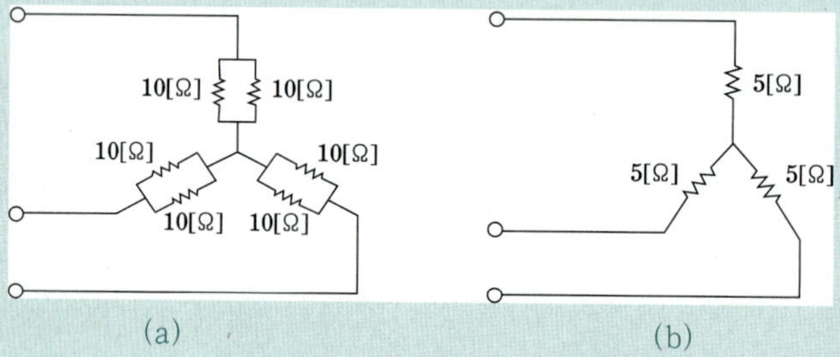

그림 9-28 그림 9-27 등가회로

$P=3V_p I_p=3\times200\times\frac{200}{5}=24{,}000$ [W] = 24 [kW]

△결선된 3상회로에서 상전류는 다음과 같다.

$I_{12}=4\angle-36°$ [A], $I_{23}=4\angle-156°$ [A], $I_{31}=4\angle84°$ [A]

9-5 평형 3상 교류회로의 전력측정

9-5-1 블론델의 정리

일반 다상 교류회로에서 각 상부하의 단자와 중성점 사이의 성형 전압을 $\dot{V}_a, \dot{V}_b, \dot{V}_c, \cdots, \dot{V}_n$ 각 상의 선전류를 $\dot{I}_a, \dot{I}_b, \dot{I}_c, \cdots, \dot{I}_n$이라 하고 각 상의 전압과 전류 사이의 위상차를 $\theta_1, \theta_2, \theta_3, \cdots, \theta_n$이라고 하면 전 전력 P는 다음과 같이 된다.

$$\begin{aligned}\dot{P} &= P_a + jP_r = \overline{\dot{V}_a}\dot{I}_a + \overline{\dot{V}_b}\dot{I}_b + \overline{\dot{V}_c}\dot{I}_c + \cdots\cdots + \overline{\dot{V}_n}\dot{I}_n \\ &= |V_a||I_a|\cos\theta_1 + |V_b||I_b|\cos\theta_2 + |V_c||I_c|\cos\theta_3 \\ &\quad + \cdots\cdots + |V_n||I_n|\cos\theta_n + j|V_a||I_a|\sin\theta_1 + j|V_b||I_b|\sin\theta_2 \\ &\quad + j|V_c||I_c|\sin\theta_3 + \cdots\cdots + j|V_n||I_n|\sin\theta_n \end{aligned} \tag{9-22}$$

로 되고 중성선이 없다면

$$\dot{I}_a + \dot{I}_b + I_c + \cdots\cdots + \dot{I}_n = 0 \tag{9-23}$$

이므로, 식 (9−23)을 식 (9−22)에 대입하면

$$P = \overline{\dot{V}_a}\dot{I}_a + \overline{\dot{V}_b}\dot{I}_b + \cdots\cdots + \overline{\dot{V}_n}(-I_a - I_b - I_c - \cdots\cdots - \dot{I}_{n-1})$$
$$= (\overline{\dot{V}_a} - \overline{\dot{V}_n})\dot{I}_a + (\overline{\dot{V}_b} - \overline{\dot{V}_n})\dot{I}_b + (\overline{\dot{V}_c} - \overline{\dot{V}_n})\dot{I}_c$$
$$+ \cdots\cdots + (\overline{\dot{V}_{n-1}} - \overline{\dot{V}_n})\dot{I}_{n-1} \qquad (9-24)$$

즉, n개의 선로에서 전달되는 전력은 $(n-1)$개의 전력계로 측정할 수 있는데 이 관계를 **블론델의 정리**(Blondel's theorem)라 하며 부하의 평형과 불평형에 관계없이 성립된다.

9-5-2 2전력계법

그림 9−29(a)는 블론델의 정리에 의해 3상 전력을 측정하는 방법으로 2전력계법이라 한다.

각각의 전력계 W_1과 W_2는 임피던스가 아주 적은 전류 코일은 직렬로 연결하고 임피던스가 아주 큰 전압 코일은 병렬로 연결하므로 전력계를 회로에 연결해도 회로의 전류, 전압의 변화는 아주 작다.

전력계는 두 코일에서 전류와 선간전압에 비례하고 위상차에 의한 소비전력이 나타나므로 W_1과 W_2의 값은 다음과 같다.

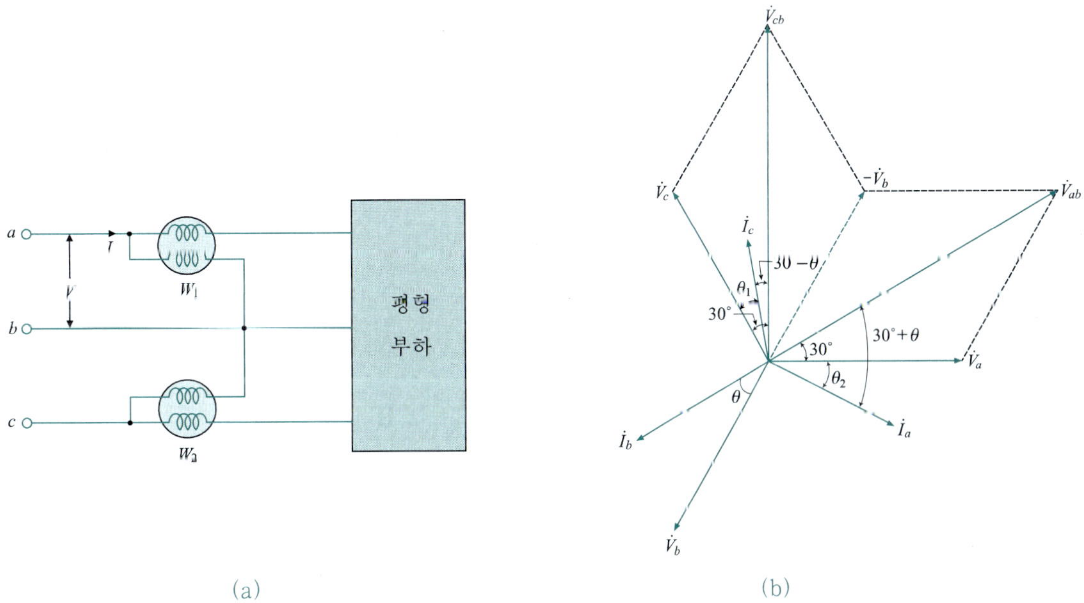

그림 9−29

$$W_2 = |\ V_{cb}|\ |\ I_c|\cos\theta_1$$
$$W_1 = |\ V_{ab}|\ |\ I_a|\cos\theta_2 \qquad (9-25)$$

단, θ_1 은 V_{cb} 와 I_c 와의 위상차이고 θ_2 는 V_{ab} 와 I_a 와의 위상차이다. 그림 9-29(b)는 각각의 상전압과 선간전압 및 선전류들의 벡터도로서 여기서

$$\theta_1 = 30° - \theta, \quad \theta_2 = 30° + \theta \tag{9-26}$$

이다. 따라서 P_1 과 P_2 는

$$W_2 = |V_{cb}|\ |I_c| \cos(30° - \theta)$$
$$W_1 = |V_{ab}|\ |I_a| \cos(30° + \theta) \tag{9-27}$$

그러므로 W_1 과 W_2 의 합을 구하면

$$W = W_1 + W_2 = V_l I_l \{\cos(30° + \theta) + \cos(30° - \theta)\}$$
$$= 2V_l I_l \cos 30° \cos\theta = \sqrt{3}\, V_l I_l \cos\theta \ [\mathrm{W}] \tag{9-28}$$

가 된다. 식 (9-28)은 식 (9-20)과 같으므로 3상 전력의 값과 같다. 이 경우 θ 가 60° 이상, 즉 역률이 0.5 이하가 되면 식 (9-27)에서 $30° + \theta > 90°$ 로 되고 $\cos(30° + \theta) < 0$ 으로 되어 P_2 는 부가 되기 때문에 이때는 P_1 과 P_2 의 차가 전체 소비전력이 된다. 또한 이 2전력계법은 부하의 평형, 불평형, Y결선, △결선에 관계없이 3상 전력을 측정할 수 있다.

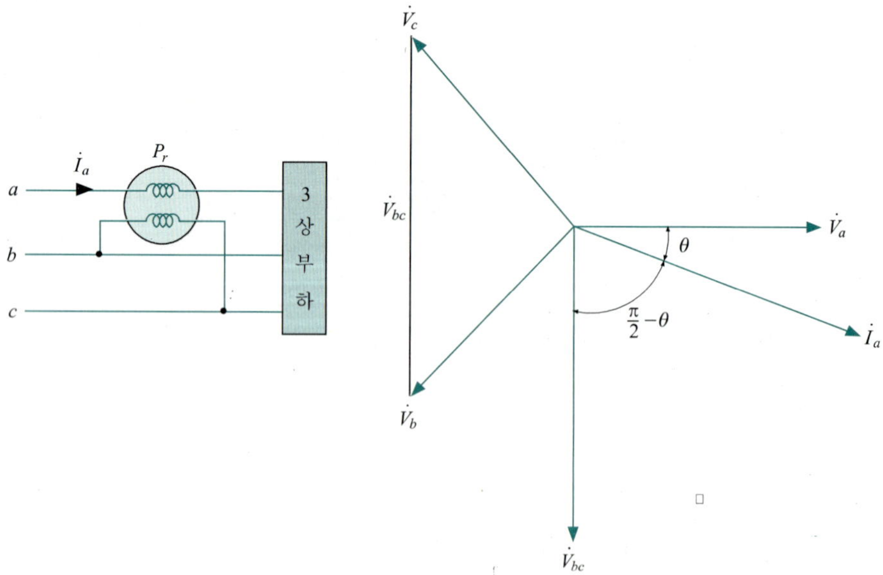

(a) (b)

그림 9-30

9-5-3 무효전력계

다음에 전력계법으로 무효전력 P_r을 측정하는 방법이다. 그림 9-30(a)는 결선도이며 그림 (b)는 벡터도이다. 따라서

$$V_{bc}I_a\cos\left(\frac{\pi}{2}-\theta\right)=V_l\,I_l\sin\theta=P_r \tag{9-29}$$

그러므로 P_r의 $\sqrt{3}$ 배의 무효전력이 된다. 즉

$$P_r=\sqrt{3}\,V_lI_l\sin\theta \ \ [\mathrm{Var}] \tag{9-30}$$

예제 9-16

3상 전력을 측정하는 데 두 전력계 중 하나가 0이라면 이때 역률은?

풀이

$P_1=VI\cos(30°+\theta),\ P_2=VI\cos(30°-\theta)$ 이며 P_1과 P_2 중 어느 하나가 0이 되려면 cos 함수이므로 $\cos(30°+\theta)=0$ 이다. 따라서 $\theta=60°$가 되어야 한다.

$\therefore\ \cos 60°=0.5$

예제 9-17

전력계법으로 평형 3상 전력을 측정하였더니 한쪽의 지시가 400 [W], 다른 쪽의 지시가 800 [W]이었다. 피상전력 및 무효전력을 구하여라.

풀이

$P=P_1+P_2=400+800=1200\ [\mathrm{W}]$

$P_1=VI\cos(30°+\theta)=VI(\cos30°\cos\theta-\sin30°\sin\theta)$

$\quad=VI\left(\frac{\sqrt{3}}{2}\cos\theta-\frac{1}{2}\sin\theta\right)=400$ ············ ①

$P_2=VI\cos(30°-\theta)=VI(\cos30°\cos\theta+\sin30°\sin\theta)$

$\quad=VI\left(\frac{\sqrt{3}}{2}\cos\theta+\frac{1}{2}\sin\theta\right)=800$ ············ ②

위 식에서

①+② $\quad VI\sqrt{3}\cos\theta=1200$ ············ ③

①-② $VI\sin\theta = 400$ ································· ④

$$\frac{VI\sin\theta}{\sqrt{3}\,VI\cos\theta} = \frac{400}{1200}$$

$$\frac{\sin\theta}{\cos\theta\sqrt{3}} = \frac{1}{3}$$

$$\frac{\sin\theta}{\cos\theta} = \frac{1}{\sqrt{3}}$$

$$\frac{\sin\theta}{\cos\theta} = \tan\theta = \frac{1}{\sqrt{3}} = \tan 30° \left(\theta = \tan^{-1}\frac{1}{\sqrt{3}} = 30°\right)$$

$$\therefore P_a = \frac{P}{\cos\theta} = \frac{1200}{\cos 30°} = 800\sqrt{3}\ [\mathrm{VA}]$$

$$P_r = P_a\sin\theta = 800\sqrt{3} \times \frac{1}{2} = 400\sqrt{3}\ [\mathrm{Var}]$$

예제 9–18

다음 그림과 같은 평형 3상 회로로 운전하는 유도 전동기가 있다. 이 회로에 그림과 같이 2개의 전력계 W_1, W_2, 전압계 Ⓥ, 전류계 Ⓐ를 접속한 후 지시값은 W_1= 6.4 [kW], W_2= 2.5 [kW], V= 200 [V], I= 30 [A]이였다.

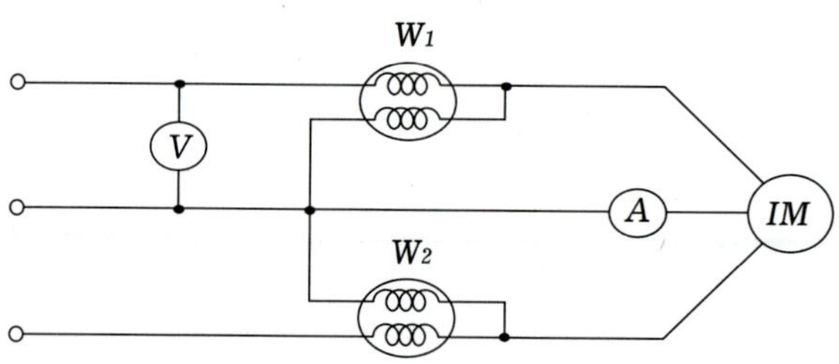

그림 9–31 예제 9–18의 회로

(1) 전력과 피상전력을 구하시오.

(2) 이 유도 전동기의 역률은 몇 [%]인가?

정답 및 풀이

정답 : 풀이참조

(1) $W = 6.4 + 2.5 = 8.9$ [kW], 피상전력 $= \sqrt{3} \times 200 \times 30 = 10.39$ [kVA]

(2) $$\cos\theta = \frac{W_1 + W_2}{\sqrt{3}\,VI} = \frac{(6.4+2.5)}{\sqrt{3} \times 200 \times 30 \times 10^{-3}} \times 100 = 85.6\ [\%]$$

9-6 V결선

9-6-1 V결선과 전압

3상 V결선은 특수한 경우, 즉 △결선에서 1상의 전원이 사고, 보수 등의 이유로 제거된 경우로서 그림 9-32(a)와 같은 회로가 되며 이때 전압의 벡터도는 그림 (b)와 같이 되므로 $\dot{V}_{ca}$ 와 $\dot{V}_{ca}$ 의 합은 $\dot{V}_{cb}$ 가 되어 그 크기는 $\dot{V}_{ca}$, $\dot{V}_{cb}$ 의 절대값 크기와 같게 되고 bc 단자 사이에 ab 와 ca 사이와 같은 크기의 전압이 걸리게 될 것이다. 즉

$$\dot{V}_{ca} + \dot{V}_{ca} = \dot{V}_{cb}$$

이다. 그런데 $\dot{V}_{cb} = -\dot{V}_{bc}$ 이므로

$$\therefore \dot{V}_{ca} + \dot{V}_{bc} + \dot{V}_{ca} = 0 \qquad (9-31)$$

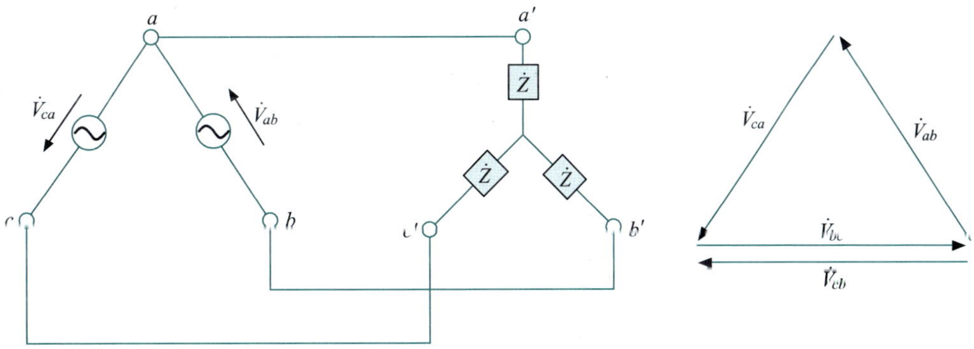

(a) (b)

그림 9-32

따라서 △결선의 경우와 같은 결과가 된다. 그러므로 이때에도 대칭 3상 전원으로 사용할 수 있다. 이와 같은 결선을 **V결선**(V-connection, open-delta connection)이라 한다.

V결선은 경제적인 이유 또는 단상 변압기 한 대의 고장이나 수리 시에도 계속 3상 전원을 공급해야 하는 등 특수한 사정이 있을 때 단상 변압기 2개를 결합하여 3상 전력을 공급하기 위하여 사용된다.

9-6-2 V결선 전압의 전류

그림 9-33(a)에서 ab, bc, ca 사이의 전압은 대칭 3상 전압으로서 작용하므로, 부하의 상전류 및 선전류는 각각 대칭 3상 전류가 된다. 따라서 그들의 크기 사이에는 다음과 같은 관계가 있다.

(9-32)

또, 그림 9-33(a)에서 전원을 흐르는 상전류 $\dot{I}_{ab}$, $\dot{I}_{ca}$ 와 선전류 $\dot{I}_a$, $\dot{I}_b$, $\dot{I}_c$ 사이에는 다음과 같은 관계가 성립한다.

$$\dot{I}_b = -\dot{I}_{ab},\ \dot{I}_c = -\dot{I}_{ca}$$
$$\dot{I}_a = \dot{I}_{ab} - \dot{I}_{ca} = -(\dot{I}_b + \dot{I}_c) \tag{9-33}$$

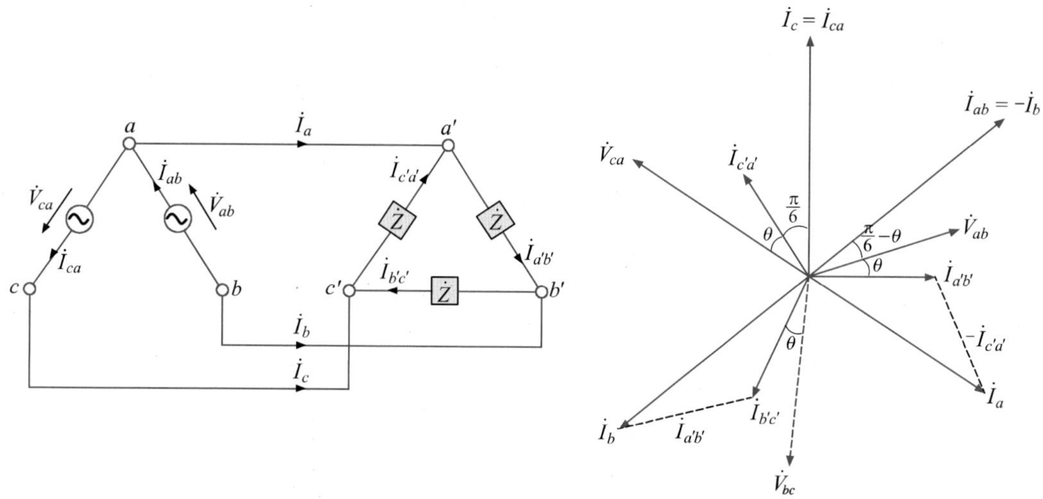

(a) (b)

그림 9-33

따라서 식 (9-32)와 식 (9-33)으로부터 선전류와 전원의 상전류의 크기는 다음과 같다.

$$\dot{I}_a = \dot{I}_b = \dot{I}_c = \dot{I}_{ab} = \dot{I}_{ca} \tag{9-34}$$

여기서 △결선의 경우와 비교하면, 선전류가 같을 때는 전원의 상전류는 $\sqrt{3}$ 배가 되는 것을 알 수 있다.

θ를 각 상의 부하의 임피던스 각이라 하면, 그 벡터도는 그림 9-33(b)와 같다. 이 벡터도에서 알 수 있는 바와 같이

$$\dot{I}_{ab} \text{가 } \dot{V}_{ca} \text{ 보다 앞선 각 } \theta_{ab} \text{는 } \theta_{ab} = \frac{\pi}{6} - \theta$$

$$\dot{I}_{ca} \text{가 } \dot{V}_{ca} \text{ 보다 뒤진 각 } \theta_{ca} \text{는 } \theta_{ca} = \frac{\pi}{6} + \theta \qquad (9-35)$$

9-6-3 V결선 전원의 출력

그림 9-33(b)에서 알 수 있는 바와 같이 전원에서 인출할 수 있는 전력 P는 다음과 같다.

$$\begin{aligned} P &= V_{ab}I_{ab}\cos\theta_{ab} + V_{ca}I_{ca}\cos\theta_{ca} \\ &= V_{ab}I_{ab}\cos\left(\frac{\pi}{6} - \theta\right) + V_{ca}I_{ca}\cos\left(\frac{\pi}{6} + \theta\right) \\ &= \sqrt{3}\, V_{ab}I_{ab}\cos\theta = \sqrt{3}\, V_{ab}I_{b}\cos\theta \end{aligned} \qquad (9-36)$$

식 (9-36)으로부터 전원에서 인출할 수 있는 전력 P는 부하의 전력과 같다. 한편, 3상 전원이 모두 공급되는 경우 전원에서부터의 공급전력 P는

$$P_3 = 3\, V_{ab}I_b\cos\theta$$

따라서 3상 결선과 V결선의 출력비는

$$\text{출력비} = \frac{P_V}{P_3} = \frac{\sqrt{3}\, V_{ab}I_b\cos\theta}{3\, V_{ab}I_b\cos\theta} = \frac{1}{\sqrt{3}} = 0.577$$

9-6-4 V결선 변압기의 이용률

V결선 전원은 단상 변압기 2개로 3상을 얻고자 할 때 많이 사용된다. 2차 진압이 V [V]이고, 2차 전류가 I [A]인 변압기 3개를 3상 결선하여 이것에 역률 $\cos\theta$의 평형 3상 부하를 접속하면, $3VI\cos\theta$까지의 전력을 사용할 수 있다.

그런데 이들과 같은 변압기 2개를 V결선으로 하여 이에 역률 $\cos\theta$의 평형 3상 부하를 접속하면, 식 (9-36)으로 알 수 있는 바와 같이 $\sqrt{3}\,VI\cos\theta$까지만 전력을 사용할 수 있다. 따라서, 용량 VI [VA]의 변압기 2개를 V결선으로 사용할 경우의 변압기의 이용률 η는 다음 식에서 알 수 있는 바와 같이 86.7 [%]이다.

$$\eta = \frac{\sqrt{3}\, VI\cos\theta}{2\, VI\cos\theta} = \frac{\sqrt{3}}{2} = 0.867 \ [\%] \qquad (9-37)$$

9-7 회전자계

9-7-1 회전자계와 상회전

그림 9-34와 같이 3개의 코일 a, b, c를 공간적으로 서로 $2/3\pi$ 의 각을 이루게 배치하고 이 코일 a, b, c에 각각

$$i_a = I_m \sin\omega t \ [\mathrm{A}]$$
$$i_b = I_m \sin\left(\omega t - \frac{2}{3}\pi\right) \ [\mathrm{A}]$$
$$i_c = I_m \sin\left(\omega t - \frac{4}{3}\pi\right) \ [\mathrm{A}] \qquad (9\text{-}38)$$

를 흘리면, 이 전류에 의해 생기는 자계는 다음과 같이 된다.

$$h_a = H_m \sin\omega t$$
$$h_b = H_m \sin\left(\omega t - \frac{2}{3}\pi\right)$$
$$h_c = H_m \sin\left(\omega t - \frac{4}{3}\pi\right) \qquad (9\text{-}39)$$

즉, 이 3개의 자계를 합성한 것이 중심 O의 자계가 된다. 합성자계를 H라 하고 H를 직각좌표의 두 성분으로 분해하여 x, y축의 성분을 H_x, H_y라고 하면

$$H = H_x + jH_y$$

로 된다. 그런데

$$H_x = h_{ax} + h_{bx} + h_{cx} = h_a \cos 0° + h_b \cos(-120°) + h_c \cos(-240°)$$
$$= H_m \{\sin\omega t + \sin(\omega t - 120°)\cos 120° + \sin(\omega t - 240°)\sin 240°\} = \frac{3}{2} H_m \sin\omega t$$
$$H_y = h_{ay} + h_{by} + h_{cy} = 0 + h_b \sin(-120°) + h_c \sin(-240°)$$
$$= H_m \sin\{(\omega t - 120°)\sin 120° + H_m \sin(\omega t - 240°)\sin 240°\} = \frac{3}{2} H_m \cos\omega t$$
$$\therefore H = H_x + jH_y = \sqrt{Hx^2 + Hy^2} < \tan^{-1}\frac{Hy}{Hx}$$
$$= \frac{3}{2} H_m \angle \tan^{-1}(\cos\omega t) = \frac{3}{2} H_m \angle \frac{\pi}{2} - \omega t \qquad (9\text{-}40)$$

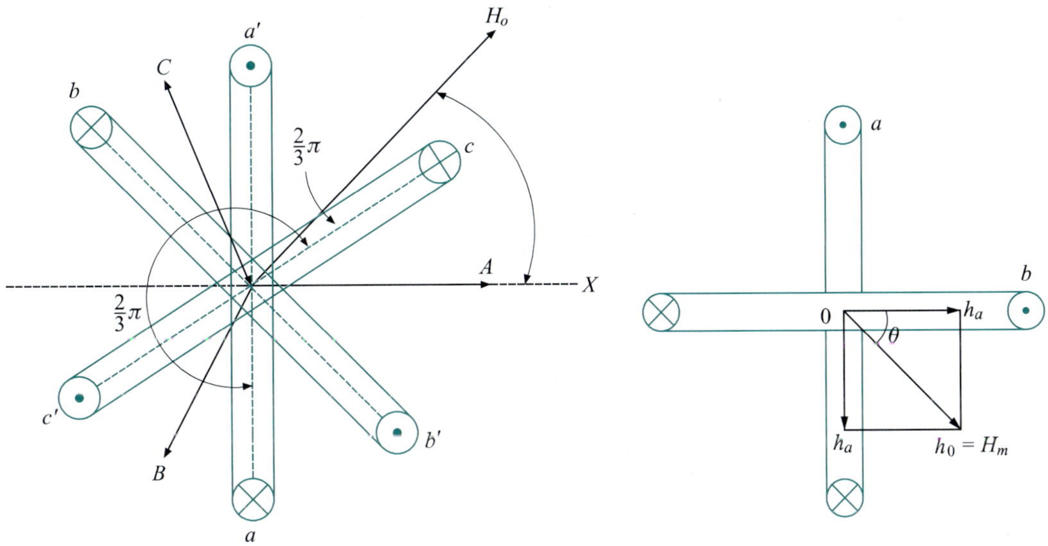

(a) 3상 교류에 의한 자계　　(b) 2상 교류에 의한 자계

그림 9-34

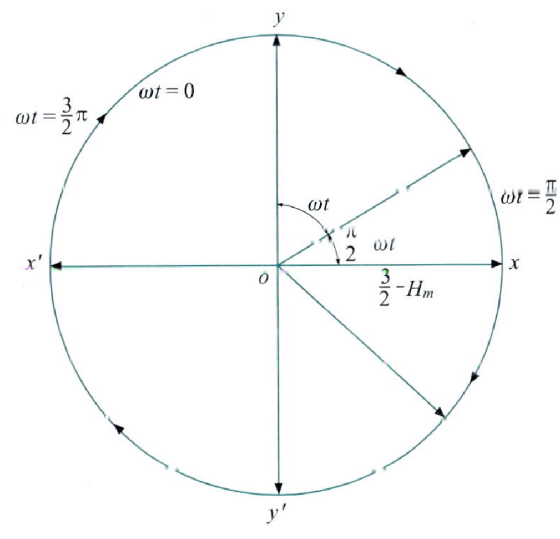

그림 9-35

이 합성자계는 그림 9-35와 같이 $\omega t = 0$일 때 Oy의 방향에 있고 $\omega t = \pi/2$일때 Ox의 방향으로 되고 $\omega t = \pi$일 때 Oy'의 방향, $\omega t = 3/2\pi$일 때 Ox'의 방향, $\omega t = 2\pi$일 때 다시 Oy의 방향으로 된다.

이와 같이 합성자계의 크기는 시간에 관계없이 일정한 값 $3/2H_m$ 이고 그 방향은 시간과 더불어 변화하며 시계방향으로 ω 의 각속도로 회전한다. 이와 같은 자계를 원형회전자계(circular rotating field)라고 한다. 한편, 회전자계의 방향을 바꾸려면 3개의 단자 중 임의의 두 단자를 바꾸면 회전자계의 회전방향이 바뀐다.

9-7-2 1상 단선 때 생기는 회전자계

대칭 3상 교류의 코일이 단선된 경우는 비대칭이 되는데 이 경우 코일 a가 단선되고 b, c 코일에 i_b, i_c를 흘리면 이때 생기는 합성자계의 x축과 y축의 성분 H_x, H_y는

$$\begin{aligned} H_x &= h_b\cos(-120°) + h_c\cos(-240°) \\ &= H_m\{\sin(\omega t - 120°)\cos 120° + \sin(\omega t - 240°)\cos 240°\} \\ &= \frac{1}{2}H_m\sin\omega t \end{aligned} \tag{9-41}$$

$$\begin{aligned} H_y &= h_b\sin(-120°) + h_c\sin(-240°) \\ &= -H_m\{\sin(\omega t - 120°)\sin 120° + \sin(\omega t - 240°)\sin 240°\} \\ &= \frac{3}{2}H_m\cos\omega t \end{aligned} \tag{9-42}$$

따라서

$$\sin\omega t = \frac{H_y}{\dfrac{1}{2}H_m}$$

$$\cos\omega t = \frac{H_y}{\dfrac{3}{2}H_m}$$

이므로 $\sin^2\omega t + \cos^2\omega t = 1$ 로 놓으면

$$\frac{H_x^2}{\left(\dfrac{1}{2}H_m\right)^2} + \frac{H_y^2}{\left(\dfrac{1}{2}H_m\right)^2} = 1 \tag{9-43}$$

이 된다. 이는 단축의 길이가 $1/2H_m$ 이고 장축의 길이가 $3/2H_m$ 인 타원으로 된다.

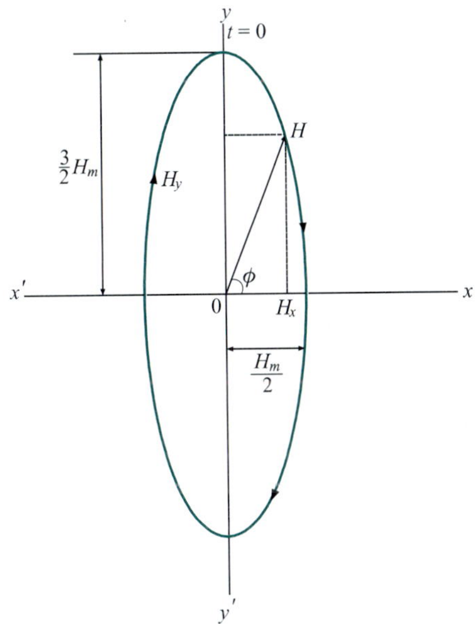

그림 9-36

이와 같은 자계를 **타원회전자계**(elliptic rotaing field)라고 한다. 합성자계의 크기 및 x축과 이루는 각은 다음과 같다.

$$H = \sqrt{H_x^2 + H_y^2} = \frac{1}{2}H_m\sqrt{1+80\cos^2\omega t}$$

$$\phi = \tan^{-1}\frac{H_y}{H_x} = \tan^{-1}(3\cot\omega t) \qquad (9\text{-}44)$$

이것을 그림으로 나타내면 그림 9-36과 같다.

9-7-3 2상 교류에 의한 회전자계

2상 교류는 크기가 같고 위상이 $\frac{\pi}{2}$인 2개의 전류이므로, 이것에 의해 생기는 자계는

$$h_a = H_m\sin\omega t$$

$$h_b = H_m\sin\left(\omega t + \frac{\pi}{2}\right) = H_m\cos\omega t \qquad (9\text{-}45)$$

이 h_a, h_b의 합성자계를 h_o라 하면

$$
\begin{aligned}
h_o &= H_m \sin\omega t - jH_m \cos\omega t \\
&= h_m(\sin\omega t - j\cos\omega t) \\
&= H_m e^{j\theta} = H_m \angle \tan^{-1}(-\cot\omega t) = H_m \angle \frac{\pi}{2} - \omega t
\end{aligned}
$$

즉, 합성자계는 그 크기가 H_m 으로 일정하고 그 방향은 시간이 경과함에 따라 변화하되 ω 의 각속도, 즉 인가된 교류전류의 각속도와 같은 속도로 회전한다. 다시 말하면 2상에 의한 회전자계의 회전속도는 3상 교류의 경우와 같다. 즉 2상의 교류를 사용해서도 회전자계를 만들 수 있다.

이는 대칭 n 상의 경우와 같은 꼴이므로 2상에 의해 생기는 자계는 원형회전자계로 된다.

9-8 대칭좌표법

평형 3상 회로는 단상 회로와 같이 계산할 수 있으므로 간단하나 전원이나 부하가 불평형일 경우는 계산이 복잡해진다. 이때는 비대칭 n 상 회로의 전압, 전류를 n 조의 대칭전압, 전류로 분해하여 이 분해된 대칭전압, 전류에 대해 각각 계산하여 이것을 합하여 결과를 얻을 수 있다. 이 방법을 **대칭좌표법**이라 하고 행렬(matrix)로 계산하면 간단하게 계산할 수 있다.

9-8-1 전압, 전류의 대칭분(영상분, 정상분, 역상분)

임의의 비대칭 3상 전류를 $\dot{I}_a$, $\dot{I}_b$, $\dot{I}_c$ 라 하고, 이것들의 상순이 $a-b-c$ 로 되어 있다고 하고 $\dot{I}_a$ 를 기준 벡터로 하면 다음과 같이 3개의 성분으로 분해하여 생각할 수 있다.

$$
\begin{aligned}
\dot{I}_{a0} &= \frac{1}{3}(\dot{I}_a + \dot{I}_b + \dot{I}_c) \\
\dot{I}_{a1} &= \frac{1}{3}(\dot{I}_a + a\dot{I}_b + a^2\dot{I}_c) \\
\dot{I}_{a2} &= \frac{1}{3}(\dot{I}_a + a^2\dot{I}_b + a\dot{I}_c)
\end{aligned}
\tag{9-46}
$$

여기서

$$
a = \epsilon^{j\frac{2}{3}\pi} = \left(\cos\frac{2}{3}\pi + j\sin\frac{2}{3}\pi\right) = -\frac{1}{2} + j\frac{\sqrt{3}}{2}
$$

$$a^2 = \epsilon^{j\frac{4}{3}\pi} = \left(\cos\frac{4}{3}\pi + j\sin\frac{4}{3}\pi\right) = -\frac{1}{2} - j\frac{\sqrt{3}}{2}$$

$$a^3 = \epsilon^{j\frac{6}{3}\pi} = (\cos 2\pi + j\sin 2\pi) = 1$$

$$1 + a + a^2 = 1 - \frac{1}{2} + j\frac{\sqrt{3}}{2} - \frac{1}{2} - j\frac{\sqrt{3}}{2} = 0 \tag{9-47}$$

식 (9−46)에서 $\dot{I}_a$, $\dot{I}_b$, $\dot{I}_c$를 구하면, $1+a+a^2=0, a^3=1$이므로

$$\begin{aligned} \dot{I}_a &= \dot{I}_{a0} + \dot{I}_{a1} + \dot{I}_{a2} \\ \dot{I}_b &= \dot{I}_{a0} + a^2\dot{I}_{a1} + a\dot{I}_{a2} \\ \dot{I}_c &= \dot{I}_{a0} + a\dot{I}_{a1} + a^2\dot{I}_{a2} \end{aligned} \tag{9-48}$$

식 (9−48)에서는 $\dot{I}_{a1}$, $a^2\dot{I}_{a1}$, $a\dot{I}_{a1}$ 및 $\dot{I}_{a2}$, $a\dot{I}_{a2}$, $a^2\dot{I}_{a2}$는 각각 대칭 3상 기전력을 나타낸 것인데 전자와 후자는 상회전의 방향이 서로 반대가 된다. 만일 처음의 전류 $\dot{I}_a$, $\dot{I}_b$, $\dot{I}_c$의 상회전의 순서가 $a-b-c$의 순서(시계방향)이면 $\dot{I}_{a1}$, $a^2\dot{I}_{a1}$, $a\dot{I}_{a1}$은 이와 일치한 **정상분**(component of positive phase sequence)이라 하고 $\dot{I}_{a2}$, $a\dot{I}_{a2}$, $a^2\dot{I}_{a2}$는 $a-c-b$(반시계방향) 순서로 **역상분**(component of negative phase sequence)이라고 하여 각 상에 같은 크기, 같은 위상의 공통된 성분인 $\dot{I}_{a0}$를 **영상분**(component of zero phase sequence)이라고 볼 수 있다.

영상분과 정상분, 역상분을 총칭하여 대칭분이라고 한다. 동일한 방법으로 3상 불평형 전압 $\dot{V}_a$, $\dot{V}_b$, $\dot{V}_c$ 및 대칭분 $\dot{V}_0$, $\dot{V}_1$, $\dot{V}_2$도 다음과 같이 나타낼 수 있다.

$$\begin{aligned} \dot{V}_a &= V_0 + V_1 + V_2 \\ \dot{V}_b &= V_0 + a^2 V_1 + a V_2 \\ \dot{V}_c &= V_0 + a V_1 + a^2 V_2 \end{aligned} \tag{9-49}$$

$$\begin{aligned} \dot{V}_0 &= \frac{1}{3}(V_a + V_b + V_c) \\ V_1 &= \frac{1}{3}(V_a + a V_b + a^2 V_c) \\ \dot{V}_2 &= \frac{1}{3}(V_a + a^2 V_b + a V_c) \end{aligned} \tag{9-50}$$

즉, 그림 9−37(a)와 같은 비대칭의 각 기전력은 그림 9−37(b)와 같은 3개의 대칭 기전력으로 이루어져 있다. 그런데 전압과 전류가 비대칭 3상일 때는 일반적으로 영상분과 역상분이 나타나므로 역상분과 정상분의 비를 불평형의 정도로 판정할 수 있다.

따라서 $\frac{I_2}{I_1}$ 또는 $\frac{V_2}{V_1}$를 **불평형률**(unbalance factor)이라고 한다.

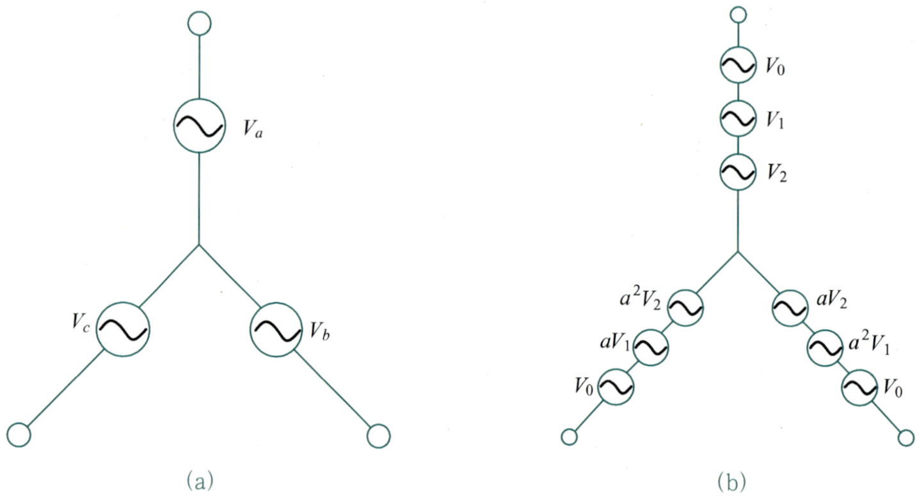

그림 9-37

예제 9-19

대칭 3상 전압 $\dot{V}_a$, $\dot{V}_b = a\dot{V}_a$, $\dot{V}_c = a^2\dot{V}_a$ 일 때, a 상을 기준으로 한 대칭분을 구하여라.

풀이

a 상을 기준으로 하여 대칭분을 각각 $\dot{V}_0$, $\dot{V}_1$, $\dot{V}_2$ 라고 하면 식 (9-50)에서

$$\dot{V}_0 = \frac{1}{3}(\dot{V}_a + \dot{V}_b + \dot{V}_c) = \frac{1}{3}(\dot{V}_a + a\dot{V}_a + a^2\dot{V}_a) = \frac{1}{3}\dot{V}_a(1 + a + a^2) = 0$$

$$\dot{V}_1 = \frac{1}{3}(\dot{V}_a + a\dot{V}_b + a^2\dot{V}_c) = \frac{1}{3}(\dot{V}_a + a^2\dot{V}_a + a^4\dot{V}_a)$$

$$= \frac{1}{3}\dot{V}_a(1 + a^2 + a^4) = \frac{1}{3}\dot{V}_a(1 + a^2 + a) = 0$$

$$\dot{V}_2 = \frac{1}{3}(\dot{V}_a + a^2\dot{V}_b + a\dot{V}_c) = \frac{1}{3}(\dot{V}_a + a^3\dot{V}_a + a^3\dot{V}_a)$$

$$= \frac{1}{3}\dot{V}_a(1 + a^3 + a^3) = \dot{V}_a \qquad (9\text{-}51)$$

식 (9-51)을 행렬로 나타내면

$$\begin{pmatrix} \dot{V}_0 \\ \dot{V}_1 \\ \dot{V}_2 \end{pmatrix} = \frac{1}{3}\begin{pmatrix} 1 & 1 & 1 \\ 1 & a & a^2 \\ 1 & a^2 & a \end{pmatrix}\begin{pmatrix} \dot{V}_a \\ \dot{V}_b \\ \dot{V}_c \end{pmatrix} = \frac{1}{3}\begin{pmatrix} 1 & 1 & 1 \\ 1 & a & a^2 \\ 1 & a^2 & a \end{pmatrix}\begin{pmatrix} \dot{V}_a \\ a\dot{V}_a \\ a^2\dot{V}_a \end{pmatrix}$$

$$= \frac{1}{3}\begin{pmatrix} \dot{V}_a + a\dot{V}_a + a^2\dot{V}_a \\ \dot{V}_a + a^2\dot{V}_a + a^4\dot{V}_a \\ \dot{V}_a + a^3\dot{V}_a + a^3\dot{V}_a \end{pmatrix} = \begin{pmatrix} 0 \\ 0 \\ \dot{V}_a \end{pmatrix} \tag{9-52}$$

따라서 대칭 3상 전압과 영상분과 정상분은 0이 되고, 역상분이 남게 되어 a상의 역상분은 $\dot{V}_a$와 같다. 이것은 전압에 관해서 생각하였으나, 기전력이나 전류에 있어서도 같은 관계를 이룬다.

예제 9-20

$\dot{I}_0 = 10\angle 60°$ [A], $\dot{I}_1 = 20\angle -30°$ [A], $\dot{I}_2 = 5\angle -180°$ [A]일 때 $\dot{I}_a$, $\dot{I}_b$, $\dot{I}_c$를 구하여라.

풀이

$$\begin{aligned} \dot{I}_a &= \dot{I}_0 + \dot{I}_1 + \dot{I}_2 = 10\angle 60° + 20\angle -30° + 5\angle -180° \\ &= 10\left(\frac{1}{2} + j\frac{\sqrt{3}}{2}\right) + 20\left(\frac{\sqrt{3}}{2} - j\frac{1}{2}\right) - 5 \\ &= 10\sqrt{3} + j(5\sqrt{3} - 10) \fallingdotseq 17.32 - j1.34 \text{ [A]} \end{aligned}$$

$$\begin{aligned} \dot{I}_b &= \dot{I}_0 + a^2\dot{I}_1 + a\dot{I}_2 = 10\angle 60° + 1\angle 240° \times 20\angle -30° + 1\angle 120° \times 5\angle -180° \\ &= 10\angle 60° + 20\angle 210° + 5\angle -60° \\ &= 10\left(\frac{1}{2} + j\frac{\sqrt{3}}{2}\right) + 20\left(-\frac{\sqrt{3}}{2} - j\frac{1}{2}\right) + 5\left(\frac{1}{2} - j\frac{\sqrt{3}}{2}\right) = -9.82 - j5.67 \text{ [A]} \end{aligned}$$

$$\begin{aligned} \dot{I}_c &= \dot{I}_0 + a\dot{I}_1 + a^2\dot{I}_2 = 10\angle 60° + 1\angle 120° \times 20\angle -30 \times + 1\angle 240° \times 5\angle -180° \\ &= 10\angle 60° + 20\angle 90° + 5\angle 60° = 10\left(\frac{1}{2} + j\frac{\sqrt{3}}{2}\right) + 20(0 + j) + 5\left(\frac{1}{2} + j\frac{\sqrt{3}}{2}\right) \\ &= 7.5 + j32.99 \text{ [A]} \end{aligned}$$

예제 9-21

어떤 3상 회로의 선간전압을 측정한 결과 각각 120 [V], 100 [V], 100 [V]이었다. 전압에 대한 불평형률을 구하여라?

풀이 문제에 주어진 조건에 따라 벡터로 표시하면

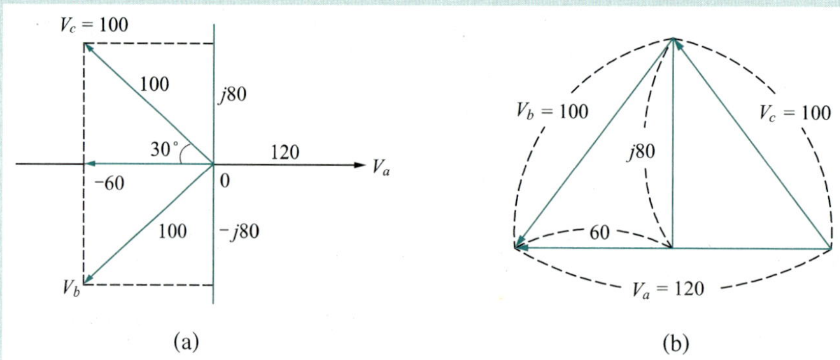

그림 9-38 예제 9-21의 풀이

$$V_a = 120 \ [\mathrm{V}],\ \dot{V}_b = -60 - j80 \ [\mathrm{V}],\ \dot{V}_c = -60 + j80 \ [\mathrm{V}]$$

$$\dot{V}_0 = \frac{1}{3}(V_a + V_b + V_c) = \frac{1}{3}(120 - 60 - j80 - 60 + j80) = 0 \ [\mathrm{V}]$$

$\dot{V}_1 = \frac{1}{3}(V_a + aV_b + a^2 V_c)$ 에서

$$a = 1\angle 120° = \cos 120° + j\sin 120° = -\frac{1}{2} + j\frac{\sqrt{3}}{2}$$

$$a^2 = 1\angle 240° = -\frac{1}{2} - j\frac{\sqrt{3}}{2}$$

$$\begin{aligned}
\dot{V}_1 &= \frac{1}{3}\left\{120 + \left(-\frac{1}{2} + j\frac{\sqrt{3}}{2}\right)(-60 - j80) + \left(-\frac{1}{2} - j\frac{\sqrt{3}}{2}\right)(-60 + j80)\right\} \\
&= \frac{1}{3}(120 + 30 + j40 - j30\sqrt{3} + 40\sqrt{3} + 30 - j40 + j30\sqrt{3} + 40\sqrt{3}) \\
&= \frac{1}{3}(120 + 30 \times 2 + 40\sqrt{3} \times 2) \\
&= \frac{1}{3}(318.56) \fallingdotseq 106.18 \ [\mathrm{V}]
\end{aligned}$$

$\dot{V}_2 = \frac{1}{3}(V_a + a^2 V_b + aV_c)$ 에서

$$\dot{V}_2 = \frac{1}{3}\left\{120 + \left(-\frac{1}{2} - j\frac{\sqrt{3}}{2}\right)(-60 - j80) + \left(-\frac{1}{2} + j\frac{\sqrt{3}}{2}\right)(-60 + j80)\right\}$$

$$= \frac{1}{3}(120 + 30 + j40 + j30\sqrt{3} - 40\sqrt{3} + 30 - j40 - j30\sqrt{3} - 40\sqrt{3})$$

$$= \frac{1}{3}(120 + 60 - 40\sqrt{3} \times 2)$$

$$= 13.8 \text{ [V]}$$

따라서 불평형률은 다음과 같다.

$$\text{불평형률} = \frac{V_2}{V_1} \times 100 \ (V_1 = \text{정상분 전압},\ V_2 = \text{역상분 전압})$$

$$\text{불평형률} = \frac{13.8}{106.2} \times 100 \fallingdotseq 13 \text{ [\%]}$$

9-8-2 Y형 임피던스의 대칭좌표변환

그림 9-39와 같이 비대칭 Y형 임피던스의 중성점을 접지하고 각 단자전압을 각각 $\dot{V}_a$, $\dot{V}_b$, $\dot{V}_c$ 라 하고 각 선전류를 $\dot{I}_a$, $\dot{I}_b$, $\dot{I}_c$ 라 하면 각 단자전압은 다음과 같다.

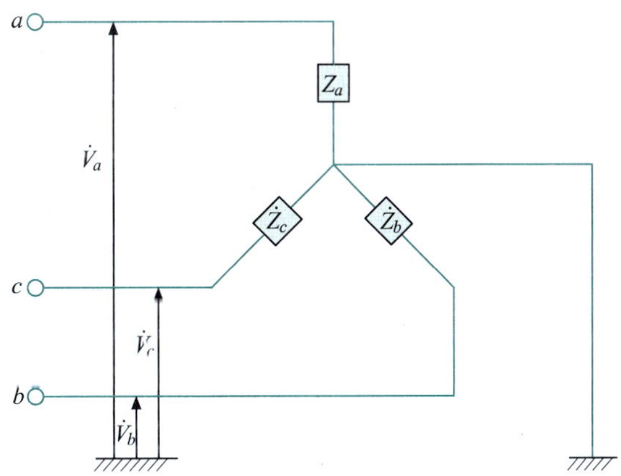

그림 9-39

$$\dot{V}_a = \dot{Z}_a \dot{I}_a,\ \dot{V}_b = \dot{Z}_b \dot{I}_b,\ \dot{V}_c = \dot{Z}_c \dot{I}_c \tag{9-53}$$

식 (9-53)을 행렬로 나타내면

$$\begin{pmatrix} \dot{V}_a \\ \dot{V}_b \\ \dot{V}_c \end{pmatrix} = \begin{pmatrix} \dot{Z}_a & 0 & 0 \\ 0 & \dot{Z}_b & 0 \\ 0 & 0 & \dot{Z}_c \end{pmatrix} \begin{pmatrix} \dot{I}_a \\ \dot{I}_b \\ \dot{I}_c \end{pmatrix} \tag{9-54}$$

가 된다. 또한 $\dot{V}_a$, $\dot{V}_b$, $\dot{V}_c$의 대칭분을 $\dot{V}_0$, $\dot{V}_1$, $\dot{V}_2$라 하고 $\dot{I}_a$, $\dot{I}_b$, $\dot{I}_c$의 대칭분을 $\dot{I}_0$, $\dot{I}_1$, $\dot{I}_2$라고 한다면 식 (9−47)에서

$$\begin{pmatrix} \dot{V}_a \\ \dot{V}_b \\ \dot{V}_c \end{pmatrix} = \begin{pmatrix} 1 & 1 & 1 \\ 1 & a^2 & a \\ 1 & a & a^2 \end{pmatrix} \begin{pmatrix} \dot{V}_0 \\ \dot{V}_1 \\ \dot{V}_2 \end{pmatrix} \tag{9-55}$$

$$\begin{pmatrix} \dot{I}_a \\ \dot{I}_b \\ \dot{I}_c \end{pmatrix} = \begin{pmatrix} 1 & 1 & 1 \\ 1 & a^2 & a \\ 1 & a & a^2 \end{pmatrix} \begin{pmatrix} \dot{I}_0 \\ \dot{I}_1 \\ \dot{I}_2 \end{pmatrix} \tag{9-56}$$

가 된다. 식 (9−55)에서 식 (9−54), (9−56)을 대입하여 대칭분 전압을 구하면

$$\begin{aligned}
\begin{pmatrix} \dot{V}_0 \\ \dot{V}_1 \\ \dot{V}_2 \end{pmatrix} &= \begin{pmatrix} 1 & 1 & 1 \\ 1 & a^2 & a \\ 1 & a & a^2 \end{pmatrix}^{-1} \begin{pmatrix} \dot{V}_a \\ \dot{V}_b \\ \dot{V}_c \end{pmatrix} = \begin{pmatrix} 1 & 1 & 1 \\ 1 & a^2 & a \\ 1 & a & a^2 \end{pmatrix}^{-1} \begin{pmatrix} \dot{Z}_a & 0 & 0 \\ 0 & \dot{Z}_b & 0 \\ 0 & 0 & \dot{Z}_c \end{pmatrix} \begin{pmatrix} \dot{I}_a \\ \dot{I}_b \\ \dot{I}_c \end{pmatrix} \\
&= \begin{pmatrix} 1 & 1 & 1 \\ 1 & a^2 & a \\ 1 & a & a^2 \end{pmatrix}^{-1} \begin{pmatrix} \dot{Z}_a & 0 & 0 \\ 0 & \dot{Z}_b & 0 \\ 0 & 0 & \dot{Z}_c \end{pmatrix} \begin{pmatrix} 1 & 1 & 1 \\ 1 & a^2 & a \\ 1 & a & a^2 \end{pmatrix} \begin{pmatrix} \dot{I}_0 \\ \dot{I}_1 \\ \dot{I}_2 \end{pmatrix} \\
&= \frac{1}{3} \begin{pmatrix} 1 & 1 & 1 \\ 1 & a & a^2 \\ 1 & a^2 & a \end{pmatrix}^{-1} \begin{pmatrix} \dot{Z}_a & \dot{Z}_a & \dot{Z}_a \\ \dot{Z}_b & a^2\dot{Z}_b & a\dot{Z}_b \\ \dot{Z}_c & a\dot{Z}_c & a^2\dot{Z}_c \end{pmatrix} \begin{pmatrix} \dot{I}_0 \\ \dot{I}_1 \\ \dot{I}_2 \end{pmatrix} \\
&= \frac{1}{3} \begin{pmatrix} \dot{Z}_a + \dot{Z}_b + \dot{Z}_c & \dot{Z}_a + a^2\dot{Z}_b + a\dot{Z}_c & \dot{Z}_a + a\dot{Z}_b + a^2\dot{Z}_c \\ \dot{Z}_a + a\dot{Z}_b + a^2\dot{Z}_c & \dot{Z}_a + \dot{Z}_b + \dot{Z}_c & \dot{Z}_a + a^2\dot{Z}_b + a\dot{Z}_c \\ \dot{Z}_a + a^2\dot{Z}_b + a\dot{Z}_c & \dot{Z}_a + a\dot{Z}_b + a^2\dot{Z}_c & \dot{Z}_a + \dot{Z}_b + \dot{Z}_c \end{pmatrix} \begin{pmatrix} \dot{I}_0 \\ \dot{I}_1 \\ \dot{I}_2 \end{pmatrix}
\end{aligned} \tag{9-57}$$

가 된다. 여기서

$$\begin{aligned}
\dot{Z}_0 &= \frac{1}{3}(\dot{Z}_a + \dot{Z}_b + \dot{Z}_c) \\
\dot{Z}_1 &= \frac{1}{3}(\dot{Z}_a + a\dot{Z}_b + a^2\dot{Z}_c) \\
\dot{Z}_2 &= \frac{1}{3}(\dot{Z}_a + a^2\dot{Z}_b + a\dot{Z}_c)
\end{aligned} \tag{9-58}$$

라 놓으면 식 (9−57)은

$$\begin{pmatrix} \dot{V}_0 \\ \dot{V}_1 \\ \dot{V}_2 \end{pmatrix} \begin{pmatrix} \dot{Z}_0 & \dot{Z}_2 & \dot{Z}_1 \\ \dot{Z}_1 & \dot{Z}_0 & \dot{Z}_2 \\ \dot{Z}_2 & \dot{Z}_1 & \dot{Z}_0 \end{pmatrix} \begin{pmatrix} \dot{I}_0 \\ \dot{I}_1 \\ \dot{I}_2 \end{pmatrix} \tag{9-59}$$

가 된다. 따라서, 식 (9−59)는 다음과 같이 된다.

$$\begin{aligned} \dot{V}_0 &= \dot{Z}_0\dot{I}_0 + \dot{Z}_2\dot{I}_1 + \dot{Z}_1\dot{I}_2 \\ \dot{V}_1 &= \dot{Z}_1\dot{I}_0 + \dot{Z}_0\dot{I}_1 + \dot{Z}_2\dot{I}_2 \\ \dot{V}_2 &= \dot{Z}_2\dot{I}_0 + \dot{Z}_1\dot{I}_1 + \dot{Z}_0\dot{I}_2 \end{aligned} \tag{9-60}$$

9-8-3 Y형 어드미턴스 대칭좌표변환

그림 9−40와 같이 비대칭 Y형 임피던스의 중성점을 접지하고 각 단자의 전압을 $\dot{V}_a$, $\dot{V}_b$, $\dot{V}_c$ 라 하고 어드미턴스를 $\dot{Y}_a = \dfrac{1}{\dot{Z}_a}$, $\dot{Y}_b = \dfrac{1}{\dot{Z}_b}$, $\dot{Y}_c = \dfrac{1}{\dot{Z}_c}$ 이라 하면

$$\begin{aligned} \dot{I}_a &= \dot{Y}_a\dot{V}_a \\ \dot{I}_b &= \dot{Y}_b\dot{V}_b \\ \dot{I}_c &= \dot{Y}_c\dot{V}_c \end{aligned} \tag{9-61}$$

가 된다. 식 (9−61)을 행렬로 나타내면

$$\begin{pmatrix} \dot{I}_a \\ \dot{I}_b \\ \dot{I}_c \end{pmatrix} = \begin{pmatrix} \dot{Y}_a & 0 & 0 \\ 0 & \dot{Y}_b & 0 \\ 0 & 0 & \dot{Y}_c \end{pmatrix} \begin{pmatrix} \dot{V}_a \\ \dot{V}_b \\ \dot{V}_c \end{pmatrix} \tag{9-62}$$

로 된다. 전압과 전류의 대칭분을 식 (9−55), (9−56)과 같다고 하면 이들 식과 식 (9−62)로부터

$$\begin{aligned} \begin{pmatrix} \dot{I}_0 \\ \dot{I}_1 \\ \dot{I}_2 \end{pmatrix} &= \begin{pmatrix} 1 & 1 & 1 \\ 1 & a^2 & a \\ 1 & a & a^2 \end{pmatrix}^{-1} \begin{pmatrix} \dot{Y}_a & 0 & 0 \\ 0 & \dot{Y}_b & 0 \\ 0 & 0 & \dot{Y}_c \end{pmatrix} \begin{pmatrix} 1 & 1 & 1 \\ 1 & a^2 & a \\ 1 & a & a^2 \end{pmatrix} \begin{pmatrix} \dot{V}_0 \\ \dot{V}_1 \\ \dot{V}_2 \end{pmatrix} \\ &= \frac{1}{3} \begin{pmatrix} \dot{Y}_a + \dot{Y}_b + \dot{Y}_c & \dot{Y}_a + a^2\dot{Y}_b + a\dot{Y}_c & \dot{Y}_a + a\dot{Y}_b + a^2\dot{Y}_c \\ \dot{Y}_a + a\dot{Y}_b + a^2\dot{Y}_c & \dot{Y}_a + \dot{Y}_b + \dot{Y}_c & \dot{Y}_a + a^2\dot{Y}_b + a\dot{Y}_c \\ \dot{Y}_a + a^2\dot{Y}_b + a\dot{Y}_c & \dot{Y}_a + a\dot{Y}_b + a^2\dot{Y}_c & \dot{Y}_a + \dot{Y}_b + \dot{Y}_c \end{pmatrix} \begin{pmatrix} \dot{V}_0 \\ \dot{V}_1 \\ \dot{V}_2 \end{pmatrix} \end{aligned} \tag{9-63}$$

가 된다. 여기서

$$\dot{Y}_0 = \frac{1}{3}(\dot{Y}_a + \dot{Y}_b + \dot{Y}_c)$$
$$\dot{Y}_1 = \frac{1}{3}(\dot{Y}_a + a\dot{Y}_b + a^2\dot{Y}_c)$$
$$\dot{Y}_2 = \frac{1}{3}(\dot{Y}_a + a^2\dot{Y}_b + a\dot{Y}_c) \qquad (9-64)$$

라고 놓으면 식 (9−63)은

$$\dot{I}_0 = \dot{Y}_0\dot{V}_0 + \dot{Y}_2\dot{V}_1 + \dot{Y}_1\dot{V}_2$$
$$\dot{I}_1 = \dot{Y}_1\dot{V}_0 + \dot{Y}_0\dot{V}_1 + \dot{Y}_2\dot{V}_2$$
$$\dot{I}_2 = \dot{Y}_2\dot{V}_0 + \dot{Y}_1\dot{V}_1 + \dot{Y}_0\dot{V}_2 \qquad (9-65)$$

로 된다.

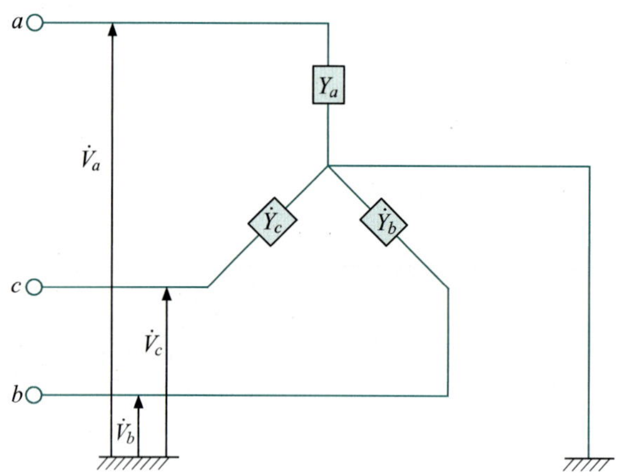

그림 9-40

예제 9-22

3상 부하가 △결선으로 되어 있다. 컨덕턴스(conductance)가 a 상에 0.3 [℧], b 상에 0.3 [℧]이고, 유도 서셉턴스(susceptance)가 c 상에 0.3 [℧]이 연결되어 있을 때 이 부하의 영상 어드미턴스(admittance)는 몇 [℧]인가?

① $0.2-j0.1$ ② $0.2+j0.1$
③ $0.6-j0.3$ ④ $0.6+j0.3$

정답 및 풀이

정답 : ①

$$Y_o = \frac{1}{3}(Y_a + Y_b + Y_c) = \frac{1}{3}(0.3+0.3-j0.3) = 0.2-j0.1 \ [℧]$$

예제 9-23

그림과 같은 불평형 Y형 회로에 평형3상 전압을 가할 경우 중성점의 전위는? 단, 각상의 어드미턴스를 Y_1, Y_2, Y_3으로 한다.

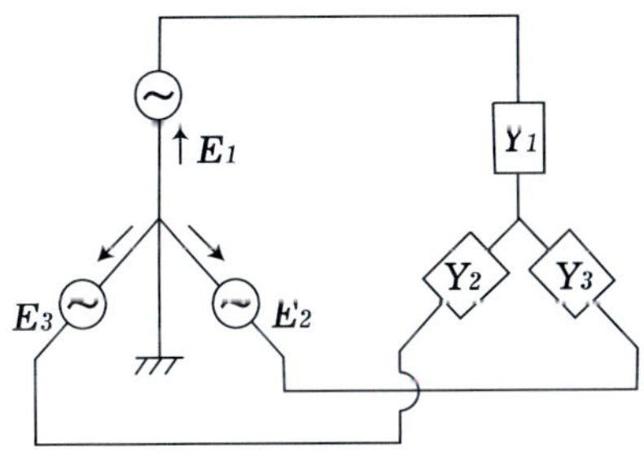

그림 9-41 예제 9-23의 회로

정답 및 풀이

정답 : 풀이 참조

그림 9-42와 같이 Y_1, Y_2, Y_3에 흐르는 전류를 각각 I_1, I_2, I_3라 하고 부하의 중성점의 전위를 E_n이라 하면 다음식이 성립된다.

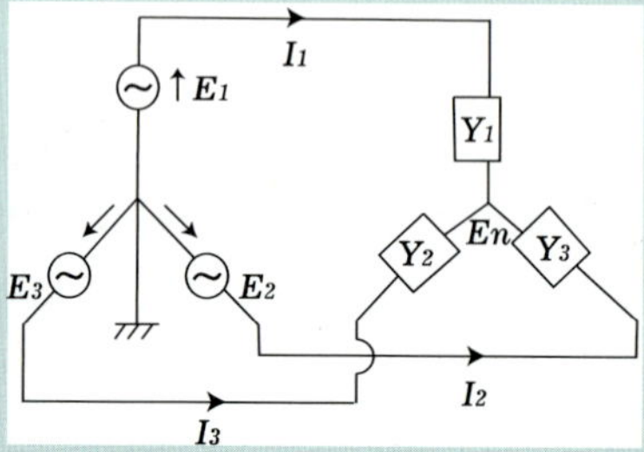

그림 9-42 예제 9-23의 풀이

$(E_1 - E_n)Y_1 = I_1$ ①

$(E_2 - E_n)Y_2 = I_2$ ②

$(E_3 - E_n)Y_3 = I_3$ ③

①, ②, ③을 다음식에 대입

$I_1 + I_2 + I_3 = 0$

$E_1Y_1 + E_2Y_2 + E_3Y_3 = (Y_1 + Y_2 + Y_3)E_n$

$\therefore\ E_n = \dfrac{E_1Y_1 + E_2Y_2 + E_3Y_3}{Y_1 + Y_2 + Y_3}$ [V]

9-8-4 대칭 3상 교류발전기의 기본식

그림 9-43과 3상 교류발전기에 각 상의 기전력을 $\dot{E}_a$, $\dot{E}_b$, $\dot{E}_c$ 선로에 $\dot{I}_a$, $\dot{I}_b$, $\dot{I}_c$의 불평형 전류가 흐르고 있을 때 각 상의 단자전압이 $\dot{V}_a$, $\dot{V}_b$, $\dot{V}_c$로 되었다고 한다. 이때의 대칭분은 다음과 같이 된다.

$$\begin{pmatrix} \dot{E}_0 \\ \dot{E}_1 \\ \dot{E}_2 \end{pmatrix} = \frac{1}{3}\begin{pmatrix} 1 & 1 & 1 \\ 1 & a & a^2 \\ 1 & a^2 & a \end{pmatrix}\begin{pmatrix} \dot{E}_a \\ \dot{E}_b \\ \dot{E}_c \end{pmatrix}$$

$$\begin{pmatrix} \dot{V}_0 \\ \dot{V}_1 \\ \dot{V}_2 \end{pmatrix} = \frac{1}{3}\begin{pmatrix} 1 & 1 & 1 \\ 1 & a & a^2 \\ 1 & a^2 & a \end{pmatrix}\begin{pmatrix} \dot{V}_a \\ \dot{V}_b \\ \dot{V}_c \end{pmatrix}$$

$$\begin{pmatrix} \dot{I}_0 \\ \dot{I}_1 \\ \dot{I}_2 \end{pmatrix} = \frac{1}{3}\begin{pmatrix} 1 & 1 & 1 \\ 1 & a & a^2 \\ 1 & a^2 & a \end{pmatrix}\begin{pmatrix} \dot{I}_a \\ \dot{I}_b \\ \dot{I}_c \end{pmatrix}$$

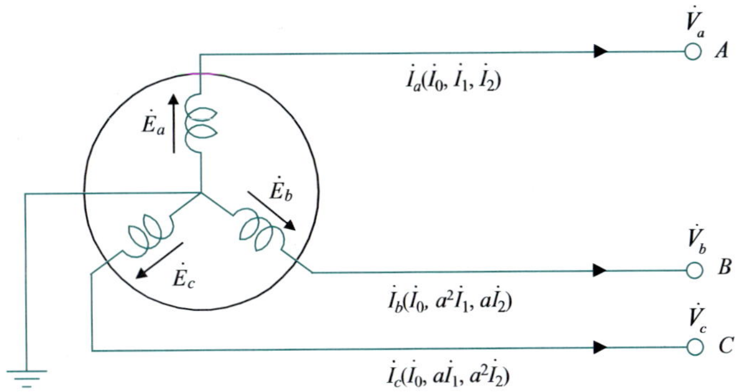

그림 9-43

또한 각 대칭분에 대한 영상, 정상, 역상 임피던스를 $\dot{Z}_0$, $\dot{Z}_1$, $\dot{Z}_2$ 라 하면 다음과 같이 나타낼 수 있다.

$$
\begin{aligned}
\dot{V}_0 &= \dot{E}_0 - \dot{Z}_0\dot{I}_0 \\
\dot{V}_1 &= \dot{E}_1 - \dot{Z}_1\dot{I}_1 \\
\dot{V}_2 &= \dot{E}_2 - \dot{Z}_2\dot{I}_2
\end{aligned}
\tag{9-66}
$$

식 (9-66)에서 대칭 3상 전압 $\dot{E}_a$, $\dot{E}_b = a^2\dot{E}_a$, $\dot{E}_c = a\dot{E}_a$ 인 대칭 3상 발전기라면 a상을 기준으로 한 대칭분은

$$
\begin{aligned}
\dot{E}_0 &= \frac{1}{3}(\dot{E}_a + \dot{E}_b + \dot{E}_c) \\
&= \frac{1}{3}(\dot{E}_a + a^2\dot{E}_b + a\dot{E}_c) = \frac{1}{3}\dot{E}_a(1 + a^2 + a) = 0 \\
\dot{E}_1 &= \frac{1}{3}(\dot{E}_a + a\dot{E}_b + a^2\dot{E}_c) = \frac{1}{3}(\dot{E}_a + a^3\dot{E}_a + a^3\dot{E}_a) = \dot{E}_a \\
\dot{E}_2 &= \frac{1}{3}(\dot{E}_a + a^2\dot{E}_b + a\dot{E}_c) \\
&= \frac{1}{3}(\dot{E}_a + a^4\dot{E}_a + a^2\dot{E}_a) = \frac{1}{3}\dot{E}_a(1 + a + a^2) = 0
\end{aligned}
$$

이므로 식 (9-66)은

$$
\begin{pmatrix} \dot{V}_0 \\ \dot{V}_1 \\ \dot{V}_2 \end{pmatrix} = \begin{pmatrix} -\dot{Z}_0\dot{I}_0 \\ \dot{E}_a - \dot{Z}_1\dot{I}_1 \\ -\dot{Z}_2\dot{I}_2 \end{pmatrix} = \begin{pmatrix} 0 \\ \dot{E}_a \\ 0 \end{pmatrix} - \begin{pmatrix} \dot{Z}_0\dot{I}_0 \\ \dot{Z}_1\dot{I}_1 \\ \dot{Z}_2\dot{I}_2 \end{pmatrix}
\tag{9-67}
$$

또는

$$\dot{V}_0 = -\dot{Z}_0\dot{I}_0$$
$$\dot{V}_1 = \dot{E}_a - \dot{Z}_1\dot{I}_1$$
$$\dot{V}_2 = -\dot{Z}_2\dot{I}_2 \qquad (9\text{-}68)$$

로 표시할 수 있다. 식 (9-68)을 3상 교류발전기의 기본식이라고 한다.

예제 9-24

그림 9-44와 같이 중성점이 임피던스 $\dot{Z}$로 접지되어 있는 발전기의 한 상이 접지되었을 경우 고장전류 및 전압을 구하여라.

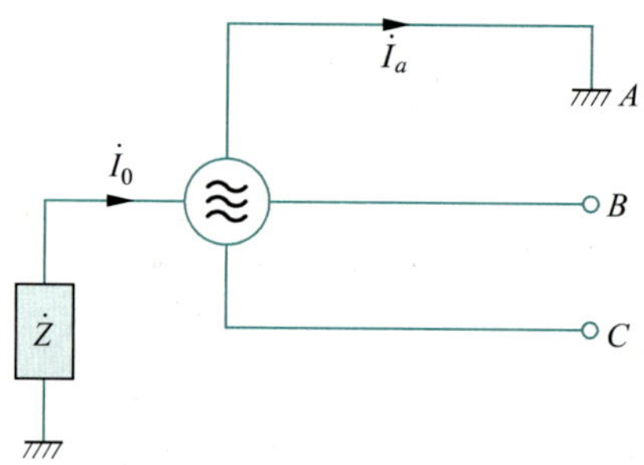

그림 9-44

풀이 B상, C상은 개방이므로 $\dot{I}_b = \dot{I}_c = 0$ 이므로 따라서

$$\dot{I}_0 = \frac{1}{3}(\dot{I}_a + \dot{I}_b + \dot{I}_c) = \frac{1}{3}\dot{I}_a$$

또는

$$\dot{I}_a = 3\dot{I}_0$$

이다. 상기 전류가 중성점에 유입하기 위해

$$\dot{V}_a = \dot{I}_a\dot{Z} = 3\dot{I}_0\dot{Z}$$
$$\dot{I}_b = \dot{I}_0 + a^2\dot{I}_1 + a\dot{I}_2 = 0$$
$$\dot{I}_c = \dot{I}_0 + a\dot{I}_1 + a^2\dot{I}_2 = 0$$

이므로

$$\dot{I}_0 = \dot{I}_1 = \dot{I}_2$$

그리고

$$\dot{V}_a = \dot{V}_0 + \dot{V}_1 + \dot{V}_2 = -\dot{Z}_0\dot{I}_0 + \dot{E}_a - \dot{Z}_1\dot{I}_0 - \dot{Z}_1\dot{I}_0 - \dot{Z}_2\dot{I}_0 = 3 - \dot{I}_3\dot{Z}$$

따라서

$$\dot{I}_0 = \dot{I}_1 = \dot{I}_2 = \frac{\dot{E}_a}{\dot{Z}_0 + \dot{Z}_1 + \dot{Z}_2 + 3\dot{Z}}$$

$$\dot{V}_0 = -\dot{Z}_0\dot{I}_0 = \frac{-\dot{Z}_0\dot{E}_a}{\dot{Z}_0 + \dot{Z}_1 + \dot{Z}_2 + 3\dot{Z}}$$

$$\dot{V}_1 = \dot{E}_a - \dot{Z}_1\dot{I}_1 = \frac{(\dot{Z}_0 + \dot{Z}_2 + 3\dot{Z})\dot{E}_a}{\dot{Z}_0 + \dot{Z}_1 + \dot{Z}_2 + 3\dot{Z}}$$

$$\dot{V}_2 = -\dot{Z}_2\dot{I}_2 = \frac{-\dot{Z}_2\dot{E}_a}{\dot{Z}_0 + \dot{Z}_1 + \dot{Z}_2 + 3\dot{Z}}$$

$$\therefore \dot{I}_a = \dot{I}_0 + \dot{I}_1 + \dot{I}_2 = \frac{3\dot{E}_a}{\dot{Z}_0 + \dot{Z}_1 + \dot{Z}_2 + 3\dot{Z}}$$

$$\dot{V}_b = \dot{V}_0 + a^2\dot{V}_1 + a\dot{V}_2 = \frac{(a^2-1)\dot{Z}_0 + (a^2-a)\dot{Z}_2 + 3a^2\dot{Z}}{\dot{Z}_0 + \dot{Z}_1 + \dot{Z}_2 + 3\dot{Z}}\dot{E}_a$$

$$\dot{V}_c = \dot{V}_0 + a\dot{V}_1 + a^2\dot{V}_2 = \frac{(a-1)\dot{Z}_0 + (a-a^2)\dot{Z}_2 + 3a\dot{Z}}{\dot{Z}_0 + \dot{Z}_1 + \dot{Z}_2 + 3\dot{Z}}\dot{E}_a$$

예제 9-25

11,000 [V], 60 [Hz]인 3상 교류발전기 중성점이 접지되었으며 $\dot{Z}_0 = 1.52\angle 70°$ [Ω], $\dot{Z}_1 = 7.58\angle 89°$ [Ω] $\dot{Z}_2 = 2.27\angle 70°$ [Ω]일 때 〈그림 9-45〉과 같이 B, C의 2상을 단락 접지했을 경우 $\dot{I}_b$, $\dot{I}_c$, $\dot{V}_a$ 를 구하여라.

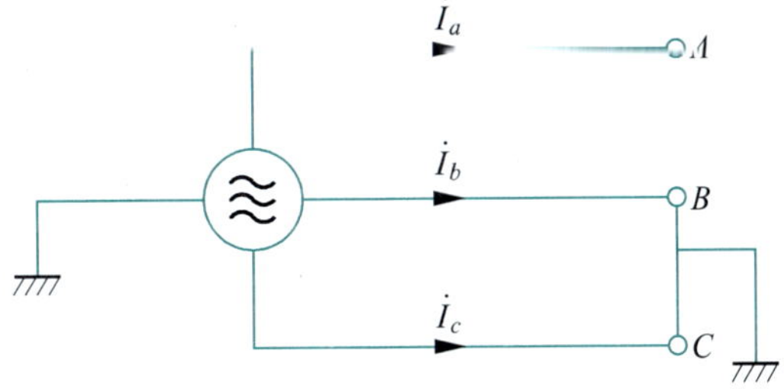

그림 9-45

풀이

$$\dot{I}_0 = \frac{-\dot{Z}_2\dot{E}_a}{\dot{Z}_1(\dot{Z}_0+\dot{Z}_2)+\dot{Z}_2\dot{Z}_2}$$

$$= \frac{-2.27\angle 70° \times 11000\sqrt{3}}{[7.58\angle 89°(1.52\angle 70° + 2.27\angle 70°)] + (1.52\angle 70° \times 2.27\angle 70°)}$$

$$= \frac{-2.27\angle 70° \times 11000\angle\sqrt{3}}{28.7\angle 159° + 3.45\angle 140°} = \frac{-2.27\angle 70° \times 11000\angle\sqrt{3}}{32\angle 157°} = 451\angle 93° \text{ [A]}$$

$$\dot{I}_1 = \frac{(\dot{Z}_0+\dot{Z}_2)\dot{E}_a}{\dot{Z}_1(\dot{Z}_0+\dot{Z}_2)+\dot{Z}_0\dot{Z}_2} = \frac{3.79\angle 70° \times 11000\angle\sqrt{3}}{32\angle 157°} = 753\angle -87° \text{ [A]}$$

$$\dot{I}_2 = \frac{-\dot{Z}_0\dot{E}_a}{\dot{Z}_1(\dot{Z}_0+\dot{Z}_2)+\dot{Z}_0\dot{Z}_2} = \frac{-152\angle 70° \times 11000\angle\sqrt{3}}{32\angle 157°} = 302\angle 93° \text{ [A]}$$

따라서

$$\dot{I}_b = \dot{I}_0 + a^2\dot{I}_2 + a\dot{I}_2 = 451\angle 93° + a^2 753\angle -87° + a302\angle 93° = 974\angle 166.8° \text{ [A]}$$

$$\dot{I}_c = \dot{I}_0 + a\dot{I}_1 + a^2\dot{I}_2 = 451\angle 93° + a53\angle -87° + a^2 302\angle 93° = 933\angle 20° \text{ [A]}$$

또한 대칭분전압

$$\dot{V}_0 = \dot{V}_1 = \dot{V}_2 = -\dot{Z}_0\dot{I}_0 = -1.52\angle 70° \times 451\angle 93° = 685\angle 343° \text{ [V]}$$

따라서

$$\dot{V}_a = \dot{V}_0 + \dot{V}_1 + \dot{V}_2 = 3 \times 685\angle 343° = 2,055\angle 343° \text{ [V]}$$

연습문제

9-1 △결선된 변압기 중 1개가 고장났을 경우 나머지 2대로 V결선으로 할 경우 공급할 수 있는 전력과 고장 전 전력과의 비는 어떻게 되는가?

9-2 2개의 전력계로서 3상 유도전동기의 입력을 측정하였더니 한 전력계는 다른 전력계의 2배의 지시를 나타냈다고 한다. 전동기의 역률은 얼마인가?

9-3 대칭 n상에서 선전류와 상전류 사이의 위상차 [rad]는 어떻게 되는가?

9-4 전원과 부하가 다같이 △결선된 평형회로가 있다. 전원전압이 400 [V] 부하 한 상의 임피던스가 $4+j3$ [Ω]인 경우 선로전류 [A]는 ?

9-5 선간전압 3000 [V], 선전류 20 [V], 역률이 0.8(뒤진 역률)인 3상 평형부하가 있다. Y결선인 경우 각 상의 저항 R 및 리액턴스 X는 얼마인가?

9-6 변압비 33:1의 단상 변압기 3개를 1차는 △, 2차는 Y로 결선하고 1차 선간에 3300 [V]를 가할 때의 무부하 2차 선간전압은 몇 [V]인가?

9-7 3개의 같은 임피던스를 성형결선하였을 때 선전류와 이들을 △결선하였을 때의 선전류를 비교하여라.

9-8 2대의 전력계를 사용하여 평형부하의 3상 회로의 역률을 측정하려고 한다. 전력계의 지시가 각각 P_1, P_2라 할 때 이 회로의 역률은 얼마인가?

9-9 서로 같은 6개의 저항 r [Ω]을 그림과 같이 접속하고 평형 3상 전압 V [V]를 가할 때 전류 I를 구하여라.

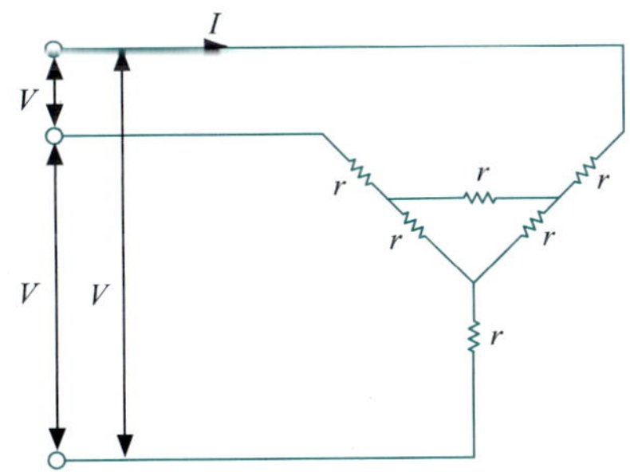

그림 9-46

9-10 그림에서 $R=6$ [Ω], $X=8$ [Ω]인 대칭부하회로에 선간전압이 100 [V]인 대칭 3상 전압을 가할 때 선전류는?

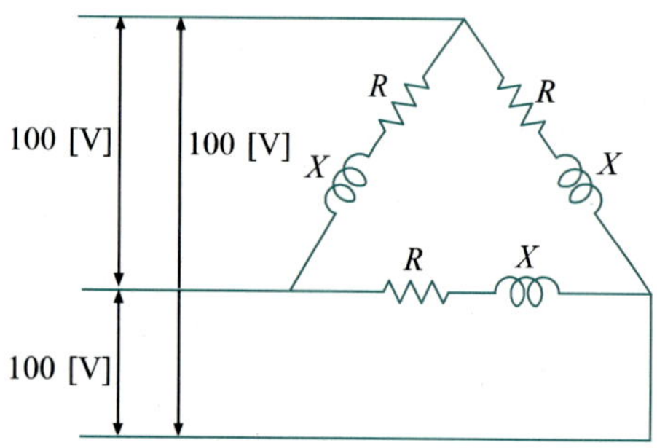

그림 9-47

9-11 그림과 같이 전력계의 전류 코일을 임의의 선로에 삽입하고 전압 코일을 다른 2선간에 접속하면 전력계의 지시값은 어떻게 되는가?

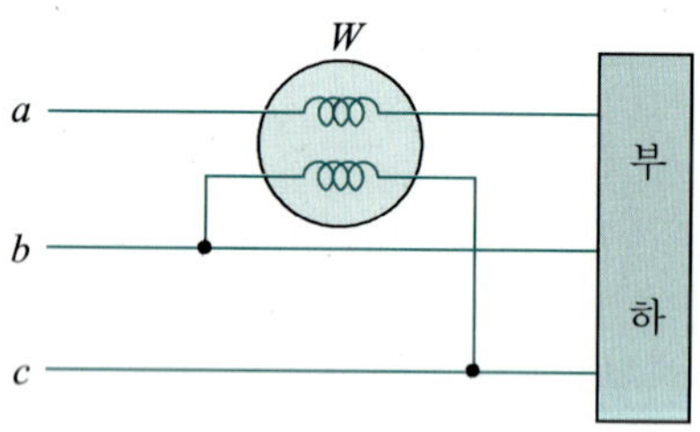

그림 9-48

9-12 역률이 0.6이고 1상의 임피던스가 60 [Ω]인 유도부하를 △로 결선하고 여기에 병렬로 저항 20 [Ω]을 Y결선으로 하여 3상 선간전압 200 [V]를 가할 때, 소비전력을 구하여라.

9-13 Y 결선된 3개의 같은 임피던스를 △결선으로 바꾸면 소비전력은 어떻게 되는가?

9-14 부하 단자 전압이 220 [V]인 5 [kW]의 3상 대칭 Y결선 부하에 3상 전력을 공급하는 선로 임피던스가 $3+j2$ [Ω]일 때, 부하가 뒤진 역률 80 [%]이면 선전류 [A]는?

9-15 3상 유도 전동기의 출력이 3마력, 전압이 220 [V], 효율 80 [%], 역률 86 [%]일 때, 전동기에 유입하는 선전류를 구하라.

9-16 그림의 회로에 대칭 3상 선간전압 220 [V]를 걸었을 때 aa'간이 단선되었다고 하면 선전류는 얼마이겠는가? 또 부하가(oa', ob', oc') △로 결선된 경우 aa'간이 단선되었다면 선전류는 얼마이겠는가?

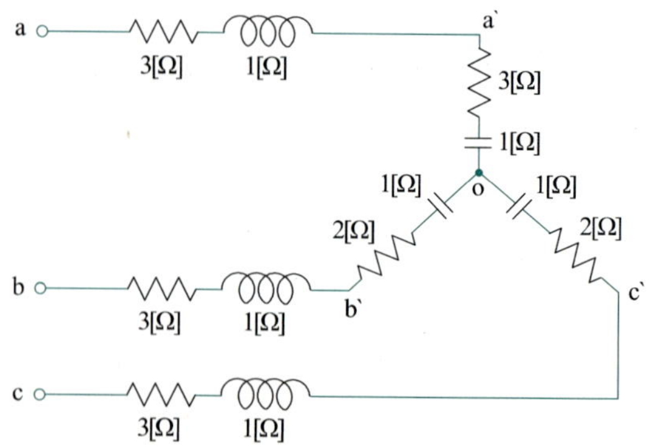

그림 9-49

복습문제

문제 *1.* 그림과 같은 Δ전원(평행)에서 각 전원전압의 크기가 V=190.5 [V]일 때 3 [Ω]의 저항에 흐르는 진류의 실효값 [A]은?

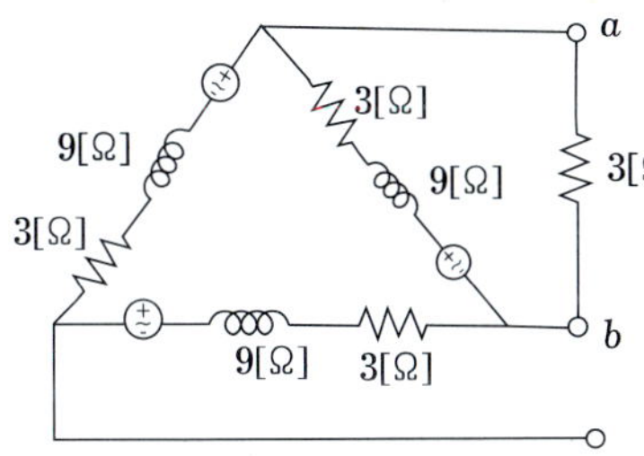

문제 *2.* 그림과 같이 R [Ω]의 저항을 Y결선으로 하여 단자 a, b 및 c에 비대칭 3상전압을 가할 때 a단자의 중성점N에 대한 전압은 대략 몇 [V]인가? 단, $V_{ab}=210$ [V], $V_{bc}=-90+j180$ [V], $V_{ca}=-120+j180$ [V]이다.

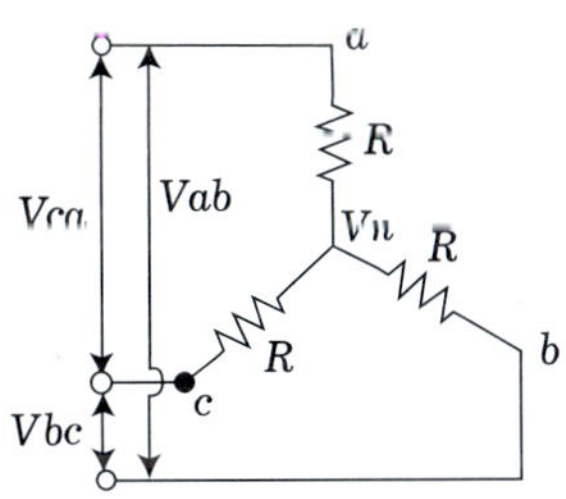

문제 *3.* 단상 교류에 비해 3상 교류의 장점에 해당되지 않는 것은?

㉮ 전력손실이 절감된다

㉯ 취급하기가 쉽고 인전하다

㉰ 전선이 절약된다

㉱ 대전력에 유리하다

문제 *4.* 평형 3상 무유도 저항부하가 3상 3선식 회로에 걸려 있을 때 단상 전력계를 그림과 같이 접속했더니 그 지시값이 W [W]이었다. 부하의 전력은?(단, 정현파 교류이다.)

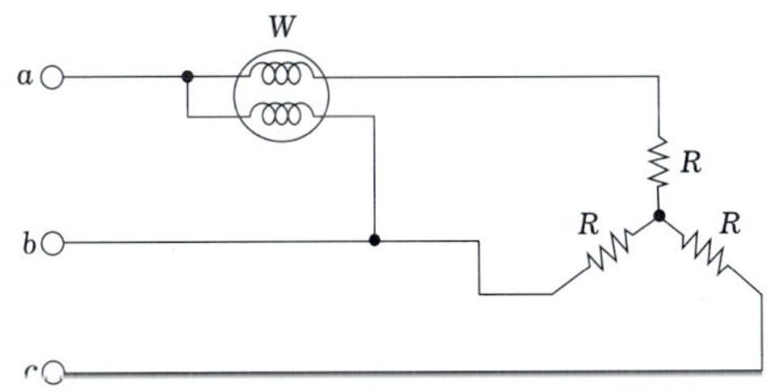

㉮ $\sqrt{2}$ [W] ㉯ 2 [W]

㉯ $\sqrt{3}$ [W] ㉱ 3 [W]

문제 *5.* 선간전압이 200 [V]인 10 [kW]의 3상 대칭부하에 3상 전력을 공급하는 선로 임피던스가 $4+j3$ [Ω]일 때 부하가 뒤진 역률 80 [%]이면 선전류는 몇 [A]인가?

㉮ $18.8+j21.6$ ㉯ $28.8-j21.6$

㉰ $35.7-j4.3$ ㉱ $14.1-j33.1$

문제 *6.* 단상 변압기 3대(50 [kVA] × 3)를 △결선으로 운전 중 단상 1 대가 고장이 생겨 V결선한 경우의 출력은 몇 [kVA]인가?

㉮ $30\sqrt{3}$ ㉯ $50\sqrt{3}$
㉰ $100\sqrt{3}$ ㉱ $200\sqrt{3}$

문제 *7.* 3상 부하가 Y결선 되었다. 각 상의 임피던스 $Z_a = 3$ [Ω], $Z_b = 3$ [Ω], $Z_c = j3$ [Ω]이다. 이 부하의 영상 임피던스 [Ω]는?

㉮ $2+j$ ㉯ $3+j3$
㉰ $3+j6$ ㉱ $6+j3$

문제 *8.* 그림과 같은 평형 3상 회로에 선간전압 100 [V]를 가했을 때 흐르는 선전류는?

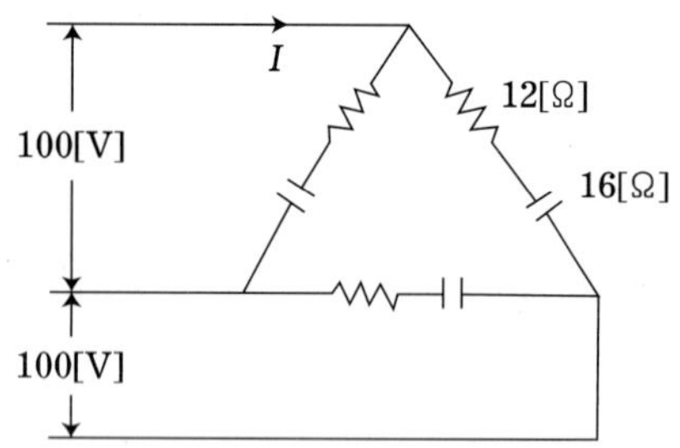

㉮ 3.6 [A] ㉯ $3.6\sqrt{3}$ [A]
㉰ 5 [A] ㉱ $5\sqrt{3}$ [A]

문제 *9.* 대칭 좌표법에서 사용되는 용어 중 공통인 성분을 표시하는 것은?

㉮ 영상분 ㉯ 정상분
㉰ 역상분 ㉱ 공통분

문제 *10.* 3상 4선식에 중성선이 필요하지 않아서 중성선을 제거하여 3상 3선식을 만들기 위한 조건식은 어떻게 되는가? (단, I_a, I_b, I_c는 각 상의 전류이다.)

㉮ 불평형 3상 $I_a + I_b + I_c = 1$

㉯ 불평형 3상 $I_a + I_b + I_c = \sqrt{3}$

㉰ 불평형 3상 $I_a + I_b + I_c = 3$

㉱ 평형 3상 $I_a + I_b + I_c = 0$

문제 *11.* 어느 3상 회로의 선간전압을 측정하니 $\dot{V}_a = 120$ [V], $\dot{V}_b = -60 - j80$ [V], $\dot{V}_c = -60 + j80$ [V]이었다. 불평형률은 몇 [%]인가?

㉮ 12 ㉯ 13 ㉰ 14 ㉱ 15

문제 *12.* 비대칭 다상교류가 만드는 회전자계는?

㉮ 교번자계 ㉯ 타원 회전자계
㉰ 원형 회전자계 ㉱ 포물선 회전자계

문제 *13.* 대칭 다상 교류에 의한 회전자계 중 잘못된 것은?

㉮ 대칭 3상 교류에 의한 회전자계는 원형 회전자계이다.

㉯ 대칭 2상 교류에 의한 회전자계는 타원형 회전자계이다.

㉰ 3상 교류에서 어느 코일의 두 전류의 상순을 바꾸면 회전자계의 방향도 바뀐다.

㉱ 회전자계의 회전속도는 일장 각속도 ω이다.

문제 *14.* 대칭 n 상 성상 결선에서 선간전압의 크기는 상전압의 몇 배인가?

㉮ $\sin\frac{\pi}{n}$ ㉯ $\cos\frac{\pi}{n}$

㉰ $2\sin\frac{\pi}{n}$ ㉱ $2\cos\frac{\pi}{n}$

문제 *15.* 용량 30 [kVA]의 단상 변압기 2 대를 V결선하여 역률 0.8, 전력 20 [kW]의 평형 3 상 부하에 전력을 공급할 때 변압기 1대가 분담하는 피상전력 [kVA]은 얼마인가?

㉮ 14.4 ㉯ 15 ㉰ 20 ㉱ 30

문제 *16.* 비접지 3 상 Y 부하에 각 선에 흐르는 비대칭 각 선전류를 i_a, i_b, i_c 라 할 때 전류의 영상분 i_o 는?

㉮ i_a+i_b ㉯ $i_a+i_b+i_c$

㉰ $\frac{1}{3}(i_a-i_b-i_c)$ ㉱ 0

문제 *17.* 대칭 6상 기전력의 선간전압과 상전압의 위상차는?

㉮ 120° ㉯ 60° ㉰ 30° ㉱ 15°

문제 *18.* 대칭 6상 기전력의 선간전압과 상전압의 위상차는?

㉮ 120° ㉯ 60° ㉰ 30° ㉱ 15°

문제 *19.* 3상 불평형 회로가 있다. 각 상의 전압이 $\dot{V}_a=220$ [V], $\dot{V}_b=220\angle-140°$ [V], $\dot{V}_c=220\angle100°$ [V]일 때 정상분 전압 V_1 [V]은?

㉮ 약 $197.31\angle13.08°$

㉯ 약 $197.31\angle-13.38°$

㉰ 약 $216.8\angle13.08°$

㉱ 약 $216.8\angle-13.38°$

문제 *20.* 선간전압이 $\sqrt{3}\,120$ [V]의 3상 회로에 그림과 같은 평형 부하를 접속했을 때 선전류 I_l [A], 역률, 3상 전력, 무효전력, 피상전력은? (단, $R=9$ [Ω], $\frac{1}{\omega C}=4$ [Ω])

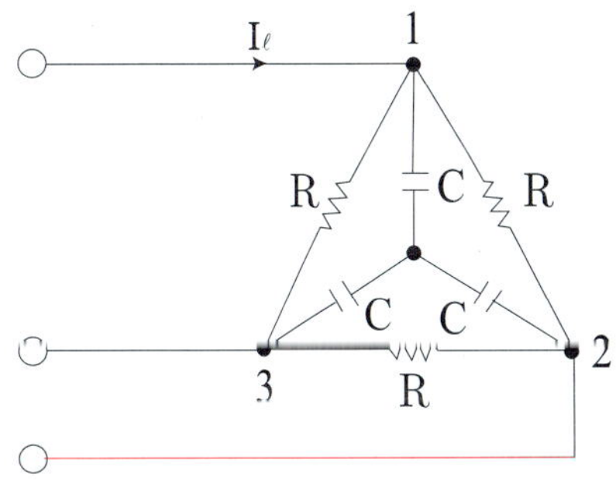

문제 *21.* 그림과 같은 회로의 단자 a, b간의 합성저항 [Ω]은?(단, $r=15$ [Ω])

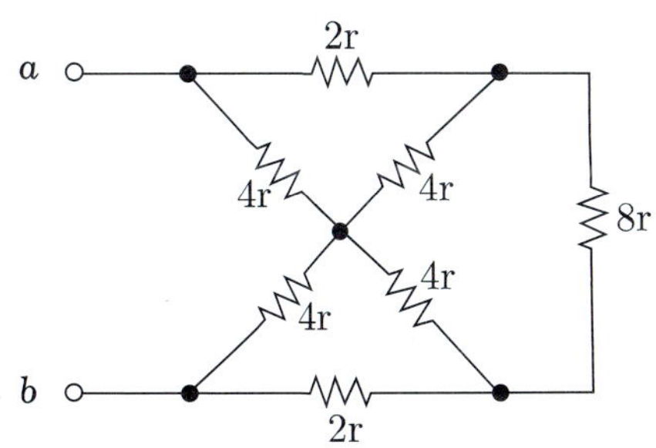

문제 *22.* 그림과 같은 회로의 단자 ab간의 합성 저항 [Ω]은? (단, r [Ω]이다)

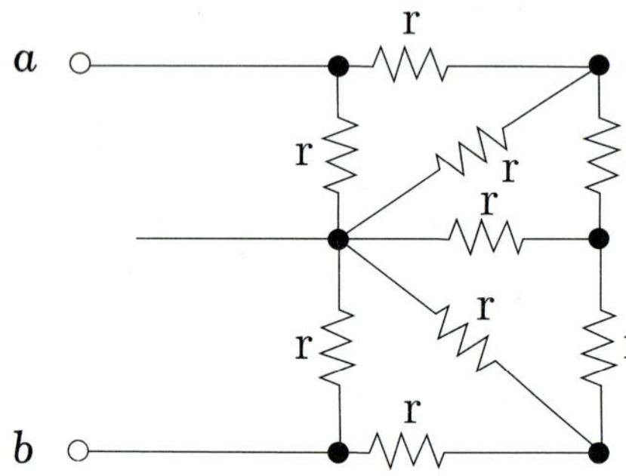

문제 *23.* 전압 200 [V]의 3상회로에 그림과 같이 평형 부하를 접속했을때 선전류 I [A]는? 단, $r=9$ [Ω], $\frac{1}{\omega C}=4$ [Ω]이다.

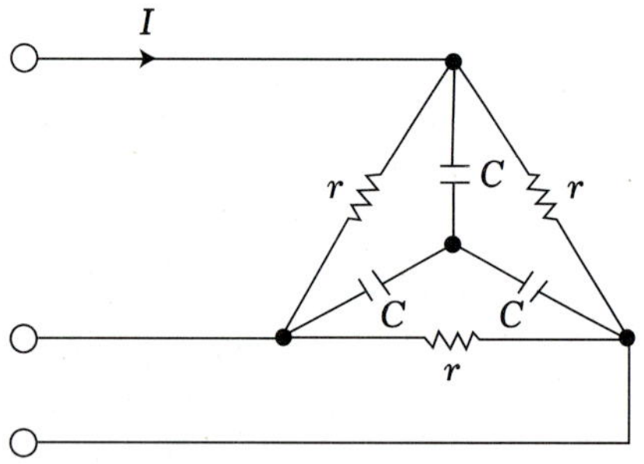

문제 *24.* 다음 회로에 있어서 a, b간의 합성저항은 얼마인가?

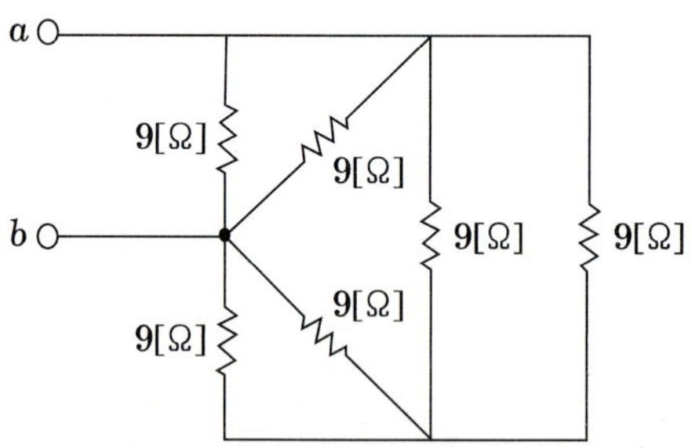

문제 *25.* 그림과 같이 저항 r [Ω], 리액턴스 x [Ω]인 불평형 부하 3상 회로에서 이를 일정 전압의 3상 4성식 전원에 접속한다. 중성선의 스위치를 닫았을 때와 열었을 때의 소비전력의 비를 구하시오.

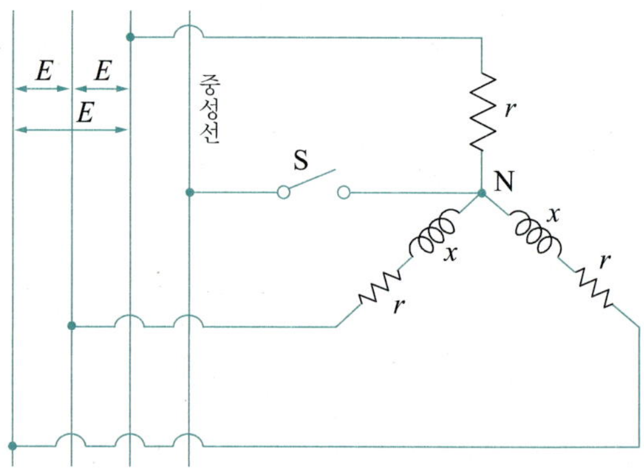

문제 *26.* 전선 1 [km]당 0.01 [μF]의 커패시턴스를 갖는 50 [km] 회선의 3상 전선이 있다. 송전단에서 22,000 [V], 60 [Hz]의 대칭 3상 전압을 가할 때의 무부하 충전용량 [kVA]를 구하시오.

문제 *27.* 선간 전압 V [V]의 3상 평행 전원에 대칭 저항 부하 R [Ω]이 그림과 같이 접속되었을 때 a, b 두 상간에 접속된 전력계의 지시값이 W [W]라면 c상의 전류는 얼마인가?

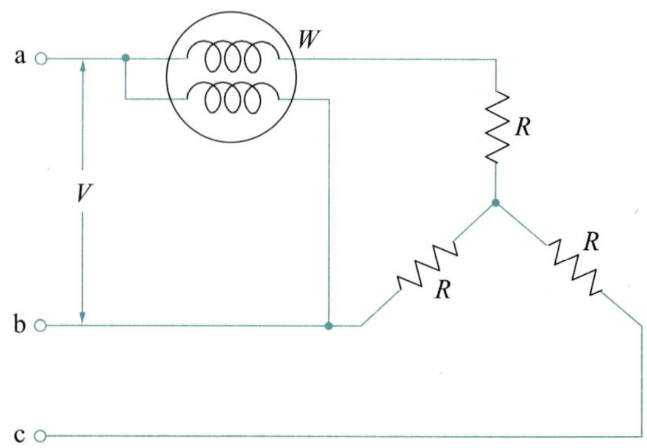

제 10 장 2단자 회로망

제 10 장 2단자 회로망

회로망 함수(network function)는 회로망에 관한 많은 정보를 내포하고 있기 때문에 그를 기초로 해서 회로망을 합성할 수 있다.

그림 10−1과 같이 회로망에 입력신호 $a(t)$를 여기(excitation)로서 인가할 때 응답(response) $b(t)$가 발생된다고 하면 회로망 함수 $H(s)$는 다음과 같다.

$$\text{회로망 함수} = \frac{\pounds\,[\text{정수상태의 } b(t)]}{\pounds\,[\text{정수상태의 } a(t)]}$$

또는

$$H(s) = \frac{B(s)}{A(s)} \qquad (10\text{-}1)$$

식 (10−1)에서 £는 라플라스(Laplace) 변환을 뜻하며 s는 복소주파수(complex fre− quency)이다. 회로망 함수란 라플라스 변환된 2개의 전기량의 비이므로 각 전기량이 전압인지 또는 전류인지에 따라 임피던스(impedance), 어드미턴스(admittance), 전압비(voltage ratil), 전류비(current ratio)가 된다.

한편, 회로망 함수는 응답이 입력측에 있는가 또는 출력측에 있는가에 따라서 구동점 함수(driving−point function)와 전달함수(transfer function)로 구분된다.

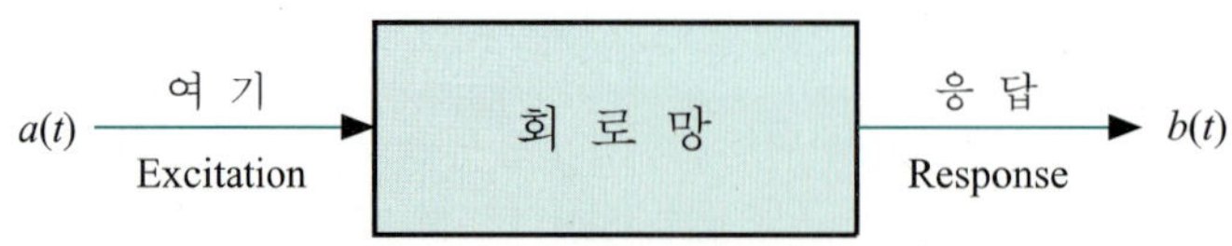

그림 10−1 회로망의 여기와 응답

10-1 2단자 회로망의 임피던스

그림 10-2와 같은 2단자회로 a,b에 전압 $\dot{V}$가 인가되었을 경우 2단자 $a-b$로부터 본 임피던스는 $\dot{Z}=\dot{V}/\dot{I}$ 로서 구한다. 키르히호프(Kirchhoff)의 법칙에 의하면

$$\begin{pmatrix} \dot{Z}_{11}\dot{Z}_{12}\cdots\dot{Z}_{1n} \\ \dot{Z}_{21}\dot{Z}_{22}\cdots\dot{Z}_{2n} \\ \vdots \\ \dot{Z}_{n1}\dot{Z}_{n2}\cdots\dot{Z}_{nn} \end{pmatrix} \begin{pmatrix} \dot{I}_1 \\ \dot{I}_2 \\ \vdots \\ \dot{I}_n \end{pmatrix} = \begin{pmatrix} \dot{V} \\ 0 \\ \vdots \\ 0 \end{pmatrix} \tag{10-2}$$

로서

$$\dot{I}_1 = \frac{\Delta_{11}}{\Delta}\dot{V} \tag{10-3}$$

단,

$$\Delta = \begin{vmatrix} \dot{Z}_{11}\dot{Z}_{12}\cdots\dot{Z}_{1n} \\ \dot{Z}_{21}\dot{Z}_{22}\cdots\dot{Z}_{2n} \\ \vdots \qquad \vdots \\ \dot{Z}_{n1}\dot{Z}_{n2}\cdots\dot{Z}_{nn} \end{vmatrix}$$

이며, $\triangle$의 Z_{11}에 따른 여인자(cofactor) $\triangle_{11}$은

$$\Delta_{11} = \begin{vmatrix} \dot{Z}_{22}\dot{Z}_{23}\cdots\dot{Z}_{2n} \\ \dot{Z}_{32}\dot{Z}_{33}\cdots\dot{Z}_{3n} \\ \vdots \qquad \vdots \\ \dot{Z}_{n2}\dot{Z}_{n3}\cdots\dot{Z}_{nn} \end{vmatrix}$$

이다.

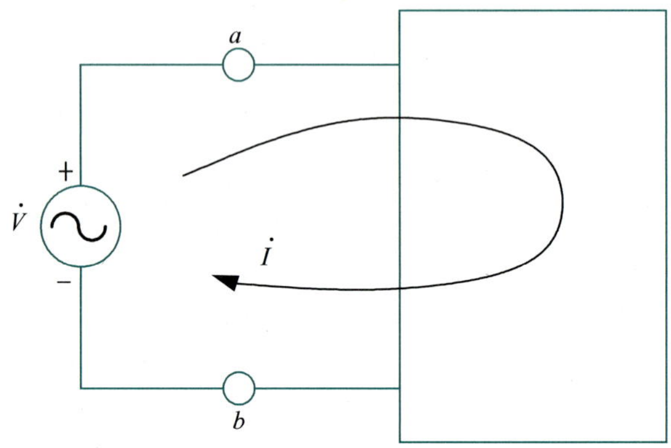

그림 10-2

그림 10-2의 단자 a,b에서 본 구동점 임피던스 $\dot{Z}$는

$$\dot{Z}=\frac{V}{I}=\frac{\triangle}{\triangle_{11}} \tag{10-4}$$

이 된다. △의 요소(element) $\dot{Z}_{jK}$는 회로망 내의 각 지로의 임피던스의 합이므로, 일반적으로

$$\begin{aligned}\dot{Z}_{jK}&=j\omega L_{jK}+R_{jK}+\frac{1}{j\omega C_{jK}}=\frac{1}{j\omega}\left\{L_{jK}(j\omega)^2+j\omega R_{jK}+\frac{1}{C_{jK}}\right\}\\&=\frac{1}{s}\left(L_{jK}s^2+R_{jK}s+\frac{1}{C_{jK}}\right)\quad(\text{단},s=j\omega)\end{aligned} \tag{10-5}$$

그런데 △는 n 행, n 열의 행렬식이므로 s 에 관하여 n 차가 되어

$$\triangle=\frac{1}{s^n}(a_0+a_1s+\cdots\cdots+a_{2n}s^{2n}) \tag{10-6}$$

또한, $\triangle_{11}$은 $(n-1)$행 $(n-1)$열의 행렬식이므로 s 의 $(n-1)$ 차가 되어

$$\triangle_{11}=\frac{1}{s^{n-1}}(b_1+b_2s+\cdots\cdots+b_{2n-1}s^{2n-2}) \tag{10-7}$$

이다. 식 (10-6), (10-7)에서

$$\dot{Z}(s)=\frac{a_0+a_1s+\cdots\cdots+a_{2n}s^{2n}}{b_1s+b_2s^2+\cdots\cdots+b_{2n-1}s^{2n}} \tag{10-8}$$

와 같이 되며, 이 식을 임피던스 함수(impedance function)라 한다.

식 (10-5)의 L_{jK}, R_{jK}, C_{jK}는 실수이므로, 위 식의 a_0, a_1, ……, b_1, b_2, …… 도 실수이다. 식 (10-8)에서 $s=j\omega$를 대입하여 정리하면

$$\dot{Z}(jw)=\frac{A_0(\omega)+jA_1(\omega)}{B_0(\omega)+jB_1(\omega)}=R(\omega)+jX(\omega) \tag{10-9}$$

이 된다. $R(\omega)$를 실효저항, $X(\omega)$를 실효 리액턴스라 하면 R은 음(−)의 값을 가지는 경우는 없다. 여기서, 임피던스 함수 $Z(s)$가 가지고 있는 성질을 들어보면

- 분모, 분자의 계수는 모두 양의 실수이다.
- $Z(s)$는 유리분수식으로 s가 실수이면 $Z(s)$는 실수가 된다.
- $Z(s)$에서 $s=j\omega$로 나타낸 식 $Z(j\omega)$의 실수부는 음(−)이 안 되며 양 또는 영이다.
- $Z(s)$의 분모와 분자의 s는 최고차수의 차가 같거나 1차 높거나 낮은 3가지 경우밖에 없으며, 기수차와 우수차가 모두 빠진 경우 이외에는 항 사이의 결항은 없다.
- $Z(s)=0$이 되는 s의 값을 영점(zero)이라 하고, $Z(s)=\infty$가 되는 s의 값을 극점(pole)이라 하며 이들은 복소수로서 실수부가 정(+)이 되는 일은 없다.

s 평면상에서의 영점과 극점의 제한조건을 들어보면

- 영점과 극점은 실수이든가 공액복소수이다.
- 모든 영점과 극점은 s 평면상의 좌반부 및 허축상에 존재한다.

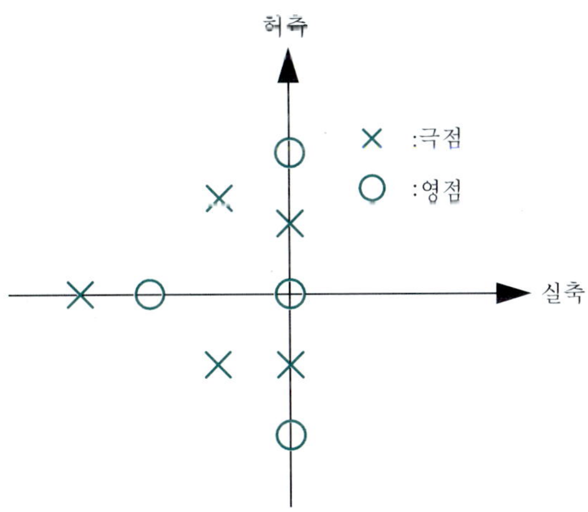

그림 10-3

- 영점과 극점이 $j\omega$축 위에 있을 때는 그것은 반드시 단일(simple)이어야 한다. $j\omega$축상에 다수의 극점이 존재할 때는 증가함수가 되어 불안전계가 된다.
- $Z(s)$의 극점은 회로가 개방상태(open circuit)임을 뜻하며, $Z(s)$의 영점은 회로의 단락상태(short circuit)임을 뜻한다.

예제 10-1

그림 10-4는 임피던스 변환을 가진 2단자 $R-L-C$ 직렬회로이다. 구동점 임피던스 $Z(s)$ 및 구동점 어드미턴스는?

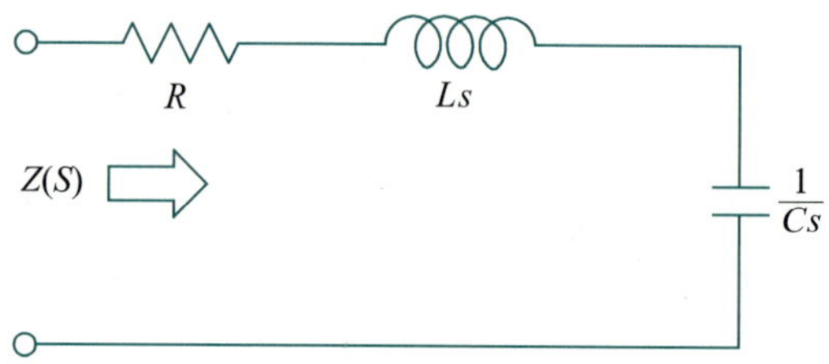

그림 10-4 예제 10-1의 회로

풀이

$$Z(s) = R + sL + \frac{1}{sC} = \frac{Ls^2 + Rs + \frac{1}{C}}{s} = L\frac{s^2 + \frac{R}{L}s + \frac{1}{LC}}{s}$$

$$Y(s) = \frac{1}{Z(s)} = \frac{1}{L}\frac{s}{s^2 + \frac{R}{L}s + \frac{1}{LC}}$$

$Z(s)$에서 분모의 최고차수는 1차이고 분자의 최고차수는 2차가 되어 분자, 분모의 최고차수의 차는 1차뿐이며 항 사이의 결함은 없다.

예제 10-2

그림 10-5와 같은 병렬회로에서 구동점 어드미턴스는?

풀이

$$Y(s)=sC+\frac{1}{R+sL}=C\frac{s^2+\frac{R}{L}s+\frac{1}{LC}}{s+\frac{R}{L}}$$

이 경우도 역시 분모와 분자의 차수가 1차 차이밖에 없고, 결함 역시 없다.

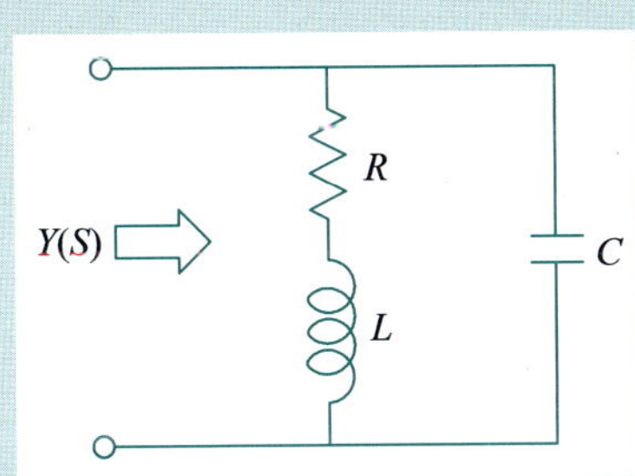

그림 10-5 예제 10-2의 풀이

예제 10-3

그림10-6 같은 회로의 구동점 임피던스의 극점, 영점이 그림(b)와 같다.
$Z(0)=1$일 때 R, L, C의 값은

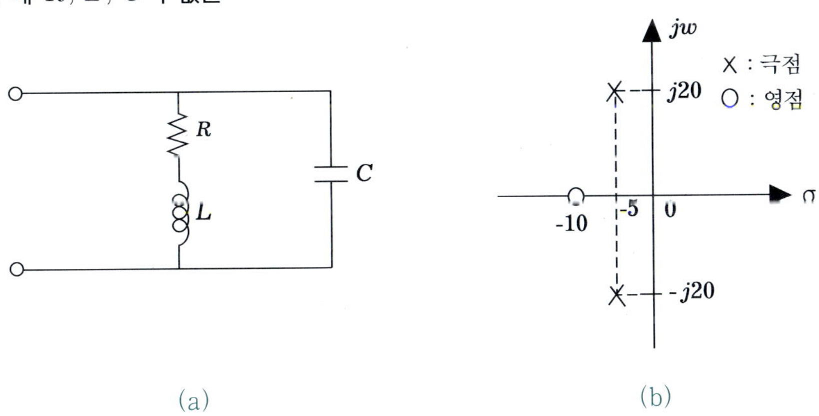

그림 10-6 예제 10-3의 회로

정답 및 풀이

정답 : 저항 R=1 [Ω], L=0.1 [H], C=0.02359 [F]

그림 (a)의 구동점 임피던스 $Z(s)$는 다음과 같다.

$$Z(s)=\frac{(R+sL)(\frac{1}{sC})}{(R+sL)+\frac{1}{sC}}=\frac{\frac{R+sL}{sC}}{\frac{RCs+s^2LC+1}{sC}}$$

$$=\frac{R+sL}{s^2LC+RCs+1}$$

$$=\frac{\frac{R}{LC}+\frac{sL}{LC}}{s^2+\frac{RCs}{LC}+\frac{1}{LC}}$$

$$=\frac{\frac{1}{C}(s+\frac{R}{L})}{s^2+\frac{R}{L}s+\frac{1}{LC}}$$

영점 $s=-\frac{R}{L}=-10$

극점은 $s_1,\ s_2=-5\pm j20,\ Z(0)=R=1$ [Ω]이므로

$-\frac{R}{L}=-10\quad(R=1),$

$L=\frac{1}{10}=0.1$ [H]

$(s+5-j20)(s+5+j20)=0$ 이것을 정리하면 다음과 같다.

$s^2+5s+j20s+5s+25+j100-j20s-j100-j^2400=0$

$s^2+10s+425=0$

분모 $\left.\begin{matrix} s^2+\frac{R}{L}s+\frac{1}{LC} \\ s^2+10s+425 \end{matrix}\right\}$ 의 관계식에서

$\frac{1}{LC}=425,\ L=0.1$ [H]이므로

$425\times 0.1\times C=1$

$C=\frac{1}{42.5}=0.02359$ [F]

예제 10-4

그림 10-7 회로의 구동점 어드미턴스 $Y(s)$ 는?

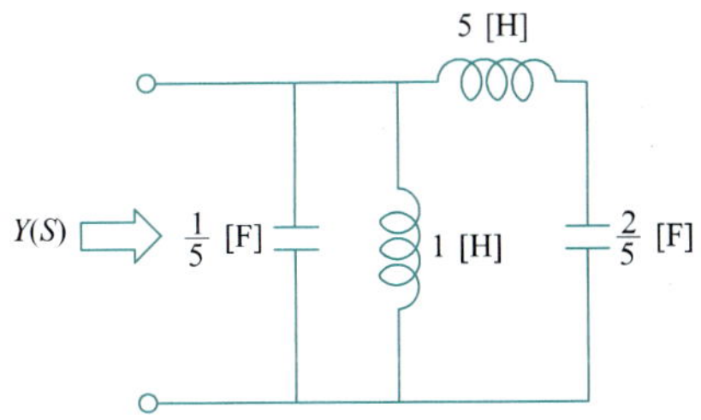

그림 10-7 예제 10-4의 회로

정답 및 풀이

정답 : 풀이참조

풀이

$$Y(s) = \frac{s}{5} + \frac{1}{s} + \frac{1}{5s + \frac{5}{2s}} = \frac{1}{5}\frac{s^4 + \frac{13}{2}s^2 + \frac{5}{2}}{s^3 + \frac{1}{2}s}$$

L, C만으로 구성된 리액턴스 2단자망은 분자가 s에 대하여 짝수차이며 분모는 홀수차가 되고, 그 반대의 경우도 성립한다. 이 경우도 물론 분자와 분모의 차수의 차는 1차이다.

예제 10-5

다음과 같은 함수 $F(s)$ 의 극점과 영점의 위치를 s 평면상에 나타내어라.

$$F(s) = \frac{s(s+1+sj)(s+1-j)}{(s+1)^2(s+j2)(s-j2)}$$

정답 및 풀이

정답 : 풀이참조

풀이

극점은 $F(s) = \infty$ 되는, 즉 분모다항식을 0으로 하는 s의 값(근)을 말하므로

$(s+1)^2(s+j2)(s-j2) = 0$에서

$s = -1$(중복근), $s = -j2$, $s = j2$

다음 영점은 $F(s) = 0$, 즉 $s(s+1+j)(s+1-j) = 0$를 만족하는 s의 값을 말하므로

$s = 0$, $s = -1+j$, $s = -1-j$

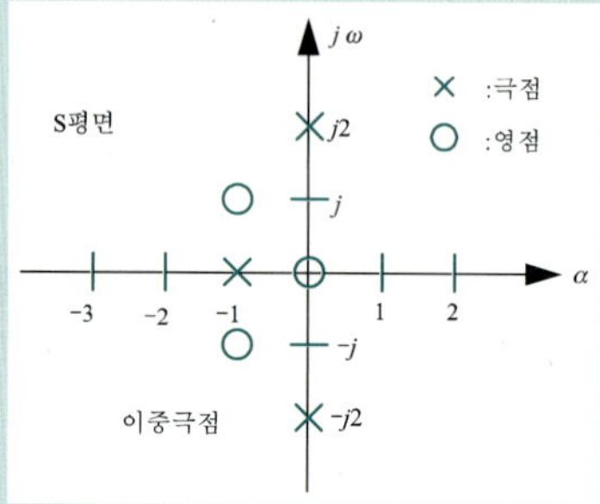

그림 10-8

10-2 리액턴스 2단자회로

회로망이 리액턴스 소자인 자기 인덕턴스와 커패시턴스만으로 구성되어 있고 저항소자를 포함하지 않는 경우를 **리액턴스 회로망**(reactance network)이라 한다.

10-2-1 간단한 리액턴스 2단자회로의 주파수특성

■ 인덕턴스 L만의 회로

리액턴스 $X=\omega L$은 ω에 비례하기 때문에 그림 10-9(a)와 같이 직선적으로 변화한다.

예제 10-6

그림과 같은 2단자망의 구동점 임피던스는 얼마인가?(단, $s=j\omega$이다.)

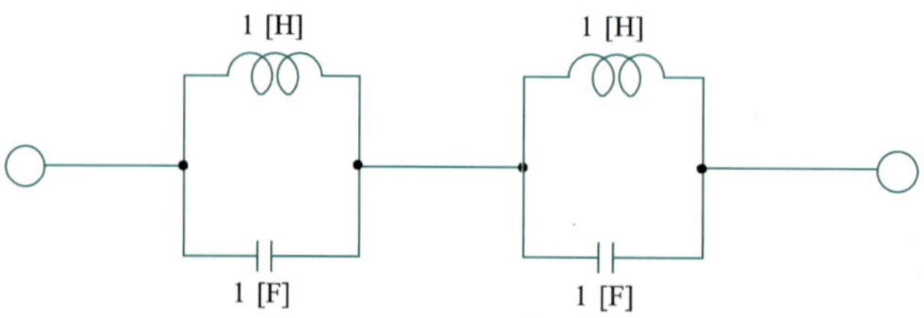

그림 10-9 예제 10-6의 회로

① $\frac{s}{s^2+1}$　② $\frac{1}{s^2+1}$　③ $\frac{2s}{s^2+1}$　④ $\frac{3s}{s^2+1}$

정답 및 풀이

정답 : ③

풀이

$$Z(s) = \frac{\frac{s}{s}}{s+\frac{1}{s}} \times 2 = \frac{2s}{s^2+1}\ [\Omega]$$

■ **커패시턴스 C 만의 회로**

리액턴스 $X=-\frac{1}{\omega C}$ 은 ω 에 반비례하기 때문에 그림 10-10(b)와 같이 $\omega=0$ 에서 $X=-\infty$, 그리고 $\omega=\infty$ 에서 $X=0$ 이 된다.

■ **$L-C$ 직렬회로**

$X=\omega L-\frac{1}{\omega C}$ 이 되므로 그림 10-10(a)와 (b)의 합인 그림 10-10(c)와 같은 주파수 특성을 가지며 특히 $\omega=\omega_r=\frac{1}{\sqrt{LC}}$ 인 경우 $X=0$ 이 되며 이것이 공진 각주파수이다.

■ **$L-C$ 병렬회로**

서셉턴스 $B=\omega C-\frac{1}{\omega L}$ 이 되어 $L-C$ 직렬회로의 리액턴스 X 와 같은 형태가 되고 그림 10-10(d)의 주파수특성을 가지며 $\omega=\omega_r=\frac{1}{\sqrt{LC}}$ 일 때 $B=0$이 되며

$$Z=jX=\frac{1}{jB}=\frac{j\omega L}{1-\omega^2 LC}$$

로 나타낼 수 있어 그림 10-10(e)와 같은 주파수특성을 가진다. 이 경우의 $\omega=\omega_r$ 를 반공진 각주파수라 한다.

■ L–C 병렬회로에 L_0를 직렬로 접속한 회로

$$\dot{Z}=jX=\frac{j\omega(L_0+L-\omega^2L_0LC)}{1-\omega^2LC}$$

에 의해

$$\text{반공진 각주파수}: \omega_1=\frac{1}{\sqrt{LC}}$$

$$\text{공진 각주파수}: \omega_r=0$$

$$\omega_2=\sqrt{\frac{L_0+L}{L_0LC}}=\omega_1\sqrt{1+\frac{L}{L_0}}>\omega_1$$

리액턴스가 ±∞가 되는 극점을 반공진점, 그때의 주파수가 반공진 주파수이며, 리액턴스가 0이 되는 영점을 공진점, 그때의 주파수를 공진주파수라 한다. 이 경우 리액턴스 X의 주파수특성은 그림 10–10(a)와 (e)를 합한 그림 (f)와 같다.

이상의 여러 가지 리액턴스 곡선으로부터 다음을 알 수 있다.

- 곡선의 기울기는 어디서나 정(+)이다. 즉, 항상 증가함수이다.
- 주파수가 증가함에 따라 극점과 영점이 교대로 나타난다.
- 영점과 극점은 각각 $\omega=0$, $\omega=\infty$에서 나타난다.

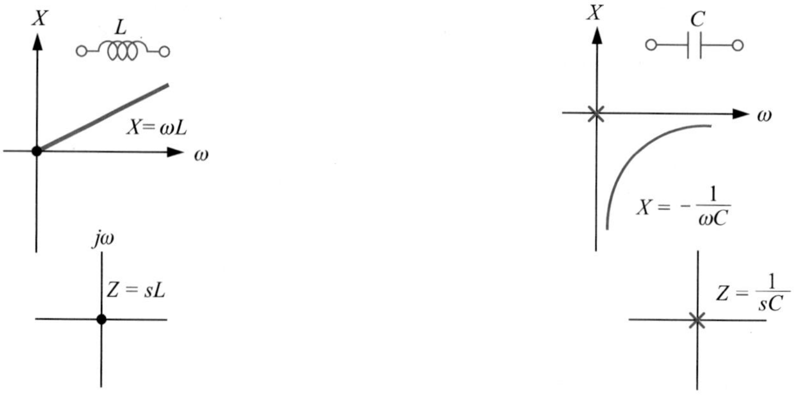

(a) (b)

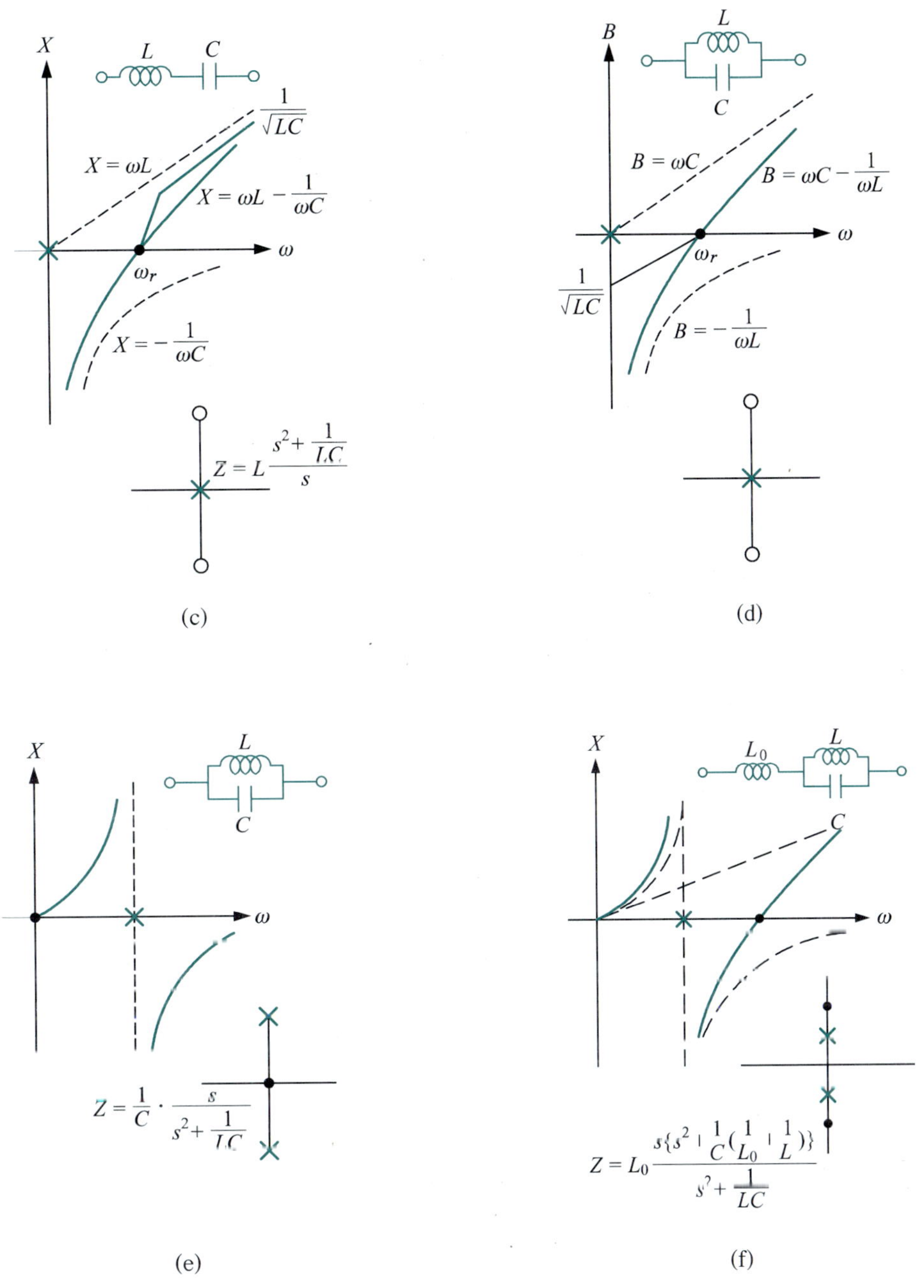

X
L
C
1/√LC
X = ωL
X = ωL − 1/ωC
ω
ω_r
X = − 1/ωC
Z = L (s² + 1/LC)/s
(c)
B
L
C
B = ωC
B = ωC − 1/ωL
ω
ω_r
1/√LC
B = − 1/ωL
(d)
X
L
C
ω
Z = 1/C · s/(s² + 1/LC)
(e)
X
L₀
L
C
ω
Z = L₀ s{s² + 1/C (1/L₀ + 1/L)}/(s² + 1/LC)
(f)

그림 10-10

10-2-2 리액턴스 함수

리액턴스 2단자회로의 구동점 임피던스를 ω의 함수로 나타내 보자. 지금 2단자 사이의 임피던스 $\dot{Z}$는 식 (10-4)에서 $\dot{Z}=\frac{\triangle}{\triangle_{11}}$이므로 리액턴스 회로망에서 행렬식의 요소(element) $\dot{Z}_{jK}$는

$$\dot{Z}_{jK}=j\omega L_{jK}+\frac{1}{j\omega C_{jK}}=\frac{L_{jK}}{s}(s^2+\omega_{jK}^2) \tag{10-10}$$

$$\text{단, } s=j\omega,\ \omega_{jK}^2=\frac{1}{L_{jK}\ C_{jK}}$$

이것을 식 (10-4)의 $\triangle$에 대입하면

$$\triangle=(\frac{1}{s})^n\begin{vmatrix}(s^2+w_{11}^2)L_{11} & (s^2+w_{12}^2)L_{12} & \cdots & (s^2+w_{1n}^2)L_{1n} \\ (s^2+w_{21}^2)L_{21} & (s^2+w_{22}^2)L_{22} & \cdots & (s^2+w_{2n}^2)L_{2n} \\ \vdots & \vdots & & \vdots \\ (s^2+w_{n1}^2)L_{n1} & (s^2+w_{n2}^2)L_{n2} & \cdots & (s^2+w_{nn}^2)L_{nn}\end{vmatrix}$$

가 되며 행렬식은 s^2에 관한 n차식이 된다. 지금 $\triangle=0$ 되는 s의 값을 $-\omega_1^2,\ -\omega_3^2\cdots\cdots,-\omega_{2n-1}^2$이라 하면

$$\triangle=(\frac{1}{s})^n A(s^2+w_1^2)(s^2+w_3^2)\cdots\cdots(s^2+w_{2n-1}^2)\cdots \tag{10-11}$$

A는 s^2의 최고차계수이므로

$$A=\begin{vmatrix}L_{11}L_{12}\cdots\cdots L_{1n} \\ L_{21}L_{22}\cdots\cdots L_{2n} \\ L_{n1}L_{n2}\cdots\cdots L_{nn}\end{vmatrix}\geq 0 \tag{10-12}$$

같은 방법으로 $\triangle_{11}=0$이 되는 s의 값을 $-\omega_2^2,-\omega_4^2,\ \cdots\cdots,-\omega_{2n-1}^2$이라면

$$\triangle_{11}=\left(\frac{1}{s}\right)^{n-1}B(s^2+\omega_2^2)(s^2+\omega_4^2)\cdots\cdots(s^2+\omega_{2n-2}^2) \tag{10-13}$$

이 되고,

$$B=\begin{vmatrix}L_{22}L_{23}\cdots\cdots L_{2n} \\ L_{32}L_{33}\cdots\cdots L_{3n} \\ L_{n2}L_{n3}\cdots\cdots L_{nn}\end{vmatrix}\geq 0 \tag{10-14}$$

이상이 결과에 의해

$$Z(s)=\frac{\Delta}{\Delta_{11}}=\frac{H(s^2+w_1^2)(s^2+w_3^2)\cdots\cdots(s^2+w_{2n-1}^2)}{s(s^2+w_2^2)(s^2+w_4^2)\cdots\cdots(s^2+w_{2n-2}^2)} \tag{10-15}$$

$$단,\ H=\frac{A}{B}>0$$

여기서 임피던스 함수 $Z(s)$의 ω값은 $0\leqq\omega_1<\omega_2\cdots\cdots<\omega_{2n-2}<\omega_{2n-1}\leqq\infty$의 차례로 나타내지며 이러한 함수를 리액턴스 함수라 한다. 또 $\omega_1, \omega_3, \cdots\cdots, \omega_{2n-1}$과 같이 리액턴스가 0이 되는 점을 공진점, 그 주파수를 공진 각주파수라 하며, $\omega_2, \omega_4, \cdots\cdots, \omega_{2n-2}$와 같이 리액턴스가 $\pm\infty$가 되는 점을 반공진점, 그 주파수를 반공진주파수라 한다. 복잡하게 구성된 리액턴스 회로망도 이 공진, 반공진의 조합으로 이루어진다.

10-2-3 리액턴스 정리

일반적으로 리액턴스 2단자회로에서 각주파수 ω가 증가하면 리액턴스 X도 증가한다. 이를 증명하면

- L, C 단독 리액턴스 회로에서는 $X_L=\omega L$, $X_C=-\frac{1}{\omega C}$이므로

$$\frac{dX_L}{d\omega}=L>0\ ,\ \frac{dX_c}{d\omega}=\frac{1}{\omega^2 C}>0$$

- L C 직렬회로에서는 $X=X_L+X_C=\omega L-\frac{1}{\omega C}$이므로

$$\frac{dX}{d\omega}=\frac{d(X_L+X_C)}{d\omega}=\frac{dX_L}{d\omega}+\frac{dX_C}{d\omega}>0$$

- L-C 병렬회로에서는 $X=X_L \parallel X_C=\frac{X_LX_C}{X_L+X_C}$

$$\frac{dX}{d\omega}=\frac{d\left(\frac{X_LX_C}{X_L+X_C}\right)}{d\omega}=\frac{X^2_{\frac{dX_C}{d\omega}}+X^2_{\frac{dX_L}{d\omega}C(X_L+X_C)^2}>0L}{}$$

따라서 $\frac{dX(\omega)}{d\omega}>0$이 되고 리액턴스는 항상 ω의 증가에 따라 증가하여 단조증가함수가 되고 공진과 반공진이 반드시 교대로 나타난다.

지금 $s=j\omega$로 두고 리액턴스 함수 Z를 s의 함수라 하면, 식 (10–8) 및 (10–15)에 의하여

$$Z(s)=\frac{\Delta}{\Delta_{11}}=\frac{H(s^2+w_1{}^2)(s^2+w_3^2)\cdots\cdots(s^2+w_{2n-1}^2)}{s(s^2+w_2^2)(s^2+w_4^2)\cdots\cdots(s^2+w_{2n-2}^2)}$$

$$=\frac{a_0+a_2s^2+a_4s^4+\cdots\cdots+a_{2n}s^{2n}}{s(b_1+b_3s^2+b_5s^4+\cdots\cdots+b_{2n-1}s^{2n-2})} \qquad (10\text{–}16)$$

로 나타낼 수 있으며, 이 리액턴스 2단자 회로망의 구동점 임피던스 함수 $Z(s)$는 다음과 같은 성질을 가진다.

- $Z(s)$는 s의 정(+)의 실계수 유리함수이다(H : 정의 실수).
- $Z(s)$의 극점과 영점은 중복근이 아닌 단순근이며 항상 허축상에서 서로 번갈아 나타난다. 즉, $0 \leqq \omega_1 < \omega_2 < \cdots\cdots < \omega_{2n-2} < \omega_{2n-1} < \infty$
- $s=j\omega$인 경우 $\frac{dZ(s)}{ds}$는 $\frac{dX}{d\omega}>0$이므로 항상 실수이다.

이상의 세 가지 성질은 $Z(s)$가 리액턴스 2단자 회로망의 구동점 임피던스가 되기 위한 필요충분조건으로 이를 포스터의 리액턴스 정리(Foster's reactance theorem)라 한다.

예제 10–7

그림 10–11의 회로에서 주파수 변화에 따른 리액턴스 곡선을 그려라.

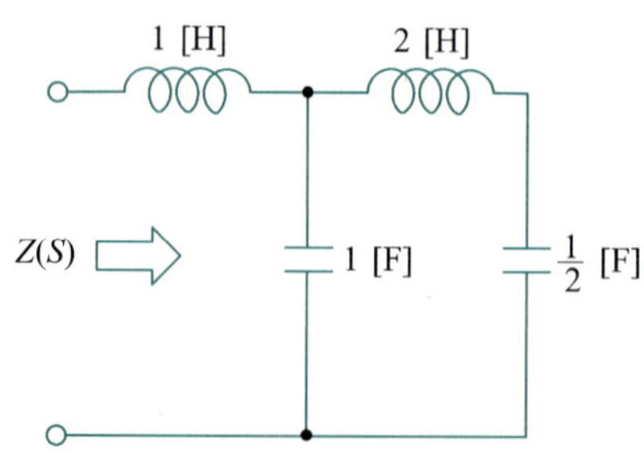

그림 10–11 예제 10–7의 회로

풀이

$$Z(s) = s + \cfrac{1}{s + \cfrac{1}{2s + \cfrac{2}{s}}} = \frac{2s^4 + 5s^2 + 2}{2s^3 + 3s} = \frac{(2s^2+1)(s^2+2)}{s(2s^2+3)}$$

영점 : $s = \pm j\sqrt{\frac{1}{2}}, \pm j\sqrt{2}$ 　　　극점 : $s = 0, \pm j\sqrt{\frac{3}{2}}$

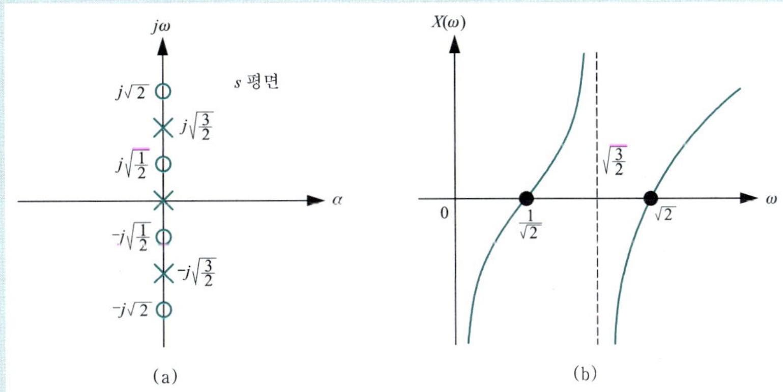

그림 10-12 예제 10-7의 풀이

10-3 극점과 영점의 표현

극점과 영점을 s −평면상에 표현하고 이에 대응하는 시간영역에서의 응답을 관찰하여 보자. 회로망을 해석할 때, 그 회로에 가해진 여기함수에 따라서 회로응답이 여러 개의 형태로 나타난다.

회로망이 단지 저항으로만 구성될 경우에는 그러한 방정식의 집합은 대수적이지만, 일반적으로 인덕턴스와 커패시턴스가 존재하는 경우에는 미적분 방정식의 집합으로 된다. 이러한 방정식의 해를 구할 수 있다.

우리가 대수함수를 계산할 때, 로그(log)표에 의하여 그 값을 찾아내어 멱승 등의 계산을 간단히 하듯이, 미분방정식을 라플라스(Laplace) 변환함으로써 변환표에 의해 간단히 대수적인 조작만으로서 계산을 할 수 있다. 이와 같이 미분방정식을 라플라스 변환함으로써 얻어지는 이점은 다음과 같다.

- 함수를 간단히 대수적으로 결합할 수 있다.
- 연산을 간단히 할 수 있다.
- 미분방정식에서 적분상수를 결정하는 계산의 필요성이 없다.

라플라스 변환에 관해서는 14장에서 상세히 다루기로 하고, 이 장에서는 라플라스 변환표를 이용해서 극점과 영점을 s −평면상에 표현하는 기법을 다루기로 한다.

지금 단위 계단함수(unit step function)가 복소주파수의 영역에서

$$[u(t)] = \frac{1}{s} \tag{10-17}$$

으로 주어지므로 이때 극점의 위치는 그림 10−13(a)와 같이 원점에 있게 되고, 시간영역에서의 응답은 주파수가 영이고 감쇄도 영이므로 그림 10−13(b)와 같이 단위 계단함수, 즉 직류가 된다.

다음, 지수감쇄신호 $e^{-\sigma_0 t}(\sigma_0 > 0)$ 에서는 다음 식으로 표시된다.

$$£[e^{\sigma_0 t}] = \frac{1}{s+\sigma_0} \tag{10-18}$$

그러므로 극점의 위치는 $s=-\sigma_0$ 인 점, 즉 그림 10−14(a)의 s −평면의 좌반부인 $-\sigma_0$ 의 위치에 있게 된다. 따라서 시간영역에서는 그림 10−14(b)와 같이 감쇄율 σ_0 에 비례해서 감쇄한다.

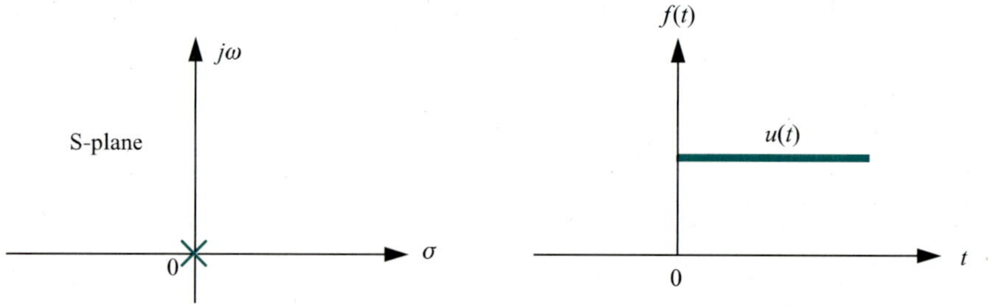

(a) (b)

그림 10−13 단위 계단함수

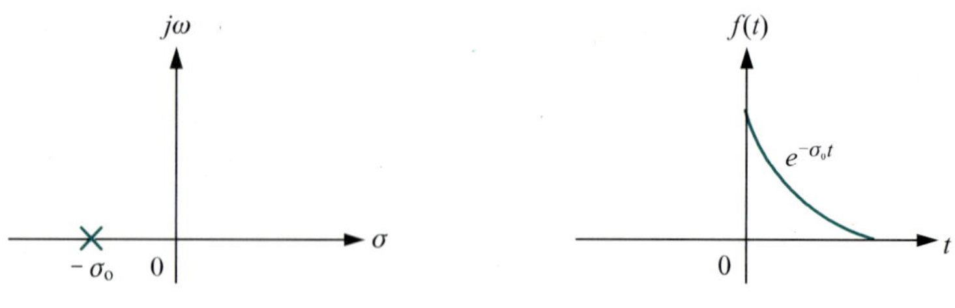

(a) (b)

그림 10−14 지수감쇄함수

코사인 함수 $\cos\omega_r t$ 와 감쇄 코사인 함수 $e^{-\sigma_o t}\cos\omega_r t$ 에서는

$$\pounds\,[\cos\omega_r t] = \frac{s}{s^2+\omega_r^2} \tag{10-19}$$

$$\pounds\,[e^{-\sigma_o T}\cos\omega_r t] = \frac{s+\sigma}{(s+\sigma_0)^2+\omega_r^2} \tag{10-20}$$

가 되므로 이때 s –평면에서의 극점과 영점의 위치는 그림 10–15와 같이 된다.

지금 2개의 지수함수 $f_1(t)=e^{-\sigma_1 t}$ 와 $f_2(t)=e^{-\sigma_2 t}$ 의 두 함수의 변환은

$$f_1(s) = \frac{1}{s+\sigma_1}$$

$$f_2(s) = \frac{1}{s+\sigma_2} \quad (\sigma_2 > \sigma_1 > 0) \tag{10-21}$$

이에 대한 극점의 위치는 그림 10–16와 같다.

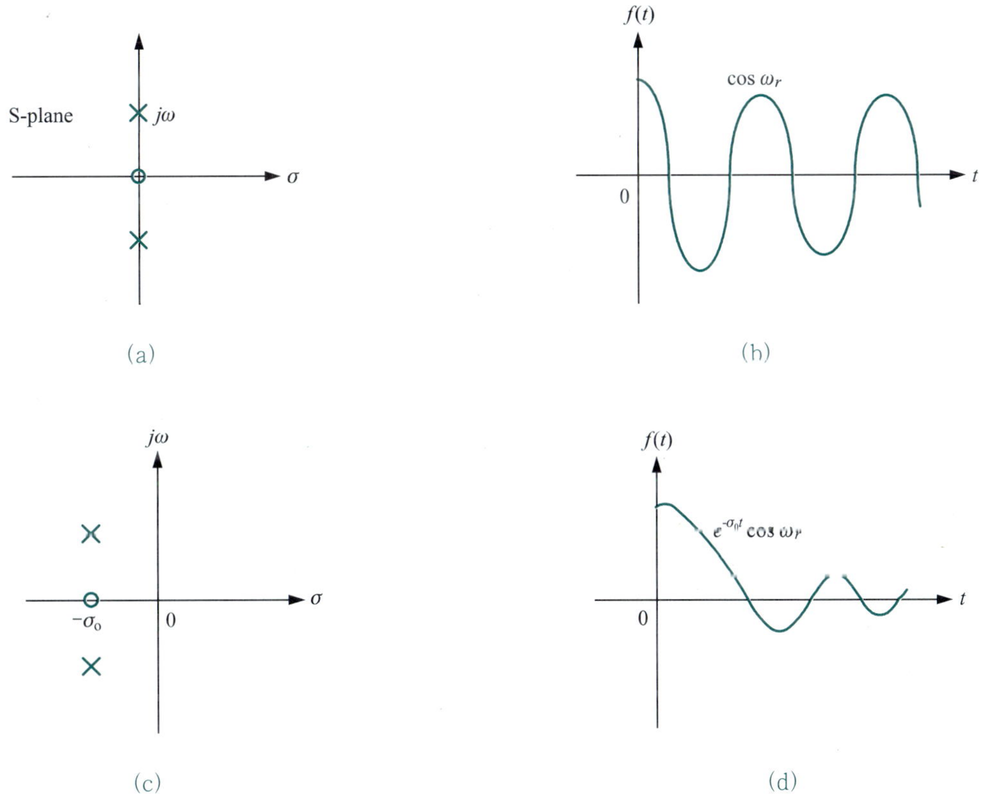

그림 10–15 진동 및 감쇄진동함수

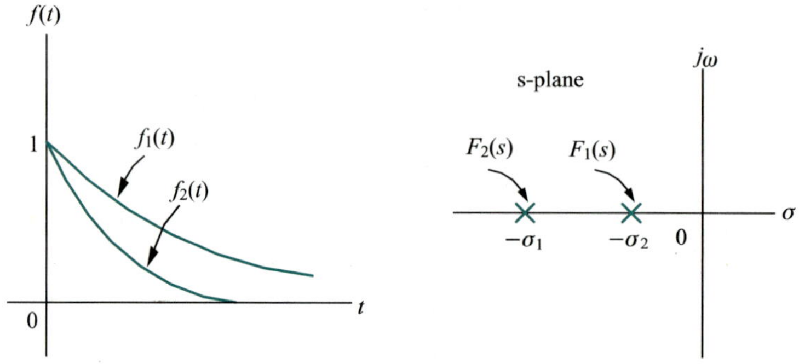

(a) (b)

그림 10-16 지수감쇄에 대한 극점의 효과

즉, σ_1과 σ_2의 크기로서 시간영역에서의 응답의 형태를 알 수 있는데, s −평면의 왼쪽으로부터 원점에서 먼 거리에 있는 극점의 위치 σ_2는 σ_1보다 감쇄비가 크며 시정수(time constamt)는 σ_1이 σ_2보다 크다.

다음, $\sin\omega t$의 s 변환은 $\frac{\omega}{s^2+\omega^2}$ 이므로 두 개의 정현파 $\sin\omega t_1$과 $\sin\omega t_2(\omega_2 > \omega_1 > 0)$에 대한 극점은 그림 10−17에 표시하였다. 이와 같이 극점의 위치가 높으면 그에 대응하는 시간함수의 주파수는 높아진다.

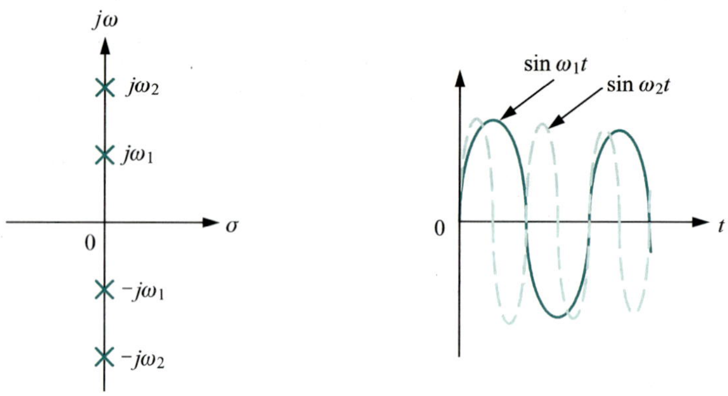

(a) (b)

그림 10-17 극점의 위치에 따른 주파수 효과

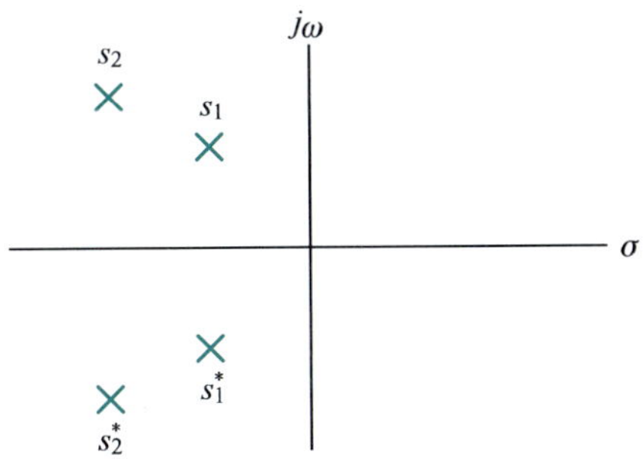

그림 10-18 각 극점의 위치표시

또, 그림 10-18과 같이 공액쌍의 극점 (s_1, s_1^*) 와 (s_2, s_2^*) 가 배치되었을 때 이에 대한 총체적인 시간응답은 각 인자를 다음과 같이 더함으로써 얻어진다.

$$f(t) = K_1 e^{s_1 t} + K_1^* e^{s_1 t} + K_2 e^{s_2 t} + K_2^* e^{s_2 t} + \cdots\cdots \qquad (10\text{-}22)$$

이들 공액쌍에 대한 항들은 감쇄 정현파로 나타난다. 공액쌍의 극점을 가지고 원점에 영점을 가질 때는 그림 10-15(a)와 같이 비감쇄 코사인을 나타내고, 원점에 영점이 없고 또는 동액 극점만을 가질 때는 사인파를 표시한다.

그림 10-18에서 s_2 의 극점의 위치는 s_1 보다 허축상에서 높으므로 각주파수 ω 가 높고, 실축상에서는 s_2 가 s_1 보다 크므로$(\sigma_2 > \sigma_1 > 0)$ 감쇄비가 크다는 것을 나타낸다.

이와 같이 그림 10-18의 s_2, s_2^* 에 대응하는 시간응답은 그림 10-19(a)와 같고, s_1, s_1^* 에 대응되는 영역에서의 응답은 그림 10-19(b)와 같다.

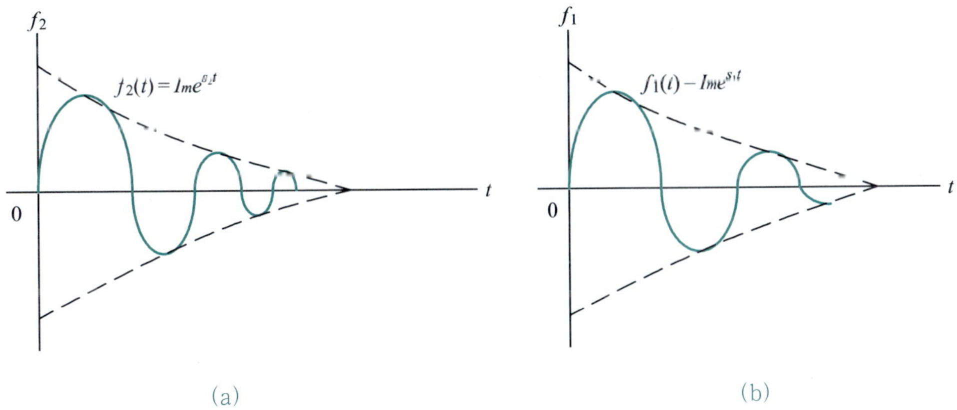

그림 10-19 그림 10-16의 각 극점에 대한 응답

만약 회로망 함수의 극점이 그림 10−20(b)에서와 같이 s −평면의 우반부에 존재할 때는 시간영역에서의 응답은 그림 10−20(a)와 같이 시간과 더불어 증가하게 된다. 이러한 현상은 수동회로에서는 존재하지 않지만 진공관, 트랜지스터 등을 포함하는 능동회로에서서는 일어나게 된다. 또 j 축상에 중첩 극점이 존재하는 경우도 그림 10−20(a)와 같은 현상이 일어난다.

이상과 같이 s −평면상에서의 각 극점과 영점의 위치에 따른 대표적인 파형들을 그림 10−21에 표시하였다.

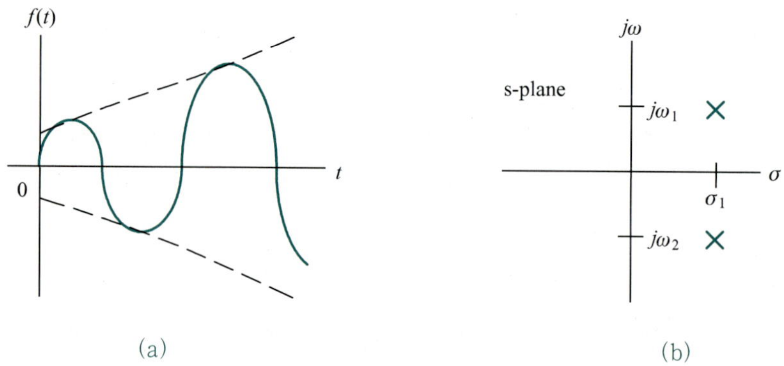

그림 10−20 우반평면에 극점과 영점을 가졌을 때의 시간응답

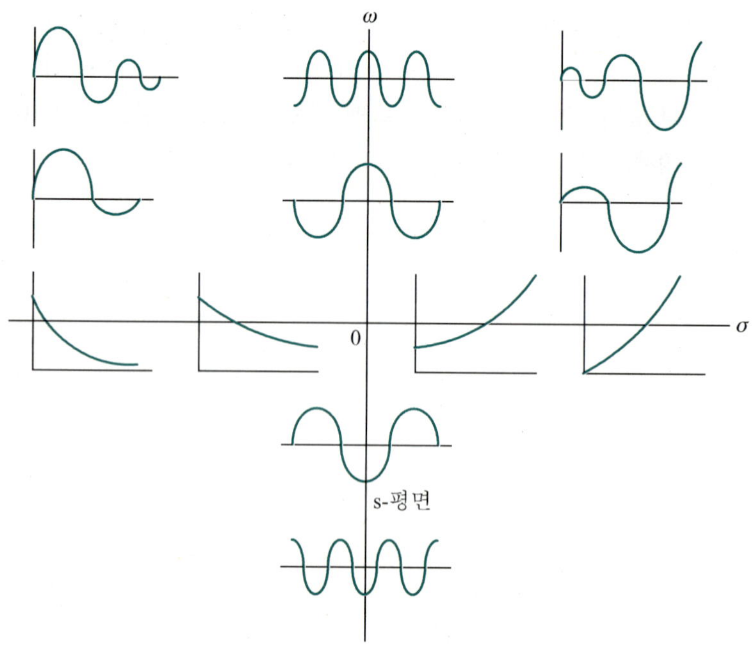

그림 10−21 각 위치에 대응하는 파형들

10-4 리액턴스 2단자 회로망의 합성

10-4-1 병렬공진회로의 직렬접속

주어진 주파수 특성을 가지는 리액턴스가 2단자회로를 구성하는 경우의 구동점 임피던스 $Z(s)$는

$$Z(s)=\frac{H(s^2+\omega_1^2)(s^2+\omega_3^2)\cdots\cdots(s^2+\omega_{2n-1}^2)}{s(s^2+\omega_2^2)(s^2+\omega_4^2)\cdots\cdots(s^2+\omega_{2n-2}^2)} \tag{10-23}$$

이 식을 부분분수로 분해하면

$$Z(s)=s\left(\frac{H_0}{s^2}+\frac{H_2}{s^2+\omega_2^2}+\cdots+\frac{H_K}{s^2+\omega_K^2}+\cdots+\frac{H_{2n-2}}{s^2+\omega_{2n-2}^2}+H\infty\right) \tag{10-24}$$

일반항 H_K를 구하기 위해 양변에 $(s^2+\omega_K^2)$를 곱하고 s^2 대신에 $-\omega_K^2$을 대입하면

$$H_K=(s^2+\omega_K^2)\frac{Z(s)}{s}L\Big|_{s^2=-\omega_K^2} \tag{10-25}$$

단, $K=0,\ 2,\ 4,\ \cdots,\ (2n-2),\qquad \omega_0=0$

또한 그림 10-22의 L_K와 C_K의 병렬회로에서

$$Z_K=\frac{L_K s}{1+L_K C_K s^2}=\frac{\dfrac{s}{C_K}}{s^2+\dfrac{1}{L_K C_K}} \tag{10-26}$$

식 (10-23)의 부분분수 중 제K항을 $sH_K/s^2+\omega_K^2=Z_K$라 하면

$$H_K=\frac{1}{C_K},\quad \omega_K^2=\frac{1}{L_K C_K},\quad L_K=\frac{1}{C_K\omega_K^2} \tag{10-27}$$

식 (10-24)로 주어진 $Z(s)$를 그림 10-23와 같이 표시함으로써 병렬공진회로의 직렬접속을 나타낼 수 있다. 또한 제1항 H_0/s는 정전용량으로, 마지막 항인 sH_∞는 인덕턴스로 실현된다.

$$C_K = \left| \frac{1}{s^2 + w_k^2} \cdot \frac{s}{Z(s)} \right| s^2 = -w_K^2 \qquad (10\text{-}28)$$

$$L_K = \frac{1}{C_K \omega_K^2}, L_\infty = H$$

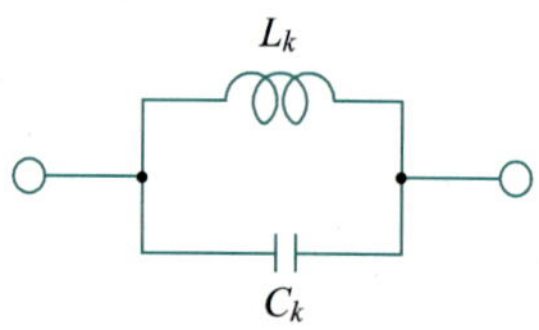

그림 10-22

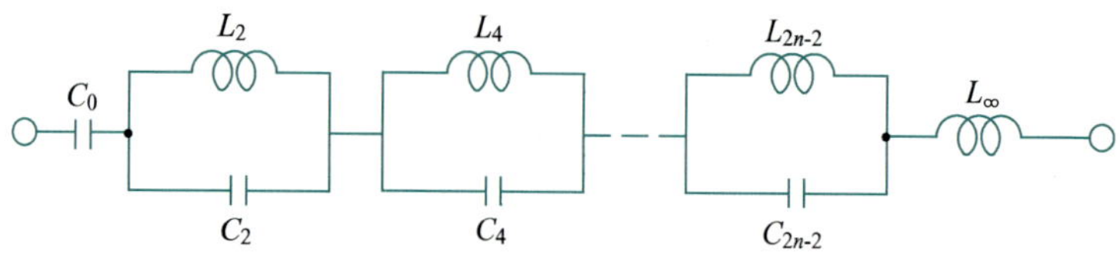

그림 10-23

예제 10-8

$H = 0.2$, 공진 각주파수 $\omega_1 = 30000$, $\omega_3 = 5000$ [rad/s] 반공진 각주파수 $\omega_2 = 4000$ [rad/s]와 같은 주파수 특성을 가진 리액턴스 2단자회로를 실현시켜 보아라.

풀이

이 경우 임피던스 $Z(s)$는 식 (10-23), (10-24)에 의해 다음과 같이 될 수 있다.

$$Z(s) = \frac{H(s^2 + w_1^2)(s^2 + w_3^2)}{s(s^2 + w_2^2)} = s\left(\frac{H_0}{s^2} + \frac{H_2}{s^2 + w_2^2} + H_\infty\right)$$

따라서

$$C_0 = \left.\frac{1}{s^2} \cdot \frac{s}{Z(s)}\right\}$$

$$= \frac{(4 \times 10^3)^2}{0.2 \times (3 \times 10^3)^2 \times (5 \times 10^3)^2} \fallingdotseq 0.356 \ [\mu F]$$

$$C_2 = \frac{1}{s^2 + \omega_2} \cdot \frac{s}{Z(s)}$$

$$= \frac{-4^2 \times 10^6}{0.2 \times (4^2 - 3^2)(4^2 - 5^2) \times 10^{12}} \fallingdotseq 1.27 \ [\mu F]$$

$$L_2 = \frac{1}{C_2 \omega_2^2} = \frac{1}{1.27 \times 10^{-6} \times 4 \times 10^6} \fallingdotseq 49 \ [\text{mH}]$$

$$L_\infty = 0.2 \ [\text{H}]$$

이상의 결과를 회로로 실현시키면 그림 10-24과 같이 된다.

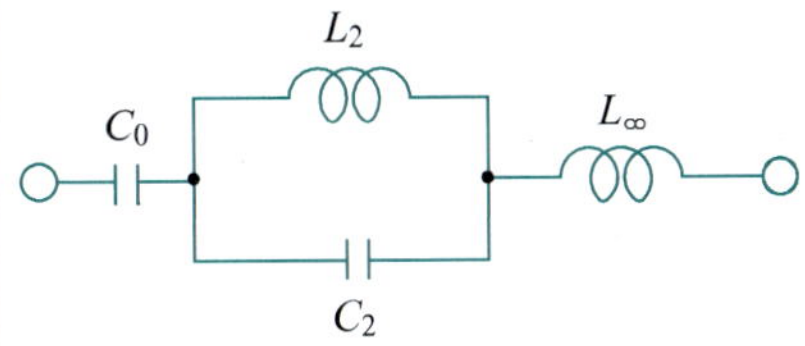

그림 10-24

10-4-2 직렬공진회로의 병렬접속

직렬공진회로를 병렬접속시킨 회로의 구동점 어드미턴스 $Y(s)$는

$$Y(s) = \frac{1}{Z(s)} = \frac{s(s^2+w_2^2)(s^2+w_4^2)\cdots(s^2+w_{2n-2}^2)}{H(s^2+w_1^2)(s^2+w_3^2)\cdots(s^2+w_{2n-1}^2)} \qquad (10\text{-}29)$$

그림 10-25

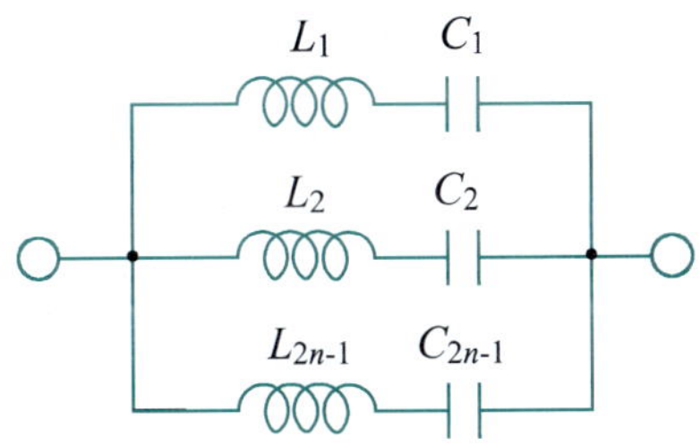

그림 10-26

이 식을 부분분수로 고치면

$$Y(s) = s\left(\frac{F_1}{s^2+\omega_1^2} + \frac{F_2}{s^2+\omega_3^2} + \frac{F_K}{s^2+\omega_K^2} + \cdots + \frac{F_{2n-1}}{s^2+\omega_{2n-1}^2}\right) \qquad (10\text{-}30)$$

일반항 F_K를 구하기 위해 양변에 $(s^2+\omega_K^2)$를 곱하고 s^2 대신에 $-\omega_K^2$을 대입하면 우변은 sF_K만 남는다.

$$F_K = (s^2+\omega_K^2)\frac{Y(s)}{s}\bigg|_{s^2=-\omega_K^2}$$

그림 10-25와 같은 직렬회로에서 어드미턴스는

$$Y_K = \frac{sC_K}{1+L_K C_K s^2} = \frac{s \cdot \dfrac{1}{L_K}}{s^2 + \dfrac{1}{L_K C_K}} \tag{10-31}$$

식 (10−28)의 부분분수 중 제 K항을 $sF_K/s^2+\omega^2 = Y_K$라 하면

$$F_k = \frac{1}{L_k},\ L_k = \frac{1}{F_k},\ w_K^2 = \frac{1}{L_K C_C},\ C_K = \frac{1}{L_K w_K^2} \tag{10-32}$$

따라서 식 (10−28)로 주어진 $Y(s)$를 그림 10−26와 같은 직렬공진회로를 병렬접속시킨 회로로 나타낼 수 있다.

$$L_K = \left| \frac{1}{F_K} = \frac{1}{s^2+w_K^2} \cdot \frac{s}{Y(s)} \right|_{s^2=-w_K^2} \tag{10-33}$$

$$C_K = \frac{1}{L_K \omega_K^2}$$

예제 10−9

$H=0.4$, 공진 각주파수 $\omega_1 = 1000$, $\omega_3 = 3000$[rad/s], 반공진 각주파수 $\omega_2 = 2000$ [rad/s]인 경우의 리액턴스 2단자 회로망을 직렬공진회로의 병렬접속으로 실현하여라.

풀이

$$Y(s) = \frac{s(s^2+w_2^2)}{H(s^2+w_1^2)(s^2+w_3^2)} = \frac{sF_1}{s^2+w_1^2} + \frac{sF_2}{s^2+w_3^2}$$

$$L_1 = \frac{1}{s^2+w_1^2} \cdot \frac{s}{Y(s)} \bigg|_{s^2=-w_1^2} = H \cdot \frac{w_3^2-w_1^2}{w_2^2-w_1^2}$$

$$= 0.4\frac{3^2-1^2}{2^2-1^2} \fallingdotseq 1.07\ \text{[H]}$$

$$L_3 = \frac{1}{s^2+w_3^2} \cdot \frac{s}{Y(s)} \bigg|_{s^2-w_3^2} = H \cdot \frac{w_1-w_3^2}{w_2^2-w_3^2} \fallingdotseq 0.64\ \text{[H]}$$

$$C_1 = \frac{1}{L_1 w_1^2} = \frac{1}{1.07 \times (1000)^2} \fallingdotseq 0.935\ [\mu F]$$

$$C_3 = \frac{1}{L_3 w_3^2} \fallingdotseq 0.174\ [\mu F]$$

이상의 결과를 회로로 실현시키면 그림 10-27과 같다.

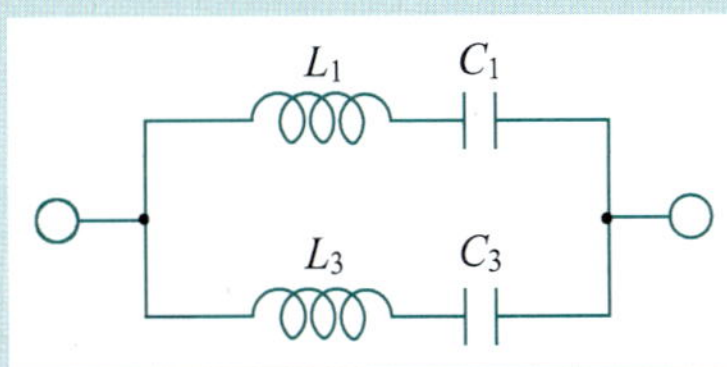

그림 10-27 예제 10-9의 풀이

예제 10-10

$Z(s) = \dfrac{2(s^2+1)(s^2+9)}{s(s^2+4)}$ 로 주어진 임피던스 함수로 표현될 수 있는 리액턴스 회로를 실현하여라.(그림 10-23과 10-26의 2가지 방법으로).

풀이

(1) 병렬공진회로의 직렬접속 $Z(s) = s\left(\dfrac{H_0}{s^2} + \dfrac{H_2}{s^2+4} + H_\infty\right)$ 에서

$$H_0 = s^2 \cdot \frac{Z(s)}{s}\Big\},\quad C_0 = \frac{1}{H_0} = \frac{2}{9}\ [\text{F}],$$

$$H_2 = (s^2+4)\frac{Z(s)}{s}\Big\},\quad C_2 = \frac{1}{H_2} = \frac{2}{15}\ [\text{F}],$$

$$L_2 = \frac{1}{C_2 \omega_2^2} = \frac{15}{8}\ [\text{H}]$$

$$H_\infty = H = 2,\quad L_\infty = H_\infty = 2\ [\text{H}]$$

이상의 결과를 회로로 실현시키면 그림 10-28과 같다.

(2) 직렬공진회로의 병렬접속

$$Y(s) = \frac{1}{Z(s)} = \frac{s(s^2+4)}{2(s^2+1)(s^2+9)}$$

부분분수로 전개하면

$$Y(s)=\left(\frac{F_1}{s^2+1}+\frac{F_3}{s^2+9}\right)$$

$$L_1=\frac{1}{s^2+1}\cdot\frac{s}{Y(s)}\bigg|_{s^2=-1}=\frac{16}{3}\ [\mathrm{H}]$$

$$C_1=\frac{1}{L_1w_1^2}=\frac{3}{16}\ [\mathrm{F}]$$

$$L_3=\frac{1}{s^2+9}\cdot\frac{s}{Y(s)}\bigg|_{s^2=-9}=\frac{16}{5}\ [\mathrm{H}]$$

$$C_3=\frac{1}{L_3w_3^2}=\frac{5}{144}\ [\mathrm{F}]$$

이상의 결과를 회로로 실현시키면 그림 10-29과 같다.

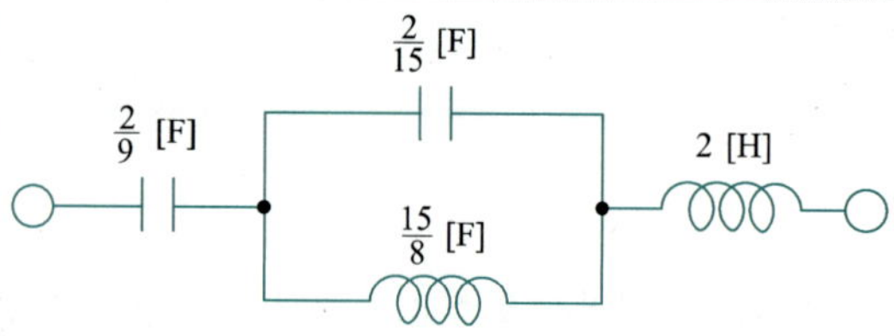

그림 10-28

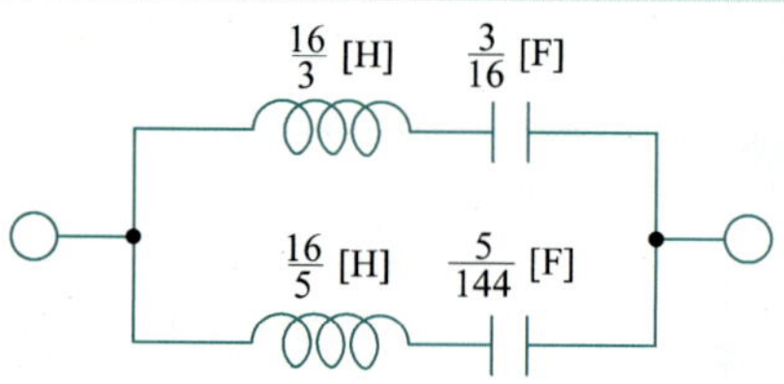

그림 10-29

10-4-3 사다리꼴 회로

그림 10-30와 같은 사다리꼴 회로에서의 임피던스는 연분수의 형태로 주어진다.

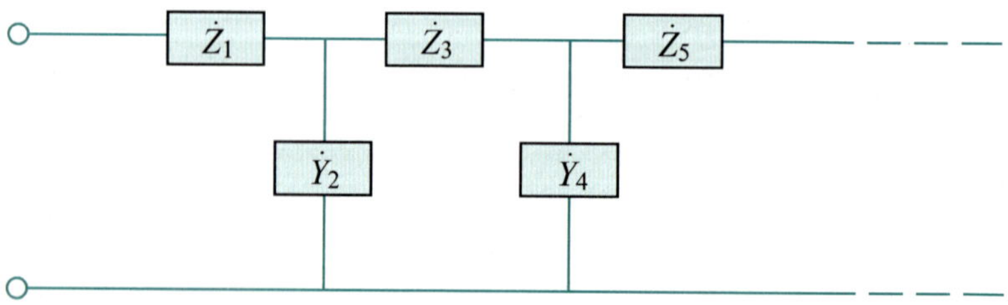

그림 10-30

$$Z(s) = Z_1 + \cfrac{1}{Y_2 + \cfrac{1}{Z_3 + \cfrac{1}{Y_4 + \cfrac{\ddots}{+\cfrac{1}{Y_n}}}}}$$

이와 같은 대수적인 연분수의 전개는 지로의 임피던스나 어드미턴스가 그냥 식 중에서 표현되므로 주어진 회로의 해석보다는 회로를 구성하는 문제에 특히 유익하다.

$$Z(s) = \frac{a_{2n}s^{2n} + a_{2n-2}s^{2n-2} + \cdots\cdots + a_2 s^2 + a_0}{b_{2n-1}s^{2n-1} + b_{2n-3}s^{2n-3} + \cdots\cdots + b_3 s^3 + b_1 s} \qquad (10\text{-}34)$$

이 식에서 연분수를 만들어 내려면 우선 나누고, 역수를 취해서 나누고, 또 그 역수로 나누고 하는 과정을 되풀이하여 전개가 끝날 때까지 계속하면 된다.

예제 10-11

다음과 같은 임피던스 함수를 가지는 사다리꼴 2단자회로를 구성하여라.

$$Z(s) = \frac{2s^5 + 12s^3 + 16s}{s^4 + 4s^2 + 3}$$

풀이

$$s^4 + 4s^2 + 3 \,\big)\, 2s^5 + 12s^3 + 16s \quad : \quad 2s \cdots\cdots Z_1$$

$$2s^5 + 8s^3 + 6s \quad : \quad \frac{1}{4}s \cdots\cdots Y_2$$

$$4s^3 + 10s \,\big|\, s^4 + 4s^2 + 3$$

$$s^4 + \frac{5}{2}s^2 \quad : \quad \frac{8}{3}s \cdots\cdots Z_3$$

$$\frac{3}{2}s^2 + 3 \,\big|\, 4s^3 + 10s \quad : \quad \frac{3}{4}s \cdots\cdots Y_4$$

$$4s^3 + 8s \quad :$$

$$2s \,\big|\, \frac{3}{2}s^2 + 3$$

$$\frac{3}{2}s^2 \quad : \quad \frac{2}{3}s \cdots\cdots Z_5$$

$$3 \,\big|\, 2s$$

$$\frac{2s}{0}$$

이상의 계산에 의하여 다음과 같이 연분수로 나타낼 수 있다.

$$Z(s)=2s+\cfrac{1}{\cfrac{1}{4}s+\cfrac{1}{\cfrac{8}{3}s+\cfrac{1}{\cfrac{3}{4}s+\cfrac{1}{\cfrac{2}{3}s}}}}$$

이 식에 의하면

$Z_1=2s \rightarrow 2$ [H]의 유도기, $Y_2=\frac{1}{4}s \rightarrow \frac{1}{4}$ [F]의 용량기

$Z_3=\frac{8}{3}s \rightarrow \frac{8}{3}$ [H]의 유도기, $Y_4=\frac{3}{4}s \rightarrow \frac{3}{4}$ [F]의 용량기

$Z_5=\frac{2}{3}s \rightarrow \frac{2}{3}$ [H]의 유도기

임을 알 수 있어 그림 10-31과 같은 회로로 실현할 수 있다.

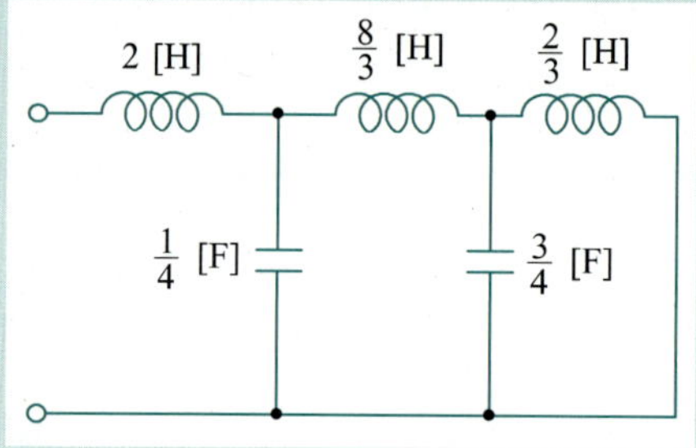

그림 10-31

10-5 R-L 2단자회로

10-5-1 R-L 구동점 임피던스

저항과 인덕턴스로 된 R-L 2단자회로에 대해서는 앞 절에서 설명한 바와 같이 식(10−10)에 의해

$$Z_{jK} = R_{jK} + sL_{jK} \tag{10-35}$$

이 식을 변형하여

$$Z_{jK} = \sqrt{s}\left(\frac{R_{jK}}{\sqrt{s}} + \sqrt{s}\,L_{jK}\right) \tag{10-36}$$

여기서 $\sqrt{s} \to s$, $R_{jK} \to \dfrac{1}{C_{jK}}$ 로 대치하면

$$Z_{jK} = s^2 L_{jK} + \frac{1}{C_{jK}} = L_{jK}\left(s^2 + \frac{1}{L_{jK}C_{jK}}\right) = L_{jK}(s^2 + \omega_{jK}^2) \tag{10-37}$$

식 (10−37)은 리액턴스의 식 (10−10)과 같은 형태가 되며 s^2 을 s 로 바꾸어 임피던스 함수 $Z(s)$ 를 구하면

$$Z(s) = \frac{\triangle}{\triangle_{11}} = \frac{a_0 + a_1 s + \cdots\cdots + a_n s^n}{b_1 + b_2 s + \cdots\cdots + b_n s^{n-1}} \tag{10-38}$$

이 $Z(s)$ 의 0점을 $-\alpha_1, -\alpha_3, \cdots\cdots, -\alpha_{2n-1}$, 극점을 $-\alpha_2, -\alpha_4, \cdots\cdots -\alpha_{2n-2}$ 라고 하면

$$Z(s) = \frac{H(s+\alpha_1)(s+\alpha_3)\cdots\cdots(s+\alpha_{2n-1})}{(s+\alpha_2)(s+\alpha_4)\cdots\cdots(s+\alpha_{2n-2})} \tag{10-39}$$

단, $H > 0$ (양의 실수)

$0 \le \alpha_1 < \alpha_2 < \alpha_3 < \cdots\cdots < \alpha_{2n-2} < \alpha_{2n-1} < \infty$

10-5-2 R-L 병렬회로의 직렬접속

식 (10−39)을 부분분수로 고치면

$$Z(s) = s\left(\frac{H_0}{s} + \frac{H_2}{s+\alpha_2} + \frac{H_K}{s+\alpha_K} + \frac{H_{2n-2}}{s+\alpha_{2n-2}} + H_\infty\right) \tag{10-40}$$

$$H_K = (s+\alpha_K)\frac{Z(s)}{s} RIGHT\,|_{\,s^2=-\alpha_K} \tag{10-41}$$

$$(K=0,\ 2,\ 4,\ \cdots\cdots,\ 2n-2)$$

$$H_\infty = \frac{Z(s)}{s} RIGHT\,|_{\,S=\infty}$$

리액턴스 2단자회로에서와 같이 그림 10-32의 R-L 병렬회로의 임피던스 Z_K는

$$Z_K = \frac{sL_K R_K}{R_K + sL_K} = \frac{sR_K}{s+\dfrac{R_K}{L_K}} \tag{10-42}$$

이 된다. 이 식과 식 (10-40)의 일반항 $\dfrac{sH_K}{s+\alpha_K}$를 비교하여 보면 $H_K = R_K$, $\alpha_K = \dfrac{R_K}{L_K}$가 되어 그림 10-33와 같은 병렬회로의 직렬접속 형태로 나타난다.

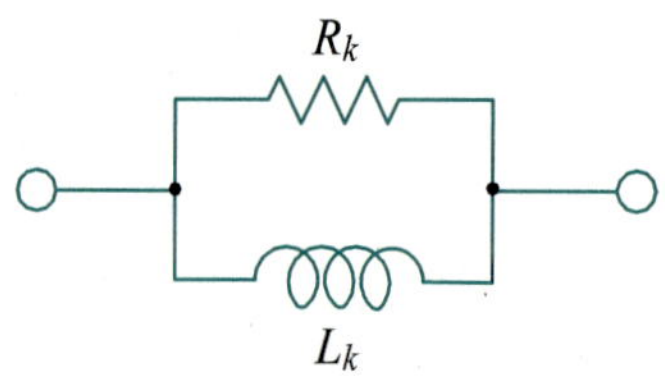

그림 10-32

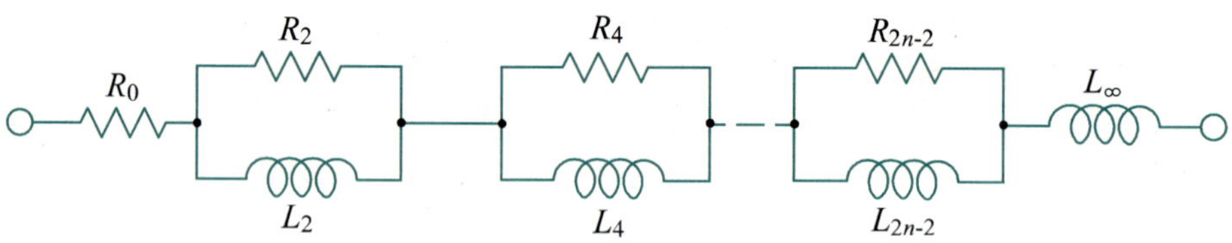

그림 10-33

10-5-3 R-L 직렬회로의 병렬접속

식 (10-39)의 역수를 부분분수로 나타낸 어드미턴스는

$$Y(s) = \frac{1}{Z(s)} = \frac{F_1}{s+\alpha_1} + \frac{F_3}{s+\alpha_3} + \cdots + \frac{F_K}{s+\alpha_K} + \cdots + \frac{F_{2n-1}}{s+\alpha_{2n-1}} \tag{10-43}$$

여기서

$$F_K = (s+\alpha_K)Y(s)\mid_{s=-\alpha_K} \quad (K=1, 3, 5, \cdots\cdots, 2n-1) \tag{10-44}$$

이 부분함수의 제K항을 그림 10-34과 같은 저항 R_K, 인덕턴스 L_K로 된 직렬회로의 어드미턴스로 나타내면

$$Y_K = \frac{1}{R_K + sL_K} = \frac{\dfrac{1}{L_K}}{s + \dfrac{R_K}{L_K}} \tag{10-45}$$

과 비교하여

$$F_K = \frac{1}{L_K}, \quad \alpha_K = \frac{R_K}{L_K} \tag{10-46}$$

라고 놓으면

$$L_K = \frac{1}{s+\alpha_K} \cdot \frac{1}{Y(s)}\bigg|_{s=-\alpha_K} = \frac{Z(s)}{s+\alpha_K}\bigg|_{s=-\alpha_K} \tag{10-47}$$

$$R_K = \alpha_K L_K \quad (K=1, 3, 5, \cdots\cdots 2n-1)$$

이 되므로 그림 10-35와 같은 직렬회로의 병렬접속으로 실현될 수 있다.

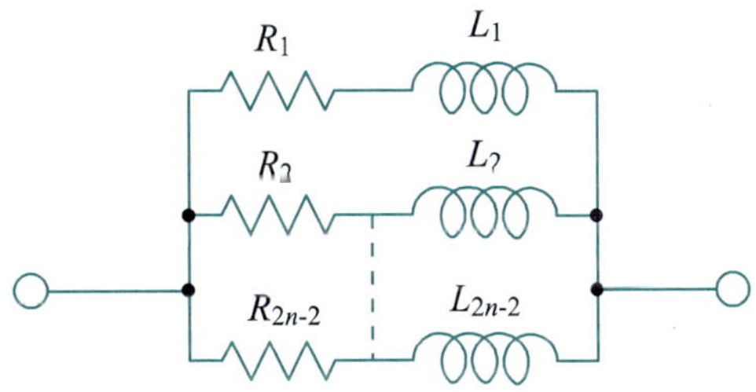

그림 10-34

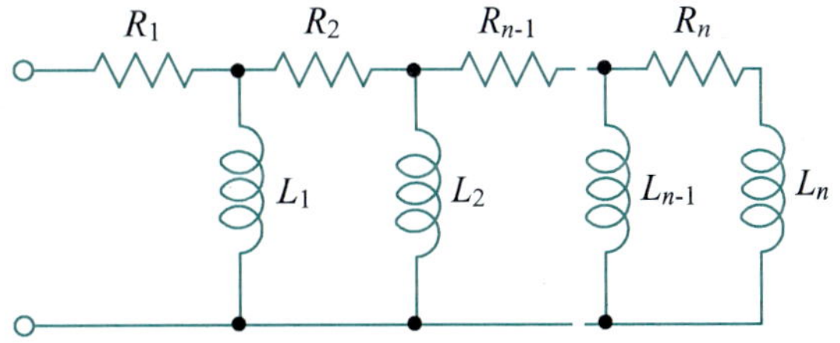

그림 10-35

10-5-4 *R-L* 사다리꼴 회로

식 (10-38)의 R-L 임피던스 함수 $Z(s)$를 연분수 형태로 만들어 사다리꼴 회로로 실현시킬 수 있다. s 의 낮은 차수에서부터 몫을 구하면

$$Z(s) = R_1 + \cfrac{1}{\cfrac{1}{sL_1} + \cfrac{1}{R_2 + \cfrac{1}{\ddots \cfrac{1}{sL_n}}}} \tag{10-48}$$

이 되고, 회로의 형태는 그림 10-35와 같다. 또 s 의 높은 차수에서부터 몫을 구하면

$$Z(s) = sL_1 + \cfrac{1}{\cfrac{1}{R_1} + \cfrac{1}{sL_2 + \cfrac{1}{\ddots + \cfrac{1}{R_n}}}} \tag{10-49}$$

이 되고, 그림 10-36와 같은 형태의 사다리꼴 회로를 실현시킬 수 있다.

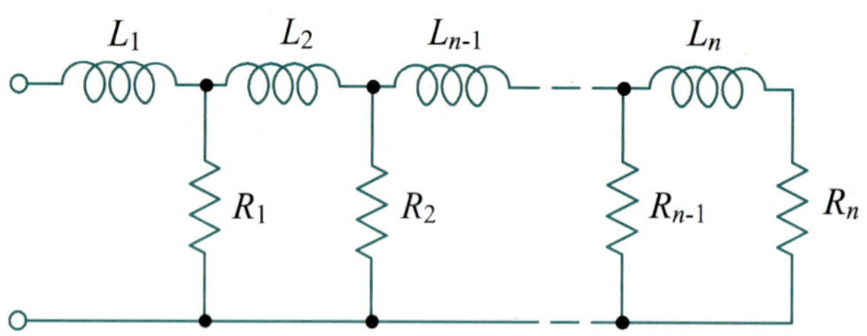

그림 10-36

10-6 R-C 2단자회로

10-6-1 R-C 구동점 임피던스

저항 R과 커패시턴스 C로 구성된 2단자회로의 구동점 임피던스도 앞 절의 경우와 동일하게 다룰 수 있다.

$$Z_{jK} = R_{jK} + \frac{1}{sC_{jK}} = \frac{L_{jK}}{s^2}(s^2 + \omega_{jK}^2) \tag{10-50}$$

마찬가지로 임피던스 함수 $Z(s)$는

$$Z(s) = \frac{\triangle}{\triangle_{11}} = \frac{a_0 + a_1 s + \cdots + a_n s^n}{s(b_1 + b_2 s + \cdots + b_n s^{n-1})} \tag{10-51}$$

영점을 $-\alpha_1, -\alpha_3, \cdots\cdots, -\alpha_{2n-1}$, 극점을 $0, -\alpha_2, -\alpha_4, \cdots\cdots, -\alpha_{2n-2}$라 하면

$$Z(s) = H\frac{(s+\alpha_1)(s+\alpha_3)\cdots(s+\alpha_{2n-1})}{s(s+\alpha_2)(s+\alpha_4)\cdots(s+\alpha_{2n-2})} \tag{10-52}$$

단, $H > 0$ (양의 실수)

$0 \le \alpha_1 < \alpha_2 < \alpha_3 \cdots\cdots < \alpha_{2n-2} < \alpha_{2n-1} < \infty$

10-6-2 R-C 2단자 회로망의 합성

식 (10-52)을 부분분수로 전개하여 그림 10-37과 같은 $R_K - C_K$ 병렬회로의 직렬접속회로를 실현할 수 있다.

$$C_K = \frac{1}{(s+\alpha_K)Z(s)} RIGHT \Big|_{s=-\alpha_K}$$

$$R_K = \frac{1}{\alpha_K C_K} \quad (K=0,\ 2,\ 4,\ \cdots\cdots,\ 2n-2)$$

$$R_\infty = H_\infty = Z(s)\Big|_{s=\infty} \tag{10-53}$$

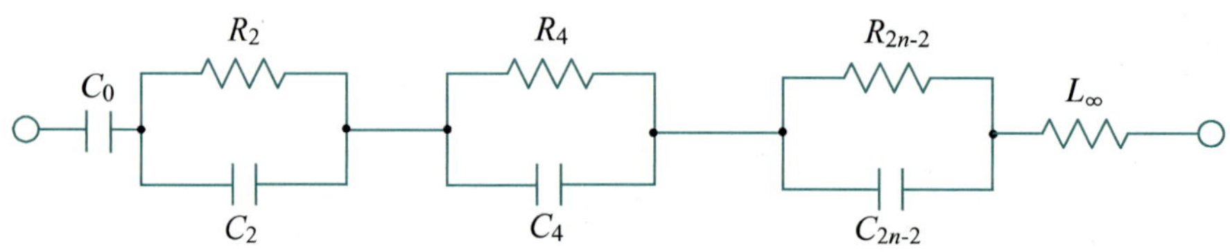

그림 10-37

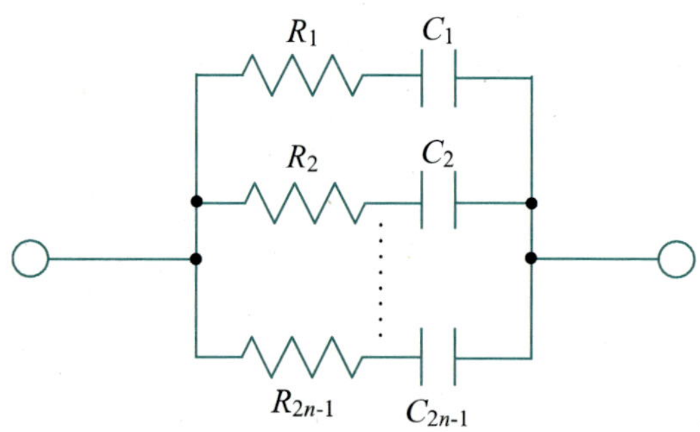

그림 10-38

같은 방법으로 $Y(s)$를 부분분수로 전개하여 그림 10-38과 같은 직렬회로의 병렬접속 형태회로로 실현할 수 있다.

$$R_K = \frac{1}{s+\alpha_K} \cdot \ sZ(s) \mid_{s=-\alpha_K}$$

$$C_K = \frac{1}{\alpha_K R_K} \quad (K=1, 3, \cdots\cdots, 2n-1) \tag{10-54}$$

식 (10-50)을 연분수 형태로 고치면 그림 10-39(a), (b)와 같은 2가지 형태의 사다리꼴 회로를 실현할 수 있다.

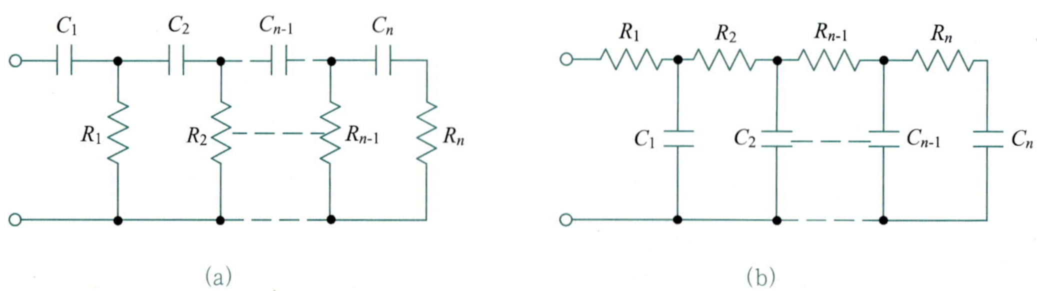

그림 10-39

예제 10-12

임피던스 함수 $Z(s)=(s+1)(s+3)/s(s+2)(s+4)$ 로 표현되는 R-C 2단자회로를 실현하여라.

풀이

이 함수 $Z(s)$는 4가지 형태로 실현할 수 있다. 즉 직렬회로의 병렬접속 및 병렬회로의 직렬접속, 또 사다리꼴의 차수별 계산순위에 따른 2가지 형태, 합계 4가지 형태이다.

(1) 병렬회로의 직렬접속

$$Z(s)=\frac{H_0}{s}+\frac{H_2}{s+2}+\frac{H_4}{s+4}+H_\infty$$

$$C_0=\frac{1}{sZ(s)}\Big|_{s=0}=\frac{8}{3}\ [\mathrm{F}]$$

$$C_2=\frac{1}{(s+2)Z(s)}\Big|_{s=-2}=4\ [\mathrm{F}],\quad R_2=\frac{1}{\alpha_2 C_2}=\frac{1}{8}\ [\Omega]$$

$$C_4=\frac{1}{(s+4)Z(s)}\Big|_{s=-4}=\frac{8}{3}\ [\mathrm{F}]$$

$$R_\infty=Z(s)\Big|_{s=\infty}=0$$

이상의 결과로 그림 10-40와 같은 회로를 얻을 수 있다.

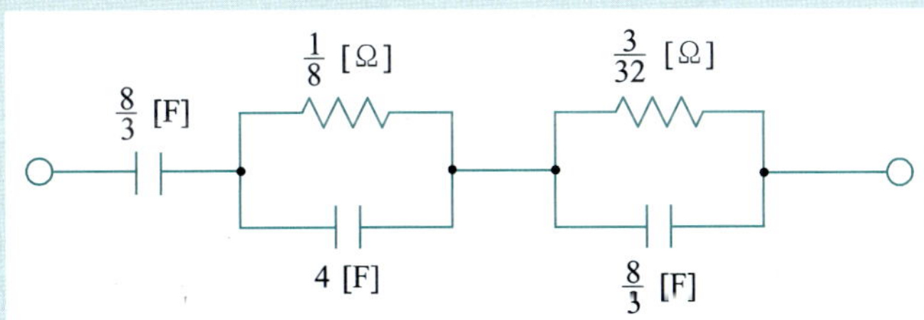

그림 10-40

(2) 직렬회로의 병렬접속

$$Y(s)=\frac{1}{Z(s)}=\frac{F}{s+1}+\frac{F_3}{s+3}+s$$

$$R_1=\frac{1}{s+1}\cdot sZ(s)\Big|_{s=-1}=\frac{2}{3}\ [\Omega]$$

$$C_1=\frac{1}{\alpha_1 R_1}=\frac{1}{1\times\frac{2}{3}}=\frac{3}{2}\ [\mathrm{F}]$$

$$R_3=\frac{1}{s+3}\cdot sZ(s)\Big|_{s=-3}=2\ [\Omega]$$

$$C_3=\frac{1}{\alpha_3 R_3}=\frac{1}{6}\ [\mathrm{F}],\quad C_0=1\ [\mathrm{F}]$$

$$R_4=\frac{1}{\alpha_4 C_4}=\frac{3}{32}\ [\Omega]$$

이상의 결과로 그림 10-41과 같은 회로로 실현할 수 있다.

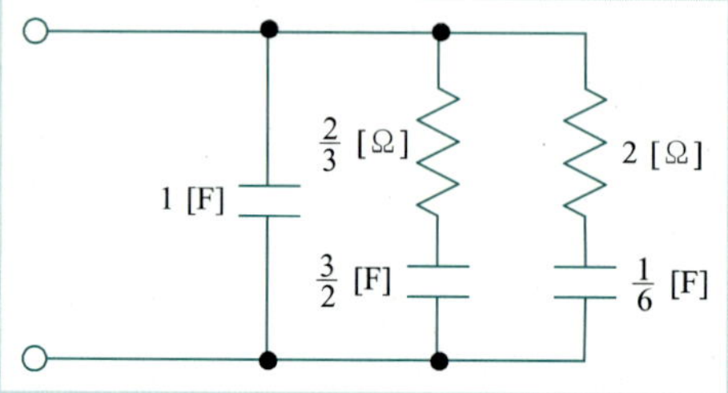

그림 10-41

(3) 사다리꼴 회로

$$Z(s)=\frac{(s+1)(s+3)}{s(s+2)(s+4)}=\frac{s^2+4s+3}{s^3+6s^2+8s}$$

에서 임피던스 함수 $Z(s)$는 또는 역수인 $Y(s)$를 연분수를 전개하면 두 가지 형태의 사다리꼴 회로로 실현할 수 있다.

10-7 역 회 로

2개의 2단자회로에서 각 회로의 단자 사이 임피던스를 $\dot{Z}_1$, $\dot{Z}_2$ 라 하면 그의 곱 $\dot{Z}_1\dot{Z}_2$ 가 주파수에 관계없이 일정한 경우, 즉

$$\dot{Z}_1 \cdot \dot{Z}_2 = K^2 \tag{10-55}$$

이 되는 경우 $\dot{Z}_1$, $\dot{Z}_2$ 는 K에 관하여 역회로 관계가 성립된다.

예를 들면, $\dot{Z}_1 = j\omega L$, $\dot{Z}_2 = 1/j\omega C$일 때 $\dot{Z}_1\dot{Z}_2 = L/C = K^2$이 되어 인덕턴스 L과 용량 C는 서로 역회로가 된다. 식 (10−55)에서

$$\dot{Y}_2 = \frac{\dot{Z}_1}{K^2} \tag{10-56}$$

여기서 $\dot{Z}_1$이 리액턴스 구동점 임피던스라면 $\dot{Z}_1$의 공진주파수는 $\dot{Z}_2$의 반공진 주파수가 되고, $\dot{Z}_1$의 반공진 주파수는 $\dot{Z}_2$의 공진주파수가 된다.

지금 $\dot{Z}_1$이 $\dot{Z}_{11}$, $\dot{Z}_{12}$, ……, $\dot{Z}_{1n}$의 직렬회로이면

$$\dot{Z}_1 = \dot{Z}_{11} + \dot{Z}_{12} \cdots\cdots + \dot{Z}_{1n} \tag{10-57}$$

그의 역회로는

$$\dot{Y}_2 = \frac{\dot{Z}_1}{K^2} = \frac{\dot{Z}_{11}}{K^2} = \frac{\dot{Z}_{12}}{K^2} + \cdots + \frac{\dot{Z}_{1n}}{K^2} = \dot{Y}_{21} + \dot{Y}_{22} + \cdots + \dot{Y}_{2n} \tag{10-58}$$

이 되어 $\dot{Z}_{11}$, $\dot{Z}_{12}$, ……, $\dot{Z}_{1n}$의 역회로를 병렬로 접속시킨 결과가 있다. 여기서 직렬, 병렬로 접속된 2단자회로의 역회로는 직렬접속은 병렬, 병렬접속은 직렬로 접속시키면 되고 인덕턴스와 정전용량을 바꾸어서 넣으면 된다. 이와 같이 쌍대회로에 의하여 역회로를 얻을 수 있다.

예를 들면 그림 10-42와 같은 역회로 관계를 얻고

$$\frac{L_0}{C_0} = \frac{L_1}{C_1} = \frac{L_2}{C_2} = \frac{L_3}{C_3} = \frac{L_4}{C_4} = K^2 \tag{10-59}$$

이 되므로 모두 K에 관한 역회로가 된다.

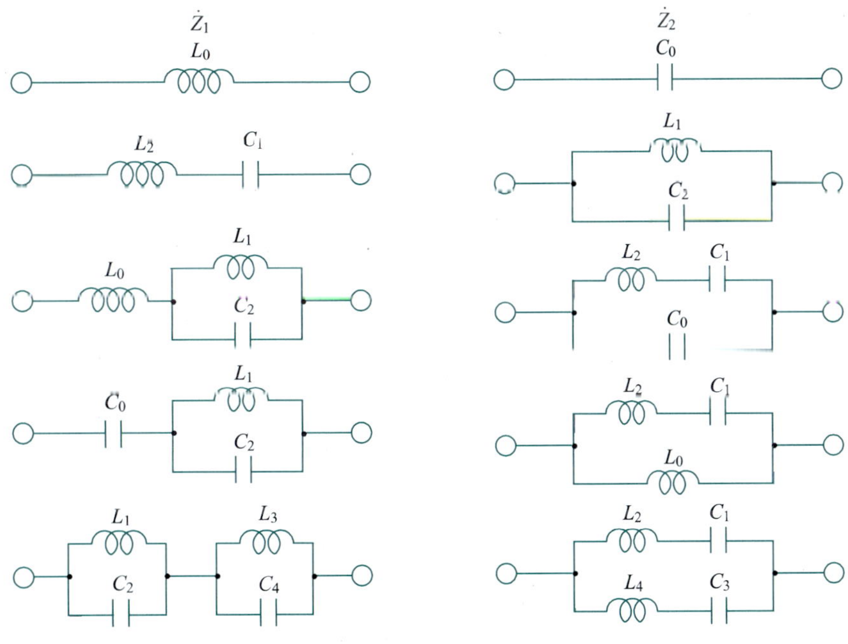

그림 10-42

예제 10-13

그림 10-43(a)의 역회로를 구하여라.

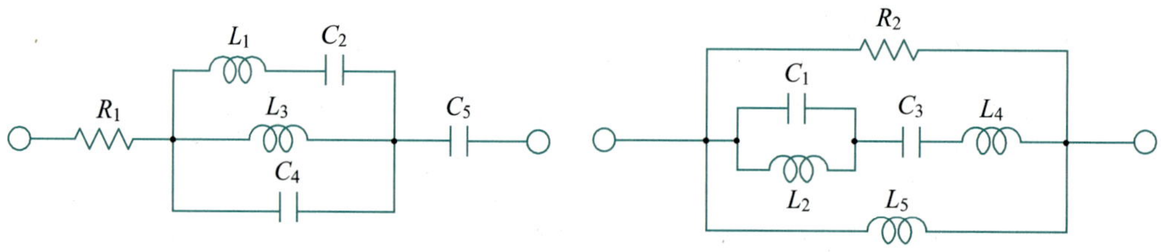

(a) (b)

그림 10-43 예제 10-13의 회로

풀이 그림 10-43(a)의 각 소자값은 다음과 같이 표시되며 역회로는 그림 (b)가 된다.

$$\frac{L_1}{C_1}=\frac{L_2}{C_2}=\frac{L_3}{C_3}=\frac{L_4}{C_4}=\frac{L_5}{C_5}=R_1\times R_2=K^2$$

예제 10-14

그림 10-44와 같은 회로의 역회로를 그려라. 단, $K=100$이다.

그림 10-44 예제 10-14의 회로

풀이 L-C 직렬회로의 역회로는 $L'C'$ 병렬회로이다.

$$K^2=\frac{L}{C'}=\frac{L'}{C}=(100)^2$$

$$L'=CK^2=10\times10^{-6}\times10^4=100\ [\mathrm{mH}]$$

$$C'=\frac{L}{K^2}=\frac{10^{-3}}{10^4}=0.1\ [\mu F]$$

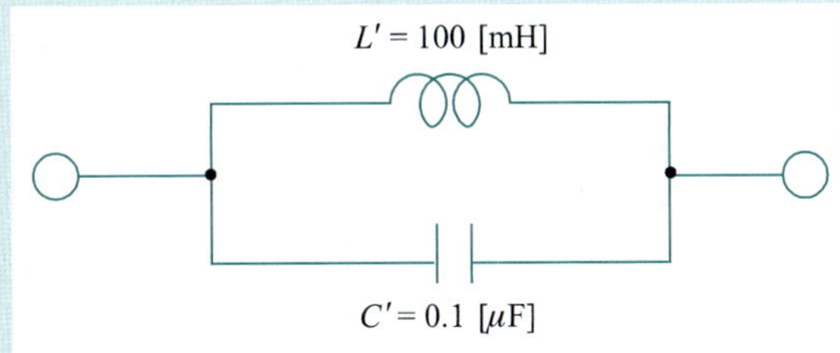

그림 10-45 예제 10-14의 풀이

10-8 정저항회로

2단자망 임피던스의 임의의 허수부가 어떤 주파수에 있어서도 언제나 0이 되고 실수부도 주파수에 관계없이 일정한 실효저항을 가지는 회로를 **정저항회로**라 한다.

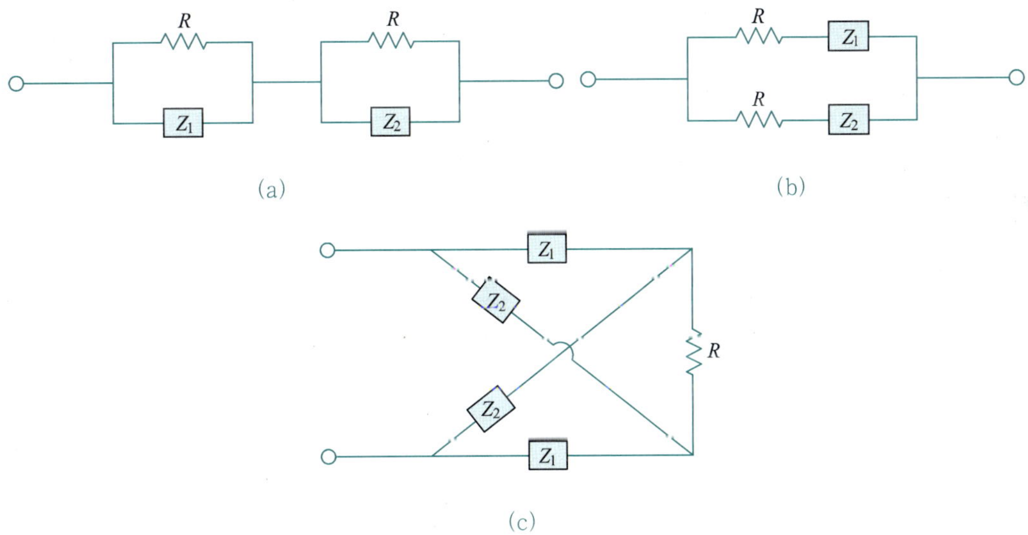

그림 10-46

일반적으로 구동점 임피던스 $Z(s)$는

$$Z(s) = \frac{a_0 + a_1 s + a_2 s^2 + \cdots\cdots + a_{2n} s^{2n}}{b_1 s + b_2 s^2 + \cdots\cdots + b_{2n-1} s^{2n-1}} \qquad (10\text{-}60)$$

이다. 이제 $Z(s)$를 일정한 저항값 R이 되게 하려면

$$R(b_1 s + b_2 s^2 + \cdots\cdots + b_{2n-1} s^{2n-1}) \\ = a_0 + a_1 s + a_2 s^2 + \cdots\cdots + a_{2n-1} s^{2n-1} + a_{2n} s^{2n} \qquad (10\text{-}61)$$

이 된다. s의 값을 어떤 것으로 대입하여도 이 식이 성립되려면 좌우 양변의 s가 동차항을 가져야 하므로

$$a_0 = 0, \quad Rb_1 = a_1, \quad Rb_2 = a_2, \quad \cdots\cdots, \quad Rb_{2n-1} = a_{2n-1}, a_{2n} = 0$$

가 된다. 따라서

$$R = \frac{a_1}{b_1} = \frac{a_2}{b_2} = \cdots\cdots = \frac{a_{2n-1}}{b_{2n-1}} \qquad (10\text{-}62)$$
$$(\alpha_0 = 0, \alpha_{2n} = 0)$$

이것이 정저항회로의 필요조건이 된다.

그림 10−46의 (a), (b), (c) 회로는 정저항회로의 예이다. 그림 10−46에서 $\dot{Z}_1 \dot{Z}_2 = R^2$이면 $\dot{Z} = R$이 되어 $\dot{Z}$가 주파수에 관계없는 정저항으로 된다. 즉, $\dot{Z}_1$, $\dot{Z}_2$가 R에 관해서 역회로 관계가 성립해야 하는 것이다.

예제 10−15

다음 그림의 회로가 주파수에 관계없이 일정한 임피던스를 갖도록 C의 값 [μF]을 결정하면?

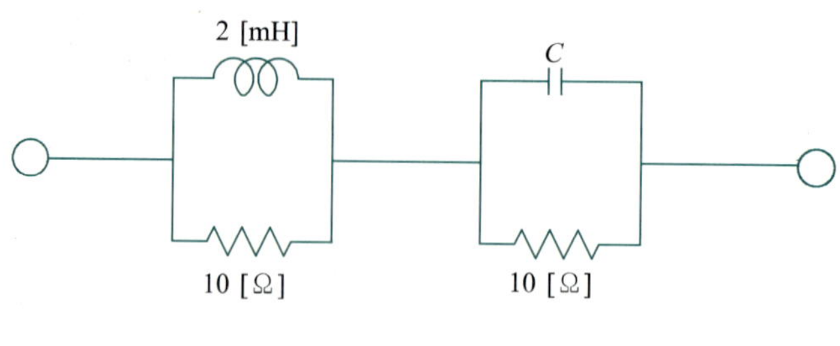

그림 10−47 예제 10−15의 회로

풀이 $R = \sqrt{\dfrac{L}{C}}$ 에서 $C = \dfrac{L}{R^2} = \dfrac{2 \times 10^{-3}}{10^2} = 20$ [μF]

연습문제

10-1 2단자 임피던스 함수 $Z(s)=\dfrac{s+2}{(s+3)(s+6)}$ 일 때 영점의 값은 얼마인가?

10-2 2단자 임피던스 함수 $Z(s)=\dfrac{s+4}{(s+5)(s+6)}$ 일 때, 극의 값은 얼마인가?

10-3 커패시턴스 C만의 회로에서 영점에서의 s의 값은 얼마인가?

10-4 그림과 같은 회로가 정저항회로가 되기 위한 R의 값은 얼마인가?

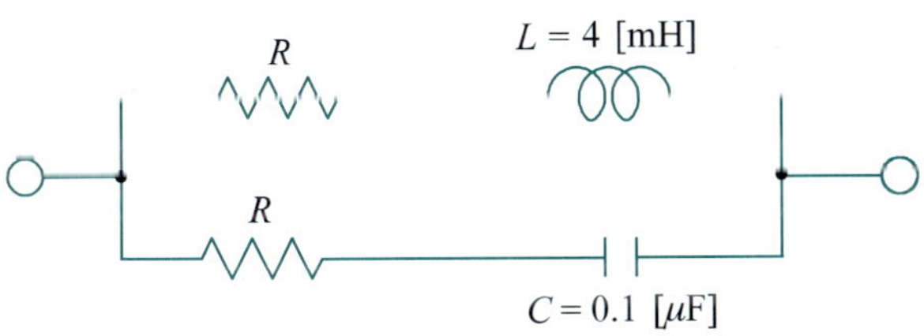

그림 10-48

10-5 임피던스 함수 $Z(s)=\dfrac{4s+2}{s}$ 로 표시되는 2단자 회로망을 그려라.

10-6 리액턴스 함수 $Z(\lambda)=\dfrac{6\lambda^2+1}{\lambda(\lambda^2+1)}$ 로 표시되는 리액턴스 2단자 회로망을 그려라.

10-7 어드미턴스 함수 $Y(\lambda)=\dfrac{5\lambda^2+3}{6\lambda(\lambda^2+1)}$ 으로 표시되는 리액턴스 2단자 회로망을 그려라.

10-8 어떤 회로의 입력전압이 $e(t)=\epsilon^{-2t}$ 일 때 회로에 흐르는 전류가 $i(t)=\epsilon^{-t}$ 였다. 회로망을 그려라.

10-9 그림과 같은 R-C 2단자회로의 임피던스 함수 $Z(s)$는 얼마인가?

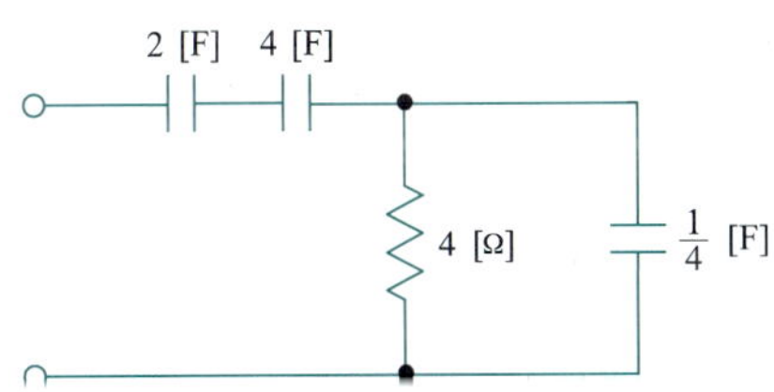

그림 10-49

10-10 그림과 같은 회로의 2단자 임피던스 $Z(s)$ 는 얼마인가?

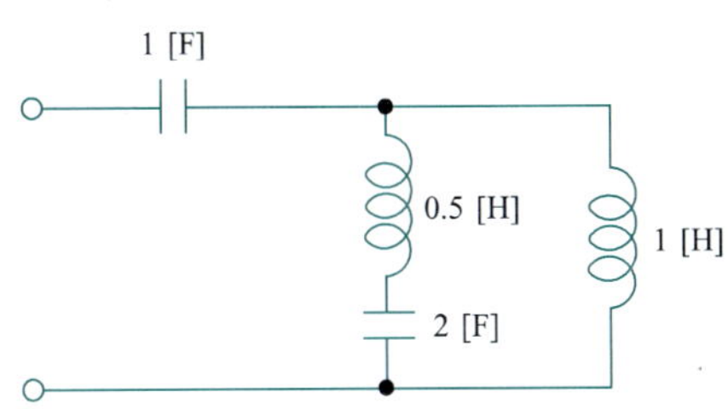

그림 10-50

10-11 그림과 같은 회로의 임피던스 $Z(s)$를 구하여라.

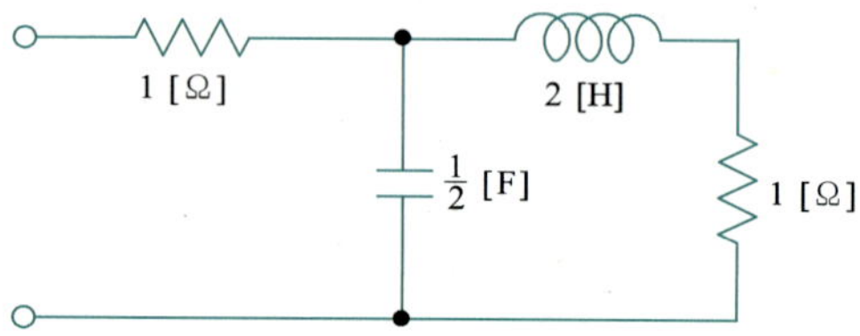

그림 10-51

10-12 그림과 같은 회로의 2단자 임피던스 $Z(s)$ 를 구하여라. 단, $s=j\omega$ 이다.

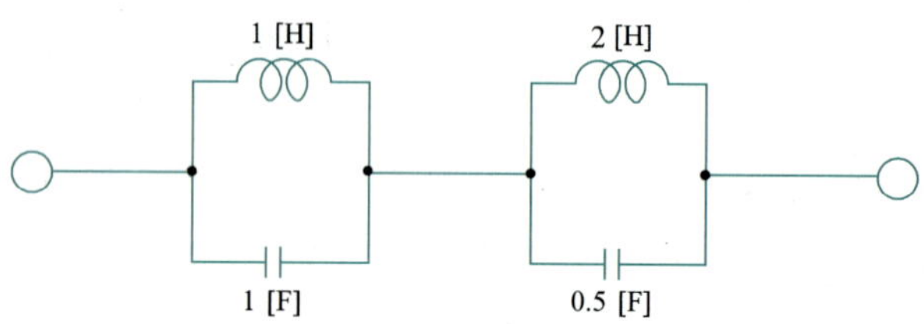

그림 10-52

10-13 임피던스 $Z(s)=\dfrac{s+20}{s^2+2RLs+1}$ 로 주어지는 2단자회로에 직류전원 20 [A]를 가할 때, 이 회로의 단자전압은 몇 [V]인가?

10-14 그림 (a)의 역회로가 그림 (b)이다. 지금 $K=100$, $L=10$ [mH], $C=1$ [μF]라 하면 L' 및 C' 의 값은 얼마인가?

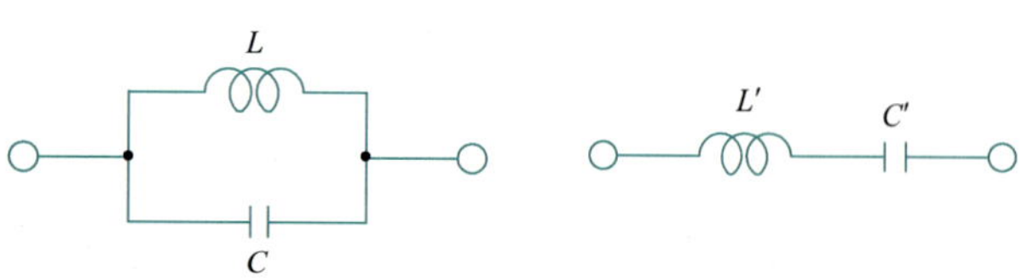

(a) (b)

그림 10-53

10-15 그림과 같은 회로가 정저항회로가 되기 위해서는 ωL 의 값은 대략 얼마인가?

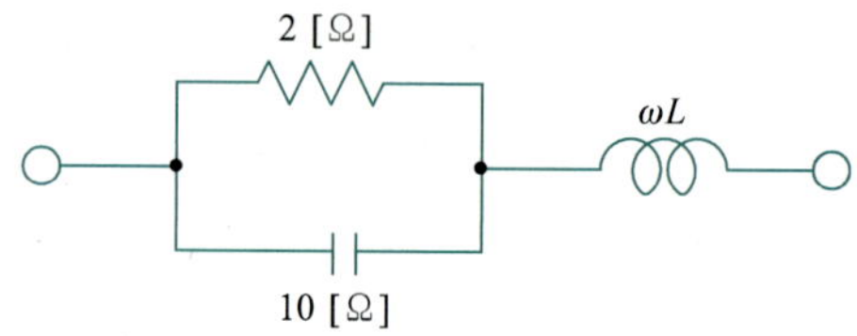

그림 10-54

10-16 리액턴스 함수 $Z(\lambda)=\dfrac{4\lambda}{\lambda^2+9}$ 로 표시되는 리액턴스 2단자망을 구하여라.

10-17 그림과 같은 2단자회로의 임피던스 함수 $Z(\lambda)$는 얼마인가? 단, $\lambda=j\omega$ 이다.

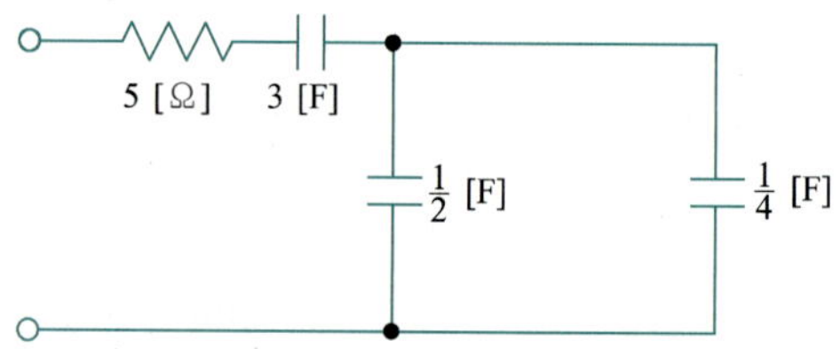

그림 10-55

10-18 그림 (a)와 그림 (b)가 역회로 관계에 있으려면 L 의 값 [mH]은? 단, $K^2=2{,}000$ 이다.

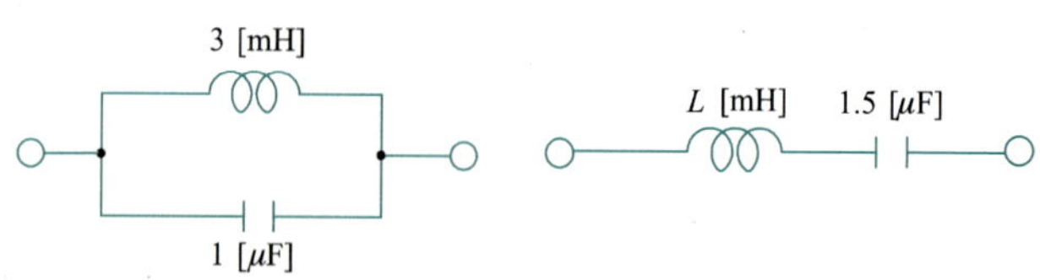

(a) (b)

그림 10-56

복습문제

문제 *1.* 그림과 같이 $V = v(t) = 8e^{-4t}$ [V]를 가할 때 회로에 흐르는 전류 $i(t)$는?

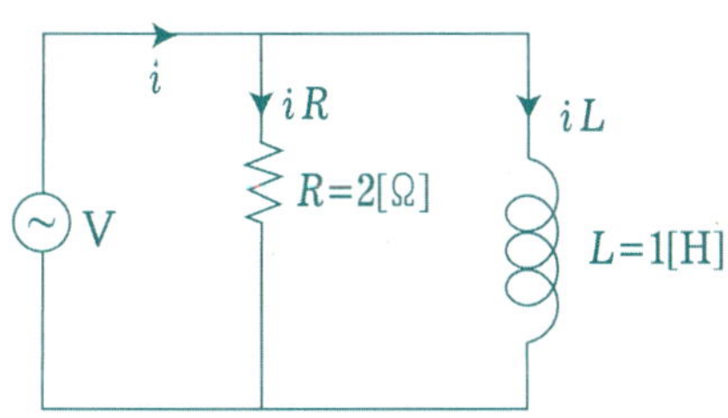

문제 *2.* 2단자 임피던스의 허수부가 어떤 주파수에 관해서도 언제나 0이 되고 실수부도 주파수에 무관하게 항상 일정하게 되는 회로는?

㉮ 정 인덕턴스 회로

㉯ 정 임피던스 회로

㉯ 정 리액턴스 회로

㉱ 정 저항회로

문제 *3.* 그림과 같은 2단자 회로에서 반공진각주파수 ω_r을 구하시오.

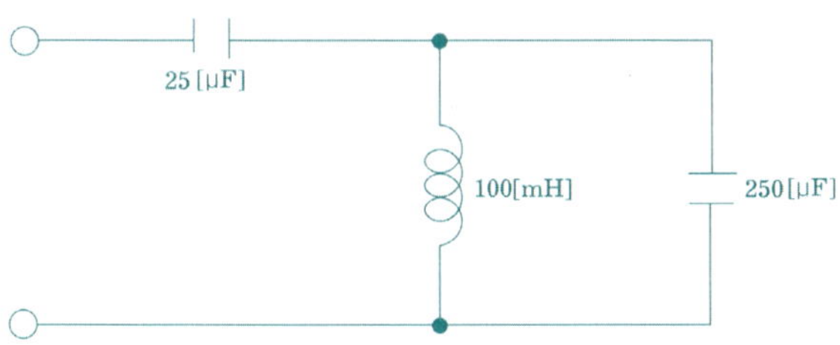

㉮ 100 [rad/sec] ㉯ 200 [rad/sec]

㉰ 400 [rad/sec] ㉱ 600 [rad/sec]

문제 *4.* 그림과 같은 2단자망에서 구동점 임피던스를 구하면?

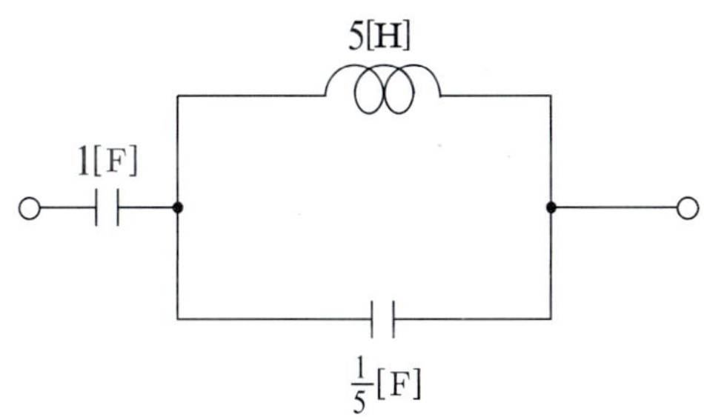

㉮ $\dfrac{6s^2+1}{s(s^2+1)}$ ㉯ $\dfrac{6s+1}{6s^2+1}$

㉰ $\dfrac{6s^2+1}{(s+1)(s+2)}$ ㉱ $\dfrac{s+2}{6s(s+1)}$

문제 *5.* 리액턴스 2단자 회로망의 임피던스 함수 $Z(j\omega)$를 $Z(j\omega) = jX(\omega)$라 놓을 때 $\dfrac{dX(\omega)}{d\omega}$는 어떻게 되는가?

㉮ $\dfrac{dX(\omega)}{d\omega} = 0$ ㉯ $\dfrac{dX(\omega)}{d\omega} = \infty$

㉰ $\dfrac{dX(\omega)}{d\omega} < 0$ ㉱ $\dfrac{dX(\omega)}{d\omega} > 0$

문제 6. 그림과 같은 유한 영역에서 극, 영점 분포를 가진 2단자 회로망의 구동점 임피던스는? (단, 환산 계수는 H라 한다.)

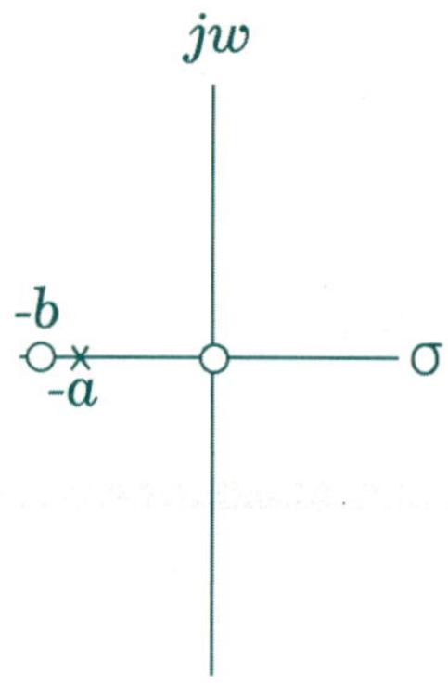

㉮ $\frac{Hs(s+b)}{(s+a)}$ ㉯ $\frac{H(s+a)}{s(s+b)}$

㉰ $\frac{s(s+b)}{H(s+a)}$ ㉱ $\frac{s+a}{Hs(s+b)}$

문제 7. 회로가 주파수에 무관한 정저항 회로가 되기 위한 R의 값은?

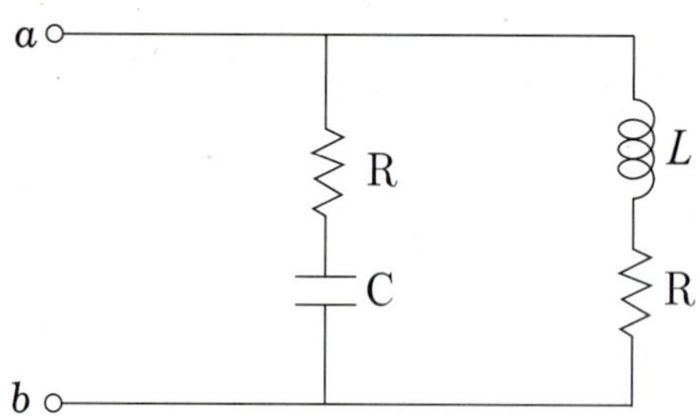

문제 8. 그림과 같은 회로망에서 출력단 a, b에서 바라본 등가 임피던스를 구하시오. (단, $V_1=6$ [V], $V_2=3$ [V], $I_1=10$ [A], $R_1=15$[Ω], $R_2=10$[Ω], $L=2$ [H]이다. 단, $jw=s$)

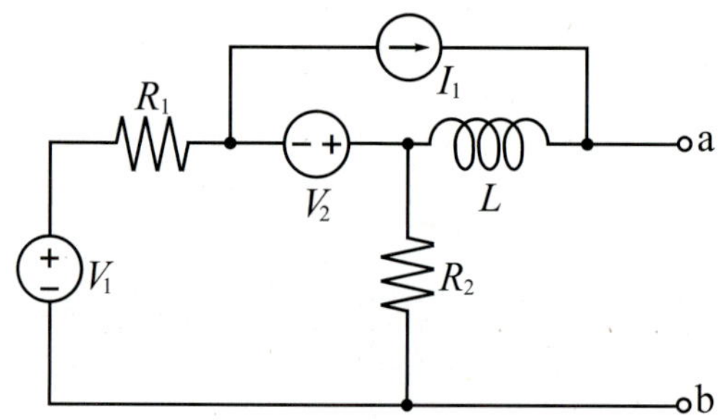

문제 9. 구동점 임피던스에서 영점(Zero)은?

㉮ 전류가 흐르지 않는 경우이다.

㉯ 회로를 개방한 것과 같다.

㉰ 회로를 단락한 것과 같다.

㉱ 전압이 가장 큰 상태이다.

문제 10. 구동점 임피던스에 있어서 극점은?

㉮ 단락회로 상태를 의미한다.

㉯ 개방회로 상태를 의미한다.

㉰ 아무 상태도 아니다.

㉱ 전류가 많이 흐르는 상태를 의미한다.

제 11 장 4단자망

제 11 장

4단자망

회로망 함수의 개념을 응용하는 가장 중요한 경우 중의 하나는 입력과 출력 신호가 각기 다른 단자쌍에서 측정되는 회로망에 대한 것이다. 이러한 경우로서 가장 단순하면서 흔히 만나는 것은 2단자쌍(two port) 또는 4단자망(four terminal network)이다.

포트는 단자쌍을 의미하며 이곳에서 신호가 입력되거나 출력된다. 일반적인 2단자쌍 회로망이 그림 11-1(b)에 나타나 있으며 이와 비교하여 1단자쌍(one port) 회로망을 그림 11-1(a)에 나타내었다. 일반적으로 그림 11-1(b)에서 보는 것처럼 2단자쌍 회로망에는 4개의 단자가 있다.

물론 단자 중 2개는 동일한 단자일 수 있으며, 이러한 경우에 3단자 회로망이 된다. 이러한 경우의 일반적인 예를 그림 11-2에 나타내었다.

(a) 1단자쌍　　(b) 2단자쌍 회로망

그림 11-1

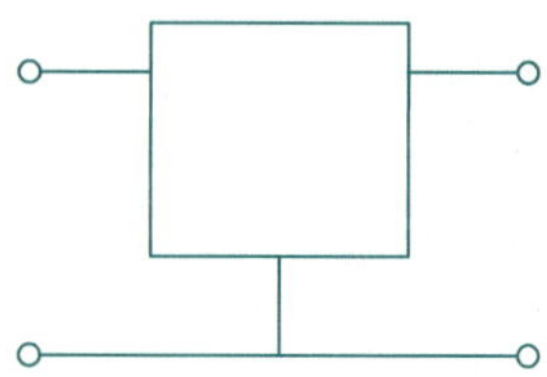

그림 11-2 3단자 회로망

11-1 임피던스 파라미터(Z-parameter)

■ 정의와 기초방정식

4단자회로의 입력전압 V_1, 입력전류 I_1, 출력전압 V_2, 출력전류 I_2를 그림 11-3과 같이 표시하면, 이 4변수의 관계식을 쓸 수 있다.

$\dot{Z}_{11}$, $\dot{Z}_{22}$를 **구동점 임피던스**(driving point impedance), $\dot{Z}_{12}$, $\dot{Z}_{21}$을 **전달 임피던스**(transfer impedance)라고 하면 회로망 내부에는 전원이 없으므로

$$V_1 = Z_{11}I_1 + Z_{12}I_2 \tag{11-1}$$

$$V_2 = Z_{21}I_1 + Z_{22}I_2 \tag{11-2}$$

이다. 이것을 행렬을 써서 다시 쓰면

$$\begin{bmatrix} V_1 \\ V_2 \end{bmatrix} = \begin{bmatrix} Z_{11} & Z_{12} \\ Z_{21} & Z_{22} \end{bmatrix} \begin{bmatrix} I_1 \\ I_2 \end{bmatrix} \tag{11-3}$$

이 된다.

식 (11-3)에서 Z_{11}, Z_{12}, Z_{21}, Z_{22}를 4단자회로의 **임피던스 파라미터**(impedance parameter)라 한다. 즉, 식 (11-3)은 임피던스 파라미터를 사용한 4단자회로의 기초 방정식이 된다. 식 (11-1) 및 (11-2)에서 Z_{11}, Z_{22}, Z_{21}, Z_{12}의 정의 및 그 물리적 의미는 다음과 같다.

$$Z_{11} = \frac{V_1}{I_1}\Big|_{I_2=0} \text{ : 단자 1-1}' \text{ 에서의 개방 구동점 임피던스} \tag{11-4}$$

$$Z_{21} = \frac{V_2}{I_1}\Big|_{I_2=0} \text{ : 개방 순방향 전달 임피던스} \tag{11-5}$$

$$Z_{12} = \frac{V_1}{I_2}\Big|_{I_1=0} \text{ : 개방 역방향 전달 임피던스} \tag{11-6}$$

$$Z_{22} = \frac{V_2}{I_2}\Big|_{I_1=0} \text{ : 단자 2-2}' \text{ 에서의 개방 구동점 임피던스} \tag{11-7}$$

를 얻을 수 있는데, 식 (11-4)와 식 (11-5)는 2차 단자의 개방상태이고, 식 (11-6)과 식 (11-7)은 1차 단자의 개방상태이다.

상반회로망이면 $Z_{12}=Z_{21}$ 이 되며, 특히 $Z_{11}=Z_{22}$ 인 경우를 대칭이라 한다.

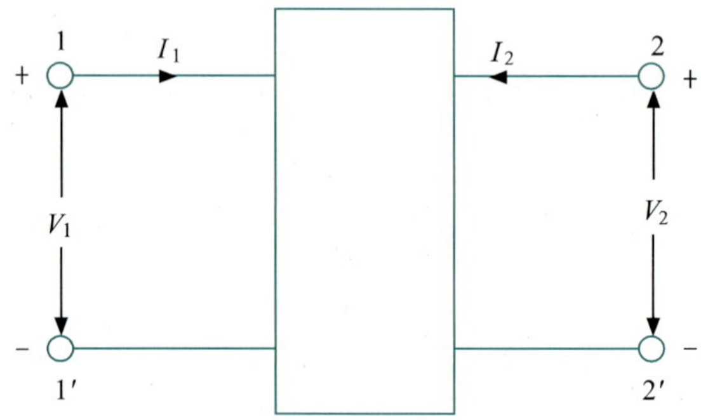

그림 11-3 일반적인 2단자쌍 회로망

■ 4단자회로의 직렬접속

그림 11−4와 같이 4단자회로 N_1, N_2를 접속하여 새로운 4단자회로 N을 만드는 방식을 직렬접속이라 한다.

4단자회로 N_1에 대해서는

$$\begin{bmatrix} V_1' \\ V_2' \end{bmatrix} = \begin{bmatrix} Z_{11}' & Z_{12}' \\ Z_{21}' & Z_{22}' \end{bmatrix} \begin{bmatrix} I_1' \\ I_2' \end{bmatrix} \tag{11-8}$$

4단자회로 N_2에 대해서는

$$\begin{bmatrix} V_1'' \\ V_2'' \end{bmatrix} = \begin{bmatrix} Z_{11}'' & Z_{12}'' \\ Z_{21}'' & Z_{22}'' \end{bmatrix} \begin{bmatrix} I_1'' \\ I_2'' \end{bmatrix} \tag{11-9}$$

또, 직렬접속일 때에는

$$V_1 = V_1' + V_1'', \quad V_2 = V_2' + V_2''$$
$$I_1 = I_1' = I_1'', \quad I_2 = I_2' = I_2''$$

그러므로,

$$\begin{bmatrix} V_1 \\ V_2 \end{bmatrix} = \begin{bmatrix} Z_{11}' & Z_{12}' \\ Z_{21}' & Z_{22}' \end{bmatrix} + \begin{bmatrix} Z_{11}'' & Z_{12}'' \\ Z_{21}'' & Z_{22}'' \end{bmatrix} \begin{bmatrix} I_1 \\ I_2 \end{bmatrix} \tag{11-10}$$

새로 만들어지는 4단자회로 N에 대해서는

$$\begin{bmatrix} V_1 \\ V_2 \end{bmatrix} = \begin{bmatrix} Z_{11} & Z_{12} \\ Z_{21} & Z_{22} \end{bmatrix} \begin{bmatrix} I_1 \\ I_2 \end{bmatrix} \tag{11-11}$$

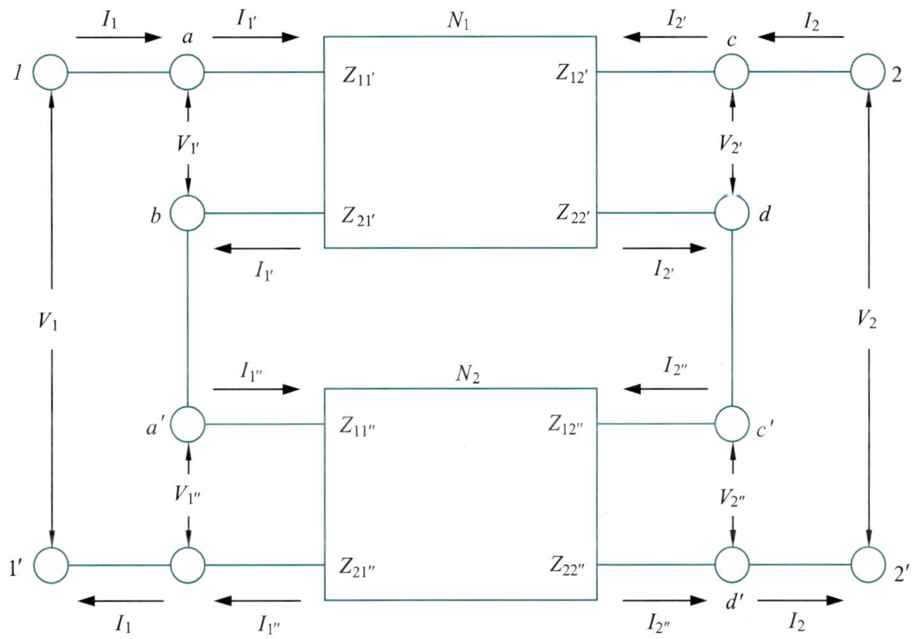

그림 11-4

여기서

$$Z_{11} = Z_{11}' + Z_{11}'', \quad Z_{12} = Z_{12}' + Z_{12}'', \quad Z_{21} = Z_{21}' + Z_{21}''$$

예제 11-1

그림과 같은 T 형 회로에 대한 임피던스 파라미터를 구하여라.

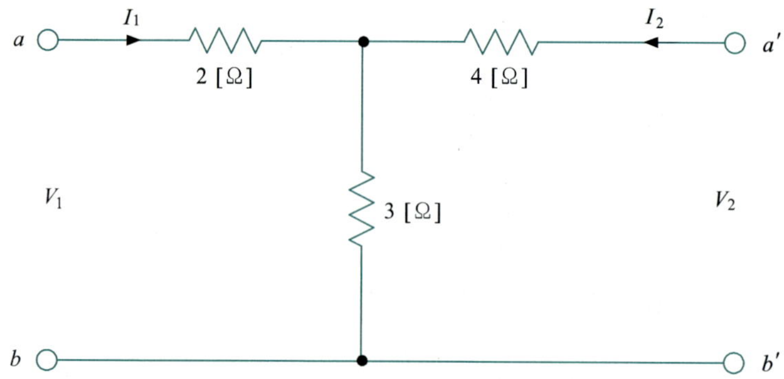

그림 11-5 예제 11-1의 회로

풀이

출력단자를 개방하면 2 [Ω]과 3 [Ω]이 직렬이 되므로

$$\dot{Z}_{11} = \left.\frac{\dot{V}_1}{\dot{I}_1}\right|_{\dot{I}_2=0} = 2+3=5\ [\Omega]$$

이 되며, 이때 $\dot{V}_2 = 3\dot{I}_1$이므로

$$\dot{Z}_{21} = \left.\frac{\dot{V}_2}{\dot{I}_1}\right|_{\dot{I}_2=0} = 3\ [\Omega]$$

마찬가지 방법으로 입력단자를 개방하면

$$\dot{Z}_{22} = \left.\frac{\dot{V}_2}{\dot{I}_2}\right|_{\dot{I}_1=0} = 7\ [\Omega]$$

이며, $\dot{V}_1 = 3\dot{I}_2$ 로부터

$$\dot{Z}_{12} = \left.\frac{\dot{V}_1}{\dot{I}_2}\right|_{\dot{I}_1=0} = 3\ [\Omega]$$

이 된다. 또한, 직관적인 방법으로 전압방정식을 구하면

$$\begin{cases} \dot{V}_1 = 2\dot{I}_1 + 3(\dot{I}_1 + \dot{I}_2) = 5\dot{I}_1 + 3\dot{I}_2 \\ \dot{V}_2 = 4\dot{I}_2 + 3(\dot{I}_1 + \dot{I}_2) = 3\dot{I}_1 + 7\dot{I}_2 \end{cases}$$

가 되므로 이로부터

$$\dot{Z}_{11} = 5\ [\Omega],\ \dot{Z}_{12} = 3\ [\Omega],\ Z_{21} = 3\ [\Omega],\ Z_{22} = 7\ [\Omega]$$

이 구해질 수 있다.

예제 11-2

그림에 표시된 것처럼 π 형 회로와 T형 회로가 직렬접속된 4단자망의 임피던스 파라미터를 구하여라.

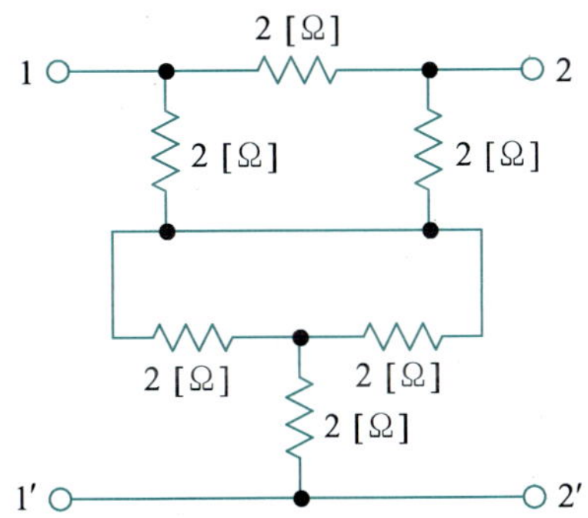

그림 11-6 예제 11-2의 회로

풀이

2 [Ω]이 π형 및 T형으로 된 회로의 임피던스 파라미터를 구하여 합하면 된다.

(1) π형

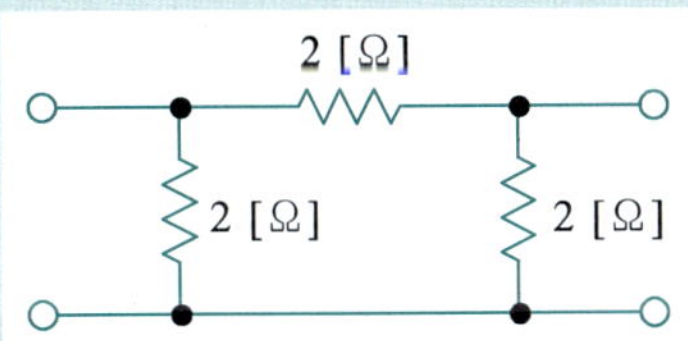

그림 11-7 예제 11-2의 풀이(1)

$$\begin{bmatrix} Z_{11}' & Z_{12}' \\ Z_{21}' & Z_{22}' \end{bmatrix} = \begin{bmatrix} \frac{1}{2}+\frac{1}{2} & \frac{1}{2} \\ \frac{1}{2} & \frac{1}{2}+\frac{1}{2} \end{bmatrix} = \begin{bmatrix} 1 & \frac{1}{2} \\ \frac{1}{2} & 1 \end{bmatrix}$$

(2) T형

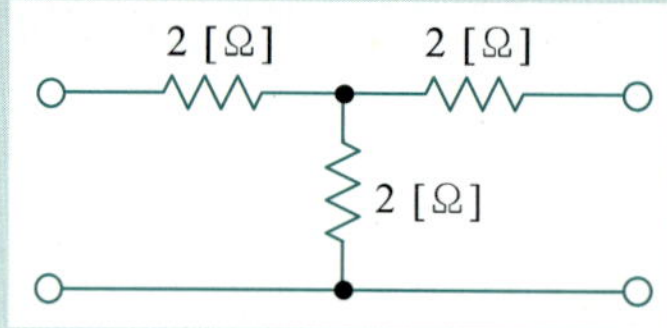

그림 11-8 예제 11-2의 풀이(2)

$$\begin{bmatrix} Z_{11}'' & Z_{12}'' \\ Z_{21}'' & Z_{22}'' \end{bmatrix} = \begin{bmatrix} 2+2 & -2 \\ -2 & 2+2 \end{bmatrix} = \begin{bmatrix} 4 & -2 \\ -2 & 4 \end{bmatrix}$$

따라서 직렬접속된 경우의 임피던스 파라미터는 다음과 같다.

$$\begin{bmatrix} Z_{11} & Z_{12} \\ Z_{21} & Z_{22} \end{bmatrix} = \begin{bmatrix} Z_{11}'+Z_{11}'' & Z_{12}'+Z_{12}'' \\ Z_{21}'+Z_{21}'' & Z_{22}'+Z_{22}'' \end{bmatrix} = \begin{bmatrix} 1+4 & \frac{1}{2}-2 \\ \frac{1}{2}-2 & 1+4 \end{bmatrix} = \begin{bmatrix} 5 & -1.5 \\ -1.5 & 5 \end{bmatrix}$$

11-2 어드미턴스 파라미터(y-parameter)

■ 정의와 기초방정식

임피던스 행렬을 구해서 다음과 같이 두자.

$$\begin{bmatrix} Z_{11} & Z_{12} \\ Z_{21} & Z_{22} \end{bmatrix} = \begin{bmatrix} y_{11} & y_{12} \\ y_{21} & y_{22} \end{bmatrix} \tag{11-12}$$

그러면 식 (11−3)에서 I_1, I_2는 다음과 같다.

$$\begin{bmatrix} I_1 \\ I_2 \end{bmatrix} = \begin{bmatrix} y_{11} & y_{12} \\ y_{21} & y_{22} \end{bmatrix} \begin{bmatrix} V_1 \\ V_2 \end{bmatrix} \tag{11-13}$$

$y_{11}, y_{12}, y_{21}, y_{22}$ 를 **어드미턴스 파라미터**(admittance parameter)라 한다.

$$y_{11} = \frac{Z_{22}}{\triangle_z}, \quad y_{12} = \frac{-Z_{21}}{\triangle_z}, \quad y_{21} = -\frac{Z_{12}}{\triangle_z}, \quad y_{22} = \frac{Z_{11}}{\triangle_z}$$

$$\text{단, } \triangle_z = \begin{bmatrix} Z_{11} & Z_{12} \\ Z_{21} & Z_{22} \end{bmatrix} \qquad (11\text{-}14)$$

식 (11-13)을 다시 쓰면

$$I_1 = y_{11} V_1 + y_{12} V_2$$

$$I_2 = y_{21} V_1 + y_{22} V_2 \qquad (11\text{-}15)$$

$$y_{11} = \frac{I_1}{V_1} \mid_{V_2 = 0} \text{: 단자 1-1}' \text{ 에서의 구동점 어드미턴스} \qquad (11\text{-}16)$$

$$y_{21} = \frac{I_2}{V_1} \mid_{V_2 = 0} \text{: 단락 순방향 전달 어드미턴스} \qquad (11\text{-}17)$$

$$y_{12} = \frac{I_1}{V_2} \mid_{V_1 = 0} \text{: 단락 역방향 전달 어드미턴스} \qquad (11\text{-}18)$$

$$y_{22} = \frac{I_2}{V_2} \mid_{V_1 = 0} \text{: 단자 2-2}' \text{ 에서의 구동점 어드미턴스} \qquad (11\text{-}19)$$

식 (11-16)과 (11-17)은 2차측의 단락상태이며, 식 (11-18)과 (11-19)는 1차측의 단락상태가 된다.

특히, 4단자회로가 상반회로이면 $y_{12} = y_{21}$ 이 되며, 대칭인 경우 $y_{11} = y_{22}$ 가 된다.

■ **4단지회로의 병렬접속**

그림 11-9와 같이 N_1 및 N_2 의 4단자회로의 입력과 출력 단자를 병렬로 접속하여 새로운 4단자 회로를 만드는 접속을 병렬접속이라 한다.

4단자회로 N_1 에서는

$$\begin{bmatrix} I_1' \\ I_2' \end{bmatrix} = \begin{bmatrix} y_{11}' & y_{12}' \\ y_{21}' & y_{22}' \end{bmatrix} \begin{bmatrix} V_1' \\ V_2' \end{bmatrix} \qquad (11\text{-}20)$$

4단자회로 N_2 에서는

$$\begin{bmatrix} I_1'' \\ I_2'' \end{bmatrix} = \begin{bmatrix} y_{11}'' & y_{12}'' \\ y_{21}'' & y_{22}'' \end{bmatrix} \begin{bmatrix} V_1'' \\ V_2'' \end{bmatrix} \qquad (11\text{-}21)$$

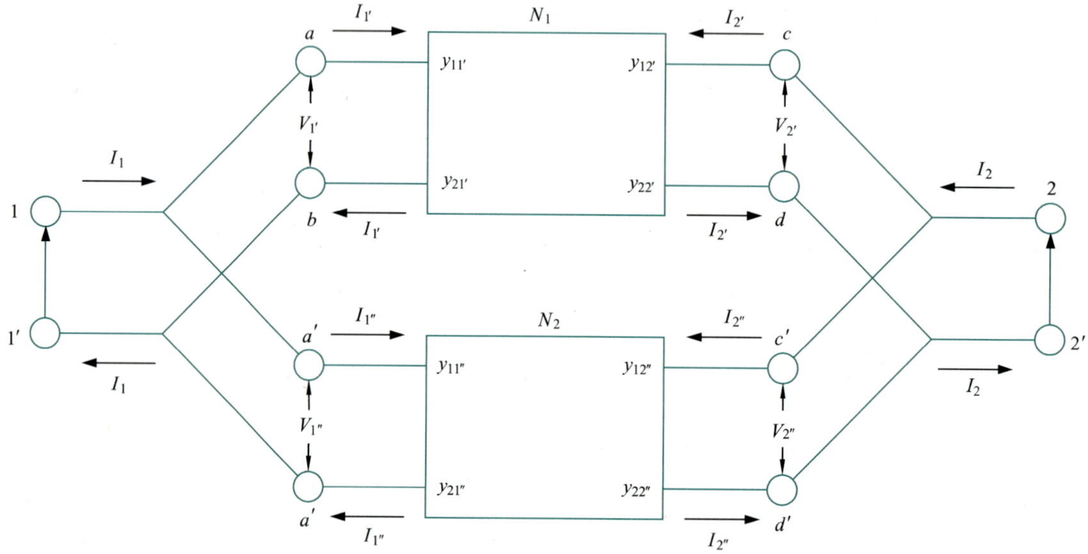

그림 11-9

새로운 4단자회로 N에서는

$$\begin{bmatrix} I_1 \\ I_2 \end{bmatrix} = \begin{bmatrix} y_{11} & y_{12} \\ y_{21} & y_{22} \end{bmatrix} \begin{bmatrix} V_1 \\ V_2 \end{bmatrix} \tag{11-22}$$

또, 병렬접속에서는 다음과 같은 관계가 있다.

$$\begin{aligned} I_1 &= I_1' + I_1'', \quad & I_2 &= I_2' + I_2'' \\ V_1 &= V_1' + V_1'', \quad & V_2 &= V_2' + V_2'' \end{aligned} \tag{11-23}$$

그러므로

$$\begin{aligned} \begin{bmatrix} I_1 \\ I_2 \end{bmatrix} &= \begin{bmatrix} I_1' \\ I_2' \end{bmatrix} + \begin{bmatrix} I_1'' \\ I_2'' \end{bmatrix} = \begin{bmatrix} y_{11}' & y_{12}' \\ y_{21}' & y_{22}' \end{bmatrix} \begin{bmatrix} V_1' \\ V_2' \end{bmatrix} + \begin{bmatrix} y_{11}'' & y_{12}'' \\ y_{21}'' & y_{22}'' \end{bmatrix} \begin{bmatrix} V_1'' \\ V_2'' \end{bmatrix} \\ &= \begin{bmatrix} y_{11}' + y_{11}'' & y_{12}' + y_{12}'' \\ y_{21}' + y_{21}'' & y_{22}' + y_{22}'' \end{bmatrix} \begin{bmatrix} V_1 \\ V_2 \end{bmatrix} \end{aligned}$$

따라서

$$\begin{aligned} y_{11} &= y_{11}' + y_{11}'', \quad & y_{12} &= y_{12}' + y_{12}'' \\ y_{21} &= y_{21}' + y_{21}'', \quad & y_{22} &= y_{22}' + y_{22}'' \end{aligned} \tag{11-24}$$

예제 11-3

그림 11-10(a)와 같은 π 회로의 어드미턴스 파라미터를 구하여라.

풀이

출력단자를 단락하면 그림 11-10(b) Y_a, Y_b가 병렬로 되므로 $y_{11}=Y_a+Y_b$, 또 이때 $I_2=-Y_aV_1$ 이므로 $y_{21}=-Y_a$ 다음에 입력단자를 단락하면 [그림 11-10(c)] Y_a 와 Y_b가 병렬로 되므로 $y_{22}=Y_a+Y_c$, 또 이때 $I_1=-Y_aV_2$ 이므로 $y_{12}=-Y_a$. 간단한 회로의 어드미턴스 파라미터를 구하는 또 한 가지 방법은 관찰에 의하여 식섭 4난사방 본 방정식을 써내리는 깃이다. 즉 그림 11 10(d)에서 I_1 은 Y_b와 Y_a를 흐르는 전류의 합이므로

$$I_1=Y_bV_1+Y_a(V_1-V_2)=(Y_a+Y_b)V_1-Y_aV_2$$

또 I_2는 Y_c를 흐르는 전류와 Y_a를 흐르는 전류의 합이므로

$$I_2=Y_cV_2+Y_a(V_2-V_1)=-Y_aV_1+(Y_a+Y_c)V_2$$

이상으로 π 회로의 어드미턴스 파라미터는 다음과 같다.

$$y_{11}=Y_a+Y_b,\quad y_{22}=Y_a+Y_c,\quad y_{12}=y_{21}=-Y_a$$

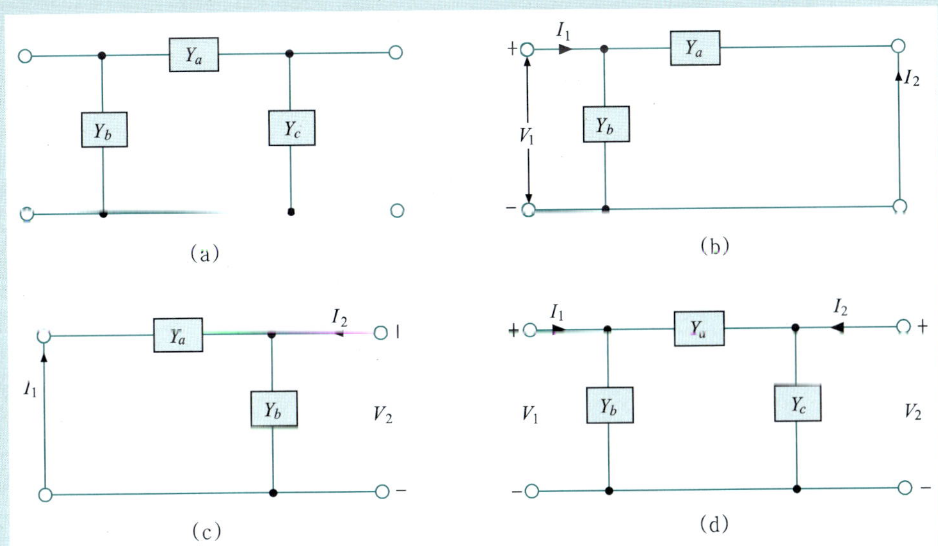

그림 11-10 π 회로의 어드미턴스 파라미터를 구하는 방법

예제 11-4

다음 그림의 4 단자회로에서 단자 a ,b 에서 본 구동점 임피던스 $\dot{Z}_{11}$ 과 구동점 어드미턴스 $\dot{Y}_{11}$ [Ω]는 ?

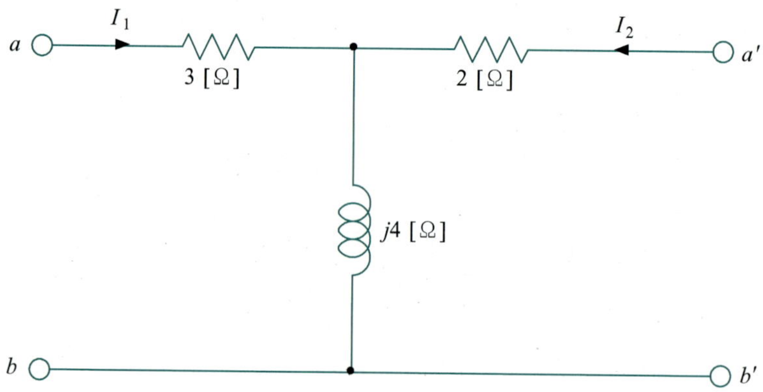

그림 11-11 예제 11-4의 회로

풀이

① $V_1 = Z_{11} I_1 + Z_{12} I_2$
$V_2 = Z_{21} I_1 + Z_{22} I_2$

상기의 식에서 단자 a, b 에서 본 구동점 임피던스 Z_{11} 을 구하기 위해서는 $I_2 = 0$ 즉, 2차측을 개방하면 다음 그림과 같이 된다.

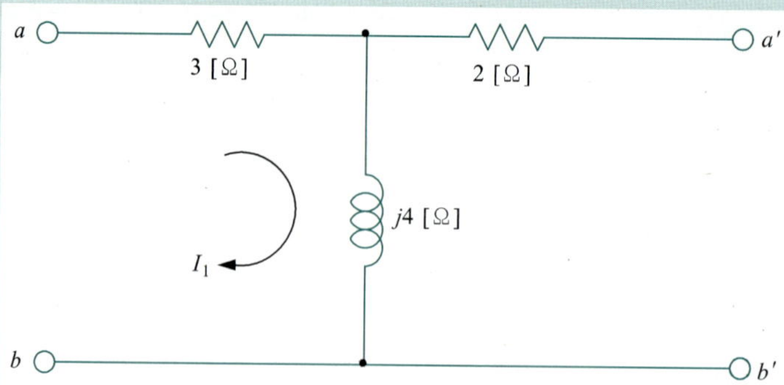

그림 11-12 예제 11-4의 풀이(1)

$$Z_{11} = \frac{V_1}{I_1} \mid_{I_2=0}$$

$$V_1 = 3I_1 + j4I_1 = I_1(3+j4)$$

$$Z_{11} = \frac{I_1(3+j4)}{I_1} = 3+j4 \ [\Omega]$$

② $I_1 = Y_{11}V_1 + Y_{12}V_2$

$I_2 = Y_{21}V_1 + Y_{22}V_2$

상기의 식에서 단자 a, b에서 본 구동점 어드미턴스 Y_{11}을 구하기 위해서는 $V_2 = 0$, 즉 2차측을 단락해야 하므로 등가회로를 그리면 다음 그림과 같이 된다.

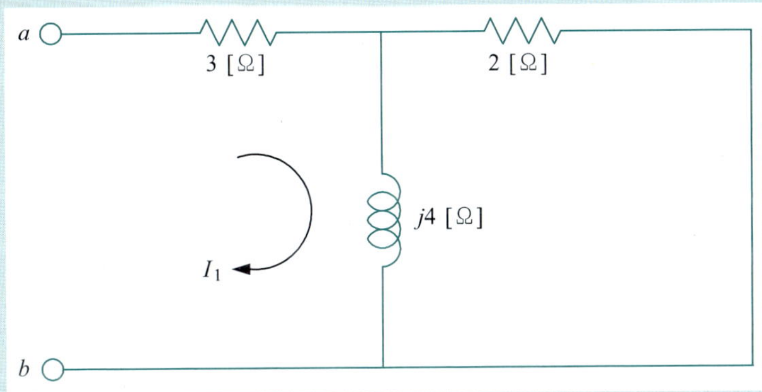

그림 11-13 예제 11-4의 풀이(2)

$$Y_{11} = \frac{I_1}{V_1} \mid_{V_2=0}$$

상기의 식에서 I_1, V_1의 관계를 나타내기 위해 a, b에서 본 전체 임피던스를 구하면 다음과 같다.

$$Z = 3 + \frac{j8}{2+j4} \ [\Omega]$$

$$= 3 + \frac{j8(2-j4)}{2^2+4^2}$$

$$= 3 + \frac{j16+32}{20}$$

$$= 3 + 1.6 + j0.8 = 4.6 + j0.8$$

$$I_1 = \frac{V_1}{(4.6+j8)} \ [\text{A}]$$

$$Y_{11} = \frac{I_1}{V_1} = \frac{\frac{V_1}{4.6+j0.8}}{V_1} = \frac{1}{4.6+j0.8} \ [℧]$$

11-3 h 파라미터(h-parameter)

■ 정의와 기초방정식

4단자회로에서 V_1, I_2를 I_1, V_2로 나타낼 때 h 파라미터로 표시하며, 전자회로에 많이 사용된다.

$$\begin{bmatrix} V_1 \\ I_2 \end{bmatrix} = \begin{bmatrix} h_{11} & h_{12} \\ h_{21} & h_{22} \end{bmatrix} \begin{bmatrix} I_1 \\ V_2 \end{bmatrix} \tag{11-25}$$

$$h_{11} = \frac{V_1}{I_1} \Big|_{V_2=0} = \frac{\triangle_z}{Z_{22}} = \frac{1}{y_{11}} \quad \text{: 단락 입력 임피던스} \tag{11-26}$$

$$h_{12} = \frac{V_1}{V_2}\Big|_{I_1=0} = \frac{Z_{12}}{Z_{22}} = -\frac{y_{12}}{y_{11}} \quad \text{: 개방 역방향 전압이득} \tag{11-27}$$

$$h_{21} = \frac{I_2}{I_1} \Big|_{V_2=0} = \frac{-Z_{21}}{Z_{22}} = \frac{y_{21}}{y_{11}} \quad \text{: 단락 순방향 전류이득} \tag{11-28}$$

$$h_{22} = \frac{I_2}{V_2} \Big|_{I_1=0} = \frac{1}{Z_{22}} = \frac{y_z}{y_{11}} \quad \text{: 개방 출력 어드미턴스} \tag{11-29}$$

■ 4단자회로의 직병렬접속

4단자회로 N_1, N_2를 그림 11-14와 같이 접속하여 새로운 4단자회로 N을 만드는 방식을 직병렬 접속이라 한다. 이때, 4단자회로 N_1에서는

$$\begin{bmatrix} V_1' \\ I_2' \end{bmatrix} = \begin{bmatrix} h_{11}' & h_{12}' \\ h_{21}' & h_{22}' \end{bmatrix} \begin{bmatrix} I_1' \\ V_2' \end{bmatrix} \tag{11-30}$$

N_2에서는

$$\begin{bmatrix} V_1'' \\ I_2'' \end{bmatrix} = \begin{bmatrix} h_{11}'' & h_{12}'' \\ h_{21}'' & h_{22}'' \end{bmatrix} \begin{bmatrix} I_1'' \\ V_2'' \end{bmatrix} \tag{11-31}$$

또한, 4단자회로 N에서는

$$V_1 = V_1' + V_1'', \quad V_2 = V_2' = V_2''$$
$$I_2 = I_2' + I_2'', \quad I_1 = I_1' = I_1''$$

가 성립하므로

$$\begin{bmatrix} V_1 \\ I_2 \end{bmatrix} = \begin{bmatrix} V_1' \\ I_2' \end{bmatrix} + \begin{bmatrix} V_1'' \\ I_2'' \end{bmatrix} = \begin{bmatrix} h_{11}' + h_{11}'' & h_{12}' + h_{12}'' \\ h_{21}' + h_{21}'' & h_{22}' + h_{22}'' \end{bmatrix} \begin{bmatrix} I_1 \\ V_2 \end{bmatrix} \quad (11\text{-}32)$$

$$\therefore\ h_{11} = h_{11}' + h_{11}'', \quad h_{12} = h_{12}' + h_{12}''$$

$$h_{21} = h_{21}' + h_{21}'', \quad h_{22} = h_{22}' + h_{22}''$$

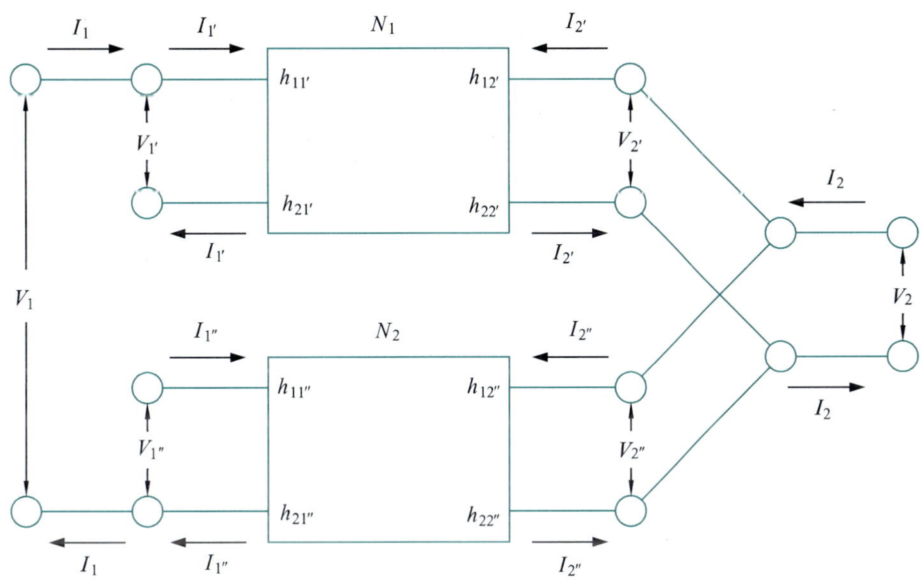

그림 11-14

11-4 *g* 파라미터(g-parameter)

■ 정의와 기초방정식

4단자회로에서 I_1, V_2를 V_1, I_2로 나타낼 때 g 파라미터가 사용된다.

$$\begin{bmatrix} I_1 \\ V_2 \end{bmatrix} = \begin{bmatrix} g_{11} & g_{12} \\ g_{21} & g_{22} \end{bmatrix} \begin{bmatrix} V_1 \\ I_2 \end{bmatrix} \quad (11\text{-}33)$$

g_{11}, g_{12}, g_{21}, g_{22}를 g 파라미터라 한다.

$$g_{11}=\frac{I_1}{V_1}\mid_{I_2=0}=\frac{1}{Z_{11}}=\frac{\triangle y}{y_{22}} \tag{11-34}$$

$$g_{12}=\frac{I_1}{I_2}\mid_{V_1=0}=\frac{-Z_{12}}{Z_{11}}=\frac{y_{12}}{y_{22}} \tag{11-35}$$

$$g_{21}=\frac{V_2}{V_1}\mid_{I_2=0}=\frac{Z_{21}}{Z_{11}}=\frac{-y_{21}}{y_{22}} \tag{11-36}$$

$$g_{22}=\frac{V_2}{I_2}\mid_{V_1=0}=\frac{\triangle Z}{Z_{11}}=\frac{1}{y_{22}} \tag{11-37}$$

■ 4단자회로의 병직렬회로

그림 11-15와 같은 접속을 병직렬접속이라 하며, 4단자회로 N_1, N_2 및 N 사이에는 다음과 같은 관계가 있다.

$$\begin{bmatrix} I_1' \\ V_2' \end{bmatrix}=\begin{bmatrix} g_{11}' & g_{12}' \\ g_{21}' & g_{22}' \end{bmatrix}\begin{bmatrix} V_1' \\ I_2' \end{bmatrix} \tag{11-38}$$

$$\begin{bmatrix} I_1'' \\ V_2'' \end{bmatrix}=\begin{bmatrix} g_{11}'' & g_{12}'' \\ g_{21}'' & g_{22}'' \end{bmatrix}\begin{bmatrix} V_1'' \\ I_2'' \end{bmatrix} \tag{11-39}$$

$$I_1=I_1'+I_1'', \qquad V_2=V_2'+V_2''$$

$$V_1=V_1'=V_1'', \qquad I_2=I_2'=I_2''$$

$$\begin{bmatrix} I_2 \\ V_2 \end{bmatrix}=\begin{bmatrix} I_1' \\ V_2' \end{bmatrix}+\begin{bmatrix} I_2'' \\ V_2'' \end{bmatrix}$$

$$=\begin{bmatrix} g_{11}'+g_{11}'' & g_{12}'+g_{12}'' \\ g_{21}'+g_{21}'' & g_{22}'+g_{22}'' \end{bmatrix}\begin{bmatrix} V_1 \\ I_2 \end{bmatrix} \tag{11-40}$$

$$\begin{bmatrix} I_1 \\ V_2 \end{bmatrix}=\begin{bmatrix} g_{11} & g_{12} \\ g_{21} & g_{22} \end{bmatrix}\begin{bmatrix} V_1 \\ I_2 \end{bmatrix}$$

$$\therefore\ g_{11}=g_{11}'+g_{11}'', \qquad g_{12}=g_{12}'+g_{12}''$$

$$g_{21}=g_{21}'+g_{21}'', \qquad g_{22}=g_{22}'+g_{22}''$$

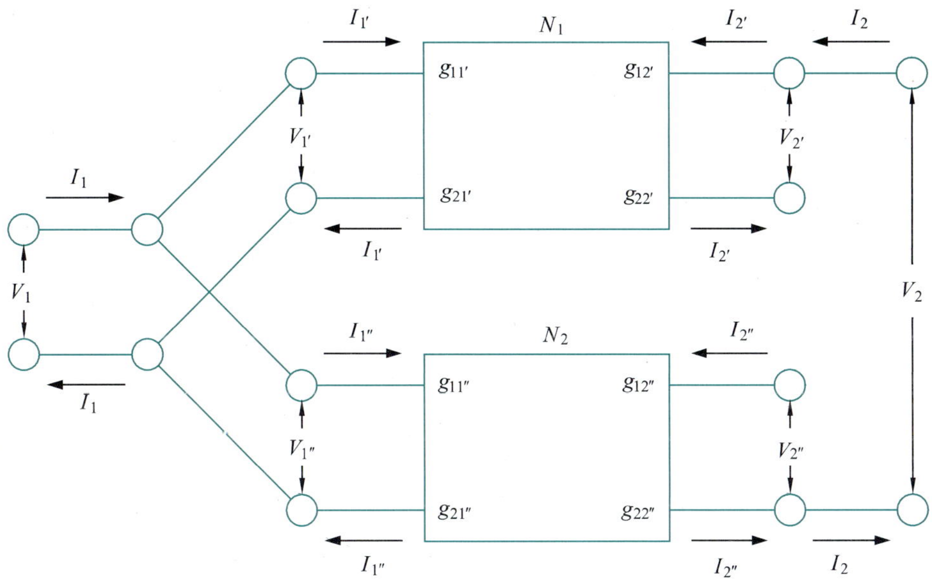

그림 11-15

11-5 4단자정수

11-5-1 정의와 기초방정식

입력측의 전압 E_s, 전류 I_s, 출력측의 전압 E_R, 전류 I_R라 하고, 그림 11-16과 같이 입력측의 전압, 전류를 출력측의 전압과 전류로 나타내 보자. 여기서 주의할 것은 출력측 전류의 방향을 위에서 설명한 전류의 방향과 반대로 생각한다.

식 (11-13)에서

$$\begin{bmatrix} E_s \\ E_R \end{bmatrix} = \begin{bmatrix} Z_{11} & Z_{12} \\ Z_{21} & Z_{22} \end{bmatrix} \begin{bmatrix} I_s \\ -I_R \end{bmatrix} \qquad (11\text{-}41)$$

$$E_s = \frac{Z_{11}}{Z_{21}} E_R + \frac{Z_{11}Z_{22} - Z_{12}Z_{21}}{Z_{21}} I_R$$

$$I_s = \frac{1}{Z_{21}} E_R + \frac{Z_{22}}{Z_{21}} I_R$$

$$A = \frac{Z_{11}}{Z_{21}}, \qquad B = \frac{Z_{11}Z_{22} - Z_{12}Z_{21}}{Z_{21}}$$

$$C = \frac{1}{Z_{21}}, \qquad D = \frac{Z_{22}}{Z_{21}}$$

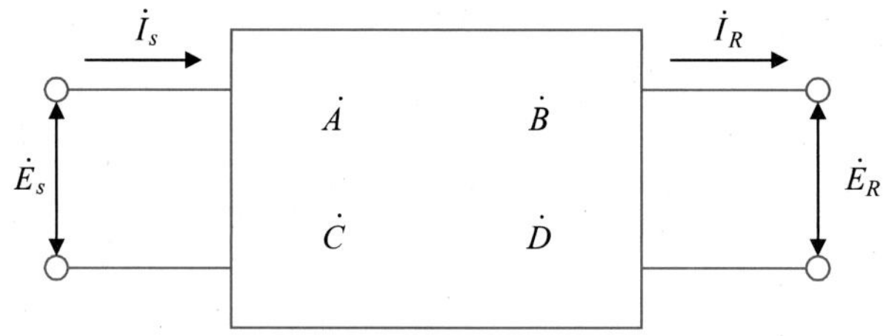

그림 11-16

여기서

$$\begin{bmatrix} E_s \\ I_s \end{bmatrix} = \begin{bmatrix} A & B \\ C & D \end{bmatrix} \begin{bmatrix} E_R \\ I_R \end{bmatrix} \tag{11-42}$$

이 A, B, C, D를 4단자정수(constants of four terminal network)라 한다.

11-5-2 4단자정수의 의미

■ **4단자정수**

식 (11–42)에서

$$\begin{aligned} E_s &= AE_R + BI_R \\ I_s &= CE_R + DI_R \end{aligned} \tag{11-43}$$

가 되며, 식 (11–43)에서

$$A = \frac{E_s}{E_R} \mid_{E_{R=0}} \tag{11-44}$$

식 (11–44)는 출력측을 개방시켰을 때의 E_s와 E_R의 비가 된다.

$$B = \frac{E_s}{I_R}\Big|_{E_R=0} = \frac{1}{y_{21}} \tag{11-45}$$

B는 출력측을 단락시켰을 때 E_s와 I_R의 비로서 단락 전달 임피던스가 된다.

$$C = \frac{I_s}{E_R}\Big|_{I_R=0} = \frac{1}{Z_{21}} \tag{11-46}$$

C는 출력측을 개방시켰을 때 I_s와 E_R의 비로서 개방 전달 어드미턴스가 된다.

$$D = \frac{I_s}{I_R}\Big|_{E_R=0}$$

D는 출력측을 단락시켰을 때의 I_s와 I_R의 비가 된다. 식 (11−44), 식 (11−46)에서

$$\frac{A}{C} = \left(\frac{E_s}{I_s}\right)_{I_R=0} = Z_{11} \tag{11-47}$$

식 (11−47)은 출력측을 개방시켰을 때 입력측에서 본 구동점 임피던스 Z_{11}과 같다. 그리고 식 (11−45), 식 (11−47)에서

$$\frac{B}{D} = \left(\frac{E_s}{I_R}\right)_{E_R=0} = \frac{1}{y_{11}} \tag{11-48}$$

식 (11−48)은 출력측을 단락시켰을 때 입력측에서 본 구동점 임피던스 $\frac{1}{y_{11}}$과 같다.

$$\begin{bmatrix} Z_{11} & Z_{12} \\ Z_{21} & Z_{22} \end{bmatrix} = \begin{bmatrix} \frac{A}{C} & \frac{\triangle_F}{C} \\ \frac{1}{C} & \frac{D}{C} \end{bmatrix}$$

$$\begin{bmatrix} y_{11} & y_{12} \\ y_{21} & y_{22} \end{bmatrix} = \begin{bmatrix} \frac{D}{B} & -\frac{\triangle_F}{B} \\ -\frac{1}{B} & \frac{A}{B} \end{bmatrix} \tag{11-49}$$

단, $\triangle_F = \begin{vmatrix} A & C \\ B & D \end{vmatrix} = \frac{Z_{11}Z_{22} - Z_{11}Z_{22} + Z_{12}Z_{21}}{Z_2^2} = \frac{Z_{12}}{Z_{21}} = \frac{y_{12}}{y_{21}}$ (11-50)

상반 4단자회로에서는 $Z_{12} = Z_{21}(y_{12} = y_{21})$ 이므로 $AD - BC = 1$의 관계가 성립하며, 또한, 4단자회로가 대칭이면 $Z_{11} = Z_{22}(y_{11} = y_{22})$ 이므로 $A = D$가 된다.

예제 11-5

그림과 같은 4단자회로에서 4단자정수 A, B, C, D는 각각 얼마인가?

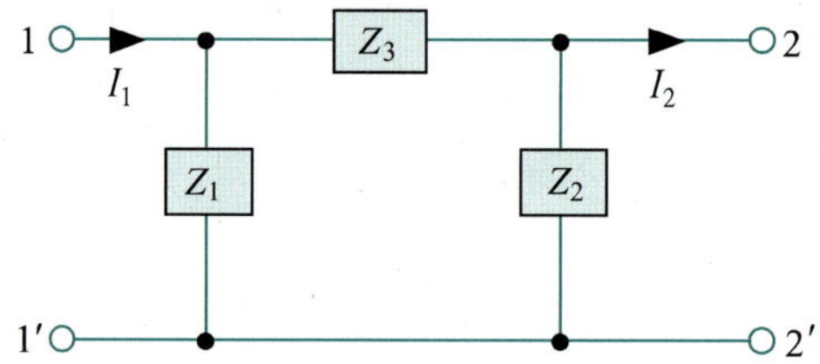

그림 11-17 예제 11-5의 회로

풀이

$V_1 = AV_2 + BI_2,\ I_1 = CV_2 + DI_2$

(1) A, C를 먼저 구하면

$$A = \left.\frac{V_1}{V_2}\right|_{I_2=0},\quad C = \left.\frac{I_1}{V_2}\right|_{I_2=0}$$

2차측이 개방상태일 때의 등가회로는 다음과 같다.

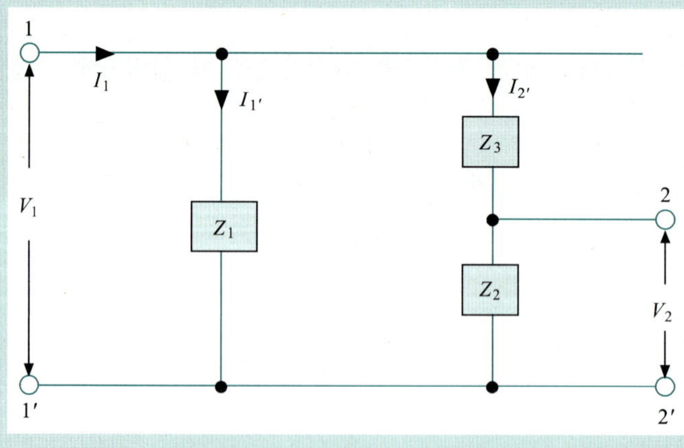

그림 11-18 예제 11-5의 풀이(1)

$V_2 = I_2' Z_2$ 에서

$$I_2' = I_1 \times \frac{Z_1}{Z_1 + Z_2 + Z_3}$$

$$V_2 = I_1 \times \frac{Z_1}{Z_1+Z_2+Z_3} Z_2$$

$$V_1 = I_1 \times \frac{Z_2+Z_3}{Z_1+Z_2+Z_3} Z_1$$

$$A = \frac{V_1}{V_2}$$

$$A = \frac{I_1 \times \frac{Z_2+Z_3}{Z_1+Z_2+Z_3} Z_1}{I_1 \times \frac{Z_1 \times Z_2}{Z_1+Z_2+Z_3}} = \frac{(Z_2+Z_3)\,Z_1}{Z_1 Z_2} = 1 + \frac{Z_3}{Z_2}$$

$$\therefore A = 1 + \frac{Z_3}{Z_2}$$

$$C = \frac{I_1}{V_2} = \frac{I_1}{I_1 \times \frac{Z_1 \times Z_2}{Z_1+Z_2+Z_3}} = \frac{Z_1+Z_2+Z_3}{Z_1 \times Z_2}$$

$$\therefore C = \frac{Z_1+Z_2+Z_3}{Z_1 \times Z_2}$$

(2) B, D를 먼저 구하면

$$B = \left.\frac{V_1}{I_2}\right|_{V_2=0}, \quad D = \left.\frac{I_1}{I_2}\right|_{V_2=0}$$

$V_2 = 0$ 일 때 등가회로는 다음과 같다.

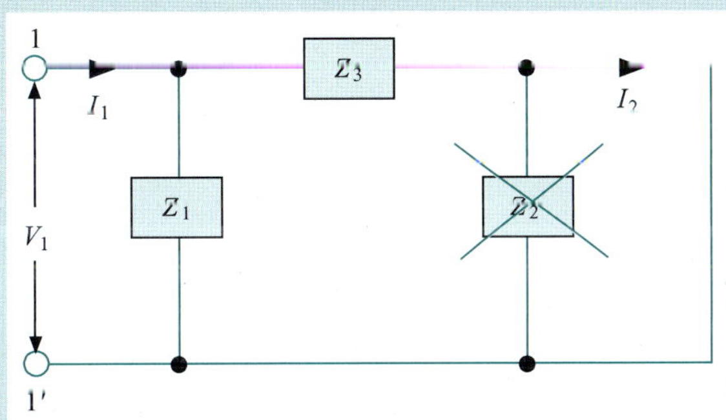

그림 11-19 예제 11-5의 풀이(2)

Z_1 과 Z_3 가 병렬회로이므로 전압이 V_1 걸린다. 따라서, $I_2 = \frac{V_1}{Z_3}$

$$B = \frac{V_1}{I_2} = \frac{V_1}{\frac{V_1}{Z_3}} = Z_3, \quad \therefore B = Z_3$$

$$D=\frac{I_1}{I_2}$$

$I_2=I_1\times\dfrac{Z_1}{Z_1+Z_3}$ 이므로

$$D=\frac{I_1}{I_1\times\dfrac{Z_1}{Z_1+Z_3}}=\frac{Z_1+Z_3}{Z_1}=1+\frac{Z_3}{Z_1}$$

$$\therefore D=1+\frac{Z_3}{Z_1}$$

별해

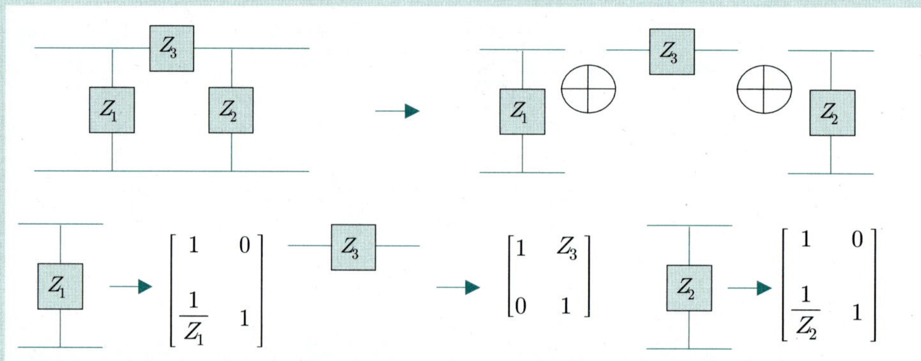

$$\begin{bmatrix} A & B \\ C & D \end{bmatrix}=\begin{bmatrix} 1 & 0 \\ \dfrac{1}{Z_1} & 1 \end{bmatrix}\begin{bmatrix} 1 & Z_3 \\ 0 & 1 \end{bmatrix}\begin{bmatrix} 1 & 0 \\ \dfrac{1}{Z_2} & 1 \end{bmatrix}$$

$$\begin{bmatrix} A & B \\ C & D \end{bmatrix}=\begin{bmatrix} 1 & Z_3 \\ \dfrac{1}{Z_1} & 1+\dfrac{Z_3}{Z_1} \end{bmatrix}\begin{bmatrix} 1 & 0 \\ \dfrac{1}{Z_2} & 1 \end{bmatrix}=\begin{bmatrix} 1+\dfrac{Z_3}{Z_2} & Z_3 \\ \dfrac{1}{Z_1}+\left(1+\dfrac{Z_3}{Z_1}\right)\dfrac{1}{Z_2} & 1+\dfrac{Z_3}{Z_1} \end{bmatrix}$$

여기서

$$\frac{1}{Z_1}+\left(1+\frac{Z_3}{Z_1}\right)\frac{1}{Z_2}=\frac{1}{Z_1}+\frac{Z_1+Z_3}{Z_1}\,\frac{1}{Z_2}=\frac{1}{Z_1}+\frac{Z_1+Z_3}{Z_1Z_2}=\frac{Z_1+Z_2+Z_3}{Z_1Z_2}$$

$$\begin{bmatrix} A & B \\ C & D \end{bmatrix}=\begin{bmatrix} 1+\dfrac{Z_3}{Z_2} & Z_3 \\ \dfrac{Z_1+Z_2+Z_3}{Z_1Z_2} & 1+\dfrac{Z_3}{Z_1} \end{bmatrix}$$

예제 11-6

그림은 T형 회로와 π형 회로의 종속접속으로 이루어진 4단자회로이다. A, B, C, D 파라미터를 구하여라.

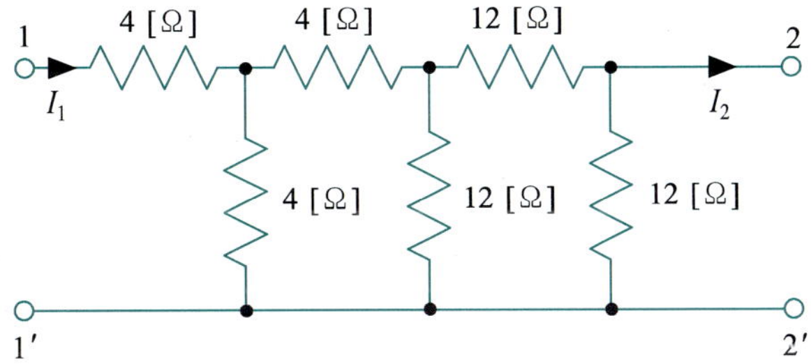

그림 11-20 예제 11-6의 회로

풀이

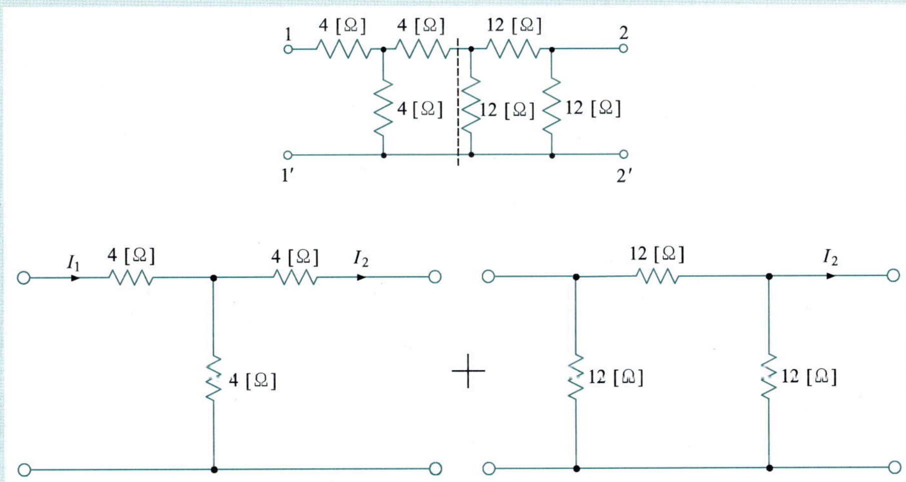

그림 11-21 예제 11-6의 풀이(1)

(1) T회로의 4단자정수를 먼저 구한다.

① $I_2=0$ 일 때의 등가회로는 그림과 같다.

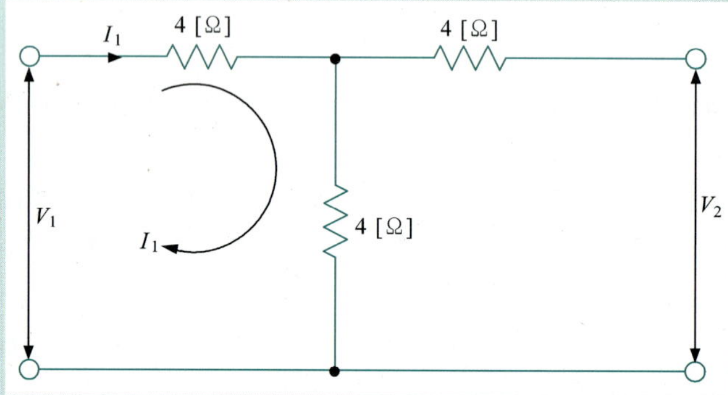

그림 11-22 예제 11-6의 풀이(2)

$$\begin{cases} V_1 = AV_2 + BI_2 \\ I_1 = CV_2 + DI_2 \end{cases}$$

$$A = \frac{V_1}{V_2}\bigg|_{I_2=0} = \frac{8I_1}{4I_1} = 2$$

$$C = \frac{I_1}{V_2} = \frac{I_1}{4I_1} = \frac{1}{4}$$

$$V_1 = I_1(4+4) = 8I_1$$

$$V_2 = I_1 4$$

② $V_2 = 0$ 일 때의 등가회로는 그림과 같다.

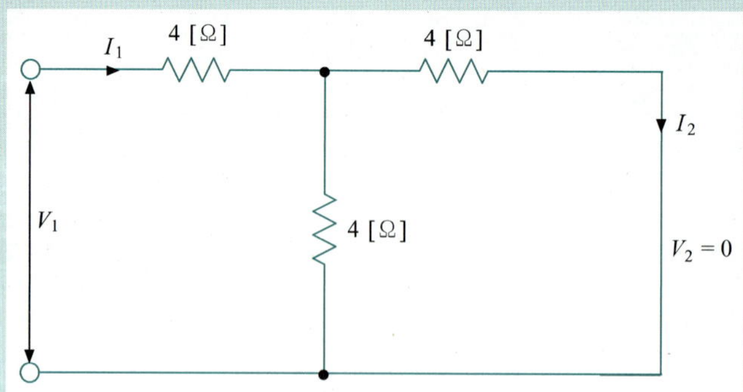

그림 11-23 예제 11-6의 풀이(3)

$$I_2 = I_1 \times \frac{4}{8} = \frac{V_1}{6} \times \frac{4}{8} = \frac{V_1}{12}$$

$$I_1 = \frac{V_1}{4 + \frac{16}{4+4}} = \frac{V_1}{4+2} = \frac{V_1}{6}$$

$$I_2 = \frac{V_1}{6} \times \frac{1}{2} = \frac{V_1}{12}$$

$$B = \frac{V_1}{I_2} = \frac{V_1}{\frac{V_1}{12}} = 12$$

$$D = \frac{I_1}{I_2} = \frac{I_1}{I_1 \times \frac{16}{4+4}} = \frac{8}{4} = 2$$

(2) π 회로의 4단자정수를 구한다.

① $I_2 = 0$ 일 때의 등가회로는 그림과 같다.

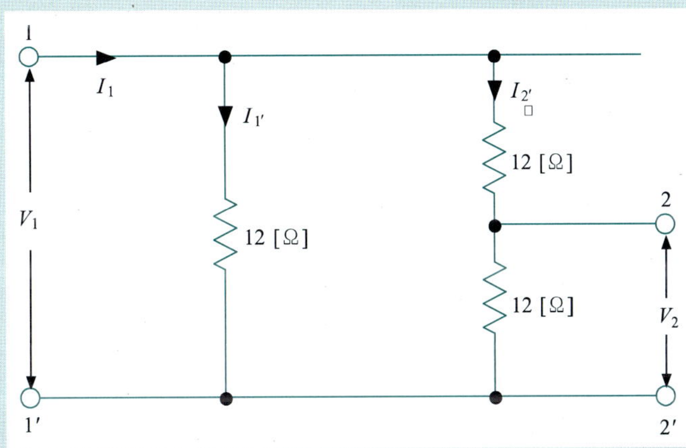

그림 11-24 예제 11-6의 풀이(4)

$$V_1 = I_1' \times 12$$

$$I_1' = \frac{24}{12+12+12} I_1$$

$$I_2' = \frac{12}{12+12+12} I_1$$

$$V_1 = I_1' \times 12 = \frac{24}{36} I_1 \times 12$$

$$V_2 = I_2' \, 12 = \frac{12}{36} I_1 \times 12 = \frac{144}{36} I_1$$

$$A = \frac{V_1}{V_2} = \frac{12 \times \frac{24}{36} I_1}{\frac{144}{36} I_1} = \frac{12 \times 36 \times 24}{36 \times 144} = 2$$

$$C = \frac{I_1}{V_2} = \frac{I_1}{\frac{12}{36} I_1 \times 2} = \frac{36}{144} = \frac{1}{4}$$

② $V_2=0$ 일 때의 등가회로는 그림과 같다.

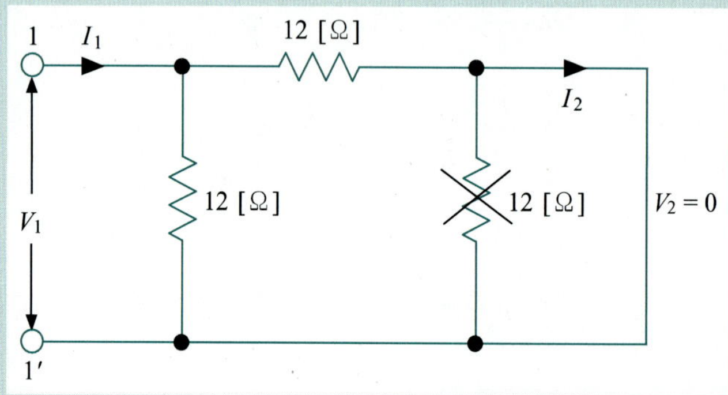

그림 11-25 예제 11-6의 풀이(5)

$$B=\frac{V_1}{I_2}=\frac{V_1}{\frac{V_1}{12}}=12$$

$$D=\frac{I_1}{I_2}=\frac{I_1}{\frac{I_1}{2}}=2$$

$$I_2=I_1\times\frac{12}{12+12}=I_1\times\frac{12}{24}=\frac{I_1}{2}$$

(3) $\begin{bmatrix} A & B \\ C & D \end{bmatrix}=[\text{T}][\pi]=\begin{bmatrix} 2 & 12 \\ \frac{1}{4} & 2 \end{bmatrix}\begin{bmatrix} 2 & 12 \\ \frac{1}{4} & 2 \end{bmatrix}$

$$=\begin{bmatrix} 2\times 2+12\times\frac{1}{4} & 2\times 12+12\times 2 \\ \frac{1}{4}\times 2+2\times\frac{1}{4} & 2\times 2+12\times\frac{1}{4} \end{bmatrix}$$

$$\therefore \begin{bmatrix} A & B \\ C & D \end{bmatrix}=\begin{bmatrix} 7 & 48 \\ 1 & 7 \end{bmatrix}$$

■ 4단자회로의 종속접속

2개의 4단자회로 N_1과 N_2를 그림 11-26과 같이 접속하는 방식을 **종속접속**(cascade connection)이라 한다. 4단자회로 N_1, N_2에서는

$$\begin{bmatrix} V_1 \\ I_1 \end{bmatrix} = \begin{bmatrix} A' & B' \\ C' & D' \end{bmatrix} \begin{bmatrix} V_2 \\ I_2 \end{bmatrix} \tag{11-51}$$

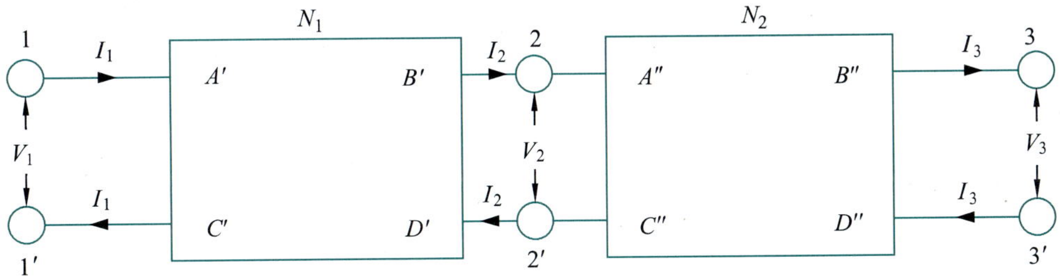

그림 11-26

$$\begin{bmatrix} V_2 \\ I_2 \end{bmatrix} = \begin{bmatrix} A'' & B'' \\ C'' & D'' \end{bmatrix} \begin{bmatrix} V_3 \\ I_3 \end{bmatrix} \tag{11-52}$$

식 (11−48)과 (11−49)에서

$$\begin{bmatrix} V_1 \\ I_1 \end{bmatrix} = \begin{bmatrix} A' & B' \\ C' & D' \end{bmatrix} \begin{bmatrix} A'' & B'' \\ C'' & D'' \end{bmatrix} \begin{bmatrix} V_3 \\ I_3 \end{bmatrix} \tag{11-53}$$

합성 4단자회로에서는

$$\begin{bmatrix} V_1 \\ I_1 \end{bmatrix} = \begin{bmatrix} A & B \\ C & D \end{bmatrix} \begin{bmatrix} V_3 \\ I_3 \end{bmatrix} \tag{11-54}$$

여기서

$$\begin{bmatrix} A & B \\ C & D \end{bmatrix} = \begin{bmatrix} A' & B' \\ C' & D' \end{bmatrix} \begin{bmatrix} A'' & B'' \\ C'' & D'' \end{bmatrix} \tag{11-55}$$

이므로

$$\begin{bmatrix} A & B \\ C & D \end{bmatrix} = \begin{bmatrix} A'A'' + B'C'' & A'B'' + B'D'' \\ C'A'' + D'C'' & C'B'' + D'D'' \end{bmatrix} \tag{11-56}$$

이다.

예제 11-7

그림 11-27에서 4단자정수를 구하여라.

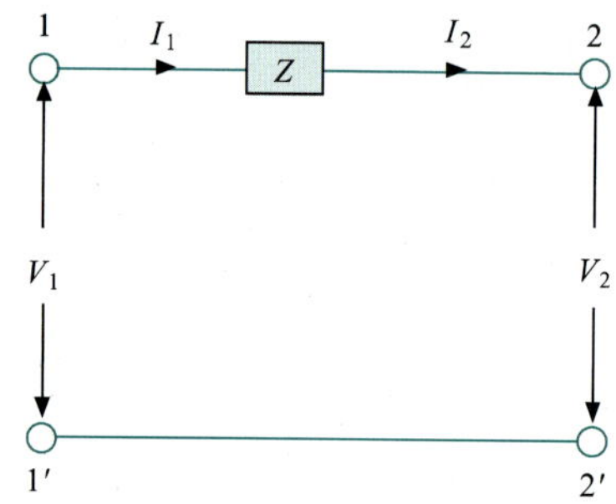

그림 11-27 예제 11-7의 회로

풀이

식 (11-44), (11-45), (11-46)에서

$$A=\left(\frac{V_1}{V_2}\right)_{I_2=0}=1,\qquad B=\left(\frac{V_1}{I_2}\right)_{V_2=0}=Z,$$

$$C=\left(\frac{I_1}{V_2}\right)_{I_2=0}=0,\qquad D=\left(\frac{I_1}{I_2}\right)_{V_2=0}=1$$

그러므로 다음과 같다.

$$\begin{bmatrix} A & B \\ C & D \end{bmatrix}=\begin{bmatrix} 1 & Z \\ 0 & 1 \end{bmatrix}$$

예제 11-8

그림 11-28과 같은 4단자회로의 4단자정수 A, B, C, D를 구하여라.

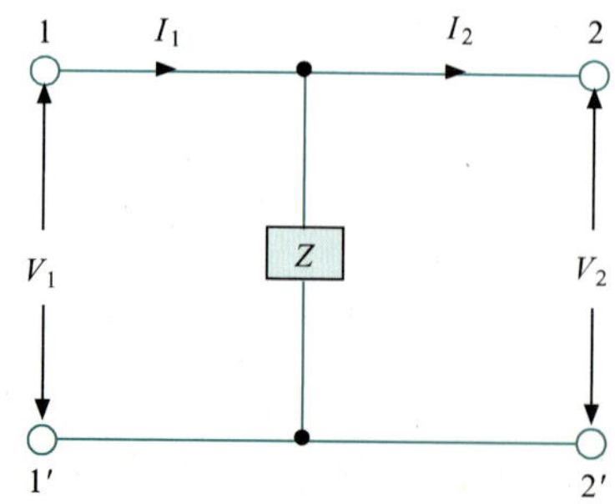

그림 11-28 예제 11-8의 회로

풀이

$$V_1 = V_2,\quad I_1 = \frac{V_2}{Z} + I_2 \text{ 에서}$$

$$\begin{bmatrix} A & B \\ C & D \end{bmatrix} = \begin{bmatrix} 1 & 0 \\ \frac{1}{Z} & 1 \end{bmatrix}$$

이다.

예제 11-9

그림 11-29와 같은 L형 회로의 4단자정수를 구하여라.

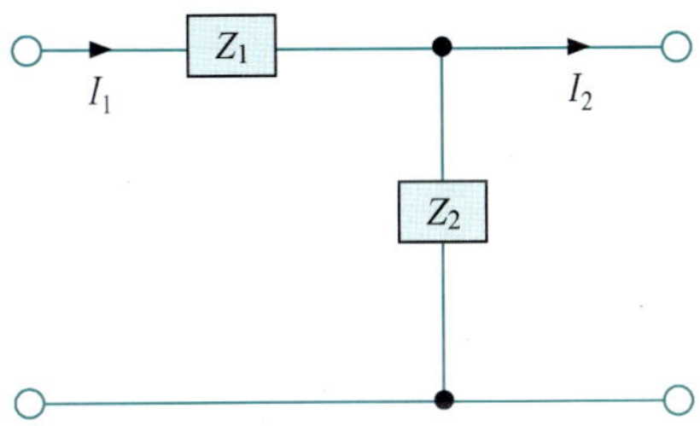

그림 11-29 예제 11-9의 회로

풀이

그림 11-29은 그림 11-28, 그림 11-2의 종속으로 생각하면 된다.

$$\begin{bmatrix} A & B \\ C & D \end{bmatrix} = \begin{bmatrix} 1 & Z_1 \\ 0 & 1 \end{bmatrix} \begin{bmatrix} 1 & 0 \\ \frac{1}{Z_2} & 1 \end{bmatrix} = \begin{bmatrix} 1 + \frac{Z_1}{Z_2} & Z_1 \\ \frac{1}{Z_2} & 1 \end{bmatrix}$$

예제 11-10

그림 11-30의 4단자정수를 구하여라.

풀이

그림 11-30은 그림 11-28, 그림 11-2의 종속으로 생각하면 된다.

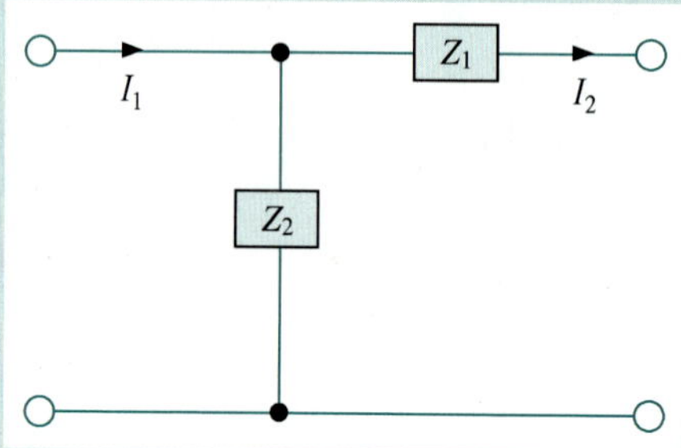

그림 11-30 예제 10-10의 풀이

$$\begin{bmatrix} A & B \\ C & D \end{bmatrix} = \begin{bmatrix} 1 & 0 \\ \dfrac{1}{Z_2} & 1 \end{bmatrix} \begin{bmatrix} 1 & Z_1 \\ 0 & 1 \end{bmatrix} = \begin{bmatrix} 1 & Z_1 \\ \dfrac{1}{Z_2} & \dfrac{1}{1+\dfrac{Z_1}{Z_2}} \end{bmatrix}$$

예제 11-11

그림 11-31과 같은 T형 회로의 4단자정수를 구하여라.

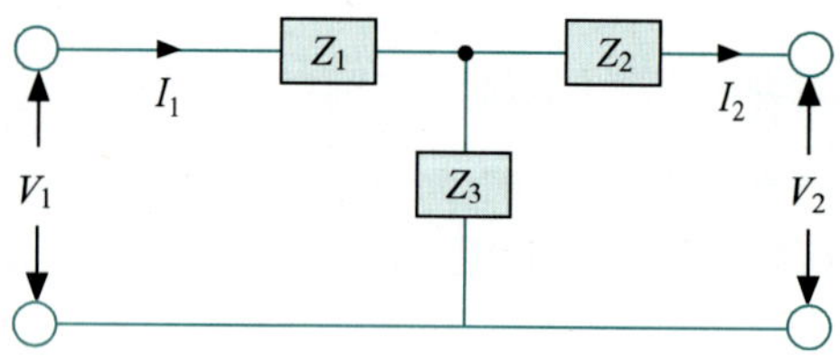

그림 11-31 예제 11-11의 회로

풀이 그림 11-31는 그림 11-28, 그림 11-30의 종속접속으로 생각하면 된다.

$$\begin{bmatrix} A & B \\ C & D \end{bmatrix} = \begin{bmatrix} 1 & Z_1 \\ 0 & 1 \end{bmatrix} \begin{bmatrix} 1 & Z_2 \\ \dfrac{1}{Z_3} & 1+\dfrac{Z_2}{Z_3} \end{bmatrix} = \begin{bmatrix} 1+\dfrac{Z_1}{Z_3} & Z_1+Z_2+\dfrac{Z_1Z_2}{Z_3} \\ \dfrac{1}{Z_3} & 1+\dfrac{Z_2}{Z_3} \end{bmatrix}$$

$$= \begin{bmatrix} 1+\dfrac{Z_1}{Z_3} & \dfrac{Z_1Z_3+Z_3Z_2+Z_2Z_1}{Z_3} \\ \dfrac{1}{Z_3} & 1+\dfrac{Z_2}{Z_3} \end{bmatrix}$$

예제 11-12

그림 11-32와 같은 격자형 회로(lattice type network)의 4단자정수를 구하여라.

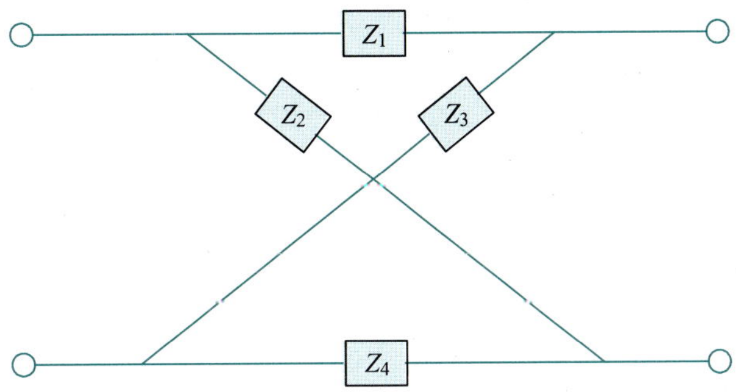

그림 11-32 예제 11-12의 회로

풀이 앞의 예제에서와 같이 출력측을 개방, 또는 단락시킴으로써

$$A=\frac{(Z_1+Z_3)(Z_2+Z_4)}{Z_2Z_3-Z_1Z_4}$$

$$B=\frac{Z_1Z_2(Z_3+Z_4)+Z_3Z_4(Z_1+Z_2)}{Z_2Z_3-Z_1Z_4}$$

$$C=\frac{Z_1+Z_2+Z_3+Z_4}{Z_2Z_3-Z_1Z_4}$$

$$D=\frac{(Z_1+Z_2)(Z_3+Z_4)}{Z_2Z_3-Z_1Z_4}$$

11-6 영상 파라미터

■ 영상 임피던스의 정수

그림 11-33과 같이 정수 A, B, C, D를 가진 4단자회로의 입력단자 $1-1'$에 임피던스 Z_{01}을 접속하고 출력단자 $2-2'$에 임피던스 Z_{02}를 연결한 경우 $1-1'$ 단자에서 우측으로 본 임피던스나 좌측으로 본 임피던스가 Z_{01}이 되고, $2-2'$ 단자에서

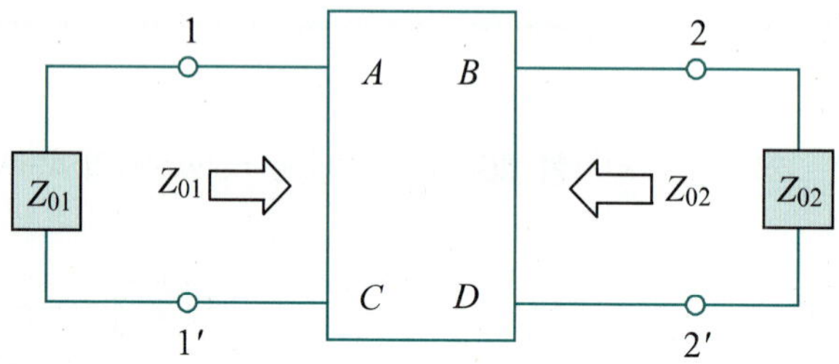

그림 11-33

우측 및 좌측으로 본 임피던스가 Z_{02}가 된다고 하면 1−1′, 2−2′ 단자에서는 거울의 영상과 같은 관계가 있으므로, 이들을 **영상 임피던스**(image impedance)라 한다.

■ 영상 임피던스와 4단자정수의 관계

$$V_1 = AV_2 + BI_2,\quad I_1 = CV_2 + DI_2 \text{ 에서} \tag{11-57}$$

$$Z_{01} = \frac{V_1}{I_1} = \frac{AV_2 + BI_2}{CV_2 + DI_2} \tag{11-58}$$

$$V_2 = Z_{02} I_2 \text{ 이므로} \tag{11-59}$$

$$Z_{01} = \frac{AZ_{02} + B}{CZ_{02} + D} \tag{11-60}$$

다음에 4단자회로에서 이 회로의 입출력단자를 거꾸로 생각해서 $V_2 = DV_1 + BI_1$, $I_2 = CV_1 + AI_1$에 $V_1 = Z_{01} I_1$을 대입하면,

$$Z_{02} = \frac{V_2}{I_2} = \frac{DZ_{01} + B}{CZ_{01} + A} \tag{11-61}$$

식 (11−60), (11−61)에서

$$CZ_{01}Z_{02} + DZ_{01} - AZ_{02} - B = 0$$
$$CZ_{01}Z_{02} - DZ_{01} + AZ_{02} - B = 0 \tag{11-62}$$

식 (11−62)에서

$$Z_{01}Z_{02} = \frac{B}{C} \tag{11-63}$$

$$\frac{Z_{01}}{Z_{02}} = \frac{A}{D} \tag{11-64}$$

를 식 (11−63)과 (11−64)에서

$$Z_{01} = \sqrt{\frac{AB}{CD}} \qquad Z_{02} = \sqrt{\frac{DB}{CA}} \tag{11-65}$$

4단자회로가 대칭이면 $A = D$이므로

$$Z_{01} = Z_{02} = Z_0 = \sqrt{\frac{B}{C}} \tag{11-66}$$

■ 영상 임피던스와 단락 어드미턴스 및 개방 임피던스와의 관계

식 (11−49)에서 $\frac{D}{B} = y_{11}$, $\frac{A}{B} = y_{22}$, $\frac{A}{C} = z_{11}$, $\frac{D}{C} = z_{22}$ 이므로

$$z_{01} = \sqrt{\frac{z_{11}}{y_{11}}}, \qquad z_{02} = \sqrt{\frac{z_{22}}{y_{22}}} \tag{11-67}$$

■ 전달정수 θ의 정의

입력측과 출력측에 각각 영상 임피던스 Z_{01}과 Z_{02}과 접속되어 있을 때

$$e^{\theta} = \sqrt{\frac{V_1 I_1}{V_2 I_2}} \tag{11-68}$$

으로 정의되는 θ를 영상 전달정수 혹은 간단히 **전달정수**(transfer constant)라 한다.

4단자망의 관계식 (11−42)에서

$$V_1 = AV_2 + BI_2, \quad I_1 = CV_2 + DI_2$$

이고, 여기에 $V_1 = Z_{01} I_1$, $V_2 = Z_{02} I_2$의 관계를 이용하면

$$\frac{V_1}{V_2} = A + \frac{B}{Z_{02}} = A + B\sqrt{\frac{AC}{BD}} = \sqrt{\frac{A}{D}}\,(\sqrt{AD} + \sqrt{BC})$$

$$\frac{I_1}{I_2} = CZ_{02} + D = C\sqrt{\frac{BD}{AC}} + D = \sqrt{\frac{D}{A}}\,(\sqrt{AD} + \sqrt{BC}) \tag{11-69}$$

를 얻는다. 따라서

$$e^{\theta}=\sqrt{\frac{V_1I_1}{V_2I_2}}=\sqrt{\left(\frac{V_1}{V_2}\right)\cdot\left(\frac{I_1}{I_2}\right)}=\sqrt{AD}+\sqrt{BC} \tag{11-70}$$

을 얻는다. 또 $AD-BC=1$ 이므로

$$e^{-\theta}=\sqrt{\frac{V_2I_2}{V_1I_1}}=\frac{1}{\sqrt{AD}+\sqrt{BC}}=\frac{\sqrt{AD}-\sqrt{BC}}{AD-BC}=\sqrt{AD}-\sqrt{BC}$$

가 된다. 이들을 정리하면 전달정수 θ 는 다음과 같이 여러 형태로 표현된다.

$$\begin{aligned} e^{\theta}&=\sqrt{AD}+\sqrt{BC} \\ \theta&=\log_e(\sqrt{AD}+\sqrt{BC}) \end{aligned} \tag{11-71}$$

$$\begin{aligned} \cosh\theta&=\sqrt{AD} \\ \sinh\theta&=\sqrt{BC} \\ \tanh\theta&=\sqrt{\frac{BC}{AD}} \end{aligned} \tag{11-72}$$

■ 4단자정수와 영상 파라미터의 관계

4단자정수 A, B, C, D를 식 (11−63), 식 (11−64), 식 (11−72)의 영상 파라미터로써 나타내면,

$$\begin{aligned} A&=\sqrt{\frac{Z_{01}}{Z_{02}}}\cosh\theta \\ B&=\sqrt{Z_{01}Z_{02}}\sinh\theta \\ C&=\frac{1}{\sqrt{Z_{01}Z_{02}}}\sinh\theta \\ D&=\sqrt{\frac{Z_{02}}{Z_{01}}}\cosh\theta \end{aligned} \tag{11-73}$$

예제 11-13

그림과 같은 T형 회로의 영상 임피던스 및 전달정수를 구하여라.

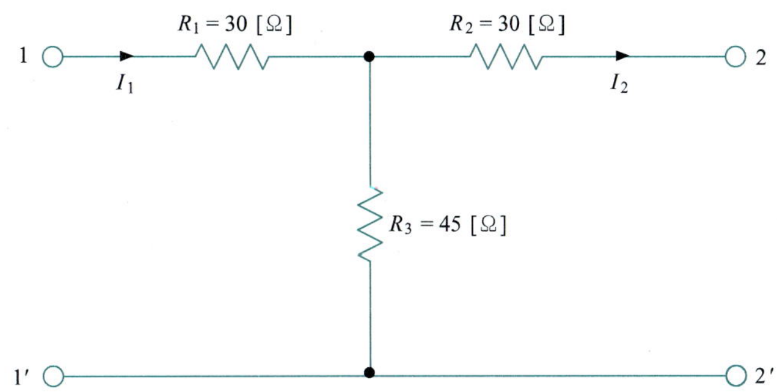

그림 11-34 예제 11-13의 회로

풀이

(1) T회로의 4단자정수를 먼저 구한다.

$$V_1 = AV_2 + BI_2$$

$$I_1 = CV_2 + DI_2$$

$$A = \left.\frac{V_1}{V_2}\right|_{I_2=0}$$

$$V_1 = 30I_1 + 45I_1 = 75I_1$$

$$V_2 = 45I_1$$

$$A = \frac{75I_1}{45I_1} = \frac{5}{3}$$

$$C = \frac{I_1}{V_2} = \frac{I_1}{45I_1} = \frac{1}{45}$$

$I_2 = 0$일 때의 등가회로

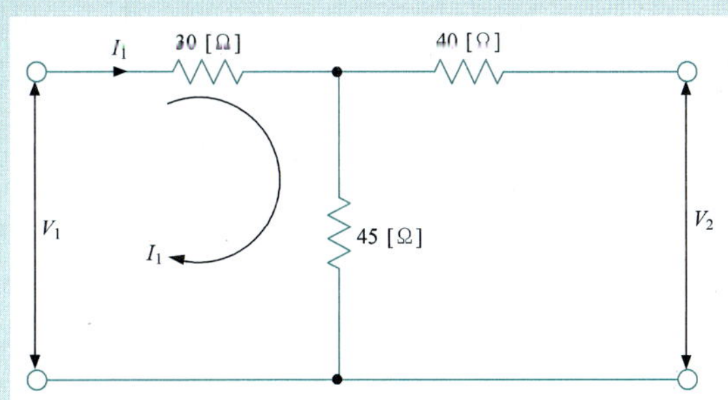

그림 11-35 예제 11-13의 풀이(1)

$V_2=0$일 때의 등가회로

$$B=\frac{V_1}{I_2}$$

$$I_2=I_1\times\frac{45}{45+30}=\frac{V_1}{48}\times\frac{45}{75}$$

$$I_1=\frac{V_1}{R}=\frac{V_1}{48}$$

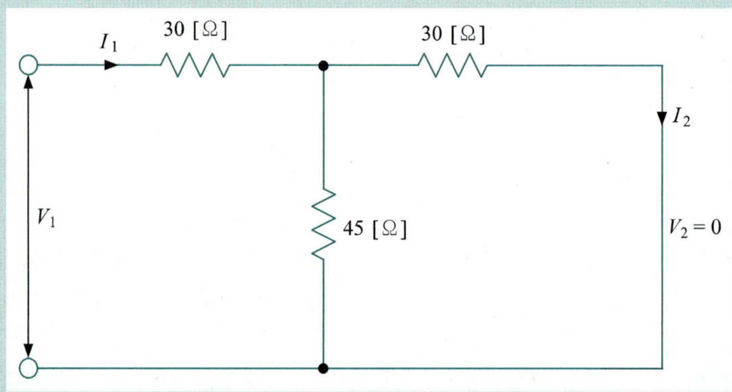

그림 11-36 예제 11-13의 풀이(2)

$$R=30+\frac{30\times 45}{30+45}=30+18=48$$

$$B=\frac{V_1}{I_2}=\frac{48\times 75}{V_1\times 45}\times V_1=80$$

$$I_2=I_1\times\frac{45}{30+45}=\frac{45}{75}I_1$$

$$D=\frac{I_1}{I_2}=\frac{I_1}{\frac{45}{75}I_1}=\frac{75}{45}=\frac{5}{3}$$

$$Z_{01}=\sqrt{\frac{AB}{CD}}=\sqrt{45\times 80}=60[\Omega]$$

$$Z_{02}=\sqrt{\frac{DB}{CA}}=\sqrt{45\times 80}=60[\Omega]$$

$$\theta=\log_e(\sqrt{AD}+\sqrt{BC})=\log_e\left(\sqrt{\frac{5}{3}\times\frac{5}{3}}+\sqrt{80\times\frac{1}{45}}\right)$$

$$\log_e\left(\frac{5}{3}+\frac{4}{3}\right)=\log_e 3$$

■ 영상 파라미터에 의한 4단자회로의 기초방정식

식 (11−43)에 식 (11−73)을 대입하면

$$V_1 = \sqrt{\frac{Z_{01}}{Z_{02}}}\,(V_2\cosh\theta + I_2 Z_{02}\sinh\theta)$$
$$I_1 = \sqrt{\frac{Z_{02}}{Z_{01}}}\left(\frac{V_2}{Z_{02}}\sinh\theta + I_2\cosh\theta\right) \qquad (11-74)$$

대칭 4단자회로의 경우는 $Z_{01} = Z_{02} = Z_0$ 이므로

$$V_1 = V_2\cosh\theta + I_2 Z_0 \sinh\theta$$
$$I_1 = \frac{V_2}{Z_0}\sinh\theta + I_2\cosh\theta \qquad (11-75)$$

이다.

11-7 여 파 기

■ 정 K형 여파기

여파기(filter)의 기본회로로서 그림 11−37과 같은 회로를 생각한다. Z_1, Z_2가 역회로, 즉

$$Z_1 Z_2 = K^2 \qquad (11-76)$$

의 관계에 있을 때, 이것을 **정 K형 여파기**(constant−K type filter)라 한다. 그리고 여파기에는 K를 **공칭 임피던스**(nominal impedance)라 한다.

■ 정 K형 여파기의 감쇠정수와 위상정수

그림 11−37과 같은 4단자회로에서 보는 바와 같이

$$\sinh\theta = \sqrt{\frac{Z_1}{4Z_2}}$$

이므로 이것을 식 (11−76)에 대입하면

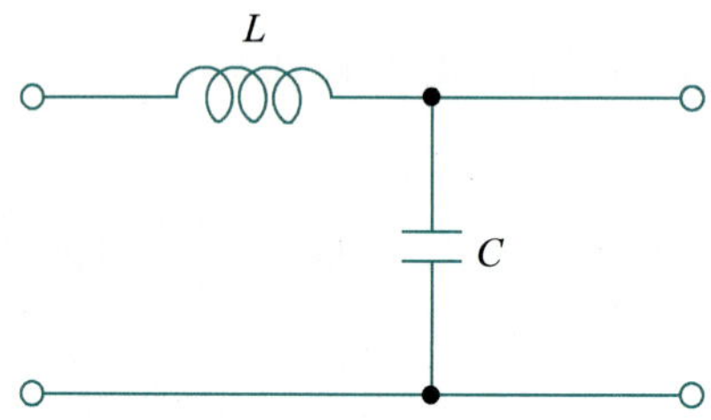

그림 11-37

$$\sinh\theta = \frac{Z_1}{2K} \tag{11-77}$$

Z_1은 리액턴스 회로이므로 허수 $jX_1(\omega)$로 표시된다. 그리고 θ는 일반적으로 복소수이므로

$$\theta = \alpha + j\beta \tag{11-78}$$

라 놓는데, α를 감쇠정수(attenuation constant)라 하고 단위로는 네퍼(neper), 또는 데시벨(decibell, dB)을 사용한다. 또, β는 위상정수(phase constant)라 하며 단위로는 라디안(radian) 또는 도(degree)를 사용한다.

식 (11−78)을 식 (11−77)에 대입하면

$$\sinh(\alpha + j\beta) = j\frac{X_1(\omega)}{2K}$$

또는

$$\sinh\alpha\cos\beta + j\cosh\alpha\sin\beta = j\frac{X_1(\omega)}{2K}$$

그러므로

$$\begin{aligned}&\sinh\alpha\cos\beta = 0\\&\cosh\alpha\sin\beta = \frac{X_1(\omega)}{2K}\end{aligned} \tag{11-79}$$

식 (11−79)가 성립하기 위해서는 다음 세 가지 경우를 생각할 수 있다.

- $-1 \leqq \dfrac{X_1(\omega)}{2K} \leqq 1$이면

$$\alpha = 0\,,\ \beta = \sin^{-1}\frac{X_1(\omega)}{2K} \tag{11-80}$$

- $\frac{X_1(\omega)}{2K} \geqq 1$이면

$$\alpha = \cosh^{-1}\frac{X_1(\omega)}{2K}, \quad \beta = \frac{\pi}{2} \tag{11-81}$$

- $\frac{X_1(\omega)}{2K} \leqq -1$이면

$$\alpha = \cosh^{-1}\left(-\frac{X_1(\omega)}{2K}\right), \quad \beta = -\frac{\pi}{2} \tag{11-82}$$

$\alpha = 0$, 즉 감쇠정수가 0인 주파수 범위를 **통과역**(transmission band)이라 하고, 그렇지 않은 범위를 **감쇠역**(attenuation band)이라 한다. 그 경계가 되는 주파수를 차단주파수(cut-off frequency)라 한다.

그러므로 식 (11-80), 식 (11-81), 식 (11-82)에서 보는 바와 같이

$$\frac{X_1(\omega)}{2K} = \pm 1 \tag{11-83}$$

을 만족시키는 주파수가 차단주파수이다.

■ 정 K형 저역여파기

지금 Z_1을 인덕턴스 L의 임피던스라 하면 $Z_1 = j\omega L$, Z_2는 역회로이므로

$$Z_2 = \frac{1}{j\omega C}, \quad \frac{L}{C} = K^2 \tag{11-84}$$

으로 놓을 수 있어 그림 11-38과 같은 정 K형 여파기를 생각할 수 있다. 그러면

$$\frac{X_1(\omega)}{2K} = \frac{\omega L}{2K} \tag{11-85}$$

에서 ω가 0에서 ∞까지 변화할 때 식 (11-85)는 항상 양이므로 $0 \leqq \frac{\omega L}{2K} < 1$을 만족시키는 주파수영역이 통과역이고, 차단주파수 f_1은 다음 식에서 구해진다.

$$\frac{\omega_1 L}{2K} = \frac{2\pi f_1 L}{2L} = 1, \quad \text{즉} \quad f_1 = \frac{K}{\pi L} \quad \text{또는} \quad \omega_1 = \frac{2K}{L} \tag{11-86}$$

• $0 \leqq \omega \leqq \omega_1$ 일 때

$$\alpha=0,\ \beta=\sin^{-1}\frac{\omega L}{2K}=\sin^{-1}\frac{\omega}{\omega_1}$$

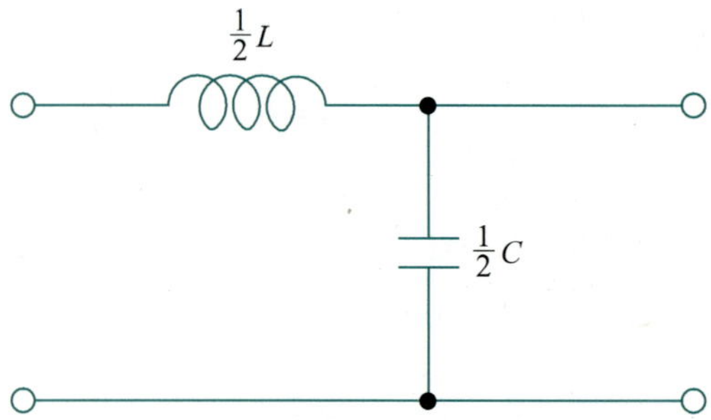

그림 11-38

• $\omega \geqq \omega_1$ 일 때

$$\alpha=\cosh^{-1}\frac{\omega L}{2K}=\cosh^{-1}\frac{\omega}{\omega_1},\quad \beta=\frac{\pi}{2}$$

이때의 α 와 β 의 주파수 특성은 그림 11-39와 같다. 이와 같이 어떤 주파수 이하를 통과시키는 여파기를 **저역여파기**(low-pass filter)라 한다.

차단주파수 f_1 과 공칭 임피던스 K를 주면 L, C는 식 (11-86), 식 (11-84)로부터 다음과 같이 된다.

$$L=\frac{K}{\pi f_1},\quad C=\frac{1}{\pi f_1 K}$$

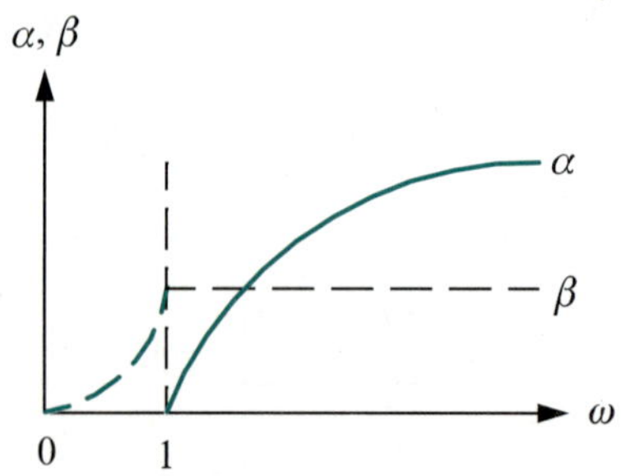

그림 11-39

예제 11-14

그림 11-38과 같은 정 K형 저역여파기에서 공칭 임피던스가 500 [Ω]이고, 차단주파수가 10 [kHz]일 때 L 및 C의 값을 구하여라.

풀이

$$K=\sqrt{\frac{L}{C}}=500$$

$$\frac{\omega L}{2K}=\frac{2\pi\times10\times10^3\times L}{2\times500}=1$$

$$L=\frac{2\times500}{2\pi\times10^4}=15.9\times10^{-3}\ [\text{H}]$$

$$C=\frac{L}{K^2}=\frac{15.9\times10^{-3}}{500^2}=0.063\times10^{-6}\ [\text{F}]$$

■ 정 K형 고역여파기

그림 11-40과 같이 $Z_1=\frac{1}{j\omega C}$, $Z_2=j\omega L$이라 하면, 정 K형 여파기가 되고 공칭 임피던스는

$$K^2=\frac{L}{C} \tag{11-87}$$

$$\frac{X_1(\omega)}{2K}=\frac{-1}{2K\omega C} \tag{11-88}$$

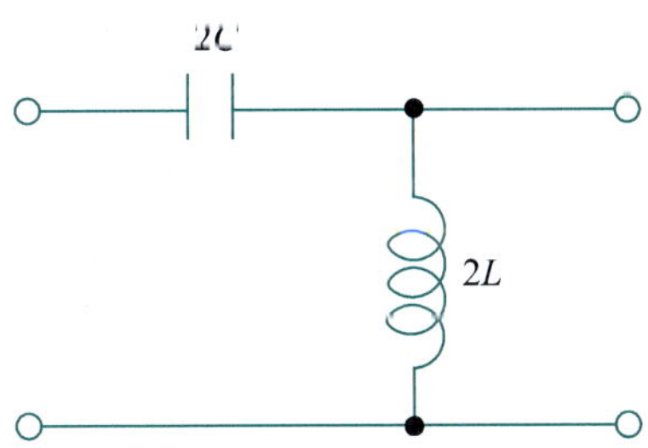

그림 11-40

ω가 0에서 ∞까지 변할 때 식 (11-88)은 $-\infty$에서 0까지 변화하고 항상 부이다. 여기서, 차단주파기는 $X_1(\omega)/2K=-1$에 의하여 정해진다. 즉, 다음 ①, ②와 같다.

$$\omega_1=\frac{1}{2KC},\quad f_1=\frac{1}{4\pi KC} \tag{11-89}$$

① $0 \leqq \omega \leqq \omega_1$ 일 때

$$\frac{X_1}{2K} \leqq -1$$

이 되므로

$$\alpha = \cosh^{-1}\frac{1}{2K\omega C} = \cosh^{-1}\frac{\omega_1}{\omega}, \quad \beta = -\frac{\pi}{2}$$

이다.

② $\omega \geqq \omega_1$ 일 때

$$0 \geqq \frac{X_1}{2K} \geqq -1$$

이 되므로

$$\alpha = 0, \quad \beta = -\sin\left(\frac{\omega_1}{\omega}\right)$$

이때의 α 및 β 의 주파수 특성은 그림 11-41과 같다. 이와 같이 어떤 주파수 이상을 통과시키는 여파기를 **고역여파기**(high pass filter)라 한다.

K 및 f_1 을 주면 C, L 은 다음 식으로 구해진다.

$$C = \frac{1}{4\pi f_1 K}, \quad L = \frac{K}{4\pi f_1} \tag{11-90}$$

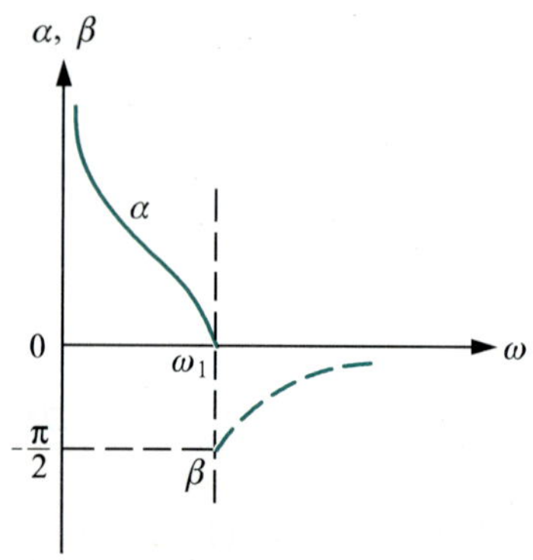

그림 11-41

예제 11-15

그림 11-40의 정 K형 고역여파기에서 공칭 임피던스가 500 [Ω], 차단주파수가 20 [kHz]가 되도록 L과 C를 설계하여라.

풀이

$$K=\sqrt{\frac{L}{C}}=500$$

$$\frac{1}{2K\omega C}=\frac{1}{2\times 500\times 2\pi\times 20\times 10^3\times C}=1$$

$$C=\frac{1}{40\pi\times 10^6}=0.00796\times 10^{-6}\ [\mathrm{F}]$$

$$L=CK^2=500^2\times 0.00796\times 10^{-6}=1.992\times 10^{-3}\ [\mathrm{H}]$$

연습문제

11-1 그림과 같은 L형 회로의 4단자정수는 어떻게 되는가? 단, Z의 단위는 [Ω]이다.

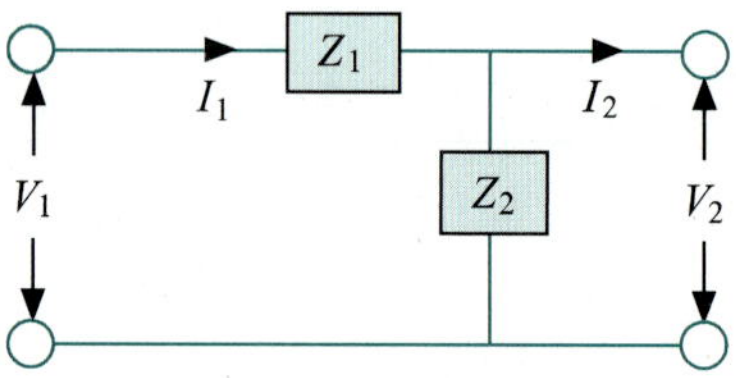

그림 11-42

11-2 그림과 같은 L형 회로에서 임피던스 파라미터 Z_{12}는 얼마인가? 단, Z의 단위는 [Ω]이다.

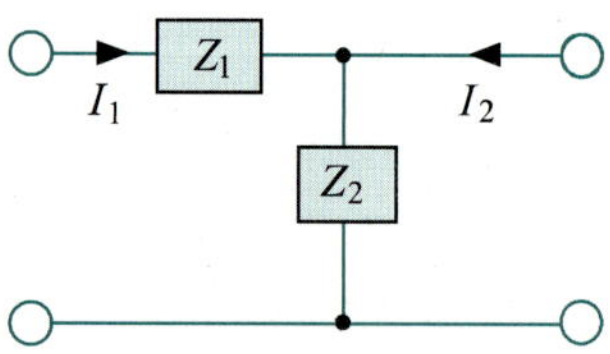

그림 11-43

11-3 그림 11-44와 같은 T회로의 임피던스 파라미터를 구하여라.

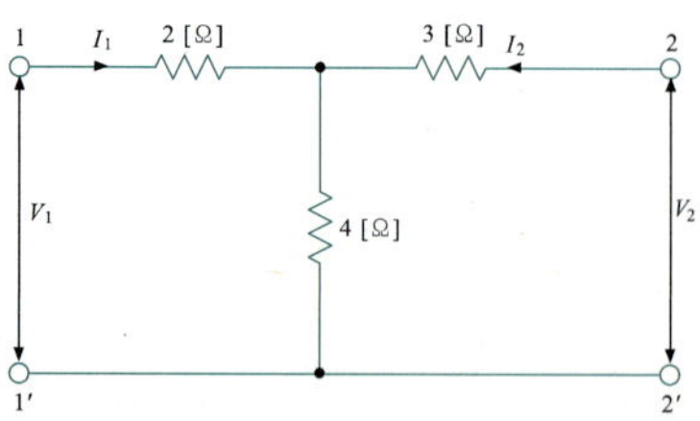

그림 11-44 T회로의 임피던스 파라미터

11-4 그림의 π형 4단자회로의 어드미턴스 파라미터 Y_{22}은 얼마인가? 단, Y의 단위는 [℧]이다.

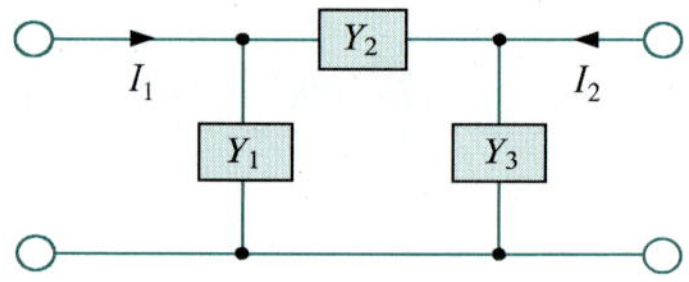

그림 11-45

11-5 그림과 같은 4단자 회로망에서 출력측을 개방하니 $V_1=12$ [V], $I_1=2$ [A], $V_2=4$ [V]이고, 출력측을 단락하니 $V_1=16$ [V], $I_1=4$ [A], $I_2=2$ [A]였다. A, B, C, D는 얼마인가?

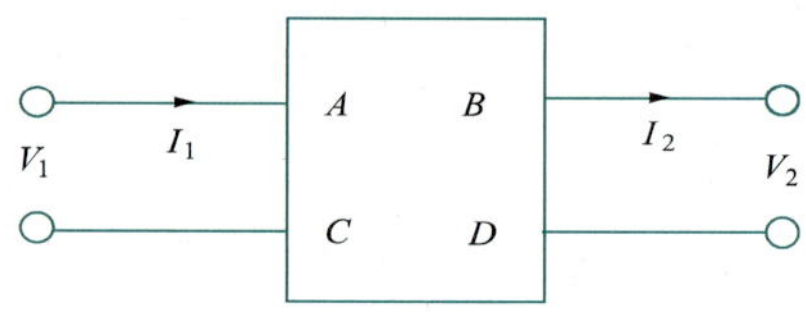

그림 11-46

11-6 회로망의 4단자상수 A는 얼마인가? (단, $\omega=10^4$ [rad/s]라 한다.)

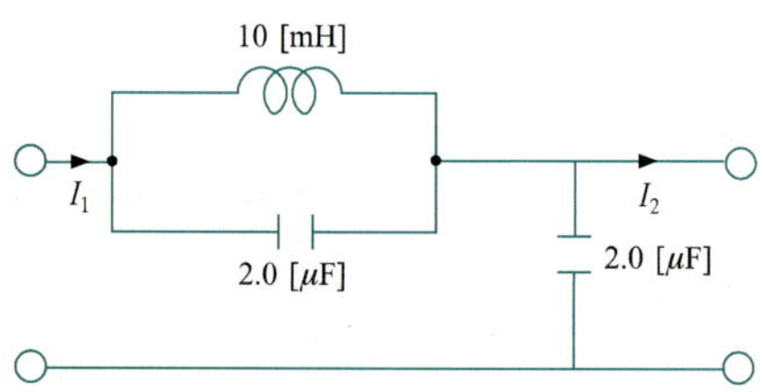

그림 11-47

11-7 그림의 T형 회로에서 임피던스 파라미터 Z_{11}의 값은 얼마인가?

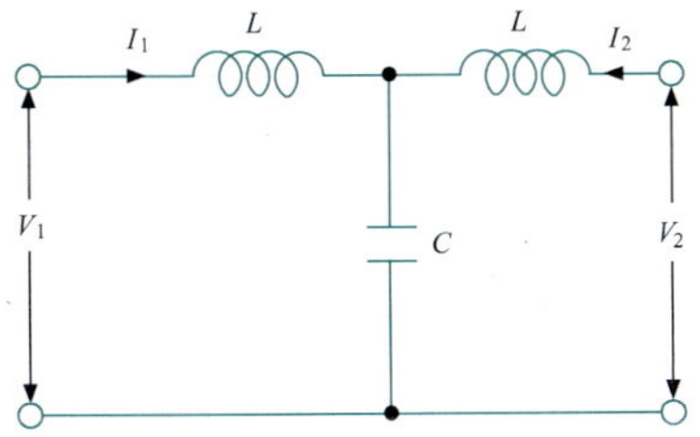

그림 11-48

11-8 그림의 회로에서 4단자정수 중 A의 값은 얼마인가?

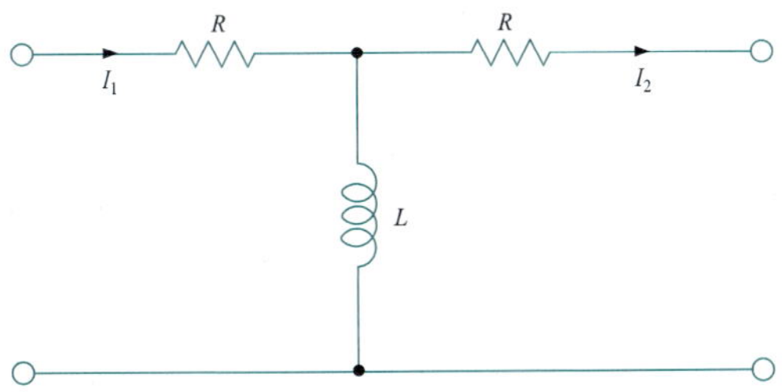

그림 11-49

11-9 그림에서 4단자망의 4단자정수 D의 값은 얼마인가 ?

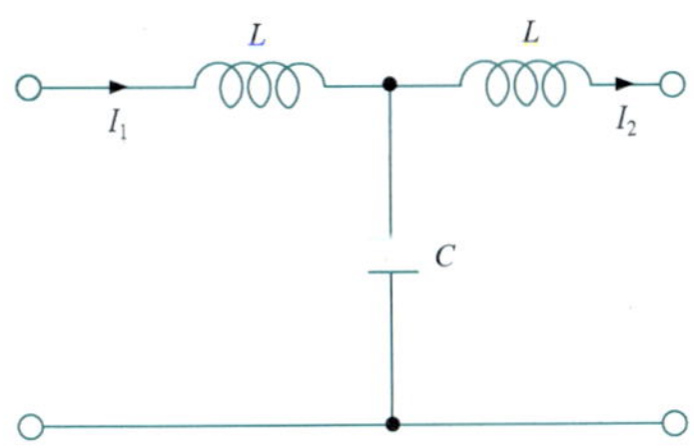

그림 11-50

11-10 그림과 같은 T형 회로에서 4단자회로의 어드미턴스 파라미터 중 Y_{11}을 구하여라.

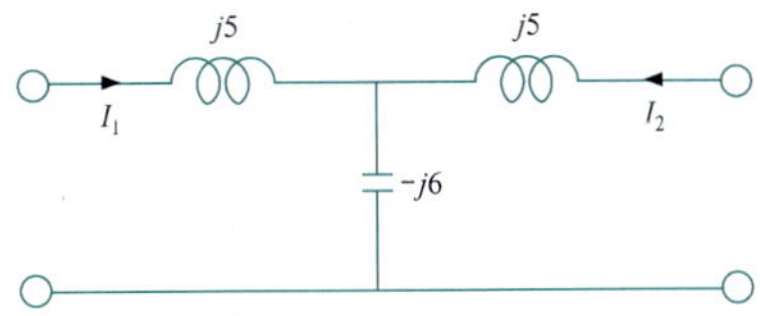

그림 11-51

11-11 그림의 1-1′에서 본 구동점 임피던스 Z_{11}을 구하여라.

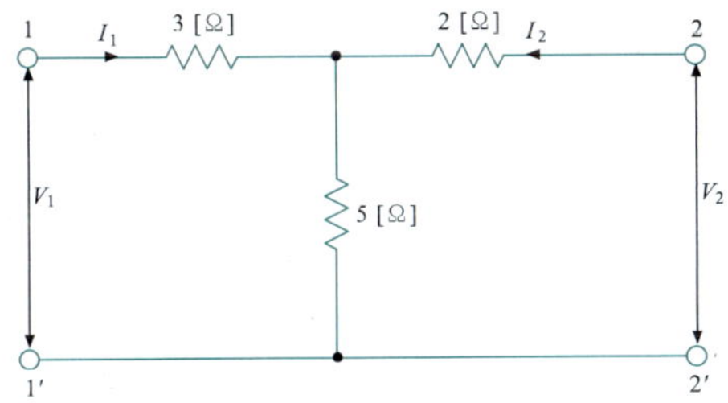

그림 11-52

11-12 다음 그림과 같은 회로망의 영상 임피던스는?

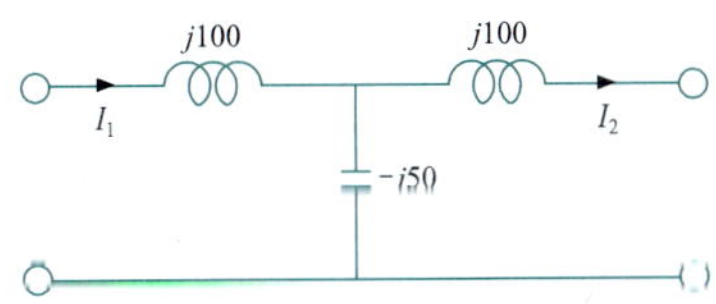

그림 11-53

11-13 그림과 같은 브리지된 T형 회로에 대한 어드미턴스 파라미터를 구하여라.

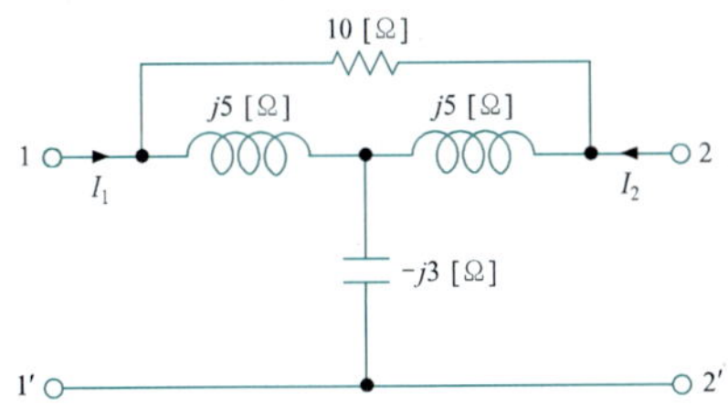

그림 11-54

11-14 L형 4단자 회로망에서 4단자상수가 $A=\frac{15}{4}$, $D=1$이고, 영상 임피던스 Z_{02}가 $\frac{12}{5}$ [Ω]일 때 영상 임피던스 Z_{01} [Ω]의 값은?

11-15 어떤 4단자 회로망의 영상 임피던스 Z_{01}과 Z_{02}가 같게 되려면, 4단자정수 사이에 어떤 관계가 있는가?

11-16 4단자망에서 영상 임피던스 Z_{01}은 몇 [Ω]인가?

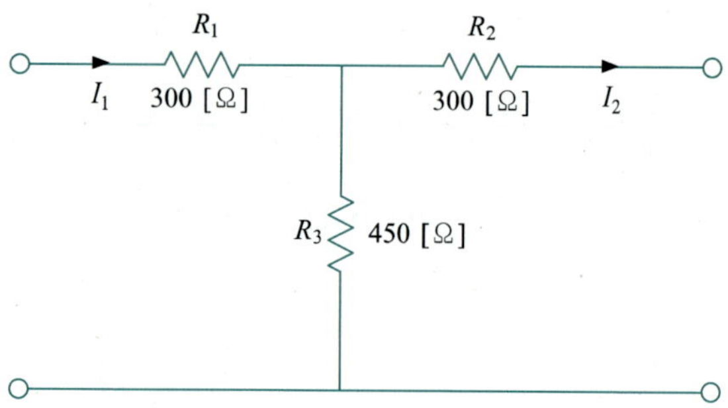

그림 11-55

11-17 회로의 영상 임피던스 Z_{01}과 Z_{02}는 각각 몇 [Ω]인가?

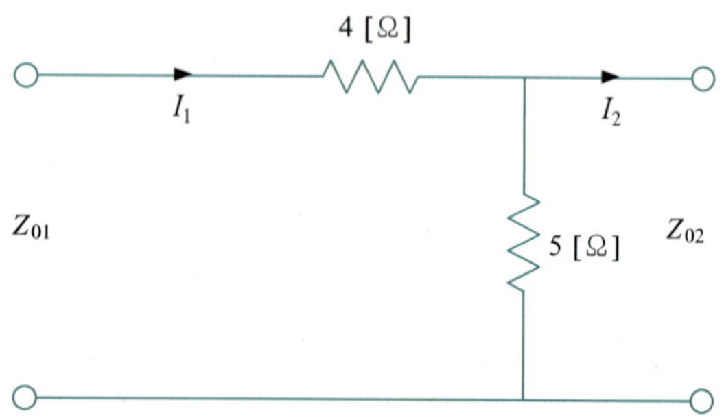

그림 11-56

11-18 T형 4단자 회로망에서 영상 임피던스와 $Z_{01}=32$ [Ω], $Z_{02}=2$ [Ω]이고 전달정수가 0일 때 이 회로의 4단자 A의 값은 ?

11-19 4단자정수 $A=\frac{5}{3}$, $B=800$, $C=\frac{1}{450}$, $D=\frac{5}{3}$일 때 영상 임피던스 Z_{01}과 Z_{02}의 값은?

11-20 다음 그림과 같은 고역여파기에서 공칭 임피던스 K [Ω] 및 차단주파수 f_c [kHz]는 ?

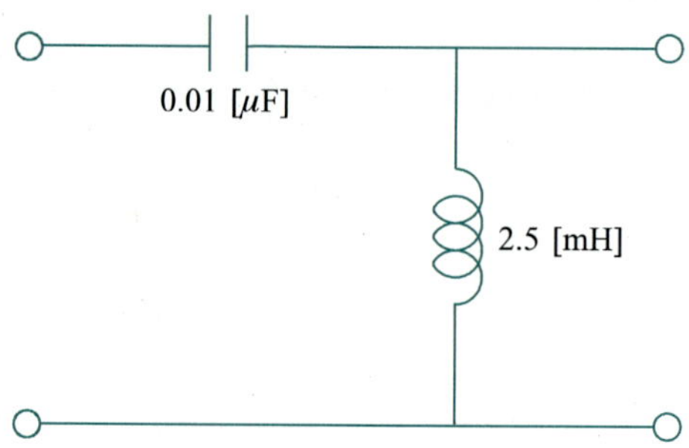

그림 11-57

① 400, 25.9 ② 460, 20.9
③ 480, 18.9 ④ 500, 15.9

11-21 단자 외부에 연결되는 임피던스를 예상해서 도입되는 파라미터는?

① 영상 파라미터
② 반복 파라미터
③ Z-파라미터
④ Y-파라미터

복습문제

문제 1. 4단자 정수 A, B, C, D 중에서 어드미턴스의 차원을 가진 정수는 어느 것인가?

㉮ A ㉯ B ㉰ C ㉱ D

문제 2. 4단자망의 파라미터 정수에 관한 서술 중 잘못된 것은?

㉮ A, B, C, D 파라미터 중 A 및 D는 차원(dimension)이 없다.

㉯ h파라미터 중 h_{12}및 h_{21}은 차원이 없다.

㉰ A, B, C, D 파라미터 중 B는 어드미턴스, C는 임피던스 차원을 갖는다.

㉱ h 파라미터 중 h_{11}은 임피던스, h_{22}는 어드미턴스의 차원을 갖는다.

문제 3. 다음과 같은 π형 회로에서 4단자회로의 임피던스 파라미터를 구하시오. 단, Y의 단위는 [℧]이다.

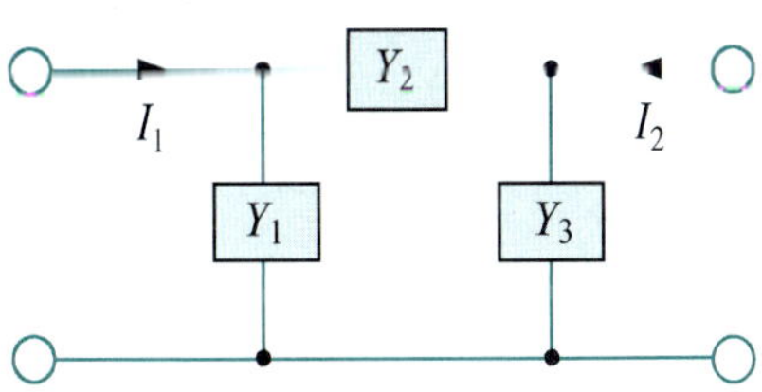

문제 4. 어떤 대칭회로에서 1차 측에서 본 영상 임피던스 $Z_{01}=600$ [Ω], 1차 측에서 본 영상 임피던스$Z_{02}=600$ [Ω]이고, 어드미턴스 정수 $C=\frac{1}{450}$ [℧]일 때 임피던스 정수, 전압비, 전류비, 영상 전달정수를 구하시오.

문제 5. 다음 회로의 4단자 정수 중 잘못 구해진 것은 어느 것인가?

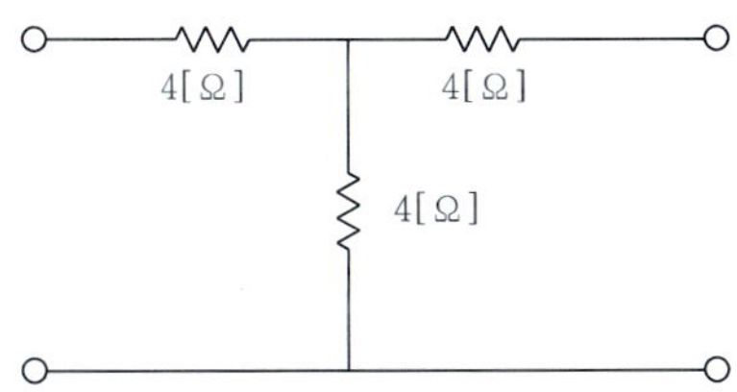

㉮ $A=2$ ㉯ $B=12$

㉯ $C=\frac{1}{2}$ ㉱ $D=2$

문제 6. 그림에서 $\frac{V_2}{V_1}$은 얼마인가? (단, 저항은 모두 1 [Ω]이다.)

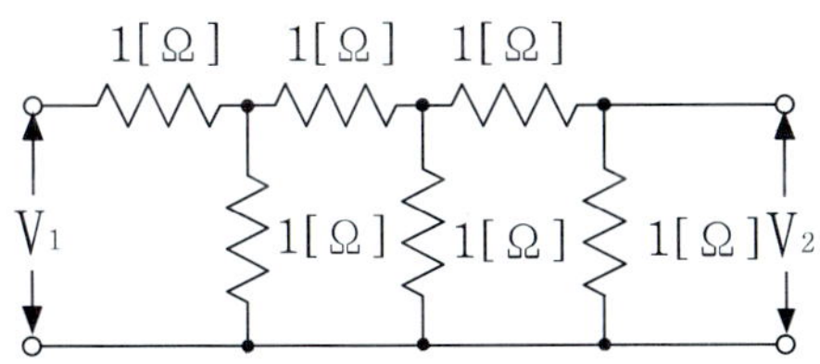

㉮ $\frac{1}{13}$ ㉯ $\frac{1}{10}$ ㉰ $\frac{1}{7}$ ㉱ $\frac{1}{4}$

문제 *7.* 결합 회로의 4단자 정수 A, B, C, D 파라미터 행렬은?

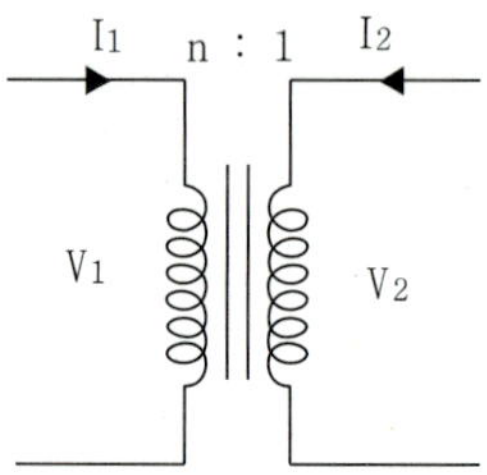

문제 *8.* 다음 4단자망의 4단자 정수 중 C 정수는?

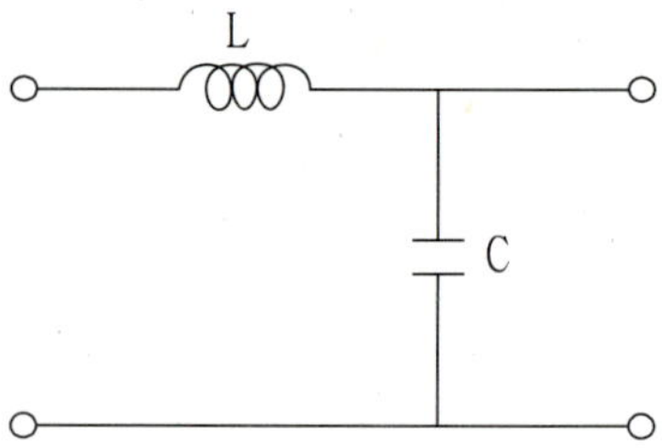

㉮ 1 ㉯ $j\omega L$

㉰ $j\omega C$ ㉱ $1+j(\omega L+\omega C)$

문제 *9.* 다음 그림과 같은 이상 변압기의 4 단자 정수 A, B, C, D는 어떻게 표시되는가?

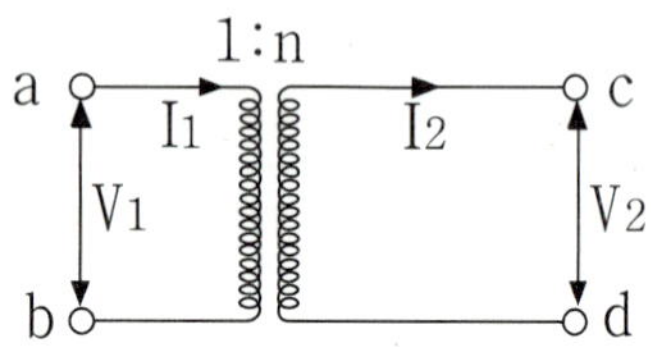

㉮ $n,\ 0,\ 0,\ \dfrac{1}{n}$ ㉯ $\dfrac{1}{n},\ 0,\ 0,\ 1-n$

㉰ $\dfrac{1}{n},\ 0,\ 0,\ n$ ㉱ $n,\ 0,\ 0,\ \dfrac{1}{n}$

문제 *10.* 그림과 같은 H형 회로의 3단자 정수 중 A의 값은?

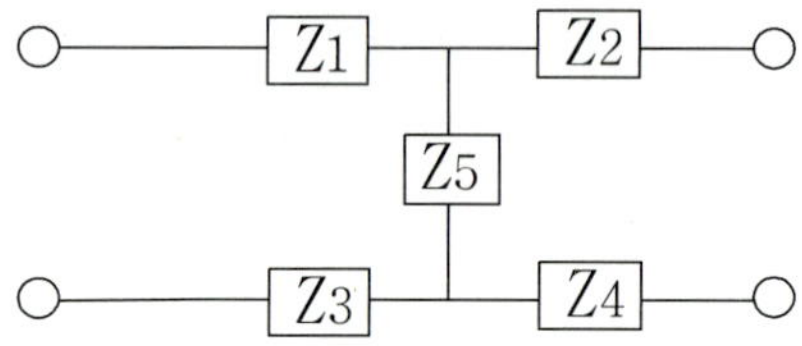

㉮ Z_5 ㉯ $\dfrac{Z_5}{Z_2+Z_4+Z_5}$

㉰ $\dfrac{1}{Z_5}$ ㉱ $\dfrac{Z_1+Z_3+Z_5}{Z_5}$

문제 *11.* 4 단자회로에서 영상전달정수(Θ)가 1.098이고 4 단자 정수 A가 $\dfrac{5}{3}$이면 4 단자 정수 D는 대략 얼마인가?

문제 *12.* 다음 그림과 같은 회로의 4단자 정수 중 A는?

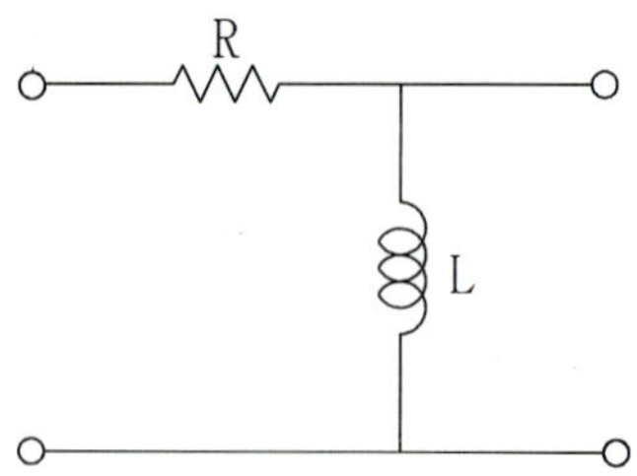

㉮ $1+\dfrac{R}{sL}$ ㉯ R

㉰ $\dfrac{1}{sL}$ ㉱ 1

문제 *13.* 회로에서 영상임피던스 $Z_{01}=6$ [Ω] 이다 저항 R의 값은 몇 [Ω]인가?

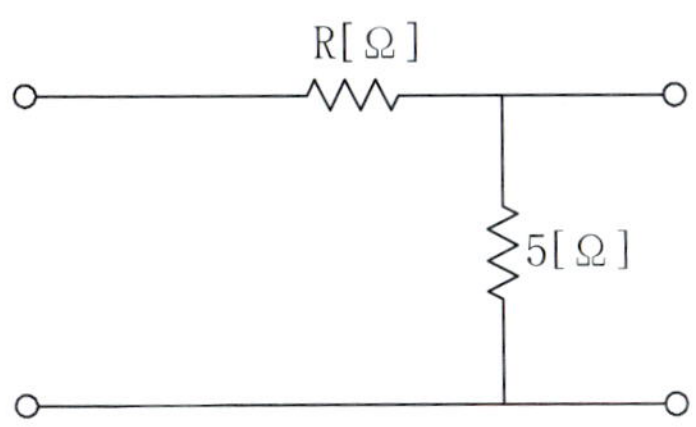

㉮ 2 ㉯ 4 ㉰ 6 ㉱ 9

문제 *14.* 다음과 같은 회로에서 어드미턴스 파라미터를 구하시오.

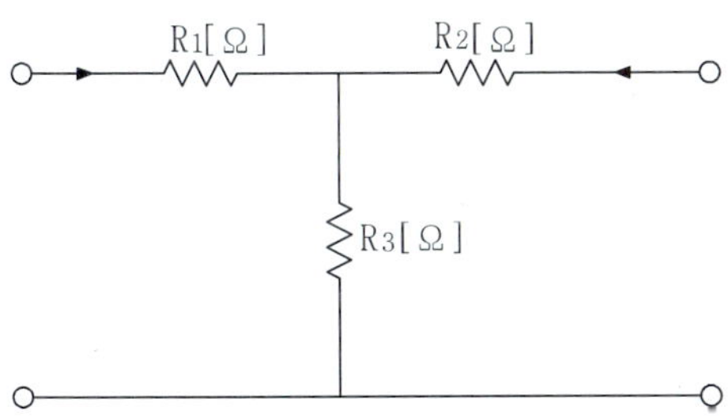

문제 *15.* 다음 회로의 4단자 정수를 구하시오.

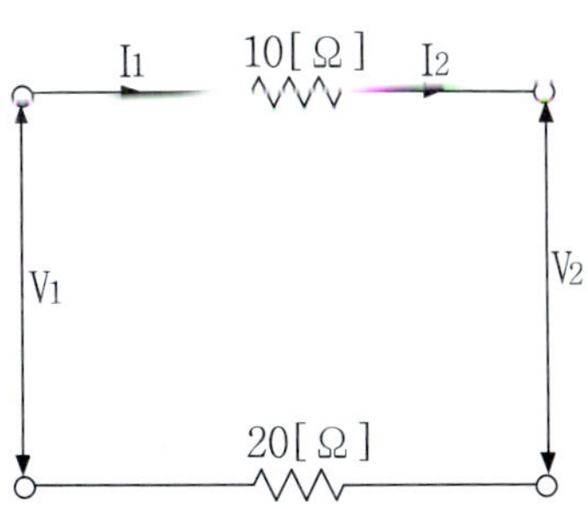

문제 *16.* 4단자 망의 기술에서 옳지 않은 것은?

㉮ 2단자 쌍망이라고도 한다.

㉯ 4개의 단자를 갖는다.

㉰ 각 단자 쌍의 출입전류는 같다.

㉱ 관심의 대상은 4단자망 자체의 회로 구성이다.

문제 *17.* 4단자 정수 A, B, C, D 중에서 전압이득의 차원을 가진 정수는?

㉮ D ㉯ B

㉰ C ㉱ A

문제 *18.* A, B, C, D 4단자 정수를 올바르게 쓴 것은?

㉮ AB−CD=1

㉯ AD−BC=1

㉰ AB+CD=1

㉱ AD+BD=1

문제 *19.* 어떤 회로망의 4단자 정수가 A=8, B=j2, D=3+j2이면 C는 얼마인가?

제 12 장 비정현파

제 12 장 비정현파

이제까지의 선형회로 해석에서 우리는 주로 정현적으로 변하는 주기파를 취급하였다. 여기에는 몇 가지 이유가 있었다.

첫째로 정현파는 해석상 취급이 용이하다. 예컨대 선형회로에 정현전압이 인가될 때 정상상태에서 회로 내의 모든 전압, 전류는 인가전압과 동일한 주파수의 정현파가 되므로 이것들을 페이저로서 표시하고 복소 임피던스, 복소 어드미턴스의 개념을 이용하면 회로해석이 직류회로와 동등하게 간소화됨을 우리는 이미 알고 있다.

둘째로 공학적으로 부딪치는 전압, 전류의 파형이 정현파에 가까운 것이 많다. 가령 60 [Hz] 발전기의 전압이나 공진회로를 갖는 전자발전기의 전압은 대개의 경우 정현파라고 간주해도 무방하다.

셋째의 이유는 어떠한 파형의 주기파라도 이것을 상이한 주파수를 갖는 여러 개의 정현파의 합으로써 표시할 수 있다는 데 있다.

이 장의 목적은 비정현주기파를 여러 개의 정현파의 합으로써 표시하는 방법 [이것을 푸리에 분석(Fourie analysis)이라 함]과 비정현파에 대한 선형회로의 응답을 구하는 데 있다.

12-1 비정현주기파

2개 또는 그 이상의 상이한 주파수의 정현파를 합하면 비정현파가 생긴다. 특히 어떤 주파수의 정현파 $f_1(t)$ 와 그 정수부의 주파수를 갖는 정현파 $f_i(t)$ $(i=2, 3, 4, \cdots)$들을 합하면 $f_1(t)$ 와 같은 주기를 갖는 비정현파가 얻어진다. 이때 $f_1(t)$ 를 **기본파**(fundamental wave), $f_i(t)$ 를 **고조파**

(harmonics)라고 부른다.

그림 12-1(a), (b)에는 각각 기본파와 제2고조파, 기본파와 제3고조파를 합해서 비정현주기파가 얻어짐을 보였다. 이것으로부터 여러 가지 진폭, 위상관계를 갖는 많은 고조파를 합함으로써 실로 다양한 파형의 비정현주기파가 얻어짐을 알 수 있다.

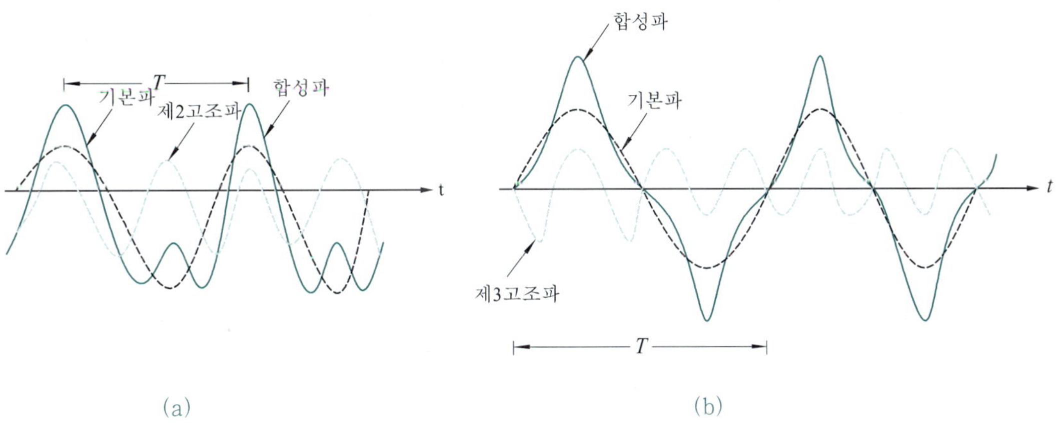

그림 12-1 기본파와 고조파의 합

반대로 임의의 비정현주기파는 이와 동일한 주기를 갖는 기본파와 그 정수부의 주파수(정수분의 1의 주기)를 갖는 고조파들과의 합으로써 나타낼 수 있음을 짐작할 수 있다.

정현파가 비선형소자(다이오드, 과구동되는 트랜지스터 또는 철심변압기 등)에 인가되면 비정현파가 생기고 또 실험실에서 쓰는 function generator는 각종 비정현주기파를 발생시킨다.

12-2 비정현파의 푸리에 급수에 의한 전개

일반적으로 주기 T인 비정현파를 $f(t)$ 라 하면

$$f(t) = f(t+T)$$

이고, 이것은 다음과 같은 푸리에 급수(Fourier series)로 전개할 수 있다.

$$f(t) = a_0 + a_1\cos\omega_0 t + a_2\cos 2\omega_0 t + \cdots\cdots + a_n\cos n\omega_0 t + \cdots\cdots$$
$$+ b_1\sin\omega_0 t + b_2\sin 2\omega_0 t + \cdots\cdots + b_n\sin n\omega_0 t + \cdots\cdots$$

또는

$$f(t) = a_0 + \sum_{n=1}^{\infty} a_n\cos n\omega_0 t + \sum_{n=1}^{\infty} b_n\sin n\omega_0 t \qquad (12\text{-}1)$$

여기서 ω_0 는 비정현파의 주기 T 및 f 와 다음 관계를 갖는다.

$$\omega_0 = \frac{2\pi}{T} = 2\pi f \qquad (12\text{-}2)$$

■ a_0 의 결정

식 (12−1)의 양변을 0에서 T까지 적분하면 우변의 적분에서는 상수항만 남으므로

$$\int_0^T f(t)dt = \int_0^T a_0\, dt$$
$$\therefore\ a_0 = \frac{1}{T}\int_0^T f(t)dt = \frac{1}{2\pi}\int_0^{2\pi} f(\omega_0 t)d(\omega_0 t) \qquad (12\text{-}3)$$

이 최종의 형식은 적분변수를 t 에서 $\omega_0 t$ 로 고치고 따라서 적분의 한계도 고친 다음 식 (12−2)의 관계를 이용하여 얻은 것이다.

위 식을 보면 a_0 는 주기함수의 1주기간의 평균값임을 알 수 있다. 따라서 이것을 보통 직류성분이라고 부른다. 이 일정항 a_0 는 파형의 관찰로부터 곧 구할 수 있는 경우가 많다.

■ $a_n\,(n \neq 0)$ 의 결정

식 (12−1)의 양변에 $\cos m\omega_0 t$ 를 곱하고, 이것을 0에서 T까지 적분하면

$$\int_0^T (t)\cos m\omega_0 t dt = a_o\int_0^T \cos m\omega_0 t dt + \sum_{n=1}^{\infty} a_n \int_0^T \cos n\omega_0 t\cdot\ \cos m\omega_0 t dt$$
$$+ \sum_{n=1}^{\infty} b_n \int_0^T \sin n\omega_0 t\cdot\ \cos m\omega_0 t dt \qquad (12\text{-}4)$$

우변의 제1항은 명백히 0이고, 제2항, 제3항은

$$\int_0^T \cos n\omega_0 t \cdot \cos m\omega_0 dt = \frac{1}{2}\int_0^T [\cos(m+n)\omega_0 t + \cos(m-n)\omega_0 t]dt$$

$$\begin{aligned} &= 0:\ m \neq n\text{일 때} \\ &\ \ \frac{T}{2}:\ m = n\text{일 때} \end{aligned} \tag{12-5}$$

$$\int_0^T \sin n\omega_0 t \cdot \cos m\omega_0 t dt = \frac{1}{2}\int_0^T [\sin(m+n)\omega_0 t - \sin(m-n)\omega_0 t]dt = 0 \tag{12-6}$$

그러므로 식 (12-4)의 우변은 제2항 중 $m=n$인 항만 남고 $a_n T/2$가 된다. 따라서

$$a_n = \frac{2}{T}\int_0^T f(t)\cos n\omega_0 t dt = \frac{1}{\pi}\int_0^{2\pi} f(\omega_0 t)\cos n\omega_0 t d(\omega_0 t)$$

$$(n = 1, 2, 3\cdots) \tag{12-7}$$

■ b_n의 결정

식 (12-1)의 양변에 $\sin m\omega_0 t$를 곱하고 이것을 0에서 T까지 적분하면

$$\int_0^T f(t)\sin m\omega_0 t dt = a_0\int_0^T \sin m\omega_0 t dt + \sum_{n=1}^{\infty} a_n \int_0^T \cos n\omega_0 t \cdot \sin m\omega_0 t dt$$

$$+ \sum_{n=1}^{\infty} b_n \int_0^T \sin n\omega_0 t \cdot \sin m\omega_0 t dt \tag{12-8}$$

전과 마찬가지로 우변의 제1, 제2항은 0이고 제3항은

$$\int_0^T \sin n\omega_0 t \cdot \sin m\omega_0 t dt = \frac{1}{2}\int_0^T [\cos(m-n)\omega_0 t - \cos(m+n)\omega_0 t]dt$$

$$\begin{aligned} &= 0:\ m \neq n\text{일 때} \\ &\ \ \frac{T}{2}:\ m = n\text{일 때} \end{aligned} \tag{12-9}$$

따라서

$$b_n = \frac{2}{T}\int_0^T f(t)\sin n\omega_0 t dt = \frac{1}{\pi}\int_0^{2\pi} f(\omega_0 t)\sin n\omega_0 t d(\omega_0 t)$$

$$(n = 1, 2, 3, \cdots) \tag{12-10}$$

푸리에 급수 식 (12-1)에 있어서 동일 주파수의 cos항과 sin항을 결합하면 sin항만으로 표시할 수 있다. 그림 12-2를 참고로

$$a_n \cos n\omega_0 t + b_n \sin n\omega_0 t$$
$$= \sqrt{a_n^2 + b_n^2}\left(\frac{a_n}{\sqrt{a_n^2+b_n^2}}\cos n w_0 t + \frac{b_n}{\sqrt{a_n^2+b_n^2}}\sin n w_0 t\right) = \sqrt{a_n^2+b_n^2}$$
$$(\sin\theta_n \cdot \cos n\omega_0 t + \cos\theta_n \cdot \sin n\omega_0 t) = c_n \sin(n\omega_0 t + \theta_n)$$

단, $c_n = \sqrt{a_n^2 + b_n^2}\quad (n = 1, 2, 3, \cdots)$ (12-11)

$\theta_n = \tan^{-1}\dfrac{a_n}{b_n}\quad (n = 1, 2, 3, \cdots)$ (12-12)

그러므로 식 (12−1)은

$$f(t) = a_0 + \sum_{n=1}^{\infty} c_n \sin(n\omega_0 t + \theta_n) \tag{12-13}$$

와 같이 쓸 수 있다. 식 (12−12)에서 θ_n은 a_n, b_n 의 부호를 고려하여 결정하여야 한다. 예를 들면, a_n, b_n이 다 부일 때에는 θ_n은 제3상한 내의 각이다.

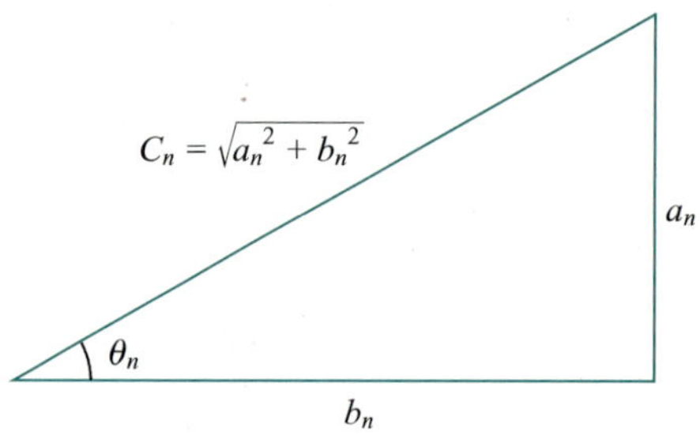

그림 12-2

식 (12−13)으로부터 명백히 알 수 있는 바와 같이 Dirichlet 조건을 만족하는 임의의 주기함수는 그 평균값(즉, DC 성분), 주기함수와 동일주파수를 갖는 정현파(즉, 고조파)로 분해할 수 있다. 이와 같이 분해하는 것을 **푸리에 분석**(Fourier analysis) 또는 **고조파 분석**(harmonic analysis)이라고 부른다. 각 성분파의 진폭과 위상은 각각 식 (12−11), (12−12)로 주어진다.

c_n의 크기와 θ_n을 $n\omega_0$에 대하여 그린 그래프를 각각 **진폭 스펙트럼**(amplitude spectrum), **위상 스펙트럼**(phase spectrum)이라고 부르며, 양자를 병합하여 **주파수 스펙트럼**(frequency spectrum)이라고 한다. 이 그래프들이 선으로 될 것은 명백하다. 그림 12−3은 진폭 스펙트럼의 일례이다.

$\omega_0 = 0$에 대한 것은 DC 성분이다. 위상 스펙트럼은 보통 그다지 중요하지 않다. 주기함수의 주기 T가 증가할수록(즉, ω_0가 감소할수록) 스펙트럼 간격이 좁아진다.

식 (12−13)에서 $\theta_n = 90° - \phi_n$ 이라 하면

$$f(t) = a_0 + \sum_{n=1}^{\infty} c_n \cos(n\omega_0 t - \phi_n) \tag{12-14}$$

가 된다. 그림 12−2를 참고로 하면

$$\phi_n = \tan^{-1}\frac{b_n}{a_n} \tag{12-15}$$

임을 알 수 있다.

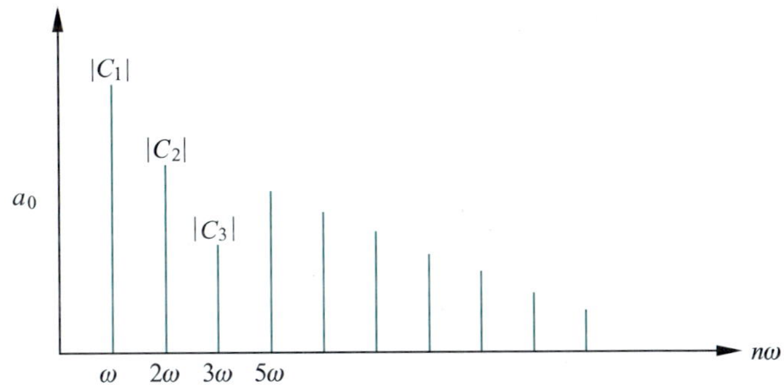

그림 12-3 진폭 스펙트럼

예제

그림 12−4(a)에 표시된 정구형파를 푸리에 급수로 전개하여라.

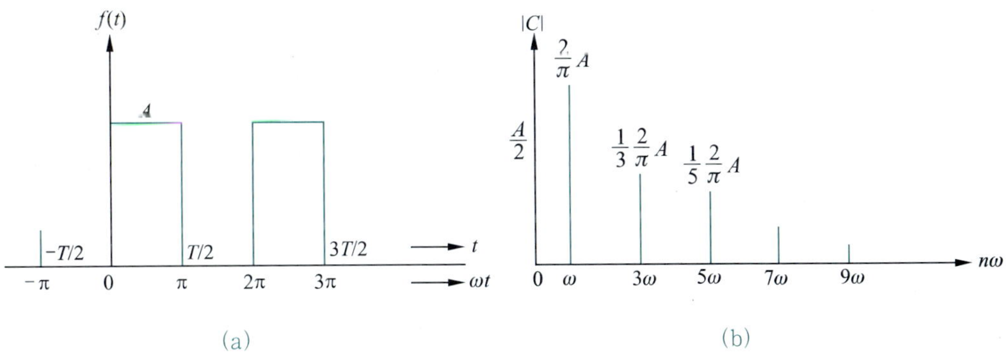

그림 12-4 구형파와 그 진폭 스펙트럼

풀이

먼저 주어진 파형에 대한 1주기간($0 < t < T$)의 표시식을 쓴다.

$$f(t) = \begin{cases} A, & 0 < t \leq T/2 \\ 0, & T/2 < t \leq T \end{cases}$$

DC 성분은 식 (12-13)에 의하여

$$a_0 = \frac{1}{T}\int_0^{T/2} f(t)dt = \frac{1}{T}\int_0^{T/2} Adt = \frac{A}{2}$$

평균값이 $A/2$가 된다는 것은 파형을 관찰함으로써도 곧 알 수 있을 것이다.
다음에 cos항의 계수 a_n 은 식 (12-7)에 의하여

$$a_n = \frac{2}{T}\int_0^{T} f(t)\cos n\omega_0 t dt = \frac{2}{T}\int_0^{T/2} A\cos n\omega_0 t dt$$
$$= \frac{2A}{n\omega_0 T}[\sin n\omega_0 t]^{T/2} = \frac{A}{n\pi} sin n\pi = 0$$

따라서 cos항은 없다. 마지막으로 sin항의 계수 b_n 은 식 (12-10)에 의하여

$$b_n = \frac{2}{T}\int_0^{T} \sin n\omega_0 t dt = \frac{2}{T}\int_0^{T/2} A\sin n\omega_0 t dt = \frac{2A}{n\omega_0 t}[-\cos n\omega_0 t]_0^{T/2}$$
$$= \frac{A}{n\pi}(1-\cos n\pi) = \begin{cases} 0 & : n = 2,\ 4,\ 6, \cdots \\ \dfrac{2A}{n\pi} & : n = 1,\ 3,\ 5, \cdots \end{cases}$$

그러므로

$$f(t) = \frac{A}{2} + \frac{2A}{\pi}(\sin\omega_0 t + \frac{1}{3} sin 3\omega_0 t + \frac{1}{5} sin 5\omega_0 t + \cdots\cdots +$$
$$\frac{1}{2n+1} sin(2\pi+1)\omega_0 t + \cdots) \qquad (12\text{-}16)$$

여기서 ω_0 는 정구형파의 주기 T와 $\omega_0 = 2\pi/T$의 관계가 있다. 이 파의 진폭 스펙트럼은 그림 12-4(b)와 같다.

예제 12-2

그림과 같은 전파정류파를 푸리에 급수로 전개하여라.

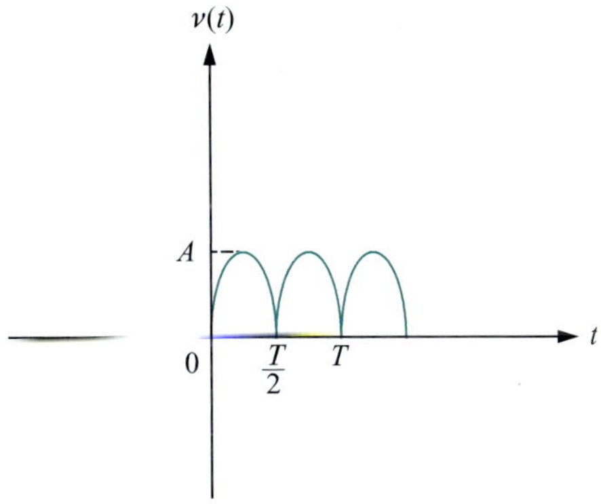

그림 12-5 예제 12-2의 그래프

풀이

여현대칭파=해당됨(a_0, a_n)
정현대칭파=해당되지 않음 $\{f(t)=-f(-t)\quad (\times)\}$
반파대칭=해당되지 않음$(f(t+\pi)\quad (\times))$
따라서 a_0 ,a_n 만 구하면 된다.

$$a_0=\frac{1}{T}\int_0^T f(t)\,dt$$

반파적분하여 2배하면 된다.

$$f(t)=A\sin\omega t\ \ a_0=\frac{2}{T}\int_0^{\frac{1}{2}T}A\sin\omega t\,dt\quad \left(\omega=2\pi f,\ T=\frac{1}{f},\ T=\frac{2\pi}{\omega}\right)$$

$$=\frac{2A}{\frac{2\pi}{\omega}}\int_0^{\frac{\pi}{\omega}}\sin\omega t\,dt\qquad \left(y=\int \sin\omega t\,dt=-\frac{1}{\omega}\cos\omega t\right)$$

$$=\frac{A\omega}{\pi}\left[-\frac{1}{\omega}\cos\omega t\right]_0^{\frac{\pi}{\omega}}=\frac{A}{\pi}\left[1-\cos\omega\frac{\pi}{\omega}\right]$$

$$\therefore a_0=\frac{2A}{\pi}$$

$$a_n=\frac{2}{T}\int_0^T f(t)\cos n\omega t\,dt=\frac{2\times 2}{T}\int_0^{\frac{1}{2}T}A\sin\omega t\cos n\omega t\,dt$$

$\sin(\alpha+\beta)=\sin\alpha\cos\beta+\sin\beta\cos\alpha$ ....①
$\sin(\alpha-\beta)=\sin\alpha\cos\beta-\sin\beta\cos\alpha$ ....②

①+②에서

$$\sin(\alpha+\beta)+\sin(\alpha-\beta)=2\sin\alpha\cos\beta$$

$$\sin\alpha\cos\beta=\frac{1}{2}\{\sin(\alpha+\beta)+\sin(\alpha-\beta)\} \qquad (\alpha=\omega t,\ \beta=n\omega t)$$

$$\sin\omega t\cos n\omega t=\frac{1}{2}\{\sin(1+n)\omega t+\sin(1-n)\omega t\}$$

$$a_n=\frac{2\times 2}{T}\int_0^{\frac{1}{2}T}\frac{1}{2}\{\sin(1+n)\omega t+\sin(1-n)\omega t\}dt$$

[$(1-n)$ 은 기함수이므로 $-(n-1)$]

$$=\frac{2A}{T}\int_0^{\frac{1}{2}T}\{\sin(n+1)\omega t-\sin(n-1)\omega t\}dt \qquad \left(T=\frac{2\pi}{\omega}\right)$$

$$=\frac{2A}{\frac{2\pi}{\omega}}\left[-\frac{1}{(n+1)\omega}\cos(n+1)\omega t+\frac{1}{(n-1)\omega}\cos(n-1)\omega t\right]_0^{\frac{\pi}{\omega}}$$

$$=\frac{A}{\pi}\left[-\frac{1}{n+1}\cos(n+1)\omega\frac{\pi}{\omega}+\frac{1}{n-1}\cos(n-1)\omega\frac{\pi}{\omega}+\frac{1}{n+1}-\frac{1}{n-1}\right]$$

$$=\frac{A}{\pi}\left[-\frac{1}{n+1}\cos(n+1)\pi+\frac{1}{n-1}\cos(n-1)\pi+\frac{1}{n+1}-\frac{1}{n-1}\right]$$

$$n=1 \rightarrow a_1=0 \qquad -\frac{1}{n+1}+\frac{1}{n-1}+\frac{1}{n+1}-\frac{1}{n-1}=0$$

$$n=2 \rightarrow a_2=\frac{A}{\pi}\left(\frac{2}{n+1}-\frac{2}{n-1}\right)=\frac{A}{\pi}\frac{2(-2)}{(n+1)(n-1)}=\frac{A(2-2)}{\pi\cdot 3\cdot 1}$$

$$n=3,\ a_3=0$$

$$n=4 \rightarrow a_4=\frac{A}{\pi}\left(\frac{2}{n+1}-\frac{2}{n-1}\right)=\frac{A}{\pi}\frac{2(-2)}{(n+1)(n-1)}=\frac{A}{\pi}\frac{2(-2)}{5\cdot 3}$$

푸리에 급수 공식에 의하여 다음과 같이 된다.

$$\therefore f(t)=a_0+\sum_{n=1}^{\infty}a_n\cos n\omega t+\sum_{n=1}^{\infty}b_n\sin n\omega t$$

$$f(t)=\frac{2A}{\pi}+\frac{A}{\pi}\frac{2(-2)}{3\cdot 1}\cos 2nt+\frac{A}{\pi}\frac{2(-2)}{5\cdot 3}\cos 4nt+\cdots\cdots \qquad (b_n=0)$$

$$=\frac{2A}{\pi}\left(1-\frac{2}{3\cdot 1}\cos 2\omega t-\frac{2}{5\cdot 3}\cos 4\omega t-\cdots\cdots\right)$$

$$f(t)=\frac{4A}{\pi}\left(\frac{1}{2}-\frac{\cos 2\omega t}{1\cdot 3}-\frac{\cos 4\omega t}{3\cdot 5}-\frac{\cos 6\omega t}{5\cdot 7}-\cdots\cdots\right)$$

예제 12-3

그림과 같은 제형파 (梯型波)를 푸리에 급수로 전개하여라.

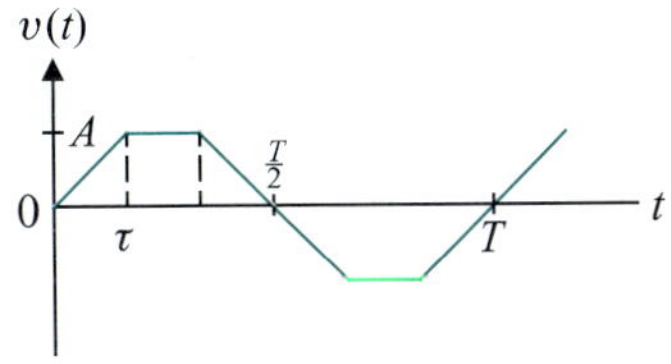

그림 12-6 예제 12-3의 그래프

풀이

이 파형은 반파 및 정현 대칭이므로 $f(t) = -f(t)$, $f\left(t+\frac{T}{2}\right) = -f(t)$ 이다.

$a_0 = a_n = 0$ 또 $n=$ 우수일 때에는 $b_n = 0$

비례식을 이용하여

$$f(t) : t = A : \tau, \quad f(t) = \frac{A}{\tau}t, \quad 0 \leq t < \tau$$

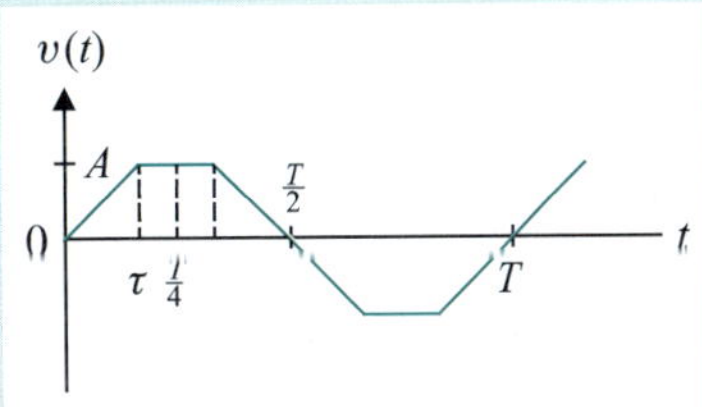

그림 12-7 예제 12-3의 풀이

$$f(t) = A \quad \tau < t \leq \frac{T}{4}$$

$$b_n = \frac{2}{\frac{T}{4}} \int_0^{\frac{1}{4}T} f(t) \sin n\omega t\, dt \quad (n = 1, 3, 5, 7, \cdots\cdots)$$

$$= \frac{8}{T}\left(\int_0^{\tau} \frac{A}{\tau} t \sin n\omega t\, dt + \int_{\tau}^{\frac{T}{4}} A \sin \omega t\, dt\right)$$

$$\int x \sin ax = \frac{\sin \omega L}{a^2} - \frac{ax \cos ax}{a^2} \quad (a = n\omega,\ x = t)$$

$$\int_0^{\tau} t \sin n\omega t\, dt = \left[\frac{\sin n\omega t}{n^2\omega^2} - \frac{t\cos n\omega t}{n\omega}\right]_0^{\tau} \quad (\sin 0 = 0 \text{ 이므로})$$

$$= \frac{\sin n\omega\tau}{n^2\omega^2} - \frac{\tau\cos n\omega\tau}{n\omega}$$

$$\int_{\tau}^{\frac{1}{4}T} \sin n\omega t\, dt = \left[-\frac{\cos n\omega t}{n\omega}\right]_{\tau}^{\frac{\pi}{2\omega}} \qquad (\cos\frac{\pi}{2}=0 \text{ 이므로})$$

$$= \left[+\frac{\cos n\omega t}{n\omega}\right]$$

$$\therefore b_n = \frac{8}{\frac{2\pi}{\omega}}\left\{\frac{A}{\tau}\frac{1}{n\omega}\left(\frac{\sin n\omega\tau}{n\omega} - \tau\cos\right) + A\frac{1}{n\omega}\cos n\omega t\right\}$$

$$= \frac{4A}{\pi n}\cdot\frac{\sin n\omega\tau}{\tau n\omega} = \frac{4A\sin n\omega\tau}{\pi\tau n^2\omega} \qquad (n=1,\ 3,\ 5,\ 7,\ \cdots\cdots)$$

우수일 때 $b_n = 0$

따라서

$$f(t) = a_0 + \sum_{n=1}^{\infty} a_n \cos n\omega t + \sum_{n=1}^{\infty} b_n \sin n\omega t \qquad (a_0 = 0,\ a_n = 0)$$

$$f(t) = \frac{4A}{\pi\tau\omega}\left(\sin\omega\tau\sin\omega t + \frac{\sin 3\omega\tau}{3^2}\sin 3\omega t + \frac{\sin 5\omega\tau}{5^2}\sin 5\omega t + \cdots\cdots\right)$$

12-3 대 칭 성

주어진 주기함수가 어떤 대칭성을 가질 때에는 그 푸리에 계수 중 어떤 것이 0이 된다. 그런데 이러한 대칭성은 파형을 관찰함으로써 쉽게 알 수 있으므로 푸리에 분석에 앞서 어떤 계수들이 0이 된다 하는 것을 미리 알 수 있다.

그러므로 그러한 계수들에 관해서는 계산할 필요가 없게 된다. 파형의 대칭성에는 여러 가지가 있으나 그 중 다음 세 가지가 가장 중요하다.

- 우 함 수
- 기 함 수
- 반파대칭

먼저 우함수(even function)와 기함수(odd function)에 관하여 설명하겠다. 일반적으로 t의 함수 $f(t)$가

$$f(t) = f(-t) \tag{12-17}$$

이라는 조건을 만족하는 경우 $f(t)$는 우함수라고 한다. 그림 12-8(a)는 우함수의 일례이다. 또 $t^2, \cos\omega_0 t$ 등도 우함수이다. 다음에 $f(t)$가

$$f(t) = -f(-t) \tag{12-18}$$

이라는 조건을 만족하는 경우 $f(t)$를 기함수라고 한다. 그림 12-8(b)는 기함수의 일례이다. 또 t, $\sin\omega_0 t$ 등도 기함수이다.

다음과 같은 관계가 성립함은 파형을 관찰함으로써 또는 약간의 고려로써 명백하다. 간단을 위하여 우함수, 기함수를 각각 (우), (기)라고 표시하면

$$\int_{-t_1}^{t_1} (\text{우})dt = 2\int_0^{t_1} (\text{우})dt \qquad (t_1 : \text{임의}) \tag{12-19}$$

$$\int_{-t_1}^{t_1} (\text{기})dt = 0 \tag{12-20}$$

$$(\text{우}) \pm (\text{우}) = (\text{우}), \quad (\text{기}) \pm (\text{기}) = (\text{기}) \tag{12-21}$$

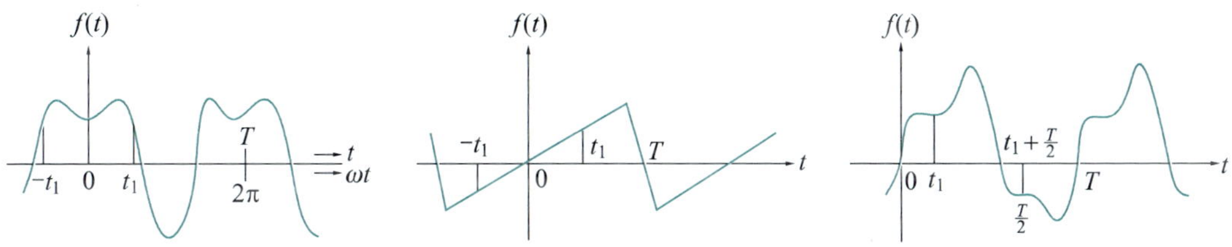

(a) 우 함 수 (b) 기 함 수 (c) 반파대칭

그림 12-8 파형의 대칭성

$$(\text{우}) \times (\text{우}) = (\text{우}), \quad (\text{우}) \times (\text{기}) = (\text{기}), \quad (\text{기}) \times (\text{기}) = (\text{우}) \tag{12-22}$$

푸리에 급수를 두 부분으로 나누어서 생각하면, $a_0 + \sum a_n \cos n\omega_0 t$는 우함수가 되고, $a_0 + \sum b_n \sin n\omega_0 t$는 기함수가 된다.

■ 우함수의 경우

주기 T인 비정현파 $f(t)$가 우함수인 경우 파형은 원점($t=0$)을 지나는 수직선에 관해서뿐만 아니라, $t = nT(n = \pm1, \pm2, \cdots\cdots)$를 지나는 모든 수직선에 관해서 대칭이다. 왜냐하면 $f(t) = f(t+nT)$이기 때문이다.

지금 푸리에 계수를 구하는 식 (12-3), (12-7) 및 (12-13)에 있어서 적분한계를 $-T/2$에서 $T/2$까지로 취해도 좋으므로 $f(t)$가 우함수인 경우에는

$$a_0 = \frac{1}{T}\int_{-T/2}^{T/2} f(t)dt = \frac{2}{T}\int_{0}^{T/2} f(t)dt \qquad (12\text{-}23)$$

$$a_n = \frac{2}{T}\int_{-T/2}^{T/2} f(t)\cos n\omega_0 t dt = \frac{4}{T}\int_{0}^{T/2} f(t)\cos n\omega_0 t dt \qquad (12\text{-}24)$$

$$b_n = \frac{2}{T}\int_{-T/2}^{T/2} f(t)\sin n\omega_0 t dt = 0 \quad (n=1, 2, 3, \cdots) \qquad (12\text{-}25)$$

식 (12-24)에서는 $f(t), \cos n\omega_0 t$가 둘 다 우함수라는 사실을, 또 식 (12-25)에서 $f(t)$는 우함수, $\sin n\omega_0 t$는 기함수라는 사실을 이용했다.

이상으로 비정현파가 우함수인 경우에는 그 푸리에 급수에서 sin항들은 없어지며 또 cos항의 계수들을 구할 때에는 반주기간만 적분하여 2배하면 된다. sin항들은 모두 기함수이므로 그 어느 항만 있더라도 원함수는 우함수가 될 수 없을 것이다.

■ 기함수의 경우

주기 T인 비정현파 $f(t)$가 기함수인 경우 파형은 $t=nT(n=0, \pm1, \pm2\cdots)$인 모든 점에 관하여 대칭이다. 위에서와 마찬가지로 고찰하면

$$a_0 = 0\,,\ a_n = 0 \quad (n=1, 2, 3, \cdots) \qquad (12\text{-}26)$$

$$b_n = \frac{4}{T}\int_{-T/2}^{T/2} f(t)\sin n\omega_0 t dt \qquad (12\text{-}27)$$

그러므로 비정현파가 기함수인 경우에는 그 푸리에 급수에서 일정항 및 cos항은 없어지며 또 sin항의 계수들을 구할 때에는 반주기간만 적분하여 2배하면 된다. cos항들은 모두 우함수이므로 그 어느 한 항만 있더라도 원함수는 기함수가 될 수 없을 것이다.

■ 반파대칭

주기 T인 비정현파가

$$f(t) = -f\left(t \pm \frac{T}{2}\right) \qquad (12\text{-}28)$$

이라는 조건을 만족하는 경우를 **반파대칭**(half-wave symmetry)이라고 한다. 그림 12-8(c)는 반파

대칭파의 일례이다. 반주기마다 동일한 파형이 반복되나 부호가 바뀌어진다. 보통 교류기에서 발생되는 파형은 비정현파일지라도 반파대칭성을 가진다.

이와 같은 파에서는 파형의 관찰로부터 명백히 $a_0 = 0$ 이고, 또

$$a_n = \frac{2}{T}\int_{-T/2}^{T/2} f(t)\cos n\omega_0 t dt = \frac{2}{T}\left[\int_{-T/2}^{0} f(t)\cos n\omega_0 t dt + \int_{0}^{T/2} f(t)\cos n\omega_0 t dt\right]$$

첫째 적분에서 t 대신에 $t+\dfrac{T}{2}$ 라고 놓으면

$$\int_{-T/2}^{0} f(t)\cos n\omega_0 t dt = \int_{0}^{T/2} f\left(t+\frac{T}{2}\right)dt = -\cos n\pi\int_{0}^{T/2} f(t)\cos n\omega_0 t dt$$

위에서 식 (12-28) 및 $\cos(x+n\pi) = \cos x\cdot\ \cos n\pi - \sin x\cdot\ \sin n\pi = \cos x\cdot\ \cos n\pi = 0$ 의 관계를 이용했다. 위 식을 그 앞의 식에 대입하면

$$a_n = \frac{2}{T}(1-\cos n\pi)\int_{0}^{T/2} f(t)\cos n\omega_0 t dt \tag{12-29}$$

그러므로

$$a_n = \begin{cases} 0 & : n = 2,4,6\cdots \text{일 때} \\ \dfrac{4}{T}\displaystyle\int_{T/2}^{0} f(t)\cos n\omega_0 t dt & : n = 1,3,5\cdots \text{일 때} \end{cases} \tag{12-30}$$

마찬가지로

$$b_n = \begin{cases} 0 & : n = 2,4,6\cdots \text{일 때} \\ \dfrac{4}{T}\displaystyle\int_{T/2}^{0} f(t)\sin n\omega_0 t dt & : n = 1,3,5\cdots \text{일 때} \end{cases} \tag{12-31}$$

이상으로 반파대칭인 비정현파에서는 DC성분은 없고 cos항에서나 sin항에서 우수의 고조파항은 없어지고, 또 나머지 기수항의 계수를 구할 때에는 반주기간만 적분하여 2배하여 주면 된다.

이상의 결과를 요약하면 표 12-1과 같다. 이 표에 관련하여 몇 가지 부언할 것이 있다.

- 좌표축을 상하로 이동하면 평균값이 달라질 뿐 $a_n, b_n\ (n = 1, 2, 3, \cdots)$ 에는 변화가 없다.
- 좌표축을 좌우로 이동하면 평균값은 불변이나 $a_n, b_n\ (n = 1, 2, 3, \cdots)$ 은 변한다.
- 좌표축을 여하히 평행이동하더라도 기본파 및 고조파의 진폭 스펙트럼은 변하지 않는다.

〈표 12-1〉 대칭파의 성질

종 류	대 칭 조 건	푸리에 계수	푸리에 계수의 적분 형식
우 함 수	$f(t)=f(-t)$	sin항 없음	반주기간 적분하여 2배한 것, 즉, $\frac{4}{T}\int_0^{T/2}(\quad)dt$ 또는 $\frac{2}{\pi}\int_0^{\pi}(\quad)d(\omega t)$
기 함 수	$f(t)=-f(-t)$	sin항만 있음	
반파대칭	$f(t)=-f\left(t\pm\frac{T}{2}\right)$	기수 고조파만 있음	

주어진 파형이 대칭성을 가지지 않더라도 좌표축을 상하, 좌우로 이동시켜 대칭성을 찾을 수 있으며 계산의 간단을 위하여 이때의 푸리에 급수를 먼저 구하고 상기 3가지 사실을 이용하여 변경시키면 된다.

예컨대 그림 12-4의 정구형파는 좌표축을 우측으로 $T/4$만큼 또 위로 $A/2$만큼 이동시키면 반파대칭, 우함수가 되므로 기함고조파 cos항만 있게 된다. 따라서 이 결과에 $A/2$를 합하고 cos를 sin으로 바꾸면 된다.

$$\left[\because n\omega_0 t \rightarrow n\omega_0\left(t+\frac{T}{4}\right)=n\omega_0 t+n\frac{\pi}{2}\,(N=\text{기수})\right] \tag{12-32}$$

12-4 고조파합성

이때까지는 비정현파를 고조파로 분석하는 방법을 생각하였으나, 분석된 각 고조파수를 순차적으로 합하여 가면 원래의 파형에 점점 더 가까운 것을 얻을 수 있을 것이다. 그림 12-9는 이 모양을 나타낸 것이다. 이 둘을 비교하여 보면 같은 항 수만큼 취하여 합성하는 경우 고조파의 감소율이 빠른 삼각파 쪽이 더 빨리 원파형에 가까워지는 것을 잘 알 수 있다.

고조파합성에 있어서 각 고조파의 크기가 달라지든지 또는 위상이 달라지면 합성된 파도 달라질 것이다. 일례로 그림 12-10은 기본파와 제3고조파만으로 된 비정현파에서 각 성분파의 크기를 그대로 두고 상대적 위상을 달리할 때 합성파가 여하히 달라지는가를 나타낸 것이다.

지금 이 비정현파를

$$v(t)=V_{m1}\sin(\omega_0 t+\theta_1)+V_{m3}\sin(3\omega_0 t+\theta_3) \tag{12-33}$$

라 표시할 때 그림 12-10(a)는 $\theta_1 = \theta_3 = 0$ 인 경우에 해당하고, 그림 (b)는$\theta_1 = \theta_3 = \frac{\pi}{2}$ 인 경우에 해당한다. 즉, 각 경우에 있어서 두 성분파의 위상각이 같음에도 불구하고 합성파는 달라진다.

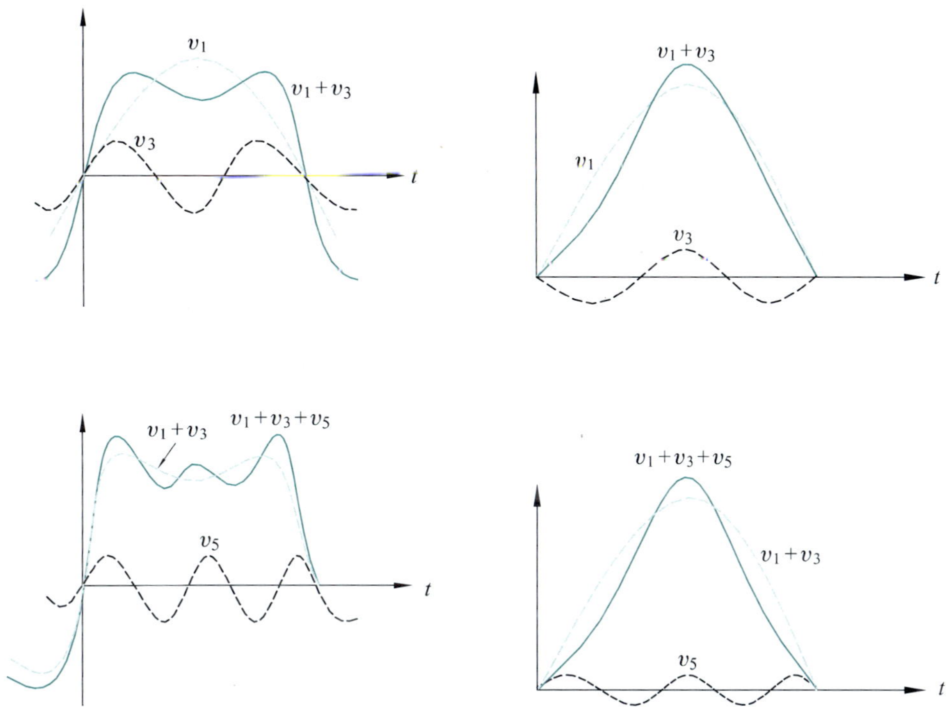

(a) 지 형 파　　(b) 삼 각 파

그림 12-9 고조파합성

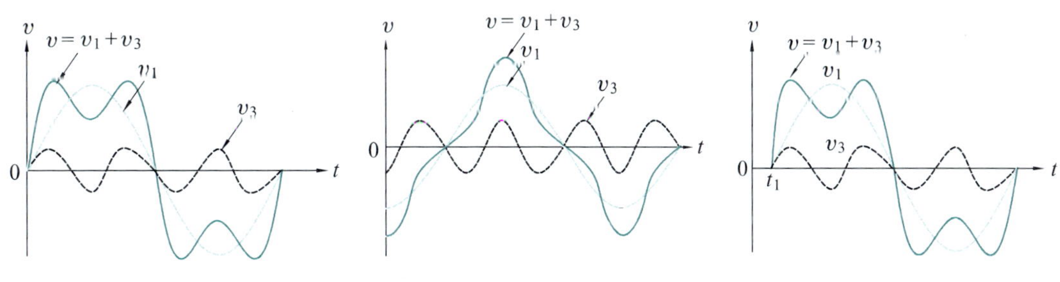

(a) $\theta_1 = \theta_3 = 0$의 경우　　(b) $\theta_1 = \theta_3 = -\frac{\pi}{2}$의 경우　　(c) $\theta_3 = 3\theta_1 = 3\omega_r t_1$의 경우

그림 12-10 고조파의 위상의 영향

그러면 θ_1 과 θ_3 사이에 어떤 관계가 있으면 원래의 파형 (a)가 유지될 것인가. 명백히 각 성분파가 시간축상을 같은 시간간격만큼 추이되어야만 합성파의 파형이 원래대로 유지된다.

지금 각 성분파가 t_1 만큼 정방향으로 추이한 그림 12-10(c)에 있어서 합성파의 표시식은

$$\begin{aligned} v(t) &= V_{m1}\sin[\omega_0(t-t_1)] + V_{m3}\sin[3\omega_0(t-t_1)] \\ &= V_{m1}\sin(\omega_0 t-\omega_0 t_1) + V_{m3}\sin(3\omega_0 t-3\omega_0 t_1) \ [\mathrm{V}] \end{aligned} \tag{12-34}$$

이때 각 파의 위상각은 $\theta_1 = -\omega_0 t_1$, $\theta_3 = -3\omega_0 t_1$ 이므로 $\theta_3 = 3\theta_1$ 이다. 즉 제3고조파의 위상차가 기본파의 위상차의 3배가 될 때에는 원파형이 그대로 유지된다(단, 진폭은 일정하게 유지함). 일반적으로 비정현파에 있어서 각 고조파가 그 주파수에 비례하는 위상각만큼 달라지면 파형은 그대로 유지된다. 이것은 신호전송에 있어서 매우 중요한 사실이다.

예제 12-4

$i = 2+5\sin(100t+30°)+10\sin(200t-10°)-5\cos(400t+10°)$ [A]의 파형이 동일하나 기본파의 위상이 20° 늦은 비정현파 전류파의 순시값 표시식을 써라.

풀이

기본파($\omega_0 = 100$ rad/sec)의 위상이 20° 늦으면 제2, 제4고조파의 위상은 각각 20° × 2, 20° × 4 늦어야 파형이 같아진다. 그러므로 이 파를 i' 라 하면

$$i' = 2+5\sin(100t+10°)+10\sin(200t-50°)-5\cos(400t-70°) \ [\mathrm{A}]$$

이다.

12-5 비정현파의 실효값

주기적으로 변하는 전류의 실효값은 그것이 정현파이건 비정현파이건 저항을 통할 때 소비되는 평균전력과 동일한 전력손실을 주는 불변 직류값으로써 정의한다.

이것을 수식으로 표시하면

$$I_{rms} = \sqrt{\frac{1}{T}\int_0^T i^2 dt} \ [\mathrm{A}] \tag{12-35}$$

와 같다. 지금 전류가 식 (12−13)과 같이 표시되는 비정현파인 경우에는

$$i^2 = [I_0 + I_{m1}\sin(\omega_0 t + \theta_1) + I_{m2}\sin(2\omega_0 t + \theta_2) + \cdots]^2 \quad (12\text{-}36)$$

여기서 I_0는 DC성분이고 I_{m1}, I_{m2}, … 들은 기본파 및 각 고조파의 진폭이며, 또 θ_1, θ_2,… 들은 그 위상각이다. 이 식을 전개하면 다음 네 가지 항이 포함됨을 알 수 있다.

① I_0^2의 항
② 정현파의 제곱의 항
③ I_0와 정현파와의 곱의 항
④ 주파수가 다른 두 정현파의 곱의 항

따라 I_{rms}를 식 (12−35)에 의하여 계산함에 있어서 위의 각 항의 평균값을 계산할 필요가 있다. 그런데 ①의 평균값은 그대로 I_0^2이고, 또 ③의 평균값은 명백히 0이다. ②에 대해서는

$$\frac{1}{\mathrm{T}}\int_0^{\mathrm{T}} [1 - \cos(2nw_0 t + 2\theta_n)]\,dt = \frac{I_{mn}^2}{2T} = \frac{I_{mn}^2}{2} = I_n^2 \quad (12\text{-}37)$$

여기서 $n = 1, 2, 3, \cdots$ 이고, I_n은 제 n 고조파 전류의 실효값이다. 또 ④에 대해서는

$$\frac{1}{T}\int_0^T I_{mn} I_{mk} \sin(n\omega_0 t + \theta_n)\sin(k\omega_0 t + \theta_k)\,dt \quad (n \neq k) \quad (12\text{-}38)$$

을 계산해야 하겠는데 삼각공식

$$\sin x \sin y = \frac{1}{2}[\cos(x - y) - \cos(x + y)] \quad (12\text{-}39)$$

을 써서 사인파적분함수를 전개한 다음 적분하면 0가 됨을 알 수 있다.

이상으로 식 (12−35)는

$$I_{rms} = I = \sqrt{I_0^2 + I_1^2 + I_2^2 + \cdots} \quad (12\text{-}40)$$

즉, 비정현주기전류의 실효값은 직류성분 및 각 고조파의 실효값의 제곱의 합과 평방근과 같다. 마찬가지로 비정현파의 전압의 실효값은

$$V_{rms} = V = \sqrt{V_0^2 + V_1^2 + V_2^2 + \cdots} \quad (12\text{-}41)$$

여기서 V_0, V_1, V_2, ··· 등은 전압파의 DC 성분 및 각 고조파의 실효값이다. 보통의 교류전압계, 전류계는 파형이 정현파이건 비정현파이건 그 실효값을 지시한다. 비정현파에서 기본파에 비해 고조파성분이 어느 정도 포함되어 있는가 하는 것은 다음 식으로 정의되는 왜율(distortion factor)로써 평가한다.

$$\text{왜율} = \frac{\text{전 고조파의 실효값}}{\text{기본파의 실효값}} = \frac{\sqrt{I_2^2 + I_3^2 + \cdots}}{I_1} \qquad (12\text{-}42)$$

예제 12-5

비정현파의 전압이 $i = 5 + 10\sqrt{2}\sin\omega t + 5\sqrt{2}\sin\left(3\omega t + \frac{\pi}{6}\right)$ [A]일 때 실효전류 [A]는?

① 12.2 ② 13.6 ③ 14.4 ④ 16.6

풀이

$I = \sqrt{5^2 + 10^2 + 5^2} ≒ 12.2$ [A]

예제 12-6

$i = I_{m1}\sin\omega t + I_{m2}\sin(2\omega t + \theta)$ [A]의 실효값을 구하여라.

풀이

$I = \sqrt{I_0^{\,2} + I_1^{\,2} + I_2^{\,2} \cdots\cdots I_n^{\,2}}$ 에서

$$I_{m1} = \sqrt{2}\,I_1,\ I_{m2} = \sqrt{2}\,I_2$$

$$I_1 = \frac{I_{m1}}{\sqrt{2}},\ I_2 = \frac{I_{m2}}{\sqrt{2}}$$

$$I = \sqrt{\left(\frac{I_{m1}}{\sqrt{2}}\right)^2 + \left(\frac{I_{m2}}{\sqrt{2}}\right)^2} = \sqrt{\frac{I_{m1}^{\,2}}{2} + \frac{I_{m2}^{\,2}}{2}}$$

$$\therefore I = \sqrt{\frac{I_{m1}^{\,2} + I_{m2}^{\,2}}{2}} \text{ [A]}$$

예제 12-7

기본파의 30 [%]인 제3고조파와 20 [%]인 제5고조파를 포함하는 전압파의 왜형률을 구하여라.

풀이

$E_3 = 0.3E_1$, $E_5 = 0.2E_1$

$$\text{왜형률} = \frac{\text{전고파분}}{\text{기본파}} = \frac{\sqrt{E_3^2 + E_5^2}}{E_1}$$
$$= \sqrt{\left(\frac{E_3}{E_1}\right)^2 + \left(\frac{E_5}{E_1}\right)^2} = \sqrt{\left(\frac{0.3E_1}{E_1}\right)^2 + \left(\frac{0.2E_1}{E_1}\right)^2}$$
$$= \sqrt{\left(\frac{3}{10}\right)^2 + \left(\frac{2}{10}\right)^2} = \frac{\sqrt{13}}{10} = 0.36$$

$\therefore$ 왜형률 $= 0.36$

12-6 비정현파에 의한 전력

2단자망의 단자전압과 단자전류가 각각

$$v(t) = V_0 + V_{m1}\sin(\omega_0 t + \alpha_1) + V_{m2}(2\omega_0 t + \alpha_2) + \cdots \ [\text{V}]$$
$$i(t) = I_0 + I_{m1}\sin(\omega_0 t + \beta_1) + I_{m2}(2\omega_0 t + \beta_2) + \cdots \ [\text{A}] \tag{12-43}$$

와 같이 표시되는 비정현파일 때(단, i 의 정방향으로 생기는 전압강하를 v 라고 함) 회로에 공급되는 순시전력은 vi 이고 평균전력은

$$P = \frac{1}{T}\int_0^T vi\,dt \ [\text{W}] \tag{12-44}$$

이다. 그런데 식 (12-43)의 두 식을 곱하여 보면 다음 네 가지 항을 포함됨을 알 수 있다.

① $V_0 I_0$
② 일정값과 정현파와의 곱
③ 주파수가 같은 두 정현파의 곱의 항
④ 주파수가 다른 두 정현파의 곱의 항

이 각 항의 평균값을 계산해야 하겠는데 ①의 평균값은 V_0I_0, ② 및 ④의 평균값은 앞 절에서와 마찬가지로 0이다. 나머지 ③에 대해서는

$$\frac{1}{T}\int_0^T V_{mn}I_{mn}\sin(n\omega_0 t+\alpha_n)\sin(n\omega_0 t+\beta_n)dt$$

$$=\frac{V_{mn}I_{mn}}{T}\int_0^T \sin(n\omega_0 t+\alpha_n)\sin(n\omega_0 t+\alpha_n-\theta_n)dt \quad (n=1,\ 2,\ 3\cdots)$$

단, $\theta_n=\alpha_n-\beta_n=$ 제 n 고조파의 전압, 전류의 상차

여기서 식 (12−39)를 이용하여 피적분함수를 전개한 다음 적분하면 그 결과는

$$\frac{1}{2}V_{mn}I_{mn}\cos\theta_n=V_nI_n\cos\theta_n$$

과 같게 된다. 이상으로 평균전력은

$$P=V_0I_0+V_1I_1\cos\theta_1+V_2I_2\cos\theta_2+\cdots=P_0+P_1+P_2+\cdots \tag{12-45}$$

즉, 비정현주기파에 의하여 회로에 공급되는 평균전력은 각 고조파가 단독적으로 공급하는 평균전력의 합과 같다. 보통의 교류전력계는 파형이 정현파이건 비정현파이건 평균전력을 지시한다.

비정현파의 피상전력은 정현파에 있어서와 마찬가지로 전압, 전류의 실효값의 곱으로써 정의되며, 또 역률은 피상전력에 대한 유효전력(= 평균전력)의 비로써 정의한다. 즉,

$$\text{역률}=\frac{\text{유효전력}}{\text{피상전력}}=\frac{P}{VI} \tag{12-46}$$

식 (12−45)는 각 고조파별로 전력을 따질 수 있음을 말하여 준다. 그러므로 가령 비정현파가 주파수 선택회로를 통할 때 통과영역에 속하는 고조파의 전력은 비교적 크게 전달되고 이에 속하지 않는 고조파의 전력은 크게 저지된다고 말할 수 있다.

이와 같이 어떤 주파수 범위에 속하는 전력을 운운할 수 있다는 것은 결국은 푸리에 급수의 덕택이다.

예제 12-8

전압과 전류가 각각

$$v = 100\sin\omega t - 50\sin(3\omega t + 30°) + 20\sin(5\omega t + 45°) \ [\mathrm{V}]$$
$$i = 20\sin(\omega t + 30°) + 10\sin(3\omega t - 30°) + 5\cos 5\omega t \ [\mathrm{A}]$$

로 주어지는 경우 전력을 구하여라.

풀이

$$v = 100\sin\omega t - 50\sin(3\omega t + 30°) + 20\sin(5\omega t + 45°) \ [\mathrm{V}]$$
$$i = 20\sin(\omega t + 30°) + 10\sin(3\omega t - 30°) + 5\sin\left(5\omega t + \frac{\pi}{2}\right) \ [\mathrm{A}]$$
$$V = \frac{V_m}{\sqrt{2}}, \ I = \frac{I_m}{\sqrt{2}}$$

$P = VI\cos\theta$ 에서

$$P = \frac{100}{\sqrt{2}}\frac{20}{\sqrt{2}}cos30° + \frac{-50}{\sqrt{2}}\frac{10}{\sqrt{2}}cos60° + \frac{20}{\sqrt{2}}\frac{5}{\sqrt{2}}cos45°$$
$$= 866.02 - 125 + 35.35 = 776 \ [\mathrm{W}]$$

예제 12-9

그림과 같은 파형의 교류전압 v 와 전류 i 가 주어지는 회로에 있어서 평균전력 및 역률을 구하여라.
단, $v = V_m\sin\omega t$ [V], $i = I_m\left(sin\omega t - \frac{1}{\sqrt{3}}sin3\omega t\right)$ [A]

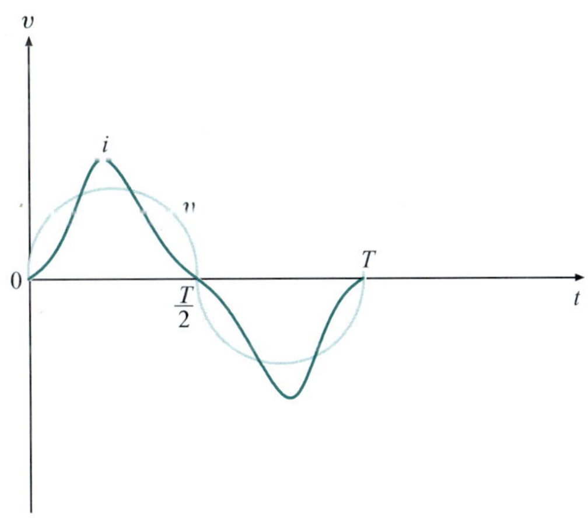

그림 12-11 예제 12-9

풀이

$$e = V_m \sin\omega t \ [V]$$

$$i = I_m\left(\sin\omega t - \frac{1}{\sqrt{3}}\sin 3\omega t\right) \ [A]$$

$$I = \sqrt{\left(\frac{I_m}{\sqrt{2}}\right)^2 + \left(\frac{I_m}{\sqrt{3}\sqrt{2}}\right)^2} = \frac{I_m}{\sqrt{2}}\sqrt{\frac{4}{3}} = \frac{I_m}{\sqrt{2}}\frac{2}{\sqrt{3}} \ [A]$$

평균전력(유효전력)

전압은 기본파만 존재하고(3고조파가 없음) 전류는 기본파와 3고조파가 존재하나 전압은 3고조파가 없으므로 유효전력 계산에는 제외한다.

$$P = VI\cos\theta = \frac{V_m}{\sqrt{2}} \times \frac{I_m}{\sqrt{2}}\cos\theta = \frac{V_m I_m}{2} \ [W] \qquad (\theta = 0)$$

피상전력

$$P_a = VI = \frac{V_m}{\sqrt{2}} \times \sqrt{\left(\frac{I_m}{\sqrt{2}}\right)^2 + \left(\frac{I_m}{\sqrt{3}\sqrt{2}}\right)^2} = \frac{V_m}{\sqrt{2}} \times \frac{I_m}{\sqrt{2}}\frac{2}{\sqrt{3}} = \frac{V_m I_m}{\sqrt{3}} \ [VA]$$

$$\cos\theta = \frac{P}{P_a} = \frac{\frac{V_m I_m}{2}}{\frac{V_m I_m}{\sqrt{3}}} = \frac{\sqrt{3}\, V_m I_m}{2 V_m I_m} = 0.866$$

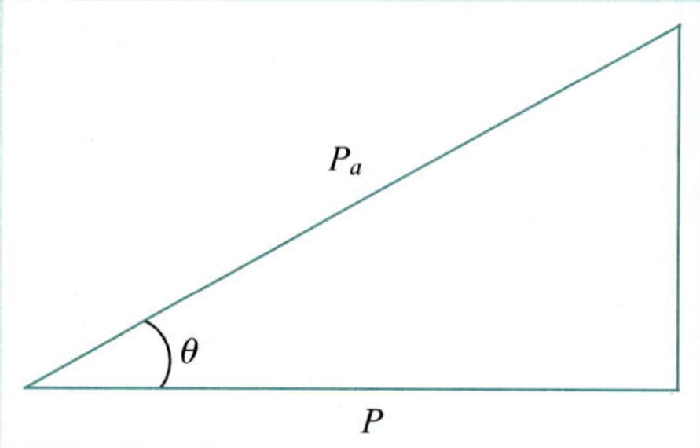

그림 12-12 예제 12-9의 풀이

예제 12-10

다음과 같은 왜형파 교류전압, 전류의 전력을 계산하면?

$$v = 100\sin\omega t + 50\sin(3\omega t + 60°) \ [V]$$

$$i = 20\cos(\omega t - 30°) + 10\cos(3\omega t - 30°) \ [A]$$

풀이

전압과 전류가 파형이 다르므로 동일하게 해야 한다. 전류가 코사인(cos)이므로 사인(sin)으로 변경해야 된다. $\cos\theta = \sin(90° + \theta)$이다.

$$\begin{aligned} i &= 20\cos(\omega t - 30°) + 10\cos(3\omega t - 30°) \\ &= 20\sin(\omega t + 90° - 30°) + 10\sin(3\omega t + 90° - 30°) \\ &= 20\sin(\omega t + 60°) + 10\sin(3\omega t + 60°) \end{aligned}$$

기본파 전압, 전류를 V_1, I_1, 제3 고조파 전압, 전류를 V_3, I_3라고 하면

$$V_1 = \frac{100}{\sqrt{2}} \angle 0° \ [\mathrm{V}],\ I_1 = \frac{20}{\sqrt{2}} \angle 60° \ [\mathrm{A}],\ \theta_1 = 60° - 0° = 60°$$

$$V_3 = \frac{50}{\sqrt{2}} \ [\mathrm{V}],\ I_3 = \frac{10}{\sqrt{2}} \ [\mathrm{A}],\ \theta_3 = 60 - (60°) = 0°$$

$$\begin{aligned} P &= P_1 + P_3 = \frac{100}{\sqrt{2}} \times \frac{20}{\sqrt{2}} \cos(60°) + \frac{50}{\sqrt{2}} \times \frac{10}{\sqrt{2}} \cos 0° \\ &= \frac{100 \times 20}{2} \times \frac{1}{2} + \frac{500}{2} = 500 + 250 = 750 \ [\mathrm{W}] \end{aligned}$$

예제 12-11

5 [Ω]의 저항에 흐르는 전류가 $i = 5 + 14.14\sin 100t + 7.07\sin 200t$ [A]일 때 저항에서 소비되는 평균전력을 구하여라.

풀이

각 고조파에 의하여 공급되는(따라서 소비되는) 전력은

$$P_0 = 5 \times 5^2 = 125[\mathrm{W}],\ P_1 = 5 \times \left(\frac{14.14}{\sqrt{2}}\right)^2 = 500 \ [\mathrm{W}]$$

$$P_3 = 5 \times \left(\frac{7.07}{\sqrt{2}}\right)^2 = 125 \ [\mathrm{W}]$$

그러므로

$$\text{평균전력} = 125 + 500 + 125 = 750 \ [\mathrm{W}]$$

다른 방법으로는 다음과 같이 풀 수 있다.

$$I = \sqrt{I_0^2 + I_1^2 + I_3^2} = \sqrt{5^2 + 10^2 + 5^2} = \sqrt{150}$$

$$\therefore P = RI^2 = 5 \times 150 = 750 \ [\mathrm{W}]$$

이다.

예제 12-12

그림과 같은 R-L 병렬회로에 $i = I_{1m}\sin\omega t + I_{3m}\sin(3\omega t + \theta_3)$ [A]로 표시되는 전류가 흐르고 있을 때, 이 회로에서의 소비전력을 구하여라.

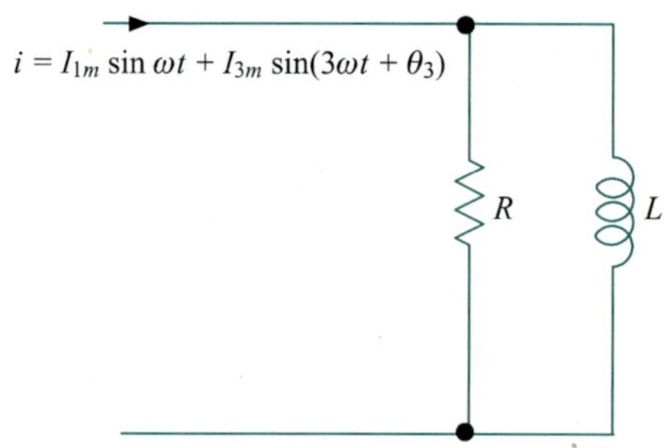

그림 12-13 예제 12-12의 회로

풀이

$$Y_1 = \frac{1}{R} + \frac{1}{j\omega L} = \frac{1}{R} - j\frac{1}{\omega L}$$

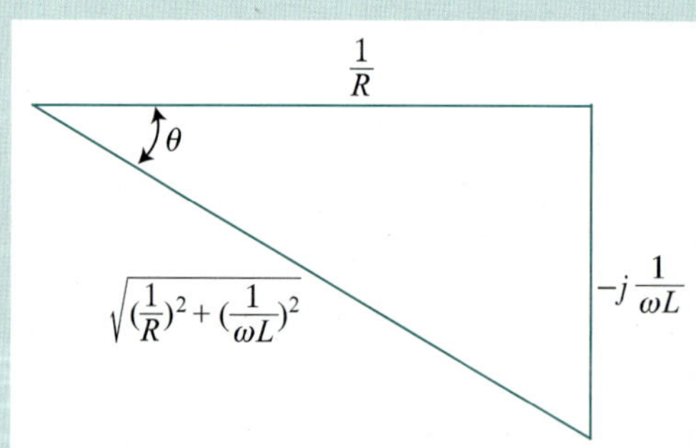

그림 12-14 예제 12-12의 풀이(1)

$$\cos\theta_1 = \frac{\frac{1}{R}}{\sqrt{\left(\frac{1}{R}\right)^2 + \left(\frac{1}{\omega L}\right)^2}}$$

$$P_1 = V_1 I_1 \cos\theta_1 = \frac{I_1^2}{Y_1} cos\theta_1 = \frac{1}{Y_1}\left(\frac{I_{1m}}{\sqrt{2}}\right)^2 \frac{\frac{1}{R}}{\sqrt{\left(\frac{1}{R}\right)^2 + \left(\frac{1}{\omega L}\right)^2}}$$

$$= \frac{R\omega L}{\sqrt{R^2 + \omega^2 L^2}}\left(\frac{I_{1m}}{\sqrt{2}}\right)^2 \times \frac{R\omega L}{\sqrt{R^2 + \omega^2 L^2}} \times \frac{1}{R}$$

$$= \frac{R\omega^2 L^2}{\sqrt{R^2+\omega^2 L^2}} \frac{I_{1m}^2}{2} \times \frac{1}{\sqrt{R^2+\omega^2 L^2}}$$

$$= \frac{R\omega^2 L^2 I_{1m}^2}{2(R^2+\omega^2 L^2)} \text{ [W]}$$

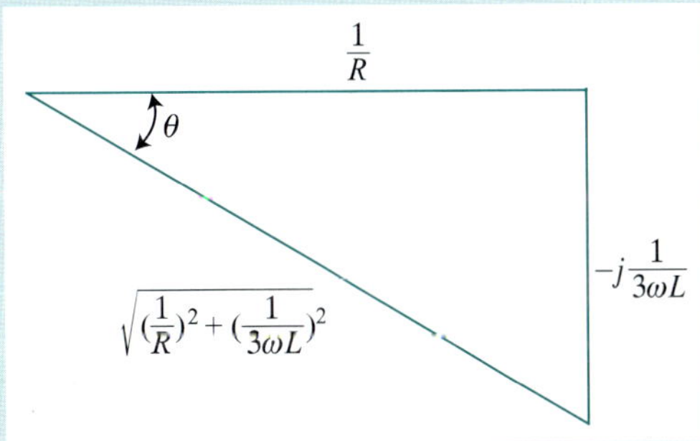

그림 12-15 예제 12-12의 풀이(2)

3고조파일 때

$$P_3 = \frac{I_3^2}{Y_3} \cos\theta_3 , \qquad Y_3 = \sqrt{\frac{R^2+(3\omega L)^2}{R^2(3\omega L)^2}}$$

$$= \frac{1}{Y_3}\left(\frac{I_{3m}}{\sqrt{2}}\right)^2 \cos\theta_3$$

$$= \frac{R3\omega L}{\sqrt{R^2+(3\omega L)^2}} \times \frac{I_{3m}^2}{2} \times \frac{R3\omega L}{\sqrt{R^2+(3\omega L)^2}} \frac{1}{R}$$

$$= \frac{9\omega^2 L^2 I_{3m}^2}{2} \times \frac{1}{R^2+(3\omega L)^2} \text{ [W]}$$

$$\therefore P = P_1 + P_3$$

$$= \frac{\omega^2 L^2 R I_{1m}^2}{2(R^2+\omega^2 L^2)} + \frac{9\omega^2 L^2 I_{3m}^2}{2} \frac{1}{R^2+(3\omega L)^2} \text{ [W]}$$

$$\therefore P = \frac{\omega^2 L^2 R}{2}\left(\frac{I_{1m}^2}{R^2+\omega^2 L^2} + \frac{9 I_{3m}^2}{R^2+9\omega^2 L}\right) \text{ [W]}$$

예제 12-13

그림 12-16과 같은 회로에 제3고조파를 포함하는 비정현파 교류전압을 가한 후 C를 가변으로 하면 전류계 Ⓐ의 지시가 최소로 되는 C의 값은 얼마인가? 단, 기본파의 실효전압 V_1, 제3고조파의 실효전압은 kV_1 이다.

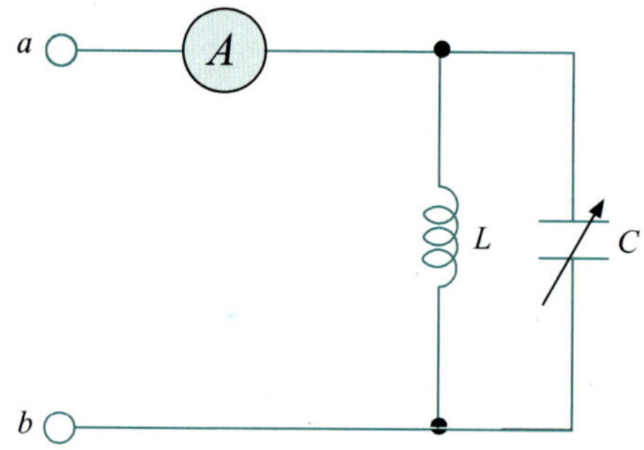

그림 12-16 예제 12-13의 회로

풀이

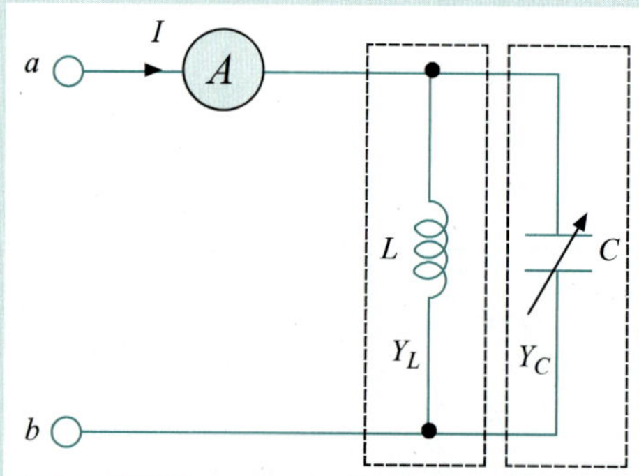

그림 12-17 예제 12-13의 풀이

$$I=\frac{V_1}{Z}=\frac{1}{Z}V_1$$

$$Y_1=\frac{1}{Z}=\frac{1}{j\omega L}+j\omega C=j\left(\omega C-\frac{1}{\omega L}\right)$$

$$I_1=Y_1V_1$$

$$Y_3=j\left(3\omega C-\frac{1}{3\omega L}\right)$$

$$I_3=Y_3kV_1$$

$$I=I_1+I_3$$

$$I=V_1\sqrt{\left(\omega C-\frac{1}{\omega L}\right)^2+k^2\left(3\omega C-\frac{1}{3\omega L}\right)^2}$$

$$y=\left(\omega C-\frac{1}{\omega L}\right)^2+k^2\left(3\omega C-\frac{1}{3\omega L}\right)^2$$ 이라 놓으면

$$=\omega^2C^2-2\omega C\frac{1}{\omega L}+\left(\frac{1}{\omega L}\right)^2+k^2 9\omega^2C^2-k^2 2\cdot 3\omega C\frac{1}{3\omega L}+k^2\left(\frac{1}{3\omega L}\right)^2$$

$$\frac{dy}{dC}=0$$

$$\frac{dy}{dC}=\omega^2 2C-2\omega\frac{1}{\omega L}+k^2 2\times 9\omega^2 C-k^2 6\omega\frac{1}{3\omega L}=0$$

$$=2\omega\left(\omega C-\frac{1}{\omega L}\right)+6k^2\omega\left(3\omega C-\frac{1}{3\omega L}\right)=0$$

$$=\omega C\left(-\frac{1}{\omega L}\right)+3k^2\left(3\omega C-\frac{1}{3\omega L}\right)=0$$

$$=\omega C(1+9k^2)=\frac{1}{\omega L}+3k^2\frac{1}{3\omega L}$$

$$=\frac{1}{\omega L}(1+k^2)$$

$$\omega C=\frac{1+k^2}{\omega L(1+9k^2)}$$ 양변에 $\frac{1}{\omega}$를 곱하면

$$\therefore C=\frac{1}{\omega^2 L}\frac{1+k^2}{(1+9k^2)}\ [\mathrm{F}]$$

예제 12-14

R-L-C 직렬회로에 $i=I_1\sin\omega t+I_3\sin(3\omega t+\alpha)$ [A]인 전류를 흘리는 데 필요한 단자전압 e를 구하여라.

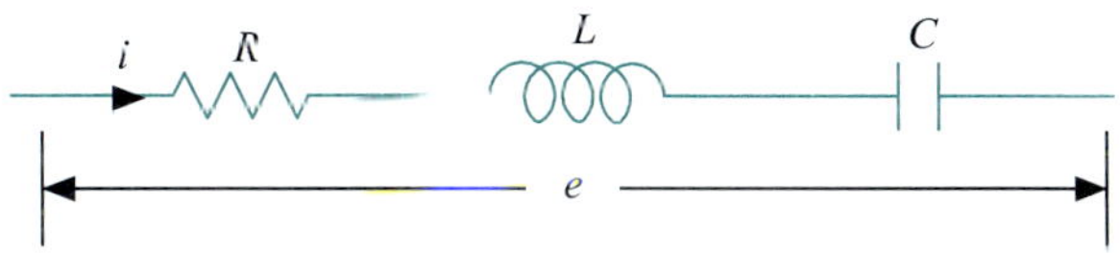

그림 12-18 예제 12-14의 회로

풀이

기본파 전류와 제3고조파 전류가 흐르므로 i_1, i_3를 흘리는 데 요하는 전압 e_1, e_3는 먼저 실효값을 구해야 하므로

$$E_1=\frac{I_1}{\sqrt{2}}\left\{R+j\left(\omega L-\frac{1}{\omega C}\right)\right\}\ [\mathrm{V}]$$

$$\phi_1=\tan^{-1}\frac{\omega L-\frac{1}{\omega C}}{R}$$

$$E_3 = \frac{I_3}{\sqrt{2}}\left\{R + j\left(3\omega L - \frac{1}{3\omega C}\right)\right\} \text{ [V]}$$

$$\phi_3 = \tan^{-1}\frac{3\omega L - \dfrac{1}{3\omega C}}{R}$$

따라서,

$$e_1 = \sqrt{2}\,E_1 \sin(\omega t + \phi_1) = I_1\sqrt{R^2 + \left(\omega L - \frac{1}{\omega C}\right)^2}\,\sin(\omega t + \phi_1) \text{ [V]}$$

$$e_2 = \sqrt{2}\,E_3 \sin(3\omega t + a + \phi_3) = I_3\sqrt{R^2 + \left(3\omega L - \frac{1}{3\omega C}\right)^2}\,\sin(3\omega t + a + \phi_3) \text{ [V]}$$

$$\therefore e = e_1 + e_3 = I_1\sqrt{R^2 + \left(\omega L - \frac{1}{\omega C}\right)^2}\,\sin(\omega t + \phi_1)$$

$$+ I_3\sqrt{R^2 + \left(3\omega L - \frac{1}{3\omega C}\right)^2}\,\sin(3\omega t + a + \phi_3) \text{ [V]}$$

예제 12-15

왜형파 전압 $e = 100\sqrt{2}\,\sin\omega t + 75\sqrt{2}\,\sin 3\omega t + 20\sqrt{2}\,\sin 5\omega t$ [V]를 직렬회로에 인가할 때에 제3고조파 전류의 실효값은 얼마인가? (단, $R = 4$ [Ω], $\omega L = 1$ [Ω]이다.)

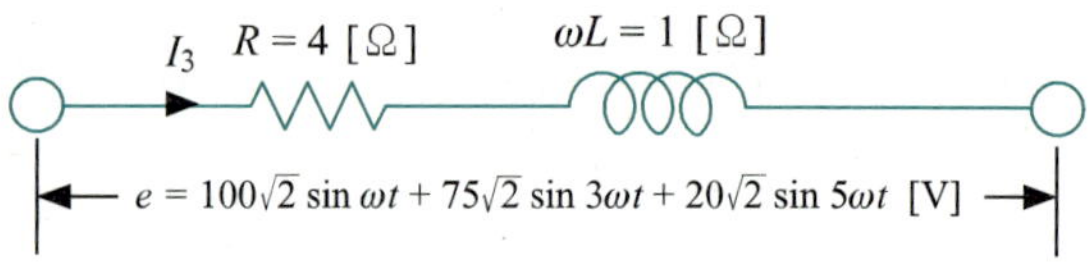

그림 12-19 예제 12-15의 회로

풀이

$$I_1 = \frac{E_1}{Z_1}, \quad I_3 = \frac{E_3}{Z_3}$$

$$Z_3 = R + j3\omega L = 4 + j3 \times 1 = 4 + j3 = 5 \text{ [Ω]}$$

$$I_3 = \frac{75}{5} = 15 \text{ [A]}$$

예제 12-16

R-L 직렬회로에 $i = 10\sin\omega t + 20\sin\left(3\omega t + \frac{\pi}{4}\right)$ [A]의 전류를 흘리는 데 필요한 단자전압 $\dot{V}$를 구하여라. 단, $R = 8$ [Ω], $\omega L = 2$ [Ω]

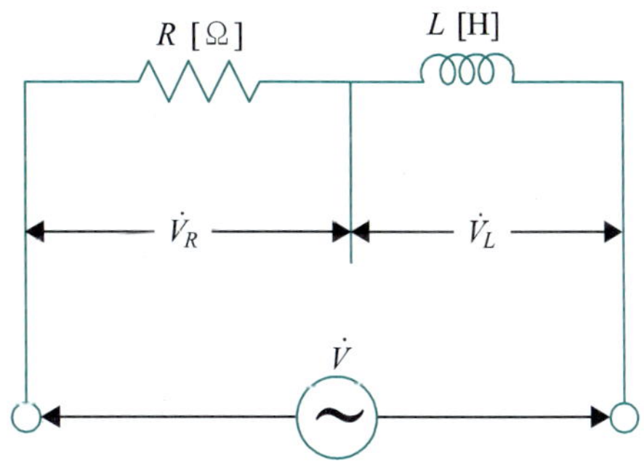

그림 12-20 예제 12-16의 회로

풀이 먼저 제1, 제3고조파에 대한 임피던스를 구하면 다음과 같다.

제1고조파 $Z = \sqrt{R^2 + (\omega L)^2} = \sqrt{8^2 + 2^2} \fallingdotseq 8.25$ [Ω]

$$\theta_1 = \tan^{-1}\frac{\omega L}{R} = \tan^{-1}\frac{2}{8} = 14.03^\circ$$

제3고조파 $Z_3 = \sqrt{R^2 + (3\omega L)^2} = \sqrt{8^2 + (3 \times 2)^2} = 10$ [Ω]

$$\theta_3 = \tan^{-1}\frac{3\omega L}{R} = \tan^{-1}\frac{6}{8} = 36.86^\circ$$

$$V_{m1} = Z_1 I_{m1} = 8.25 \times 10 = 82.5 \text{ [V]}$$

$$V_{m3} = Z_3 I_{m3} = 10 \times 20 = 200 \text{ [V]}$$

$$\begin{aligned} v &= V_R + V_L \\ &= V_1 + V_3 = V_{m1}\sin(\omega t + \theta_1) + V_{m3}\sin\left(3\omega t + \frac{\pi}{4} + \theta_3\right) \\ &= 82.5\sin(\omega t + 14.03^\circ) + 200\left(3\omega t + \frac{\pi}{4} + 36.86^\circ\right) \text{ [V]} \end{aligned}$$

예제 12-17

$R=3$ [Ω], $\omega L=4$ [Ω]인 직렬회로에 $v=\sqrt{2}\cdot 100\sin\omega t+\sqrt{2}\cdot 30\sin 3\omega t$ [V]로 표시되는 전압을 가했을 때 회로전류 i 는 얼마인가?

풀이

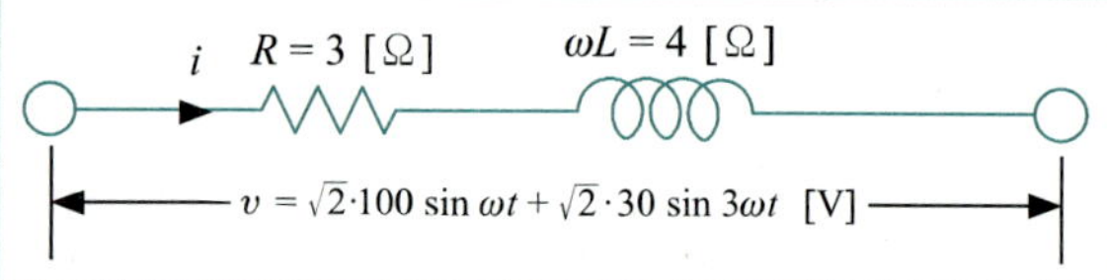

그림 12-21 예제 12-17의 풀이

$v=\sqrt{2}\cdot 100\sin\omega t+\sqrt{2}\cdot 30\sin\omega t$ [V]

기본파일 때 흐르는 전류

$$I_1=\frac{100\angle 0°}{\sqrt{3^2+4^2}\angle\phi}=\frac{100\angle 0°}{5\angle\phi_1}=20\angle 0°-\phi_1 \text{ [A]}$$

(단, $Z=\sqrt{R^2+\omega L^2}$) ($\phi_1=\tan^{-1}\frac{\omega L}{R}$)

$i_1=\sqrt{2}\cdot 20\sin(\omega t-\phi_1)$ [A]

3고조파일 때의 임피던스

$$Z_3=R+j3\omega L=3+j3\times 4=3+j12$$

$$I_3=\frac{30\angle 0°}{\sqrt{3^2+12^2}}=\frac{30\angle 0°}{\sqrt{9+144}}=\frac{30\angle 0°}{\sqrt{153}\angle\phi_3}=2.425\angle 0°-\phi_3 \fallingdotseq 2.43 \text{ [A]}$$

$i_3=\sqrt{2}\cdot 2.43\sin(3\omega t-\phi_3)$ [A]

$\therefore i=i_1+i_3=\sqrt{2}\cdot 20\sin(\omega t-\phi_1)+\sqrt{2}\cdot 2.43\sin(3\omega t-\phi_3)$ [A]

연습문제

12-1 그림과 같은 펄스를 푸리에 급수로 전개하여라.

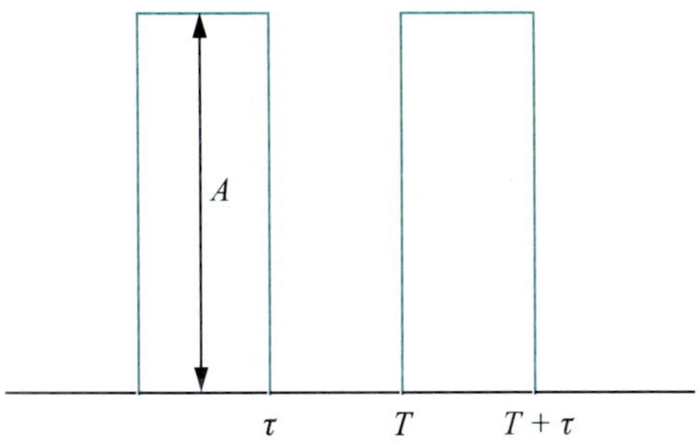

그림 12-22 펄스파

12-2 그림과 같은 구형파를 푸리에 급수로 전개하여라.

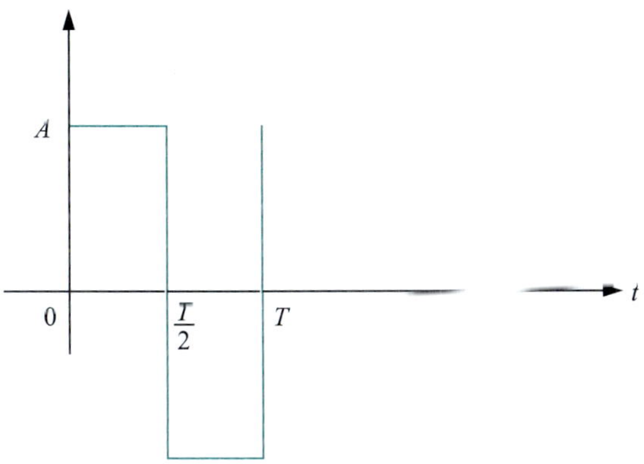

그림 12-23 구형파

12-3 그림과 같은 톱니 파형의 파형률 및 파고율은 얼마인가?

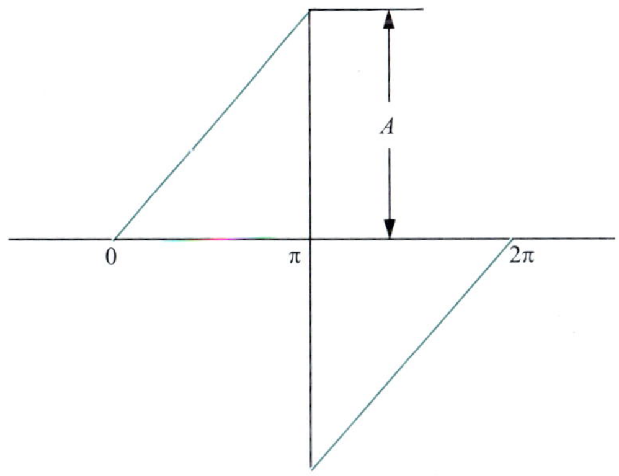

그림 12-24 톱니파

12-4 그림과 같은 파형의 맥동 전류를 전류력계형 계기로 측정한 결과 1.414 [A]이었다. 이를 가동 코일형 계기로 측정한다면 전류의 값은 몇 [A]인가?

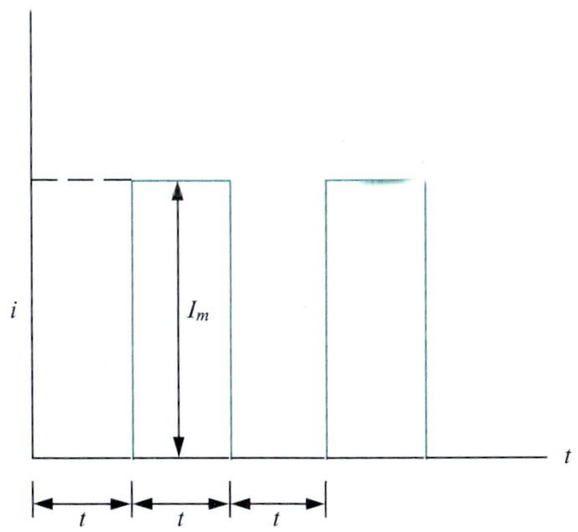

그림 12-25 톱니파

12-5 그림과 같은 파형을 가진 맥동전류를 가동 코일형 계기로 측정한 결과 그 지시값이 1.414 [A]이었다. 이 전류의 실효값은 몇 [A]인가?

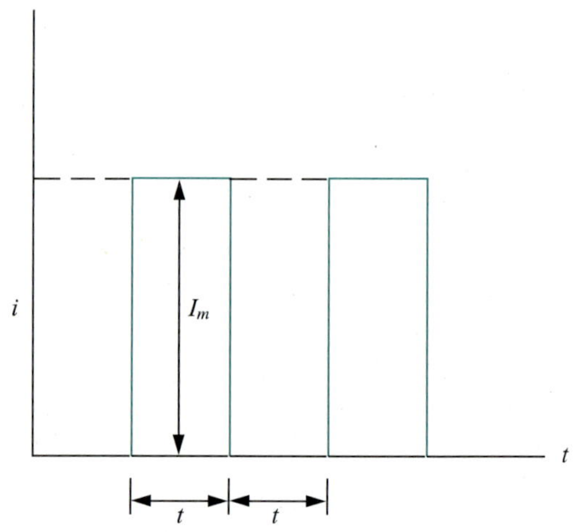

그림 12-26 톱니파

12-6 기본파의 40 [%]인 제3고조파와 20 [%]인 제5고조파를 포함하는 전압파의 왜형률은?

12-7 어떤 회로의 단자전압이 $v = 100\sin\omega_0 t + 40\sin 2\omega_0 t + 30\sin(3\omega_0 t + 60°)$ [V]이고, 전압강하의 방향으로 흐르는 전류가 $i = 10\sin(\omega_0 t - 60°) + 2\sin(3\omega_0 t + 135°)$ [A]일 때 다음을 구하여라.

(1) 전압파의 왜율
(2) 회로에 공급되는 평균전력
(3) 역률

12-8 전압 $v = 3 + 10\sqrt{2}\,sin\omega t + 10\sqrt{2}\,sin\left(3\omega t - \frac{\pi}{4}\right)$ [V]일 때 실효값은 얼마인가?

12-9 저항 3 [Ω], 유도 리액턴스 4 [Ω]인 직렬회로에 $e = 141.4\sin\omega t + 42.4\sin 3\omega t$ [V] 전압인 가시 전류의 실효값은 몇 [A]인가?

12-10 $R-C$ 직렬회로에 $e = 40 + 50\sqrt{2}\,sin2\omega t + 100\sqrt{2}\,\sin 4\omega t$ [V]인 전압을 가할 때, 제 2고조파의 실효값은 얼마인가? 단, $R = 4$ [Ω], $\frac{1}{\omega C} = 6$ [Ω]이다.

12-11 $e = E_{m1}\sin\omega t + E_{m2}\sin(2\omega t + \theta)$ [V]의 실효값은 얼마인가?

12-12 $v = V\sin\omega t$ [V], $i = I(\sin\omega t - \sin 3\omega t)$ [A]인 교류의 평균전력은 얼마인가?

12-13 $e=50\sin(\omega t+30°)+100\sin(3\omega t+75°)-40\cos 5\omega t$ [V], $i=10\sin(\omega t+30°)+20\sin(3\omega t+15°)+5\sin(s\omega t+30°)$ [A]일 때 소비전력은 얼마인가?

12-14 5 [Ω]의 저항을 흐르는 전류 $i=5+14.14\sin 100t+7.07\sin 20\omega t$ [A]일 때, 저항에서 소비되는 평균전력은 얼마인가?

12-15 $R-L$ 직렬회로에 $e=100\sin\omega t+80\sin\omega t$ [V]의 전압을 가할 때, 이 회로의 소비전력은 몇 [W]인가? 단, $R=8$ [Ω], $\omega L=6$ [Ω]이다.

12-16 삭 상의 전류가 $i_a=30\sin\omega t$ [A], $i_b=30\sin(\omega t-90°)$ [A], $i_c=30\sin(\omega t+90°)$ [A]일 때 영상 대칭분 전류 [A]는?

12-17 C [F]인 용량을 $e=E_1\sin(\omega t+\theta_1)+E_2\sin(3\omega t+\theta_3)$ [V]인 전압으로 충전할 때 몇 [A]의 전류(실효값)가 필요한가?

12-18 그림과 같은 삼각파를 푸리에 급수로 전개하시오.

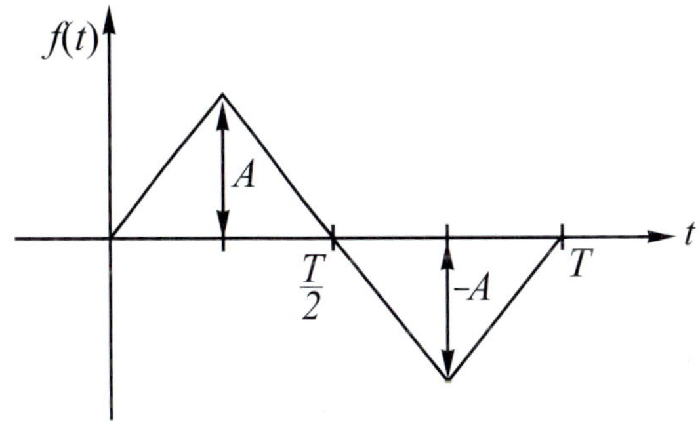

12-19 그림과 같은 파형을 푸리에 급수로 전개하시오.

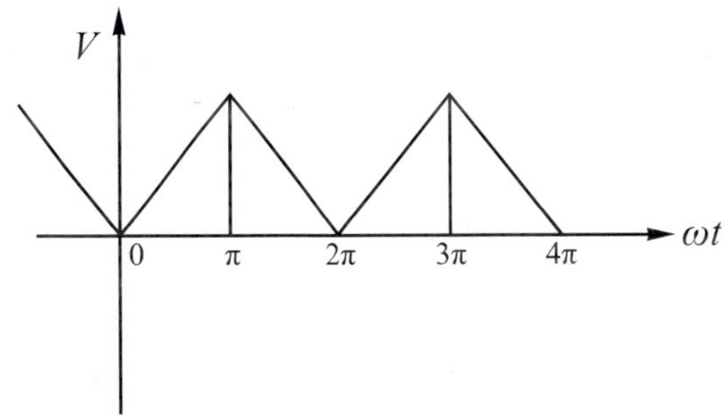

12-20 비정현파를 나타내는 식은?

㉮ 기본파+고조파+직류분

㉯ 기본파+직류분-고조파

㉰ 직류분+고조파-기본파

㉱ 교류분+기본파+고조파

12-21 비사인파의 일반적인 구성이 아닌 것은?

㉮ 삼각파 ㉯ 직류분

㉰ 기본파 ㉱ 고조파

복습문제

문제 1. 기본파의 전압이 100 [V]이고, 제3 고조파 전압이 30 [V], 전압파의 왜형률이 50 [%]이면 제 5전고조파 전압은 몇 [V]인가?

문제 2. 다음 설명 중 잘못된 것은?

㉮ 역률 $\cos\theta = \dfrac{\text{유효전력}}{\text{피상전력}}$

㉯ 파형률$= \dfrac{\text{실효값}}{\text{평균값}}$

㉰ 파고율$= \dfrac{\text{실효값}}{\text{최대값}}$

㉱ 왜형률$= \dfrac{\text{전 고조파의 실효값}}{\text{기본파의 실효값}}$

문제 3. $R-L-C$ 직렬 공진회로에서 제 3 고조파의 공진주파수 f [Hz]는?

㉮ $\dfrac{1}{2\pi\sqrt{LC}}$ ㉯ $\dfrac{1}{3\pi\sqrt{LC}}$

㉰ $\dfrac{1}{6\pi\sqrt{LC}}$ ㉱ $\dfrac{1}{9\pi\sqrt{LC}}$

문제 4. 왜형파 주기함수를 보고 아래의 서술 중 잘못된 것은?

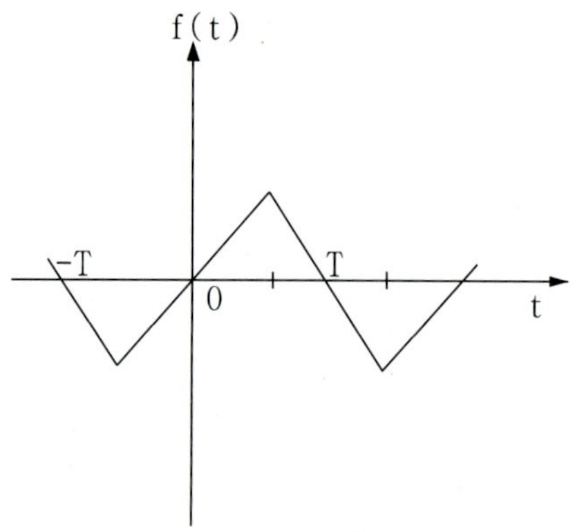

㉮ 기수차의 정현항 계수는 0이다.

㉯ 기함수파이다.

㉰ 반파 대칭파이다.

㉱ 직류 성분은 존재하지 않는다.

문제 5. ωt가 0에서 π까지 $i=10$ [A], π에서 2π까지는 $i=0$ [A]인 파형을 푸리에 급수로 전개하면 a_o는?

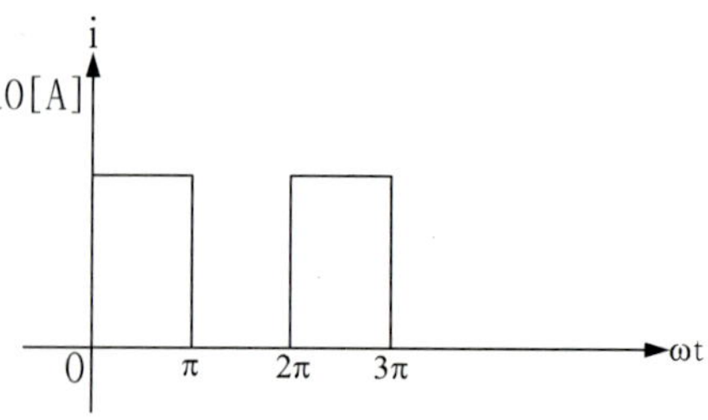

㉮ 14.14 ㉯ 10 ㉰ 7.05 ㉱ 5

문제 6. 다음에서 $f_e(t)$는 우함수, $f_o(t)$는 기함수를 나타낸다. 주기 함수 $f(t)=f_e(t)+f_o(t)$에 대한 다음의 식 중에서 옳지 못한 것은?

㉮ $f_e(t)=f_e(-t)$

㉯ $f_o(t)=-f_o(-t)$

㉰ $f_o(t)=\frac{1}{2}[f(t)+f(-t)]$

㉱ $f_o(t)=\frac{1}{2}[f(t)-f(-t)]$

문제 7. 그림과 같은 삼각파를 푸리에 급수로 전개하면?

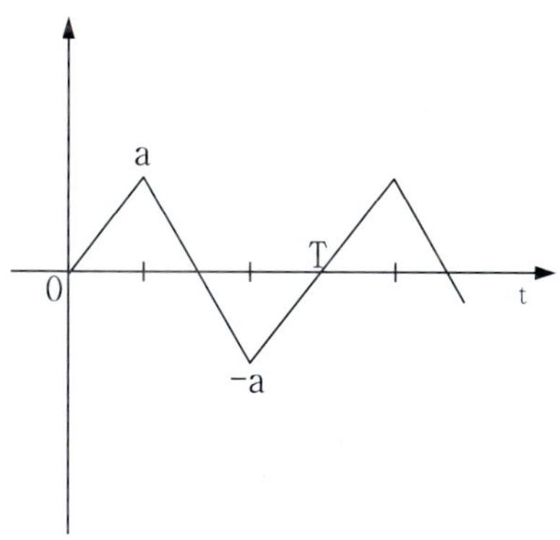

㉮ 반파 정현 대칭으로 기수파만 포함한다.

㉯ 반파 정현 대칭으로 우수파만 포함한다.

㉰ 반파 여현 대칭으로 기수파만 포함한다.

㉱ 반파 여현 대칭으로 우수파만 포함한다.

문제 8. 어떤 교류회로에 $e=100\sin\omega t+20\sin\left(3\omega t+\frac{\pi}{3}\right)$ [V]인 전압을 가했을 때 이것에 의해 회로에 흐르는 전류가 $i=40\sin\left(\omega t+\frac{\pi}{6}\right)+5\sin\left(3\omega t+\frac{\pi}{12}\right)$ [A]라 한다. 이 회로에서 소비되는 전력은 약 몇 [kW]인가?

㉮ 1.27 ㉯ 1.77

㉰ 1.97 ㉱ 2.27

문제 9. 기본파의 40 [%]인 제 3 고조파와 30 [%]인 제 5 고조파를 포함하는 전압파의 왜형률은?

㉮ 0.3 ㉯ 0.5

㉰ 0.7 ㉱ 0.9

문제 10. 비정현파에 있어서 정현대칭의 조건은 어느 것인가?

㉮ $f(t)=f(-t)$

㉯ $f(t)=-f(t)$

㉰ $f(t)=-f(-t)$

㉱ $f(t)=-f\left(t+\frac{T}{2}\right)$

문제 11. 비정현파의 실효값은?

㉮ 최대값의 실효값

㉯ 각 고조파의 실효값의 합

㉰ 각 고조파의 실효값의 합의 제곱근

㉱ 각 고조파의 실효값의 제곱의 합의 제곱근

문제 *12.* 기본파의 80 [%]인 제 3고조파와 60 [%]인 제 5 고조파를 포함한 전압파의 왜형률은?

㉮ 1 ㉯ 3
㉰ 0.5 ㉱ 0.8

문제 *13.* 어느 회로의 전압과 전류가 각각 $e=50\sin(\omega t+\theta)$ [V], $i=4\sin(\omega t+\theta-30^\circ)$ [A]일 때 무효전력 [Var]은?

㉮ 100 ㉯ 86.6
㉰ 70.7 ㉱ 50

문제 *14.* 비선형 저항에서 단자전압의 파형과 여기에 흐르는 전류의 파형은 일반적으로 어떠한가?

㉮ 동일하다.
㉯ 전혀 다르다.
㉰ 닮은꼴이 된다.
㉱ 파형은 같으나 위상차가 있다.

문제 *15.* 비정현 주기파 중 고조파의 감소율이 가장 적은 것은?(단, 정류파는 정현파의 정류파를 뜻함.)

㉮ 반파 정류파
㉯ 삼각파
㉰ 전파 정류파
㉱ 구형파

문제 *16.* $i_1=5\sqrt{2}\sin(\omega t+\theta)$ [A]와 $i_2=3\sqrt{2}\sin(\omega t+\theta-\pi)$ [A]의 차에 상당하는 전류의 실효값은 몇 [A]인가?

㉮ $9\sqrt{2}$ ㉯ 8
㉰ 3 ㉱ $3\sqrt{2}$

문제 *17.* 비정현파를 여러 개의 정현파의 합으로 표시하는 방법은?

㉮ 키르히호프의 법칙 ㉯ 노턴의 정리
㉰ 푸리에 분석 ㉱ 테일러의 공식

문제 *18.* 비정현파의 이그러짐 정도를 표시하는 양으로서 왜형률이란?

㉮ $\dfrac{\text{평균값}}{\text{실효값}}$

㉯ $\dfrac{\text{실효값}}{\text{최대값}}$

㉰ $\dfrac{\text{고조파만의 실효값}}{\text{기본파만의 실효값}}$

㉱ $\dfrac{\text{기본파만의 실효값}}{\text{고조파만의 실효값}}$

문제 *19.* 변압기 결선에 있어서 제 3고조파가 발생하는 것은?

㉮ Y−△ ㉯ △−Y
㉰ Y−Y ㉱ △−△

제 13 장 과도현상

제 13 장
과도현상

13-1 과도현상의 정의

전기회로에서 어느 정상상태(steady state)로부터 다른 정상상태로 이행할 경우 그 이행이 순간적으로 이루어지는 것이 아니고 일정시간이 경과한 후에 이루어진다. 이와 같이 어느 정상상태에서 다른 정상상태로 이행하는 동안에 일어나는 현상을 과도현상(transient phenomena)이라 하며, 그 이행하는 기간을 과도기, 또한 정상상태에 있어서의 양을 정상값이라 한다.

과도현상의 해석은 키르히호프 법칙에 의하여 회로의 전압전류가 만족하는 미분방정식을 회로가 변화한 후의 상태의 회로에 대해서 세우고, 이 미분방정식을 푼 다음 그 풀이 안에 포함되어 있는 적분상수를 초기조건에 의해 구하면 된다.

그러나 이 방법은 고차의 미분방정식을 사용할 경우 적분상수를 구하는 등의 어려움이 있어서 근래에는 라플라스 변환이 많이 이용되고 있다.

13-2 R-L 직류회로

13-2-1 직류전압의 인가

그림 13-1과 같은 R-L 직렬회로에 $t=0$에서 직류기전력 E를 인가하는 경우의 과도현상을 생각해 보자.

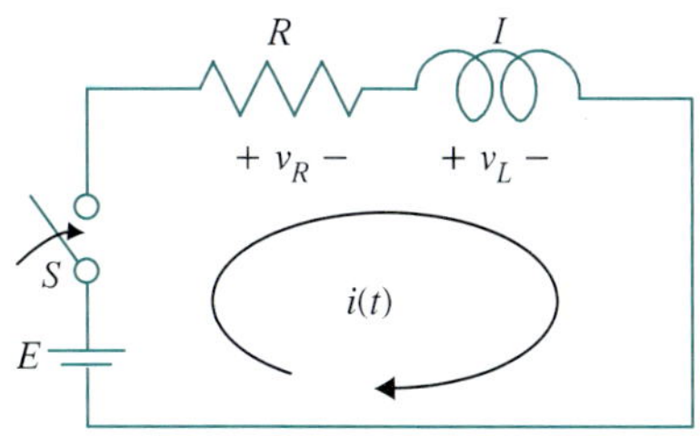

그림 13-1 *R–L* 직렬회로의 직류 전압 인가

회로에 흐르는 전류 i를 그림과 같이 가정하면 KVL에 의해 전압 방정식

$$E = v_R + v_L = Ri + L\frac{di}{dt} \tag{13.1}$$

이 성립된다. 이 미분 방정식의 일반해(general solution) i는 특수해(particular solution) i_s와 보조해(complenertary solution) i_t와의 합으로 표시된다. 즉,

$$i = i_s + i_t \tag{13.2}$$

전기회로에 관한 미분 방정식에 있어서 특수해는 정상해를 의미하며 보조해는 과도해를 의미한다. 이 경우 인가기전력은 직류전압이므로 정상전류는 직류가 되어야 한다. 즉, i_s는 일정하므로 이 사실을 식 (13.1)에 적용하면 $\frac{di}{dt}=0$이 되어 $E = Ri$ 로부터

$$i_s = \frac{E}{R} \tag{13.3}$$

다음에 보조해 i_t는 식 (13.1)의 좌변을 $0(E=0)$으로 놓음으로써 구할 수 있다. 즉,

$$L\frac{di}{dt} + Ri = 0 \tag{13.4}$$

양변을 변수분리하여

$$\frac{di}{i} = -\frac{R}{L}dt$$

양변을 적분하면

$$\int \frac{di}{i} = -\int \frac{R}{L} \cdot dt$$

$$\ln i = -\frac{R}{L}t + a \quad \text{단, } a\text{는 적분 상수}$$

이를 지수함수 형식으로 고치면 다음과 같은 형식이 된다.

즉,

$$i_t = e^a \cdot e^{-\frac{R}{L}t} = Ae^{-\frac{R}{L}t} \tag{13.5}$$

따라서 식 (13.1)의 일반해 i는

$$i = i_s + i_t = \frac{E}{R} + Ae^{-\frac{R}{L}t} \tag{13.6}$$

이 된다. 여기서 미지수 A는 적분상수 a의 역대수이지만 a가 임의의 값이므로 A 역시 적분상수로 생각해도 좋다. 이 A는 회로의 초기조건(initial condition)에 의해 결정될 수 있다.

지금 $t=0$, 즉, 스위치 S를 닫기 직전의 회로전류($i(0-)$)를 0이라고 하면 $t=0$ 즉, 스위치 S를 닫은 직후의 전류($i(0+)$)도 0이 되어야 한다.

왜냐하면 인덕턴스 L에 흐르는 전류는 불연속적으로 급변할 수 없고 연속적으로만 변할 수 있기 때문이다.

따라서 이러한 초기조건

$$i(t)|_{t=0} = 0 \tag{13.7}$$

을 식 (13.6)에 대입하면

$$A = -\frac{E}{R} \tag{13.8}$$

가 얻어지므로 따라서 식 (13.6)은

$$i = \frac{E}{R}\left(1 - e^{-\frac{R}{L}t}\right) \tag{13.9}$$

가 되며 여기서 제1항 $\frac{E}{R}$가 정상전류, 제2항 $-\frac{E}{R}e^{-\frac{R}{L}t}$가 과도전류를 나타냄은 앞에서 이미 언급한 바 있다. 식 (13.9)를 그래프로 나타내면 그림 13−2와 같다. 이때 전류 i는 0으로부터 점증(漸增)하여 정상상태시의 전류값인 $I=\frac{E}{R}$에 점근한다.

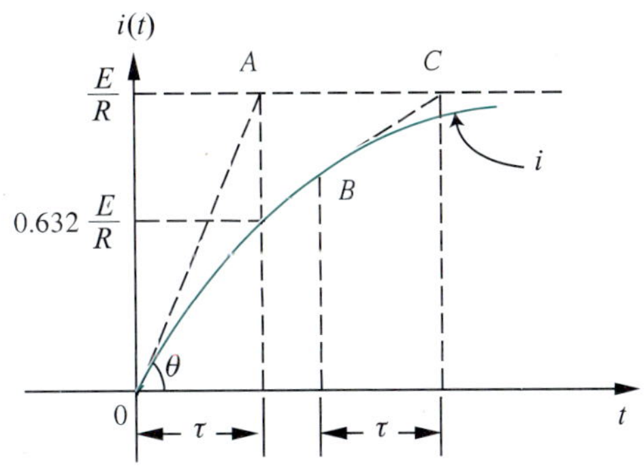

그림 13−2 R−L 직렬회로에서의 과도전류

그림 13−2에서 전류 i의 곡선에 $t=0$(원점)에서 접선을 그어 이것이 점근선인 $i=I$와 만나는 점(A)까지의 시간을 τ라고 하면 식 (13.9)로부터

$$\tan\theta = \frac{di}{dt}\Big|_{t=0} = \frac{E}{L} \tag{13.10}$$

또한 그림으로부터 $\tan\theta = \frac{E/R}{\tau}$를 식 (13.10)에 대입하면

$$\tau = \frac{L}{R} \tag{13.11}$$

의 관계가 얻어지는데 이 τ를 회로의 시정수(time constant)라 한다.

식 (13.9)와 같은 지수함수는 그림 13−2에서 보는 것처럼 접선을 곡선상의 임의의 점 (B)에서 긋더라도 접점과 접선이 정상치와 만나는 점 (C) 사이의 시간간격은 역시 식 (13.11)에서의 시정수 τ의 크기에 따른 과도현상의 특성을 보여주고 있다.

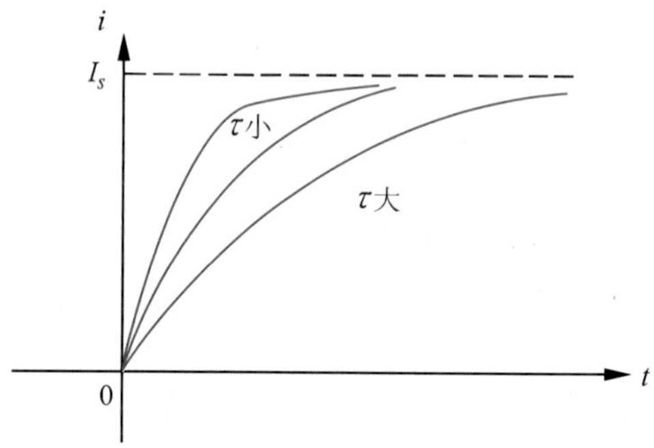

그림 13-3 시정수에 따른 과도현상

그림 13-3에서 알 수 있듯이 시정수 τ가 클수록 과도현상이 오래 지속됨을 알 수 있다. 즉, 과도상태의 장(長)·단(短)점은 시정수 τ의 대소로서 판별할 수 있게 된다. 식 (13.9)에서 지수함수 $e^{-\frac{R}{L}t}$는 감쇠함수이기 때문에 시정수 τ의 역수에 해당되는 $\frac{R}{L}$을 감쇠율이라 한다.

즉,

$$\text{감쇠율} : \alpha = \frac{1}{\tau} = \frac{R}{L} \tag{13.12}$$

한편 식 (13.9)을 시정수 τ를 이용하여 나타내면

$$i = \frac{E}{R}\left(1 - e^{-\frac{1}{\tau}t}\right) \tag{13.13}$$

가 되며, 이로부터 시간경과 후의 전류의 변동상태를 알아보면 다음과 같다.
전압인가 후

(1) $t = \tau$(시정수) 경과시

$$\begin{aligned} i(\tau) &= \frac{E}{R}\left(1 - e^{-\frac{1}{\tau}\cdot\tau}\right) \\ &= \frac{E}{R}(1 - e^{-1}) \fallingdotseq 0.632\frac{E}{R} \end{aligned} \tag{13.14}$$

가 되어 정상전류값(E/R)의 63.2 [%]에 도달하며

(2) $t=2\tau$ 경과시

$$i(2\tau)=\frac{E}{R}(1-e^{-2})\fallingdotseq 0.865\frac{E}{R} \tag{13.15}$$

가 되어 정상전류값의 86.5 [%]

(3) $t=3\tau$ 경과시

$$i(3\tau)=\frac{E}{R}(1-e^{-3})\fallingdotseq 0.950\frac{E}{R} \tag{13.16}$$

가 되어 정상전류값의 95.0 [%]에 도달하게 된다.

예제 13-1

$R=10$ [Ω], $L=30$ [mH]인 R－L 직렬회로의 시정수 τ [sec]는 얼마인가?

풀이

$R-L$ 직렬회로의 시정수 $\tau=\dfrac{L}{R}$

$\tau=\dfrac{L}{R}=\dfrac{30\times10^{-3}}{10}=3\times10^{-3}$ [sec]

13-2-2 직류전압의 단락

그림 13-4와 같은 R－L 직렬회로에 정상전류 $I=E/(R+R_0)$가 흐르고 있는 도중 시각 $t=0$에서 스위치 S_1을 닫음과 동시에 스위치 S_2를 열면 이 회로에 가해졌던 직류전압이 단락되면서 회로전류 i는 점차 감소된다. 이 경우의 전압방정식은

$$L\frac{di}{dt}+Ri=0 \tag{13.17}$$

가 되며, 이 방정식의 일반해는 정상항이 0이 되어 과도항만으로 이루어진다. 따라서 식 (13.5)와 마찬가지로

$$i = Ae^{-\frac{R}{L}t} \tag{13.18}$$

가 된다. 미지수 A를 결정하는 초기조건은 $t=0$에서 $i=I$ 이므로 $A=I$ 이다. 따라서

$$i = Ie^{-\frac{R}{L}t} \tag{13.19}$$

이때의 전류 i의 시간적 변화는 그림 13-5와 같다. 이것은 그림 13-2를 역으로 놓은 모양이고 전류곡선상의 임의의 점에서 그은 접선이 횡축과 교차하는 점까지의 시간 τ는 역시 $\frac{L}{R}$로서 변함이 없다.

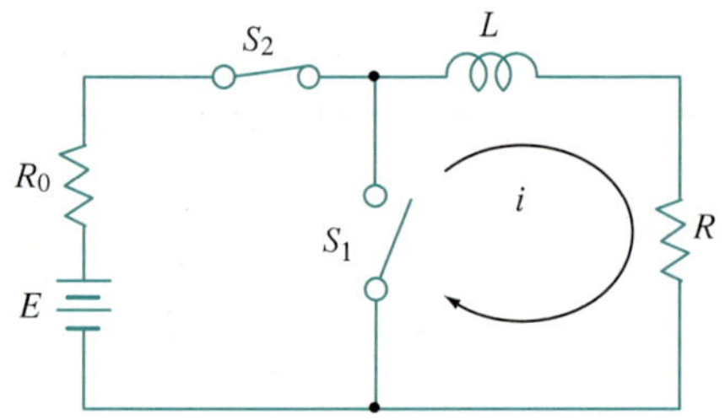

그림 13-4 R-L회로의 단락

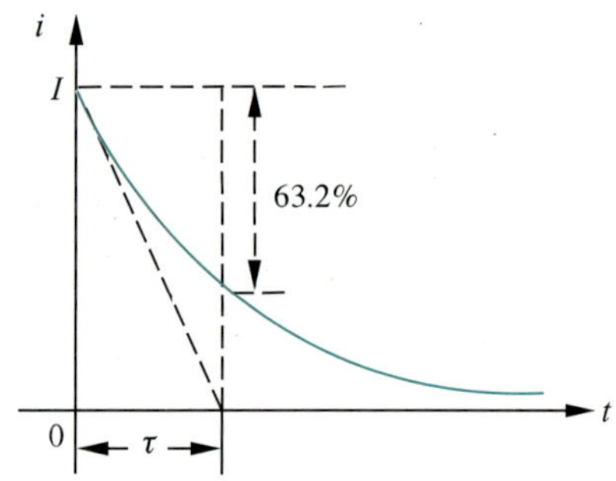

그림 13-5 R-L회로 단락시 감쇠전류

예제 13-2

그림의 회로가 정상상태로 있는 중에 스위치 S를 A에서 B로 닫았다면 L 양단의 전위차는 얼마인가?

풀이

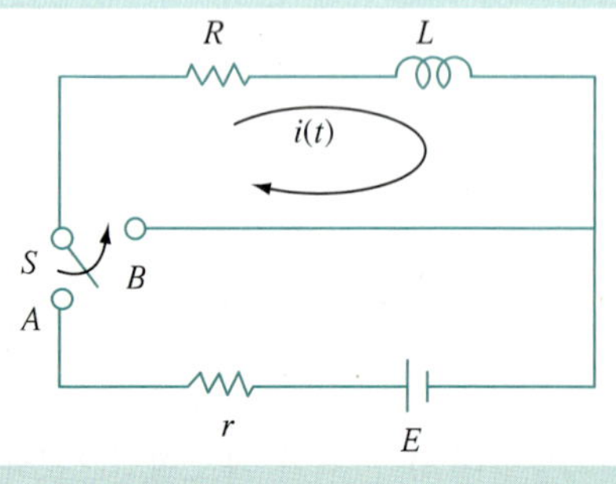

S를 A에서 B로 닫은 후 $R-L$회로에 대한 전압의 평형식을 세우면

$$L\frac{di}{dt}+Ri=0 \quad ①$$

식 ①로부터

$$i=Ae^{-\frac{R}{L}t} \quad ②$$

$t=0$일 때 $i=\dfrac{E}{R+r}$이므로 식 ②로부터 $A=\dfrac{E}{R+r}$ 따라서

$$i=\frac{E}{R+r}e^{-\frac{R}{L}t} \quad ③$$

L 양단의 전위차 v_L은 식 ③으로부터

$$v_L=L\frac{di}{dt}=L\frac{E}{R+r}\left(-\frac{R}{L}\right)e^{-\frac{R}{L}t}=-\frac{RE}{R+r}e^{-\frac{R}{L}t}\ [\mathrm{V}]$$

예제 13-3

그림과 같은 회로에서 $t=0$에서 스위치 S_2를 개방한 상태에서 S_1을 닫아 직류전압 E를 인가하고, $t=t_1$에서 S_2를 닫음과 동시에 S_1을 열어서, 이 회로의 직류기전력을 제거할 때, 이 회로에 흐르는 전류 i를 구하라.

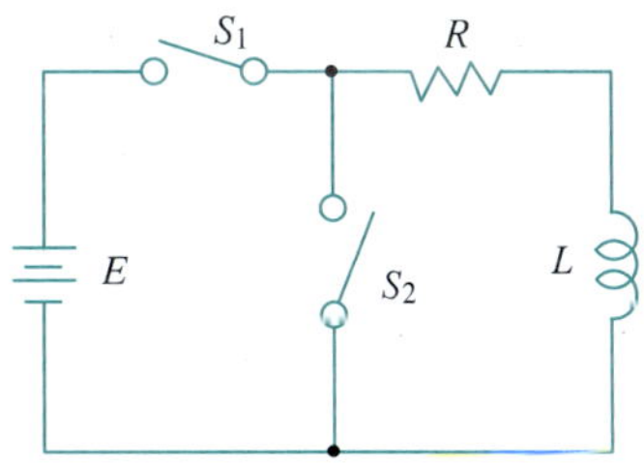

풀이

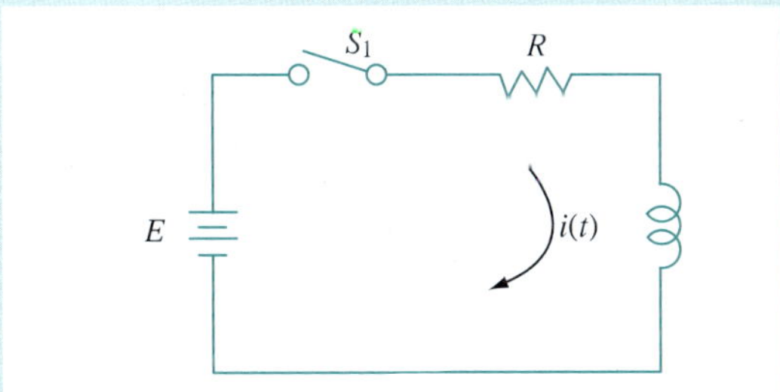

① $t=0$에서 스위치 S_2를 개방하고 S_1을 닫아 직류전압 E를 인가한 경우는 다음과 같이 된다.
$0 \le t \le t_1$에서는

$$i=\frac{E}{R}\left(1-e^{-\frac{R}{L}t}\right)\ [\mathrm{A}] \quad ①$$

즉, $t=t_1$에서의 전류값을 i_1이라 하면

$$i_1=\frac{E}{R}\left(1-e^{-\frac{R}{L}t}\right)\ [\mathrm{A}] \qquad ②$$

$t=t_1$에서 스위치를 바꿔 넣을 때의 회로 방정식은

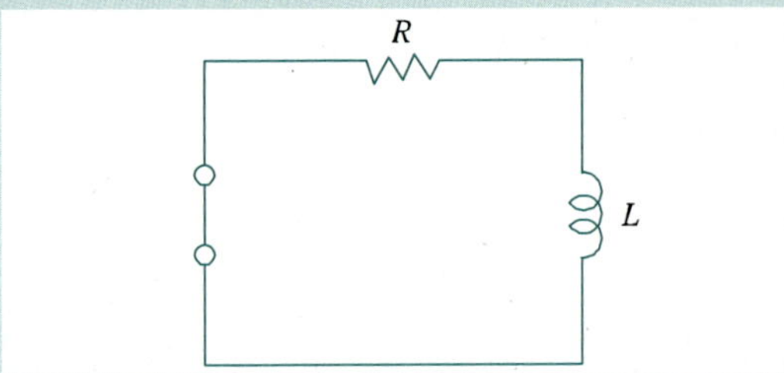

$$L\frac{di}{dt}+Ri=0 \qquad ③$$

이것의 해는 다음과 같다.

$$i=ke^{-\frac{R}{L}t} \qquad ④$$

여기서 초기조건 $t=t_1$에서 $i=i_1$을 윗식에 대입하면

$$k=i_1e^{-\frac{R}{L}t_1}$$

이것을 식 ④에 대입하면 $t \geq t_1$에서의 전류는

$$i=i_1e^{-\frac{R}{L}(t-t_1)}=\frac{E}{R}\left(1-e^{-\frac{R}{L}(t-t_1)}e^{-\frac{R}{L}t_1}\right)$$

$$=\frac{E}{R}\left(1-e^{-\frac{R}{L}(t-t_1)-\frac{R}{L}t_1}\right)\ [\mathrm{A}]$$

결국 이 회로의 전류는

$0 \leqq t < t_1$에서는 $t=t_1$

$$i=\frac{E}{R}\left(1-e^{-\frac{R}{L}t}\right)\ [\mathrm{A}]$$

$$t_1 < t,\ i=\frac{E}{R}\left(e^{-\frac{R}{L}(t-t_1)}-e^{-\frac{R}{L}t}\right)\ [\mathrm{A}]$$

예제 13-4

그림의 회로는 스위치 S를 닫은 경우 정상상태이다. $t=0$에서 스위치를 연 후 저항 R_2에 흐르는 과도전류는?(단, 초기조건은 $i(0)=\frac{E}{R_1}$이다.)

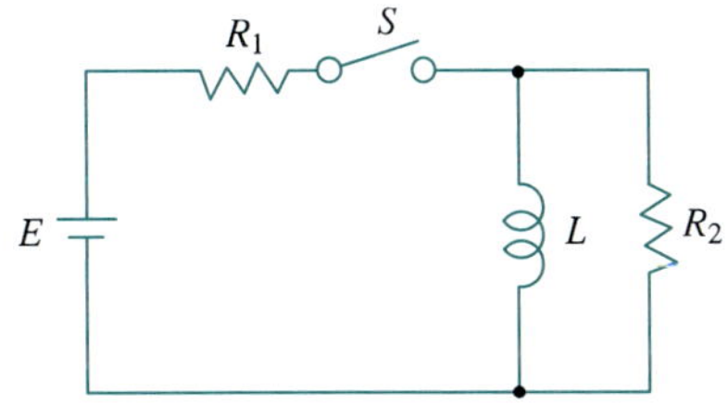

풀이

$i(0)=i(0^-)=\frac{E}{R_1}$(∵ 코일전류는 급변 불가), $i_L(\infty)=0$(∵ 전원이 제거되었으므로)

시정수$(\tau)=\frac{L}{R}=\frac{L}{R_2}$(∵ 과도전류는 L, R_2로 흐른다)

$$|i_{R2}(t)|=i_L(t)=i(\infty)+[i(0)-i(\infty)]e^{\frac{-t}{\tau}}=\frac{E}{R_1}e^{-\frac{R_2}{L}t}$$

예제 13-5

다음의 회로에서 전압을 인가한 다음, 계전기가 동작할 때까지의 시간을 구하시오. (단 계전기의 동작전류는 10 [mA]라고 하고 $\log_{10}2=0.301$, $\log_{10}3=0.477$, $\log_{10}5=0.699$, $\log_{10}e=0.43$이다.

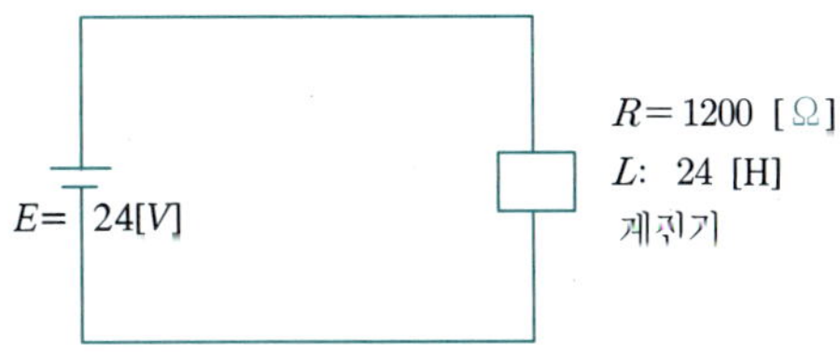

풀이

스위치를 닫은 시각을 $t=0$라 하면

$$E=iR+L\frac{di}{dt}$$

이것의 해는

$$i=\frac{E}{R}\left(1-e^{-\frac{R}{L}t}\right)\ [\mathrm{A}]$$

이것을 주어진 값을 대입하면

$i = 10$ [mA] $R = 1200$ [Ω], $L = 24$ [H]

$= 10 \times 10^{-3}$

$= 10^{-2}$ [A]

$$10^{-2} = \frac{24}{1200}\left(1 - e^{-\frac{1200}{24}t} = 2 \times 10^{-2}(1 - e^{-50t}\right)$$

$$\frac{10^{-2}}{2 \times 10^{-2}} = (1 - e^{-50t})$$

$$0.5 = (1 - e^{-50t}),\ e^{-50t} = 0.5 = \frac{1}{2}$$

$$0.5 = e^{-50t},\ \frac{1}{2} = \frac{1}{e^{50t}}$$

$$e^{50t} = 2$$

양변에 loge를 취하면

$$e^{50t} = 2$$

$$50t \log_e = \log_e 2$$

$$50t \cdot 1 = \log_e 2$$

$$t = \frac{1}{50}\frac{\log 2}{\log e} = \frac{1}{50}\frac{0.301}{0.43} = 0.014 \text{ [sec]}$$

예제 13-6

그림과 같은 회로에서 릴레이의 동작전류는 10 [mA], 코일의 저항은 1,200 [Ω], 인덕턴스 L [H]이다. S가 닫히고 0.015 [s] 이내로 이 릴레이가 작동하려면 L [H]은?

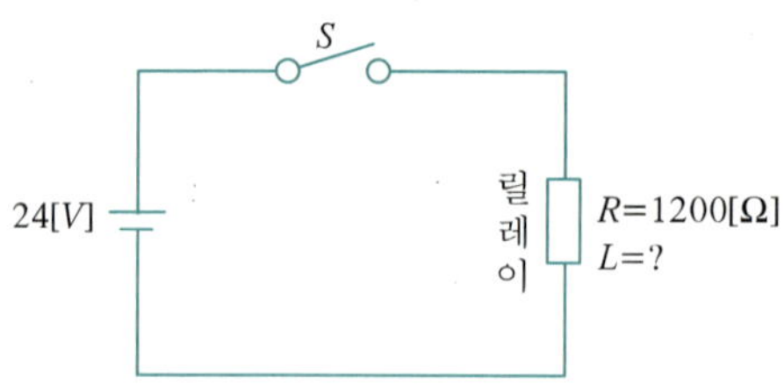

풀이

$R-L$ 직렬 회로이고 릴레이가 작동하면 회로가 구성되어 흐르므로 $i(t) = \frac{E}{R}\left(1 - e^{-\frac{R}{L}t}\right)$에서

$$0.01 = \frac{24}{1,200}\left(1 - e^{-\frac{1,200}{L} \times 0.015}\right)$$

$$10=20\left(1-e^{-\frac{18}{L}}\right)$$

$$10=20e^{-\frac{18}{L}}$$

양변에 $\log_{10}$을 취하여 L에 관하여 정리하면

$$\log_{10}10=\log_{10}20-\frac{18}{L}log_{10}e,\ \ 1=1.301-\frac{18\times0.43}{L}$$

$$\therefore L=\frac{18\times0.43}{0.301}\fallingdotseq 26\ [\mathrm{H}]$$

예제 13-7

$R-L$ 직렬회로에 일정 전압E [V]를 급히 가할 때 스위치를 닫고, 전류가 최종값의 90(%)가 될 때까지의 시간 [sec]은 얼마인가?

풀이

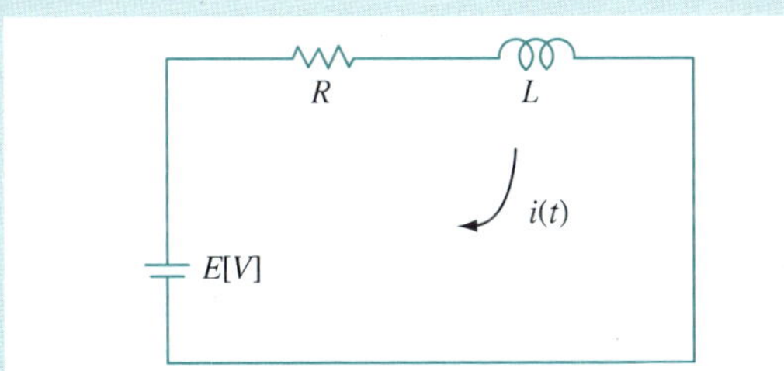

$$i(t)=\frac{E}{R}\left(1-e^{-\frac{R}{L}t}\right)\ [\mathrm{A}]$$

전류의 최종값은 $t=\infty$라 놓은 경우는 다음과 같다. 전류 $i(\infty)=\frac{E}{R}$로 표시된다. $\frac{E}{R}-I$라 놓으면 회로전류는 그 최종값의 90 [%]까지 도달하는데 요하는 시간을 t_1이라 놓으면

$$\frac{i(t)}{i(\infty)}=\frac{i(t_1)}{I}=0.9=1-e^{-\frac{R}{L}t_1}$$

$$\therefore 0.1=e^{-\frac{R}{L}t_1}$$

또는

$$\frac{1}{10}=\frac{1}{e^{\frac{R}{L}t_1}}$$

$$e^{\frac{R}{L}t_1}=10$$

양변에 $\log_e$를 곱하면

$$\log e^{e^{\frac{R}{L}t_1}}=\log_e 10 \qquad \log_e e=1$$

$\frac{R}{L}t_1 = \log_e 10$ $\frac{L}{R}$를 양변에 곱하면

$t_1 = \frac{L}{R}\log_e 10$ 자연대수

$\log_{10} = 2.3026$

$\therefore t_1 = 2.3026\frac{L}{R}$

별해

t [sec] 후의 전류 i [A]는

$$i = \frac{E}{R}\left(1 - e^{-\frac{R}{L}t}\right) = I\left(1 - e^{-\frac{R}{L}t}\right) \text{ [A]}$$

90 [%]에 달하는 시각을 t_1 [sec]라 하면 $t = t_1$ [sec]일 때 $i = 0.9I$ [A]

$$0.9I = I\left(1 - e^{-\frac{R}{L}t_1}\right)$$

$e^{-\frac{R}{L}t_1} = 1 - 0.9 = 0.1$ 양변에 $\log_e$를 취하면

$$-\frac{R}{L}t_1 = \log_e 0.1$$

$$= \log\left(\frac{1}{10}\right) = 2.3\log_{10}\left(\frac{1}{10}\right) = 2.3 \times (-1)$$

$t_1 = 2.3 \times \frac{L}{R}$ [sec]

예제 13-8

그림과 같은 회로에 $t = 0$에서 직류전압 E를 인가 한 후 저항 R에 흐르는 전류 i_1과 L에 흐르는 전류 i_2가 같게 될 때까지의 시간을 구하라.

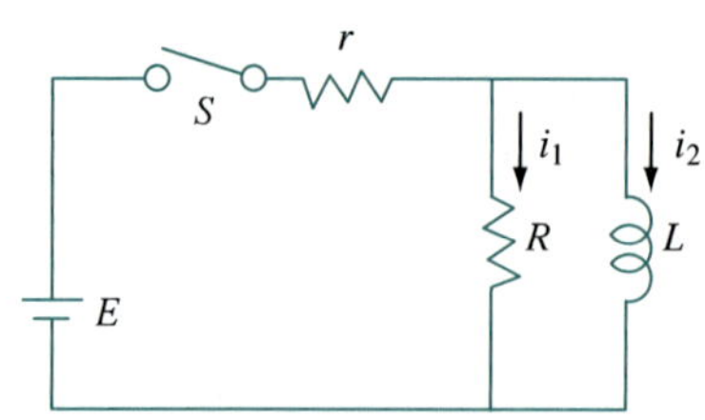

풀이

S를 투입할 경우 KVL을 적용하면

$E = (r+R)i_1 + ri_2$ ①

$L\frac{di_2}{dt} = Ri_1$ ②

두 식에서 i_1을 소거하면

$$\frac{di_2}{dt}+\frac{rR}{L(r+R)}i_2=\frac{RE}{L(r+R)}$$

이것을 기본형 $i=\frac{E}{R}\left(1-e^{-\frac{R}{L}t}\right)$ 비교하면, 구하는 전류 i_2는

$$i_2=\frac{E}{r}\left(1-e^{-\frac{Rr}{L(r+R)}t}\right)$$

이것을 식 ①에 대입하면

$$i_1=\frac{E}{r+R}e^{-\frac{rR}{L(r+R)}t}$$

$i_1=i_2$가 되는 시간을 t_0라 하면

$$\frac{E}{r}\left(1-e^{-\frac{rR}{L(r+R)}t_0}\right)=\frac{E}{r+R}e^{-\frac{rR}{L(r+R)}t_0}$$

$$\frac{1}{r}=\left(\frac{1}{r}+\frac{1}{r+R}\right)e^{-\frac{rR}{L(r+R)}t_0}$$

$$\frac{1}{r}=\frac{2r+R}{r(r+R)}e^{-\frac{rR}{L(r+R)}t_0}$$

$$\frac{r+R}{2r+R}=e^{-\frac{rR}{L(r+R)}t_0}$$

$$e^{-\frac{rR}{L(r+R)}t_0}=\frac{r+R}{2r+R}$$

양변에 $\log e$를 취하면

$$\log e^{-\frac{rR}{L(r+R)})}$$

$$-\frac{rR}{L(r+R)}t_0\log e^e=\log\frac{r+R}{2r+R}$$

$$\frac{rR}{L(r+R)}t_0\log e^e=\log\frac{2r+R}{r+R}$$

$\log_e e=1$이므로

$$t_0=\frac{L(r+R)}{rR}\log\frac{2r+R}{r+R}\ \text{[S]}$$

예제 13-9

$L-R$직렬회로에 정상전류가 흐르고 있을 때 $t=0$에서 스위치 S를 닫고 전원을 단락할 경우 이 회로의 전력 및 전력량을 계산하여라. (단, I: 정상전류임)

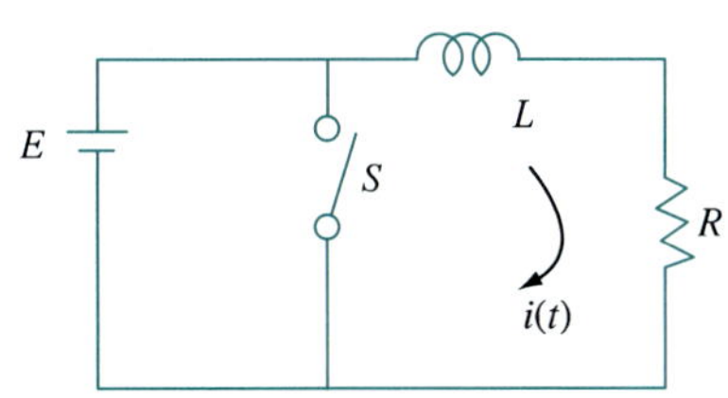

풀이

$$i(t)R + L\frac{di}{dt} = E = 0$$

$$i(t)R + L\frac{di}{dt} = 0$$

$L\frac{di}{dt} = -Ri$ 변수분리하며 양변에 적분을 취하면 다음과 같다.

$$\int \frac{di}{i} = -\int \frac{R}{L}dt$$

양변을 적분하면

$$\ln = -\frac{R}{L}t + a$$

$$i(t) = e^a \cdot e^{-\frac{R}{L}t}$$

가 된다.

$= Ae^{-\frac{R}{L}t}$에서 정상상태에서 전류이므로 초기조건 $t=0$에서

$i(t) = Ie^{-\frac{R}{L}t}$ [A]

: L과 R에 소비되는 전력을 P_R, P_L이라면

$$P_R = i^2 R$$

$$P_L = L\frac{di}{dt}i = L\frac{d}{dt}Ie^{-\frac{R}{L}t}i = L\frac{R}{L}Ie^{-\frac{R}{L}t}i = -I^2Re^{-\frac{2R}{L}t}$$

$$= -Ie^{-\frac{R}{L}i} = -i^2R$$

$$\therefore P = P_L + R_R = 0$$

또 전력량을 구하면

$$W_R = \int_0^t P_R dt$$

$$P_R = i^2R = I^2Re^{-\frac{2R}{L}t}$$

$$W_R = \int_0^t I^2Re^{-\frac{2R}{L}t}dt = I^2R\int_0^t e^{-\frac{2R}{L}t}dt$$

$$= -I^2R\frac{L}{2R}\left[e^{-\frac{2R}{L}t}\right]_0^t = \frac{I^2L}{2}\left[e^{-\frac{2R}{L}t}\right]_t^0$$

$= \frac{I^2L}{2}\left[e^0 - e^{-\frac{2R}{L}t}\right] = \frac{LI^2}{2}\left[1 - e^{-\frac{2}{L}Rt}\right]$ [wh]

$$\therefore W_L = \int_0^t P_L dt$$

$$P_L = -I^2Re^{-\frac{2R}{L}t}$$

$$W_L = -\int_0^t I^2Re^{-\frac{2R}{L}t}dt = -I^2R\int_0^t e^{-\frac{2R}{L}t}dt = +I^2R\frac{L}{2R}\left[e^{-\frac{2R}{L}t}\right]_0^t$$

$$= \frac{1}{2}LI^2\left[e^{-\frac{2R}{L}t} - e^0\right] = \frac{1}{2}LI^2\left[e^{-\frac{2R}{L}t} - 1\right]$$

이 결과는 L에서 에너지가 나가서 R에서 열로서 소비되는 것을 나타내고 있다.

$t=\infty$이면

$$\frac{1}{e^{\frac{2R}{L}t}}=0$$

$$\frac{1}{\infty}=0$$

$W_L=-\frac{1}{2}LI^2$이 되어

$t=0$에서 L이 갖고 있던 자기 에너지가 R에서 열이 되어 전부 소비될 때까지 과도현상이 계속

예제 13-10

6.28 [Ω]의 저항과 1 [mH]의 인덕턴스를 직렬로 접속한 회로에 1 [kHz]의 전류가 흐를 때 과도전류가 생기지 않으려면 그 전압을 어느 위상에 가하면 되는가?

풀이

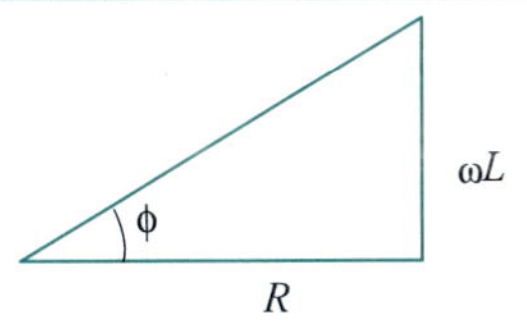

$\phi=\tan^{-1}\frac{\omega L}{R}$로부터

$$\phi=\tan^{-1}\frac{2\pi\times10^3\times1\times10^{-3}}{6.28}=\tan^{-1}\frac{6.28}{6.28}=1$$

$$\phi=45°$$

예제 13-11

$R=10$ [Ω], $L=0.1$ [mH]인 직렬회로에 1,000 [V]의 직류전압을 가한다면 $t=\infty$일 때 저항 R에서 소모되는 에너지 [J]를 구하시오.

풀이

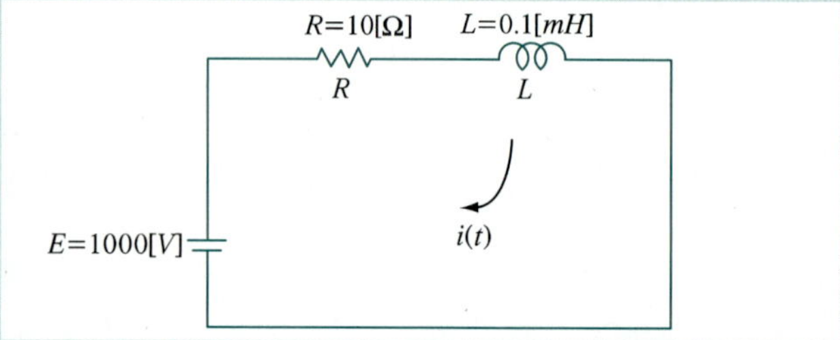

$R-L$ 직렬회로에 흐르는 전류 $i(t)=\frac{E}{R}\left(1-e^{-\frac{R}{L}t}\right)$ [A]

에서 $t=\infty$이므로

$$i(t)=\frac{1,000}{10}(1-0)=100 \text{ [A]}$$

L에 축적 에너지가 R에서 소모되는 에너지와 같으므로 $W_L=\frac{1}{2}Li^2$에서

$$W_L=\frac{1}{2}\times 0.1\times 10^{-3}\times 100=\frac{1}{2}\times 10^2 \text{ [J]}$$

13-3 R-C 직류회로

13-3-1 직류전압의 인가(충전시의 과도현상)

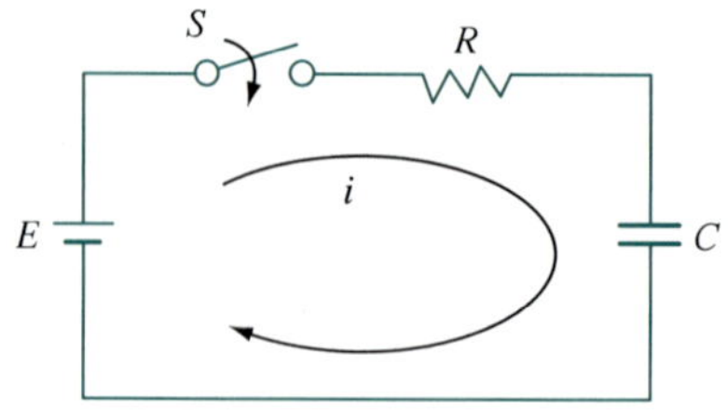

그림 13-7 R-C 직렬회로의 직류전압 인가

초기 전하량이 없는 그림 13-7과 같은 R-C 직렬회로에 시간 $t=0$인 순간에 직류전압 E를 인가할 때의 전압평형방정식은

$$Ri+\frac{1}{C}\int idt=E \tag{13.20}$$

가 된다. 그러나 식 (13.20)은 적분방정식이므로 이를 미분방정식으로 고치기 위해 $i=\frac{dq}{dt}$, $q=\int idt$의 관계를 이용하면 식 (13.20)은 전하량 q에 관한 다음의 미분방정식이 된다. 즉,

$$R\frac{dq}{dt}+\frac{1}{C}q=E \tag{13.21}$$

방정식 (13.21)에 대한 일반해 q는 정상항 q_s와 과도항 q_t의 합으로 주어지게 된다.

$$q=q_s+q_t \tag{13.22}$$

그러므로 정상항 q_s는 식 (13.3)과 마찬가지로

$$q_s=CE \tag{13.23}$$

또한 과도항 q_t는 식 (13.21)의 우변을 0으로 놓았을 때의 해가 되므로 식 (13.21)을 변수 분리하면

$$R\frac{dq}{dt}=-\frac{1}{C}q$$

$$\frac{dq}{q}=-\frac{1}{RC}dt$$ 양변을 적분하면

$$\int\frac{dq}{q}=-\int\frac{1}{RC}dt$$

$$\ln q=-\frac{1}{RC}t+a$$ 단 a : 적분상수

지수함수로 고치면

$$q_t=e^{a}\cdot e^{-\frac{1}{RC}t}$$

$$q_t=A\cdot e^{-\frac{1}{RC}t} \tag{13.24}$$

따라서

$$q=CE+Ae^{-\frac{1}{RC}t} \tag{13.25}$$

이 식에서 적분상수 A를 결정하는 초기조건은

$$q(t)|_{t=0}=0 \tag{13.26}$$

이므로 $CE+A=0$으로부터

$$A=-CE \tag{13.27}$$

가 된다. 이를 식 (13.25)에 대입하면

$$q=CE\left(1-e^{-\frac{1}{RC}t}\right) \tag{13.28}$$

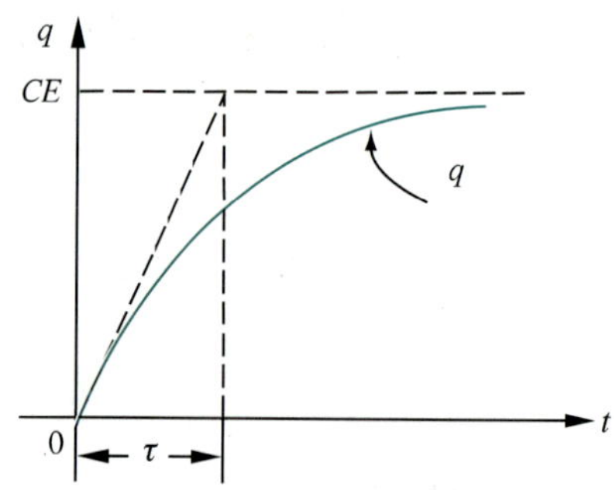

그림 13-8 C에 축적되는 전하량 q의 시간적 변화

이때 C에 충전되는 전하량 q는 그림 13-8과 같이 점차 증가해서 정상값 CE에 점근한다. 전류 i를 구하기 위해서는 식 (13.28)을 미분하면 된다.

$$i=\frac{dq}{dt}=\frac{E}{R}e^{-\frac{1}{RC}t} \tag{13.29}$$

이때 전류 i의 변화를 그림 13-9에 나타내었다.

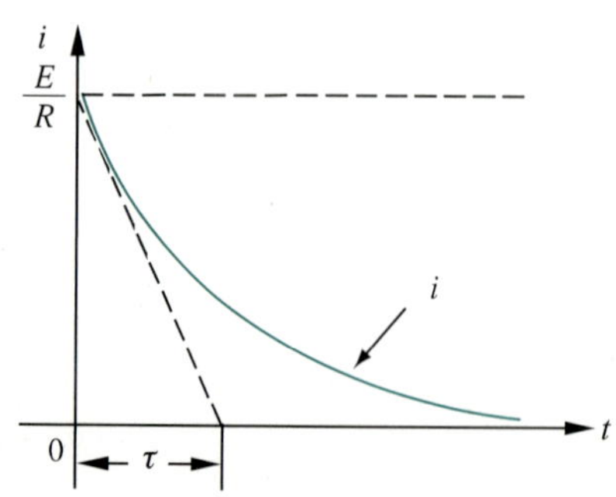

그림 13-9 R-C회로에 있어서 충전전류의 시간적 변화

그림 13-8에서 q의 곡선에 $t=0$에서의 접선이 q의 정상값($=CE$)과 교차하는 시간 τ가 시정수이므로

$$\tan\theta = \frac{dq}{dt}\Big|_{t=0} = \frac{E}{R} = \frac{CE}{\tau}$$

로부터

$$\tau = RC \tag{13.30}$$

또한 그림 13-9의 전류곡선에 대한 시정수 τ를 구해보면

$$\tan\theta = \frac{di}{dt}\Big|_{t=0} = -\frac{E}{R^2C} = -\frac{E}{R\tau}$$

로부터, 역시 $\tau = RC$가 되어 식 (13.30)과 같음을 알 수 있다.

한편 저항 R과 커패시턴스 C양단의 전압을 각각 v_R, v_C라 하면 식 (13.29)와 식 (13.28)로부터 다음과 같이 된다.

$$\left.\begin{aligned} v_R &= Ri = Ee^{-\frac{1}{RC}t} \\ v_C &= \frac{q}{C} = E\left(1-e^{-\frac{1}{RC}t}\right) \end{aligned}\right\} \tag{13.31}$$

그림 13-10은 이들의 관계를 보여주고 있으며 여기서 시간 t 에 관계없이 $v_R+v_C=E$의 관계가 성립됨은 물론이다.

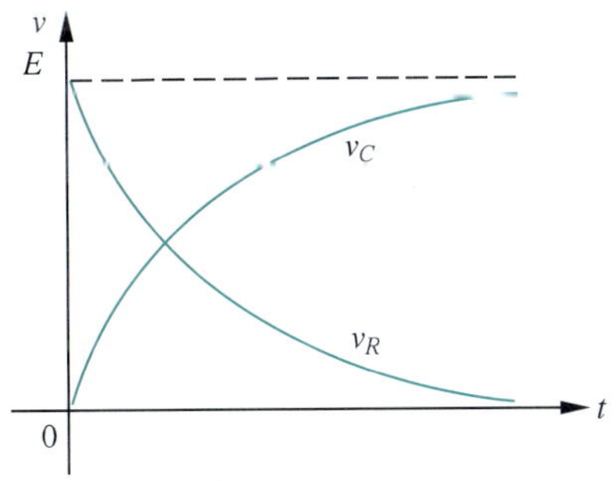

그림 13-10 R-C회로에 있어서 단자전압의 시간적 변화

예제 13-12

$R=10$ [Ω], $C=1$ [F]의 직렬 회로에 $t=0$인 순간에 직류 전압 100 [V]를 인가하였을 때 R, C의 단자 전압이 같게 되는 시간 [s]를 구하라.

풀이

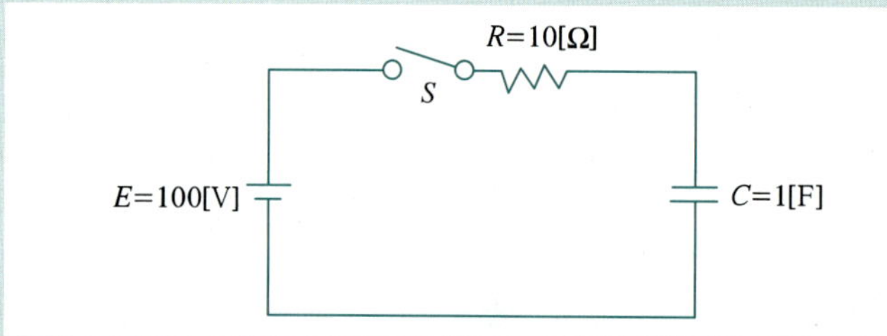

$i(t)=\frac{E}{R}e^{-\frac{1}{RC}t}$ [A]에서 $V_C=V_R$이 되는 조건, $\frac{E}{R}=\frac{1}{2}i(t)$

$$\frac{1}{2}i(t)=i(t)e^{-\frac{1}{RC}t}$$

$$\frac{1}{2}=e^{-\frac{1}{RC}t}$$

$$\frac{1}{2}=\frac{1}{e^{\frac{1}{RC}t}}$$

$e^{\frac{1}{RC}t}=2$ 양변에 $\log_e$를 취하면

$$\log e^{e^{\frac{1}{RC}t}}=\log_e 2$$

$$\log e^{e}=1$$

$$\frac{1}{RC}t=\log_e 2$$

$$t=RC\log_e 2=10\times 1\log_e 2=6.93 \text{ [sec]}$$

13-3-2 방전시의 과도현상

그림 13-11과 같이 전압 E로 충전되어 있는 커패시터(초기전하량 Q)를 저항 R을 통하여 방전시킬 때의 전압평형방정식은

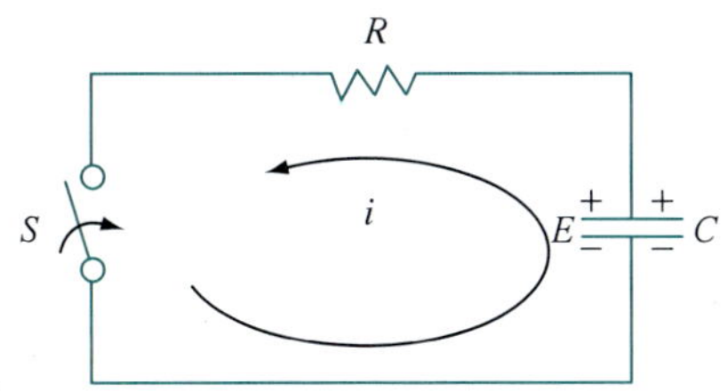

그림 13-11 커패시턴스의 방전회로

$$R\frac{dq}{dt}+\frac{1}{C}q=0 \tag{13.32}$$

가 된다. 이 회로에서는 선하량의 정상항이 $q_s=0$이므로 일반해는 식 (13.5)와 마찬가지로

$$q=Ae^{-\frac{1}{RC}t} \tag{13.33}$$

가 되고 적분상수 A는 초기조건이

$$q(t)|_{t=0}=CE \tag{13.34}$$

$$A=CE \tag{13.35}$$

따라서 식 (13.33)은

$$q=CEe^{-\frac{1}{RC}t} \tag{13.36}$$

여기서 방전전류 i는

$$i=\frac{dq}{dt}=-\frac{E}{R}e^{-\frac{1}{RC}t} \tag{13.37}$$

로서 구해진다. 여기서 전류의 부호가 '−'가 됨은 충전시의 전류방향을 正(+)으로 하였기 때문이다.

$t=0$일 때의 C의 단자전압은 E이므로 커패시턴스의 충전전하량은 $Q=CE$이고 $E/R=I$라 하면 식 (13.37)은

$$i=-Ie^{-\frac{1}{RC}t} \tag{13.38}$$

이때의 q 및 i의 시간적 변화는 그림 13-12와 같다.

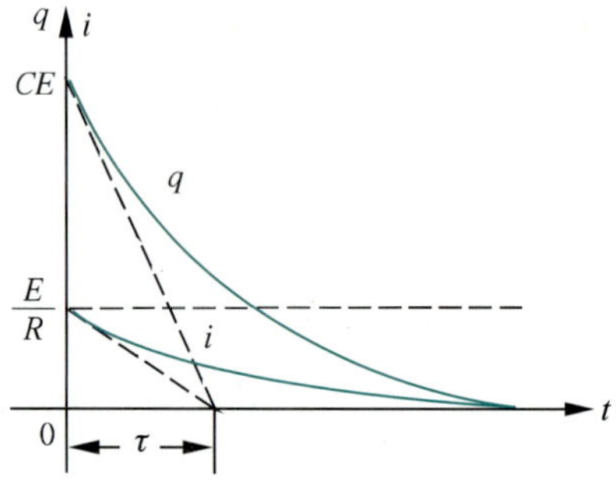

그림 13-12 커패시턴스 방전시의 q와 i 의 시간적 변화

예제 13-13

C를 100 [V]로 충전하고 10 [Ω]의 저항을 통하여 1 [s]동안 방전하였더니 C의 단자전압이 90 [V]로 감소하였다. 이때 C [F]를 구하시오.

풀이

콘덴서의 용량을 C라 하면, $t=0$에서 콘덴서가 갖고 있던 전기량 q_0는

$$q_0 = CE_0$$

이것을 R인 저항을 통하여 방전하면

$$q_0 = ke^{-\frac{1}{CR}t}$$

위의 초기 조건을 넣으면 $t=0$로 하면

$$k = CE_0$$

$$\therefore q_0 = CE_0 e^{-\frac{1}{CR}t}$$

따라서 C의 단자전압은

$$e_c = \frac{q_0}{c} = E_0 e^{-\frac{1}{CR}t}$$

문제에서 $t = t_1$ [sec]에서 $e_C = E_1$이므로

$$E_1 = E_0 e^{-\frac{1}{CR}t}$$

$$E_1 = \frac{E_0}{e^{\frac{1}{RC}t}}$$

$$\frac{1}{e^{RC}}t = \frac{E_0}{E_1}$$

양변에 $\log_e$를 취하면

$$\frac{1}{RC}t\log_e e = \log\frac{E_0}{E_1}$$

$$\frac{1}{RC}t = \log\frac{E_0}{E_1}$$

$$t = RC\log\frac{E_0}{E_1}$$

$C = \dfrac{t}{R\log\dfrac{E_0}{E_1}}$ 에서 $R = 10$ [Ω], $E_0 = 100$ [V], $E_1 = 90$ [V], $t = 1$ [s]

$$= \frac{1}{10\log\dfrac{100}{90}} = 0.95 \text{ [F]}$$

예제 13-14

그림과 같은 회로에서 $t=0$일 때 스위치를 닫았다. $t=\infty$에서 $i_1(t)$, $i_2(t)$의 값은?

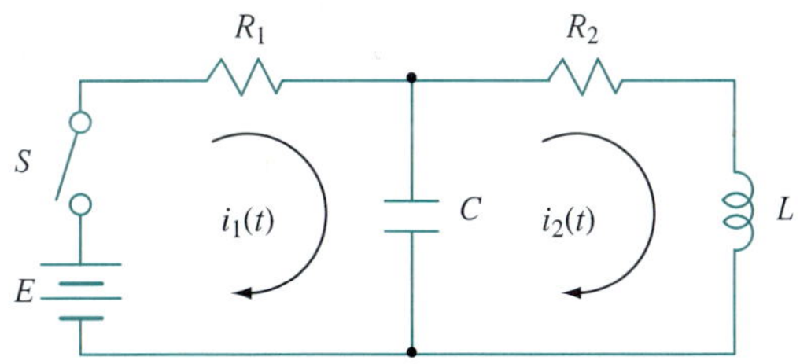

✓풀이 $t=\infty$에서 L과 C는 단락, 개방 상태이므로 등가회로를 그리면 다음과 같고

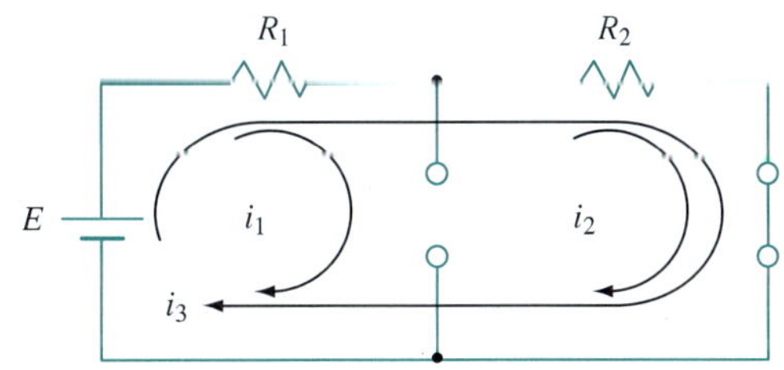

$$i_3(\infty) = \frac{E}{R} = \frac{E}{R_1 + R_2}$$

$$i_1(\infty) = i_2(\infty) = i_3(\infty) = \frac{E}{R_1 + R_2}$$

예제 13-15

$R-C$ 직렬회로에서 $R=5$ [MΩ], C를 50 [V]로 충전할 때 S를 닫았을 경우 흐르는 충전전류와 충전전압을 구하여라.

풀이

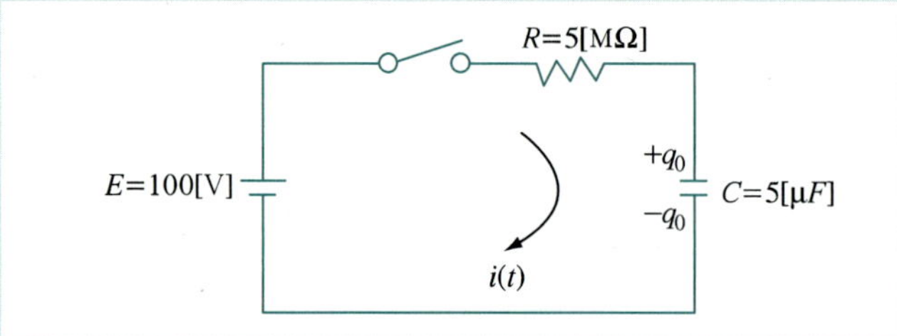

$i=\frac{E}{R}e^{-\frac{1}{RC}t}$ [A]에서 회로방정식 $Ri(t)+\frac{1}{C}\int idt=E$

$$i=\frac{dq}{dt}$$

$$R\frac{dq}{dt}+\frac{1}{C}q(t)=E$$

초기조건 $E=0$이므로

$$R\frac{dq}{dt}+\frac{1}{C}q(t)=E=0$$

$$q(t)=Ae^{-\frac{1}{RC}t}$$

$q=CE+Ae^{-\frac{1}{RC}t}$에서 $q_{(t)}|_{t=0}^{=0}$ $A=-CE_0$, $E_0=50$ [V]이므로

$$q=CE-CE_0e^{-\frac{1}{RC}t} \text{ [C]}$$

$$=5\times10^{-6}\times100-5\times10^{-6}\times50e^{-\frac{1}{5\times10^6\times5\times10^{-6}}t}$$

$$=5\times10^{-4}-2.5\times10^{-4}e^{-\frac{1}{25}t}$$

$$i=\frac{dq}{dt}=\frac{dq}{dt}=2.5\times10^{-4}\frac{1}{25}e^{-\frac{1}{25}t}=10^{-5}e^{-\frac{1}{25}t} \text{ [A]}$$

$$E_C=\frac{q}{C}=100-10^{-5}\times10^{-\frac{1}{25}t} \text{ [V]}$$

13-3-3 초기 전하 Q_0가 축적된 $R-C$ 직렬회로에 직류전압이 인가되는 경우

회로의 전압방정식이 식 (13.21)과 완전히 같으므로 전하량 q의 일반해는 식 (13.25)로 주어진다. 단, 적분상수 A를 결정하는 초기조건이 $t=0$일 때 C가 Q_0의 전하를 가지고 있으므로

$$q(t)_{t=0} = Q_0 \tag{13.39}$$

가 되고 여기서

$$Q_0 = CE + A$$

이므로

$$A = Q_0 - CE \tag{13.40}$$

따라서 전하량 q는 식 (13.40)을 식 (13.25)에 대입하여

$$q = CE\left(1 - e^{-\frac{1}{RC}t}\right) + Q_0 e^{-\frac{1}{RC}t} \tag{13.41}$$

이로부터 충전전류 i는

$$i = \frac{dq}{dt} = \frac{CE - Q_0}{RC} e^{-\frac{1}{RC}t} \tag{13.42}$$

지금 $I = \frac{E}{R}$, $I_0 = \frac{Q_0}{RC}$라 하면 식 (13.42)는

$$i = (I - I_0) e^{-\frac{1}{RC}t} \tag{13.43}$$

와 같아진다.

예제 13-16

그림과 같은 $R-C$ 직렬회로에서 $t = 0_+$일 때 스위치 S를 닫는다면 초기전류 $i(t)|_{t=0}$는 얼마인가? (단, 콘덴서의 초기전하는 $q(0_-) = 0$이다.)

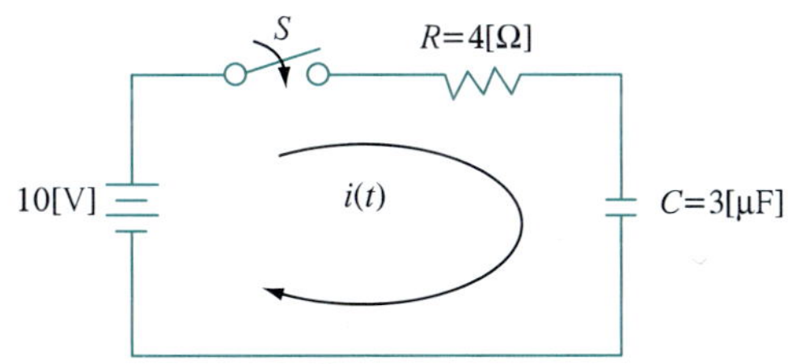

풀이

$t=0_+$ 인 순간 콘덴서 양단의 전압이 $V_C=0$이므로 초기값 전류는 $i(0)=10/4=2.5$ [A]가 된다.

또는 전류 방정식

$$i(t)=\frac{E}{R}e^{-\frac{1}{RC}t}$$

로부터 $i(0)=\frac{E}{R}=\frac{10}{4}=2.5$ [A]

예제 13-17

그림에서와 같이 C_1, C_2를 각각 $V_{C1}=20$ [V], $V_{C2}=30$ [V]로 충전한 다음 S를 $t=0$에서 닫을 때 회로전류 i와 C_1, C_2의 단자전압을 시간 t의 함수로 나타내어라.

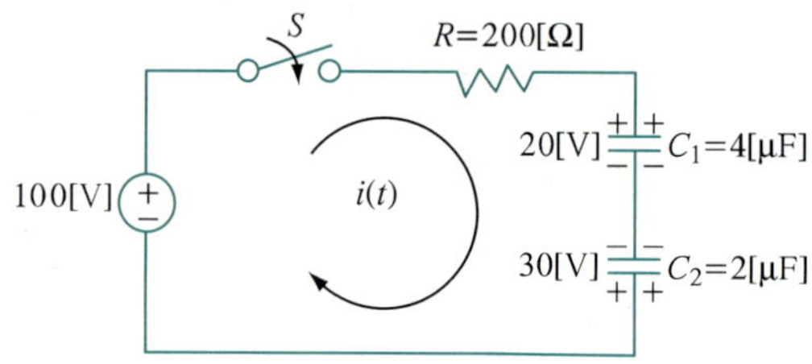

C_1, C_2 양단의 전압을 V_{C1}, V_{C2}로 하여 전압평형방정식을 세우면

$$Ri+\frac{1}{C_1}\int idt+V_{C1}+\frac{1}{C_2}\int idt-V_{c2}=E \qquad ①$$

이를 t로 미분하면

$$R\frac{di}{dt}+\frac{C_1+C_2}{C_1C_2}i=0$$

이 되며 이의 해는

$$i=Ae^{-\frac{1}{RC}t} \qquad ②$$

로 놓을 수 있으며 여기서 $C=\frac{C_1C_2}{C_1+C_2}$이다.

적분상수 A를 결정하기 위해 식 ①에 초기조건을 대입하면

$$i(0)=\frac{E-V_{C1}+V_{C2}}{R}=\frac{100-20+30}{200}=0.55 \text{ [A]}$$

이므로 회로전류는

$$i=0.55e^{-\frac{1}{RC}t}=0.55e^{6667t} \text{ [A]} \qquad ③$$

가 된다. 또한 C_1, C_2 양단의 단자전압 V_{C1}, V_{C2}는 각각

$$V_{C1} = \frac{1}{C_1}\int idt + V_{C1} = \frac{10^6}{4}\cdot\frac{0.55}{6667}(1-e^{-6667t})+20$$

$$= 20 + \frac{110}{3}(1-e^{-6667t})\ \text{[V]}$$

$$V_{C2} = \frac{1}{C_2}\int idt - V_{C2} = \frac{10^6}{2}\cdot\frac{0.55}{6667}(1-e^{-6667t})-30$$

$$= -30 + \frac{220}{3}(1-e^{-6667t})\ \text{[V]}$$

예제 13-18

$R-C$ 직렬회로의 전원을 제거하고 방전하는 경우 $i(t)$는?

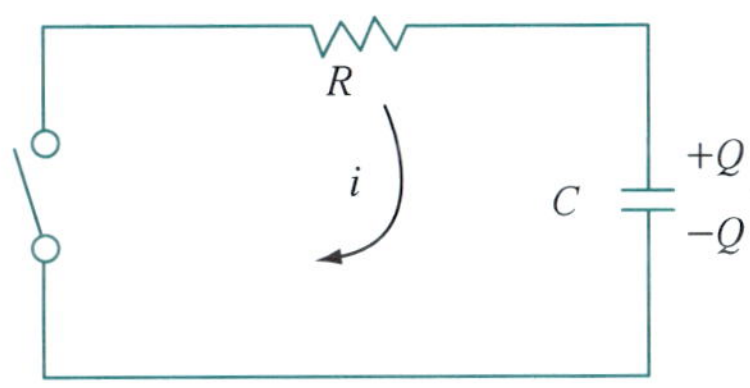

풀이

$Ri(t) + \frac{1}{C}\int idt = 0$에서

$$i(t) = \frac{dq}{dt}$$

$$R\frac{dq}{dt} + \frac{1}{C}q(t) = 0$$

$q(t) = Ae^{-\frac{1}{RC}t}$에서 $t=0$ 일 때

$$q(t) = Ae^{0}$$

$A = Q$이므로

$$q(t) = Qe^{\frac{1}{RC}t}\ \text{[C]}$$

$$\therefore i(t) = \frac{dq}{dt}(t) = \frac{d}{dt}Qe^{-\frac{1}{RC}t} = -Q\frac{1}{RC}e^{-\frac{1}{RC}t}$$

$$i(t) = -\frac{Q}{RC}e^{-\frac{1}{RC}t}\ \text{[A]}$$

13-4 $L-C$ 직류회로

13-4-1 직류전압의 인가

그림 13-13과 같은 $L-C$ 직렬회로에 직류전압 E를 $t=0$에서 인가하는 경우에 대해 생각해 보기로 한다.

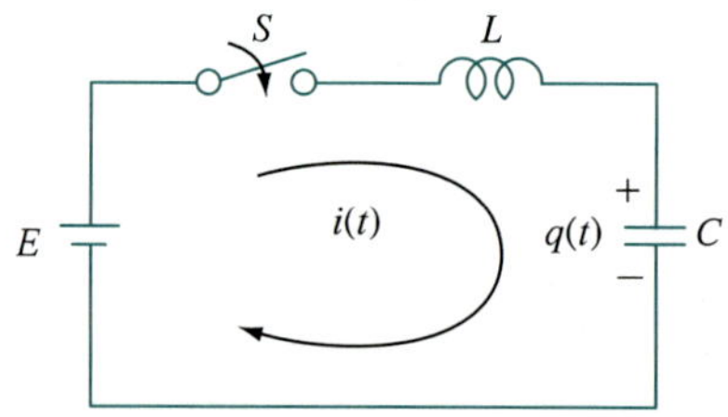

그림 13-13 L-C 직렬회로

이때의 전압평형방정식은

$$L\frac{di(t)}{dt}+\frac{1}{C}q(t)=E \tag{13.44}$$

이것을 전하 $q(t)$에 관한 미분방정식으로 고치면

$$L\frac{d^2q(t)}{dt^2}+\frac{1}{C}q(t)=E \tag{13.45}$$

이것은 선형 2계 미분방정식으로서 진동현상을 나타낸다. 우선 식 (13.45)해의 과도해 q_t를 구해 본다. 식 (13.45)에서 $E=0$으로 놓으면

$$L\frac{d^2q_t}{dt}+\frac{1}{C}q_t=0 \tag{13.46}$$

가 되고 이 식의 해를

$$q_t=Ae^{pt}\text{라 가정하면} \tag{13.47}$$

$$\frac{dq_t}{dt}=pAe^{pt}=pq_t$$

$$\frac{d^2q_t}{dt^2} = p^2Ae^{pt} = p^2q_t$$

가 되고 이를 식 (13.46)에 대입하면

$$\left(Lp^2qt + \frac{1}{C}\right)q_t = \left(Lp^2 + \frac{1}{C}\right)q_t = 0 \quad (13.48)$$

여기서 $q_t \neq 0$이므로

$$Lp^2 + \frac{1}{C} = 0 \quad (13.49)$$

$Lp^2 = -\frac{1}{C}$, $p^2 = -\frac{1}{LC}$, $p = \pm j\frac{1}{\sqrt{LC}}$ 을 만족하는 p를 식 (13.47)에 대입하면 식 (13.46)의 해가 얻어진다. 그러므로 식 (13.49)로부터

$$q_t = Ae^{pt} = Ae^{\pm j\frac{1}{\sqrt{LC}}t}$$

$$p = \pm j\frac{1}{\sqrt{LC}} \quad (13.50)$$

따라서 식 (13.46)의 해는

$$q_t = A_1e^{j\frac{1}{\sqrt{LC}}t} + B_1e^{-j\frac{1}{LC}t} \quad (13.51)$$

이것을 3각 함수로 나타내면 오일러 공식 $e^{\pm j\theta} = \cos\theta \pm j\sin\theta$

$$q_t = A_1\cos\frac{1}{\sqrt{LC}}t + A_1j\sin\frac{1}{\sqrt{LC}}t + B_1\cos\frac{1}{\sqrt{LC}}t - jB_1\sin\frac{1}{\sqrt{LC}}t$$

$$= (A_1 + B_1)\left(\cos\frac{1}{\sqrt{LC}}t\right) + (A_1 - B_1)j\sin\frac{1}{\sqrt{LC}}t$$

여기서 $A_1 + B_1 = A_2$, $B_2 = j(A_1 - B_1)$라 놓으면

$$q_t = A_2\cos\frac{1}{\sqrt{LC}}t + B_2\sin\frac{1}{\sqrt{LC}}t \quad (13.52)$$

가 된다.

다음에 식 (13.45)의 정상항 q_s는

$$q_s = CE \tag{13.53}$$

따라서 식 (13.45)의 일반해는 식 (13.52)와 13.53으로부터

$$q_t + q_s = A_2 \cos\frac{1}{\sqrt{LC}}t + B_2 \sin\frac{1}{\sqrt{LC}}t + CE$$

$q = q_t + q_s$이므로

$$q = CE + A_2 \cos\frac{1}{\sqrt{LC}}t + B_2 \sin\frac{1}{\sqrt{LC}}t \tag{13.54}$$

여기서 전류 i의 일반해는

$$\begin{aligned} i &= \frac{dq}{dt} = \frac{d}{dt}\left(CE + A_2\cos\frac{1}{\sqrt{LC}}t + B_2\sin\frac{1}{\sqrt{LC}}t\right) \\ &= -A_2\frac{1}{\sqrt{LC}}\sin t + \frac{1}{\sqrt{LC}}B_2\cos\frac{1}{\sqrt{LC}}t \\ &= \frac{1}{\sqrt{LC}}\left(B_2\cos\frac{1}{\sqrt{LC}}t - A_2\sin\frac{1}{\sqrt{LC}}t\right) \end{aligned} \tag{13.55}$$

초기조건

$$q(t)|_{t=0} = 0,\ i_{(t)}|_{t=0} = 0 \tag{13.56}$$

을 식 (13.54)와 (13.55)에 대입하여 적분상수 A_2, B_2를 결정하면

$$\begin{aligned} q_{(t)}|_{t=0} &= CE + A_2\cos 0 + B_2 \sin 0 = 0 \\ &= CE + A_2 \\ CE + A_2 &= 0 \\ A_2 &= -CE,\ B_2 = 0 \end{aligned} \tag{13.57}$$

따라서 식 (13.57)을 식 (13.54)와 (13.55)에 대입하면

$$q = CE - CE\cos\frac{1}{\sqrt{LC}}t = CE\left(1 - \cos\frac{1}{\sqrt{LC}}t\right) \tag{13.58}$$

$$i = \frac{1}{\sqrt{LC}}\left(0 - (-CE)\sin\frac{1}{\sqrt{LC}}t\right)$$

$$
\begin{aligned}
&= \frac{1}{\sqrt{LC}} CE \sin \frac{1}{\sqrt{LC}} t \\
&= \frac{E\sqrt{C}\sqrt{C}}{\sqrt{L}\sqrt{C}} \sin \frac{1}{\sqrt{LC}} t \\
&= \frac{E}{\sqrt{\frac{L}{C}}} \sin \frac{1}{\sqrt{LC}} t \qquad (13.59)
\end{aligned}
$$

가 되며 이들은 그림 13-14에서 보는 것처럼 정현적으로 진동함을 알 수 있다.

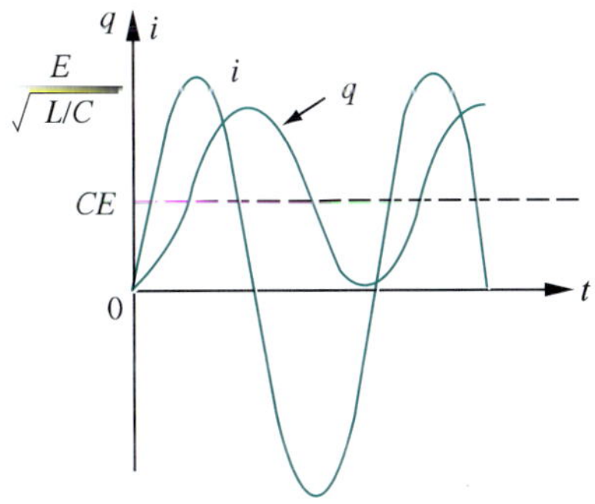

그림 13-14 q와 i의 시간적 변화

다음에 L과 C의 단자전압인 v_L, v_C에 대해 알아 보면 식 (13.59)와 (13.58)로부터 각각

$$
\begin{aligned}
v_L &= L\frac{di}{dt} = L\frac{d}{dt}\frac{E}{\sqrt{L/C}} \sin \frac{1}{\sqrt{LC}} t \\
&= L\frac{E}{\sqrt{L/C}} \frac{1}{\sqrt{LC}} \cos \frac{1}{\sqrt{LC}} t \\
&= L\frac{E}{\sqrt{\frac{L}{C}LC}} \cos \frac{1}{\sqrt{LC}} t \\
&= L\frac{E}{L} \cos \frac{1}{\sqrt{LC}} t \\
v_C &= \frac{1}{C} q = E\left(1 - \cos \frac{1}{\sqrt{LC}} t\right) \qquad (13.60)
\end{aligned}
$$

가 되며 이들의 시간적 변화를 그래프로 나타낸 것이 그림 13-15이다. 그림을 보면 v_L은 인가 전압 E보다 커지는 일은 없으나 v_C는 E보다 커지는 때가 있으며 그 최대치는 $2E$가 된다. 이러한 현상은 고전압 발생에 종종 이용되고 있다.

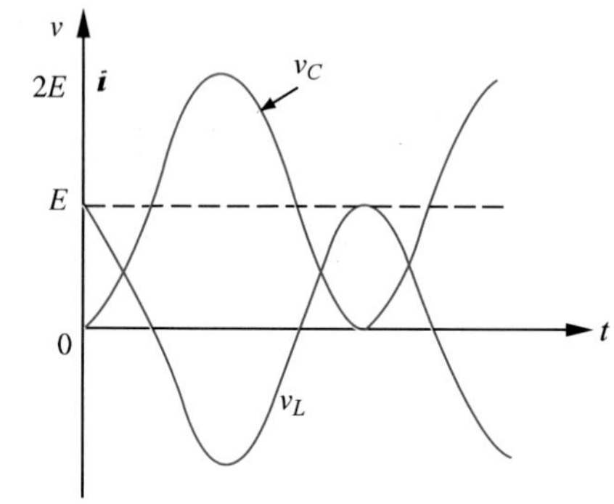

그림 13-15 단자전압 v_L, v_C의 시간적 변화

13-4-2 직류전압의 제거

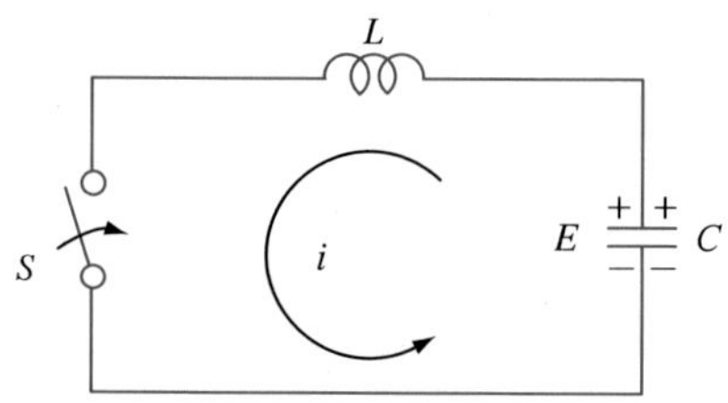

그림 13-16 LC회로의 방전

그림 13-16과 같이 전압 E로 충전되어 있는 커패시터를 인덕턴스 L을 통하여 방전시킬 경우의 전압평형방정식은 식 (13.45)로부터

$$L\frac{d^2q}{dt^2}+\frac{1}{C}q=0 \tag{13.61}$$

가 되고, 이 방정식의 일반해는 식 (13.52)으로부터

$$q=A\cos\frac{1}{\sqrt{LC}}t+B\sin\frac{1}{\sqrt{LC}}t$$

또 전류 i는 식 (13.55)로부터

$$i=\frac{dq}{dt}=\frac{d}{dt}A\cos\frac{1}{\sqrt{LC}}t+B\sin\frac{1}{\sqrt{LC}}t$$

$$= -\frac{A}{\sqrt{LC}}\sin\frac{1}{\sqrt{LC}}t + B\frac{1}{\sqrt{LC}}cos\frac{1}{\sqrt{LC}}t$$

$$= \frac{1}{\sqrt{LC}}\left(B\cos\frac{1}{\sqrt{LC}}t - A\sin\frac{1}{\sqrt{LC}}t\right)$$ 가 된다.

여기서 초기조건은 $t=0$에서 $q=CE,\ i=0$이므로 적분상수는

$$q = CE = A\cos 0 + B\sin 0$$

$$CE = A,\ \ B = 0$$

가 된다. 이것을 앞의 q 및 i의 식에 대입하면

$$q - CE\cos\frac{1}{\sqrt{LC}}t$$

$$i = \frac{dq}{dt} = \frac{d}{dt}CE\cos\frac{1}{\sqrt{LC}}t$$

$$= -CE\frac{1}{\sqrt{LC}}\sin\frac{1}{\sqrt{LC}}t$$

$$= -\frac{E\sqrt{C}\sqrt{C}}{\sqrt{LC}}\sin\frac{1}{\sqrt{LC}}t$$

$$= -\frac{E\sqrt{C}\sqrt{C}}{\sqrt{L}\sqrt{C}}\sin\frac{1}{\sqrt{LC}}t$$

$$= -\frac{E\sqrt{C}}{\sqrt{L}}\sin\frac{1}{\sqrt{LC}}t$$

$$= -\frac{E}{\sqrt{\frac{L}{C}}}\sin\frac{1}{\sqrt{LC}}t\ [\mathrm{A}] \qquad (13.62)$$

가 된다. 이때 전류 i의 부호가 '−'가 됨은 충전시의 전류방향과 반대임을 의미한다. 그림 13−17은 전류 i와 전하량 q의 시간적 변화를 보여주고 있다.

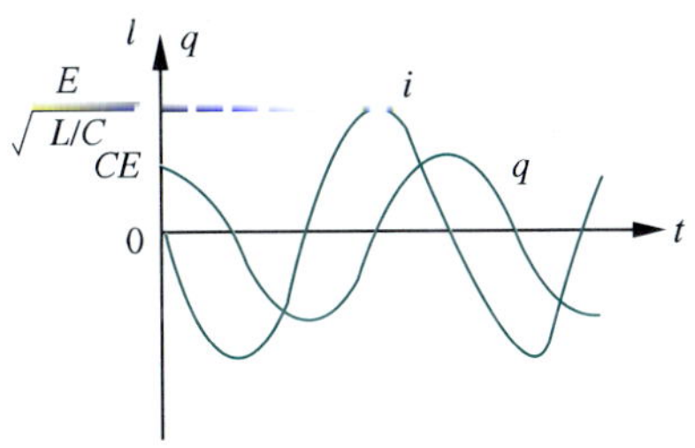

그림 13−17 q와 i의 시간적 변화

예제 13-19

$L=50$ [mH]의 코일에 $I_0=200$ [A]의 직류를 흐르게 하던 중 급히 그림과 같이 $C=20$ [μF]의 콘덴서에 연결할 때 콘덴서 C의 최대 단자전압 [kV]은 얼마인가?

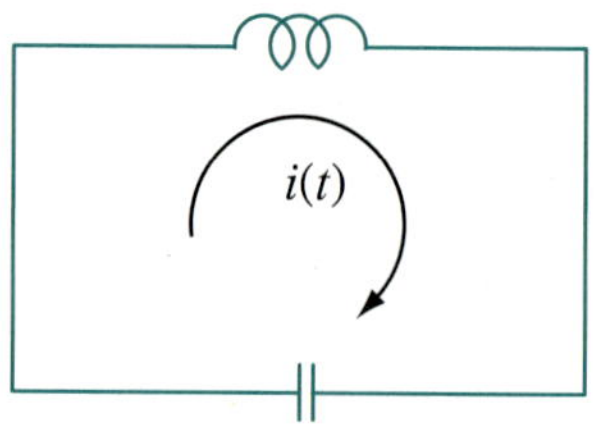

풀이

회로전류를 $i(t)$라 하면

$$L\frac{di(t)}{dt}+\frac{1}{C}\int i(t)dt=0$$

이를 전하 $q(t)$의 방정식으로 바꾸면

$$L\frac{d^2q(t)}{dt^2}+\frac{q(t)}{C}=0$$

$$q(t)=A\cos\frac{1}{\sqrt{LC}}t+B\sin\frac{1}{LC}t \text{ 에서}$$

$$i=\frac{dq}{dt}=\frac{1}{\sqrt{LC}}(B\cos\frac{1}{\sqrt{LC}}t-A\sin\frac{1}{\sqrt{LC}}t)=I_0 \text{ 에서}$$

$t=0$에서

$$\frac{1}{\sqrt{LC}}B=I_0,\quad B=\sqrt{LC}I_0,\ A=0$$

$$q(t)=A\cos\frac{1}{\sqrt{LC}}t+\sqrt{LC}I_0\sin\frac{t}{\sqrt{LC}}=\sqrt{LC}I_0\sin\frac{t}{\sqrt{LC}}$$

C의 단자전압 v_C는

$$v_C=\frac{q}{C}=\sqrt{\frac{L}{C}}I_0\sin\frac{1}{\sqrt{LC}}t$$

전류의 최대값은

$$i_{max}=I_0=200 \text{ [A]}$$

$$\therefore v_{max}=\sqrt{\frac{L}{C}}I_0=\sqrt{\frac{50\times10^{-3}}{20\times10^{-6}}}\times200=10 \text{ [kV]}$$

13-5 R-L-C 직류회로

그림 13-18와 같이 $R-L-C$ 직렬 회로에 $t=0$인 순간에 S를 닫음으로써 직류 전압 E를 인가할 때의 과도 현상에 대해 생각해보자.

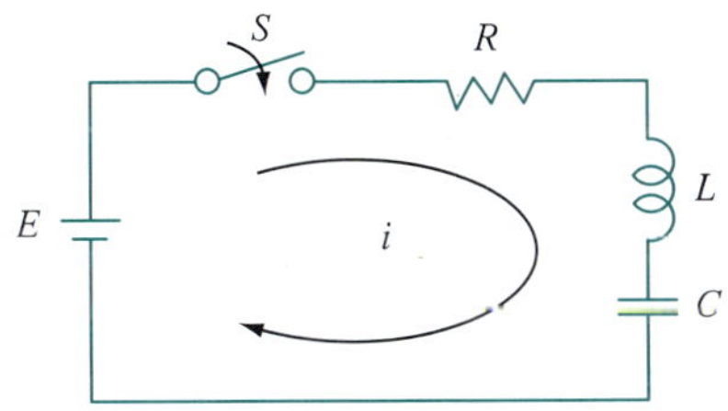

그림 13-18 R-L-C 직렬회로

이 때의 전압 평형 방정식은

$$Ri + L\frac{di}{dt} + \frac{1}{C}\int i dt = E \tag{13.63}$$

또는

$$R\frac{dq}{dt} + L\frac{d^2q}{dt^2} + \frac{q}{C} = E \tag{13.64}$$

이 방정식은 2계 선형 미분방정식으로서 그 정상항 q_s는

$$q_s = CE \tag{13.65}$$

이 됨을 알 수 있다.

다음에 과도항 q_t는 식 (13.64)에서 $E=0$으로 놓은

$$L\frac{d^2q_t}{dt^2} + R\frac{dq_t}{dt} + \frac{1}{C}q_t = 0 \tag{13.66}$$

의 해이므로

$$q_t = Ae^{pt} \tag{13.67}$$

라고 가정하여 식 (13.67)가 식 (13.66)를 만족하는 p를 구하면

$$\frac{dq_t}{dt}=pAe^{pt}=pq_t=PAe^{pt}$$

$$\frac{d^2qt}{dt^2}=p^2q_t=p^2Ae^{pt}$$

$$L\frac{d^2q_t}{dt^2}+R\frac{dq_t}{dt}+\frac{1}{C}q_t=0$$

된다. 즉,

$$Lp^2Ae^{pt}+RpAe^{pt}+\frac{1}{C}Ae^{pt}=0$$

$$\left\{Lp^2+Rp+\frac{1}{C}\right\}Ae^{pt}=0 \text{에서}$$

$$Lp^2+Rp+\frac{1}{C}=0$$

이어야 하므로

$ax^2+bx+c=0$에서 근의 공식을 이용하면

$$a=L,\ b=R,\ c=\frac{1}{C}\text{를}$$

$\dfrac{-b\pm\sqrt{b^2-4ac}}{2a}$에 대입하면

$$p=-\frac{R}{2L}\pm\sqrt{\left(\frac{R}{2L}\right)^2-\frac{1}{LC}} \tag{13.68}$$

$$=-\frac{R}{2L}\pm\sqrt{\frac{R^2}{4L^2}-\frac{1}{LC}}$$

$$=-\frac{R}{2L}\pm\sqrt{\frac{1}{L}\left(\frac{R^2}{4L}-\frac{1}{C}\right)}$$

$$=-\frac{R}{2L}\pm\sqrt{\frac{1}{L}\left(\frac{CR^2-4L}{4LC}\right)}$$

$$CR^2-4L=0$$

$$CR^2=4L$$

$$R^2=\frac{4L}{C}$$

$$R=2\sqrt{\frac{L}{C}}$$

여기서 $\alpha=\dfrac{R}{2L}$, $\omega_0=\dfrac{1}{\sqrt{LC}}$이라 하면 식 (13.68)는

$$p_1=-\alpha+\sqrt{\alpha^2-\omega_0^2}$$
$$p_2=-\alpha-\sqrt{\alpha^2-\omega_0^2} \tag{13.69}$$
$$q_t=A_1e^{p_1t}+A_2e^{p_2t} \tag{13.70}$$

그러므로 전하 q는

$$q=q_s+q_t=CE+A_1e^{p_1t}+A_2e^{p_2t} \tag{13.71}$$

가 되고 전류 i는

$$i=\frac{dq}{dt}=p_1A_1e^{p_1t}+p_2A_2e^{p_2t} \tag{13.72}$$

여기서 A_1, A_2는 적분상수이며 초기조건에 의해 결정된다.

식 (13.68)의 근안의 크기가 정이면 p_1, p_2는 실수, 부이면 복소수, 0이면 동일한 실수가 된다. 이들 세가지의 경우에 따라서 각각 과도현상은 달라진다.

(1) $R>2\sqrt{\dfrac{L}{C}}$ 인 경우

이것은 식 (13.69)에서 $\alpha^2>\omega_0^2$인 경우에 해당되며 비진동적이 된다.

이때 p_1, p_2는 서로 다른 실수가 된다. 즉,

$$p_1=-\alpha+\gamma,\ p_2=-\alpha-\gamma \tag{13.73}$$

여기서

$$\alpha=\frac{R}{2L},\ \gamma=\sqrt{\left(\frac{R}{2L}\right)^2-\left(\frac{1}{\sqrt{LC}}\right)^2} \tag{13.74}$$

가 된다. 식 (13.73), (13.74)를 식 (13.71)에 대입하면

$$\begin{aligned}q&=CE+A_1e^{(-\alpha+\gamma)t}+A_2e^{(-\alpha-\gamma)t}\\&=CE+e^{-\alpha t}(A_1e^{\gamma t}+A_2e^{-\gamma t})\end{aligned}$$

이것을 쌍곡선함수로 바꾸면 다음과 같다.

$$q = CE + e^{-\alpha t}(A_1\cosh\gamma t + A_2\sinh\gamma t + A_2\cosh rt - A_2\sinh\gamma t)$$
$$= CE + e^{-\alpha t}(A_1 + A_2)\cosh\gamma t + e^{-\alpha t}(A_1 - A_2)\sinh\gamma t$$
$$= CE + e^{-\alpha t}\{(A_1 + A_2)\cosh\gamma t + (A_1 - A_2)\sinh\gamma t)\}$$
$$A_1 + A_2 = B_1,\ A_1 - A_2 = B_2$$
$$q = CE + e^{-\alpha t}(B_1\cosh\gamma t + B_2\sinh\gamma t) \tag{13.75}$$
$$i = \frac{dq}{dt} = \frac{d}{dt}(CE + e^{-\alpha t}B_1\cosh\gamma t + e^{-\alpha t}B_2\sinh\gamma t)$$
$$= -\alpha e^{-\alpha t}B_1\cosh\gamma t + B_1\gamma e^{-\alpha t}\sinh\gamma t - \alpha B_2 e^{-\alpha t}\sinh\gamma t + \gamma B_2 e^{-\alpha t}\cosh\gamma t$$
$$i = e^{-\alpha t}\cosh\gamma t(\gamma B_2 - \alpha B_1) + e^{-\alpha t}(\gamma B_1 - \alpha B_2)\sinh\gamma t$$
$$= e^{-\alpha t}\{(-\alpha B_1 + \gamma B_2)\cosh\gamma t + (-\alpha B_2 + \gamma B_1)\sinh\gamma t\} \tag{13.76}$$

여기서 B_1, B_2는 적분상수이며 초기 조건으로부터 결정된다.
초기조건은 $t=0$에서 $q=0$, $i=0$이므로 식 (13.75)와 (13.76)로부터 식 (13.75)에서

$$t=0,\ q=0$$
$$0 = q = CE + e^0 B_1\cos 0 + e^0\sin 0$$
$$CE + B_1 = 0,\ B_1 = -CE$$

식 (13.76)에서 $i=0$, $t=0$

$$i = 0 = e^0(-\alpha B_1 + \gamma B_2)\cos 0 + \alpha B_2 + \gamma B_1\sin 0$$
$$= -\alpha B_1 + \gamma B_2 = 0$$
$$\gamma B_2 = \alpha B_1$$
$$B_2 = \frac{\alpha B_1}{\gamma},\ B_1 = -CE\text{이므로}$$
$$B_2 = -\frac{\alpha CE}{\gamma}$$

이들을 식 (13.75)에 대입하면

$$q = CE + e^{-\alpha t}\left(-CE\cosh\gamma t - \frac{\alpha CE}{\gamma}sinh\gamma t\right)$$
$$= CE\left\{1 - e^{-\alpha t}(\cosh\gamma t + \frac{\alpha}{\gamma}sinh\gamma t)\right\} \tag{13.77}$$

식 (13.77)에서

$$\frac{\cosh\phi}{\sinh\phi}=\frac{\alpha}{\gamma},\ \tanh\phi=\frac{\sinh\phi}{\cosh\phi}=\frac{\gamma}{\alpha}$$

$\alpha>\gamma$이므로 $\frac{\gamma}{\alpha}=\tanh\phi$라 놓으면 식 (13.77)는 다음과 같이 된다.

$$q=CE\left\{1-e^{-\alpha t}\left(\cosh\gamma t+\frac{\cosh\phi}{\sinh\phi}\sinh\gamma t\right)\right\}$$

$$=CE\left\{1-\frac{e^{-\alpha t}}{\sinh\phi}(\sinh\phi\cosh\gamma t+\cosh\phi\sinh\gamma t)\right.$$

$$\sinh(\alpha\pm\beta)=\sinh\alpha\cosh\beta\pm\cosh\beta\sinh\alpha\}$$

이므로

$$q=CE\left\{1-\frac{e^{-\alpha t}}{\sinh\phi}\sinh(\gamma t+\phi)\right\} \tag{13.78}$$

그런데 $\sinh\phi=\frac{\gamma}{\sqrt{\alpha^2-\gamma^2}}=\sqrt{\frac{\gamma^2}{\alpha^2-\gamma^2}}=\sqrt{\frac{1}{\frac{\alpha^2}{\gamma^2}-1}}$ 에서

$$\therefore\ \alpha=\frac{R}{2L},\ \gamma=\sqrt{\left(\frac{R}{2L}\right)^2-\left(\frac{1}{\sqrt{LC}}\right)^2}$$

$$\alpha^2=\left(\frac{R}{2L}\right)^2=\frac{R^2}{4L^2}$$

$$\gamma^2=\left(\frac{R}{2L}\right)^2-\left(\frac{1}{\sqrt{LC}}\right)^2-\frac{R^2}{4L^2}-\frac{1}{LC}$$

$\frac{\alpha^2}{\gamma^2}=\frac{\frac{R^2}{4L^2}}{\frac{R^2}{4L^2}-\frac{1}{LC}}$ 양변에 $\frac{4L^2}{R^2}$를 곱하면

$$=\frac{1}{1-\frac{1}{LC}\frac{4L^2}{R^2}}=\frac{1}{1-\frac{4L}{CR^2}}=\frac{1}{\frac{CR^2-4L}{CR^2}}$$

$$=\frac{CR^2}{CR^2-4L}$$

$\sqrt{\frac{1}{\frac{\alpha^2}{\gamma^2}-1}}$ 에서 $\frac{\alpha_2}{\gamma^2}-1=A$라 하고 A를 구하면

$$\frac{CR^2}{CR^2-4L}-1$$

$$A=\frac{\alpha^2}{\gamma^2}-1=\frac{CR^2}{CR^2-4L}-1=\frac{CR^2-CR^2+4L}{CR^2-4L}=\frac{4L}{CR^2-4L}$$

$$\sinh\phi=\sqrt{\frac{\gamma^2}{\alpha^2-\gamma^2}}=\sqrt{\frac{1}{\frac{\alpha^2}{\gamma^2}-1}}=\sqrt{\frac{CR^2-4L}{4L}}$$

$$=\sqrt{\frac{CR^2}{4L}-1}=\sqrt{\frac{R^2C}{4L}-1} \text{ 이므로}$$

$$q=CE\left\{1-\frac{e^{-\alpha t}}{\sqrt{\frac{R^2}{4}\cdot\frac{C}{L}-1}}\sinh(\gamma t+\phi)\right\} \tag{13.79}$$

전류 i를 구하기 위해 B_1, B_2의 값을 각각 식 (13.76)에 대입하면

$$i=e^{-\alpha t}\{(-\alpha B_1+\gamma B_2)\cosh\gamma t+(-\alpha B_2+\gamma B_1)\sinh\gamma t$$

$$-\alpha B_1+\gamma B_2=0,\ -\alpha B_2+\gamma B_1=-\alpha\cdot\frac{-\alpha CE}{\gamma}+\gamma(-CE)$$

$$=\frac{\alpha^2CE-\gamma^2CE}{\gamma}$$

$$=\frac{CE(\alpha^2-\gamma^2)}{\gamma}$$

이므로 i는 다음과 같이 된다.

$$i=CE\frac{\alpha^2-\gamma^2}{\gamma}e^{-\alpha t}\sinh\gamma t$$

$$\frac{\alpha^2-\gamma^2}{\gamma} \text{ 에서 } \alpha=\frac{R}{2L},\ \gamma=\sqrt{\left(\frac{R}{2L}\right)^2-\left(\frac{1}{\sqrt{LC}}\right)^2}$$

$$\frac{\alpha^2-\gamma^2}{\gamma}=\frac{\frac{R^2}{4L^2}-\frac{R^2}{4L^2}+\frac{1}{\sqrt{LC}}}{\sqrt{\left(\frac{R}{2L}\right)^2-\left(\frac{1}{\sqrt{LC}}\right)^2}}=\frac{\frac{1}{\sqrt{LC}}}{\sqrt{\left(\frac{R}{2L}\right)^2-\left(\frac{1}{\sqrt{LC}}\right)^2}}$$

$LC=A$라 놓으면

$$\frac{\alpha^2-\gamma^2}{L}=\frac{\dfrac{1}{LC}}{\sqrt{\left(\dfrac{R}{2L}\right)^2-\left(\dfrac{1}{\sqrt{LC}}\right)^2}}=\sqrt{\frac{\dfrac{1}{A^2}}{\left(\dfrac{R}{2L}\right)^2-\dfrac{1}{A}}}$$

$$=\sqrt{\frac{1}{\left(\dfrac{R}{2L}\right)^2A^2-A}}=\sqrt{\frac{1}{\dfrac{R^2}{4L^2}L^2C^2-LC}}$$

$$=\sqrt{\frac{1}{\dfrac{R^2C^2}{4}-LC}}=\sqrt{\frac{1}{\dfrac{R^2C^2-4LC}{4}}}=\sqrt{\frac{4}{R^2C^2-4LC}}$$

$$\therefore i=CE\frac{\alpha^2-\gamma^2}{r}e^{-\alpha t}\sinh\gamma t$$

$$=CE\sqrt{\frac{4}{R^2C^2-4LC}}\,e^{-\alpha t}\sinh\gamma t$$

$$=E\frac{1}{\sqrt{\dfrac{4C^2}{R^2C^2-4LC}}}e^{-\alpha t}\sinh\gamma t$$

$$=E\frac{e^{-\alpha t}\sinh\gamma t}{\sqrt{\dfrac{1}{4C^2}RC^2-\dfrac{4LC}{4C^2}}}=E\frac{e^{-\alpha t}\sinh\gamma t}{\sqrt{\dfrac{R^2}{4}-\dfrac{L}{C}}}$$

$$=\frac{E}{\sqrt{\left(\dfrac{R}{2}\right)^2-\dfrac{L}{C}}}\cdot e^{-\alpha t}\sinh\gamma t\ [\mathrm{A}] \tag{13.80}$$

이 경우 전하 q는 0으로부터 점차 증대하여 CE에 접근하게 되고 전류 i는 0으로부터 시작하여 어느 순간 최대로 된 다음 점차 감쇠하여 $t=\infty$에서 0으로 된다.

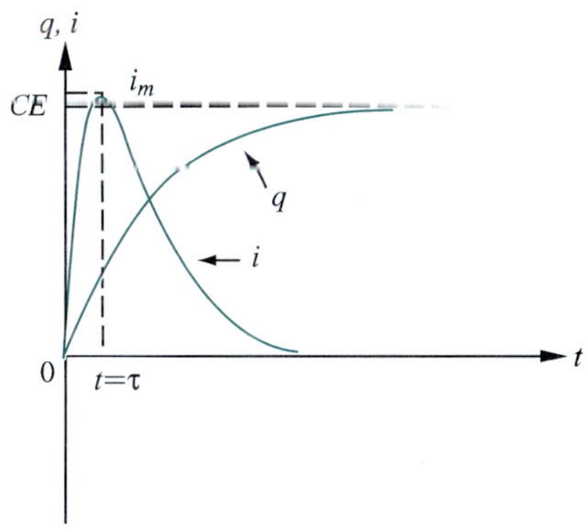

그림 13-19 $R>2\sqrt{L/C}$일 때 q 및 i의 시간적 변화

그림 13-19은 q와 i의 시간적 변화를 보여주고 있다.
이때 전류 i의 최대치를 구하기 위해 식 (13.80)을 t로 미분하면

$$\begin{aligned}\frac{di}{dt} &= \frac{d}{dt}CE\frac{\alpha^2-\gamma^2}{\gamma}e^{-\alpha t}\sinh\gamma t\\ &= CE\frac{\alpha^2-\gamma^2}{\gamma}\{-\alpha e^{-\alpha t}\sinh\gamma t+e^{-\alpha t}\gamma\cosh\gamma t)\}\\ &= CE\frac{\alpha^2-\gamma^2}{\gamma}e^{-\alpha t}(\gamma\cosh\gamma t-\alpha\sinh\gamma t)\end{aligned}$$

가 되며

$$\frac{di}{dt}=0,\ \ t=\tau$$

에서는

$$\begin{aligned}&\gamma\cosh rt-\alpha\sinh\gamma t=0\\ &\gamma\cosh r\tau-\alpha\sinh\gamma\tau=0\\ &\gamma\cosh\gamma\tau=\alpha\sinh\gamma\tau\\ &\cosh\alpha\tau=\frac{\alpha}{\gamma}\sinh\gamma\tau\\ &\tanh\gamma\tau=\frac{\sinh\gamma\tau}{\cosh\gamma\tau}=\frac{\gamma}{\alpha}\\ &\tanh\gamma\tau=\frac{\gamma}{\alpha}\\ &\tau=\frac{1}{\gamma}\tanh^{-1}\frac{\gamma}{\alpha}=\frac{\phi}{\gamma}\end{aligned} \qquad (13.81)$$

시간 τ에 상당하는 전류의 최대치 i_m은 식 (13.80)로부터

$$i_m=i(t)|_{t=\tau}=CE\frac{\alpha^2-\gamma^2}{\gamma}e^{-\alpha\tau}\sinh\gamma\tau$$

이 식에 식 (13.81)을 대입하면

$$\begin{aligned}i_m &= CE\frac{\alpha^2-\gamma^2}{\gamma}\cdot e^{-\frac{\alpha\phi}{\gamma}}\sinh\phi\\ &= CE\frac{\alpha^2-\gamma^2}{\gamma}\cdot\frac{\gamma}{\sqrt{\alpha^2-\gamma^2}}e^{-\frac{\alpha\phi}{\gamma}}\\ &= CE\sqrt{\alpha^2-\gamma^2}\cdot e^{\frac{-\alpha\phi}{\gamma}}\end{aligned}$$

여기서

$$\alpha^2 - \gamma^2 = \frac{R^2}{4L^2} - \frac{R^2}{4L^2} + \frac{1}{LC}$$

$$\sqrt{\alpha^2 - \gamma^2} = \sqrt{\frac{1}{LC}}$$

이므로

$$\begin{aligned} i_m &= CE \cdot \sqrt{\frac{1}{LC}}\, e^{-\frac{\alpha}{\gamma}\phi} \\ &= E \cdot C\sqrt{\frac{1}{LC}}\, e^{-\frac{\alpha}{\gamma}\phi} \\ &= E \cdot \frac{C}{\sqrt{LC}}\, e^{-\frac{\alpha}{\gamma}\phi} \\ &= E\sqrt{\frac{C^2}{LC}}\, e^{-\frac{\alpha}{\gamma}\phi} \\ &= E\sqrt{\frac{L}{C}}\, e^{-\frac{\alpha}{\gamma}\phi} \\ &= E\frac{\sqrt{C}}{\sqrt{L}}\, e^{-\frac{\alpha}{\gamma}\phi} \\ &= \frac{E}{\sqrt{\frac{L}{C}}}\, e^{-\frac{\alpha}{\gamma}\phi}\ [\mathrm{A}] \end{aligned} \qquad (13.82)$$

(2) $R = 2\sqrt{\frac{L}{C}}$

이것은 식 (13.69)에서 $\alpha^2 = \omega_0^2$인 경우에 해당하며 임계적 상태가 된다. 따라서 이때 p_1, p_2는 동일한 실수가 된다. 즉,

$$p_1 = p_2 = -\alpha = -\frac{R}{2L} \qquad (13.83)$$

그러므로 과도항 q_t는

$q_t = (A+Bt)e^{-\alpha t}$가 되며 여기서 A, B는 적분 상수이다.

전하 q는

$$q = q_s + q_t = CE + (A+Bt)e^{-\alpha t} \qquad (13.84)$$

또 전류 i는

$$i=\frac{dq}{dt}=\frac{d}{dt}(CE+Ae^{-\alpha t}+Bte^{-\alpha t})$$
$$=-A\alpha e^{-\alpha t}+Be^{-\alpha t}+Bt(-\alpha)e^{-\alpha t}$$
$$=e^{-\alpha t}\{B-\alpha(A+Bt)\} \tag{13.85}$$

초기 조건으로서 $t=0$에서 $q=0$, $i=0$이므로 이를 식 (13.83)과 (13.84)에 대입하면

$$CE+A=0,\ \ B-\alpha A=0$$

따라서 적분 상수 A, B는

$A=-CE,\ \ B=-\alpha CE$

가 되므로 이들을 식 (13.84)와 (13.85)에 대입하면

$$q=CE\{1-(1+\alpha t)e^{-\alpha t}\} \tag{13.86}$$
$$i=(B-\alpha A-\alpha Bt)e^{-\alpha t}$$
$$=0-\alpha(-\alpha CEt)e^{-\alpha t}$$
$$=CE\alpha^2te^{-\alpha t}$$
$$=E\frac{CR^2}{4L^2}te^{-\alpha t}$$
$$R=2\frac{L}{C},\ \ R^2=4\frac{L}{C}$$

이므로

$$i=E\cdot\frac{C}{4L^2}4\frac{L}{C}te^{-\alpha t}$$
$$i=\frac{E}{L}te^{-\alpha t}\ [\mathrm{A}] \tag{13.87}$$

이 경우의 응답곡선은 직선과 감쇠지수함수의 곱으로 그려지며(그림 13-20) 과제동의 경우와 비교해 볼 때 두드러진 차이는 없지만 과제동시는 원점부근에서 대체로 변화폭(기울기)이 크고 전 구간에 걸쳐 임계제동시보다 큰 응답특성을 보인다.

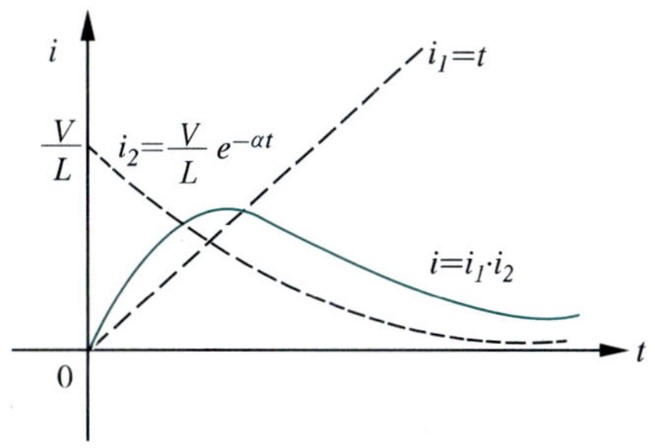

그림 13-20 $R=2\sqrt{\frac{L}{C}}$ 인 경우의 q와 i의 시간적 변화

전류의 최대치 i_m 및 그 시간 τ를 구하여 보면 $t=\tau$일 때 $\frac{di}{dt}=0$이라는 조건, 즉

$$\begin{aligned}\frac{di}{dt} &= \frac{d}{dt}CE\alpha^2te^{-\alpha t}\\ &= CE\alpha^2e^{-\alpha t} - CE\alpha^2tae^{-\alpha t}\\ &= CE\alpha^2(1-\alpha t)e^{-\alpha t}=0\end{aligned}$$

로부터

$$t=\tau$$

$$\frac{di}{dt}=CE\alpha^2(1-\tau\alpha)e^{-\alpha\tau}=0$$

$$\tau=\frac{1}{\alpha}=\frac{2L}{R} \tag{13.88}$$

이것을 식 (13.87)에 대입하면

$$\begin{aligned}i_m &= CE\alpha^2 \cdot \frac{1}{\alpha} \cdot e^{-\alpha \cdot \frac{1}{\alpha}} = CE\alpha e^{-1}\left(\therefore \alpha=\frac{R}{2L}\right)\\ &= E \cdot \frac{CR}{2L}e^{-1}\ [\mathrm{A}]\end{aligned} \tag{13.89}$$

(3) $R<2\sqrt{\frac{L}{C}}$ 인 경우

이것은 진동적인 경우로서 p_1, p_2는 공액 복소수로 된다.

$$p_1 = -\frac{R}{2L} + j\sqrt{\frac{1}{LC} - (\frac{R}{2L})^2} = -a + j\beta$$
$$p_2 = -\frac{R}{2L} - j\sqrt{\frac{1}{LC} - (\frac{R}{2L})^2} = -a - j\beta \qquad (13.90)$$

여기서

$$\alpha = \frac{R}{2L},\ \beta = \sqrt{\frac{1}{LC} - \left(\frac{R}{2L}\right)^2} = \sqrt{\left(\frac{1}{LC}\right)^2 - \left(\frac{R}{2L}\right)^2}$$
$$= \sqrt{\omega^2_{-\alpha^2 0}} \qquad (13.91)$$
$$\left(\omega_0 = \frac{1}{\sqrt{LC}}\right)$$

전하 q의 일반해는

$$q = CE + A_1 e^{(-\alpha + j\beta)t} + A_2 e^{(-\alpha - j\beta)t}$$
$$= CE + e^{-\alpha t}\left\{A_1 e^{j\beta t} + A_2 e^{-j\beta t}\right\} \qquad (13.92)$$

3각 함수를 사용하여 식 (13.92)를 다시 쓰면

$$A_1 e^{j\beta t} + A_2 e^{-j\beta t} = A_1 \cos\beta t + j\sin\beta t + A_2 \cos\beta t - j\sin\beta t$$
$$= \cos\beta t(A_1 + A_2) + j\sin\beta t(A_1 - A_2)$$
$$B_1 = A_1 + A_2,\ B_2 = j(A_1 - A_2)$$
$$A_1 e^{j\beta t} + A_2 e^{-j\beta t} = B_1 \cos\beta t + B_2 \sin\beta t$$
$$q = CE + e^{-\alpha t}\{B_1 \cos\beta t + B_2 \sin\beta t\} \qquad (13.93)$$

식 (13.92), (13.93)에서 A_1, A_2, B_1, B_2는 모두 적분 상수이다. 또한 전류 i는

$$i = \frac{dq}{dt} = \frac{d}{dt}\left\{CE + e^{-\alpha t}(B_1 \cos\beta t + B_2 \sin\beta t)\right\}$$
$$= 0 - \alpha e^{-\alpha t}(B_1 \cos\beta t + B_2 \sin\beta t) - e^{-\alpha t}B_1 \beta \sin\beta t + e^{-\alpha t}B_2 \beta \cos\beta t$$
$$= e^{-\alpha t}\{(-\alpha B_1 + \beta B_2)\cos\beta t - (\alpha B_2 + \beta B_1)\sin\beta t\} \qquad (13.94)$$

초기 조건으로서 $t=0$에서 $q=0$, $i=0$이므로 식 (13.93)과 (13.94)에서

$$CE + B_1 = 0,\ -\alpha B_1 + \beta B_2 = 0$$
$$\therefore B_1 = -CE,\ B_2 = -\frac{\alpha}{\beta}CE \qquad (13.95)$$

이것을 식 (13.93)에 대입하면

$$q = CE\left\{1 - e^{-\alpha t}\left(\cos\beta t + \frac{\alpha}{\beta}\sin\beta t\right)\right\}$$

여기서 편의상 $\frac{\beta}{\alpha} = \tan\theta$라 하면

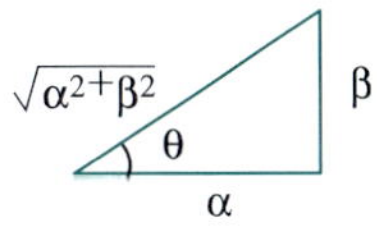

$$\frac{\beta}{\alpha} = \tan\theta = \frac{\sin\theta}{\cos\theta},\quad \frac{\alpha}{\beta} = \frac{\cos\theta}{\sin\theta}$$

$$q = CE\left\{1 - e^{-\alpha t}\left(\cos\beta t + \frac{\cos\theta}{\sin\theta} sin\beta t\right)\right\}$$

$$= CE\left\{1 - \frac{e^{-\alpha t}}{\sin\theta}(\sin\theta\ \cos Bt + \cos\theta\sin\beta t)\right\}$$

$$= CE\left\{1 - e^{-\alpha t}\frac{\sin(\beta t + \theta)}{\sin\theta}\right\} \tag{13.96}$$

그런데

$$\sin\theta = \frac{\beta}{\sqrt{\alpha^2+\beta^2}} = \sqrt{\frac{\beta^2}{\alpha^2+\beta^2}} = \sqrt{\frac{\beta^2}{\alpha^2+\beta^2}} = \sqrt{\frac{1}{\frac{\alpha^2}{\beta^2}+1}}$$

$\frac{\alpha^2}{\beta^2} = \frac{\frac{R^2}{4L^2}}{\frac{1}{LC} - \frac{R^2}{4L^2}}$ 분모 분자에 $\frac{4L^2}{R^2}$를 곱하면

$$= \frac{1}{\frac{1}{LC}\cdot\frac{4L^2}{R^2} - 1} = \frac{1}{\frac{4L}{CR^2} - 1} = \frac{\frac{1}{4L - CR^2}}{CR^2} = \frac{CR^2}{4L - CR^2}$$

$$A = \frac{\alpha^2}{\beta^2} + 1 = \frac{CR^2}{4L - CR^2} + 1 = \frac{CR^2 + 4L - CR^2}{4L - CR^2}$$

$$\frac{1}{A} = \frac{4L - CR^2}{4L}$$

$$\sin\theta = \sqrt{\frac{1}{A}} = \sqrt{\frac{4L - CR^2}{4L}} = \sqrt{1 - \frac{C}{L}\left(\frac{R}{2}\right)^2}$$

이므로 식 (13.96)는

$$q=CE\left\{1-\frac{e^{-\alpha t}}{\sqrt{1-\frac{C}{L}\left(\frac{R}{2}\right)^2}}\sin(\beta t+\theta)\right\} \tag{13.97}$$

전류 i는

$$i=\frac{dq}{dt}=\frac{d}{dt}CE\left\{1-e^{-\alpha t}(\cos\beta t+\frac{\alpha}{\beta}\sin\beta t)\right\}$$

$$=CE\left\{\alpha e^{-\alpha t}\cos\beta t+\alpha e^{-\alpha t}\frac{a}{\beta}\sin\beta t)+\beta e^{-\alpha t}\sin\beta t-e^{-\alpha t}\frac{\alpha}{\beta}\beta\cos\beta t\right\}$$

$$=CEe^{-\alpha t}\left(\frac{\alpha^2}{\beta}+\frac{\beta}{1}\right)\sin\beta t$$

$$=CE\frac{\alpha^2+\beta^2}{\beta}e^{-\alpha t}\sin\beta t$$

$$C\frac{\alpha^2+\beta^2}{\beta}\text{에서 }\alpha=\frac{R}{2L},\ \beta=\sqrt{\frac{1}{LC}-\left(\frac{R}{2L}\right)^2}$$

$$C\frac{\alpha^2+\beta^2}{\beta}=C\frac{\frac{R^2}{4L^2}+\frac{1}{LC}-\frac{R^2}{4L^2}}{\sqrt{\frac{1}{LC}-\frac{R^2}{4L^2}}}=\frac{C\frac{1}{LC}}{\sqrt{\frac{1}{LC}-\frac{R^2}{4L^2}}}$$

분모, 분자에 L^2를 곱하면

$$=\sqrt{\frac{\frac{1}{L^2}\times L^2}{L^2\frac{1}{LC}-\frac{R^2}{4L^2}L^2}}$$

$$=\sqrt{\frac{1}{\frac{L}{C}-\frac{R^2}{4}}}$$

$$=\sqrt{\frac{L}{C}-\left(\frac{R}{2}\right)^2}=\frac{1}{\sqrt{\frac{L}{C}-\left(\frac{R}{2}\right)^2}}$$

$$i=\frac{E}{\sqrt{\frac{L}{C}-\left(\frac{R}{2}\right)^2}}e^{-\alpha t}\sin\beta t\ [\mathrm{A}] \tag{13.98}$$

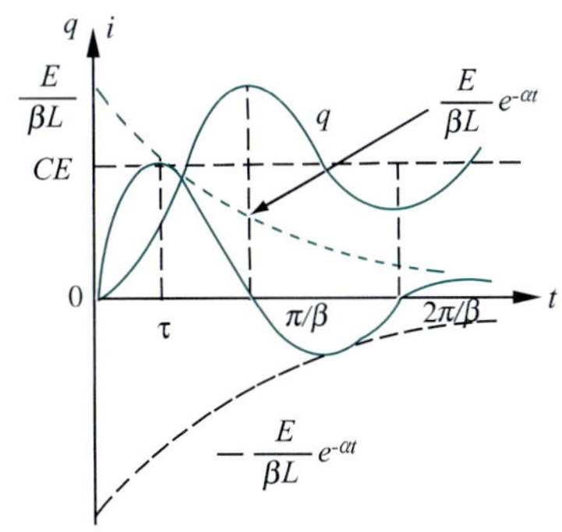

그림 13-21 $R<2\sqrt{L/C}$일 때 q 및 i의 시간적 변화

전하 q 및 전류 i는 그림 13-21과 같이 $f=\dfrac{\beta}{2\pi}$라는 주파수로 진동하는데 이 현상을 자유진동이라 하며, $\omega_0=\dfrac{1}{LC}$을 비감쇠각주파수라 하는데 대하여 β는 감쇠각주파수라 한다. 또 $f_0=\dfrac{\omega_0}{2\pi}$를 공진주파수, $f=\dfrac{\beta}{2\pi}$를 고유주파수라 하며 f는 반드시 f_0보다 작다.

전류 i는 $\dfrac{E}{L\beta}e^{-\alpha t}$인 지수곡선에 따라 감쇠하므로 이 α를 감쇠상수 또는 13-2절에서 언급했던 것처럼 감쇠율이라고도 한다.

다음에 전류의 극대치 및 극소치를 구하기 위해 식 (13.98)으로부터

$$\frac{di}{dt}=\frac{d}{dt}CE\frac{\alpha^2+\beta^2}{\beta}e^{-\alpha t}\sin\beta t$$
$$=CE\frac{\alpha^2+\beta^2}{\beta}e^{-\alpha t}(-\alpha\sin\beta t+\beta\cos\beta t)=0$$

을 만족하는 t의 값을 τ라 하면

$$-\alpha\sin\beta\tau+\beta\cos\beta\tau=0$$
$$\alpha\sin\beta\tau=\beta\cos\beta\tau$$
$$\tan\beta\tau=\frac{\sin\beta\tau}{\cos\beta\tau}=\frac{\beta}{\alpha}=\tan\theta$$

그러므로 $\beta\tau=\theta+n\pi$

$$\tau_n=\frac{1}{\beta}(\theta+n\pi),\ (n=0,\ 1,\ 2,\ 3,\cdots)$$

여기서 n : 짝수일 때 i는 극대, n : 홀수일 때 i는 극소가 된다.

그림 13-21로부터 알 수 있는 바와 같이 가장 작은 τ값에 대하여 i의 극대값 i_m의 값이 가장 커지므로 $n=0$으로 하며

$\tau_0 = \dfrac{\theta}{\beta}$를 얻는데 이것을 식 (13.98)에 대입하여

i_0의 최대인 값 i_{m0}를 구하면

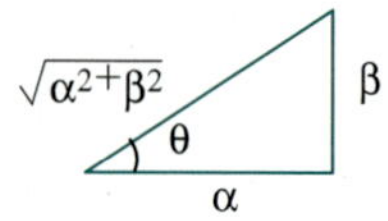

$$\sin\theta = \frac{\beta}{\sqrt{\alpha^2+\beta^2}}$$

$$i_{m0} = CE\frac{\alpha^2+\beta^2}{\beta}e^{-\alpha\tau_0}\sin\beta\tau_0$$

$$= CE\frac{\alpha^2+\beta^2}{\beta}e^{-\frac{\alpha\beta}{\beta}}\frac{\beta}{\sqrt{\alpha^2+\beta^2}}\left(\therefore \frac{\sqrt{(\alpha^2+\beta^2)^2}}{\sqrt{(\alpha^2+\beta^2)}} = \sqrt{\alpha^2+\beta^2},\right.$$

$$i_{m0} = CE\sqrt{a^2+\beta^2}\,e^{-\frac{\alpha\theta}{\beta}} \text{ 에서}$$

$$C\sqrt{\alpha^2+\beta^2} = C\sqrt{\frac{R^2}{4L^2}+\frac{1}{LC}-\frac{R^2}{4L^2}}$$

$$= C\cdot\sqrt{\frac{1}{LC}} = \sqrt{\frac{C^2}{LC}}$$

$$= \sqrt{\frac{C}{L}} \text{ 이므로}$$

$$i_{m0} = E\cdot\sqrt{\frac{C}{L}}\,e^{-\frac{a\theta}{\beta}} \text{ 양변에 } \sqrt{\frac{L}{C}} \text{ 를 곱하면}$$

$$i_{m0} = \frac{E}{\sqrt{\frac{L}{C}}}e^{-\frac{\alpha\theta}{\beta}} \tag{13.99}$$

$n=s$ 및 $n=s+1$에 상당하는 극대값과 극소값을 각각 i_{ms} 및 $i_{m(s+1)}$이라 하면

$$|i_{ms}| = \frac{E}{\sqrt{L/C}}e^{-\frac{\alpha}{\beta}(\theta+s\pi)}$$

$$|i_{m(s+1)}| = \frac{E}{\sqrt{L/C}}e^{-\frac{\alpha}{\beta}[\theta+(s+1)\pi]}$$

$$\therefore \left|\frac{i_{ms}}{i_{m(s+1)}}\right| = e^{\frac{\alpha\pi}{\beta}} \tag{13.100}$$

즉, 서로 인접한 극대값과 극소값의 비는 s에 무관하다.

여기서 $\dfrac{\alpha\pi}{\beta}$를 대수감쇠율이라 한다.

예제 13-20

그림의 회로에서 $\frac{1}{8}$ [F]의 콘덴서에 흐르는 전류는 일반적으로 $i(t)=A+Be^{-at}$ [A]로 표시된다. B의 값은? 단, $E=16$ [V]

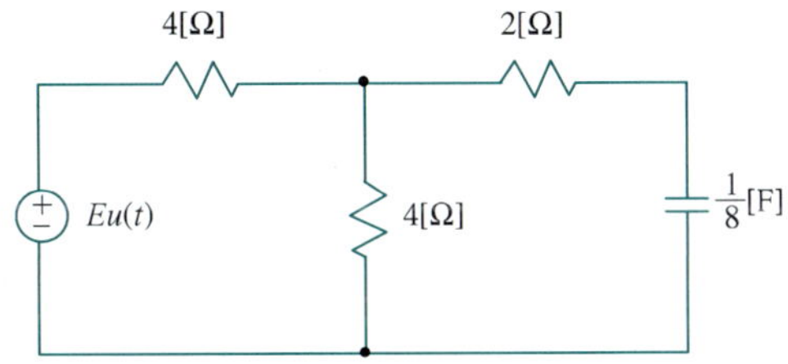

풀이

문제의 회로를 변환하면 다음과 같다.

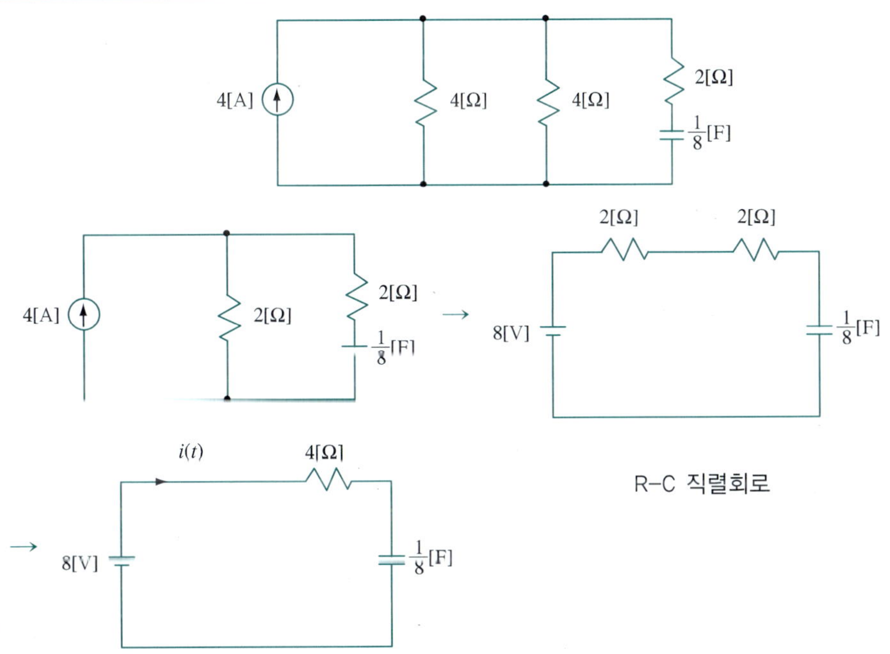

이때 흐르는 전류 $i(t)=\frac{E}{R}e^{-\frac{1}{RC}t}$ [A]이다.

따라서 $i(t)=\frac{8}{4}e^{-\frac{1}{4\times\frac{1}{8}}t}=2e^{-2t}$ [A]가 된다.

$\therefore A=0,\ B=2$

13-6 R-L-C 교류회로

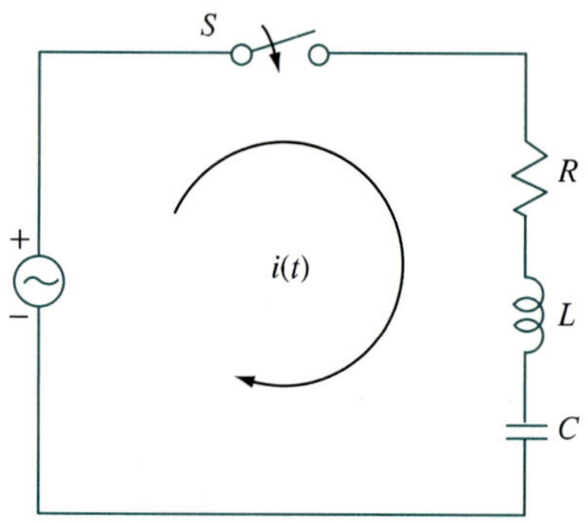

그림 13-22 R-L-C 직렬교류 회로

그림 13-22와 같은 $R-L-C$ 직렬 회로에 $t=0$에서 정현파 교류전압 $v=V_m\sin(\omega t+\theta)$ [V]를 인가한 경우의 전압 평형 방정식은

$$Ri+L\frac{di}{dt}+\frac{1}{C}\int idt=V_m\sin(\omega t+\theta) \tag{13.101}$$

또는

$$R\cdot\frac{dq}{dt}+L\frac{d^2q}{dt^2}+\frac{1}{C}q=V_m\sin(\omega t+\theta) \tag{13.102}$$

이것을 시간 t로 미분하면

$$R\frac{di}{dt}+L\frac{d^2i}{dt^2}+\frac{1}{C}i=\omega V_m\cos(\omega t+\theta) \tag{13.103}$$

전류 i의 정상전류 i_s는

$$i_s=\frac{V_m}{\sqrt{R^2+\left(\omega L-\frac{1}{\omega C}\right)^2}}\sin\left(\omega t+\theta-\tan^{-1}\frac{\omega L-\frac{1}{\omega C}}{R}\right)$$

$$=I_m\sin(\omega t+\theta-\phi)\varphi \tag{15.104}$$

여기서

$$I_m=\frac{V_m}{\sqrt{R^2+\left(\omega L-\frac{1}{\omega C}\right)^2}},\ \varphi=\tan^{-1}\frac{\omega L-\frac{1}{\omega C}}{R}$$

정상전류 q_s는 식 (13.103)를 적분하여

$$q_s = \int i_s dt = -\frac{I_m}{\omega} cos(\omega t + \theta - \varphi)\varphi \tag{13.105}$$

다음에 식 (13.102) 또는 식 (13.103)의 우변을 0으로 놓은 식의 과도해를 Ae^{pt}라 가정하면 $R^2 - 4\frac{L}{C} \gtrless 0$에 따라 비진동적, 임계적, 감쇄 진동적인 3가지의 경우가 나타난다.

(1) $R^2 - 4\frac{L}{C} > 0$인 경우

$$p = -\frac{R}{2L} \pm \frac{1}{2L}\sqrt{R^2 - 4\frac{L}{C}} = -\alpha \pm \gamma$$

$$p_1 = -\alpha + \gamma,\ p_2 = -\alpha - \gamma$$

여기서

$$\alpha = \frac{R}{2L},\ \gamma = \sqrt{\left(\frac{R}{2L}\right)^2 - \frac{1}{LC}},\ \alpha > \gamma$$

그러므로 전하 q 및 전류 i의 일반해는 다음과 같다.

$$q = q_s + q_t = e^{-\alpha t}(A\cosh\gamma t + B\sinh\gamma t) - \frac{I_m}{\omega} cos(\omega t + \theta - \varphi) \tag{13.106}$$

$$i = i_s + i_t = I_m \sin(\omega t + \theta - \varphi) + e^{-\alpha t}\{(-\alpha A + B\gamma)\cosh rt + (-\alpha B + \gamma A)\sinh\gamma t\} \tag{13.107}$$

초기조건으로서 $t = 0$, $q = 0$, $i = 0$을 위의 식 $i = i_s + i_t$에 대입하면

$$i = 0 = I_m \sin(\theta - \varphi) + (-\alpha A + \beta\gamma) = 0$$

$$B\gamma = \alpha A - I_m \sin(\theta - \varphi)$$

$q = q_s + q_t$에서 $B = \frac{1}{\gamma}\{\alpha A - I_m \sin(\theta - \varphi)\}$

$$q = e^{-\alpha t}(A\cosh\gamma t + B\sinh\gamma t) - \frac{I_m}{\omega} cos(\omega t + \theta - \varphi)$$

$$A - \frac{I_m}{\omega} cos(\theta - \varphi) = 0$$

$$A = \frac{I_m}{\omega} cos(\theta - \varphi)$$

$$B = \frac{1}{\gamma}\{\alpha A - I_m \sin(\theta-\varphi)\}$$

$$= \frac{1}{\gamma}\left\{\alpha \frac{I_m}{\omega} cos(\theta-\varphi) - I_m \sin(\theta-\varphi)\right\}$$

$$B = \frac{I_m}{\gamma}\left\{\frac{\alpha}{\omega} cos(\theta-\varphi) - \sin(\theta-\varphi)\right\} \qquad (13.108)$$

적분상수 A, B를 식 (13.106)에 대입하면 전하 q는 다음과 같다.

$$q = e^{-\alpha t}\left[\frac{I_m}{\omega} cos(\theta-\varphi)\cosh\gamma t + \frac{I_m}{\gamma}\left\{\frac{\alpha}{\omega} cos(\theta-\varphi)\right.\right.$$

$$\left.\left. - \sin(\theta-\varphi)\right\}\cdot\ \sinh\gamma t\right] - \frac{I_m}{\omega} cos(\omega t + \theta - \varphi)$$

$$= e^{-\alpha t}\left[\frac{I_m}{\omega} cos(\theta-\varphi)\cosh\gamma t + \frac{I_m}{r}\left\{\frac{\alpha}{\omega} cos(\theta-\varphi)\right.\right.$$

$$\left.\left. - \sin(\theta-\varphi)\right\}\sinh\gamma t\right] - \frac{I_m}{\omega} cos(\omega t + \theta - \varphi)$$

$$= \frac{I_m}{\omega} e^{-\omega t}\left\{\cos(\theta-\varphi)\cosh\gamma t + \frac{\alpha}{\gamma} cos(\theta-\varphi)\sinh\gamma t - \frac{\omega}{\gamma}\right.$$

$$\left. \sin(\theta-\varphi)\sinh\gamma t\right\} - \frac{I_m}{\omega} cos(\omega t + \theta - \varphi)$$

$^*A = \cos(\theta-\varphi)\cosh\gamma t + \frac{\alpha}{\gamma} cos(\theta-\varphi)$라 하면

여기서 $\frac{\gamma}{\alpha} = \tanh\phi$라 하면

$\frac{\gamma}{\alpha} = \tanh\phi = \frac{\sinh\phi}{\cosh\phi}$ 이므로 $\frac{\alpha}{\gamma} = \frac{\cosh\phi}{\sinh\phi}$ 임

$$\cos(\theta-\varphi)\left\{\frac{\cos h\gamma t}{1} + \frac{\cosh\phi}{\sinh\phi} sinh\gamma t\right\}$$

$$= \cos(\theta-\varphi)\left\{\frac{\cosh\gamma t\sinh\phi + \cosh\phi\sinh\gamma t}{\sinh\phi}\right\}$$

$\cosh\gamma t\sinh\phi + \cosh\phi\sinh\gamma t = \sinh(\gamma t + \phi)$ 이므로

$$^*A = \cos(\theta-\varphi)\left\{\frac{\sinh(\gamma t + \phi)}{\sinh\phi}\right\}$$

$$q = \frac{I_m}{\omega} e^{-\alpha t}\left\{\frac{\cos(\theta-\phi)\sinh(rt+\phi)}{\sinh\phi} - \right.$$

$$\left.\frac{\omega}{\gamma}\sin(\theta-\varphi)\sinh\gamma t\right\} - \frac{I_m}{\omega}\cos(\omega t + \theta - \varphi)$$

$$\sinh\phi = \frac{\gamma}{\sqrt{\alpha^2-\gamma^2}} = \sqrt{\frac{\gamma^2}{a^2-\gamma^2}} \text{ 에서 } \gamma = \sqrt{\left(\frac{R}{2L}\right)^2 - \frac{1}{LC}}$$

$$\alpha = \frac{R}{2L}$$

$$\because \alpha > \gamma$$

$$\sqrt{\frac{\gamma^2}{\alpha^2-\gamma^2}} = \sqrt{\frac{\frac{R^2}{4L^2}-\frac{1}{LC}}{\frac{R^2}{4L^2}-\frac{R^2}{4L^2}+\frac{1}{LC}}} = \sqrt{\frac{\frac{R^2}{4L^2}-\frac{1}{LC}}{\frac{1}{LC}}}$$

분모분자에 LC를 곱하면

$$= \sqrt{\frac{LC\frac{R^2}{4L^2}-\frac{1}{LC}LC}{\frac{1}{LC}LC}} = \sqrt{\frac{CR^2}{4L}-1} = \sqrt{\frac{CR^2-4L}{4L}} \text{ 이므로}$$

$$\frac{1}{\sinh\phi} = \sqrt{\frac{4L}{CR^2-4L}} \text{ 분모분자에 } \frac{1}{C}\text{를 곱하면}$$

$$= \sqrt{\frac{4\frac{L}{C}}{R^2-4\frac{L}{C}}} = \sqrt{\frac{2^2\frac{L}{C}}{R^2-4\frac{L}{C}}} = \frac{2\sqrt{\frac{L}{C}}}{\sqrt{R^2-4\frac{L}{C}}}$$

$$\frac{1}{\gamma} = \frac{1}{\sqrt{\frac{R^2}{4L^2}-\frac{1}{LC}}} \text{ 분모분자에 } 4L^2\text{를 곱하면}$$

$$= \frac{2L}{\sqrt{\frac{R^2}{4L^2}4L^2-\frac{1}{LC}4L^2}} = \frac{2L}{\sqrt{R^2-4\frac{L}{C}}}$$

$$q = \frac{I_m}{\omega}\left\{\frac{2\sqrt{\frac{L}{C}}}{\sqrt{R^2-4\frac{L}{C}}}e^{-\alpha t}\cos(\theta-\varphi)\right.$$

$$\left.\sinh(\gamma t+\phi) - \frac{2\omega L}{\sqrt{R^2-4\frac{L}{C}}}e^{-\alpha t}\sin(\theta-\varphi)\sinh\gamma t\right\}$$

$$-\frac{I_m}{\omega}cos(\omega t+\theta-\varphi) \tag{13.109}$$

다음에 식 (13.108)로부터

$$\gamma B-\alpha A=-I_m\sin(\theta-\varphi),\ B=\frac{I_m}{r}\left\{\frac{\alpha}{\omega}cos(\theta-\varphi)-\sin(\theta-\varphi)\right\}$$

$$\gamma A-\alpha B=\frac{\gamma}{\omega}I_m\cos(\theta-\varphi)-\alpha\frac{I_m}{\gamma}\left\{\frac{\alpha}{\omega}cos(\theta-\varphi)-\sin(\theta-\varphi)\right\}$$

$$=\frac{\gamma I_m}{\omega}cos(\theta-\varphi)-\frac{\alpha^2 I_m}{\gamma\omega}cos(\theta-\varphi)+\frac{\alpha}{\gamma}I_n\varphi\text{in}(\theta-\varphi)$$

$$=I_m\cos(\theta-\varphi)\left\{\frac{\gamma}{\omega}-\frac{\alpha^2}{\gamma\omega}\right\}+\frac{\alpha}{\gamma}I_m\sin(\theta-\varphi)$$

$\frac{\gamma}{\omega}-\frac{\alpha^2}{\gamma\omega}=\frac{\gamma^2-\alpha^2}{\gamma\omega}$ 이므로

$$\gamma A-\alpha B=\frac{\gamma^2-\alpha^2}{\gamma\omega}I_m\cos(\theta-\varphi)+\frac{\alpha}{\gamma}I_m\sin(\theta-\varphi)$$

라는 것을 알 수 있으므로 식 (13.107)로부터 전류i 는 다음과 같이 된다.

$$i=i_s+i_t=e^{-\alpha t}\{(\gamma B-\alpha A)$$
$$\cosh\gamma t+(\gamma A-\alpha B)\sinh\gamma t\}+I_m\sin(\omega t+\theta-\varphi)$$
$$=I_m e^{-\alpha t}\left[-\sin(\theta-\varphi)\cosh\gamma t+\left\{\frac{\gamma^2-\alpha^2}{\gamma\omega}cos(\theta-\varphi)+\right.\right.$$
$$\left.\left.\frac{\alpha}{\gamma}I_m\sin(\theta-\varphi)\right\}\sinh\gamma t\right]+I_m\sin(\omega t+\theta-\varphi)$$

그런데 $\cosh\phi=\frac{\alpha}{\sqrt{\alpha^2-\gamma^2}}$, $\sinh\phi=\frac{\gamma}{\sqrt{\alpha^2-\gamma^2}}$ 이므로

$$\tanh\phi=\frac{\sinh\phi}{\cosh\phi}=\frac{\frac{\gamma}{\sqrt{\alpha^2-\gamma^2}}}{\frac{\alpha}{\sqrt{\alpha^2-\gamma^2}}}=\frac{\gamma}{\alpha}$$

$\frac{\sinh\phi}{\cosh\phi}=\frac{\gamma}{\alpha}$ 이므로 $\frac{\alpha}{\gamma}=\frac{\cosh\phi}{\sinh\phi}$ 임

$\frac{1}{\sinh\phi}$ 를 구하기 전에 $\sinh\phi=\frac{\gamma}{\sqrt{\alpha^2-\gamma^2}}$ 를 구하면

$$\alpha=\frac{R}{2L},\ \gamma=\sqrt{\left(\frac{R}{2L}\right)^2-\frac{1}{LC}}$$

$$\sinh\phi=\frac{\gamma}{\sqrt{\alpha^2-\gamma^2}}=\sqrt{\frac{\gamma^2}{\alpha^2-\gamma^2}}$$

에서 α, γ를 대입하면

$$\sinh\phi = \sqrt{\frac{\gamma^2}{\alpha^2-\gamma^2}} = \sqrt{\frac{\frac{R^2}{4L^2}-\frac{1}{LC}}{\frac{R^2}{4L^2}-\frac{R^2}{4L^2}+\frac{1}{LC}}} = \sqrt{\frac{\frac{R^2}{4L^2}-\frac{1}{LC}}{\frac{1}{LC}}}$$

분모분자에 LC를 곱하면

$$= \sqrt{\frac{CR^2}{4L}-1} = \sqrt{\frac{CR^2-4L}{4L}}$$ 이므로

$$\frac{1}{\sinh\phi} = \sqrt{\frac{4L}{CR^2-4L}}$$ 분모 분자에 $\frac{1}{C}$를 곱하면

$$\sqrt{\frac{4L/C}{R^2\frac{4L}{C}}} = \frac{2\sqrt{L/C}}{\sqrt{R^2-4\frac{L}{C}}}$$

이므로

$$i = I_m e^{-\alpha t}\left\{(-\cosh\gamma t + \frac{\cosh\phi}{\sinh\phi} sinh\gamma t)\sin(\theta-\varphi) - \frac{r\cos(\theta-\varphi)}{\omega\sinh^2\phi} sinh\gamma t\right\} + I_m \sin(\omega t+\theta-\varphi)$$

$$= \frac{I_m}{\sinh\phi} e^{-\alpha t}\{(-\sinh\phi\cosh\gamma t + \cosh\phi\sinh\gamma t)\sin(\theta-\varphi) - \frac{\gamma}{\omega} cos(\theta-\varphi)\frac{\sinh\gamma t}{\sinh\phi}\} + I_m\sin(\omega t+\theta-\varphi)$$

$$= \frac{I_m}{\sinh\phi} e^{-\alpha t}\left\{\sin(\theta-\varphi)\sinh(\gamma t-\phi) - \frac{\gamma}{\omega} cos(\theta-\varphi)\frac{\sinh\gamma t}{\sinh\phi}\right\} + I_m\sin(\omega t+\theta-\varphi)$$

$$= \frac{I_m}{\sinh\phi} e^{-\alpha t}\left\{\sin(\theta-\varphi)\sinh(\gamma t-\phi) - \frac{\gamma}{\omega} cos(\theta-\varphi)\right. \frac{\sinh rt}{\sinh\phi} + I_m\sin(\omega t+\theta-\varphi)$$

$$= \frac{I_m \cdot 2\sqrt{L/C}}{\sqrt{R^2-4L/C}} e^{-\alpha t}\sin(\theta-\varphi)\sinh(\gamma t-\phi) - \frac{1}{\omega}\sqrt{\frac{1}{LC}} \cdot \frac{2I_m\sqrt{L/C}}{\sqrt{R^2-4L/C}} e^{-\alpha t}\sinh\gamma t \cos(\theta-\varphi) + I_m\sin(\omega t+\theta-\varphi)$$

$$\sqrt{\frac{1}{LC}} \cdot \sqrt{L/C} = \sqrt{\frac{1}{LC}\cdot\frac{L}{C}} = \sqrt{\frac{1}{C^2}} = \frac{1}{C}$$

이므로

$$i=\frac{2I_m\sqrt{L/C}}{\sqrt{R^2-4L/C}}e^{-\alpha t}\sin(\theta-\varphi)\sinh(\gamma t-\phi)$$
$$-\frac{2I_m}{\omega C\sqrt{R^2-4L/C}}e^{-\alpha t}\cos(\theta-\varphi)\sinh\gamma t$$
$$+I_m\sin(\omega t+\theta-\varphi)\ [\mathrm{A}] \tag{13.110}$$

이 경우는 물론 비진동적이다. R이 크기 때문에 비교적 짧은 시간에 i 및 q가 그 정상치를 취하게 되지만 회로를 닫은 순간의 파형은 정상치의 교류파형과는 당연히 그 모양이 달라진다.

(2) $R^2-4\frac{L}{C}=0$ 인 경우

이 경우의 p는 다음과 같이 된다.

$$p=-\alpha=-\frac{R}{2L}$$

따라서 전하와 전류의 과도항 q_t 및 i_t는 A, B를 적분 상수로 하면 전절 13.5의 (2)에서와 같이

$$q_t=(A+Bt)e^{-\alpha t}$$
$$i_t=\{B-\alpha(A+Bt)\}e^{-\alpha t}$$

가 된다. 그러므로 전하 q 및 전류 i의 일반해는

$$q=(A+Bt)e^{-\alpha t}-\frac{I_m}{\omega}cos(\omega t+\theta-\varphi) \tag{3.111}$$
$$i=\frac{dq}{dt}=\frac{d}{dt}\left\{(A+Bt)e^{-\alpha t}-\frac{I_m}{\omega}cos(\omega t+\theta-\varphi)\right\}$$
$$=Be^{-\alpha t}-(A+Bt)\alpha e^{-\alpha t}+\frac{I_m}{\omega}\omega\sin\omega t(\omega t+\theta-\varphi)$$
$$=\{B-\alpha(A+Bt)e^{-\alpha t}+I_m\sin(\omega t+\theta-\varphi) \tag{13.112}$$

여기서 A, B는 적분 상수이며 초기 조건으로서 $t=0$에서

$$q=0,\ i=0$$

이라 하면 이 조건을 위의 식에 대입하여

$$A-\frac{I_m}{\omega}cos(\theta-\varphi),\ B-\alpha A+I_m\sin(\theta-\varphi)=0$$

따라서 적분 상수 A 및 B는

$$\left.\begin{aligned} A &= \frac{I_m}{\omega}cos(\theta-\varphi) \\ B &= \alpha A - I_m \sin(\theta-\varphi) = \frac{\alpha}{\omega}I_m\cos(\theta-\varphi) - I_m\sin(\theta-\varphi) \end{aligned}\right\} \tag{13.113}$$

이들을 식 (13.111)와 식 (13.112)에 대입하면 전하 q 및 전류 i는 각각 다음과 같다.

$$\begin{aligned} q &= \frac{I_m}{\omega}e^{-\alpha t}\{\cos(\theta-\varphi) + [\alpha\cos(\theta-\varphi) - \omega\sin(\theta-\varphi)]t\} \\ &\quad - \frac{I_m}{\omega}cos(\omega t+\theta-\varphi) \\ &= \frac{I_m}{\omega}e^{-\alpha t}\{(1+\alpha t)\cos(\theta-\varphi) - \omega t\sin(\theta-\varphi)\} \\ &\quad - \frac{I_m}{\omega}cos(\omega t+\theta-\varphi) \end{aligned} \tag{13.114}$$

$$\begin{aligned} i &= I_m e^{-\alpha t}\left\{-\sin(\theta-\varphi) - \left[\frac{\alpha^2}{\omega}cos(\theta-\varphi) - \varphi\sin(\theta-\varphi)\right]t\right\} \\ &\quad + I_m\sin(\omega t+\theta-\varphi) \\ &= I_m e^{-\alpha t}\left\{(\alpha t-1)\sin(\theta-\varphi) - \frac{\alpha^2}{\omega}t\cos(\theta-\varphi)\right\} + I_m\sin(\omega t+\theta-\varphi) \end{aligned} \tag{13.115}$$

이때의 전하 q와 전류 i의 과도항은 진동적인 경우와 비진동적인 경우의 중간 상태로서 임계감쇠의 경우이므로 정상 상태에 도달하는 시간이 비진동적인 경우보다 더욱 빨라지게 된다.

(3) $R^2-4\frac{L}{C}<0$인 경우

$Lp^2+Rp+\frac{1}{C}$에서 $ax^2+bx+c=0$, $x=\frac{-b\pm\sqrt{b^2-4ac}}{2a}$에서 $a=L$, $b=R$, $c=\frac{1}{C}$

이 경우 p는 다음과 같다.

$$p=-\frac{R}{2L}\pm j\sqrt{\frac{1}{LC}-\left(\frac{R}{2L}\right)^2}=-\alpha\pm j\beta$$

여기서

$$\alpha=-\frac{R}{2L},\ \beta=\sqrt{\frac{1}{LC}-\left(\frac{R}{2L}\right)^2}=\sqrt{{\omega_0}^2-\alpha^2}$$

$$\left(\omega_0 = \frac{1}{\sqrt{LC}}\right)$$

따라서 전하와 전류의 과도항 q_t 및 i_t는 다음과 같다.

$$q_t = e^{-\alpha t}(A\cos\beta t + B\sin\beta t)$$
$$i_t = e^{-\alpha t}\{(-\alpha A + \beta B)\cos\beta t - (\alpha B + \beta A)\sin\beta t\}$$

그러므로 전하 q와 전류 i의 일반해는

$$\begin{aligned} q &= q_t + q_s \\ &= e^{-\alpha t}(A\cos\beta t + B\sin\beta t) - \frac{I_m}{\omega}cos(\omega t + \theta - \varphi) \end{aligned} \tag{13.116}$$

$$\begin{aligned} i &= i_t + i_s \\ &= e^{-\alpha t}\{(-\alpha A + \beta B)\cos\beta t - (\alpha B + \beta A)\sin\beta t\} \\ &\quad + I_m\sin(\omega t + \theta - \varphi) \end{aligned} \tag{13.117}$$

이제 초기 조건으로서 $t=0$에서 $q=0$, $i=0$을 식 (13.116)와 (13.117)에 대입하면

$$A - \frac{I_m}{\omega}cos(\theta - \varphi) = 0, \quad (-\alpha A + \beta B) + I_m\sin(\theta - \varphi) = 0$$

따라서 적분 상수 A 및 B는

$$\left.\begin{aligned} A &= \frac{I_m}{\omega}cos(\theta - \varphi) \\ B &= -\frac{1}{\beta}\{\alpha A - I_m\sin(\theta - \varphi)\} \\ &= \frac{I_m}{\beta}\left\{\frac{\alpha}{\omega}cos(\theta - \varphi) - \sin(\theta - \varphi)\right\} \end{aligned}\right\} \tag{13.118}$$

이들을 식 (13.116)에 대입하면 전하 q는

$$\begin{aligned} q &= \frac{I_m}{\omega}e^{-\alpha t}\left\{\cos(\theta - \varphi)\cos\beta t + \frac{\alpha}{\beta}cos(\theta - \varphi)\sin\beta t \right. \\ &\quad \left. - \frac{\omega}{\beta}sin(\theta - \varphi)\sinh\beta t\right\} - \frac{I_m}{\omega}cos(\omega t + \theta - \varphi) \\ &= \frac{I_m}{\omega}e^{-\alpha t}\left\{\cos(\theta - \varphi)\left[\cos\beta t + \frac{\alpha}{\beta}sin\beta t\right.\right. \end{aligned}$$

$$-\frac{\omega}{\beta}sin(\theta-\varphi)\sin\beta t\Big]\Big\}-\frac{I_m}{\omega}cos(\omega t+\theta-\varphi)$$

여기서 $\frac{\beta}{\alpha}=\frac{\sin\phi}{\cos\phi}=\tan\phi$라 하면

$$q=\frac{I_m}{\omega}e^{-\alpha t}\Big\{\frac{\cos(\theta-\varphi)}{\sin\varphi}(\sin\phi\cos\beta t+\cos\phi\sin\beta t)$$

$$-\frac{\omega}{\beta}sin(\theta-\varphi)\sin\beta t\Big\}-\frac{I_m}{\omega}(\omega t+\theta-\varphi)$$

$\sin(\phi+\beta t)=\sin\phi\cos\beta t+\cos\phi\sin\beta t$이므로

$$=\frac{I_m}{\omega}e^{-\alpha t}\Big\{\frac{\cos(\theta-\varphi)}{\sin\phi}sin(\beta t+\phi)-\frac{\omega}{\beta}sin(\theta-\varphi)\sin\beta t\Big\}$$

$$-\frac{I_m}{\omega}cos(\omega t+\theta-\varphi) \tag{13.119}$$

또 식 (13.118)의 적분 상수를 식 (13.117)에 대입하면 전류 i는

$$i=I_m e^{-\alpha t}\Big\{-\sin(\theta-\varphi)\cos\beta t-\frac{\alpha^2}{\beta\omega}cos(\theta-\varphi)\sin\beta t$$

$$+\frac{\alpha}{\beta}\sin(\theta-\varphi)\sin\beta t-\frac{\beta}{\omega}cos(\theta-\varphi)\sin\beta t\Big\}$$

$$+I_m\sin(\omega t+\theta-\varphi)$$

$$=I_m e^{-\alpha t}\Big\{\Big(-\cos\beta t+\frac{\alpha}{\beta}\sin\beta t\Big)\sin(\theta-\varphi)$$

$$-\frac{\beta}{\omega}\Big(1+\frac{\alpha^2}{\beta^2}\Big)\cos(\theta-\varphi)\sin\beta t\Big\}+I_m\sin(\omega t+\theta-\varphi)$$

그런데 $\frac{a}{\beta}=\frac{\cos\phi}{\sin\phi}$이므로

$$i=I_m e^{-\alpha t}\Big\{(-\sin\phi\cos\beta t+\cos\phi\sin\beta t)\frac{\sin(\theta-\varphi)}{\sin\phi}$$

$$-\frac{\beta}{\omega}(1+\cot^2\phi)\cos(\theta-\varphi)\sin\beta t\Big\}+I_m\sin(\omega t+\theta-\varphi)$$

$$=\frac{I_m}{\sin\phi}e^{-\alpha t}\Big\{\sin(\theta-\varphi)\sin(\beta t-\phi)-\frac{\beta}{\omega}cos(\theta-\varphi)$$

$$\frac{\sin\beta t}{\sin\phi}\Big\}+I_m\sin(\omega t+\theta-\varphi)$$

$$\sin\phi=\frac{\beta}{\sqrt{\beta^2-a^2}}=\sqrt{\frac{\beta^2}{\beta^2-a^2}}=\sqrt{\frac{\frac{1}{LC}-\frac{R^2}{4L^2}}{\frac{1}{LC}-\frac{R^2}{4L^2}+\frac{R^2}{4L^2}}}$$

$$= \sqrt{\frac{\frac{1}{LC} - \frac{R^2}{4L^2}}{\frac{1}{LC}}}$$

양변에 LC를 곱하면

$$\sin\phi = \sqrt{1 - \frac{CR^2}{4L}} = \sqrt{\frac{4L - CR^2}{4L}} = \sqrt{\frac{4\frac{L}{C} - R^2}{4\frac{L}{C}}} \text{ 이므로}$$

$$\frac{1}{\sin\phi} = \frac{2\sqrt{\frac{L}{C}}}{\sqrt{4\frac{L}{C} - R^2}} \text{ 임}$$

$$\frac{\beta}{\sin\phi} = \sqrt{\beta^2 - a^2} = \sqrt{\frac{1}{LC}} = \frac{1}{\sqrt{LC}}$$

$$\frac{2\sqrt{\frac{L}{C} \times \frac{1}{LC}}}{\sqrt{4\frac{L}{C} - R^2}} = \frac{2\sqrt{\frac{1}{C^2}}}{\sqrt{4\frac{L}{C} - R^2}} = \frac{\frac{2}{C}}{\sqrt{4\frac{L}{C} - R^2}}$$

$$\therefore\ i = I_m\left\{\frac{2\sqrt{L/C}}{\sqrt{4\frac{L}{C} - R^2}} e^{-\alpha t}\sin(\theta - \varphi)\sin(\beta t - \phi) - \frac{2/\omega C}{\sqrt{4\frac{L}{C} - R^2}} e^{-\alpha t}\cos(\theta - \varphi)\sin\beta t\right\} + I_m\sin(\omega t + \theta - \varphi) \text{ [A]} \quad (13.120)$$

이 경우의 전하 q와 전류 i는 인가 전압과 동일한 각 주파수로 진동하는 정상항과 회로 고유의 각 주파수로 진동하면서 점차 감쇠하는 과도항으로 되어 있다.

연습문제

13-1 R-L 직렬회로에 일정전압 V [V]를 급히 가할 때 스위치를 닫고, 전류가 최종값의 90 [%]가 될 때까지의 시간 [sec]은 얼마인가?

13-2 다음 파형에서 전류 $I=4$ [mA], 위상각 $\theta=45°$일 때 시정수 [sec]를 구하여라.

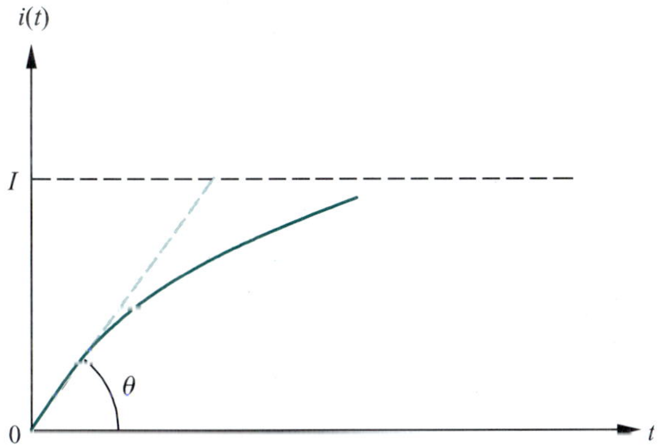

그림 13-23

13-3 자계 코일이 있다. 권선수 $n=2{,}000$, 저항 $R=12$ [Ω]인 코일에 전류 $I=10$ [A]를 통했을 때의 자속은 $\phi=6\times10^{-2}$ [Wb]이다. 이 회로의 시정수를 구하여라.

13-4 다음 회로에서 스위치 S는 닫혀진 상태에서 오랫동안 있었다. $t=0$에서 스위치를 열었을 때 R_2를 흐르는 전류를 구하여라. (단, 초기조건은 $i(0)=\dfrac{E}{R_1}$이다)

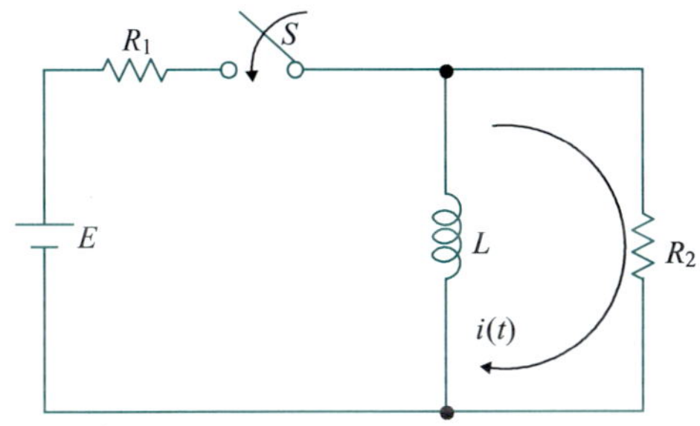

그림 13-24

13-5 다음 회로에서 $t=0$에서 스위치 S를 닫았다. 이때 $i(t)$를 구하여라. 단, 커패시터 C는 그림의 극성으로 $\dfrac{V}{2}$의 초기전압을 갖고 있었다.

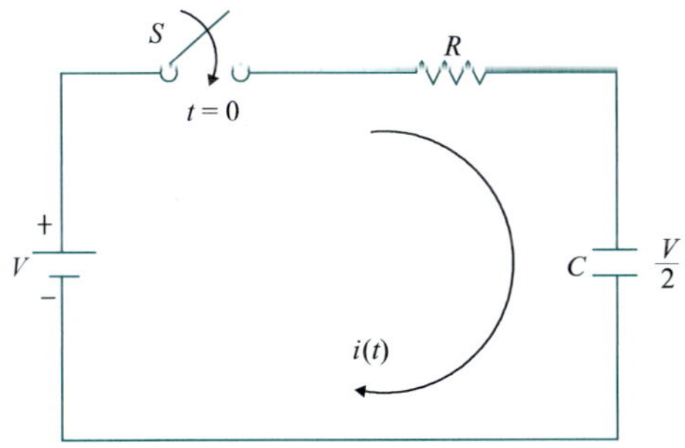

그림 13-25

13-6 R-L-C 직렬회로에서 발생되는 과도현상이 진동이 되지 않을 조건을 구하여라.

13-7 다음 회로에서 $t=0$일 때 스위치 S를 닫았다. $i_{1(0+)}, i_{2(0+)}$의 값을 구하여라. 단, $t<0$에서 C전압, L전압은 0이다.

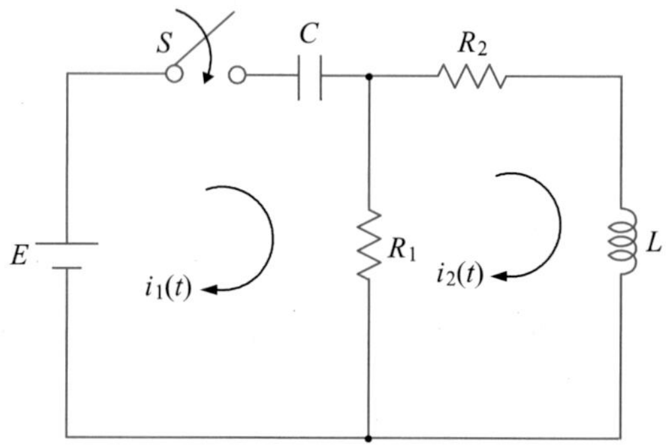

그림 13-26

13-8 60 [Hz]의 전압을 40 [mH]의 인덕턴스와 60 [Ω]의 저항과의 직렬회로에 가할 때 과도현상이 발생하지 않기 위해서 가해야 할 전압의 위상각을 구하여라.

13-9 전기회로는 정상 상태에 도달하기 전에 입력을 전혀 따르지 않는 기간이 존재하는데 이 기간 사이의 응답을 무엇이라 하는가?

㉮ 과도응답 ㉯ 정상응답
㉰ 선형응답 ㉱ 시간응답

13-10 다음의 회로가 DC 정상상태라고 가정할 때, 회로의 v와 i값은?

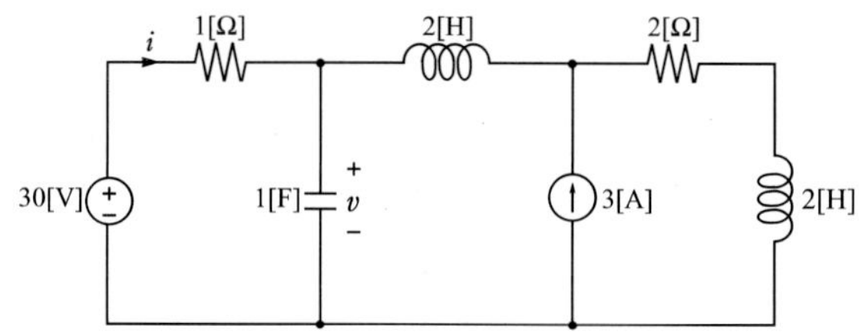

그림 13-27

13-11 다음 회로에서 정상상태전류 $i(t)$를 구하시오.

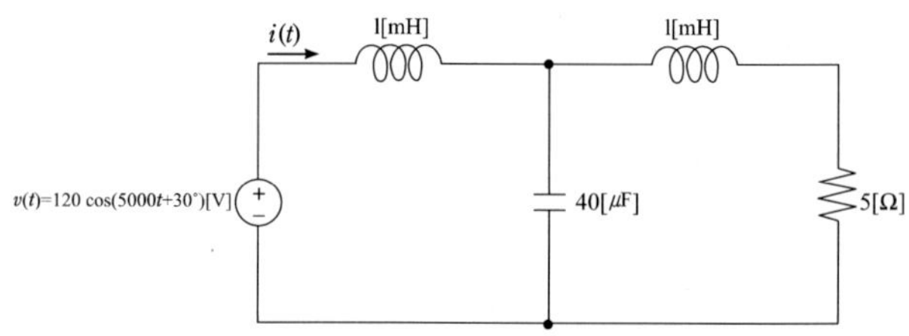

그림 13-28

13-12 $R-L$ 직렬회로에 직류 전압 $E=100$[V]을 가할 때 흐르는 전류 i는?
단, $R=5$ [kΩ], $L=500$ [mH], $t=0$일 때 $I_0=-0.5$ [A]가 흐르고 있다.

복습문제

문제 1. 그림의 정전용량 C [F]를 충전한 후 스위치 S를 닫아 이것을 방전하는 경우의 과도 전류는? 단, 회로는 저항이 없다.

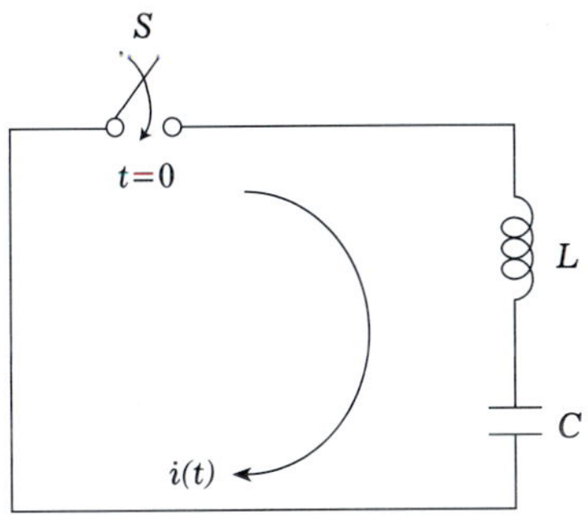

㉮ 불변의 진동 회로

㉰ 감쇠하는 진동전류

㉯ 감쇠하는 전류

㉱ 일정값까지는 증가하여 그 후 감쇠하는 전류

문제 2. 그림과 같은 회로에서 $t=0$에서 스위치를 갑자기 닫은 후 전류$i(t)$가 0에서 정상 전류의 63.2 [%]에 달하는 시간 [s]를 구하면?

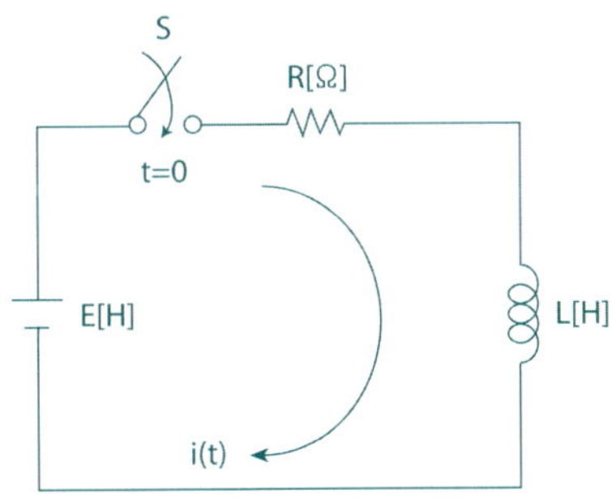

㉮ LR ㉯ $\frac{1}{LR}$ ㉰ $\frac{L}{R}$ ㉱ $\frac{R}{L}$

문제 3. 유노 코일의 시성수가 0.04 [sec], 저항이 15.8 [Ω]일 때 코일의 인덕턴스 [mH]는?

㉮ 395 ㉯ 2.53 ㉰ 12.6 ㉱ 632

문제 4. 회로에서 정전용량 C는 초기 전하가 없었다. 지금 $t=0$에서 스위치 S를 닫았을 때 $t=0_+$에서의 $i(t)$값은?

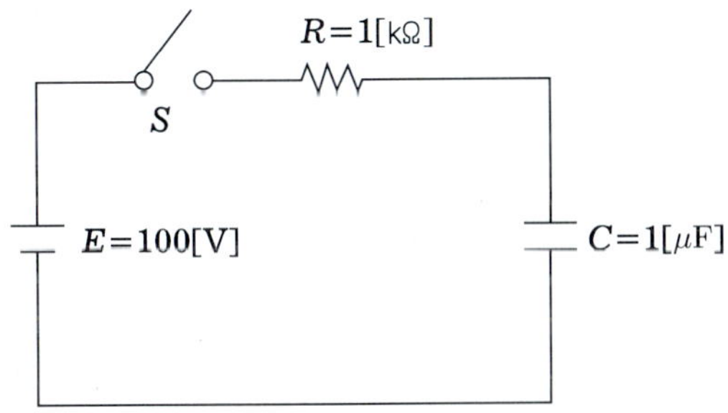

㉮ 0.1 ㉯ 0.2 ㉰ 0.4 ㉱ 1

문제 5. 다음의 그림의 회로에서 S를 닫을 때의 회로전류는 $i(t)$ [A]는?

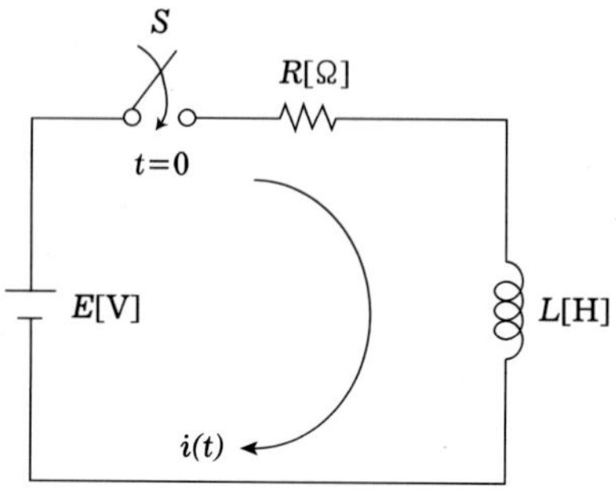

문제 *6.* 회로에서 스위치 K를 닫을 때 a, b단자에 발생하는 전압 $e(t)$ [V]는?

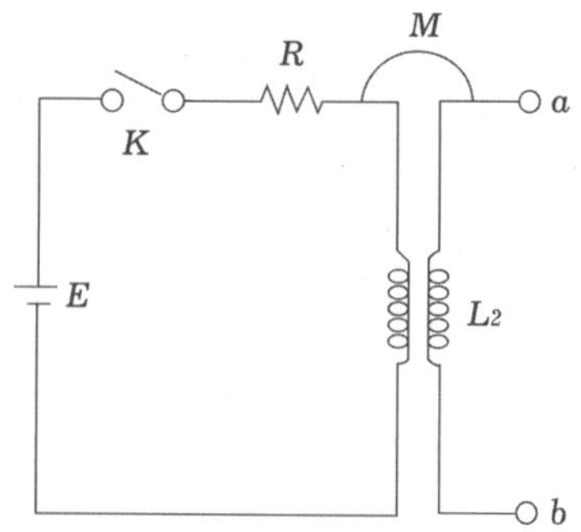

㉮ $\dfrac{EM}{L_1}e^{-\frac{R}{L_1}t}$

㉯ $\dfrac{EM}{L_1}(1-e^{-\frac{R}{L_1}t})$

㉰ $\dfrac{EL_1}{M}e^{-\frac{R}{L_1}t}$

㉱ $\dfrac{EL_1}{M}(1-e^{-\frac{R}{L_1}t})$

문제 *7.* $R=1$ [MΩ], $C=1$ [μF]의 직렬회로에 직류 100 [V]를 가했다. 시정수 τ, 전류의 초기값 I를 구하면?

㉮ 5 [sec], 10^{-4} [A]

㉯ 4 [sec], 10^{-3} [A]

㉰ 1 [sec], 10^{-4} [A]

㉱ 2 [sec], 10^{-3} [A]

문제 *8.* 다음 그림과 같은 회로에서 시각 $t=0$에서 스위치를 갑자기 닫은 후 전류 I가 0에서 정상전류의 63.2 [%]에 도달하는 시간 [sec]를 구하면?

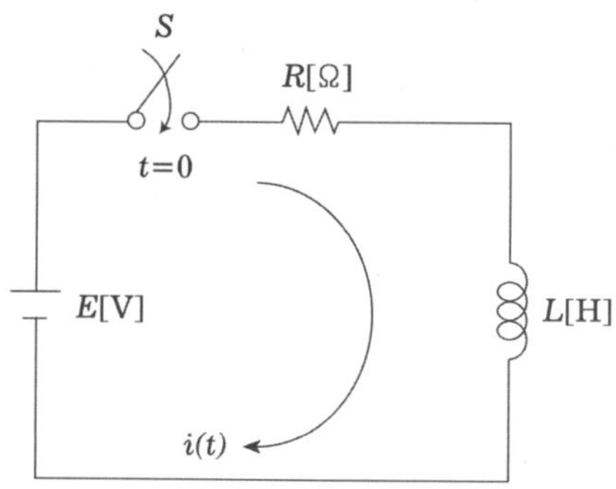

㉮ LR ㉯ $\dfrac{1}{LR}$ ㉰ $\dfrac{L}{R}$ ㉱ $\dfrac{R}{L}$

문제 *9.* 직류 LC 직렬회로에 대한 설명 중 맞는 것은?

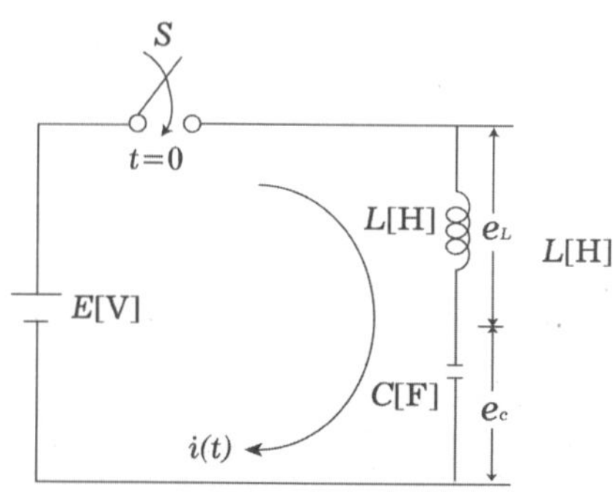

㉮ e_L은 진동함수이나 e_c는 진동하지 않는다.

㉯ e_L의 최대치는 2E 까지 될 수 있다.

㉰ e_c의 최대치는 2E 까지 될 수 있다.

㉱ C의 충전전하 q는 시간 t에 무관하다.

문제 10. 그림과 같은 회로에서 스위치 S를 닫았을 때, 과도분을 포함하지 않기 위한 R의 값은?

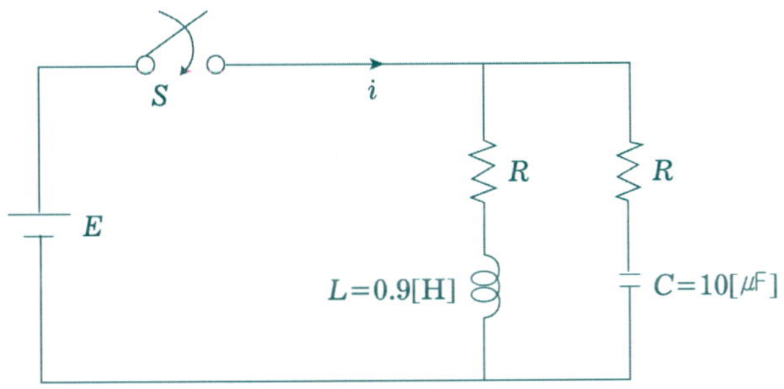

㉮ 100 ㉯ 200 ㉰ 300 ㉱ 400

문제 11. 그림과 같은 회로에서 $t=0$일 때 스위치 S를 닫은 후 몇 후에 릴레이가 동작하겠는가? (단, 릴레이의 동작 전류는 10 [mA], $\log_{10}2 = 0.301$, $\log_{10}e = 0.43$ 이다.)

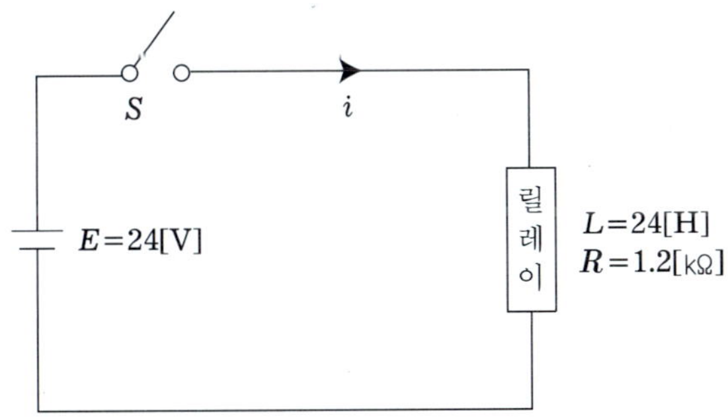

㉮ 0.014 ㉯ 0.02

㉰ 0.041 ㉱ 0.05

문제 12. $R-L$직렬회로에서 $L=5$ [mH], $R=10$ [Ω]일 때 회로의 시정수 [s]는?

㉮ 500 ㉯ 5×10^{-4} ㉰ $\frac{1}{5}\times10^{2}$ ㉱ $\frac{1}{5}$

문제 13. 그림과 같은 저항 R_1, R_2 및 인덕턴스 L의 직렬 회로가 있다. 이 회로에 대한 서술에서 올바른 것은?

㉮ $-\dfrac{R_1+R_2}{L}$ ㉯ $\dfrac{R_1+R_2}{L}$

㉰ $-\dfrac{L}{R_1+R_2}$ ㉱ $\dfrac{L}{R_1+R_2}$

문제 14. 그림의 정전용량 C [F]를 충전한 후 스위치 S를 닫아 이것을 방전하는 경우 과도전류는? (단, 회로에는 저항이 없다고 가정한다.)

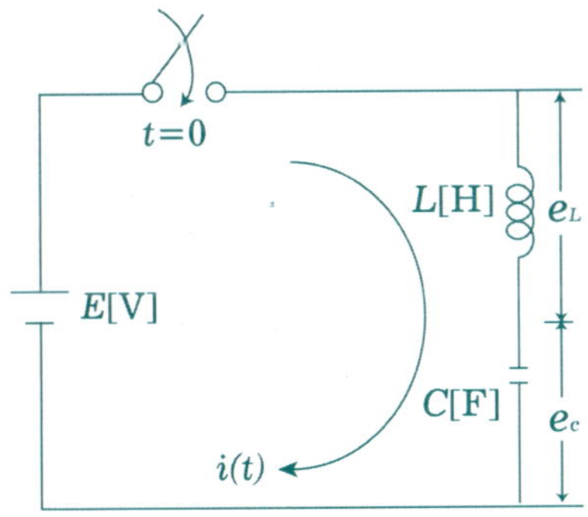

㉮ 불변의 진동 전류

㉯ 감쇠하는 전류

㉰ 감쇠하는 진동전류

㉱ 일정치 까지 증가하여 그 후 감쇠하는 전류

문제 *15.* 유도 코일의 시정수가 0.04 [sec], 저항이 15.8 [Ω]일 때 코일의 인덕턴스 [mH]는?

㉮ 395 ㉯ 2.53 ㉰ 12.6 ㉱ 632

문제 *16.* 어떤 회로의 영입력 응답(또는 자연응답)이 다음과 같다. $V(t)=84(e^{-t}-e^{-6t})$ [V]다음 서술에서 잘못된 것은?

㉮ 회로의 시정수는 1, 1/6 두 개다.

㉯ 이 회로는 2차 회로이다.

㉰ 이 회로는 과제동되었다.

㉱ 이 회로는 임계제동되었다.

문제 *17.* 코일의 권회수 $N=1000$, 저항은 $R=10$ [Ω]이다. 전류 $I=10$ [A]를 흘릴 때, 자속이 $\phi=38\times10^{-2}$ [Wb]이다. 이 회로의 시정수는?

㉮ 0.3 [sec] ㉯ 3 [sec]

㉰ 0.4 [sec] ㉱ 4 [sec]

문제 *18.* 그림의 R-C직렬회로에서 $V=iR+\int idt$로 주어질때 $i(t)$는?

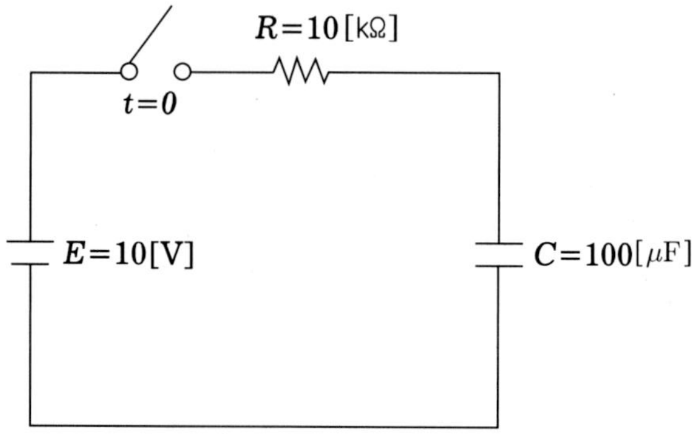

㉮ $10^{-3}e^{-t}$ ㉯ $10^{-1}e^{-t}$

㉰ $10^{-2}e^{-t}$ ㉱ e^{-t}

문제 *19.* 다음과 같은 회로에서 $t=0^+$에서 스위치K를 닫았다. $i_1(0^+).i_2(0^+)$는 얼마인가? 단, $t<0$에서 C전압, L전압은 0이다.

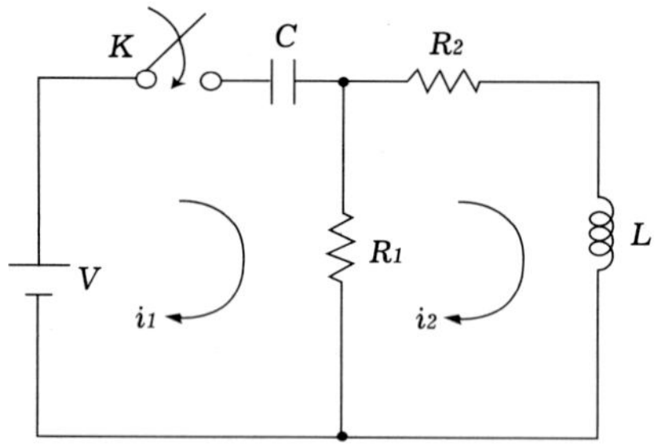

㉮ $i_1(0^+)=0$, $i_2(0^+)=\dfrac{V}{R_2}$

㉯ $i_1(0^+)=\dfrac{V}{R_1}$, $i_2(0^+)=0$

㉰ $i_1(0^+)=0$, $i_2(0^+)=0$

㉱ $i_1(0^+)=\dfrac{V}{R_1}$, $i_2(0^+)=\dfrac{V}{R_2}$

문제 20. R-L-C 직렬회로에서 부족 제동인 경우 감쇄 진동의 고유 주파수 f는?

㉮ 공진 주파수보다 작다.

㉰ 공진 주파수에 관계없이 일정하다.

㉯ 공진 주파수보다 크다.

㉱ 공진 주파수와 같이 증가한다.

문제 21. R-C 직렬회로의 시정수 τ [s]는?

㉮ RC ㉯ $\frac{1}{RC}$ ㉰ $\frac{C}{R}$ ㉱ $\frac{R}{C}$

문제 22. $F(s)=\frac{2s+15}{s^3+s^2+3s}$ 일 때, $f(t)$의 최종값은?

㉮ 2 ㉯ 3 ㉰ 5 ㉱ 15

문제 23. 그림과 같은 저항 R_1, R_2 및 인덕턴스 L의 직렬회로가 있다. 이 회로에 대한 서술에서 올바른 것은?

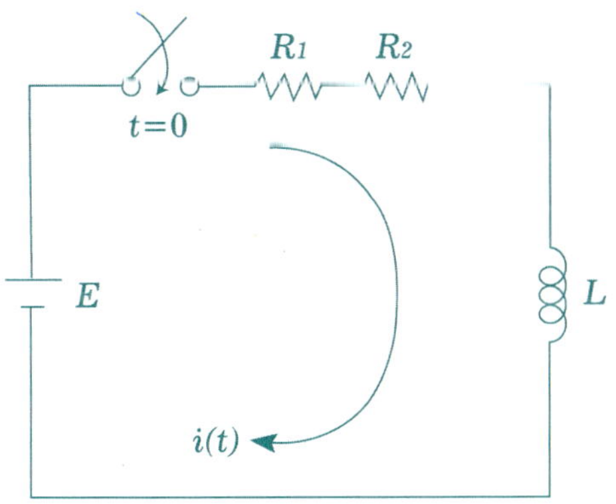

㉮ 이 회로의 시정수는 $\frac{L}{R_1+R_2}$ [s]이다.

㉯ 이 회로의 특성근은 $\frac{R_1+R_2}{L}$ 이다.

㉰ 정상 전류값은 $\frac{E}{R_2}$ 이다.

㉱ 이 회로의 전류값은 $i(t)=\frac{E}{R_1+R_2}(1-e^{-\frac{L}{R_1+R_2}t})$ [A]이다.

문제 24. R-L-C 직렬회로에 V인 직류 전압원을 갑자기 연결하였을 때 $t=0$인 순간이 회로에 흐르는 회로전류에 대하여 바르게 표현된 것은?

㉮ 이 회로에는 전류가 흐르지 않는다.

㉯ 이 회로에는 V/R 크기의 전류가 흐른다.

㉰ 이 회로에는 무한대의 전류가 흐른다.

㉱ 이 회로에는 $V/(R+j\omega L)$의 전류가 흐른다.

문제 25. 그림과 같은 회로에서 스위치 S를 닫았을 때 R에 흐르는 전류는?

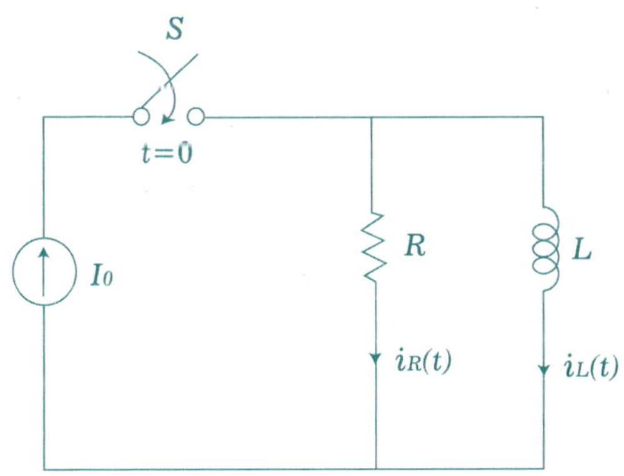

㉮ $I_o\left(1-e^{-\frac{R}{L}t}\right)$

㉯ $I_o\left(1+e^{-\frac{R}{L}t}\right)$

㉰ $I_o e^{-\frac{R}{L}t}$

㉱ I_o

문제 *26.* 그림과 같은 회로에서 $t=0$인 순간 S를 열었을 때 L의 양단에 발생하는 역기전력은 인가전압의 몇 배가 발생하는가?

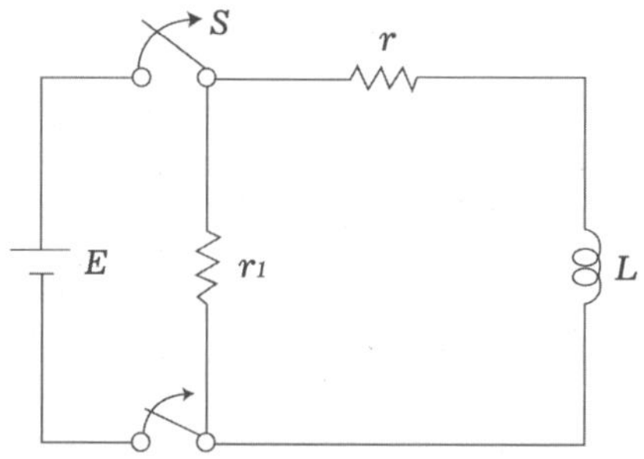

㉮ $\frac{r}{r+r_1}$　　㉯ $\frac{r_1 r}{r+r_1}$

㉰ $\frac{r+r_1}{r_1 r}$　　㉱ $\frac{r+r_1}{r}$

문제 *27.* R-L-C 직렬회로에서 저항의 값이 어느 값이어야 이 회로가 임계적으로 제동되는가?

㉮ $\sqrt{\frac{L}{C}}$　　㉯ $2\sqrt{\frac{L}{C}}$

㉰ $\sqrt{LC}$　　㉱ $2\sqrt{\frac{C}{L}}$

문제 *28.* $Ri(t)+L\frac{di(t)}{dt}=E$에서 모든 초기값을 0으로 하였을 때의 $i(t)$의 값은?

㉮ $\frac{E}{R}e^{-\frac{R}{L}t}$　　㉯ $\frac{E}{R}e^{-\frac{L}{R}t}$

㉰ $\frac{E}{R}\left(1-e^{-\frac{R}{L}t}\right)$　　㉱ $\frac{E}{R}\left(1-e^{-\frac{L}{R}t}\right)$

문제 *29.* R-L-C 직렬회로에서 $L=0.1\times10^{-3}$ [H], $R=100$ [Ω], $C=0.1\times10^{-6}$ [F]일 때 이 회로는?

㉮ 진동이다.

㉯ 비진동이다.

㉱ 진동일수도 있고 비진동일 수도 있다.

㉰ 정현파로 진동이다.

문제 *30.* 그림과 같은 R-L-C 직렬회로에서 $R=100$ [Ω], $L=0.1$ [mH], $C=0.1$ [μF]일 때 이 회로의 전류 $i(t)$가 그림 중 가장 적당한 파형은?

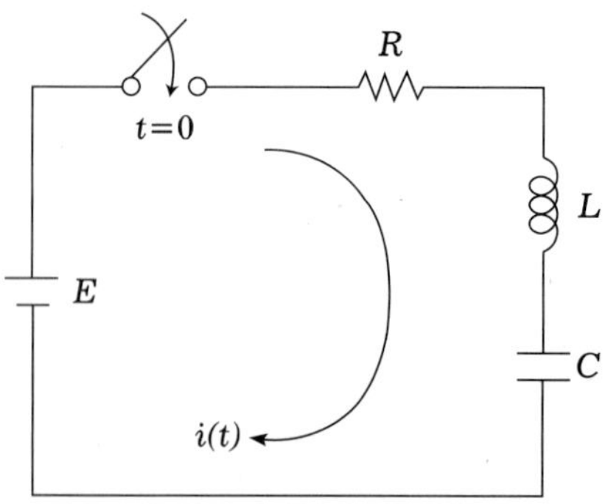

㉮ 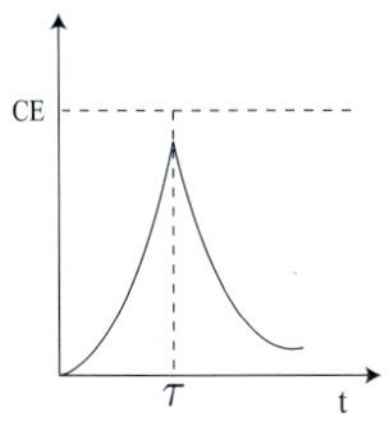

㉯ 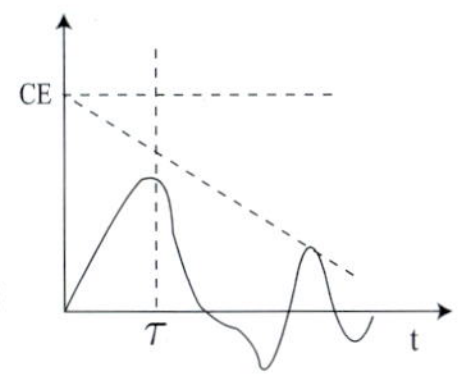

㉰ 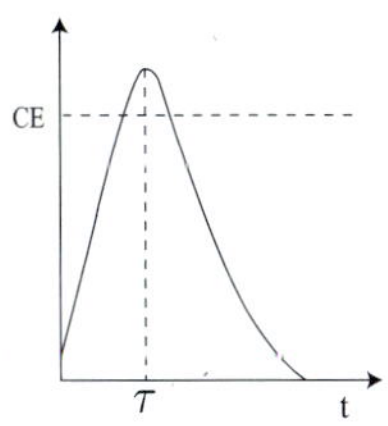

㉱ 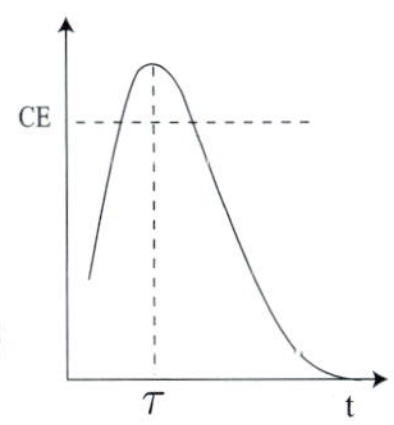

문제 31. R-L 직렬회로에서 스위치 S를 닫아 직류전압 E [V]를 회로 양단에 급히 가한 후 $\frac{L}{R}$ [초] 후의 전류 I [A]값은?

㉮ $0.632\frac{E}{R}$ ㉯ $0.5\frac{E}{R}$

㉰ $0.368\frac{E}{R}$ ㉱ $\frac{E}{R}$

문제 32. 그림의 회로에서 스위치 S를 갑자기 닫은 후 회로에 흐르는 전류 $i(t)$의 시정수는? (단, C에 초기전하는 없었다.)

㉮ $\frac{R+R_1}{RR_1C}$ ㉯ $\frac{C}{RR_1+R_1}$

㉰ $\frac{RR_1C}{R+R_1}$ ㉱ $(RR_1+R_1)C$

문제 33. 저항 R_1, R_2 및 인덕턴스 L의 직렬회로가 있다. 이 회로의 시정수는?

㉮ $-\frac{(R_1+R_2)}{L}$

㉯ $\frac{(R_1+R_2)}{L}$

㉰ $-\frac{L}{(R_1+R_2)}$

㉱ $\frac{L}{(R_1+R_2)}$

문제 34. 회로에서 스위치 K를 닫을 때 a,b 단자에 발생하는 전압 $e(t)$ [V]는?

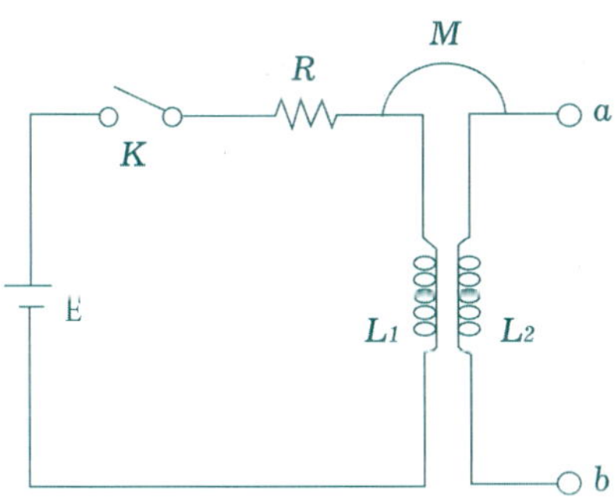

㉮ $\frac{ME}{L_1}e^{\frac{R}{L_1}t}$

㉯ $\frac{ME}{L_1}\left(1-e^{-\frac{R}{L_1}t}\right)$

㉰ $\frac{EL_1}{M}e^{-\frac{R}{L_1}t}$

㉱ $\frac{EL_1}{M}\left(1-e^{-\frac{R}{L_1}t}\right)$

문제 35. 그림과 같은 R-C 직렬회로에 $t=0$에서 스위치 S를 닫아 직류전압 100 [V]를 회로의 양단에 급격히 인가하면 그때의 충전전하는? 단, $R=10$ [Ω], $C=0.1$ [F]이다.

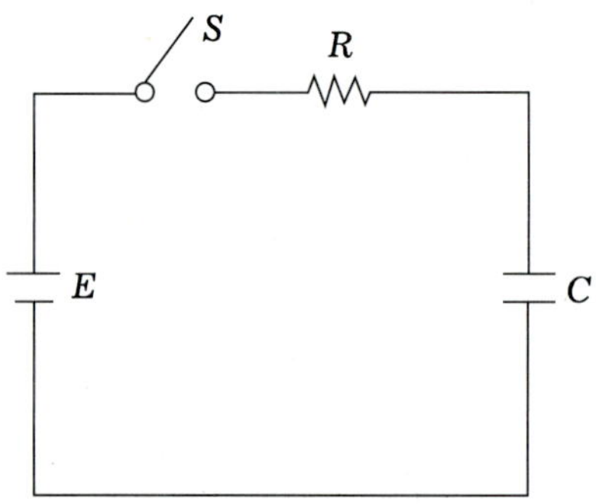

㉮ $10(1-e^{-t})$

㉯ $-10(1-e^{-t})$

㉰ $10e^{-t}$

㉱ $-10e^{-t}$

문제 36. 그림과 같은 회로를 사용하여 입력파형을 미분할 때에는 입력파형의 주기 T와 회로의 시정수 RC 사이에 어떤 조건이 만족되어야 하는가?

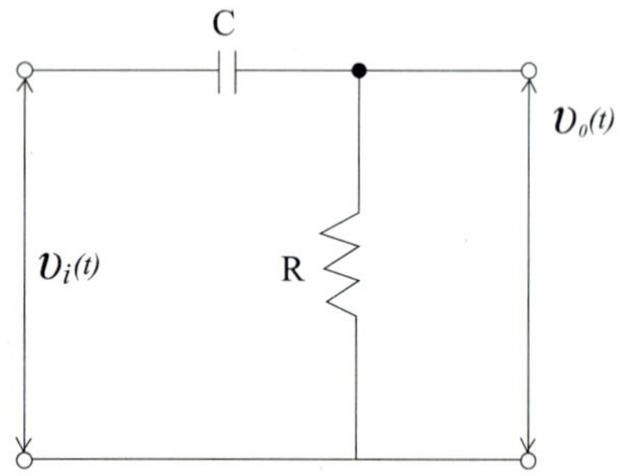

㉮ $T \gg RC$ ㉯ $T \ll RC$

㉰ $T = RC$ ㉱ T

문제 37. R-L 직렬회로에 계단응답 $i(t)$의 $\frac{L}{R}$ [s]에서의 값은?

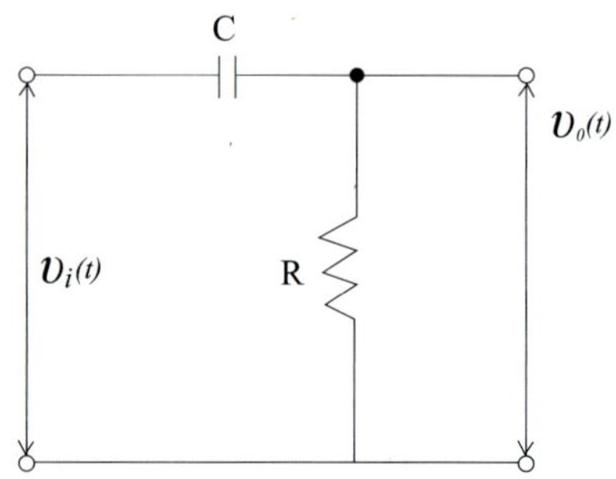

㉮ $\frac{1}{R}$ ㉯ $\frac{0.368}{R}$

㉰ $\frac{0.5}{R}$ ㉱ $\frac{0.632}{R}$

문제 38. R-L-C 직렬회로에 $t=0$에서 교류전압 $e=E_m\sin(\omega t+\theta)$를 가할 때 $R^2-4\frac{L}{C}>0$이면 이 회로는?

㉮ 진동적이다. ㉯ 비진동적이다.

㉰ 임계적이다. ㉱ 비감쇠 진동이다.

문제 39. R-L-C 직렬회로에서 발생되는 과도현상이 진동이 되는 조건은?

㉮ $R> 2\sqrt{\frac{L}{C}}$ ㉯ $R< 2\sqrt{\frac{C}{L}}$

㉰ $R=2\sqrt{\frac{L}{C}}$ ㉱ $R< 2\sqrt{\frac{L}{C}}$

문제 40. R-L-C 회로망에서 입력전압을 $e_i(t)$, 출력량을 전류 $i(t)$로 할 때, 이 요소의 전달함수는 어느 것인가?

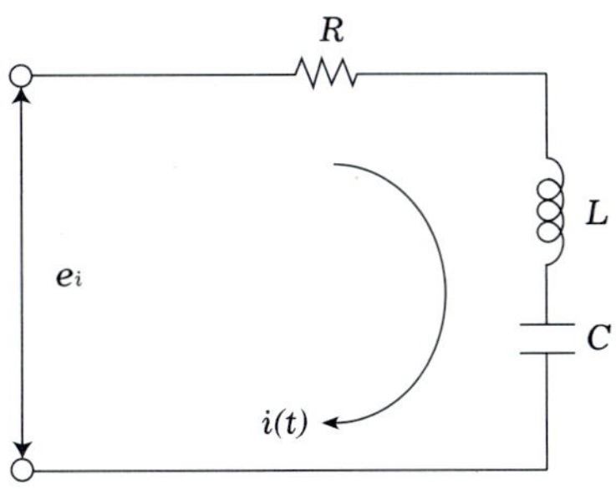

㉮ $\dfrac{RS}{LCs^2+RCs+1}$

㉯ $\dfrac{RLs}{LCs^2+RCs+1}$

㉰ $\dfrac{Ls}{LCs^2+RCs+1}$

㉱ $\dfrac{Cs}{LCs^2+RCs+1}$

문제 *41.* 전달함수 $G(s)=\dfrac{1}{s+1}$ 인 제어계의 인디셜 응답은?

㉮ $1-e^{-t}$ ㉯ e^{-t}

㉰ $1+e^{-t}$ ㉱ $e^{-t}-1$

문제 *42.* 회로에서 $L=50$ [mH], $R=20$ [kΩ]인 경우 회로의 시정수를 구하여라.

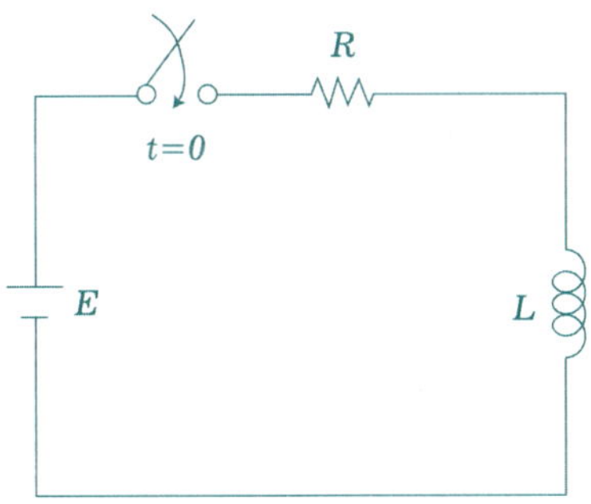

㉮ 4.0[μ · sec] ㉯ 3.5[μ · sec]

㉰ 3.0[μ · sec] ㉱ 2.5[μ · sec]

문제 *43.* 전기회로에서 일어나는 과도현상은 그 회로의 시정수와 관계가 있다. 이 사이의 관계를 바르게 표현한 것은?

㉮ 회로의 시정수가 클수록 과도현상은 오랫동안 지속된다.

㉯ 시정수가 클수록 과도현상은 빨리 사라진다.

㉰ 시정수는 과도현상이 지속시간에는 상관되지 않는다.

㉱ 시정수의 역(逆)이 클수록 과도현상은 천천히 사라진다.

문제 *44.* 다음과 같은 R-L 직렬회로에 $t=0$에서스위치 S를 닫아 직류전압 100 [V]를 회로 양단에 급히 가한 후 $\dfrac{L}{R}$ [sec]인 때의 전류값 [A]은? (단, $R=10$ [Ω], $L=0.1$ [H]이다.)

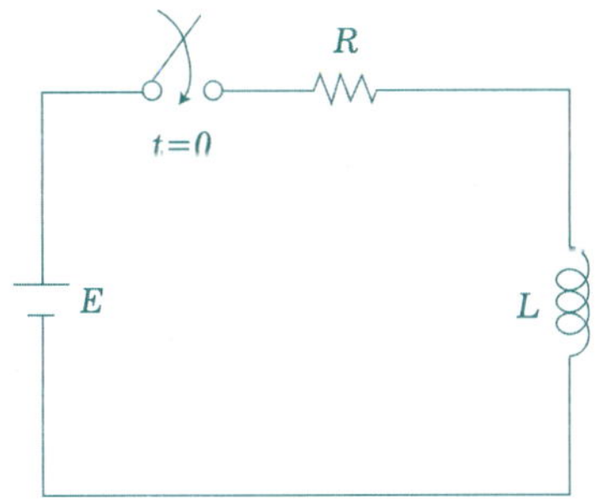

㉮ 0.632 ㉯ 6.32

㉰ 36.8 ㉱ 63.2

문제 45. 회로에서 $t=0$인 순간에 전압 E를 인가한 경우, 인덕턴스 L에 걸리는 전압은?

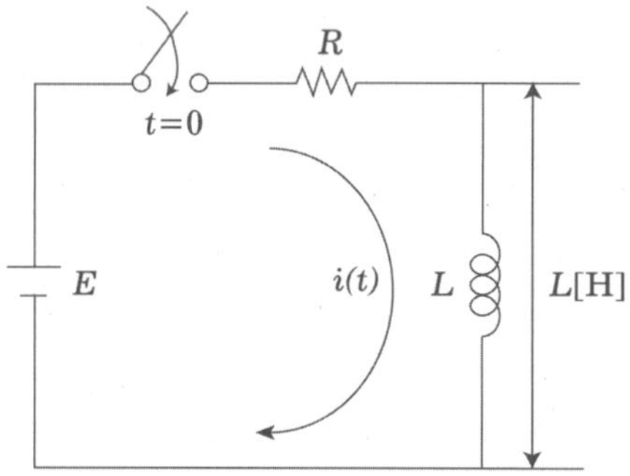

㉮ 0　　㉯ E

㉰ $\frac{LE}{R}$　　㉱ $\frac{E}{R}$

문제 46. 회로의 정상 전류값 i_s는? 단, $t=0$에서 스위치 K를 닫았다.

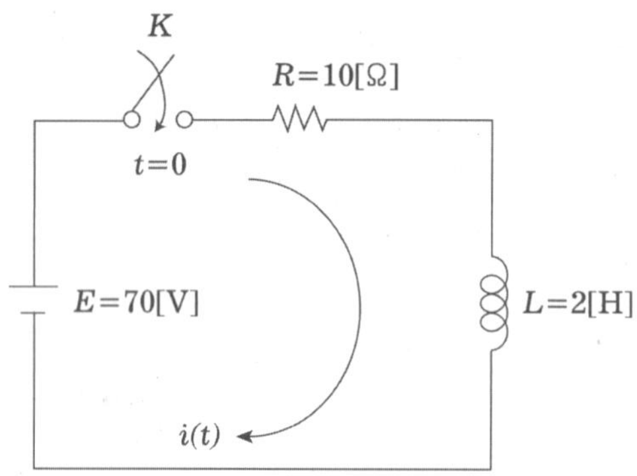

㉮ 0 [A]　　㉯ 7 [A]

㉰ 35 [A]　　㉱ −35 [A]

문제 47. 회로방정식의 특성근과 회로의 시정수에 대하여 바르게 서술된 것은?

㉮ 특성근과 시정수는 같다.

㉯ 특성근의 역(逆)과 회로의 시정수는 같다.

㉰ 특성근의 절대값 역과 회로의 시정수는 같다.

㉱ 특성근과 회로의 시정수는 서로 상관되지 아니한다.

문제 48. 그림과 같은 저항 R [Ω]과 정전용량 C [F]의 직렬회로에서 잘못 표현된 것은?

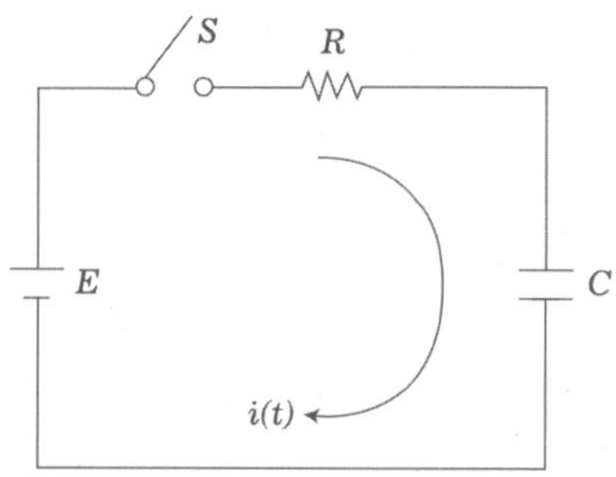

㉮ 회로의 시정수는 $\tau = CR$ [초]이다.

㉯ $t=0$에서 직류전압 E [V]를 가했을 때 t [초] 후의 전류 $i(t) = \frac{E}{R}e^{-\frac{1}{RC}t}$ [A]이다.

㉰ $t=0$에서 직류전압 E [V]를 가했을 때 t [초] 후의 전류 $i(t) = \frac{E}{R}\left(1-e^{-\frac{1}{RC}t}\right)$ [A]이다.

㉱ $R-C$ 직렬회로에서 직류전압 E [V]를 충전하는 경우 회로의 전압방정식은 $Ri(t) + \frac{1}{C}\int i dt = E$이다.

문제 49. 직류 과도현상의 저항 R [Ω]과 인덕턴스 L [H]의 직렬회로에서 잘못된 것은?

㉮ 회로의 시정수는 $\tau = \frac{L}{R}$[sec]이다.

㉯ $t=0$ 에서 직류전압 E [V]를 가했을 때 t [s] 후의 전류는 $i(t) = \frac{E}{R}\left(1-e^{-\frac{R}{L}t}\right)$ [A]이다.

㉰ 과도기간에 있어서의 인덕턴스 L 의 단자전압은 $v_L(t) = Ee^{-\frac{L}{R}t}$ [V]이다.

㉱ 과도기간에 있어서의 저항 R 의 단자전압은 $v_{R(t)} = E\left(1-e^{-\frac{R}{L}t}\right)$ [V]이다.

문제 50. R-L-C 직렬회로에서 시정수의 값이 작을수록 과도현상이 소멸되는 시간은 어떻게 되는가?

㉮ 짧아진다.

㉯ 관계 없다.

㉰ 길어진다.

㉱ 과도상태가 없다.

문제 51. 다음 중 초 [s]의 차원을 갖지 않은 것은 어느 것인가? (단, R는 저항, L는 인덕턴스, C는 커패시턴스이다.)

㉮ RL ㉯ RC

㉰ $\frac{L}{R}$ ㉱ $\sqrt{LC}$

문제 52. 저항 R, 인덕턴스 L, 콘덴서 C의 직렬회로에서 발생되는 과도현상이 진동이 되지 않는 조건은?

㉮ $\left(\frac{R}{2L}\right)^2 - \frac{1}{LC} < 0$

㉯ $\left(\frac{R}{2L}\right)^2 - \frac{1}{LC} > 0$

㉰ $\left(\frac{R}{2L}\right)^2 = \frac{1}{LC}$

㉱ $\frac{R}{2L} = \frac{1}{LC}$

문제 53. 인덕턴스 $L=50$ [mH]의 코일에 $i(t)=200$ [A]의 직류를 흘려 급히 그림과 같이 용량 $C=20$ [μF]의 콘덴서에 연결할 때 회로에 생기는 최대 전압 [kV]은?

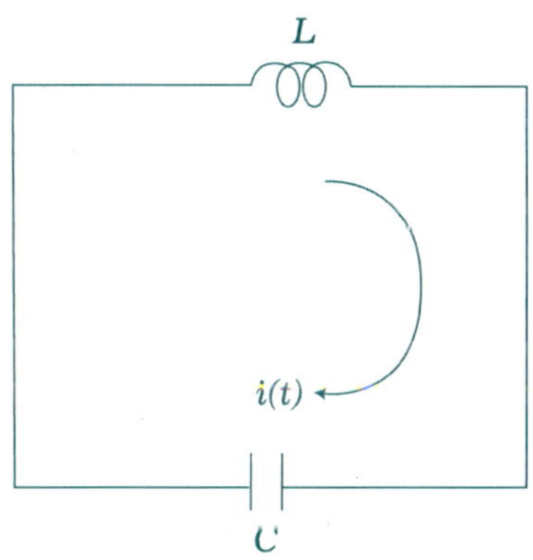

㉮ 10

㉯ $10\sqrt{2}$

㉰ 20

㉱ $20\sqrt{2}$

문제 *54.* 회로에서 $L = 10$ [mH], $R = 20$ [Ω]인 경우 회로의 시정수를 구하라.

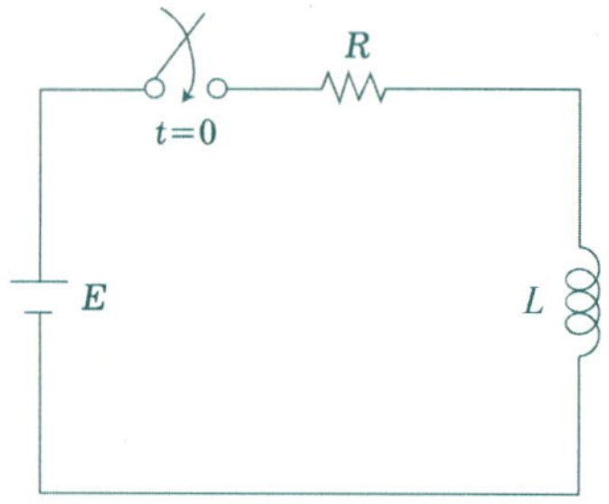

㉮ 2,000　　㉯ 5×10^{-4}

㉰ 200　　㉱ 5×10^{-3}

문제 *55.* 그림과 같은 회로에 대한 설명으로 잘못된 것은?

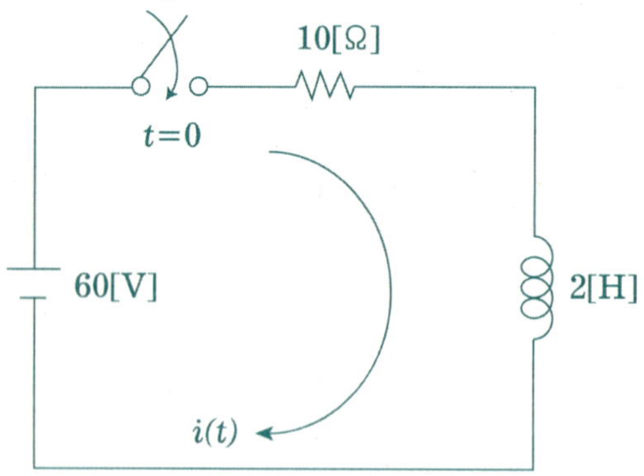

㉮ 이 회로의 시정수는 0.2[s] 이다.

㉯ 정상 전류값은 6[A] 이다.

㉰ 이 회로의 특성근은 −5 이다.

㉱ $t = 0$ 에서 직류전압 60[V] 를 제거할 때 $t = 0.4$[s] 시각의 회로의 전류는 5.25[A] 이다.

문제 *56.* R-L-C 직렬회로에서 S/W를 닫았을 때 흐르는 전류 $i(t)$? (단, 임계진동일 때)

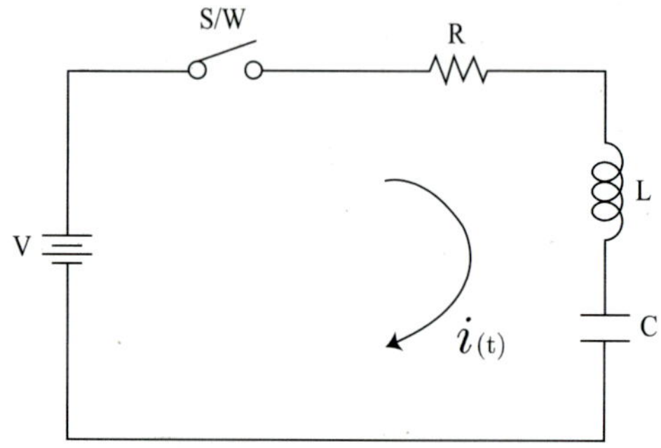

문제 *57.* 시간 $t=\infty$에서 단자 AB간의 단자 저압 VAB는 몇 [V]인가?

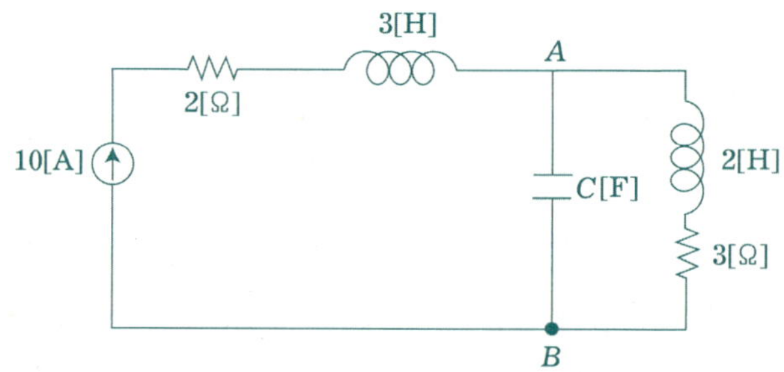

문제 *58.* 그림에서 $i_A = 2$ [A], $i_B = 3$ [A]라고 할 때, 정상상태에서 v_3와 i_3의 값을 구하시오.

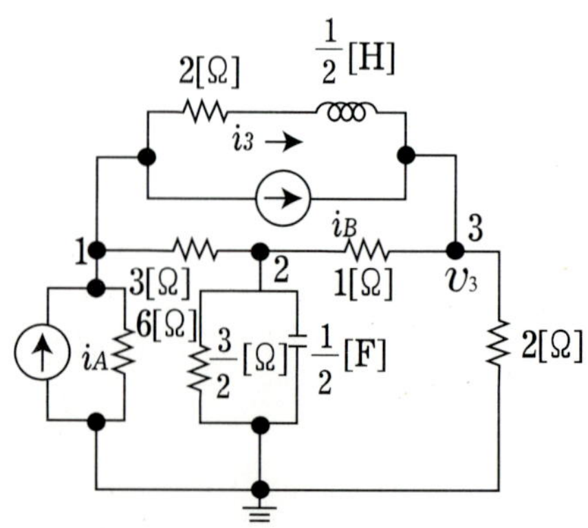

문제 *59.* 다음의 회로에서 t=0으로부터 S를 닫을 경우 전전류 i가 일정한 값을 갖기 위한 조건을 R_1, R_2, L, C로 나타내시오.

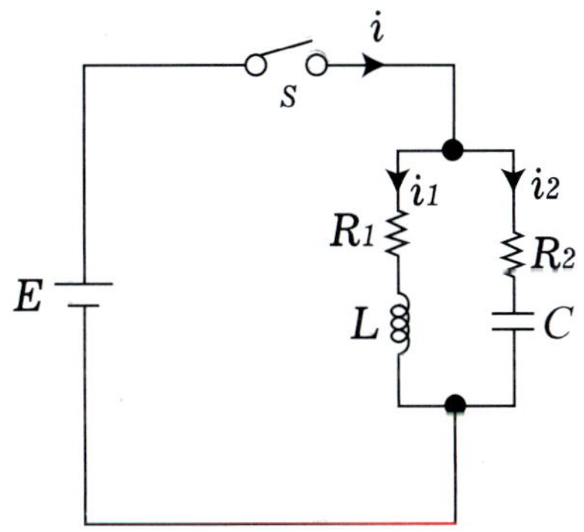

문제 *60.* 그림과 같은 회로에서 스위치 S를 닫은 다음부터의 출력 단자 a, b의 전압 [V]은?

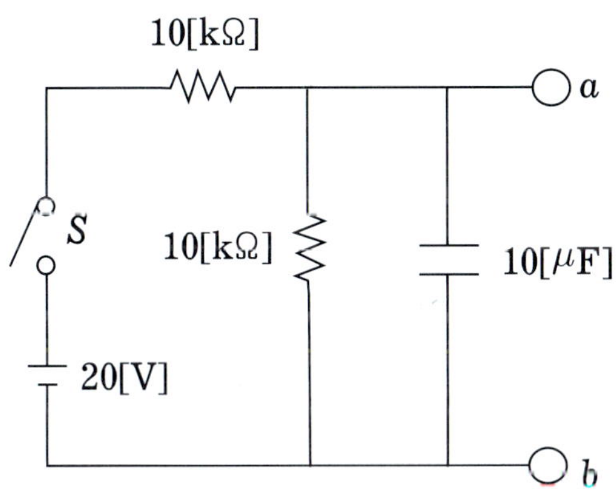

문제 *61.* 그림에서 $E = 220$ [V], $R_1 = 4$ [Ω], $R_2 = 10$ [Ω], $L = 0.05$ [H]이다. S를 닫았을 때 회로가 정상상태이다. t= 0에서 S를 열었을 때, 회로에 흐르는 전류를 구하시오.

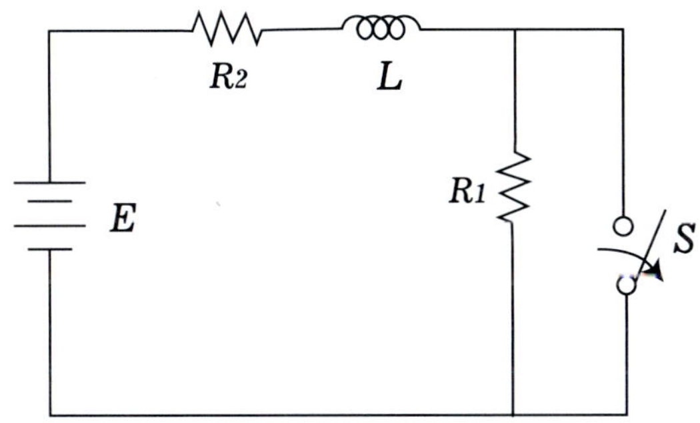

문제 *62.* 커패시턴스 C를 전지 E로 충전하고 저항 R을 통해 방전 충전시의 전압과 방전을 개시하고 나서 15 [초] 경과하였을 때 커패시터의 전압을 비교한 결과 그 비는 0.1이었다. 저항감소? 단, $C = 40$ [μF]

문제 *63.* $R-L$ 직렬회로에 $t=0$일 때 직류 전압 100 [V]를 인가하면 전류는? 단, $R = 50$ [Ω], $L = 10$[H]이다.

부 록

부 록

1 지수

$$a^m \times a^n = a^{(m+n)}$$

$$(a^m)^n = a^{mn}$$

$$a^{-n} = \frac{1}{a^n}$$

$$a^0 = 1 (a \neq 0)$$

2 대수

$$y = \log_a x \,(x = a^y)$$

$$\log_a a = 1$$

$$\log_a 1 = 0 (a > 0,\ a \neq 1)$$

$$\log_a (xy) = \log_a x + \log_a y$$

$$\log_a \left(\frac{x}{y}\right) = \log_a x - \log_a y$$

$$\log_a x^n = n log_a x$$

$$\log_a x = \frac{1}{M} log_{10} x$$

$$\frac{1}{M} = 2.3026$$

3 자연 대수

e(또는 ϵ)= 2.7182818285를 밑수로 하는 대수

4 상용 대수

10을 밑수로 하는 대수 $\log_{10} 2 = 0.301$이라는 것을 안다면,

$$\log_{10} 20 = 1.301$$

$$\log_{10} 200 = 2.301$$

$$\log_{10} 0.2 = -1 + 0.301 = -0.699$$

$$\log_{10} 0.02 = -2 + 0.301 = -1.699$$

5 2차 방정식

$ax^2 + bx + c = 0$의 근 $x = \dfrac{-b \pm \sqrt{b^2 - 4ac}}{2a}$

$ax^2 + 2bx + c = 0$의 근 $x = \dfrac{-b \pm \sqrt{b^2 - ac}}{a}$

6 삼각함수

$$\sin^2\alpha + \cos^2\alpha = 1$$

$$\sin(\alpha \pm \beta) = \sin\alpha\cos\beta \pm \cos\alpha\sin\beta$$

$$\cos(\alpha \pm \beta) = \cos\alpha\cos\beta \mp \sin\alpha\sin\beta$$

$$\tan(\alpha \pm \beta) = \frac{\tan\alpha \pm \tan\beta}{1 \mp \tan\alpha\tan\beta} \cdot \cot(\alpha \pm \beta) = \frac{\cot\alpha\cot\beta \mp 1}{\cot\beta \pm \cot\alpha}$$

$$\sin\alpha \pm \sin\beta = 2\sin\frac{\alpha \pm \beta}{2} cos\frac{\alpha \mp \beta}{2}$$

$$\cos\alpha + \cos\beta = 2\cos\frac{\alpha + \beta}{2} cos\frac{\alpha - \beta}{2}$$

$$\cos\alpha - \cos\beta = -2\sin\frac{\alpha + \beta}{2}\sin\frac{\alpha - \beta}{2}$$

$$\sin 2\alpha = 2\sin\alpha\cos\alpha, \ \tan 2\alpha = \frac{2\tan\alpha}{1 - \tan^2\alpha}$$

$$\cos 2\alpha = \cos^2\alpha - \sin^2\alpha = 1 - 2\sin^2\alpha = 2\cos^2\alpha - 1$$

$$\sin\frac{\alpha}{2} = \pm\sqrt{\frac{1 - \cos\alpha}{2}}, \ \cos\frac{\alpha}{2} = \pm\sqrt{\frac{1 + \cos\alpha}{2}}$$

$$\sin\alpha\cos\beta = \frac{1}{2}[\sin(\alpha + \beta) + \sin(\alpha - \beta)]$$

$$\sin\alpha\cos\beta = \frac{1}{2}[\cos(\alpha - \beta) - \cos(\alpha + \beta)]$$

$$A cos\alpha + B\sin\alpha = \sqrt{A^2 + B^2}\sin\left(\alpha + \tan^{-1}\frac{A}{B}\right)$$

7 역삼각함수

$$\sin^{-1}x = n\pi + (-1)^n\sin^{-1}x$$

$$\cos^{-1}x = 2n\pi \pm \cos x$$

$$\tan^{-1}x = n\pi + \tan^{-1}x$$

단, $-\pi/2 \leqq \sin^{-1}x \leqq \pi/2$

$0 \leqq \cos^{-1}x \leqq \pi$

$-\pi/2 \leqq \tan^{-1}x \leqq \pi/2$

8 급수와 근사 계산

(1) Maclaurin의 급수

$$f(x)=f(0)+\frac{f'(0)}{1!}x+\frac{f''(0)}{2!}x^2+\cdots\cdots$$

$$(1+x)^a=1+\frac{a}{1!}x+\frac{a(a-1)}{2!}x^2+\frac{a(a-1)(a-2)}{3!}x^3\cdots\cdots$$

$$e^x=1+\frac{x}{1!}+\frac{x^2}{2!}+\cdots\cdots$$

$$\sin x=x-\frac{x^3}{3!}+\frac{x^5}{5!}-\cdots\cdots$$

$$\sinh x=x+\frac{x^3}{3!}+\frac{x^5}{5!}+\cdots\cdots$$

$$\cos x=1-\frac{x^2}{2!}+\frac{x^4}{4!}-\cdots\cdots$$

$$\cosh x=x+\frac{x^2}{2!}+\frac{x^4}{4!}+\cdots\cdots \qquad \tan x=x+\frac{x^3}{3}+\frac{2}{15}x^5-\cdots\cdots$$

$$\tanh x=x-\frac{x^2}{2}+\frac{x^3}{3}-\cdots\cdots$$

$$\log(1+x)=x-\frac{x^2}{2}+\frac{x^3}{3}-\cdots\cdots$$

(2) 근사식($|x|<1$)

$$(1+x)^n \fallingdotseq 1+nx$$

$$e^x \fallingdotseq x$$

$$\cosh x \fallingdotseq 1-x$$

$$\sin x \fallingdotseq x-\frac{x^3}{6}$$

$$\cos x \fallingdotseq 1-\frac{x^2}{2}$$

9 복소수

$$a+jb=\sqrt{a^2+b^2}\angle\tan^{-1}\frac{b}{a}(j=\sqrt{-1})$$

$$r\angle\alpha=r(\cos\alpha+j\sin\alpha)$$

$$e^{j\alpha}=\cos\alpha+j\sin\alpha(\text{Euler의 정리})$$

$$\cos Z=\frac{1}{2}(\epsilon^{jk}+\epsilon^{-jk}),\ \sin Z=\frac{1}{2j}(\epsilon^{jz}-\epsilon^{-jz})$$

$$\alpha=\epsilon^{j2x/3}=\cos\frac{2\pi}{3}+j\sin\frac{2\pi}{3}=-\frac{1}{2}+j\frac{\sqrt{3}}{2}$$

$$(\cos\alpha+j\sin\alpha)^n=\cos n\alpha+j\sin n\alpha$$

10 지수함수

$$\cosh x=\frac{1}{2}(\epsilon^x+\epsilon^{-x})$$

$$\sinh x=\frac{1}{2}(\epsilon^x-\epsilon^{-x})$$

$$\epsilon^x=\cosh x+\sinh x$$

$$\epsilon^{-x}=\cosh x-\sinh x$$

$$\cos x=\frac{1}{2}(\epsilon^{jx}+\epsilon^{-jx})$$

$$\sin x=\frac{1}{2j}(\epsilon^{jx}-\epsilon^{-jx})$$

$$\epsilon^{jx}=\cos x+j\sin x$$

$$\epsilon^{-jx}=\cos x-j\sin x$$

11 쌍곡선 함수

$$\sinh(-x)=-\sinh x$$

$$\cosh(-x)=\cosh x$$

$$\tanh(-x)=-\tanh x$$

$$\cosh^2x-\sinh^2x=1$$

$$\sinh(0)=0$$

$$\cosh(0)=1$$

$$\tanh(0)=0$$

$$\sinh 2x=2\sinh x\cosh x$$

$$\sinh(\pm\infty)=\pm\infty$$

$$\cosh(\pm\infty)=+\infty$$

$$\tanh(\pm\infty)=\pm1$$

$1-\tanh^2 x = \mathrm{sech}^2 x \qquad \cosh 2x = \cosh^2 x + \sinh^2 x$

$1-\coth^2 x = -\mathrm{cosech}^2 x \qquad \tanh 2x = \dfrac{2\tanh x}{1+\tanh^2 x}$

$\sinh(x \pm y) = \sinh x \cosh y \pm \cosh x \sinh y$

$\cosh(x \pm y) = \cosh x \cosh y \pm \sinh x \sinh y$

$\tanh(x \pm y) = \dfrac{\tanh x \pm \tanh y}{1 \pm \tanh x \tanh y}$

$\sinh x + \sinh y = 2\sinh\dfrac{x+y}{2} cos \dfrac{x-y}{2}$

$\sinh x - \sinh y = 2\cosh\dfrac{x+y}{2} sin \dfrac{x-y}{2}$

$\cosh x + \cosh y = 2\cosh\dfrac{x+y}{2} cos \dfrac{x-y}{2}$

$\cosh x - \cosh y = -2\sinh\dfrac{x+y}{2} sin \dfrac{x-y}{2}$

$\sinh x \sinh y = \dfrac{1}{2}[\cosh(x+y) - \cosh(x-y)]$

$\cosh x \cosh y = \dfrac{1}{2}[\cosh(x+y) + \cosh(x-y)]$

$\sinh x \cosh y = \dfrac{1}{2}[\sinh(x+y) + \sinh(x-y)]$

$\sinh\dfrac{x}{2} = \sqrt{\dfrac{1}{2}(\cosh x - 1)}$

$\cosh\dfrac{x}{2} = \sqrt{\dfrac{1}{2}(\cosh x + 1)}$

$\tanh\dfrac{x}{2} = \dfrac{\cosh x - 1}{\sinh x} = \dfrac{\sinh x}{\cosh x + 1}$

12 삼각함수와 쌍곡선 함수

$\sinh jx = j\sin x, \qquad \sinh x = -j\sin jx$

$\cosh jx = \cos x, \qquad \cosh x = \cos jx$

$\tanh jx = j\tan x, \qquad \tanh x = -j\tan jx$

$\sinh(x \pm jy) = \sinh x \cos y \pm j\cosh x \sin y = \pm j\sin(y \mp jx)$

$$\cosh(x \pm jy) = \cosh x \cos y \pm j \sinh x \sin y = \cos(y \mp jx)$$
$$\sin(x \pm jy) = \sin x \cosh y \pm j \cos x \sinh y = \pm j \sinh(y \mp jx)$$
$$\cos(x \pm jy) = \cos x \cosh y \pm j \sin x \sinh y = \cosh(y \mp jx)$$

13 역쌍곡선 함수 공식

$$\sinh^{-1}x = \cosh^{-1}\sqrt{x^2+1} = \log(x + \sqrt{x^2+1}) = \int \frac{dx}{\sqrt{x^2+1}}$$
$$\cosh^{-1}x = \sinh^{-1}\sqrt{x^2-1} = \log(x + \sqrt{x^2-1}) = \int \frac{dx}{\sqrt{x^2-1}}$$
$$\tanh^{-1}x = \frac{1}{2}log\frac{1+x}{1-x} = \int \frac{dx}{1-x^2} \qquad (x^2 < 1)$$
$$\coth^{-1}x = \frac{1}{2}log\frac{x+1}{x-1} = \int \frac{dx}{1-x^2} \qquad (x^2 > 1)$$

14 미 분

(1) 기본 공식

$$\frac{d(u \pm v)}{dx} = \frac{du}{dx} \pm \frac{dv}{dx}$$
$$\frac{d(u \cdot v)}{dx} = \frac{du}{dx}v + \frac{dv}{dx}u$$
$$\frac{d(\frac{u}{v})}{dx} = \frac{\frac{du}{dx}v - \frac{dv}{dx}u}{v^2}$$
$$\frac{dy}{dx} = 1/\frac{dx}{dy}$$

(2) 기초 함수

$$\frac{d}{dx}x^n = nx^{n-1} \qquad \frac{d}{dx}e^x = e^x$$

$$\frac{d}{dx}\left(\frac{1}{x}\right) = -\frac{1}{x^2} \qquad \frac{d}{dx}logx = \frac{1}{x}$$

$$\frac{d}{dx}sinx = \cos x \qquad \frac{d}{dx}cosx = -\sin x$$

$$\frac{d}{dx}tanx = \sec^2 x \qquad \frac{d}{dx}cotx = -\mathrm{cosec}^2 x$$

$$\frac{d}{dx}sinax = a\cos ax \qquad \frac{d}{dx}cosax = -a\cos ax$$

$$\frac{d}{dx}sin^{-1}x = \pm\frac{1}{\sqrt{1-x^2}}$$

+부호는 $2n\pi - \frac{\pi}{2} < \sin^{-1}x < 2n\pi + \frac{\pi}{2}$

−부호는 $2n\pi + \frac{\pi}{2} < \sin^{-1}x < 2n\pi + \frac{3\pi}{2}$

$$\frac{d}{dx}cos^{-1}x = \mp\frac{1}{\sqrt{1-x^2}}$$

−부호는 $2n\pi < \cos^{-1}x < (2n+1)\pi$

+부호는 $(2n+1)\pi < \cos^{-1}x < (2n+2)\pi$

$$\frac{d}{dx}tan^{-1}x = \frac{1}{1+x^2} \qquad \frac{d}{dx}sinhx = \cosh x$$

$$\frac{d}{dx}coshx = \sinh x \qquad \frac{d}{dx}tanhx = \mathrm{sech}^2 x$$

$$\frac{d}{dx}cosh^{-1}x = -\mathrm{cosech}^2 x$$

$$\frac{d}{dx}sin^{-1}x = \frac{1}{\sqrt{1+x^2}}$$

$$\frac{d}{dx}cosh^{-1}x = \pm\frac{1}{\sqrt{x^2-1}}(x^2 > 1)$$

$$\frac{d}{dx}tanh^{-1}x = \frac{1}{1-x^2}(1 > x^2)$$

$$\frac{d}{dx}coth^{-1}x = -\frac{1}{x^2-1}(x^2 > 1)$$

15 적 분

(1) 기본 공식

$\dfrac{dF(x)}{dx} = f(x)$라 하면

$$\int f(x)dx = F(x) + C \quad \text{(C는 적분상수)}$$

$$\int (u \pm v)dx = \int udx \pm \int vdx$$

$$\int af(x)dx = a\int f(x)dx \quad \text{(a는 상수)}$$

$$\int vdu = uv - \int udv$$

(2) 기초 함수

$$\int x^n dx = \frac{x^{n+1}}{n+1} + C$$

$$\int dx = x + C$$

$$\int \frac{dx}{x} = \log x + C$$

$$\int e^x dx = e^x + C$$

$$\int e^{ax} dx = \frac{1}{a}e^{ax} + C$$

$$\int e^{-x} dx = -e^{-x} + C$$

$$\int a^x dx = \frac{a^x}{\log a} + C$$

$$\int \log x dx = x(\log x - 1) + C$$

$$\int \sin x dx = -\cos x + C$$

$$\int \cos x dx = \sin x + C$$

$$\int a\sin ax dx = -\frac{1}{a}\cos ax + C$$

$$\int \cos ax dx = \frac{1}{a}\sin ax + C$$

$$\int \tan x dx = -\log\cos x + C$$

$$\int \cos x dx = \log\sin x + C$$

$$\int \frac{dx}{\sin x} = \log\tan\frac{x}{2} + C$$

$$\int \frac{dx}{\cos x} = \log\tan\left(\frac{\pi}{4} + \frac{x}{2}\right) + C$$

$$\int \frac{dx}{\sin} x = \tan^{-1}x + C$$

$$\int \frac{dx}{1+x^2} = \tan^{-1}x + C$$

$$\int \frac{dx}{\sqrt{1-x^2}} = \sin^{-1}x + C = -\cos^{-1}x + C$$

$$\int \sin^2 x dx = \frac{x}{2} - \frac{1}{2}\cos x\sin x + C$$

$$\int \cos^2 x dx = \frac{x}{2} + \frac{1}{2}\sin x\cos x + C$$

$$\int \sin^{-1}x dx = x\sin^{-1}x + \sqrt{1-x^2} + C$$

$$\int \cos^{-1}x dx = x\sin^{-1}x - \sqrt{1-x^2} + C$$

$$\int \sinh x dx = \cosh x + C$$

$$\int \cosh x dx = \sinh x + C$$

$$\int \tanh x dx = \log\cosh x + C$$

$$\int \coth x dx = \log\sinh x + C$$

16 정 적 분

$$\int_a^b f(x)dx = F(b) - F(a)$$

$$\int_a^c f(x)dx = \int_a^b f(x)dx + \int_b^c f(x)dx$$

$$\int_0^x \sin^2 ax dx = \int_0^x \cos^2 ax dx = \frac{\pi}{2}$$

17 미분방정식

$$\frac{dy}{dx} + Py - Q$$

$$y = e^{-fpdx}[\int Qe^{fpdx}dx + C]$$

$$\frac{d^2y}{dx^2} + n^2y = Q$$

$y = A\sin nx + B\cos nx$ (A, B는 상수)

$$\frac{d^2y}{dx^2} - n^2y = 0$$

$$y = Ae^{nx} + Be^{-nx}$$

$$a\frac{d^2y}{dx^2} + b\frac{dy}{dx} + c = 0$$

$am^2 + bm + c = 0$의 근을 m_1, m_2라 하면,

$b^2 - 4ac > 0$: $y = C_1e^{m1x} + C_2e^{m2x}$

$b^2 - 4ac = 0$: $y = e^{mx}(A + Bx)$

단, $m = m_1 = m_2 = \frac{-b}{2a}$

$b^2 - 4ac < 0$: $y = e^{px}(A\cos qx + B\sin qx)$

단, $m_1 = p + jq$, $m_2 = p - jq$

18 행 렬

(1) 행 렬

다음 식으로 나타나는 행렬(matrix)

$$[A]=\begin{bmatrix} a_{11} & a_{12}\cdots & a_{1n} \\ a_{21} & a_{22}\cdots & a_{2n} \\ \cdot & \cdot\ \cdots & \cdot \\ a_{m1} & a_{m2}\cdots & a_{mn} \end{bmatrix} \tag{1}$$

에 있어서 a_{jk}를 행렬의 요소(element)라 한다. a_{jk}의 첨자 j_k는 처음의 문자 j가 줄을 나타내고 다음의 문자 k가 열을 나타낸다. 즉, a_{jk}는 j째 줄, k째 열의 요소이다.

$m=n$인 행렬을 정방 행렬(square matrix)이라 하고 n을 행렬의 차수라 한다. 또 $j=k$인 요소를 대각 요소(diagonal element)라 한다.

$$[0]=\begin{bmatrix} 0 & 0\cdots & 0 \\ 0 & 0\cdots & 0 \\ \cdot & \cdot\ \cdots & \cdot \\ 0 & 0\cdots & 0 \end{bmatrix} \tag{2}$$

을 영 행렬이라 한다. 또, 대각 요소 이외의 모든 요소가 0인 행렬

$$\begin{bmatrix} a_{11} & 0 & 0\cdots & 0 \\ 0 & a_{22} & 0\cdots & 0 \\ \cdot & \cdot & \cdot\ \cdots & \cdot \\ 0 & 0 & 0\cdots & a_{nn} \end{bmatrix}$$

을 대각행렬(diagonal matrix)이라 한다. 특히

$$a_{11}=a_{22}=\cdots\cdots=a_{nn}=1$$

인 행렬

$$[U]=\begin{bmatrix} 1 & 0 & 0\cdots & 0 \\ 0 & 1 & 0\cdots & 0 \\ \cdot & \cdot & \cdot\ \cdots & \cdot \\ 0 & 0 & 0\cdots & 1 \end{bmatrix} \tag{3}$$

을 단위행렬(unit matrix)이라 한다.

단위행렬의 요소는 Kronecker의 기호

$$\sigma_{jk} = \begin{bmatrix} 0 & j \neq k\text{일 때} \\ 1 & j = k\text{일 때} \end{bmatrix} \tag{4}$$

로 표시된다. 두 개의 행렬

$$[A] = \begin{bmatrix} a_{11} & a_{12} \cdots & a_{1n} \\ a_{21} & a_{22} \cdots & a_{2n} \\ \cdot & \cdot \cdots & \cdot \\ a_{n1} & a_{n2} \cdots & a_{nn} \end{bmatrix}$$

$$[B] = \begin{bmatrix} b_{11} & b_{12} \cdots & b_{1n} \\ b_{21} & b_{22} \cdots & b_{2n} \\ \cdot & \cdot \cdots & \cdot \\ b_{n1} & b_{n2} \cdots & b_{nn} \end{bmatrix} \tag{5}$$

에 있어서

$$a_{jk} = b_{jk},\ j,\ k = 1,\ 2,\ \cdots\cdots,\ n \tag{6}$$

이면

$$[A] = [B] \tag{7}$$

(2) 행렬의 셈

세 개의 행렬을

$$[A] = \begin{bmatrix} a_{11} & a_{12} \cdots & a_{1n} \\ a_{21} & a_{22} \cdots & a_{2n} \\ \cdot & \cdot \cdots & \cdot \\ a_{n1} & a_{n2} \cdots & a_{nn} \end{bmatrix}$$

$$[B] = \begin{bmatrix} b_{11} & b_{12} \cdots & b_{1n} \\ b_{21} & b_{22} \cdots & b_{2n} \\ \cdot & \cdot \cdots & \cdot \\ b_{n1} & b_{n2} \cdots & b_{nn} \end{bmatrix} \tag{8}$$

$$[C] = \begin{bmatrix} c_{11} & c_{12} \cdots & c_{1n} \\ c_{21} & c_{22} \cdots & c_{2n} \\ \cdot & \cdot \cdots & \cdot \\ c_{n1} & c_{n2} \cdots & c_{nn} \end{bmatrix}$$

로 표시할 때

① $a_{jk} \pm b_{jk}$이면

$$[A] \pm [B] = [C] \tag{9}$$

$$[A] + [B] = [B] + [A] \tag{10}$$

$$[A] + ([B] + [C]) = ([A] + [B]) + [C] \tag{11}$$

②
$$\alpha[A] = [A]\alpha = \alpha \begin{bmatrix} a_{11} & a_{12} \cdots & a_{1n} \\ a_{21} & a_{22} \cdots & a_{2n} \\ \cdot & \cdot \ \cdots & \cdot \\ a_{n1} & a_{n2} \cdots & a_{nn} \end{bmatrix}$$

$$= \begin{bmatrix} aa_{11} & aa_{12} \cdots & aa_{1n} \\ aa_{21} & aa_{22} \cdots & aa_{2n} \\ \cdot & \cdot \ \cdots & \cdot \\ aa_{n1} & aa_{n2} \cdots & aa_{nn} \end{bmatrix} \tag{12}$$

또

$$\alpha[A] + \alpha[B] = \alpha([A] + [B]) \tag{13}$$

$$\alpha[A] + \beta[A] = (\alpha + \beta)[A] \tag{14}$$

③ $[A][B] = [C]$라 하면

$$c_{jk} = \sum_{i=1}^{n} a_{ji} b_{ik}$$

$$= a_{j1}b_{1k} + a_{j2}b_{2k} + \cdots \cdots + a_{jn}b_{nk} \tag{15}$$

일반적으로

$$[A][B] \neq [B][A] \tag{16}$$

또

$$[A]([B] + [C]) = [A][B] + [A][C] \tag{17}$$

$$[A]([B][C]) = ([A][B])[C] \tag{18}$$

행렬 [A]가 대각 행렬

$$[A]=\begin{bmatrix} a_1 & 0 \cdots & 0 \\ 0 & a_2 \cdots & 0 \\ \cdot & \cdot & \cdots \cdot \\ 0 & 0 \cdots & a_n \end{bmatrix}$$

인 경우에는

$$[A][B]=\begin{bmatrix} a_1 & 0 \cdots & 0 \\ 0 & a_2 \cdots & 0 \\ \cdot & \cdot & \cdots \cdot \\ 0 & 0 \cdots & a_n \end{bmatrix}\begin{bmatrix} b_{11} & b_{12} \cdots & b_{1n} \\ b_{21} & b_{22} \cdots & b_{2n} \\ \cdot & & \cdots \cdot \\ b_{n1} & b_{n2} \cdots & b_{nn} \end{bmatrix}$$

$$=\begin{bmatrix} a_1b_{11} & a_1b_{12} \cdots & a_1b_{1n} \\ a_2b_{21} & a_2b_{22} \cdots & a_2b_{2n} \\ \cdot & \cdot & \cdots \cdot \\ a_nb_{n1} & a_nb_{n2} \cdots & a_nb_{nn} \end{bmatrix} \tag{19}$$

$$[B][A]=\begin{bmatrix} a_1b_{11} & a_1b_{12} \cdots & a_1b_{1n} \\ a_2b_{21} & a_2b_{22} \cdots & a_2b_{2n} \\ \cdot & \cdot & \cdots \cdot \\ a_nb_{n1} & a_nb_{n2} \cdots & a_nb_{nn} \end{bmatrix} \tag{20}$$

또, 단위 행렬과의 곱은

$$[A][U]=[A]=[U][A] \tag{21}$$

(3) 전치 행렬

행렬 $[A]$의 줄과 열을 교환한 행렬을 전치 행렬(transposed matrix)이라 하며 $[A]'$로 표시한다.

$$[A]=\begin{bmatrix} a_{11} & a_{12} \cdots & a_{1n} \\ a_{21} & a_{22} \cdots & a_{2n} \\ \cdot & \cdot & \cdots \cdot \\ a_{n1} & a_{n2} \cdots & a_{nn} \end{bmatrix}$$

이면

$$[A]'=\begin{bmatrix} a_{11} & a_{21} \cdots & a_{n1} \\ a_{12} & a_{22} \cdots & a_{n2} \\ \cdot & \cdot & \cdots \cdot \\ a_{1n} & a_{2n} \cdots & a_{nn} \end{bmatrix} \tag{22}$$

[A]=[A]′일 때 [A]를 대칭 행렬(symmetric matrix)이라 하며 $a_{jk}=a_{kj}$이다. 또,

$$([A][B])' = [B]'[A]' \tag{23}$$

(4) 행렬의 방정식(determinant)

$$\begin{bmatrix} a_{11} & a_{12} \cdots & a_{1n} \\ a_{21} & a_{22} \cdots & a_{2n} \\ \cdot & \cdot \cdots & \cdot \\ a_{n1} & a_{n2} \cdots & a_{nn} \end{bmatrix}$$

을 행렬이라 하고,

$$[A] = \begin{vmatrix} a_{11} & a_{12} \cdots & a_{1n} \\ a_{21} & a_{22} \cdots & a_{2n} \\ \cdot & \cdot \cdots & \cdot \\ a_{n1} & a_{n2} \cdots & a_{nn} \end{vmatrix}$$

을 행렬식이라 하며 절 A절 또는 det[A]로 표시한다.

[A]=0 일 때 [A]를 특이 행렬(singular matrix)
[A]$\neq$0 일 때 [A]를 통상 행렬(normal matrix)

이라 한다.

$$[A][B] = [C]\text{이면 } |A||B| = |C|$$

(5) 역 행 렬

[A][B]=[U]일 때 행렬 [B]를 행렬 [A]의 역행렬(inverse matrix)이라 하며

$$[B] = [A]^{-1}$$

로 표시한다. 식 (14), (3)으로부터

$$\sum_{i=1}^{n} a_{jk} b_{ij} = \sigma_{jk} = \begin{bmatrix} 0 & j \neq k\text{일 때} \\ 1 & j = k\text{일 때} \end{bmatrix} \tag{25}$$

로 될 것이므로 $|A| \neq 0$ 이면

$$b_{jk} = \frac{A_{ki}}{|A|} \tag{26}$$

단, A_{kj}는 |A|에 있어서의 a_{kj}의 여인자(cofactor)이며

$$A_{kj} = \frac{\partial |A|}{\partial a_{kj}} \tag{27}$$

$$([A][B])^{-1} = [B]^{-1}[A]^{-1} \tag{28}$$

19 벡터 공식

$$(A \times B) \cdot C \equiv (B \times C) \cdot A \equiv (C \times A) \cdot B$$

$$A \times (B \times C) \equiv (A \cdot C)B - (A \cdot B)C$$

$$\nabla \cdot (A + B) \equiv \nabla \cdot A + \nabla \cdot B$$

$$\nabla (V + W) \equiv \nabla V + \nabla W$$

$$\nabla \times (A + B) \equiv (\nabla \times A) + (\nabla \times B)$$

$$\nabla \cdot (VA) \equiv A \cdot \nabla V + V \nabla \cdot A$$

$$\nabla (VW) \equiv V \nabla W + W \nabla V$$

$$\nabla \times (VA) \equiv \nabla V \times A + V(\nabla \times A)$$

$$\nabla \cdot (A \times B) \equiv B \cdot (\nabla \times A) - A \cdot (\nabla \times B)$$

$$\nabla (A \cdot B) \equiv (A \cdot \nabla)B + (B \cdot \nabla)A + A \times (\nabla \times B) + B \times (\nabla \times A)$$

$$\nabla \times (A \times B) \equiv A \nabla \cdot B - B \nabla \cdot A + (B \cdot \nabla)A - (A \cdot \nabla)B$$

$$\nabla \cdot \nabla V \equiv \nabla^2 V$$

$$\nabla \cdot \nabla \times A \equiv 0$$

$$\nabla \times \nabla V \equiv 0$$

$$\nabla \times \nabla \times A \equiv \nabla (\nabla \cdot A) - \nabla^2 A$$

20 그리스 문자

그리스 문자		호 칭		그리스 문자		호 칭	
대문자	소문자	영 문	국 문	대문자	소문자	영 문	국 문
Α	α	alpha	알파	Ν	ν	nu	뉴
Β	β	beta	베타	Ξ	ξ	xi	크사이
Γ	γ	gamma	감마	Ο	ο	omicron	오미크론
Δ	δ	delta	델타	Π	π	pi	파이
Ε	ε	epsilon	입실론	Ρ	ρ	rho	로우
Ζ	ζ	zeta	제타	Σ	σ	sigma	시그마
Η	η	eta	에타	Τ	τ	tau	타우
Θ	θ	theta	시타	Υ	υ	upsilon	웁실론
Ι	ι	iota	이오타	Φ	φ	phi	파이
Κ	κ	kappa	카파	Χ	χ	chi	카이
Λ	λ	lambda	람다	Ψ	ψ	psi	프사이
Μ	μ	mu	뉴	Ω	ω	omega	오메가

21 배율표

배 수	명 칭	기 호	배 수	명 칭	기 호
10^{12}	tera	T	10^{-1}	deci	d
10^{9}	giga	G	10^{-2}	centi	c
10^{6}	mega	M	10^{-3}	milli	m
10^{3}	kilo	k	10^{-6}	micro	μ
10^{2}	hecto	h	10^{-9}	nano	n
10^{1}	deca	da	10^{-12}	pico	p
			10^{-15}	femto	f
			10^{-18}	atto	a

22 삼각함수값

함수 \ θ	0°	30°	45°	60°	90°	120°	135°	150°	180°
sinθ	0	$\frac{1}{2}$	$\frac{1}{\sqrt{2}}$	$\frac{\sqrt{3}}{2}$	1	$\frac{\sqrt{3}}{2}$	$\frac{1}{\sqrt{2}}$	$\frac{1}{2}$	1
cosθ	1	$\frac{\sqrt{3}}{2}$	$\frac{1}{\sqrt{2}}$	$\frac{1}{2}$	0	$-\frac{1}{2}$	$-\frac{1}{\sqrt{2}}$	$-\frac{\sqrt{3}}{2}$	−1
tanθ	0	$\frac{1}{\sqrt{3}}$	1	$\sqrt{3}$	∞	$-\sqrt{3}$	−1	$-\frac{1}{\sqrt{3}}$	0
cotθ	∞	$\sqrt{2}$	1	$\frac{1}{\sqrt{3}}$	0	$-\frac{1}{\sqrt{3}}$	−1	$-\sqrt{3}$	∞
secθ	1	$\frac{2}{\sqrt{3}}$	$\sqrt{2}$	2	∞	−2	$-\sqrt{2}$	$-\frac{2}{\sqrt{3}}$	−1
cosecθ	∞	2	$\sqrt{2}$	$\frac{2}{\sqrt{3}}$	1	$\frac{2}{\sqrt{3}}$	$\sqrt{2}$	2	∞

23 물리 정수

량	값
전자의 전하량	$e=(1.6021892\pm0.0000046)\times10^{-19}$ [C]
전자의 질량	$m=(9.109534\pm0.000047)\times10^{-31}$ [kg]
자속공간 유전율	$\varepsilon_0=(8.854187818\pm0.000000071)\times10^{-12}$ [F/m]
자속공간 투자율	$\mu_0=4\pi\times10^{-7}$ [H/m]
광속도	$c=(2.997924574\pm0.000000011)\times10^{8}$ [m/s]

24 전기 및 자기단위 (1)

기 호	량	단 위	약 호
v	속도	meter/second	m/s
F	힘	Newton	N
Q	전하	Coulomb	C
r, R	길이	meter	m
ϵ_0	유전율	Farad/meter	F/m
E	전계의 세기	Volt/meter	V/m
ρ	체적전하밀도	Coulomb/meter^3	C/m^3
v	체적	meter^3	m^3
ρ_L	선전하밀도	Coulomb/meter	C/m
ρ_s	면전하밀도	Coulomb/meter^2	C/m^2
Ψ	전속	Coulomb	C
D	전속밀도	Coulomb/meter^2	C/m^2
S	면적	meter^2	m^2
W	일, 에너지	Joule	J
L	길이	meter	m
V	전위	Volt	V
P	쌍극자 모멘트	Coulomb-meter	C·m
I	전류	Ampere	A
J	전류밀도	Ampere/meter^2	A/m^2
μ_e, μ_h	이동도	meter^2/volt-second	m^2/V·s
σ	도전율	Mho/meter	℧/m
R	저항	Ohm	Ω
P	전기분극	Coulomb/meter^2	C/m^2
C	정전용량, 커패시턴스	Farad	F
H	자계 세기	Ampere/meter	A/m

25 전기 및 자기단위 (2)

기 호	량	단 위	약 호
K	표면전류밀도	Ampere/meter	A/m
B	자속밀도	Weber/meter^2(tesla)	Wb/m^2(or T)
μ_0	투자율	Henry/meter	H/m
A	벡터 자기 포텐셜	Weber/meter	Wb/m
T	회전력, 토오크	Newton−meter	N·m
m	자기 모멘트	Ampere−meter^2	A·m^2
M	자화, 자화의 세기	Ampere/meter	A/m
$\mathfrak{R}$	리액턴스, 자기저항	Ampere−turn/weber	A·T/Wb
L	인덕턴스	Henry	H
M	상호 인덕턴스	Henry	H
ω	각주파수	Radian/second	rad/s
c	광속도	Meter/second	m/s
λ	파장	meter	m
γ	고유 임피던스	Ohm	Ω
η	전파정수	Complex neper/meter	m^{-1}
α	감쇠정수	Neper/meter	Np/m
β	위상정수	Radian/meter	rad/m
f	주파수	Hertz	Hz
P	전력	Watt	W
δ	표피두께	meter	m
G	컨덕턴스	Mho	℧
Z	임피던스	Ohm	Ω
Y	어드미턴스	Mho	℧
$\mathfrak{R}$	Poynting 벡터	Watt/meter^2	W/m^2
Γ	반사계수		
S	정재파비		

26 국제단위와 Gauss 및 기타 단위와의 변환계수

량	1MKS 단위	GAUSS단위	기타 단위
d	1m	10^2Cm	39.37 In.
F	1N	10^5Dyne	0.2248Lb_f
W	1J	10^7Erg	0.7376Ft−lbf
Q	1C	10cStatC	0.1AbC
ρ	1C/m^3	10^{-5}cStatC/cm^3	10^{-7}AbC/cm^3
D	1C/m^2	$4\pi 10^{-3}$c(esu)	$4\pi 10^{-5}$(emu)
E	1V/m	10^4/cStatV/cm	10^6AbV/cm
V	1V	10^6/cStatV	10^8AbV
I	1A	0.1AbA	10cStatA
H	1A/m	$4\pi 10^{-3}$Oersted	0.4πc(esu)
V_m	1A·T	0.4πGilbert	40πc(esu)
B	1Wb/m^2	10^4Gauss	100/c(esu)
Φ	1Wb	10^8Maxwell	10^6/c(esu)
A	1Wb/m	10^9Maxwell/cm	
R	1Ω	10^9AbΩ	$10^5/c^2$StatΩ
L	1H	10^9AbH	$10^5/c^2$StatH
C	1F	$10^{-5}c^2$StatF	10^{-9}AbF
σ	1℧/m	10^{-11}Ab℧/cm	$10^{-7}c^2$Stat℧/cm
μ	1H/m	$10^7/4\pi$(emu)	$103/4\pi c^2$(esu)
ε	1F/m	$4\pi 10^{-7}c^2$(esu)	$4\pi 10^{-11}$(emu)

연습문제 해답

1장

1-1 [답] $I=10$ [A], $R=12$ [Ω]

1-2 [답] $Q=16,200$ [A.s]

1-3 [답] 1,638 [Ah]

1-4 [답] 전력 $P=1,100$ [W]$=1.1$ [kW]
전력량 [Ws]$=1.1\times5\times30=165$ [kWh]

1-5 [답] 전위차 : $\frac{100}{8}=12.5$ [V]

1-6 [답] ㉯ 양전하를 많이 가진 물질은 전위가 높다.

1-7 [답] ㉰ 전류의 이동으로 인한 전류작용으로는 발열 작용, 화학작용, 자기작용 등이 있다.

1-8 [답] 6×10^{18} [개]

1-9 [답] 2 [C]

2장

2-1 [답] $\frac{R_2}{R_1}=n^2$

2-2 [답] $P_2=505$ [W]

2-3 [답] $I_1=30$ [A]

2-4 [답] 12 [Ω]

2-5 [답] 0.83배

2-6 [답] $R_{AB}=\frac{3}{2}r$ [Ω]

2-7 [답] $R=150$ [Ω]

2-8 [답] $I_1=6$ [A]

2-9 [답] 2 [A]

2-10 [답] $I_1=-\frac{4}{7}$ [A], $I_2=2$ [A], $I_3=\frac{10}{7}$ [A]

2-11 [답] $V_{ab}=12$ [V]

2-12 [답] $I=I_1+I_2=2+2=4$ [A]

2-13 [답] $R_{ab}=r$ [Ω], $R_{cd}=\frac{2}{3}r$ [Ω]

2-14 [답] $V_{ab}=2\times3+2\times3=12$ [V]

2-15 [답] $R_s=9R_m$ 배율기 저항 R_s는 전압계의 내부저항 R_m의 9배로 선정해야 된다.

2-16 [답] 20 [A]

2-17 [답] 400 [W]

2-18 [답] 54,000 [J]

2-19 [답] 45 [A]

2-20 [답] 300 [V]

2-21 [답] $\frac{6}{11}$ [μF]

2-22 [답] 15 [V]

2-23 [답] $I_1=7$ [A], $I_2=2.11$ [A], $I_3=2$ [A]

2-24 [답] $I=2$ [A]

2-25 [답] $i_1=\frac{12}{4}=3$ [A], $i_2=\frac{12}{6}=2$ [A],

$i_3=\frac{12}{2.4}=5$ [A]

2-26 [답] 102.0 [kg · m/s]

2-27 [답] ㉣

2-28 [답] ㉮

3장

3-1 [답] 약 63.7 [A]

3-2 [답] 약 157 [V]

3-3 [답] I=5 [A]

3-4 [답] 실효값

3-5 [답] 약 90 [V]

3-6 [답] V≒100 [V], $f=1.5$ [Hz]

3-7 [답] 360°

3-8 [답] 약 57.3°

3-9 [답] $\frac{3\pi}{4}$ [rad]

3-10 [답] 120°

3-11 [답] 0°(동상)

3-12 [답] $100\sqrt{3}$ [V]

3-13 [답] 1.11

3-14 [답] $i=2\sqrt{2}\,sin\omega t$ [A]

3-15 [답] 인덕턴스 소자

3-16 [답] 0.75 [A]

3-17 [답] 5.07 [μF]

3-18 [답] 5 [A]

3-19 [답] 평균값 $i_a=0.342$ [A],

실효값 $i=\frac{\sqrt{3}\times 5}{\sqrt{8}}=\frac{\sqrt{3}\times 5}{2\sqrt{2}}\fallingdotseq 3.05$ [A]

3-20 [답] $e=170\sin 377t$ [V]

3-21 [답] −88.18 [V]

3-22 [답] 평균값 : $\frac{2}{\pi}E_m$

3-23 [답] 실효값 : $|E|=\sqrt{\frac{E_m{}^2}{T}\times\frac{1}{2}T}=\frac{E_m}{\sqrt{2}}$ 이다.

즉, 실효값(s)은 첨두값 E_m 의 $\frac{1}{\sqrt{2}}$ 또는 0.707 배이다.

3-24 [답] 파형률 $=\frac{\text{실효값}}{\text{평균값}}=\frac{\frac{I_m}{\sqrt{3}}}{\frac{I_m}{2}}=\frac{2}{\sqrt{3}}\fallingdotseq 1.155$

파고율 $=\frac{\text{최대값}}{\text{실효값}}=\frac{I_m}{\frac{I_m}{\sqrt{3}}}=\sqrt{3}\fallingdotseq 1.73$

3-25 [답] ㉮

3-26 [답] ㉯

3-27 [답] 소비전력 : 144 [W]

3-28 [답] 전류=2 [A], P=160 [W]

3-29 [답] 53.13°

4장

4-1 [답] 가 : $(4+j3)+(-2+j1)=2+j4$

감 : $(4+j3)-(-2+j1)=6+j2$

승 : $(4+j3)(-2+j1)=-11-j2$

제 : $(4+j3)/(-2+j1)=-1-j2$

4-2 [답] $12+j16$

4-3 [답] $i=\left(1+\frac{1}{\sqrt{3}}\right)\sin\omega t$ [A]

4-4 [답] $i=\left(1+\frac{1}{\sqrt{3}}\right)\sin\omega t$ [A]

4-5 [답] $v=\sqrt{2}\,V\sin\left(\omega t+\frac{\pi}{2}\right)$ [V]

4-6 [답] 200 [pF]

4-7 [답] $R=4$ [Ω], $X=-2$ [Ω]

5장

5-1 [답] $X_L < X_C$

5-2 [답] ∞

5-3 [답] $\frac{\omega L}{R}$

5-4 [답] $\omega L = \frac{1}{\omega C}$

5-5 [답] (1) 336 [pF]

(2) 66.8

(3) $V_C = Q_C V = 66.8$ [V]

(4) $\triangle f = \frac{f_0}{Q_0} = \frac{710}{66.8} = 10.6$ [kHz]

(5) $f_1 = 710 - \frac{10.6}{2} = 704.7$ [kHz],

$f_2 = 710 + \frac{10.6}{2} = 715.3$ [kHz]

5-6 [답] 0.5 [A]

5-7 [답] 1.32 [μF]

5-8 [답] 유도성

5-9 [답] 125 [Ω]

5-10 [답] 25.4 [pF]

5-11 [답] 500

5-12 [답] $f = \frac{1}{2\pi\sqrt{LC}}$ [Hz]

5-13 [답]

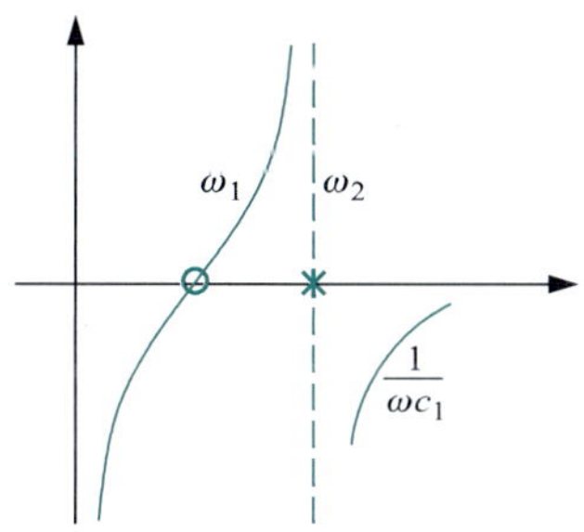

5-14 [답] $X_C = 1.5$ [Ω]

6장

6-1 [답] (1) $pf = \frac{R}{Z} = \frac{20}{42.6} = 0.47$

(2) 146 [W]

6-2 [답] 약 26.5 [mH]

6-3 [답] 10 [Ω]

6-4 [답] 약 7.5 [A]

6-5 [답] 100 [V]

6-6 [답] $\sqrt{V_1^2 + V_2^2}$

6-7 [답] 12 [Ω]

6-8 [답] 8 [Ω]

6-9 [답] 100 [V]

6-10 [답] 50 [V]

6-11 [답] 75 [V]

6-12 [답] 5 [A]

6-13 [답] 53.1°

6-14 [답] 10 [A]

6-15 [답] 600 [W]

6-16 [답] L과 C의 병렬회로

6-17 [답] 무효전력량$= 600 \times \frac{1}{2} = 300$ [Var·h]

6-18 [답] 224 [W]

6-19 [답] 0.8

6-20 [답] 300 [kVar]

6-21 [답] 8 [Ω]

6-22 [답] 6 [Ω]

6-23 [답] 1 [kVA]

6-24 [답] 6 [Ω]

6-25 [답] 0.8

6-26 [답] $30 - j40$ [V]

6-27 [답] $3 - j4$ [A]

6-28 [답] $21 - j12$ [A]

6-29 [답] $0.06-j0.08$ [℧]

6-30 [답] ①

6-31 [답] (1) $Z_r=(Z_S+Z_L)^*=2.0-j5$ [Ω]일 때 최대 전력이 전달된다.

(2) $P_{max}=\dfrac{20^2}{4\times2.0}=50$ [W]

6-32 [답] $Z_m=1.5-j8$ [Ω]

6-33 [답] $Z_L=R-jX=r-jx$

6-34 [답] $\cos\phi=\dfrac{r_o}{\sqrt{r_o^2+x_o^2}}$

6-35 [답] $R=\dfrac{1}{\omega C}=\dfrac{1}{2\pi fC}$ [Ω]

7장

7-1 [답] $\cong 42$ [μH]

7-2 [답] $L=L_1+L_2+L-2M$ [H]

7-3 [답] 10 [A]

7-4 [답] 13 [H]

7-5 [답] 3.6L [H]

7-6 [답] $\dfrac{L_1L_2-M^2}{L_1+L_2-2M}$

7-7 [답] 1.3 [mH]

7-8 [답] $I_1=3.3\angle-60.6°$ [A]

$I_2=7.8\angle-48.2°$ [A]

$I=4.63\angle-39.5°$ [A]

$Z_{ab}=20.613$ [Ω]

P= 83.88 [W]

7-9 [답] 16 [mH]

8장

8-1 [답] 5 [V]

8-2 [답] −6 [V]

8-3 [답] 5 [V]

8-4 [답]

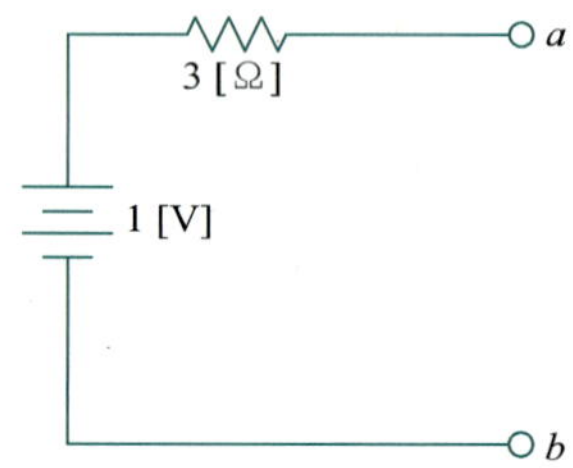

8-5 [답] $I=I_1+I_2+I_3=8+2+0=10$ [A]

8-6 [답] 100 [V]

8-7 [답] 10 [A]

8-8 [답] −20 [V]

8-9 [답] 1 [A]

8-10 [답] $-\dfrac{2}{3}$ [A]

8-11 [답] $V_{ab}=V_{a'b'}+V_{a''b''}=12+0=12$ [V]

8-12 [답] 1.8 [A]

8-13 [답] 100 [V]

8-14 [답] $V=40$ [V], $R=12$ [Ω]

8-15 [답] 125 [W]

8-16 [답] 3 [Ω]

8-17 [답] $10+j4$

8-18 [답] 5 [A]

8-19 [답] $I_1=2$ [A], $I_2=-3$ [A], $I_3=5$ [A]

8-20 [답] ① $Bl=12-(8-1)=5$ 개

②

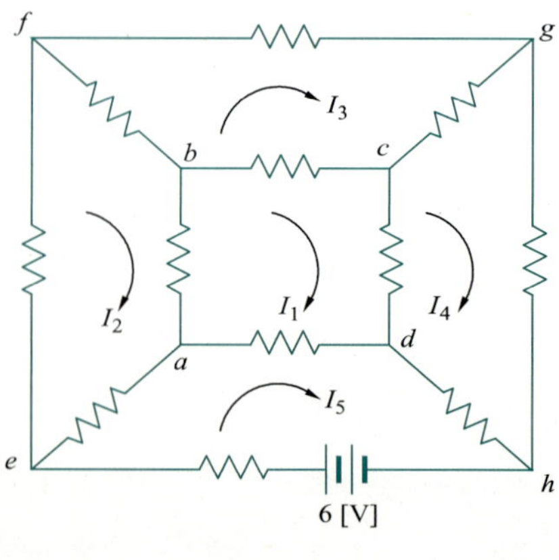

Loop에서 KVL 적용하면

$$4I_1 - I_2 - I_3 - I_4 - I_5 = 0 \cdots\cdots\cdots ①$$

2 Loop에서 KVL 적용하면

$$-I_1 + 4I_2 - I_3 - I_5 = 0 \quad \cdots\cdots\cdots ②$$

3 Loop에서 KVL 적용하면

$$-I_1 - I_2 + 4I_3 - I_4 = 0 \quad \cdots\cdots\cdots ③$$

4 Loop에서 KVL 적용하면

$$-I_1 - I_3 + 4I_4 - I_5 = 0 \quad \cdots\cdots\cdots ④$$

5 Loop에서 KVL 적용하면

$$-1I_1 - I_2 - I_4 + 4I_5 = 6 \quad \cdots\cdots\cdots ⑤$$

$$A = \begin{bmatrix} 4\ -1\ -1\ -1\ -1 \\ -1\ \ 4\ -1 \\ 0\ -1 \\ -1\ -1\ \ 4\ -1\ \ 0 \\ -1\ \ 0 \\ -1\ \ 4\ -1 \\ -1\ -1\ \ 0\ -1 \\ 4 \end{bmatrix}$$

$$Y = \begin{bmatrix} 0 \\ 0 \\ 0 \\ 0 \\ 6 \end{bmatrix}$$

$$B = A^{-1} \cdot Y = \begin{bmatrix} \frac{3}{2} \\ \frac{5}{4} \\ 1 \\ \frac{5}{4} \\ \frac{5}{2} \end{bmatrix}$$

$$\therefore\ I_1 = \frac{3}{2}\ [\text{A}],\ I_2 = \frac{5}{4}\ [\text{A}],$$

$$I_3 = 1\ [\text{A}],\quad I_4 = \frac{5}{4}\ [\text{A}],$$

$$I_5 = \frac{5}{2}\ [\text{A}]$$

8-21 [답] $I_1 = -\frac{52}{11}$ [A]

$I_2 = -\frac{6}{11}$ [A]

$I_3 = -\frac{46}{11}$ [A]

$I_4 = \frac{20}{11}$ [A]

8-22 [답] $I_1 = -\frac{21}{25}$ [A], $I_2 = \frac{29}{25}$ [A], $I_3 = \frac{22}{25}$ [A],

$I_4 = \frac{7}{25}$ [A]

8-23 [답] $R_0 = 9$ [Ω], $V_0 = 8$ [V]

8-24 [답] $I = -\frac{2}{41}$ [A]

8-25 [답] R_L에 흐르는 전류는 1 [A]이다.

8-26 [답] $I = 5 \times \frac{3}{3+2} = 3$ [A]

8-27 [답] $I = -\frac{50}{100} = -0.5$ [A]

8-28 [답] $V_{ab} = 44\angle -36.7°$ [V]

8-29 [답] $I = \left(1 + \frac{0.5}{5.8}\right) 7.365 \fallingdotseq 8$ [A]

8-30 [답] $I = \frac{250}{100} = 2.5$ [A]

8-31 [답] $V_{ab} = \dfrac{\frac{3}{3} + \frac{12}{6}}{\frac{1}{3} + \frac{1}{6}} = \frac{18}{3} = 6$ [V]

9장

9-1 [답] 57.7%

9-2 [답] 0.866

9-3 [답] $\frac{\pi}{2}\left(1 - \frac{2}{n}\right)$

9-4 [답] $80\sqrt{3}$ [A]

9-5 [답] $R = 69.28$ [Ω], $X = 51.96$ [Ω]

9-6 [답] 173.2 [V]

9-7 [답] 3

9-8 [답] $\dfrac{P_1 + P_2}{2\sqrt{P_1^2 + P_2^2 - P_1 P_2}}$

9-9 [답] $I = \dfrac{\dfrac{V}{\sqrt{3}}}{\dfrac{4}{3}r} = \dfrac{\sqrt{3}}{4r} V$ [A]

9-10 [답] $I_L = \sqrt{3} \times$상전류

$$I_P(\text{상전류}) = \frac{\text{상전압}}{\text{등가임피던스}}$$

$\text{상전류} = \dfrac{100}{\sqrt{6^2 + 8^2}} = 10$ [A]이므로, 선간전류는 $10\sqrt{3}$ [A]이다.

9-11 [답] 무효전력$\times \dfrac{1}{\sqrt{3}}$

9-12 [답] 3200 [W]

9-13 [답] 3배

9-14 [답] $I \fallingdotseq 13.12 - j9.84$ [A]

9-15 [답] 8.54 [A]

9-16 [답] 1) $I_s = \dfrac{220}{10} = 22$ [A], 2) $I_d \fallingdotseq 30$ [A]

10장

10-1 [답] −2

10-2 [답] −5, −6

10-3 [답] ∞

10-4 [답] $R = \sqrt{\dfrac{4 \times 10^{-3}}{0.1 \times 10^{-6}}} = 200$ [Ω]

10-5 [답]

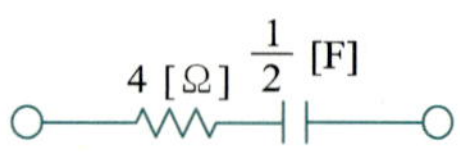

10-6 [답]

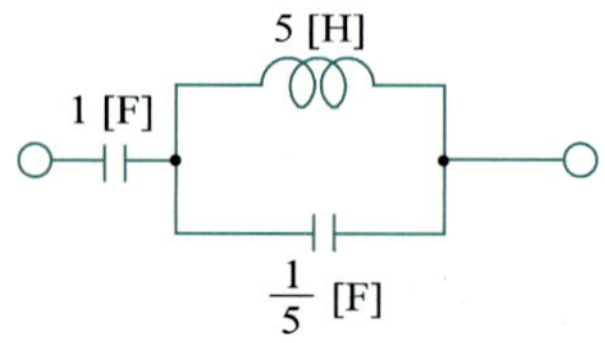

10-7 [답]

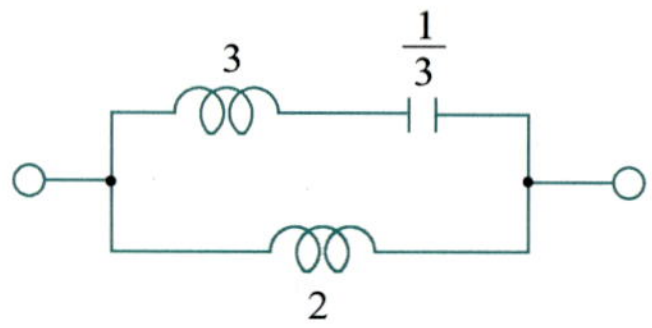

10-8 [답]

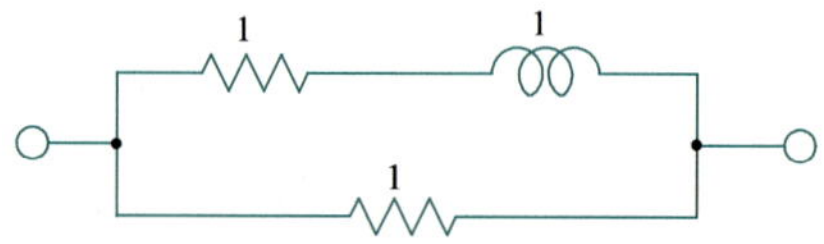

10-9 [답] $\dfrac{3 + 19s}{4s + (1 + s)}$

10-10 [답] $\dfrac{s^4 + 4s^2 + 1}{s(3s^2 + 1)}$

10-11 [답] $\dfrac{2s^2 + 5s + 4}{2s^2 + s + 2}$

10-12 [답] $\dfrac{3s}{s^2 + 1}$

10-13 [답] 400 [V]

10-14 [답] $L' = 10$ [mH], $C' = 1$ [μF]

10-15 [답] 0.4 [Ω]

10-16 [답]

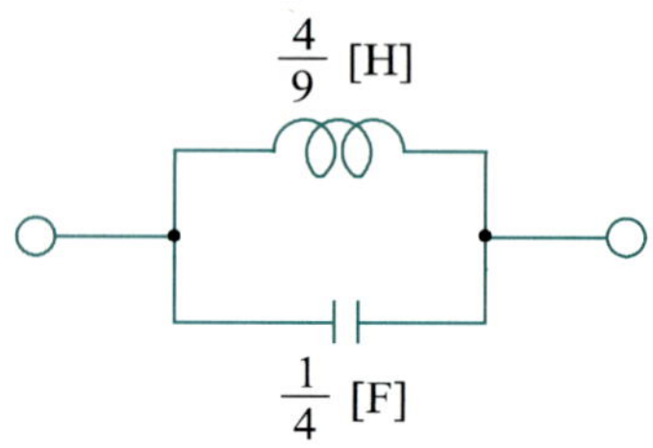

10-17 [답] $\dfrac{15\lambda + 5}{3\lambda}$

10-18 [답] 2 [mH]

11장

11-1 [답] Z_1+Z_2

11-2 [답] Z_2

11-3 [답] T회로의 임피던스 파라미터는

$Z_{11}=6$ [Ω], $Z_{22}=7$ [Ω],

$Z_{12}=Z_{21}=4$ [Ω]

11-4 [답] Y_2+Y_3

11-5 [답] $A=\frac{V_1}{V_2}\mid_{I_2=0}=\frac{12}{4}=3$

$B=\frac{V_1}{I_2}\mid_{I_2=0}=\frac{16}{2}=8$ [Ω]

$C=\frac{I_1}{V_2}\mid_{I_2=0}=\frac{2}{4}=0.5$ [℧]

$D=\frac{I_1}{I_2}\mid_{I_2=0}=\frac{4}{2}=2$

11-6 [답] $A=1+\frac{Z_1}{Z_2}=1+\frac{-j100}{-j50}=1+2=3$

11-7 [답] $j\left(\omega L-\frac{1}{\omega C}\right)$

11-8 [답] $1+\frac{R}{j\omega L}$

11-9 [답] $1-\omega^2 LC$

11-10 [답] $Y_{11}=\frac{Z_2+Z_3}{Z_1Z_2+Z_2Z_3+Z_3Z_1}=-j\frac{1}{35}$ [℧]

11-11 [답] 8 [Ω]

11-12 [답] $Z_o=\sqrt{\frac{B}{C}}=\sqrt{\frac{0}{j\frac{1}{50}}}=0$ [Ω]

11-13 [답] 합성 4단자망의 어드미턴스 파라미터는

$$Y_{11}=Y_{11}'+Y_{11}''=\frac{1}{10}+j\frac{2}{5}$$

$$Y_{12}=Y_{21}=Y_{12}'+Y_{12}''=\frac{1}{10}-j\frac{3}{5}$$

$$Y_{22}=Y_{22}'+Y_{22}''=\frac{1}{10}+j\frac{2}{5}$$

이것으로부터 다시 4단자 정수를 구하면

$$A=\frac{Y_{22}}{Y_{12}}=\frac{\frac{1}{10}+j\frac{2}{5}}{\frac{1}{10}-j\frac{3}{5}}=-\frac{23}{37}+j\frac{10}{37}$$

(대칭회로이기 때문에)

$$B=\frac{1}{Y_{12}}=\frac{1}{\frac{1}{10}-j\frac{3}{5}}=-\frac{10}{37}+j\frac{60}{37}$$

$$C=\frac{Y_{11}Y_{22}}{Y_{12}}-Y_{12}$$

$$=\frac{\left(\frac{1}{10}+j\frac{2}{5}\right)^2}{\frac{1}{10}-j\frac{3}{5}}-\frac{1}{10}+j\frac{3}{5}=-\frac{10}{37}+j\frac{14}{37}$$

반복 파라미터

$$Z_{k_1}=Z_{k_2}=\sqrt{\frac{B}{C}}=\sqrt{\frac{10+j60}{-10+j14}}$$

$$Z_{k_1}=Z_{k_2}=1.737-j0.719$$

$$\cosh r=A=\frac{23}{37}+j\frac{10}{37}$$

11-14 [답] 9 [Ω]

11-15 [답] A=D

11-16 [답] $Z_{01}=\sqrt{\frac{B}{C}}=\sqrt{\frac{800}{\frac{1}{450}}}=\sqrt{(800\times 450)}$

$=600$ [Ω]

11-17 [답] $Z_{01}=\sqrt{\frac{AB}{CD}}=\sqrt{\frac{\frac{9}{5}\times 4}{\frac{1}{5}\times 1}}=\sqrt{\frac{\frac{36}{5}}{\frac{1}{5}}}$

$=\sqrt{36}=6$ [Ω]

$Z_{02}=\sqrt{\frac{DB}{CA}}=\sqrt{\frac{1\times 4}{\frac{1}{5}\times\frac{9}{5}}}=\sqrt{\frac{100}{9}}$

$=\frac{10}{3}=3.33$ [Ω]

11-18 [답] 4

11-19 [답] 600 [Ω], 600 [Ω]

11-20 [답] $f_c = \frac{1}{4\pi KC}$

$= \frac{1}{4\pi \times 500 \times 0.01 \times 10^{-6}}$

$= 15{,}923.56$ [Hz] ≒ 15.9 [kHz]

11-21 [답] ①

12장

12-1 [답] $f(t) = \frac{A}{\pi}\left[\frac{\omega\tau}{2} + \sin n\omega\tau\cos\omega t + \frac{1}{2}sin2\omega\tau\cos2\omega t + \frac{1}{3}sin3\omega\tau\cos3\omega t\,(1-\cos\omega\tau)\sin n\omega t + \frac{1}{2}(1-\cos2\omega\tau)\sin2\omega t + \cdots\right]$

12-2 [답] $f(t) = \frac{4A}{\pi}sin\omega t + \frac{4A}{\pi}\frac{1}{3}sin3\omega t + \frac{4A}{\pi}\frac{1}{5}sin5\omega t + \cdots$

$= \frac{4A}{\pi}\left(\sin\omega t + \frac{1}{3}sin3\omega t + \frac{1}{5}sin5\omega t + \cdots\right)$

12-3 [답] $\frac{2}{\sqrt{3}}$, $\sqrt{3}$

12-4 [답] 1 [A]

12-5 [답] 2

12-6 [답] $\frac{1}{\sqrt{5}}$

12-7 [답] (1) 왜율$= \frac{\sqrt{40^2+30^2}}{100}$

$= \frac{1}{2} \times 100 = 50$ [%]

(2) 평균전력$= 250 + 7.8 = 257.8$ [W]

(3) $\text{p.f} = \frac{257.8}{79 \times 7.2} = 0.45$

12-8 [답] 14.45 [V]

12-9 [답] $I = \sqrt{I_1^2 + I_3^2} = \sqrt{20^2 + 2.425^2} ≒ 20.15$ [A]

12-10 [답] 10 [A]

12-11 [답] $\sqrt{\frac{E_{m_1}^2 + E_{m_2}^2}{2}}$

12-12 [답] $\frac{VI}{2}$ [W]

12-13 [답] 700 [W]

12-14 [답] 750 [W]

12-15 [답] 656 [W]

12-16 [답] $i_o = 10\sin\omega t$ [A]

12-17 [답] $I = \frac{\omega C}{\sqrt{2}}\sqrt{E_1{}^2 + (3E_3)^2}$ [A]

12-18 [답]

$$f(t) = \frac{8A}{\pi^2}\left\{\begin{array}{l}\left(\sin\omega t - \frac{1}{3^2}\sin3\omega t + \frac{1}{5^2}\sin5\omega t - \frac{1}{7^2}\sin7\omega t + \cdots\right) \\ + \frac{(-1)^{n-1}}{(2n-1)^2}\sin(2n-1)\omega t \cdots\end{array}\right\}$$

12-19 [답]

$$f(\omega t) = \frac{V}{2} - \frac{4V}{\pi^2}\left[\cos\omega t + \frac{1}{3}\cos3\omega t + \frac{1}{5}\cos5\omega t\right]$$

12-20 [답] ㉮

12-21 [답] ㉮

13장

13-1 [답] $2.3\frac{L}{R}$

13-2 [답] 0.004 [sec]

13-3 [답] 1 [sec]

13-4 [답] $i(t) = -\frac{E}{R_1}e^{-\frac{R_2}{L}t}$

13-5 [답] $\frac{V}{2R}e^{-\frac{1}{RC}t}$ [A]

13-6 [답] $\left(\frac{R}{2L}\right)^2 - \frac{1}{LC} > 0$

$\left(\frac{R}{2L}\right)^2 - \frac{1}{LC} > 0$에서 R이 포함된 항이 커야 진동하지 않고 바로 감쇠한다.

13-7 [답] $i_1(0^+) = \frac{V}{R_1}$, $i_2(0^+) = 0$

13-8 [답] 14.03 °

13-9 [답] ㉮

13-10 [답] 22 [V]

13-11 [답] $i(t) = 12\sqrt{2}$ [A]

13-12 [답]

$$i = \frac{100}{5 \times 10^3} - 0.52e^{-10,000t} \text{ [A]} = 0.02 - 0.52e^{-10,000t} \text{ [A]}$$

복습문제 해답

1장

문제 1. [답] ㉰ 54 [C]

문제 2. [답] ㉯ 10 [Ah]

문제 3. [답] ㉯ 61 [Ah]

문제 4. [답] 12.5×16^{8} [개]

문제 5. [답] 2×10^{20} [개]

2장

문제 1. [답] $\frac{2}{3}$ [Ω]

문제 2. [답] 1.25 [W]

문제 3. [답] ㉮ 29.2, 2.38

문제 4. [답] ㉰ 1.5

문제 5. [답] ㉰ 5 [Ω]

문제 6. [답] ㉯ 4

문제 7. [답] ㉯ $\frac{R_2}{R_1+R_2}E$

문제 8. [답] ㉯ 2

문제 9. [답] ㉰ 19

문제 10. [답] ㉰ $\frac{G+R}{R}$

문제 11. [답] ㉰ $\frac{R}{n-1}$

문제 12. [답] ㉱ 10,000

문제 13. [답] 3 [V]

문제 14. [답] ㉱ $\frac{1}{8}$

문제 15. [답] $A_1 = 9$ [A], $A_2 = 15$ [A]

문제 16. [답] ㉯ 60

문제 17. [답] ㉯ 30

문제 18. [답] ㉯ 12

문제 19. [답] ㉯ 25

문제 20. [답] 12 [Ω]

문제 21. [답] 8 [Ω]

문제 22. [답] ㉰ $\frac{E-V}{E} \cdot r$

문제 23. [답] 1,000 [kΩ]

문제 24. [답] 6 [m℧]

문제 25. [답] ㉮

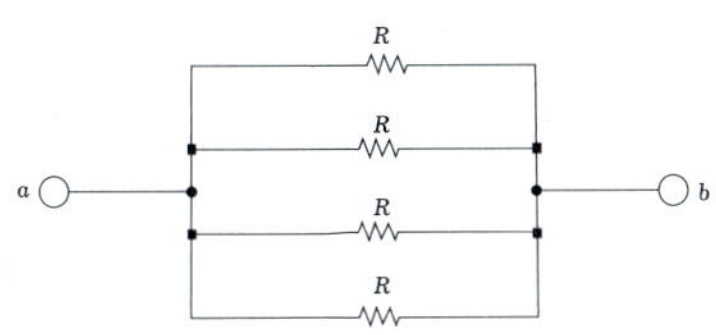

문제 26. [답] ㉱ 450 [W]

문제 27. [답] ㉮ 0.3 [A]

문제 28. [답] ㉮ $\dfrac{(E_1-E_2)^2}{R}$

문제 29. [답] ㉱ 6

문제 30. [답] ㉱ −5

문제 31. [답] ㉮ 70.5

문제 32. [답] ㉰ $r=\sqrt{R_1 R_2}$

문제 33. [답] ㉰ 30

문제 34. [답] ㉱ 10^6 [Ω · mm²/m]

문제 35. [답] ㉮ $r_1=12,\ r_2=4$

문제 36. [답] ㉮ 전압과 저항이 모두 2배가 된다.

문제 37. [답] ㉰ 전압은 불변이고 저항이 $\dfrac{1}{2}$ 배가 된다.

문제 38. [답] ㉮ 전기량은 불변이고, 용량은 $\dfrac{1}{2}$ 배가 된다.

문제 39. [답] ㉰ 전압은 불변이고, 용량은 2배가 된다.

문제 40. [답] $G=0.25$ [℧]

문제 41. [답] 1) 병렬, 작아 2) 직렬, 커

문제 42. [답] ㉰ $\dfrac{3}{2}n(\dfrac{V}{I}-r)$

문제 43. [답] 2 [A]

문제 44. [답] $I_1=5$ [A], $I_2=\dfrac{10}{3}$ [A], $I_3=5$ [A]

문제 45. [답] 10 [V]

문제 46. [답] 5 [V]

문제 47. [답] 8 [Ω]

문제 48. [답] ㉮ 전류

문제 49. [답] 2 [Ω]

문제 50. [답] $\dfrac{E^2}{4R}$ [W]

문제 51. [답] 4 [V]

문제 52. [답] 115 [V]

문제 53. [답] 360 [W]

문제 54. [답] 0.6

문제 55. [답] 8 [A]

문제 56. [답] 5 [V]

문제 57. [답] 30 [V]

문제 58. [답] ㉰ 0.83배

문제 59. [답] ㉯ 3

문제 60. [답] ㉮ 80 [V]

문제 61. [답] 15 [A]

문제 62. [답] ㉯ 0.75

문제 63. [답] $\dfrac{R_A}{R_B}=\dfrac{3}{2}$

문제 64. [답] ③ 증가한다, 감소한다

문제 65. [답] ㄱ, ㄷ

문제 66. [답] (a) $\dfrac{1.2}{1.3}$ [Ω] , (b) $\dfrac{60}{137}$ [Ω]

문제 67. [답] 1.33 [Ω]

문제 68. [답] $r(-1+\sqrt{3})$ [Ω]

문제 69. [답] $1+\sqrt{3}$ [Ω]

문제 70. [답] ㉯ $\dfrac{V}{E-V}\cdot r$

문제 71. [답] ㉰ 57 [A]

문제 72. [답] ㉯ 0.01 [μF]

문제 73. [답] ㉱ 1.59 [μF]

문제 74. [답] ㉯ 4

문제 75. [답]

1) $I_1=0.552$ [A], $I_2=0.612$ [A], $I_3=-0.46$ [A]

2) $P_{30}=6.57$ [W], $P_{10}=3.025$ [W]

$P_{10}=3.75$ [W], $P_{20}=0.072$ [W]

3) 1.2 [V]

문제 76. [답] 6 [Ω]

문제 77. [답] 1.6 [Ω]

문제 78. [답] ㉰

문제 79. [답] 5 [kΩ]

문제 80. [답] $\frac{159}{71}$ [Ω]

문제 81. [답] $\frac{88}{9}$ [Ω]

문제 82. [답] 48.80 [Ω]

3장

문제 1. [답] ㉯ $R_1+\frac{R_2 jwL}{R_2+jwL}$

문제 2. [답] 12 [V]

문제 3. [답] ㉮ 50

문제 4. [답] ㉯ 14

문제 5. [답] ㉱ $\frac{\pi}{2\sqrt{2}}$

문제 6. [답] ㉲ 6

문제 7. [답] 31.74

문제 8. [답] ㉱ 90°

문제 9. [답] ㉯ $\frac{R_2}{R_1+R_2}E$

문제 10. [답] ㉯ 57.7

문제 11. [답] ㉮ $\frac{1}{R}(1+j\omega CR)$

문제 12. [답] ㉱ 2.0 [H]

문제 13. [답] ㉮ $-j160$

문제 14. [답] ㉯ $\frac{G_1}{G_1+G_2}E$

문제 15. [답] ① 9.42 [Ω], 18.84 [Ω], 37.68 [Ω]
② 1.06 [A], 0.53 [A], 0.27 [A], ③ 0.53 [A]

문제 16. [답] $\frac{20}{7}$ [A]

문제 17. [답] $R_1=6$ [Ω], $R_1=10$ [Ω], $R_2=10$ [Ω]
$R_2=6$ [Ω]

문제 18. [답] 1) 50 [A], 2) 100 [V]

문제 19. [답] $\phi=\tan^{-1}\frac{\frac{1}{\omega C}}{R}$

문제 20. [답] $\frac{R[R_1(R+R_1)+(\omega L)^2]}{(R+R_1)^2+(\omega L)^2}$

문제 21. [답] $2\sqrt{5}\cos\left(t-\frac{\pi}{4}-\tan^{-1}2\right)$

문제 22. [답] 8 [V]

문제 23. [답] $\frac{50}{\sqrt{2}}$ [Ω]

문제 24. [답] 5 [Ω]

문제 25. [답] 3 [Ω]

문제 26. [답] $-\omega CV_m\sin\omega t$ [A]

문제 27. [답] $i=\frac{1}{\sqrt{2}}\sin\left(2t+\frac{\pi}{12}\right)$ [A]

문제 28. [답] 13 [A]

문제 29. [답] $R_1R_2=\omega^2L_1L_2$

문제 30. [답] ㉰ 0.1256

문제 31. [답] ㉯ $3{,}200\angle 40^\circ$

문제 32. [답] ㉯ $1.26\sin(\omega t+90°)$

문제 33. [답] ㉰ $\frac{1}{0.5}\int_0^t 10\sin\omega t\,dt+10$

문제 34. [답] ㉯ 일정한 전류가 흐를 때 전압은 무한대이지만 일정량의 에너지가 축적된다.

문제 35. [답] ㉱ 인덕터의 전류는 불연속적으로 변한다.

문제 36. [답] ㉮

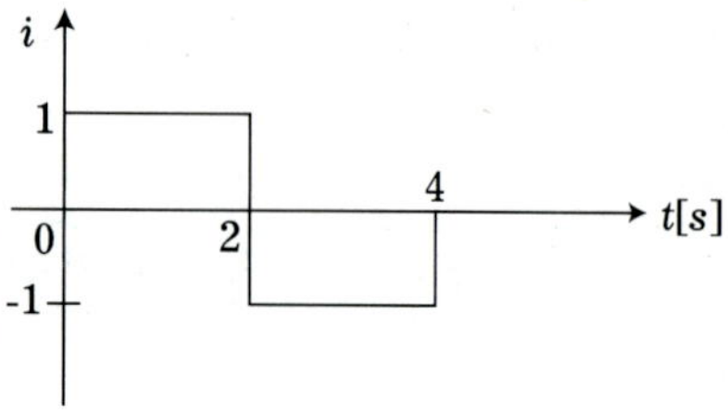

문제 37. [답] ㉯ $\frac{1}{2}CV_1$

문제 38. [답] ㉯ CV^2

문제 39. [답] ㉯ $\frac{1}{2}$ [H]

문제 40. [답] 저항회로

문제 41. [답] 커패시터 회로

문제 42. [답] 인덕턴스 회로

문제 43. [답] R−L 직렬 회로

문제 44. [답] R−C 직렬 회로

문제 45. [답] 3.6[Ω]

문제 46. [답] 20[Ω]

문제 47. [답] 40 [V]

문제 48. [답] $R_1 = 593.94[\Omega]$
$R_2 = 6.06[\Omega]$

문제 49. [답] $R_1 = 7[\Omega],\ R_2 = 3[\Omega],\ R_3 = 6[\Omega]$

문제 50. [답] $\frac{V}{E} = 0.71$

문제 51. [답] (a) 약 10 [mA], (b) 약 1 [mA]

문제 52. [답] 37.5 [A], 즉 2.5 [A] 감소한다

문제 53. [답] 211.8 [V] 감소

문제 54. [답] 15[V]

문제 55. [답] ㉯ Ⓐ와 Ⓑ는 전류계, Ⓒ는 전압계

문제 56. [답] ㉱ 전류계 외측에 설치하여 전류의 측정 범위를 확대하기 위해 설치하는 저항기

문제 57. [답] ㉮ 오옴의 법칙은 전압은 저항에 반비례 함을 의미

문제 58. [답] 20[V]

문제 59. [답] $V_1 = 60[V]$
$V_2 = 65[V]$

문제 60. [답] 100[Ω]

문제 61. [답] $R = \sqrt{\frac{3E^2}{8I^2}} = \sqrt{\frac{3}{8}} \cdot \frac{E}{I}[\Omega]$

$C = \sqrt{\frac{5}{8}}\frac{I}{\omega E}[F]$

문제 62. [답] $I_1 = 1[mA], I_2 = \frac{1}{2}[mA], I_3 = \frac{1}{2}[mA]$
$I_4 = \frac{3}{8}[mA], I_5 = \frac{1}{8}[mA]$
$9[k\Omega] = 9[V], 6[k\Omega] = 3[V]$
$3[k\Omega] = \frac{3}{2}[V], 9[k\Omega] = \frac{9}{8}[V]$
$4[k\Omega] = \frac{3}{2}[V], 3[k\Omega] = \frac{3}{8}[V]$

문제 63. [답] 12 [V]

문제 64. [답] 0.3 [A]

문제 65. [답] $-\frac{8}{5}[V]$

문제 66. [답] 5 [A]

문제 67. [답] 360 [Hz]

문제 68. [답] 300 [Hz]

문제 69. [답] 2.5 [A]

문제 70. [답] ③ 임피던스

문제 71. [답] ③ $0° \le \Theta \le 90°$빠르다

문제 72. [답] ③ $\frac{\pi}{2}$

문제 73. [답] ① 크다

문제 74. [답] ① 90° 빠르다

문제 75. [답] 6.37 [V]

문제 76. [답] $I_{ab} = \frac{3}{7}[A], V_{ab} = 0$

문제 77. [답] 94 [%]

4장

문제 1. [답] ㉯ $v_2 = -\sqrt{3}v_1$

문제 2. [답] ㉮ $R=4$ [Ω], $X_L=5$ [Ω]

문제 3. [답] ㉮ $\sqrt{3}+j$

문제 4. [답] ㉮ $20\epsilon^{j\alpha}$

문제 5. [답] ㉰ $\dot{A}_3 = 4\left(\cos\frac{\pi}{6}+j\sin\frac{\pi}{6}\right)$[A]

문제 6. [답] ㉯ $\frac{3}{2}r$

문제 7. [답] ㉱ $10\sqrt{37}$

문제 8. [답] ㉰ $V_1 = 98+j36$, $V_2 = 2-j36$

문제 9. [답] ㉮ $10(26+j23)$

문제 10. [답] 100[V]

문제 11. [답] $10\sqrt{2}\sin\left(120\pi t-\tan^{-1}\frac{4}{3}\right)$ [A]

문제 12. [답] 56 [V]

문제 13. [답] 100 [V]

문제 14. [답] $R_2 = \omega L$, $R_1 = \frac{1}{\omega C}$

문제 15. [답] ㉯ $\omega CE_m \sin(\omega t+90°)$

문제 16. [답] 0 [V]

문제 17. [답] 0

문제 18. [답] 7.5 [Ω]

문제 19. [답] $R_{ab} = \frac{1}{2}R$

문제 20. [답] 47 [A]

문제 21. [답] 2 [A]

문제 22. [답] $\frac{V_2}{V_1} = \frac{1}{2}$

문제 23. [답] 2 [Ω]

문제 24. [답] 1 [A]

문제 25. [답] 6 [Ω]

문제 26. [답] 30 [Ω]

문제 27. [답] ㉱

문제 28. [답] $R=5$ [Ω], $X_L=5\sqrt{3}$ [Ω]

문제 29. [답] 0.1 [A]

문제 30. [답] $y=1$ [V], $|V|=2$ [V]

문제 31. [답] $V_1+V_2=100+j110$ [V]

5장

문제 1. [답] 1.5 [Ω]

문제 2. [답] ㉱ $C_r = 1.268[\mu F], Q=25.12$

문제 3. [답] ㉮ R이 작을수록 Q가 높다.

문제 4. [답] ㉮ 최소가 된다.

문제 5. [답] ㉱ 5×10^2

문제 6. [답] ㉱ 공진회로에서 에너지 소비능률

문제 7. [답] $\omega C = \frac{1}{\omega L}$

문제 8. [답] $\therefore C = \frac{L}{R^2}$

문제 9. [답] $\therefore \omega L = \frac{1}{\omega C}$

문제 10. [답] ㉱ $\frac{1}{2\pi\sqrt{LC}}\sqrt{1-\frac{R^2 L}{L}}$

문제 11. [답] ㉮ $R(1+Q^2)$

문제 12. [답] ③

문제 13. [답] ①

문제 14. [답] $I_{병} = 10$ [A]

6장

문제 1. [답] 268 [uF]

문제 2. [답] 3,091[W]

문제 3. [답] 12[W]

문제 4. [답] 6[Ω]

문제 5. [답] $S=65.19$[kVA], $\cos\theta=57$[V]

문제 6. [답] 1) 전 전력 $P=6$[kW], $Q=8$[kvar]

$S=10$[kVA]

2) 6[kVA], 3) 3.5[kVA]

문제 7. [답] ㉰ 300

문제 8. [답] ㉮ 62.3

문제 9. [답] ㉯ $\frac{R}{\pi f}$

문제 10. [답] ㉰ 6

문제 11. [답] ㉰ $\frac{V^2R}{R^2+X^2}$

문제 12. [답] ㉮ 1.2

문제 13. [답] ㉮ $\frac{E_m^2}{2R}$

문제 14. [답] ㉮ 120

문제 15. [답] ㉱ 3,200

문제 16. [답] ㉰ 0.3

문제 17. [답] $I_1=0.4[A], I_2=-0.1[A], I_3=-0.1[A]$
$I_4=0.3[A], I_5=0.2[A]$
$P_d=18.5[W], P_s=18.5[W], P_d=P_s$

문제 18. [답] 80 [W]

문제 19. [답] $\frac{2}{\sqrt{5}}$

문제 20. [답] ㉰ $\frac{1}{2}$

문제 21. [답] ㉲ 복소전력

문제 22. [답] ㉯ 전압과 전류의 위상차의 여현

문제 23. [답] 3,000[kW]

문제 24. [답] ㉮ 유효전력

문제 25. [답] ㉮ 36×103

문제 26. [답] 0.4 [kW]

문제 27. [답] 역률 0.65, 부하전력 : 130 [W]

문제 28. [답] ㉰ 2.5×10^{-3}

문제 29. [답] ㉱ 8.97

문제 30. [답] ㉱ 80

문제 31. [답] ㉰ 약 3.6

문제 32. [답] ㉰ 4.0

문제 33. [답] ㉯ 160

문제 34. [답] ㉯ 300

문제 35. [답] ㉮ $\frac{\pi^2}{8}V_aI_a$

문제 36. [답] ㉯ 55

문제 37. [답] R=20 [Ω], L=47.7 [mH]

문제 38. [답] ㉰ Q가 더 밝다.

문제 39. [답] ㉰ A만을 사용할 때의 소비전력의 $\frac{1}{2}$배이다.

문제 40. [답] $P=1,000\sqrt{3}$ [W]

문제 41. [답] ㉱

문제 42. [답] ㉱

문제 43. [답] ㉱

문제 44. [답] ㉰

7장

문제 1. [답] ㉯ 10

문제 2. [답] ㉯ $\frac{M}{\sqrt{L_1L_2}}$

문제 3. [답] ㉰ 75

문제 4. [답] 10 [A]

문제 5. [답] $\dot{Z}_{ab} = R_1 + j(\omega L_1 + \omega M) + j(\omega L_2 + \omega M) + R_2$
$= R_1 + R_2 + j\omega(L_1 + L_2 + 2M)$

8장

문제 1. [답] ㉮ 1

문제 2. [답] $i_1 = 2$ [A], $i_2 = \frac{4}{15}$ [A]

문제 3. [답] $i_1 = \frac{12}{4} = 3$[A], $i_2 = \frac{12}{6} = 2$[A]

$i_3 = \frac{12}{2.4} = 5$[A]

문제 4. [답] ㄱ. $I_1 + I_2 = I_3$, ㄷ. $I_2R_2 + I_3R_3 = E_2$

문제 5. [답] ㉰ 60V

문제 6. [답] -13.76[V]

문제 7. [답] 0.75[A]

문제 8. [답] $i_0 = 6$[A], $v_0 = 24$[V]

문제 9. [답] $v_a = 10$[V], $v_b = -5$[V]

문제 10. [답] $i_1 = \frac{40}{10} = 4$[A], $i_2 = \frac{40}{20} = 2$[A]

$i_3 = \frac{40}{30} = \frac{4}{3}$[A], $i_4 = \frac{40}{60} = \frac{2}{3}$[A]

문제 11. [답] $v_o = 20$[V]

문제 12. [답] -4[A]

문제 13. [답] $V_1 = 6$[V], $V_2 = 12$[V], $V_3 = 6$[V]

문제 14. [답] $a)\ V_s = 88$[V], $V_4 = 4 \times 10 = 40$[V]
$b)\ I_2 = \frac{4}{3}$[A]

문제 15. [답] $I_2 = \frac{2.4}{24} = 0.1$[A], $V_3 = 0.1 \times 16 = 1.6$[V]

문제 16. [답] 0.357[A]

문제 17. [답] 3 [Ω]

문제 18. [답] 1 [A]

문제 19. [답] 8 [V]

문제 20. [답] 1 [V]

문제 21. [답] $\frac{v_0}{v_g} = -0.32$

문제 22. [답] $i_1 = \frac{12}{4} = 3$[A], $i_2 = 2$[A]

문제 23. [답] 12[V]

문제 24. [답] $v_1 = \frac{240}{3} = 80$[V], $v_2 = -64$[V]

$v_3 = 156$[V]

문제 25. [답] $v_0 = 8$ [V], $i_0 = 4$ [A]

문제 26. [답] 20 [V]

문제 27. [답] $\frac{10}{3}$[Ω]

문제 28. [답] $\frac{1}{13}$

문제 29. [답] 6.96[V]

문제 30. [답] 10 [V]

문제 31. [답] 8 [V]

문제 32. [답] I1=8 [A], I2=5 [A]

문제 33. [답] 12[A]

문제 34. [답] 12[A]

문제 35. [답] 8[A]

문제 36. [답] $V_1 = 6$[V], $V_2 = \frac{3}{4}$[V], $V_3 = -3$[V]

$I_1 = \frac{21}{24}$[A], $I_2 = \frac{1}{4}$[A], $I_3 = \frac{15}{24}$[A]

$I_4 = \frac{9}{4}$[A]

문제 37. [답] $-\frac{3}{7}$[A]

문제 38. [답] $i_o = 1[A], i_2 = -1[A]$

문제 39. [답] $\frac{3}{8}[A]$

문제 40. [답] $i_1 = \frac{80}{22}[A]$, $i_2 = \frac{90}{22}[A]$

문제 41. [답] $\frac{63}{19}[V]$

문제 42. [답] $\frac{5}{4}[A]$

문제 43. [답] $\frac{50}{13}[\Omega]$

문제 44. [답] $I_{ab} = \frac{15}{7}[A], \frac{14}{15}[\Omega]$

문제 45. [답] 3 [A]

문제 46. [답] $V_{ab} = \frac{70}{13}[V], I = \frac{12}{13}[A]$

문제 47. [답] 6 [A]

문제 48. [답] $\frac{48}{7}[V]$

문제 49. [답] $\frac{72}{11}[V]$

문제 50. [답] 6 [V]

문제 51. [답] 1.4 [A]

문제 52. [답] 0.6 [Ω]

문제 53. [답] $I_L = \dfrac{\dfrac{R_2 V_1 + R_1 V_2}{R_1 + R_2}}{j\omega L + \dfrac{R_1 R_2}{R_1 + R_2}}[A]$

문제 54. [답] 38.2 [mA]

문제 55. [답] 12.8 [Ω]

문제 56. [답] $-\frac{16}{7}$ [A]

문제 57. [답] 16 [V]

문제 58. [답] 0.903 [A]

문제 59. [답] $R_2 E_1 = R_1 E_2$

문제 60. [답] $E_1 R_2 = E_2 R_1$

문제 61. [답] 2.4 [V]

문제 62. [답] 1.4 [A]

문제 63. [답] $v_1 = 1$ [V], $v_2 = 2$ [V], $v_3 = 3$ [V]

문제 64. [답] $-\frac{2}{3}$ [A]

문제 65. [답] $V_1 = 2$ [V], $V_2 = -18$ [V]

문제 66. [답] ㉮ $v_1 = 20$ [V], ㉯ $\frac{20}{4} = 5$ [A]

㉰ R_1에 흐르는 전류 $I_1 = \frac{20}{6}$ [A], $I_2 = \frac{20}{3}$ [A]

문제 67. [답] 흡수 전력 : $P_6 = I^2 R = 5^2 \times 6 = 150$ [W]

$P_{12} = I^2 R = 2.5^2 \times 12 = 75$ [W]

$P_4 = I^2 R = 7.5^2 \times 4 = 225$ [W]

공급 전력 : $P_{7A} = VI = 30 \times 7 = -210$ [W]

$P_{8A} = VI = 30 \times 8 = -240$ [W]

문제 68. [답] $v_x = 8$ [V], $i_x = 1$ [A], $I_2 = 4$ [A]

문제 69. [답] ㉱

문제 70. [답] ㉰

문제 71. [답] 1) $v_0 = 22$ [V]

2) 시정수 $\tau = 1.8 \times 10^{-6}$ [sec]
등가전압 $E_{th} = 22$ [V]

3) 주기 0.1 [ms]

9장

문제 1. [답] 24.4 [A]

문제 2. [답] 121 [V]

문제 3. [답] ㉯

문제 4. [답] ㉯

문제 5. [답] ㉯

문제 6. [답] ㉯

문제 7. [답] ㉮ $2+j$

문제 8. [답] ㉱ $5\sqrt{3}$ [A]

문제 9. [답] ㉮ 영상분

문제 10. [답] ㉱ 평형 3상 $I_a+I_b+I_c=0$

문제 11. [답] ㉯ 13

문제 12. [답] ㉯ 타원 회전자계

문제 13. [답] ㉯ 대칭 2상 교류에 의한 회전자계는 타원형 회전자계이다.

문제 14. [답] ㉰ $2\sin\frac{\pi}{n}$

문제 15. [답] ㉮ 14.4

문제 16. [답] ㉱ 0

문제 17. [답] ㉯ 60°

문제 18. [답] ㉯ 60°

문제 19. [답] ㉱ 약 $216.8\angle-13.38°$

문제 20. [답] $I_l=50$[A], 역률 $=0.8$
$P_3=14{,}400$[W], $Q_3=10{,}800$[Var]
$S_3=18{,}000$[VA]

문제 21. [답] 60 [Ω]

문제 22. [답] $\frac{6}{5}r$

문제 23. [답] 48.1 [A]

문제 24. [답] 3 [Ω]

문제 25. [답] $\frac{P_1}{P_2}=\frac{(3r^2+x^2)(9r^2+x^2)}{3r^2(9r^2+5x^2)}$

문제 26. [답] 92 [kVA]

문제 27. [답] $\therefore I=\frac{2W}{\sqrt{3}V}$ [A]

10장

문제 1. [답] $2e^{-4t}$[A]

문제 2. [답] ㉱

문제 3. [답] ㉯ 200 [rad/sec]

문제 4. [답] ㉮ $\frac{6s^2+1}{s(s^2+1)}$

문제 5. [답] ㉱ $\frac{dX(\omega)}{d\omega}>0$

문제 6. [답] ㉮ $\frac{Hs(s+b)}{(s+a)}$

문제 7. [답] $R=\sqrt{\frac{L}{C}}$ [Ω]

문제 8. [답] $Z_{ab}=2s+6$ [Ω]

문제 9. [답] ㉰

문제 10. [답] ㉯

11장

문제 1. [답] ㉰ C

문제 2. [답] ㉰ A, B, C, D 파라미터 중 B는 어드미턴스, C는 임피던스 차원을 갖는다.

문제 3. [답] $Z_{11}=\frac{1}{Y_1+Y_2}$, $Z_{21}=\frac{1}{Y_2}$

$Z_{12}=\frac{1}{Y_2}$, $Z_{22}=\frac{1}{Y_2+Y_3}$

문제 4. [답] 임피던스 $B=800$[Ω] 전압비 $A=\frac{5}{3}$

전류비 $D=\frac{5}{3}$

문제 5. [답] ㉰ $C=\frac{1}{2}$

문제 6. [답] ㉮ $\frac{1}{13}$

문제 7. [답] ㉮ $\begin{bmatrix} A\,B \\ C\,D \end{bmatrix} = \begin{bmatrix} n & 0 \\ o & \frac{1}{n} \end{bmatrix}$

문제 8. [답] ㉰ $j\omega C$

문제 9. [답] ㉰ $\frac{1}{n}$, 0, 0, n

문제 10. [답] ㉱ $\frac{Z_1+Z_3+Z_5}{Z_5}$

문제 11. [답] $D \fallingdotseq 1.663$

문제 12. [답] ㉮ $1+\frac{R}{sL}$

문제 13. [답] ㉯ 4

문제 14. [답] $Y_{11} = \frac{R_2+R_3}{R_1R_2+R_1R_3+R_2R_3}$[℧]

$Y_{21} = \frac{R_3}{R_1R_2+R_2R_3+R_1R_3}$[℧]

$Y_{12} = \frac{R_3}{R_1R_2+R_2R_3+R_1R_3}$[℧]

$Y_{22} = \frac{R_1+R_3}{R_1R_2+R_2R_3+R_1R_3}$[℧]

문제 15. [답] A=1, B=30 [Ω], C=0, D=1

문제 16. [답] ㉱

문제 17. [답] ㉱

문제 18. [답] ㉯

문제 19. [답] 8−j11.5 [℧]

12장

문제 1. [답] 40 [V]

문제 2. [답] ㉰ 파고율$=\frac{\text{실효값}}{\text{최대값}}$

문제 3. [답] ㉰ $\frac{1}{6\pi\sqrt{LC}}$

문제 4. [답] ㉮ 기수차의 정현항 계수는 0이다.

문제 5. [답] ㉱ 5

문제 6. [답] ㉰ $f_o(t)=\frac{1}{2}[f(t)+f(-t)]$

문제 7. [답] ㉮ 반파 정현 대칭으로 기수파만 포함한다.

문제 8. [답] ㉯ 1.77

문제 9. [답] ㉯ 0.5

문제 10. [답] ㉰ $f(t)=-f(-t)$

문제 11. [답] ㉱ 각 고조파의 실효값의 제곱의 합의 제곱근

문제 12. [답] ㉮ 1

문제 13. [답] ㉱ 50

문제 14. [답] ㉯ 전혀 다르다.

문제 15. [답] ㉰ 전파 정류파

문제 16. [답] ㉯ 8

문제 17. [답] ㉰ 푸리에 분석

문제 18. [답] ㉰ $\frac{\text{고조파만의 실효값}}{\text{기본파만의 실효값}}$

문제 19. [답] ㉰

13장

문제 1. [답] ㉮ 불변의 진동 회로

문제 2. [답] ㉰ $\frac{L}{R}$

문제 3. [답] ㉱ 632

문제 4. [답] ㉮ 0.1

문제 5. [답] $i=\frac{E}{R}\left(1-e^{-\frac{R}{L}t}\right)$ [A]

문제 6. [답] ㉯ $\frac{EM}{L_1}(1-e^{-\frac{R}{L_1}t})$

문제 7. [답] ㉰ 1 [sec], 10^{-4}[A]

문제 8. [답] ㉱ $\frac{R}{L}$

문제 9. [답] ㉰ e_c의 최대치는 2E 까지 될 수 있다.

문제 10. [답] ㉰ 300

문제 11. [답] ㉮ 0.014

문제 12. [답] ㉯ 5×10^{-4}

문제 13. [답] ㉱ $\dfrac{L}{R_1+R_2}$

문제 14. [답] ㉮ 불변의 진동 전류

문제 15. [답] ㉱ 632

문제 16. [답] ㉱ 이 회로는 임계제동되었다.

문제 17. [답] ㉮ 0.3 [sec]

문제 18. [답] ㉮ $10^{-3}e^{-t}$

문제 19. [답] ㉯ $i_1(0^+)=\dfrac{V}{R_1}$, $i_2(0^+)=0$

문제 20. [답] ㉮ 공진 주파수보다 작다.

문제 21. [답] ㉮ RC

문제 22. [답] ㉰ 5

문제 23. [답] ㉮ 이 회로의 시정수는 $\dfrac{L}{R_1+R_2}$[s]이다.

문제 24. [답] ㉮ 이 회로에는 전류가 흐르지 않는다.

문제 25. [답] ㉰ $I_o e^{-\frac{R}{L}t}$

문제 26. [답] ㉱ $\dfrac{r+r_1}{r}$

문제 27. [답] ㉯ $2\sqrt{\dfrac{L}{C}}$

문제 28. [답] ㉰ $\dfrac{E}{R}\left(1-e^{-\frac{R}{L}t}\right)$

문제 29. [답] ㉯ 비진동이다.

문제 30. [답] ㉮

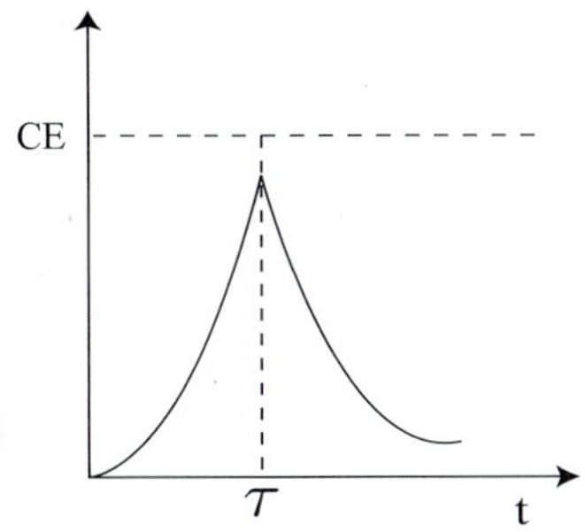

문제 31. [답] ㉮ $0.632\dfrac{E}{R}$

문제 32. [답] ㉰ $\dfrac{RR_1C}{R+R_1}$

문제 33. [답] ㉱ $\dfrac{L}{(R_1+R_2)}$

문제 34. [답] ㉮ $\dfrac{ME}{L_1}e^{-\frac{R}{L_1}t}$

문제 35. [답] ㉮ $10(1-e^{-t})$

문제 36. [답] ㉮ $T\gg RC$

문제 37. [답] ㉮ $\dfrac{0.632}{R}$

문제 38. [답] ㉯ 비진동적이다.

문제 39. [답] ㉯ $R<2\sqrt{\dfrac{C}{L}}$

문제 40. [답] ㉱ $\dfrac{Cs}{LCs^2+RCs+1}$

문제 41. [답] ㉮ $1-e^{-t}$

문제 42. [답] ㉱ 2.5[$\mu\cdot$sec]

문제 43. [답] ㉮ 회로의 시정수가 클수록 과도현상은 오랫동안 지속된다.

문제 44. [답] ㉯ 6.32

문제 45. [답] ㉯ E

문제 46. [답] ㉯ 7 [A]

문제 47. [답] ㉰ 특성근의 절대값 역과 회로의 시정수는 같다.

문제 48. [답] ㉰ $t=0$에서 직류전압 E [V]를 가했을 때 t [초] 후의 전류 $i(t)=\frac{E}{R}\left(1-e^{-\frac{1}{RC}t}\right)$ [A]이다.

문제 49. [답] ㉰ 과도기간에 있어서의 인덕턴스 L의 단자전압은 $v_L(t)=Ee^{-\frac{L}{R}t}$ [V]이다.

문제 50. [답] ㉮ 짧아진다.

문제 51. [답] ㉮ RL

문제 52. [답] ㉰ $\left(\frac{R}{2L}\right)^2=\frac{1}{LC}$

문제 53. [답] ㉮ 10

문제 54. [답] ㉯ 5×10^{-4}

문제 55. [답] ㉱ $t=0$에서 직류전압 60[V]를 제거할 때 $t=0.4$[s] 시각의 회로의 전류는 5.25[A]이다.

문제 56. [답] $i(t)=\frac{V}{L}te^{-\alpha t}=\frac{V}{L}te^{-\frac{R}{2L}t}$[A]

문제 57. [답] $V_{AB}=30$[V]

문제 58. [답] $v_3=\frac{156}{70}$[V], $i_3=-0.858$[A]

문제 59. [답] $R_1=R_2=\sqrt{\frac{L}{C}}$

문제 60. [답] $10(1-e^{-20t})$[V]

문제 61. [답] $15.71(1-e^{-280t})$[A]

문제 62. [답] 163 [kΩ]

문제 63. [답] $2(1-e^{-5t})$ [A]

찾아보기

최신 회로이론

2011년 2월 15일 초판 인쇄
2011년 2월 20일 인쇄 발행

저 자 김동희, 조규판, 최상태
발행인 송기수
발행처 도서출판 GS 인터비전
편집처 선우문화사
인쇄처 선우문화사
등록번호 제 2008-27호
ISBN 978-89-93668-38-4 (92560)

주 소 서울시 중랑구 묵동 신도브래뉴1차 102동 1301호
전 화 02-976-7898, 0707-720-7898
팩 스 02-6468-7898
E-mail gsinter7@chol.com

정 가 36,000원